Engenharia Ambiental:
Fundamentos, Sustentabilidade e Projeto

Grupo
Editorial
Nacional

O GEN | Grupo Editorial Nacional – maior plataforma editorial brasileira no segmento científico, técnico e profissional – publica conteúdos nas áreas de ciências exatas, humanas, jurídicas, da saúde e sociais aplicadas, além de prover serviços direcionados à educação continuada e à preparação para concursos.

As editoras que integram o GEN, das mais respeitadas no mercado editorial, construíram catálogos inigualáveis, com obras decisivas para a formação acadêmica e o aperfeiçoamento de várias gerações de profissionais e estudantes, tendo se tornado sinônimo de qualidade e seriedade.

A missão do GEN e dos núcleos de conteúdo que o compõem é prover a melhor informação científica e distribuí-la de maneira flexível e conveniente, a preços justos, gerando benefícios e servindo a autores, docentes, livreiros, funcionários, colaboradores e acionistas.

Nosso comportamento ético incondicional e nossa responsabilidade social e ambiental são reforçados pela natureza educacional de nossa atividade e dão sustentabilidade ao crescimento contínuo e à rentabilidade do grupo.

Engenharia Ambiental:
Fundamentos, Sustentabilidade e Projeto

2ª Edição

Autores

James R. Mihelcic
University of South Florida

Julie Beth Zimmerman
Yale University

Autores Colaboradores

Martin T. Auer
Michigan Technological University

David W. Hand
Michigan Technological University

Richard E. Honrath, Jr.
Michigan Technological University

Mark W. Milke
University of Canterbury

Michael R. Penn
University of Wisconsin-Platteville

Amy L. Stuart
University of South Florida

Noel R. Urban
Michigan Technological University

Brian E. Whitman
Wilkes University

Qiong Zhang
University of South Florida

Tradução

Luiz Claudio de Queiroz Faria

Tradução e Revisão Técnica

Marco Aurélio dos Santos
Professor Doutor do Programa de Planejamento Energético da COPPE/UFRJ
Coordenador da Área Interdisciplinar de Meio Ambiente da COPPE/UFRJ

ENVIRONMENTAL ENGINEERING:
FUNDAMENTALS, SUSTAINABILITY,
DESIGN, SECOND EDITION
Copyright © 2014, 2010 John Wiley & Sons, Inc.
All Rights Reserved. This translation published under license with the original publisher John Wiley & Sons, Inc.
ISBN: 9781118741498

Direitos exclusivos para a língua portuguesa
Copyright © 2018 by
LTC — Livros Técnicos e Científicos Editora Ltda.
Uma editora integrante do GEN | Grupo Editorial Nacional

Travessa do Ouvidor, 11
Rio de Janeiro, RJ – CEP 20040-040
Tels.: 21-3543-0770 / 11-5080-0770
Fax: 21-3543-0896
ltc@grupogen.com.br
www.grupogen.com.br

Designer de capa: Léa Mara
Imagem de capa: Dimitrios Stefanidis | iStockphoto.com
Editoração Eletrônica: *Alsan Serviços de Editoração Eletrônica LTDA*

CIP-BRASIL. CATALOGAÇÃO NA PUBLICAÇÃO
SINDICATO NACIONAL DOS EDITORES DE LIVROS, RJ

E48
2. ed.

Engenharia ambiental : fundamentos, sustentabilidade e projeto / James R. Mihelcic ... [et al.] ; tradução Luiz Claudio de Queiroz Faria, Marco Aurélio dos Santos. - 2. ed. - Rio de Janeiro : LTC, 2018.
28 cm.

Tradução de: Environmental engineering: fundamentals, sustainability, design
Inclui bibliografia e índice
ISBN 978-85-216-3455-0

1. Engenharia ambiental. I. Mihelcic, James R. II. Faria, Luiz Claudio de Queiroz . II. Santos, Marco Aurélio dos. II. Título.

17-44132	CDD: 333.91
	CDU: 504.4

Prefácio

Agora, mais do que nunca, existe uma maior sensibilização da trajetória insustentável da civilização atual. Ocorrendo de forma simultânea, numerosas proclamações e encontros internacionais foram estabelecidos, bem como esforços para avaliar o estado da arte dos negócios, de novas tecnologias, de políticas e modelos para progredir na busca do objetivo de um futuro mais sustentável.

Tendo isso em mente, existe uma necessidade óbvia de continuar a gerenciar e remediar os desafios de cunho ambiental, como o enriquecimento por nutrientes das águas superficiais até a contaminação dos aquíferos subterrâneos. No cerne da questão para o atingimento desses objetivos, está o treinamento da nova geração de engenheiros, em especial dos engenheiros ambientais, de forma a ter um profundo entendimento dos fundamentos das disciplinas e, ao mesmo tempo, adquirir uma forte consciência da sustentabilidade. A reorientação do foco da engenharia ambiental é a principal motivação deste livro – proporcionar fundamentos básicos de treinamento para resolver questões ambientais, bem como um amplo conhecimento da sustentabilidade.

Movemo-nos a partir dos problemas ambientais gritantes e flagrantes, que deram origem ao campo da engenharia ambiental no princípio, há mais de cinco décadas, para um sistema mais complexo e globalizante de hoje, e o campo da engenharia ambiental deve comportar e evoluir nesse sentido. Olhando para o futuro, existe uma clara necessidade de engenheiros ambientais capazes de colaborar com outras disciplinas e se comunicar amplamente com a comunidade científica, os políticos e o público em geral. A sustentabilidade apresenta várias oportunidades para os engenheiros ambientais de forma a evoluir daqueles que caracterizam, gerenciam e remedeiam os problemas ambientais existentes, e para aqueles que projetam e desenvolvem novas tecnologias para alcançar os desafios de sustentabilidade, desse modo, evitando consequências não intencionais no meio ambiente. Nessa jornada, é imperativo honrar o grande legado dessa disciplina – a criatividade, a paixão e a dedicação ao bem público – e continuar a servir no papel único de beneficiar as pessoas e o planeta, enquanto nos movemos para enfrentar os desafios emergentes e projetarmos um futuro sustentável.

Este livro é motivado pela discussão da evolução de uma ciência centrada na descrição, na caracterização, na quantificação e no monitoramento dos problemas ambientais, para outra abordagem, focada no projeto de desenvolvimento de soluções inovadoras. A inovação requer habilidades aprimoradas e ferramentas além daquelas que os fundamentos dos currículos da engenharia ambiental proporcionam, e devem incluir habilidades de pensar criativa e criticamente, trabalho de forma interdisciplinar e consideração sobre o sistema como um todo. Como é mostrado na tabela a seguir, a própria natureza dos desafios enfrentados pelos engenheiros ambientais está mudando.

Questões Ambientais do Século XX	Questões Ambientais do Século XXI
Locais	Globais
Graves	Crônicas
Óbvias	Sutis
Imediatas	Multigeracionais
Discretas	Complexas

Essa mudança de foco provê aos estudantes uma oportunidade para atuar na engenharia prática e estarem ativamente engajados na contribuição para o futuro mais sustentável, usando o conhecimento e as habilidades básicas na disciplina da engenharia ambiental. Depois de tudo, a única razão para estudar um problema em grande detalhe é prover sua solução, e a profissão da engenharia ambiental está em uma singular e nobre posição para desenvolver aquelas soluções – e assegurar que elas sejam sustentáveis. Isto é, tendo a percepção de assegurar que as soluções para os desafios da sustentabilidade sejam cuidadosamente consideradas de forma a evitar ou minimizar a probabilidade de problemas de legado e consequências não esperadas. Nesse caminho, é imperativo que a ideia de sustentabilidade esteja integralmente presente nos fundamentos de treinamento dos engenheiros ambientais, e não seja uma reflexão tardia ou mesmo separada da própria natureza da razão de nossa atividade como profissionais.

A evolução dos problemas em si e o nível de compreensão que temos de tais problemas irão requerer engenheiros com novas capacidades, habilidades e perspectivas sobre como podemos abordar o nosso trabalho. Não são as habilidades anteriormente aprendidas, antiquadas, e sim as novas que deverão ser dispostas aos alunos. Preferencialmente, essas habilidades devem ser aumentadas, complementadas e aperfeiçoadas com novos conhecimentos, novas perspectivas e nova consciência. A fusão das antigas e das novas habilidades de projeto é o propósito deste texto. É nosso desejo que o texto proveja os engenheiros do conhecimento e da confiança para dirigir-se aos desafios do século XXI assim como eles lidaram com os assustadores desafios do século XX.

Características da Marca Registrada
MUDANÇAS DA SEGUNDA EDIÇÃO

Nesta segunda edição, diversos aperfeiçoamentos foram realizados de forma a estruturar e dar conteúdo a este livro.

- O livro ainda se baseia nos princípios fundamentais aplicados relacionados com física, química, biologia, risco, balanço de massas e sustentabilidade, que são aplicados ao projeto e à operação de tecnologia e de estratégias empregadas para o gerenciamento e a mitigação dos problemas ambientais nos solos, na água e no ar.

- Existe uma ênfase contínua nos problemas importantes dos Estados Unidos e do mundo, com foco em questões como prevenção da poluição e recuperação de recursos, enquanto ainda se proveem informações para os projetos de processos de tratamento.

- O Capítulo 1 foi reescrito e, agora, chama-se "Projeto Sustentável, Engenharia e Inovação". Ele reduz a importância de problemas relacionados com a prática da engenharia e, em vez disso, centra-se na mudança de paradigma de gestão de problemas ambientais com as regulamentações do quadro da sustentabilidade, empregando o livro da EPA *Green Book and Path Forward*. O capítulo sobre Engenharia de Recursos Atmosféricos (Capítulo 11) foi totalmente reescrito e, agora, inclui discussões e aplicações de Modelos de Pluma Gaussiana, além de enfatizar estratégias de gerenciamento de demanda, ao longo do capítulo, com tecnologias tradicionais de controle da poluição aérea.

- O texto foi reduzido de 14 para 11 capítulos, que acreditamos que irão auxiliar os instrutores que usam este livro em um curso regular semestral. O texto também está de acordo com o foco nas Grandes Mudanças da Academia Nacional de Engenharia, relacionados com o gerenciamento de carbono e nitrogênio. Ademais, há ênfase pronunciada na inovação e na sustentabilidade, nesta segunda edição, com melhorias no sentido de uma maior integração dos sistemas de pensamento, ao longo do texto, e dos problemas. Um exemplo notável disso é a reformulação dos capítulos relacionados com a água, que agora aparecem em um capítulo só, chamado "Água: Quantidade e Qualidade" (Capítulo 7) e um segundo focado no assunto "Águas Residuais e Pluviais: Coleta, Tratamento, Recuperação" (Capítulo 9). Dessa forma, a água é considerada holisticamente como um recurso, incluindo-se uma discussão sobre reúso da água.

- Incluímos uma série de tópicos que são levados ao conhecimento dos autores pelos usuários do livro, por exemplo, uma seção sobre cálculo da pegada de carbono, no Capítulo 2 (Mensuração de Características Ambientais); um aperfeiçoamento dos balanços de energia, no Capítulo 4 (Processos Físicos); a melhor definição de uma bacia hidrográfica e a adição do Método Racional, que é integrado com exemplos de como as mudanças do uso do solo podem impactar a qualidade da água, no Capítulo 7 (Água: Quantidade e Qualidade); a integração de métodos que enfatizam a recuperação de recursos associados ao gerenciamento de efluentes (Capítulo 9), e uma seção, no Capítulo 11 (Engenharia de Qualidade do Ar), que enfatiza o uso do gerenciamento da demanda como solução para os problemas da poluição do ar. Dada a necessidade fundamental para garantir que a sustentabilidade e a interdisciplinaridade são essenciais para a formação de engenheiros ambientais, os capítulos autônomos "Engenharia Verde" e "O Ambiente Construído", da primeira edição, foram eliminados, e o conteúdo relevante, incluído em outros capítulos.

FOCO NO PROJETO DE SUSTENTABILIDADE

Talvez, um dos aspectos mais importantes deste livro-texto seja o fato de ele centrar a atenção do estudante nos elementos de *projeto*. Projetar produtos, processos e sistemas será essencial não apenas para responder às questões ambientais da forma como nossa profissão tem feito historicamente, mas também no sentido de estimular projetos de novos produtos, processos e sistemas que reduzam ou eliminem esses problemas, em primeiro lugar.

A fim de usar as ferramentas do projeto da engenharia verde para, verdadeiramente, projetar com foco na sustentabilidade, os estudantes necessitam de um domínio da estrutura para esse projeto. Talvez, essa estrutura possa ser resumida com os quatro *Is*: (1) Inerência; (2) Integração; (3) Interdisciplinaridade e (4) Internacionalidade.

Inerência Durante a leitura ficará evidente que não estamos apenas tentando mudar as condições ou as circunstâncias que transformam um produto, um processo ou um sistema em um problema. Os leitores vão compreender a natureza *inerente* das entradas e saídas de material e energia, de modo a entender a base essencial dos riscos e as causas enraizadas das consequências adversas que eles procuram resolver. Exclusivamente por meio dessa abordagem inerente, poderemos começar a projetar visando à sustentabilidade, em vez de gerar remendos tecnológicos elegantes para concepções inicialmente falhas.

Integração Nossas abordagens históricas direcionadas para muitas questões ambientais têm sido fragmentadas – frequentemente pela mídia, pelo ciclo vital, pela cultura ou pela região geográfica. No novo paradigma de projeto sustentável, será essencial o entendimento de que a energia está inextricavelmente ligada à água; a água, às mudanças climáticas; as mudanças climáticas, à produção de alimentos; a produção de alimentos, à saúde; a saúde, ao desenvolvimento social, e assim por diante. É igualmente necessária a compreensão de que não se pode pensar em abordar qualquer problema ambiental sem considerar todos os elementos de seu ciclo de vida. Tem havido incontáveis tentativas de melhorar as circunstâncias ambientais que resultaram em problemas indesejados frequentemente piores do que o problema que elas buscavam solucionar. As tentativas de melhorar o suprimento de água potável em Bangladesh resultaram no envenenamento generalizado por arsênico; as tentativas de aumentar a produção de plantações por meio da produção de pesticidas em Bopal, na Índia, resultaram em uma das maiores tragédias químicas de nosso tempo. Compreender as complexas interconexões e garantir a *integração* de múltiplos fatores no desenvolvimento de soluções são os objetivos da engenharia ambiental do século XXI.

Interdisciplinaridade Para atingir os objetivos do projeto sustentável, os engenheiros ambientais vão trabalhar cada vez mais com uma ampla matriz de diferentes disciplinas. Disciplinas técnicas de química e biologia, e outras da engenharia, serão tão essenciais quanto às de economia, análises de sistemas, saúde, sociologia e antropologia. Este texto procura apresentar as dimensões *interdisciplinares* importantes para o engenheiro ambiental bem-sucedido neste século.

Internacionalidade Muitas soluções de engenharia bem-intencionadas do século XX falharam por não considerar os diferentes contextos encontrados na diversidade de nações mundiais. Embora pareça que a purificação da água ou que o tratamento do esgoto possam ser submetidos aos mesmos processos em todo o mundo, foi repetidamente provado que os fatores locais – geográficos, climáticos, culturais, socioeconômicos, políticos, éticos e históricos – podem ter um papel importante no sucesso ou na falha de uma solução da engenharia ambiental. A perspectiva *internacional* é uma das importantes perspectivas que este livro-texto enfatiza e incorpora nos fundamentos do treinamento dos engenheiros ambientais.

BALANÇOS DE MASSA E ENERGIA E O RACIOCÍNIO SEGUNDO O CICLO DE VIDA

Esta obra oferece um desenvolvimento rigoroso dos conceitos de massa, balanço de massa e energia, junto com muitos exemplos de problemas fáceis de acompanhar. Em seguida, aplicam-se os conceitos de balanço de massa e de energia a uma variada gama de sistemas naturais ou projetados e a diferentes ambientes. A obra faz a cobertura adequada das avaliações do ciclo de vida, mediante a apresentação de exemplos detalhados e o fornecimento de uma abordagem de raciocínio segundo o ciclo de vida, com discussão em alguns capítulos.

PEDAGOGIA E AVALIAÇÃO

Além de incluir os elementos já mencionados com o objetivo de preparar os engenheiros para o século XXI, este livro também incorpora alterações, na pedagogia e na avaliação, que alicerçam a transmissão dos novos conteúdos por meio de uma experiência educacional significativa.

Taxonomia de Fink da Aprendizagem Significativa Um dos elementos usados é a taxonomia de Fink da aprendizagem significativa para orientar o desenvolvimento dos objetivos de aprendizagem em cada capítulo, dos exemplos e dos trabalhos extraclasse. Essa taxonomia reconhece cinco domínios: o conhecimento básico reconhecido tradicionalmente; a utilização do conhecimento; a integração do conhecimento; as dimensões humanas de aprendizagem e criação; e a construção do aprendizado. Mesmo sem muito conhecimento dessa taxonomia, fica claro, a partir apenas desses tópicos, que as áreas reconhecidas por Fink são fundamentais para um engenheiro, cuja função é projetar soluções para muitos dos desafios de sustentabilidade atuais.

Equações Importantes Boxes destacam para os estudantes as equações mais importantes.

Exercícios de Aprendizagem Os exercícios de aprendizagem estão dispostos no final de cada capítulo. Eles exigem que os estudantes resolvam problemas numéricos tradicionais de avaliação e projeto, da mesma forma que os desafiam a pesquisar soluções inovadoras e problemas em diferentes níveis: no *campus*, no apartamento, em casa, na cidade, na sua região, no seu estado ou em todo o mundo.

Tópicos de Discussão Para melhor enfatizar a importância dos domínios do conhecimento discutidos anteriormente, o livro estimula as discussões em classe e a interação tanto entre os estudantes quanto entre eles e o professor. Esses tópicos são destacados no texto por meio de um símbolo nas margens.

Fontes para Aprendizagem Adicional Fontes *online* para aprendizagem adicional e exploração são listadas nas margens. Essas fontes permitem que o estudante tenha a oportunidade de explorar tópicos muito mais detalhadamente, e que aprenda generalidades e singularidades geográficas sobre questões específicas da engenharia ambiental. Mais importante, a consulta a essas fontes *online* prepara melhor os estudantes para a prática profissional, uma vez que expande os conhecimentos relativos às informações disponíveis em *sites* não governamentais e do governo dos Estados Unidos.

Gênese do Livro

Em 1999, publicamos um livro intitulado *Fundamentals of Environmental Engineering* (John Wiley & Sons). Uma força do livro *Engenharia Ambiental: Fundamentos, Sustentabilidade e Projeto* é que proporciona uma visão profunda dos problemas básicos da engenharia ambiental requeridos para projetar, operar, analisar e modelar os sistemas naturais e construídos. O livro que você está lendo agora, *Engenharia Ambiental: Fundamentos, Sustentabilidade e Projeto*, não apenas inclui capítulos atualizados sobre esses fundamentos – com forte ênfase sobre balanços de massa e de energia, bem como a inclusão de aspectos sobre energia, gerenciamento de nutrientes e carbono –, como também inclui aplicações dessas habilidades fundamentais e estratégias de operação para a implementação da redução, recuperação de recursos e tratamento.

Agradecimentos

Assim como admiramos todos os que se dedicam a deixar o mundo um lugar melhor do que o encontraram – engenheiros ambientais e outros –, somos gratos a todas as pessoas talentosas que tornaram este livro possível e se dedicam a mudar a própria natureza do campo da engenharia ambiental.

Além de todos os indivíduos que contribuíram para o conteúdo do livro, os seguintes professores fizeram revisões de alta qualidade e acrescentaram contribuições perspicazes em vários estágios da elaboração do livro:

Zuhdi Aljobeh, *Valparaiso University*
Robert W. Fuessle, *Bradley University*
Keri Hornbucle, *University of Iowa*
Benjamin S. Magbanua Jr., *Mississippi State University*
Taha F. Marhaba, *New Jersey Institute of Technology*
William F. McTernan, *Oklahoma State University*
Gbekeloluwa B. Oguntimein, *Morgan State University*
Joseph Reichenberger, *Loyola Marymount University*
Sukalyan Sengupta, *University of Massachusetts*
Thomas Soerens, *University of Arkansas*

Linda Vanasupa (California Polytechnic State University) revisou os capítulos e ajudou no desenvolvimento dos objetivos de aprendizagem no contexto da taxonomia de Fink de aprendizagem significativa. Linda Phillips (University of South Florida) ofereceu sua perspectiva internacional, especialmente no que diz respeito à integração entre aprendizagem dirigida e o envolvimento do usuário. A equipe editorial de Linda Ratts, Hope Ellis, Joyce Poh e Jenny Welter da primeira edição deste livro, que tornaram esta obra a chave para o sucesso. A visão antecipada de finalidade dos livros e a atenção aos usuários e contribuições ao detalhe, estilo e pedagogia tornaram esta obra uma parceria plena e igualitária.

Os seguintes estudantes da University of South Florida revisaram cada capítulo do livro e fizeram comentários valiosos durante o processo de edição: Jonathan Blanchard, Justin Meeks, Colleen Naughton, Kevin Orner, Duncan Peabody e Steven Worrell. Ezekiel Fugate e Jennifer Ace (Yale University) e Helen E. Muga (University of South Florida) nos ajudaram a obter permissões na busca de conteúdos. Somos especialmente gratos a Colleen Naughton (University of South Florida), Ziad Katirji (Michigan Technological University) e a Heather E. Wright Wendel (University of South Florida), que nos ajudaram a criar, montar e revisar o *Manual de Soluções*. Colleen foi o responsável pelo desenvolvimento do Manual de Soluções da segunda edição.

Finalmente, agradecemos a Karen, Paul, Kennedy, Aquinnah e Mac por abraçarem a visão deste projeto ao longo dos últimos anos.

James R. Mihelcic

Julie Beth Zimmerman

Sobre os Autores

James R. Mihelcic é professor de Engenharia Civil e Ambiental e pesquisador do 21st Century World Class do Estado da Flórida, na University of South Florida. É fundador do Peace Corps Master's International Program in Civil and Environmental Engineering (*http://cee.eng.usf.edu/peacecorps*), no qual permite aos estudantes combinar estudos de graduação com serviços internacionais e pesquisa no Peace Corps, como engenheiros de saneamento e de água. Ele é também o diretor do U.S. EPA National Research Center for Reinventing Aging Infraestructure for Nutrient Management (*RAINmgt*). Suas aulas e pesquisas se centram em torno da engenharia e da sustentabilidade, especificamente compreendendo como os estressores globais – como clima, uso da terra e urbanização – influenciam os recursos de água, a qualidade da água, o reuso da água e a seleção e a provisão de suprimento de água e tecnologias de saneamento. Dr. Mihelcic é também especialista internacional em fornecimento de água, saneamento e higiene em países em desenvolvimento, além de membro da Environmental Protection Agency Chartered e Environmental Engineering Science Advisory Boards. Foi presidente da Association of International Engineering and Science Professors (AAEES) e é autor principal de dois outros livros: *Fundamentals of Environmental Enginnering* (John Wiley and Sons, 1999, traduzido para o espanhol) e *Field Guide in Environmental Engineering for Development Workers: Water, Sanitation, Indoor Air* (ASCE Press, 2009).

Julie Beth Zimmerman é professora-associada Donna L. Dubisnky em Engenharia Ambiental, nomeada conjuntamente para o Departament of Chemical Engineering e a School of Forestry and Environment. Ela também é Coordenadora de Sustentabilidade e Inovação da U.S. EPA National Research Center for Reinventing Aging Infrastructure for Nutrient Management (*RAINmgt*). Seus interesses de pesquisas têm foco amplo na química verde e na engenharia com ênfase especial em processos verdes, avaliação do ciclo de vida de biomassa de algas para biocombustíveis e o valor adicionado aos químicos, bem como novos adsorventes para a purificação de águas potável e a remediação de efluentes industriais. Outras áreas de foco incluem o projeto de químicos seguros e a implicação de nanomateriais na saúde humana e para o meio ambiente. Além do mais, de forma a aprimorar a probabilidade de sucesso na implementação desses novos projetos, a Dra. Zimmerman estuda a efetividade e os impedimentos das atuais e futuras políticas para o desenvolvimento da sustentabilidade. Juntos, esses esforços representam uma abordagem sistemática e holística para chegar aos desafios da sustentabilidade de forma a aprimorar a qualidade dos recursos e da água, em termos de qualidade e quantidade, e de aperfeiçoar a proteção ambiental e proporcionar uma alta qualidade de vida. Dra. Zimmerman previamente trabalhou como engenheira e coordenadora de programa no Office of Research and Development na U.S. EPA, onde pode gerenciar o programa de apoio à sustentabilidade e criar o P3 (Povos, Prosperidade e o Planeta), um programa de concessão de apoio da agência.

Martin T. Auer é professor de Engenharia Civil e Ambiental na Michigan Technological University. Leciona disciplinas introdutórias de Engenharia Ambiental e cursos avançados de engenharia da qualidade de águas superficiais e modelos matemáticos de lagos, represas e rios. Seus interesses incluem estudos de campo e de laboratório, além de modelagem matemática da qualidade da água em lagos e rios.

David W. Hand é professor de Engenharia Civil e Ambiental na Michigan Technological University. Ministra disciplinas de graduação e pós-graduação de tratamento de água potável, tratamento de esgoto e processos físico-químicos na engenharia ambiental. Seus interesses de pesquisa são processos de tratamento físico-químicos, transferência de massa, adsorção, remoção por arraste com ar, processos de oxidação avançada – homogêneos e heterogêneos –, processos de modelagem de tratamento de água e processos de tratamento de esgoto, além do desenvolvimento de ferramentas de projeto de *softwares* de engenharia para a prática de prevenção da poluição.

Richard E. Honrath foi professor de Engenharia Geológica e de Minas, de Ciências e de Engenharia Civil e Ambiental da Michigan Technological University, onde também dirigiu o programa de pós-graduação de Ciências Atmosféricas. Ministrou disciplinas introdutórias de Engenharia Ambiental, e em engenharia e ciência da qualidade do ar avançadas e química atmosférica. Suas pesquisas envolveram estudos dos impactos em grande escala das emissões de poluentes a partir de fontes antropogênicas e de incêndios florestais, com destaque para as interações entre processos de transporte e processos químicos. Também estudou fotoquímica no gelo e na neve, inclusive com estudos de campo das interações entre neve, ar e luz do Sol.

Mark W. Milke é professor-associado e conferencista do Departamento de Engenharia Civil e de Recursos Naturais, na University of Canterbury (Nova Zelândia), onde trabalha desde 1991. Dedica-se ao ensino e à pesquisa de gerenciamento de resíduos sólidos, água subterrânea e análise de incertezas. É engenheiro profissional contratado, na Nova Zelândia.

Michael R. Penn é professor de Engenharia Civil e Ambiental na University of Wisconsin-Platteville. Leciona na graduação, em disciplinas de introdução à engenharia ambiental, mecânica dos fluidos, hidrologia, água subterrânea, tratamento de esgoto e de abastecimento de água potável, gerenciamento de resíduos sólidos e perigosos. Sua área de pesquisa tem como objetivo o envolvimento dos graduandos nos estudos de escoamentos agrícolas, ciclos de nutrientes nos lagos e gerenciamento da infraestrutura urbana. Em 2011, publicou pela Wiley, *Introduction to Infrastructure: An Introduction to Civil and Environmental Engineering*, direcionado a estudantes de graduação de primeiro e segundo anos.

Amy L. Stuart é professora-associada na University of South Florida, com nomeações nos programas de Saúde Ambiental e Engenharia Ambiental. Ela leciona cursos na área de poluição do ar métodos numéricos, modelagem ambiental, sustentabilidade e seminários multidisciplinares em meio ambiente. A pesquisa da Dra. Stuart está centrada na compreensão e gerenciamento da poluição do ar, por meio do desenvolvimento e da aplicação de modelos computacionais, medições de campo e análises químicas laboratoriais. A Dra. Stuart recebeu um prêmio da National Science Foundation CAREER em sustentabilidade ambiental pelo seu trabalho em projetos de sustentabilidade urbana, de forma a reduzir a exposição à poluição do ar, resultando em efeitos sobre a saúde e a inequidade ambiental.

Noel R. Urban é professor de Engenharia Civil e Ambiental na Michigan Technological University. Sua área de ensino engloba a química ambiental e a modelagem da qualidade da água superficial. Seus interesses de pesquisa incluem os ciclos ambientais de elementos traço e principais, diagênese de sedimentos e estratigrafia, química da matéria orgânica natural, biogeoquímica de áreas alagadas, impacto ambiental e destino dos poluentes, influência dos organismos no ambiente químico e o papel do ambiente químico no controle de populações.

Brian E. Whitman é professor-associado de Engenharia Ambiental na Wilkes University. Ministra disciplinas de projeto de sistemas de abastecimento de água e coleta de esgoto, hidrologia, engenharia de recursos hídricos, e projeto de processos de tratamento de água e de esgoto. Seus interesses de pesquisa incluem modelagem hidráulica de sistemas de coleta de esgoto e de distribuição de água, microbiologia ambiental e o desenvolvimento de sistemas de lubrificação para motores de combustão. Recebeu duas vezes o prêmio Wilkes University Outstanding Faculty e é coautor de três livros nas áreas de sistemas de abastecimento de água e projeto, e modelagem de sistemas de coleta de esgoto.

Qiong Zhang é professora-assistente de Engenharia Civil e Ambiental na University of South Florida. Foi gerente de operações do Sustainable Futures Institute da Michigan Technological University e diretora de pesquisa da U.S. EPA National Research Center for Reinventing Aging Infrastructure for Nutrient Managing (*RAINmgt*). Seus interesses como professora são engenharia verde, tratamento de água e avaliação ambiental da sustentabilidade. Seus focos de pesquisas são a exploração e a simulação de interações dinâmicas entre água e sistemas energéticos, a quantificação das implicações ambientais dos sistemas energéticos, as implicações energéticas da água e dos sistemas de tratamento, e a busca por soluções técnicas e não técnicas para integrar o gerenciamento da energia e da água.

Sumário Geral

Sumário

Capítulo Cinco Biologia 184

Capítulo Seis Risco Ambiental

Material Suplementar

Este livro conta com os seguintes materiais suplementares:

- Ilustrações da obra em formato de apresentação em (.pdf) (restrito a docentes);
- Manual de soluções: arquivos em formato (.pdf) (restrito a docentes).

O acesso aos materiais suplementares é gratuito. Basta que o leitor se cadastre em nosso *site* (www.grupogen.com.br), faça seu *login* e clique em GEN-IO, no menu superior do lado direito. É rápido e fácil.

Caso haja alguma mudança no sistema ou dificuldade de acesso, entre em contato conosco (sac@grupogen.com.br).

GEN | Informação Online

GEN-IO (GEN | Informação Online) é o repositório de materiais suplementares e de serviços relacionados com livros publicados pelo GEN | Grupo Editorial Nacional, maior conglomerado brasileiro de editoras do ramo científico-técnico-profissional, composto por Guanabara Koogan, Santos, Roca, AC Farmacêutica, Forense, Método, Atlas, LTC, E.P.U. e Forense Universitária. Os materiais suplementares ficam disponíveis para acesso durante a vigência das edições atuais dos livros a que eles correspondem.

capítulo Um

Projeto Sustentável, Engenharia e Inovação

Julie Beth Zimmerman e
James R. Mihelcic

Este capítulo discute a evolução da proteção da saúde humana e do ambiente a partir das abordagens regulatórias para o desenvolvimento sustentável, destacando as oportunidades críticas para os engenheiros projetarem soluções adequadas e resilientes. São apresentadas as definições de desenvolvimento sustentável e projeto sustentável. Vários tópicos emergentes são apresentados — química verde, biomimética, engenharia verde, conceito de ciclo de vida e conceito de sistemas —, oferecendo melhorias aos fundamentos da engenharia que levem a soluções de projeto rigorosas e sustentáveis.

Sumário do Capítulo

Objetivos da Aprendizagem

1. Descrever a evolução da proteção da saúde humana e o do ambiente a partir de abordagens regulatórias para a sustentabilidade.
2. Relacionar *Os Limites para o Crescimento*, "A Tragédia dos Comuns" e a definição de capacidade de carga com o desenvolvimento sustentável.
3. Definir sustentabilidade, desenvolvimento sustentável e engenharia sustentável com suas próprias palavras e de acordo com as outras pessoas.
4. Redefinir os problemas de engenharia em um contexto social, econômico e ambiental equilibrado.
5. Aplicar o conceito de ciclo de vida e o conceito de sistemas à definição do problema, bem como ao projeto e à avaliação das soluções propostas.
6. Diferenciar indicadores tradicionais de indicadores de sustentabilidade que medem o progresso para alcançar a meta de sustentabilidade.
7. Descrever vários arcabouços para o projeto sustentável, e compreender a importância do projeto e da inovação na promoção da sustentabilidade.
8. Discutir o papel das regulações e outras ferramentas de política, como os programas de voluntariado, na promoção da proteção ambiental e da saúde humana, bem como da sustentabilidade.

© Ziutograf/istockphoto

1.1 Cenário: Evolução da Proteção Ambiental para a Sustentabilidade

Em 1962, Rachel Carson (Aplicação 1.1) publicou *Primavera Silenciosa*, estabelecendo que pode haver motivos para preocupação com os impactos dos pesticidas e com a poluição ambiental nos sistemas naturais e na saúde humana. Em 1948, embora já houvesse uma liberação de *smog* (fumaça e neblina) — decorrente da poluição atmosférica industrial na cidade de moinhos Donora (Pensilvânia), que matou 20 pessoas e prejudicou outras milhares —, foi mais tarde, no final dos anos 1960 e início dos anos 1970, que ocorreram muitos efeitos visuais claros e assustadores. Isso incluiu episódios de *smog* que obscureceram a visibilidade de Los Angeles, o Rio Cuyahoga (Ohio) pegando fogo, em 1969, e o lixo tóxico e as consequências de saúde nas vizinhanças, como Love Canal em Niagara Falls, Nova York.

Por meio do compartilhamento de valor socioeconômico e de um movimento socioambiental crescente, foi criada a **Agência de Proteção Ambiental (EPA,** *Environmental Protection Agency***)** em 1972. Com isso, foram consolidadas, em uma agência, várias atividades de pesquisa federal, monitoramento, estabelecimento de padrões e fiscalização, com a missão de "proteger a saúde humana e o ambiente". Nesse meio tempo, o Congresso dos Estados Unidos aprovou muitas regulamentações ambientais fundamentais e críticas, como a Lei Nacional de Proteção Ambiental (NEPA), a Lei do Ar Puro, a Lei de Controle de Poluição das Águas, a Lei de Proteção da Vida Selvagem e a Lei das Espécies Ameaçadas.

A Agência de Proteção Ambiental (EPA) é uma agência do governo federal dos Estados Unidos, criada com a finalidade de proteger a saúde humana e o ambiente, estabelecendo e fiscalizando o cumprimento de normas baseadas em leis aprovadas pelo Congresso (Aplicação 1.2). O administrador da EPA, indicado pelo presidente e aprovado pelo Congresso, é quem comanda a agência.

Aplicação / 1.1 — Rachel Carson e o Movimento Ambientalista Moderno

Rachel Carson na Hawk Mountain, Pensilvânia, em uma fotografia tirada em 1945, por Shirley Briggs. (Cortesia do Linda Lear Center for Special Collections and Archives, Connecticut College).

Rachel Carson é considerada uma das líderes do movimento ambientalista moderno. Ela nasceu em 1907, 24 km a nordeste de Pittsburgh. Formada e pós-graduada em ciência e zoologia, primeiramente, ela trabalhou para a agência governamental, que acabou se transformando no U.S. Fish and Wildlife Service. Como cientista, ela se destacou pela comunicação de conceitos científicos complexos para o público por meio de uma escrita clara e precisa. Ela escreveu vários livros, incluindo *O Mar à Nossa Volta* (lançado em 1951) e *Primavera Silenciosa* (lançado em 1962).

Primavera Silenciosa foi um sucesso comercial logo depois da sua publicação. A obra capturou visualmente o fato de que os pássaros canoros não estavam conseguindo se reproduzir e morriam precocemente, em virtude da fabricação e do uso exagerado de produtos químicos, como o DDT, que bioacumulavam em seus pequenos corpos. Alguns historiadores acreditam que *Primavera Silenciosa* foi o catalisador inicial que levou à criação do movimento ambientalista moderno nos Estados Unidos, junto com a Agência de Proteção Ambiental dos Estados Unidos (EPA).

A EPA, com sede em Washington, D.C., tem escritórios regionais para cada uma das 10 regiões da agência (Figura 1.1) e 27 laboratórios de pesquisa. A EPA é organizada em uma série de escritórios centrais do programa, bem como em escritórios e laboratórios regionais, cada um com seu próprio mandato regulatório de pesquisa e/ou fiscaliza-

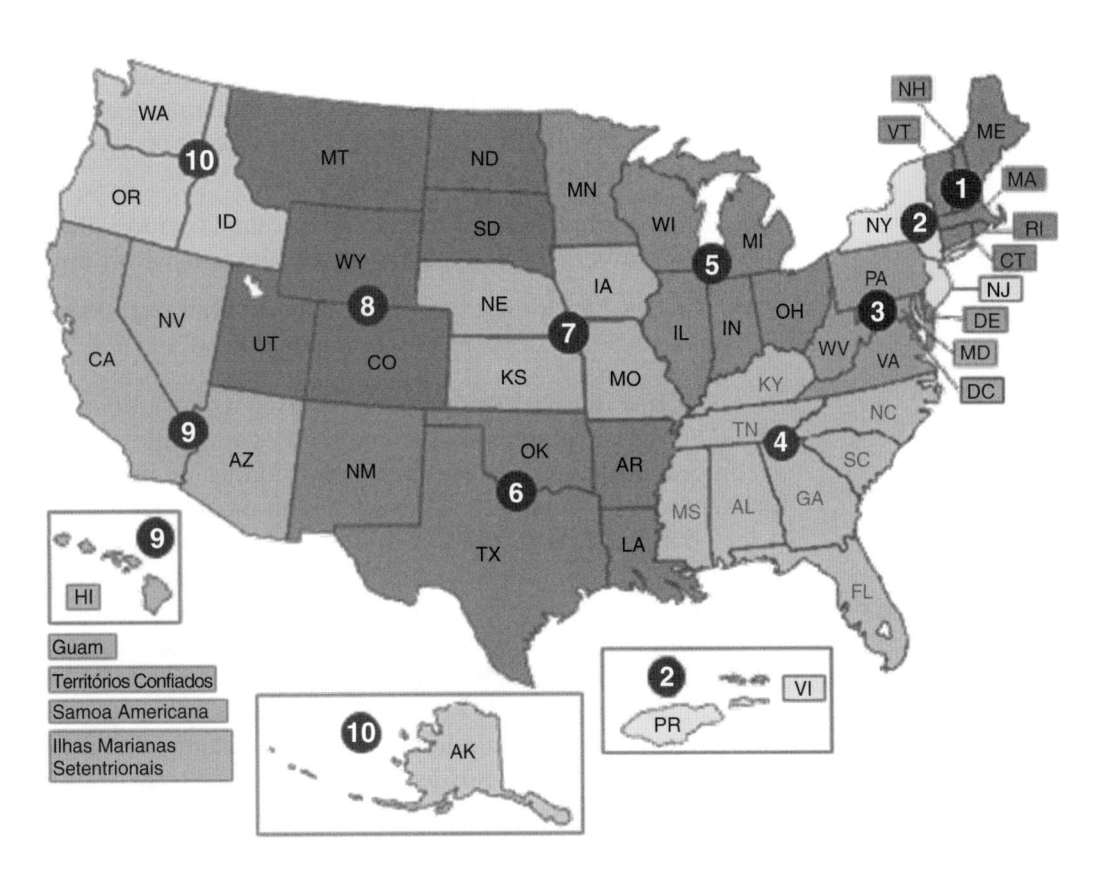

Figura / 1.1   **As 10 Regiões da EPA**   Cada região tem o seu próprio administrador regional e outras funções críticas para levar a cabo a missão de proteger a saúde humana e o ambiente. A sede da EPA está situada em Washington, D.C.

(Adaptado da EPA)

ção. A agência realiza avaliações ambientais, pesquisa e educação. Ela tem a responsabilidade de manter e fiscalizar o cumprimento dos padrões nacionais sob uma série de leis ambientais, em consulta com os governos estaduais, tribais e locais. Desse modo, a EPA delega parte da responsabilidade de autorização, monitoramento e fiscalização aos estados americanos e às tribos Nativas Americanas. O poder de imposição da EPA inclui multa, sanções e outras medidas. A agência também trabalha com indústrias em todos os níveis do governo em uma ampla gama de programas de prevenção voluntária da poluição e esforços de conservação de energia.

A missão da EPA é proteger a saúde humana e o ambiente. Desse modo, a finalidade da EPA é assegurar que:

- todos os americanos estejam protegidos dos riscos significativos para a saúde humana e o ambiente em que moram, estudam e trabalham;

- os esforços nacionais para reduzir o risco ambiental sejam baseados na melhor informação científica disponível;

- as leis federais que protegem a saúde humana e o ambiente sejam impostas com justiça e eficácia;

- a proteção ambiental seja uma consideração integrante das políticas dos Estados Unidos pertinentes aos recursos naturais, à saúde humana, ao crescimento econômico, à energia, ao transporte, à agricultura, à indústria e ao comércio internacional, e que esses fatores sejam considerados igualmente no estabelecimento das políticas ambientais;

- todas as partes da sociedade — comunidades, indivíduos, empresas e governos estaduais, locais e tribais — tenham acesso a informações exatas e suficientes para participar efetivamente no gerenciamento dos riscos à saúde humana e ambiental;

- a proteção ambiental contribua para tornar as comunidades e os ecossistemas diversos, sustentáveis e economicamente produtivos;

- os Estados Unidos exerçam um papel de liderança no trabalho com outras nações para proteger o ambiente global.

O Processo Regulatório
http://www.epa.gov/lawsregs/regulations/index.html

Acesso ao Código de Regulamentos Federais
http://www.gpo.gov/fdsys/browse/collectioncfr.action?collectionCode=CFR

A EPA trabalha em estreita colaboração com os estados a fim de implementar programas ambientais federais. Os estados autorizados a gerenciar os programas federais precisam ter autoridades de fiscalização do cumprimento dos regulamentos que sejam, ao menos, tão rigorosas quanto a lei federal. A EPA trabalha com funcionários nas agências ambientais, de saúde e agrícolas estaduais no planejamento estratégico, no estabelecimento de prioridades e na medição dos resultados.

Embora tenhamos feito tremendos avanços na abordagem das agressões ambientais mais flagrantes e mantido uma economia em crescimento, os desafios ambientais de hoje são mais complexos e sutis do que os encontrados no início do movimento ambientalista moderno. Por exemplo, existem ligações claras entre as emissões no ar, na terra e na água, mesmo se os regulamentos não estivessem escritos e a EPA não fosse organizada com essas considerações.

Além disso, as emissões na atmosfera e na água, são provenientes de muitas fontes distribuídas (denominadas **emissões de fontes não pontuais**), de forma que é muito mais difícil identificar uma fonte específica que possa ser regulada e monitorada. Também temos um nível muito mais alto de compreensão das ligações entre sociedade, economia e ambiente. Esses três são reconhecidos como os **pilares da sustentabilidade** e exigem que os consideremos simultaneamente, procurando sinergias para alcançar benefícios mútuos. Ou seja, devemos criar e manter uma sociedade próspera com alta qualidade de vida, sem os impactos negativos que, historicamente, têm prejudicado o nosso ambiente e as comunidades em nome do desenvolvimento. E tudo isso deve ser feito de modo simultâneo com a manutenção de um estoque suficiente de recursos naturais para as gerações atuais e futuras, a fim de manter e aumentar a população com uma qualidade de vida melhor.

Perspectiva Ambiental Global
http://www.unep.org/geo

Discussão em Sala de Aula
É melhor viver dentro de determinado limite, aceitando algumas restrições ao crescimento alimentado pelo consumo?

Aplicação / 1.3 — Tragédia dos Comuns

A **Tragédia dos Comuns** descreve a relação em que os indivíduos ou as organizações consomem recursos compartilhados (por exemplo, ar, água potável e peixe dos oceanos) e depois devolvem seus resíduos para o recurso compartilhado (por exemplo, atmosfera e solos). Dessa forma, o indivíduo ou a organização recebe todo o benefício do recurso compartilhado, mas distribui o custo por qualquer um que também o utilize. A tragédia surge quando cada indivíduo ou organização não reconhece que todo indivíduo ou toda organização está agindo da mesma maneira. Essa é a lógica que levou à situação atual na pesca oceânica, na floresta tropical amazônica e na mudança climática global. Em cada caso, o comportamento de consumo de poucos levou a um impacto significativo para muitos e à destruição da integridade do recurso compartilhado.

Aplicação / 1.4 — *Os Limites do Crescimento* e a Capacidade de Carga

Os Limites do Crescimento, publicado em 1972, alertou para as limitações dos recursos mundiais e indicou que poderia não haver recursos restantes suficientes para que o mundo em desenvolvimento se industrialize. Os autores, usando modelos matemáticos, argumentaram que "o modo básico de comportamento do sistema mundial é o crescimento exponencial da população e do capital, seguido pelo colapso" em um fenômeno conhecido como "capacidade de carga." (ver Figura 1.2)

A **capacidade de carga** (discutida em mais detalhes no Capítulo 5) é uma maneira de pensar nas limitações dos recursos. Ela se refere ao limite superior para o tamanho da população ou comunidade (por exemplo, biomassa) imposto pela resistência ambiental. Na natureza, a resistência está relacionada com a disponibilidade de recursos renováveis, como o alimento, e de recursos não renováveis, como o espaço, na medida em que eles afetam a biomassa por meio da reprodução, do crescimento e da sobrevivência. Uma solução é usar avanços tecnológicos para aumentar a quantidade de prosperidade por unidade de recurso. Naturalmente, há o risco de que a manutenção do crescimento em um sistema limitado, por meio de avanços na tecnologia, leve ao uso excessivo de recursos finitos — isoladamente, a eficiência não é um indicador eficaz da sustentabilidade.

A Figura 1.3 fornece uma linha do tempo da progressão desde o começo do movimento ambientalista doméstico, nos anos 1960, até as principais atividades internacionais de sustentabilidade. Com base nos eventos da linha do tempo, há uma progressão clara das respostas regulatórias iniciais até as flagrantes agressões ambientais, e um diálogo internacional sistemático e mais proativo sobre a ampla agenda da sustentabilidade (Aplicação 1.5). Em 1986, a Comissão Mundial sobre o Meio Ambiente e Desenvolvimento das Nações Unidas lançou *Nosso Futuro Comum*. Esse livro também é conhecido como relatório da **Comissão Brundtland**, pois

A História das Coisas
http://www.storyofstuff.com

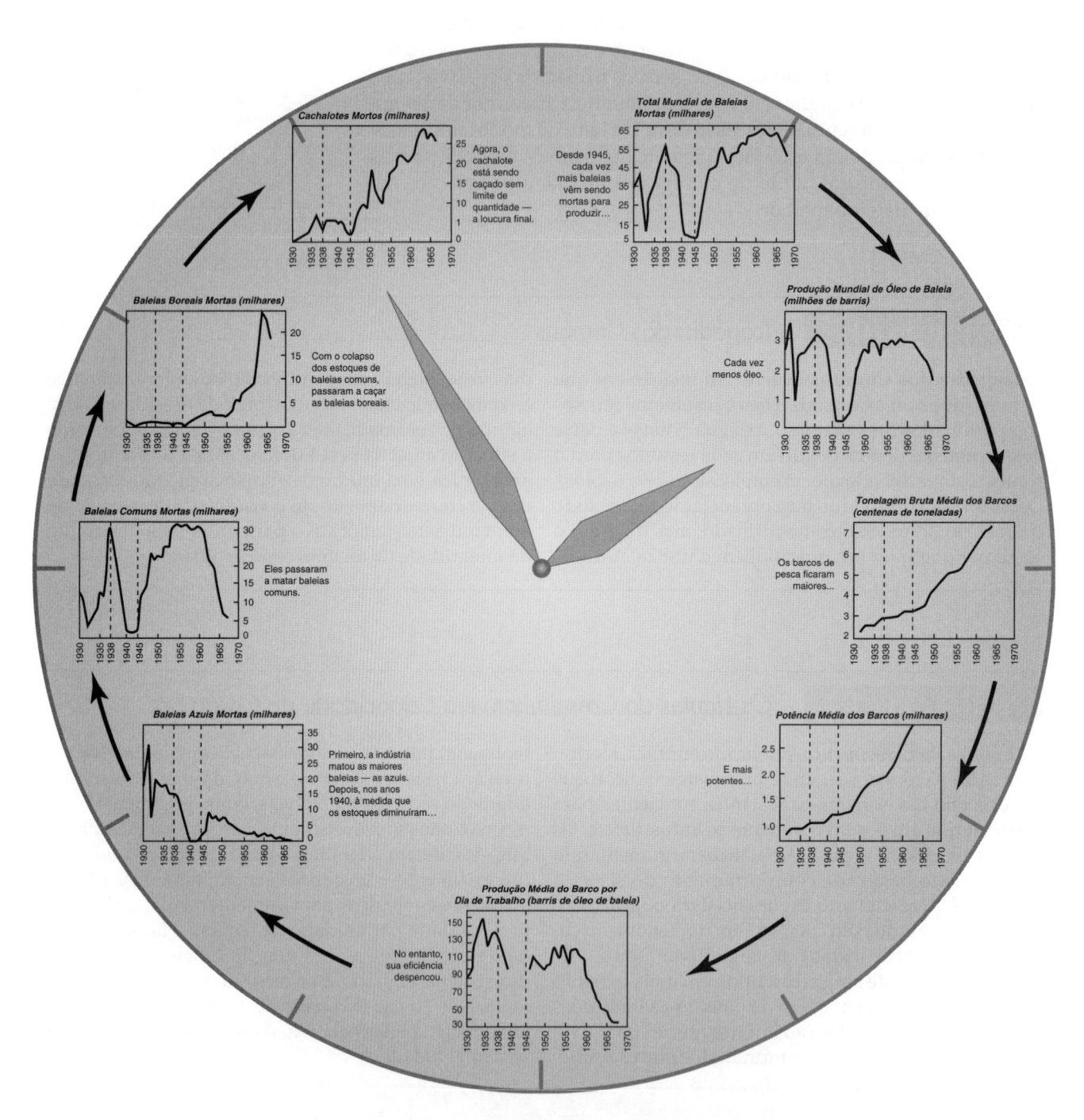

Figura / 1.2   **Limites para o Crescimento e a Tecnologia da Indústria Baleeira**   Manter o crescimento em um sistema limitado por meio dos avanços na tecnologia vai acabar resultando na extinção das baleias e da indústria baleeira. À medida que os baleais selvagens são destruídos, encontrar os sobreviventes fica mais difícil e exige mais esforço. Nesse contexto, como as grandes baleias estão sendo exterminadas, a indústria se mantém viva a partir do aproveitamento das espécies pequenas. Sem limite de espécies, as grandes baleias sempre são capturadas onde e quando são encontradas. Desse modo, as pequenas baleias subvencionam o extermínio das grandes.

(Baseado em Payne, R. 1968. "Among Wild Whales." *New York Zoological Society Newsleter* (Novembro)).

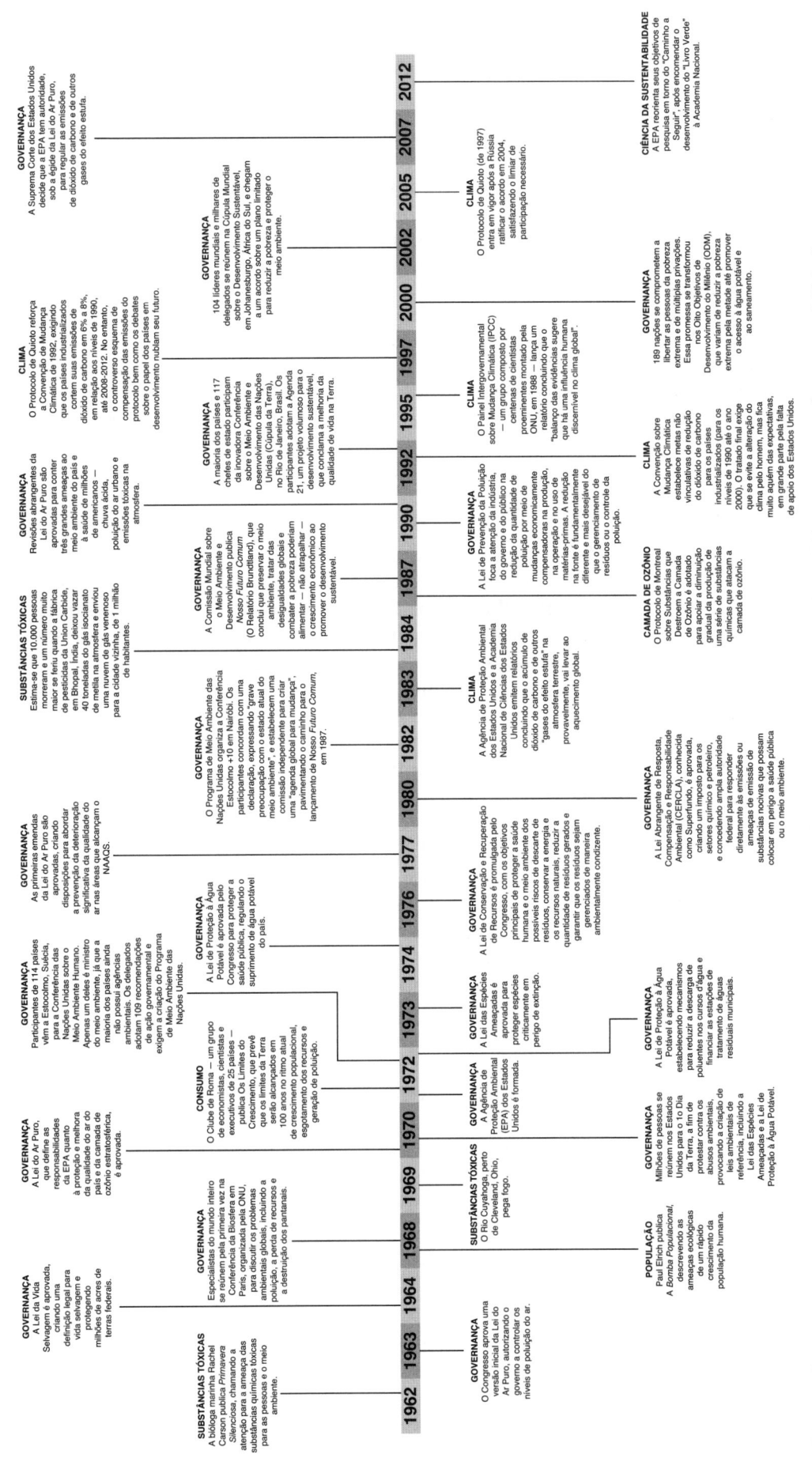

Figura / 1.3 Linha do tempo dos eventos críticos que levaram de uma missão de proteção ambiental até uma meta de sustentabilidade. (Eventos adaptados de www.worldwatch.org).

Se você pesquisar as palavras *sustentabilidade, desenvolvimento sustentável* e *engenharia sustentável* no Google, vai encontrar centenas de definições. Tente! A abundância de variadas definições dificultou o consenso a respeito do que é sustentabilidade. No entanto, quase todas as definições de sustentabilidade fazem referência à integração dos três elementos do **Tripé da Sustentabilidade** (ambiente, economia, sociedade). A maioria das definições também amplia os critérios de sustentabilidade para incluir o objetivo de satisfazer as necessidades das gerações atuais e futuras.

Sustentabilidade é definida pelo dicionário Merriam Webster da seguinte forma: (1) de, relacionada com, ou um método de colher ou usar um recurso de modo que ele não se esgote ou seja danificado permanentemente e (2) de, ou relacionada com, um estilo de vida envolvendo o uso de métodos sustentáveis.

Desenvolvimento sustentável é definido pela Comissão Brundtland como o "desenvolvimento que satisfaz as necessidades do presente sem comprometer a capacidade do futuro para satisfazes suas necessidades".

Engenharia sustentável é definida como o projeto de sistemas humanos e industriais para garantir que o uso dos recursos e dos ciclos naturais pela humanidade não leve à diminuição da qualidade de vida, em virtude de perdas de oportunidades econômicas futuras ou de impactos adversos nas condições sociais, na saúde humana e no ambiente (Mihelcic *et al.*, 2003).

Discussão em Sala de Aula

Em quais dos Objetivos de Desenvolvimento do Milênio (ODMs) os engenheiros têm um papel a desempenhar? Esses papéis a desempenhar são tradicionais ou emergentes na sociedade e na prática?

Objetivos de Desenvolvimento do Milênio

Você pode acessar www.un.org/milleniumgoals/. Nessa URL, você aprende mais sobre o progresso para cumprir os ODMs.

a Sra. Gro Brundtland, ex-primeira ministra da Noruega, presidiu a comissão. O relatório da Comissão Brundtland definiu **desenvolvimento sustentável** como o "desenvolvimento que satisfaz as necessidades do presente sem comprometer a capacidade do futuro para satisfazer suas necessidades."

Esse relatório ajudou a estimular a Conferência sobre Meio Ambiente e Desenvolvimento das Nações Unidas de 1992, conhecida como Cúpula da Terra, realizada no Rio de Janeiro, Brasil. A conferência — primeira em nível global para tratar especificamente do meio ambiente — levou à agenda não vinculativa para o século XXI, *Agenda 21*, que estabeleceu metas e recomendações relacionadas com questões ambientais, econômicas e sociais. Além disso, a Comissão sobre Desenvolvimento Sustentável das Nações Unidas foi criada para supervisionar a aplicação da *Agenda 21*.

Na Cúpula Mundial sobre Desenvolvimento Sustentável de 2002, em Johanesburgo, África do Sul, líderes mundiais reafirmaram os princípios de desenvolvimento sustentável adotados na Cúpula da Terra, 10 anos antes. Eles também adotaram os **Objetivos de Desenvolvimento do Milênio (ODMs)**, apresentados na Tabela 1.1. Os oitos ODMs representam uma agenda ambiciosa para um mundo melhor, que pode guiar a inovação e a prática da engenharia. Esse é um bom exemplo de ligação entre política e engenharia: a política pode impulsionar a inovação em engenharia, e os novos avanços da engenharia podem incentivar o desenvolvimento de novas políticas com padrões avançados que redefinam as "melhores tecnologias disponíveis".

1.2 O Caminho a Seguir: Operacionalizar a Sustentabilidade

Dadas as muitas definições de sustentabilidade (consulte a Aplicação 1.5), e a complexidade de uma perspectiva de sistemas para incluir as ligações e a retroalimentação entre o meio ambiente, a economia e a sociedade, existem esforços em andamento para passar das discussões acerca da aplicação operacional de um arcabouço de sustentabilidade às atividades organizacionais

Tabela / 1.1

Objetivos de Desenvolvimento do Milênio (ODMs) Os ODMs são uma agenda ambiciosa adotada pela comunidade mundial para reduzir a pobreza e melhorar as vidas da comunidade global. Aprenda mais em www.un.org/milleniumgoals/.

Objetivo de Desenvolvimento do Milênio	Cenário	Exemplo de alvo(s) (entre 21 alvos no total)
1. Erradicar a pobreza extrema e a fome.	Mais de 1 bilhão de pessoas ainda vivem com menos de 1 dólar por dia.	(1a) Reduzir à metade a proporção de pessoas que vivem com menos de 1 dólar por dia e de pessoas que passam fome.
2. Alcançar a educação primária universal.	Até 113 milhões de crianças não frequentam a escola.	(2a) Garantir que todos os meninos e meninas concluam o ensino primário.
3. Promover a igualdade de gênero e dar mais poder às mulheres.	Dois terços dos analfabetos são mulheres, e o índice de emprego das mulheres é dois terços do índice dos homens.	(3a) Eliminar as disparidades de gênero, de preferência, na educação primária e secundária até 2005, e em todos os níveis até 2015.
4. Reduzir a mortalidade infantil.	Todos os dias, aproximadamente, 11 milhões de crianças novas morrem antes de completar 5 anos, principalmente de doenças evitáveis.	(4a) Reduzir em dois terços a taxa de mortalidade entre as crianças com menos de 5 anos de idade.
5. Melhorar a saúde materna.	No mundo em desenvolvimento, o risco de morrer no parto é 1 em 48.	(5a) Reduzir em três quartos a proporção de mulheres que morrem durante o parto.
6. Combater o HIV/Aids, a malária e outras doenças.	40 milhões de pessoas estão vivendo com o HIV, incluindo 5 milhões de recém-infectados em 2001.	(6a e 6c) Interromper e começar a reverter a disseminação do HIV/Aids e a incidência de malária e outras doenças importantes.
7. Garantir a sustentabilidade ambiental.	768 milhões de pessoas não têm acesso à água potável, e 2,5 bilhões de pessoas carecem de um melhor saneamento.	(7a) Integrar os princípios de desenvolvimento sustentável nas politicas e nos programas do país e reverter a perda de recursos ambientais. (7b) Reduzir pela metade a proporção de pessoas sem acesso à água potável. (7c) Alcançar uma melhoria significativa nas vidas de, pelo menos, 100 milhões de favelados.
8. Desenvolver uma parceria global para o desenvolvimento.		(8a) Desenvolver mais um sistema de comércio e finanças aberto, baseado em regras, previsível e não discriminatório. (8b) Abordar as necessidades especiais dos países menos desenvolvidos. (8c) Abordar as necessidades especiais de países sem acesso ao mar e de pequenos estados insulares em desenvolvimento. (8d) Lidar de forma abrangente com as dívidas dos países em desenvolvimento por meio de medidas nacionais e internacionais para tornar essas dividas sustentáveis no longo prazo. (8e) Em cooperação com as empresas farmacêuticas, fornecer medicamentos essenciais a um custo acessível nos países em desenvolvimento. (8f) Em cooperação com o setor privado, disponibilizar os benefícios das novas tecnologias, especialmente no que diz respeito a informação e comunicações.

Fonte: www.un.org/millennumgoals/.

Figura / 1.4 Atividade Diária de Coleta de Água que Ocorre em Grande Parte do Mundo.

(Foto cortesia de James R. Mihelcic).

e de engenharia. Frequentemente, são consideradas duas amplas classes de esforços para operacionalizar a sustentabilidade: *top-down* e *bottom-up*. Ou seja, uma das estratégias envolve tomadores de decisão de alto nível, iniciando atividades e estabelecendo estruturas e incentivos organizacionais que visam a incutir a sustentabilidade na organização a partir do topo. Na outra estratégia, as pessoas em toda a organização são motivadas a executar suas funções de maneira mais sustentável e a induzir a sustentabilidade na organização por meio de iniciativas de base e atividades por iniciativa própria.

Existem exemplos de mudanças bem-sucedidas, por organizações governamentais e não governamentais e também por grandes corporações, realizadas a partir dessas abordagens, mas os exemplos mais bem-sucedidos ocorrem quando todos os níveis da organização estão trabalhando para resultados de sustentabilidade. Um exemplo de sucesso dessa evolução para operacionalizar a sustentabilidade pode ser visto no **Caminho a Seguir**, no Escritório de Pesquisa e Desenvolvimento da EPA (descrito na Aplicação 1.6).

Uma vez que há a intenção de perseguir a sustentabilidade, existe uma clara necessidade de identificar uma abordagem para a solução de problemas que tenha evoluído das abordagens prévias, que não incorporaram sistematicamente as considerações do tripé da sustentabilidade. Existem dois arcabouços críticos que podem ser utilizados para apoiar a visão expandida necessária para avançar à sustentabilidade: conceito de ciclo de vida e conceito de sistemas. Embora esses dois arcabouços estejam relacionados, existem diferenças claras entre eles. Desse modo, o conceito de ciclo de vida é focado nos fluxos de material e energia e nos impactos subsequentes, enquanto o conceito de sistemas também pode capturar a relação das considerações políticas, culturais, sociais e econômicas, bem como os possíveis *feedbacks* entre essas considerações e os fluxos de material e energia.

O Caminho a Seguir no Escritório de Pesquisa e Desenvolvimento da EPA (Anastas, 2012)

Desde 2010, mudanças significativas têm sido feitas nos empreendimentos de pesquisas da EPA. Todas as ações e decisões da EPA se baseiam em ciência e pesquisa. Recentemente, a EPA embarcou em um grande esforço para realinhar seu portfólio de pesquisa de modo a abordar mais efetivamente os urgentes desafios ambientais e atender melhor às funções de tomada de decisão da Agência no uso futuro da sustentabilidade como um princípio organizacional.

Em 2010, a EPA encomendou um estudo de referência às Academias Nacionais para fornecer recomendações sobre como operacionalizar, de maneira sistemática, o conceito de sustentabilidade em toda a tomada de decisão da Agência. O relatório final, intitulado "Sustentabilidade e a U.S. EPA" (também conhecido como "Livro Verde") descreveu várias recomendações, incluindo a identificação de ferramentas científicas e analíticas fundamentais, indicadores, métricas e *benchmarks* de sustentabilidade que podem ser utilizados para acompanhar o progresso rumo às metas de sustentabilidade. Os cientistas da EPA começaram a desenvolver as ferramentas científicas e analíticas necessárias para responder à e executar a sustentabilidade na EPA, incluindo a avaliação do ciclo de vida, a avaliação dos serviços ecossistêmicos, a análise de custo-benefício integral, a química verde, a infraestrutura verde e mais. Esse esforço para desenvolver as ferramentas de sustentabilidade espelha os esforços passados da EPA no desenvolvimento das ferramentas para coletar dados, avaliar e gerenciar o risco.

Acesse o "Livro Verde" (Sustentabilidade na U.S. EPA) em http://www.nap.edu/catalog.php?record_id=13152#toc

1.2.1 CONCEITO DE CICLO DE VIDA

O **conceito de ciclo de vida** apoia o reconhecimento e a compreensão de como consumir produtos e se envolver em atividades que impactam o meio ambiente a partir de uma perspectiva holística. Ou seja, as considerações de **ciclo de vida** levam em conta o desempenho ambiental de um produto, processo ou sistema, da aquisição de matérias-primas até o refino desses materiais, a manufatura, o uso e o gerenciamento do fim de vida. A Figura 1.5a retrata os **estágios comuns do ciclo de vida** de um produto de consumo. No caso da infraestrutura de engenharia, a Figura 1.5b retrata os estágios do ciclo de vida do: (1) desenvolvimento do local, (2) entrega de materiais e produtos, (3) manufatura de infraestrutura, (4) uso da infraestrutura e (5) questões de fim de vida associada à remodelação da infraestrutura, da reciclagem e do descarte. Em alguns casos, o impacto causado pelo trânsito entre esses estágios do ciclo de vida também são considerados.

Há uma necessidade de considerar o ciclo de vida inteiro, já que podem ocorrer diferentes impactos ambientais durante diferentes estágios. Por exemplo, alguns materiais podem ter uma consequência ambiental adversa quando extraídos ou processados, mas podem ter um uso relativamente benigno e ser fáceis de reciclar. O alumínio é um desses materiais. Por um lado, a fundição do minério de alumínio consome muita energia. Essa é uma das razões pelas quais o alumínio é um metal cuja reciclagem é favorecida. No entanto, um automóvel vai criar a maior parte do seu impacto ambiental durante o estágio de uso do ciclo de vida, não só pela queima de combustíveis fósseis, mas também pelo escoamento das estradas e pelo uso de muitos fluidos durante a operação. Quanto às construções, embora uma vasta quantidade de água, agregados, produtos químicos e energia entrem na produção dos materiais de construção, no transporte desses itens para o local de trabalho e na construção da edificação, a vasta quantidade de água e energia ocorre após a ocupação, durante o estágio de operação do ciclo de vida da edificação.

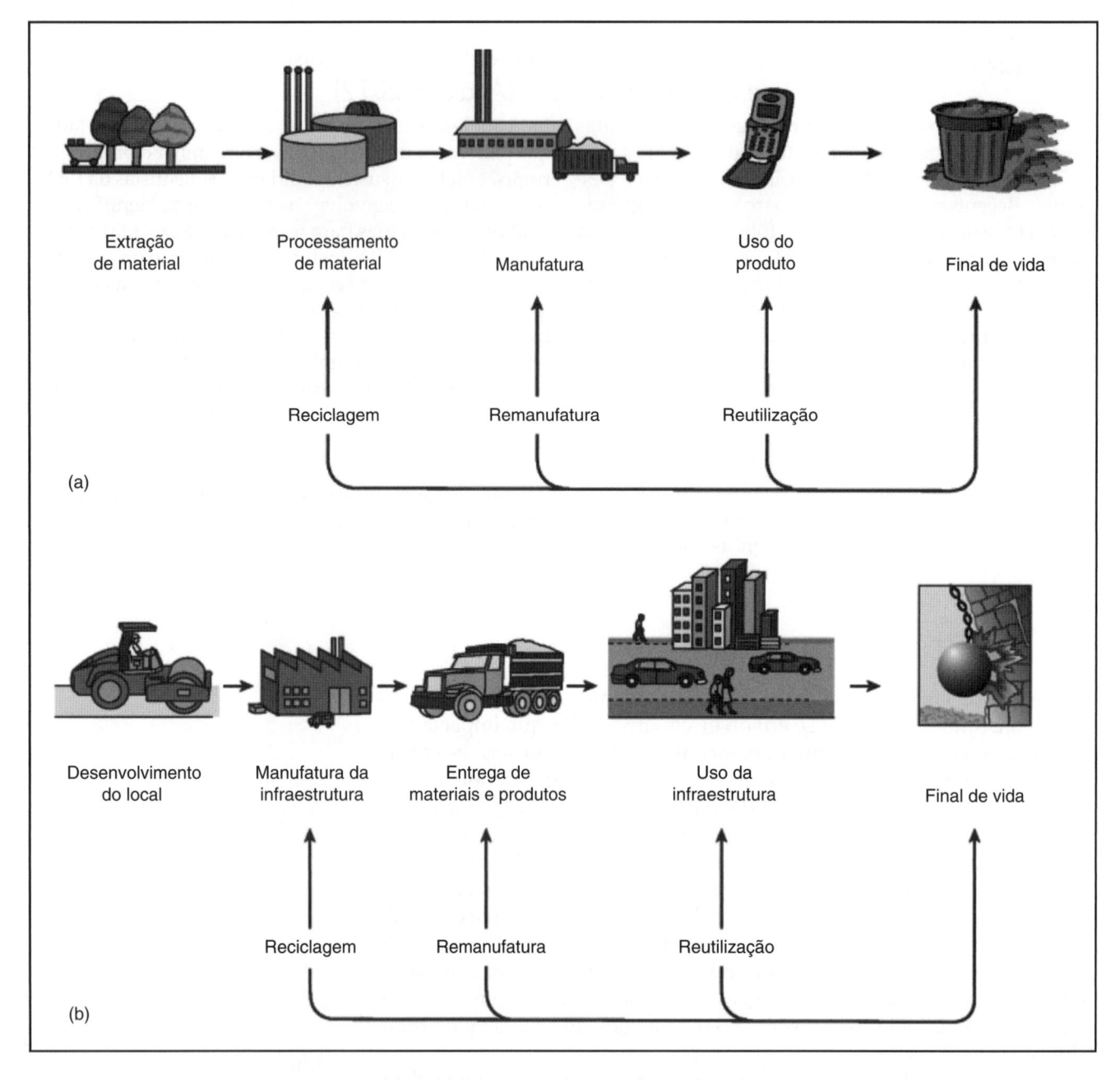

Figura / 1.5 **Estágios Comuns do Ciclo de Vida** Os estágios mais comuns do ciclo de vida de (a) um produto manufaturado e (b) da infraestrutura desenvolvida.

As Figuras 1.5a e 1.5b também mostram, na forma de ciclos de realimentação, o potencial para reciclar, remanufaturar e reutilizar. Embora muitas vezes haja benefícios associados a essas várias estratégias de manuseio de final de vida, elas também podem ter impactos ambientais e devem ser incluídas quando se faz projetos ou melhorias, assim como nas considerações do ciclo de vida.

Além disso, e possivelmente ainda mais importante, o conceito de ciclo de vida vai minimizar a possibilidade de deslocamento dos impactos de um estágio do ciclo de vida para o outro, considerando o sistema inteiro. Por exemplo, os esforços para reduzir as demandas energéticas de iluminação levaram à instalação de milhões de lâmpadas fluorescentes compactas (LFCs) (Aplicação 1.7). Entretanto, as LFCs contêm uma pequena quantidade de mercúrio. Ao se concentrar somente em reduzir a demanda energética e as emissões de carbono, sem considerar a toxicidade associada à manufatura e ao descarte das LFCs, existe o potencial para um maior impacto no meio ambiente e na saúde humana associado ao mercúrio — um metal pesado com efeitos neurotóxicos conhecidos.

A partir do conceito de ciclo de vida, podemos começar a compreender e avaliar os possíveis conflitos de escolha entre muitos parâmetros ambientais e de saúde humana, como uso da energia, as emissões de carbono, o uso da água, a eutrofização, a produção de resíduos sólidos e a toxicidade, rastreando todos os insumos de material e energia associados não só ao uso da energia em iluminação, mas à produção e ao descarte das lâmpadas. Esses conflitos de escolha podem ser quantificados por meio de uma ferramenta conhecida como **avaliação do ciclo de vida (ACV)**.

A Iniciativa do Ciclo de Vida
http://www.lifecycleinitiative.org

Aplicação / 1.7 — Conservação da Energia, Menos Emissões de Carbono e Nova Tecnologia e Iluminação

Dada a preocupação cada vez maior com o impacto das crescentes emissões de carbono na temperatura e no clima, existem muitas estratégias propostas para aumentar a eficiência energética, com isso, reduzindo as emissões de carbono associadas. A produção de eletricidade cria, aproximadamente, 33% das emissões totais de carbono, enquanto 27% das emissões totais de carbono resultam do transporte. A eletricidade residencial consiste em, aproximadamente, 33% da eletricidade total (com cerca de um terço para uso industrial e um terço para uso comercial). De acordo com a U.S. Energy Information Administration, o domicílio americano médio usa 10.000 kWh/ano, dos quais 8,8%, ou 940 kWh, destinam-se à iluminação.

Um esforço que tem sido amplamente adotado é reduzir a quantidade de energia e, subsequentemente, as emissões de carbono associadas à iluminação. Os Estados Unidos e muitos outros países, atualmente, estão descontinuando as vendas de lâmpadas incandescentes para iluminação geral. O objetivo é impor a utilização e o desenvolvimento tecnológico de alternativas de iluminação mais eficientes, como as LFCs e as lâmpadas LED (diodo emissor de luz).

Uma lâmpada incandescente de 100 W funcionando 3 horas por dia, todos os dias, vai usar cerca de 100 kWh/ano. Uma lâmpada altamente eficiente usa, aproximadamente, um quarto da energia de uma lâmpada convencional. Substituir a lâmpada de 100 W por uma LFC de 25 W pouparia 75 kWh/ano. Essa redução no uso da eletricidade corresponde a uma economia de, aproximadamente, 150 lb de dióxido de carbono (a mesma quantidade emitida pela queima de 7,5 galões de gasolina). Dado que 19% da geração global de eletricidade é obtida para iluminação, há um tremendo potencial de economia associado às novas tecnologias de iluminação.

Entretanto, é importante observar que as LFCs atuais contêm cerca de 4,0 mg de mercúrio por lâmpada, aumentando as preocupações com o meio ambiente e a saúde humana. Além disso, inicialmente, havia considerações de desempenho associadas às LFCs que levaram à resistência do mercado, incluindo a qualidade da iluminação e o tempo de aquecimento. Embora o mercúrio não seja utilizado na manufatura das lâmpadas de LED, ainda há impactos no ciclo de vida associados à sua produção, uso e descarte. No entanto, as lâmpadas de LED solucionam muitas das considerações de desempenho associadas às LFCs. Para tornar a situação ainda mais complexa, o custo das LFCs e das LEDs é maior do que o das lâmpadas incandescentes. Geralmente, esse custo adicional é reembolsado no longo prazo, já que ambas as tecnologias de iluminação usam menos energia e têm vidas operacionais maiores do que as das lâmpadas incandescentes.

Partindo dessa discussão, existem oportunidades claras para melhorar o consumo de energia e as subsequentes emissões de carbono associadas à iluminação. Entretanto, os avanços tecnológicos apresentam alguns conflitos de escolha em termos de uso do mercúrio, descarte e desempenho das LFCs, e em termos de custo das duas tecnologias: LFCs e LEDs. Esses conflitos de escolha precisam ser considerados e quantificados para a tomada de decisão informada no presente e devem ser usados para guiar o projeto e a inovação de futuras tecnologias de iluminação mais aperfeiçoadas.

O conceito de ciclo de vida apoia o objetivo de melhorar o desempenho ambiental global de um projeto de engenharia, e não simplesmente aperfeiçoar um único estágio ou parâmetro enquanto desloca os encargos para outra parte do ciclo de vida. Para capturar de maneira efetiva esses impactos em todo o ciclo de vida do produto, processo ou sistema, é preciso considerar os impactos ambientais para o ciclo de vida inteiro por meio de uma ACV.

A ACV é uma maneira sofisticada de examinar o impacto ambiental total em cada estágio do ciclo de vida. O arcabouço da ACV é retratado na Figura 1.6. As ACVs podem ser utilizadas para identificar processos, ingredientes e sistemas que sejam importantes componentes dos impactos ambientais, comparar diferentes opções dentro de determinado processo com o objetivo de minimizar os impactos ambientais e comparar dois produtos ou processos diferentes que fornecem o mesmo serviço.

Conforme a Figura 1.6, a primeira etapa na realização de uma ACV é definir o objetivo e o escopo. Isso pode ser feito respondendo às seguintes perguntas:

- Qual é a finalidade da ACV? Por que a avaliação está sendo conduzida?
- Como os resultados serão utilizados e por quem?
- Que materiais, processos ou produtos devem ser considerados?
- Existem questões específicas a serem abordadas?
- O quão amplamente as opções alternativas serão definidas?
- Quais questões ou preocupações o estudo irá abordar?

Nesse estágio, outro item que precisa ser abordado é a definição da função e da unidade funcional. A **unidade funcional** serve como base da ACV, os limites do sistema, os requisitos de dados e os pressupostos. Por exemplo, se você estivesse interessado em determinar o uso da energia e as emissões de carbono associadas à recuperação ou à dessalinização da água (sobre o ciclo de vida completo), a função seria recuperar as águas residuais tratadas ou dessalinizar a água do oceano. Desse modo, a unidade funcional associada poderia ser m^3 de água residual recuperada ou m^3 de água dessalinizada.

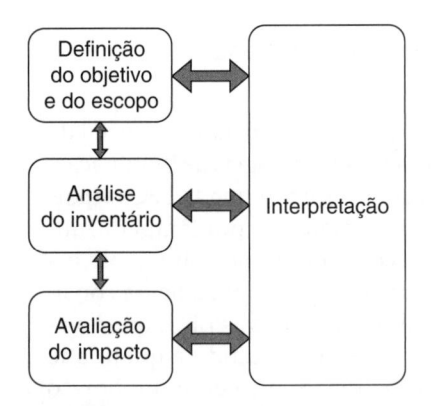

Figura / 1.6 Componentes do Arcabouço de Avaliação do Ciclo de Vida (ACV).

Uma vez que o objetivo, o escopo e a unidade funcional foram definidos, a próxima etapa de uma ACV é desenvolver um fluxograma para os processos que estão sendo avaliados e realizar uma análise do inventário. Isso envolve descrever todas as entradas e saídas (incluindo materiais, energia e água) no ciclo de vida de um produto, começando pela composição do produto, de onde vem a matéria-prima e para onde ela vai, bem como as entradas e as saídas relacionadas com os materiais componentes durante sua vida útil. Também é necessário incluir as entradas e as saídas durante o uso do produto, por exemplo, se o produto usa eletricidade ou baterias. Se a análise se concentrar estritamente nos materiais e não considerar a energia ou outras entradas/saídas, ela é denominada um subconjunto da ACV e uma análise do fluxo de materiais.

Uma **análise do fluxo de materiais (AFM)** mede os fluxos de material para um sistema, os estoques e os fluxos dentro desse sistema, e as saídas do mesmo. Nesse caso, as medições se baseiam na massa (ou volume) de carga, e não nas concentrações. A *análise do fluxo de material urbano* (às vezes, chamada de estudo do **metabolismo urbano**) é um método para quantificar o fluxo de materiais que entram em uma área urbana (por exemplo, água, alimento e combustível) e o fluxo de materiais que saem de uma área urbana (por exemplo, produtos manufaturados, poluentes da água e do ar, incluindo os gases do efeito estufa, e resíduos sólidos) (Aplicação 1.8).

exemplo / 1.1 Determinar a Função e a Unidade em Termos da ACV

exemplo 1

Se pedissem a você para fazer uma ACV em dois diferentes detergentes para roupas, o que você poderia usar como unidade funcional para a análise?

solução 1

A base da ACV poderia ser o peso ou o volume de cada detergente para roupas necessário para executar 1.000 ciclos da máquina de lavar. (Isso não diz nada a respeito do desempenho dos detergentes para roupas — até que ponto as roupas ficam limpas após a lavagem —, já que se presume que sejam idênticos para fins da ACV.)

exemplo 2

Se pedissem a você para fazer uma AVC de sacolas de mercado de papel *versus* de plástico, o que você poderia utilizar como unidade funcional da análise?

solução 2

A base da ACV poderia ser um volume estabelecido de produtos a transportar — situação em que duas sacolas plásticas poderiam equivaler a uma sacola de papel. Outra opção seria a unidade funcional estar relacionada com o peso dos produtos transportados — situação em que você precisaria determinar se as sacolas plásticas ou as de papel são as mais fortes e quantas de cada uma seriam necessárias para transportar o peso especificado.

Aplicação / 1.8 Metabolismo Urbano e um Estudo de Caso sobre Hong Kong

Os estudos do metabolismo urbano são importantes, uma vez que os planejadores e os engenheiros podem utilizá-los para reconhecer problemas e o crescimento com desperdício, estabelecer prioridades e formular políticas. Por exemplo, uma análise do fluxo de materiais, feita durante 10 anos, sobre a quantidade de água potável que entra e sai da Área da Grande Toronto constatou que as entradas de água tinham crescido 20% mais do que as saídas. As possíveis explicações para isso poderão ser o vazamento de água nos sistemas de distribuição, os eventos combinados de vazamento dos esgotos e um maior uso de água para cuidar dos gramados — todos permitindo que a água fornecida contornasse o monitoramento da saída. A análise também apontou para a necessidade de um maior desenvolvimento da conservação da água pela disponibilidade fixa (ou capacidade de armazenamento) de água potável.

A Figura 1.7 mostra os resultados de uma análise do fluxo de materiais feita na cidade de Hong Kong. Aqui, 69% dos materiais de construção foram utilizados para fins residenciais, 12% para fins comerciais, 18% para fins industriais e 2% na infraestrutura de transportes. Além disso, 3,5% do aumento medido no uso de materiais, em um período de estudos de 20 anos, indicou que Hong Kong ainda estava se desenvolvendo em um sistema urbano maior.

Durante o período de estudo, a economia da cidade passou de um centro baseado em indústrias para um

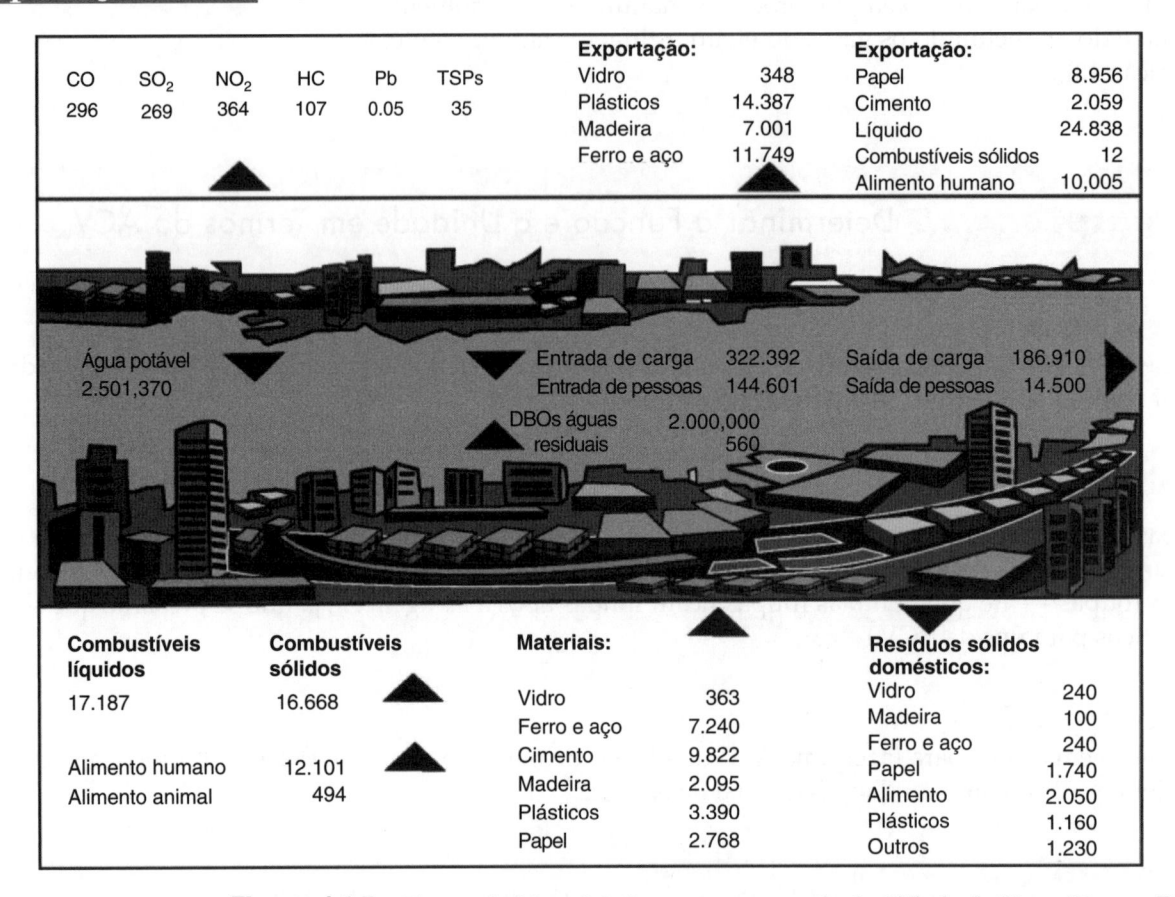

CO	SO₂	NO₂	HC	Pb	TSPs
296	269	364	107	0.05	35

Exportação:

Vidro	348
Plásticos	14.387
Madeira	7.001
Ferro e aço	11.749

Exportação:

Papel	8.956
Cimento	2.059
Líquido	24.838
Combustíveis sólidos	12
Alimento humano	10,005

Água potável	2.501,370

Entrada de carga	322.392
Entrada de pessoas	144.601
DBOs águas residuais	2.000,000 / 560

Saída de carga	186.910
Saída de pessoas	14.500

Combustíveis líquidos

17.187

Combustíveis sólidos

16.668

Alimento humano	12.101
Alimento animal	494

Materiais:

Vidro	363
Ferro e aço	7.240
Cimento	9.822
Madeira	2.095
Plásticos	3.390
Papel	2.768

Resíduos sólidos domésticos:

Vidro	240
Madeira	100
Ferro e aço	240
Papel	1.740
Alimento	2.050
Plásticos	1.160
Outros	1.230

Figura / 1.7 **Fluxos de Materiais Importantes para/pela Cidade de Hong Kong** Todas as unidades são em toneladas/dia. As setas se destinam a dar alguma indicação da direção do fluxo de materiais.

(Adaptado de *AMBIO: A Journal of the Human Environment*, Vol. 30, K. Warren-Rhodes e A. Koenig, "Escalating Trends in the Crash. Urban Metabolism of Hong Kong: 1971-1997", pages 429-438, 2001 com a gentil permissão da Springer Science + Business Midia B.V.)

centro baseado em serviços. Isso resultou em um deslocamento de 10% da energia do setor industrial para o setor comercial, ainda que o consumo de energia tenha aumentado. O grande aumento no uso da energia foi atribuído a um maior desenvolvimento e conforto residencial/ocupacional e a conveniência. A taxa de uso dos materiais consumíveis também cresceu durante o período de estudo, com aumento de 400% dos plásticos.

As emissões atmosféricas globais em Hong Kong diminuíram; no entanto, os poluentes atmosféricos associados ao uso de automóveis e à produção de combustíveis fósseis (como NO_x e CO) aumentaram. O aterro de resíduos sólidos cresceu 245%, criando um dilema para a cidade com limitações de espaço. Embora grande parte desses resíduos seja decorrente de construção, demolição e recuperação, os resíduos sólidos municipais também cresceram 80%, com os plásticos, restos de alimentos e papel contribuindo com a maior parte do resíduo municipal.

Embora a taxa de crescimento global do uso da água tenha caído durante o estudo (10-2%) por reduções no uso agrícola e industrial, o consumo *per capita* de água potável aumentou de 272 para 379 L/dia. A água é um dos maiores depósitos de resíduos da cidade pelo grande volume de esgoto não tratado. A carga de demanda bioquímica de oxigênio (DBO) aumentou 56%. As descargas de nitrogênio também aumentaram substancialmente. A contaminação das águas de Hong Kong com esgoto é considerada, atualmente, uma grande crise para a cidade, com efeitos ambientais, econômicos e de saúde grandes e prejudiciais.

Uma conclusão é que a atual taxa metabólica urbana de Hong Kong está ultrapassando as taxas de produção natural e de fixação de CO_2. O consumo de materiais e energia na cidade supera muito a capacidade natural de assimilação do ecossistema local. As altas taxas de metabolismo urbano mostram que, em relação a outras cidades, Hong Kong é mais eficiente (*per capita*) em uso de terreno, energia e materiais pelos estoques mais baixos de material nas construções e na infraestrutura de transportes, além de apresentar menos uso de energia e materiais (consumo doméstico), e proporções maiores de espaço dedicado a parques e áreas abertas.

O propósito de uma análise de inventário — do ciclo de vida completo ou limitada aos materiais — é quantificar o que entra e o que sai, incluindo a energia e os materiais associados a cada estágio no ciclo de vida. As entradas incluem todos os materiais, tanto renováveis quanto não renováveis, e a energia. É importante lembrar que as saídas incluem os produtos desejados, além dos subprodutos e dos resíduos, como as emissões na atmosfera, na água e no solo. Também é importante considerar a qualidade dos dados nas entradas e nas saídas para o sistema quando fizer uma análise de inventário.

A terceira etapa na ACV (ou AFM) é realizar uma avaliação de impacto. Essa etapa envolve a identificação de todos os impactos ambientais associados às entradas e às saídas, detalhados na análise do inventário. Nesse caso, os impactos ambientais de todo o ciclo de vida são agrupados em tópicos amplos. Os impactos ambientais podem incluir estressores, como o esgotamento dos recursos, uso da água, uso da energia, potencial de aquecimento global, esgotamento da camada de ozônio, toxicidade humana, formação de *smog* e uso do solo. Frequentemente, essa etapa envolve alguns pressupostos em relação ao impacto na saúde humana e ao impacto ambiental que resultarão de uma emissão.

A etapa final na avaliação do impacto pode ser controversa, pois envolve ponderar essas amplas categorias de impacto ambiental a fim de produzir um único escore para o desempenho ambiental global do produto, processo ou sistema que está sendo analisado. Muitas vezes, trata-se de uma consideração social que pode variar entre as culturas. Por exemplo, os países insulares da orla do Pacífico podem dar um peso maior para a mudança climática por sua vulnerabilidade à elevação do nível do mar, enquanto outros países podem dar um peso maior para os impactos na saúde humana. Isso sugere que o escore de impacto total pode ser distorcido pelos fatores de ponderação. Isso também significa que, para um inventário de ciclo de vida idêntico, as decisões resultantes da avaliação de impacto podem variar entre os países ou organizações.

No final das contas, a ACV (e AFM) pode fornecer informações sobre oportunidades para melhorar o impacto ambiental de um produto, processo ou sistema. Isso pode incluir a escolha entre duas opções ou a identificação de áreas de melhoria de uma única opção. A ACV e a AFM são extremamente valiosas para assegurar que o impacto ambiental esteja sendo minimizado em todo o ciclo de vida e que esses impactos não passem de um estágio do ciclo de vida para o outro. Isso leva a um sistema otimizado globalmente para reduzir os efeitos adversos do produto, processo ou sistema especificado.

Aplicando o Conceito de Ciclo de Vida nos Projetos Internacionais de Desenvolvimento Hídrico e Sanitário
http://usfmi.weebly.com/thesereports.html

1.2.2 CONCEITO DE SISTEMAS

Além de rastrear as entradas e as saídas físicas de um sistema, o **conceito de sistemas** considera que as partes que compõem um sistema têm

Discussão em Sala de Aula

Os biocombustíveis são sustentáveis? Pela perspectiva de ciclo de vida e de sistemas, os biocombustíveis podem fazer sentido no que diz respeito ao carbono, mas que outros parâmetros podem ser criticamente importantes para a sua aplicação bem-sucedida? Essas ferramentas podem ajudar a avaliar os impactos dos biocombustíveis na disponibilidade e no preço dos alimentos?

características ou atributos adicionais quando funcionam dentro de um sistema, em vez de isoladamente. Isso sugere que os sistemas devem ser encarados de maneira holística. Os sistemas como um todo podem ser mais bem compreendidos quando as ligações e as interações entre os componentes são consideradas, além da compreensão dos componentes individuais. Um exemplo do benefício do uso do conceito de ciclo de vida e do conceito de sistemas na avaliação do potencial impacto ambiental dos biocombustíveis é apresentado na Aplicação 1.9.

A natureza do conceito de sistemas o torna extremamente eficaz para solucionar os mais difíceis tipos de problema. Por exemplo, os desafios da sustentabilidade são bastante complexos, dependem de interações e interdependências e, atualmente, são gerenciados ou mitigados por mecanismos distintos. Desse modo, podem ser aplicadas políticas ou tecnologias com objetivos bem articulados, mas que podem levar a consequências inesperadas porque não foram considerados todos os possíveis *feedbacks* do sistema.

Uma maneira de começar uma análise de sistemas é a partir do **diagrama de ciclo causal (DCC).** Os DCCs proporcionam um meio para articular a natureza dinâmica, interconectada, de sistemas complexos. Esses diagramas são formados por setas que conectam variáveis (coisas que mudam ao longo do tempo), de maneira a mostrar como uma variável afeta a outra. Cada seta em um DCC é rotulada com um *s* ou *o*. Um *s* significa que quando a primeira variável muda, a segunda muda na mesma direção. (Por exemplo, mais lucros levam a mais investimentos em pesquisa e desenvolvimento.) Um *o* significa que a primeira variável provoca uma mudança na direção oposta da segunda variável. (Por exemplo, mais inovações em engenharia verde ou ecológica podem levar a menos riscos para o meio ambiente e para a saúde humana.)

Nos DCCs, as setas se juntam e formam laços (ciclos), e cada laço é rotulado com um *R* ou *B* (Figura 1.9). *R* significa *reforçar* — ou seja, as relações causais dentro do ciclo criam crescimento ou colapso exponencial.

Aplicação / 1.9 — Conceitos de Ciclo de Vida e Sistemas Aplicados aos Biocombustíveis

Um exemplo recente no qual a relevância dos conceitos de ciclo de vida e de sistemas ficou clara foi a proposta de usar biocombustíveis para substituir uma parte do portfólio de combustíveis no transporte dos Estados Unidos. Tem havido uma ênfase significativa na redução da dependência dos combustíveis fósseis por meio da produção de energia combustível a partir de produtos agrícolas. Um dos exemplos mais claros disso é a ênfase, dada pelos Estados Unidos, na produção de etanol a partir do milho. Independentemente de a economia gerada por esse tipo de etanol ser considerada pela perspectiva da monetização das emissões no ciclo de vida ou pela perspectiva dos impactos ambientais diretos (incluindo água, fertilizantes e aplicação de pesticidas), a produção do etanol à base de milho pode exigir (por unidade de combustível produzida) o uso de mais combustíveis fósseis e fertilizantes – que emitem grande quantidade de gases do efeito estufa, material particulado e nutrientes – do que a atual produção baseada em petróleo.

Isso não significa sugerir que a produção de energia a partir de recursos biológicos não é uma estratégia sustentável ou apropriada. No entanto, pode-se sugerir que perseguir a energia sustentável de uma maneira que aborde apenas o objetivo singular de redução do uso de recursos finitos, sem considerar os arcabouços do conceito de ciclo de vida e o conceito de sistemas, pode levar a mais impactos no meio ambiente e na saúde humana, e ainda mais estresse aos sistemas terrestres. A Figura 1.8 mostra o impacto ambiental dos biocombustíveis criado a partir de diferentes fontes de cultivo. Repare como esse suposto combustível "mais verde" pode ter impactos significativos e variados por todo o ciclo de vida. Tais impactos também são altamente dependentes da escolha da matéria-prima e da localização do produto.

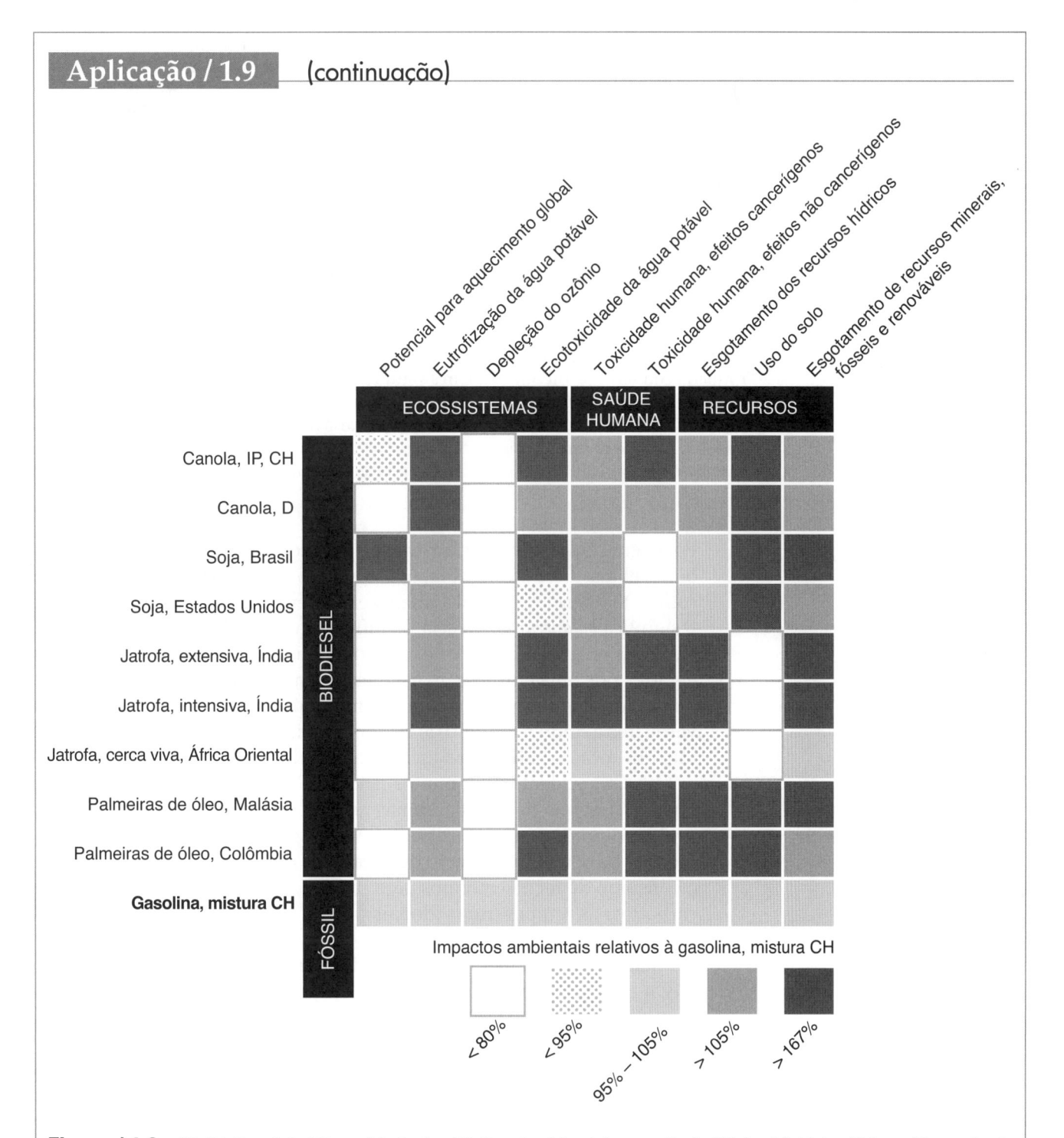

Figura / 1.8   **Visão Geral da Diversidade dos Efeitos Ambientais a partir de Várias Matérias-Primas Renováveis para a Produção do Biodiesel**   Os impactos ambientais são relatados em relação à produção de mistura de gasolina à base de petróleo, com os sombreados mais claros indicando menos impacto e os mais escuros indicando um impacto maior do que o sistema convencional. Baseado no material do *Seattle Post-Intelligencer* (2008).

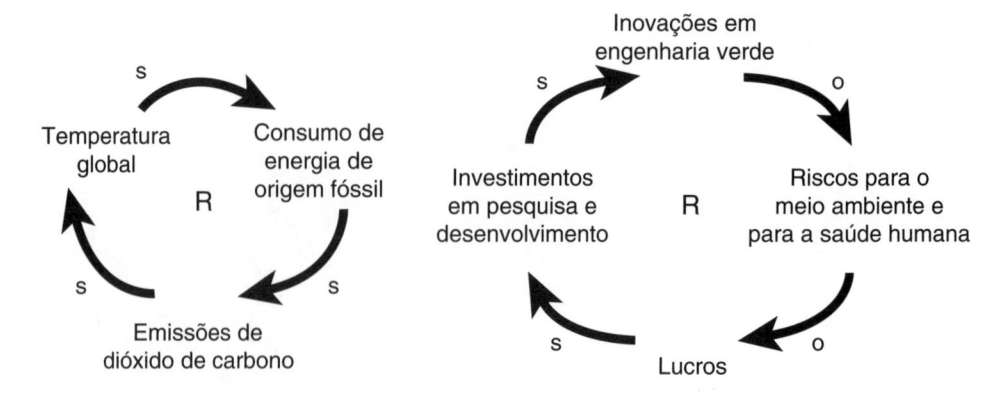

Figura / 1.9 **Exemplos de DCCs de Reforço e Balanço** Cada seta em um DCC é rotulada com um "*s*" ou um "*o*". Um *s* significa que quando a primeira variável muda, a segunda muda na mesma direção. Um *o* significa que a primeira variável provoca uma mudança na direção oposta da segunda variável. *R* significa *reforçar* – ou seja, as relações causais dentro do ciclo criam crescimento ou colapso exponencial. *B* significa *balancear* – ou seja, as influências causais no ciclo mantêm as variáveis em equilíbrio.

Por exemplo, a Figura 1.9 mostra que quanto mais energia à base de combustível fóssil for consumida, mais dióxido de carbono é emitido, assim como a temperatura global aumenta e mais energia precisa ser consumida. *B* significa *balancear* — ou seja, as influências causais no ciclo mantêm as variáveis em equilíbrio. Por exemplo, na Figura 1.9, quanto mais lucros gerados por uma empresa, mais investimentos podem ser feitos em pesquisa e desenvolvimento, o que levará a mais inovações em engenharia verde, reduzindo o número de risco para o meio ambiente e para a saúde humana, ocasionando mais lucros potenciais.

Os DCCs podem conter muitos ciclos *R* e *B* diferentes, todos ligados por setas. O desenho desses diagramas pode desenvolver uma compreensão profunda da dinâmica do sistema. Ao longo desse processo, as oportunidades para melhorias serão destacadas. Por exemplo, as ligações entre o consumo de recursos finitos para produção de energia, as emissões de carbono e as temperaturas globais podem nos levar a encontrar novas fontes de energia renovável.

Além disso, é por meio do conceito de sistemas que também podemos começar a compreender a **resiliência** de um sistema. O conceito de resiliência é muito importante para a sustentabilidade de sistemas, porque representa a capacidade de o sistema sobreviver, adaptar-se e crescer diante de mudanças inesperadas, até mesmo de acidentes catastróficos (Fiksel, 2003). A resiliência é um atributo comum dos sistemas complexos, como empresas, cidades ou ecossistemas. Dadas a incerteza e a vulnerabilidade em torno dos desafios de sustentabilidade como a mudança climática, a escassez de água e as demandas energéticas, os projetos sustentáveis provavelmente vão precisar incorporar a resiliência como um conceito fundamental.

A ideia de conceber sistemas projetados para a resiliência seria introduzir sistemas mais distribuídos e/ou menores, que possam continuar a funcionar efetivamente com maior resiliência em condições duvidosas. Entre os exemplos, temos a geração de energia e a coleta de água das chuvas nas casas ou na comunidade, e o tratamento descentralizado das águas residuais (efluentes). Mais uma vez, é preciso considerar os impactos de ciclo de vida do sistema inteiro quando se concebe um sistema novo, distribuído e com mais redundância para substituir um sistema mais cen-

exemplo / 1.2 Sistemas Distribuídos que Podem Melhorar a Funcionalidade e a Resiliência

Forneça um exemplo de sistema distribuído composto de elementos independentes, embora interativos, que possa proporcionar mais funcionalidade e maior resiliência. Quais são os possíveis benefícios em termos de sustentabilidade?

solução

Um conjunto distribuído de geradores elétricos (por exemplo, células de combustível) conectados à rede de energia elétrica pode ser mais confiável e tolerante a falhas do que a geração de energia centralizada (Fiksel, 2003). Os benefícios de sustentabilidade podem incluir:

- Menos recursos necessários para a transmissão e a distribuição.
- Menos perdas decorrentes da transmissão de longa distância e da distribuição, de modo que menos energia total precisa ser gerada para fornecer a mesma quantidade para o usuário final.
- Possível crédito concedido ao proprietário para reduções líquidas nas emissões da área.
- Menos emissões globais se a fonte de energia distribuída for mais limpa do que a alternativa (por exemplo, células de combustível, recuperação de gás de aterro, biomassa).
- Potencial para menos emissões geradas pela produção de energia apenas para satisfazer a demanda atual (muito mais flexibilidade nos níveis de produção com os sistemas distribuídos).

tralizado. O objetivo é entender os possíveis conflitos de escolha (*trade-offs*) entre os impactos no meio ambiente e na saúde humana relativos aos ganhos em resiliência. É nesse ponto que a vida útil de um sistema passa a ser um fator crucial na ACV.

1.3 Engenharia para Sustentabilidade

Os engenheiros, em particular, têm um papel exclusivo a desempenhar no Caminho a Seguir para um futuro sustentável. Isso acontece porque eles têm um efeito direto no projeto e no desenvolvimento de produtos, processos e sistemas, bem como nos sistemas naturais por meio da escolha de materiais, localização do projeto e gerenciamento de fim de vida das substâncias químicas, dos materiais e dos produtos. Os engenheiros exercem um papel importante e vital em quase todos os aspectos das nossas vidas. Eles fornecem serviços básicos, como água, saneamento, mobilidade, energia, alimento, cuidados de saúde e abrigo, além de avanços, como as comunicações em tempo real e a exploração espacial. A implementação de todas essas realizações de engenharia pode levar a benefícios e também a problemas em termos de ambiente, economia e sociedade. Os impactos adversos do projeto de engenharia tradicional – frequentemente implementado sem uma perspectiva de sustentabilidade – podem ser encontrados em todo nosso entorno na forma de ineficiências no uso da água, esgotamento de materiais e recursos energéticos finitos, substâncias químicas com impactos de toxicidade involuntária e degradação dos sistemas naturais.

Os engenheiros precisam desenvolver e aplicar soluções com uma compreensão dos possíveis benefícios e impactos ao longo da vida útil do projeto. Dessa maneira, as tradições de inovação, criatividade e brilhantismo que os engenheiros usam para encontrar novas soluções para qualquer

Química Verde
http://www.epa.gov/greenchemistry

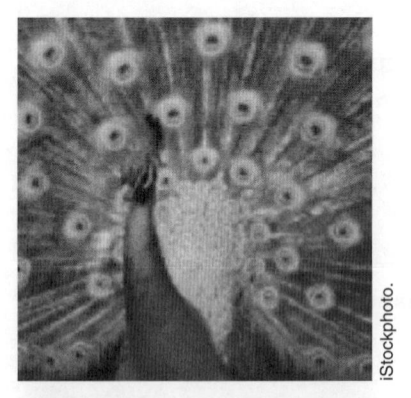

desafio podem ser aplicadas no projeto de soluções sustentáveis – ou seja, soluções que não só abordam os grandes desafios sociais, mas que também são, por si só, sustentáveis ao não criarem um legado de impactos adversos no ambiente e na sociedade. Os benefícios mútuos resultantes dessa visão de engenharia verde do projeto incluem uma economia competitiva e crescente no mercado global, maior qualidade de vida para as pessoas e mais proteção e restauração dos sistemas naturais.

1.3.1 ARCABOUÇOS PARA O PROJETO SUSTENTÁVEL

Para apoiar o projeto dessas soluções sustentáveis, foram desenvolvidos os **Princípios de Engenharia Verde** (Aplicação 1.10) a fim de fornecer um arcabouço de raciocínio em termos de critérios de projeto sustentável. Se tais princípios forem seguidos, podem levar a avanços úteis para uma ampla gama de problemas de engenharia.

A **química verde** é um campo dedicado ao projeto de produtos e processos químicos que reduzem ou eliminam o uso e a geração de materiais nocivos (Anastas e Warner, 1998). A química verde se concentra em abordar os riscos por meio do projeto molecular e dos processos utilizados para sintetizar essas moléculas.

Os campos da química verde e da engenharia verde também usam as lições e os processos da natureza para inspirar o projeto por meio da biomimética (Benyus, 2002). A **biomimética** (de *bios*, que significa vida, e *mimesis*, que significa imitar) é uma disciplina de projeto que estuda as melhores ideias da natureza e depois imita tais projetos e processos para solucionar problemas humanos. Estudar uma folha para inventar uma célula solar melhor é um exemplo dessa "inovação inspirada pela natureza" (Benyus, 2002).

Aplicação / 1.10   Os Princípios da Engenharia Verde (de Anastas e Zimmerman, 2003)

Engenharia verde *é o projeto, a descoberta e a aplicação de soluções de engenharia com consciência dos benefícios e dos impactos potenciais durante toda a vida útil do projeto. O objetivo da engenharia verde é minimizar impactos adversos e maximizar os benefícios para a economia, a sociedade e o meio ambiente.*

Os 12 Princípios da Engenharia Verde

1. Os projetistas precisam se esforçar para que todas as entradas e saídas de materiais e energia sejam as mais inerentemente inofensivas possíveis.
2. É melhor prevenir o desperdício do que tratá-lo ou limpá-lo depois de formado.
3. As operações de separação e purificação devem ser um componente do arcabouço de projeto.
4. Os componentes do sistema devem ser concebidos para maximizar a eficiência de massa, energia e tempo.
5. Os componentes do sistema devem ser puxados para a saída, em vez de empurrados para a entrada, pelo do uso de energia e materiais.
6. A entropia e a complexidade embutidas devem ser encaradas como um investimento quando forem feitas as escolhas de projeto sobre reciclagem, reuso ou descarte benéfico.
7. A durabilidade orientada, não a imortalidade, deve ser uma meta de projeto.
8. O projeto para capacidade ou capacitação desnecessária deve ser considerado uma falha. Isso inclui as soluções de engenharia "com abordagem única".
9. Os produtos multicomponentes devem presumir um esforço pela unificação dos materiais a fim de promover a desmontagem e valorizar a retenção (minimizar a diversidade de material).
10. O projeto dos processos e dos sistemas deve incluir a integração da interconectividade com a energia disponível e os fluxos de materiais.
11. As métricas de desempenho incluem o projeto para o desempenho no "'pós-morte" comercial.
12. O projeto deve estar baseado nas entradas renováveis e prontamente disponíveis durante todo o ciclo de vida.

Aplicação / 1.11 — Exemplos de Química Verde

A pesquisa fundamental da química verde trouxe um conjunto diverso de desafios, que incluem energia, agricultura, produtos farmacêuticos e cuidados de saúde, biotecnologia, nanotecnologia, produtos de consumo e materiais. Em cada caso, a química verde tem demonstrado com sucesso sua capacidade de reduzir os perigos intrínsecos, melhorar a eficiência de materiais e energia, e incutir uma perspectiva de ciclo de vida.

Alguns exemplos da química verde que ilustram a amplitude de aplicabilidade incluem:

- agente de extinção de incêndio radicalmente mais eficaz, que elimina o *halon* e utiliza água combinada com um surfactante avançado;
- produção em larga escala de ingredientes farmacêuticos ativos sem a geração típica de milhares de quilos de resíduos tóxicos por quilo de produto;
- eliminação do arsênico dos conservantes de madeira, utilizados na madeira aplicada nos assoalhos domésticos e nos equipamentos de *playground*;
- introdução da primeira *commodity* de plástico biológico com as qualidades de desempenho necessárias para aplicação de muitos milhões de quilos, como a embalagem de alimentos;
- novo sistema de solvente que elimina o uso em larga escala de água ultrapura na fabricação de *chips* de computador, substituindo-a por dióxido de carbono líquido, que permite a produção da próxima geração de *chips* nanométricos.

Aplicação / 1.12 — Exemplos de Biomimética

Em biologia, três níveis podem ser diferenciados para que, a partir deles, seja modelada uma tecnologia inovadora e sustentável:

- Imitar métodos naturais de manufatura de compostos químicos para criar novos compostos.
- Imitar mecanismos encontrados na natureza (por exemplo, velcro).
- Estudar os princípios organizacionais do comportamento social dos organismos, como o comportamento de aglomeração dos pássaros ou o comportamento emergente das abelhas e formigas.

Cor sem pigmento: pode haver importantes impactos ambientais associados aos corantes, tintas e revestimentos. Procurando nos sistemas naturais por ideias de como criar cor, constatamos rapidamente que a natureza usa estrutura em vez de pigmento para oferecer os matizes brilhantes vistos nas borboletas, nos pavões e nos beija-flores. As cores vistas resultam da luz se dispersando pelos bastonetes de melanina regularmente espaçados e dos efeitos da interferência através de finas camadas de queratina. A Qualcomm está imitando essa estratégia para criar telas de dispositivos eletrônicos.

Preservativos: uma das classes de substâncias químicas emergentes em questão é a dos antimicrobianos utilizados em uma série de aplicações – dos produtos de cuidados pessoais até sistemas industriais. Usando a biomimética como ferramenta, buscaríamos organismos que demonstram inerentemente esse traço desejável. Por exemplo, as algas vermelhas e verdes produzem metabólitos halogenados, utilizando principalmente o brometo, que demonstraram atividade antimicrobiana. Com base nessa abordagem, a Nalco desenvolveu um produto, Stabrex™, uma alternativa ao cloro para manter sistemas de arrefecimento industriais.

Limpeza sem produtos químicos: existem muitas preocupações ambientais e humanas associadas a certas classes de detergentes e sabões. Nesse sentido, como a natureza fornece o serviço de limpeza sem os produtos químicos potencialmente tóxicos? Um exemplo é considerar como a planta lótus impede que a sujeira interfira na fotossíntese. As folhas de lótus têm superfícies hidrofóbicas ásperas que permitem que a sujeita seja levada pelas gotas de água, que "batem" e rolam pela superfície. Uma série de produtos novos surgiu com base nesse "efeito lótus", incluindo a tinta Lotusan, que fornece uma estrutura molecular semelhante à da folha de lótus de forma que a sujeira é levada pela chuva, proporcionando exteriores de edificações "autolimpantes".

Os exemplos se baseiam em *Biomimética: Inovação Inspirada pela Natureza*, de Janine M. Benyus, com a permissão da Harper-Collins Publishers.

Discussão em Sala de Aula

Existem substâncias tóxicas usadas na natureza? Como elas são "gerenciadas"? Que lições podemos imitar no sistema industrial no que diz respeito a como as substâncias químicas tóxicas são geradas ou utilizadas pelo sistema natural?

Aprenda mais sobre a teoria *leapfrog* ou inovação disruptiva

http://blogs.hbr.org/video/2012/03/disruptive-innovation-explaine.html

Discussão em Sala de Aula

Cite um exemplo de inovação *leapfrog* ou disruptiva que teve um impacto na sustentabilidade. Quais são os possíveis conflitos de escolha da aplicação em escala total dessa inovação?

1.3.2 A IMPORTÂNCIA DO PROJETO E DA INOVAÇÃO NO PROGRESSO DA SUSTENTABILIDADE

A palavra *projeto* está incorporada na discussão de sustentabilidade e engenharia. **Projeto** é o estágio de engenharia em que a maior influência em termos de resultados sustentáveis pode ser alcançada. No estágio de projeto, os engenheiros conseguem escolher e avaliar as características do resultado final. Isso pode incluir entradas de material, substâncias químicas e energia; eficácia e eficiência; estética e forma, além de especificações pretendidas, como qualidade, segurança e desempenho.

O estágio de projeto também representa o momento de inovação, *brainstorming* e criatividade, oferecendo uma chance para integrar as metas de sustentabilidade com as especificações do produto, processo ou sistema. *Sustentabilidade não deve ser encarada como uma restrição de projeto. Ela deve ser utilizada como uma oportunidade para avançar ideias ou projetos existentes e impulsionar soluções inovadoras que considerem benefícios e impactos sistemáticos durante a vida útil do projeto.*

Esse potencial é exibido na Figura 1.10. A figura demonstra que permitir mais liberdade para solucionar um desafio, abordar uma necessidade ou fornecer um serviço cria mais espaço de projeto para gerar soluções sustentáveis.

Para determinado investimento (tempo, energia, recursos, capital), podem ser percebidos os benefícios potenciais. Esses benefícios incluem maior participação de mercado, menos impacto ambiental, prejuízo minimizado à saúde humana e maior qualidade de vida. No caso em que as restrições exigem meramente a otimização da solução existente ou a realização de melhorias incrementais, podem ser alcançados ganhos modestos. No entanto, se for possível ter mais graus de liberdade no espaço de projeto, mais benefícios podem ser percebidos. Isso acontece porque o engenheiro tem uma oportunidade para projetar uma nova solução, que pode parecer muito diferente quanto à forma, mas que fornece o mesmo serviço. Isso pode representar um desafio se o novo projeto estiver incorporado demais em um

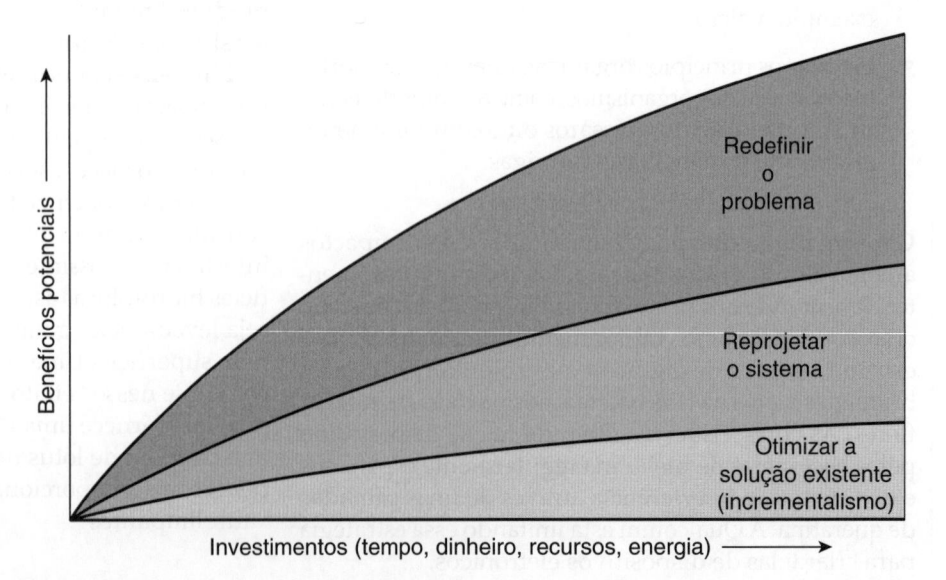

Figura / 1.10 **Benefícios Potenciais Crescentes com os Graus de Liberdade de Projeto Crescentes para um Dado Investimento** Repare que permitir maior número de grau de liberdade para solucionar um problema libera mais espaço do projeto para inovar e gerar soluções sustentáveis.

sistema existente e restringido por ele. No final das contas, a maioria dos benefícios pode ser alcançada quando o engenheiro projeta com o maior número de graus de liberdade — na escala de sistema mais alta – para garantir que cada componente dentro do sistema seja sustentável, trabalhe com os outros componentes do sistema e satisfaça a finalidade pretendida geral.

exemplo / 1.3 Graus de Liberdade e Projeto Sustentável

Em 2004, a milhagem média por galão de um automóvel, na estrada nos Estados Unidos, era 22. Em respostas às preocupações com a mudança climática global, legisladores e engenheiros estão trabalhando em estratégias técnicas e gerenciais mais inovadoras para melhorar a milhagem por galão e reduzir as emissões de dióxido de carbono. Quais são as oportunidades de projeto para melhoria com os crescentes graus de liberdade e quais são os benefícios potenciais?

solução

A Tabela 1.2 apresenta três soluções de projeto. Nesse exemplo, conforme aumentam os graus de liberdade no projeto, os engenheiros têm mais flexibilidade para encontrar uma solução inovadora para o problema.

Tabela / 1.2

Três Soluções de Projeto Investigadas no Exemplo 1.3

Melhoria Incremental →

	Aumento dos graus de liberdade	Reprojetar o sistema	Redefinir o Limite do Sistema
Solução de projeto	Melhorar a eficiência do motor de Carnot; uso de materiais mais leves (compostos em vez de metais)	Usar um sistema elétrico híbrido ou de células de combustível para obter energia; mudar a forma do carro para melhorar a aerodinâmica; capturar os resíduos, calor e energia, visando à reutilização	Satisfazer as necessidades de mobilidade sem carros individuais; executar um sistema de trânsito público; projetar as comunidades de modo que os distritos comerciais e os empregos estejam dentro de uma distância que possa ser percorrida a pé ou de bicicleta; proporcionar acesso aos bens e serviços desejados sem transporte veicular
Benefícios potenciais percebidos	Economia de combustível moderada; reduções moderadas nas emissões de CO_2	Mais economia de combustível; mais reduções nas emissões de CO_2; maior eficiência de materiais e energia	Eliminação dos impactos ambientais associados ao ciclo de vida inteiro do automóvel; economia de combustível e redução de CO_2 maximizadas; melhor infraestrutura; desenvolvimento mais denso (crescimento inteligente); melhor saúde da sociedade decorrente da caminhada e da menor poluição atmosférica.

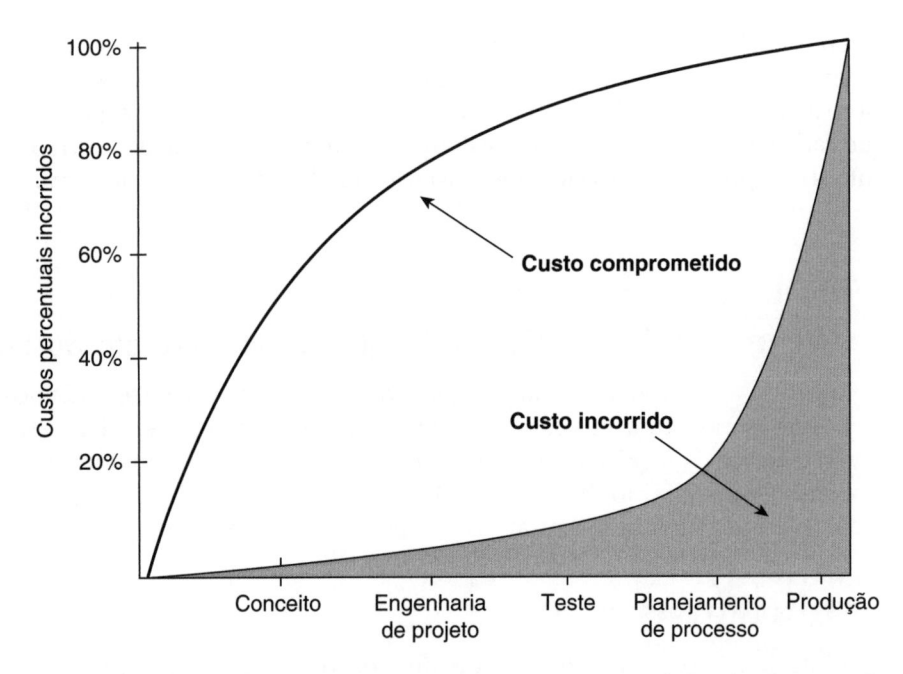

Figura / 1.11 **Custos Percentuais Incorridos** *versus* **Linha do Tempo** Os custos podem ser entendidos como econômicos ou ambientais. Durante a fase de projeto, aproximadamente 70% do custo fica fixo no desenvolvimento, na manufatura e no uso.

A fase de projeto oferece oportunidades únicas no ciclo de vida de um produto, processo ou sistema projetado. Como mostra a Figura 1.11, é na fase de projeto de um produto típico que 70-75% do custo são definidos, embora esses custos só venham a ser realizados muito mais tarde no ciclo de vida do produto. Por exemplo, também é na fase de projeto que os materiais são especificados. Isso dita o processo de produção e também os procedimentos de operação e manutenção (isto é, pintura, revestimento, inibição da ferrugem, limpeza e lubrificação).

Logo que o material é especificado como uma decisão de projeto, o ciclo de vida inteiro desse material – da aquisição até o processamento, bem como o final de vida – passa a ser parte integrante dos impactos ambientais do produto, processo ou sistema projetado. Portanto, é na fase de projeto que o engenheiro tem a maior capacidade para afetar os impactos ambientais associados ao resultado final.

Como exemplo, pense em todos os materiais e produtos que entram na construção e no mobiliário de uma edificação. Nesse ponto, o engenheiro precisa vislumbrar o futuro em relação a como esses materiais serão mantidos, quais agentes de limpeza serão utilizados, quais serão as demandas de água e energia da edificação, o que irá acontecer com a edificação após o término de sua vida útil e qual será o destino desses materiais no final da vida útil da edificação. Em termos de sistemas de transporte, um engenheiro pode pensar além do projeto de uma nova rodovia destinada a aliviar o congestionamento urbano, já que os dados mostram claramente que esses novos corredores de transporte ficarão congestionados apenas alguns anos após a conclusão da rodovia.

Também é importante observar que é na fase de projeto que o engenheiro tem a oportunidade de incorporar maior eficiência, menos desperdício de água, materiais e energia, de reduzir custos e, acima de tudo, conferir novo desempenho e novas capacidades. Enquanto muitos dos

Programa da EPA de Projeto para o Meio Ambiente
http://www.epa.gov/oppt/dfe

outros atributos apresentados podem ser alcançados com tecnologias de controle "de final de ciclo", é apenas trabalhando na fase de projeto que as características reais do produto, processo ou sistema podem ser modificadas. Escolher um material que seja inerentemente não tóxico traz benefícios tremendos em termos de impactos na saúde humana e no meio ambiente, bem como de eliminar a necessidade de controlar as circunstâncias nas quais essa substância química é utilizada e como é manuseada. Acrescentar novo desempenho e/ou capacidades costuma gerar melhores características ambientais, além de oferecer a oportunidade para maior competitividade e participação de mercado, tornando-a uma melhor decisão por muitas razões. Simplesmente controlar ou minimizar o desperdício na manufatura ou até mesmo no fim de vida não é suficiente para alterar ou melhorar a natureza fundamental do projeto, que agrega valor enquanto oferece um perfil ambiental aperfeiçoado. Há até mesmo um reconhecimento recente de que as águas residuais devem ser encaradas como uma fonte de água, energia e nutrientes, e não apenas como algo a ser remediado no padrão mínimo da forma mais barata e rápida possível. Isso pode ter um tremendo impacto no projeto da próxima geração de sistemas de tratamento de águas residuais e na recuperação de recursos.

1.4 Medindo a Sustentabilidade

Um **indicador**, em geral, é alguma coisa que aponta para uma questão ou condição. Sua finalidade é mostrar em que grau o sistema está funcionando. Se houver um problema, um indicador pode ajudá-lo a determinar qual direção tomar para tratar da questão. Os indicadores são tão variados quanto os tipos de sistemas que eles monitoram. No entanto, existem certas características que os indicadores eficazes têm em comum (Sustainable Measures, 2007), conforme mostra a Tabela 1.3.

Um exemplo de indicador é o medidor de combustível do seu carro. Esse medidor de combustível mostra a você quanto combustível ainda há no seu carro. Se o medidor mostrar que o tanque está quase vazio, você sabe que é hora de abastecer. Outro exemplo de indicador é um relatório intercalar. Ele mostra, ao aluno e ao professor, se estão indo bem para passar para a próxima série ou se uma ajuda extra é necessária. Esses dois indicadores fornecem informações para ajudar a evitar ou solucionar problemas, de preferência antes que fiquem graves demais. Outro exemplo é o indicador unidimensional comum de progresso econômico – o produto interno bruto (PIB). No entanto, repare que muitos argumentam que o PIB é insuficiente para ser utilizado como um indicador de sustentabilidade, pois ele mede a produtividade econômica em áreas que não seriam consideradas em uma visão de mundo mais sustentável (por exemplo, economia das prisões, controle da poluição e tratamento do câncer).

Embora os Princípios da Engenharia Verde forneçam um arcabouço para os projetistas, muitas pessoas envolvidas em iniciativas de sustentabilidade também desenvolvem métricas ou indicadores para monitorar seu progresso no cumprimento das metas de sustentabilidade. Um **indicador de sustentabilidade** mede o progresso para alcançar uma meta de sustentabilidade. Os indicadores de sustentabilidade devem ser um conjunto de indicadores que representam a natureza multidimensional da sustentabilidade, considerando as facetas ambiental, social e econômica. Em termos

Tabela / 1.3
Características e Intenções dos Indicadores Eficazes
Relevante
Fácil de compreender por todas as partes interessadas
Confiável
Quantificável
Baseado em dados acessíveis

FONTE: Community Indicators Consortium (www.communityindicators.net).

Estatística Nacional de Transportes: Transporte, Energia, Meio Ambiente
http://www.bts.gov

Seattle Sustentável
http://www.sustainableseattle.org

Líderes Universitários para um Futuro Sustentável
http://www.ulsf.org

Indicadores Tradicionais *versus* Indicadores de Sustentabilidade de uma Comunidade e o que Eles Dizem sobre Sustentabilidade

Indicadores econômicos	Tradicionais	Renda média Renda *per capita* relativa ao tamanho médio da economia americana, medido pelo produto nacional bruto (PNB) e pelo PIB
	Sustentáveis	Número de horas de emprego remunerado no salário médio necessário para suportar as necessidades básicas Salários pagos na economia local que são gastos na economia local Dólares gastos na economia local que pagam por trabalho local e recursos naturais locais Percentual da economia local baseado nos recursos locais renováveis
	Ênfase do indicador de sustentabilidade	O que o salário consegue comprar Define as necessidades básicas em termos de consumo sustentável Resiliência financeira local
Indicadores ambientais	Tradicionais	Níveis de poluição ambiental no ar e na água Toneladas de resíduos sólidos gerados Custo do combustível
	Sustentáveis	Uso e geração de materiais tóxicos (tanto na produção quanto pelo usuário final) Quilômetros percorridos pelos veículos Percentual de produtos produzidos que são duráveis, reparáveis ou facilmente recicláveis ou compostáveis Energia total utilizada a partir de todas as fontes Proporção de energia renovável utilizada na taxa renovável para energia não renovável
	Ênfase do indicador de sustentabilidade	Medição das atividades que causam poluição Uso conservador e cíclico dos materiais Uso dos recursos em ritmo sustentável
Indicadores sociais	Tradicionais	Número de eleitores registrados SAT e outros escores de teste padronizados
	Sustentáveis	Número de eleitores que votam nas eleições Número de eleitores que frequentam as reuniões com os representantes da comunidade Número de alunos treinados para trabalhos que estão disponíveis na economia local Número de alunos que vão para a universidade e voltam para a comunidade
	Ênfase do indicador de sustentabilidade	Participação no processo democrático Capacidade para participar no processo democrático Correspondência das qualificações profissionais e do treinamento às necessidades da economia local

FONTE: Hart (2007).

dos indicadores de sustentabilidade do *campus*, os Líderes Universitários para um Futuro Sustentável (ULSF, 2008) afirmam que "Sustentabilidade implica que as atividades críticas de uma instituição de educação superior sejam (no mínimo) ecologicamente sólidas, socialmente justas e economicamente viáveis, e que elas continuem assim para as gerações futuras." A Tabela 1.4 fornece uma comparação entre os indicadores tradicionais e os indicadores de sustentabilidade de uma comunidade, além de apontar as novas informações que eles trazem a respeito do progresso para a sustentabilidade, que não são capturadas pelos indicadores mais tradicionais (Hart, 2007).

Várias métricas quantitativas de sustentabilidade são intensamente utilizadas pelos engenheiros. Uma dessas métricas é o **fator de eficiência** (ou **fator E**), que é uma medida das eficiências dos materiais, ou seja, da geração de resíduos dos materiais. Enquanto as eficiências de todos os tipos têm sido sempre um componente do bom projeto, a geração de resíduos, particularmente os perigosos, pode ser considerada uma falha de projeto. Conforme indicado na Equação 1.1 (e demonstrado no Exemplo 1.4), o fator E mede a eficiência de várias indústrias químicas em termos de quilogramas de entrada de material relativos a quilogramas de produto final (Sheldon, 2007). Esse fator não considera as substâncias químicas ou os materiais que não estão envolvidos diretamente na síntese, como os solventes e a água de enxague. Um valor mais alto do fator E significa que mais resíduos são produzidos e, com isso, há um maior potencial para o impacto adverso na saúde humana e no meio ambiente. Desse modo, os fabricantes se esforçariam para desenvolver processos em que o fator E se aproxime de 1:

$$\text{fator E} = \frac{\sum \text{kg entradas}}{\sum \text{kg produto}} \qquad (1.1)$$

exemplo / 1.4 Determinando o Fator E

Calcule o fator E do produto desejado, dado o seguinte processo de produção química:

$$CH_3CH_2CH_2CH_2OH + NaBr + H_2SO_4 \rightarrow CH_3CH_2CH_2CH_2Br + NaHSO_4 + H_2O$$

A Tabela 1.5 traz detalhes sobre as moléculas envolvidas.

Tabela / 1.5

Informação Necessária para o Exemplo 1.4

Tipo	Fórmula Molecular	Peso Molecular	Peso (g)	Mols
Reagente	$CH_3CH_2CH_2CH_2OH$	74,12	0,8 (adicionado)	0,80 (adicionado)
Reagente	$NaBr$	102,91	1,33 (adicionado)	1,33 (adicionado)
Reagente	H_2SO_4	98,08	2,0 (adicionado)	2,0 (adicionado)
Produto desejado	$CH_3CH_2CH_2CH_2Br$	137,03	1,48	0,011
Auxiliar	$NaHSO_4$			
Auxiliar	H_2O			

solução

$$\text{fator E} = \frac{\sum \text{kg entradas}}{\sum \text{kg produto}}$$

$$\text{fator E} = \frac{0,0008 + 0,00133 + 0,002}{0,00148} = 2,8$$

Nesse exemplo, são necessárias 2,8 vezes mais massa de entradas de materiais do que o obtido no produto final. Esse valor não é próximo de zero, valor que gostaríamos de estabelecer como meta se a empresa tivesse zero resíduo como meta de sustentabilidade.

De acordo com Sheldon, a maioria das indústrias químicas atuais têm fatores E abaixo de 1-5, em comparação com 5 a mais de 50 na indústria química fina e 25 a mais de 100 na indústria farmacêutica. Isso mostra que hoje há uma grande oportunidade para reduzir a produção de resíduos durante a produção química.

Fique ciente de que esse tipo de cálculo é apenas uma medida da eficiência de massa e não considera a toxicidade dos materiais utilizados ou gerados (no Capítulo 6, ver mais informações sobre toxicidade e risco).

1.5 Políticas que Impulsionam a Engenharia Verde e a Sustentabilidade

Existe uma ligação íntima, embora não reconhecida, entre política e projeto de engenharia. **Políticas** são planos ou cursos de ação, como de um governo ou outra organização, destinados a influenciar e determinar decisões, ações e outros assuntos. Muitas vezes, as políticas governamentais se destinam a proteger o bem público da mesma forma que a química verde e a engenharia verde visam a proteger a saúde humana e o meio ambiente. A política pode ser um grande impulso para influenciar o projeto de engenharia, em termos de quais matérias-primas e fontes de energia são utilizadas, por meio de subsídios e/ou regulamentos rigorosos sobre as emissões. Dessa maneira, a política pode desempenhar um papel importante no apoio ao projeto de engenharia para sustentabilidade. Existem dois tipos principais de políticas que podem afetar o projeto nessa escala: regulamentos e programas voluntários.

1.5.1 REGULAMENTOS

Um **regulamento** é uma restrição legal promulgada pelas agências administrativas governamentais por meio da regulamentação apoiada por uma ameaça de sanção ou uma multa. Embora haja regulamentos ambientais tradicionais focados nas emissões finais, há uma área de política emergente focada no projeto sustentável. Dois dos exemplos mais consagrados incluem a **responsabilidade ampliada do produtor (RAP)** e a proibição de substâncias específicas.

As responsabilidades ampliadas do produtor, como a diretiva de Resíduos de Equipamentos Elétricos e Eletrônicos da União Europeia (UE), mantêm o fabricante original responsável por seus produtos durante todo o ciclo de vida. Essa diretiva visa a minimizar o impacto dos produtos elétricos e eletrônicos no meio ambiente, aumentando a reutilização, reciclando e reduzindo a quantidade de equipamentos elétricos e ele-

Responsabilidade Alargada do Produtor
http:/www.calrecycle.ca.gov/epr/

trônicos que vão para os aterros. A diretiva procura alcançar esse objetivo tornando os produtores responsáveis por financiar a coleta, o tratamento e a recuperação dos resíduos de equipamentos elétricos e obrigando os distribuidores (vendedores) a deixar que os consumidores devolvam gratuitamente seus equipamentos velhos. Isso induz os engenheiros a projetarem equipamentos elétricos e eletrônicos com os Princípios da Engenharia Verde. Por exemplo, esses projetos consideram o gerenciamento de fim de vida e visam a facilitar a desmontagem, recuperar componentes complexos e minimizar a diversidade de materiais. Um impacto positivo dessa abordagem, pela perspectiva de uma empresa, é que ela reconecta o consumidor com o fabricante no estágio relativo ao fim de vida.

Outra abordagem política para direcionar o projeto de engenharia para as metas de sustentabilidade é proibir substâncias específicas. Um exemplo intimamente ligado à diretiva de Equipamentos Elétricos e Eletrônicos é a Restrição de Substâncias Perigosas (RoHS, *Restriction of Hazardous Substances*) da UE. A RoHS se concentra na "restrição de uso de certas substâncias perigosas nos equipamentos elétricos e eletrônicos". Essa diretiva proíbe a colocação, no mercado europeu, de novos equipamentos elétricos e eletrônicos contendo mais do que os níveis acordados de chumbo, cádmio, mercúrio, cromo hexavalente, e retardantes de chama de bifenil polibromado (PBB) e éter de difenil polibromado (PBDE). Ao proibir essas substâncias químicas de interesse em níveis significativos, essa diretiva está impulsionando a aplicação dos princípios da química verde e da engenharia verde em termos de projetar substâncias químicas e materiais alternativos que reduzam ou eliminem o uso e a geração de substâncias nocivas e previnam a poluição.

Iniciativas Ambientais da Comissão Europeia
http://ec.europa.eu/environment/index_en.htm

1.5.2 PROGRAMAS DE VOLUNTARIADO

Outra estratégia política para incentivar o projeto de engenharia verde são os **programas de voluntariado**. Os programas de voluntariado não são obrigatórios por lei, mas se destinam a incentivar e motivar comportamentos desejáveis. O governo, a indústria ou organizações não governamentais de terceiros podem patrocinar esses programas. Embora exista vários programas de voluntariado diferentes, dois tipos que se consagraram são a rotulagem ecológica e a compra preferencial.

Os padrões ambientais permitem uma avaliação do impacto de um produto em fatores como a poluição atmosférica, o hábitat natural, a energia, os recursos naturais, o esgotamento do ozônio e o aquecimento global, e a contaminação tóxica. As empresas que cumprem os padrões ambientais de seu produto ou serviço específico podem aplicar um **rótulo ecológico**. Os rótulos ecológicos tentam fornecer um indicador para os consumidores do desempenho ambiental do produto (por exemplo, "embalagem reciclada" ou "sem emissões tóxicas"). Terceiros independentes – como Green Seal, United States Green Buildings Council e EnergyStar – proporcionam uma verificação imparcial dos rótulos ambientais e das certificações, e são os originadores mais confiáveis dos rótulos ecológicos.

EnergyStar
http://www.energystar.gov

Green Seal
http://www.greenseal.org

Green Buildings
http://www.usgbc.org

Os rótulos ecológicos das primeiras partes são autoatribuídos e, portanto, não são verificados de maneira independente. Nos Estados Unidos, esses tipos de rótulos são governados pelo guia da Federal Trade Commission (FTC) para uso das alegações de marketing ambiental e devem ser precisos. A FTC interpôs recurso contra vários fabricantes pela violação das leis de verdade na publicidade.

Tabela / 1.6

Economias Realizadas a partir de Programas de Compra Preferível em Termos Ambientais

Menor custo de materiais para os fabricantes

Menores custos de reparos e substituição quando se usa equipamento mais durável e passível de reparos

Menores custos de descarte ao gerar menos resíduos

Melhor *design* do produto e desempenho do produto aperfeiçoado

Maior segurança e saúde dos empregados nas fábricas

Tabela / 1.7

Políticas de Compra Ambiental se Alinham com Métricas Empresariais Tradicionais

Reconhecer as preferências do mercado e atender os consumidores que tenham um interesse declarado pelos produtos e práticas "amigas do meio ambiente"

Distinguir uma empresa e seus produtos dos concorrentes.

Evitar custos ocultos e perseguir a economia de custos

Aumentar, cada vez mais, a eficiência operacional

Aderir a uma tendência da indústria ou mercado internacional

Para apoiar ainda mais esses programas, muitas organizações estão aplicando políticas de **compra preferível em termos ambientais**. Essas políticas podem ser aplicadas por qualquer organização (até mesmo sua faculdade ou universidade!) e podem impor a preferência de compra de produtos, que vão de suprimentos de escritório a computadores e produtos químicos, com perfis aprimorados no que diz respeito ao meio ambiente e à saúde humana. Ao especificar as compras desse tipo, as organizações estão criando uma demanda no mercado por produtos e serviços com impactos reduzidos na saúde humana e no meio ambiente, uma ferramenta muito poderosa para induzir a inovação nessa área e reduzir os custos desses produtos por meio de economias de escala. As empresas destacadas no relatório da EPA, "Pioneiros do Setor Privado: Como as Empresas Estão Incorporando a Compra Preferível em Termos Ambientais" (EPA, 1999), economizaram de várias maneiras, como mostra a Tabela 1.6.

Conforme observado no relatório da EPA sobre compra preferencial em termos ambientais, muitas empresas adotaram políticas de compra ambiental por razões comerciais tradicionais, conforme a Tabela 1.7. Embora essas razões resultem em benefícios intangíveis, existem exemplos específicos de custos reduzidos mensuráveis associados aos produtos preferíveis em termos ambientais. Entre eles, temos preço de compra mais baixo (por exemplo, produtos remanufaturados), custos operacionais reduzidos (por exemplo, eficiência energética), menores custos de descarte (por exemplo, produtos mais duráveis) e menores custos de gestão de risco (por exemplo, menos produtos tóxicos). Além disso, comprar produtos preferíveis pode reduzir a potencial responsabilidade futura de uma organização e minimizar os riscos para os trabalhadores.

1.6 Projetando o Amanhã

Ao considerar os conceitos fundamentais de sustentabilidade, os engenheiros podem contribuir para a abordagem dos desafios tradicionalmente associados ao crescimento e desenvolvimento econômico. Essa nova consciência tem potencial para projetar um amanhã melhor – um amanhã em que nossos produtos, processos e sistemas sejam mais sustentáveis, incluindo serem inerentemente benignos para a saúde humana e o meio ambiente, minimizando o uso de materiais e energia, e considerando o ciclo de vida inteiro.

Termos-Chave

- Agência de Proteção Ambiental (EPA)
- análise do fluxo de materiais (AFM)
- avaliação do ciclo de vida (ACV)
- biomimética
- Caminho a Seguir
- capacidade de carga
- Carson, Rachel
- ciclo de vida
- Code of Federal Regulations (CFR)
- Comissão Brundtland
- compra preferível em termos ambientais
- conceito de ciclo de vida
- conceito de sistemas
- desenvolvimento sustentável
- diagrama de ciclo causal (DCC)
- emissões de fontes não pontuais
- engenharia sustentável
- engenharia verde
- estágios do ciclo de vida
- fator de eficiência (fator E)
- indicador
- indicador de sustentabilidade
- metabolismo urbano
- Objetivos de Desenvolvimento do Milênio (ODMs)
- *Os Limites do Crescimento*
- pilares da sustentabilidade
- políticas
- Princípios de Energia Verde
- processo regulatório
- programas de voluntariado
- projeto
- química verde
- regulamentos
- resiliência
- responsabilidade alargada do produtor (RAP)
- rótulo ecológico
- sustentabilidade
- Tragédia dos Comuns
- tripé da sustentabilidade
- unidade funcional

1.1 Escreva um memorando de uma página para o seu instrutor, fornecendo as definições de: (a) desenvolvimento sustentável (pela Comissão Brundtland), (b) sustentabilidade (de acordo com o Corpo de Conhecimento da Academia Americana de Engenheiros Ambientais e Cientistas, AAEES), (c) sustentabilidade (de acordo com o Corpo de Conhecimento da Sociedade Americana de Engenheiros Civis, ASCE) e (d) desenvolvimento sustentável (de acordo com o Código de Ética da Sociedade Nacional de Engenheiros Profissionais, NSPE).

1.2 Escreva a sua própria definição de desenvolvimento sustentável, conforme se aplica à sua profissão de engenharia. Explique a sua conveniência e aplicabilidade em duas a três frases.

1.3 Identifique três definições de sustentabilidade a partir de três fontes (por exemplo, governo local, estadual ou federal; indústria; organização ambiental; organização internacional; organização financeira ou de investimentos). Compare e diferencie essas definições com a definição da Comissão Brundtland. Como as definições refletem suas fontes?

1.4 Relacione a "Tragédia dos Comuns" com uma questão ambiental local. Seja específico em relação ao que você quer dizer em termos de "comuns", nesse exemplo em particular, e explique cuidadosamente como esses "comuns" estão sendo danificados para as gerações atuais e futuras.

1.5 Pesquise o progresso realizado por dois países de sua escolha (ou da preferência do professor) no cumprimento dos oito ODMs. Resuma os resultados em uma tabela. Entre as fontes, você poderia consultar o *website* das ODMs da ONU, www.un.org/millenniumgoals/.

1.6 Acesse o *website* do Departamento de Energia dos Estados Unidos (www.doe.gov) e pesquise o consumo de energia nos setores doméstico, comercial, industrial e de transportes. Elabore uma tabela mostrando como esse consumo de energia específico se relaciona com o percentual de emissões de CO_2 americanas e globais. Identifique uma solução sustentável para cada setor que reduziria o uso de energia e as emissões de CO_2.

1.7 Como um consumidor interessado em reduzir as suas emissões de carbono, (a) o que você deveria fazer: (1) instalar iluminação mais eficiente em sua residência ou (2) comprar um carro com maior autonomia de combustível? Para responder a isso, considere que uma lâmpada de 100 W funcionando 3 h por dia, todos os dias, vai consumir 100 kWh por ano, aproximadamente. Uma lâmpada de alta eficiência usa, aproximadamente, 25% de uma lâmpada convencional. A sua substituição por uma lâmpada fluorescente compacta de 25 W pouparia 75 kWh/ano. Isso seria igual a 150 lb de dióxido de carbono ou a mesma quantidade de emissões de dióxido de carbono associadas à queima de 7,5 galões de gasolina. (b) Sabendo que o domicílio americano médio usa 10.000 kWh/ano, dos quais 8,8% são em iluminação, quantos galões de gasolina e libras de CO_2 poderiam ser poupados trocando todas as lâmpadas de uma casa? (c) A título de comparação, se você dirigiu 12.000 milhas em um ano e trocou seu carro que faz a média nacional de 20 milhas por galão (mpg) por outro que faz 30 mpg, em quanto você reduziria o seu consumo de gasolina e as emissões de CO_2 por ano? (d) E se você trocasse por um carro que faz 30-37 mpg? (A combustão de 10 galões de gasolina libera 2.000 lb de dióxido de carbono.)

1.8 Visite o *website* Presidential's Green Chemistry Challenge Award da EPA em www.epa.gov/greenchemistry/presidential-green-chemistry-challenge-winners. Selecione um antigo projeto vencedor desse prêmio. Com base na descrição desse projeto, quais são os benefícios ambientais, econômicos e sociais desse avanço da química verde?

1.9 Discuta se o sapato A (couro) ou o sapato B (sintético) é melhor para o meio ambiente com base nos dados fornecidos na Tabela 1.8. É possível ponderar um aspecto (poluição do ar, da água, do solo ou resíduos sólidos) como mais importante do que outro? Como? Por quê? Quem toma essas decisões pela nossa sociedade?

1.10 Para comparar as sacolas plásticas e as de papel em termos de aquisição de matérias-primas, fabricação e processamento, uso e descarte, vamos usar os dados fornecidos pela Franklin Associates – uma empresa de consultoria conhecida nacionalmente, cujos clientes incluem a U.S. EPA e também muitas

Impactos Ambientais Hipotéticos no Ciclo de Vida Provocados por Sapatos a cada 100 Pares Produzidos

Produto	Uso de Energia (BTU)	Consumo de Matéria-Prima	Uso de Água (galões)	Poluição Atmosférica (lb)	Poluição do Meio Aquático	Resíduos Perigosos e Sólidos
Sapato A (couro)	1	Suprimento limitado; em parte renovável	2	4	2 lb de produtos químicos orgânicos	2 lb de lama perigosa
Sapato B (sintético)	2	Suprimento grande; não renovável	4	1	8 lb de produtos químicos orgânicos inertes	1 lb de lama perigosa; 3 lb de lama não perigosa

Tabela / 1.9

Resultados do Estudo Comparando Sacolas Plásticas e de Papel

Estágios do Ciclo de Vida	Emissões Atmosféricas (oz/sacola)		Energia Necessária (BTU/sacola)	
	Papel	Plástico	Papel	Plástico
Manufatura de materiais, manufatura do produto, uso do produto	0,0516	0,0146	905	464
Aquisição de matérias-primas, descarte de produtos	0,0510	0,0045	724	185

empresas e grupos industriais. Em 1990, A Franklin Associates comparou as sacolas plásticas e as de papel em termos de sua energia, emissões atmosféricas e emissões para o meio aquático, uso e descarte. A Tabela 1.9 apresenta os resultados do seu estudo.

(a) Qual sacola você escolheria se estivesse mais preocupado com a poluição do ar? (Repare que a informação não lhe diz se são emissões atmosféricas tóxicas ou emissões de gases do efeito estufa). (b) Se você assumir que duas sacolas plásticas são iguais a uma sacola de papel, a sua escolha muda? (c) Compare a energia necessária para produzir cada sacola. Qual sacola consome menos energia na sua produção?

1.11 Você está preparando uma análise do ciclo de vida de três opções de eletrificação diferentes para alimentar sua propriedade rural de 1.200 ft² em Connecticut. As opções que você está considerando incluem: (1) usar apenas a rede de energia local, (2) colocar um sistema de captação solar no seu telhado ou (3) construir uma extensão de transmissão para se conectar à turbina eólica do seu vizinho. Escreva um possível objetivo, escopo, função e unidade funcional para essa ACV. Explique o seu raciocínio.

1.12 Considere o ciclo de vida completo de cada uma das três opções de eletrificação (possivelmente além do que você selecionou como escopo da sua ACV) no Problema 1.11. Discuta qual dos estágios do ciclo de vida é mais impactante para cada tipo de eletrificação. Você vai precisar levar em conta os impactos no ciclo de vida da energia primária até a energia final em cada caso. Lembre-se de que os estágios do ciclo de vida geralmente incluem a extração de recursos, manufatura, transporte, uso e final de vida.

1.13 Desenhe o DCC da produção de etanol à base de milho, usando as seguintes variáveis: mudança climática, uso de etanol à base de milho, demanda de fertilizantes, emissões de CO_2, demanda de combustível, uso de combustível fóssil e demanda de milho.

1.14 (a) O tratamento e a distribuição centralizados da água potável são mais resilientes do que as tecnologias de tratamento da água no ponto de utilização? Explique. (b) Faz diferença se esses sistemas de tratamento de água são implantados no mundo em desenvolvimento ou no mundo desenvolvido?

1.15 A equipe de projeto de uma edificação foi formada em sua empresa na semana passada e já fizeram duas reuniões. Por que é tão importante que você se envolva imediatamente no processo de *design*?

Tabela / 1.10

Informações Úteis Necessárias para Solucionar o Problema 1.17

Reagente	Álcool benzílico	10,81 g	0,10 mol	MW 108,1 g/mol
Reagente	Cloreto de tosila	21,9 g	0,115 mol	MW 190,65 g/mol
Solvente	Tolueno	500 g		
Auxiliar	Trietilamina	15 g		MW 101 g/mol
Produto	Éster sulfonato	23,6 g	0,09 mol	MW 262,29 g/mol

1.16 Forneça um exemplo de produto disponível comercialmente ou atualmente em desenvolvimento que use biomimética como a base de seu projeto. Explique como o projeto está imitando o produto, processo ou sistema encontrado na natureza.

1.17 Dois reagentes, álcool benzílico e cloreto de tosila, reagem na presença de um auxiliar, trietilamina, e do solvente tolueno para produzir o éster sulfonato (Tabela 1.10). (a) Calcule o fator E da reação. (b) O que aconteceria com o fator E se os solventes e as substâncias químicas auxiliares fossem incluídos no cálculo? (c) Esses tipos de materiais e substâncias químicas deveriam ser incluídos em uma medida de eficiência? Justifique.

1.18 Escolha três dos Princípios da Engenharia Verde. Para cada um, (a) explique o princípio em suas próprias palavras; (b) encontre um exemplo (comercialmente disponível ou em desenvolvimento) e explique como ele demonstra o princípio; (c) descreva os benefícios ambientais, econômicos e sociais associados, identificando quais são tangíveis e quais são intangíveis.

1.19 (a) Desenvolva cinco métricas ou indicadores de sustentabilidade para uma corporação ou setor industrial análogo aos apresentados para as comunidades na Tabela 1.4. (b) Compare-os com as métricas ou os indicadores empresariais tradicionais. (c) Descreva as novas informações que podem ser determinadas a partir dessas novas métricas ou indicadores de sustentabilidade.

1.20 Um fabricante de automóveis desenvolveu um novo carro, ecoCar, que faz 100 mpg, mas o custo é ligeiramente mais alto do que o dos carros disponíveis atualmente no mercado. Que tipo de incentivos o fabricante poderia oferecer ou pedir ao Congresso para implantar a fim de incentivar os clientes a comprarem o novo ecoCar?

1.21 Você concorda ou não com a seguinte declaração? Justifique sua resposta usando de três a cinco linhas. "Os regulamentos de poluição que impõem uma tecnologia são preferíveis no lugar dos regulamentos baseados em padrões ou em resultados."

1.22 Você está prestes a comprar um carro que vai durar 7 anos antes de ter de comprar um novo, e o Congresso acabou de aprovar um novo imposto sobre os gases do efeito estufa. Suponha uma taxa de juros de 5% ao ano. Você tem duas opções: (a) Comprar um carro usado por US$ 12.000, atualizar o conversor catalítico a um custo de US$ 1.000 e pagar um imposto anual de carbono de US$ 500. Esse carro tem um valor residual de US$ 2.000. (b) Comprar um carro novo por US$ 16.500 e pagar apenas US$ 100, anualmente, de imposto do carbono. Esse carro tem um valor residual de US$ 4.500. Com base no custo anualizado dessas duas opções, qual dos dois carros você compraria?

Referências

Anastas, P. T., 2012. Fundamental changes to EPA's research enterprise: The Path Forward. *Environmental Science and Technology*, 46: 580–586.

Anastas, P.T., and J. C. Warner, 1998. *Green Chemistry: Theory and Practice*. Oxford: Oxford University Press.

Anastas, P.T., and J. B. Zimmerman, 2003. Design through the twelve principles of green engineering. *Environmental Science and Technology*, 37(5): 94A–101A.

Benyus, J. M. 2002. *Biomimicry: Innovation Inspired Design*. New York: Harper Perennial.

Environmental Protection Agency (EPA). 1999. *Private Sector Pioneers: How Companies Are Incorporating Environmentally Preferential Purchasing*. Report No. EPA742-R-99-01.

Fiksel, J. 2003. Designing resilient, sustainable systems. *Environmental Science and Technology*, 37: 5330–5339.

Hart, M. 2007. *Sustainable Measures* web site, www.sustainablemeasures.com

Meadows, D.H., D. L. Meadows, J. Randers, and W. W. Behrens III., 1972. *The Limits to Growth*. London: Earth Island Limited.

Mihelcic, J. R., J. C. Crittenden, M. J. Small, D. R. Shonnard, D. R. Hokanson, Q. Zhang, H. Chen, S. A. Sorby, V. U. James, J. W. Sutherland, and J. L. Schnoor. 2003. Sustainability science and engineering: Emergence of a new metadiscipline. *Environmental Science and Technology*, 37(23): 5314–5324.

Payne, R. 1968. "Among Wild Whales." *New York Zoological Society Newsletter* (November).

Seattle Post-Intelligencer, 2008. Bio-debatable: food versus fuel, May 3.

Sheldon, R.A. 2007. The E factor: Fifteen years on. *Green Chemistry* 9: 1273–1283.

University Leaders for a Sustainable Future (ULSF). 2008. *Sustainability Assessment Questionnaire*. ULSF web site, www.ulsf.org/programs_saq.html.

Warren-Rhodes, K., and A. Koenig, 2001. Escalating trends in the urban metabolism of Hong Kong: 1971–1997. *AMBIO: A Journal of the Human Environment*, 30: 429–438.

capítulo/Dois

Mensuração de Características Ambientais

James R. Mihelcic,
Richard E. Honrath Jr.,
Noel R. Urban,
Julie Beth Zimmerman

Neste capítulo, os leitores vão-se familiarizar com as diferentes unidades usadas para medir os níveis de poluentes em sistemas aquáticos, no solo/sedimento e na atmosfera, bem como os níveis globais. A cobertura providencia as fontes e as concentrações de dióxido de carbono e outros gases de efeito estufa, além de métodos para relatar suas emissões, incluindo a pegada de carbono.

Sumário do Capítulo

Objetivos da Aprendizagem

1. Calcular a concentração química em unidades de massa/massa, massa/volume, volume/volume, mol/mol, mol/volume e equivalente/volume.
2. Converter concentrações químicas para partes por milhão ou partes por bilhão.
3. Calcular a concentração química em unidades de pressão parcial.
4. Calcular a concentração química em unidades de constituintes comuns, tais como dureza, nitrogênio, fósforo, potencial de aquecimento global, equivalentes de carbono e equivalentes de dióxido de carbono.
5. Converter as concentrações de uma espécie química individual para espécies de nitrogênio e fósforo como unidades constituintes para esses nutrientes.
6. Usar a lei dos gases ideais para conversão entre as unidades de ppm_v e $\mu g/m^3$.
7. Descrever as concentrações históricas e atuais dos principais gases de efeito estufa – dióxido de carbono, metano e óxido nitroso.
8. Descrever as fontes primárias de gases de efeito estufa – dióxido de carbono, metano e óxido nitroso – associadas à operação de infraestruturas ambientais e de engenharia civil.
9. Compreender as regulamentações e os requerimentos associados à emissão dos gases de efeito estufa.
10. Utilizar o potencial de aquecimento global para determinar a massa de gases de efeito estufa em unidades de dióxido de carbono equivalente.

11. Utilizar o eGRID para calcular as emissões de gases de efeito estufa associadas à geração elétrica e a pegada de carbono de diferentes estruturas que compõem o ambiente construído.
12. Calcular as concentrações de partículas na água e no ar.
13. Representar concentrações químicas específicas em misturas em termos de um efeito direto, como a depleção de oxigênio, para expressar as unidades de demanda bioquímica de oxigênio e demanda química de oxigênio.

2.1 Unidades de Concentração de Massa

A concentração química é uma das determinações mais importantes em quase todos os aspectos do destino químico, transporte e tratamento em sistemas construídos e em sistemas naturais. Isso ocorre porque a concentração é a força motora que controla o movimento dos compostos químicos dentro e entre os meios ambientais, assim como a taxa de muitas reações químicas. Além disso, muitas vezes, a concentração determina a severidade dos efeitos adversos, como a toxicidade, a bioconcentração e a mudança climática.

As concentrações de compostos químicos são rotineiramente expressas em uma variedade de unidades. A escolha das unidades a serem usadas em dada situação depende do composto químico, onde ele está localizado (ar, água, solo/sedimentos) e como a medida será usada. Desse modo, é necessário familiarizar-se com as unidades usadas e os métodos para conversão entre os diferentes conjuntos de unidades. De modo geral, a representação da concentração cai em uma das categorias listadas na Tabela 2.1.

É importante conhecer alguns prefixos, como pico (10^{-12}, abreviado como p), nano (10^{-9}, abreviado por n), micro (10^{-6}, abreviado por μ), mili (10^{-3}, abreviado por m) e quilo (10^{+3}, abreviado por k). Outras unidades importantes são: ton (também chamada de tonelada métrica nos Estados Unidos), que equivale a 1.000 kg (ou 2.204 libras), e a ton comum, que equivale a 2.000 libras. Em adição, 1 teragrama (Tg) = 10^{12} g = 1 milhão de toneladas métricas.

As unidades de concentração baseadas na massa do composto químico incluem a massa do composto pela massa total e a massa do composto pelo volume total. Nessas descrições, m_i é usada para representar a massa do composto químico referido como composto i.

Métodos Analíticos da Lei da Água Limpa (Clear Water Act Analytical Methods)
https://www.epa.gov/cwa-methods

2.1.1 UNIDADES MASSA/MASSA

Concentrações massa/massa, normalmente, são expressas como partes por milhão, partes por bilhão, partes por trilhão, e assim por diante. Por exemplo, 1 mg de um soluto colocado em 1 kg de solvente é igual a 1 ppm_m. **Partes por milhão em massa** (representadas por **ppm** ou **ppm_m**) é uma unidade definida como o número de unidades de massa de um composto

Tabela / 2.1		
Unidades Usuais de Concentração Utilizadas em Medidas de Características Ambientais		
Representação	**Exemplo**	**Unidades Típicas**
Massa do químico/massa total	mg/kg no solo	mg/kg, ppm_m
Massa do químico/volume total	mg/L na água ou ar	mg/L, $\mu g/m^3$
Volume do químico/volume total	fração volumétrica no ar	ppm_v
Mols do químico/volume total	mols/L na água	M

FONTE: Mihelcic (1999), reproduzido com permissão de John Wiley & Sons, Inc.

por um milhão de unidades da massa total. Então, podemos expressar o exemplo anterior matematicamente da seguinte forma:

$$\text{ppm}_m = \text{g de } i \text{ em } 10^6 \text{ g total} \qquad (2.1)$$

Essa definição é equivalente à fórmula geral, apresentada a seguir, que é usada para calcular a concentração em ppm_m a partir de medidas da massa do composto químico em uma amostra com massa total m_{total}:

$$\text{ppm}_m = \frac{m_i}{m_{total}} \times 10^6 \qquad (2.2)$$

Observe que o fator 10^6 na Equação 2.2 é, na realidade, um fator de conversão. Ela tem implícitas as unidades de ppm_m/fração de massa (fração de massa = m_i/m_{total}), como mostrado na Equação 2.3:

$$\text{ppm}_m = \frac{m_i}{m_{total}} \times 10^6 \frac{\text{ppm}_m}{\text{fração de massa}} \qquad (2.3)$$

Na Equação 2.3, m_i/m_{total} é definida como a fração de massa, e o fator de conversão 10^6 é similar ao fator de conversão 10^2 usado para converter frações em porcentagens. Por exemplo, a expressão $0{,}25 = 25\%$ pode ser pensada como:

$$0{,}25 = 0{,}25 \times 100\% = 25\% \qquad (2.4)$$

Definições similares são usadas para unidades de ppb_m, ppt_m e porcentagem em massa. Isto é, 1 ppb_m é igual a 1 **parte por bilhão** ou 1 g de um composto químico por bilhão (10^9) de grama total, de tal forma que o número de ppb_m em uma amostra é igual a $m_i/m_{total} \times 10^9$. Geralmente, 1 ppt_m significa 1 **parte por trilhão** (10^{12}). Contudo, é preciso ser cauteloso ao interpretar os valores em ppt, já que eles podem se referir tanto a partes por mil quanto a partes por trilhão.

Concentrações massa/massa também podem ser fornecidas com as unidades mostradas explicitamente (por exemplo, mg/kg ou μg/kg). Em solos e sedimentos, 1 ppm_m é igual a 1 mg de poluente por kg de sólido (mg/kg) e 1 ppb_m é igual a 1 μg/kg. Analogamente, **porcentagem em massa** é igual ao número de gramas de poluente em 100 g totais.

© Anthony Rosenberg/iStockphoto.

---

exemplo / 2.1 Concentração em Solo

Uma amostra de 1 kg de solo é analisada para determinar a concentração de solvente tricloroetileno (TCE). A análise indica que a amostra contém 5,0 mg de TCE. Qual é a concentração de TCE em ppm_m e ppb_m?

solução

$$[\text{TCE}] = \frac{5{,}0 \text{ mg TCE}}{1{,}0 \text{ kg solo}} = \frac{0{,}005 \text{ g TCE}}{10^3 \text{ g solo}}$$

$$= \frac{5 \times 10^{-6} \text{ g TCE}}{\text{g solo}} \times 10^6 = 5 \text{ ppm}_m = 5{,}000 \text{ ppb}_m$$

Observe que, em solos e sedimentos, mg/kg é igual a ppm_m e μg/kg é igual a ppb_m.

2.1.2 UNIDADES MASSA/VOLUME: mg/L E $\mu g/m^3$

Na atmosfera, é comum usar a concentração em unidades de massa por volume de ar, tais como mg/m^3 e $\mu g/m^3$. Na água, são comuns as unidades de concentração mg/L e $\mu g/L$. Na maior parte dos sistemas aquosos, ppm_m é equivalente a mg/L. Isso ocorre uma vez que a massa específica da água pura é, aproximadamente, 1.000 g/L (demonstrado no Exemplo 2.2).

Na verdade, a massa específica da água é 1.000 g/L a 5°C. A uma temperatura de 20°C, a massa específica diminui um pouco para 998,2 g/L. Essa igualdade é estritamente verdadeira apenas para soluções *diluídas*, nas quais nenhum material dissolvido contribui significativamente para a massa da solução em água, e a massa específica total se mantém, aproximadamente, 1.000 g/L. A maior parte das águas residuárias e naturais pode ser considerada diluída, com exceção, talvez, da água do mar, das salobras e daquelas em alguns circuitos de reciclagem.

---

exemplo / 2.2 Concentração em Água

Um litro de água é analisado e descobre-se que contém 5,0 mg de TCE. Qual é a concentração de TCE em mg/L e ppm_m?

solução

$$[TCE] = \frac{5,0 \text{ mg TCE}}{1,0 \text{ L H}_2\text{O}} = \frac{5,0 \text{ mg}}{\text{L}}$$

Para converter uma unidade de massa/massa para ppm_m, é necessário converter o volume de água para uma massa de água. Para fazer isso, divide-se pela massa específica da água, que é 1.000 g/L aproximadamente:

$$TCE = \frac{5,0 \text{ mg TCE}}{1,0 \text{ L H}_2\text{O}} \times \frac{1,0 \text{ L H}_2\text{O}}{1.000 \text{ g H}_2\text{O}}$$

$$= \frac{5,0 \text{ mg TCE}}{1.000 \text{ g total}} = \frac{5,0 \times 10^{-6} \text{ g TCE}}{\text{g total}} \times \frac{10^6 \text{ ppm}_m}{\text{fração de massa}}$$

$$= 5,0 \text{ ppm}_m$$

Na maioria dos sistemas aquosos diluídos, mg/L é equivalente a ppm_m.

Nesse exemplo, a concentração de TCE está muito acima do padrão permitido para água potável nos Estados Unidos, 5 $\mu g/L$ (ou 5 ppb), que foi estabelecido para proteger a saúde humana. Cinco ppb é um valor pequeno. Pense assim: a população da Terra excede os 6 bilhões de pessoas, o que significa que 30 indivíduos de uma sala de aula constituem uma concentração de, aproximadamente, 5 ppb em relação à população mundial!

2.2 Unidades Volume/Volume e Mol/Mol

Unidades de fração volumétrica ou fração molar são frequentemente usadas para concentrações de gás. As unidades de fração volumétrica mais comuns são **partes por milhão em volume** (referidas como **ppm** ou **ppm$_v$**), definidas por:

$$\text{ppm}_v = \frac{V_i}{V_{total}} \times 10^6 \qquad (2.5)$$

em que V_i/V_{total} é a fração volumétrica e 10^6 é um fator de conversão, com unidades de 10^6 ppm$_v$ por fração do volume.

exemplo / 2.3 Concentração em Ar

Qual é a concentração de monóxido de carbono (CO) expressa em $\mu g/m^3$ de 10 L de uma mistura de gases que contém 10^{-6} mols de CO?

solução

Nesse caso, as quantidades medidas são apresentadas em unidades de mols de um composto químico pelo volume total. Para converter para massa do composto pelo volume total, converta os mols do composto para massa do composto, multiplicando os mols pelo peso molecular do CO. O peso molecular do CO (28 g/mol) é igual a 12 (peso atômico do C) mais 16 (peso atômico do O).

$$[CO] = \frac{1,0 \times 10^{-6} \text{ mol CO}}{10 \text{ L total}} \times \frac{28 \text{ g CO}}{\text{mol CO}}$$

$$= \frac{28 \times 10^{-6} \text{ g CO}}{10 \text{ L total}} \times \frac{10^6 \, \mu g}{g} \times \frac{10^3 \text{ L}}{m^3} = \frac{2.800 \, \mu g}{m^3}$$

Outras unidades comuns para poluentes gasosos são **partes por bilhão (10^9)** em volume (**ppb$_v$**). A Tabela 2.2 traz exemplos de variação na concentração atmosférica dos três principais **gases de efeito estufa** desde o período pré-industrial, por volta do ano 1750.

A vantagem de unidades volume/volume é que as concentrações gasosas expressas com essas unidades não mudam quando o gás é comprimido ou expandido. Concentrações atmosféricas expressas como massa por volume (por exemplo, $\mu g/m^3$) diminuem quando o gás se expande, uma vez que a massa permanece constante e o volume aumenta. Ambas – unidades de massa/volume, tais como $\mu g/m^3$, e unidades ppm$_v$ – são usadas frequentemente para expressar concentrações gasosas. (Veja Equação 2.9 para a conversão entre $\mu g/m^3$ e ppm$_v$.)

Tabela / 2.2

Variação na Concentração Atmosférica dos Principais Gases de Efeito Estufa desde o Período Pré-Industrial

	Concentração Atmosférica em 2011	Concentração Atmosférica Pré-Industrial	Variação desde o Período Pré-Industrial
Dióxido de Carbono (CO_2)	391 ppm	280 ppm	+140%
Metano (CH_4)	1.813 ppb	700 ppb	+259%
Óxido Nitroso (N_2O)	324 ppb	270 ppb	+120%

FONTE: Dados da Organização Metereológica Mundial (2012).

2.2.1 USANDO A LEI DOS GASES IDEAIS PARA CONVERTER ppm$_v$ EM $\mu g/m^3$

A lei dos gases ideais pode ser usada para converter concentrações gasosas entre unidades de massa/volume e volume/volume. **A lei dos gases ideais** estabelece que a *pressão (P)* vezes o *volume ocupado (V)* é igual ao *número de mols (n)* vezes a *constante dos gases (R)* vezes a *temperatura absoluta (T)* em graus Kelvin ou Rankine. Isso é escrito na forma habitual:

$$PV = nRT \tag{2.6}$$

Na Equação 2.6, a **constante universal dos gases**, R, pode ser expressa em muitos conjuntos diferentes de unidades. Alguns dos valores mais comuns para R estão listados aqui:

0,08205 L-atm/mol-K

$8,205 \times 10^{-5}$ m^3-atm/mol-K

82,05 cm^3-atm/mol-K

$1,99 \times 10^{-3}$ kcal/mol-K

8,314 J/mol-K

1,987 cal/mol-K

62.358 cm^3-torr/mol-K

62.358 cm^3-mm Hg/mol-K

Como a constante dos gases pode ser expressa em diferentes unidades, sempre tome cuidado com essas unidades e faça o balanço de unidades para assegurar-se de que está usando o valor correto de R.

A lei dos gases ideais também estabelece que o volume ocupado por dado número de moléculas de qualquer gás é o mesmo, não importando o peso molecular ou a composição do gás, desde que a pressão e a temperatura sejam constantes. A lei dos gases ideais pode ser reagrupada para mostrar o volume ocupado por n mols de gás:

$$V = n\frac{RT}{P} \tag{2.7}$$

Nas condições-padrão ($P = 1$ atm e $T = 273,15$ K), um mol de qualquer gás puro irá ocupar 22,4 L. Esse resultado pode ser obtido usando o valor correspondente de R (0,08205 L atm/mol K) e a forma da lei dos gases ideais fornecida pela Equação 2.7. Esse volume varia a outras temperaturas e pressões, conforme determinado pela Equação 2.7.

No Exemplo 2.4, os termos RT/P se cancelam. Isso demonstra um ponto importante que é útil no cálculo de concentrações em fração volumétrica ou em fração molar: *Para gases, a razão entre volumes e a razão entre mols é equivalente.* Isso fica claro pela lei dos gases ideais, uma vez que, com temperatura e pressão constantes, o volume ocupado por um gás é proporcional ao número de mols. Portanto, a Equação 2.5 é equivalente à Equação 2.8:

$$ppm_v = \frac{\text{mols } i}{\text{mols total}} \times 10^6 \tag{2.8}$$

exemplo / 2.4 Concentração de Gás em Fração Volumétrica

Uma mistura gasosa contém 0,001 mol de dióxido de enxofre (SO_2) e 0,999 mols de ar. Qual é a concentração de SO_2, expressa em unidades de ppm_v?

solução

A concentração em ppm_v é determinada a partir da Equação 2.5.

$$[SO_2] = \frac{V_{SO_2}}{V_{total}} \times 10^6$$

Para resolver, converta o número de mols de SO_2 para volume, usando a lei dos gases ideais (Equação 2.6), e o número total de mols para volume. Depois, divida as duas expressões:

$$V_{SO_2} = 0{,}001 \text{ mol } SO_2 \times \frac{RT}{P}$$

$$V_{total} = (0{,}999 + 0{,}001) \text{ mol total} \times \frac{RT}{P}$$

$$= (1{,}000) \text{ mol total} \times \frac{RT}{P}$$

Substitua esses termos em volume por ppm_v:

$$ppm_v = \frac{0{,}001 \text{ mol } SO_2 \times \frac{RT}{P}}{1{,}000 \text{ mol total} \times \frac{RT}{P}} \times 10^6$$

$$ppm_v = \frac{0{,}001 \text{ L } SO_2}{1{,}000 \text{ L total}} \times 10^6 = 1.000 \text{ } ppm_v$$

Note também que a **razão molar** (mols i/mols total) às vezes é referenciada como **fração molar**, X.

A solução do Exemplo 2.4 pode ser encontrada simplesmente usando-se a Equação 2.8 e determinando a razão molar. Desse modo, em qualquer problema dado, você pode usar tanto as unidades de volume como as unidades de mols para calcular ppm_v. Estar familiarizado com isso pode evitar conversões desnecessárias entre mols e volume.

O Exemplo 2.5 e a Equação 2.9 mostram como usar a lei dos gases ideais para converter concentrações entre $\mu g/m^3$ e ppm_v. O Exemplo 2.5 demonstra uma maneira útil de escrever a conversão para concentrações de ar entre unidades de $\mu g/m^3$ e ppm_v:

$$\frac{\mu g}{m^3} = ppm_v \times MW \times \frac{1.000P}{RT} \qquad \text{(2.9)}$$

sendo MW o peso molecular do composto químico, R é igual a 0,08205 L·atm/mol·K, T é a temperatura em graus K e 1.000 é um fator de conversão (1.000 L = 1 m^3). Observe que, para 0°C, RT tem um valor de 22,4 L·atm/mol, enquanto a 20°C RT vale 24,2 L·atm/mol.

exemplo / 2.5 Conversão de Concentração de Gases entre ppb_v e $\mu g/m^3$

A concentração de SO_2 medida no ar é 100 ppb_v. Qual é a concentração em unidades de $\mu g/m^3$? Considere que a temperatura é 28°C e a pressão é 1 atm. Lembre-se de que T expresso em °K é igual a T expresso em °C mais 273,15.

solução

Para realizar essa conversão, use a lei dos gases ideais para converter o volume de SO_2 para mols de SO_2, com resultado em unidades de mol/L. Esse resultado pode ser convertido para $\mu g/m^3$, usando o peso molecular do SO_2 (que é igual a 64). Esse método pode ser usado para deduzir uma fórmula geral para conversão entre ppm_v e $\mu g/m^3$.

Primeiramente, use a definição de ppb_v para obter uma razão volumétrica para SO_2:

$$100\,ppb_v = \frac{100\;m^3\;SO_2}{10^9\;m^3\;\text{solução de ar}}$$

Agora, converta o volume de SO_2 do numerador em unidades de massa. Isso é feito em duas etapas. Na primeira etapa, converta o volume em um número de mols, usando uma forma reagrupada da lei dos gases ideais (Equação 2.6), $n/V = P/RT$, e a temperatura e a pressão dadas:

$$\frac{100\;m^3\;SO_2}{10^9\;m^3\;\text{solução de ar}} \times \frac{P}{RT} = \frac{100\;m^3\;SO_2}{10^9\;m^3\;\text{solução de ar}} \times \frac{1\;atm}{8,205 \times 10^{-5}\dfrac{m^3\text{-atm}}{\text{mol-K}}(301K)} = \frac{4,05 \times 10^{-6}\;mol\;SO_2}{m^3\;ar}$$

Na segunda etapa, converta os mols de SO_2 em massa de SO_2, usando o peso molecular do SO_2:

$$\frac{4,05 \times 10^{-6}\;mol\;\;SO_2}{m^3\;ar} \times \frac{64\;g\;SO_2}{mol\;\;SO_2} \times \frac{10^6\;\mu g}{g} = \frac{260\;\mu g}{m^3}$$

2.3 Unidades de Pressão Parcial

Poluição de Dióxido de Nitrogênio no Ar

https://www.epa.gov/no2-pollution

Qualidade de NO_2 no Ar Atmosférico ao Longo do Tempo

www.epa.gov/airtrends/nitrogen.html

Na atmosfera, as concentrações de compostos químicos em fase gasosa e na forma de particulados devem ser determinadas separadamente. Uma substância existirá na fase gasosa se a temperatura atmosférica estiver acima do ponto de ebulição (ou sublimação) ou se sua concentração estiver abaixo da pressão de vapor saturado do composto químico a uma temperatura específica (a pressão de vapor é definida no Capítulo 3). Todos os constituintes gasosos da atmosfera, principais e secundários, possuem pontos de ebulição muito abaixo das temperaturas atmosféricas. As concentrações dessas espécies são tipicamente expressas como frações volumétricas (por exemplo, por cento, ppm_v ou ppb_v) ou como pressões parciais (unidades de pressão).

A Tabela 2.3 resume as concentrações dos gases atmosféricos mais abundantes, incluindo o dióxido de carbono e o metano. O dióxido de carbono é o maior contribuidor de origem humana para os gases do efeito estufa. A concentração atmosférica global de dióxido de carbono aumentou de 280 ppm_v, níveis anteriores à Revolução Industrial, para 391 ppm_v, em 2005. As concentrações atmosféricas globais de metano registradas em 2011 atingiram 1.813 ppb. Essa concentração registrada de metano excede em muito a faixa natural de 320 a 790 ppb_v, medida em núcleos de gelo, que datam dos últimos 650.000 anos. De acordo com o **Painel Internacio-**

Tabela / 2.3

Composição da Atmosfera

Composição	Concentração (% volume ou mols)	Concentração (ppm$_v$)
Nitrogênio (N_2)	78,1	781.000
Oxigênio (O_2)	20,9	209.000
Argônio (Ar)	0,93	9.300
Dióxido de carbono (CO_2)	0,039	391
Neon (Ne)	0,0018	18
Hélio (He)	0,0005	5
Metano (CH_4)	0,00018	1,813
Criptônio (Kr)	0,00011	1,1
Hidrogênio (H_2)	0,00005	0,50
Óxido Nitroso (N_2O)	0,000032	0,324
Ozônio (O_3)	0,000002	0,020

FONTE: Adaptado de Mihelcic (1999), com permissão de John Wiley & Sons, Inc.

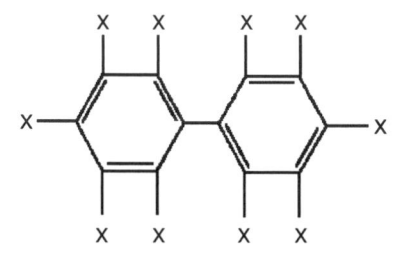

X = cloro ou hidrogênio.

Figura / 2.1 Estrutura Química dos Bifenis Policlorados (PCBs) Os PCBs são uma família de compostos produzidos comercialmente pela cloração de bifenil. Átomos de cloro podem ser colocados em qualquer um dos dez sítios disponíveis, com 209 congêneres de PCB. A grande estabilidade dos PCBs permite que eles tenham uma grande variedade de usos, inclusive servindo como fluidos refrigerantes em transformadores, como fluidos hidráulicos e solventes. Contudo, as propriedades químicas que resultaram nessa estabilidade também resultaram em um produto que não degrada facilmente, é bioacumulável na cadeia alimentar e é perigoso para a vida selvagem e humana. A Lei de Controle de Substâncias Tóxicas, de 1976 (Toxic Substances Control Act – TSCA), baniu a fabricação de PCBs e de produtos que contenham PCBs. A TSCA também estabeleceu regras estritas relativas ao uso futuro e à comercialização de PCBs. Os PCBs eram tipicamente vendidos como misturas, comumente referidas como Aroclros (Arochlors). Por exemplo, o Arocloro 1260 consiste em 60% de cloro em peso, o que significa que os PCBs usados na mistura eram principalmente constituídos pela substituição de seis a nove cloros por molécula de bifenil. Em contraste, o Arocloro 1242 consistia em 42% de cloro em peso. Desse modo, ele consistia principalmente em PCBs com substituição de um a seis cloros por molécula de bifenil.

(De Mihelcic (1999). Reproduzido com permissão de John Wiley & Sons, Inc.)

nal de Mudanças Climáticas (IPCC, ver www.ipcc.ch), é muito provável que o aumento na concentração de metano seja consequência do uso de terras para agricultura, do crescimento populacional e do uso de energia associada à queima de combustíveis fósseis.

A pressão total exercida por uma mistura de gases pode ser considerada como a soma das pressões parciais exercidas individualmente pelos componentes da mistura. A **pressão parcial** de cada componente é igual à pressão que seria exercida se todos os outros componentes da mistura fossem removidos subitamente. Normalmente, a pressão parcial é escrita como P_i, no qual i se refere a um gás em particular. Por exemplo, a pressão parcial do oxigênio na atmosfera (P_{O_2}) é 0,21 atm.

Lembre-se de que a lei dos gases ideais estabelece que, a dados temperatura e volume, a pressão é diretamente proporcional ao número de mols do gás presente; portanto, as frações de pressão são idênticas às frações molares (e frações volumétricas). Por essa razão, a pressão parcial pode ser calculada como o produto da fração molar ou volumétrica e da pressão total. Por exemplo:

$$P_i = [\text{fração volumétrica}_i \text{ ou fração molar}_i \times P_{\text{total}}]$$
$$= \left[(\text{ppm}_v)_i \times 10^{-6} \times P_{\text{total}} \right] \quad (2.10)$$

Além disso, ao rearranjar a Equação 2.10, mostra-se que os valores ppm$_v$ podem ser calculados a partir das pressões parciais, como se segue:

$$\text{ppm}_v = \frac{P_i}{P_{\text{total}}} \times 10^6 \quad (2.11)$$

Desse modo, a pressão parcial pode ser adicionada à lista de tipos de unidades que podem ser usadas para calcular ppm_v, ou seja, volume (Equação 2.5), mols (Equação 2.8) e pressões parciais (Equação 2.11) podem ser usados em cálculos de ppm_v.

O Exemplo 2.6 aplica esses princípios para determinar a pressão parcial de uma família de compostos químicos antigamente popular, conhecida como bifenil policlorados (PCB), ilustrada na Figura 2.1.

2.4 Unidades Mol/Volume

As unidades de **mols por litro** (molaridade M) são usadas para expressar concentrações de compostos dissolvidos em água. **Molaridade** é definida como o número de mols de um composto em um litro de solução. As concentrações expressas nessas unidades são lidas como **molar**.

A molaridade, M, não deve ser confundida com a molalidade, m. Usualmente, a molaridade é utilizada em cálculos de equilíbrio e ao longo deste livro. A **molalidade** é o número de mols de um soluto adicionado a exatamente um litro de solvente. Então, o volume verdadeiro de uma solução de um molal é um pouco maior do que um litro. A molalidade é mais comumente utilizada quando as propriedades da solução, tais como pontos de ebulição e congelamento, estão sendo consideradas. Portanto, raramente é empregada em descrições ambientais.

---

exemplo / 2.6 Concentração como Pressão Parcial

A concentração da fase gasosa de bifenis policlorados (PCBs) no ar acima do Lago Superior foi medida, registrando-se 450 picogramas por metro cúbico (pg/m^3). Qual é a pressão parcial (em atm) dos PCBs? Considere que a temperatura é 0°C, que a pressão atmosférica é 1 atm e que o peso molecular médio dos PCBs é 325.

solução

A pressão parcial é definida como a fração molar ou volumétrica, multiplicada pela pressão total do gás. Primeiramente, encontre o número de mols de PCBs em um litro de ar. Depois, use a lei dos gases ideais (Equação 2.7) para calcular que 1 mol de gás a 0°C e 1 atm ocupa 22,4 L. Substitua esse valor na primeira expressão para determinar a fração molar de PCBs:

$$450\,\frac{pg}{m^3\ ar} \times \frac{mol}{325\,g} \times 10^{-12}\,\frac{g}{pg} \times 10^{-3}\,\frac{m^3}{L} = 1{,}38 \times 10^{-15}\,\frac{mol\ PCB}{L\ ar}$$

$$1{,}38 \times 10^{-15}\,\frac{mol\ PCB}{L\ ar} \times \frac{22.4\,L}{mol\ ar} = 3{,}1 \times 10^{-14}\,\frac{mol\ PCB}{mol\ ar}$$

Ao multiplicar a fração molar pela pressão total (1 atm) (veja Equação 2.10), encontramos a pressão parcial do PCB como $3{,}1 \times 10^{-14}$ atm.

2.5 Outros Tipos de Unidades

As concentrações também podem ser expressas como normalidade, como um constituinte comum ou representadas pelo efeito.

exemplo / 2.7 Concentração como Pressão Parcial Corrigida para a Umidade

Qual é a pressão parcial (em atm) do dióxido de carbono (CO_2) quando o barômetro indica 29,0 polegadas de Hg, a umidade relativa é de 80% e a temperatura é 70°F? Use a Tabela 2.3 para obter a concentração de CO_2 em ar seco.

solução

A unidade de concentração de pressão parcial da Tabela 2.3 é para ar seco, dessa forma, a pressão parcial deve primeiro ser corrigida para a umidade contida no ar. Em ar seco, a concentração de CO_2 é 391 ppm_v. A pressão parcial será essa fração volumétrica multiplicada pela pressão total de ar seco. A pressão total do ar seco é a pressão atmosférica total (29,0 polegadas de Hg) menos a contribuição do vapor de água. A pressão de vapor da água a 70°F é 0,36 lb/in^2. Assim, a pressão total do ar seco é:

$$P_{total} - P_{água} = 29,0 \text{ polegadas de Hg} - \left[0,36 \frac{lb}{in^2} \times \frac{29,9 \text{ in. Hg}}{14,7 \text{ lb}/in^2} \times 0,8 \right]$$

$$= 28,4 \text{ polegadas de Hg}$$

A pressão parcial do CO_2 seria:

$$\text{fração volumétrica} \times P_{total} = 391 \text{ ppm}_v \times$$

$$\times \frac{10^{-6} \text{ fração volumétrica}}{ppm_v} \times \left[28,4 \text{ in Hg} \times \frac{1 \text{ atm}}{29,9 \text{ in Hg}} \right] = 3,7 \times 10^{-4} \text{ atm}$$

exemplo / 2.8 Concentração como Molaridade

A concentração de tricloroetileno (TCE) é 5 ppm. Converta esse dado para unidades de molaridade. O peso molecular do TCE é 131,5 g/mol.

solução

Lembre-se de que, em água, ppm_m é equivalente a mg/L, de modo que a concentração do TCE é 5,0 mg/L. A conversão para molaridade requer apenas o peso molecular:

$$\frac{5,0 \text{ mg TCE}}{L} \times \frac{1 \text{ g}}{10^3 \text{ mg}} \times \frac{1 \text{ mol}}{131,5 \text{ g}} = \frac{3,8 \times 10^{-5} \text{ mols}}{L}$$

$$= 3,8 \times 10^{-5} \text{ M}$$

Frequentemente, concentrações abaixo de 1 M são expressas em termos de milimols por litro, ou milimolar (1 mM = 10^{-3} mols/L), ou em micromols por litro, ou micromolar (1 μM = 10^{-6} mols/L). Com isso, a concentração do TCE pode ser expressa como 0,038 mM ou 38 μM.

exemplo / 2.9 Concentração como Molaridade

Verificou-se que a concentração de alacloro, um herbicida comum no rio Mississippi, encontrava-se na faixa de 0,04 a 0,1 μg/L. Qual é a faixa de concentração em nanomols/L? A fórmula molecular do alacloro é $C_{14}H_{20}O_2NCl$ e seu peso molecular é 270.

solução

A menor concentração da faixa nmol/L pode ser encontrada como se segue:

$$\frac{0,04 \text{ } \mu g}{L} \times \frac{mol}{270 \text{ g}} \times \frac{10^{-6} \text{ g}}{\mu g} \times \frac{10^9 \text{ nmol}}{mol} = \frac{0,15 \text{ nmol}}{L}$$

De modo similar, o limite superior (0,1 μg/L) pode ser calculado e resulta em 0,37 nmol/L.

© Nadezda Pyastolova/iStockphoto.

2.5.1 NORMALIDADE

Normalidade (equivalentes/L) é usada tipicamente ao se definir a química da água, especialmente em casos nos quais reações de ácido-base e de oxidação-redução estão ocorrendo. A normalidade também é frequentemente usada no laboratório durante medidas analíticas de constituintes da água. Por exemplo, o *Standard Methods for the Examination of Water and Wastewater* (Eaton *et al.*, 2005) possui muitos exemplos nos quais as concentrações dos reagentes químicos são preparadas e expressas em unidades de normalidade, não molaridade.

Expressar a concentração **em termos de equivalentes** é útil já que, se duas espécies químicas reagem e as duas espécies reagindo possuem a mesma força em termos de equivalente, um volume de 1 mL do reagente número 1 reagirá com 1 mL do reagente número 2. Na química de ácido-base, o número de equivalentes por mol de ácido é igual ao número de mols de H^+ que o ácido pode doar. Por exemplo, HCl tem 1 equivalente/mol, H_2SO_4 tem 2 equivalentes/mol e H_3PO_4 tem 3 equivalentes/mol. Do mesmo modo, o número de equivalentes por mol de uma base é igual ao número de mols de H^+ que reagirão com um mol de base. Dessa forma, NaOH tem 1 equivalente/mol, $CaCO_3$ tem 2 equivalentes/mol e PO_4^{3-} tem 3 equivalentes/mol.

Em reações de oxidação-redução, o número de equivalentes está relacionado com quantos elétrons uma espécie doa ou recebe. Por exemplo, o número de equivalentes de Na^+ é 1 (no qual e^- é igual a um elétron), pois $Na \rightarrow Na^+ + e^-$. Do mesmo modo, o número de equivalentes do Ca^{2+} é 2, pois $Ca \rightarrow Ca^{2+} + 2e^-$. O **peso equivalente** (em gramas (g) por equivalente

---

exemplo / 2.10 Cálculos de Peso Equivalente

Quais são os pesos equivalentes do HCl, H_2SO_4, NaOH, $CaCO_3$ e CO_2 aquoso?

solução

Para encontrar o peso equivalente de cada componente, divida o peso molecular pelo número de equivalentes:

$$\text{eqv peso de HCl} = \frac{(1 + 35,5)\,g/mol}{1\,eqv/mol} = \frac{36,5\,g}{eqv}$$

$$\text{eqv peso de } H_2SO_4 = \frac{(2 \times 1) + 32 + (4 \times 16)\,g/mol}{2\,eqv/mol} = \frac{49\,g}{eqv}$$

$$\text{eqv peso de NaOH} = \frac{(23 + 16 + 1)\,g/mol}{1\,eqv/mol} = \frac{40\,g}{eqv}$$

$$\text{eqv peso de } CaCO_3 = \frac{40 + 12 + (3 \times 16)\,g/mol}{2\,eqv/mol} = \frac{50\,g}{eqv}$$

Determinar o peso equivalente do CO_2 aquoso requer informação adicional. O dióxido de carbono aquoso não é um ácido até que se hidrate em água e forme ácido carbônico ($CO_2 + H_2O \rightarrow H_2CO_3$). Desse modo, CO_2 aquoso tem 2 eqv/mol. Portanto, podemos ver que o peso equivalente do dióxido de carbono aquoso é:

$$\frac{12 + (2 \times 16)\,g/mol}{2\,eqv/mol} = \frac{22\,g}{eqv}$$

exemplo / 2.11 — Cálculo da Normalidade

Qual é a normalidade (N) de soluções 1 M de HCl e H_2SO_4?

solução

$$1 \text{ M de HCl} = \frac{1 \text{ mol de HCl}}{L} \times \frac{1 \text{ eqv}}{\text{mol}} = \frac{1 \text{ eqv}}{L} = 1 \text{ N}$$

$$1 \text{ M de } H_2SO_4 = \frac{1 \text{ mol de } H_2SO_4}{L} \times \frac{2 \text{ eqv}}{\text{mol}} = \frac{2 \text{ eqv}}{L} = 2 \text{ N}$$

Observe que, em termos equivalentes, uma solução 1 M de ácido sulfúrico é duas vezes mais forte do que uma solução 1 M de HCl.

exemplo / 2.12 — Uso de Equivalentes na Determinação da Acurácia de uma Análise de Água

O professor Mihelcic esteve na cidade de Dunedin, na Nova Zelândia, para observar os pinguins de olhos amarelos e os albatrozes. O rótulo de uma garrafa de água mineral da Nova Zelândia, comprada na cidade de Dunedin, afirma que a análise química da água mineral resultou nos seguintes cátions e ânions, identificados com as suas correspondentes concentrações (em mg/L):

$$[Ca^{2+}] = 2,9 \quad [Mg^{2+}] = 2,0 \quad [Na^+] = 11,5 \quad [K^+] = 3,3$$

$$[SO_4^{2-}] = 4,7 \quad [Fl^-] = 0,09 \quad [Cl^-] = 7,7$$

A análise está correta?

solução

Primeiramente, converta todas as concentrações dos íons principais para equivalentes. Para fazer isso, multiplique a concentração em mg/L por um fator de conversão de unidade (g/1.000 mg) e depois divida pelo peso equivalente de cada substância (g/eqv). A seguir, some as concentrações de todos os cátions e ânions em uma base equivalente. De modo geral, uma solução é considerada aceitável se o erro for inferior a 5%.

Cátions

$$[Ca^{2+}] = \frac{1,45 \times 10^{-4} \text{ eqv}}{L}$$

$$[Mg^{2+}] = \frac{1,67 \times 10^{-4} \text{ eqv}}{L}$$

$$[Na^+] = \frac{5 \times 10^{-4} \text{ eqv}}{L}$$

$$[K^+] = \frac{8,5 \times 10^{-5} \text{ eqv}}{L}$$

Ânions

$$[SO_4^{2-}] = \frac{9,75 \times 10^{-5} \text{ eqv}}{L}$$

$$[Fl^-] = \frac{4,73 \times 10^{-6} \text{ eqv}}{L}$$

$$[Cl^-] = \frac{2,17 \times 10^{-4} \text{ eqv}}{L}$$

A quantidade total de cátions é igual a $9,87 \times 10^{-4}$ eqv/L, e a quantidade total de ânions é igual a $3,2 \times 10^{-4}$ eqv/L.

A análise não está dentro de 5%. A análise apresentou mais de três vezes mais cátions do que ânions em equivalentes. Portanto, uma das duas conclusões é possível: (1) Uma ou mais das concentrações apresentadas está incorreta, considerando que todos os principais cátions e ânions tenham sido medidos. (2) Um ou mais dos ânions principais não foi medido na análise química. (O bicarbonato, HCO_3^-, seria um bom candidato como o ânion faltante, pois é um ânion comum na maior parte das águas naturais.)

(eqv)) de uma espécie é definido como o peso molecular da espécie dividido pelo número de equivalentes na espécie (g/mol dividido por eqv/mol é igual a g/eqv).

Todas as soluções aquosas devem manter a neutralidade de carga. Outro modo de colocar essa afirmação é que a soma de todos os cátions em termos de equivalentes devem igualar a soma de todos os ânions em termos de equivalentes. Assim, resultados de medidas em amostras de água podem ser verificados para determinar se alguma coisa está incorreta na análise ou se algum constituinte está faltando. O Exemplo 2.12 mostra como isso é feito.

Dados e Políticas de Poluição de Fósforo e Nitrogênio
www.epa.gov/nandppolicy/index.html

Hipoxia Causada por Nutrientes no Golfo do México
Toxics.usgs.gov/hypoxia

O Ciclo do Nitrogênio
www.esrl.noaa.gov/gmd/outreach/
lesson-plans/The%20Nitrogen%20
Cycle.pdf

2.5.2 CONCENTRAÇÃO COMO UM CONSTITUINTE EM COMUM

As concentrações podem ser expressas como um **constituinte em comum** e, desse modo, podem incluir as contribuições de vários compostos químicos diferentes. Os gases do efeito estufa, nitrogênio e fósforo, são componentes que tipicamente têm suas concentrações expressas como um constituinte em comum.

Por exemplo, em um lago ou em uma água residuária, o fósforo pode estar presente em formas inorgânicas, chamadas ortofosfatos (nos complexos H_3PO_4, $H_2PO_4^-$, HPO_4^{2-}, PO_4^{3-} e HPO_4^{2-}), polifosfatos (por exemplo, $H_4P_2O_7$ e $H_3P_3O_{10}^{2-}$), metafosfatos (por exemplo, $HP_3O_9^{2-}$) e/ou fosfatos orgânicos. Como o fósforo pode ser quimicamente convertido entre essas formas e, consequentemente, ser encontrado em várias delas, faz sentido, algumas vezes, expressar a concentração total de P sem especificar quais formas estão presentes. Com isso, para todas as formas individuais de fósforo, cada concentração é convertida para mg P/L usando o peso molecular da espécie individual, o peso molecular de P (que é 32) e simples estequiometria. Essas concentrações convertidas para cada espécie

---

exemplo / 2.13   Concentrações de Nitrogênio como um Constituinte em Comum

A água contém duas espécies de nitrogênio. A concentração de NH_3 é 30 mg/L NH_3, e a concentração de NO_3^- é 5 mg/L NO_3^-. Qual é a concentração total de nitrogênio em unidades de mg N/L?

solução

Use o peso molecular apropriado e a estequiometria para converter cada espécie individual para as unidades requeridas de mg N/L. Depois, some a contribuição de cada espécie:

$$\frac{30 \text{ mg NH}_3}{L} \times \frac{\text{mol NH}_3}{17 \text{ g}} \times \frac{\text{mol N}}{\text{mol NH}_3} \times \frac{14 \text{ g}}{\text{mol N}}$$

$$= \frac{24,7 \text{ mg NH}_3 - N}{L}$$

$$\frac{5 \text{ mg NO}_3^-}{L} \times \frac{\text{mol NO}_3^-}{62 \text{ g}} \times \frac{\text{mol N}}{\text{mol NO}_3} \times \frac{14 \text{ g}}{\text{mol N}}$$

$$= \frac{1,1 \text{ mg NO}_3^- - N}{L}$$

$$\text{concentração total de nitrogênio} = 24,7 + 1,1 = \frac{25,8 \text{ mg N}}{L}$$

individual podem ser somadas para determinar a concentração total de fósforo. Dessa forma, a concentração é expressa em unidades de mg/L em fósforo (escrita como mg P/L, mg/L em P, ou mg/L P).

A alcalinidade e a dureza da água, geralmente, são expressas pela determinação de todas as espécies individuais que contribuem para a alcalinidade ou para a dureza, depois, pela conversão de cada uma dessas espécies para **unidades de mg $CaCO_3$/L** e, finalmente, pela soma da contribuição de cada espécie. A dureza é, portanto, tipicamente expressa como mg/L de $CaCO_3$.

A **dureza** da água é causada pela presença de cátions divalentes em água. Ca^{2+} e Mg^{2+} são, de longe, os cátions divalentes mais abundantes em águas naturais, embora Fe^{2+}, Mn^{2+} e Sr^{2+} também possam contribuir. Em Michigan, Wisconsin e Minnesota, as águas não tratadas podem ter uma dureza de 121 a 180 mg/L como $CaCO_3$. Em Illinois e Iowa e Flórida a água é mais dura, com muitos valores superiores a 180 mg/L como $CaCO_3$.

Para encontrar a dureza total de uma água, some as contribuições de todos os cátions divalentes, depois de converter suas concentrações para um constituinte em comum. Para converter as concentrações de cátions específicos (de mg/L) para dureza (como mg/L $CaCO_3$), use a seguinte expressão, na qual M^{2+} representa um cátion divalente:

$$\frac{M^{2+} \text{ em mg}}{L} \times \frac{50}{\text{eqv peso de } M^{2+} \text{ em g/eqv}} = \frac{\text{mg}}{L} \text{ como } CaCO_3 \quad \textbf{(2.13)}$$

O 50 na Equação 2.13 representa o peso equivalente de carbonato de cálcio (100 g $CaCO_3$/2 equivalentes). Os pesos equivalentes (em unida-

---

exemplo / 2.14 — Determinação da Dureza de uma Amostra de Água

Uma amostra de água tem a seguinte composição química: $[Ca^{2+}] = 15$ mg/L; $[Mg^{2+}] = 10$ mg/L; $[SO_4^{2-}] = 30$ mg/L. Qual é a dureza total em unidades de mg/L como $CaCO_3$?

solução

Encontre a contribuição para a dureza de cada cátion bivalente. Ânions e todos os cátions não bivalentes não são incluídos nos cálculos.

$$\frac{15 \text{ mg } Ca^{2+}}{L} \times \left(\frac{\dfrac{50 \text{ g } CaCO_3}{\text{eqv}}}{\dfrac{40 \text{ g } Ca^{2+}}{2 \text{ eqv}}} \right) = \frac{38 \text{ mg}}{L} \text{ como } CaCO_3$$

$$\frac{10 \text{ mg } Mg^{2+}}{L} \times \left(\frac{\dfrac{50 \text{ g } CaCO_3}{\text{eqv}}}{\dfrac{24 \text{ g } Mg^{2+}}{2 \text{ eqv}}} \right) = \frac{42 \text{ mg}}{L} \text{ como } CaCO_3$$

Portanto, a dureza total é 38 + 42 = 80 mg/L como $CaCO_3$. Essa é uma água moderadamente dura.

Observe que, se ferro reduzido (Fe^{2+}) ou manganês (Mn^{2+}) estiverem presentes, eles devem ser incluídos no cálculo da dureza.

des de g/eqv) de outros cátions divalentes são Mg, 24/2; Ca, 40/2; Mn, 55/2; Fe, 56/2 e Sr, 88/2.

2.5.3 CONCENTRAÇÃO DE DIÓXIDO DE CARBONO E OUTROS GASES DE EFEITO ESTUFA

O **Protocolo de Quioto** regula seis dos principais gases do efeito estufa. Foi adotado em Quioto, no Japão, em 11 de dezembro de 1997, e entrou em vigor em 16 de fevereiro de 2005. O protocolo estabelece metas obrigatórias de redução da emissão de gases do efeito estufa para 37 países industrializados e a União Europeia. Cada gás tem uma capacidade diferente de absorver calor na atmosfera (a força radiativa), de forma que cada um difere em seu potencial de aquecimento global (GWP). O Protocolo de Quioto foi ratificado por 191 Estados (países). Entretanto, não foi adotado por muitos países emissores de gases de efeito estufa, como os Estados Unidos. Além disso, em 2011 o Canadá retirou o seu apoio.

Embora o governo dos Estados Unidos não tenha ratificado o Protocolo de Quioto em 2007, a Corte Suprema dos Estados Unidos determinou que a EPA, com base na Lei do Ar Limpo, regulasse as emissões de dióxido de carbono e outros gases de efeito estufa. Em 30 de Outubro de 2009, a EPA publicou a Regulamentação Federal (40 CFR Part 98), que obriga o relatório de emissões de gases de efeito estufa de grandes fontes. A implementação desse regulamento é referida como **Programa de Relatórios de Gases de Efeito Estufa**. Aplica-se a uma ampla gama de emissões de gases de efeito estufa que inclui fornecedores de combustíveis fósseis e instalações que injetam CO_2 para o sequestro. Este movimento para regular os gases de efeito estufa como poluentes do ar foi posteriormente confirmado em 2012, quando o Tribunal de Apelação do Distrito de Colúmbia aceitou por unanimidade os primeiros regulamentos propostos para enquadrar as emissões de gases de efeito estufa.

O **potencial de aquecimento global** (da denominação em inglês, **GWP**) é um multiplicador usado para comparar as diferentes emissões de gases do efeito estufa com um constituinte em comum, nesse caso, o dióxido de carbono. O GWP é determinado por um período de tempo estabelecido, tipicamente 100 anos, ao longo do qual resulta a força radiativa de gases específicos. O GWP permite aos reguladores comparar as emissões e as reduções de gases específicos.

Massas **equivalentes de dióxido de carbono** são medidas usadas para comparar emissões de gases do efeito estufa, usando um constituinte comum, baseado no potencial de aquecimento global do gás em particular. As unidades usuais são milhões de toneladas métricas de dióxido de carbono, que têm efeito equivalente ao gás emitido. A Tabela 2.4 fornece os potenciais de aquecimento global para os seis principais gases do efeito estufa. Note que a emissão da mesma massa de dois gases do efeito estufa não tem o mesmo impacto sobre o aquecimento global. Por exemplo, na Tabela 2.4, podemos ver que a emissão de uma tonelada de metano é igual à emissão de 25 toneladas de dióxido de carbono.

Geralmente, as emissões de gases do efeito estufa também são expressas como **equivalentes de carbono**. Nesse caso, a massa de dióxido de carbono equivalente é multiplicada por 12/44 para obter o equivalente de carbono. O multiplicador 12/44 é o peso molecular do carbono (C) dividido pelo peso molecular do dióxido de carbono (CO_2).

Programa de Relatórios de Gases de Efeito Estufa
www.epa.gov/ghgreporting

Convenção-Quadro das Nações Unidas sobre a Mudança do Clima
http://unfccc.int

Painel Intergovernamental sobre Mudanças Climáticas
www.ipcc.ch

Tabela / 2.4

Potenciais de Aquecimento Global (GWP) em 100 Anos Usados para Converter a Massa de Emissões de Gases do Efeito Estufa na Massa Equivalente de Dióxido de Carbono (CO_2e)

Tipo de Emissão	Multiplicador para Equivalentes de CO_2 (CO_2e)
Dióxido de carbono	1
Metano	25
Óxido nitroso	298
Hidrofluorocarbonos (HFCs)	124-14.800 (depende do HFC específico)
Perfluorocarbonos (PCFs)	7.390-12.200 (depende do PFC específico)
Hexafluoreto de enxofre (SF_6)	22.800

FONTE: Valores do *Climate Change 2007: A Physical Science Basis*, Painel Intergovernamental sobre Mudanças Climáticas. Note que no relatório da EPA eles utilizam a lista de GWPs em um período de 100 anos presente no IPCC's Second Assessment Report para ter consistência com os padrões internacionais definidos na Convenção-Quadro das Nações Unidas sobre a Mudança do Clima.

A Tabela 2.5 mostra algumas emissões relevantes de gases do efeito estufa nos Estados Unidos em unidades de equivalentes de CO_2 (abreviada CO_2e). Observe a grande contribuição esperada associada ao uso de energia obtida da queima de combustíveis fósseis. Além disso, observe a quantidade de emissões de gases do efeito estufa associada a outras atividades humanas. Considerando essa tabela, fica claro que

Tabela / 2.5

Emissões Americanas de Gases do Efeito Estufa de Fontes Relevantes para a Engenharia Civil e Ambiental As emissões totais de gases em 2010 foram 6.821,8 Tg equivalentes de CO_2 Tg = 10^{12} g ou 1 milhão de toneladas/metro.

Fonte (Gás)	Equivalentes em CO_2 (Tg)	Fonte (Gás)	Equivalentes em CO_2 (Tg)
Queima de combustíveis fósseis (CO_2)	5.387,8	Manuseio de solo agriculturável (N_2O)	207,8
Produção de ferro e aço (CO_2)	54,3	Manuseio de estrume (N_2O)	18,3
Manufatura de cimento (CO_2)	30,5	Esgoto humano (N_2O)	5,0
Transporte (CO_2)	1.745,5	Compostagem (N_2O)	1,7
Fabricação e consumo de carbonato de sódio (CO_2)	3,7	Combustão em autoveículos (N_2O)	20,6
Aterros sanitários (CH_4)	107,8	Combustão estacionária (N_2O)	22,6
Manuseio de estrume (CH_4)	52,0	Substituição de substâncias depletoras de ozônio (HFCs, PFCs, SF_6)	114,6
Tratamento de águas residuárias (CH_4)	16,3	Transmissão e distribuição elétrica (HFCs, PFCs, SF_6)	11,8
Cultivo de arroz (CH_4)	8,6	Fabricação de semicondutores (HFCs, PFCs, SF_6)	4,4

FONTE: Dados de EPA, 2012.

o desenvolvimento sustentável irá requerer, de todo engenheiro, que sejam consideradas formas de reduzir a emissão desses gases.

A maior quantidade de emissões de gases de efeito estufa é proveniente do dióxido de carbono. Em 2010, as emissões totais de gases do efeito estufa dos Estados Unidos foram de 6.821,8 Tg de CO_2e (um Tg é igual a 1 milhão de toneladas métricas), dos quais 5.706,4 CO_2e derivaram de emissões de dióxido de carbono.

A Tabela 2.6 fornece a repartição das maiores fontes de emissões de dióxido de carbono nos Estados Unidos ao longo do tempo. Repare como as fontes de emissões apresentadas nessa tabela estão associadas com decisões tomadas pelos engenheiros que afetam o projeto e operação da infraestrutura associada à produção, transporte de eletricidade e construções. Houve um ligeiro aumento de 10,5% nas emissões de gases de efeito estufa desde 1990 nos Estados Unidos, com um aumento médio das emissões de cerca de 0,5%, com uma leve redução nas emissões de 2007 a 2009 devido à crise econômica. As emissões aumentaram novamente de 2009 a 2010, principalmente em virtude de um aumento na produção econômica, responsável por elevar o consumo de energia e, também, pelas condições de verão muito mais quentes, resultando em um aumento na demanda de eletricidade para o resfriamento das edificações, feita, atualmente, principalmente pela queima de carvão e gás natural.

Em termos de gestão de resíduos, a principal fonte de emissões dos gases de efeito estufa provém do gerenciamento dos resíduos sólidos (*versus* gerenciamento de água potável, águas residuais e água recuperada). A EPA relata que em 2010 os aterros sanitários representaram cerca de 16,2% das emissões antropogênicas de metano nos Estados Unidos. Esta fonte é a terceira maior contribuição de metano nos Estados Unidos, ultrapassada apenas pelos sistemas de gás natural e pela fermentação entérica associada aos animais domesticados. Dos 264 Tg de CO_2e produzidos pelos aterros norte-americanos, somente 107,8 Tg de CO_2e foram emitidos por recuperação, queima e oxidação de metano. Em comparação, o tratamento e recuperação das águas residuais representaram cerca de 2,5% das emissões de metano e a compostagem de resíduos orgânicos contribuiu com menos de 1% das emissões totais de metano. Repare que também há emissões biogênicas de CO_2, N_2O e CH_4 associadas ao tratamento das águas residuais, já que a matéria orgânica complexa que compõe as águas

Tabela / 2.6

Maiores Fontes de Emissões de Dióxido de Carbono nos Estados Unidos nos Últimos 20 Anos

Fonte	1990	2007	2010
Combustão de Combustíveis Fósseis	4.738,3	6.118,6	5.387,8
Geração de Eletricidade	1.820,8	2.412,8	2258,4
Transporte	1.485,9	1.893,9	1.745,5
Industrial	846,4	844,4	777,8
Residencial	338,3	341,6	340,2
Comercial	219,0	218,9	224,2
Total das Emissões de CO_2	5.100,5	6.107,6	5.760,4

residuais (medida como demanda bioquímica ou química de oxigênio) se decompõe em formas químicas mais simples, como o CO_2.

Uma **pegada de carbono** é definida como as emissões totais de gases de efeito estufa (relatadas em equivalentes de carbono) que estão associadas a um produto, serviço, empresa ou outra entidade, como uma usina doméstica ou estação de tratamento de água. Essa pegada consiste nas emissões diretas e indiretas de gases de efeito estufa. As **emissões diretas** são provenientes de fontes de propriedade ou controladas pela entidade relatora. As **emissões indiretas** são uma consequência das atividades da entidade relatora, mas ocorrem em outras fontes que são controladas por outra entidade (Greenhouse Gas Protocol, 2012). A Tabela 2.7 fornece outra categorização de emissões diretas e indiretas dos gases de efeito estufa.

Tabela / 2.7

Categorização de Emissões Diretas e Indiretas de Gases de Efeito Estufa

Tipo de Emissão	Explicação
Escopo de Emissões 1	Todas as emissões diretas (isto é, fontes próprias ou controladas por uma entidade que as reporta)
Escopo de Emissões 2	Emissões indiretas do consumo ou compra de eletricidade, calor ou vapor
Escopo de Emissões 3	Outras emissões indiretas (por exemplo, extração ou produção de materiais e combustíveis, atividades relacionadas com o transporte em veículos que não são próprios ou controlados por entidades que os reporta, atividades terceirizadas e disposição de resíduos)

FONTE: Extraída de Greenhouse Gas Protocol, 2012.

exemplo / 2.15   Equivalentes de Carbono como um Constituinte em Comum

Nos Estados Unidos, em 2010, as emissões de gases do efeito estufa somaram 5.706,4 teragramas (Tg) CO_2e de dióxido de carbono (CO_2), 666,5 Tg CO_2e de metano (CH_4) e 306,2 Tg CO_2e de N_2O. Quantos gigagramas (Gg) de CH_4 e N_2O foram emitidos em 2004? Existem 1.000 gigagramas em um teragrama.

solução

A solução é uma simples conversão de unidades:

$$TgCO_2e = (Gg \text{ de gás}) \times GWP \times \frac{Tg}{1.000\,Gg}$$

Para o metano:

$$666,\,5\,Tg\,CO_2e = (Gg \text{ de gás metano}) \times 25 \times \frac{Tg}{1.000\,Gg}$$

Em 2010, foram emitidos $2,67 \times 10^4$ Gg de metano.

Para N_2O:

$$306,2\,Tg\,CO_2e = (Gg \text{ de } N_2O \text{ gás}) \times 298 \times \frac{Tg}{1.000\,Gg}$$

Em 2010, foram emitidos $1,03 \times 10^3$ Gg de óxido de nitrogênio.

Se você for ao *website* da Agência de Proteção Ambiental dos Estados Unidos (www.epa.gov), poderá aprender mais sobre emissões e sumidouros de diferentes gases do efeito estufa nos Estados Unidos. O *website* do Painel Intergovernamental sobre Mudanças Climáticas (www.ipcc.ch) tem informação atualizada sobre o *status* da mudança climática global

Aplicação / 2.1   Base de Dados Integrada de Emissões e Geração de Recursos (eGRID)

A **Base de Dados Integrada de Emissões e Geração de Recursos (eGRID)** permite ao usuário desenvolver inventários de emissões de gases e pegada de carbono. O eGRID determina as emissões de GHGs associadas à geração de eletricidade (isto é, MWh, GEh) ao converter o uso da eletricidade em libras de emissões de CO_2, CH_4 e N_2O, e libras de CO_2e.

O que é único no eGRID é que ele faz a conversão utilizando um conjunto misto de energias, que é único para uma região particular dos Estados Unidos. Isso se deve ao fato de as emissões de gases de efeito estufa da geração de eletricidade se diferenciarem de uma região para outra no país. A razão para isso é que cada região tem um *mix* energético de produção de eletricidade, como carvão mineral, gás natural, energia nuclear, hidrelétrica, biomassa, energia eólica e solar. Desse modo, o eGRID proporciona fatores de conversão que permitem ao usuário converter uso de eletricidade (reportados como MWh ou GWh) para libras de CO_2, CH_4 e, N_2O e CO_2e.

A Tabela 2.8 proporciona vários exemplos das conversões de diferentes regiões dos Estados Unidos. Note como a saída de CO_2e do eGRID são de 0,2 a 1,4% maiores do que as saídas de emissões de CO^2, porque tem em adição as emissões de CH_4 e de N_2O.

O eGRID está baseado na geração de eletricidade e não leva em conta as perdas de transmissão do ponto de geração até o ponto de consumo. Isto é, 100 kWh de consumo de eletricidade requerem um pouco mais de 100 kWh de geração de eletricidade. Em termos de magnitude, as perdas de linhas de transmissão se diferenciam de um local para o outro no país: 2,795% no Alasca; 3,6914% no Havaí; 5,333% no oeste; 6,177% no Texas e 6,409% no leste (com uma média para os Estados Unidos de 6,179%). Assim, se um usuário precisa contabilizar as perdas por transmissão na estimativa das emissões de gases de efeito estufa, ele deverá dividir o resultado obtido no eGRID por (1 por cento de perdas de transmissão/100) para determinar as emissões totais de gases de efeito estufa que resultam do consumo de eletricidade.

Tabela / 2.8

Comparação das Taxas de Emissão de Gases de Efeito Estufa

Nome da sub-região no eGRID	CO_2 (libra/MWh)	CH_4 (libra/MWh)	N_2O (libra/MWh)	CO_2e (libra/MWh)
WECC Califórnia	724,12	30,24	8,08	727,26
SERC Virgínia/Carolina	1.134,88	23,77	19,79	1.141,51
SERC Meio-Oeste	1.830,51	21,15	30,50	1.840,41
FRCC (Flórida)	1.318,57	45,92	16,94	1.324,79
Estados Unidos	1.329,35	27,27	20,60	1.336,31

Dados do eGRID2007, versão 1.1, dados do ano de 2005. Veja http://www.epa.gov/egrid para dados de todas as 26 sub-regiões dos Estados Unidos

exemplo / 2.16 — Determinando a Pegada de Carbono dos Dados de Consumo de Eletricidade

Considere que sua casa na Virgínia ou nas Carolinas consome 11.000 kWh de eletricidade por ano para aquecimento, resfriamento, iluminação, operação de aparelhos eletrônicos e outros aparelhos. Qual é o total de emissões diretas de gases de efeito estufa associados ao CO_2, CH_4 e N_2O na operação da casa? Ignore as perdas de linhas de transmissão nos seus cálculos.

solução

Utilizando os fatores de conversão proporcionados pelo eGRID (e listados na Tabela 2.8 para a sub-região de Virgínia e Carolinas), você pode determinar as emissões de um gás específico de efeito estufa, associado à operação da casa, como 12.484 libras de CO_2, 261 libras de CH_4 e 218 libras de N_2O. São 1.000 kW em 1 MW e 1.000.000 de kW em 1 GW. Essas emissões não são levadas em conta para as perdas em linha, que chegam a 6,409% no leste dos Estados Unidos. Para considerar as perdas de linhas de transmissão, divida as emissões geradas pelo eGRID por (1-6,409/100).

Você pode determinar a pegada de carbono por um ou dois métodos. O método mais simples é multiplicar o consumo de eletricidade de 11.000 kWh por um fator de conversão de 1.141,51 lb de CO_2e/MWh proporcionado pelo eGRID, empregando o GWP listado na Tabela 2.4.

$$11.000 \text{ kW} \times 1.141,51 \text{ lb } CO_2e/\text{MWh} \times \text{MW}/1.000 \text{ kW} = 12.556 \text{ lb } CO_2 = 12.556 \text{ lb } CO_2e$$

Isso resulta no valor de 12.556 libras de CO_2e. Você pode achar a solução de uma maneira mais longa, somando a contribuição de cada um dos três gases de efeito estufa contabilizados pelo eGRID, usando o GWP listado na Tabela 2.4.

$$11.000 \text{ kW} \times 1.134,88 \text{ lb } CO_2/\text{MWh} \times \text{MW}/1.000 \text{ kW} = 12.484 \text{ lb } CO_2 = 12.484 \text{ lb } CO_2e$$

$$11.000 \text{ kW} \times 23,77 \text{ lb } CH_4/\text{GWh} \times \text{GW}/10^6 \text{ kW} = 0,26 \text{ lb } CH_4 \times 25 \text{ lb } CO_2e/\text{lb } CH_4 = 6,5 \text{ lb } CO_2e$$

$$11.000 \text{ kW} \times 19,79 \text{ lb } N_2O/\text{GWh} \times \text{GW}/10^6 \text{ kW} = 0,22 \text{ lb } CH_4 \times 298 \text{ lb } CO_2e/\text{lb } N_2O = 65,5 \text{ lb } CO_2e$$

As emissões totais de gases de efeito estufa como CO_2e são a soma desses três valores, representando 12.556 libras de CO_2e. Note a grande quantidade de emissões de CO_2 da geração de eletricidade aqui comparada com a contribuição do CH_4 e N_2O (mesmo com seus altos GWPs). Esse valor pode ser referenciado como a pegada de carbono de uma construção por um ano, apenas considerando as emissões diretas. De novo, essas emissões não contabilizam as perdas de eletricidade nas linhas de transmissão, que são 6,409% no leste dos Estados Unidos. Para contabilizar as perdas de transmissão, divida os valores de emissão do eGRID por (1–6,409/100).

Se a residência instalar painéis solares para reduzir a eletricidade consumida da rede por 2.500 kWh/ano, a pegada de carbono associada à eletricidade suprida pela rede deveria diminuir para 9.703 libras de CO_2e, uma redução de 2.854 libras de CO_2e.

(Exemplo adaptado de Rothschild *et al.*, 2009.)

2.5.4 INFORMANDO A CONCENTRAÇÃO DE PARTÍCULAS NO AR E NA ÁGUA

A concentração de partículas em uma amostra de ar é determinada passando-se um volume conhecido de ar (por exemplo, vários milhares de metros cúbicos) por um filtro. O aumento no peso do filtro em razão das

Figura / 2.2 Diferenças Analíticas entre Sólidos Totais (TS), Sólidos Suspensos Totais (TSS), Sólidos Suspensos Voláteis (VSS) e
Sólidos Dissolvidos Totais (TDS).

(De Mihelcic (1999). Reproduzido com permissão de John Wiley & Sons, Inc.)

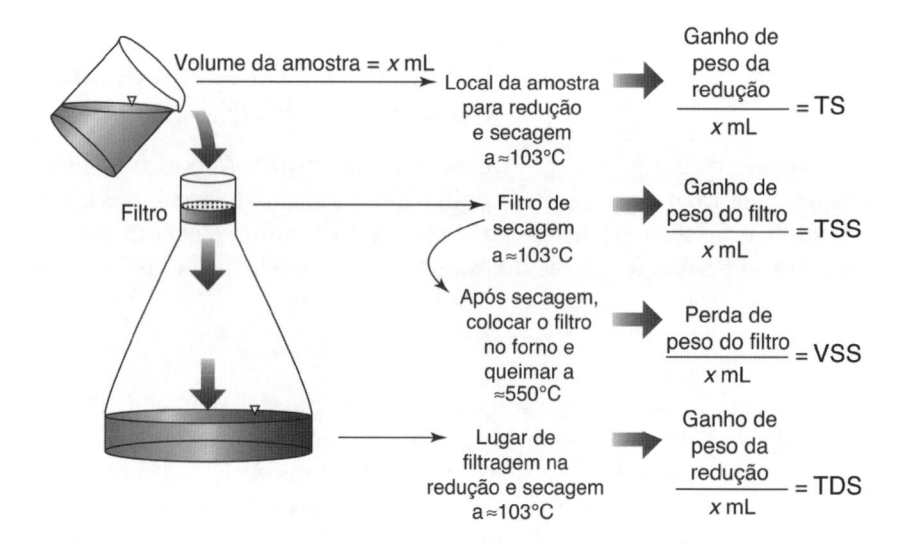

partículas nele retidas pode ser determinado. Dividindo-se esse valor pelo volume de ar que passou pelo filtro, obtém-se a concentração de **particulados suspensos totais (PST)** em unidades de g/m^3 ou $\mu g/m^3$.

Em sistemas aquáticos e na determinação analítica de metais, a fase sólida é separada por filtração, através de um filtro com abertura de 0,45 μm. Normalmente, essa abertura é empregada para determinar a fase *dissolvida* da fase *particulada*. Em qualidade da água, os sólidos são divididos em uma fração *dissolvida* e em uma fração *suspensa*. Isso é feito pela combinação de processos de filtração e evaporação. Cada um desses dois tipos de sólidos pode ainda ser dividido em uma fração *fixa* e uma fração *volátil*. A Figura 2.2 mostra as diferenças analíticas entre sólidos totais, sólidos suspensos totais, sólidos dissolvidos totais e sólidos suspensos voláteis (VSS).

Os **sólidos totais (TS)** são determinados colocando-se uma amostra de água com volume conhecido bem misturada em uma cápsula de secagem e evaporando a água entre 103°C e 105°C. O aumento do peso da cápsula de secagem ocorre em razão dos sólidos totais; com isso, para determiná-los, divida o aumento do peso da cápsula de secagem pelo volume da amostra. Geralmente, as concentrações são fornecidas em mg/L.

Para determinar os **sólidos dissolvidos totais** (TDS) e os **sólidos suspensos totais** (TSS), primeiramente, passe uma amostra bem misturada com volume conhecido através de um filtro de fibra de vidro com uma abertura de 2 μm. Os sólidos suspensos são as partículas retidas no filtro. Para determinar a concentração de TSS, seque o filtro entre 103°C e 105°C, determine o aumento de peso no filtro e, a seguir, divida esse aumento de peso pelo volume da amostra. Os resultados são dados em mg/L. Os sólidos suspensos coletados no filtro podem prejudicar ecossistemas aquáticos, já que impedem a penetração de luz, ou agem como uma fonte de nutrientes ou como matéria orgânica consumidora de oxigênio. Além disso, uma água com elevada concentração de sólidos suspensos pode ser inadequada para consumo humano ou até mesmo para contato.

Os TDS são determinados coletando-se a amostra que passa pelo filtro, secando o filtrado entre 103°C e 105°C e, então, determinando o aumento de peso da cápsula de secagem. Esse aumento de peso, dividido pelo volume de amostra, é a concentração de TDS, dada em mg/L. Os sólidos dissolvidos tendem a ser de composição menos orgânica e a consistir mais em cátions e ânions dissolvidos. Por exemplo, águas duras também são ricas em sólidos dissolvidos.

TS, TDS e TSS podem, adicionalmente, ser divididos em uma fração fixa e uma fração volátil. Por exemplo, a fração volátil dos TSS é denominada **sólidos suspensos voláteis (VSS)**, e a fração fixa é denominada **sólidos suspensos fixos (FSS)**. O modo de determinar a fração volátil de uma amostra é incinerar cada amostra seca em uma mufla a 500°C (±50°C). A perda de peso que ocorre por causa da incineração em alta temperatura fornece a fração volátil, e a fração fixa é, simplesmente, a amostra que fica após a incineração.

Em estações de tratamento de águas residuárias, os sólidos suspensos ou a fração volátil dos sólidos suspensos são usados como uma medida do número de microrganismos no processo de tratamento biológico. A Figura 2.3 mostra como relacionar as várias determinações de sólidos.

TS	=	TDS	+	TSS
		=		=
TVS	=	VDS	+	VSS
		+		+
TFS	=	FDS	+	FSS

Figura / 2.3 Relação entre as Várias Medidas de Sólidos em Amostras de Água Por exemplo, se os TSSs e VSSs são medidos, os FSSs podem ser determinados por diferença.

(De Mihelcic (1999). Reproduzido com permissão de John Wiley & Sons, Inc.)

2.5.5 REPRESENTAÇÃO POR EFEITO

Em alguns casos, a concentração real de uma substância específica não é usada, especialmente nos casos em que estão presentes misturas mal definidas de químicos (por exemplo, em esgoto não tratado). Em vez disso, emprega-se a **representação por efeito**. Com esse enfoque, a força da solução ou da mistura é definida por meio de algum fator comum a todos

---

exemplo / 2.17 Determinando a Concentração de Sólidos em uma Amostra de Água

Um laboratório fornece a seguinte análise obtida de uma mostra de água residuária com 50 mL: sólidos totais = 200 mg/L, sólidos suspensos totais = 160 mg/L, sólidos suspensos fixos = 40 mg/L e sólidos suspensos voláteis = 120 mg/L.

1. Qual é a concentração de sólidos dissolvidos totais nessa amostra?

2. Suponha que a amostra tenha sido filtrada por um filtro de fibra de vidro e, em seguida, o filtro tenha sido colocado em uma mufla a 550°C por uma noite. Qual seria o peso dos sólidos (em mg) remanescentes no filtro depois da noite na mufla?

3. Essa amostra é turva? Estime a porcentagem de sólidos que são matéria orgânica.

solução

1. Veja a Figura 2.3 para obter a relação entre as várias formas de sólidos. TDS é igual a TS menos TSS, portanto:

$$TDS = \frac{200\,mg}{L} - \frac{160\,mg}{L} = \frac{40\,mg}{L}$$

2. Os sólidos remanescentes no filtro são sólidos suspensos. (Os sólidos dissolvidos passam através do filtro.) Como o filtro foi submetido a uma temperatura de 550°C, a medição foi feita para a fração fixa e volátil dos sólidos suspensos, isto é, os VSS e os FSS. No entanto, durante a fase de incineração, a fração volátil foi queimada, enquanto o que permaneceu no filtro foi a fração fixa dos sólidos suspensos. Então, o problema está pedindo a fração fixa dos sólidos suspensos. De acordo com os dados, a amostra de 50 mL tinha 40 mg/L de FSS. Portanto:

os químicos da mistura. Um exemplo é o consumo de oxigênio decorrente da decomposição química e biológica da mistura de compostos químicos. Para muitos resíduos que carregam orgânicos, em vez de identificar individualmente centenas de compostos que podem estar presentes, é mais conveniente relatar o efeito em unidades de miligramas de oxigênio que podem ser consumidas por litro de água. Essa unidade é referida tanto como a **demanda bioquímica de oxigênio (DBO)** quanto como a **demanda química de oxigênio (DQO)**.

Termos-Chave

- base equivalente
- concentrações massa/massa
- constante universal dos gases
- constituinte em comum
- demanda bioquímica de oxigênio (DBO)
- demanda química de oxigênio
- dureza
- emissões diretas
- emissões e geração de base de dados de recursos (eGRID)
- emissões indiretas
- equivalentes de carbono
- equivalentes de dióxido de carbono
- fração molar
- gases de efeito estufa
- lei dos gases ideais

- molalidade
- molar
- molaridade
- mols por litro
- normalidade
- Painel Intergovernamental sobre Mudanças Climáticas
- partes por bilhão em massa (ppb_m)
- partes por bilhão em volume (ppb_v)
- partes por milhão em massa (ppm ou ppm_m)
- partes por milhão em volume (ppm_v)
- partes por trilhão em massa (ppt_m)
- particulados suspensos totais (PST)

- pegada de carbono
- peso equivalente
- porcentagem em massa
- potencial de aquecimento global (GWP)
- pressão parcial
- programa de relatório de gás de efeito estufa
- Protocolo de Quioto
- razão molar
- representação por efeito
- sólidos dissolvidos totais (TDS)
- sólidos suspensos fixos (FSS)
- sólidos suspensos totais (TSS)
- sólidos suspensos voláteis (VSS)
- sólidos totais (TS)
- unidades de mg $CaCO_3/L$

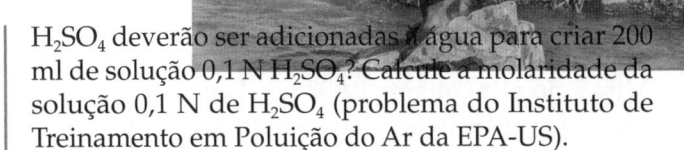

capítulo/Dois **Problemas**

2.1 (a) Durante o tratamento de água potável, diariamente, são adicionados 17 lb de cloro para desinfetar 5 milhões de galões de água. Qual é a concentração do cloro, na água, em mg/L? (b) A *demanda de cloro* é a concentração de cloro usada durante a desinfecção. O *cloro residual* é a concentração de cloro que permanece depois do tratamento da água de tal modo que a água mantenha seu poder desinfetante no sistema de distribuição. Se o cloro residual é 0,20 mg/L, qual é a demanda de cloro em mg/L?

2.2 Uma amostra de água contém 10 mg NO_3^-/L. Qual é a concentração em (a) ppm_m, (b) mol/L, (c) mg NO_3^--N e (d) ppb_m?

2.3 Uma amostra líquida tem uma concentração de ferro (Fe) de 5,6 mg/L. A densidade do líquido é 2.000 g/L. Qual é a concentração de Fe em ppm_m?

2.4 Bactérias coliformes (por exemplo, *E. coli*) são excretadas em grande número em fezes de animais e humanas. A água que atinge um padrão de menos de um coliforme por 100 mL é considerada segura para consumo humano. Uma amostra de 1 L de água que contém 9 coliformes é segura para consumo humano?

2.5 O efluente tratado de uma estação de tratamento de esgoto doméstico contém amônia a 9 mg N/L e nitrito a 0,5 mg N/L. Converta essas concentrações para mg NH_3/L e mg NO_2^-/L.

2.6 As concentrações de nitrato que excedem 44,3 mg NO_3^-/L são problemáticas em água potável por causa da doença infantil conhecida por meta-hemoglobinemia. As concentrações de nitrato nas proximidades de três poços rurais foram determinadas como 0,01 mg NO_3^--N/L, 1,3 mg NO_3^--N/L e 20 mg NO_3^--N/L. Algum desses poços excede o nível de 44,3 ppm_m?

2.7 A concentração de Sulfato (SO_4^{2-}) é 10 mg de SO_4^{2-}/L e o mono-hidrogênio sulfídrico (HS^-) é 2 mg/L. Qual é a concentração de sulfato inorgânico total em mg S/L?

2.8 Suponha que você deva determinar a quantidade de halogenetos de hidrogênio (HCl, HBr e HF) em um fluxo de gás que sai de uma reator químico. O trem de amostragem para determinação de halogenetos necessita de um total de 200 ml de 0,1 N H_2SO_4 como solução de absorção. (a) Quantos gramas de H_2SO_4 deverão ser adicionadas à água para criar 200 ml de solução 0,1 N H_2SO_4? Calcule a molaridade da solução 0,1 N de H_2SO_4 (problema do Instituto de Treinamento em Poluição do Ar da EPA-US).

2.9 A concentração de cádmio (Cd) em um líquido é conhecida por ser 130 ppm a 20° C. Calcule a quantidade total de cádmio presente em uma amostra de um galão. A amostra tem a densidade de 62,4 lb/ft³ (problema do Instituto de Treinamento em Poluição do Ar da EPA-US).

2.10 Como controlador de checagem de qualidade, uma amostra de acetona é retirada do processo para determinar a concentração de material particulado suspenso. Uma amostra de 850 mL é colocada em um béquer e evaporada. Os sólidos totais remanescentes foram determinados com massa de 0,001 g. A gravidade específica da acetona é 0,79 g/cm³. (a) Determine a concentração de uma amostra em mg/L. (b) Determine a concentração de uma amostra em ppm (problema do Instituto de Treinamento em Poluição do Ar da EPA-US).

2.11 Uma fábrica de papel produz papel a partir da polpa de madeira. A produção de polpa (na fábrica de polpa) começa com a digestão de cavacos de madeira em uma solução de hidróxido de sódio e sulfureto de sódio. O hidróxido de sódio é diluído em água (mostrado na reação abaixo) antes de ser enviado para digestão:

$$NaOH + H_2O \rightarrow Na^+ + OH^- + H_2O$$

Se 4 kg de hidróxido de sódio é adicionado para cada 1.000 L de água, determine o seguinte: (a) a molaridade da solução resultante e (b) a normalidade da solução resultante (problema do Instituto de Treinamento em Poluição do Ar da EPA-US).

2.12 Na Flórida, o padrão de tratamento avançado de efluente requer que o efluente tratado não tenha mais do que 5 ppm de DBO_5, 5 ppm de TSS, 3 ppm de nitrogênio total (NT), e 1 ppm de fósforo total (FT). (a) Qual é o padrão de tratamento para NT e FT em mg/L? (b) Se todo o nitrogênio é transformado em nitrato durante o tratamento avançado, qual é o limite do efluente de nitrato em mg/L? (c) Se o seu laboratório obteve e processou uma amostra de 200 ml de efluente tratado para o teste de TSS, quantos mg de sólidos suspensos foram capturados no filtro para essa amostra?

2.13 Mirex (MW = 540) é um pesticida totalmente organoclorado fabricado para controlar as formigas-lava-pés. Em razão de sua estrutura, o Mirex é pouco reativo, portanto, persiste no ambiente. Amostras de água do Lago Erie apresentaram concentrações de Mirex tão altas quanto 0,002 $\mu g/L$, e amostras retiradas de trutas do lago apresentaram concentrações de 0,002 $\mu g/g$. (a) Nas amostras de água, qual é a concentração de Mirex em unidades de (i) ppb_m, (ii) ppt_m e (iii) μM? (b) Nas amostras de peixe, qual é a concentração de Mirex em (i) ppm_m e (ii) ppb_m.

2.14 A concentração de mercúrio total na área da Baía de São Francisco foi relatada em 1,25 ng/L na água, 8 mg/L na chuva, 2,1 mg/m³ no ar e 250 ng em 1 g de sedimento seco. Reporte essas concentrações em ppt. Considere que a temperatura do ar é 20°C.

2.15 Lixiviados são produzidos quando a precipitação infiltra em um aterro sanitário, entra em contato com o resíduo material e aparece no fundo do material depositado. Considere que 6 kg de benzeno (fórmula molecular de C_6H_6) foi colocado no aterro sanitário e dissolvido em 100.000 galões de lixiviados produzidos durante 1 ano. Qual é a concentração de benzeno no lixiviado durante 1 ano em (a) mg/L, (b) ppb_m e (c) mol/L?

2.16 Clorofenóis causam odor e sabor desagradáveis em água potável, mesmo em concentrações tão baixas quanto 5 mg/m³. Eles são formados quando o processo de desinfecção com cloro é aplicado a águas que contenham fenol. Qual é o limite para odor e sabor desagradáveis em unidades de (a) mg/L, (b) $\mu g/L$, (c) ppm_m e (d) ppb_m?

2.17 A concentração de ácido monocloroacético em água de chuva coletada em Zurique era de 7,8 nanomol/L. Sabendo-se que a fórmula do ácido monocloroacético é $CH_2ClCOOH$, calcule a concentração em $\mu g/L$.

2.18 Considere que concentrações de Pb, Cu e Mn, em água de chuva coletadas em Minneapolis, foram de 9,5; 2,0 e 8,6 $\mu g/L$, respectivamente. Expresse essas concentrações em nmol/L, sabendo que os pesos atômicos são 207; 63,5 e 55, respectivamente.

2.19 A concentração de oxigênio dissolvido (OD) resulta 0,5 mg/L na zona anóxica e 8 mg/L próximo do final de um reator biológico aerado de 108 ft (32,91 m) de comprimento. Quais são essas duas concentrações de OD em unidades de (a) ppm_m e (b) mol/L? A concentração de oxigênio dissolvido (OD) resulta 0,5 mg/L na zona anóxica e 8 mg/L próximo do final de um reator biológico aerado de 108 ft (32,91 m) de comprimento. Quais são essas duas concentrações de OD em unidades de (a) ppm_m e (b) mol/L?

2.20 Considere que a concentração média de clordano – um pesticida atualmente banido nos Estados Unidos – na atmosfera acima do Círculo Ártico na Noruega é de 0,6 pg/m³. Nessa determinação, aproximadamente 90% desse composto se encontra na fase gasosa, e o restante é absorvido em partículas. Para esse problema, considere que todo o composto se encontra presente na fase gasosa, a umidade é muito baixa e desprezível, e a pressão barométrica média é 1 atm. Calcule a pressão parcial do clordano. A fórmula molecular do clordano é $C_{10}Cl_{18}H_6$. A temperatura média do ar durante o período de medição foi de –5°C.

2.21 Qual é a concentração em (a) ppm_v e (b) a porcentagem em volume de monóxido de carbono (CO) com uma concentração de 103 $\mu g/m³$? Considere a temperatura de 25°C e pressão de 1 atm.

2.22 As máquinas usadas para refazer a camada de gelo em arenas de patinação usam motores de combustão interna cujo gás de exaustão contém CO e NO_x. As concentrações médias de CO medidas em várias arenas de patinação forneceram valores tão altos quanto 107 ppm_v e tão baixas quanto 36 ppm_v. Como essas concentrações se comparam com o padrão de qualidade do ar exterior para uma hora, que é igual a 35 mg/m³? Considere que a temperatura é igual a 20°C.

2.23 O formaldeído é um composto encontrado comumente no ar interior de edifícios projetados e construídos de forma inadequada. Se a concentração de formaldeído de uma casa é 0,7 ppm_v e o volume de ar no interior é 800 m³, qual é a massa (em gramas) de vapor de formaldeído no interior da casa. Considere $T = 298$ K e $P = 1$ atm. O peso molecular do formaldeído é 30.

2.24 A concentração de ozônio (O_3) em Pequim, em um dia de verão ($T = 30$°C, $P = 1$ atm), é de 125 ppb_v. Qual é a concentração de O_3 em unidades de (a) $\mu g/m³$ e (b) mols de O_3 por 10^6 mols de ar?

2.25 O Padrão Nacional de Qualidade do Ar Ambiental (NAAQS) para dióxido de enxofre (SO_2) é 0,14 ppmv (para 24 h em média. (a) Qual é a concentração em $\mu g/m³$ assumindo uma temperatura de ar a 25°C? (b) mols de O_3 por 10^6 mols de ar?

2.26 Enche-se um balão com, exatamente, 10 g de nitrogênio (N_2) e 2 g de oxigênio (O_2). A pressão na sala é 1,0 atm e a temperatura é 25°C. (a) Qual é a concentração de oxigênio no balão, expressa como porcentagem em volume? (b) Qual é o volume, em litros, do balão depois de explodir?

2.27 Uma mistura gasosa contém $1,5 \times 10^{-5}$ mol de CO e tem um total de 1 mol. Qual é a concentração de CO em ppm_v?

2.28 O ar "limpo" deve ter uma concentração de dióxido de enxofre (SO_2) de 0,01 ppm_v, enquanto o ar "poluído" deve ter uma concentração de 2 ppm_v. Converta essas duas concentrações para $\mu g/m^3$. Considere uma temperatura de 298 K.

2.29 O monóxido de carbono (CO) afeta a capacidade de carreamento de oxigênio em nossos pulmões. Descobriu-se que a exposição a 50 ppm_v de CO durante 90 minutos prejudica a capacidade de uma pessoa de determinar a distância de frenagem, Portanto, em áreas muito poluídas, motoristas podem estar mais sujeitos a acidentes. Os motoristas estarão mais sujeitos a acidentes se a concentração for de 65 mg/m^3? Considere a temperatura igual a 298 K.

2.30 O ser humano produz de 0,8 a 1,6 L de urina por dia. A massa anual de fósforo na urina *per capita* varia de 0,2 a 0,4 kg de P. (a) Qual é a concentração máxima de fósforo na urina do ser humano em mg/L? Qual é a concentração em mols/L? (c) A maioria de fósforo se apresenta como HPO_4^{2-}. Qual é a concentração de fósforo em mg de HPO_4^{2-}/L?

2.31 Assumindo que 66% do fósforo do excremento humano é encontrado na urina (os 34 por cento restantes são encontrados nas fezes). Considere que um humano produz 1 L de urina por dia e a massa anual de fósforo na urina é de 0,3 kg P. Se utilização domiciliar de água é de 80 galões *per capita* por dia em um apartamento individual, qual é concentração (em mg/L) no efluente que sai desse apartamento? Contabilize o fósforo na urina e nas fezes.

2.32 Um instalação de limpeza a seco de propriedade da JMA Inc. observou que teria impactado 6.000 galões de água subterrânea com 0,7 libras de tetracloroetileno (PCE). Assumindo que o PCE se apresenta na fase dissolvida e o poluente químico está uniformemente distribuído no volume impactado da água subterrânea, qual é a concentração de PCE na água subterrânea em ppm.

2.33 Um instalação de limpeza a seco observou que tinha impactado 20 m^3 de água subterrânea saturada de um aquífero (porosidade de 0,30) com 0,70 libras de tetracloetileno (PCE) (fórmula molecular C_2CL_4). Um sistema de biorremediação é empregado para degra-

dar todo PCE em eteno por meio de um processo de declorinização redutiva (fórmula molecular do eteno C_2H_4). Quanto mols/L de cloro estão presentes no volume impactado do aquífero depois que todo o PCE é declorinizado? A porosidade é definida como o número de vazios (que podem ser cheios de água ou ar) dividido pelo volume (que inclui os vazios e os sólidos).

2.34 O cobre foi usado como fungicida em pomares de cítricos que estão sendo considerados para um projeto de retenção de águas pluviais como parte do esforço de recuperação do Everglades. O cobre acumula nos ampularídeos, alimento básico dos pássaros ameaçados de extinção, chamados de Pipa Caracol. O engenheiro da BTA Inc. considerou que duas áreas de produção de cítricos devem ser destinadas à construção da área de tratamento das águas pluviais – uma área de 1.500 acres, com solos contendo uma concentração de cobre de 220 ppm, e uma área de 2000 acres, com 160 libras de cobre uniformemente distribuídas no topo de 6-8 polegadas de solo. Qual área nossa engenheira recomenda para o projeto se o limite ecológico para suportar Everglades Snail Kite é 85 mg Cu/kg? O limite ecológico significa que a concentração de cobre no solo não pode exceder esse valor. Considere que a camada arável do solo (acima de 6-8 polegadas) para os 2.000 acres pesa 2.000,000 libras.

2.35 O Departamento de Qualidade Ambiental determinou que concentrações de toxafeno em solo excedentes a 60 $\mu g/kg$ (nível regulatório de ação) podem colocar em risco a água subterrânea do local. Se uma amostra de solo de 100 g contém 10^{-5} g de toxafeno, quais serão (a) a concentração de toxafeno no solo e (b) o nível regulatório de ação, ambos apresentados em unidades de ppb_m?

2.36 Os hidrocarbonetos aromáticos policíclicos (PAHs) representam uma classe de compostos químicos orgânicos associados à queima de combustíveis fósseis. Áreas não desenvolvidas podem ter uma concentração total de PAH no solo de 5 $\mu g/kg$, enquanto áreas urbanas podem ter concentrações no solo na faixa de 600 $\mu g/kg$ e 3.000 $\mu g/kg$. Qual é a concentração de PAHs em áreas não desenvolvidas, expressa em ppm_m?

2.37 A concentração de tolueno (C_7H_8) em amostras subsuperficiais de solo, coletadas depois que um tanque subterrâneo de armazenamento foi removido, indicou que as concentrações de tolueno eram de 5 mg/kg. Qual é a concentração de tolueno em ppm_m?

2.38 Visitando Zagreb, na Croácia, Arthur Van de Lay foi ao Museu Mimara de Arte e depois se deleitou com a formidável arquitetura da cidade. Ele parou em um café, na cidade velha, e pediu uma garrafa de água mineral, cuja composição química era: $[Na^+]$ = 0,65 mg/L; $[K^+]$ = 0,4 mg/L; $[Mg^{2+}]$ = 19 mg/L; $[Ca^{2+}]$ = 35 mg/L; $[Cl^-]$ = 0,8 mg/L; $[SO_4^{2-}]$ = 14,3 mg/L; $[HCO_3^-]$ = 189 mg/L; $[NO_3^-]$ = 3,8 mg/L. O pH da água é 7,3. (a) Qual é a dureza da água em mg/L $CaCO_3$? (b) A análise química está correta?

2.39 A cidade de Melbourne, Flórida, tem uma planta de tratamento de água superficial que produz 20 MGD de água potável. A fonte de água tem uma dureza de 94 mg/L como $CaCO_3$ e, após o tratamento, a dureza é reduzida para 85 mg/L como $CaCO_3$. (a) A água tratada tem dureza leve, moderada ou é dura? (b) Assumindo que a dureza é derivada do íon de cálcio, qual seria a concentração de cálcio na água tratada (mg Ca^{2+}/L)? (c) Considerando que a dureza provém do íon magnésio, qual seria a dureza da água tratada (mg Mg^{2+}/L)?

2.40 Um laboratório disponibilizou a seguinte análise obtida de 50 mL de água: $[Ca^{2+}]$ = 60 mg/L, $[Mg^{2+}]$ = 10 Mg/L, $[Fe^{2+}]$ = 5 mg/L, $[Fe^{3+}]$= 10 mg/L, sólidos totais = 200 mg/L, sólidos suspensos = 160 mg/L, sólidos suspensos fixos 120 mg/L. (a) Qual é a dureza dessa amostra de água em unidades de mg/L como $CaCO_3$? (b) Qual é a concentração de sólidos dissolvidos totais dessa amostra? (c) Se a amostra for filtrada através de um filtro de fibra de vidro, e o filtro for colocado em um forno mufla a 500 °C durante uma noite, qual será o peso dos sólidos (em mg) remanescente no filtro após o noite no forno?

2.41 Em 2010, um aterro sanitário nos Estados Unidos produziu, aproximadamente, 107,8 Tg CO_2e de emissões de metano. A planta de tratamento de efluente emitiu 16,3 Tg CO_2e de metano. (a) Quantas libras e toneladas métricas de metano (reportado como CO_2 equivalentes) o aterro e a planta de tratamento emitiram em 2010? (b) Qual é o percentual, das emissões totais de metano de 2010 (e gases de efeito estufa), de contribuição dessas duas fontes (emissões totais de metano em 2010 foram 666,5 Tg CO_2e, e as emissões totais de gases de efeito estufa em 2010 foram 6.821,80 CO_2e).

2.42 Em 2010, a combustão móvel de N_2O emitiu 20,6 Tg CO_2e. Quantos Gg de N_2O representaram?

2.43 A osmose reversa é usada para tratar água subterrânea salobra e requer 1 kWh de energia por 1 m^3 de água tratada. Em comparação, a osmose reversa da água salina requer 4 kWh de energia por 1 m^3 de água tratada (essa diferença é devida ao alto teor de sólidos totais suspensos na água do mar). De acordo com eGRID, a taxa de emissão de carbono equivalente é 1.324,79 libras CO_2e/MWh na Flórida e 727,26 libras de CO_2e/MWh na Califórnia. Estime a pegada de carbono do uso da osmose reversa para dessalinizar 1 m^3 de água salobra e 1 m^3 de água salina na Flórida e na Califórnia. Ignore as perdas na sua estimativa.

2.44 Sua casa no Texas usa, em média, 24 kWh/dia de eletricidade. (a) Qual é a estimativa anual de emissões de gases de efeito estufa CO_2, CH_4 e N_2O para o funcionamento de sua casa? (b) Qual é a pegada de carbono (em libras de CO_2e) para morar na casa por um ano com e sem perdas incluídas em sua estimativa?

2.45 Considere instalar um sistema solar que proporcionará 14.000 kW h de eletricidade por ano (assuma que você vive na sub-região SERC do eGRID). Considerando que seu consumo de eletricidade permanece o mesmo, qual seria a pegada de carbono a ser reduzida cada ano (em libras de CO_2) se você instalar os painéis solares?

2.46 Você está considerando comprar um televisor novo e deseja saber como o consumo de eletricidade poderá influenciar sua compra. Considere um modelo de tela de 55 polegadas (a tela tem 49,75 polegadas de altura e 29,75 de largura) e outro modelo de 32 polegadas (tela de 29,1 de largura e 17,5 de altura). Pesquisas mostram que nesses modelos em particular, a tela de 55 polegadas consome 0,10 W/polegada quadrada e a tela de 32 polegadas consome 0,17 W/polegada quadrada. (a) Compare as duas televisões determinando a potência (número de watts) associada a cada tamanho de televisão. Reporte sua resposta em watts, N-m/s e J/s. (b) Quanto kWh de energia será consumida por cada tipo de tela se você operar a televisão durante 3 horas por dia? (c) Assumindo que a operação da televisão por 1 kWh produz 0,5453 kg de CO_2, compare os dois tipos de tela em termos de pegada de carbono calculados para 365 dias no ano (assuma que você opera a televisão 3 horas por dia).

2.47 Um laboratório fornece a seguinte análise de sólidos para uma amostra de água residuária: TS = 200 mg/L; TDS = 30 mg/L; FSS = 30 mg/L. (a) Qual é a concentração de sólidos suspensos totais nessa amostra? (b) A amostra tem matéria orgânica em quantidade apreciável? Justifique.

2.48 Uma amostra de água com 100 mL é coletada em um processo de tratamento de esgoto municipal. A amostra é colocada em uma cápsula de secagem (peso = 0,5000 g antes de a amostra ser adicionada) e, então, é colocada em uma estufa a 104°C até que toda a água seja evaporada. O peso da placa de secagem registra 0,5625 g. Uma amostra similar de 100 mL é filtrada, e os 100 mL da amostra líquida que passam pelo filtro são coletados e colocados em outra placa de secagem (peso = 0,5000 g antes de a amostra ser adicionada). Essa amostra é seca a 104°C, e o peso da placa seca registra 0,5325 g. Determine a concentração (em mg/L) dos (a) sólidos totais, (b) sólidos suspensos totais, (c) sólidos dissolvidos totais e (d) sólidos suspensos voláteis (considere que VSS = 0,7 × TSS).

Referências

Environmental Protection Agency (EPA), 2012. Inventory of U.S. Greenhouse Gas Emissions and Sinks: 1990–2010, April, 430-R-12-001.

Greenhouse Gas Protocol, http://www.ghgprotocol.org, retrieved June 21, 2012.

Mihelcic, J. R., 1999. *Fundamentals of Environmental Engineering.* New York: John Wiley & Sons.

Rothschild, S. S, D. Quiroz, M. Salhotra, and A. Diem, 2009. The value of eGRID and eGRIDweb to GHG inventories, 13 pages, retrieved from http://www.epa.gov/egrid June 21, 2012.

World Meteorological Organization (WMO), 2012. *Greenhouse Gas Bulletin*, No. 8, November 19, 2012, Geneva, Switzerland.

capítulo/Três **Química**

James R. Mihelcic e
Noel R. Urban

Este capítulo apresenta vários processos químicos importantes que descrevem o comportamento das substâncias químicas em sistemas artificiais e naturais. O capítulo começa com uma discussão sobre a diferença entre atividade e concentração. Em seguida, ele cobre a estequiometria de reações e as leis da termodinâmica, seguidas pela aplicação desses princípios a uma série de processos de equilíbrio. A base da cinética química é explicada, assim como as leis de velocidade normalmente encontradas nos problemas ambientais.

Sumário do Capítulo

Objetivos da Aprendizagem

1. Usar a força iônica para calcular os coeficientes de atividade de eletrólitos e não eletrólitos.
2. Escrever reações químicas balanceadas.
3. Relacionar a primeira e a segunda lei da termodinâmica à prática da engenharia.
4. Escrever e aplicar expressões de equilíbrio para reações de volatilização, ar-água, ácido-base, oxidação-redução, precipitação-dissolução e sorção.
5. Aplicar diferentes formas da constante da lei de Henry a situações específicas da engenharia ambiental.
6. Aplicar os princípios do balanço de massa para prever o particionamento das substâncias químicas entre diferentes meios ambientais.
7. Estimar como as concentrações vão mudar durante o curso das reações, usando expressões de velocidade cinética para reações de ordem zero, primeira ordem e pseudoprimeira ordem.
8. Determinar como a temperatura afeta a velocidade da reação.

3.1 Abordagens em Química Ambiental

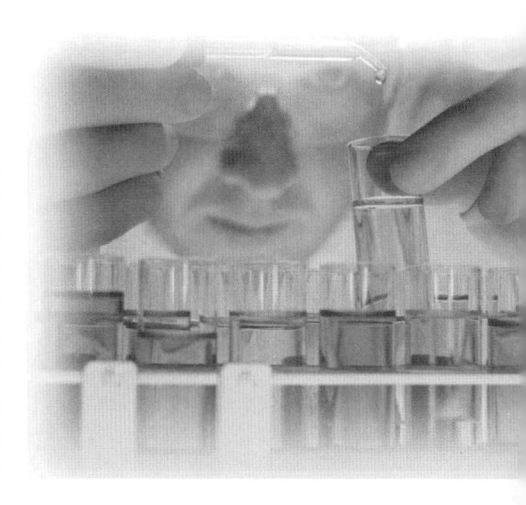

Química é o estudo da composição, das reações e das características da matéria. É importante porque o destino final de muitas substâncias químicas descarregadas no ar, na água, no solo e nas estações de tratamento é controlado por sua reatividade e especiação química. Desse modo, o projeto, a construção e a operação dos processos de tratamento dependem de processos químicos fundamentais. Além disso, os indivíduos que preveem (modelam) como as substâncias químicas se movem pelos ambientes fechados, das águas subterrâneas, das águas superficiais, do solo, da atmosfera ou de um reator estão interessados em determinar se uma substância química degrada ao longo do tempo e como descrever matematicamente a velocidade do desaparecimento químico ou as condições de equilíbrio.

São utilizadas duas abordagens muito diferentes na avaliação do destino e tratamento de uma substância química: cinética e equilíbrio. **Cinética** lida com as velocidades das reações e **equilíbrio** lida com o resultado final ou a escala das reações. A abordagem cinética é apropriada quando a reação é lenta em relação ao nosso tempo ou quando estamos interessados na velocidade de mudança da concentração. A abordagem de equilíbrio é útil sempre que as reações forem muito rápidas, sempre que quisermos saber em qual direção uma reação seguirá ou sempre que quisermos saber a condição final, estável, que vai existir em equilíbrio. Se as reações acontecem muito rapidamente em relação ao intervalo de tempo de nosso interesse, as condições finais que resultam da reação tendem a nos interessar mais do que as velocidades em que a reação ocorre. Nesse caso, utiliza-se uma abordagem de equilíbrio. Os exemplos de reações rápidas na fase aquosa incluem as reações ácido-base, as reações de complexação e algumas reações de transferência de fase, como a volatilização.

3.2 Atividade e Concentração

Para uma substância dissolvida em um solvente, a **atividade** pode ser encarada como a concentração eficaz ou aparente, ou a porção da verdadeira concentração baseada em mol de uma espécie que participa de uma reação química, normalizada para uma concentração de estado padrão. Em muitas situações ambientais, *atividade* e *concentração* são utilizadas indistintamente. Os lugares em que elas começam a diferir bastante são a água do mar, a água subterrânea salobra, os fluxos reciclados e os fluxos de resíduos altamente concentrados. Geralmente, a atividade é designada por chaves {}, e a concentração, por colchetes [].

Em um **sistema ideal**, a energia livre molar de um soluto em água depende da fração molar. No entanto, essa fração não reflete o efeito das outras espécies dissolvidas ou da composição da água, que também afetam a energia livre molar de um soluto. As espécies químicas interagem pela ligação covalente, pelas interações de van der Waals, pelos efeitos da exclusão de volume e pelas forças eletrostáticas de longo alcance (repulsão e atração entre íons). Nos sistemas aquosos diluídos, a maioria das interações é causada por forças eletrostáticas de longo alcance. Em uma escala molecular, essas interações podem levar a variações locais no potencial eletrônico da solução, resultando em uma diminuição na energia livre total do sistema.

UNEP Chemicals Branch
http://www.unep.org/
chemicalsandwaste/

O uso da atividade em vez da concentração contribui para esses efeitos não ideais. A atividade se relaciona com a concentração usando coeficientes de atividade. Os **coeficientes de atividade** dependem da força iônica da solução. Várias equações (não descritas detalhadamente aqui), desenvolvidas especificamente para eletrólitos (íons) ou não eletrólitos (espécies não carregadas), expressam o coeficiente de atividade de uma espécie individual em função da força iônica.

A **força iônica** de uma solução (representada por I ou μ) tem unidades de mol/litro e é uma medida das interações eletrostáticas de longo alcance nessa solução. A força iônica pode ser calculada da seguinte forma:

$$\mu = 1/2\sum_i C_i z_i^2 \tag{3.1}$$

em que C é a concentração molar de uma espécie iônica i em solução e z_i é a carga do íon. Na maioria das águas naturais, a força iônica é derivada principalmente dos cátions e ânions de fundo. De modo geral, a água doce tem uma força iônica de 0,001–0,01 M, e o oceano tem uma força iônica de, aproximadamente, 0,7 M. A força iônica dos sistemas aquosos raramente ultrapassa 0,7 M. Felizmente, a força iônica pode se correlacionar com parâmetros de qualidade da água medidos facilmeinte, como os sólidos totais dissolvidos (TDS, *total dissolved solids*) ou a condutância específica:

$$\mu = 2,5 \times 10^{-5} \, (\text{TDS}) \tag{3.2}$$

em que TDS está em mg/L ou:

$$\mu = 1,6 \times 10^{-5} \, (\text{condutância específica}) \tag{3.3}$$

em que a condutância específica está em micromhos por centímetro (μmho/cm), sendo medida com um medidor de condutividade.

Os métodos para calcular os coeficientes de atividade dos eletrólitos e não eletrólitos estão resumidos na Figura 3.1. Os *eletrólitos* (por exemplo, Pb^{2+}, SO_4^{2-}, HCO_3^{2-}) têm uma carga a eles associada; os *não eletrólitos* (por exemplo, O_2, H_2SO_4, C_6H_6) não têm.

exemplo / 3.1 Calculando a Força Iônica e os Coeficientes de Atividade dos Eletrólitos

Calcule a força iônica e todos os coeficientes de atividade individuais de uma solução de 1 L de água a 15°C, na qual 0,01 mol de $FeCl_3$ e 0,005 mol de H_2SO_4 estão dissolvidos.

solução

Após os dois compostos serem colocados na água, eles vão dissociar completamente e formar 0,01 M Fe^{3+}, 0,01 M H^+, 0,03 M Cl^- e 0,005 M SO_4^{2-}. A força iônica é calculada pela Equação 3.1:

$$\mu = 1/2[0,01(3+)^2 + 0,01(1+)^2 + 0,03(1-)^2 + 0,005(2-)^2] = 0,075 \text{ M}$$

3.3 Estequiometria de Reações

A **lei da conservação da massa** afirma que, em um sistema fechado, a massa de material presente permanece constante; o material pode mudar de forma, mas a massa total continua a mesma.

Quando essa lei é combinada com a nossa compreensão de que os elementos podem se combinar uns com os outros de várias maneiras, mas não são convertidos de um para outro (exceto nas reações nucleares), chegamos à base da **estequiometria** de reações: em um sistema fechado, o número de átomos de cada elemento presente permanece constante. Portanto, em qualquer reação química individual, o número de átomos de cada elemento deve ser o mesmo em ambos os lados da equação da reação.

Um corolário da lei de conservação da massa é que as cargas elétricas também são conservadas; ou seja, a soma das cargas em cada lado de uma

Ilustração Original, *"Periodic Circles-2"*, de Princess Simpson Rashid. (Cortesia da artista.) www.princessrashid.com.

Figura / 3.1 Processo de Duas Etapas para Determinar os Coeficientes de Atividade de Eletrólitos e Não Eletrólitos ($A \approx 0,5$ para temperaturas de 0 a 25°C).

(Extraído de Mihelcic (1999). Reimpresso com a permissão da John Wiley & Sons, Inc.)

ETAPA 1

Após decidir se os efeitos da força iônica são importantes em uma situação, calcule a força iônica de

$$\mu = \frac{1}{2} \Sigma_i C_i z_i^2 \text{ (Equação 3.1)}$$

ou

estime a força iônica após medir os sólidos dissolvidos totais da solução (Equação 3.2) ou a condutividade (Equação 3.3)

ETAPA 2

Se a espécie for um eletrólito, *γ sempre será* ≤ 1

Se a espécie for um não eletrólito, *γ sempre será* ≥ 1

Para forças iônicas baixas, $\mu < 0,1$ M,

use a aproximação de Güntelberg (ou similar):

$$\log \gamma_i = \frac{-A z_i^2 \sqrt{\mu}}{1 + \sqrt{\mu}}$$

Para forças iônicas altas, $\mu < 0,5$ M,

use a aproximação de Davies (ou similar):

$$\log \gamma_i = -A z_i^2 \left(\frac{\sqrt{\mu}}{1 + \sqrt{\mu}} - 0,3\mu \right)$$

Para todas as forças iônicas, use

$$\log \gamma_i = ks \times \mu$$

equação de reação deve ser igual. As cargas elétricas resultam do equilíbrio entre os números de prótons e elétrons presentes. Prótons e elétrons têm massa e nenhum deles é convertido para outras partículas subatômicas durante as reações químicas. Portanto, o número total de prótons e elétrons deve permanecer constante em um sistema fechado, segue-se que o equilíbrio entre o número de prótons e de elétrons deve permanecer constante em um sistema fechado. Isso significa que as reações devem ser balanceadas em termos da massa e da carga, e a estequiometria pode ser utilizada não só para converter unidades de concentração, mas também para calcular as entradas e saídas químicas.

3.4 Leis da Termodinâmica

Como as raízes da palavra indicam (*termo* é igual a calor; *dínamo* é igual a mudança), a **termodinâmica** lida com conversões de energia de uma para outra. A Tabela 3.1 fornece uma visão global da **primeira lei da termodinâmica** e da **segunda lei da termodinâmica**. A Figura 3.2 ilustra a mudança na energia livre (G) durante uma reação. Na Figura 3.2, um processo poderia acontecer se reduzisse a energia livre do seu valor no ponto A na direção do ponto C, mas não poderia acontecer se aumentasse a energia na direção do ponto B. O processo poderia acontecer de A até o ponto C, mas não iria, além disso, na direção de D. Uma reação também poderia acontecer do ponto D para o ponto C ou ponto E. Isso porque o

Visão Geral da Primeira e da Segunda Lei da Termodinâmica

Lei	O que Ela nos Diz	Expressão Matemática	O que Isso Significa para Nós
Primeira lei da termodinâmica	A energia é conservada; pode ser convertida de uma forma para outra, mas a quantidade total em um sistema fechado é constante. Em um sistema aberto, é preciso levar em conta os fluxos através dos limites do sistema.	Para um sistema aberto: $$dU = dQ - dW + dG$$ em que U = energia interna, Q = calor, W = trabalho realizado e G = energia dos insumos químicos	Essa relação demonstra que o potencial químico (a energia dentro das ligações químicas de uma molécula) constitui uma parte da energia total do sistema. Em um sistema fechado (situação em que o terceiro termo à direita estaria ausente), as reações que mudam o potencial químico sem mudar a energia interna devem resultar em mudanças equivalentes no calor e no trabalho pressão-volume realizado
Segunda lei da termodinâmica	Todos os sistemas tendem a perder energia útil e a se aproximar de um estado de energia livre mínima ou de equilíbrio. Desse modo, um processo vai acontecer espontaneamente (sem energia de fora colocada no sistema) somente se o processo levar a *entropia* se refere à desordem livre do sistema (ou seja $\Delta G < 0$).	Definição formal da *energia livre de Gibbs*: $$G = \sum_i \mu_i \times N_i = H - T \times S$$	A energia livre de Gibbs está relacionada com a entalpia do sistema (H), a entropia (S) e a temperatura (T). A energia das ligações inter e intramoleculares que ligam vários átomos e moléculas se chama *entalpia*, enquanto *entropia* se refere à desordem do sistema. O potencial químico de todas as substâncias presentes, μ_i, multiplicado pela abundância dessas substâncias, N_i, é igual à combinação da entalpia e da entropia presentes.

deslocamento em qualquer uma das direções resulta em uma diminuição na energia livre.

O ponto E se chama **equilíbrio local**. Não é ponto de energia mínima possível do sistema (como o ponto C), no entanto, para sair do ponto E, é necessária uma entrada de energia. Por isso, se a energia livre de um sistema, sob todas as condições, puder ser quantificada, podemos determinar as mudanças que ocorrem espontaneamente nesse sistema (ou seja, quaisquer mudanças que causem uma diminuição na energia livre).

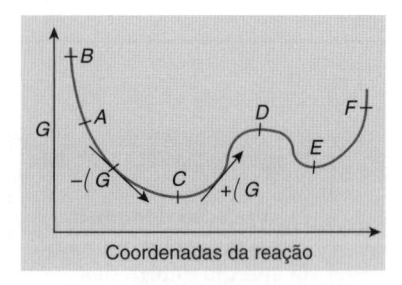

Figura / 3.2 **Mudança na Energia Livre (*G*) durante uma Reação** Se a mudança levar a uma diminuição na energia livre (ou seja, na reação direta se a declividade de uma tangente à curva for negativa), então a reação pode acontecer espontaneamente. Os pontos *C* e *E* representam possíveis pontos de equilíbrio porque as declividades das tangentes nesses pontos seriam zero.

(Extraído de Mihelcic (1999). Reimpresso com a permissão da John Wiley & Sons, Inc.)

ΔG é a variação da energia livre sob *condições ambientais* (as condições ambientais prevalentes). O valor de ΔG é calculado de acordo com a seguinte relação:

$$\Delta G = \Delta G^0 + RT \ \ln \ (Q) \qquad (3.4)$$

em que ΔG^o é a variação na energia livre determinada em *condições padrão*, R é a constante gasosa, T é a temperatura ambiente em K e Q é o quociente de reação. ΔG^o é determinada a partir da estequiometria da reação, e os valores tabulados são descritos na maioria dos livros de química. Outras referências fornecem detalhes sobre a determinação e a aplicação desse termo (ver, por exemplo, Mihelcic, 1999).

O quociente de reação Q é definido como o produto das atividades (concentrações aparentes dos produtos da reação) elevado à potência dos seus coeficientes estequiométricos, dividido pelo produto das atividades (ou concentrações) dos reagentes elevado à potência de seus coeficientes estequiométricos. Desse modo, para a reação generalizada, temos:

$$aA + bB \leftrightarrow cC + dD \qquad (3.5)$$

em que *a* mols do composto *A* reagem com *b* mols do composto *B*, formando *c* mols do composto *C* e *d* mols do composto *D*, com *Q* fornecido por:

$$Q = \frac{\{C\}^c \{D\}^d}{\{A\}^a \{B\}^b} \qquad (3.6)$$

Conforme observado no Exemplo 3.2, os coeficientes de atividade (γ), normalmente, são presumidos como iguais a 1. Desse modo, Q pode ser calculado com base nas concentrações. A Tabela 3.2 descreve as quatro regras utilizadas para determinar o valor que deve ser utilizado para a atividade (concentração) [*i*] na Equação 3.6. Seguir essas regras é essencial para tornar as atividades e quocientes da reação adimensionais.

Tabela / 3.2	
Regras para Determinar o Valor de [*i*] Essas regras determinam qual valor deve ser utilizado para a atividade (isto é, concentração) [*i*] de uma espécie química *i*. É essencial seguir essas regras para tornar as atividades e os quocientes de reação adimensionais.	
Regra 1	Para líquidos (por exemplo, água): [*i*] é igual à fração molar do solvente. Em soluções aquosas, a fração molar da água pode ser considerada como igual a 1. Portanto, $[H_2O]$ é sempre igual a 1.
Regra 2	Para sólidos puros em equilíbrio com uma solução (por exemplo, $CaCO_{3(s)}$, $Fe(OH)_{3(s)}$): [*i*] é sempre igual a 1.
Regra 3	Para gases em equilíbrio com uma solução (por exemplo, $CO_{2(g)}$, $O_{2(g)}$): [*i*] é igual à pressão parcial do gás (em unidades de atm).
Regra 4	Para compostos dissolvidos na água: [*i*] é sempre descrito em unidades de mols/L (e não mg/L ou ppm_m).

Apenas as reações que resultam em mudanças favoráveis em termos termodinâmicos no estado da energia podem ocorrer. Essa mudança no estado da energia se chama variação da **energia livre de Gibbs**, indicada como ΔG. É essa variação no estado da energia que define a condição de equilíbrio. No entanto, nem todas as reações resultariam em uma mudança favorável na energia livre de Gibbs, e a magnitude dessa variação de energia raramente está relacionada com a velocidade da reação. Para que uma reação ocorra, geralmente é necessário que os átomos colidam e que essa colisão tenha a orientação certa, além de energia suficiente para superar a **energia de ativação** necessária para a reação. Essas relações energéticas são exibidas na Figura 3.3.

O equilíbrio é definido como o estado (ou posição) com a energia livre mínima possível. Isso ocorreu no ponto C na Figura 3.2. O valor da declividade no ponto de equilíbrio (ponto C) é 0. Em outras palavras, a mudança na energia livre é zero no equilíbrio. Se a variação na energia livre (ΔG) for igual a 0 no equilíbrio, o quociente de reação no equilíbrio (ver Equação 3.6), normalmente, é escrito com um símbolo especial, K, e recebem um nome especial: **constante de equilíbrio**.

A constante de equilíbrio da reação escrita como Equação 3.5 é dada pelo quociente da reação de equilíbrio, Q_{eqn}:

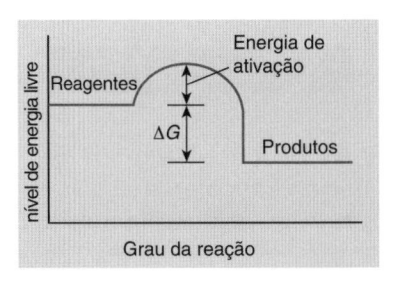

$$Q_{eqn} = \frac{[C]^c[D]^d}{[A]^a[B]^b} = K \qquad (3.7)$$

A constante de equilíbrio é útil porque fornece a razão da concentração (ou atividade) dos reagentes individuais e dos produtos de qualquer reação em equilíbrio. Lembre-se de que os coeficientes de atividade devem ser incluídos se as condições não forem ideais e esses coeficientes são aumentados até os valores estequiométricos apropriados.

Não confunda a constante de equilíbrio, K, com a constante da velocidade de reação, k, que discutiremos mais tarde neste capítulo. K é a constante de uma reação específica (contanto que a temperatura seja constante). Conforme a Figura 3.4, as constantes de equilíbrio e os coeficientes de partição são definidos para reações que descrevem a volatilização (pressão do vapor na saturação), troca ar-água (constante da lei de Henry, K_H), química ácido-base (K_a e K_b reações de oxidação-redução (K), reações de precipitação-dissolução (K_{sp}) e particionamento de sorção (K_d; K_p; K_{oc}; K).

Aplicação / 3.1   Efeito da Temperatura na Constante de Equilíbrio

A maioria das constantes de equilíbrio tabuladas são registradas a 25°C. A relação de van't Hoff (Equação 3.8) é utilizada para converter as constantes de equilíbrio para temperaturas diferentes daquelas em que são fornecidos os valores tabulados. Van't Hoff descobriu que a constante de equilíbrio (K) variava com a temperatura absoluta e a entalpia de uma reação (ΔH^0). Van't Hoff propôs a seguinte expressão para descrever isso:

$$\frac{d \ln K}{dT} = \frac{\Delta H^0}{RT^2} \qquad (3.8)$$

Aqui, ΔH^0 é encontrada a partir do calor de formação (ΔH_f^0) da reação de interesse, determinado em condições padrão. A maioria das temperaturas encontradas nos problemas ambientais é relativamente baixa (por exemplo, 0–40°C). Portanto, as diferenças de temperatura não são grandes. Se presumirmos que ΔH^0 não varia com o intervalo de temperatura investigado, a Equação 3.8 pode ser integradas e produzir:

$$\ln\left[\frac{K_2}{K_1}\right] = \frac{\Delta H^0}{R} \times \left(\frac{1}{T_1} - \frac{1}{T_2}\right) \qquad (3.9)$$

A Equação 3.9 pode ser utilizada para calcular uma constante de equilíbrio para qualquer temperatura (ou seja, temperatura 2, T_2) se a constante de equilíbrio for conhecida em outra temperatura absoluta (T_1, que normalmente é 20°C ou 25°C).

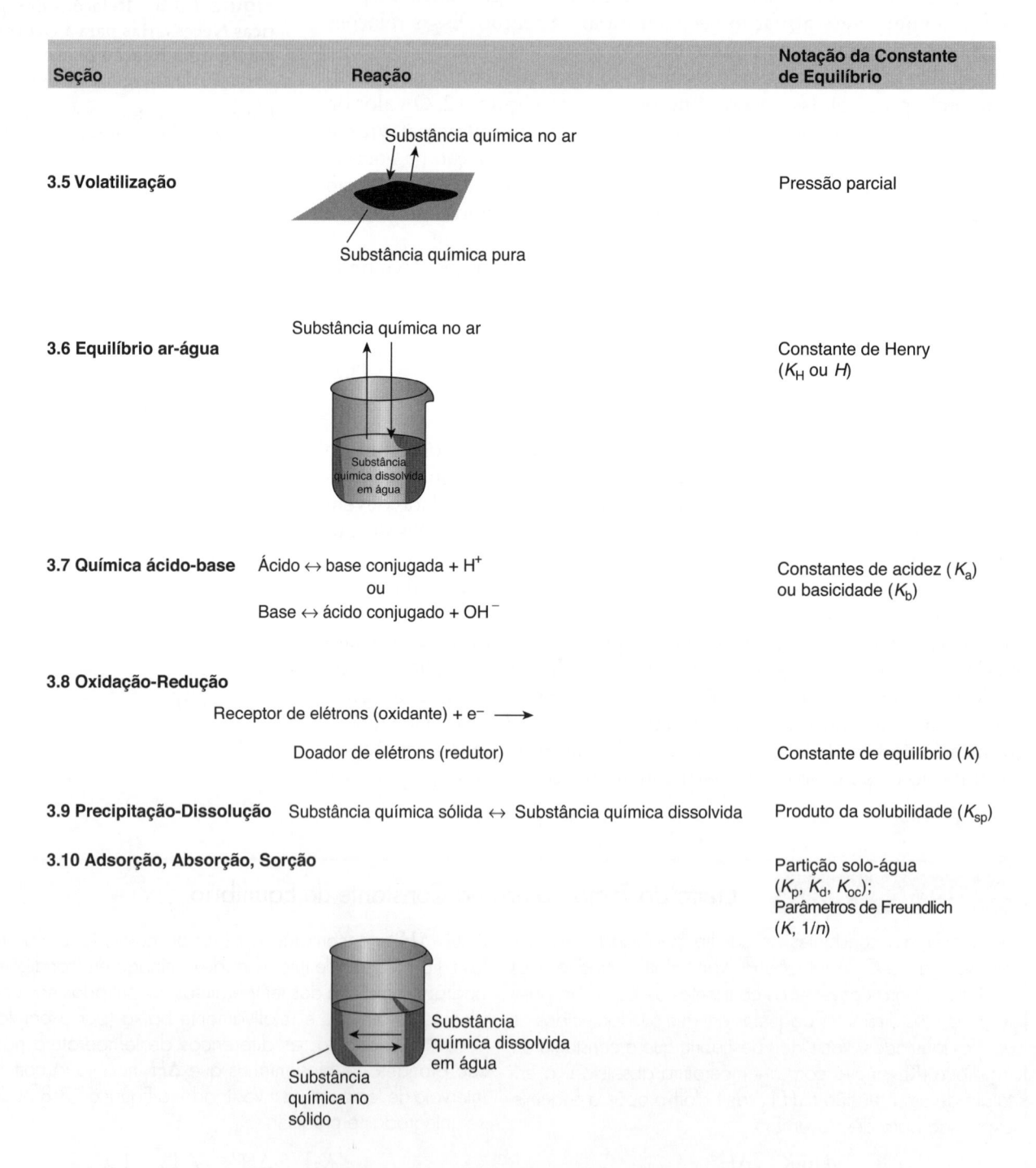

Seção	Reação	Notação da Constante de Equilíbrio
3.5 Volatilização	Substância química no ar / Substância química pura	Pressão parcial
3.6 Equilíbrio ar-água	Substância química no ar / Substância química dissolvida em água	Constante de Henry (K_H ou H)
3.7 Química ácido-base	Ácido $\leftrightarrow$ base conjugada + H^+ ou Base $\leftrightarrow$ ácido conjugado + OH^-	Constantes de acidez (K_a) ou basicidade (K_b)
3.8 Oxidação-Redução	Receptor de elétrons (oxidante) + $e^- \longrightarrow$ Doador de elétrons (redutor)	Constante de equilíbrio (K)
3.9 Precipitação-Dissolução	Substância química sólida $\leftrightarrow$ Substância química dissolvida	Produto da solubilidade (K_{sp})
3.10 Adsorção, Absorção, Sorção	Substância química dissolvida em água / Substância química no sólido	Partição solo-água (K_p, K_d, K_{oc}); Parâmetros de Freundlich (K, $1/n$)

Figura / 3.4   Processos de Equilíbrio Importantes em Engenharia Ambiental.

(Adaptado de Mihelcic (1999), Reimpresso com a permissão da John Wiley & Sons, Inc.)

3.5 Volatilização

Uma etapa fundamental na transferência dos poluentes entre diferentes meios ambientais é a volatilização. Todos os líquidos e sólidos existem em equilíbrio com uma fase gasosa ou de vapor. A **volatilização** (sinônimo de *evaporação* no caso da água) é a transformação de um composto do seu estado líquido para seu estado gasoso. *Sublimação* é a palavra utilizada para transformação do estado sólido para o gasoso. A reação inversa se chama *condensação*.

A maioria das pessoas tem experiência prévia com o fenômeno da sublimação da água. O vapor d'água na atmosfera (a umidade) é uma função da temperatura. Os refrigeradores modernos impedem o acúmulo de gelo mantendo uma umidade baixa dentro do seu gabinete; qualquer gelo que se forma é sublimado ou vaporizado. De modo similar, a quantidade de neve no solo diminui nos períodos entre as nevascas, parcialmente pela sublimação da neve. Muitos poluentes orgânicos volatilizam mais rapidamente do que a água. Os vapores da gasolina, diluentes de tinta, ceras e colas atestam a volatilidade dos compostos químicos orgânicos contidos nesses produtos muito utilizados. A volatilização das substâncias químicas pode resultar no transporte regional e de longo alcance das substâncias químicas para lugares bem distantes, onde os efeitos ambientais adversos podem ser detectados (ver Figura 3.5)

O equilíbrio entre uma fase gasosa e uma fase líquida ou sólida pura é determinado pela pressão do vapor saturado de um composto. A **pressão do vapor saturado** é definida como a pressão parcial da fase gasosa de uma substância que existe em equilíbrio com a fase líquida ou sólida dessa substância em determinada temperatura.

Quanto mais volátil o composto, maior é a pressão do vapor saturado. Por exemplo, a pressão do vapor saturado do solvente tetracloroetileno (PCE) é 0,025 atm a 25°C, enquanto a pressão do vapor saturado do pesticida lindano é 10^{-6} atm, a uma mesma temperatura. Claramente, o lindano é muito menos volátil do que o PCE. A título de comparação, a água a 25°C tem uma pressão de vapor saturado ligeiramente mais alta (0,031 atm) do que o PCE. Em outras palavras, se reservatórios ou derramamentos de PCE forem expostos ao ar, na presença de recipientes, e água, haveria, aproximadamente, tanto PCE quanto água na atmosfera de um ambiente fechado.

O equilíbrio entre as fases gasosa e líquida pode ser expressado na forma usual de uma reação química com uma constante de equilíbrio:

$$H_2O_{(l)} \leftrightarrow H_2O_{(g)} \tag{3.10}$$

A Equação 3.10 indica que a água líquida está em equilíbrio com a água gasosa (vapor d'água). A constante de equilíbrio (chamada *pressão de vapor saturado*) dessa reação é:

$$K = \frac{[H_2O_{(g)}]}{[H_2O_{(l)}]} = P_{H_2O} \tag{3.11}$$

em que P_{H_2O} é a pressão parcial da água. Como a concentração (presumidamente igual à atividade, ou seja, $\gamma = 1,0$) de um líquido puro é definida como 1,0 (lembre-se da Regra 1 da Tabela 3.2), a constante de equilíbrio é igual à concentração na fase de vapor (chamada pressão do vapor saturado). Uma maneira de expressar as concentrações na fase gasosa é

Figura / 3.5 Propagação das Substâncias Químicas por Volatilização
O processo de exportação das substâncias químicas para outros países que depois voltam pelo transporte atmosférico foi batizado de "círculo do veneno". Os poluentes orgânicos persistentes (POPs) passaram a se concentrar na cadeia alimentar, na qual provocam efeitos tóxicos na reprodução, no desenvolvimento e na função imunológica dos animais. O Departamento de Estado dos Estados Unidos chamou os POPs de "um dos maiores desafios ambientais que o mundo enfrenta". Os POPs incluem bifenilos policlorados (PCBs), dibenzo-p-dioxinas policloradas e furanos, além de pesticidas como o DDT, toxafeno, clordano e heptaclor.

(Extraído de Mihelcic (1999), Reimpresso com a permissão da John Wiley & Sons, Inc.)

---

por meio de pressões parciais; portanto, a constante de equilíbrio para a volatilização é expressada, frequentemente, em unidades de atmosferas.

Se uma mistura de líquidos miscíveis (mutuamente solúveis) — em vez de um líquido puro — estiver presente, o denominador na Equação 3.11 seria a concentração do líquido individual (A) em frações molares, X_A:

$$K = \frac{[A_{(g)}]}{[A_{(l)}]} = \frac{P_A}{X_A} \tag{3.12}$$

A Equação 3.12 é conhecida como **lei de Raoult**. A constante, K, é igual à pressão do vapor saturado. A lei de Raoult é útil sempre que uma mistura de substâncias químicas (por exemplo, gasolina, óleo diesel ou querosene) for derramada.

A pressão do vapor de todos os componentes aumenta com a temperatura, e, no ponto de ebulição do composto, a pressão do vapor é igual à pressão atmosférica. Essa declaração tem consequências práticas. Primeiro, as concentrações atmosféricas das substâncias voláteis tendem a ser mais altas no verão do que no inverno, de dia do que à noite e nos locais

Discussão em Sala de Aula
Existem avisos de existência de mercúrio para pesca na sua região? Além da queima de combustíveis fósseis, quais são as fontes de mercúrio e quais segmentos da população estão sujeitos ao maior risco a ele? Os benefícios e riscos ambientais são igualmente distribuídos entre todos os segmentos da sociedade?

mais quentes. Segundo, para qualquer grupo de substâncias químicas estruturalmente similares expostas ao ar, as concentrações de equilíbrio em fase gasosa vão diminuir na ordem crescente dos pontos de ebulição.

Aplicação / 3.2 — A Complexidade dos Problemas Ambientais: Mercúrio e Geração de Energia a Partir do Carvão

Uma característica dos problemas ambientais é que raramente eles estão confinados a apenas um meio. Por exemplo, grande parte do mercúrio descarregado no ambiente é emitido, primeiramente, como poluente atmosférico, mas seus defeitos mais danosos ocorrem nos lagos após ele passar pela atmosfera, ser depositado em um lago e depois passar por um processo de transformação biológica chamado **metilação**. Isso permite que o mercúrio bioacumule nos peixes — um processo que resultou em milhares de alertas de pesca nos lagos americanos.

A maior parte do mercúrio é liberada no ambiente a partir da combustão do carvão associado à produção de eletricidade. Mesmo com preocupações quanto ao uso de combustíveis fósseis, a produção de eletricidade nos Estados Unidos, no ano 2030, ainda deve ser originária principalmente da combustão do carvão, não de fontes de energia renováveis. Além disso, a China deve dobrar o seu consumo de carvão em 2020, e a migração de sua população das zonas rurais para as zonas urbanas está resultando em um maior consumo de energia *per capita*. A China passou os Estados Unidos nas emissões de gases do efeito estufa no ano de 2006, principalmente por seu plano de consumir suas vastas reservas de carvão.

A queima de combustíveis fósseis, como o carvão, libera dióxido de carbono e outros gases do efeito estufa na atmosfera. Também incorre em outros custos econômicos, sociais e ambientais no futuro, que serão assumidos pelas gerações atuais e futuras — todos decorrentes da liberação ambiental da neurotoxina mercúrio. A implantação de sistemas de engenharia e políticas públicas que considerem o pensamento de sistemas e ciclo de vida, conservem a energia, usem fontes de energia renováveis e dimensionem corretamente as edificações pode ter vários impactos benéficos para a economia, sociedade e ambiente.

---

exemplo / 3.3 Cálculo da Concentração Gasosa em uma Área Confinada

Em uma sexta-feira à tarde, um trabalhador derrama 1 L de tetracloroetileno (PCE) no chão de um laboratório. O trabalhador fecha imediatamente todas as janelas e portas, e desliga a ventilação para evitar a contaminação do resto da edificação. O trabalhador notifica a autoridade de segurança adequada, no entanto, só na segunda-feira de manhã, o funcionário da segurança chega com uma equipe para limpar o laboratório. A equipe de limpeza deveria trazer esfregões ou uma bomba de ar para limpar a sala? O volume do laboratório é 340 m³ e a temperatura é 25°C. No caso do PCE, a pressão do vapor é 0,025 atm, a densidade líquida a 25°C é 1,62 g/cm³ e o peso molecular é 166 g/mol.

solução

O PCE em solução é uma substância química volátil. O problema pergunta qual proporção do 1 L de PCE derramado continuou no chão em relação à proporção que foi volatilizada no ar. Caso tenha permanecido qualquer quantidade de PCE no chão, a pressão parcial do PCE no ar seria 0,025 atm. A lei dos gases perfeitos pode ser utilizada para determinar o número de mols presentes no ar (o termo n/V forneceria a concentração):

$$n = \frac{PV}{RT} = \frac{(0,025 \text{ atm}) \times (340 \text{ m}^3) \times \left(\frac{1.000 \text{ L}}{\text{m}^3}\right)}{\frac{0,08205 \text{ L-atm}}{\text{mol-K}} \times (298 \text{ K})} = 348 \text{ mols}$$

exemplo / 3.3 (continuação)

A densidade do PCE pode ser utilizada para determinar que 1 L derramado pesa 1.620 g. Usando o peso molecular do PCE, 1 L derramado conteria 9,8 mols de PCE. Isso é muito menos do que a quantidade que potencialmente poderia volatilizar no ar do recinto (348 mols), supondo que o equilíbrio foi alcançado. Desse modo, pode-se concluir que não resta PCE no chão e que ele estaria inteiramente no ar. A equipe de limpeza deveria chegar ao trabalho equipada com bombas de ar e filtros.

Esse problema demonstra outro ponto importante: a química e a engenharia necessárias para ficar "verde". Se uma substância química ecológica (verde, com risco zero) fosse colocada no lugar do PCE, não haveria risco e, portanto, nenhuma preocupação relacionada com o derramamento. Ainda melhor, talvez o processo em que o PCE foi utilizado pudesse ser modificado para que nenhuma substância química fosse necessária. Esse tipo de pensamento resultaria em menos custos de saúde, pois os trabalhadores não seriam expostos a substâncias químicas tóxicas. Outras economias adviriam porque não haveria necessidade de pagar a equipe de limpeza pelo saneamento, nenhuma energia seria necessária para a fase de saneamento, menos burocracia associada às regulações que governam o manuseio e armazenamento do PCE, e nenhuma responsabilidade futura associada ao armazenamento e uso do PCE. A empresa também poderia aumentar a sua participação de mercado, ao promover que essa instalação é mais responsável social e ambientalmente.

Química Verde
http://www.epa.gov/greenchemistry

3.6 Equilíbrio Ar-Água

A **constante da lei de Henry**, K_H, é utilizada para descrever o equilíbrio de uma substância química entre as fases de ar e água (frequentemente chamadas de fases dissolvida e aquosa). Essa situação é conhecida como equilíbrio ar-água. A **lei de Henry** é apenas um caso especial da lei de Raoult (Equação 3.12) aplicada a sistemas diluídos (a maioria das situações ambientais é diluída). Como a fração molar de uma substância dissolvida em um sistema diluído é um número muito pequeno, são utilizadas normalmente concentrações como mols/L em vez faz frações molares. A Equação 3.12 também pode ser utilizada para estimar as constantes da lei de Henry na ausência de dados experimentais confiáveis. Para determinar a constante da lei de Henry de uma substância química, divida a pressão do vapor saturado da substância química por sua solubilidade aquosa.

As unidades da constante da lei de Henry variam, dependendo se a reação de troca ar-água for escrita na direção de avanço da transferência da fase gasosa para a fase líquida ou da fase líquida para a fase gasosa. Além disso, as constantes da lei de Henry também podem não ter unidades. Desse modo, é importante usar as unidades adequadas, compreender por que são utilizadas certas unidades e conseguir converter entre diferentes unidades.

3.6.1 CONSTANTE DA LEI DE HENRY COM UNIDADES PARA UM GÁS DISSOLVIDO EM UM LÍQUIDO

A troca ar-água de um gás (nesse caso, o oxigênio) da atmosfera para a água na direção de avanço (retratada na Figura 3.4) pode ser escrita como:

$$O_{2(g)} \leftrightarrow O_{2(aq)} \tag{3.13}$$

A expressão do equilíbrio dessa reação é:

$$K_H = \frac{[O_{2(aq)}]}{[O_{2(g)}]} = \frac{[O_{2(aq)}]}{P_{O_2}} \qquad (3.14)$$

O valor da constante da lei de Henry, K_H, a 25°C para o oxigênio é $1,29 \times 10^{-3}$ mols/L-atm. Nesse caso, as unidades de K_H são mols/L-atm.

---

exemplo / 3.4 Usando a Constante da Lei de Henry para Determinar a Solubilidade Aquosa do Oxigênio

Calcule a concentração de oxigênio dissolvido (em unidades de mols/L e mg/L) em uma água equilibrada com a atmosfera a 25°C. A constante da lei de Henry para o oxigênio a 25°C é $1,29 \times 10^{-3}$ mol/L-atm.

solução

A pressão parcial do oxigênio na atmosfera é 0,21 atm. A Equação 3.14 pode ser reorganizada para produzir:

$$K_H \times P_{O_2} = [O_{2(aq)}] = \left(1,29 \times 10^{-3} \frac{mol}{L\text{-atm}} \right) \times 0,21 \text{ atm}$$

$$= 2,7 \times 10^{-4} \frac{mol}{L}$$

Desse modo, a solubilidade do oxigênio nessa temperatura é $2,7 \times 10^{-4}$ mol/L. Se esse valor for multiplicado pelo peso molecular do oxigênio (32 g/mol), a solubilidade pode ser 8,7 mg/L.

A reação foi escrita como gás oxigênio se transferindo para a fase aquosa na direção de avanço porque, nesse caso, estamos preocupados com a maneira com a qual a composição do gás afeta a composição da solução aquosa. Desse modo, a concentração na saturação do oxigênio dissolvido equilibrado nas águas superficiais é uma função da pressão parcial do oxigênio na atmosfera a da constante da lei de Henry.

A concentração do **oxigênio dissolvido** na água equilibrada com a atmosfera é 14,4 mg/L a 0°C e 9,2 mg/L a 20°C. Esse valor demonstra que a solubilidade do oxigênio na água depende da temperatura da água (uma razão para as trutas gostarem de águas mais frias). Para a reação descrita na Equação 3.13, a variação no calor de formação (ΔH^0) nas condições padrão é –3,9 kcal. Como ΔH^0 negativa, a Equação 3.13 poderia ser escrita como:

$$O_{2(g)} \leftrightarrow O_{2(aq)} + calor \qquad (3.15)$$

Um aumento na temperatura (ou uma adição de calor ao sistema) irá, segundo o princípio de Le Châtelier, favorecer a reação que tende a diminuir o aumento na temperatura. O efeito é levar a reação na Equação 3.15 para a esquerda, que consome calor e diminui o aumento da temperatura no processo. Portanto, no equilíbrio, haverá mais oxigênio na fase gasosa em uma temperatura maior; com isso, a solubilidade do oxigênio dissolvido será menor na temperatura mais elevada.

3.6.2 CONSTANTE ADIMENSIONAL DA LEI DE HENRY PARA UMA ESPÉCIE EM TRANSFERÊNCIA DA FASE LÍQUIDA PARA A FASE GASOSA

No caso da transferência de uma substância química dissolvida na fase aquosa para a atmosfera, o equilíbrio químico entre a substância química na fase gasosa e líquida é descrito por uma reação escrita de modo inverso ao da Equação 3.13. Por exemplo, da fase aquosa para a fase gasosa (como seria feito se você estivesse removendo a substância química da água por meio de *air stripping*):

$$TCE_{(aq)} \leftrightarrow TCE_{(g)} \qquad (3.16)$$

No caso, a expressão do equilíbrio para essa reação é escrita como:

$$K_H = \frac{[TCE_{(g)}]}{[TCE_{(aq)}]} \qquad (3.17)$$

em que o TEC, em fase gasosa, é descrito por unidades de mols/litro de gás, e não como pressão parcial. Consequentemente, a constante da lei de Henry, K_H, tem unidades de mols/litro de ar divididos por mols/litro de água, que se anulam. Portanto, nesse caso, a constante da lei de Henry é considerada *adimensional* por algumas pessoas. Na verdade, ela tem unidades de litros de água por litros de ar. Outras unidades da constante da lei de Henry incluem atm e L-atm/mol.

As constantes da lei de Henry que têm unidades e as que não têm unidades podem ser relacionadas usando a lei dos gases perfeitos. Várias conversões de unidade para a constante da lei de Henry são fornecidas na Tabela 3.3.

Tabela / 3.3

Conversão de Unidade das Constantes da Lei de Henry

$$K_H\left(\frac{L_{H_2O}}{L_{Ar}}\right) = \frac{K_H\left(\frac{L\text{-atm}}{mol}\right)}{RT}$$

$$K_H\left(\frac{L\text{-atm}}{mol}\right) = K_H\left(\frac{L_{H_2O}}{L_{Ar}}\right) \times RT$$

$$K_H\left(\frac{L_{H_2O}}{L_{Ar}}\right) = \frac{K_H(atm)}{RT \times 55,6 \frac{mol\ H_2O}{L_{H_2O}}}$$

$$K_H\left(\frac{L\text{-atm}}{mol}\right) = \frac{K_H(atm)}{55,6 \frac{mol\ H_2O}{L_{H_2O}}}$$

$$K_H(atm) = K_H\left(\frac{L\text{-atm}}{mol}\right) \times 55,6 \frac{mol\ H_2O}{L_{H_2O}}$$

$$K_H(atm) = K_H\left(\frac{L_{H_2O}}{L_{Ar}}\right) \times RT \times 55,6 \frac{mol\ H_2O}{L_{H_2O}}$$

$$R = 0,08205 \frac{atm\text{-}L}{mol\text{-}K}$$

FONTE: Extraído de Mihelcic (1999); reimpresso com a permissão de John Wiley & Sons, Inc.

A constante da lei de Henry para a reação de transferência de oxigênio do ar para a água é $1{,}29 \times 10^{-3}$ mols/L-atm a 25°C. Qual é a K_H adimensional para a transferência de oxigênio da água para o ar a 25°C?

solução

O problema requisita uma constante da lei de Henry para a reação inversa. Portanto, a constante da lei de Henry fornecida é igual a $1{,}29 \times 10^{-3}$ mols/L-atm ou 775 L-atm/mol para a transferência de oxigênio da fase aquosa para gasosa. Resolva usando a lei dos gases perfeitos:

$$K_H(\text{adimensional}) = \frac{\dfrac{775\ \text{L-atm}}{\text{mol}}}{\left(\dfrac{0{,}08205\ \text{L-atm}}{\text{mol-K}}\right) \times (298\ \text{K})} = 32$$

3.7 Química Ácido-Base

A química ácido-base é importante para o tratamento dos poluentes e para a compreensão do destino e da toxicidade dos produtos químicos descartados no meio ambiente.

3.7.1 pH

Por definição, o pH de uma solução é:

$$pH = -\log[H^+] \tag{3.18}$$

em que $[H^+]$ é a concentração de íon hidrogênio. A escala do pH nos sistemas aquosos varia de 0 a 14, com as soluções ácidas tendo um pH abaixo de 7, as soluções básicas tendo um pH acima de 7 e as soluções neutras com um pH próximo de 7. Noventa e cinco por cento de todas as águas naturais têm um pH entre 6 e 9. A água da chuva não afetada pelas emissões antropogênicas de chuva ácida tem um pH de, aproximadamente, 5,6 pela presença de dióxido de carbono dissolvido originário da atmosfera.

As concentrações de OH^- e H^+ estão relacionadas entre si por meio da reação de equilíbrio para a dissociação da água:

$$H_2O \leftrightarrow H^+ + OH^- \tag{3.19}$$

A constante de equilíbrio para a dissociação da água (K_w) da Equação 3.19 é igual a 10^{-14} a 25°C. Desse modo:

$$K_w = 10^{-14} = [H^+] \times [OH^-] \tag{3.20}$$

A Equação 3.20 permite a determinação da concentração de H^+ ou OH^- se a outra for conhecida. A Tabela 3.4 fornece o intervalo de K_w em temperaturas com importância ambiental. A 25°C na água pura, $[H^+]$ é igual a $[OH^-]$; assim, $[H^+] = 10^{-7}$ e o pH da água pura é igual a 7,00. No entanto, a 15°C $[H^+]$ é igual a $10^{-7{,}18}$, de forma que o pH de uma solução neutra, nessa temperatura, é igual a 7,18.

Tabela / 3.4

Constante de Dissociação da Água em Várias Temperaturas e pH Resultante de uma Solução Neutra

Temperatura (°C)	K_w	pH da Solução Neutra
0	$0,12 \times 10^{-14}$	7,47
15	$0,45 \times 10^{-14}$	7,18
20	$0,68 \times 10^{-14}$	7,08
25	$1,01 \times 10^{-14}$	7,00
30	$1,47 \times 10^{-14}$	6,92

FONTE: Extraído de Mihelcic (1999); reimpresso com permissão de John Wiley & Sons, Inc.

3.7.2 DEFINIÇÃO DOS ÁCIDOS E BASES E SUAS CONSTANTES DE EQUILÍBRIO

Ácidos e bases são substâncias que reagem com íons hidrogênio (H^+). Um **ácido** é definido como uma espécie que pode liberar ou doar um íon hidrogênio (também chamado próton). Uma **base** é definida como uma espécie química que consegue aceitar ou se combinar com um próton. A Equação 3.21 mostra um exemplo de ácido (HA) associado a uma base conjugada (A^-):

$$HA \leftrightarrow H^+ + A^- \qquad (3.21)$$

Os ácidos que têm uma forte tendência a dissociar (isso significa que a reação na Equação 3.21 vai bem para a direita) se chamam *ácidos fortes*, enquanto os ácidos com menos tendência a dissociar (significando que a reação na Equação 3.21 vai um pouco para a direita) se chamam *ácidos fracos*.

A força de um ácido é indicada pela magnitude da constante de equilíbrio da reação de dissociação. A constante de equilíbrio da reação retratada na Equação 3.21 é:

$$K_a = \frac{[H^+][A^-]}{[HA]} \qquad (3.22)$$

em que K_a = é a constante de equilíbrio da reação quando um ácido é adicionado à água. No equilíbrio, um ácido forte vai dissociar e exibir altas concentrações de H^+ e A^-, e uma concentração menor de HA. Isso significa que, quando um ácido forte é adicionado à água, o resultado é uma mudança na energia livre negativa maior do que a da adição de um ácido mais fraco. Assim, quando se trata de ácidos fortes, a constante de equilíbrio K_a será grande (e ΔG será muito negativa). De modo similar, a K_a de um ácido fraco será pequena (e ΔG será menos negativa).

Assim como o pH é igual a $-\log[H^+]$, **pK_a** é o logaritmo negativo da constante de dissociação do ácido (ou seja, $pK_a = -\log(K_a)$). A Tabela 3.5 traz os valores das constantes de equilíbrio de alguns ácidos e bases com importância ambiental. A tabela mostra que o pK_a de um ácido fraco é maior do que o pK_a de um ácido forte.

Ácidos e Bases Comuns e Suas Constantes de Equilíbrio Quando Adicionadas à Água a 25°C

Ácidos			Bases		
	Nome	$pK_a = -\log K_a$		Nome	$pK_b = -\log K_b$
HCl	Clorídrico	−3	Cl^-	Íon cloreto	17
H_2SO_4	Sulfúrico	−3	HSO_4^-	Íon bissulfato	17
HNO_3	Nítrico	−1	NO_3^-	Íon nitrato	15
HSO_4^-	Bissulfato	1,9	SO_4^{2-}	Íon sulfato	12,1
H_3PO_4	Fosfórico	2,1	$H_2PO_4^-$	Fosfato de di-hidrogênio	11,9
CH_3COOH	Acético	4,7	CH_3COO^-	Íon acetato	9,3
$H_2CO_3^*$	Dióxido de carbono e ácido carbônico	6,3	HCO_3^-	Bicarbonato	7,7
H_2S	Sulfeto de hidrogênio	7,1	HS^-	Bissulfeto	6,9
$H_2PO_4^-$	Fosfato de di-hidrogênio	7,2	HPO_4^{2-}	Fosfato de mono-hidrogênio	6,8
HCN	Cianídrico	9,2	CN^-	Íon cianeto	4,8
NH_4^+	Íon amônio	9,3	NH_3	Amônia	4,7
HCO_3^-	Bicarbonato	10,3	CO_3^{2-}	Carbonato	3,7
HPO_4^{2-}	Fosfato de mono-hidrogênio	12,3	PO_4^{3-}	Fosfato	1,7
NH_3	Amônia	23	NH_2^-	Amido	−9

FONTE: Extraído de Mihelcic (1999); reimpresso com permissão de John Wiley & Sons, Inc.

O pK_a de um ácido está relacionado com o pH em que o ácido vai dissociar. Os ácidos fortes são os que têm pK_a abaixo de 2. Podemos presumir que eles se dissociam quase completamente na água na faixa de pH de 3,5 a 14. HCl, HNO_3, H_2SO_4 e $HCLO_4$ são quatro ácidos muito fortes encontrados frequentemente em situações ambientais. Do mesmo modo, suas bases conjugadas (Cl^-; NO_3^-; SO_4^{2-}; e ClO_4^-) são tão fracas que, na faixa de pH de 3,5 a 14, presumimos que elas nunca existem com prótons.

3.7.3 SISTEMA CARBONATO, ALCALINIDADE E CAPACIDADE DE AMORTECIMENTO

A Figura 3.6 mostra os componentes importantes do **sistema carbonato**. A concentração de **dióxido de carbono dissolvido** na água equilibrada com a atmosfera (pressão parcial do CO_2 é $10^{-3,5}$ atm) é 10^{-5} mols/L. Essa é uma quantidade importante de dióxido de carbono dissolvido na água. Essa reação pode ser escrita da seguinte forma:

$$CO_{2(g)} \leftrightarrow CO_{2(aq)} \qquad \textbf{(3.23)}$$

em que $K_H = 10^{-1,5}$ mols/L-atm.

Discussão em Sala de Aula

O que é melhor para proteção da saúde humana e do ambiente para as gerações atuais e futuras: (1) Satisfazer os requisitos regulatórios para transformar o nitrogênio para formas menos tóxicas antes da descarga, (2) transformar o nitrogênio da espécie aquosa para gasosa a fim de que seja removido da água antes da descarga ou (3) recuperar águas residuais tratadas e reusar a água e o oxigênio dissolvido em irrigação?

exemplo / 3.6 Equilíbrio Ácido-Base

Qual porcentagem de amônia total (ou seja, $NH_3 + NH_4^+$) está presente como NH_3 em um pH de 7? O pK_a do NH_4^+ é 9,4, portanto:

$$K_a = 10^{-9,3} = \frac{[NH_3][H^+]}{[NH_4^+]}$$

solução

O problema está pedindo:

$$\frac{[NH_3]}{([NH_4^+] + [NH_3])} \times 100\%$$

A resolução desse problema requer outra equação independente porque a expressão precedente tem duas incógnitas. A expressão do equilíbrio para o sistema NH_4^+ / NH_3 fornece a segunda equação necessária:

$$10^{-9,3} = \frac{[NH_3] \times [H^+]}{[NH_4^+]} = \frac{[NH_3] \times [10^{-7}]}{[NH_4^+]}$$

Assim, no pH = 7, $[NH_4^+] = 200 \times [NH_3]$. Essa expressão pode ser substituída na primeira expressão, produzindo:

$$\frac{[NH_3]}{(200 \times [NH_3] + [NH_3])} \times 100\% = 0,5\%$$

Nesse pH neutro, quase toda a amônia total e um sistema existe como íon amônio (NH_4^+). Na verdade, apenas 0,5% existe com NH_3!

A forma da amônia total mais tóxica para a vida aquática é o NH_3. Essa forma é tóxica para várias espécies de peixes em concentrações acima de 0,2 mg/L. Assim, as descargas de efluentes com um pH abaixo de 9 terão a maior parte da amônia na forma NH_4^+ menos tóxica. Essa é uma das razões pelas quais algumas licenças de descargas de efluentes com amônia especificam que o pH dessas descargas deve ser menor do que 9.

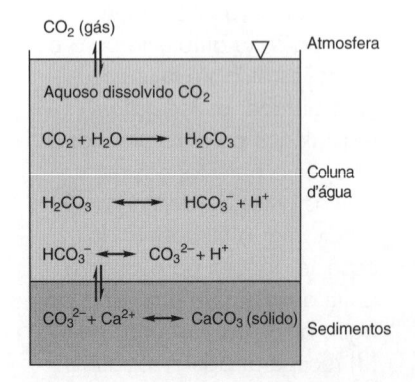

Figura / 3.6 Componentes Importantes do Sistema Carbonato.

(Extraído de Mihelcic (1999). Reimpresso com a permissão da John Wiley & Sons, Inc.)

Após a dissolução na água, o CO_2 dissolvido sofre uma reação de hidratação ao reagir com a água e formar ácido carbônico:

$$CO_{2(aq)} + H_2O \leftrightarrow H_2CO_3 \tag{3.24}$$

em que $K = 10^{-2,8}$. Essa reação tem implicações importantes para a química da água em contato com a atmosfera. Primeiro, a água em contato com a atmosfera (por exemplo, chuva) tem o ácido carbônico, que é relativamente forte, nela dissolvido. Assim, o pH da água da chuva não impactada por emissões antropogênicas será inferior a 7. O pH da água da chuva "não poluída" é 5,6 aproximadamente. Desse modo, a chuva ácida, que normalmente tem valores de pH entre 3,5 e 4,5, é cerca de 10 a 100 vezes mais ácida do que a chuva natural, mas não 10.000 vezes mais ácida, já que a água da chuva natural não é neutra com um pH de 7,0.

Além disso, como a água da chuva natural é ligeiramente ácida e a pressão parcial do dióxido de carbono no solo também pode ser alta em virtude da atividade biológica, a água que entra em contato com rochas e minerais pode dissolver íons na solução. Os constituintes inorgânicos dissolvidos na água doce e nos sais dissolvidos nos oceanos têm sua origem nos minerais e na atmosfera. O dióxido de carbono da atmosfera fornece um ácido que pode reagir com as bases das rochas, liberando constituintes dessas rochas na água, onde podem permanecer dissolvidos ou precipitar em uma fase sólida.

É difícil distinguir analiticamente a diferença entre $CO_{2(aq)}$ e H_2CO_3 verdadeiro. Portanto, o termo $H_2CO_3^*$ foi definido igual à concentração de $CO_{2(aq)}$ mais a concentração de H_2CO_3 verdadeiro. No entanto, o $H_2CO_3^*$ pode ser aproximado por $CO_{2(aq)}$, porque o H_2CO_3 verdadeiro compõe apenas 0,16% do $H_2CO_3^*$. Sendo assim, a concentração e $H_2CO_3^*$ nas águas equilibradas com a atmosfera é, aproximadamente, 10^{-5} M.

O $H_2CO_3^*$ está em equilíbrio com os íons bicarbonato da seguinte forma:

$$H_2CO_3^* \leftrightarrow HCO_3^- + H^+ \qquad \textbf{(3.25)}$$

em que $K_{a1} = 10^{-6,3}$. Além disso, o bicarbonato está em equilíbrio com os íons carbonato da seguinte forma:

$$HCO_3^- \leftrightarrow CO_3^{2-} + H^+ \qquad \textbf{(3.26)}$$

em que $K_{a2} = 10^{-10,3}$.

Segundo a nossa definição de ácido e base, o bicarbonato pode agir como ácido ou base. O bicarbonato e o carbonato também são bases comuns na água. O teor de *carbono inorgânico total* de uma amostra de água é definido como:

$$\text{Carbono inorgânico total} = [H_2CO_3^*] + [HCO_3^-] + [CO_3^{2-}] \quad \textbf{(3.27)}$$

Na faixa de pH da maioria das águas naturais (pH entre 6 e 9), $H_2CO_3^*$ e CO_3^{2-} são pequenos em relação ao HCO_3^-. Portanto, o HCO_3^- é o componente predominante na Equação 3.27.

A Tabela 3.6 traz as definições e descrições de dois termos importantes relacionados com o sistema carbonato: **alcalinidade** e **capacidade de amortecimento**. Na maioria das águas doces naturais, a alcalinidade é causada principalmente por HCO_3^-, CO_3^{2-} e OH^-. Em algumas águas naturais e algumas águas industriais, outros sais de ácidos fracos que podem

Discussão em Sala de Aula

Alguns cientistas têm sugerido que adicionemos uma quantidade considerável de ferro aos oceanos para precipitar o carbonato, alterando assim o sistema químico de carbonatos de tal forma que os oceanos retirem mais dióxido de carbono da atmosfera. Você considera a geoengenharia do meio ambiente uma solução sustentável para o problema atual das emissões mundiais de dióxido de carbono para a atmosfera?

Tabela / 3.6

Explicação da Alcalinidade e da Capacidade de Amortecimento

Termo	Definição
Alcalinidade	Medida da capacidade de água de neutralizar ácidos
	Alcalinidade (mols/L) = $[HCO_3^-] + 2[CO_3^{2-}] + [OH^-] - [H^+]$
	Na maioria das águas naturais com pH = 6-8, aproximadamente, a concentração de bicarbonato (HCO_3^-) é significativamente maior do que a de carbonato (CO_3^{2-}) ou de hidróxido (OH^-); portanto, a alcalinidade total pode ser aproximada pela concentração de bicarbonato.
Capacidade de amortecimento	Habilidade de a água resistir a mudanças no pH quando uma solução ácida ou alcalina for adicionada.
	Na maioria das águas naturais doces, a capacidade de amortecimento se deve principalmente às bases (OH^-, CO_3^{2-}, HCO_3^-) e aos ácidos (H^+, $H_2CO_3^*$, HCO_3^-).

ser importantes na determinação da alcalinidade são os boratos, fosfatos, amônia e ácidos orgânicos. Por exemplo, o sobrenadante digestor anaeróbio e os efluentes municipais contêm grandes quantidades de bases, como a amônia (NH_3), os fosfatos (HPO_4^{2-} e o PO_4^{3-}) e as bases de vários ácidos orgânicos. As bases da sílica ($H_3SiO_4^-$) e do ácido bórico ($B(OH)_4^-$) podem contribuir para a alcalinidade nos oceanos.

Na maioria das águas naturais, a capacidade de amortecimento se deve principalmente às bases (OH^-, CO_3^{2-}, HCO_3^-) e aos ácidos (H^+, $H_2CO_3^*$, HCO_3^-). Muitos lagos nos Estados Unidos (por exemplo, na Nova Inglaterra e no Meio-Oeste superior têm uma baixa capacidade de amortecimento e, consequentemente, têm sido fortemente influenciados pela deposição ácida (chuva ácida). Isso acontece porque a geologia das bacias subjacentes a esses lagos é tal que a dissolução lenta das rochas e minerais subjacentes não resulta na liberação de muita alcalinidade.

Aprenda mais sobre acidificação dos oceanos
http://pmel.noaa.gov/co2/story/ What+is+Ocean+Acidication%3F

exemplo / 3.7 As Mudanças na Concentração Atmosférica do CO_2 Afetam a Química dos Oceanos do Mundo

A National Oceanic and Atmospheric Administration (NOAA) vem medindo as concentrações atmosféricas do CO_2 em Mauna Loa (Havaí) há mais de 50 anos. Suas concentrações atmosféricas médias mensais de CO_2 vêm aumentando (ver Figura 4.14). A média mensal das concentrações atmosféricas de CO_2 eram aproximadamente 315 ppm, em 1960, e aumentaram para 392 ppm, em agosto de 2012. Os níveis eram de apenas 275 ppm antes da Revolução Industrial. Os cientistas preveem que, sem esforços sérios de mitigação, os níveis de CO_2 podem aumentar para 556 ppm em 2050. Determine a concentração de CO_2 (em mols/L) na água equilibrada com essas quatro concentrações atmosféricas. A constante da lei de Henry para o CO_2 é $10^{-1,5}$ mols/L-atm.

solução

Período Pré-industrial: $10^{-1,5}$ mol s/L-atm $\times$ 0,275 atm $= 8,70 \times 10^{-3}$ mols/L

1960: $10^{-1,5}$ mols/L-atm $\times$ 0,315 atm $= 9,96 \times 10^{-3}$ mols/L

2012: $10^{-1,5}$ mols/L-atm $\times$ 0,392 atm $= 1,24 \times 10^{-2}$ mols/L

2050: $10^{-1,5}$ mols/L-atm $\times$ 0,556 atm $= 1,75 \times 10^{-2}$ mols/L

Na atualidade, os oceanos absorvem, aproximadamente, 25% de todo o CO_2 liberado na atmosfera. Entretanto, esses cálculos bastante simples demonstram como o aumento na concentração atmosférica do CO_2 pode aumentar as concentrações de CO_2 dissolvido nos oceanos da Terra. Lembre-se da discussão da Equação 3.24, em que o CO_2 aquoso dissolvido sofre hidratação e forma ácido carbônico (H_2CO_3). Dessa forma, os níveis crescentes de CO_2 na atmosfera estão levando a aumentos nas concentrações de ácido carbônico nos oceanos do mundo. Na verdade, desde a Revolução Industrial, o pH dos oceanos tem diminuído em, aproximadamente, 0,1 unidade de pH.

Isso pode não parecer muita coisa, mas lembre-se de que o pH é uma escala logarítmica (Equação 3.18); portanto, essa diminuição de 0,1 unidade de pH equivale a um aumento aproximado de 25% na acidez. Além disso, a quantidade de carbonato (CO_3^{2-}) dissolvido na água é afetada pela variação no pH.

Conforme a Equação 3.26, uma diminuição no pH (que, por definição, está associada a um aumento na concentração de H^+) vai diminuir a quantidade de carbonato presente na água à medida que a reação se deslocar para a esquerda. Essa mudança na química do carbonato pode afetar negativamente algumas cadeias alimentares em partes do oceano, porque o carbonato é o elemento fundamental do coral, dos esqueletos e conchas de outros organismos marinhos. A diminuição do pH também causa dissolução (Seção 3.9) dos carbonatos sólidos que compõem o esqueleto e a concha dos organismos marinhos.

Qual impacto devemos esperar nos muitos recursos alimentares fornecidos pelos oceanos da Terra? Você pode pesquisar a porcentagem da população global que depende da obtenção de alimento dos oceanos da Terra. Você também pode pesquisar e discutir o impacto que isso poderia ter nas comunidades que dependem dos pesqueiros oceânicos para seu bem-estar econômico e social.

3.8 Oxidação-Redução

Algumas reações químicas ocorrem porque os elétrons são transferidos entre diferentes espécies químicas. Essas reações se chamam **oxidação-redução** ou **redox**. As reações de oxidação-redução controlam o destino e a especiação de muitos metais e poluentes orgânicos nos ambientes naturais, e muitos processos de tratamento empregam a química redox. Além disso, muitos processos biológicos são apenas reações redox mediadas por microrganismos. Os processos de tratamento de efluentes mais utilizados envolvem reações redox que oxidam o carbono orgânico, transformando-o em CO_2 (ao mesmo tempo, reduzindo o oxigênio para água), e oxidam e reduzem várias formas de nitrogênio.

Para moléculas compostas por átomos individuais carregados, o **estado de oxidação** é a carga do átomo; por exemplo, o estado de oxidação do Cu^{2+} é +2. Nas moléculas que contêm muitos átomos, cada átomo recebe um estado de oxidação de acordo com as convenções fornecidas na Tabela 3.7.

Em uma reação redox, o estado de oxidação de uma molécula sobe (situação em que a molécula é *oxidada*) ou desce (situação em que a molécula é *reduzida*). As espécies oxidadas podem ser retratadas como reagentes com os elétrons livres (e^-) em meias reações como:

Receptor de elétrons (oxidante) + $e^- \rightarrow$ doador de elétrons (redutor) **(3.28)**

Nessa reação, a espécie que ganha o elétron (a **receptora de elétrons** ou *oxidante*) é reduzida para a forma da espécie reduzida correspondente; as moléculas reduzidas podem doar elétrons (a **doadora de elétrons**) e servir como *redutoras*.

Considere dois exemplos. No primeiro, o nitrogênio amoniacal (estado de oxidação –3) pode ser convertido, por meio da nitrificação e da desnitrificação, para gás N_2 (estado de oxidação 0). Além disso, poluentes atmosféricos importantes incluem o NO (estado de oxidação +2) e NO_2 (estado de oxidação +4). Essa conversão do nitrogênio para diferentes compostos ocorre por meio de muitas reações redox. No segundo exemplo, a chuva ácida é causada pelas emissões de SO_2 (estado de oxidação do enxofre +4), que é oxidado na atmosfera e se transforma em íon sulfato, SO_4^{2-} (estado de oxidação do enxofre +6). Os íons sulfato voltam para a superfície terrestre, na deposição seca ou úmida, como ácido sulfúrico.

Tabela / 3.7

Convenções para Atribuir o Estado de Oxidação a Átomos Comuns (H, O, N, S) nas Moléculas

1. A carga global em uma molécula = $\sum$ cargas (estado de oxidação) de seus átomos individuais.
2. Os átomos na molécula de interesse têm o seguinte estado de oxidação; no entanto, esses números devem ser igualados a outros números na ordem inversa (aplique um número diferente para S antes de aplicar N, e assim por diante), tal que a Convenção 1 sempre seja satisfeita.

Átomo	Estado de oxidação
H^+	+1
O	–2
N	–3
S	–2

exemplo / 3.8 Determinando os Estados de Oxidação

Determine os estados de oxidação do enxofre no sulfato (SO_4^{2-}) e bissulfeto (HS^-).

solução

Esperamos que o enxofre no sulfato seja mais oxidado (pela presença de oxigênio na molécula) do que no bissulfeto (pela presença de hidrogênio). A carga global de –2 no sulfato deve ser mantida e, uma vez que a carga em cada átomo de oxigênio é –2 (ver Tabela 3.7), a carga no enxofre deve ser $-2 -4(-2) = +6$. Para manter a carga global de –1 no bissulfeto, a carga no enxofre deve ser $-1 - (+1) = -2$. Aqui, a carga em H^+ era +1 (ver Tabela 3.7). Conforme o previsto, o enxofre encontrado no sulfato é mais oxidado do que o enxofre no bissulfeto.

3.9 Precipitação-Dissolução

As reações de **precipitação-dissolução** envolvem a dissolução de um sólido para formar espécies solúveis (ou o processo inverso, pelo qual as espécies solúveis reagem e precipitam da solução como um sólido). Os precipitados comuns incluem os minerais hidróxido, carbonato e o sulfeto.

Uma reação que, às vezes, ocorre nos lares é a precipitação do $CaCO_3$. Se as águas forem duras, esse composto forma uma incrustação nas chaleiras, nos aquecedores de água e nas tubulações. Muito esforço é dedicado para prevenir a precipitação excessiva do $CaCO_3$ nos contextos municipal e industrial, e o processo de remoção dos cátions divalentes da água é chamado amolecimento da água.

A reação comum a todas essas situações é a conversão de um sal sólido em componentes dissolvidos. Nesse exemplo, o sólido é o carbonato de cálcio:

$$CaCO_{3(s)} \leftrightarrow Ca^{2+} + CO_3^{2-} \tag{3.29}$$

Aqui, o subscrito (s) indica que a espécie é um sólido. A constante de equilíbrio de uma reação dessas é chamada produto da solubilidade, K_{sp}. No equilíbrio da reação, na Equação 3.29, o K_{sp} é igual a Q:

$$K_{sp} = \frac{[Ca^{2+}][CO_3^{2-}]}{[CaCO_{3(s)}]} = [Ca^{2+}][CO_3^{2-}] \qquad \textbf{(3.30)}$$

Solubilidade é definida como a quantidade máxima (geralmente, expressada como massa) de uma substância (o soluto) que consegue dissolver em um volume unitário de solvente em condições específicas. Como a atividade (que presumimos ser igual à concentração) de um sólido é definida como 1,0 (Regra 2 da Tabela 3.2), a constante de equilíbrio, K_{sp}, é igual ao produto da solubilidade. Desse modo, se soubermos a constante de equilíbrio e a concentração de uma espécie, podemos determinar a concentração da outra espécie.

Nenhum precipitado vai se formar se o produto das concentrações de íons for menor do que K_{sp} (na Equação 3.30, Ca^{2+} e CO_3^{2-} são as espécies). Diz-se que essa solução está *subsaturada*. Do mesmo modo, se o produto das concentrações de íons ultrapassar K_{sp}, diz-se que a solução está *supersaturada*, e a espécie sólida vai precipitar até o produto das concentrações de íons ficar igual a K_{sp}. A Tabela 3.8 fornece alguns produtos de solubilidade importantes e as reações associadas.

As formações de Karst são criadas a partir da dissolução do calcário ($CaCO_3$) e da dolomita ($CaMg(CO_3)_2$). É possível reconhecer o terreno Karst pela presença de fontes, cavernas e dolinas. A Figura 3.7 mostra a

Tabela / 3.8

Reações de Precipitação-Dissolução Comuns, Produto de Solubilidade K_{sp} Associado e Significância

Equação de Equilíbrio	K_{sp} a 25°C	Significância
$CaCO_{3(s)} \leftrightarrow Ca^{2+} + CO_3^{2-}$	$3,3 \times 10^{-9}$	Remoção da dureza, incrustação, sequestro oceânico do dióxido de carbono
$MgCO_{3(s)} \leftrightarrow Mg^{2+} + CO_3^{2-}$	$3,5 \times 10^{-5}$	Remoção da dureza, incrustação
$Ca(OH)_{2(s)} \leftrightarrow Ca^{2+} + 2OH^-$	$6,3 \times 10^{-6}$	Remoção da dureza
$Mg(OH)_{2(s)} \leftrightarrow Mg^{2+} + 2OH^-$	$6,9 \times 10^{-12}$	Remoção da dureza
$Cu(OH)_{2(s)} \leftrightarrow Cu^{2+} + 2OH^-$	$7,8 \times 10^{-20}$	Remoção de metais pesados
$Zn(OH)_{2(s)} \leftrightarrow Zn^{2+} + 2OH^-$	$3,2 \times 10^{-16}$	Remoção de metais pesados
$Al(OH)_{3(s)} \leftrightarrow Al^{3+} + 3OH^-$	$6,3 \times 10^{-32}$	Coagulação
$Fe(OH)_{3(s)} \leftrightarrow Fe^{3+} + 3OH^-$	6×10^{-38}	Coagulação, remoção de ferro
$CaSO_{4(s)} \leftrightarrow Ca^{2+} + SO_4^{2-}$	$4,4 \times 10^{-5}$	Dessulfurização do gás de combustão
$MgNH_4PO_4 \cdot 6H_2O_{(s)} \leftrightarrow Mg^{2+} + NH_4^+ + PO_4^{3-} + 6H_2O$	$5,5 \times 10^{-14} - 2,5 \times 10^{-13}$	Precipitação de estruvita para recuperação do fósforo da urina nas estações de tratamento de efluentes, precipitação de estruvita nos urinóis sem água

FONTE: Extraído de Mihelcic (1999); reimpresso com permissão de John Wiley & Sons, Inc.

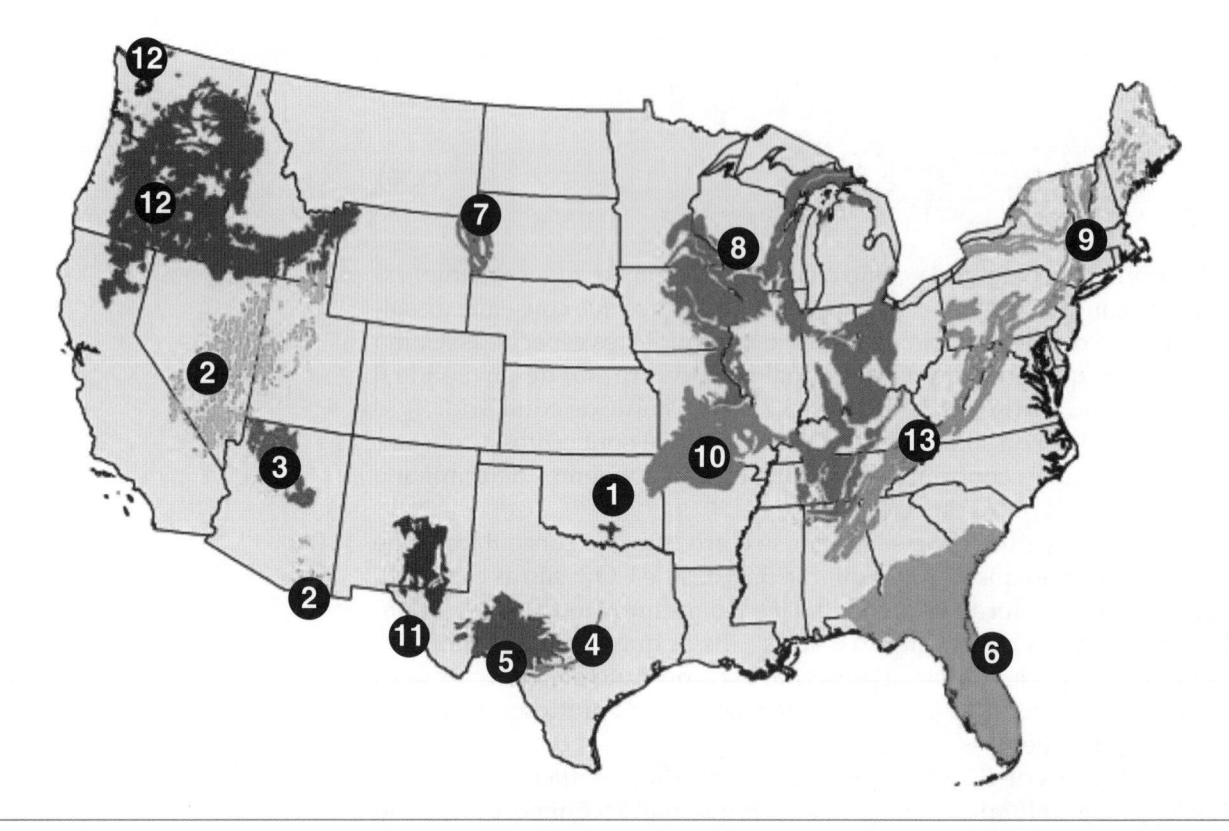

Principais Aquíferos Karst

1. Aquífero Arbuckle-Simpson – Subjacente a mais de 500 milhas quadradas no centro-sul do estado de Oklahoma, sendo a principal fonte de água de, aproximadamente, 40.000 pessoas. Muitas fontes e pequenas características karst, mas somente algumas cavernas cheias de ar.
2. Aquíferos carbonatados da Bacia e Cordilheira Bear River – Algumas rochas carbonatadas fraturadas abaixo da bacia aluvial. Inclui áreas perto do Monumento Nacional Cedar Break, do Parque Nacional Great Basin e da Cordilheira River Bear.
3. Karst do Planalto do Colorado.
4. Aquífero da zona de falha Edwards Balcones – Rochas carbonatadas altamente falhas e fraturadas, do período cretáceo, em uma área de, aproximadamente, 4.000 milhas quadradas no centro-sul do Texas. Principal abastecimento de água potável de San Antonio, Texas.
5. Aquífero do Planalto Edwards-Trinity – Consiste em rochas do período cretáceo presentes em uma área de, aproximadamente, 35.000 milhas quadradas no centro-oeste do Texas.
6. Aquíferos Upper Floridan e Biscayne.
7. Aquífero Madison – Uma importante fonte de água nos estados das planícies do norte, onde as águas superficiais são limitadas e a população está crescendo. É um dos maiores sistemas aquíferos confinados nos Estados Unidos.
8. Aquíferos Carbonatados Paleozoicos do Meio-Oeste – Karst desenvolvido em vários aquíferos paleozoicos que se espalham pelo meio-oeste, do Michigan ao Tennessee. Contém algumas das maiores cavernas mapeadas do mundo, incluindo o Parque Nacional de Mammoth Cave, no Kentucky.
9. Aquíferos karst da Nova Inglaterra – Terreno em calcários cristalinos e mármores, principalmente no nordeste do Maine, oeste de Vermont e oeste de Massachusetts.
10. Aquíferos karst do Planalto Ozark – Rochas carbonatadas do período paleozoico subjacentes a vários estados no meio do continente. Compreende dois aquíferos (Springfield e Ozark) e uma unidade de confinamento interveniente, produzindo quantidades modestas de água.
11. Aquífero da bacia Roswell – Um aquífero carbonatado imerso a oeste, recoberto por uma unidade evaporítica de confinamento com vazamento e um aquífero aluvial não confinado. Décadas de bombeamento intenso causaram declínios substanciais na carga hidráulica.
12. Aquíferos basálticos do Noroeste do Pacífico – Campos de lava basálticos do final do período cenozoico que contêm tubos de lava, fissuras, dolinas abertas e cavernas formadas por extrusão da porção ainda líquida da lava.
13. Aquíferos do Vale e Cordilheira Pledmont e da Cordilheira Blue – Grandes áreas de karst dentro de estruturas geológicas complexas, resultando em características de aquífero karst altamente variáveis. Inclui o aquífero Great Valley, um importante recurso hídrico para muitas cidades.

Figura / 3.7 Principais Aquíferos Karst dos Estados Unidos.

(Adaptado do U.S. Geological Survey)

exemplo / 3.9 Equilíbrio da Precipitação-Dissolução

Qual é o pH necessário para reduzir uma alta concentração de Mg^{2+} para 43 mg/L? O K_{sp} da seguinte reação é $10^{-11,16}$.

$$Mg(OH)_{2(s)} \leftrightarrow Mg^{2+} + 2OH^-$$

solução

Nessa situação, o magnésio dissolvido é removido da solução como um precipitado de hidróxido. Primeiro, a concentração de Mg^{2+} é convertida de mg/L para mols/L:

$$[Mg^{2+}] = \frac{43\,mg}{L} \times \frac{g}{1000\,mg} \times \frac{1\,mol}{24\,g} = 0,0018\,M$$

Depois, a relação de equilíbrio é escrita como:

$$10^{-11,16} = \frac{[Mg^{2+}] \times [OH^-]^2}{[Mg(OH)_{2(s)}]}$$

Substituindo os valores de todos os parâmetros conhecidos, temos:

$$10^{-11,16} = \frac{[0,0018] \times [OH^-]^2}{1}$$

Encontre a solução para $[OH^-] = 6,2 \times 10^{-5}$. Isso resulta em $[H^+] = 10^{-9,79}\,M$, então pH = 9,79. Nesse pH, qualquer magnésio além de 0,0018 M vai precipitar como $Mg(OH)_{2(s)}$ porque a solubilidade de Mg^{2+} será ultrapassada.

localização dos 13 principais aquíferos Karst nos Estados Unidos. Essas formações são importantes porque são a principal fonte de abastecimento de água. A hidrologia de uma formação Karst é um desafio para gerenciar, já que a maioria do escoamento de água ocorre através de fissuras, fraturas e condutos interconectados, facilitando a contaminação e a exploração.

3.10 Adsorção, Absorção e Sorção

Sorção é um termo inespecífico que pode se referir ao processo de **adsorção** de uma substância química na superfície do sólido, ao processo de **absorção** (particionamento) da substância química no volume do sólido ou ainda a ambos os processos. No caso dos poluentes orgânicos, a sorção é um processo fundamental que determina o destino, e a substância química normalmente é absorvida na fração orgânica da partícula pela energia favorável desse processo. O *sorbato* (adsorbato ou absorbato) é a substância transferida da fase gasosa ou líquida para a fase sólida. O *sorvente* (adsorvente ou absorvente) é o material sólido sobre o qual (ou dentro do qual) acumula o sorbato. Os sólidos que sorvem substâncias químicas podem ser materiais naturais (por exemplo, solo superficial, sedimento de portos ou rios, material de aquífero) ou antropogênicos (por exemplo, carvão ativado).

Figura / 3.8 Sorção de uma Substância Química Orgânica (Naftaleno) em um Material Natural como uma Partícula de Solo ou Sedimento   Isso costuma ocorrer quando o sorbato adsorve em sítios de superfície reativa (adsorção), ou absorve ou particiona na matéria orgânica que reveste a partícula (o adsorvente). O processo de sorção influencia a mobilidade, a degradação natural e a recuperação dos poluentes.

(Extraído de Mihelcic (2009). Reimpresso com a permissão da John Wiley & Sons, Inc.)

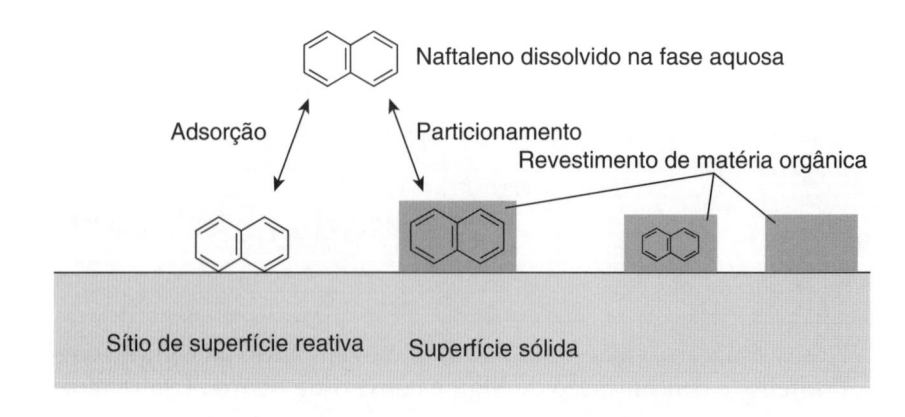

A Figura 3.8 mostra um esquema dos processos de sorção do naftaleno sorvendo para um sólido natural como uma partícula do solo a partir da fase aquosa. Por que ocorre essa sorção? Do ponto de vista termodinâmico, as moléculas sempre preferem ficar em um estado de baixa energia. Uma molécula adsorvida sobre uma superfície tem um estado energético menor em uma superfície do que na fase aquosa. Portanto, durante o processo de equilíbrio, a molécula é atraída para a superfície e para um estado de energia mais baixo. A atração de uma molécula para uma superfície pode ser causada por forças físicas e/ou químicas. As forças eletrostáticas governam as interações entre a maioria dos adsorbatos e adsorbentes. Essas forças incluem interações dipolo-dipolo ou forças de London-van der Waals, e ligações de hidrogênio. Durante a sorção para os solos e sedimentos, o **particionamento hidrofóbico** — um fenômeno induzido por mudanças na entropia — também pode levar em conta a interação de uma substância química orgânica hidrofóbica (repele água) com uma superfície.

A Tabela 3.9 traz exemplos de algumas isotermas de sorção comuns e fenômenos de particionamento relacionados. Uma *isoterma de sorção* é uma relação que descreve a afinidade de um composto por um sólido na água ou no gás à temperatura constante (*iso* significa constante e *terma* se refere a temperatura). As duas isotermas de sorção cobertas na Tabela 3.9 são a **isoterma de Freundlich** e a **isoterma linear.** A Figura 3.9 mostra a relação entre a isoterma de Freundlich e a isoterma linear em vários intervalos de $1/n$. Aqui, $1/n$ é o parâmetro de intensidade da isoterma de Freundlich (sem unidade).

Um problema com o valor do **coeficiente de partição solo-água**, K (Equação 3.32, fornecida na Tabela 3.9), é que ele é específico da substância química e do adsorvente. Desse modo, embora K pudesse ser medido para cada sistema relevante, isso seria demorado e caro. Felizmente, quando o soluto é uma substância química orgânica neutra e não polar, o coeficiente de partição solo-água pode ser normalizado para carbono orgânico — situação em que ele continua específico da substância química, mas não mais específico do adsorvente. K_{oc} é conhecido como **coeficiente de partição solo-água normalizado para carbono orgânico** e é expresso em unidade de cm^3/g de carbono orgânico ou L/kg de carbono orgânico (ver Equação 3.33 na Tabela 3.9).

Discussão em Sala de Aula

Uma substância como o DDT deveria ser proibida mundialmente ou considerada uma solução viável para o encargo excessivo que a malária inflige em muitas partes do mundo subdesenvolvido, especialmente, na África. Quais soluções justas, que considerem as gerações futuras de seres humanos e animais selvagens, você poderia sugerir?

Tabela / 3.9

Termos Comuns Utilizados para Descrever as Isotermas de Sorção e Outros Fenômenos de Particionamento

Isoterma e Outros Termos de Particionamento	Normalmente Apresentado(a) como	Símbolos e Unidades	Aplicação Comum
Isoterma de Freundlich	$q = KC^{1/n}$ **(Equação 3.31)**	Q= massa de adsorbato adsorvido por massa unitária de adsorvente após o equilíbrio (mg/g). C = massa de adsorbato em fase aquosa após o equilíbrio (mg/L). K = Parâmetro de capacidade da isoterma Freundlich $((mg/g)(L/mg)^{1/n})$. $1/n$ = Parâmetro de intensidade da isoterma de Freundlich (sem unidade).	O tratamento da água potável e do ar onde adsorventes como o carvão ativado são utilizados.
Isoterma linear Caso especial de isoterma de Freundlich em que $1/n$ (ou seja, sistemas diluídos)	$K = \dfrac{q}{C}$ **(Equação 3.32)**	q e C são o mesmo que a isoterma de Freundlich. K = coeficiente de partição (ou distribuição) solo-água ou sedimento-água, escrito também como K_p ou K_d (unidades de cm³/g ou L/kg).	Sistemas diluídos, especialmente solo, sedimento e água subterrânea.
Normalizar K para carbono orgânico*	$K_{oc} = \dfrac{K}{f_{oc}}$ **(Equação 3.33)**	K é o mesmo que isoterma linear (também chamada K_p, K_d). f_{oc} é a fração de carbono orgânico de um solo específico. K_{oc} tem unidades de cm³/g de carbono orgânico (ou L/kg de carbono orgânico) e sedimento (1% carbono orgânico é igual a f_{oc} de 0,01).	Solo, sedimento e água subterrânea.
Coeficiente de partição octanol-água	$K_{ow} = \dfrac{[A]_{octanol}}{[A]_{água}}$ **(Equação 3.34)**	$[A]_{octanol}$ é a concentração da substância química dissolvida em octanol ($C_8H_{17}OH$) e $[A]_{água}$ é a concentração da mesma substância química dissolvida no mesmo volume de água. K_{ow} não tem unidade e, normalmente, é apresentado como $\log K_{ow}$.	Ajuda a determinar a hidrofobicidade de uma substância química. Pode ser relacionado com outras propriedades ambientais como K_{oc} e fatores de bioconcentração.

*Foi demonstrado que, nos solos e nos sedimentos com uma fração de carbono orgânico (f_{oc}) maior do que 0,001 (0,1%) e baixas concentrações de soluto no equilíbrio (<10^{-5} molar ou ½ de solubilidade aquosa), o coeficiente de partição solo-água (K_p) pode ser normalizado para o teor de carbono orgânico do solo.

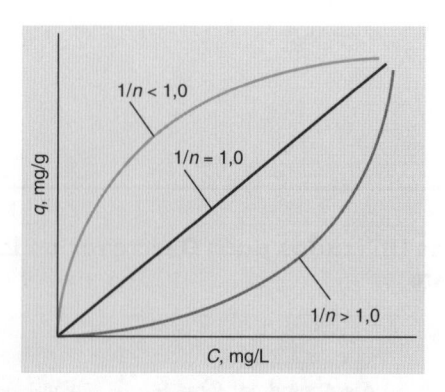

Figura / 3.9 **Isoterma de Freundlich para Diferentes Valores de 1/n** Para valores de $1/n$ menores do que 1, a isoterma é considerada favorável para sorção, uma vez que baixos valores e concentração do sorbato em fase líquida produzem grandes volumes de concentração em fase sólida. Isso significa que é energeticamente favorável para o sorbato ser adsorvido. Em concentrações aquosas mais altas, a capacidade do sólido para sorver a substância química diminui à medida que os sítios de sorção ativa ficam saturados com moléculas de sorbato. Para valores de $1/n$ maiores do que 1, a isoterma é considerada desfavorável para sorção, porque altos valores de concentração de sorbato em fase líquida são necessários para que a sorção ocorra no adsorvente. No entanto, à medida que a sorção ocorre, a superfície é modificada pela substância química de sorção e favorecida para mais sorção. Se o valor de $1/n$ for igual a 1, a isoterma é linear.

(Extraído de Mihelcic (1999). Reimpresso com a permissão da John Wiley & Sons, Inc.)

exemplo / 3.10 Análise dos Dados da Isoterma de Adsorção

Uma isoterma de adsorção do éter metil-tércio-butílico (MTBE) foi feita em uma amostra de carvão ativado. A isoterma foi feita a 15ºC, usando frasco de âmbar de 0,250 L, com uma concentração MTBE inicial, C_0, de 150 mg/L. As três colunas da esquerda da Tabela 3.10 fornecem os dados da isoterma. Determine os parâmetros da isoterma de Freundlich (K e $1/n$).

Tabela / 3.10

Dados da Isoterma e Resultados Utilizados no Exemplo 3.10

Dados da Isoterma			Resultados		
Concentração MTBE Original, C_0 (mg/L)	Massa de GAC, M (g)	Concentração de MTBE em Fase Líquida no Equilíbrio, C, mg/L	$q = (V/M)$ $\times (C_0 - C)$ (mg/g)	log q	log C
150	0,155	79,76	113,290	2,0542	1,9018
150	0,339	42,06	79,602	1,9009	1,6239
150	0,589	24,78	53,149	1,7255	1,3941
150	0,956	12,98	35,832	1,5543	1,1133
150	1,71	6,03	21,048	1,3232	0,7803
150	2,4	4,64	15,142	1,1802	0,6665
150	2,9	3,49	12,630	1,1014	0,5428
150	4,2	1,69	8,828	0,9459	0,2279

exemplo / 3.10 (continuação)

solução

Os valores de MTBE adsorvidos em cada ponto da isoterma (q), bem como os valores logarítmicos de C e q podem ser determinados e inseridos na Tabela 3.10 (três colunas da esquerda). Para determinar os parâmetros da isoterma de Freundlich, ajustes os logs dos dados da isoterma, log q *versus* log C, usando a forma linear da Equação 3.31 (Tabela 3.9), expressada como:

$$\log q = \log K + \left(\frac{1}{n}\right)\log C$$

Faça o gráfico do log q *versus* log C, conforme a Figura 3.10, e use uma regressão linear para ajustar os dados a fim de determinar K e $1/n$.

A partir da Figura 3.10, a forma linear da Equação 3.31 com valores de K e $1/n$ adicionados é expressada como:

$$\log q = 0{,}761 + (0{,}6906)\log C$$

Aqui, log $K = 0{,}761$, então $K = 10^{0,761} = 5{,}77$ $(mg/g)(L/mg)^{1/n}$. Desse modo, $K = 5{,}77$ $(mg/g)(L/mg)^{1/n}$ e $1/n = 0{,}6906$.

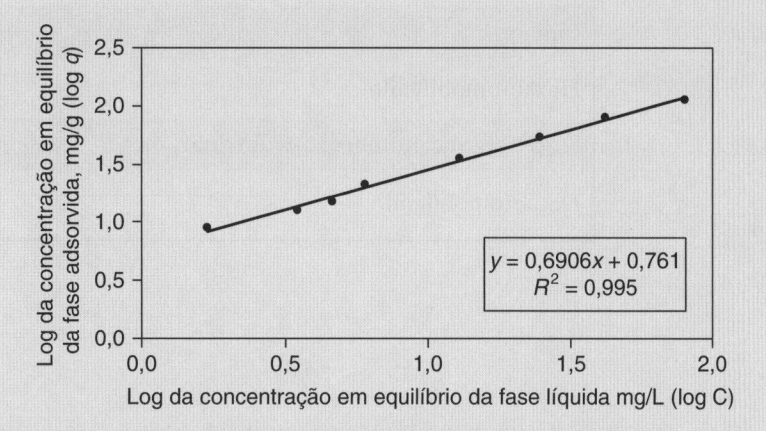

Figura / 3.10 Dados da Isoterma de Freundlich Representados Graficamente para o Exemplo 3.10 para Determinar K e $1/n$.

Para sistemas com uma quantidade relativamente alta de carbono orgânico (maior do que 0,1%), K_{oc} pode ser diretamente correlacionado com um parâmetro chamado **coeficiente de partição octanol-água**, K_{ow}, de uma substância química. Os valores de K_{ow} variam em muitas ordens de grandeza, então K_{ow} é normalmente apresentado como log K_{ow}. A Tabela 3.11 apresenta alguns valores típicos de log K_{ow} para uma ampla gama de substâncias químicas. Os valores de K_{ow} para substâncias químicas ambientalmente importantes variam de, aproximadamente, 10^1 a 10^7 (log K_{ow} intervalo de 1 a 7). Quanto maior o valor, maior a tendência do composto para particionar da água na fase orgânica. As substâncias químicas com valores de K_{ow} elevados são hidrofóbicas (repelem a água).

Tabela / 3.11

Exemplos de log K_{ow} para Algumas Substâncias Químicas de Importância Ambiental

Substância Química	Log K_{ow}
Ácido ftálico	0,73
Benzeno	2,17
Tricloroetileno	2,42
Tetracloroetileno	2,88
Tolueno	2,69
Ácido 2,4-Diclorofenoxiacetico	2,81
Naftaleno	3,33
1,2,4,5-Tetraclorobenzeno	4,05
Fenantreno	4,57
Pireno	5,13
Hexabromobifenilo	6,39
2,3,7,8-Tetraclorodibenzo-p-dioxina	6,64
Decabromobifenilo	8,58

A magnitude de uma substância química orgânica K_{ow} pode dizer muito sobre o destino final da substância química no ambiente. Por exemplo, os valores na Tabela 3.11 indicam que as substâncias químicas muito hidrofóbicas, como o 2,3,7,8-tetraclorodibenzo-p-dioxina são mais propensas a bioacumular nas partes lipídicas de animais e seres humanos. Por outro lado, as substâncias químicas como o benzeno, tricloroetileno (TCE), tetracloroetileno (PCE) e o tolueno são identificadas frequentemente como contaminantes de águas subterrâneas, porque são relativamente solúveis e dissolvem facilmente na recarga das águas subterrâneas que se infiltra verticalmente na direção de um aquífero subjacente. Isso ocorre ao contrário do pireno ou do 2,3,7,8-tetraclorodibenzo-p-dioxina, que tendem a ficar confinados perto da superfície do solo no local do derramamento.

A Figura 3.11 mostra como K_{oc} e K_{ow} estão correlacionados linearmente para um conjunto de 72 substâncias químicas que abrangem muitos intervalos de hidrofobicidade. K_{ow} também foi correlacionado com outras propriedades ambientais, como os fatores de bioconcentração e a toxicidade aquática. Desse modo, K_{oc} pode ser relacionado com o coeficiente de partição (K_p) solo-água específico do local, conhecendo o teor de carbono orgânico do sistema e usando a Equação 3.33 (Tabela 3.9).

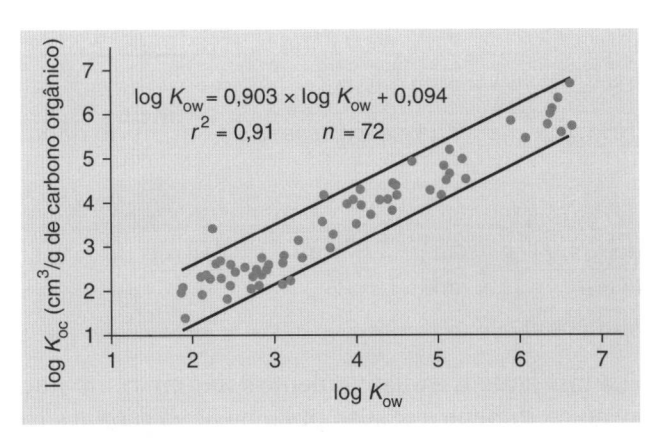

Figura / 3.11 Gráfico de Dispersão de log K_{oc} (cm³/g de Carbono Orgânico) *versus* log K_{ow} para 72 Substâncias Químicas A relação é dada pela equação $\log(K_{oc}[\text{cm}^3/\text{g}]) = 0{,}903 \log(K_{ow}) + 0{,}094 (n = 72, r^2 = 0{,}91)$. As linhas escuras representam intervalos de confiança de 90% para correlação. Os indivíduos que buscam os valores de K_{oc} devem consultar um conjunto de dados que tenha sido submetido a uma verificação de qualidade, ou usar uma correlação apropriada e validada estatisticamente para estimar o valor de K_{oc}.

exemplo / 3.11 Determinação de K_{oc} a partir de K_{ow}

O log K_{ow} do antraceno é 4,68. Qual é o coeficiente de partição solo água do antraceno normalizado para carbono orgânico?

solução

Use uma correlação apropriada entre log K_{oc} e log K_{ow} (como a fornecida na Figura 3.11). Repare que essa correlação exige log K_{oc}, não K_{ow}:

$$\log K_{oc} = 0{,}903(4{,}68) + 0{,}094 = 4{,}32$$

Portanto, $K_{oc} = 10^{4,32}$ cm³/g carbono orgânico.

exemplo / 3.12 Uso de K_{oc} para Prever a Concentração Aquosa

O antraceno tem sedimentos portuários contaminados, e a porção sólida dos sedimentos está em equilíbrio com a água capilar. Se o teor de carbono orgânico do sedimento for 5% e a concentração do antraceno no sedimento sólido for 50 µg/kg de sedimento, qual é a concentração capilar do antraceno no equilíbrio? No Exemplo 3.11, log K_{oc} do antraceno foi estimado em 4,32.

solução

Um teor de carbono orgânico (OC) de 5% significa que a fração de carbono orgânico, f_{oc}, é 0,05. Use a Equação 3.33 (da Tabela 3.9) para encontrar o coeficiente de partição específico do sedimento, K:

$$K \frac{\text{cm}^3}{\text{g de sedimento}} = \frac{10^{4,32} \text{ cm}^3}{\text{g OC}} \times \frac{0{,}05 \text{ g OC}}{\text{g de sedimento}} = 1{,}045 \text{ cm}^3/\text{g de sedimento}$$

exemplo / 3.12 (*continuação*)

A concentração na fase aquosa em equilíbrio, C, é derivada da expressão do equilíbrio dada na Equação 3.32 (Tabela 3.9):

$$C = \frac{q}{K} = \frac{\dfrac{50\ \mu g}{Kg\ de\ sedimento} \times \dfrac{kg}{1.000\ g}}{\dfrac{1.045\ cm^3}{g\ de\ sedimento}} \times \frac{cm^3}{mL} \times \frac{1.000\ mL}{L} = \frac{0.048\ \mu g}{L}$$

Repare que a concentração do antraceno na fase aquosa é relativamente baixa em comparação com a concentração na fase de sedimento (50 ppb_m nos sedimentos e 0,048 ppb_m na água capilar). Isso ocorre porque o antraceno é hidrofóbico. Sua solubilidade aquosa é baixa (e K_{ow} é alto), de modo que ele prefere particionar na fase sólida.

Além disso, a fase sólida tem alto teor de carbono orgânico. Um aquífero de areia-cascalho teria muito menos carbono orgânico (f_{oc} muito baixo); portanto, uma proporção menor do antraceno particionaria da fase aquosa para a sólida.

exemplo / 3.13 Particionamento da Substância Química entre as Fases de Ar, Água e Sólido

Um aluno usa um reator para simular o meio ambiente em uma demonstração na sala de aula. O reator vedado de 1 L contém 500 mL de água, 200 mL de solo (1% de carbono orgânico e densidade de 2,1 g/cm^3) e 300 mL de ar. A temperatura do reator é 25°C. Após adicionar 100 μg de TCE ao reator, o aluno incuba o reator até alcançar o equilíbrio entre as três fases. A constante da lei de Henry do TCE é 10,7 L-atm/mol a 25°C, e o TCE tem um log K_{ow} de 2,42. Supondo que não ocorra qualquer degradação química ou biológica do TCE durante a incubação, qual é a concentração da fase aquosa do TCE no equilíbrio? Qual é a massa do TCE nas fases aquosa, gasosa e adsorvida após alcançar o equilíbrio?

solução

Configure um balanço de massa simplificado que iguale a massa total do TCE adicionada à massa de TCE em cada fase no equilíbrio:

$$\text{Massa total de TCE adicionada} = [\text{Massa de TCE aquoso}]$$
$$+ [\text{Massa de TCE gasoso}] + [\text{Massa de TCE adsorvido}]$$
$$100\ \mu g = [V_{aq} \times C_{aq}] + [V_{ar} \times C_{ar}] + [M_{solo} \times C_{adsorvida}]$$

O problema está pedindo C_{aq}. Os três parâmetros conhecidos são V_{aq} = 500 mL; V_{ar} = 300 mL; e massa de solo = M_{solo} = V_{solo} × densidade do solo = 200 mL × cm^3/mL × 2,1 g/cm^3 = 420 g. As três incógnitas são C_{aq}, C_{ar} e $C_{adsorvida}$; no entanto, C_{ar} pode ser relacionada com C_{aq} por uma constante da lei de Henry e $C_{adsorvida}$ pode ser relacionada com C_{aq} por um coeficiente de partição solo-água.

Converta a constante da lei de Henry para a forma adimensional. K_H = 10,7 L-atm/mol (pelas unidades, podemos dizer que essa constante da lei de Henry é para a reação escrita na seguinte direção: $C_{aq} \leftrightarrow C_{ar}$). Converta para a forma adimensional usando a lei dos gases perfeitos (ver Tabela 3.3):

$$\frac{\dfrac{10,7\ L\text{-}atm}{mol}}{\dfrac{0,0825\ L\text{-}atm}{mol\text{-}K}(298\ K)} = 0,44$$

A constante da lei de Henry de 0,44 é igual a C_{ar}/C_{aq}; então, $C_{ar} = 0,44\,C_{aq}$.

Determine o coeficiente de partição solo-água. Lembre-se de que $K = K_{oc} \times f_{oc}$ e 1% de carbono orgânico significa $f_{oc} = 0,01$. Como K_{oc} e K não são fornecidos, estime K_{oc} a partir de K_{ow}: $\log K_{oc} = 0,903 \times 2,42 + 0,094 = 2,28$. Portanto, $K_{oc} = 10^{2,28}$ e:

$$K = 10^{2,28} \times 0,01 = \frac{1,9\,\text{cm}^3}{\text{g}} \quad \text{e} \quad C_{adsorvida} = \frac{1,9\,\text{cm}^3}{\text{g}} \times C_{aq}$$

Consequentemente, substitua no balanço de massa, de modo que todas as concentrações fiquem em termos de C_{aq}:

$$100\,\mu g = \left[500\,\text{mL} \times C_{aq}\right] + \left[300\,\text{mL} \times 0,44\,C_{aq}\right] + \left[420\,\text{g} \times \frac{1,9\,\text{cm}^3}{\text{g}} \times \frac{\text{mL}}{\text{cm}^3} \times C_{aq}\right]$$

$$100\,\mu g = C_{aq}\left\{500\,\text{mL} + \left[300\,\text{mL} \times 0,44\right] + \left[420\,\text{g} \times \frac{1,9\,\text{cm}^3}{\text{g}} \times \frac{\text{mL}}{\text{cm}^3}\right]\right\}$$

$$100\,\mu g = C_{aq}[500\,\text{mL} + 132\,\text{mL} + 798\,\text{mL}]$$

$$C_{aq} = 0,070\,\mu g/\text{mL} = 0,070\,\text{mg}/\text{mL} = 70\,\text{ppb}_m$$

A massa total de TCE na fase aquosa é 35 µg; na fase gasosa, é 9,2 µg; adsorvida no solo é 55,8 µg. A massa da substância química encontrada em cada uma das três fases é função dos efeitos combinados do particionamento entre cada fase. A quantidade de substância química particionada em cada fase se baseia nas propriedades físico-químicas da substância (por exemplo, constante da lei de Henry, log K_{ow}) e propriedades do solo/sedimento (f_{oc}). Isso é muito importante quando determinamos para onde migra uma substância química no ambiente ou em um sistema artificial, bem como na determinação do método de tratamento a ser escolhido.

3.11 Cinética

A abordagem cinética da química ambiental trata da velocidade das reações. Os conceitos incluem a lei da velocidade, reações de zero e primeira ordem, meia-vida e fatores que afetam a velocidade da reação.

3.11.1 A LEI DA VELOCIDADE

A **lei da velocidade** expressa a dependência que a velocidade da reação tem dos parâmetros ambientais. A dependência em relação às concentrações dos reagentes é de interesse particular. Outros parâmetros que podem influenciar a velocidade de reação incluem a temperatura e a presença de catalisadores (inclusive, microrganismos).

A velocidade de uma reação irreversível e a forma exata da lei da velocidade dependem do mecanismo de ação. Considere a hidrólise do diclorometano (DCM). Nessa reação, uma molécula de DCM reage com um íon hidróxido (OH^-) para produzir clorometanol (CM) e íons cloreto:

Para que a reação retratada aqui ocorra, uma molécula de DCM deve colidir e reagir com uma molécula de OH$^-$. A velocidade de uma reação binária irreversível é proporcional à concentração de cada espécie química. Para a hidrólise do DCM, ela pode ser escrita como:

$$R = \mathbf{k[DCM][OH^-]} = -d[DCM]/dt$$
$$= -d[OH^-]/dt = d[CM]/dt = d[Cl^-]/dt \qquad (3.35)$$

em que R é a velocidade da reação, k é a constante de velocidade dessa reação em particular, [DCM] é a concentração de DCM, [OH$^-$] é a concentração de íons hidróxido, [CM] é a concentração de CM, [Cl$^-$] é a concentração de íons cloreto e t é o tempo. Na Equação 3.35, os sinais negativos indicam que as concentrações dos produtos estão diminuindo com o tempo.

Do lado esquerdo da Equação 3.35, a parte em negrito se chama *lei da velocidade* e expressa a dependência que a velocidade da reação tem das concentrações dos reagentes. A lei da velocidade, nesse caso, seria de primeira ordem em relação a DCM e de primeira ordem em relação a OH$^-$. O termo **de primeira ordem** indica que cada espécie é elevada à primeira potência. A lei da velocidade é de segunda ordem geral, uma vez que envolve o produto de duas espécies, cada uma elevada à primeira potência. Como a reação foi retratada como irreversível, presumiu-se que a concentração dos produtos não influenciou a taxa de reação direta.

Para generalizar esses termos, uma lei da velocidade hipotética pode ser construída para uma reação irreversível genérica de a mols da espécie A reagindo com b mols da espécie B para gerar produtos, P. A lei da velocidade é escrita como:

$$R = k[A]^a[B]^b \qquad (3.36)$$

Essa reação seria chamada a-ésima ordem, em relação a A, e b-ésima ordem, em relação a B. A **ordem global** da reação seria $(a + b)$. Essa reação é chamada **reação elementar** porque a ordem da reação é controlada pela estequiometria da reação. Ou seja, a é igual ao coeficiente estequiométrico molar das espécies A e b é igual ao coeficiente estequiométrico molar de B.

A ordem da reação deve ser determinada experimentalmente, uma vez que, frequentemente, não corresponde à estequiometria da reação. Isso acontece porque o mecanismo ou as etapas da reação nem sempre correspondem com o que é exibido na equação da reação.

A reação baseada em colisão da hidrólise do diclorometano pode ser contrastada com algumas transformações biológicas das substâncias químicas orgânicas que ocorrem nas estações de tratamento ou nos ambientes naturais, onde solos e sedimentos estão presentes. Em algumas dessas situações são observadas transformações de ordem zero. Diz-se que uma reação é de ordem zero quando não depende da concentração do composto envolvido na reação. A cinética de ordem zero pode ser uma consequência de vários itens, incluindo a difusão de oxigênio do ar para a fase aquosa, que limita a velocidade e pode ser mais lenta do que a demanda de oxigênio do microrganismo que está biodegradando a substância química. Outra explicação para a observação de uma cinética de ordem zero é o movimento lento, limitador da velocidade, de uma substância química (exigido pelos microrganismos para obtenção de energia e crescimento) que tem uma solubilidade menor na água (intervalo de ppb_m e ppm_m), a partir de uma fase de óleo ou solo/sedimento para a fase aquosa, em que a substância química é disponibilizada para utilização pelo organismo.

Uma substância química que tem cinética de biodegradação de ordem zero é o 2,4-D, um herbicida muito utilizado pelos agricultores e residências. O 2,4-D pode ser transportado para um rio ou lago pelo escoamento horizontal, ou pela migração vertical para as águas subterrâneas hidraulicamente conectadas a um lago ou rio. Foi constatado que ele desaparece na água do lago, segundo a cinética de ordem zero. A lei da velocidade desse tipo de reação pode ser escrita como:

$$R = -d[2,4\text{-D}]/dt = k \qquad \textbf{(3.37)}$$

3.11.2 REAÇÕES DE ORDEM ZERO E REAÇÕES DE PRIMEIRA ORDEM

Muitas situações ambientais podem ser descritas pela cinética de ordem zero ou de primeira ordem. A Figura 3.12 compara as principais diferenças entre esses dois tipos de cinética. Nesta seção, discutimos essas expressões cinéticas em profundidade, primeiro, construindo uma reação química genérica por meio da qual uma substância química, C, é convertida para alguns produtos desconhecidos:

$$C \rightarrow \text{produtos} \qquad \textbf{(3.38)}$$

A lei da velocidade, que descreve a diminuição na concentração da substância química C com o tempo, pode ser escrita como:

$$d[C]/dt = -k[C]^n \qquad \textbf{(3.39)}$$

Aqui, $[C]$ é a concentração de C, t é o tempo, k é uma constante de velocidade que tem unidades dependentes da ordem da reação, e a ordem da reação, n, normalmente é um inteiro (0, 1, 2).

Ordem da Reação	Lei da Velocidade	Forma Integrada da Lei da Velocidade	Gráfico de Concentração *versus* Tempo	Gráfico Linearizado de Concentração *versus* Tempo	Meia-vida, t	Unidades da Constante de Velocidade, k
Zero	$\dfrac{d[C]}{dt} = -k$	$[C] = [C_0] - kt$		O mesmo que $[C]$ *versus* tempo	$\dfrac{0,5[C_0]}{k}$	mols/L-s mg/L-s
Primeira	$\dfrac{d[C]}{dt} = -k[C]$	$[C] = [C_0]e^{-kt}$			$\dfrac{0,693}{k}$	s^{-1}, min^{-1}, h^{-1}, dia^{-1}

Figura / 3.12 **Resumo das Expressões de Velocidade de Ordem Zero e Primeira Ordem** Repare nas diferenças entre cada uma dessas expressões.

(Extraído de Mihelcic (1999). Reimpresso com a permissão da John Wiley & Sons, Inc.)

REAÇÃO DE ORDEM ZERO   Se n for 0, a Equação 3.39 se transforma em:

$$d[C]/dt = -k \qquad \text{(3.40)}$$

Essa é a lei da velocidade que descreve uma reação de ordem zero. Aqui, a velocidade de desaparecimento de C com o tempo é de ordem zero em relação a C, e a ordem global da reação é zero.

A Equação 3.40 pode ser reorganizada e integrada para as seguintes condições; no tempo 0, a concentração de C é igual a C_0 e, em algum tempo t no futuro, a concentração é igual a C:

$$\int_{C_0}^{C} d[C] = -k \int_{0}^{t} dt \qquad \text{(3.41)}$$

A integração da Equação 3.41 produz:

$$[C] = [C]_0 - kt \qquad \text{(3.42)}$$

Uma reação é de ordem zero se os dados de concentração plotados *versus* o tempo resultarem em uma linha reta (ilustrada na Figura 3.12). A inclinação da linha resultante é a constante de velocidade de ordem zero k, que tem unidades de concentração/tempo (por exemplo, mols/litro-dia).

REAÇÃO DE PRIMEIRA ORDEM   Se $n = 1$, a Equação 3.39 se transforma em:

$$d[C]/dt = -k[C] \qquad \text{(3.43)}$$

Essa é a lei da velocidade para uma reação de primeira ordem. Aqui, a velocidade de desaparecimento de C com o tempo é de primeira ordem em relação a $[C]$, e a ordem global da reação é de primeira ordem.

A Equação 3.43 pode ser reorganizada e integrada para as mesmas duas condições utilizadas na Equação 3.40 para obter uma expressão que descreva a concentração de C com o tempo:

$$[C] = [C]_0\, e^{-kt} \qquad \text{(3.44)}$$

Aqui, k é a constante da velocidade de reação de primeira ordem e tem unidades de tempo^{-1} (por exemplo, h^{-1}, dia^{-1}).

Uma reação é de primeira ordem quando o logaritmo natural dos dados de concentração plotado *versus* o tempo resulta em uma linha reta. A inclinação dessa linha reta é a constante de velocidade de primeira ordem, k, conforme ilustrado na Figura 3.12.

Existem algumas coisas importantes a observar sobre as reações químicas de primeira ordem e de ordem zero. Primeiro, quando comparamos a concentração ao longo do tempo nas duas reações (conforme a figura), a velocidade da reação de primeira ordem (inclinação dos dados de concentração *versus* tempo) diminui com o tempo, enquanto na reação de ordem zero a inclinação permanece constante com o tempo. Isso sugere que a taxa de uma reação de ordem zero independe da concentração da substância química (ver Equação 3.42), enquanto a taxa de uma reação de primeira ordem depende da concentração da substância química (ver Equação 3.44). Desse modo, uma substância química cujo desaparecimento segue a cinética dependente da concentração, como primeira ordem, vai desaparecer mais lentamente à medida que sua concentração diminui.

3.11.3 REAÇÕES DE PSEUDOPRIMEIRA ORDEM

Existem muitas circunstâncias em que a concentração de um participante em uma reação permanece constante durante a reação. Por exemplo, se a concentração de um reagente, inicialmente, for muito maior do que a concentração de outro, é impossível a reação causar uma mudança significativa na concentração da substância com a concentração inicial elevada. Por outro lado, se a concentração de uma substância for amortecida em um valor constante (por exemplo, o pH em um lago não muda porque é amortecido pela dissolução e pela precipitação do sólido $CaCO_3$, que contém alcalinidade), a concentração da espécie amortecida não vai mudar, mesmo se a substância participar da reação. Uma reação de **pseudoprimeira ordem** é utilizada nessas situações. Ela pode ser modelada como se fosse uma reação de primeira ordem. Considere a seguinte *reação elementar irreversível*:

$$aA + bB \rightarrow cC + dD \qquad (3.45)$$

---

exemplo / 3.14 Uso da Lei da Velocidade

Quanto tempo vai levar para a concentração de monóxido de carbono (CO), em uma sala, diminuir 99% após a remoção da fonte de monóxido de carbono e a abertura das janelas? Suponha que a constante de velocidade de primeira ordem para a remoção do CO (pela diluição provocada pela entrada de ar limpo na sala) seja 1,2/h. Não ocorre nenhuma reação química.

solução

Essa é uma reação de primeira ordem, então use a Equação 3.44. Suponha que $[CO]_0$ seja igual à concentração inicial de CO. Quando 99% do gás vai embora, $[CO] = 0,01 \times [CO]_0$. Portanto:

$$0,01 = [CO]_0 = [CO]_0 \, e^{-kt}$$

em que $k = 1,2$/h. Encontre a solução para t, que equivale a 3,8 h.

A lei da velocidade dessa reação é:

$$\boxed{R = k[A]^a[B]^b} \qquad (3.46)$$

Se a concentração de A não mudar significativamente durante a reação por uma das razões discutidas previamente (ou seja, $[A_0] \rightarrow [B_0]$ ou $[A] \cong [A_0]$), podemos presumir que a concentração de A permanece constante e pode ser incorporada à constante de velocidade, k. Com isso, a lei da velocidade se transforma em:

$$R = k'[B]^b \qquad (3.47)$$

Em que k' é a constante da velocidade de pseudoprimeira ordem, igual a $k[A_0]^a$. Essa manipulação simplifica bastante a lei da velocidade para o desaparecimento da substância B:

$$d[B]/dt = -k'[B]^b \qquad (3.48)$$

Se b é igual a 1, então a solução da Equação 3,48 é idêntica à da Equação 3,44. Nesse caso, a expressão de pseudoprimeira ordem pode ser escrita da seguinte forma:

$$\boxed{[B] = [B_0]e^{-k't}} \qquad (3.49)$$

exemplo / 3.15 Reação de Pseudoprimeira Ordem

O Lago Silbersee está situado na cidade alemã de Nuremberg. A qualidade da água do lago tem diminuí-do por causa das altas concentrações de sulfeto de hidrogênio (que têm um cheiro pútrido) originário de um aterro vizinho, que está vazando. Para combater o problema, a cidade decidiu aerar o lago em uma tentativa de oxidar o H_2S malcheiroso e transformá-lo em íon sulfato inodoro, de acordo com a seguinte reação de oxidação:

$$H_2S + 2O_2 \rightarrow SO_4^{2-} + 2H^+$$

Experimentalmente, foi determinado que a reação acompanha a seguinte cinética de primeira ordem, em relação às concentrações de oxigênio e sulfeto de hidrogênio:

$$d[H_2S]/dt = -k[H_2S][O_2]$$

A taxa de aeração presente mantém a concentração de oxigênio no lago em 2 mg/L. A constante de velocidade k para a reação foi determinada, experimentalmente, em 1.000 L/mol-dia. Se a aeração inibiu completamente a respiração anaeróbica e, com isso, parou a produção de sulfeto, quanto tempo levaria para reduzir a concentração de H_2S no lago de 500 para 1μM?

solução

O oxigênio dissolvido do lago é mantido a um valor constante, portanto, é uma constante. Ele pode ser combinado com a constante de velocidade para criar uma constante de velocidade de primeira ordem. Desse modo:

$$[H_2S] = [H_2S]_0 \, e^{-k't}$$

em que $k' = k[O_2]$

$$1\ \mu M = 500\ \mu M \times e^{\left\{ -\frac{1000\,L}{mol\text{-}dia} \times \frac{2\,mg}{L} \times \frac{g}{1000\,mg} \times \frac{mol}{32\,mg} \times t \right\}}$$

Encontre a solução para o tempo: $t = 100$ dias.

3.11.4 MEIA-VIDA E SUA RELAÇÃO COM A CONSTANTE DE VELOCIDADE

Muitas vezes, é útil expressar uma reação em termos do tempo necessário para reagir a metade da concentração presente inicialmente. A meia-vida, $t_{1/2}$, é definida como o tempo necessário para a concentração de uma substância química diminuir pela metade (por exemplo, $[C] = 0,5 \times [C]_0$). A relação entre a meia-vida e a constante de velocidade depende da ordem da reação, conforme a Figura 3.12.

Para reações de ordem zero, a meia-vida pode estar relacionada com a constante de velocidade de ordem zero, k. Para isso, substitua $[C] = 0,5 \times [C]_0$ na Equação 3.42:

$$0,5[C]_0 = [C_0] - kt_{1/2} \qquad (3.50)$$

A Equação 3.50 pode ser solucionada para a meia-vida:

$$t_{1/2} = \frac{0,5 \times [C_0]}{k} \qquad (3.51)$$

Do mesmo modo, em uma reação de primeira ordem, a meia-vida pode estar relacionada com a constante de velocidade de primeira ordem, k. Nesse caso, substitua $[C] = 0,5 \times [C]_0$ na Equação 3.44:

$$0,5[C_0] = [C_0]e^{-kt} \qquad (3.52)$$

A meia-vida de uma relação de primeira ordem é dada por:

$$t_{1/2} = \frac{0,693}{k} \qquad (3.53)$$

A Energia Nuclear É Segura?
www.ucsusa.org/nuclear_power

Radônio: Fonte Número Um de Radiação Natural
www.epa.gov/radon

---

exemplo / 3.16 Convertendo a Constante de Velocidade para Meia-Vida

As meias-vidas subsuperficiais do benzeno, TCE e tolueno são apresentadas como 69, 231 e 12 dias, respectivamente. Quais são as constantes de velocidade de primeira ordem das três substâncias químicas?

solução

O modelo aceita somente constantes de velocidade de primeira ordem que dependam da concentração. Desse modo, para solucionar o problema, converta a meia-vida para uma constante de velocidade de primeira ordem com o uso da Equação 3.53 a seguir.
Para o benzeno:

$$t_{1/2} = \frac{0,693}{k} = \frac{0,693}{69 \text{ dias}} = 0,01/\text{dia}$$

De modo similar, $k_{TCE} = 0,058/\text{dia}$ e $k_{tolueno} = 0,058/\text{dia}$.

---

exemplo / 3.17 Uso da Meia-Vida para Determinar o Decaimento de Primeira Ordem

O desastre nuclear de Fukushima, em 2011, foi o maior desde o desastre de Chernobyl, em 1986. Ele ocorreu após o terremoto e a *tsunami* de Tohoku, consistindo em vários derretimentos nucleares e em liberações de material radioativo. Um ano e meio após o desastre, o Japão ainda proíbe a venda de 36 espécies de peixes capturados fora da costa de Fukushima, destruindo a subsistência da região. Um artigo científico de 2012 relatou que, perto da costa, dois peixes *greenling* tinham mais de 25.000 becquerels (Bq) por kg de peixe (peso úmido) pela presença de césio radioativo. Isso é 250 vezes mais do que o limite de segurança estabelecido pelo governo (em comparação, o limiar americano é 1.200 Bq por kg de peixe, peso úmido). Suponha que a única reação pela qual o peixe perde césio é por meio do decaimento radioativo e que a meia-vida desse isótopo seja de 3 anos. Calcule a concentração de césio radioativo em um peixe de Fukushima 5 anos mais tarde. (Observação: um becquerel é uma medida da radioatividade; 1 becquerel é igual a 1 desintegração radioativa por segundo.) Será que os reguladores permitiriam que o feixe fosse consumido no Japão ou nos Estados Unidos?

exemplo / 3.17 (*continuação*)

solução

Como a meia-vida é igual a 3 anos, a constante de velocidade k pode ser determinada a partir da Equação 3.53:

$$k = \frac{0,693}{t_{1/2}} = \frac{0,693}{3\,\text{anos}} = 0,23/\text{ano}$$

Portanto:

$$[^{137}\text{Cs}]_{t=5} = [^{137}\text{Cs}]_{t=0}\exp(-kt) = 25.000\,\text{Bq/kg} \times \exp\left(\frac{-0,23}{\text{ano}} \times 5\,\text{anos}\right) = 7916\,\text{Bq/kg}$$

Não é seguro comer esse peixe, segundo as normas vigentes no Japão e nos Estados Unidos. O valor ultrapassa bastante os limiares de 100 e 1.2000 Bq por kg de peixe (peso úmido) estabelecidos pelo governo de cada país. Um problema a ser trabalhado fora da sala de aula: quantos anos seriam necessários para o peixe alcançar níveis seguros conforme o estabelecido por cada país?

3.11.5 EFEITO DA TEMPERATURA NAS CONSTANTES DE VELOCIDADE

As constantes de velocidade são determinadas e compiladas, geralmente, para temperaturas a 20°C ou 25°C. No entanto, as águas subterrâneas têm temperaturas que variam de 8°C a 12°C, e as águas superficiais, residuais e os solos, de modo geral, têm temperaturas variando entre 0°C e 30°C. Nesse contexto, quando uma temperatura diferente é encontrada, primeiramente, você deve determinar se o efeito da temperatura é importante e, em seguida, se for importante, determinar como converter a constante de velocidade para a nova temperatura.

A **equação de Arrehenius** é utilizada para ajustar as constantes de velocidade para mudanças na temperatura, sendo escrita como:

$$k = A\,e^{-(Ea/RT)} \tag{3.54}$$

em que k é a constante de velocidade de determinada ordem, A é o fator pré-exponencial (mesmas unidades de k), Ea é a **energia de ativação** (kcal/mol), R é a constante gasosa e T é a temperatura (K). A energia de ativação, Ea, é a energia necessária para que a colisão resulte em uma reação. O fator pré-exponencial está relacionado com o número de colisões por vez, de forma que é diferente nas reações em fase gasosa e em fase líquida. O fator pré-exponencial, A, tem uma pequena dependência da temperatura em muitas reações; no entanto, a maioria das situações ambientais abrange um intervalo de temperatura relativamente pequenos. Seu valor depende muito do número de moléculas que colidem em uma reação. Por exemplo, as reações unimoleculares exibem valores de A que podem ser várias ordens de grandeza maiores do que as reações bimoleculares.

Um gráfico de ln(k) *versus* $1/T$ pode ser utilizado para determinar Ea e A. Após Ea e A serem conhecidos em relação a determinada reação, a Equação 3.54 pode ser utilizada para ajustar a constante de velocidade para as variações na temperatura.

A equação de Arrhenius é a base para outra relação muito utilizada entre as constantes de velocidade e a temperatura utilizada nos processos biológicos ao longo de intervalos de temperatura restritos. A constante de velocidade da *demanda bioquímica de oxigênio carbonáceo (DBOC)*, k, conhecida para determinada temperatura, geralmente, é convertida para outras temperaturas a partir da seguinte expressão:

$$k_{T_2} = k_{T_1} \times \Theta^{(T_2 - T_1)} \tag{3.55}$$

em que Θ é o **coeficiente de temperatura adimensional**. Na verdade, Θ é igual a $\exp\{Ea \div [R \times T_1 \times T_2]\}$, como se pode ver, a partir da equação de Arrhenius. O coeficiente Θ depende da temperatura e varia de 1,056 a 1,13 no decaimento biológico do esgoto municipal.

---

exemplo / 3.18 Efeito da Temperatura na Constante de Velocidade da DBOC

A constante de velocidade da demanda bioquímica de oxigênio carbonáceo (DBOC) a 20°C é 0,1/dia. Qual é a constante de taxa a 30°C? Suponha $\Theta = 1,072$.

solução

Usando a Equação 3.55, temos:

$$k_{30} = 0,1/\text{dia}\left[1,072^{(30°C - 20°C)}\right] = 0,2/\text{dia}$$

Esse exemplo demonstra que, para os sistemas biológicos utilizados no tratamento de águas servidas e na recuperação de recursos, muitas vezes, observamos uma duplicação na reação biológica a cada aumento de 10°C na temperatura.

Termos-Chave

- absorção
- ácido
- adsorção
- alcalinidade
- atividade
- base
- capacidade de amortecimento
- cinética
- coeficiente de partição octanol-água (K_{ow})
- coeficiente de partição solo-água

- coeficiente de partição solo-água normalizado para carbono orgânico (K_{oc})
- coeficiente de temperatura adimensional
- coeficientes de atividade
- constante da lei de Henry (K_H)
- constante de equilíbrio (K)
- dióxido de carbono dissolvido
- doador de elétrons
- energia de ativação
- energia livre de Gibbs

- equação de Arrhenius
- equilíbrio
- equilíbrio local
- estado de oxidação
- estequiometria
- força iônica
- fotossíntese
- isoterma de Freundlich
- isoterma linear
- K_a
- K_b
- K_P

- K_w
- lei da conservação da massa
- lei da velocidade de reação
- lei de Henry
- lei de Raoult
- meia-vida
- metilação
- ordem geral
- ordem zero
- oxidação-redução
- oxigênio dissolvido
- particionamento hidrofóbico
- pH
- pK_a
- precipitação-dissolução
- pressão do vapor saturado
- primeira lei da termodinâmica
- primeira ordem
- pseudoprimeira ordem
- reação elementar
- reações redox
- receptor de elétrons
- relação de van't Hoff
- segunda lei da termodinâmica
- sistema carbonato
- sistema ideal
- sorção
- termodinâmica
- volatilização

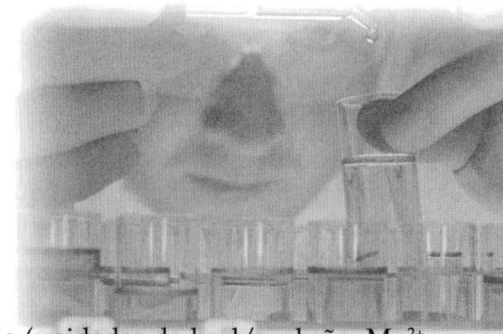

3.1 Quantos gramas de NaCl seria preciso adicionar a uma amostra de 1 L de água (pH = 7) para que a força iônica ficasse igual a 0,1 M?

3.2 Você está estudando a viabilidade de usar um sistema de membrana por osmose reversa para dessalinizar água do mar (TDS = 35.000 mg/L) e águas subterrâneas continentais salobras (TDS variando normalmente de 1.000 a 10.000 mg/L). (a) Estime a força iônica da água do mar e da água salobra. (b) Um medidor de condutividade fornece uma leitura de 7.800 μmho/cm quando colocado em uma dessas amostras de água. De onde veio a amostra de água?

3.3 Calcule a força iônica e os coeficientes de atividade individuais de uma solução de 1 L em que 0,02 mols de $Mg(OH)^2$, 0,01 mols de $FeCl_3$ e 0,01 mols de HCl são dissolvidos.

3.4 O sulfeto de hidrogênio é uma substância química odorífica encontrada em muitas instalações de coleta e tratamento de efluentes. A seguir, a expressão descreve o gás sulfeto de hidrogênio reagindo com o sulfeto de hidrogênio em fase aquosa (um ácido diprótico):

$$H_2S_{(gás)} = H_2S_{(aquoso)}$$

Use o seu conhecimento de equilíbrio químico e de termodinâmica para determinar a constante de Henry (mols/L-atm) dessa reação a 25°C. A mudança na energia livre da formação nas condições padrão (unidades de kcal/mol) é: $H_2S_{(gás)}$ = − 7,892, $H_2S_{(aquoso)}$ = − 6,54, $H^-_{(aquoso)}$ = + 3,01, SO_4^{2-} = − 177,34.

3.5 A reação do manganês divalente com o oxigênio em solução aquosa é fornecida como:

$$Mn^{2+} + \tfrac{1}{2}O_{2(aquoso)} + H_2O = MnO_{2(sólido)} + 2H^+$$

A constante de equilíbrio (K) dessa reação é 23,7. Foi constatado que uma amostra de água do lago que não contém oxigênio a 25°C, pH = 8,5, continha, originalmente, 0,6 mg/L de Mn^{2+}. A amostra foi aerada (condições atmosféricas de concentração do oxigênio dissolvido = 9,2 mg/L) e, após 10 dias de contato com o oxigênio atmosférico, a concentração de Mn^{2+} era 0,4 mg/L. O peso molecular do Mn é 55, do O é 16 e do H é 1. A mudança na energia livre da formação nas

condições padrão (unidades de kcal/mol são: Mn^{2+} = −54,5, $O_{2(aquoso)}$ = + 3,93, H_2O = −56,69, $MnO_{2(sólido)}$ = −111,1, H^+ = 0. (a) Supondo que o pH continua constante durante a aeração, o precipitado vai continuar a se formar após a medição no décimo dia? Suponha condições ideais. (b) Qual deve ser a concentração de Mn^{2+} (em mols/L) no equilíbrio, supondo que o pH e a presença do oxigênio dissolvido são os mesmos da parte "A"? Suponha condições ideais. (c) Qual deve ser a concentração de Mn^{2+} (em mols/L) no equilíbrio se 2×10^{-3} mols/litro de NaCl forem adicionados à solução e o pH for ajustado para 2? (problema baseado em Snoeyink e Jenkins, 1980).

3.6 Os íons fosfato reagem na água e formam fosfato mono-hidrogenado de acordo com a seguinte reação:

$$PO_4^{3-} + H_2O = HPO_4^{2-} + OH^-$$

A constante de equilíbrio para essa reação é $10^{-1,97}$. (a) Sabendo que esse sistema é diluído (você pode presumir condições ideais), a temperatura é 298 K e a combinação total de fosfato/fosfato mono-hidrogenado é 10^{-4} M, qual é a porcentagem da concentração total que está na forma de íon fosfato no pH = 11? (b) A reação vai acontecer como está escrito no pH = 9 quando $[PO_4^{3-}] = 10^{-6,8}$ e $[HPO_4^{2-}] = 10^{-4}$ M? Se não ocorrer, em que direção a reação vai acontecer?

3.7 A substância química 1,4-diclorobenzeno (1,4-DCB) é utilizada, às vezes, como um desinfetante nos lavatórios públicos. A 20°C (68°F), a pressão do vapor é $5,3 \times 10^{-4}$ atm. (a) Qual seria a concentração no ar em unidades de g/m³? O peso molecular do 1,4-DCB é 147 g/mol. (b) Um desinfetante alternativo é o 1-bromo-4-clorobenzeno (1,4-CB). O ponto de ebulição do 1,4-CB é 196°C, enquanto o ponto de ebulição do 1,4-DCB é 180°C. Qual composto causaria as concentrações mais altas no ar dos lavatórios? (Justifique sua resposta).

3.8 As temperaturas de ebulição do clorofórmio (um anestésico), tetracloreto de carbono (utilizado no passado para limpeza a seco) e tetracloroetileno (utilizado antigamente como um agente desengordurante) são 61,7°C, 76,5°C e 121°C. A pressão do vapor de uma substância química é diretamente proporcional ao inverso do ponto de ebulição químico. Se uma grande quantidade desses compostos fosse despejada no meio ambiente, você acha que haveria concentrações mais altas no ar acima do local? (Justifique a sua resposta).

3.9 Qual seria a concentração na saturação (mol/L) de oxigênio (O_2) em um rio, no inverno, quando a temperatura do ar é 0ºC se a constante da lei de Henry, nessa temperatura, for $2,28 \times 10^{-3}$ mol/L-atm? Qual seria a resposta em unidade de mg/L?

3.10 A constante da lei de Henry (unidades de L-atm /mol e medida a 25ºC) para o tricloroetileno é 1,03; para o tetracloroetileno, é 1,44; para o 1,2-dimetilbenzeno, é 0,71; para o *parathion*, é –3,42. (a) Qual é a constante adimensional da lei de Henry para cada uma dessas substâncias químicas? (b) Coloque as substâncias químicas em ordem de facilidade de remoção da água para o ar.

3.11 A constante da lei de Henry adimensional para o tricloroetileno (TCE) a 25ºC é 0,4. Um frasco de vidro vedado é preparado com um volume de ar de 4mL sobre um volume aquoso de 36 mL. O TCE é adicionado à fase aquosa para que, inicialmente, tenha uma concentração em fase aquosa de 100 ppb. Depois que o sistema alcançar o equilíbrio, qual será a concentração (em unidades de µg/L) de TCE na fase aquosa?

3.12 A constante da lei de Henry, para o H_2S, é 0,1 mol/L-atm, e:

$$H_2S_{(aq)} \rightleftharpoons HS^- + H^+$$

em que $K_a = 10^{-7}$. Se você borbulhar gás H_2S puro em um copo d'água, qual é a concentração de HS em um pH de 5 em (a) mols/L, (b) mg/L e (c) ppm_m?

3.13 Determine o pH de equilíbrio das soluções aquosas dos seguintes ácidos e bases fortes: (a) 15 mg/L de HSO_4^-, (b) 10 mM de NaOH e (c) 2.500 ·g/L de HNO_3.

3.14 Qual seria o pH se 10^{-2} mols de ácido fluorídrico (HF) fossem adicionados a 1 L de água pura? O pK_a do HF é 3,2.

3.15 Quando o gás Cl_2 é adicionado à água durante a desinfecção da água potável, ele hidroliza com a água e forma HOCl. O poder de desinfecção do ácido HOCl é 88 vezes maior do que o de sua base conjugada, OCl^-. O pK_a do HOCl é 7,5. (a) Qual porcentagem do poder de desinfecção total (HOCl + OCl^-) existe na forma ácida no pH = 6? (b) No pH = 7?

3.16 Prepara-se 1 L de solução aquosa a 25ºC, com 10^{-4} de ácido cianídrico (HCN) e 10^{-3} mols de carbonato dissódico (Na_2CO_3), e chega-se ao equilíbrio. (a) Faça uma lista das oito espécies químicas desconhecidas aqui (a água não é desconhecida). (b) Faça uma lista (não resolva) das quatro expressões do equilíbrio que descrevem esse sistema, certificando-se de incluir o valor das constantes de equilíbrio.

3.17 Para a reação endotérmica:

$$SO_{2(g)} = S_{(s)} + O_2$$

um aumento na temperatura vai aumentar, diminuir ou não surtirá efeito na constante de equilíbrio da reação?

3.18 Qual é o pH necessário para reduzir uma alta concentração de Mg^{2+} dissolvido para 25 mg/L? O produto da solubilidade da seguinte reação é $10^{-11,16}$.

$$Mg(OH)_{2(s)} = Mg^{2+} + 2OH^-$$

3.19 (a) Qual é a solubilidade (em mols/L) de CaF_2 em água pura a 25ºC? (b) Qual é a solubilidade do CaF_2 se a temperatura aumentar 10ºC? (c) A solubilidade do CaF_2 aumenta, diminui ou continua a mesma se a força iônica aumentar? (Justifique sua resposta.)

3.20 Em uma estação de tratamento de efluentes, adiciona-se $FeCl_3(s)$ para remover o excesso de fosfato do efluente. Suponha que ocorram as seguintes reações:

$$FeCl_{3(s)} \rightleftharpoons Fe^{3+} + 3Cl^-$$
$$FePO_{4(s)} \rightleftharpoons Fe^{3+} + PO_4^{3-}$$

A constante de equilíbrio da segunda reação é $K_{sp} = 10^{-26,4}$. Qual é a concentração de Fe^{3+} necessária para manter a concentração de fosfato abaixo do limite de 1 mg P/L?

3.21 Um método para remover metais da água é elevar o pH e fazer com que se precipitem como hidróxidos metálicos. (a) Para a reação a seguir, calcule a energia livre padrão da reação:

$$Cd^{2+} + 2OH^- \rightleftharpoons Cd(OH)_{2(s)}$$

(b) o pH da água inicialmente era 6,8 e depois aumentou para 8,0. A concentração de cádmio dissolvido é reduzida para menos de 100 mg/L no pH final? Suponha que a temperatura da água seja 25ºC.

3.22 O naftaleno tem um log K_{ow} de 3,33. Estime seu coeficiente de partição solo-água normalizado para carbono orgânico e o intervalo de confiança de 95% de sua estimativa.

3.23 A atrazina, um herbicida amplamente utilizado no milho, é um poluente comum das águas subterrâneas nas regiões produtoras de milho dos Estados Unidos. O log K_{ow} da atrazina é 2,65. Calcule a fração de atrazina total que será adsorvida no solo, sabendo que o solo tem um teor de carbono orgânico de 2,5%. A densidade volumétrica do solo é 1,25 g/cm^3; isso significa que cada centímetro cúbico de solo (solo mais água) contém 1,25 g de partículas de solo. A porosidade do solo é 0,4.

3.24 As concentrações de mercúrio na Bacia do Rio São Francisco foram medidas em 8 ng/L na água pluvial, 1,25 ng/L dissolvidos na água da Baía e 250 ng/gm de peso seco de sedimento. Usando as informações fornecidas e supondo o equilíbrio, qual é o coeficiente de partição sedimento-água do mercúrio nos sedimentos (unidades de cm^3 por grama de peso seco de sedimento)?

3.25 Dada a seguinte reação geral:

$$A + 2B + 3C \rightarrow P + 4Q$$

Mostre como a mudança na concentração de C com o tempo está relacionada com a mudança na concentração de A, B, P e Q com o tempo.

3.26 Qual das seguintes afirmações sobre o estudo da cinética química é verdadeira? (a) a temperatura não surte efeito na velocidade de uma reação, (b) as mudanças na concentração do reagente não afetam a velocidade em que a reação ocorre, (c) a adição de um catalisador a uma reação vai acelerar essa reação, mas não vai resultar, no final das contas, em uma maior massa do produto, (d) para os mesmos reagentes, quanto maior a área de superfície, mais lentamente vai ocorrer uma reação (problema extraído do EPA Air Pollution Training Institute, http://www.epa.gov/apti/bces/).

3.27 O peridissulfato ($S_2O_8^{2-}$) reage com o tiossulfato ($S_2O_3^{2-}$), de acordo com a seguinte reação:

$$S_2O_8^{2-} + 2S_2O_3^{2-} \rightarrow 2SO_4^{2-} + S_4O_6^{2-}$$

(a) Mostre como a mudança na concentração de peridissulfato com o tempo está relacionada com a mudança na concentração das outras três espécies. (b) Se a reação for elementar e irreversível, qual é a ordem global da reação?

3.28 Uma reação de primeira ordem que resulta na destruição de um poluente tem uma constante de velocidade de 0,1/dia. (a) Quantos dias vai levar para 90% da substância química ser destruídos? (b) Quanto tempo vai levar para 99% da substância química ser destruídos? (c) Quanto tempo vai levar para 99,9% da substância química ser destruídos?

3.29 Uma cepa bacteriana foi isolada, podendo cometabolizar o tetracloroetano (TCA). Essa cepa pode ser utilizada para biorremediação dos sítios de resíduos perigosos contaminados com TCA. Suponha que a taxa de biodegradação independe da concentração de TCA (ou seja, a reação é de ordem zero). Em um biorreator, a taxa de remoção do TCA foi de 1 µg/L-min. Qual seria o tempo de retenção da água para reduzir a concentração de 1 mg/L no influente para 1 µg/L no efluente de um reator? Suponha que o reator seja de mistura completa.

3.30 Suponha que o PO_4^{3-} seja removido dos efluentes municipais por meio de precipitação com o Fe^{3+}, de acordo com a seguinte reação: $PO_4^{3-} + Fe^{3+} \rightarrow FePO_{4(s)}$. A lei da velocidade dessa reação é:

$$\frac{d[PO_4^{3-}]}{dt} = -k[Fe^{3+}][PO_4^{3-}]$$

(a) Qual é a ordem da reação em relação a PO_4^{3-}?

(b) Qual é a ordem global dessa reação?

3.31 Obtenha o relatório "Urine diversion: Hygienic risks and microbial guidelines for reuse" da Organização Mundial da Saúde. Analise a Figura 1.2. (a) Quantos gramas de N, P e K são excretados diariamente na urina de um sueco?

3.32 Obtenha o relatório "Urine diversion: Hygienic risks and microbial guidelines for reuse" da Organização Mundial da Saúde. Leia o Capítulo 4. (Organismos Patogênicos na Urina). Responda às seguintes perguntas. (a) A urina na bexiga de um indivíduo saudável é estéril ou não estéril? (b) Qual concentração de bactérias dérmicas é levada pela urina (bactérias/mL)? (c) Qual é a porcentagem de infecções do trato urinário causadas pela *Escherichia coli*?

3.33 A amônia (NH_3) é um constituinte comum de muitas águas naturais e águas residuais. Quando a água contendo amônia é tratada em uma estação de tratamento, a amônia reage com o desinfetante ácido hipocloroso (HOCl) em solução para formar monocloroamina (NH_2Cl), da seguinte forma:

$$NH_3 + HOCl \rightarrow NH_2Cl + H_2O$$

A lei da velocidade dessa reação é:

$$\frac{d[NH_3]}{dt} = -k[HOCl][NH_3]$$

(a) Qual é a ordem da reação em relação a NH_3?

(b) Qual é a ordem geral da reação? (c) Se a concentração de $HOCl$ for mantida constante e igual a 10^{-4} M e a constante de taxa for igual a $5,1 \times 10^6$ L/mols-s, calcule o tempo necessário para reduzir a concentração de NH_3 para a metade do seu valor original.

3.34 As concentrações de dióxido de nitrogênio (NO_2) são medidas em um estudo de qualidade do ar e diminuem de 5 para 2 ppm_v em 4 minutos, com determinada intensidade de luz. Qual é a constante de velocidade de primeira ordem dessa reação? (b) Qual é a meia-vida do NO_2 durante esse estudo? (c) Qual seria a constante de taxa necessária para reduzir a concentração de NO_2 de 5 para 2 ppm_v em 1,5 minutos?

3.35 Suponha que os resíduos sólidos municipais tenham 30% de carbono orgânico por peso úmido. O carbono orgânico no resíduo sólido decai pela cinética de primeira ordem, após ser colocado em um aterro com constantes de velocidade para clima seco (0,02/ano), clima moderado (0,038/ano) e clima úmido (0,057/ano). O clima seco é definido como a precipitação mais o lixiviado recirculado menor do que 20 polegadas/ano; o clima moderado, como precipitação mais lixiviado recirculado variando de 20 a 40 polegadas/ano; e um clima unido tendo precipitação mais lixiviado recirculado acima de 40 polegadas/ano. Estime o tempo que leva para 20% e 90% do carbono orgânico contido em um aterro de resíduos sólidos municipais decair nos três climas diferentes. Na prática, esse será o período em que os gases do efeito estufa devem ser capturados do aterro.

3.36 Em 11 de março de 2011, um grande terremoto e uma *tsunami* provocaram um importante desastre na usina nuclear de Fukushima, no Japão. Uma pluma que se estendia do noroeste do local depositou quantidades significativas de iodo-131, césio-134 e césio-137 a até 30 milhas de distância. O iodo-131 tem uma meia-vida de 8 dias, e o césio-137 tem uma meia-vida de 3 anos. Determine quanto tempo vai levar para que 99% do iodo-131 e 99% do césio-137 decaiam naturalmente (você pode aprender sobre a "Segu-rança das Usinas Nucleares Norte-Americanas Um Ano após Fukushima" lendo o relatório escrito por D. Lochbaum e E. Lyman, que se encontra no *website* da Union of Concerned Scientists, http://www.ucsusa. org/publications/publications-nuclear-power.html).

3.37 Após o acidente nuclear de Chernobyl, a concentração de ^{137}Cs no leite era proporcional à concentração de ^{137}Cs que as vacas consumiam na grama. A concentração na grama, por sua vez, era proporcional à concentração no solo. Suponha que a única reação por meio da qual o ^{137}Cs era removido do solo tenha sido pelo decaimento radioativo e que a meia-vida desse isótopo é de 3 anos. Calcule a concentração de ^{137}Cs no leite da vaca após 5 anos (unidades de Bq/L), se a concentração no leite, logo após o acidente, era de 12.000 becquerels (Bq) por litro (um Becquerel é uma medida da radioatividade; 1 becquerel é igual a 1 desintegração radioativa por segundo).

3.38 A Tabela 3.12 mostra a taxa de crescimento médio anual (unidades de ppm CO_2/ano) medida em Mauna Loa (Havaí). A taxa de crescimento média anual de CO_2 em determinado ano é a diferença na concentração entre o final de dezembro e o início de janeiro daquele ano. A National Oceanic and Atmospheric Administration (NOAA) relata que a taxa de crescimento anual é similar à taxa de crescimento global do CO_2 na atmosfera (Dr. Pieter Tans, NOAA/ ESRL, http://www.esrl.noaa.gov/gmd/ ccgg/trends/, and Dr. Ralph Keeling, Scripps Institution of Oceangraphy, scrippsco2.ucsd.edu/).
(a) Qual é a taxa de crescimento média do CO_2 na atmosfera ao longo desse período de 20 anos (ppm CO_2/ano)? (b) Examine a forma da figura mostrando as medições de CO_2 atmosférico feitas em Mauna Loa nos últimos 50 anos (Figura 4.14 ou *website* mencionado acima). Os dados seguem uma reação de primeira ordem ou de ordem zero? Justifique sua resposta. (c) Suponha que a concentração média mensal de 1959 do CO_2 medido em Mauna Loa foi de 315 ppm. Usando a taxa de crescimento médio que você determinou na parte (a) ao longo do período de 20 anos e da ordem adequada do reator, qual é a sua estimativa da concentração de CO_2 atmosférico nos anos de 1980, 2012 e 2050?

Tabela / 3.12

Ano	1959	1960	1961	1962	1963	1964	1965	1966	1967	1968	1969	1970	1971	1972	1973	1974	1975	1976	1977	1978	1979	1980
ppm/ano	0,94	0,54	0,95	0,64	0,71	0,28	1,02	1,24	0,74	1,03	1,31	1,06	0,85	1,69	1,22	0,78	1,13	0,84	2,10	1,30	1,75	1,73

3.39 Se a constante de velocidade para a degradação da demanda bioquímica de oxigênio (DBO) a 20°C for 0,23/dia, qual é o valor da constante de velocidade da DBO a 5°C e 25°C? Suponha que Θ seja igual a 1,1.

3.40 A entrada excessiva de nitrogênio nos estuários tem sido vinculada, cientificamente, à má qualidade da água e à degradação do hábitat do ecossistema. A carga de nitrogênio na Baía Narragansett foi estimada em 8.444.631 kg de N/ano e, na Baía Chesapeake, em 147.839.494 kg de N/ano. A área da bacia da Baía Narragansett é de 310.464 ha e a da Baía Chesapeake é 10.951.074 ha. As taxas de carga de nitrogênio são estimadas em 16,5 kg de N por ha por ano na Baía Galveston, 26,9 kg de N por ha por ano na Baía de Tampa, 49,0 kg de N por ha por ano na Baía Massachusetts e 20,2 kg de N por ano na Baía

Delaware. Classifique as taxas de carregamento da menor para a maior nesses seis estuários.

3.41 A entrada excessiva de nitrogênio nos estuários tem sido vinculada a má qualidade da água e à degradação do ecossistema. Faça uma busca, na biblioteca, pelo artigo intitulado "Nitrogen inputs to seventy-four southern New England estuaries: Application of a watershed nitrogen model" (Latimer and Charpentier, 2010). Com base nesse artigo, qual é a contribuição percentual das seguintes quatro fontes de nitrogênio para a bacia hidrográfica dos estuários da Nova Inglaterra?
(a) A deposição atmosférica direta nos estuários, (b) águas residuais, (c) deposição atmosférica indireta na bacia hidrográfica do estuário e (d) escoamento de fertilizante dos gramados, campos de golfe e agricultura.

Referências

Baker, J. R., J. R. Mihelcic, D. C. Luehrs, and J. P. Hickey, 1997. Evaluation of estimation methods for organic carbon normalized sorption coefficients. *Water Environment Research, 69*: 136–145.

Latimer, J. S., and M. A. Charpentier, 2010. "Nitrogen inputs to seventy-four southern New England estuaries: Application of a watershed nitrogen model." *Estuarine, Coastal and Shelf Science, 89*: 125–136.

Mihelcic, J. R., 1999. *Fundamentals of Environmental Engineering*. New York: John Wiley & Sons.

Snoeyink, V. L., and D. Jenkins, 1980. *Water Chemistry*. New York: John Wiley & Sons.

Richard E. Honrath Jr.,
James R. Mihelcic, Julie Beth
Zimmerman, Qiong Zhang

capítulo/Quatro **Processos Físicos**

Neste capítulo, os leitores vão aprender sobre os processos físicos importantes no movimento dos poluentes pelo meio ambiente, bem como sobre os processos utilizados para controlar e tratar as emissões de poluentes. O capítulo começa com um estudo do uso dos balanços advecção* e dispersão. Os balanços energéticos são aplicados a uma ampla gama de tópicos: o efeito estufa e a mudança climática, as perdas residenciais de energia, a eficiência energética e o efeito da ilha de calor urbana. A seção final deste capítulo amplia as descrições prévias dos processos de transporte, com um olhar no movimento dos fluidos e das partículas nos fluidos, a dispersão especificamente turbulenta e mecânica, e a sedimentação gravitacional, que seguem a lei de Stokes.

© Terrance Emerson/iStockphoto

Sumário do Capítulo

Objetivos da Aprendizagem

1. Usar a lei da conservação da massa para escrever um balanço de massa que inclua a taxa de produção ou o desaparecimento químico.
2. Determinar se uma situação está em estado estável ou instável, e aplicar essa informação ao balanço de massa.
3. Diferenciar os reatores descontínuos, reatores de mistura completa e reatores com escoamento pistonado.
4. Relacionar um tempo de retenção do reator com o volume e o fluxo do mesmo.
5. Diferenciar as formas de energia e escrever um balanço energético.
6. Relacionar um balanço energético com o efeito estufa, as perdas de energia residenciais, a aplicação da eficiência energética e o efeito da ilha de calor urbana.
7. Relacionar a mudança de temperatura com o aumento do nível do mar em diferentes cenários de população, economia, crescimento e energia.
8. Descrever a magnitude e os tipos específicos de fluxos de material associados ao ambiente construído e as implicações desses fluxos no projeto, planejamento e gerenciamento.
9. Calcular a perda de calor das edificações por meio de sua fachada e de infiltração.
10. Relacionar a perda de calor nas edificações com os graus-dia e o fator R dos materiais de construção.
11. Determinar a entrada de calor do calor solar passivo e do armazenamento de calor usando paredes térmicas.

*Corrente horizontal (de ar, água etc.). (N.T.)

12. Relacionar os atributos do ambiente construído — como as ruas e a geometria da edificação, localização e quantidade de árvores e água, materiais de construção e superfícies impenetráveis — com o efeito da ilha de calor urbana.
13. Diferenciar e empregar os processos de transporte da advecção, dispersão e difusão.
14. Aplicar a lei de Fick e a lei de Stokes aos problemas de engenharia ambiental.

4.1 Balanços de Massa

A **lei da conservação da massa** afirma que a massa não pode ser produzida nem destruída. A conservação da massa e a conservação da energia estabelecem a base para duas ferramentas utilizadas frequentemente: o **balanço de massa** e o balanço energético. Esta seção discute os balanços de massa, já os balanços energéticos são o tema da Seção 4.2.

O princípio da conservação da massa significa que, se a quantidade de uma substância química aumentar em algum lugar (por exemplo, em um lago), esse aumento não pode ser a consequência de alguma formação "mágica". A substância química deve ter sido carregada para o lago, proveniente de algum outro lugar, ou produzida por reação química ou biológica a partir de outros compostos que já estavam no lago. Do mesmo modo, se as reações produziram o aumento da massa dessa substância química, elas também devem ter causado uma diminuição correspondente na massa de algum outro componente (ou de outros componentes).

Em termos de sustentabilidade, esse mesmo princípio de balanço de massa pode ser entendido em termos do uso de fontes de matéria e energia finitas. Por exemplo, o consumo de fontes energéticas de origem fóssil — petróleo, gás e carvão — deve manter um balanço de massa. Em consequência, à medida que esses recursos são queimados para produzir energia, a fonte original se esgota e são gerados resíduos na forma de emissões no ar, solo e água. Enquanto a massa do carbono permanece constante, grande parte dela é removida da forma de petróleo, gás ou carvão, que consomem muita energia, e convertida para dióxido de carbono, um gás do efeito estufa.

A conservação da massa proporciona uma base para compilar um orçamento de massa de qualquer substância química. No caso de um lago, esse orçamento acompanha a quantidade de sustâncias químicas que entra e sai do lago, e a quantidade formada ou destruída pela reação química. Esse orçamento pode ser balanceado ao longo de determinado período de tempo, de modo parecido com o saldo de um talão de cheques. A Equação 4.1 descreve o balanço de massa:

massa no tempo $t + \Delta t$ = massa no tempo t

$$+ \left(\begin{array}{c} \text{massa que entra} \\ \text{de } t \text{ a } t + \Delta t \end{array} \right) - \left(\begin{array}{c} \text{massa que sai} \\ \text{de } t \text{ a } t + \Delta t \end{array} \right)$$

$$+ \left(\begin{array}{c} \text{massa líquida da substância química} \\ \text{produzida a partir de outros compostos} \\ \text{pelas reações entre } t \text{ e } t + \Delta t \end{array} \right) \qquad \textbf{(4.1)}$$

Cada termo da Equação 4.1 tem unidade de massa. Essa forma de balanço é mais útil quando há começo e fim claros do período de balanço (Δt), tal que a mudança na massa ao longo do período de balanço pode ser determinada. Continuando a nossa analogia anterior, quando determinamos o saldo (balanço) de um talão de cheques, utilizamos, frequentemente, um período de 1 mês.

Entretanto, nos problemas ambientais, de modo geral, é mais conveniente trabalhar com valores de **fluxo de massa** — a taxa de saída ou entrada de massa em um sistema. Para desenvolver uma equação em termos do fluxo de massa, a equação do balanço de massa é dividida por Δt para produzir uma equação com unidades de massa por unidade de tempo.

Dividindo a Equação 4.1 por Δt e passando o primeiro termo à direita (massa no tempo t) para o lado esquerdo, temos:

$$\frac{(\text{massa no tempo } t + \Delta t) - (\text{massa no tempo } t)}{\Delta t} = \frac{\left(\begin{array}{c}\text{massa entrando de} \\ t \text{ a } t + \Delta t\end{array}\right)}{\Delta t}$$

$$- \frac{\left(\begin{array}{c}\text{massa saindo de} \\ t \text{ a } t + \Delta t\end{array}\right)}{\Delta t} + \frac{\left(\begin{array}{c}\text{produção química} \\ \text{líquida de} \\ t \text{ a } t + \Delta t\end{array}\right)}{\Delta t} \qquad \textbf{(4.2)}$$

Repare que cada termo na Equação 4.2 tem unidades de massa/tempo. O lado esquerdo da Equação 4.2 é igual a $\Delta m/\Delta t$.

No limite, à medida que $\Delta t \to 0$, o lado esquerdo passa a ser dm/dt, a taxa de variação da massa química no lago. À medida que $\Delta t \to 0$, o primeiro termo à direita da Equação 4.2 passa a ser a taxa em que a massa entra no lago (o fluxo de massa para o lago) e o segundo termo passa a ser a taxa em que a massa sai do lago (o fluxo de massa para fora do lago). O último termo da Equação 4.2 é a *taxa líquida* de produção ou perda química.

O símbolo $\dot{m}$ se refere a um fluxo de massa com unidades de massa/tempo. Substituindo o fluxo de massa, a equação dos balanços de massa pode ser escrita da seguinte forma:

$$\left(\begin{array}{c}\text{taxa de} \\ \text{acúmulo de} \\ \text{massa}\end{array}\right) = \left(\begin{array}{c}\text{fluxo de} \\ \text{entrada de} \\ \text{massa}\end{array}\right) - \left(\begin{array}{c}\text{fluxo de} \\ \text{saída de} \\ \text{massa}\end{array}\right) + \left(\begin{array}{c}\text{taxa líquida} \\ \text{de produção} \\ \text{química}\end{array}\right)$$

ou

$$\frac{dm}{dt} = \dot{m}_{\text{ent}} - \dot{m}_{\text{sai}} + \dot{m}_{\text{reação}} \qquad \textbf{(4.3)}$$

A Equação 4.3 é a que governa os balanços de massa utilizados em toda a engenharia e na ciência ambiental.

4.1.1 VOLUME DE CONTROLE

Um balanço de massa só faz sentido em termos de uma região específica do espaço, que tem limites pelos quais os termos $\dot{m}_{\text{ent}}$ e $\dot{m}_{\text{sai}}$ são determinados. A região é denominada **volume de controle**.

No exemplo anterior, usamos um lago como nosso volume de controle e incluímos os fluxos de massa para dentro e para fora do lago. Teoricamente, qualquer volume de qualquer forma e localização pode ser usado como um volume de controle. No entanto, na prática, certos volumes de controle são mais úteis do que outros. O atributo mais importante de um volume de controle é que ele tem seus limites, sobre os quais podemos calcular $\dot{m}_{\text{ent}}$ e $\dot{m}_{\text{sai}}$.

4.1.2 TERMOS DA EQUAÇÃO DO BALANÇO DE MASSA PARA UM REATOR DE MISTURA PERFEITA

Um tanque bem misturado é análogo a muitos volumes de controle utilizados em situações ambientais. No caso do lago, por exemplo, seria razoável presumir que os produtos químicos nele descarregados estão misturados por todo o seu volume. Esse tipo de sistema se chama reator de mistura

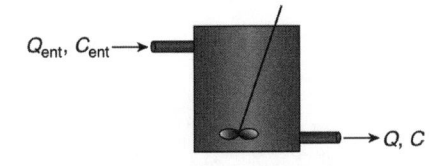

Figura / 4.1 Diagrama Esquemático de um CMFR A barra de agitação é utilizada como um símbolo para indicar que o CMFR é bem misturado.

(De Mihelcic (1999). Reimpresso com permissão de John Wiley & Sons, Inc.)

completa **(CMFR, *completely mixed flow reactor*)**. Outros termos, como *reator contínuo perfeitamente agitado (CSTR, continuously stirred tank reactor)*, também são utilizados para descrever tais sistemas. O diagrama esquemático de um CMFR é exibido na Figura 4.1.

A seguir, a discussão descreve cada termo no balanço de massa de um composto hipotético dentro do CMFR.

TAXA DE ACÚMULO DE MASSA (dm/dt)

A taxa de variação da massa dentro do volume de controle, dm/dt, é denominada **taxa de acúmulo de massa**. Para medir diretamente a taxa de acúmulo de massa, seria necessário determinar a massa total dentro do volume de controle do composto do qual está sendo feito o balanço de massa. Normalmente, isso é difícil, mas raramente é necessário. Se o volume de controle for bem misturado, a concentração do composto será a mesma em todo o volume de controle e a sua massa será igual ao produto da concentração, C, e do volume, V. (Para garantir que $C \times V$ tenha unidades de massa/tempo, expresse C em unidades de massa/volume.) Expressando a massa como $C \times V$, a taxa de acúmulo de massa é igual a:

$$\frac{dm}{dt} = \frac{d(VC)}{dt} \tag{4.4}$$

Na maioria dos casos (e em todos os casos neste texto), o volume é constante e pode ser passado para fora da derivada, resultando em:

$$\frac{dm}{dt} = V\frac{dC}{dt} \tag{4.5}$$

Em qualquer situação de balanço de massa, depois que passou uma quantidade de tempo suficiente, as condições vão-se aproximar do **estado estável**, significando que as condições não mudam mais com o tempo. Nas condições em estado estável, a concentração — e, portanto, a massa — dentro do volume de controle permanece constante. Nesse caso, $dm/dt = 0$. No entanto, se tiver passado um tempo insuficiente desde a alteração de um fluxo, a concentração de entrada, o termo de reação ou outra condição de problema, a massa no volume de controle vai variar com o tempo e o balanço de massa estará em **estado instável**.

A quantidade de tempo que deve passar antes de o estado estável ser alcançado depende das condições do problema. Para saber por que, considere a abordagem ao estado estável da quantidade de água em duas pias grandes e inicialmente vazias. Na primeira pia, a torneira é aberta pela metade e o ralo é apenas ligeiramente aberto. Inicialmente, a massa de água na pia aumenta com o passar do tempo, uma vez que o fluxo na torneira ultrapassa a vazão do ralo. As condições estão mudando, então se trata de uma condição em estado instável. Entretanto, à medida que o nível de água na pia aumenta, a vazão do ralo também aumenta e, no final das contas, a vazão do ralo vai-se igualar à vazão da torneira. Nesse ponto, o nível da água vai parar de subir e a situação terá alcançado um estado estável.

Se esse experimento for repetido com uma segunda pia, dessa vez com o ralo totalmente aberto, a vazão do ralo vai aumentar mais rapidamente e vai-se igualar à vazão da torneira, enquanto o nível da água na pia ainda estiver baixo. Nesse caso, o estado estável será alcançado mais rapidamente. Em geral, a velocidade em que o estado estável é aproximado depende da magnitude dos termos do fluxo de massa, relativa à massa total no volume de controle.

Determinar se um problema de balanço de massa está ou não em estado estável é uma arte. Entretanto, se as condições do problema mudaram recentemente, provavelmente o problema está em estado instável. Por outro lado, se as condições permaneceram constantes por um tempo muito longo, provavelmente é um problema em estado estável. Tratar um problema de estado estável como se fosse de estado instável sempre vai resultar na resposta certa, enquanto o mesmo não vai acontecer se tratarmos um problema de estado instável como se fosse de estado estável. Isso não significa que todos os problemas devam ser tratados como se fossem de estado instável. As soluções de estado instável, geralmente, são mais difíceis, então é vantajoso identificar o estado estável sempre que estiver presente.

Em termos de emissões para o meio ambiente, o estado estável é frequentemente equiparado à capacidade da natureza para assimilar os resíduos no ritmo em que são liberados. Por exemplo, no caso das **emissões de dióxido de carbono** liberadas pela queima de combustíveis fósseis, no estado estável, a taxa de emissão seria igual à taxa total de todas as remoções da atmosfera. Isso inclui a captação pelos oceanos e a pequena fração de captação pelas plantas para fotossíntese que não é compensada pela respiração, que libera dióxido de carbono. No final das contas, à medida que a concentração de dióxido de carbono na atmosfera aumenta, a taxa de captação pelos oceanos vai compensar a taxa de emissão da queima de combustíveis fósseis. No entanto, para que isso aconteça, a concentração na atmosfera teria de aumentar significativamente e o dióxido de carbono dissolvido teria de ficar bem misturado em todo o oceano. Como esses processos levam de séculos a milênios, as emissões de dióxido de carbono se acumulam na atmosfera, contribuindo para o efeito estufa.

Pode ocorrer uma situação similar na liberação no meio ambiente de substâncias químicas industriais. Atualmente, a facilidade de assimilação pelo meio ambiente é frequentemente ignorada quando as substâncias químicas são escolhidas, ou concebidas, e produzidas para usos que resultem em liberação no meio ambiente. Em muitos casos, o resultado é o acúmulo no meio ambiente em um sistema que não está em estado estável. Isso é particularmente importante quando se trata de substâncias químicas que se acumulam biologicamente (acumulam no organismo), ficando mais concentradas nos organismos na parte mais alta da cadeia alimentar.

Ar Interior em Grandes Edificações
http://www.epa.gov/iaq/largebldgs/

Emissões de Gases do Efeito Estufa pelos Transportes
http://www.epa.gov/otaq/climate

---

exemplo / 4.1 Determinando se um Problema É de Estado Estável

Em cada um dos problemas de balanço de massa, determine o que seria mais apropriado: um balanço de massa em estado estável ou instável.

1. Imagine um balanço de massa no cloro (Cl^-) dissolvido em um lago. Dois rios levam cloro para o lago e um deles remove o cloro. Não ocorre nenhuma reação química significante, já que o cloro é solúvel, e não reativo. Qual é a concentração média anual de cloro no lago?

2. Uma reação de degradação dentro de um tanque bem misturado é utilizada para destruir um poluente. A concentração e a vazão de entrada são mantidas constantes, e o sistema está operando há vários dias. Qual é a concentração de poluente no efluente, dado que a vazão e a concentração de entrada, bem como a taxa de decaimento de primeira ordem, são constantes?

exemplo / 4.1 (*continuação*)

3. A fonte do poluente no problema 2 é removida, resultando em um declínio instantâneo da concentração de entrada para zero. Quanto tempo vai levar para a concentração de entrada alcançar 10% do seu valor inicial?

solução

1. Em um período anual, as vazões e concentrações do rio podem ser consideradas relativamente constantes. Uma vez que as condições não mudam e como um único valor independente do tempo é exigido para a concentração de cloro, o problema é de estado estável.
2. Mais uma vez, as condições no problema são constantes e permaneceram assim por um longo tempo, de modo que o problema é de estado estável. Repare que a presença ou ausência de uma reação química não fornece nenhuma informação sobre o estado estável ou instável do problema.
3. Duas pistas revelam que esse problema é de estado instável. Primeiro, as condições mudaram recentemente: a concentração de entrada caiu para zero. Segundo, a solução requer o cálculo de um período de tempo, significando que as condições devem variar com o tempo.

FLUXO DE MASSA NA ENTRADA ($\dot{m}_{ent}$) Frequentemente, é conhecida a vazão volumétrica, Q, de cada fluxo de entrada para o volume de controle. Na Figura 4.1, a tubulação tem uma vazão de Q_{ent}, com uma concentração química correspondente de C_{ent}. O *fluxo de massa para o CMFR* é fornecido pela seguinte equação:

$$\dot{m}_{ent} = Q_{ent} \times C_{ent} \qquad (4.6)$$

Se não estiver imediatamente claro como $Q \times C$ resulta em um fluxo de massa, considere as unidades de cada termo:

$$\dot{m} = Q \times C$$

$$\frac{massa}{tempo} = \frac{volume}{tempo} \times \frac{massa}{volume}$$

Repare que a concentração deve ser expressa em unidades de massa/volume.

Se a vazão volumétrica for desconhecida, ela pode ser calculada a partir de outros parâmetros. Por exemplo, se a velocidade do fluido v e a área transversal A da tubulação forem conhecidas, então $Q = v \times A$.

Em algumas situações, a massa pode entrar no volume de controle pela emissão direta para o volume. Nesse caso, as emissões são especificadas frequentemente em unidades de fluxo de massa/tempo, que podem ser utilizadas diretamente em um balanço de massa. Por exemplo, se for feito um balanço de massa no poluente atmosférico monóxido de carbono, sobre uma cidade, usaríamos estimativas das emissões totais de monóxido de carbono (em unidades de toneladas/dia) pelos automóveis e pelas usinas da cidade.

Outra maneira de descrever o fluxo é em termos de uma densidade de fluxo, J, vezes a área através da qual ocorre o fluxo. J tem unidades de massa/área-tempo e é discutida em mais detalhes no tópico de difusão. Esse tipo de notação de fluxo é mais útil nas interfaces em que não há fluxo de fluido, como na interface entre o ar e a água, e na superfície de um lago.

Muitas vezes, o fluxo de massa é composto de vários termos. Por exemplo, um tanque pode ter mais de uma entrada, ou o ar sobre uma cidade pode receber monóxido de carbono soprando de uma área urbana no sentido de contravento, além de suas próprias emissões. Nesses casos, $\dot{m}_{ent}$ é a soma de todas as contribuições individuais para os fluxos de massa de entrada.

FLUXO DE MASSA NA SAÍDA ($\dot{m}_{sai}$)   Na maioria dos casos, existe apenas um fluxo efluente de um CMFR. Desse modo, o fluxo de massa na saída pode ser calculado como $\dot{m}_{ent}$, como foi calculado na Equação 4.6:

$$\dot{m}_{sai} = Q_{sai} \times C_{sai} \qquad (4.7)$$

No caso de um volume de controle bem misturado, a concentração é constante em todo o volume. Portanto, a concentração no fluxo que sai do volume de controle é denominada simplesmente C, a concentração no volume de controle, e:

$$\dot{m}_{sai} = Q_{sai} \times C \qquad (4.8)$$

TAXA LÍQUIDA DE REAÇÃO QUÍMICA ($\dot{m}_{reação}$)   O termo $\dot{m}_{reação}$ ou $\dot{m}_{rxn}$ se refere à taxa líquida de produção de um composto a partir de reações químicas ou biológicas. Ele tem unidades de massa/tempo. Desse modo, se outros compostos reagirem para formar o composto, $\dot{m}_{rxn}$ será maior do que zero; se o composto reagir e formar alguns outros compostos, resultando em uma perda, $\dot{m}_{rxn}$ será negativo.

Embora, em um balanço de massa, o termo de reação química tenha unidades de massa/tempo, as taxas de reação química, normalmente, são apresentadas em termos de concentração, não de massa. Desse modo, para calcular m_{rxn}, multiplicamos a taxa de variação da concentração pelo volume do CMFR para obter a taxa de variação da massa dentro do volume de controle:

$$\dot{m}_{rxn} = V \times \left(\frac{dC}{dt}\right)_{somente\ reação} \qquad (4.9)$$

Aprenda sobre a Baía de Chesapeake
http://www.chesapeakebay.net

Programa do Estuário da Baía de Tampa
http://www.tbep.org

em que $(dC/dt)_{somente\ reação}$ é obtida a partir da equação da taxa da reação e é igual à taxa de variação na concentração que ocorreria se a reação acontecesse isoladamente, sem fluxos influente ou efluente.

O fluxo de massa por causa da reação pode ter várias formas, entre as quais as seguintes são mais comuns:

- **Composto conservador.** Compostos sem formação química ou perda dentro do volume de controle são chamados **compostos conservadores**. Os compostos conservadores não são afetados por reações químicas ou biológicas, de forma que $(dC/dt)_{somente\ reação} = \dot{m}_{reação} = 0$. O termo *conservador* é utilizado para esses compostos porque a sua massa é verdadeiramente conservada: o que entra é igual ao que sai.

- **Decaimento de ordem zero.** A taxa de perda do composto é constante. Para um composto com **decaimento de ordem zero**, $(dC/dt)_{somente\ reação}$ é igual a $-k$ e $\dot{m}_{rxn}$ é igual a $-Vk$. As reações de ordem zero são discutidas no Capítulo 3.

- **Decaimento de primeira ordem.** Para um composto com **decaimento de primeira ordem**, a taxa de perda do composto é diretamente proporcional à sua concentração: $(dC/dt)_{\text{somente reação}}$ é igual a $-kC$. Para esse tipo de composto, $\dot{m}_{\text{rxn}}$ é igual a $-VkC$. As reações de primeira ordem são discutidas no Capítulo 3.

- **Produção em uma taxa dependente das concentrações de outros compostos no CMFR.** Nessa situação, a substância química é produzida por reações que envolvem outros compostos no CMFR, e $(dC/dt)_{\text{somente reação}}$ é maior do que zero.

ETAPAS NOS PROBLEMAS DE BALANÇO DE MASSA   A solução dos problemas de balanço de massa envolvendo CMFRs, geralmente, será direta se o problema for resolvido cuidadosamente. A maioria das dificuldades na solução de problemas de balanço de massa surge da incerteza relativa à localização dos limites do volume de controle ou dos valores de cada termo no balanço de massa. Portanto, as etapas a seguir vão ajudar a solucionar cada problema de balanço de massa:

1. Desenhe um diagrama esquemático da situação e identifique o volume de controle e todos os fluxos, influentes e efluentes. Todos os fluxos de massa conhecidos ou que devem ser calculados devem atravessar os limites do volume de controle, e deve ser razoável presumir que o volume de controle é bem misturado.

2. Escreva a equação do balanço de massa na forma geral:

$$\frac{dm}{dt} = \dot{m}_{\text{ent}} - \dot{m}_{\text{sai}} + \dot{m}_{\text{rxn}}$$

3. Determine se o problema é de estado estável ($dm/dt = 0$) ou estado instável ($dm/dt = V \times dC/dt$).

4. Determine se o composto que está sendo balanceado é conservador ($\dot{m}_{\text{rxn}} = 0$) ou não conservador ($\dot{m}_{\text{rxn}}$ deve ser determinado com base na cinética da reação e na Equação 4.9).

5. Substitua $\dot{m}_{\text{ent}}$ e $\dot{m}_{\text{sai}}$ por valores conhecidos ou necessários, conforme acabamos de descrever.

6. Finalmente, solucione o problema. Isso vai exigir a solução de uma equação diferente nos problemas de estado instável e a solução de uma equação algébrica nos problemas de estado estável.

4.1.3   ANÁLISE DO REATOR: O CMFR

Análise do reator se refere ao uso dos balanços de massa para analisar as concentrações de poluentes em um volume de controle que é um reator químico ou um sistema natural modelado como um reator químico. Os reatores ideais podem ser divididos em dois tipos: reatores de mistura perfeita (CMFRs) e reatores pistonados (PFRs, *plug-flow reactors*). Os CMFRs são usados para modelar reservatórios ambientais bem misturados. Os PFRs, descritos na Seção 4.1.5, comportam-se essencialmente como tubulações e são utilizados para modelar situações como o transporte a jusante em um rio no qual o fluxo não é misturado na direção montante-jusante.

Esta seção apresenta vários exemplos envolvendo os CMFRs em diferentes combinações de condições de estados estável e instável, bem como compostos conservadores ou não conservadores, conforme resume a Tabela 4.1. O Exemplo 4.2 demonstra o uso da análise do CMFR para

Tabela / 4.1

Resumo dos Exemplos de CMFR

Exemplo Número	Forma de dm/dt	Forma de $\dot{m}_{reação}$
Exemplo 4.2	Estado estável	Conservador
Exemplo 4.3	Estado estável	Decaimento de primeira ordem
Exemplo 4.4	Estado instável	Decaimento de primeira ordem
Exemplo 4.5	Estado instável	Conservador

FONTE: Mihelcic (1999). Reimpresso com permissão de John Wiley & Sons, Inc.

determinar a concentração de uma substância resultante da mistura de dois ou mais fluxos influentes.

Os Exemplos 4.3 a 4.5 se referem ao tanque retratado na Figura 4.1 e demonstram situações de estados estável e instável, com e sem decaimento químico de primeira ordem. Cálculos análogos aos dos Exemplos 4.3 a 4.5 podem ser usados para determinar a concentração de poluentes que sai de um reator de tratamento, a taxa de aumento das concentrações de poluentes dentro de um lago resultantes de uma nova fonte de poluentes ou o período necessário para os níveis de poluentes decaírem de um lago ou reator depois que a fonte for removida.

exemplo / 4.2 CMFR de Estado Estável com Substância Química Conservativa: o Problema da Mistura

A tubulação de uma estação municipal de tratamento de águas residuais descarrega 1,0 m³/s de efluentes maltratados, contendo 5,0 mg/L de compostos de fósforo (mg P/L) para um rio com uma vazão a montante de 25 m³/s e uma concentração de fósforo de fundo de 0,010 mg P/L (ver Figura 4.2). Qual é a concentração de fósforo resultante (em mg/L) no rio, imediatamente a jusante do fluxo de saída da estação?

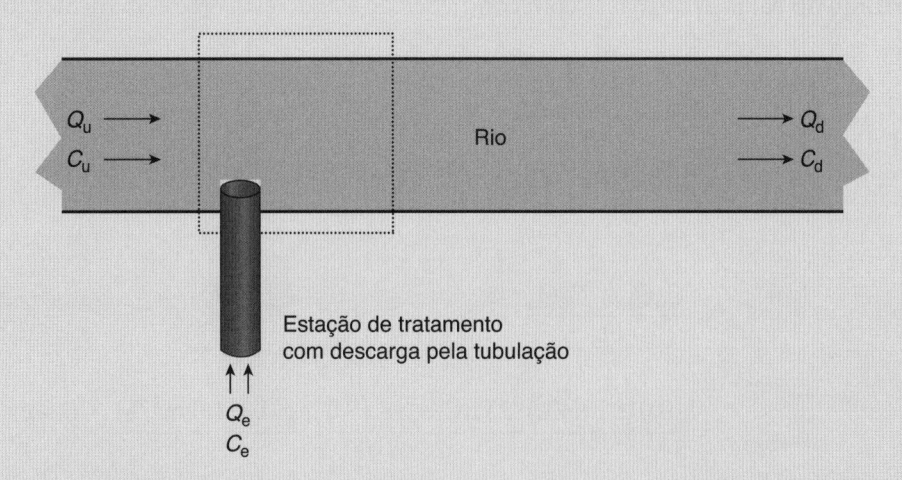

Figura / 4.2 **Problema de Mistura Utilizado no Exemplo 4.2** O volume de controle é indicado pela área dentro das linhas pontilhadas.

(De Mihelcic (1999). Reimpresso com permissão de John Wiley & Sons, Inc.)

solução

Para solucionar esse problema, aplique dois balanços de massa: o primeiro para determinar a vazão volumétrica a jusante (Q_d) e o segundo para determinar a concentração de fósforo a jusante (C_d). Primeiramente, deve ser selecionado um volume de controle. Para assegurar que os fluxos de entrada e saída atravessem os limites do volume de controle, esse volume deve cruzar o rio a montante e a jusante da saída da estação, além de cruzar a tubulação de descarga. O volume de controle selecionado é exibido na Figura 4.2 dentro das linhas pontilhadas. Presume-se que ele se estende rio abaixo, longe o suficiente para que as águas residuais descarregadas e a água do rio fiquem bem misturadas antes de sair do volume de controle. Contanto que esse pressuposto seja cumprido, não faz diferença analisar a que distância a jusante se estende o volume de controle.

Antes de começar a análise, determine se o problema é de estado estável ou instável, e se o termo de reação química será diferente de zero. Como o enunciado do problema não faz referência ao tempo e parece razoável presumir que a descarga do rio e dos efluentes está escoando há algum tempo, e vai continuar a escoar, trata-se de um problema de estado estável. Além disso, esse problema diz respeito à concentração resultante da mistura rápida dos escoamentos do rio e dos efluentes.

Desse modo, podemos definir nosso volume de controle pequeno e supor, com segurança, que a degradação química ou biológica é insignificante durante o tempo gasto no volume de controle, de forma que tratamos isso como um problema de estado estável.

1. Determine a vazão a jusante, Q_d. Para encontrar Q_d, realize um balanço de massa na massa de água total do rio. Nesse caso, a "concentração" da água do rio em unidades (massa/volume) corresponde à densidade da água, ρ:

$$\frac{dm}{dt} = \dot{m}_{ent} - \dot{m}_{sai} + \dot{m}_{rxn}$$
$$= \rho Q_{ent} - \rho Q_{sai} + 0$$

em que o termo $\dot{m}_{rxn}$ foi definido como zero porque a massa de água é conservada. Como esse é um problema de estado estável, $dm/dt = 0$. Portanto, contanto que a densidade ρ seja constante, $Q_{ent} = Q_{sai}$ e $(Q_u + Q_e) = 26\ m^3/s = Q_d$.

2. Determine a concentração de fósforo a jusante da tubulação de descarga, C_d. Para encontrar C_d, use a equação padrão do balanço de massa com condições de estado estável e sem formação ou decaimento químico:

$$\frac{dm}{dt} = \dot{m}_{ent} - \dot{m}_{sai} + \dot{m}_{rxn}$$

$$0 = (C_u Q_u + C_e Q_e) - C_d Q_d + 0$$

Calcule C_d:

$$C_d = \frac{C_u Q_u + C_e Q_e}{Q_d}$$

$$= \frac{(0{,}010\ mg/L)(25\ m^3/s) + (5{,}0\ mg/L)(1{,}0\ m^3/s)}{26\ m^3/s}$$

$$= 0{,}20\ mg/L$$

exemplo / 4.3 CMFR em Estado Estável com Decaimento de Primeira Ordem

O CMFR exibido na Figura 4.1 é utilizado para tratar um resíduo industrial a partir de uma reação que destrói o poluente de acordo com a cinética de primeira ordem, com $k = 0,216/\text{dia}$. O volume do reator é 500 m^3, a vazão volumétrica de entrada e saída únicas é 50 m^3/dia e a concentração de poluente na entrada é 100 mg/L. Qual é a concentração da saída após o tratamento?

solução

Um volume de controle óbvio é o próprio tanque. O problema exige uma única concentração de saída constante, e todas as condições do problema são constantes. Portanto, é um problema de estado estável $(dm/dt = 0)$.

A equação do balanço de massa com um termo de decaimento de primeira ordem $([dC/dt]_{\text{somente reação}} = -kC$ e $\dot{m}_{\text{rxn}} = -VkC)$ é:

$$\frac{dm}{dt} = \dot{m}_{\text{ent}} - \dot{m}_{\text{sai}} + \dot{m}_{\text{rxn}}$$

$$0 = QC_{\text{ent}} - QC - VkC$$

Calcule C:

$$C = C_{\text{ent}} \times \frac{Q}{Q + kV}$$

$$= C_{\text{ent}} \times \frac{1}{1 + \left(k \times \dfrac{V}{Q}\right)}$$

Substituindo os valores fornecidos, a solução numérica é:

$$C = 100\,\text{mg/L} \times \frac{50\,\text{m}^3/\text{dia}}{50\,\text{m}^3/\text{d} + (0,216/\text{dia})(500\,\text{m}^3)}$$

$$= 32\,\text{mg/L}$$

exemplo / 4.4 CMFR de Estado Instável com Decaimento de Primeira Ordem

O processo de fabricação que gera o resíduo no Exemplo 4.3 deve ser paralisado e iniciar em $t = 0$; a concentração C_{ent} que entra no CMFR é definida como 0. Qual é a concentração de saída em função do tempo após a concentração ser definida em 0? Quanto tempo leva para a concentração do tanque alcançar 10% do seu valor inicial em estado estável?

solução

Mais uma vez, o tanque é o volume de controle. Nesse caso, o problema é claramente de estado instável, uma vez que as condições mudam em função do tempo. A equação do balanço de massa é:

$$\frac{dm}{dt} = \dot{m}_{\text{ent}} - \dot{m}_{\text{sai}} + \dot{m}_{\text{rxn}}$$

$$V\frac{dC}{dt} = 0 - QC - kCV$$

Calcule dC/dt:

$$\frac{dC}{dt} = -\left(\frac{Q}{V} + k\right)C$$

Para determinar C em função do tempo, a equação diferencial precedente deve ser solucionada. Reorganize e integre:

$$\int_{C_0}^{C_t} \frac{dC}{dt} = \int_0^t -\left(\frac{Q}{V} + k\right)dt$$

A integração produz:

$$\ln C - \ln C_0 = -\left(\frac{Q}{V} + k\right)t$$

Como $\ln x - \ln y$ é igual a $\ln (x/y)$, podemos reescrever essa equação como:

$$\ln\left(\frac{C}{C_0}\right) = -\left(\frac{Q}{V} + k\right)t$$

que produz

$$\frac{C_t}{C_0} = e^{-(Q/V+k)t}$$

Podemos verificar que essa solução é razoável, considerando o que acontece em $t = 0$ e $t = \infty$. Em $t = 0$, o termo exponencial é igual a 1 e $C = C_0$, conforme o esperado. À medida que $t \rightarrow \infty$, o termo exponencial se aproxima de 0 e a concentração cai para 0 — novamente como era esperado — uma vez que $C_{ent} = 0$.

Agora, podemos inserir os valores para determinar a dependência que C tem do tempo. O Exemplo 4.3 fornece Q e V. A concentração inicial é igual à concentração antes de C_{ent} ser definida em 0, constatada como 32 mg/L no Exemplo 4.3. A inserção desses valores produz a concentração de saída em função do tempo:

$$C_t = 32\text{ mg/L} \times \exp\left[-\left(\frac{50\text{ m}^3/\text{dia}}{500\text{ m}^3} + \frac{0\,216}{\text{dia}}\right)t\right]$$

$$= 32\text{ mg/L} \times \exp\left(-\frac{0{,}316}{\text{dia}}t\right)$$

Essa solução é representada na Figura 4.3a.

Quanto tempo vai levar para a concentração alcançar 10% do seu valor inicial em estado estável? Ou seja, em que valor de t teremos $C_t/C_0 = 0{,}10$? No tempo em que $C_t/C_0 = 0{,}10$,

$$\frac{C}{C_0} = 0{,}10 = \exp\left(-\frac{0{,}316}{\text{dia}}t\right)$$

Extraindo o logaritmo natural dos dois lados, temos:

$$\ln 0{,}10 = -2{,}303 = -\frac{0{,}316}{\text{dia}}t$$

Portanto, $t = 7{,}3$ dias.

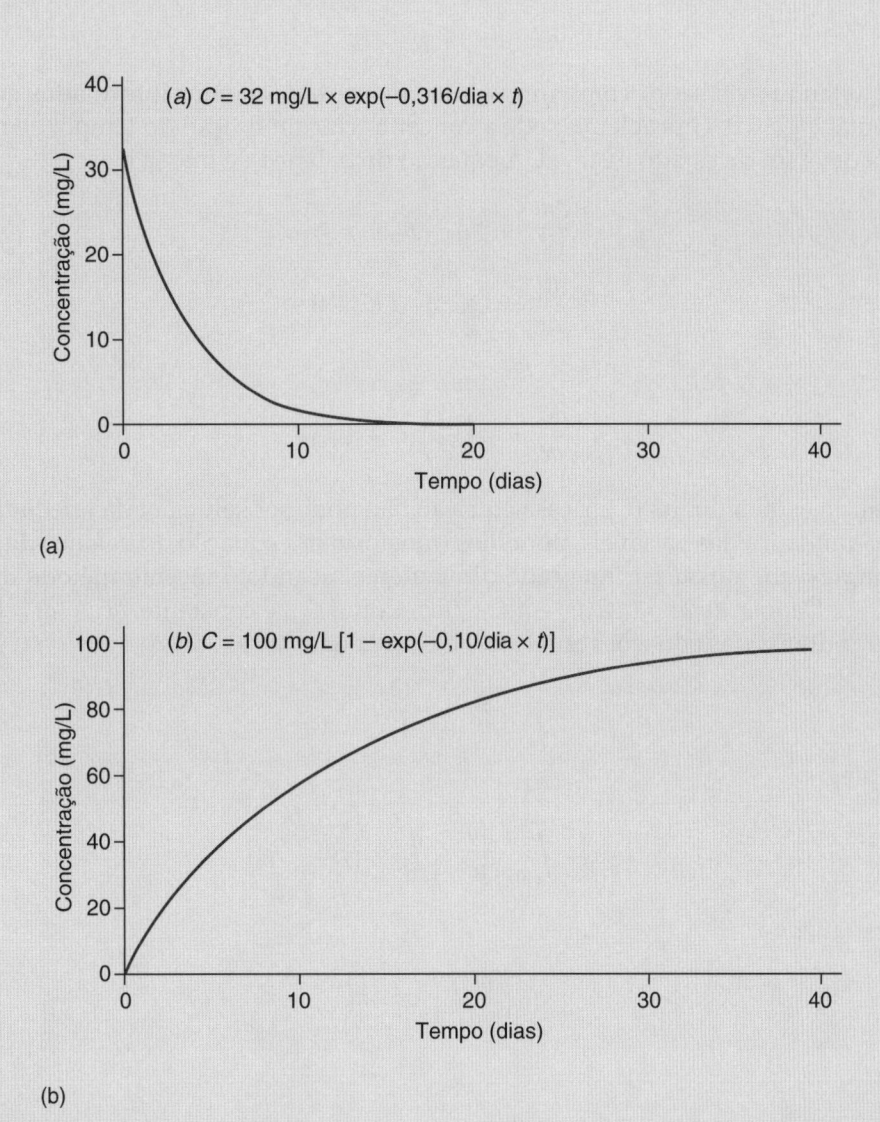

(a)

(b)

Figura / 4.3 Perfis de Concentração *versus* Tempo para as Soluções dos Exemplos 4.4 e 4.5   (a) Decaimento de primeira ordem na concentração resultante da remoção de $\dot{m}_{ent}$ no tempo zero. O decaimento na concentração resulta da soma da perda pela reação química, $\dot{m}_{rxn}$, e o fluxo de massa na saída, $\dot{m}_{sai}$. (b) A abordagem exponencial às condições de estado estável quando um reator é iniciado com concentração inicial igual a zero. Na ausência de um termo de perda por reação química, a concentração no reator se aproxima exponencialmente da concentração de entrada.

De Mihelcic (1999). Reimpresso com permissão de John Wiley & Sons, Inc.

exemplo / 4.5 CMFR de Estado Instável, Substância Conservativa

O reator CMFR retratado na Figura 4.1 é preenchido com água limpa antes de ser acionado. Após o arranque, é adicionado um fluxo de resíduos contendo 100 mg/L de um poluente conservativo a uma vazão de 50 m³/dia. O volume do reator é 500 m³. Qual é a concentração que sai do reator em função do tempo após o arranque?

solução

Mais uma vez, o tanque vai servir como um volume de controle. Fomos informados que o poluente é conservador, então $\dot{m}_{rxn} = 0$. O problema pede a concentração em função do tempo, de modo que o balanço de massa deve ser de estado instável. A equação do balanço de massa é:

$$\frac{dm}{dt} = \dot{m}_{ent} - \dot{m}_{sai} + \dot{m}_{rxn}$$

$$V\frac{dC}{dt} = QC_{ent} - QC + 0$$

Calcule dC/dt:

$$\frac{dC}{dt} = -\left(\frac{Q}{V}\right)(C - C_{ent})$$

Em razão do termo extra à direita (C_{ent}), essa equação não pode ser solucionada imediatamente. No entanto, com uma mudança das variáveis, podemos transformar a equação do balanço de massa em uma forma mais simples, que possa ser integrada diretamente, usando o mesmo método do Exemplo 4.4. Faça $y = (C - C_{ent})$. Depois, $dy/dt = (dC/dt) - d(C_{ent}/dt)$. Como C_{ent} é constante, $dC_{ent}/dt = 0$, então $dy/dt = dC/dt$. Portanto, a última das equações anteriores é equivalente a:

$$\frac{dy}{dt} = -\frac{Q}{V}y$$

Reorganize e integre:

$$\int_{y(0)}^{y(t)} \frac{dy}{y} = \int_0^t -\frac{Q}{V}dt$$

A integração produz:

$$\ln\left(\frac{y(t)}{y(0)}\right) = -\frac{Q}{V}t$$

ou

$$\frac{y(t)}{y(0)} = e^{-(Q/V)t}$$

Substituindo y por $(C - C_{ent})$, temos a seguinte equação:

$$\frac{C - C_{ent}}{C_0 - C_{ent}} = e^{-(Q/V)t}$$

Como existe água limpa no tanque no momento do arranque, $C_0 = 0$:

$$\frac{C - C_{ent}}{-C_{ent}} = e^{-(Q/V)t}$$

Reorganize e calcule C:

$$C - C_{ent} = -C_{ent}\, e^{-(Q/V)t}$$

$$C = C_{ent} \times \left(1 - e^{-(Q/V)t}\right)$$

Essa é a solução para a questão apresentada no enunciado do problema.

exemplo / 4.5 (continuação)

Repare o que acontece: $t \to \infty$: $e^{-(Q/V)t} \to 0$ e $C \to C_{ent}$. Isso não é surpresa, uma vez que a substância é conservativa. Se o reator funcionar por tempo suficiente, a concentração no reator acabará alcançando a concentração de entrada. Essa equação final (plotada na Figura 4.3b) fornece C em função do tempo. Isso pode ser usado para determinar quanto tempo vai levar para a concentração alcançar, digamos, 90% do valor da entrada.

4.1.4 REATOR DESCONTÍNUO OU REATOR POR BATELADAS

Um reator que não tem fluxo de entrada ou saída é denominado **reator descontínuo**. Trata-se, basicamente, de um tanque no qual se deixa ocorrer uma reação. Após um lote ter sido tratado, o reator é esvaziado e um segundo lote pode ser tratado. Como não há fluxos, $\dot{m}_{ent} = \dot{m}_{sai} = 0$. Portanto, a equação do balanço de massa se reduz a:

$$\frac{dm}{dt} = \dot{m}_{rxn} \tag{4.10}$$

ou

$$V\frac{dC}{dt} = V\left(\frac{dC}{dt}\right)_{somente\ reação} \tag{4.11}$$

Simplificando

$$\frac{dC}{dt} = \left(\frac{dC}{dt}\right)_{somente\ reação} \tag{4.12}$$

Desse modo, em um reator descontínuo, a mudança na concentração com o tempo é simplesmente a que resulta da reação química. Por exemplo, para uma reação de decaimento de primeira ordem, $r = -kC$. Desse modo:

$$\frac{dC}{dt} = -kC \tag{4.13}$$

ou

$$\frac{C_t}{C_0} = e^{-kt} \tag{4.14}$$

4.1.5 REATOR PISTONADO

O **reator pistonado (PFR)** é utilizado para modelar a transformação química dos compostos à medida que são transportados em sistemas semelhantes a tubulações. Um diagrama esquemático de um PFR é exibido na Figura 4.4. As tubulações do PFR podem representar um rio, uma região entre duas cordilheiras através da qual o ar escoa, ou vários outros condutos projetados ou naturais por meio dos quais escoam líquidos ou gases. Naturalmente, uma tubulação nesse modelo pode representar até mesmo um tubo. A Figura 4.5 traz exemplos de um PFR em um sistema projetado (Figura 4.5a) e um PFR em um sistema natural (Figura 4.5b).

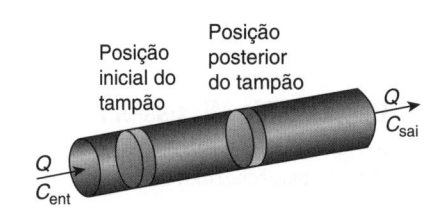

Figura / 4.4 Diagrama Esquemático de um Reator Pistonado.

(De Mihelcic (1999). Reimpresso com permissão de John Wiley & Sons, Inc.)

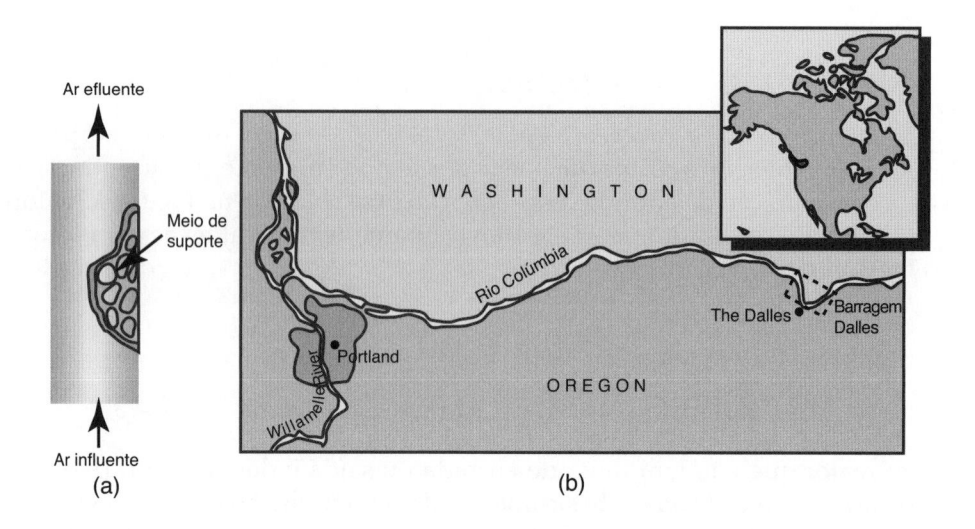

Figura / 4.5 **Exemplos de Reatores Pistonados em Sistemas Projetados e Naturais** (a) Biofiltros em torre são utilizados para remover emissões atmosféricas odoríferas, como sulfeto de hidrogênio (H_2S), das emissões em fase gasosa. Os biofiltros consistem em uma coluna acondicionada com um meio de suporte — como pedras, anéis de plástico ou carvão ativado — na qual é cultivado um biofilme. A água ou ar contaminados passam pelo filtro, e ocorre degradação bacteriana na redução desejada das emissões de poluentes. (b) O Rio Colúmbia escoa 1.200 milhões a partir de uma fonte no Canadá até o Oceano Pacífico. Antes de chegar ao oceano, o Rio Colúmbia escoa para o sul nos Estados Unidos e forma a fronteira entre Oregon e Washington. A imagem mostra um trecho do rio perto de The Dalles, Washington, onde ele se estreita e se derrama por uma série de corredeiras, batizadas de *les Dalles* ou as calhas pelos primeiros exploradores franceses. Desde então, uma grande barragem tem sido construída perto de The Dalles. O trecho do rio a jusante da barragem poderia ser modelado como um PFR.

(De Mihelcic (1999). Reimpresso com permissão de John Wiley & Sons, Inc.)

À medida que o fluido escoa para baixo do PFR, ele é misturado na direção radial, mas a mistura não ocorre na direção axial. Ou seja, cada tampão de fluido é considerado uma entidade separada conforme escoa pela tubulação. No entanto, o tempo passa à medida que o tampão de fluido segue na direção da corrente (ou na direção do vento). Desse modo, há uma dependência explícita do tempo, mesmo nos problemas de PFR em estado estável. Entretanto, como a velocidade do fluido (v) no PFR é constante, o tempo e a distância a jusante (x) são intercambiáveis e $t = x/v$. Isto é, um tampão de fluido sempre leva uma quantidade de tempo igual a x/v para percorrer uma distância x dentro do reator. Essa observação pode ser utilizada com as formulações do balanço de massa recém-fornecidas para determinar como as concentrações químicas variam durante o fluxo através de um reator pistonado.

Para desenvolver a equação que governa a concentração em função da distância percorrida em um PFR, vamos analisar a evolução da concentração com o tempo dentro de um único tampão de fluido. Presume-se que o tampão seja bem misturado na direção radial, mas não se mistura com o fluido à frente ou atrás dele. À medida que o tampão escoa a jusante, ocorre a reação química e a concentração diminui. O balanço da massa dentro desse tampão em movimento é o mesmo de um reator descontínuo:

$$\frac{dm}{dt} = \dot{m}_{ent} - \dot{m}_{sai} + \dot{m}_{rxn} \qquad (4.15)$$

$$V\frac{dC}{dt} = 0 - 0 + V\left(\frac{dC}{dt}\right)_{somente\ reação} \qquad (4.16)$$

Programa do Golfo do México
http://www.epa.gov/gmpo/

em que $\dot{m}_{ent}$ e $\dot{m}_{sai}$ são definidos como zero, porque não há troca de massa pelas fronteiras do tampão.

A Equação 4.16 pode ser utilizada para determinar a concentração em função do tempo de escoamento dentro do PFR para qualquer cinética de reação. No caso do decaimento de primeira ordem, temos:

$$V(dC/dt)_{somente\ reação} = -VkC$$

e

$$V\frac{dC}{dt} = -VkC \qquad (4.17)$$

que resulta em

$$\frac{C_t}{C_0} = \exp(-kt) \qquad (4.18)$$

Geralmente, é desejável expressar a concentração na saída do PFR em termos da concentração de entrada e do comprimento ou volume do PFR, em vez do tempo gasto no PFR. Em um PFR de comprimento L, cada tampão se desloca por um período $\theta = L/v = L \times A/Q$, em que A é a área transversal do PFR e Q é a vazão. O produto do comprimento e da área transversal corresponde ao volume do PFR, de forma que a Equação 4.18 é equivalente a:

$$\frac{C_{sai}}{C_{ent}} = \exp\left(-\frac{kV}{Q}\right) \qquad (4.19)$$

A Equação 4.19 não tem nenhuma dependência de tempo. Embora a concentração dentro de determinado tampão mude com o tempo à medida que ele se desloca a jusante, a concentração em um local fixo dentro do PFR é constante em relação ao tempo, já que todos os tampões que chegam ao local consumiram um período de tempo idêntico no PFR.

COMPARAÇÃO DO PFR COM O CMFR   O CMFR e o PFR ideais são fundamentalmente diferentes e, portanto, se comportam de maneira diferente. Quando uma parcela de fluido entra no CMFR, ela é imediatamente misturada ao volume inteiro do CMFR. Por outro lado, cada parcela de fluido que entra no PFR permanece separada durante a sua passagem pelo reator.

Para realçar essas diferenças, considere um exemplo envolvendo a adição contínua de um poluente a cada reator, com a destruição do poluente dentro do reator de acordo com a cinética de primeira ordem. Os dois reatores são retratados na Figura 4.6. Esse exemplo considera que a concentração de entrada (C_{ent}), a vazão (Q) e a constante da taxa de reação de primeira ordem (k) são conhecidas e iguais nos dois reatores. Considere dois problemas comuns:

1. Se o volume V for conhecido (igual nos dois reatores), qual é a concentração de saída resultante (C_{sai}) que sai do CMFR e do PFR?

Figura / 4.6 Comparação de um (a) reator de mistura perfeita com um (b) reator pistonado.

(De Mihelcic (1999). Reimpresso com permissão de John Wiley & Sons, Inc.)

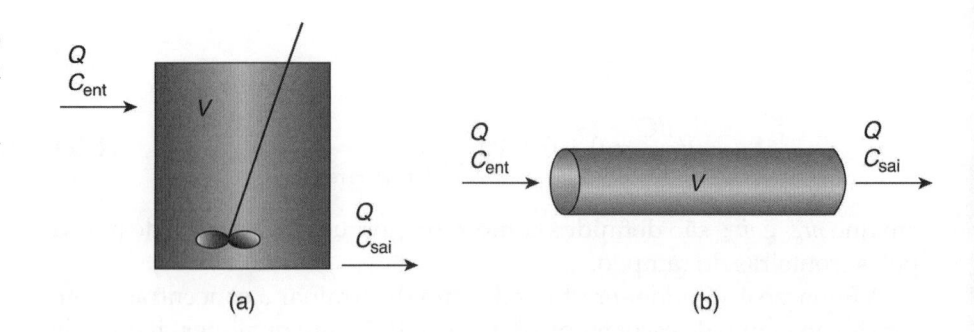

(a)

(b)

2. Se for especificada uma concentração de saída, qual é o volume de reator necessário no caso do CMFR e do PFR? A Tabela 4.2 resume os resultados dessa comparação e apresenta as variáveis de entrada.

Os resultados na Tabela 4.2 indicam que, com volumes iguais de reator, o PFR é mais eficiente do que o CMFR e, com concentrações de saída iguais, é necessário um PFR menor. Por que isso? A resposta tem a ver com a diferença fundamental entre os dois reatores — parcelas de fluido entrando no PFR se deslocam a jusante sem se misturar, enquanto parcelas de fluido entrando no CMFR se misturam imediatamente com o fluido de baixa concentração dentro do reator. Como a taxa de reação química é proporcional à concentração, a taxa de reação química dentro do CMFR é reduzida em relação à taxa de reação química dentro do PFR. Esse efeito é ilustrado na Figura 4.7. O fluxo de massa por causa da reação é igual a $-VkC$ em ambos os reatores. No entanto, no PFR a concentração diminui exponencialmente à medida que cada tampão passa pelo PFR, como mostra a curva sólida na Figura 4.7. O fluxo de massa médio por causa da reação no PFR corresponde ao valor médio dessa curva — o valor indicado pela linha tracejada na Figura 4.7. Por outro lado, conforme o fluido de entrada se mistura no CMFR, a diluição reduz imediatamente a concentração influente para a que já está no CMFR, resultando em uma menor taxa de destruição, indicada pela linha pontilhada na Figura 4.7.

Tabela / 4.2

Comparação do Desempenho do CMFR com o PFR*

Exemplo 1. Determine C_{sai}, dado que $V = 100$ L, $Q = 5,0$ L/s, $k = 0,05$/s.	
CMFR	**PFR**
$C_{sai} = C_{ent}/(1 + kV/Q)$ $C_{sai}/C_{ent} = 0,50$	$C_{sai} = C_{ent}\exp(-kV/Q)$ $C_{sai}/C_{ent} = 0,37$
Exemplo 2. Determine V, dado $C_{sai}/C_{ent} = 0,5$, $Q = 5,0$ L/s, $k = 0,05$/s.	
CMFR	**PFR**
$V = (C_{ent}/C_{sai} - 1) \times (Q/k)$ $V = 100$ L	$V = -(Q/k) \ln(C_{sai}/C_{ent})$ $V = 69$ L

*O Exemplo 1 compara a concentração efluente (C_{sai}) para um PFR e um CMFR de mesmo volume; o Exemplo 2 compara o volume necessário para cada tipo de reator se for necessário um percentual de remoção.
FONTE: Mihelcic (1999). Reimpresso com permissão de John Wiley & Sons, Inc.

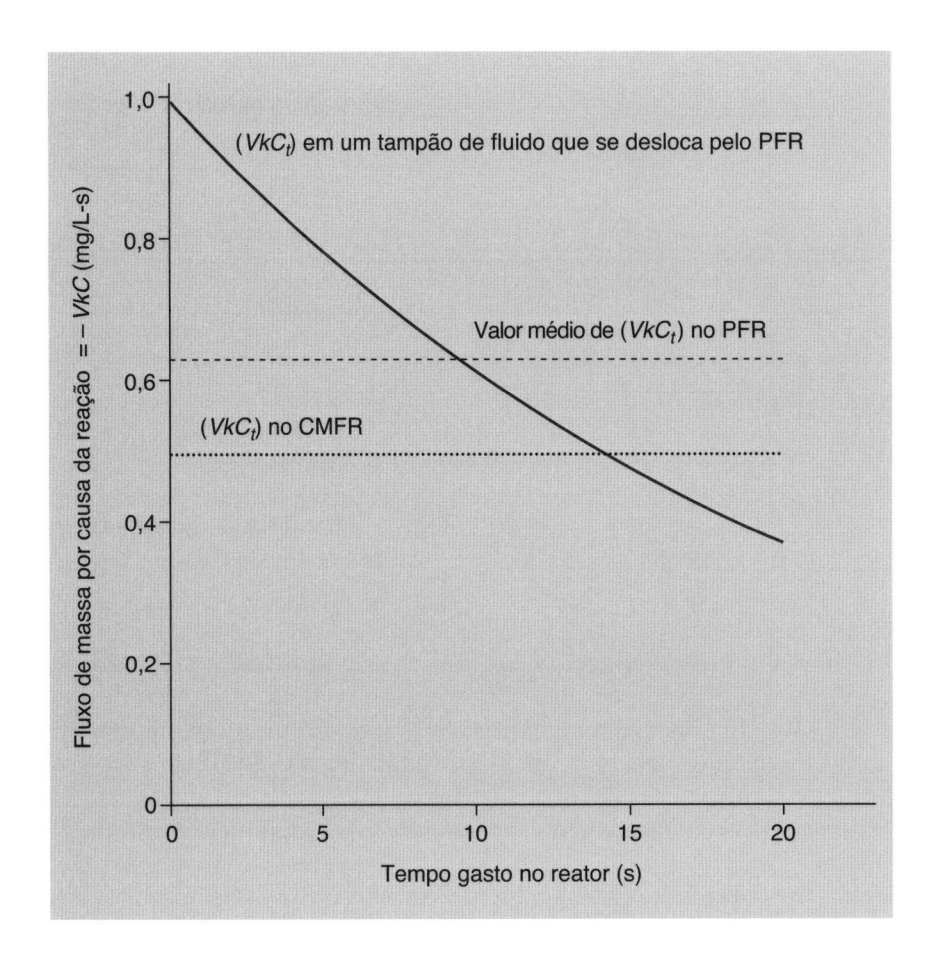

Figura / 4.7 Origem da Maior Eficiência de Destruição de um PFR sob Condições de Decaimento de Primeira Ordem A taxa de destruição química ($\dot{m}_{rxn} = -VkC$) é exibida em função do tempo decorrido no reator para um PFR (linha cheia) e um CMFR (linha pontilhada), para as condições dadas no Exemplo 1 da Tabela 4.2. Como a concentração varia à medida que cada tampão passa pelo PFR ($C = C_{ent}\exp[-k\Delta t]$), o valor de $\dot{m}_{rxn}$ também varia. A taxa média de destruição no PFR é exibida por uma linha tracejada. A taxa de destruição química é constante em todo o CMFR bem misturado e igual a $-VkC$. Como a alta concentração de entrada é diluída imediatamente ao entrar no CMFR, a taxa de reação é mais baixa do que na maior parte do PFR e mais baixa do que a taxa média de reação no PFR.

(De Mihelcic (1999). Reimpresso com permissão de John Wiley & Sons, Inc.)

Resposta aos Picos de Entrada. Os CMFRs e os PFRs também respondem de maneira diferente aos picos na concentração de entrada. Em muitos sistemas de controle de poluição, as concentrações de entrada ou os fluxos não são constantes. Por exemplo, o fluxo para as estações municipais de tratamento de águas residuais varia radicalmente durante o dia. Muitas vezes, é necessário assegurar que um aumento temporário na concentração de entrada não resulte em concentrações excessivas na saída. Como veremos no Capítulo 9, a tecnologia de desenvolvimento de baixo impacto, como as células de biorretenção, são concebidas para, inicialmente, armazenar as águas da chuva de uma área urbana desenvolvida e, depois, liberar essas águas de volta no ambiente a um ritmo lento, reduzindo os picos nas concentrações de entrada e diminuindo a chance de sobrecarregar as estações de tratamento de águas residuais.

A redução da fonte é sempre a alternativa ao tratamento preferido. Entretanto, quando as técnicas de redução da fonte não estão em vigor, a redução ou eliminação dos picos na concentração de saída exige o uso de CMFRs como consequência da mistura que ocorre dentro dos CMFRs, mas não dentro dos PFRs. Considere o efeito de uma duplicação temporária na concentração que entra em um PFR e em um CMFR: cada um deles é projetado para reduzir a concentração influente na mesma quantidade com o fluxo, a constante da taxa de decaimento de primeira ordem e o grau necessário de destruição iguais aos valores fornecidos no Exemplo 2 da Tabela 4.2.

Figura / 4.8 Resposta de um CMFR e de um PFR ao Aumento Temporário na Concentração de Entrada A concentração influente, exibida no destaque inferior da figura, aumenta para 2,0 durante o período t = 0-15 s. As concentrações resultantes que saem do CMFR e do PFR do Exemplo 2, na Tabela 4.2, são exibidas em função do tempo antes, durante e depois da duplicação temporária da concentração de entrada. A concentração que sai do CMFR é exibida com uma linha tracejada; a concentração que sai do PFR é exibida com uma linha cheia. A concentração máxima alcançada no efluente do CMFR é menor do que a alcançada no efluente do PFR porque a maior concentração de entrada é diluída pelo volume do fluido de concentração mais baixa dentro do CMFR.

De Mihelcic (1999). Reimpresso com permissão de John Wiley & Sons, Inc.

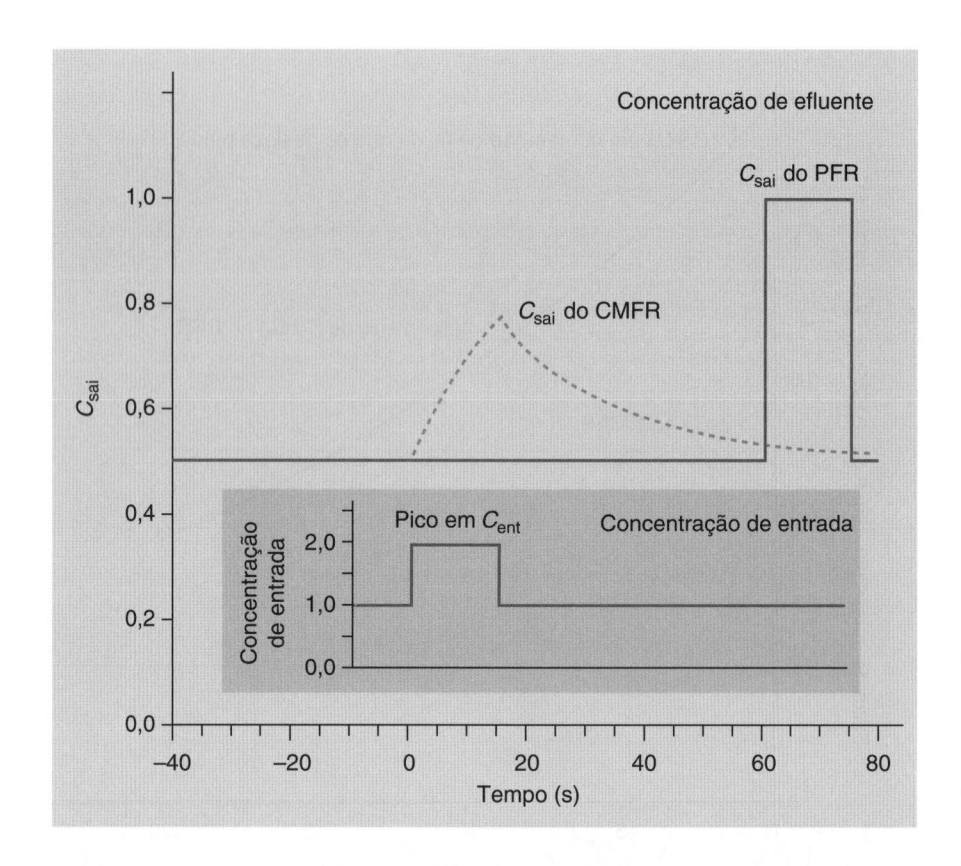

As mudanças resultantes na concentração de entrada do PFR e do CMFR são exibidas na Figura 4.8. A concentração no fluido que sai do CMFR começa a subir imediatamente após o aumento na concentração de entrada, já que o fluxo mais concentrado é misturado por todo o CMFR. A concentração de saída não duplica imediatamente em resposta à concentração de entrada dobrada, pois o fluxo influente de concentração mais alta é diluído pelo volume do fluido de baixa concentração dentro do CMFR. A concentração de saída do CMFR aumenta exponencialmente e acabaria dobrando, mas o pico de entrada não dura o suficiente para que isso ocorra. Por outro lado, a concentração de saída do PFR não muda até passar tempo suficiente para o primeiro tampão de fluido de concentração mais alta atravessar o comprimento do PFR. Nesse momento, a concentração de saída dobra e permanece elevada por um período igual à duração do pico de entrada.

Escolha do CMFR ou PFR. A escolha de um CMFR ou de um PFR em um sistema projetado se baseia nas considerações recém-descritas: eficiência de controle em função do tamanho do reator e resposta à variação das condições de entrada. Em muitos casos, a escolha ideal é usar um CMFR para reduzir a sensibilidade aos picos, seguido por um PFR para a utilização eficiente dos recursos. A decisão entre um CMFR e um PFR tem outras implicações ambientais. Se um projeto de reator for considerado mais eficiente do que o outro em determinado conjunto de condições, usar o projeto mais eficiente pode reduzir os requisitos de energia, a produção de resíduos e o uso de materiais na operação.

exemplo / 4.6 Volume Necessário de um PFR

Determine o volume necessário para que um PFR obtenha o mesmo grau de redução de poluentes do CMFR no Exemplo 4.3. Suponha que a taxa de fluxo e a constante da taxa de decaimento de primeira ordem não variem ($Q = 50\ m^3/dia$ e $k = 0{,}216/dia$).

solução

O CMFR no Exemplo 4.3 alcançou uma redução de poluente de $C_{sai}/C_{ent} = 32/100 = 0{,}32$. A partir da Equação 4.19,

$$\frac{C_{sai}}{C_{ent}} = e^{-(kV/Q)}$$

ou

$$0{,}32 = \exp - \left(\frac{0{,}216/dia \times V}{50\ m^3/dia} \right)$$

Calcule V:

$$V = \ln 0{,}32 \times \frac{50\ m^3/dia}{-0{,}216/dia}$$
$$= 264\ m^3$$

Conforme o esperado, esse volume é menor do que os 500 m^3 necessários para o CMFR no Exemplo 4.3.

Nos sistemas naturais, a escolha se baseia no sistema ser ou não misto (situação na qual um CMFR seria utilizado para modelar o sistema) ou escoaria a jusante sem misturar (exigindo o uso de um PFR). Em alguns casos, é necessário usar os modelos de CMFR e PFR. Um exemplo comum disso envolve o fluxo efluente para um rio. Um CMFR é utilizado para definir um problema de mistura, como foi feito no Exemplo 4.2. Isso define a concentração de entrada de um PFR, que é utilizado para modelar a degradação do poluente à medida que ele flui a jusante. (Esse tipo de problema é investigado no Capítulo 7 para o oxigênio dissolvido nos rios.)

4.1.6 TEMPO DE RETENÇÃO E OUTRAS EXPRESSÕES PARA V/Q

Uma série de termos — incluindo **tempo de retenção**, *tempo de detenção* e *tempo de residência* — referem-se ao período médio gasto em um volume de controle, θ. O tempo de retenção é dado por:

$$\theta = \frac{V}{Q} \tag{4.20}$$

em que V é o volume do reator e Q é a vazão volumétrica total que sai do reator. Os Exemplos 4.7 e 4.8 ilustram o cálculo e a aplicação do tempo de retenção.

exemplo / 4.7 Tempo de Retenção em um CMFR e em um PFR

Calcule os tempos de retenção no CMFR do Exemplo 4.3 e no PFR do Exemplo 4.6.

solução

No CMFR,

$$\theta = \frac{V}{Q} = \frac{500 \text{ m}^3}{50 \text{ m}^3/\text{dia}} = 10 \text{ dias}$$

No PFR,

$$\theta = \frac{V}{Q} = \frac{264 \text{ m}^3}{50 \text{ m}^3/\text{dia}} = 5,3 \text{ dias}$$

exemplo / 4.8 Tempos de Retenção nos Grandes Lagos

A região dos Grandes Lagos é exibida na Figura 4.9. Calcule os tempos de retenção do Lago Michigan e do Lago Ontário, usando os dados fornecidos na Tabela 4.3.

solução

No Lago Michigan,

$$\theta = \frac{4.900 \times 10^3 \text{ m}^3}{36 \times 10^9 \text{ m}^3/\text{ano}} = 136 \text{ anos}$$

No Lago Ontário,

$$\theta = \frac{1.634 \times 10^9 \text{ m}^3}{212 \times 10^9 \text{ m}^3/\text{ano}} = 8 \text{ anos}$$

Tabela / 4.3

Volume e Escoamento nos Grandes Lagos

Lago	Volume 10^9 m³	Escoamento 10^9 m³/ano
Superior	12.000	67
Michigan	4.900	36
Huron	3.500	161
Erie	468	182
Ontário	1.634	211

FONTE: Mihelcic (1999). Reimpresso com permissão de John Wiley & Sons, Inc.

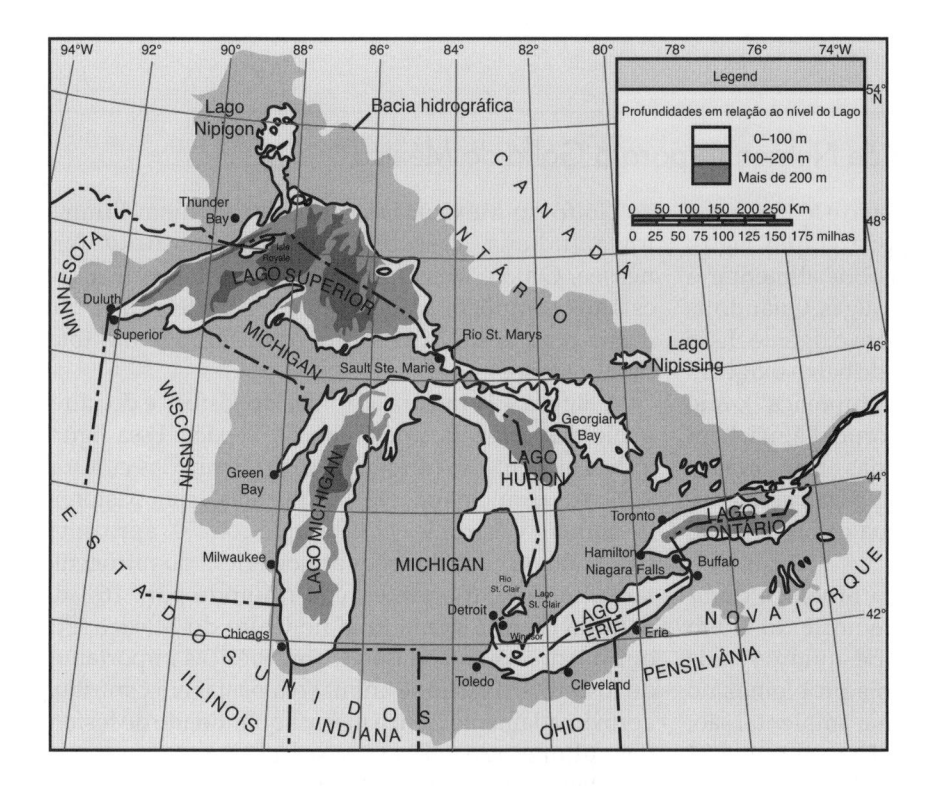

Figura / 4.9 Os Grandes Lagos Norte-Americanos Os Grandes Lagos são uma parte importante da herança física e cultural da América do Norte. Os Grandes Lagos contêm, aproximadamente, 18% do estoque mundial de água potável, o que faz deles o maior sistema de água potável superficial disponível (somente as calotas de gelo polares contêm mais água potável). Os primeiros humanos chegaram na área há 10.000 anos aproximadamente. Por volta de 6.000 anos atrás, começou a mineração do cobre ao longo da costa sul do Lago Superior, e as comunidades de caça/pesca se estabeleceram por toda a área. No século XVI, a população da região era estimada entre 60.000 e 117.000 — um nível que resultou em menos perturbações humanas. Hoje, a população de canadenses e americanos na região ultrapassa os 33 milhões. Aumentos na colonização e na exploração humana ao longo dos últimos 200 anos provocaram muitas perturbações no ecossistema. Hoje, o escoamento dos Grandes Lagos é menor do que 1% ao ano. Portanto, os poluentes que entram nos lagos pelo ar, por descarga direta ou fontes de poluição não pontuais podem permanecer no sistema por um longo período de tempo.

De Mihelcic (1999). Reimpresso com permissão de John Wiley & Sons, Inc.

Poluição de Nutrientes
http://www.epa.gov/
nutrientpollution/

Ciência Integrada do Golfo do México
gulfsci.usgs.gov

Lago do Céu: Pesquisa da Bacia Hidrográfica do Lago Tahoe
gallery.usgs.gov/videos/431#.
ULjLOGfkvQu

4.1.7 ANÁLISE DO FLUXO DE MATERIAIS E DO METABOLISMO URBANO

Conforme discutimos no Capítulo 1, se a etapa e análise do inventário de uma avaliação do ciclo de vida (ACV) se concentrar apenas nos materiais, ela é denominada **análise do fluxo de materiais (AFM).** O Capítulo 1 explicou que uma AFM mede os fluxos de materiais para um sistema, os estoques e fluxos internos, e as saídas do sistema. Nesse caso, as medições se baseiam na massa (ou volume), em vez de nas concentrações. Uma AMF urbana (às vezes, chamada estudo do **metabolismo urbano**) é um método para quantificar o fluxo de materiais que entra em uma área urbana (por exemplo, água, alimento e combustível) e o fluxo de materiais que são de uma área urbana (por exemplo, bens manufaturados, água e poluentes do ar, incluindo gases do efeito estufa e resíduos sólidos). O Capítulo 1 apresentou os resultados de um estudo do metabolismo urbano realizado na cidade de Hong Kong (Aplicação 1.8).

Aplicação / 4.1   Fluxo de Nutrientes para o Golfo do México

O excesso de nutrientes (isto é, nitrogênio e fósforo) que segue para as águas de superfície (por exemplo, lagos, estuários, zonas costeiras próximas) pode alimentar o crescimento de grande quantidade de algas. Quando as algas morrem e decaem, elas consomem oxigênio. Esse processo pode resultar em uma zona de baixo oxigênio dissolvido (também chamada "zona hipóxica"), que pode ameaçar a saúde ecológica do corpo d'água, bem como o bem-estar social e econômico das comunidades que dependem da qualidade da água para pesca e turismo (questões de qualidade da água como essa são cobertas no Capítulo 7).

Um exemplo importante da zona hipóxica (também chamada zona morta) é a parte norte do Golfo do México, um local com um dos pesqueiros mais produtivos dos Estados Unidos. Dois problemas no gerenciamento desse enorme problema ambiental são: (1) existe uma imensa área de terra (que abrange 31 estados) que compõe a bacia do Rio Mississippi e (2) há muitos diferentes tipos de terra utilizados na bacia hidrográfica que resultam em uma ampla variedade de fontes de descarga de nutrientes. Uma Força-Tarefa conjunta Estadual-Federal contra Hipóxia no Golfo do México está avaliando recomendações do Conselho Científico da EPA para definir metas de redução de pelo menos 45%, tanto de nitrogênio quanto de fósforo, em um esforço para reduzir o tamanho da zona hipóxica.

A Figura 4.10 mostra que o despejo de fósforo no Golfo do México é mais alto nas bacias das partes central e oriental da bacia do Rio Mississippi. O mesmo vale para o nitrogênio. Nove estados contribuem com mais de 75% do nitrogênio e do fósforo que chega

ao Golfo do México. Esses estados incluem Illinois, Iowa, Indiana, Missouri, Arkansas, Kentucky, Tennessee, Ohio e Mississippi. No entanto, esses nove estados compõem apenas um terço do território que drena para o Rio Mississippi (que abrange um total de 31 estados).

A Figura 4.11 mostra as fontes do fósforo e do nitrogênio descarregados no Golfo do México. Essa figura indica que 66% do nitrogênio se originam das culturas agrícolas (principalmente, milho e soja), com pastoreio de animais e estrume contribuindo com 5% aproximadamente. As contribuições atmosféricas do nitrogênio também são importantes, contribuindo para 16% da entrada de nitrogênio total no Golfo do México. Por outro lado, não há emissões atmosféricas importantes de fósforo, e o estrume animal em pastagem contribui, aproximadamente, com a mesma quantidade de fósforo das culturas agrícolas (37 *versus* 43%).

A Figura 4.11 mostra claramente que as fontes agrícolas contribuem com mais de 70% do nitrogênio e do fósforo que chega ao Golfo do México, comparado a apenas 9-12% que se originam de fontes urbanas. Essas fontes urbanas incluem o escoamento não pontual de fertilizantes dos jardins residenciais e comerciais, além de descargas de fontes pontuais das estações de tratamento de águas residuais. Esses achados sugerem a predominância das fontes agrícolas não pontuais; no entanto, as descargas urbanas tendem a ser concentradas, especialmente nas áreas costeiras.

As informações e grande parte do texto foram obtidas pelo U.S. Geological Survey.

Fósforo Total

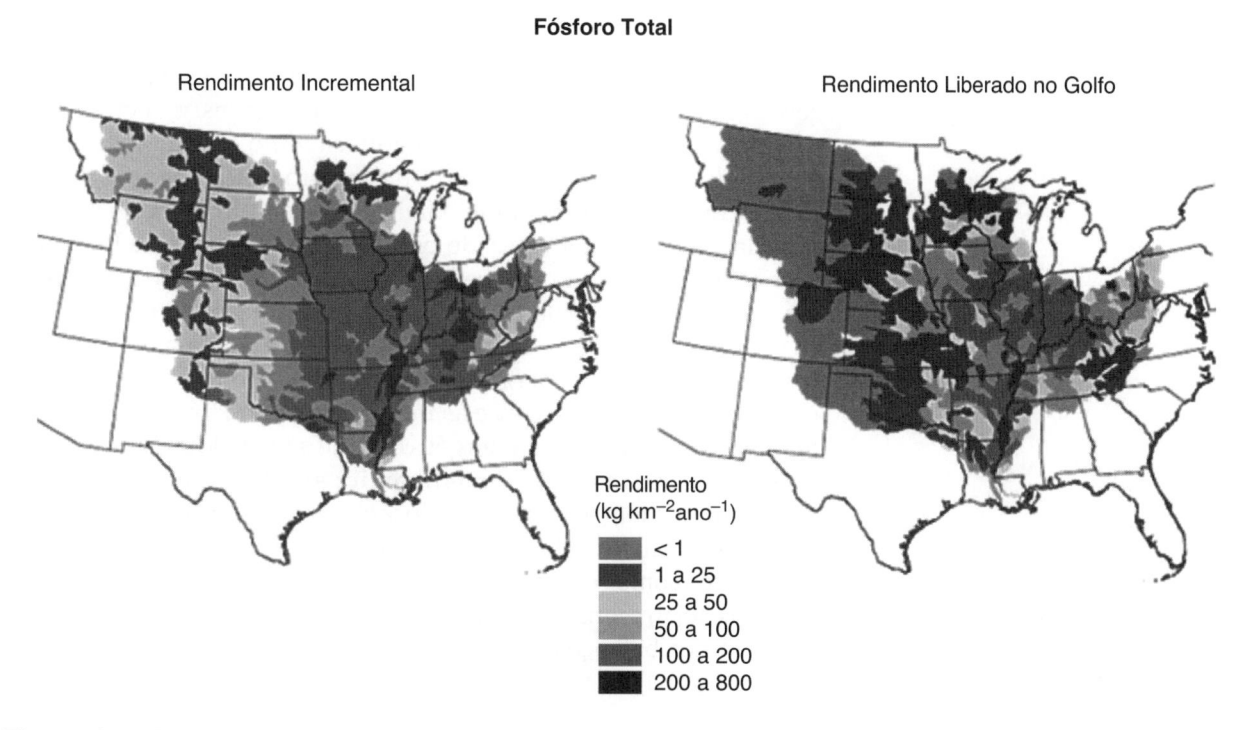

Rendimento Incremental

Rendimento Liberado no Golfo

Rendimento
(kg km^{-2}ano^{-1})

- < 1
- 1 a 25
- 25 a 50
- 50 a 100
- 100 a 200
- 200 a 800

Figura / 4.10 **Quantidade Total de Fósforo (kg/km²/ano) Levado para o Golfo do México a partir da Bacia do Rio Mississippi** A liberação de fósforo e nitrogênio para o Golfo do México é mais alta a partir das microbacias central e oriental da bacia do Rio Mississippi.

(Redesenhada do U.S. Department of Interior, U.S. Geological Survey.)

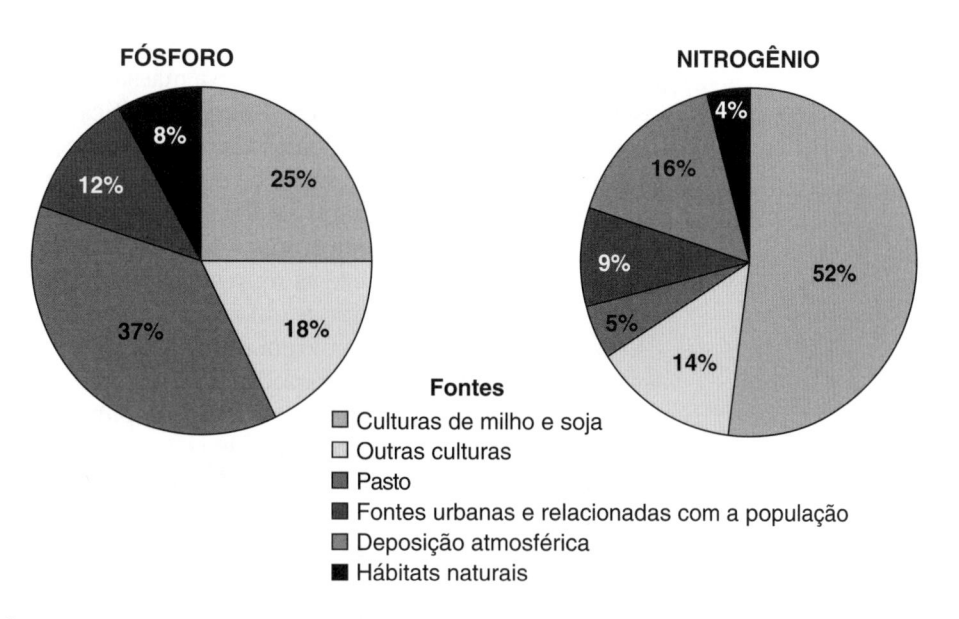

FÓSFORO

NITROGÊNIO

Fontes
- Culturas de milho e soja
- Outras culturas
- Pasto
- Fontes urbanas e relacionadas com a população
- Deposição atmosférica
- Hábitats naturais

Figura / 4.11 **Fontes de Fósforo e Nitrogênio para o Golfo do México.**

(Redesenhada do U.S. Department of Interior, U.S. Geological Survey.)

4.2 Balanços Energéticos

A sociedade moderna é dependente do uso da energia. Tal uso exige transformações na forma da energia e controle de seus fluxos. Por exemplo, quando o carvão é queimado em uma usina, a energia química presente no carvão é convertida em calor, que depois é convertido para energia elétrica nos geradores da usina. No final das contas, a energia elétrica é convertida de volta em calor para aquecimento ou utilizada para realizar trabalho. No entanto, os fluxos e a transformação da energia também podem causar problemas ambientais. Por exemplo, a energia térmica de calor das usinas de eletricidade pode resultar em maiores temperaturas nos rios utilizados para refrigerar a água, os poluentes do efeito estufa na atmosfera alteram o balanço energético da Terra e podem causar aumentos significativos nas temperaturas globais, e a queima de combustíveis fósseis para produzir energia está associada às emissões de poluentes.

O movimento da energia e as mudanças na sua forma podem ser rastreados usando **balanços energéticos**, que são análogos aos balanços de massa. A **primeira lei da termodinâmica** afirma que a energia não pode ser produzida nem destruída. A conservação da energia proporciona uma base para os balanços de massa. No entanto, todos os balanços energéticos são tratados como conservativos. Contanto que todas as formas de energia possíveis sejam consideradas (e na ausência de reações nucleares), não há termo nos balanços energéticos que seja análogo ao termo de reação química nos balanços de massa.

4.2.1 FORMAS DE ENERGIA

As formas de energia podem ser divididas em dois tipos: *interna* e *externa*. A energia que faz parte da estrutura molecular ou da organização de determinada substância é interna. A energia resultante da localização ou do movimento de uma substância é externa. Os exemplos de energia interna incluem *energia potencial gravitacional* e *energia cinética*. A energia potencial gravitacional é a energia obtida quando a massa é movimentada para uma posição mais alta, acima da Terra. Energia cinética é a energia que resulta do movimento dos objetos. Quando uma pedra lançada de um penhasco acelera na direção do solo, a soma da energia cinética e da energia potencial é conservada (desprezando o atrito); à medida que a pedra cai, ela perde energia potencial, mas aumenta em velocidade, ganhando energia cinética. A Tabela 4.4 fornece as representações matemáticas das formas comuns de energia encontradas em engenharia ambiental.

O **calor** é uma forma de energia interna — ele resulta de movimentos aleatórios dos átomos. Desse modo, o calor é realmente uma forma de energia cinética, embora seja considerado separadamente, já que o movimento dos átomos não pode ser visualizado. Quando uma panela de água é aquecida, a energia é adicionada à água. Essa energia é armazenada na forma de energia interna, e a mudança na energia interna da água é expressa da seguinte forma:

$$\text{mudança na energia interna} = (\text{massa de } H_2O) \times c \times \Delta T \qquad (4.21)$$

em que c é a capacidade térmica ou calor específico da água, com unidades de energia/temperatura de massa. A capacidade térmica é uma propriedade de determinado material. A capacidade térmica da água é 4.184 J/kg-°C (1 Btu/lb-°F).

Tabela / 4.4

Algumas Formas Comuns de Energia

	Representação da Energia ou Mudança na Energia
Energia térmica interna	$\Delta E = \text{massa} \times c \times \Delta T$
Energia química interna	$\Delta E = \Delta H_{rxn}$ em volume constante
Potencial gravitacional	$\Delta E = \text{massa} \times \Delta$ altura
Energia cinética	$E = \dfrac{\text{massa} \times (\text{velocidade})^2}{2}$
Energia eletromagnética	$E = $ constante de Planck $\times$ frequência de fótons

FONTE: Mihelcic (1999). Reimpresso com permissão de John Wiley & Sons, Inc.

Aplicação / 4.2 — Outro Sistema de Classificação da Energia: Renovável e Não Renovável

As fontes de energia podem ser descritas como renováveis e não renováveis. As fontes de **energia renovável** podem ser substituídas em um ritmo igual ou superior ao ritmo na qual são utilizadas (a fonte está disponível continuamente). O Sol, o vento e as marés são exemplos de matéria-prima energética renovável. As fontes de **energia não renovável**, por outro lado, são consumidas mais rapidamente do que sua capacidade de reposição. As matérias-primas fósseis são consideradas não renováveis porque não podem ser repostas com a mesma velocidade com a qual são consumidas (a fonte é finita). Cada tipo de fonte de energia, renovável e não renovável, cai dentro das categorias listadas na Tabela 4.4. Por exemplo, a energia contida nos combustíveis fósseis está presente na forma de energia química interna, a energia eólica vem da energia cinética e a energia solar usa energia eletromagnética.

A *energia química interna* reflete a energia nas ligações químicas de uma substância. Essa forma de energia é composta de duas partes:

1. **A força das ligações atômicas na substância.** Quando ocorrem reações químicas, se a soma das energias internas dos produtos for menor do que a dos reagentes, ocorreu uma redução na energia química interna. Como resultado da conservação da energia, essa energia restante deve aparecer em uma forma diferente. Geralmente, a energia é liberada na forma de calor. O exemplo mais comum disso é a queima do combustível, na qual hidrocarbonetos e oxigênio reagem para formar dióxido de carbono e água. No dióxido de carbono e na água, as ligações químicas têm muito menos energia do que as ligações nos hidrocarbonetos, de modo que a combustão libera uma quantidade significativa de calor.

2. **A energia nas interações entre as moléculas.** Os sólidos e líquidos se formam como resultado das interações entre moléculas adjacentes. Essas ligações são muito mais fracas do que as ligações químicas entre os átomos nas moléculas, mas ainda são importantes em muitos balanços de energia. A energia necessária para quebrar essas ligações

Discussão em Sala de Aula

Algumas pessoas defendem a energia nuclear como uma fonte de energia para substituir os combustíveis fósseis. Outras a encaram como um risco para a segurança e a consideram portadora de riscos geracionais relacionados com o armazenamento de resíduos. Usando uma definição de desenvolvimento sustentável, a energia nuclear tem um papel na nossa transformação rumo a um futuro sustentável?

se chama *calor latente*. Os valores do calor latente são tabulados para várias substâncias nas mudanças de fase de sólido para líquido e de líquido para gás. O calor latente de condensação de determinada substância é igual ao calor liberado quando uma unidade de massa de substância condensa para formar um líquido. (Uma quantidade igual de energia é necessária para a evaporação.) O calor latente de fusão é igual ao calor liberado quando uma unidade de massa solidifica. (Mais uma vez, uma quantidade igual de energia é necessária para derreter a substância.)

4.2.2 FAZENDO UM BALANÇO ENERGÉTICO

Em uma analogia com a equação do balanço de massa (Equação 4.3), a equação a seguir pode ser usada para fazer os balanços energéticos:

$$\begin{pmatrix} \text{mudança na energia} \\ \text{interna mais externa por} \\ \text{unidade de tempo} \end{pmatrix} = \begin{pmatrix} \text{fluxo} \\ \text{de entrada} \\ \text{de energia} \end{pmatrix} - \begin{pmatrix} \text{fluxo} \\ \text{de saída} \\ \text{de energia} \end{pmatrix}$$

ou

$$\frac{dE}{dt} = \dot{E}_{ent} - \dot{E}_{sai}$$

(4.22)

O uso dessa relação é ilustrado nos Exemplos 4.9 e 4.10. A mesma abordagem usada para calcular os balanços térmicos pode ser utilizada para investigar a eficiência energética de diferentes produtos, processos e sistemas. Mais adiante neste capítulo, será utilizado um balanço térmico na tomada de decisão sobre a eficiência energética de uma edificação.

---

exemplo / 4.9 Aquecimento de Água: Cenário 1

Um aquecedor de água elétrico com capacidade para 40 galões aquece a água que entra em uma casa. A água entra no aquecedor a uma temperatura de 10°C. O nível de aquecimento é definido no máximo, enquanto várias pessoas tomam banho consecutivamente. No nível de aquecimento máximo, se o aquecedor utiliza 5 kW de eletricidade e a taxa de uso da água equivale a 2 galões/minuto contínuos, qual é a temperatura da água que sai do aquecedor? Suponha que o sistema esteja em estado estável e que o aquecedor seja 100% eficiente, ou seja, perfeitamente isolado, e toda a energia utilizada aqueça a água.

solução

O volume de controle é o aquecedor de água. Como o sistema está em estado estável, *dE/dt* é igual a zero. O fluxo de energia adicionado ao aquecedor elétrico aquece a água que entra nele até a temperatura de saída. Portanto, o balanço energético é:

$$\frac{dE}{dt} = 0 = \dot{E}_{ent} - \dot{E}_{sai}$$

O fluxo de energia no aquecedor de água vem de duas fontes: o conteúdo térmico da água que entra no aquecedor e o elemento de aquecimento elétrico. O conteúdo térmico da água que entra no aquecedor é o produto do fluxo de massa de água, da capacidade térmica e da temperatura de entrada. A energia adicionada pelo aquecedor é dada como 5 kW.

exemplo / 4.9 (continuação)

O fluxo de saída de energia do aquecedor de água é apenas a energia interna da água que sai do sistema ($\dot{m}_{H_2O} \times c \times T_{sai}$). Não há conversão líquida das outras formas de energia. Portanto, o balanço de energia pode ser reescrito da seguinte forma:

$$0 = (\dot{m}_{H_2O}cT_{ent} + 5\,kW) - \dot{m}_{H_2O}cT_{sai}$$

Cada termo dessa equação é um *fluxo de energia* e tem as unidades de energia/tempo. Para solucionar, coloque cada termo nas mesmas unidades — nesse caso, watts (1 W é igual a 1 J/s e 1.000 W = 1 kW). Além disso, a vazão hídrica (galões/minuto) precisa ser convertida para unidades de massa de água por unidade de tempo, usando a densidade da água. Combinando o primeiro e o terceiro termos, teremos:

$$0 = \dot{m}_{H_2O}c(T_{sai} - T_{ent}) + 5\,kW$$

$$0 = \frac{2\,gal\,H_2O}{min} \times \frac{3{,}785\,L}{gal} \times \frac{1{,}0\,kg}{L} \times \frac{4.184\,J}{kg \times °C} \times (T_{ent} - T_{sai}) + \frac{5.000\,J}{s} \times \frac{60\,s}{min}$$

$$= 3{,}16 \times 10^4 \frac{J}{min \times °C} \times (T_{ent} - T_{sai}) + 3{,}00 \times 10^5 \frac{J}{min}$$

Calcular T_{sai}:

$$T_{sai} = T_{ent} + 9{,}5°C = (10 + 9{,}5) = 19{,}5°C$$

É um banho frio! No entanto, faz sentido; muitas pessoas tomaram esse banho frio depois que a água quente do tanque foi utilizada nos banhos anteriores.

exemplo / 4.10   Aquecimento de Água: Cenário 2

O Exemplo 4.9 mostrou que é necessário esperar até a água do tanque reaquecer (tomara que seja por energia solar passiva!) antes de tomar um banho quente. Quanto tempo vai levar para a temperatura chegar aos 54°C, se nenhuma água quente for utilizada durante o período de aquecimento e a água entrar no aquecedor a 20°C?

solução

Nesse caso, supondo que o proprietário da residência não está tirando proveito da energia solar, a única entrada de energia é o aquecimento elétrico e nenhuma energia está saindo do tanque. Portanto, a taxa de aumento na energia interna é igual à taxa de utilização da energia elétrica:

$$\frac{dE}{dt} = \dot{E}_{ent} - \dot{E}_{sai} = \dot{E}_{ent} - 0$$

A partir da Tabela 4.4, ΔE = massa × c × ΔT, então podemos expressar a relação da seguinte forma:

$$\frac{dE}{dt} = \frac{(massa\ de\ H_2O) \times c \times \Delta T}{\Delta t}$$

e

$$\frac{(massa\ de\ H_2O) \times c \times \Delta T}{\Delta t} = \dot{E}_{ent} = 5.000\,J/s$$

Essa expressão pode ser solucionada para a variação de tempo, Δt, dado que ΔT é igual a 54°C – 20°C = 34°C:

$$\Delta t = \frac{(\text{massa de H}_2\text{O}) \times c \times \Delta T}{5.000\,\text{J/s}}$$

$$= \frac{\left(40\,\text{gal H}_2\text{O} \times \dfrac{3{,}785\,\text{L}}{\text{gal}} \times \dfrac{1{,}0\,\text{kg}}{\text{L}}\right)\left(4.184\,\dfrac{\text{J}}{\text{kg} \times °\text{C}}\right)(54°\text{C} - 20°\text{C})}{5.000\,\text{J/s}}$$

$$= 4{,}3 \times 10^3\,\text{s} = 1{,}2\,\text{h}$$

© M. Eric Honeycutt/iStockphoto.

Embora tenhamos desprezado a perda de calor nos Exemplos 4.9 e 4.10, no mundo real a perda de calor afeta significativamente a eficiência energética dos processos, sistemas e produtos. Por exemplo, a perda de calor em um tanque de aquecimento de água mal isolado requer mais energia para manter a água na temperatura desejada e pode ser uma fração significativa da energia total necessária. De modo similar, as janelas e o mau isolamento em uma casa costumam agir como condutos para a perda de calor, aumentando a quantidade de energia necessária para manter uma temperatura confortável.

O uso de energia adicional por causa da grande perda de calor evitada é significativo: a energia utilizada para compensar as perdas e os ganhos de calor indesejados, através das janelas nas edificações residenciais e comerciais, custa dezenas de bilhões de dólares por ano aos Estados Unidos. No entanto, quando selecionadas e instaladas de modo adequado, as janelas podem ajudar a minimizar os custos de aquecimento, arrefecimento e iluminação de uma residência. Essa noção é mais explorada neste capítulo por meio de uma discussão dos valores de resistência (valores de R), balanço térmico e eficiência energética.

exemplo / 4.11 Poluição Térmica das Usinas de Energia

A segunda lei da termodinâmica afirma que a energia térmica não pode ser convertida para trabalho com 100% de eficiência. Como consequência, uma fração significativa do calor liberado nas usinas de energia é perdida como calor residual. Nas usinas de energia grandes e modernas, essa perda contribui para 65-70% do calor total liberado pela combustão.

Uma usina de energia elétrica típica alimentada a carvão produz 1.000 W de eletricidade queimando combustível com um teor energético de 2.800 MW; 340 MW são perdidos aquecendo a chaminé, deixando 2.460 W para as turbinas que acionam um gerador que produza eletricidade. No entanto, a eficiência térmica das turbinas é de apenas 42%. Isso significa que 42% dessa energia é utilizada para acionar o gerador, mas o resto (58% de 2.460 = 1.430 MW) é calor residual que deve ser removido pela água de arrefecimento. Suponha que a água de arrefecimento de um rio adjacente, cuja vazão total é de 100 m³/s, seja utilizada para remover o calor residual. Quanto a temperatura do rio aumentará por causa da adição desse calor?

exemplo / 4.11 *(continuação)*

solução

Este problema é similar ao Exemplo 4.9, pois uma quantidade especificada de calor é adicionada a um fluxo de água, e o aumento resultante na temperatura deve ser determinado. Um balanço energético pode ser escrito sobre a região do rio à qual o calor é adicionado. Aqui, T_{ent} representa a temperatura da água a montante e T_{sai} representa a temperatura da água após o aquecimento:

$$\frac{dE}{dt} = \dot{E}_{ent} - \dot{E}_{sai}$$

$$0 = \left(1.430 \text{ MW de calor da usina de energia}\right) + \left(\dot{m}_{H_2O} \times c \times T_{H_2O_{ent}}\right) - \left(\dot{m}_{H_2O} \times c \times T_{H_2O_{sai}}\right)$$

Reorganizando, temos:

$$\dot{m}_{H_2O} \times c \times (T_{sai} - T_{ent}) = 1.430 \text{ MW}$$

O restante do problema é essencialmente a conversão de unidades. Para obter $\dot{m}_{H_2O}$, é preciso multiplicar a vazão volumétrica do rio pela densidade da água (aproximadamente 1.000 kg/m^3). A capacidade térmica da água, $c = 4.184 \text{ J/kg-}^\circ\text{C}$, também é necessária. Desse modo:

$$\left(100 \frac{\text{m}^3}{\text{s}} \times 1.000 \frac{\text{kg}}{\text{m}^3}\right) \times \left(4.184 \frac{\text{J}}{\text{kg} \times {}^\circ\text{C}}\right) \times \Delta T = 1.430 \times 10^6 \text{ J/s}$$

Calculando ΔT:

$$\Delta T = 3{,}4\,^\circ\text{C}$$

A consideração desse aumento na temperatura também é importante, já que a constante da lei de Henry para o oxigênio muda com a temperatura. Isso resulta em uma menor concentração de oxigênio dissolvido no rio na água mais quente, que pode ser nociva para a vida aquática.

4.2.3 IMPACTO DAS EMISSÕES DE GASES DO EFEITO ESTUFA NO BALANÇO ENERGÉTICO DO PLANETA

A temperatura média da superfície terrestre é determinada por um balanço entre a energia fornecida pelo Sol e a energia irradiada pela Terra para o espaço. A energia irradiada para o espaço é emitida na forma de radiação infravermelha. Conforme ilustrado na Figura 4.12, parte dessa radiação é absorvida na atmosfera. Os gases responsáveis por essa absorção se chamam **gases do efeito estufa**. Sem eles, a Terra não seria habitável, conforme demonstrado na Aplicação 4.3.

As mudanças nas concentrações atmosféricas do dióxido de carbono — o mais importante dos gases do efeito estufa — ao longo do tempo são exibidas na Figura 4.14. O aumento das concentrações atmosféricas do dióxido de carbono — bem como do metano, óxido nitroso, clorofluorcarbonos e ozônio troposférico, que ocorreram em consequência das atividades humanas — aumenta o valor de $E_{efeito\,estufa}$. Esse maior efeito estufa, chamado **efeito estufa antropogênico**, atualmente equivale a um aumento no fluxo de energia para a Terra de, aproximadamente, 2 W/m². Projeções indicam que o aumento poderá ser de até 5 W/m² ao longo dos próximos 50 anos.

© Mehmet Salih Guler/iStockphoto.

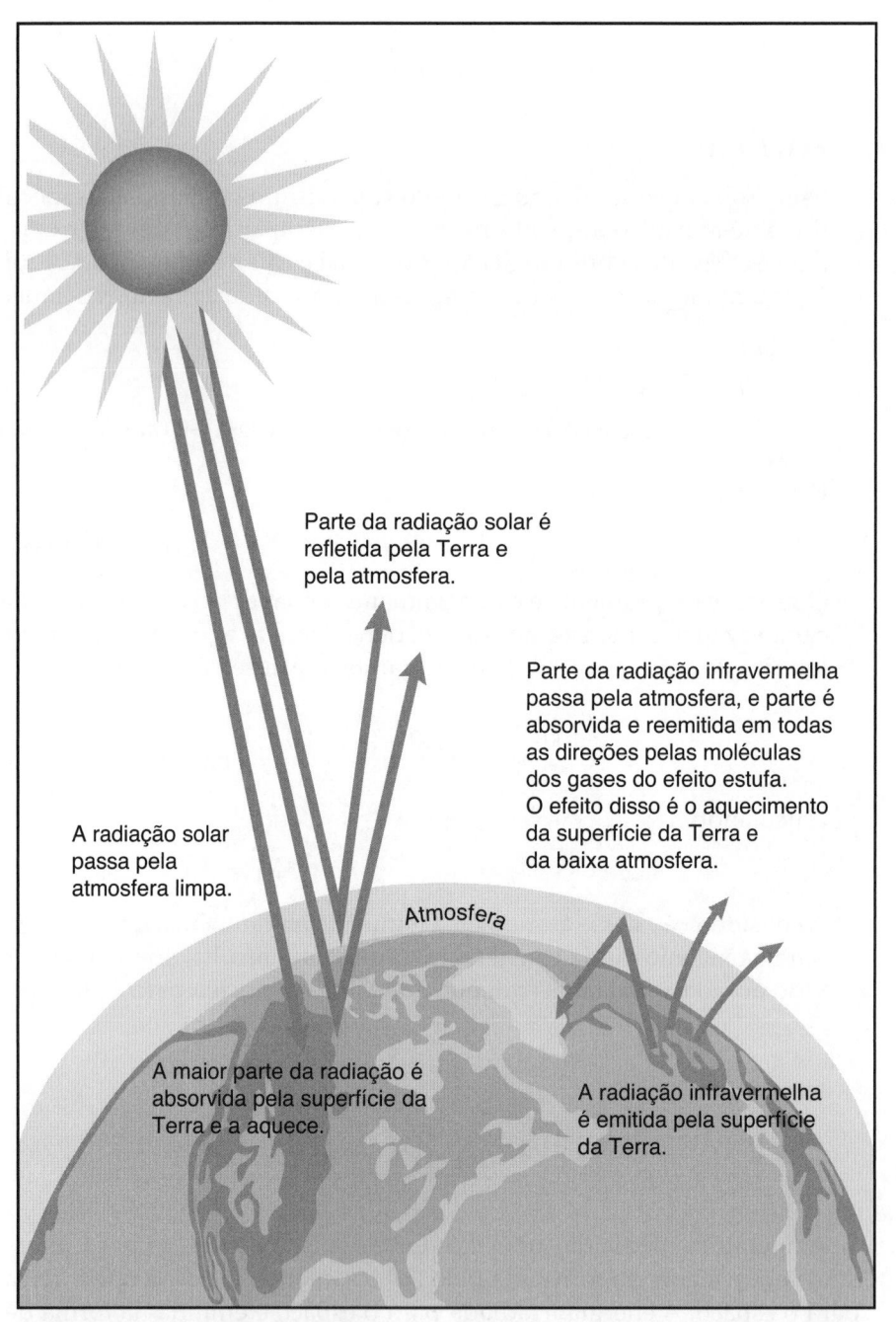

Figura / 4.12 O Efeito Estufa

(Redesenhada de *Our Changing Planet: The FY 1996 U.S. Global Change Research Program*, Report by the Subcommittee on Global Change Research, Committee on Environment and Natural Resources Research of the National Science and Technology Council (supplement to the President's fiscal year 1996 Budget).)

À medida que a energia absorvida pelos gases do efeito estufa aumenta, outro termo no balanço energético deve responder para manter o estado estável. Se a radiação solar absorvida pela Terra permanecer constante, a temperatura média da Terra deve aumentar. A magnitude do aumento resultante na temperatura depende da resposta do sistema climático global complexo, incluindo mudanças na nebulosidade e na circulação oceânica.

O balanço energético da Terra está sendo cada vez mais alterado pelas atividades humanas, principalmente pela adição de dióxido de carbono à atmosfera por meio da queima de combustíveis fósseis. Calcule a temperatura média global da Terra sem os gases do efeito estufa e mostre o efeito que esses gases geram no balanço energético da Terra.

solução

Um balanço energético pode ser escrito com a Terra inteira sendo o volume de controle. Nesse sistema, o objetivo é calcular a temperatura média anual da Terra. Em períodos de tempo de pelo menos 1 ano, é razoável supor que o sistema esteja em estado estável. O balanço energético é:

$$\frac{dE}{dt} = 0 = \dot{E}_{ent} - \dot{E}_{sai}$$

O fluxo de energia de entrada é igual à energia solar interceptada pela Terra. Na distância entre a Terra e o Sol, a radiação solar é 1.368 W/m², denominada S. A Terra intercepta uma quantidade de energia igual a S vezes a área transversal da Terra: $S \times \pi r_e^2$. Entretanto, como a Terra reflete aproximadamente 30% da sua energia de volta para o espaço, $\dot{E}_{ent}$ é igual a apenas 70% desse valor:

$$\dot{E}_{ent} = 0,7 S \pi R_e^2$$

O segundo termo, $\dot{E}_{sai}$, é igual à energia irradiada para o espaço pela Terra. A energia emitida por unidade de área de superfície da Terra é fornecida pela lei de Boltzmann:

(Fluxo de energia por unidade de área) = σT^4

em que σ é a constante de Boltzmann, igual a $5{,}67 \times 10^{-8}$ W/m²-K⁴. Para obter $\dot{E}_{sai}$, esse valor é multiplicado pela área de superfície total da Terra, $4 \pi R_e^2$. (A área de superfície total da esfera é utilizada porque a energia é irradiada para longe da Terra durante o dia e a noite.)

$$\dot{E}_{sai} = 4\pi R_e^2 \sigma T^4$$

Para calcular o balanço energético, faça $\dot{E}_{ent}$ igual a $\dot{E}_{sai}$:

$$4\pi R_e^2 \sigma T^4 = 0{,}7 S \pi R_e^2$$

Simplifique:

$$T^4 = \frac{0{,}7 S}{4\sigma}$$

Substituindo os valores de S e σ, temos a temperatura média anual da Terra: $T = 255$ K ou $-18°$C.

Isso é frio demais! Na verdade, a temperatura média global na superfície da Terra é muito mais quente: 287 K. A razão para essa diferença é a presença de gases na atmosfera, que absorvem a radiação infravermelha emitida pela Terra e a impede de chegar ao espaço. Esses gases, que incluem vapor d'água, CO_2, CH_4 e N_2O, foram desprezados no balanço energético inicial. Para incluir sua influência, podemos acrescentar um novo termo no balanço energético: o fluxo de energia absorvido e retido pelos gases. Se o impacto da absorção de gases do efeito estufa for dado por $E_{efeito\ estufa}$, então o termo $\dot{E}_{sai}$ corrigido é:

$$\dot{E}_{sai} = 4\pi R_e^2 \sigma T^4 - E_{efeito\ estufa}$$

A redução em $\dot{E}_{sai}$ que resulta da absorção dos gases do efeito estufa é suficiente para causar o aumento observado na temperatura da superfície. Certamente, isso é um fenômeno natural em grande parte, já que as temperaturas da superfície estavam bem acima de 255 K muito antes de os humanos começarem a queimar combustíveis fósseis. No entanto, as atividades humanas — principalmente a queima de combustíveis fósseis — estão mudando significativamente a composição atmosférica e aumentando a magnitude do efeito estufa.

Os **revestimentos transparentes** são um componente importante das janelas, aquecedores solares de água, estufas e outras tecnologias que incorporam o aquecimento solar passivo para aprisionar o calor associado à radiação solar incidente. Os materiais utilizados nos revestimentos transparentes incluem vidro, acrílicos, policarbonatos e polietileno. O revestimento transparente permite que a radiação de onda curta proveniente do Sol passe através dele. Após passar pelo revestimento, a radiação de onda curta é absorvida pelas superfícies e pelos materiais, como água e alvenaria, que consistem em excelentes coletores de energia solar. Alguma radiação de comprimento de onda longo é emitida por essas superfícies. A radiação de onda longa não consegue passar facilmente pelo material do revestimento transparente, de forma que o coletor aquece. Conforme a Figura 4.13, os materiais de revestimento transparentes funcionam de modo parecido com os gases do efeito estufa, que prendem a radiação solar e levam à mudança climática.

Figura / 4.13 Funcionamento dos Materiais de Revestimento Transparentes   Os materiais de revestimento transparentes permitem que a radiação de onda curta emitida pelo Sol passe pelo revestimento transparente, mas a radiação de onda longa refletida não consegue passar por esse revestimento. Isso é similar aos gases do efeito estufa, que aprisionam a radiação solar e levam à mudança climática.

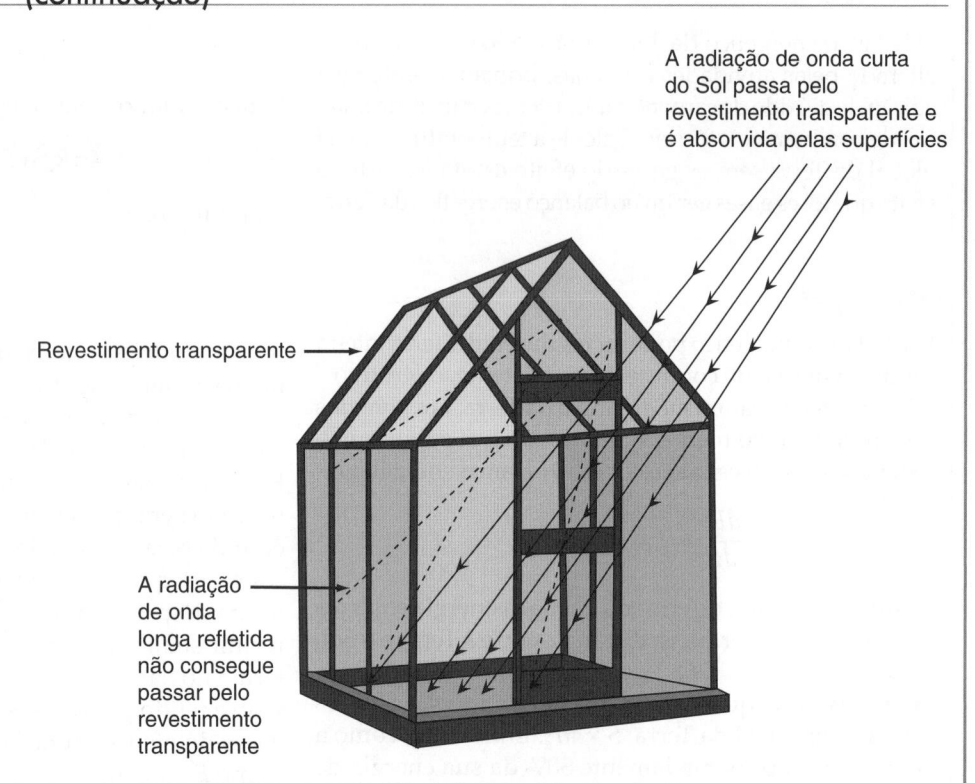

A radiação de onda curta do Sol passa pelo revestimento transparente e é absorvida pelas superfícies

Revestimento transparente

A radiação de onda longa refletida não consegue passar pelo revestimento transparente

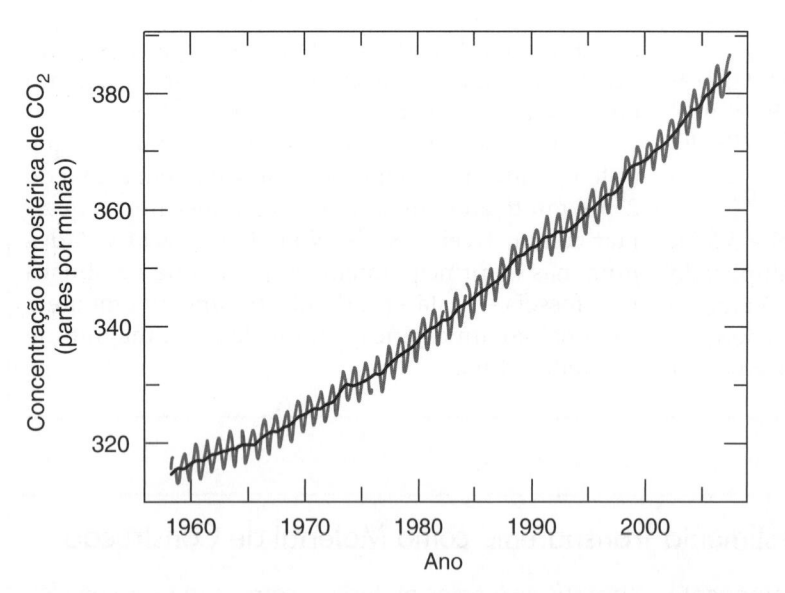

Figura / 4.14 Tendência Média Global da Concentração de Dióxido de Carbono   Essas medições do CO_2 foram feitas no observatório Mauna Loa, Havaí, pela National Oceanic and Atmospheric Administration. O aumento anual de aproximadamente 0,5% é atribuído à queima de combustíveis fósseis e ao desmatamento. O ciclo anual é o resultado da fotossíntese e da respiração, que resultam em uma redução do CO_2 durante a estação de crescimento no verão e a um aumento durante o inverno. A concentração média semanal alcançou 399,50 ppm em 5 de maio de 2013.

(Redesenhada de dados provenientes de NOAA; http://www.esrl.noaa.gov/gmd/ccgg/trends/.)

O **Painel Intergovernamental sobre Mudança Climática** (**IPCC**, *Intergovernmental Panel on Climate Change*) (covencedor do Prêmio Nobel da Paz de 2007) foi estabelecido pela Organização Meteorológica Mundial e pelo Programa das Nações Unidas para o Meio Ambiente (UNEP, *United Nations Environment Programme*) para avaliar as informações científicas, técnicas e socioeconômicas relacionadas com uma melhor compreensão da mudança climática. (Para obter mais informações, ver http://www.ipcc.ch/.) Mais de 2.000 cientistas notáveis compõem o IPCC.

Os atuais modelos climáticos globais preveem que o efeito estufa antropogênico vai causar um aumento médio da temperatura global (relativo a 1990) de 1,1–6,4°C em 2099 (IPCC, 2007b). As alterações resultantes no clima global e regional devem incluir mais chuvas e maior frequência de tempestades severas, embora algumas regiões do planeta possam sofrer uma maior frequência de seca ou até mesmo um resfriamento regional resultante das mudanças nos padrões de circulação atmosférica e oceânica. A Tabela 5.4 traz vários cenários diferentes de crescimento econômico e populacional, tecnologias de eficiência energética e de material, padrões de consumo, bem como o resultado previsto para mudanças climáticas e aumento do nível do mar.

Discussão em Sala de Aula
Usando os cenários e os desfechos listados na Tabela 4.5, como a população e o uso continuado de combustíveis fósseis afetam o aquecimento da Terra e o aumento do nível do mar?

Tabela / 4.5

Mudança de Temperatura e Aumento do Nível do Mar a partir de Vários Cenários Futuros Os cenários incluem o crescimento econômico e populacional, o desenvolvimento de tecnologia para eficiência energética e material, e padrões de consumo para 2090-2099.

Cenário	Mudança de temperatura (°C em 2090-2099 relativos a 1980-1999)		Aumento do nível do mar (m em 2090-2099 relativo a 1980-1999)
	Melhor estimativa	*Intervalo provável*	*Intervalo baseado em modelo**
B1: crescimento econômico rápido para economia de serviços e informações; população atinge o pico em meados do século e depois decai; reduções na intensidade dos materiais; tecnologias limpas/eficientes no consumo de recursos; soluções globais para a sustentabilidade, incluindo mais igualdade	1,8	1,1-2,9	0,18-0,38
A1T: crescimento econômico rápido; população atinge o pico em meados do século e depois decai; introdução rápida de novas e eficientes tecnologias; convergência entre as regiões; fontes de energia não fósseis	2,4	1,4-3,8	0,20-0,45
B2: soluções locais para a sustentabilidade; população aumenta continuamente; níveis intermediários de desenvolvimento econômico; mudança tecnológica mais lenta e diversa	2,4	1,4-3,8	0,20-0,43
A1B: o mesmo de A1T, exceto pelo balanço entre fontes de energia fósseis e não fósseis	2,8	1,7-4,4	0,21-0,48
A2: autossuficiência e preservação das identidades locais; população aumenta continuamente; desenvolvimento econômico orientado regionalmente; crescimento econômico *per capita* lento e fragmentado, e mudança tecnológica	3,4	2,0-5,4	0,23-0,51
A1F1: o mesmo de A1T, exceto pelas fontes de energia primordialmente fósseis	4,0	2,4-6,4	0,26-0,59

*Excluindo as mudanças dinâmicas e rápidas futuras no fluxo de gelo nas grandes regiões glaciais da Groenlândia e da Antártica. Baseado no IPCC (2007a).

As consequências globais do aquecimento serão importantes. A Figura 4.15 fornece alguns impactos esperados na água, nos ecossistemas, no alimento, nas áreas litorâneas e na saúde relativos ao aumento específico na temperatura média global. Não só os ecossistemas e a vida selvagem dependem intensamente do clima, mas a saúde humana e a economia também.

O impacto da mudança climática, naturalmente, vai ser diferente de acordo com o local. Por exemplo, as pequenas nações insulares, partes do mundo em desenvolvimento e determinadas regiões geográficas dos Estados Unidos serão afetadas em maior grau. Algumas indústrias serão mais afetadas do que outras. Os setores econômicos que dependem da

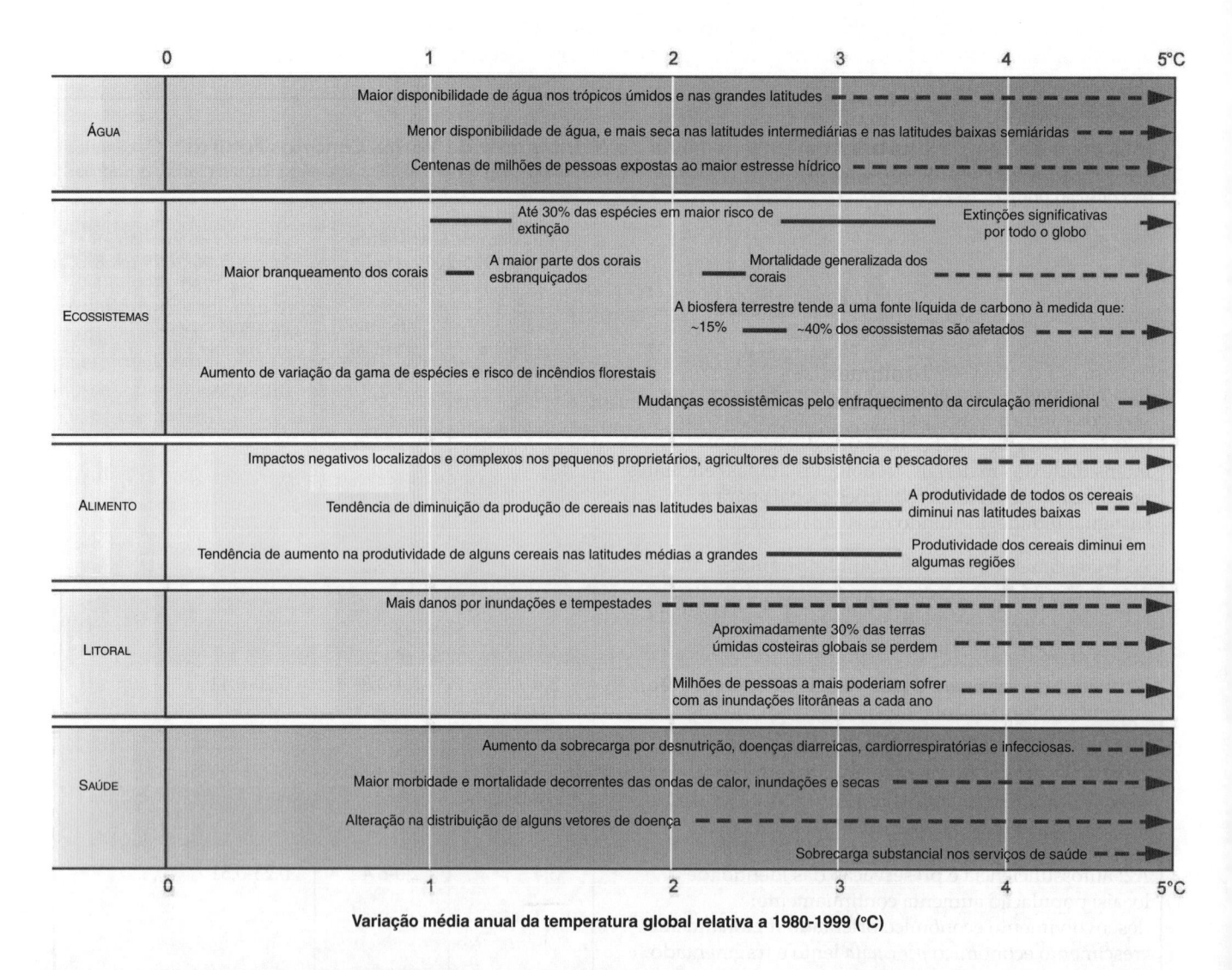

Variação média anual da temperatura global relativa a 1980-1999 (°C)

Figura / 4.15 **Exemplos ilustrativos dos impactos globais projetados para as mudanças climáticas (e para o aumento do nível do mar e dióxido de carbono atmosférico, onde forem relevantes) associadas a diferentes quantidades de aumento na temperatura superficial média global no século XXI.** As linhas cheias ligam os impactos e as setas tracejadas indicam os impactos que continuam com o aumento da temperatura. As entradas são colocadas para que o lado esquerdo do texto indique o início aproximado de um impacto. As entradas quantitativas do estresse hídrico e das inundações representam outros impactos da mudança climática relativos às condições projetadas nos intervalos A1FI, A2, B1 e B2 do Relatório Especial sobre Cenários de Emissão (SRES, *Special Report on Emissions Scenarios*) (ver Endbox3).

(A adaptação para a mudança climática não está incluída nessas estimativas. Os níveis de confiança de todas as declarações são altos, com a permissão do Painel Intergovernamental sobre Mudança Climática: Impactos, Adaptação e Vulnerabilidade, Resumo para os Legisladores, Tabela SPM.2, 2007.)

agricultura vão lutar mais com a variabilidade nos padrões climáticos, e o setor de seguros viverá tempos difíceis respondendo a eventos climáticos mais catastróficos.

4.2.4 EFICIÊNCIA ENERGÉTICA NAS EDIFICAÇÕES: ISOLAMENTO, INFILTRAÇÃO E PAREDES TÉRMICAS

Anteriormente neste capítulo, desenvolvemos uma expressão do balanço de massa de energia (Equação 4.22), e em seguida aplicamos essa expressão ao aquecimento de água e à poluição térmica.

De modo similar, um **balanço energético** pode ser utilizado para descrever um **banco térmico** em uma edificação, a fim de demonstrar os métodos para projetar e construir edificações mais eficientes energeticamente. Em uma edificação, o balanço térmico pode ser escrito da seguinte forma:

$$\begin{bmatrix} \text{mudança na energia} \\ \text{térmica interna +} \\ \text{externa por unidade de tempo} \end{bmatrix} = \begin{bmatrix} \text{calor para} \\ \text{a edificação} \end{bmatrix} - \begin{bmatrix} \text{perda de calor} \\ \text{da edificação} \end{bmatrix}$$

$$(4.23)$$

Em muitos cenários com edificações, presume-se que a temperatura da edificação seja mantida em um valor constante. Desse modo, a mudança na energia interna mais a externa por unidade de tempo na Equação 4.23 é igual a zero. Nesse caso, após a perda de calor ser determinada, é possível dimensionar um sistema de aquecimento (solar passivo e/ou mecânico) para compensar essa perda.

A *perda de calor* da edificação está relacionada com as perdas através da fachada da edificação (paredes, tetos, janelas, portas) e do fluxo de ar que ocorre por quaisquer rachaduras ou furos na edificação (infiltração). Geralmente, o calor adicionado a uma edificação convencional provém da conversão de combustíveis não renováveis, como o gás natural, o petróleo ou a eletricidade. O aquecimento sustentável requer que a edificação seja voltada para o Sol, isolada e que tenha um sistema de aquecimento projetado para tirar proveito da entrada da energia solar por meio de projeto solar passivo ou uso de energia renovável.

PERDA DE CALOR EM UMA EDIFICAÇÃO Para fins de demonstração, vamos desenvolver um balanço térmico da perda de calor associada a uma residência de 3.000 ft². Existem várias maneiras de fazer essa análise. Para a nossa análise, vamos introduzir e usar um termo chamado *graus-dia*. Também vamos usar Btu como a medida de energia (1 J = 9,4787 × 10^{-4}Btu). Um Btu é definido como a quantidade de calor que deve ser adicionada a 1 lb de água para elevar sua temperatura em 1°F.

Para simplificar o cálculo, supomos que a residência de 3.000 ft² é um cubo simples; com isso, as quatro paredes expostas têm, aproximadamente, 14,4 ft (largura) por 14,4 ft (comprimento) por 14,4 ft (altura). A área de cada parede tem cerca de 207 ft². A área do teto do cubo também teria 207 ft². Presume-se que essa edificação tenha especificações de isolamento de paredes R-19 e teto R-30, e que sua taxa de infiltração de ar é de 0,50 trocas de ar por hora de aquecimento.

PERDA DE CALOR PELA FACHADA DA EDIFICAÇÃO A perda de calor através da fachada da edificação (Btu/°F-dia) é determinada da seguinte forma:

$$\text{Perda térmica} = \frac{1}{R} \times A \times t \qquad (4.24)$$

O *valor R* é uma medida da resistência ao fluxo térmico. O inverso de R ($1/R$) é definido como o fluxo de Btu por uma seção de 1 ft² da fachada da edificação durante 1 h, período em que a diferença de temperatura entre o interior e o exterior do revestimento da edificação é 1°F. Na Equação 4.24, A é a área de uma seção da fachada (parede, janela, porta e teto) e t é o tempo (normalmente 24 h).

A perda térmica diária total através das quatro paredes e do teto pode ser determinada da seguinte forma:

$$\text{perda térmica} = \left[\left(\frac{1}{19} \frac{\text{Btu}}{\text{ft}^2\text{-}°\text{F-h}} \right) \right] \times 4 \text{ paredes} \times 207 \text{ ft}^2 \times \frac{24\,\text{h}}{\text{dia}}$$

$$+ \left[\left(\frac{1}{30} \frac{\text{Btu}}{\text{ft}^2\text{-}°\text{F-h}} \right) \times 1 \text{ teto} \times 207 \text{ ft}^2 \times \frac{24\,\text{h}}{\text{dia}} \right] \qquad (4.25)$$

Solucionando a Equação 4.25, temos:

$$\text{perda térmica} = 1.046 \frac{\text{Btu}}{°\text{F-dia}} + 6,9 \frac{\text{Btu}}{°\text{F-dia}} = 1.053 \frac{\text{Btu}}{°\text{F-dia}} \qquad (4.26)$$

A unidade de "°F-dia" na Equação 4,26 é definida como um **grau-dia**. Definido para aquecimento, um grau-dia é o número de graus Fahrenheit abaixo de 65° F por 24 horas. A Aplicação 4.5 discute os graus-dia em mais detalhes. No nosso exemplo, o valor determinado na Equação 4.26 pode ser escrito como 1.053 Btu/graus-dia.

Uma vez que a perda térmica total (em unidades de Btu/°F-dia) é determinada, esse valor pode ser multiplicado pelo número total de graus-dia para aquecimento em determinado local pelo período de tempo desejado (dia, mês ou ano). O valor resultante será o requisito energético total para aquecer a estrutura ao longo desse período de tempo.

Aplicação / 4.5 Graus-dia

Você deve ter visto o termo *graus-dia* sendo utilizado em sua conta de gás ou energia elétrica. Um **grau-dia** é um indicador que reflete a demanda energética utilizada para aquecer ou resfriar uma edificação. O Centro de Previsão Climática da NOAA fornece dados em graus-dia de quase 200 estações meteorológicas importantes nos Estados Unidos (www.cpc.ncep.noaa.gov/). O valor de referência utilizado nos cálculos é 65°F.

Um grau-dia definido para aquecimento é o número de graus Fahrenheit abaixo de 65°F para determinado período de tempo. Desse modo, se a temperatura diária média em um dia de inverno foi 32°F, isso equivaleria a 33 graus-dia de aquecimento durante esse período de 24 horas.

Um grau-dia definido para resfriamento é o número de graus Fahrenheit acima de 65°F para um período de tempo. Do mesmo modo, se uma temperatura diária média para uma temperatura de verão foi de 85°F, isso equivaleria a 20 graus-dia para resfriar durante esse período de 24 horas.

Os graus-dia podem ser somados por semana, mês ou ano a fim de determinar a demanda energética associada ao aquecimento e ao resfriamento.

Em nosso cálculo, a perda térmica através da fachada real da edificação seria diferente se decompuséssemos a fachada da edificação em mais detalhes, até a área associada aos componentes específicos dessa fachada (laterais, portas e janelas), e os valores de R específicos associados a esses componentes. Nesse caso, determinaríamos a perda térmica por cada componente da fachada da edificação e depois somaríamos essas quantidades para encontrar a perda térmica total.

exemplo / 4.12   Determinando a Importância do Isolamento na Minimização da Perda Térmica Através da Fachada de uma Edificação

Determine a perda térmica por uma parede isolada e uma parede não isolada.* Cada parede contém os seguintes materiais, que têm fatores R dados na seguinte tabela:

Componente da Parede	Fator R
1 polegada de reboco no exterior da parede	0,20
½ polegada de revestimento sob o reboco	1,32
½ polegada de *drywall* no interior da parede	0,45
Película de ar interna ao longo do interior da parede	0,68
Película de ar externa no lado de fora da parede	0,17

As 3,5 polegadas de espaço de ar na parede não isolada têm um fator R de 1,01. Se 3,5 polegadas de isolamento de fibra de vidro forem colocadas nesse espaço, ele terá um fator R de 11,0.

solução

Lembre-se de que a Equação 4.24 nos permitiu determinar a perda térmica através da fachada da edificação (Btu/°F-dia), da seguinte forma:

$$\text{perda térmica} = \frac{1}{R} \times A \times t$$

Para a parede não isolada, o valor de R combinado é igual a:

$$0,17 + 0,20 + 1,32 + 0,45 + 0,68 + 1,01 = 3,73$$

Para a parede isolada, o valor de R combinado é igual a:

$$0,17 + 0,20 + 1,32 + 0,45 + 0,68 + 11,0 = 13,72$$

Portanto, a perda térmica através da parede não isolada é igual a:

$$\frac{1}{3,73} \times 100 \text{ ft}^2 \times \frac{24 \text{ h}}{\text{dia}} = 643 \frac{\text{Btu}}{\text{°F-dia}} = 643 \frac{\text{Btu}}{\text{graus-dia}}$$

E a perda térmica através da parede isolada é igual a:

$$\frac{1}{13,72} \times 100 \text{ ft}^2 \times \frac{24 \text{ h}}{\text{dia}} = 175 \frac{\text{Btu}}{\text{°F-dia}} = 175 \frac{\text{Btu}}{\text{graus-dia}}$$

Repare que a parede com apenas 3,5 polegadas de isolamento de fibra de vidro adicionado tem uma perda térmica consideravelmente menor através da fachada da edificação. Conhecendo o número de graus-dia em determinada data do ano que requeira aquecimento, também podemos determinar os dias que requerem aquecimento.

*Esse exemplo se baseou em Wilson (1979).

PERDA TÉRMICA POR INFILTRAÇÃO

Para determinar a **perda térmica por causa da infiltração**, devemos conhecer o tamanho do recinto. Para o nosso cálculo simplificado, vamos supor que a residência de 3.000 ft^2 é um recinto gigante e que a taxa de infiltração do ar é 0,50 de troca de ar por hora de aquecimento. A perda térmica associada à infiltração é a quantidade de energia necessária para aquecer o ar perdido pelo recinto diariamente através de fissuras e furos na fachada da edificação. Para um volume do recinto ou da edificação, isso pode ser determinado da seguinte forma:

$$\begin{bmatrix} \text{perda térmica} \\ \text{por infiltração} \end{bmatrix} = \text{volume} \times \begin{bmatrix} \text{taxa de} \\ \text{infiltração} \\ \text{de ar} \end{bmatrix} \times \begin{bmatrix} \text{calor para elevar} \\ \text{a temperatura} \\ \text{do ar em 1}^{\circ}\text{F} \end{bmatrix}$$

$$(4.27)$$

Capacidade térmica é o termo utilizado para descrever o calor necessário para elevar a temperatura do ar. No nível do mar, são necessários 0,018 Btu de energia para aumentar a temperatura de 1 ft^3 de ar em 1°F. (A uma altura de 2.000 ft, esse valor é 0,017; a 5.000 ft, esse valor é 0,015.)

Na Equação 4.27, repare a importância do dimensionamento correto de uma edificação, uma vez que a perda térmica por infiltração está diretamente relacionada com o volume do espaço que está sendo analisado. (O mesmo vale para os requisitos de energia relacionados com o arrefecimento.) Uma característica de projeto popular nos lares americanos de hoje não é apenas o superdimensionamento de uma residência, mas também o projeto de um espaço de entrada com um teto alto tipo uma catedral. Após ler o resto desta seção, você será capaz de estimar a energia necessária para aquecer esses atributos de projeto insustentáveis.

Supondo que a edificação, no nosso exemplo, está situada no nível do mar, a perda térmica por infiltração é escrita da seguinte forma:

$$3.000\ \text{ft}^3 \times \left(\frac{0,5\ \text{troca de ar}}{\text{h}} \right) \times 0{,}018\ \frac{\text{Btu}}{\text{ft}^3\text{-}^{\circ}\text{F}} \times \frac{24\ \text{h}}{\text{dia}} = 648\ \frac{\text{Btu}}{^{\circ}\text{F-dia}} \quad (4.28)$$

Mais uma vez, usando nosso método de graus-dia, o valor de 648 Btu/°F-dia pode ser escrito como 648 Btu/graus-dia.

Repare na magnitude desse valor comparado ao valor que determinamos para a perda térmica através da fachada da edificação (Equação 4.26). A magnitude desse valor explica por que é importante criar uma edificação hermética através da especificação e da instalação adequada de vedação, calafetagem etc.

PERDA TÉRMICA TOTAL

Para determinar a carga de aquecimento total da edificação em nosso exemplo, podemos somar a perda térmica pela fachada da edificação e a perda térmica por infiltração:

$$1.053\ \frac{\text{Btu}}{^{\circ}\text{F-dia}} + 648\ \frac{\text{Btu}}{^{\circ}\text{F-dia}} = 1.701\ \frac{\text{Btu}}{^{\circ}\text{F-dia}} = 1.701\ \frac{\text{Btu}}{\text{graus-dia}} \quad (4.29)$$

A demanda total de energia para compensar a perda térmica é encontrada com a seguinte expressão:

$$\text{Demanda total de energia} = \text{perda térmica total} \times \begin{bmatrix} \text{graus-dia para} \\ \text{aquecer pelo} \\ \text{período de tempo} \end{bmatrix}$$

$$(4.30)$$

Suponha, mais uma vez, que a temperatura média em determinado dia de inverno seja 33°F. A partir da definição anterior de graus-dia, lembre-se de que a temperatura de 33°F resultaria em 32 graus-dia (65°F – 33°F = 32 graus-dia) nesse dia em particular. Desse modo, para o nosso exemplo, em que a temperatura média era 33°F, isso significaria que a edificação exigiria a seguinte quantidade de entrada de energia para o aquecimento diário:

$$1.071 \frac{Btu}{graus\text{-}dia} \times 32 \ graus\text{-}dia = 5{,}44 \times 10^4 \ Btu \qquad \textbf{(4.31)}$$

GANHO SOLAR PASSIVO E PAREDES TÉRMICAS No exemplo utilizado nesta seção para determinar a energia necessária para compensar a perda térmica, determinamos que, para um dia de inverno em que a temperatura média é 33°F, são necessários 5,44 × 10⁴ Btu de energia para aquecer a casa. A Equação 4.23 incluiu um termo chamado *calor para a edificação*. Isso adicionou calor para a edificação, que pode ser derivado de energia não renovável ou renovável. Felizmente, todo ou parte desse calor pode ser derivado do aproveitamento da energia fornecida pelo sol. Essa entrada de calor se chama **ganho solar passivo**.

As **paredes térmicas** tiram proveito da energia solar passiva e da condução térmica para transferir calor das áreas mais quentes para as mais frias. Caracteristicamente, elas empregam uma grande parede de concreto ou alvenaria para coletar e armazenar energia solar, e depois distribuir essa energia na forma de calor para um espaço da edificação. Um piso de alvenaria ou uma lareira também podem fazer isso em menor grau. A Figura 4.16 mostra exemplos de como as paredes térmicas podem ser incorporadas em um projeto de edificações mais sustentável, que tire proveito da ventilação natural e dos balanços. As habitações encravadas em penhascos dos Anasazi do sudoeste americano incorporam muitas dessas características de projeto.

© Chris Williams/iStockphoto.

As paredes térmicas podem ser dimensionadas para levar em conta uma fração da carga de aquecimento total. Primeiramente, o cálculo requer a determinação das perdas por aquecimento, como acabamos de fazer nesta seção. Em seguida, para determinado local e alguns pressupostos relacionados com a condutividade térmica e a capacidade térmica volumétrica do material da parede, bem como do tipo de revestimento transparente colocado entre a parede e o Sol, pode ser calculada a porcentagem de carga de aquecimento, que pode ser contabilizada com base em uma área da parede térmica. Por causa das restrições de espaço, não vamos entrar nesses cálculos. Os leitores são encaminhados para outras fontes (por exemplo, Wilson, 1979).

Como escrevemos no passado (Mihelcic *et al.*, 2007), o material ideal para construir uma parede térmica seria prontamente disponível, barato, não tóxico e teria propriedades térmicas ideais (por exemplo, capacidade e condutividade térmica). A água tem uma maior capacidade térmica volumétrica (62 Btu/cu ft-°F) do que a madeira, o adobe ou o concreto. Esses materiais têm valores de capacidade térmica que variam na casa dos 20. A água também é um material ideal para liberar energia térmica armazenada na forma de calor para um espaço edificado, pois os fluidos podem usar a convecção para distribuir calor. Além disso, a condutividade térmica da água (0,35 Btu-ft/ft²-h-°F) é muito mais alta do que a da madeira e do adobe seco. Desse modo, uma parede térmica construída com água vai proporcionar uma fração maior da carga de aquecimento necessária do

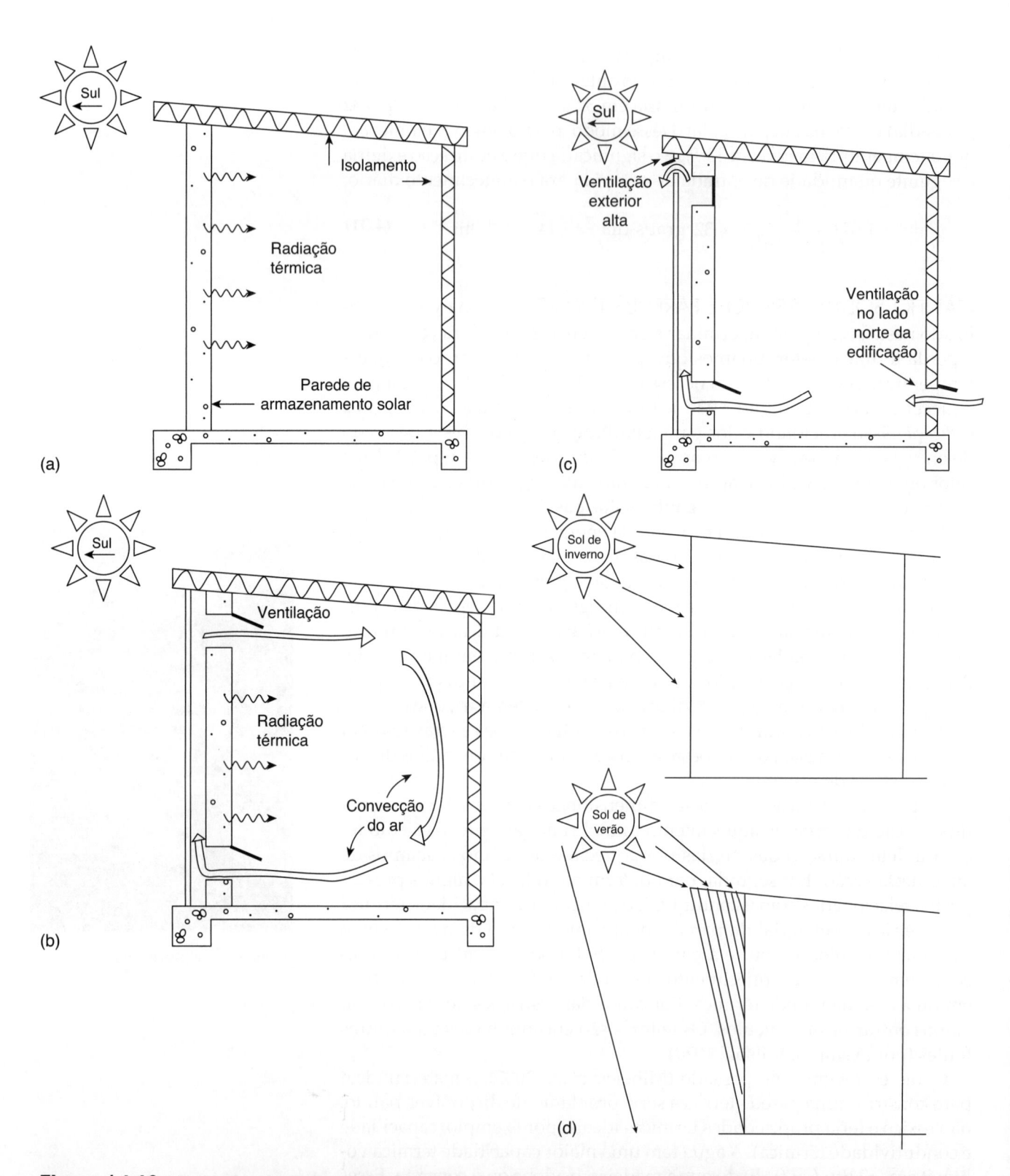

Figura / 4.16 **Exemplos de Projeto Solar Passivo e Ventilação Aplicáveis ao Hemisfério Norte** Esses métodos podem ser utilizados para eliminar ou minimizar a necessidade de aquecimento e resfriamento mecânicos. (a) As paredes térmicas usam transferência de calor para coletar e dissipar calor. (b) Os sistemas de ventilação podem usar convecção para fornecer aquecimento natural. (c) Os sistemas de ventilação podem proporcionar resfriamento natural. (d) Os balanços tiram proveito das propriedades térmicas do Sol durante os meses de inverno, enquanto minimizam o impacto do Sol durante os meses mais quentes do verão.

(Adaptada de Wilson (1979) com permissão da New Mexico Solar Energy Association (www.nmsea.org).)

que proporcionaria uma parede com dimensionamento similar construída com concreto ou pedra. As paredes térmicas simples preenchidas com água podem ser construídas com tambores de 55 galões pintados de preto e colocados no lado sul de uma edificação, atrás de algum tipo de vidraça.

Por causa da alta condutividade efetiva, a água é um material especialmente atraente nos casos em que o calor é necessário no início do dia. Os exemplos de lugares em que o calor é necessário no início do dia são as escolas e escritórios. Nas situações residenciais, em que uma família pode ficar fora de casa grande parte do dia e o calor é necessário à noite, uma parede de massa convencional pode ser uma opção melhor, já que libera a energia armazenada mais lentamente.

4.2.5 ILHA DE CALOR URBANA

O termo **ilha de calor** se refere ao ar urbano e às temperaturas de superfície que são mais altas nas vizinhanças das áreas rurais. Muitas cidades e subúrbios têm temperaturas do ar de até 10ºF (5,6ºC) acima da cobertura natural da terra no entorno. A Figura 4.17 mostra um perfil típico de ilha de calor de uma cidade. As temperaturas urbanas são tipicamente mais baixas na fronteira urbano-rural do que nas áreas densas do centro da cidade. O esboço também mostra como os parques e os espaços abertos criam áreas mais frescas. Essa é uma razão pela qual a inserção de verde no ambiente construído proporciona benefícios sociais e ambientais.

As ilhas de calor se formam à medida que as cidades substituem a cobertura do solo natural com pavimentação, edificações e outros elementos de infraestrutura (classificados como ambiente construído). Deslocar árvores e vegetação minimiza os efeitos do resfriamento natural das sombras e da evaporação da água do solo e das folhas (evapotranspiração). Os **materiais impenetráveis** têm propriedades térmicas (incluindo capacidade e condutividade térmica) e propriedades radioativas superficiais (albedo e emissividade) bem diferentes das de áreas rurais do entorno. Isso inicia uma mudança no balanço energético da área urbana, muitas vezes, fazendo com que ela atinja temperaturas mais altas — medidas tanto na superfície quanto no ar — do que o seu entorno (Oke, 1982). As edificações altas e as ruas estreitas podem aquecer o ar aprisionado entre elas, reduzindo assim o fluxo de ar. Isso é conhecido como *efeito cânion*. O

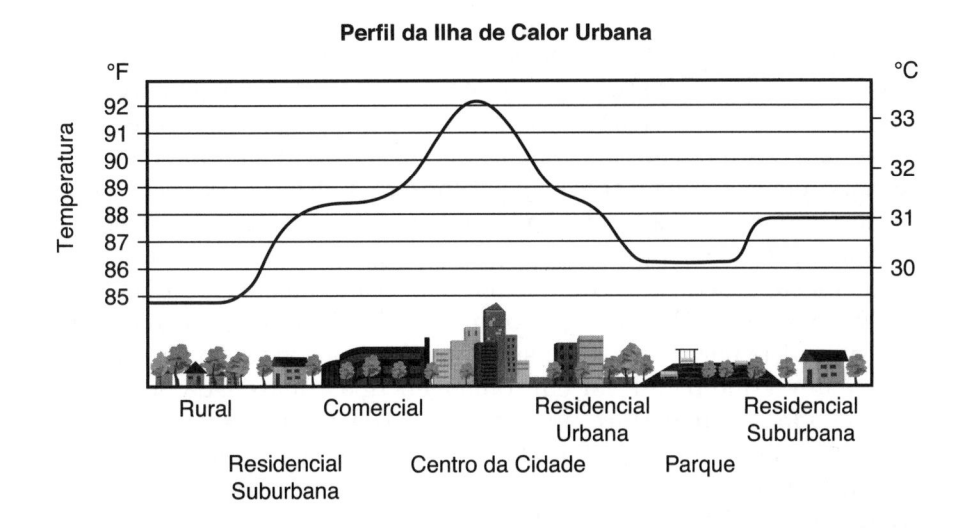

Perfil da Ilha de Calor Urbana

Figura / 4.17 **Perfil da Ilha de Calor Urbana** Esse perfil mostra que as temperaturas mais altas de até 10ºF (5,6ºC) podem ser encontradas nas áreas densas do centro da cidade, comparado com as áreas rurais, suburbanas e abertas circundantes. A geometria das ruas e edificações, junto com a dependência do ambiente construído de estruturas de alvenaria, concreto e asfalto, cujas propriedades térmicas volumétricas altas armazenam a energia do Sol, ajudaram a criar esse problema.

(Adaptada de United States Environmental Protection Agency (2007).)

calor residual dos veículos, fábricas e condicionadores de ar aquecem o entorno, exacerbando ainda mais o efeito de ilha de calor.

As **ilhas de calor urbanas** podem prejudicar a saúde pública de uma cidade, a qualidade do ar, a demanda energética e os custos de infraestrutura de várias maneiras (Rosenfeld *et al.*, 1997). As ilhas de calor prolongam e intensificam as ondas de calor nas cidades, deixando moradores e trabalhadores desconfortáveis e colocando-os em maior risco de exaustão por calor e insolação. Além disso, altas concentrações de ozônio no nível do solo agravam os problemas respiratórios, como a asma, colocando crianças e idosos particularmente em risco. As temperaturas mais quentes e o menor fluxo de ar aumentam a demanda por condicionamento do ar, aumentando o uso de energia quando a demanda já é alta. Por sua vez, isso contribui para a falta de energia e aumenta os gastos com energia, em um momento em que os custos da energia estão em seu nível mais alto. As ilhas de calor urbanas contribuem para o aquecimento global ao aumentarem a demanda por eletricidade para resfriar nossas edificações.

No entanto, o estudo das ilhas de calor urbanas é complicado. Por exemplo, nos climas mais frios, durante o inverno, o efeito da ilha de calor urbana pode fazer com que as temperaturas noturnas sejam menos severas, exigindo menos aquecimento. Além disso, pode ocorrer menos queda de neve e geadas, e as mudanças nos padrões de derretimento de neve podem mudar a hidrologia urbana desse derretimento.

Para investigar ainda mais as causas das ilhas de calor urbanas, pode ser escrito um balanço de energia em uma camada mais rasa (que é o volume de controle) na superfície do solo urbano, contendo ar e elementos de superfície, como mostra a Figura 4.18:

$$Q^* + Q_A - Q_H - Q_E - Q_G = \Delta Q_S \qquad (4.32)$$

Os termos da Equação 4.32 são definidos na legenda da Figura 4.18. Aqui, Q^* é a radiação líquida, a soma da radiação de onda curta de entrada e onda longa de saída. A radiação de onda curta de entrada é uma função do ângulo de zênite solar, e uma fração dela é refletida como radiação de onda curta de saída, que depende do **albedo** solar da superfície. Quanto maior o albedo da superfície, mais energia solar é refletida de volta para a atmosfera e sai da camada rasa, exibida na Figura 4.18. A radiação de onda longa incidente é emitida pelo céu e pelo ambiente circundante. A radiação de onda longa de saída inclui a emitida pela superfície e a radiação refletida de onda longa incidentes.

Q_A é a descarga de calor antropogênico total na caixa. Os dois primeiros termos ($Q^* + Q_A$) são balanceados pelo fluxo de calor sensível (Q_H), fluxo de calor latente (Q_E) e fluxo de calor no solo (Q_G). Calor sensível é a energia térmica transferida entre a superfície e o ar. Quando a superfície é mais quente do que o ar acima, o calor será transferido para cima no ar e vai sair da caixa via condução seguida por convecção. O fluxo de calor latente é produzido pela transpiração da vegetação e pela evaporação da água da superfície da Terra, que remove o calor da superfície na forma de vapor d'água. O fluxo de calor no solo é o fluxo de calor transferido da superfície para baixo até a subsuperfície via condução. Finalmente, ΔQ_S é um termo para levar em conta a energia armazenada ou retirada da camada. A temperatura ambiente dentro da camada será influenciada por ΔQ_S. Mais tarde, na Tabela 4.6, vamos investigar como os termos do balanço energético estão relacionados com o *layout* e os materiais incorporados ao ambiente construído.

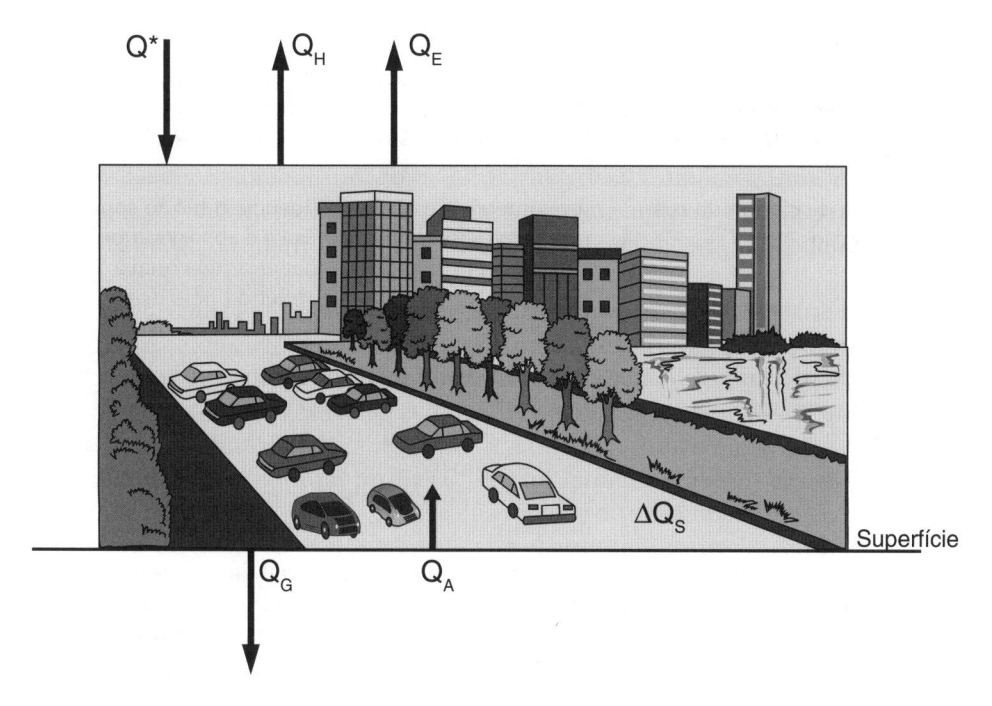

Figura / 4.18 **Balanço Energético Escrito para uma Camada Rasa na Superfície do Solo Urbano** Essa camada contém elementos de ar e superfície que compõem o ambiente construído. Q^* é a radiação líquida, Q_H é o fluxo de calor sensível, Q_E é o fluxo de calor latente, Q_G é o fluxo de calor no solo, Q_A é a descarga de calor antropogênica e ΔQ_S é a energia armazenada ou retirada da camada.

A magnitude da ilha de calor urbana pode ser descrita como a diferença entre as temperaturas das estações de monitoramento urbanas (u) e rurais (r) ($\Delta T_{u\text{-}r}$). Nesse sentido, $\Delta T_{u\text{-}r}$ será maior nas noites claras e frias, mas também pode depender da geometria da rua. Na seção mais densa do ambiente urbano, a magnitude desse termo de perda (parte de Q^*) é controlada pela nitidez com que o céu é visualizado no nível do solo. O fator de visualização do céu é aproximado pela proporção da altura da edificação para a largura da rua (H/W). O $\Delta T_{u\text{-}r}$ máximo (em °C) pode ser relacionado com a geometria da rua pela seguinte expressão (Oke, 1981):

$$\text{máximo } \Delta T_{u-r} = 7{,}45 + 3{,}97 \ln\left(\frac{H}{W}\right) \qquad \textbf{(4.33)}$$

Embora as considerações climáticas relacionadas com a geometria das ruas possam ser projetadas em um novo desenvolvimento urbano, pouco pode ser feito para modificar o efeito do cânion urbano sobre o clima nas cidades existentes. Nesses casos, o clima pode ser modificado pela escolha de superfícies, revestimentos e vegetação, somada à redução da quantidade de resíduos mecânicos que as cidades produzem.

A Tabela 4.6 relaciona muitos dos termos no balanço energético (Equação 4.32) com atributos projetados do ambiente urbano. Alguns atributos estão relacionados com a geometria física do *layout* das ruas. Outros incluem modificação das superfícies, escolhas de materiais, uso de pavimentos impenetráveis, preservação das terras úmidas, incorporação dos tetos verdes e tecnologias de desenvolvimento de baixo impacto para controlar as águas das chuvas.

Mitigação das Ilhas de Calor Urbanas
http://www.epa.gov/heatisland/mitigation/index.htm

Discussão em Sala de Aula As paisagens urbanas assentadas em uma direção mais espalhada, horizontal (em oposição à direção vertical densamente povoada em lugares como Manhattan), terão uma ilha de calor urbana menos extrema. Essa abordagem ao povoamento de uma área urbana é mais ou menos sustentável? Obviamente, a resposta não é fácil e vai exigir mais raciocínio e análise. A questão demonstra por que as soluções sustentáveis exigem que os engenheiros pensem além do seu projeto individual e, para solucionar os problemas, adotem uma abordagem de sistemas que incorpore uma perspectiva regional e global.

Atributos do Ambiente Urbano Relacionados com os Termos no Balanço Energético da Ilha de Calor

Projetar e modificar um ambiente urbano para alterar os processos climáticos requer uma compreensão desse balanço.

Termo do balanço energético	Atributo de um Ambiente Urbano que Altera o Termo do Balanço Energético	Modificações de Engenharia que Reduzem a Intensidade da Ilha de Calor Urbana
Radiação líquida de onda curta e onda longa, Q^*	Geometria de cânion da rua ou edificação	A geometria de cânion influencia o modo como a radiação de onda curta entra e é absorvida pelo ambiente construído e a maneira pela qual a radiação de onda longa é refletida pelo dossel urbano.
Calor adicionado pelo ser humano (Q_{humano})	Emissão de calor residual das edificações, fábricas e veículos	Embora seja um termo pequeno no balanço energético global, as edificações podem ser projetadas para reduzir a necessidade de resfriamento mecânico. As cidades podem ser planejadas para que dependam de motores mecânicos para movimentar pessoas e bens.
Fluxo de calor sensível, Q_H	Tipos de materiais de engenharia	Aumentar o albedo superficial das tintas e dos materiais de telhado vai limitar o fluxo de calor sensível entre a superfície e o ar. O albedo é uma medida da quantidade de energia solar refletida pela superfície. A geometria estreita do cânion pode resultar em menos fluxo de ar, que diminui o efeito de Q_H.
Fluxo de calor latente, Q_E	Tipos de materiais de engenharia e gerenciamento de água de tempestade	O fluxo de calor latente para fora do sistema é o resultado da evaporação da água. A energia é levada para fora na forma de vapor d'água (como energia mais alta nas moléculas de água na forma de vapor). O calor é extraído da vegetação ou da água. Esse é o mesmo processo do suor, no qual o corpo de uma pessoa é resfriado com o calor que sai na forma de calor latente. As superfícies impenetráveis e sem vegetação prejudicam o resfriamento por evaporação (a menos que a água seja aspergida sobre elas). O desenvolvimento de baixo impacto reconhece que deixar um pouco de água parada na superfície não é ruim, e a vegetação, como os telhados verdes e as árvores, é um atributo importante do ambiente construído urbano.
Maior armazenamento de calor	Diferentes capacidades para armazenar calor em diferentes tipos de materiais de construção	As condutividades térmicas do asfalto e do concreto são parecidas (1,94 *versus* 2,11 $J/m^3 - K$, respectivamente). A admissão térmica do asfalto e do concreto resulta em mais armazenamento de calor. As superfícies urbanas aquecem mais rápido do que as superfícies naturais e impenetráveis que retê água. Os materiais do ambiente construído têm uma capacidade maior para armazenar e liberar calor. As superfícies pavimentadas são espessas e mantêm contato com uma camada de solo subjacente. Porém, as edificações têm uma fachada mais fina que separa o ar interno do externo. Superfícies com albedo maior vão reduzir o calor armazenado.

FONTE: Baseado em Mills (2004).

4.3 Edificações: Dimensionamento Adequado e Energia

Atualmente, o americano médio gasta 85% do seu tempo em ambientes fechados. Esse fato, junto com os grandes fluxos de material necessários para construir, operar e manter uma edificação tem consequências importantes para os engenheiros. Nos Estados Unidos, as edificações usam cerca de um terço da energia total, dois terços da eletricidade e um oitavo da água, e transformam o solo que fornece serviços ecológicos valiosos. As edificações também contribuem com 40% do uso das matérias-primas globais (3 bilhões de toneladas por ano).

Os seis componentes de uma edificação são: (1) fundação, (2) superestrutura, (3) fachada, (4) divisões internas, (5) sistemas mecânicos e (6) móveis. Cada um desses componentes, durante cada estágio do ciclo de vida da edificação, tem um possível impacto adverso na saúde humana, bem como questões de uso da energia, uso da água, biodiversidade, e uso e liberação de substâncias químicas perigosas. A **eficiência energética** da fachada da edificação é uma função do tamanho dessa edificação, do quão bem isolada é a estrutura, do quão hermética é a estrutura e de como a área envidraçada da edificação (por exemplo, suas janelas) está orientada para tirar proveito do ganho de aquecimento solar.

A Tabela 4.7 fornece esses dados. Observe que, enquanto o tamanho médio de uma família nos Estados Unidos diminuiu de 3,67 membros, em 1940, para 2,62, em 2002, o tamanho médio das residências aumentou de 1.100 para 2.340 pés². O maior tamanho das habitações tem grandes implicações nos fluxos de material regional e global, junto com o uso de materiais e a produção de poluição durante a vida útil da residên-

---

exemplo / 4.13   Ilha de Calor Urbana e Geometria das Ruas

Suponha que uma área no centro da cidade tem 12 pés de pistas para veículos, duas pistas de 12 pés para ônibus, duas pistas de 12 pés para estacionamento e uma calçada de 12 pés em cada lado. Tudo isso é circundado por edificações de 10 andares com 125 pés de altura. Qual é o impacto máximo da ilha de calor urbana que pode ser experimentado?

solução

A ilha de calor urbana máxima no centro da cidade pode ser estimada pela aplicação da Equação 4.33. A largura da rua inclui as pistas de rolamento e as calçadas.

$$\text{máximo } \Delta T_{u-r} = 7,45 + 3,97 \ln (125 \text{ ft}/96 \text{ ft}) = 8,5°C$$

Repare como esse exemplo mostra a importância da geometria da rua e da edificação (denominada *cânion da rua*) na ilha de calor urbana. Tente fazer esse exemplo novamente com uma rua do mesmo tamanho, mas com prédios mais baixos. Uma vizinhança com o mesmo perfil de rua, mas com prédios de 40 pés de altura, terá um impacto máximo da ilha de calor de 4,0°C (Cambridge Systematics, 2005). Tente fazer o exemplo novamente para uma cidade histórica antiga com ruas estreitas, mas com prédios mais baixos. O que você descobriu a respeito da intensidade da ilha de calor urbana no centro da cidade quanto à sua relação com a geometria da rua, da edificação e a densidade populacional?

Antes e Agora: Aumentando o Tamanho do Lar Americano

	Antes	Agora
Número médio de ocupantes	3,67 em 1940	2,62 em 2002
Tamanho médio da casa	100 m² (1.100 pés²) nos anos 1940 e 1950	217 m² (2.340 pés²) em 2002
Garagem	48% das residências unifamiliares tinham uma garagem para 2 ou mais carros em 1967	82% dos lares tinham uma garagem para 2 ou mais carros em 2002
Condicionamento de ar	46% das novas residências tinham ar condicionado central em 1975	87% dos novos lares tinham ar condicionado em 2002

Maneiras de Poupar Energia
http://www.energysavers.gov

cia. Em termos de construção residencial, a Tabela 4.8 lista os materiais utilizados na construção de um lar americano de 2.082 pés². Mesmo os aparelhos promovidos a uma categoria de maior eficiência energética estão consumindo cada vez mais energia em virtude do seu tamanho maior (pense no tamanho das televisões).

O **dimensionamento correto** das edificações residenciais, comerciais e institucionais é uma ferramenta e um projeto importante para poupar materiais e produzir menos poluição durante *todos* os estágios do ciclo de vida da edificação. Como exemplo, em um estudo recente, foram aplicados diferentes cenários de isolamento de energia a residências de 1.500 pés² e 3.000 pés² situadas em cidades da América do Norte com diferentes climas (Boston e St. Louis). A Tabela 4.9 compara os requisitos de energia para aquecimento e resfriamento associados a cada edificação. Também é comparada a residência anterior do principal autor deste livro, situada no norte dos Estados Unidos.

Os dados na Tabela 4.9 mostram que quando a área de piso é cortada pela metade, os custos de aquecimento diminuem pouco mais que a metade e os custos de resfriamento são reduzidos em aproximadamente um terço. A casa antiga, menor, mas menos eficiente em termos energéticos, ainda usa menos energia do que a casa maior, nova e mais bem isolada. Além da energia necessária para aquecer e resfriar espaços maiores, as casas maiores também requerem trechos maiores de condutos e tubulações de água quente, que provocam as perdas de energia associadas ao transporte de ar quente, ar frio e água quente (Wilson e Boehland, 2005).

A residência altamente isolada, situada ao norte da região centro-oeste (remodelada pelo autor principal deste livro) não tem custo de resfriamento. Ela não possui sistema mecânico de condicionamento de ar, o que nega a necessidade de materiais associados a um sistema de resfriamento e fornecimento, junto com a energia associada ao ar frio. Além de estar em uma região geográfica relativamente fresca, a edificação é projetada para que o isolamento armazene ar frio obtido pela abertura das janelas durante a noite. A colocação estratégica das janelas, que capturam a bri-

Tabela / 4.8

**Materiais Utilizados para Construir uma Casa de 2.082 pés²
(193 m²) nos Estados Unidos** Acredita-se que casas maiores consumam mais
materiais por metro quadrado porque tendem a ter mais atributos e telhados maiores.

Componente	Quantidade
Madeira dos batentes	32,7 m²
Forro	1.073 m²
Concreto	15,35 ton
Laterais externas	280 m²
Telhado	264 m²
Isolamento	284 m²
Materiais das paredes internas	516 m²
Assoalho (cerâmica, madeira, carpete, assoalho flexível)	193 m²
Rede de condutos	69 m
Janelas	18
Armários	18
Portas internas	12
Portas de armário	6
Portas externas	3
Porta do pátio	1
Portas de garagem	2
Lareira	1
Banheiros	3
Banheiras	2
Chuveiros	1
Pias de banheiro	3
Pias de cozinha	1
Fogão	1
Refrigerador	1
Lava-louças	1
Lixeira	1
Coifa do fogão	1
Lava-roupas	1
Secadora de roupas	1

FONTE: Extraído de Wilson e Boehland, *Journal of Industrial Ecology*, MIT Press Journals, copyright (2005).

Tabela / 4.9

Comparativo do Uso Anual de Energia das Casas Pequenas *versus* Casas Grandes O fator *R* é uma medida da resistência ao fluxo de calor. No sistema métrico, R-19 é comparável a RSI-3.3.

Residência	Localização	Padrão Energético Relativo[a]	Aquecimento (milhões de Btu)	Resfriamento (milhões de Btu)	Custo de Aquecimento ($)[b]	Custo de Arrefecimento (S)[c]
3.000 ft²	Boston, MA	Bom	73	19	445	190
3.000 sq. ft²	St. Louis, MO	Bom	61	29	378	294
1.500 ft²	Boston, MA	Bom	35	13	217	131
1.500 ft²	St. Louis, MO	Bom	29	20	181	198
1.500 ft²	Boston, MA	Ruim	48	12	297	124
1.500 ft²	St. Louis, MO	Ruim	40	21	247	206
1.500 ft²	Northern U.S.	Alto	27[d]	0[e]	240	0

[a]"Bom" significa uma residência moderadamente isolada com paredes R-19, tetos R-30, janelas duplas de vinil, portas R-4.4, isolamento R-6 nos ductos de ar, infiltração de 0,50 de troca de ar por hora de aquecimento e 0,25 de troca de ar por hora de arrefecimento.
"Ruim" significa uma residência mal isolada com paredes R-13, sótão R-19, janela vinílica de vidro isolado, portas R-2.1, infiltração de 0,50 de troca de ar por hora de aquecimento e 0,25 de troca de ar por hora de arrefecimento. Os ductos de ar não são isolados.
"Alto" significa que a residência é projetada e construída cuidadosamente para ser hermética. Ela tem paredes R-25, R-50 no sótão, janelas vinílicas duplas, portas R-14, infiltração de 0,20 de troca e ar por hora de aquecimento.
[b]Os custos de aquecimento presumem que o gás natural custa US$ 0,50 por 100.000 Btu.
[c]Os custos de arrefecimento são presumidos em US$ 0,10 por kWh.
[d]O aquecimento consome duas achas de lenha de madeira de lei e pressupõe 17 milhões de Btu utilizáveis por acha.
[e]Nenhum condicionamento de ar instalado. O isolamento da edificação armazena ar frio obtido durante a noite e a colocação estratégica das janelas, o sombreamento das árvores e o uso de varanda contribuem para que não haja necessidade de resfriamento mecânico.
FONTE: Adaptado de Wilson e Boehland (2005). Com a permissão da Wiley-Blackwell.

sa prevalecente, bem como o uso do sombreamento das árvores e uma varanda sombreada também eliminam a necessidade de resfriamento mecânico.

A residência altamente isolada também é projetada para tirar proveito do aquecimento solar passivo no inverno, que não requer outra fonte de aquecimento nos dias ensolarados de inverno. A casa também incorpora o uso de aparelhos amplamente eficientes no uso da água e um sistema solar de aquecimento da água. É preferível pendurar as roupas para secar no lado de fora (mesmo no inverno) do que a secagem mecânica. Os ganhos de energia são feitos não apenas por dispensar bombeamento e tratamento da água, mas também pela economia de energia associada ao aquecimento da água.

Hoje, alguns projetistas de casas adotam essa abordagem diferente ao projeto de residências — uma abordagem concentrada não no tamanho, mas na qualidade e funcionalidade, em que o espaço é projetado para ser utilizado com o que é chamado de *eficiência de espaço*. Esse tipo de casa pode usar muito menos materiais, água e energia durante os vários estágios de vida: construção da edificação, ocupação e final de vida.

4.4 Processos de Transporte de Massa

Os processos de transporte movem substâncias químicas de onde elas são geradas, resultando em impactos que podem ser distantes da fonte de poluição. Além disso, os processos de transporte são utilizados no projeto dos sistemas de tratamento. Aqui, nossa discussão tem dois propósitos: proporcionar uma compreensão dos processos que causam o transporte de poluentes, e apresentar e aplicar as fórmulas matemáticas utilizadas para calcular os fluxos de poluentes resultantes.

4.4.1 ADVECÇÃO E DISPERSÃO

Os processos de transporte no meio ambiente podem ser divididos em duas categorias: advecção e dispersão. **Advecção** se refere ao transporte com o fluxo médio de fluido. Por exemplo, se o vento estiver soprando para o leste, a advecção vai carregar quaisquer poluentes presentes na atmosfera para o leste. De modo similar, se uma bolsa de corante for esvaziada no centro de um rio, a advecção vai carregar a mancha de corante resultante rio abaixo. Por outro lado, **dispersão** se refere ao transporte de compostos pela ação de movimentos aleatórios. A dispersão elimina descontinuidades agudas na concentração e resulta em perfis de concentração mais suaves, nivelados. De modo geral, os processos de advecção e dispersão podem ser considerados de maneira independente. Na mancha de corante no rio, enquanto a advecção move o centro de massa do corante rio abaixo, a dispersão espalha a mancha concentrada para uma região maior, menos concentrada.

DEFINIÇÃO DE DENSIDADE DE FLUXO DE MASSA O fluxo de massa ($\dot{m}$, com unidades de massa/tempo), discutido anteriormente neste capítulo, calcula as taxas de transporte da massa para dentro e para fora do volume de controle nos balanços de massa. Como os cálculos do balanço de massa são sempre referentes a um volume de controle específico, esse valor se refere claramente à taxa com que a massa é transportada *através da fronteira do volume de controle*. No entanto, nos cálculos de fluxos advectivos e dispersivos, não será criado um volume de controle específico, bem definido. Em vez disso, determinamos a **densidade do fluxo** através de um plano imaginário orientado, perpendicularmente, à direção da transferência de massa.

A densidade de fluxo de massa resultante é definida como a taxa de massa transferida no plano por unidade de tempo por unidade de área. O símbolo J será utilizado para representar a densidade de fluxo, expressada como a taxa por unidade de área com que a massa é transportada por um plano imaginário. J tem unidades de (massa/tempo ao quadrado).

O fluxo de massa total através de um limite ($\dot{m}$) pode ser calculado a partir da densidade de fluxo. Para isso, multiplique J pela área do limite:

$$\dot{m} = J \times A \tag{4.34}$$

O processo de transferência de massa que J descreve pode resultar de advecção, dispersão ou uma combinação dos dois processos.

CÁLCULO DO FLUXO DE ADVECÇÃO O **fluxo de advecção** se refere ao movimento de um composto junto com o ar ou a água fluindo. Desse modo, a densidade do fluxo de advecção depende da concentração e da velocidade de fluxo:

$$J = C \times v \tag{4.35}$$

Discussão em Sala de Aula

Investigue os requisitos mínimos de isolamento das construções novas em sua área e compare-os com os dados na Tabela 4.9 e com esse exemplo. Por que mais consumidores não tiraram proveito do custo e das estratégias de economia de energia, por exemplo, instalar isolamento, janelas e portas energeticamente eficientes ou aquecedores de água sem tanque?

A velocidade do fluido, v, é uma quantidade vetorial. Ela tem magnitude e direção, e o fluxo J se refere ao movimento da massa de poluentes na mesma direção do fluxo de fluido. Geralmente, o sistema de coordenadas é definido para que o eixo x seja orientado na direção do fluxo de fluido. Nesse caso, o fluxo J vai refletir um fluxo na direção x, e o fato de J ser uma quantidade vetorial será ignorado.

DISPERSÃO   A dispersão resulta de movimentos aleatórios de dois tipos: o movimento aleatório das moléculas e os redemoinhos aleatórios que surgem no fluxo turbulento. A dispersão do movimento molecular aleatório é chamada *difusão molecular*; a dispersão que resulta dos redemoinhos turbulentos se chama *dispersão turbulenta* ou *dispersão em redemoinho*.

Lei de Fick   A **lei de Fick** é utilizada para calcular a densidade de fluxo dispersivo. Ela pode ser derivada pela análise da transferência de massa resultante do movimento aleatório das moléculas de gás.[1] O propósito dessa derivação é proporcionar uma compreensão qualitativa e intuitiva que justifique a ocorrência da difusão, e a derivação é útil apenas para essa finalidade. Nos problemas nos quais é necessário calcular o fluxo difusivo, vamos usar a lei de Fick (Equação 4.45, derivada posteriormente nesta seção).

Considere uma caixa dividida inicialmente em duas partes, como mostra a Figura 4.19. Cada lado da caixa tem uma altura, uma profundidade de uma unidade e uma largura de tamanho Δx. Inicialmente, a porção esquerda da caixa é preenchida com 10 moléculas do gás x e o lado direito com 20 moléculas do gás y, como mostra a metade superior da Figura 4.19. O que acontece se a divisória for removida?

As moléculas nunca são estacionárias. Todas as moléculas na caixa estão se movendo constantemente e, a qualquer momento, elas têm alguma probabilidade de atravessar a linha imaginária no centro da caixa. Suponha que as moléculas em cada lado sejam contadas a cada Δt segundos. A probabilidade de uma molécula atravessar a linha central durante o período entre as observações pode ser definida como k, que presumidamente

---

exemplo / 4.14   Cálculo da Densidade de Fluxo de Advecção

Calcule a densidade de fluxo médio J do fósforo a jusante da descarga de águas residuais do Exemplo 4.2. A área transversal do rio é 30 m².

solução

No Exemplo 4.2, foram determinadas as seguintes condições a jusante da mancha em que a tubulação descarregou em um rio: taxa de fluxo volumétrico $Q = 26$ m³/s e concentração a jusante $C_d = 0{,}20$ mg/L. A velocidade média do rio é $v = Q/A = (26$ m³/s$) / (30$ m²$) = 0{,}87$ m/s. Usando a definição de densidade de fluxo (Equação 4.35), podemos calcular J:

$$J = \left[(0{,}20\,\text{mg/L}) \times \frac{10^3\,\text{L}}{\text{m}^3} \right] \times (0{,}87\,\text{m/s})$$

$$= 174\,\text{mg/m}^2\text{-s ou } 0{,}17\,\text{g/m}^2\text{-s}$$

---

[1]Essa derivação se baseia fortemente na derivação apresentada por Fischer et al. (1979).

é igual a 20% (qualquer valor serviria para a finalidade atual). A primeira vez que a caixa é verificada, após um período Δt, 20% das moléculas originalmente à esquerda terão passado para a direita, e 20% das moléculas originalmente à direita terão passado para a esquerda. A contagem das moléculas em cada lado produz a situação exibida na parte inferior da Figura 4.19. Oito moléculas de x permanecem à esquerda e duas passam para a direita, enquanto 16 moléculas de y permanecem à direita, com quatro tendo passado para a esquerda.

Como as caixas têm tamanhos iguais, a concentração dentro de cada caixa é proporcional ao número de moléculas dentro da mesma. Portanto, o movimento aleatório das moléculas nas caixas reduziu a diferença de concentração entre as caixas, com a diferença caindo de $(20 - 0)$ a $(16 - 4)$, para as moléculas de y, e de $(10 - 0)$ a $(8 - 2)$, para as moléculas de x. Esse resultado leva a uma propriedade fundamental dos processos dispersivos: a dispersão move a massa das regiões de alta concentração para as regiões de baixa concentração e reduz os gradientes de concentração.

A densidade de fluxo J também pode ser derivada do experimento de duas caixas. Para esse cálculo, é utilizada novamente a situação exibida na Figura 4.19, com a probabilidade de qualquer molécula cruzar o limite central durante um período Δt igual a k. Como cada molécula pode ser considerada de maneira independente, o movimento de um único tipo de molécula — digamos, molécula y — pode ser analisado.

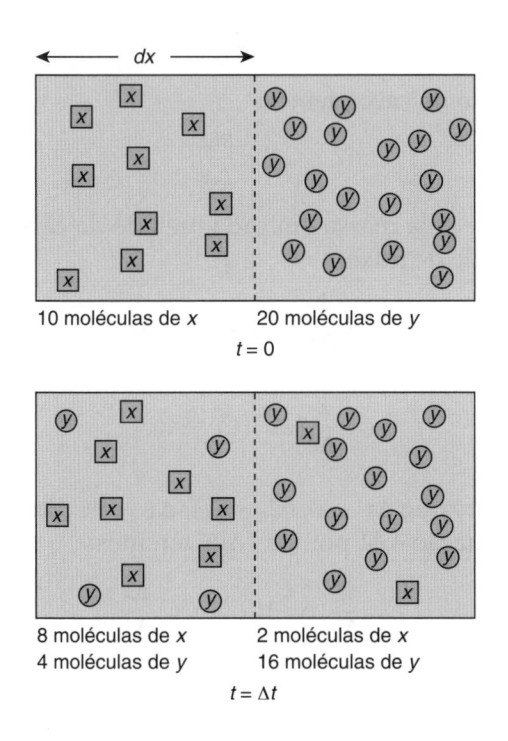

10 moléculas de x 20 moléculas de y

$t = 0$

8 moléculas de x 2 moléculas de x
4 moléculas de y 16 moléculas de y

$t = \Delta t$

Figura / 4.19 **Difusão das Moléculas de Gás em uma Caixa** Uma caixa é dividida em duas regiões de mesmo tamanho. Dez moléculas de gás de um tipo (x) são adicionadas ao lado esquerdo, enquanto 20 moléculas de gás de outro tipo (y) são adicionadas ao lado direito. Embora sejam distinguíveis, os dois tipos de moléculas são idênticos em todos os aspectos físicos. Às vezes, a divisória que separa as duas regiões é removida. Como consequência do movimento aleatório, cada molécula dentro da caixa tem uma probabilidade de 20% de passar para o lado oposto da caixa durante cada intervalo de tempo Δt. O resultado após um intervalo de tempo é exibido na figura inferior.

(De Fischer *et al.*, *Mixing in Inland and Coastal Waters*, Copyright Elsevier (1979).)

Considere m_L a massa total da molécula y na metade esquerda da caixa e m_R igual à massa no lado direito. Como a nossa caixa tem altura e profundidade unitárias, a área perpendicular à direção da difusão é uma unidade quadrada. Desse modo, a densidade de fluxo (o fluxo por unidade de área) é igual à taxa de transferência de massa através do limite. A quantidade de massa transferida da esquerda para a direita em um único intervalo de tempo é igual a km_L, já que cada molécula tem uma probabilidade k de cruzar o limite, enquanto a quantidade transferida da direita para a esquerda durante o mesmo período é km_R. Desse modo, a taxa líquida de fluxo de massa da esquerda para a direita através do limite é igual a $(km_L - km_R)$ dividido por Δt:

$$J = \frac{k}{\Delta t}(m_L - m_R) \tag{4.36}$$

Uma vez que é mais conveniente trabalhar com concentrações do que com valores de massa total, a Equação 4.36 precisa ser convertida para unidades de concentração. A concentração em cada metade da caixa é dada por:

$$C_L = \frac{m_L}{\Delta x \times (\text{altura}) \times (\text{profundidade})} \tag{4.37}$$

Como a altura e a profundidade são iguais a 1, podemos simplificar:

$$= \frac{m_L}{\Delta x} \tag{4.38}$$

Para o lado direito da caixa, temos:

$$C_R = \frac{m_R}{\Delta x} \tag{4.39}$$

Substituindo $C\Delta x$ pela massa em cada metade da caixa, podemos solucionar a densidade de fluxo:

$$J = \frac{k}{\Delta t}(C_L \Delta x - C_R \Delta x) \tag{4.40}$$

$$= \frac{k}{\Delta t}(\Delta x)(C_L - C_R) \tag{4.41}$$

Finalmente, repare que $\Delta x \to 0$, $(C_R - C_L)/\Delta x \to dC/dx$. Portanto, se multiplicarmos a Equação 4.41 por $(\Delta x / \Delta y)$, teremos:

$$J = \frac{k}{\Delta t}(\Delta x)(C_L - C_R)\frac{\Delta x}{\Delta x} \tag{4.42}$$

$$= \frac{k}{\Delta t}(\Delta x)^2 \frac{(C_L - C_R)}{\Delta x} \tag{4.43}$$

obtemos

$$J = -\frac{k}{\Delta t}(\Delta x)^2 \frac{dC}{dx} \tag{4.44}$$

O sinal negativo nessa equação é uma consequência da convenção de que o fluxo é positivo quando ocorre da esquerda para a direita, enquanto a derivada é positiva quando a concentração aumenta para a direita.

A Equação 4.4 afirma que o fluxo de massa através de um limite imaginário é proporcional ao gradiente de concentração no limite. Como o fluxo resultante não pode depender de valores arbitrários de Δt ou Δx, o fator $k(\Delta x)^2/\Delta t$ deve ser constante. Esse produto é o valor chamado **coeficiente de difusão**, D. Reescrevendo a Equação 4.44, temos a lei de Fick:

$$J = -D\frac{dC}{dx} \qquad (4.45)$$

As unidades do coeficiente de difusão são claras a partir da análise das unidades da Equação 4.45 ou das unidades dos parâmetros na Equação 4.44; o coeficiente de difusão tem as mesmas unidades de $k(\Delta x)^2/\Delta t$. Uma vez que k é uma probabilidade e, portanto, não tem unidades, as unidades de D são (comprimento^2/tempo). Os coeficientes de difusão são frequentemente apresentados em unidades de cm^2/s.

Repare na forma da Equação 4.45:

densidade de fluxo = (constante) × (gradiente de concentração) **(4.46)**

Essa forma de equação também vai aparecer no Capítulo 7, quando a lei de Darcy é abordada. A lei de Darcy governa a taxa de escoamento da água por meios porosos, como no fluxo de águas subterrâneas. A mesma equação também governa a transferência de calor, substituindo o gradiente de concentração por um gradiente de temperatura.

Difusão Molecular A análise das moléculas dentro de uma caixa, utilizada anteriormente, é essencialmente uma análise da difusão molecular. A difusão puramente molecular é relativamente lenta. A Tabela 4.10 apresenta os valores típicos do coeficiente de difusão. Esses valores são, aproximadamente, 10^{-2} a 10^{-1} cm^2/s para os gases e muito mais baixos, cerca de 10^{-5} cm^2/s, para os líquidos. A diferença no coeficiente de difusão entre gases e líquidos é compreensível porque as moléculas de gás são livres para se movimentar por distâncias muito maiores antes de serem paradas ao bater em outra molécula.

O coeficiente de difusão também varia com a temperatura e o peso molecular da molécula que está se difundindo. Isso acontece porque a velocidade média dos movimentos moleculares aleatórios depende da energia cinética das moléculas. À medida que o calor é adicionado a um material e a temperatura aumenta, a energia térmica é convertida para

Tabela / 4.10

Coeficientes de Difusão Molecular Selecionados na Água e no Ar

Composto	Temperatura (°C)	Coeficiente de Difusão (cm²/s)
Metanol em H_2O	15	$1,26 \times 10^{-5}$
Etanol* em H_2O	15	$1,00 \times 10^{-5}$
Ácido acético em H_2O	20	$1,19 \times 10^{-5}$
Etilbenzeno em H_2O	20	$8,1 \times 10^{-6}$
CO_2 no ar	20	$0,151$

*Dos dois compostos similares, metanol e etanol, o composto menos maciço, o metanol, tem o coeficiente de difusão mais alto.
FONTE: Mihelcic (1999). Reimpresso com a permissão da John Wiley & Sons, Inc.

energia cinética aleatória das moléculas e elas se movem mais depressa. Isso resulta em um aumento no coeficiente de difusão com o aumento da temperatura. No entanto, se as moléculas tiverem pesos moleculares diferentes, uma molécula mais pesada se move mais lentamente em dada temperatura, de modo que o coeficiente de difusão diminui com o aumento do peso molecular.

exemplo / 4.15   Difusão Molecular

O transporte de bifenilos policlorados (PCBs) da atmosfera para os Grandes Lagos é preocupante por causa dos impactos na saúde da vida aquática, das pessoas e dos animais selvagens que comem peixes dos lagos. O transporte de PCB é limitado pela difusão molecular através de uma fina película estagnada na superfície do lago, como mostra a Figura 4.20. Calcule a densidade de fluxo J e a quantidade anual total de PCBs depositados no Lago Superior, se o transporte ocorrer por difusão molecular, se a concentração de PCB no ar logo acima da superfície do lago for 100×10^{-12} g/m^3 e se a concentração a uma altura de 2,0 cm acima da superfície da água for 450×10^{-12} = g/m^3. O coeficiente de difusão dos PCBs é igual a 0,044 cm^2/s e a área de superfície do Lago Superior é $8,2 \times 10^{10}$ m^2. (A concentração de PCB no ar situado na interface ar-água é determinada pelo equilíbrio da lei de Henry com PCBs dissolvidos.)

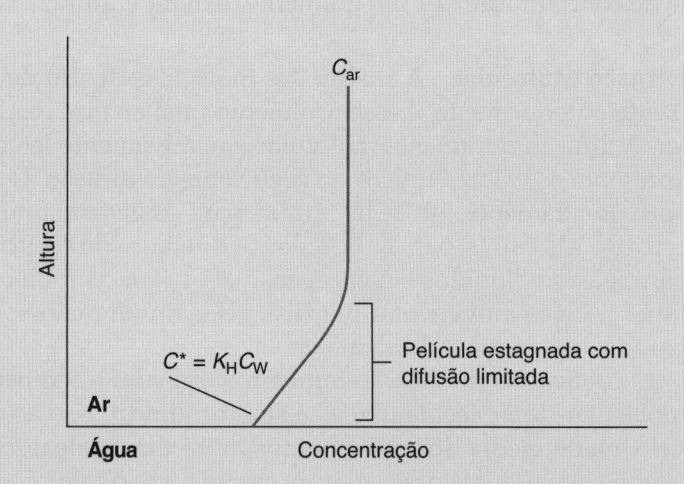

Figura / 4.20 Variação da Concentração de PCB com a Altura Acima do Lago Superior C_{ar} é a concentração de PCB na atmosfera acima do lago e C^* é a concentração na interface ar-água, que é determinada pelo equilíbrio da lei de Henry com a concentração de PCB dissolvido. O fluxo de PCBs para o lago é determinado pela taxa de difusão através de uma película estagnada acima do lago.

solução

Para calcular a densidade de fluxo, determine o gradiente de concentração primeiro. Suponha que a concentração mude linearmente com a altura entre a superfície e 2,0 cm, já que nenhuma informação de concentração foi fornecida entre essas duas alturas. Então, o gradiente é:

$$\frac{dC}{dz} = \frac{450 \times 10^{-12} \text{ g/m}^3 - 100 \times 10^{-12} \text{ g/m}^3}{2,0 \text{ cm} - 0 \text{ cm}} \times \frac{10^2 \text{ cm}}{\text{m}}$$

$$= 1,8 \times 10^{-8} \text{ g/m}^4$$

A lei de Fick (Equação 4.45) pode ser utilizada para calcular a densidade de fluxo:

$$J = -D\frac{dC}{dz}$$

$$= -(0,044 \text{ cm}^2/\text{s}) \times 1,8 \times 10^{-8} \text{ g/m}^4 \times \frac{\text{m}^2}{10^4 \text{ cm}^2} \times \frac{3,15 \times 10^7 \text{ s}}{\text{ano}}$$

$$= -2,4 \times 10^{-6} \text{ g/m}^2\text{-ano}$$

Dispersão Turbulenta Na **dispersão turbulenta**, a massa é transferida por meio da mistura de *redemoinhos turbulentos* dentro do fluido. Isso é fundamentalmente diferente dos processos que determinam a difusão molecular. Na dispersão turbulenta, o movimento aleatório do *fluido* faz a mistura; já na difusão molecular o movimento aleatório das moléculas de poluente é importante.

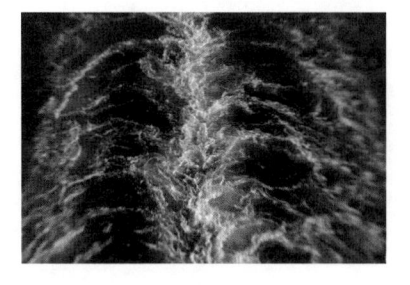

© Michael Braun/iStockphoto.

Os movimentos aleatórios do fluido, geralmente, estão presentes na forma de verticilos ou turbilhões. Essas formas são familiares nos redemoinhos ou vórtices em rios, mas ocorrem em todas as formas de fluxo de fluido. O tamanho dos redemoinhos turbulentos é de várias ordens de magnitude maiores do que a trajetória livre média de cada molécula, então a turbulência move a massa muito mais rápido do que a difusão molecular. Como consequência, de modo geral, os coeficientes de dispersão turbulenta ou em redemoinho usados na lei de Fick são de várias ordens de grandeza maiores do que os coeficientes de difusão molecular.

O valor do coeficiente de dispersão turbulenta depende das propriedades do fluxo de fluido. Ele não depende das propriedades moleculares do composto que está sendo dispersado (como o coeficiente de difusão molecular depende), uma vez que, na turbulência, as moléculas são carregadas junto com o fluxo em macroescala. Para o fluxo em tubulações ou cursos d'água, a propriedade do fluxo mais importante para determinar o coeficiente de dispersão turbulenta é a velocidade de fluxo. A turbulência está presente apenas nas velocidades de fluxo acima de um nível crítico, e o grau de turbulência está correlacionado com a velocidade. Mais precisamente, a presença ou a ausência de turbulência depende do *número de Reynolds*, um número adimensional que depende da velocidade, largura do rio ou tubulação e da viscosidade do fluido. Além disso, o grau de turbulência depende do material sobre o qual ocorre o fluxo, tal que o fluxo sobre superfícies acidentadas será mais turbulento do que o fluxo sobre superfícies lisas e a maior turbulência vai provocar uma mistura mais rápida. Nos lagos e na atmosfera, a mistura flutuante que resulta dos gradientes de densidade induzidos por temperatura também pode causar mistura turbulenta, mesmo na ausência de correntes.

Exceto no caso do transporte através de um limite, como na interface ar-água considerada no Exemplo 4.15, a dispersão turbulenta quase sempre domina inteiramente a difusão molecular. Isso acontece porque mesmo uma quantidade ocasional de turbulência fraca vai causar mais mistura do que vários dias de difusão molecular.

A lei de Fick se aplica à dispersão turbulenta, assim como à difusão molecular. Desse modo, os cálculos da densidade de fluxo são os mesmos em ambos os processos; apenas a magnitude do coeficiente de dispersão é diferente.

Dispersão Mecânica   O processo de dispersão final considerado neste capítulo é similar ao da turbulência, já que também resulta de variações no movimento do fluido que carrega uma substância química. Na **dispersão mecânica**, essas variações são o resultado de (1) variações nas vias de fluxo percorridas por diferentes parcelas que se originam em locais próximos ou (2) variações na velocidade em que o fluido se desloca nas diferentes regiões.

A dispersão no fluxo de águas subterrâneas é um bom exemplo do primeiro processo. A Figura 4.21 mostra um retrato ampliado dos poros através dos quais as águas subterrâneas escoam dentro de uma amostra de subsuperfície. (Repare que, como mostra a Figura 4.21, o movimento de águas subterrâneas não é um resultado dos rios ou riachos subterrâneos, mas é provocado pelo fluxo de água através dos poros do solo, da areia ou de outro material subterrâneo.) Como o transporte através do solo é limitado aos poros entre as partículas do solo, cada partícula de fluido adota uma trajetória complicada através do solo e, conforme é transportada horizontalmente com o fluxo médio, é deslocada verticalmente a uma distância que depende da trajetória exata do fluxo adotado. A grande variedade de trajetórias de escoamento resulta em um deslocamento aleatório nas direções perpendiculares à trajetória de fluxo médio. Desse modo, uma mancha de corante introduzida no fluxo de águas subterrâneas entre os pontos B e C na figura se espalharia ou dispersaria para a região entre os pontos B' e C' à medida que escoasse pelo solo.

O segundo tipo de dispersão mecânica resulta das diferenças na velocidade de fluxo. Em qualquer lugar que um fluido escoando entre em contato com um objeto estacionário, a velocidade com a qual o fluido se move será mais lenta perto do objeto. Por exemplo, a velocidade da água escoando rio abaixo é maior no centro do rio e pode ser muito lenta perto das margens. Desse modo, se uma linha de corante fosse assentada de alguma forma através do rio em determinado ponto, ela seria esticada na direção montante/jusante à medida que escoasse rio abaixo, com a parte central da linha se movendo mais rápido do que as bordas. Esse tipo de dispersão espalha as coisas na direção longitudinal do escoamento. Isso

Proteção Ambiental no Sul da Califórnia
http://www.epa.gov/ca

Figura / 4.21   Processo de Dispersão Mecânica no Fluxo de Águas Subterrâneas   Duas parcelas de fluido, começando perto uma da outra nos locais B e C, são dispersadas para locais mais distantes (B' e C') durante o transporte através dos poros do solo, enquanto parcelas de A e B são reunidas, resultando na mistura da água das duas regiões.

(De Hemond e Fechner (1994). Copyright Elsevier.)

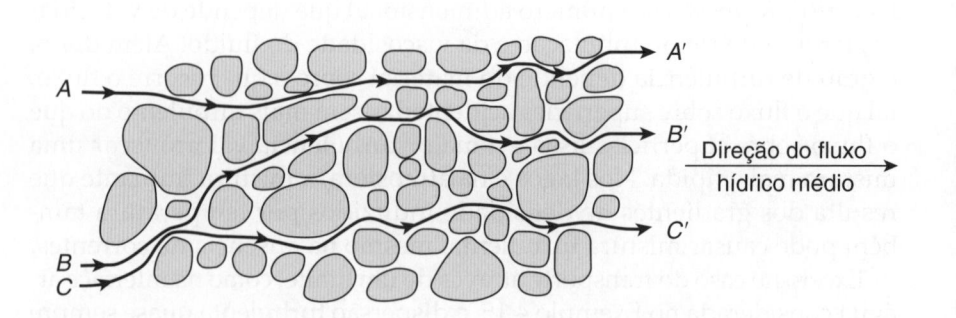

contrasta com a dispersão mecânica nas águas subterrâneas, que espalha as coisas na direção perpendicular à direção do fluxo médio.

4.4.2 MOVIMENTO DE UMA PARTÍCULA EM UM FLUIDO: LEI DE STOKES

O movimento de uma partícula em um fluido é determinado por um balanço das forças de arrasto viscosas, que resistem ao movimento das partículas com a força gravitacional ou outras forças que causam o movimento. Nesta seção, é utilizado um balanço das forças para derivar a relação entre o tamanho da partícula e a velocidade de sedimentação, conhecida como lei de Stokes. Essa mesma lei é utilizada nos exemplos que envolvem câmaras de sedimentação de partículas.

SEDIMENTAÇÃO GRAVITACIONAL Considere a partícula sedimentada exibida na Figura 4.22. Para determinar a velocidade com que ela cai (a velocidade de sedimentação), será feito um balanço de forças. Três forças agem na partícula: a força gravitacional para baixo, uma força de flutuação ascendente e uma força de arrasto ascendente.

A força gravitacional F_g é igual à constante gravitacional g vezes a massa da partícula, m_p. Em termos de densidade de partícula ρ_p e diâmetro D_p, m_p é igual a $(\rho_p \pi / 6 D_P^3)$. Portanto:

$$F_g = \rho_P \frac{\pi}{6} D_P^3 g \qquad (4.47)$$

A força de flutuação F_B é a força ascendente líquida que resulta do aumento da pressão com a profundidade dentro do fluido. A força de flutuação é igual à constante gravitacional vezes a massa de fluido deslocado pela partícula:

$$F_B = \rho_f \frac{\pi}{6} D_P^3 g \qquad (4.48)$$

em que ρ_f é igual à densidade de fluido.

A única força restante a determinar é a força de arrasto, F_D. A força de arrasto é o resultado da resistência do atrito ao fluxo de fluido após a superfície da partícula. Essa resistência depende da velocidade com a qual a partícula está caindo pelo fluido, do tamanho da partícula e da *viscosidade* ou resistência ao cisalhamento do fluido. A viscosidade é o que alguém chamaria qualitativamente de "espessura" do fluido. O mel tem alta viscosidade, a água tem uma viscosidade relativamente baixa e a viscosidade do ar é ainda muito mais baixa.

A partir de uma ampla gama de condições, a força de atrito pode ser correlacionada com o número de Reynolds. A maioria das situações de sedimentação de partículas envolve condições de fluência (número de Reynolds menor do que 1). Nesse caso, a força de arrasto de Stokes pode ser utilizada:

$$F_D = 3\pi\mu D_P v_r \qquad (4.49)$$

Em que μ é a viscosidade do fluido (unidades de g/cm-s) e v_r é a velocidade descendente da partícula relativa ao fluido.

A força líquida descendente agindo na partícula é igual à soma vetorial de todas as forças que agem na partícula:

$$F_{\text{descendente}} = F_g - F_B - F_D \qquad (4.50)$$

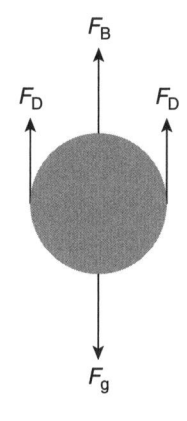

Figura / 4.22 **Forças que Agem em uma Partícula Sedimentando no Ar ou na Água** A força gravitacional F_g, que está na direção descendente, é contraposta pela força de flutuação F_B e pela força de arrasto F_D.

(De Mihelcic (1999). Reimpresso com permissão de John Wiley & Sons, Inc.)

$$= \rho_P \frac{\pi}{6} D_P^3 g - \rho_f \frac{\pi}{6} D_P^3 g - 3\pi\mu D_P v_r \qquad (4.51)$$

$$= (\rho_P - \rho_f) \frac{\pi}{6} D_P^3 g - 3\pi\mu D_P v_r \qquad (4.52)$$

A partícula vai responder a essa força de acordo com a segunda lei de Newton (força igual a massa vezes aceleração). Desse modo:

$$F_{descendente} = m_P \times \text{aceleração} \qquad (4.53)$$

$$= m_P \times \frac{dv_r}{dt} \qquad (4.54)$$

Essa equação diferencial pode ser solucionada para determinar a velocidade de uma partícula, que varia com o tempo e que está inicialmente em repouso. A solução indica que, em quase todos os casos de interesse ambiental, o período de tempo necessário antes de a partícula alcançar sua velocidade de sedimentação final é muito curto (muito menor do que 1 s). Por essa razão, neste texto, só é considerada a velocidade de sedimentação final (terminal).

Quando a partícula alcança a velocidade terminal, ela não está mais acelerando, de forma que $dv/dt = 0$. Desse modo, a partir da Equação 4.54, $F_{descendente} = 0$. Fazendo $F_{descendente}$ igual a zero e observando que v_r é igual à velocidade de sedimentação v_s na velocidade terminal, a Equação 4.52 pode ser reorganizada para produzir:

$$(\rho_P - \rho_f) \frac{\pi}{6} D_P^3 g = 3\pi\mu D_P v_s \qquad (4.55)$$

Calculando v_s

$$\boxed{v_s = \frac{g(\rho_P - \rho_f)}{18\,\mu} D_P^2} \qquad (4.56)$$

Equação 4.56 é denominada **lei de Stokes**. A velocidade de sedimentação resultante é chamada com frequência de velocidade de Stokes. A lei de Stokes, assim chamada por se basear na força de arrasto de Stokes, é a equação fundamental utilizada para calcular as velocidades de sedimentação terminais das partículas no ar e na água. Ela é utilizada no projeto de sistemas de tratamento para remover partículas dos gases de exaustão, da água potável e das águas residuais, bem como nas análises das partículas de sedimentação nos lagos e na atmosfera. Vários exemplos de uso da lei de Stokes são fornecidos no Capítulo 9.

Uma aplicação importante da lei de Stokes é que a velocidade de sedimentação aumenta com o *quadrado* do diâmetro da partícula, de modo que as partículas maiores decantam muito mais rápido do que as partículas menores. Esse resultado é utilizado no tratamento da água potável. Nesse contexto, a coagulação e a floculação são utilizadas para juntar as partículas pequenas e formar partículas maiores, que então podem ser removidas por sedimentação gravitacional em uma quantidade de tempo razoável. Esse processo resulta na redução da turbidez (aumento na claridade) da água. Por outro lado, as partículas com diâmetros muito pequenos sedimentam com extrema lentidão. Como consequência, as partículas atmosféricas com diâmetros menores do que 1-10 µm, geralmente, caem mais lentamente do que a velocidade dos redemoinhos turbulentos de ar, de modo que elas não são removidas pela sedimentação gravitacional.

Repare que as interações entre partículas foram ignoradas nessa derivação. Desse modo, a lei de Stokes é válida para a *sedimentação de partículas discretas*. Nas situações em que a concentração das partículas é extremamente alta, as partículas formam aglomerações ou tapetes, e a lei de Stokes não é mais válida.

Termos-Chave

- advecção
- albedo
- análise do fluxo de materiais (AFM)
- análise do reator
- balanço de massa
- balanço energético
- balanço térmico
- calor
- coeficiente de difusão
- composto conservador
- decaimento de ordem zero
- decaimento de primeira ordem
- densidade de fluxo
- dimensionamento correto
- dispersão
- dispersão mecânica
- dispersão turbulenta
- efeito estufa antropogênico
- eficiência energética
- emissões de dióxido de carbono
- energia não renovável
- energia renovável
- envidraçamento
- estado estável
- estado instável
- fluxo de advecção
- fluxo de massa
- ganho solar passivo
- gases do efeito estufa
- grau-dia
- ilha de calor
- lei de conservação da massa
- lei de Fick
- lei de Stokes
- materiais impenetráveis
- metabolismo urbano
- painel Intergovernamental sobre Mudança Climática (IPCC)
- paredes térmicas
- perda térmica por causa da infiltração
- primeira lei da termodinâmica
- reator de mistura completa (CMFR)
- reator descontínuo
- reator pistonado (PFR)
- revestimentos transparentes
- taxa de acúmulo de massa
- tempo de retenção
- volume de controle

4.1 Um lago de estabilização de resíduos é utilizado para tratar uma água residual municipal diluída antes de o líquido ser descarregado em um rio. O fluxo de entrada no lago tem uma vazão $Q = 4.000$ m³/dia e uma concentração de DBO de $C_{ent} = 25$ mg/L. O volume do lago é 20.000 m³. O propósito do lago é dar tempo para a ocorrência do decaimento da DBO antes da descarga no meio ambiente. A DBO decai no lago a um ritmo constante de primeira ordem igual a 0,25/dia. Qual é a concentração de DBO no fluxo de saída do lago, em unidades de mg/L?

4.2 Uma mistura de dois fluxos gasosos é utilizada para calibrar um instrumento que mede a poluição atmosférica. O sistema de calibração é exibido na Figura 4.23. Se a concentração do gás de calibração C_{cal} é 4,90 ppm$_v$, a vazão do gás de calibração Q_{cal} é 0,010 L/min e a vazão total do gás Q_{total} é 1.000 L/min, qual é a concentração do gás de calibração após a mistura (C_d)? Suponha que a concentração a montante do ponto de mistura seja zero.

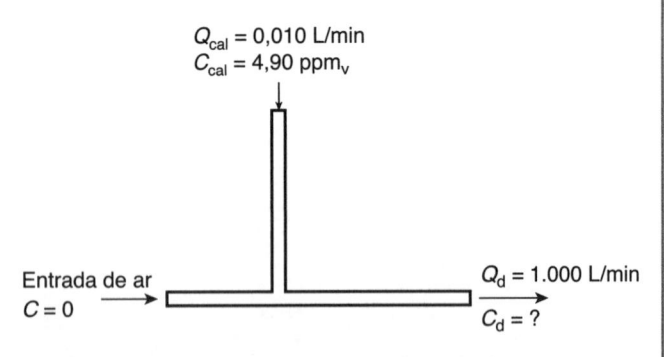

$Q_{cal} = 0,010$ L/min
$C_{cal} = 4,90$ ppm$_v$

Entrada de ar
$C = 0$

$Q_d = 1.000$ L/min
$C_d = ?$

Figura / 4.23 Sistema de Calibração a Gás.

(De Mihelcic (1999). Reimpresso com permissão de John Wiley & Sons, Inc.)

4.3 Considere uma casa em que o radônio é emitido através de fissuras no porão. O volume total da casa é 650 m³ (suponha que o volume esteja bem misturado por toda a casa). A fonte de radônio emite 250 pCi/s. (Um picoCurie [pCi] é uma unidade proporcional à quantidade de gás radônio e indica a quantidade de radioatividade do gás.) O fluxo de entrada e saída de ar pode ser modelado como um fluxo de ar limpo para a casa, equivalente a 722 m³/h, e um fluxo de saída de ar de mesmo valor. O radônio pode ser considerado conservador neste problema. (a) Qual é o tempo de retenção da casa? (b) Qual é a concentração em estado estável do radônio na casa (unidades de pCi/L)?

4.4 Você está em um filme antigo de espião e foi trancado em uma pequena sala (volume 1.000 pés³). De repente, você percebe que um gás tóxico começou a entrar na sala através do duto de ventilação. Você está em segurança, contanto que a concentração fique abaixo de 100 mg/m³. Se a vazão do ar de ventilação na sala for 100 pés³/min e a concentração do gás que está entrando for 200 mg/m³, quanto tempo você tem para escapar?

4.5 Na representação simplificada de uma pista de patinação com uma máquina de recapeamento de gelo em funcionamento (exibida na Figura 4.24), os pontos 1 e 3 representam a entrada e a exaustão do ar de ventilação da pista inteira, e o ponto 2 é a exaustão da máquina de recapeamento. Sabendo que C indica a concentração de monóxido de carbono (CO), as condições em cada ponto são: ponto 1: $Q_1 = 3,0$ m³/s, $C_1 = 10$ mg/m³; ponto 2: taxa de emissão = 8 mg/s de CO não reativo; ponto 3: Q_3, C_3 desconhecido. O volume da pista de patinação (V) é $5,0 \times 10^4$ m³. (a) Defina um volume de controle como o interior da pista de patinação. Qual é o fluxo de massa de CO para o volume de controle, em unidades de mg/s? (b) Suponha que a máquina de recapeamento esteja operando há bastante tempo e que o ar dentro da pista de patinação esteja bem misturado. Qual é a concentração de CO dentro da pista de patinação, em unidades de mg/m³?

Figura / 4.24 Diagrama Esquemático de uma Máquina de Recapeamento de Gelo em uma Pista de Patinação

(De Mihelcic (1999). Reimpresso com permissão de John Wiley & Sons, Inc.)

4.6 Águas residuais municipais maltratadas são descarregadas em um curso d'água. A vazão do rio a montante do ponto de descarga é $Q_u = 8,7$ m³/s. A descarga ocorre a uma vazão $Q_d = 0,9$ m³/s e tem uma concentração de DBO de 50,0 mg/L. Suponha que a concentração de DBO a montante seja desprezível. (a) Qual é a concentração de DBO imediatamente a jusante do ponto de descarga? (b) Se o curso d'água tiver uma área transversal de 10 m², qual é a concentração de DBO 50 km a jusante? (a DBO é removida com uma constante de taxa de decaimento de primeira ordem igual a 0,20/dia.)

4.7 Conforme a Figura 4.25, durante um teste de emissão de ar, o fluxo gasoso de entrada para um filtro de tecido é 100.000 pés³ reais/min (ACFM) e a carga de matéria particulada é de 2 grãos/pé cúbico real (ACF). O fluxo gasoso de saída do filtro de tecido é 109.000 pés³ reais/min e a carga de matéria particulada é 0,025 grãos/pé³ real/min. Qual é a quantidade máxima de cinza que terá de ser removida por hora do depósito do filtro de tecido com base nos resultados desse teste? Suponha que 7.000 grãos de partículas seja igual a 1lb (problema extraído do EPA Air Pollution Training Institute).

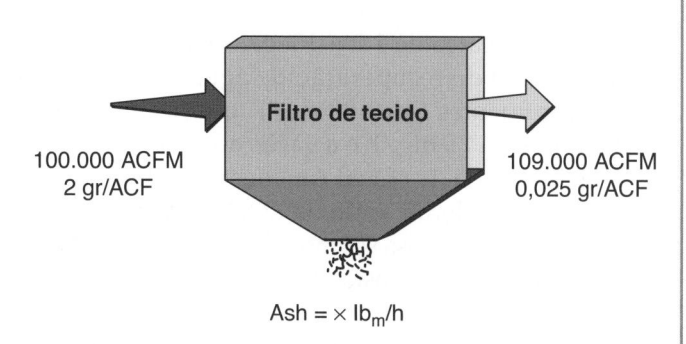

Figura / 4.25 Diagrama Esquemático do Filtro de Tecido Utilizado para Remover Matéria Particulada do Ar.

(Adaptada de EPA.)

4.8 Duas cidades, localizadas de frente uma para a outra, operam estações de tratamento de águas residuais municipais situadas ao longo de um rio. A vazão do rio é 50 milhões de galões por dia (50 MGD). As contagens de coliformes são utilizadas como uma medida para determinar a capacidade da água para transmitir doenças para os seres humanos. A contagem de coliformes no rio a montante das duas estações de tratamento é 3 coliformes/100 mL. A cidade 1 descarrega 3 MGD de águas residuais com uma contagem de 50 coliformes/100 mL, e a cidade 2 descarrega 10 MGD de águas residuais com uma contagem de 20 coliformes/100 mL. Suponha que o

estado exija que a contagem de coliformes a jusante não ultrapasse 5 coliformes/100 mL. (a) O padrão estadual de qualidade da água está sendo cumprido a jusante? (Suponha que os coliformes não morrem no momento em que são medidos a jusante.) (b) Se o padrão estadual a jusante não for cumprido, o estado informou que a cidade 1 deve tratar melhor seus efluentes para que o padrão a jusante seja cumprido. Use uma abordagem de balanço de massa para mostrar que a requisição do estado é inviável.

4.9 Quanta água deve ser adicionada continuamente no purificador úmido exibido na Figura 4.26 para manter a unidade funcionando? Cada um dos fluxos é identificado por um número situado em um símbolo de diamante. O fluxo 1 corresponde ao líquido de recirculação de volta para o purificador e é de 20 galões por minuto (gpm). O líquido que está sendo retirado para tratamento e descarte (fluxo 4) é de 2 gpm. Suponha que o fluxo de gás de entrada (número 2) seja completamente seco e que o fluxo de saída (número 6) tenha 10 lb_m/min de umidade evaporada no purificador. A água que está sendo adicionada ao purificador é o fluxo número 5. Um galão de água pesa 8,34 lb (problema extraído do EPA Air Pollution Training Institute).

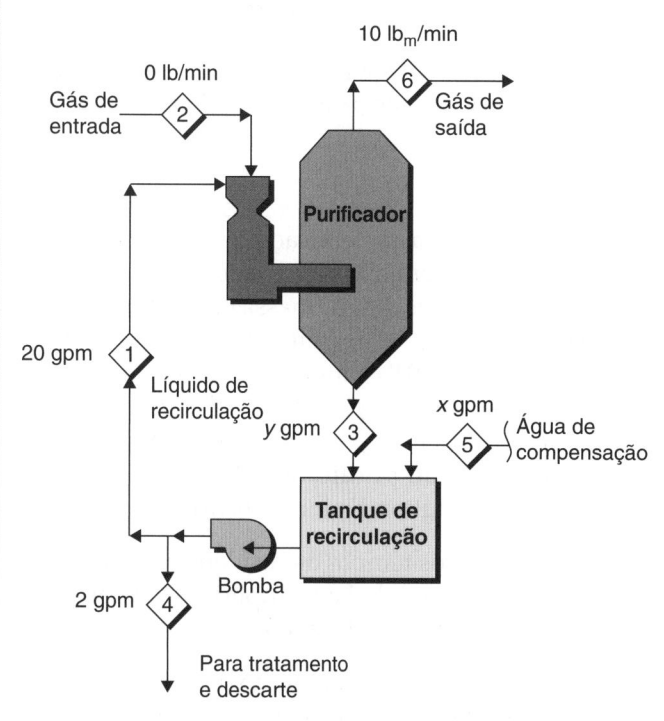

Figura / 4.26 Diagrama Esquemático do Purificador Úmido Utilizado para Remover Partículas do Ar

(Adaptada de EPA.)

4.10 No inverno, um curso d'água escoa a 10 m³/s e recebe a descarga de uma tubulação que contém escoamento de água das chuvas das rodovias. A tubulação tem uma vazão de 5 m^3/s. A concentração de cloro do curso d'água imediatamente a montante da descarga da tubulação é 12 mg/L, e a descarga da tubulação tem uma concentração de cloro de 40 mg/L. O cloro é uma substância conservativa. (a) O uso de sal nas rodovias durante o inverno eleva a concentração de cloro a jusante acima de 20 mg/L? (b) Qual é a massa diária máxima de cloro (toneladas métricas/dia) que pode ser descarregada através da tubulação de escoamento da estrada sem ultrapassar o padrão de qualidade da água?

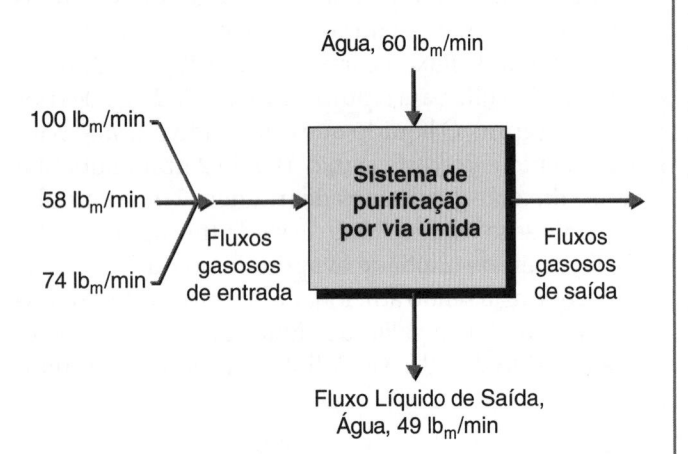

Água, 60 lb$_m$/min

100 lb$_m$/min

58 lb$_m$/min

74 lb$_m$/min

Fluxos gasosos de entrada

Sistema de purificação por via úmida

Fluxos gasosos de saída

Fluxo Líquido de Saída, Água, 49 lb$_m$/min

Figura / 4.27 **Diagrama Esquemático de um Purificador Úmido Utilizado para Remover Partículas do Ar.**

(Adaptada de EPA.)

4.11 Um sistema de purificação por via úmida (purificador úmido) tem três fluxos de entrada separados (Figura 4.27). As vazões de massa nesses fluxos de entrada são 100, 58 e 74 lb$_m$/min. O *spray* de água para o purificador é de 60 lb$_m$/min. Parte desse *spray* evapora e sai com o fluxo de gás. O fluxo de água que sai do purificador é de 49 lb$_m$/min. Qual é a massa do fluxo gasoso que sai do purificador? (problema extraído do EPA Air Pollution Training Institute)

4.12 Calcule os tempos de residência hidráulica (o tempo de retenção) do Lago Superior e do Lago Erie, usando os dados na Tabela 4.3.

4.13 Na estação de tratamento de águas residuais, o fluxo total é 600 m^3/dia. Duas bacias biológicas de aeração são utilizadas para remover a DBO das águas residuais e são operadas em paralelo. Cada uma delas tem um volume de 25.000 L. Em horas, qual é o período de aeração de cada tanque?

4.14 Você está projetando um reator que usa cloro em um PFR ou CMFR para destruir patógenos na

água. É necessário um tempo de contato mínimo de 30 minutos para reduzir a concentração de 100 patógenos/L para menos de 1 patógeno/L, por meio de um processo de decaimento de primeira ordem. Você planeja tratar a água a uma vazão de 1.000 galões/minuto. (a) Qual é a constante da taxa de decaimento de primeira ordem? (b) Qual é o tamanho mínimo (em galões) do reator necessário para um PFR? (c) Que tamanho de CMFR seria necessário para alcançar a mesma concentração de saída? (d) Que tipo de reator você escolheria se o seu objetivo de tratamento fosse "nenhuma descarga pode ter mais do que 1 patógeno/L"? Explique a sua lógica. (e) Se a quantidade residual de cloro desejada na água tratada, após ela sair do reator, for 0,20 mg/L e a demanda de cloro usada durante o tratamento for 0,15 mg/L, qual deve ser a massa diária de cloro adicionada ao reator (em gramas)?

4.15 A concentração de DBO em um rio imediatamente a jusante da tubulação de efluentes de uma estação de tratamento de águas residuais é 75 mg/L. Se a DBO é destruída por uma reação de primeira ordem com uma constante de taxa de 0,05/dia, qual é a concentração de DBO 50 km a jusante? A velocidade do rio é de 15 km/dia.

4.16 Um reator de $1,0 \times 10^6$ galões é utilizado em uma estação de recuperação de água. A concentração de influentes é de 100 mg/L, a concentração de efluentes é de 25 mg/L e a vazão através do reator é 500 galões/min. (a) Qual é a constante de primeira ordem para o decaimento da DBO no reator? Suponha que o reator possa ser modelado como um CMFR. Apresente a sua resposta em unidades por hora. (b) Suponha que o reator deva ser modelado como um PFR com decaimento de primeira ordem, *não* como um CMFR. Nesse caso, qual deve ser a constante da taxa de decaimento de primeira ordem dentro do reator PFR? (c) Foi determinado que a concentração de saída é alta demais, então o tempo de residência no reator deve ser dobrado. Supondo que todas as outras variáveis permaneçam constantes, qual deve ser o volume do novo CMFR?

4.17 Você deve projetar um reator para remoção do ferro reduzido (Fe^{2+}) da água. A água influente tem uma concentração de ferro de 10 mg/L e que deve ser reduzida para 0,1 mg/L. A água tem um pH de 6,5, e o plano é oxidar o ferro para Fe^{3+} usando gás oxigênio puro, depois remover a matéria particulada resultante em uma bacia de sedimentação. Foi constatado que a redução na concentração de Fe^{2+} ao longo do tempo é igual a $K_{aparente} \times [Fe^{2+}]$, em que $K_{aparente}$ é igual a: $8 \times 10^{13} \times [$ pressão parcial de $O_2] \times K_w^2/[H^+]^2$.

As unidades de $K_{aparente}$ determinadas a partir dessa expressão são min^{-1}, a pressão parcial do oxigênio é 0,21 atm e a constante de dissociação da água, K_w, é igual a 10^{-14}. Determine o volume (m^3) de um reator pistonado para tratar 1 MGD de água.

4.18 Quantos watts de potência seriam necessários para aquecer 1 L de água (pesando 1,0 kg) a $10°C$ em 1,0 h? Suponha que não ocorram perdas térmicas, de modo que toda a energia gasta vá para o aquecimento da água.

4.19 Sua casa tem um aquecedor de água elétrico de 40 galões que aquece a água a uma temperatura de $110°$ F. Vários amigos estão visitando você no final de semana e estão tomando banhos consecutivos. Suponha que, no nível de aquecimento máximo, o aquecedor use 5 kW de eletricidade. A taxa de uso da água é contínua em 2 gpm, com a nova ducha econômica que você acabou de instalar. Sua ducha muito antiga usava 5 gpm! Você trocou a ducha porque aprendeu que o aquecimento da água era o segundo maior uso de energia em sua casa. Qual é a temperatura da água que sai do aquecedor (a) usando a ducha antiga e (b) a nova ducha eficiente? Suponha que o sistema esteja em estado estável, de modo que toda a energia utilizada aqueça a água.

4.20 (a) Determine a perda térmica (em Btu/$°F$-dia e Btu/graus-dia) através de uma parede isolada de 120 $pés^2$ descrita na seguinte tabela. (b) Determine a perda térmica através da mesma parede quando uma porta de 3 pés por 7 pés (fator $R = 4,4$) é inserida na parede.

Componente da Parede	Fator R
2 polegadas de isolamento com placa *Styrofoam* na parede externa sob os trilhos laterais	10
Paredes de toras de cedro antigo	20
Isolamento de fibra de vidro no interior da parede	11
½ polegada de *drywall* no interior da parede	0,45
Película de ar interna no interior da parede	0,68
Película de ar externa no exterior da parede	0,17

4.21 Pesquise (a) os graus-dia totais para aquecimento e (b) os graus-dia totais para arrefecimento da cidade de sua universidade (ou cidade natal).

4.22 Na Seção 4.2.4, resolvemos um problema em que a perda térmica combinada de uma edificação

hipotética de 3.000 $pés^2$ era 1.053 Btu/graus-dia. Determine os requisitos energéticos totais (em Btu) para aquecer a edificação hipotética nos locais apresentados na tabela a seguir.

Local	Graus-dia de Aquecimento
Anchorage, AK	541
Winslow, AZ	70
Yuma, AZ	0
Rochester, NY	237
Pittsburgh, PA	106
Rapid City, SD	193

4.23 Acesse o *site* do Weather Channel (www.weather.com) e pesquise a temperatura média mensal de uma grande área metropolitana e de uma área rural próxima em qualquer parte do mundo ao longo de um período de 12 meses. Use os dados que você pesquisou para estimar a magnitude do efeito da ilha de calor urbana da cidade. Represente seus dados graficamente em duas figuras e determine as diferenças de temperatura em cada mês.

4.24 Identifique um núcleo urbano de uma grande área metropolitana com a qual você está familiarizado ou que seja próxima à sua faculdade ou universidade. Calcule a magnitude do impacto máximo da ilha de calor urbana no núcleo urbano. Forneça algumas alternativas detalhadas para reduzir a ilha de calor urbana em sua área central e relacione-as com itens específicos no balanço energético realizado no dossel urbano.

4.25 Suponha que uma pequena área do centro da cidade tenha duas pistas de rolamento de 12 pés com calçadas de 6 pés em cada lado. Isso tudo é circundado por edificações com 25 pés de altura. Qual é o impacto máximo esperado da ilha de calor urbana?

4.26 Usando a abordagem de conceito de sistemas, desenhe um diagrama de sistema das ilhas de calor urbanas, incluindo os mecanismos de *feedback* para maiores demandas de energia destinada a resfriamento e refrigeração, maior poluição do ar decorrente dessas maiores demandas energéticas e outros efeitos, como o aquecimento global e a saúde pública.

4.27 A concentração de poluentes ao longo de uma tubulação contendo água quiescente é exibida na Figura 4.28. O coeficiente de difusão desse poluente na água é igual a 10^{-5} cm^2/s. (a) Qual é a densidade de fluxo de poluente inicial na direção x nos seguintes locais: $x = 0,5, 1,5, 2,5, 3,5$ e $4,5$? (b) Se o diâmetro do tubo for 3 cm, qual é o fluxo inicial da massa de poluente na direção x nos mesmos locais? (c) Com o passar do tempo, esse fluxo difusivo vai mudar a forma do perfil e a concentração. Desenhe um esboço da concentração no tubo *versus* a localização no eixo x, mostrando como deverá ser a forma em um momento posterior. (Não é necessário fazer cálculo para desenhar esse esboço.) Suponha que a concentração em $x = 0$ é mantida em 3 mg/L e a concentração em $x = 6$ é mantida em 1 mg/L. (d) Em um parágrafo, descreva por que o perfil de concentração mudou, como esboçado na solução do item (c).

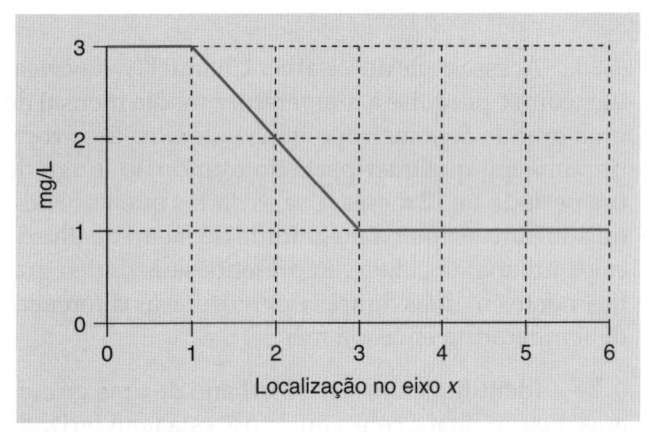

Figura / 4.28 Perfil de Concentração Hipotética em um Tubo Fechado.

(De Mihelcic (1999). Reimpresso com permisão de John Wiley & Sons, Inc.)

4.28 No problema 4.27, o tubo está conectado a uma fonte de água corrente, que passa pelo tubo a uma vazão de 100 cm³/s. Se a concentração de poluente na água for constante a 2 mg/L, determine: (a) a densidade do fluxo de massa do poluente através do tubo por causa da advecção e (b) o fluxo de massa total através do tubo por causa da advecção.

4.29 As seguintes condições existem a jusante do ponto onde o efluente tratado de uma estação de tratamento de águas residuais avançada removeu a concentração de fósforo para 1 mg P/L. As características do rio imediatamente a jusante do ponto de descarga são a área transversal igual a 20 m² e uma vazão volumétrica de 17 m³/s. Determine a densidade de fluxo média do fósforo a jusante do ponto de descarga.

4.30 Calcule a velocidade de sedimentação de uma partícula com 100 μm de diâmetro e uma gravidade específica de 2,4 em água a 10°C ($\mu = 1,308 \times 10^{-3}$ N-s/m² e a densidade da água é igual a 999,7 kg/m³).

4.31 Calcule a velocidade de sedimentação de uma partícula com 10 μm de diâmetro e uma gravidade específica de 1,05 em água a 15°C ($\mu = 1,140 \times 10^{-3}$ N-s/m² e a densidade da água é igual a 999,1 kg/m³).

4.32 Um tipo de patógeno muito encontrado no Terceiro Mundo são os helmintos (ou seja, vermes intestinais parasitários). Geralmente, essas espécies de vermes são transmitidas em um meio ambiente sujo (ou por biossólidos), diretamente de um hospedeiro humano para o outro. Os ovos dos helmintos se desenvolvem em seu estado infeccioso em um meio ambiente sujo. (a) Determine a velocidade de sedimentação do *Ascaris lumbricoides*, em uma lagoa de estabilização de águas residuais cujo diâmetro é de 50 μm, a densidade é de 1,11 g/cm³ e a forma esférica é presumida. (b) Determine a velocidade de sedimentação dos ovos das tênias, que têm um diâmetro de 60 μm, densidade de 1,055 g/cm³ e forma esférica presumida. Suponha que as águas residuais estejam a 15°C ($\mu = 1,140 \times 10^{-3}$ N-s/m² e a densidade da água é igual a 999,1 kg/m³).

Referências

Cambridge Systematics, 2005. Cool Pavement Report. Draft report prepared for Heat Island Reduction Initiative, U.S. Environmental Protection Agency.

Fischer, H. B., E. J. List, J. Imberger, and N. H. Brooks, 1979. *Mixing in Inland and Coastal Waters*. New York: Academic Press.

Hemond, H. F., and E. J. Fechner, 1994. *Chemical Fate and Transport in the Environment*. San Diego: Academic Press.

Intergovernmental Panel on Climate Change (IPCC), 2007a. Summary for policymakers. In *Climate Change 2007: The Physical Science Basis*. Contribution of Working Group I to the Fourth Assessment Report of the Intergovernmental Panel on Climate Change, S. Solomon, D. Qin, M. Manning, Z. Chen, M. Marquis, K. B. Averyt, M. Tignor, and H. L. Miller, Eds. New York: Cambridge University Press.

Intergovernmental Panel on Climate Change (IPCC), 2007b. Summary for policymakers. In: *Climate Change 2007: Impacts, Adaptation and Vulnerability. Contribution of Working Group II to the Fourth Assessment Report of the Intergovernmental Panel on Climate Change*, M. L. Parry, O. F. Canziani, J. P. Palutikof, P. J. van der Linden and C. E. Hanson, Eds. Cambridge, UK: Cambridge University Press, 7–22.

Mihelcic, J. R., 1999. *Fundamentals of Environmental Engineering*. New York: John Wiley & Sons, Inc.

Mihelcic, J. R., J. B. Zimmerman, and A. Ramaswami, 2007. Integrating developed and developing world knowledge into global discussions and strategies for sustainability, part 1: Science and technology. *Environmental Science and Technology*, 41(10): 3415–3421.

Mills, G., 2004. The Urban Canopy Layer Heat Island. IAUC Teaching Resources, compiled for the International Association for Urban Climate Teaching Resource Committee, www.urban-climate.org/UHI_Canopy.pdf, accessed October 30, 2007.

Oke, T. R., 1981. Canyon geometry and the nocturnal urban heat island: comparison of scale model and field observations. *International Journal of Climatology*, 1: 237–254.

Oke, T. R., 1982. The energetic basis of the urban heat island. *Quarterly Journal of the Royal Meteorological Society*, 108(455): 1–24.

Rosenfeld, A., J. Romm, H. Akbari, and A. Lloyd, 1997. Painting the town white—and green. *Technology Review*, February/March.

United States Environmental Protection Agency, 2007. Urban Heat Island Basic information. www.epa.gov/heatisland, last accessed August 31, 2007.

Wilson, A., 1979. *Thermal Storage Wall Design Manual*. Santa Fe: New Mexico Solar Energy Association.

Wilson, A., and J. Boehland, 2005. Small is beautiful: U.S. house size, resource use, and the environment. *Journal of Industrial Ecology*, 9(1–2): 277–287.

capítulo/Cinco **Biologia**

Martin T. Auer,
James R. Mihelcic,
Michael R. Penn e
Julie Beth Zimmerman

Neste capítulo, os leitores são apresentados aos princípios biológicos fundamentais que governam os ecossistemas, com atenção especial aos processos que medeiam o destino das substâncias químicas nos ambientes naturais e projetados. O capítulo começa com uma discussão da estrutura e da função do ecossistema, incluindo uma descrição da dinâmica populacional, ou seja, crescimento do organismo e a concomitante demanda de recursos. A pegada ecológica e a equação IPAT são discutidas para explicar a relação entre as limitações de recursos, a população e o consumo. A produção e o consumo são examinados, levando à consideração da estrutura trófica do ecossistema e do fluxo de energia. O capítulo também introduz o fluxo de material nos ecossistemas, concentrando-se nos ciclos biogeoquímicos fundamentais (por exemplo, oxigênio, carbono, nitrogênio, enxofre e fósforo) e nos efeitos da atividade humana sobre esses fluxos. Finalmente, os conceitos relacionados com a saúde humana e ao ecossistema são explorados, incluindo a biomagnificação, a biodiversidade e a saúde do ecossistema.

Objetivos da Aprendizagem

1. Descrever as relações entre organismos, espécies e populações nas funções e na estrutura do ecossistema.
2. Distinguir os modelos exponencial, logístico e de Monod para o crescimento da população ao longo do tempo.
3. Identificar e usar o modelo adequado para calcular as mudanças na população ao longo do tempo.
4. Determinar a capacidade de carga de uma população e verificar como essa capacidade é afetada pelas condições ambientais.
5. Usar o modelo de limitação do crescimento de Monod para calcular o rendimento, a utilização de substrato ou o crescimento de biomassa, e relacionar esses termos à capacidade de carga.
6. Discutir como o crescimento, o consumo, a tecnologia e a capacidade de carga da população humana estão relacionados com a equação IPAT e a pegada ecológica.
7. Descrever as interconexões e a transferência de energia/materiais dentro de uma cadeia alimentar ou ecossistema.
8. Definir os seguintes termos: demanda bioquímica de oxigênio (DBO), demanda bioquímica de oxigênio de 5 dias (DBO$_5$), demanda bioquímica de oxigênio final (DBO$_F$), demanda bioquímica de oxigênio carbonácea (DBOC), demanda bioquímica de oxigênio nitrogenada (DBON) e demanda de oxigênio teórica (DOt).
9. Descrever a abordagem para calcular a DOt e os procedimentos laboratoriais a fim de determinar a DBO.
10. Resumir os papéis da fotossíntese e da respiração na captura e na transferência eficiente da energia nos ecossistemas.

11. Descrever o fluxo de oxigênio, carbono, nitrogênio, enxofre e fósforo através dos ecossistemas, bem como o impacto das atividades humanas nesses fluxos.
12. Demonstrar como os processos biológicos estão relacionados com as questões da produção de energia e com o ciclo global do carbono.
13. Discutir a importância e aplicação dos fatores de bioacumulação (FBAs) e dos fatores de bioconcentração (FBCs).
14. Descrever os benefícios, as ameaças e os indicadores da biodiversidade em relação à sociedade, à economia, bem como à saúde e função do ecossistema.

A biologia é definida como o estudo científico da vida e das coisas vivas, e é levada, muitas vezes, a incluir origem, diversidade, estrutura, atividades e distribuição das coisas vivas.

A biologia inclui o estudo dos efeitos bióticos. Os efeitos **bióticos** – aqueles produzidos por organismos ou que envolvem esses organismos – são importantes em muitas fases da engenharia ambiental. Neste capítulo, a exploração da biologia ambiental vai se concentrar nessas atividades – os modos como os organismos são afetados pelo ambiente e que produzem um efeito sobre o mesmo. Dentre eles, temos: (1) os efeitos sobre os humanos (por exemplo, doença infecciosa); (2) os impactos sobre o ambiente (por exemplo, introdução de espécies); (3) os impactos causados pelos humanos (por exemplo, espécies ameaçadas); (4) a mediação da transformação ambiental (por exemplo, decomposição de substâncias químicas tóxicas); (5) a utilização no tratamento do ar, da água e do solo contaminados.

5.1 Estrutura e Função do Ecossistema

Na Figura 5.1, a Terra é conceituada de modo que abrange as "esferas grandes" de material animado e inanimado. A *atmosfera* (ar), *hidrosfera* (água) e *litosfera* (solo) constituem o componente **abiótico**, inanimado. A **biosfera** contém todas as coisas vivas na Terra. Qualquer intersecção da biosfera com as esferas inanimadas – organismos vivos e seu ambiente abiótico concomitante – constitui um **ecossistema**. Os exemplos incluem os ecossistemas naturais (lagos, pastos, florestas e desertos) e planejados (tratamento de resíduos biológicos) (Figura 5.2). Juntos, todos os ecossis-

Figura / 5.1 As Grandes Esferas de Matéria Animada e Inanimada da Terra A atmosfera, a hidrosfera e a litosfera são os componentes inanimados, e a biosfera contém todos os componentes animados (vivos). A ecosfera é a intersecção das esferas abióticas e do componente biótico.

(Kupchella e Hyland, *Environmental Science*, 1ª ed., © 1986. Reimpresso com permissão de Pearson Education, Inc., Upper Saddle River, NJ.)

Atmosfera

Biosfera

Hidrosfera

Litosfera

Lago	Pasto	Tratamento de resíduos biológicos
Ambiente físico-químico: água, além da atmosfera e dos sedimentos lacustres; e influenciado pela meteorologia característica de uma latitude e de uma altitude específicas.	Ambiente físico-químico: solo, além da atmosfera e das reservas hídricas do solo; e influenciado pela meteorologia característica de uma latitude e uma altitude específicas.	Ambiente físico-químico: águas residuais, em grande parte não é influenciado pela meteorologia característica de uma latitude e uma altitude específicas.
Fonte de energia: o Sol	Fonte de energia: o Sol	Fonte de energia: resíduos orgânicos (originalmente, do Sol)
Produção primária: algas, plantas aquáticas e certas bactérias	Produtores primários: gramas e flores	Produtores primários: nenhum
Transferência de energia: zooplâncton, peixes	Transferência de energia: gafanhotos, esquilo, coiote	Transferência de energia: bactérias, protozoários

Figura / 5.2   Um Ecossistema: Plantas, Animais, Microrganismos e Seu Ambiente Físico-Químico.

temas do mundo compõem a *ecosfera*. **Ecologia** é o estudo da estrutura e da função da ecosfera e de seus ecossistemas: interações entre organismos vivos e seu ambiente abiótico.

Embora o campo da taxonomia (classificação dos organismos) seja altamente dinâmico e motivo de um debate acalorado, hoje em dia os biólogos colocam os organismos vivos dentro de um dos três domínios: (1) *Archaea*, (2) *Bacteria* e (3) *Eukarya*. Os *Archaea* e *Bacteria* são **procariotos**, significando que seu conteúdo celular, como os pigmentos e o material nuclear, não são segregados dentro das estruturas celulares (por exemplo, cloroplastos e núcleo). Enquanto os membros do *Archaea* e *Bacteria* são similares em sua aparência física, eles são diferentes de várias maneiras importantes, incluindo a composição celular e a estrutura genética. Em nosso tratamento funcional dos organismos, consideramos que o termo *bactéria* inclui os membros dos domínios *Archaea* e *Bacteria*. O terceiro domínio, *Eukarya*, consiste em organismos com organização segregada ou compartimentalizada – **eucariotos** –, possuindo um núcleo e organelas, como os cloroplastos. O domínio Eukarya pode ser subdividido em quatro reinos: (1) *Protista* (protistas), (2) *Fungi* (fungos), (3) *Plantae* (plantas) e (4) *Animalia* (animais).

As estratégias alimentares, que são importantes em muitas aplicações de engenharia ambiental, também são diferentes entre os vários reinos e domínios. Alguns organismos obtêm seu alimento por **absorção** (captação de nutrientes dissolvidos, como no reino *Fungi*), alguns através de **fotossíntese** (fixação da energia luminosa em moléculas orgânicas simples, como no reino *Plantae*) e alguns por ingestão (captação de nutrientes particulados, como no reino *Animalia*). Alguns membros dos reinos *Plantae* e *Protista* combinam fototrofia e heterotrofia em mixotrofia, uma prática

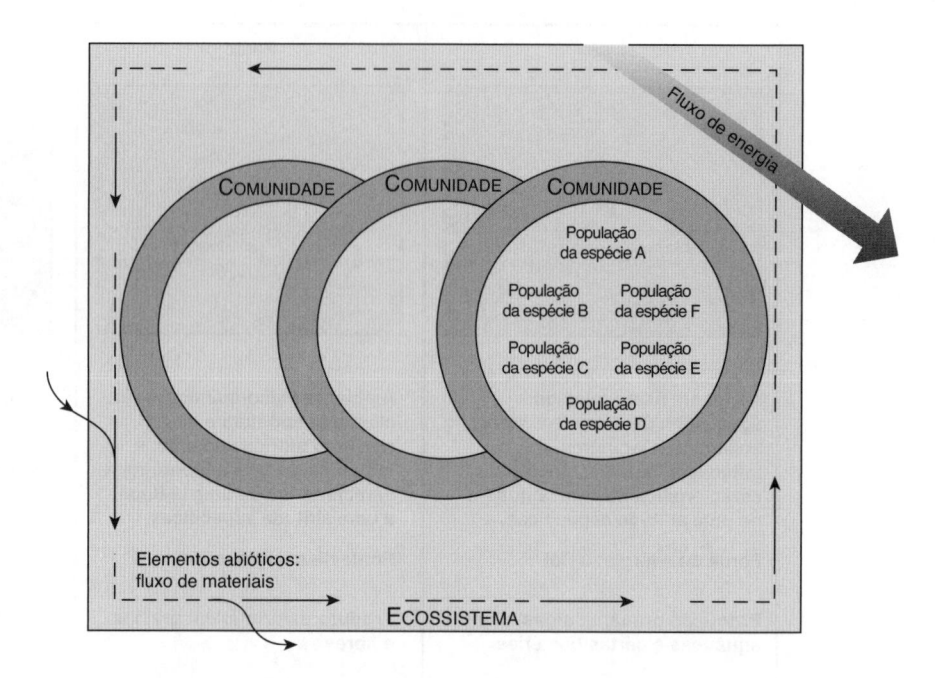

Figura / 5.3 **Componente Biótico de um Ecossistema, Organizado de Acordo com a Espécie, População e Comunidade** Nesse diagrama esquemático, a energia flui pelo ecossistema, e as substâncias químicas circulam em grande parte dentro do ecossistema. Os ambientes natural, planejado e industrial podem ser considerados ecossistemas. Por exemplo, vários processos biológicos empregados no tratamento de águas residuais e na recuperação de recursos (lodo ativado, brejo, laguna) têm comunidades compostas de uma série de populações de microrganismos. A natureza do ecossistema é determinada pelo projeto físico dos processos unitários, bem como pelo caráter químico e biológico das águas residuais que entram no sistema.

(De Mihelcic (1999). Reimpresso com permissão de John Wiley & Sons, Inc.)

na qual a nutrição vem da fotossíntese e da captação de carbono orgânico dissolvido e/ou particulado.

Os domínios podem ser subdivididos em reinos, filos, classes, ordens, famílias, gêneros e espécies. Uma **espécie** é um grupo de indivíduos que possui uma reserva genética comum e que pode cruzar com sucesso. Cada espécie recebe um nome científico (gênero mais espécie) em Latim, para evitar a confusão associada aos nomes comuns. Sob esse sistema de nomenclatura binomial, *Sander vitreus* é o nome científico da espécie de peixe chamada frequentemente de *walleye, walleye pike, pike, pike perch, pickerel, yellow pike, yellow pickerel, yellow pike perch* ou *yellow walleye*.

Todos os membros de uma espécie em uma área perfazem uma **população** – por exemplo, a população de *walleye* (lúcio) de um lago. Todas as populações (das diferentes espécies) que interagem em determinado sistema perfazem uma **comunidade** – por exemplo, a comunidade de peixes de um lago. Finalmente, como mostra a Figura 5.3, todas as comunidades mais os fatores abióticos perfazem o ecossistema (aqui, um lago) e os ecossistemas perfazem a ecosfera.

5.1.1 PRINCIPAIS GRUPOS DE ORGANISMOS

Uma ampla gama de organismos é encontrada nos **sistemas naturais** (por exemplo, lagos e rios, brejos e solo) e nos **sistemas planejados** (por exem-

Aprenda mais sobre Ecossistemas
http://www.epa.gov/research/ecoscience/

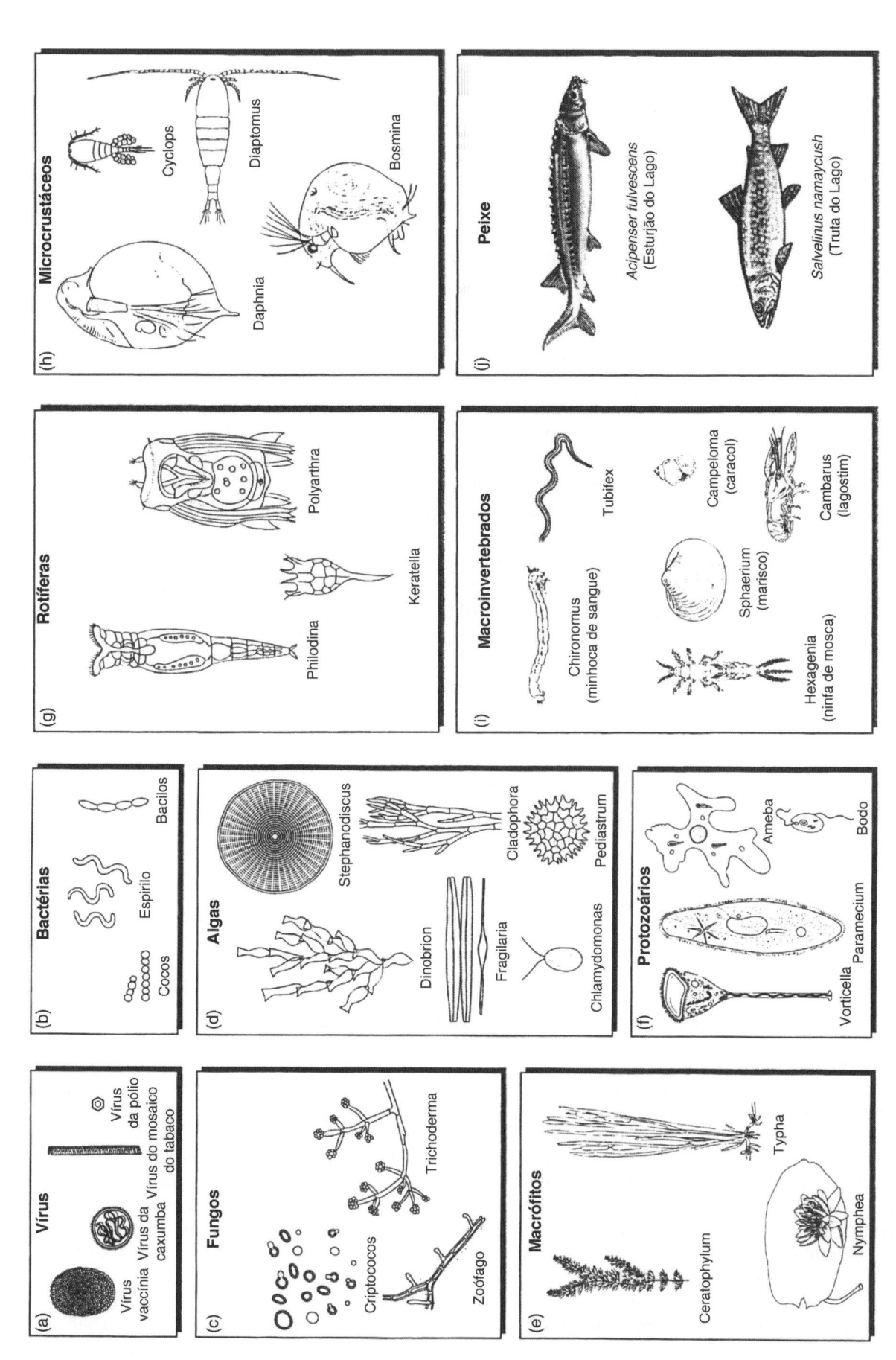

Figura / 5.4 **Principais Grupos de Organismos com Membros Representativos** Os grupos são: (a) vírus, (b) bactérias, (c) fungos, (d) algas, (e) macrófitas, (f) protozoários, (g) rotíferas, (h) microcrustáceos, (i) microinvertebrados e (j) peixes.

(De Mihelcic (1999). Reimpresso com permissão de John Wiley & Sons, Inc.)

plo, estações de tratamento de água e recuperação de recursos, aterros, alagados construídos e células de biorretenção). As características dos principais grupos de organismos especialmente importantes em engenharia ambiental são ilustradas na Figura 5.4. Mais da metade das espécies ameaçadas nos Estados Unidos são plantas mais altas. O último relatório do **Painel Internacional sobre Mudança Climática (IPCC)** indica, com uma confiança muito alta, que o aquecimento recente está afetando fortemente os sistemas biológicos terrestres, incluindo os deslocamentos em direção ao polo e ascendentes da distribuição das espécies, ecologização precoce da primavera e maior potencial para perturbações decorrentes de pragas e incêndios (IPCC, 2007a). Ao mesmo tempo, as plantas mais altas contribuem significativamente para a remoção dos gases do efeito estufa da atmosfera, removendo até 300×10^{12} kg de dióxido de carbono por ano – o equivalente às emissões de CO_2 de, aproximadamente, 40 bilhões de automóveis.

À medida que passamos da consideração de cada organismo para a consideração das populações e das comunidades de organismos, não devemos perder de vista os atributos das espécies que tornam especiais os seus papéis no ecossistema. Além disso, a interação entre os grupos de organismos resulta em comunidades altamente dinâmicas, tanto nos sistemas naturais quanto nos planejados. Os ciclos sazonais e as perturbações naturais e humanas do ambiente levam, muitas vezes, a mudanças dramáticas no tamanho da população e na estrutura da comunidade. Por exemplo, a transparência ou clareza dos lagos varia com a quantidade de partículas do solo e os fertilizantes trazidos pelas fontes terrestres via cursos d'água tributários. A abundância de algas pode, por sua vez, flutuar com o tamanho das populações de microcrustáceos que neles se alimentam e com a disponibilidade de nutrientes introduzidos pela bacia hidrográfica. Em alguns lagos, a clareza da água vai de "cristalina" a "sopa de ervilha" a "cristalina" em uma questão de dias, conforme as populações de algas e microcrustáceos aumentam e diminuem.

Aplicação / 5.1 — Produzindo Biodiesel a partir de Algas

O biodiesel é um combustível renovável, que pode ser fabricado a partir de óleos vegetais, gordura animal, resíduos de restaurante e algas. Embora várias matérias-primas estejam sendo exploradas atualmente para produzir biodiesel, as algas despontaram como uma das fontes mais promissoras. As algas crescem rápido (com o tempo de duplicação de muitas espécies na ordem de horas) e conseguem prosperar em praticamente qualquer clima, superando uma limitação da produção de biodiesel a partir de culturas agrícolas. O rendimento de óleo de algas (algumas espécies têm 50% de óleo) é muito mais alto do que o das sementes oleaginosas tradicionais, produzindo potencialmente 250 vezes a quantidade de óleo por acre de soja. As algas cultivadas em fotobiorreatores, como os exibidos na Figura 5.5, são colhidas e prensadas. O óleo coletado por prensagem pode ser convertido para biodiesel por meio de reações tradicionais de transesterificação – as mesmas utilizadas com o óleo vegetal. Geralmente, as algas são fábricas biológicas notáveis e eficientes, capazes de extrair o dióxido de carbono dos resíduos – como dos efluentes domésticos carregados de nutrientes ou das emissões de usinas de energia – e convertê-lo em uma forma líquida com alta densidade de energia: o óleo natural.

Figura / 5.5 Diagrama Conceitual de Fotobiorreatores em Larga Escala Utilizados para Cultivar Algas Providas de luz solar, água, dióxido de carbono e alguns nutrientes adicionais, as algas podem produzir cerca de 10.000 galões de biodiesel por acre por ano.

5.2 Dinâmica da População

A dinâmica da população desempenha um papel no destino das bactérias fecais descarregadas nas águas de superfície relacionado com a eficiência dos microrganismos no tratamento biológico e nas interações organismo-substrato para limpeza dos solos contaminados. Outras aplicações incluem o controle do crescimento das algas incômodas nos lagos, a biomanipulação como abordagem de gerenciamento da qualidade das águas de superfície e a transferência de substâncias químicas tóxicas através da cadeia alimentar. Nossa capacidade para gerenciar e proteger o ambiente pode ser melhorada por meio da compreensão da **dinâmica da população**, por exemplo, simulando ou modelando a resposta das populações aos estímulos ambientais. No estudo da dinâmica das populações, é importante lembrar que, assim como os outros organismos, os humanos representam uma população que pode crescer exponencialmente e passar pelo estresse de se aproximar de sua capacidade de carga.

5.2.1 UNIDADES DE EXPRESSÃO DO TAMANHO DA POPULAÇÃO

Embora seja o indivíduo que nasce, reproduz-se e morre, em um contexto ambiental, esses eventos são mais apreciados quando examinados para populações inteiras. Enquanto é possível caracterizar populações individuais por meio da enumeração direta (por exemplo, o número de aligátores), as populações que constituem os ecossistemas naturais ou planejados incluem organismos de tamanhos amplamente diferentes. Desse modo, uma "contagem de cabeças" proporciona uma representação ruim do tamanho da população e de sua função, quando se deseja uma estimativa de toda a matéria viva ou biomassa.

Uma abordagem alternativa é usar um constituinte comum, como o peso seco (g DW), o teor de carbono orgânico (g C) ou, no caso das plantas, o teor de clorofila (g Chl). Por exemplo, poderíamos representar a biomassa das plantas como g DW/m^2 para os pastos, toneladas métricas C/hectare para florestas e mg chl/m^3 para os lagos. No tratamento das águas residuais e no processo de recuperação de recursos, os microrganismos existem em uma mistura com resíduos sólidos. Aqui, a biomassa é representada tipicamente como sólidos suspensos totais (TSS) ou sólidos suspensos voláteis (VSS).

5.2.2 MODELOS DE CRESCIMENTO POPULACIONAL

Um balanço de massa pode ser aplicado ao estudo da dinâmica da população nos organismos vivos. Considere o caso das comunidades de algas e bactérias de um lago ou rio, ou da comunidade de microrganismos em um reator utilizado para tratamento de efluentes e recuperação de recursos. Em um reator descontínuo, o balanço de massa na biomassa pode ser escrito da seguinte forma:

$$V\frac{dX}{dt} = QX_{ent} - QX \pm \text{reação} \tag{5.1}$$

V é o volume (L), x é a biomassa (mg/L), t é o tempo (dias), Q é o fluxo (L/dia) e *reação* se refere a todos os processos cinéticos que medeiam o crescimento ou a morte dos organismos. Cada termo na Equação 5.1 tem unidades de massa por tempo (mg/dia).

Para simplificar o desenvolvimento conceitual dos modelos que seguem, os termos de fluxo serão ignorados aqui (desse modo, Q é igual a 0 em um reator descontínuo). Supondo que a cinética de primeira ordem descreve adequadamente o termo de reação (nesse caso, o crescimento da população), a Equação 5.1 pode ser reescrita da seguinte forma:

$$V\frac{dX}{dt} = VkX \tag{5.2}$$

Para simplificar, dividindo os dois lados da Equação 5.2 por V:

$$\frac{dX}{dt} = kX \tag{5.3}$$

em que k é o coeficiente de taxa de primeira ordem (tempo^{-1}). Como o termo de reação está descrevendo o crescimento, o lado direito da Equação 5.3 é positivo.

Vamos usar essa equação para desenvolver modelos realistas, mas não excessivamente complexos, para simular as taxas de crescimento do organismo em um reator descontínuo. Aqui são introduzidos três modelos, descrevendo o crescimento ilimitado (exponencial), limitado pelo espaço (logístico) e limitado pelos recursos (Monod).

CRESCIMENTO EXPONENCIAL OU ILIMITADO A dinâmica da população de muitos organismos, de bactérias a seres humanos, pode ser descrita usando uma expressão simples, o **modelo de crescimento exponencial:**

$$\frac{dX}{dt} = \mu_{máx}X \tag{5.4}$$

A Equação 5.4 é idêntica à Equação 5.3, com $\mu_{máx}$, o coeficiente da taxa de crescimento específico máximo (dia^{-1}), sendo um caso especial de constante de taxa de primeira ordem k. O coeficiente $\mu_{máx}$ descreve a condição na qual um complemento total de reservas energéticas pode ser direcionado para o crescimento, não afetado pelo *feedback* da aglomeração, pela competição por recursos ou pelas limitações.

Além de direcionar as reservas energéticas para o crescimento, os organismos devem pagar um "custo de fazer negócios". Aqui, as reservas de energia mobilizadas pela respiração são utilizadas para suportar a manutenção das células e a reprodução. Na terminologia de engenharia de efluentes, representa o decaimento *endógeno* (derivada internamente). A demanda respiratória do organismo pode ser representada como na Equação 5.4, usando um coeficiente de decaimento ou de respiração de primeira ordem:

$$\frac{dX}{dt} = -k_d X \qquad (5.5)$$

em que k_d é o coeficiente da taxa de respiração (dia^{-1}). Aqui, o termo do lado direito é negativo porque representa uma perda de biomassa. Em algumas situações, a definição de k_d é expandida para incluir outras perdas, como sedimentação e predação.

As Equações 5.4 e 5.5 podem ser combinadas para um reator descontínuo:

$$\frac{dX}{dt} = (\mu_{máx} - k_d)X \qquad (5.6)$$

e integradas para produzir

$$X_t = X_0 e^{(\mu_{máx} - k_d)t} \qquad (5.7)$$

em que X_t é a biomasssa em algum tempo t e X_0 é a biomassa inicial, representada como números ou como uma concentração substituta, como mg DW/L. O termo $(\mu_{máx} - k_d)$ também pode ser encarado como o efeito líquido da energia aplicada ao crescimento menos a energia aplicada à respiração e denominada $\mu_{líq}$:

$$X_t = X_0 e^{(\mu_{líq}t)} \qquad (5.8)$$

A expressão utilizada na Equação 5.7 será retida aqui por uma questão de clareza.

CRESCIMENTO LOGÍSTICO: O EFEITO DA CAPACIDADE DE CARGA

Se examinarmos as previsões geradas pelo modelo de crescimento exponencial um pouco mais adiante no tempo, observamos alguns níveis de biomassa interessantes. Por exemplo, em 100 dias, a biomassa simulada no Exemplo 5.1 alcançaria $5,4 \times 10^{43}$ mg DW/L! Isso faz sentido? Não é de se admirar que o modelo de crescimento exponencial, às vezes, seja chamado de *crescimento ilimitado*: não há restrições ou limites superiores na biomassa.

exemplo / 5.1 Crescimento Exponencial e o Efeito da Taxa de Crescimento Específico sobre a Taxa de Crescimento

Considere uma população ou comunidade em um reator descontínuo com uma biomassa inicial (X_0) de 2 mg DW/L, uma taxa de crescimento específico máxima ($\mu_{máx}$) de 1,1/dia e um coeficiente de taxa de respiração de 0,1/dia. Determine a concentração de biomassa (mg DW/L) ao longo de um período de 10 dias.

solução

Suponha que o crescimento é exponencial. A biomassa em qualquer momento é dada pela Equação 5.7:

$$X_t = X_0 e^{(\mu_{máx} - k_d)t}$$

e

$$X_t = 2 \times e^{(1,1/\text{dia} - 0,1/\text{dia})t}$$

A Tabela 5.1 e a Figura 5.6a apresentam os resultados.

A forma em J da Figura 5.6a é típica do crescimento exponencial. A característica íngreme da curva é determinada pelo valor do coeficiente líquido da taxa de crescimento específico ($\mu_{liq} = \mu_{máx} - k_d$). A influência do valor de μ_{liq} na forma da curva do crescimento é exibida na Figura 5.6b.

Repare na semelhança entre os modelos de crescimento exponencial (Equação 5.4), aplicados aqui nos organismos vivos em um reator descontínuo:

$$\frac{dX}{dt} = \mu_{máx} X$$

Tabela / 5.1

Resultados dos Cálculos no Exemplo 5.1 para Biomassa como uma Função do Tempo Usando o Modelo de Crescimento Exponencial

Tempo (dias)	Biomassa (mg DW/L)	Tempo (dias)	Biomassa (mg DW/L)
1	5	6	807
2	15	7	2.193
3	40	8	5.962
4	109	9	16.206
5	297	10	44.053

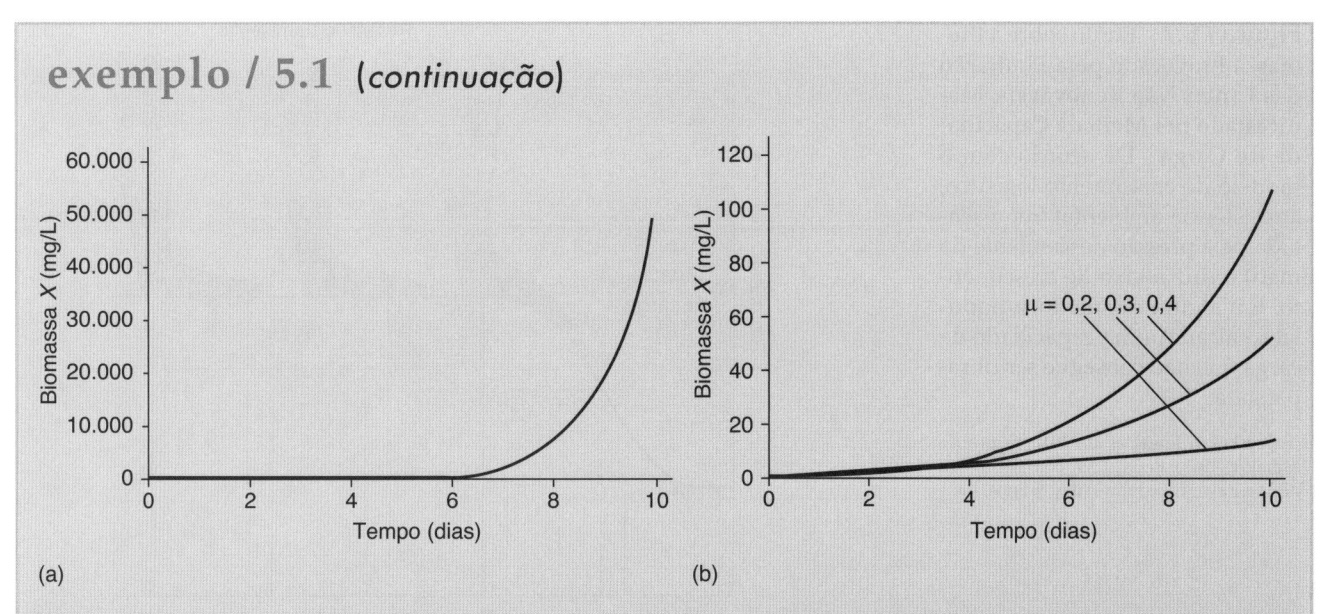

Figura / 5.6 **Efeito da Taxa de Crescimento Específico sobre o Crescimento Exponencial** (a) Crescimento exponencial da população, conforme determinado no Exemplo 5.1. (b) Crescimento da população de acordo com o modelo exponencial para três valores do coeficiente da taxa de crescimento específico. Conforme μ aumenta, a taxa de crescimento da população (dX/dt) também aumenta.

(De Mihelcic (1999). Reimpresso com permissão de John Wiley & Sons, Inc.)

Com a expressão do decaimento de primeira ordem introduzida nos Capítulos 3 e 4 para aplicação nas perdas químicas em um reator contínuo:

$$\frac{dC}{dt} = -kC$$

As duas são expressões de primeira ordem, ou seja, as duas taxas são uma função direta da concentração (organismo ou química). No entanto, as concentrações do organismo aumentam tipicamente de forma exponencial (crescimento), enquanto as concentrações químicas diminuem exponencialmente (decaimento).

O modelo de crescimento exponencial tem algumas aplicações adequadas, e podemos aprender muito com essa abordagem simples. No entanto, o **modelo de crescimento logístico** proporciona um arcabouço mais afinado com o nosso conceito de comportamento das populações e das comunidades. Aqui, invocamos uma **capacidade de carga**, ou limite superior, para o tamanho da população ou comunidade (biomassa) imposto pelas condições ambientais. A Figura 5.7 ilustra o conceito de capacidade de carga, e identifica a limitação de espaço e as perdas dependentes da população – como a doença e a predação – como componentes das condições ambientais. A limitação de alimentos não é abordada, já que o conceito de capacidade de carga é limitado aqui aos recursos relacionados com o espaço e não renováveis.

O modelo de crescimento logístico é desenvolvido para um reator descontínuo modificando o modelo de crescimento exponencial (Equação 5.6) para levar em conta os efeitos da capacidade de carga:

$$\frac{dX}{dt} = (\mu_{máx} - k_d)\left(1 - \frac{X}{K}\right)X \tag{5.9}$$

Figura / 5.7 Efeito sobre a Biomassa Provocado pela Limitação das Fontes Não Renováveis, Manifestado por Meio da Capacidade de Carga De acordo com o modelo de crescimento logístico, a resistência ambiental (representada pela pressão descendente da mão) reduz a taxa de crescimento. Em algum momento, a população alcança uma capacidade de carga que não consegue ser ultrapassada.

(Baseada em Enger *et al.*, 2010; figura de Mihelcic (1999). Reimpresso com permissão de McGraw-Hill e John Wiley & Sons, Inc.)

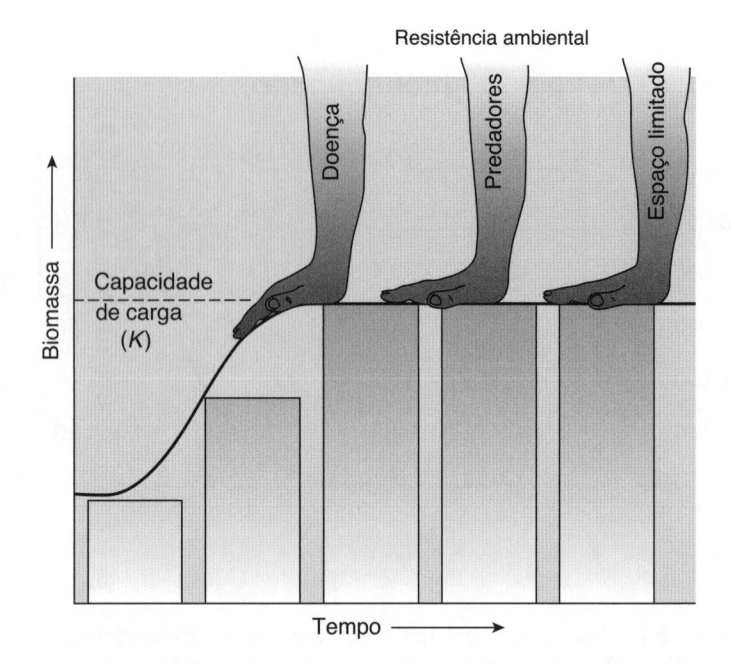

em que K é a capacidade de carga (mg DW/L), ou seja, a biomassa sustentável máxima da população.

Para avaliar como a capacidade de carga medeia a taxa de crescimento da população, examine o comportamento do segundo termo entre parênteses na Equação 5.9. Repare que, quando o tamanho da população é pequeno ($X \ll K$), a Equação 5.9 se reduz ao modelo de crescimento exponencial, uma vez que, à medida que a capacidade de carga se aproxima ($X \to K$), a taxa de crescimento da população se aproxima de zero. A Equação 5.9 pode ser integrada para um reator descontínuo, produzindo:

$$X_t = \frac{K}{1 + \left[\left(\dfrac{K - X_0}{X_0}\right) e^{-(\mu_{máx} - k_d)t}\right]} \tag{5.10}$$

A Equação 5.10 permite calcular a biomassa em função do tempo, de acordo com o modelo de crescimento logístico.

---

exemplo / 5.2 Crescimento Logístico

Considere a população do Exemplo 5.1 ($X_0 = 2$ mg DW/L; $\mu_{máx} = 1,1$/dia; $k_d = 0,1$/dia), mas com uma capacidade de carga (K) de 5.000 mg DW/L. Determine a biomassa da população ao longo de um período de 10 dias.

solução

Use o termo da capacidade de carga, K, para aplicar o modelo de crescimento logístico. Use a Equação 5.10 para solucionar a concentração de biomassa ao longo do período de 10 dias. A Tabela 5.2 e a Figura 5.8a mostram a biomassa da população ao longo do tempo. Nesse exemplo, a taxa de crescimento específico começa a diminuir após vários dias e se aproxima de zero. Além disso, a concentração de biomassa se estabiliza com o tempo, à medida que se aproxima da capacidade de carga (nesse caso, 5.000 mg DW/L).

A Figura 5.8 compara os modelos de crescimento exponencial e logístico. Repare que os dois modelos preveem o mesmo comportamento da população, quando ela é pequena. Isso sugere que o modelo exponencial pode ser aplicado adequadamente sob certas condições.

Tabela / 5.2

População ao Longo do Tempo Determinada pelo Crescimento Logístico Examinado no Exemplo 5.2

Tempo (dias)	Biomassa (mg DW/L)	$\mu_{máx} - k_d$ (dia^{-1})
0	2	1,000
1	7	0,999
2	22	0,996
3	72	0,986
4	232	0,954
5	695	0,861
6	1.745	0,651
7	3.201	0,360
8	4.276	0,145
9	4.757	0,049
10	4.924	0,015
11	4.977	0,005
12	4.993	0,001
13	4.998	<0,001
14	4.999	<0,001
15	5.000	0,000

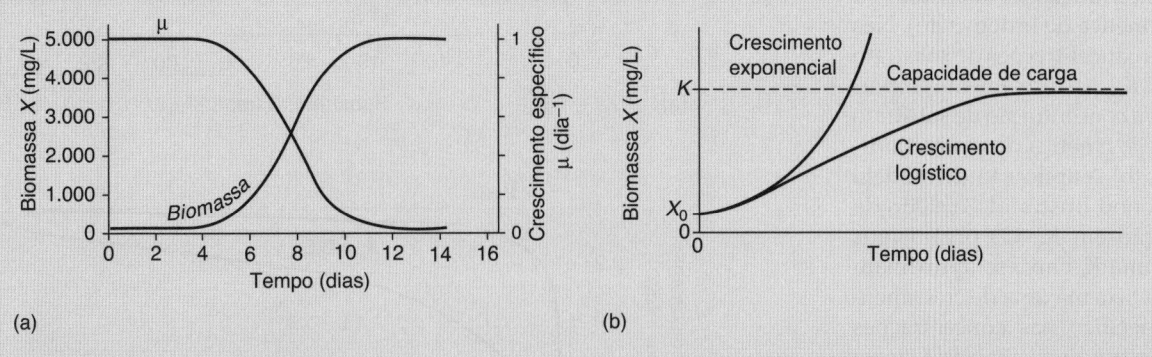

(a) (b)

Figura / 5.8 **Aplicação do Modelo de Crescimento Logístico** (a) A biomassa da população e a taxa de crescimento específico, segundo o modelo logístico determinado no Exemplo 5.2. (b) Uma comparação dos modelos de crescimento exponencial e logístico. Ambos preveem uma resposta similar da população nos estágios iniciais, quando a população é pequena. No entanto, o modelo exponencial prevê que o crescimento ilimitado vai continuar, enquanto o modelo logístico prevê uma abordagem para a capacidade de carga.

(De Mihelcic (1999). Reimpresso com permissão de John Wiley & Sons, Inc.)

CRESCIMENTO LIMITADO PELOS RECURSOS: O MODELO DE MONOD

Na natureza, é mais comum os organismos alcançarem os limites impostos pelas reservas de **recursos renováveis** – por exemplo, alimento – do que se aproximarem dos limites estabelecidos pela capacidade de carga. A relação entre nutrientes e taxa de crescimento da população ou comunidade pode ser descrita pelo **modelo de Monod**. Nesse modelo, a taxa máxima de crescimento específico é modificada para levar em conta os efeitos da limitação, nesse caso, a limitação dos recursos renováveis:

$$\mu = \mu_{máx} \frac{S}{K_s + S} \tag{5.11}$$

em que μ é a taxa de crescimento específico (dia^{-1}), S é a concentração de nutrientes ou substrato ($mg\ S/L$) e K_s é a constante de meia-saturação ($mg\ S/L$).

O **substrato** ou "alimento", na Equação 5.11, pode ser um macronutriente (por exemplo, carbono orgânico no tratamento de resíduos biológicos e na recuperação de recursos) ou um micronutriente limitador do crescimento (como o nitrogênio ou o fósforo em um estuário ou lago). Conforme ilustrado na Figura 5.9a, a **constante de meia-saturação** (K_s) é definida como a concentração de substrato (S) na qual a taxa de crescimento é a metade do seu valor máximo, ou seja, $\mu = \mu_{máx}/2$.

A magnitude de K_s reflete a capacidade de um organismo consumir recursos renováveis (substrato) em diferentes níveis de substrato. Os organismos com uma K_s baixa se aproximam da taxa máxima de crescimento específico ($\mu_{máx}$) em concentrações de substrato comparativamente baixas,

Figura/5.9 O Modelo de Monod (a) Modelo Básico de Monod ilustrando a relação entre a taxa de crescimento específico (μ) e a concentração de substrato (S). Nas altas concentrações de substrato ($[S] \gg K_s$), μ se aproxima do seu valor máximo, $\mu_{máx}$, e o crescimento é essencialmente independente da concentração de substrato (ou seja, cinética de ordem zero). Nas baixas concentrações de substrato ($[S] \ll K_s$), μ é diretamente proporcional à concentração de substrato (ou seja, cinética de primeira ordem). (b) A aplicação do modelo de Monod ilustrando o efeito da variação em K_s. Os organismos com uma K_s baixa se aproximam de sua taxa máxima de crescimento específico nas concentrações de substrato mais baixas e, desse modo, podem ter uma vantagem competitiva. Repare que essa figura é desenhada para a situação em que $\mu_{máx} = 1/dia$.

(De Mihelcic (1999). Reimpresso com permissão de John Wiley & Sons, Inc.)

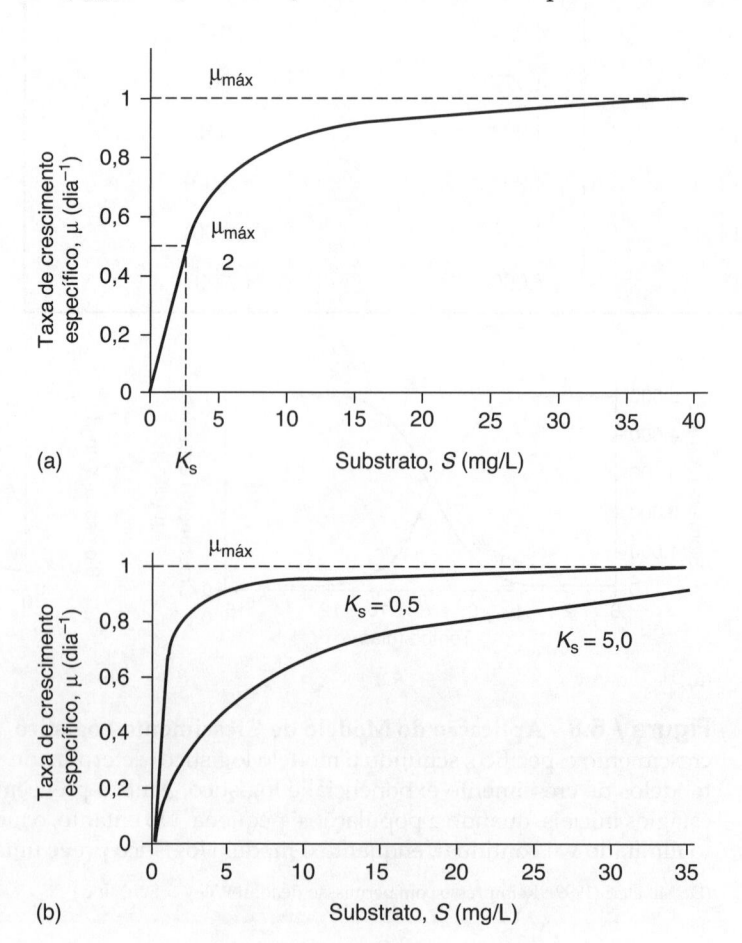

enquanto os organismos com valores de K_s elevados requerem níveis mais altos de substrato para alcançar o mesmo nível de crescimento. A Figura 5.9b ilustra como a variabilidade na constante de meia-saturação afeta a taxa de crescimento. A base fisiológica desse fenômeno reside no papel das enzimas na catalisação das reações químicas; as constantes de meia-saturação baixas refletem uma forte afinidade da enzima pelo substrato.

O modelo de Monod (Equação 5.11) pode ser substituído na Equação 5.6 (o modelo exponencial), produzindo:

$$\frac{dX}{dt} = \left(\mu_{máx} \frac{S}{K_s + S} - k_d \right) X \qquad (5.12)$$

exemplo / 5.3 Crescimento Limitado pelos Recursos

A Figura 5.10 mostra a densidade populacional em função do tempo para duas espécies de *Paramecium* (um protozoário) criadas separadamente, em uma cultura descontínua mista. Cultivadas separadamente, ambas as espécies se saem bem, adquirindo substrato e alcançando altas densidades de biomassa. Entretanto, na cultura mista, uma espécie predomina, eliminando as outras espécies. Os organismos com uma K_s pequena têm uma vantagem competitiva porque conseguem alcançar alta taxa de crescimento em níveis de substrato mais baixos. Isso pode ser demonstrado pela inspeção do modelo de Monod.

Um conceito básico de ecologia, o **princípio da exclusão competitiva,** afirma que dois organismos não podem coexistir se dependerem do mesmo recurso limitador do crescimento. Como então essas duas espécies de *Paramecium* fazem para coexistir no mundo natural? Por que o pior competidor não é extinto?

solução

A resposta está em outro princípio ecológico, a *separação em nichos*. O termo *nicho* se refere ao papel funcional único ou "lugar" de um organismo no ecossistema. Os organismos que são pouco competitivos pela perspectiva puramente cinética (por exemplo, K_sI) podem sobreviver aproveitando um tempo e lugar em que a competição pode ser evitada.

Figura / 5.10 Duas Espécies de *Paramecium* Criadas Separadamente e em Cultura Mista Na cultura separada, ambas as espécies se saem bem, adquirindo substrato e alcançando altas densidades de biomassa. Entretanto, em cultura mista uma espécie domina e elimina as outras espécies.

(Baseada em Ricklefs (1983); figura de Mihelcic (1999). Reimpresso com permissão de John Wiley & Sons, Inc.)

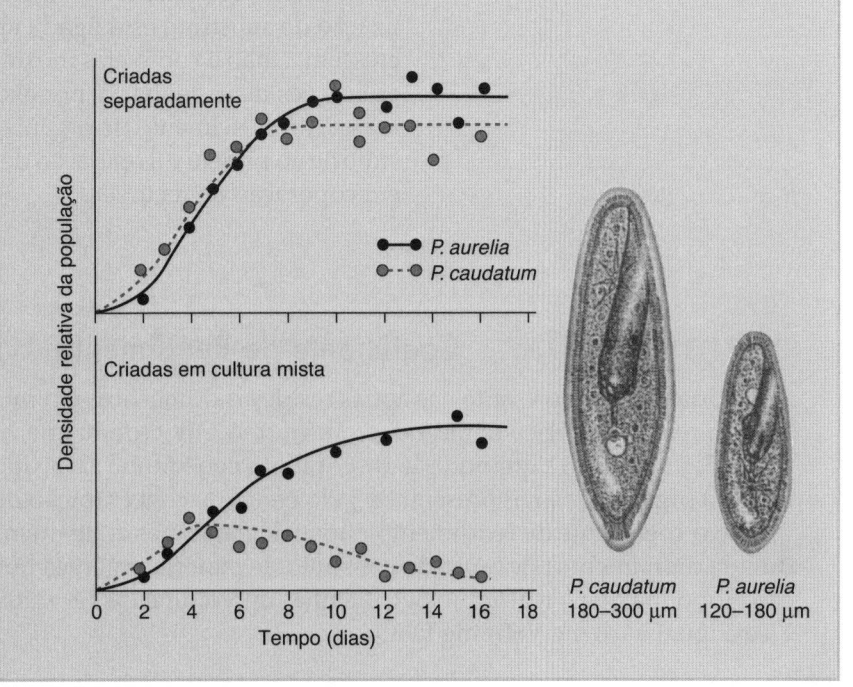

COEFICIENTE DE RENDIMENTO: RELACIONANDO O CRESCIMENTO E A UTILIZAÇÃO DE SUBSTRATO

Embora muita atenção tenha sido dada aqui ao rastreamento da biomassa, o destino do substrato pode ser mais interessante em muitas aplicações de engenharia. Para modelar as concentrações de substrato, ou relacionar o consumo de substrato ao crescimento do organismo, aplicamos o **coeficiente de rendimento (Y)**, definido como a quantidade de organismos produzidos por unidade de substrato consumida:

$$Y = \frac{\Delta X}{\Delta S} \tag{5.13}$$

Y representa unidades de biomassa produzidas por massas de substrato consumido. Um valor de coeficiente de rendimento de $Y = 0{,}2$ indica que 20 mg de biomassa são produzidas para cada 100 mg de substrato consumido. Repare que, para o carbono orgânico, Y é sempre menor do que 1, já que os organismos não são 100% eficientes na conversão de substrato para biomassa e alguma energia deve ser gasta na manutenção celular.

O coeficiente de rendimento também é frequentemente aplicado a um reator descontínuo para relacionar a taxa de utilização do substrato (dS/dt) à taxa de crescimento do organismo (dX/dt):

$$\frac{dS}{dt} = -\frac{1}{Y}\left(\frac{dX}{dt}\right) \tag{5.14}$$

Substitua o modelo de limitação do crescimento de Monod (Equação 5.12) por dX/dt na Equação 5.14:

$$\frac{dS}{dt} = -\frac{1}{Y}\left(\mu_{máx}\frac{S}{K_s + S}\right)X \tag{5.15}$$

Ignoramos o coeficiente de decaimento (k_d) nessa expressão porque a utilização de substrato está ligada apenas à rapidez com que os organismos crescem, e não a como eles morrem. Essa expressão é utilizada em várias aplicações de engenharia, por exemplo, para desenvolver os balanços de massa, no crescimento do organismo e na utilização do substrato, que dão suporte ao projeto e à operação de uma estação de tratamento de efluentes e recuperação de recursos.

exemplo / 5.4   Coeficiente de Rendimento

A matéria orgânica presente nas águas residuais domésticas é removida a uma taxa de 25 mg DBO_5/L-h em um reator biológico aerado descontínuo. A DBO (demanda bioquímica de oxigênio), definida na Seção 5.4, refere-se à quantidade de oxigênio consumida na oxidação de determinada quantidade de matéria orgânica, aqui representada pelo efeito da concentração de substrato.

Use o coeficiente de rendimento para calcular a massa de microrganismos (medida como VSS) produzida diariamente por causa do consumo de matéria orgânica pelos microrganismos na bacia de aeração. Suponha que o reator biológico tenha um volume de $1{,}5 \times 10^6$ L e que o coeficiente de rendimento Y seja igual a 0,6 mg VSS/mg DBO_5.

solução

O coeficiente de rendimento Y relaciona a taxa de desaparecimento do substrato (nesse caso, de matéria orgânica) à taxa de crescimento celular. Essa relação (Equação 5.14) é escrita em um reator descontínuo da seguinte forma:

$$\frac{dS}{dt} = -\frac{1}{Y}\frac{dX}{dt}$$

Portanto, temos:

$$Y\frac{dS}{dt} = -\frac{dX}{dt}$$

Substitua os valores fornecidos por Y e pela taxa de esgotamento do substrato:

$$\frac{0,6 \text{ mg VSS}}{\text{mg DBO}_5} \times \frac{25 \text{ mg DBO}_5}{\text{L-h}} = \frac{15 \text{ mg VSS}}{\text{L-h}}$$

Em seguida, converta esse valor para uma massa básica por dia:

$$\frac{15 \text{ mg VSS}}{\text{L-h}} \times 1,5 \times 10^6 \text{ L} \times \frac{24 \text{ h}}{\text{dia}} = \frac{5,4 \times 10^8 \text{ mg VSS}}{\text{dia}}$$

$$= \frac{540 \text{ kg VSS}}{\text{dia}}$$

Repare que vários sólidos biológicos são produzidos em uma estação de tratamento de efluentes e recuperação de recursos a cada dia. Isso explica porque os engenheiros gastam tanto tempo projetando e operando instalações para manipular e descartar os biossólidos residuais (lodo) gerados em uma estação de tratamento de efluentes e recuperação de recursos.

EFEITOS BIOCINÉTICOS Os termos $\mu_{máx}$, K_s, Y e k_d são denominados coeficientes biocinéticos porque fornecem informações sobre como o substrato e a biomassa mudam com o tempo (cineticamente). Os valores desses coeficientes podem ser derivados dos cálculos termodinâmicos ou por meio da observação em campo e da experimentação em laboratório – existe uma compilação de literatura dos cálculos derivados dessa maneira. A Tabela 5.3 fornece alguns valores representativos dos coeficientes biocinéticos, conforme aplicados ao tratamento de efluentes municipais e à recuperação de recursos.

CRESCIMENTO DESCONTÍNUO: JUNTANDO TUDO A respiração e os mecanismos mediadores do crescimento, introduzidos anteriormente, podem ser integrados em uma única expressão que descreve o crescimento da população na cultura descontínua (em lotes):

$$\frac{dX}{dt} = \left(\mu_{máx}\frac{S}{K_s + S} - k_d\right)\left(1 - \frac{X}{K}\right)X \qquad (5.16)$$

Tabela / 5.3

Valores Típicos de Coeficientes Biocinéticos Selecionados no Processo de Tratamento de Águas Residuais com Lodo Ativado

Coeficiente	Intervalo de Valores	Valor Típico
$\mu_{máx}$	$0{,}1–0{,}5\,h^{-1}$	$0{,}12\,h^{-1}$
K_s	$25–100\,mg\,DBO_5/L$	$60\,mg\,DBO_5/L$
Y	$0{,}4–0{,}8\,VSS/mg\,DBO_5$	$0{,}6\,VSS/mg\,DBO_5$
k_d	$0{,}0020–0{,}0030\,h^{-1}$	$0{,}0025\,h^{-1}$

FONTE: Tchobanoglous *et al.*, 2003.

Em seguida, podemos relacionar a utilização do substrato à Equação 5.16 por meio do coeficiente de rendimento:

$$\frac{dS}{dt} = -\frac{1}{Y}\left(\mu_{máx}\frac{S}{K_s + S}\right)\left(1 - \frac{X}{K}\right)X \qquad (5.17)$$

Mais uma vez, ignoramos o coeficiente de decaimento (k_d) nessa expressão, porque a utilização do substrato está ligada apenas à velocidade com a qual os organismos crescem, e não a como eles morrem. Embora de importância considerável nos sistemas naturais, o termo *capacidade de carga*, normalmente, não é incluído nos modelos biocinéticos para engenharia de efluentes municipais, pois esses sistemas são concebidos para operar abaixo da sua biomassa sustentável máxima.

A Figura 5.11 ilustra a utilização do substrato e as fases concomitantes de crescimento populacional na cultura em lotes (sem fluxo de entrada ou de saída), segundo as Equações 5.16 e 5.17. Por uma questão de simplicidade, presume-se que não ocorre reciclagem de substrato. São descritas três fases de crescimento na Tabela 5.4: a fase de crescimento exponencial ou logístico, a **fase estacionária** e a fase da morte. Certos pressupostos simplificadores quanto às condições de crescimento durante as fases exponencial e de morte permitem o cálculo das variações no substrato e na biomassa nesses momentos.

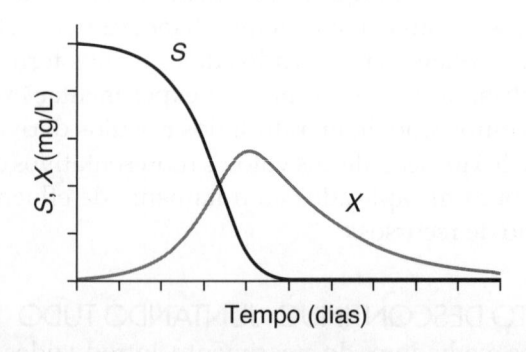

Figura / 5.11 **Crescimento da População na Cultura em Lote** O gráfico ilustra uma fase de crescimento exponencial na qual o substrato inicial (*S*) é abundante e a biomassa (*X*) é baixa. A isso se segue uma fase estacionária em que os níveis de substrato suportam uma taxa de crescimento igual à taxa de respiração e, depois, uma fase de morte na qual o substrato é exaurido e a população está em declínio pela demanda respiratória sem suporte.

Fases do Crescimento da População em um Reator Descontínuo

Fase de Crescimento	Descrição	dX/dt
Fase de crescimento exponencial ou logarítmica	Captação de substrato e crescimento rápidos. Padrão de crescimento bem aproximado pelo modelo exponencial (Equação 5.4).	$dX/dt > 0$
Fase estacionária	O crescimento desacelera por causa do esgotamento do substrato (ou à aglomeração populacional) Por um breve período, os ganhos por crescimento são balanceados exatamente pelas perdas por respiração e a morte.	$dX/dt = 0$
Fase de morte	O substrato não está mais disponível para suportar o crescimento e as perdas para a respiração e a morte. Aproximada como um decaimento exponencial (Equação 5.5).	$dX/dt < 0$

exemplo / 5.5 Cálculos Simplificados de Substrato e Biomassa

As equações diferenciais que descrevem a dinâmica da biomassa e do substrato (Equações 5.16 e 5.17) contêm termos não lineares que requerem métodos numéricos especializados para sua solução. No entanto, aplicando certos pressupostos simplificadores, podemos aprender um pouco sobre a dinâmica das populações e das comunidades microbianas. Considere uma população de microrganismos que cresce em uma cultura em lote com as seguintes características: biomassa inicial $X_0 = 10$ mg DW/L; taxa máxima de crescimento específico $\mu_{máx} = 0,3$/dia; constante de meia saturação $K_s = 1$ mg/L; capacidade de carga $K = 100.000$ mg DW/L; coeficiente de taxa de respiração $k_d = 0,05$/dia; concentração inicial de substrato $S_0 = 2.000$ mg S/L; e coeficiente de rendimento $Y = 0,1$ mg DW/mg S.

1. Determine se essa população chegará a se aproximar de sua capacidade de carga.
2. Calcule a biomassa da população após os 3 primeiros dias de crescimento.
3. Calcule a concentração de substrato após os 3 primeiros dias de crescimento.
4. Se a população atingir o pico em 100 mg DW/L quando o substrato acabar, calcule a biomassa 10 dias após o pico.

solução

1. As variações nas concentrações de substrato e biomassa ao longo do tempo são relacionadas pelo coeficiente de rendimento, conforme a Equação 5.14. A biomassa máxima atingível dessa população, baseada na disponibilidade de substrato, é dada como o produto da variação potencial máxima na concentração de substrato e o coeficiente de rendimento:

$$dX = dS \times Y = \frac{2.000 \text{ mg } S}{\text{L}} \times \frac{0,1 \text{ mg DW}}{\text{mg } S} = 200 \text{ mg DW}$$

Isso está bem abaixo da capacidade de carga de 100.000 mg DW/L. Portanto, a população não vai acabar com o substrato e nunca vai se aproximar da capacidade de carga.

2. No início da fase de crescimento, quando as concentrações de substrato são altas (termo de Monod, $S/(K_s + S)$, aproxima-se de 1) e as concentrações de biomassa são baixas (termo de capacidade de carga, $1 - X/K$, aproxima-se de 1), a Equação 5.16 se reduz a:

$$\frac{dX}{dt} = (\mu_{máx} - k_d)X$$

Integre:

$$X_t = X_0 e^{(\mu_{máx}-k_d)t}$$

$$X_3 = \frac{10 \text{ mg DW}}{L} \times e^{(0,3/\text{dia} - 0,05/\text{dia})3 \text{ dias}} = \frac{21 \text{ mg DW}}{L}$$

3. A mudança na concentração de substrato ao longo do período de 3 dias é dada pela Equação 5.14:

$$\frac{dS}{dt} = -\frac{1}{Y}\left(\frac{dX}{dt}\right)$$

A partir do cálculo anterior, dX/dt ao longo de 3 dias é $X_3 - X_0 = 21 - 10 = 11$ mg DW/L e:

$$\frac{dS}{dt} = -\left(\frac{0,1 \text{ mg DW}}{\text{mg } S}\right)^{-1} \times \frac{11 \text{ mg DW}}{L} = \frac{-110 \text{ mg } S}{L}$$

A concentração de substrato após 3 dias é dada por:

$$S_3 = S_0 - \frac{dS}{dt} = 2.000 - 110 = \frac{1.890 \text{ mg } S}{L}$$

4. Quando o substrato se esgota, o termo de Monod é igual a 0 e a Equação 5.16 se reduz à Equação 5.5 e sua solução analítica, $X_t = X_0 e^{-k_d t}$. Nesse caso, o pico de população decai de acordo com a cinética de primeira ordem, de modo que 10 dias após o pico:

$$X_t = X_0 e^{-k_d t} = 100 \times e^{(-0,05/\text{dia} \times 10 \text{ dias})} = \frac{61 \text{ mg DW}}{L}$$

Discussão em Sala de Aula

Tendo completado recentemente um estudo do crescimento populacional, poderíamos perguntar qual modelo se ajusta melhor aos dados apresentados na Figura 5.12 e o que esse modelo sugere que é suscetível de acontecer em seguida.

MODELOS DE CRESCIMENTO E POPULAÇÃO HUMANA Apesar da complexidade de sua reprodução, as populações humanas podem ser simuladas usando os tipos de modelos descritos neste capítulo. As populações humanas permaneceram relativamente estáveis por milhares de anos, aumentando com muito mais rapidez nos tempos modernos (ver Figura 5.12). Em 2007, o coeficiente da taxa de crescimento médio da população mundial era de, aproximadamente, $0,012$ ano^{-1} (1,2% por ano ou 12 nascimentos para 1.000 pessoas por ano).

Nesse ritmo, a população da Terra vai dobrar a cada 60 anos, com a maioria do seu crescimento populacional ocorrendo nas áreas urbanas.

O economista inglês do século XVIII Thomas Maltus considerava as questões de qual modelo descreveria os dados populacionais e o que ele previa. Reconhecendo que a população aumentava exponencialmente, Maltus concluiu que esse crescimento era verificado apenas pela "misé-

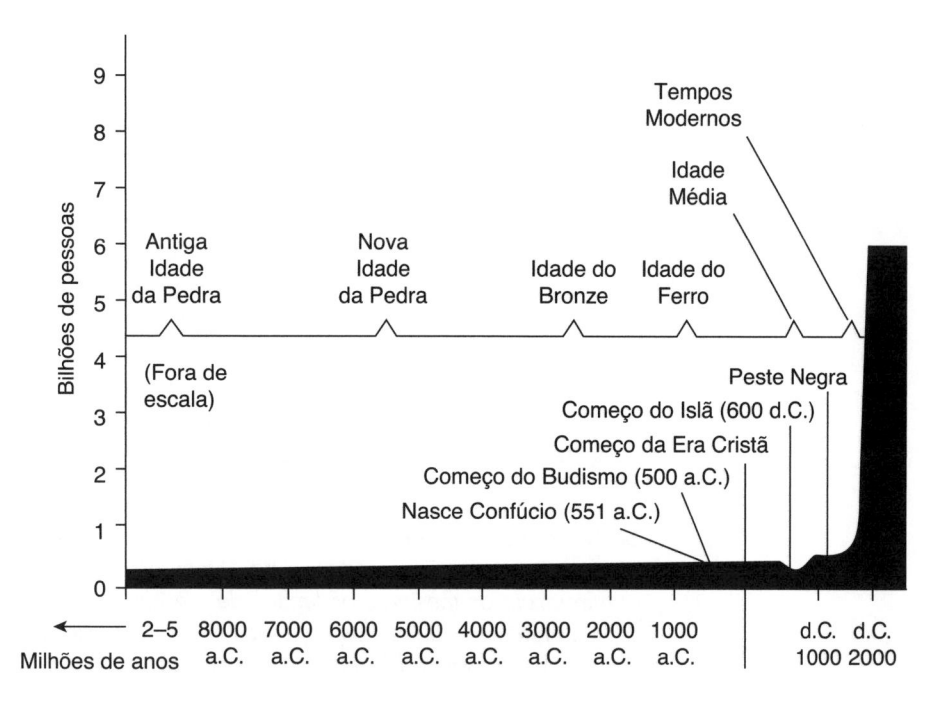

Figura / 5.12   Crescimento da População Humana ao Longo do Tempo.

(Adaptada de World Population Growth through History, com a permissão do Population Reference Bureau, Washington, D.C.)

ria e pelo vício", significando guerra, pestilência e fome. Ele afirmou que, enquanto as populações cresciam exponencialmente, os "meios de subsistência" (alimento) aumentavam de modo linear. Portanto, seria apenas uma questão de tempo até a demanda superar a oferta, como mostra a Figura 5.13, um evento com implicações catastróficas.

Dois séculos após as previsões de Maltus, não gastamos os recursos alimentares, e as curvas da oferta e da demanda exibidas na Figura 5.13 ainda não se cruzaram. Isso acontece, primariamente, pela produção antropogênica de nitrogênio (N) e fósforo (P), que promoveram muitos benefícios sociais e econômicos, principalmente satisfazendo as demandas de produção de alimentos à medida que a população e a riqueza aumentaram. Infelizmente, a perturbação do equilíbrio da Terra pelas

Discussão em Sala de Aula

Os engenheiros têm um papel na mitigação das ameaças atuais e na eliminação das futuras agressões com projetos que melhorem a qualidade de vida da população da Terra, sem os históricos impactos adversos associados sobre a saúde humana e o meio ambiente. Como você vê o seu papel como um cidadão global e como um profissional de engenharia?

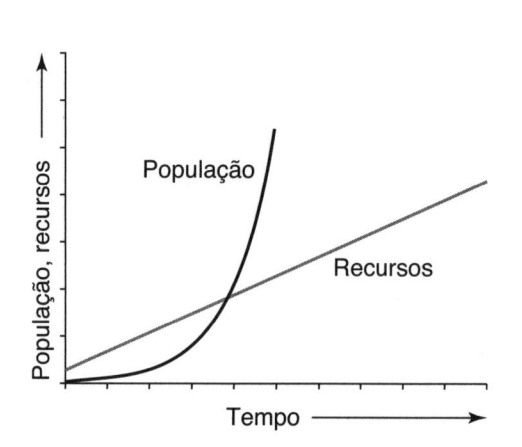

Figura / 5.13   Previsões de Maltus a cerca das Tendências da População e dos Recursos   Em algum ponto, de acordo com Maltus, a demanda vai superar a oferta.

entradas excessivas de N e P no ambiente resultou em muitas preocupações para a saúde humana e do ecossistema. Essas preocupações incluem desequilíbrios de N e P na água potável, emissões de gases do efeito estufa (ou seja, óxido nitroso), bem como acidificação e eutrofização dos ecossistemas terrestres e aquáticos (EPA's Office of Water (EPA, 2007b)). Além disso, com relação aos dois principais ingredientes nos fertilizantes, embora necessitemos de energia para obter o N do ar, temos de minerar o P. Enquanto o N é abundante na atmosfera terrestres, a quantidade de P prontamente disponível que é minerada deve acabar neste século (Mihelcic et al., 2011).

Os Limites do Crescimento foram discutidos no Capítulo 1. Lembre-se de que ele advertiu quanto às limitações finitas dos recursos mundiais. Em **Os Limites do Crescimento**, o Clube de Roma alertou:

> *Se "as atuais tendências de crescimento na população mundial, industrialização, poluição, produção de alimentos e esgotamento de recursos continuarem as mesmas, os limites de crescimento serão alcançados em algum momento dentro dos próximos cem anos". Eles ainda previram que haveria um impacto adverso na capacidade industrial.*

Essa perspectiva um pouco ampla sobre as ameaças que prescrevem os limites para crescer é mais coerente com as nossas observações dos impactos da extinção dos nutrientes (isto é, nitrogênio e fósforo), chuva ácida, liberação de metais pesados e produtos químicos orgânicos tóxicos, esgotamento da camada de ozônio e emissões de carbono que levam à mudança climática. Maltus poderia ter ficado surpreso ao constatar que "sujamos o nosso ninho" bem antes de a fome – "o último e mais terrível controle da população" – espalhar-se pelo nosso planeta.

Outra maneira de descrever esse fenômeno é por meio de uma relação desenvolvida nos anos 1970, conhecida como **equação IPAT**:

$$I = P \times A \times T \tag{5.18}$$

Na Equação 5.18, I é o impacto ambiental, P é a população, A é a riqueza (afluência) e T é a tecnologia. O impacto ambiental (I) pode ser expresso em termos do esgotamento dos recursos, da acumulação de resíduos ou do potencial para aquecimento global. População (P) se refere ao tamanho da população humana, afluência (A) é o nível de consumo por essa população e tecnologia (T) representa o processo utilizado para obter recursos e transformá-los em bens úteis e resíduos.

Além de destacar a contribuição da população para os problemas ambientais, a equação IPAT deixa claro que os problemas ambientais envolvem mais do que a poluição e são induzidos por vários fatores que agem juntos para produzir um efeito composto. O produto da afluência (A) e da tecnologia (T) na Equação 5.18 pode ser visualizado como a demanda *per capita* sobre os recursos do ecossistema. Às vezes, essa demanda é quantificada como uma pegada ecológica (ver Aplicação 5.2).

A partir da Equação 5.8, fica evidente que só existem duas opções para reduzir o impacto ambiental:

1. Reduzir o tamanho da população (P) ou
2. Reduzir a magnitude da demanda *per capita* ($A \times T$).

Discussão em Sala de Aula

Embora a pegada ecológica forneça informações gerais sobre os impactos do consumo, quais são algumas das limitações dessa abordagem? Por exemplo, a área terrestre é um bom substituto para todo o impacto ambiental? O solo contaminado durante o processo ou no final da vida é considerado de maneira diferente da terra utilizada para cultivar safras orgânicas? Quais desafios isso apresenta no uso da pegada ecológica como um indicador da sustentabilidade ambiental?

Calcule a Sua Pegada Pessoal

www.myfootprint.org/en/

Uma **pegada ecológica** é uma determinação da área terrestre biologicamente produtiva necessária para prover os recursos a um indivíduo (ou país ou cidade) e absorver os resíduos que suas atividades produzem.

Outra maneira de pensar na pegada ecológica é o impacto ecológico correspondente à quantidade de natureza que um indivíduo (ou país ou cidade) precisa ocupar para manter intacto o seu estilo de vida diário (Wackernagel *et al.*, 1997). Presume-se que, se os recursos do mundo fossem alocados igualmente entre a população mundial, haveria 1,8 hectares de terras produtivas alocados por pessoa. Esse valor é importante porque serve como um ponto de referência para comparar a pegada ecológica da população mundial. Esse número de referência é derivado do fato de que há uma quantidade de terreno arado, pasto, floresta, oceano e ambiente construído.

A Figura 5.14 mostra que, desde 1970, a demanda dos humanos em relação ao mundo natural ultrapassou o que a Terra consegue repor. Essa demanda excessiva pela capacidade biológica da Terra se chama **superação ecológica dos limites**, que tem crescido sem parar ao longo dos últimos 40 anos. A superação dos limites alcançou um déficit de 50% em 2008, significando que, atualmente, a Terra leva 1,5 anos para regenerar os recursos renováveis usados pelos humanos e absorver o resíduo (por exemplo, dióxido de carbono) que eles produzem (WWF, 2012). Isso é similar a uma pessoa retirando fundos de uma conta bancária em um ritmo mais rápido do que os juros repõem os fundos na conta.

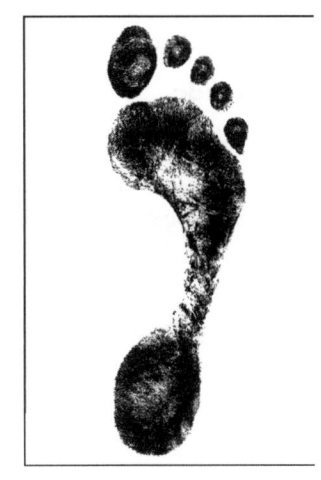

© Juri Samsonov/iStockphoto

A Tabela 5.5 fornece a pegada ecológica e a capacidade ecológica disponível (ambas em hectares *per capita*) do mundo e de nações selecionadas. A tabela também fornece a diferença, ou *déficit ecológico*, que é determinado subtraindo a pegada da capacidade ecológica disponível de um país. Os números negativos indicam um déficit (ou seja, superação ecológica dos limites), e os números positivos indicam que alguma capacidade ecológica continua dentro das fronteiras do país. A tabela mostra que muitas das nações do mundo, atualmente, não são sustentáveis se o resto do mundo tiver de compartilhar o mesmo nível de consumo atual dos recursos naturais. Essa análise supõe que o impacto de um indivíduo é sentido dentro do terreno físico e dos ecossistemas ocupados pelo país natal da pessoa. Naturalmente, as fronteiras nacionais não limitam muitas emissões ambientais, portanto, os impactos serão sentidos mais provavelmente além do país natal.

Em termos globais, a pegada média do mundo atual é 2,7 hectares por pessoa, resultando em um déficit ecológico de 0,9 hectares por pessoa. Está claro que, para ser ecologicamente sustentável, o mundo deve diminuir a sua população ou o fardo que cada pessoa coloca no ambiente (por meio do compartilhamento mais igualitário dos recursos mundiais ou do uso mais generalizado de políticas ecológicas e tecnologia), especialmente nos países desenvolvidos, que consomem uma fatia injusta dos recursos do mundo.

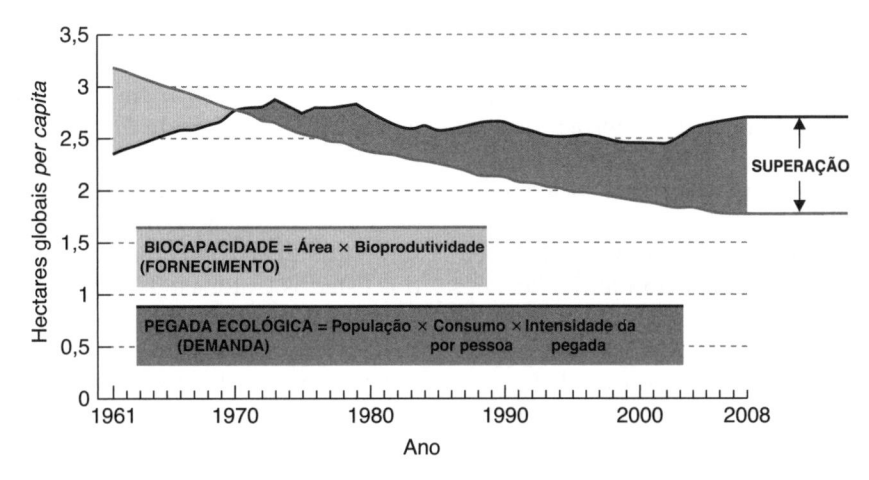

Figura / 5.14   Tendências da Capacidade Ecológica e da Biocapacidade que Mostram o Aumento na Superação Ecológica dos Limites ao Longo dos Últimos 40 Anos.

Tabela / 5.5

Pegadas Ecológicas pelo Mundo

	Pegada Ecológica (hectares _per capita_)	Capacidade Biológica (hectares _per capita_)	Diferença (hectares _per capita_)
Mundo	2,7	1,8	−0,9
Bangladesh	0,7	0,4	−0,3
Brasil	2,9	9,6	+6,7
Canadá	6,4	14,9	+8,5
China	2,1	0,9	−1,2
Alemanha	4,6	1,9	−2,7
Índia	0,9	0,5	−0,4
Japão	4,2	0,6	−3,6
Jordânia	2,1	0,2	−1,9
México	3,3	1,4	−1,9
Nova Zelândia	4,3	10,2	+5,9
Nigéria	1,4	1,1	−0,3
Federação Russa	4,4	6,6	+2,2
África do Sul	2,6	1,2	−1,4
Reino Unido	4,7	1,3	−3,4
Estados Unidos	7,2	3,9	−3,3

FONTE: Dados do Relatório Planeta Vivo, WWF, 2012.

Na verdade, conforme a população global for se aproximando de 10 bilhões de pessoas nas próximas décadas, a alocação da pegada de 2,1 hectares de terra produtiva por pessoa vai se aproximar de 1 hectare, necessitando de ainda mais atenção nas questões de justiça e políticas/tecnologias ecológicas.

Nos Estados Unidos, enquanto a capacidade ecológica disponível é relativamente grande (3,9 hectares por pessoa), há uma pegada ecológica de 7,2 hectares, resultando em um déficit global de 3,3 hectares por pessoa. A capacidade ecológica disponível da China é muito menor do que a dos Estados Unidos (0,9 hectare por pessoa) e sua pegada atual também é muito menor (2,1 hectares por pessoa).

Repare também que a China não tem "pegada" adicional sua para utilizar. Imagine qual será a superação ecológica dos limites da China se a sua população, de mais de 1 bilhão de pessoas, tentar se igualar aos atuais padrões de consumo de recursos dos Estados Unidos (lembre-se da equação IPAT). Além disso, você poderia se perguntar se é eticamente responsável os cidadãos dos Estados Unidos e de outros países desenvolvidos consumirem os recursos mundiais no ritmo atual insustentável, resultando em carência de recursos para os países menos desenvolvidos para suportar o seu desenvolvimento futuro.

As questões do tamanho da população (*P*), talvez de importância primordial, e da afluência (*A*) são questões orientadas politicamente sobre as quais muitos engenheiros trabalham. Outros esforços da engenharia para reduzir o impacto ambiental e avançar a sustentabilidade (*T*) se concentram no projeto de tecnologias mais ecológicas, que consumam menos recursos, e no uso de uma abordagem sistêmica e do conceito de ciclo de vida.

5.3 Fluxo de Energia nos Ecossistemas

O caráter dos muitos e variados ecossistemas terrestres é determinado, em grande medida, pela sua configuração física. Considere as mudanças na flora (plantas) e na fauna (animais) observadas durante uma longa viagem de carro, especialmente se viajar de norte a sul ou se houver mudanças radicais na elevação. A configuração física inclui fatores climáticos, como temperatura (valores extremos e duração das estações), luz solar (duração do dia e variação anual), precipitação (extremos e distribuição anual) e vento. Outras características significantes da configuração física incluem a física do solo (tamanho da partícula) e a química do solo (pH, teor orgânico, nutrientes).

Dada a configuração física adequada, os organismos necessitam de apenas duas coisas do ambiente (1) energia para fornecer potência e (2) produtos químicos para fornecer substância. Os elementos químicos passam por um ciclo dentro de um ecossistema que pode ser regional ou global, de modo que a função continuada não exige que eles sejam importados. A energia flui através dos ecossistemas e os impele, ou seja, ela não possui um ciclo, mas é convertida para calor e perdida para sempre para fins úteis.

5.3.1 CAPTURA E USO DA ENERGIA: FOTOSSÍNTESE E RESPIRAÇÃO

O Sol é responsável, direta ou indiretamente, por praticamente toda a energia da Terra. A luz solar incidente em um ecossistema aquático ou terrestre é aprisionada pelos pigmentos das plantas, principalmente a clorofila, e essa energia luminosa é convertida para energia química por meio de um processo chamado **fotossíntese**.

Fotossíntese artificial é o termo utilizado frequentemente para descrever os sistemas solares ou fotovoltaicos projetados para capturar energia luminosa e convertê-la em energia elétrica. O uso da energia solar para alimentar sistemas projetados em vez de queimar combustíveis fósseis pode tratar de muitos desafios ambientais atuais, incluindo a poluição do ar, a mudança climática e o esgotamento dos recursos finitos.

A energia química armazenada por meio da fotossíntese é disponibilizada, subsequentemente, para uso pelos organismos através da respiração. A Figura 5.15a fornece uma representação simplificada da fotossíntese, representada da seguinte forma:

$$CO_2 + H_2O + \Delta \rightarrow C(H_2O) + O_2 \qquad (5.19)$$

em que Δ é a energia solar e $C(H_2O)$ é uma representação geral do carbono orgânico (por exemplo, glicose, que é $C_6H_{12}O_6$ ou $6C(H_2O)$). A variação

© Michal Krakowiak/iStockphoto.

de energia livre (ΔG) para a fotossíntese (Equação 5.19) é positiva, então a reação não pode prosseguir sem a entrada de energia do Sol.

A clorofila age como uma antena, absorvendo a energia luminosa, que é armazenada nas ligações químicas dos carboidratos produzidos por essa reação. O oxigênio é um subproduto importante do processo. Em relação ao tratamento de efluentes, a **fonte fotossintética** é considerada um método natural para fornecer oxigênio para as águas residuais (efluentes), como acontece na aeração dos sistemas de tratamento baseados em lagunas.

Respiração é o processo pelo qual a energia química armazenada por meio da fotossíntese é liberada para realizar trabalho nas plantas e em outros organismos (desde bactérias até plantas e animais):

$$C(H_2O) + O_2 \rightarrow CO_2 + H_2O + \Delta \qquad (5.20)$$

A Figura 5.15b fornece uma representação simples da respiração. O inverso da fotossíntese, essa reação libera energia armazenada, disponibilizando-a para a manutenção celular, reprodução e crescimento. A energia, representada por Δ na Equação 5.20, é igual à energia livre da reação. Os organismos são capazes de capturar e utilizar apenas uma fração (5-50%) da energia livre total dessa reação. Desse modo, todas as formas de vida são um tanto ineficientes por natureza.

A respiração pode ser descrita quimicamente como uma reação de oxidação-redução ou **reação redox**, que pode ser escrita por meio das duas meias-reações a seguir. Primeiro, a oxidação do carbono orgânico:

$$C(H_2O) + H_2O \rightarrow CO_2 + 4H^+ + 4e^- \qquad (5.21)$$

Figura / 5.15 **Fotossíntese e Respiração** (a) Versão simplificada da fotossíntese, o processo em que a energia do sol é capturada pelos pigmentos, como a clorofila, e convertida para energia química armazenada nas ligações dos carboidratos simples, por exemplo, $C(H_2O)$. As moléculas mais complexas (por exemplo, açúcares, amidos e celulose) são formadas a partir de carboidratos simples. (b) Versão simplificada da respiração, o inverso do processo fotossintético. A energia armazenada nas ligações químicas (por exemplo, carboidratos) é liberada para dar suporte às necessidades metabólicas.

(Reimpresso de Mihelcic (1999); com permissão de John Wiley & Sons, Inc.)

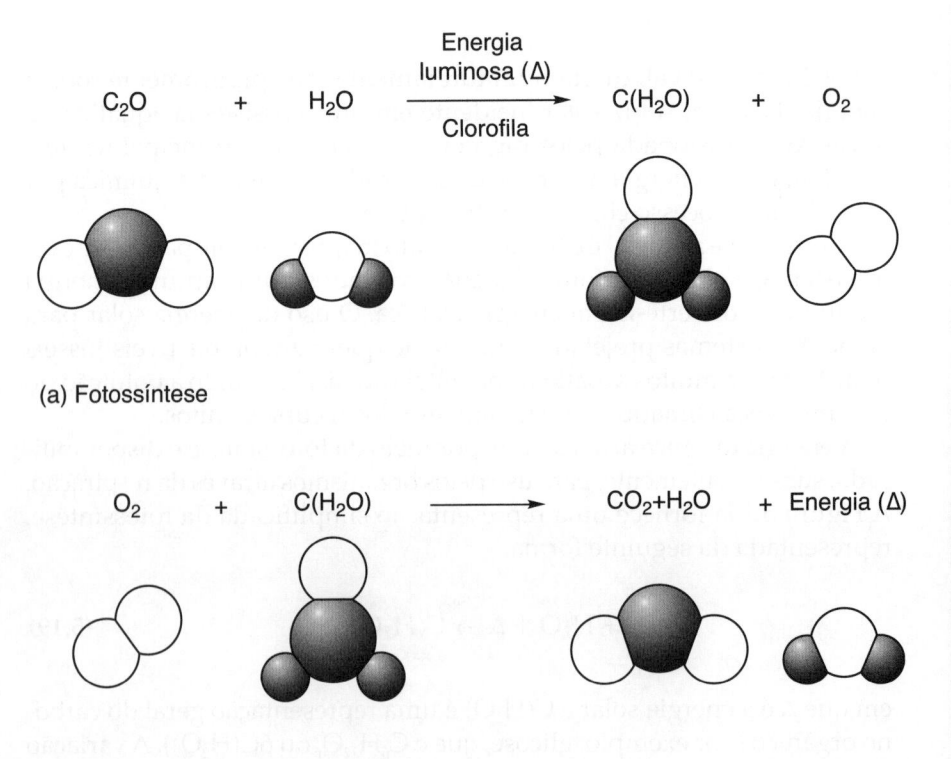

em que o estado de valência do carbono vai de (0) no $C(H_2O)$ a (4+) no CO_2, produzindo quatro elétrons. E segundo, a redução do oxigênio:

$$O_2 + 4e^- + 4H^+ \rightarrow 2H_2O \qquad \textbf{(5.22)}$$

em que o estado de valência do oxigênio vai de (0) no O_2 a (2-) no H_2O, ganhando quatro elétrons. As duas meias-reações podem ser somadas para produzir a reação global apresentada na Equação 5.20. Repare que não há variação líquida nos elétrons; eles simplesmente são redistribuídos.

Os ecologistas microbianos se referem à respiração descrita na Equação 5.20 como **respiração aeróbica**, uma vez que o oxigênio é utilizado como receptor de elétrons. Algumas bactérias, os *aeróbios estritos* ou *obrigatórios* (ou simplesmente aeróbios), contam com o oxigênio, exclusivamente, como um receptor de elétrons e não conseguem crescer na sua ausência. No extremo oposto estão os micróbios que não conseguem tolerar o oxigênio, denominados *anaeróbios estritos* ou *obrigatórios*. Os micróbios facultativos podem mudar seu metabolismo entre as vias aeróbica e anaeróbica, dependendo da presença ou não de oxigênio.

Quando não há oxigênio, ocorre a **respiração anaeróbica**, que utiliza uma série de outros compostos como receptores de elétrons. Muitas bactérias podem utilizar o oxigênio como um receptor de elétrons, mas podem utilizar nitrato ou sulfato na sua ausência. Essas bactérias são *aeróbios facultativos* e têm uma vantagem ecológica diferenciada sobre os anaeróbios estritos ou obrigatórios, ou sobre os aeróbios em ambientes que possam fica periodicamente privados de oxigênio. Os termos *anaeróbico* e *anóxico* são utilizados com frequência como sinônimos um do outro. Nas aplicações de tratamento de efluentes e em alguns sistemas naturais, **anóxico** se refere ao caso em que não há oxigênio e a respiração continua com nitrato como receptor de elétrons.

A Tabela 5.6 apresenta as reações redox da oxidação da matéria orgânica usando uma série de receptores de elétron alternativos, como nitrato, manganês e ferro férrico. Acredita-se que essas reações ocorram

Tabela / 5.6

Reações Redox da Oxidação da Matéria Orgânica Usando Vários Receptores de Elétrons Alternados

Receptor de Elétrons	Reação Redox*	Número da Equação
Nitrato	$C(H_2O) + NO_3^- \rightarrow N_2 + CO_2 + HCO_3^- + H_2O$	(5.23)
Manganês	$C(H_2O) + Mn^{4+} \rightarrow Mn^{2+} + CO_2 + H_2O$	(5.24)
Ferro Férrico	$C(H_2O) + Fe^{3+} \rightarrow Fe^{2+} + CO_2 + H_2O$	(5.25)
Sulfato	$C(H_2O) + SO_4^{2-} \rightarrow H_2S + CO_2 + H_2O$	(5.26)
Compostos Orgânicos	$C(H_2O) \rightarrow CH_4 + CO_2$	(5.27)

*As equações não são balanceadas por estequiometria, de modo que as espécies participantes nas reações podem ser enfatizadas de maneira mais clara.

no meio ambiente na sequência apresentada – a ordem de sua favorabilidade pela perspectiva termodinâmica. Desse modo, a redução do oxigênio ocorre primeiro, seguida pela do nitrato, manganês, ferro férrico e sulfato, e finalmente ocorre a fermentação. A ordem é chamada **sequência redox ecológica**, com cada processo executado por diferentes tipos e bactérias (por exemplo, redutores de nitrato e redutores de sulfato). Repare que, em todas essas reações redox, o CO_2 é produzido a partir da degradação de maneira orgânica. Essas emissões *biogênicas* de CO_2 são diferenciadas como uma emissão de gás do efeito estufa diferente (mas ainda assim importante) do CO_2 emitido pela queima de combustíveis fósseis.

A fermentação (Equação 5.27) é um processo anaeróbico mediado por leveduras e certas bactérias, e difere das demais reações nas quais a matéria orgânica é oxidada sem um receptor de elétrons externo. Aqui, os compostos orgânicos servem como doador e receptor de elétrons, resultando em dois produtos finais, um dos quais é oxidado em relação ao substrato e o outro é reduzido. Na produção de álcool, por exemplo, a glicose ($C_6H_{12}O_6$, com C no estado de valência (0)) é fermentada em etanol (CH_2CH_3OH, com C reduzido ao estado de valência (2–)) e dióxido de carbono (CO_2, com C oxidado para o estado de valência (4+)). **Metanogênese** é um tipo de fermentação na qual o metano (CH_4) é o produto final. A recuperação do metano dos efluentes domésticos faz parte da estratégia de transformação de resíduos em energia, implementada nas estações de tratamento de efluentes domésticos e recuperação de recursos.

A matéria orgânica (produzida em lagos e pântanos) é decomposta em dióxido de carbono e produtos finais estáveis tipo turfa por meio de respiração aeróbica e anaeróbica. A Figura 5.16 ilustra a contribuição relativa do oxigênio e dos vários receptores de elétrons alternativos para a oxidação da matéria orgânica nas águas profundas e nos sedimentos do Lago Onondaga, situado em Nova York. Aproximadamente, um terço da decomposição da matéria orgânica durante o verão ocorreu pela via aeróbica, ou seja, tendo o oxigênio como o receptor terminal de elétrons, com o saldo utilizando os receptores alternativos de elétrons identificados na Tabela 5.6.

Figura / 5.16 Contribuição dos Vários Receptores de Elétrons Terminais para a Oxidação da Matéria Orgânica nas Águas do Fundo do Lago Onondaga, Nova York.

(Dados de Effler (1996); figura de Mihelcic (1999). Reimpresso com a permissão da John Wiley & Sons, Inc.)

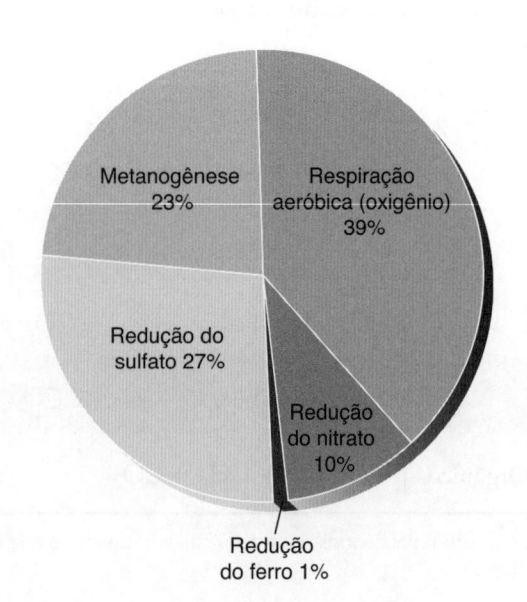

5.3.2 ESTRUTURA TRÓFICA NOS ECOSSISTEMAS

Além da energia, os organismos necessitam de uma fonte de carbono. Os organismos que obtêm seu carbono dos compostos inorgânicos (por exemplo, CO_2 na Equação 5.19) chamam-se **autótrofos**, traduzidos, *grosso modo*, como autoalimentadores. Essa categoria inclui organismos fotossintéticos (plantas verdes, incluindo as algas, e algumas bactérias) que usam amônia (NH_3) como fonte de energia. Os carboidratos simples produzidos por meio da fotossíntese $C(H_2O)$, na Equação 5.19, e as substâncias químicas mais complexas sintetizadas posteriormente (por exemplo, amido, celulose, gorduras e proteínas) são chamados coletivamente **matéria orgânica**.

Os organismos que dependem da matéria orgânica produzida por outros para obter seu carbono se chamam **heterótrofos**, traduzidos, *grosso modo*, como outros alimentadores. Essa fonte de carbono poderia ser uma molécula simples, como o metano (CH_4) ou uma substância química mais complexa, como as apresentadas anteriormente. Os animais e a maioria das bactérias obtêm carbono e energia da matéria orgânica, desse modo, são categorizados como heterótrofos.

A quantidade de matéria orgânica presente em qualquer ponto no tempo é a **biomassa** do sistema (g C/L ou DW/L, g C/m^2 ou DW/m^2), e a taxa de produção da biomassa é a **produtividade** do sistema (g C/L-dia ou DW/ L-dia, g C/m^2-dia ou DW/m^2-dia). *Produção primária* é a geração fotossintética da matéria orgânica pelas plantas e certas bactérias – por exemplo, algas nos lagos e culturas em terra. *Produção secundária* é a geração da matéria orgânica por organismos não fotossintéticos – ou seja, os que consomem a matéria orgânica originária dos produtores primários para ganhar energia e materiais e, por sua vez, gerar mais biomassa por meio do crescimento. Os produtores secundários incluem o zooplâncton, nos sistemas aquáticos, e o gado, em terra.

A estrutura trófica ou alimentar nos ecossistemas é composta do ambiente abiótico e de três componentes bióticos: produtores, consumidores e decompositores. Os produtores – na maioria das vezes, as plantas – assimilam substâncias químicas simples e utilizam a energia do Sol para produzir e armazenar compostos complexos, ricos em energia, que fornecem substância e energia armazenada para um organismo. Os organismos que ingerem plantas, extraindo elementos energéticos e químicos para criar substâncias mais complexas, são consumidores primários ou **herbívoros**. Os que consomem herbívoros se chamam consumidores secundários ou **carnívoros**. Outros níveis tróficos carnívoros também são possíveis (consumidores terciários e quaternários). Os consumidores que ingerem plantas e animais se chamam **onívoros**.

A Figura 5.17 ilustra os vários níveis nutricionais ou tróficos em uma **cadeia alimentar** aquática simples. Esse é um subconjunto linear das relações mais complexas e das interações que compõem as **cadeias alimentares**, como a exibida na Figura 5.18. Do mesmo modo, a cadeia alimentar terrestre simples, ilustrada na Figura 5.19, é um subconjunto linear da cadeia alimentar correspondente na Figura 5.20.

5.3.3 TERMODINÂMICA E TRANSFERÊNCIA DE ENERGIA

A primeira lei da termodinâmica afirma que a energia não pode ser criada ou destruída, mas pode ser convertida de uma forma para outra. Aplica-

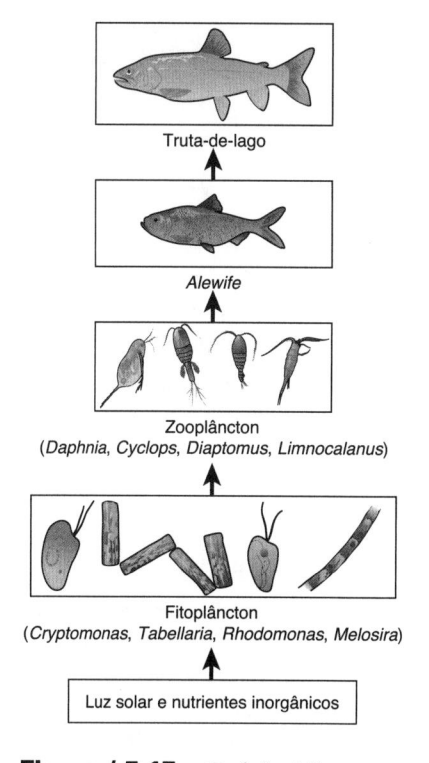

Figura / 5.17 Cadeia Alimentar Aquática do Lago Superior O fitoplâncton é um produtor primário, o zooplâncton é o consumidor secundário ou herbívoro, e a *alewife* e a truta-de-lago são consumidores secundário e terciário, respectivamente, ambos carnívoros.

(Reimpresso de Mihelcic (1999). Reproduzido com permissão de John Wiley & Sons, Inc.)

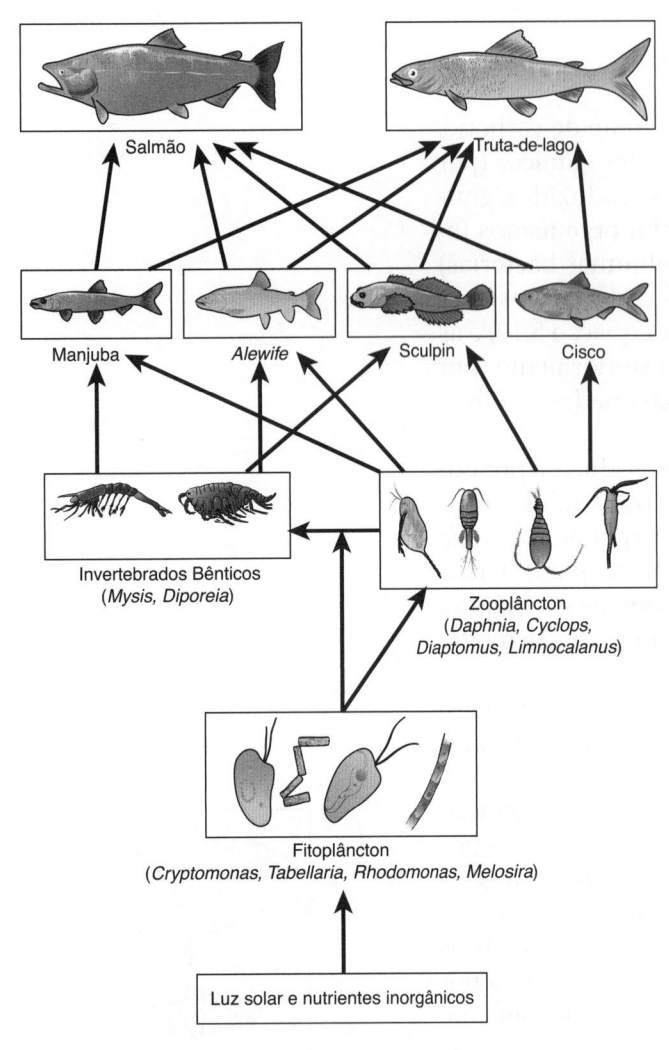

Figura / 5.18 **Cadeia Alimentar do Lago Superior** Essa ilustração mostra as inter-relações mais complexas encontradas, normalmente, em um ecossistema.

(De Mihelcic (1999). Reimpresso com a permissão da John Wiley & Sons, Inc.)

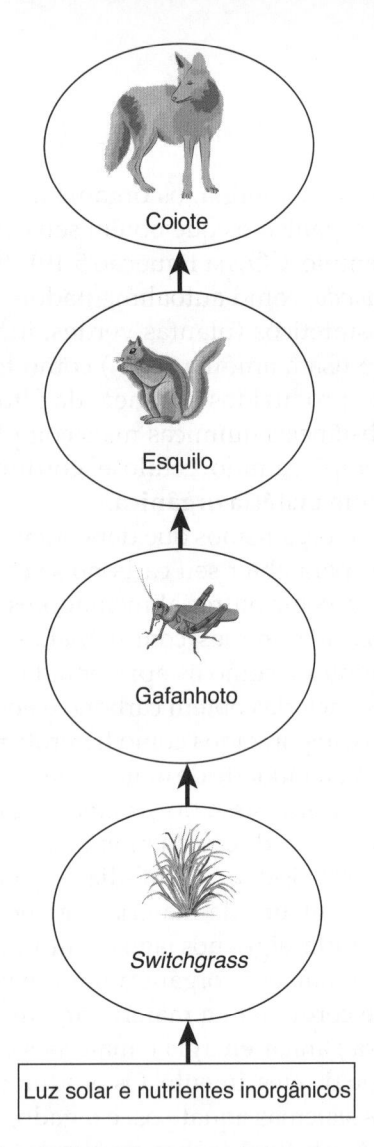

Figura / 5.19 **Cadeia Alimentar Simples de um Ecossistema de Pradaria** Essa representação inclui um produto primário (*switchgrass*) e consumidores primários (gafanhotos), secundários (esquilo de solo) e terciários (coiotes).

Discussão em Sala de Aula

A *switchgrass** está sendo considerada um substrato para produzir biocombustíveis de etanol celulósico. Grandes áreas de estados – como Kansas, Nebraska, Dakota do Sul e Dakota do Norte – são excelentes locais para a produção de *switchgrass*. Com base em uma análise minuciosa das Figuras 5.19 e 5.20, quais preocupações ambientais você consideraria se avaliasse a conversão de pradaria nativa ou terra cultivada para suportar a produção de biocombustíveis derivados de *switchgrass*?

da a um ecossistema, essa lei sugere que nenhum organismo pode criar seu próprio suprimento de energia. Por exemplo, as plantas contam com a energia do Sol, e os animais de pasto contam com as plantas (e, assim, indiretamente com o Sol). Os organismos usam a energia do alimento que eles produzem ou assimilam para satisfazer as necessidades metabólicas de modo a realizar trabalho, incluindo a manutenção celular, o crescimento e a reprodução. Com isso, os ecossistemas devem importar energia, e as necessidades de cada organismo precisam ser satisfeitas pelas transformações dessa energia.

A segunda lei da termodinâmica afirma que, em toda transformação de energia, parte da energia é perdida na forma de calor e fica disponível para realizar trabalho. Na cadeia alimentar, a ineficiência da transferência de ener-

---

[1]Gramínea nativa da América do Norte cujo nome científico é *Panicum virgatum*. (N.T.)

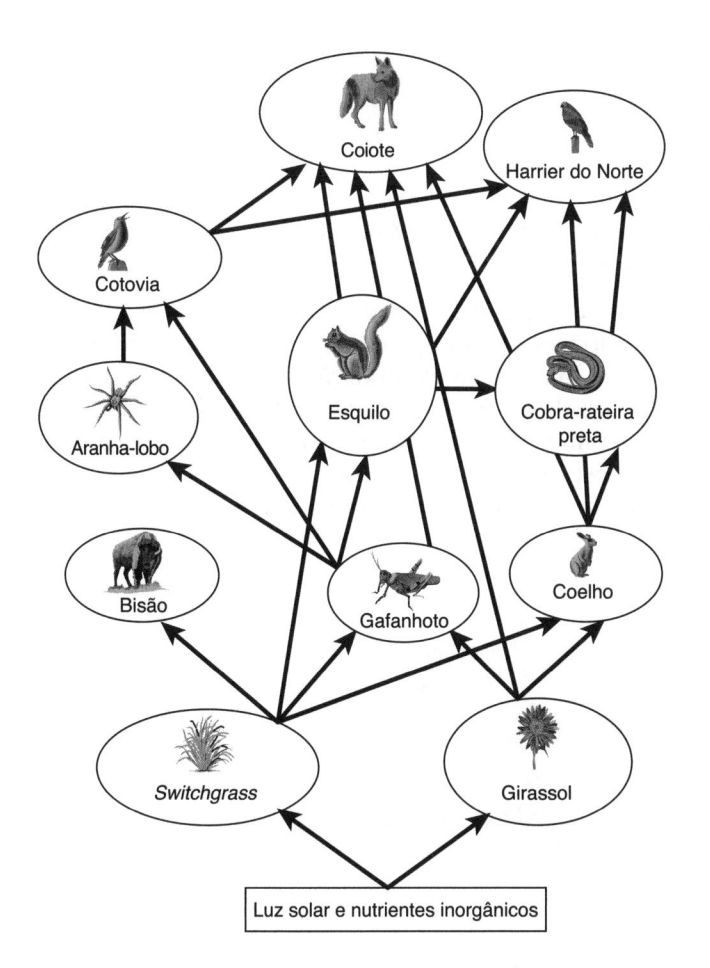

Luz solar e nutrientes inorgânicos

Figura / 5.20 Cadeia Alimentar Simplificada de um Ecossistema de Pradaria O coiote, identificado como consumidor terciário e carnívoro na cadeia alimentar simples (Figura 5.19), é visto dentro do contexto da cadeia alimentar inteira como um onívoro. Embora a cadeia alimentar possa parecer complexa, na realidade, ela é uma simplificação do verdadeiro ecossistema. Essa cadeia alimentar inclui mais de 1.000 espécies de plantas e animais, destacando a verdadeira complexidade de um ecossistema que parece, à primeira vista, bastante simples.

(Baseada em uma teia alimentar do nível do solo desenvolvida no Konza Prairie, Kansas, pelo Dr. Anthony Joern da Kansas State University.)

Discussão em Sala de Aula

Com base nas informações fornecidas na Aplicação 5.3, que tipo de dieta minimizaria o impacto ambiental associado ao consumo de alimentos? Que tipo de dieta resulta em um maior uso da água e da energia baseada em combustíveis fósseis? Alimentar o gado via pastagens naturais ou milho consome menos água ou resulta em menos erosão do solo? Esses tipos de alimentos também são mais saudáveis? Por quê? Usando uma abordagem do ciclo de vida, quais são os benefícios de sustentabilidade de comprar alimento nas fontes locais?

gia é refletida nas perdas (Figura 5.21) (potencialmente reciclada por meio do ciclo microbiano) e na respiração (calor). Por causa dessa ineficiência, menos energia fica disponível nos níveis mais altos da pirâmide energética (Figura 5.22). Isso explica por que uma grande quantidade de produtores primários é necessária para suportar um único organismo no topo da cadeia alimentar. (Por exemplo, um grande predador pode precisar de uma área ou território muito grande para sustentar suas necessidades energéticas.) As ineficiências da transferência de energia também têm grande influência em nossa capacidade de alimentar uma população global crescente, que também está consumindo mais calorias e carne pelo aumento na riqueza econômica.

Alimento e Clima

http://www.fao.org/climate-change/en

Aplicação / 5.3 — O Alimento que Ingerimos: Transferência de Energia até a Cadeia Alimentar Humana

Nos Estados Unidos, cada pessoa consome 86 kg de carne vermelha em média, anualmente. Mais de 60 milhões de pessoas no mundo inteiro poderiam ser alimentadas com os grãos poupados se os americanos reduzissem a sua ingestão de carne vermelha em apenas 10%. O ponto em que nos encontramos na cadeia alimentar também tem outros impactos. Considere o seguinte (Goodland, 1997):

• São necessários 3 kg de ração para gado na produção de um quilo de carne bovina, comparados com os

1 kg de alimento para peixes em algumas espécies de aquacultura. O gado também é um dos maiores produtores de metano, um potente gás do efeito estufa.

• Nos Estados Unidos, 104 milhões de cabeças de gado são o maior usuário de grãos do país.

• Cultivar um acre de milho para alimentar o gado consome 535.000 galões de água. Atualmente, nos Estados Unidos, 70-80% do milho e da soja são cultivados para produzir carne.

- A agricultura consome mais água potável do que qualquer outra atividade humana (excluindo a produção de eletricidade). No mundo inteiro, cerca de 70% da água potável é consumida (não recuperável) pela agricultura. No oeste dos Estados Unidos, o número se aproxima de 85%.

- No mundo inteiro, as safras são cultivadas em 11% da área de terra fértil total do planeta.

- Outros 24% do terreno são utilizados para pastorear o gado para produção de carne e laticínios. O terreno à margem dos pastos possibilita a produção de carne e laticínios em terras inadequadas para culturas agrícolas.

- A maior parte das terras de cultivo é ameaçada por, pelo menos, um tipo de degradação (incluindo erosão, salinização e inundação dos solos irrigados), e 10 milhões de hectares de terras produtivas são severamente degradados e abandonados a cada ano. A substituição das terras agrícolas contribui para 60% do desmatamento que ocorre hoje no mundo inteiro.

Figura / 5.21   Perdas de Energia em uma Cadeia Alimentar Uma parte substancial da energia ingerida pelos organismos é perdida na defecação, excreção, morte e respiração. Essa ineficiência da transferência de energia tem uma influência em questões que variam da microbiologia do tratamento de efluentes até o crescimento da população mundial.

(De Mihelcic (1999). Reimpresso com permissão de John Wiley & Sons, Inc.)

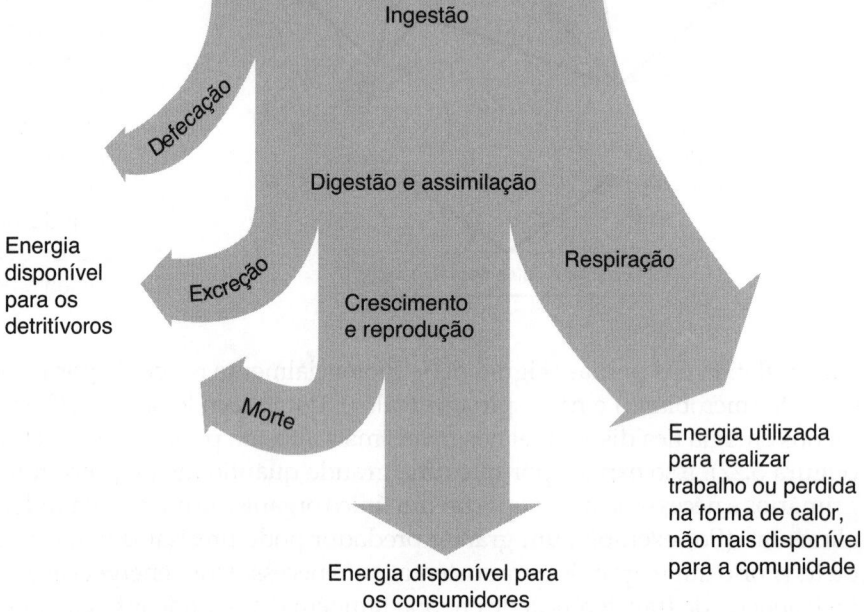

Figura / 5.22   Pirâmide Energética Referente à Perda de Energia para os Detritívoros e a Respiração, com Movimento Ascendente na Cadeia Alimentar Uma fração surpreendentemente pequena da energia originalmente fixada continua disponível para ser transferida para os níveis tróficos mais altos.

(De Mihelcic (1999). Reimpresso com permissão de John Wiley & Sons, Inc.)

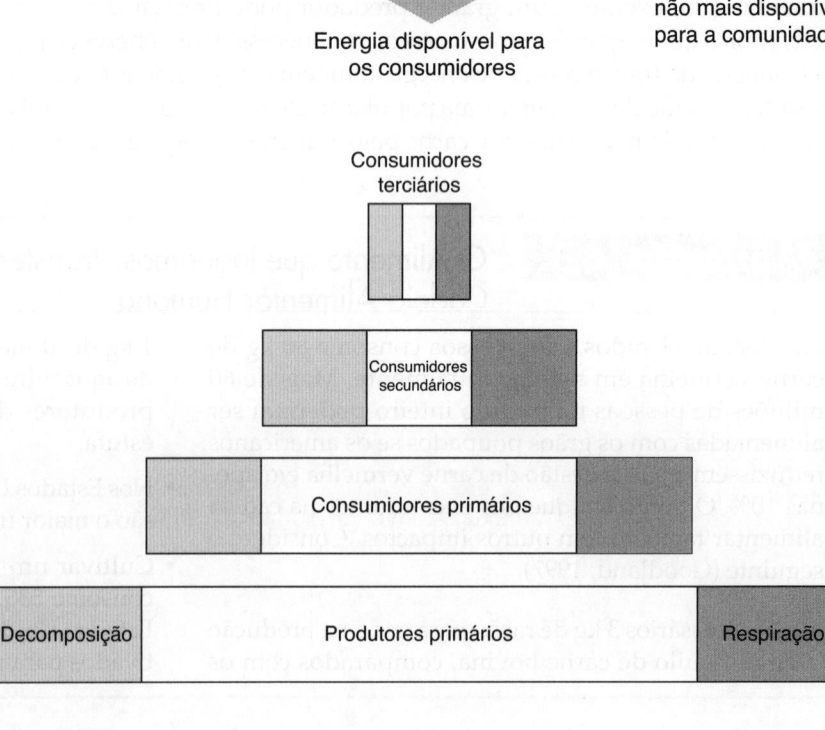

5.4 Demanda de Oxigênio: Bioquímica, Química e Teórica

O tópico da **demanda de oxigênio** envolve uma quantidade significativa de nova terminologia e notação, conforme resumido na Tabela 5.7.

5.4.1 DEFINIÇÃO DE DBO, DBOC E DBON

Os organismos obtêm a energia necessária para manutenção da função metabólica, crescimento e reprodução por meio de processos de fermentação e respiração. As matérias orgânica e inorgânica podem servir como fontes dessa energia. Os *quimio-heterótrofos* são organismos que utilizam matéria orgânica – $C(H_2O)$ – como fonte de carbono e energia e, sob condições aeróbicas, consomem oxigênio na obtenção de energia:

$$C(H_2O) + O_2 \rightarrow CO_2 + H_2O + \Delta \qquad \textbf{(5.28)}$$

Os *quimioautótrofos* são organismos que utilizam CO_2 como fonte de carbono, matéria inorgânica como fonte de energia e, normalmente, consomem oxigênio na obtenção dessa energia. Um exemplo de quimioautotrofia é a nitrificação — a conversão microbiana de amônia em nitrato (com íons bicarbonato contribuindo com CO_2):

$$NH_4^+ + 2HCO_3^- + 2O_2 \rightarrow NO_3^- + 2CO_2 + 3H_2O + \Delta \qquad \textbf{(5.29)}$$

Nessas reações redox mediadas por micróbios, os doadores de elétrons são $C(H_2O)$ e NH_4^+ e o receptor de elétrons é o O_2.

Tabela / 5.7	
Demanda de Oxigênio: Definição e Notação Todos os termos têm unidades de mg O_2/L.	
DBO	*Demanda bioquímica de oxigênio* — quantidade de oxigênio utilizada pelos microrganismos na oxidação da matéria orgânica carbonácea e nitrogenada.
DBOC	*Demanda bioquímica de oxigênio carbonácea* — DBO, em que a matéria orgânica carbonácea é a doadora de elétrons.
DBON	*Demanda bioquímica de oxigênio nitrogenada* — DBO, em que a matéria orgânica nitrogenada é doadora de elétrons.
DTO	*Demanda teórica de oxigênio* — a quantidade de oxigênio utilizada pelos microrganismos na oxidação da matéria orgânica carbonácea e/ou nitrogenada, supondo que toda a matéria orgânica está sujeita à decomposição microbiana, ou seja, é biodegradável.
DBO_5	*Demanda bioquímica de oxigênio de 5 dias* — quantidade de oxigênio consumido (DBO exercida) em um período de incubação de 5 dias; a estimativa laboratorial padrão da DBO. A DBO_5 utiliza a notação y_5, referente à DBO exercida (y) em 5 dias de incubação.
DBO_F	*Demanda bioquímica de oxigênio final* — quantidade de oxigênio consumida (DBO exercida) quando toda a matéria orgânica biodegradável foi oxidada. A DBO_F utiliza a notação L_o, referente ao consumo potencial de oxigênio quando prosseguir para a oxidação completa.
DQO	*Demanda química de oxigênio* — quantidade de oxidante químico, expressa em equivalentes do oxigênio, necessário para oxidar completamente uma fonte de matéria orgânica; a DQO e a DTO devem ser quase iguais.

O oxigênio é consumido nas duas reações. Desse modo, a **demanda bioquímica de oxigênio (DBO)** pode ser definida como a quantidade de oxigênio utilizada pelos microrganismos durante a oxidação. A DBO é uma medida da "força" de uma água ou efluente: quanto maior a concentração de amônia-nitrogênio ou carbono orgânico degradável, maior a DBO.

As reações descritas pelas Equações 5.28 e 5.29 são diferenciadas com base no composto-fonte do doador de elétrons: *carbonáceo* e *nitrogenado*. A força química (mg $C(H_2O)/L$ ou mg $NH_3 -N/L$) é apresentada aqui em termos do seu impacto no meio ambiente (oxigênio consumido, em mg DBO/L). Essa é a representação por efeito, conforme discutido no Capítulo 2.

O oxigênio dissolvido é um requisito crítico do conjunto de organismos associados a um ecossistema aquático diverso e balanceado. Os resíduos domésticos e industriais contêm, frequentemente, altos níveis de DBO, que, se forem descarregados sem tratamento, esgotariam gravemente as reservas de oxigênio e reduziriam a diversidade da vida aquática. Para prevenir a degradação das águas que recebem os efluentes, são construídos sistemas nos quais o suprimento de DBO e oxigênio, a disponibilidade de populações microbianas que medeiam o processo e o ritmo em que as próprias oxidações (Equações 5.28 e 5.29) ocorrem possam ser minuciosamente controlados. A eficiência da remoção de DBO é uma característica de desempenho comum das estações de tratamento de águas residuais, e a DBO é uma característica importante na autorização para descarga da estação de tratamento.

5.4.2 FONTES DE DBO

Os carboidratos simples produzidos por meio da fotossíntese são utilizados pelas plantas e pelos animais para sintetizar substâncias químicas mais complexas à base de carbono, como os açúcares e as gorduras. Esses compostos são utilizados pelos organismos como uma fonte de energia, exercendo uma **demanda bioquímica de oxigênio carbonácea (DBOC)**, Equação 5.28. Além disso, as plantas utilizam amônia para produzir proteínas, ou seja, substâncias químicas à base de carbono com grupos amino ($-NH_2$) como parte de sua estrutura. No final das contas, as proteínas são decompostas (proteólise) em peptídeos e depois em aminoácidos. O processo de desaminação decompõe ainda mais os aminoácidos, resultando em um esqueleto de carbono (DBOC) e um grupo amino. A conversão do grupo amino em amônia (amonificação) completa o processo de degradação. Depois, a amônia é disponibilizada para exercer uma **demanda bioquímica e oxigênio nitrogenada (DBON)**, Equação 5.29, quando é utilizada pelos microrganismos. A Figura 5.23 ilustra a estrutura química de alguns compostos carbonáceos e nitrogenados representativos.

As águas residuais domésticas e muitos resíduos industriais são altamente enriquecidos em matéria orgânica, comparados com as águas naturais. As proteínas e os carboidratos constituem 90% da matéria orgânica nas águas residuais domésticas. As fontes incluem fezes e urina humanas; resíduos alimentares das pias; sujeira do banho, faxina e lavagem de roupas; além de vários sabões, detergentes e outros produtos de limpeza. Resíduos de certas indústrias – como cervejarias, fábricas de conservas e produtores de polpa e papel – também têm níveis elevados de matéria orgânica.

A Tabela 5.8 apresenta valor de DBO de alguns resíduos representativos. Mesmo as águas servidas não despoluídas contêm alguma DBO,

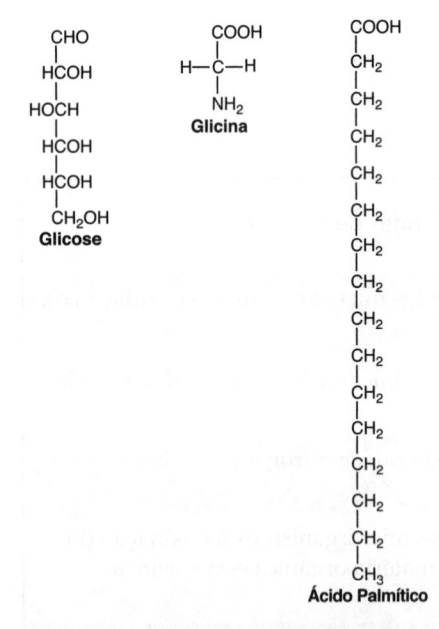

Figura / 5.23 Estrutura Química dos Compostos Carbonáceos e Nitrogenados Representativos As águas residuais municipais contêm um vasto número de substâncias químicas orgânicas diferentes, incluindo açúcares (20-25%), aminoácidos (40-60%) e ácidos graxos (10%).

(Baseada em Metcalf e Eddy, Inc. (1989); ilustração de Mihelcic (1999). Reimpresso com permissão de John Wiley & Sons, Inc.)

associada à matéria orgânica carbonácea e nitrogenada derivada da bacia hidrográfica e das próprias águas (por exemplo, de algas e macrófitos decantados, folhas de árvores caídas e matéria fecal dos organismos aquáticos). Os níveis de oxigênio dissolvido nas águas de superfície – excluindo as águas com fotossíntese excessiva pelas algas e produção concomitante de O_2 – frequentemente estão abaixo do nível de saturação por causa dessa DBO "natural".

5.4.3 DEMANDA TEÓRICA DE OXIGÊNIO

A **demanda teórica de oxigênio (DTO)**, apresentada em mg O_2/L, é calculada a partir da estequiometria das reações de oxidação envolvidas. Uma abordagem geral para cálculo da *DTO carbonácea* (Equação 5.28) é oferecida por um processo de três etapas fornecido na Tabela 5.9.

O cálculo é similar ao da oxidação da amônia (NH_4^+ na Equação 5.29) para nitrato: 2 mols (ou 64 g) de oxigênio são consumidos para cada mol (ou 14 g) de amônia-nitrogênio oxidado. Repare que a amônia é apresentada em mg N/L a 14 g/mol, não como amônia (17 g/mol) ou amônio (18 g/mol). O coeficiente estequiométrico da oxidação dos resíduos nitrogenados é, portanto, 64/14 ou 4,57. Um resíduo contendo 50 mg/L de NH_3-N teria uma *DTO nitrogenada* de 229 mg/L.

Para determinar a *DTO total* de um fluxo de resíduos contendo vários produtos químicos (por exemplo, amônia e matéria orgânica), some as contribuições dos compostos componentes (ver Exemplo 5.6).

A estequiometria para oxidação da amônia não varia (isto é, a Equação 5.29 vale em todos os casos), porque a amônia-nitrogênio ocorre em apenas uma forma, com o nitrogênio em um único estado de valência. Não é esse o caso dos compostos à base de carbono (isto é, a Equação 5.28 não

Tabela / 5.8	
DBO de Cursos de Efluentes Selecionados	
Origem	**DBO$_5$ (mg O$_2$/L)**
Rio	2
Águas residuais domésticas	200
Usina de polpa e papel	400
Lavanderia comercial	2.000
Fábrica de açúcar de beterraba	10.000
Curtume	15.000
Cervejaria	25.000
Fábrica de cerejas em conserva	55.000

FONTE: Nemerow, 1971.

Tabela / 5.9

Passos para Calcular a DTO Carbonácea

Passo	Descrição do Passo	Exemplo
Passo 1	Escreva a equação que descreve a reação de oxidação da substância química de interesse à base de carbono, resultando em dióxido de carbono e água (por exemplo, para o benzeno, C_6H_6).	$C_6H_6 + O_2 \rightarrow CO_2 + H_2O$
Passo 2	Resolva a equação na seguinte sequência: (a) resolva o número de átomos de carbono; (b) resolva o número de átomos de hidrogênio; (c) resolva o número de átomos de oxigênio.	Para o benzeno, (a) coloque 6 na frente do CO_2 para balancear o carbono; (b) coloque 3 na frente da H_2O para balancear o hidrogênio; (c) coloque 7,5 na frente do oxigênio para balancear o oxigênio: $$C_6H_6 + 7,5O_2 \rightarrow 6CO_2 + 3H_2O$$
Passo 3	Use a estequiometria da reação química balanceada, aplicando conversões de unidades, para determinar a DTO carbonácea.	Suponha a concentração inicial do benzeno = 156 mg/L: $$\frac{156 \text{ mg de benzeno}}{L} \times \frac{1 \text{ mol de benzeno}}{78 \text{ g de benzeno}} \times \frac{7,5 \text{ mols de } O_2}{\text{mol de benzeno}} \times \frac{32 \text{ g } O_2}{\text{mol de } O_2} = \frac{480 \text{ mg } O_2}{L}$$

exemplo / 5.6 Determinação da DTO Carbonácea, Nitrogenada e Total

Um resíduo contém 300 mg/L de $C(H_2O)$ e 50 mg/L de $NH_3 - N$. Calcule a DTO carbonácea, a DTO nitrogenada e a DTO total do resíduo.

solução

Consulte a Tabela 5.9 se você precisar de uma revisão do processo para escrever a equação balanceada que descreve a oxidação do $C(H_2O)$ para CO_2 e água.

$$C(H_2O) + O_2 \rightarrow CO_2 + H_2O$$

A reação mostra que 1 mol de oxigênio é necessário para oxidar cada mol de $C(H_2O)$. A DTO carbonácea é determinada a partir da estequiometria:

$$300 \text{ mg } C(H_2O) \times \frac{g}{1.000 \text{ mg}} \times \frac{1 \text{ mol } C(H_2O)}{30 \text{ g } C(H_2O)} \times \frac{1 \text{ mol } O_2}{\text{mol } C(H_2O)} \times \frac{32 \text{ g } O_2}{\text{mol } O_2} \times \frac{1.000 \text{ mg}}{g} = 320 \text{ mg/L}$$

Em seguida, escreva a equação balanceada que descreve a oxidação da amônia-nitrogênio para nitrato:

$$NH_3 + 2O_2 \rightarrow NO_3^- + H^+ + H_2O$$

Essa reação mostra que 2 mols de oxigênio são necessários para oxidar cada mol de NH_3. Esteja ciente de que a concentração de amônia é apresentada como mg N/L, e não mg NH_3/L. A DTO nitrogenada é determinada a partir da estequiometria:

$$50 \text{ mg } NH_3 - N/L \times \frac{g}{1.000 \text{ mg}} \times \frac{1 \text{ mol } NH_3 - N}{14 \text{ g } NH_3 - N} \times \frac{2 \text{ mols } O_2}{\text{mol } NH_3 - N} \times \frac{32 \text{ g } O_2}{\text{mol } O_2} \times \frac{1.000 \text{ mg}}{g} = 229 \text{ mg/L}$$

A DTO total do resíduo é igual a 320 + 229 = 549 mg/L.

---

vale em todos os casos), já que o carbono orgânico existe em grande variedade de espécies químicas, com o carbono em vários estados de valência. Por essa razão, a estequiometria da reação de cada composto à base de carbono deve ser inspecionada, e as equações de oxidação devem ser balanceadas individualmente.

5.4.4 CINÉTICA DA DBO

O cálculo da DTO define o requisito de oxigênio para realizar a oxidação da amônia-nitrogênio para nitrato-nitrogênio, ou de um composto à base de carbono para dióxido de carbono e água. No entanto, a DTO não oferece qualquer informação relativa à probabilidade de a reação vir a se completar. Na DBON, não é o que acontece, pois a amônia-nitrogênio é facilmente oxidada e a DTO e a DBON são idênticas.

Por outro lado, os compostos carbonáceos não são fácil ou completamente oxidados pelos microrganismos (**biodegradação**), e a taxa de oxidação pode variar amplamente entre as diferentes fontes de matéria orgânica. Por exemplo, os compostos que contêm carbono em uma xícara de Styrofoam não são tão biodegradáveis quanto os encontrados em três folhas, e ambos são menos biodegradáveis do que o composto de carbono que constitui o açúcar. Desse modo, embora a massa de carbono presente como açúcar, folha de árvore ou Styrofoam possa ter a mesma DTO, a demanda de oxigênio real pode ser substancialmente diferente. Além disso, a maioria dos resíduos é uma mistura completa de substâncias químicas (digamos, Styrofoam + folhas de árvore + açúcar), presentes em quantidades variadas, cada uma com um nível diferente de biodegradabilidade. Essa característica dos resíduos que necessitam de oxigênio é abordada pela cinética da DBO.

Considere a oxidação da matéria orgânica em função do tempo, conforme a Figura 5.24. Na Figura 5.24a, y_t é a DBOC exercida (oxigênio consumido, em mg O_2/L) e L_t é a DBOC remanescente (potencial para consumir oxigênio, em mg O_2/L) em qualquer momento, t. Em $t = 0$, nenhuma DBOC foi exercida ($y_{t=0} = 0$) e todo o potencial para consumo de oxigênio continua ($L_{t=0} = L_0$, a DBOC final). Quando o processo de oxidação começa, o oxigênio é consumido (DBOC é exercida e y_t aumenta) e o potencial para consumir oxigênio é reduzido (DBOC restante, L_t, diminui). A taxa com que a DBOC é exercida inicialmente é veloz, mas depois desacelera e acaba chegando a praticamente zero, quando toda a matéria orgânica foi oxidada. A quantidade total de oxigênio consumida na oxidação do resíduo é a **DBOC final** (L_0).

© Edfuentesg/iStockphoto.

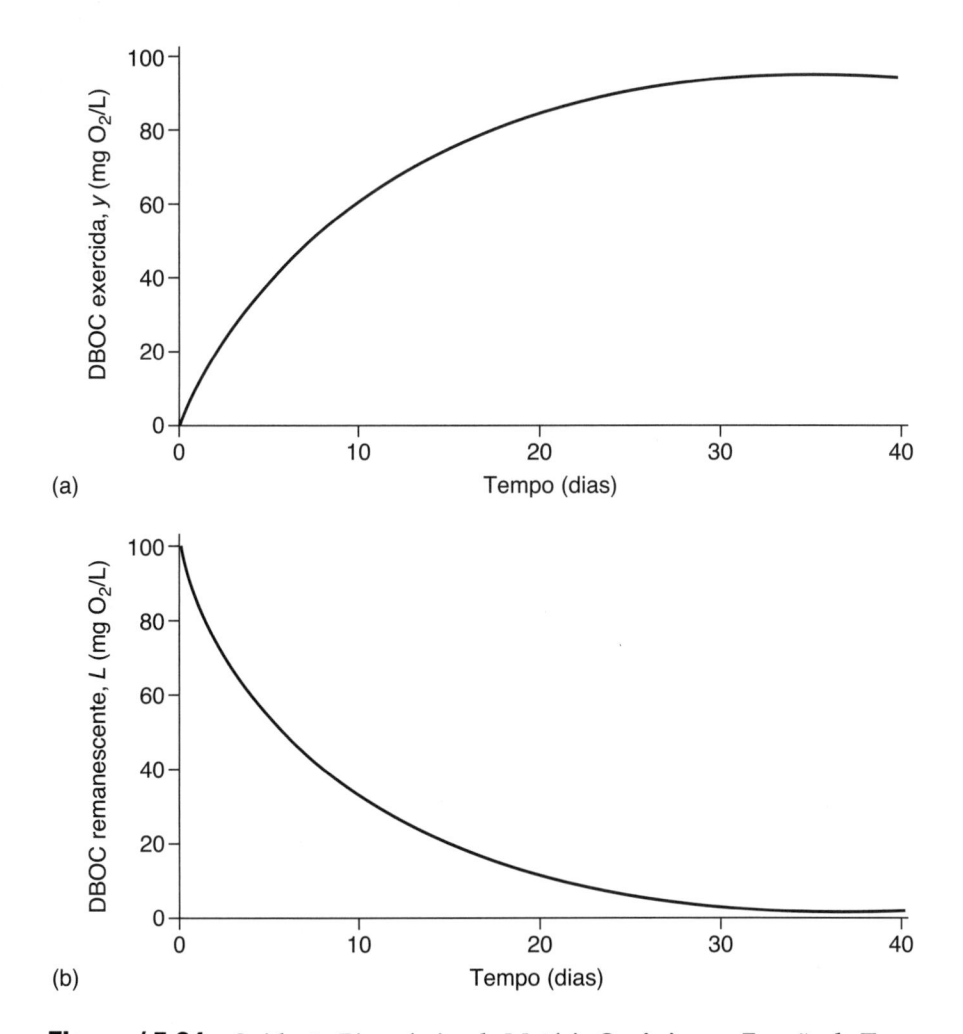

(a)

(b)

Figura / 5.24 Oxidação Bioquímica da Matéria Orgânica em Função do Tempo (a) DBOC exercida, y e (b) DBOC remanescente, L, em função do tempo.

(Mihelcic (1999). Reimpresso com permissão de John Wiley & Sons, Inc.)

O declínio exponencial na DBOC restante (L, o potencial para consumir oxigênio), ilustrado na Figura 5.24b, pode ser modelado como decaimento de primeira ordem:

$$\frac{dL}{dt} = -k_L L \qquad (5.30)$$

em que k_L é o coeficiente de taxa de reação da DBOC (dia^{-1}). A Equação 5.30 pode ser integrada para produzir a expressão analítica retratada na Figura 5.24b:

$$L_t = L_0 e^{(-k_L t)} \qquad (5.31)$$

Repare que y_t — a DBOC exercida em qualquer momento (ver Figura 5.24a) — é dada pela diferença entre a DBOC final e a DBOC restante:

$$y_t = L_0 - L_t \qquad (5.32)$$

Substituindo a Equação 5.31 na Equação 5.32, temos:

$$y_t = L_0(1 - e^{-k_L t}) \qquad (5.33)$$

Reorganize para produzir uma expressão para a DBOC final:

$$L_0 = \frac{y_t}{(1 - e^{-k_L t})} \qquad (5.34)$$

A Equação 5.31 é aplicada na previsão da mudança na DBOC ao longo do tempo nos sistemas naturais e planejados. A Equação 5.34 pode ser utilizada para converter as medições laboratoriais da DBOC ($DBOC_5$, discutida subsequentemente) para DBOC final.

A DBON se comporta de modo quase idêntico. A aplicação da DBON segue a cinética e primeira ordem, e as Equações 5.30-5.34 se aplicam, substituindo n, N e k_N por y, L e k_L, respectivamente. A DBON final (N_0) pode ser calculada a partir do teor de amônia-nitrogênio da amostra, baseado na estequiometria da Equação 5.28 (4,57mg de O_2 consumidos por

Figura / 5.25 Demanda Bioquímica de Oxigênio em Primeiro Estágio (DBOC) e Segundo Estágio (DBON) A demanda nitrogenada está em atraso em relação à demanda carbonácea, uma vez que os organismos nitrificantes crescem mais lentamente do que os microrganismos que obtêm sua energia do carbono orgânico.

(Mihelcic (1999). Reimpresso com permissão de John Wiley & Sons, Inc.)

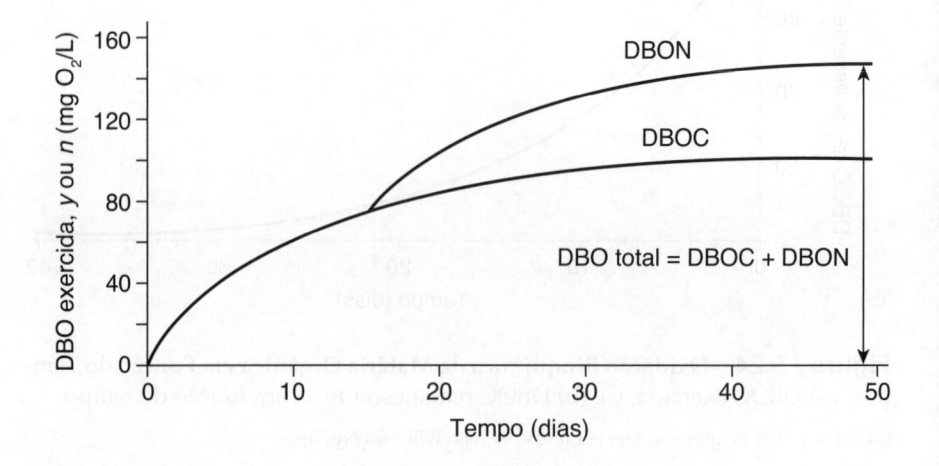

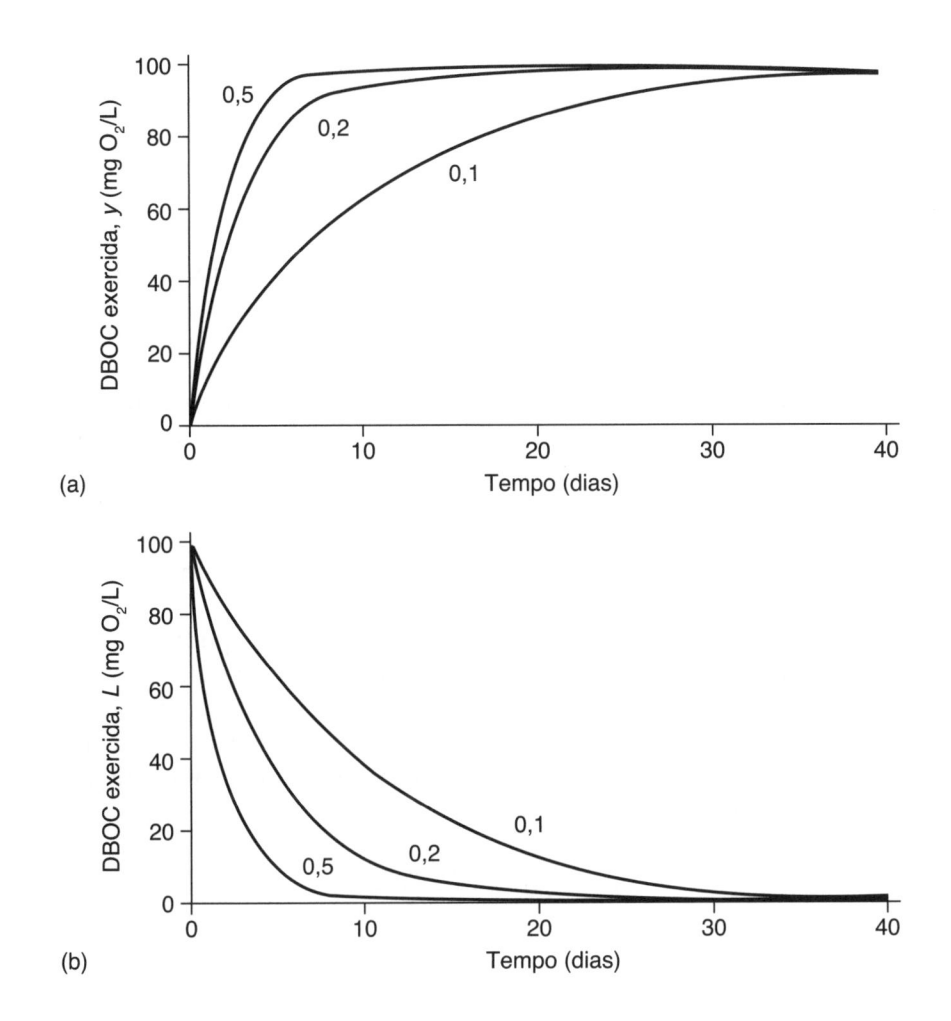

(a)

(b)

Figura / 5.26 **Variações na Taxa de Estabilização da Matéria Orgânica Refletida na Constante de Taxa de Reação, k_L** (a) DBOC exercida, y (mg/L), exibindo o efeito da variação em k_L. (b) DBOC restante, L (mg/L), exibindo o efeito da variação em k_L.

(Mihelcic (1999). Reimpresso com permissão de John Wiley & Sons, Inc.)

Tabela / 5.10	
Intervalos de Valores para a Constante de Taxa de DBOC	
Tipo de Amostra	k_L **(dia^{-1})**
Efluentes municipais não tratados	0,35–0,70
Efluentes municipais tratados	0,10–0,35
Água do rio despoluída	< 0,05

FONTE: Valores de Davis e Cornwell, 1991; Chapra, 1997.

mg de NH_3-N oxidado). Conforme a Figura 5.25, a aplicação da DBON começa bem depois da aplicação da DBOC pelas diferenças nas taxas de crescimento dos organismos mediadores.

5.4.5 COEFICIENTE DE TAXA DE DBOC

O coeficiente de taxa de reação, k_L, utilizada nos cálculos da DBOC, é uma medida da biodegradabilidade de um resíduo. A relação entre k_L e as taxas de empenho da DBOC (dy/dt) e consumo (dL/dt) é ilustrada nas Figuras 5.26a e 5.26b, respectivamente. Os intervalos típicos desse coeficiente são apresentados na Tabela 5.10. As reduções na magnitude de k_L, quando passamos dos efluentes domésticos não tratados para efluentes domésticos tratados e para a água do rio despoluída, refletem as reduções progressivas no carbono orgânico variável (biodegradável). Assim como outros processos mediados por micróbios, os valores dos coeficientes de taxa de reação de DBOC e DBON variam com a temperatura.

Os valores do coeficiente de taxa de reação da DBOC podem ser determinados experimentalmente em laboratório, a partir do *método da inclinação de Thomas*. As medições da DBOC exercida (y_t) são feitas diariamente por 7-10 dias. Os valores do parâmetro $(t/y)^{1/3}$ são calculados e k_L é determinada a partir da inclinação e da intercepção de um gráfico de $(t/y)^{1/3}$ *versus t*, segundo a Equação 5.35:

$$k_L = 6{,}01\,\frac{\text{inclinação}}{\text{intercepção}} \qquad (5.35)$$

5.4.6 DBO: MEDIÇÃO, APLICAÇÃO E LIMITAÇÕES

Não existe método químico de análise para medir diretamente a DBO. É necessário invocar os mesmos organismos que exercem a demanda de oxigênio na natureza para realizar um ensaio biológico. No ensaio biológico, amostras de água são incubadas em um ambiente controlado por vários dias enquanto o consumo de oxigênio é monitorado. Conforme descrito na Tabela 5.11, as condições para teste são estabelecidas de modo que os microrganismos experimentam um ambiente favorável para a oxidação da amônia e do carbono orgânico (DBO).

A DBO cumulativa durante o ensaio é bem descrita pela curva apresentada na Figura 5.25. A taxa de DBO desacelera gradualmente com o tempo (à medida que a matéria orgânica é utilizada), e o consumo cumulativo se aproxima assintoticamente de um valor máximo (a DBO final ou DBO_F, em mg O_2/L) após vários dias. Conforme a Figura 5.25, leva aproximadamente 30 dias para alcançar 95% da DBO_F (com $k_L = 0{,}1$/dia). Essa espera é impraticável onde os resultados são necessários para a operação da estação de efluentes; dessa forma, tornou-se padrão um ensaio curto de apenas 5 dias. Aqui, somente cerca de 60% da DBO_F são aplicadas, mas uma estimativa precisa da DBO_F pode ser obtida pela aplicação da Equação 5.33 e um valor de k_L para a medição de 5 dias.

5.4.7 TESTE DA DBO: LIMITAÇÕES E ALTERNATIVAS

Embora o teste da DBO_5 continue a ser uma ferramenta fundamental no tratamento de efluentes e na avaliação da qualidade da água, preocupa-

Condições Favoráveis para o Teste da DBO

Condição	Descrição
Presença de microrganismos apropriados	Tipicamente abundante nos efluentes domésticos — tratados e não tratados — e na maioria das águas naturais, as populações microbianas estão ausentes ou presentes em pequena quantidade em muitos resíduos industriais ou desinfetados, e em algumas águas naturais. Nesses casos, os micróbios podem ser comprados ou obtidos de estações de tratamento biológico e acrescentados à amostra como "semente".
Condições favoráveis e de incubação consistentes	As amostras são incubadas a 20°C para incentivar a atividade microbiana (a respiração depende da temperatura) e para facilitar a comparação dos resultados entre os locais de amostragem e os laboratórios que executam os testes. Para garantir que o oxigênio não se esgote completamente antes do final do período de incubação, adiciona-se água de diluição aerada. A água de diluição também pode conter nutrientes inorgânicos (por exemplo, Fe, N e P) necessários para os micróbios. Alguns resíduos podem ser tóxicos para os microrganismos pelo pH extremo ou pela presença de substâncias químicas, como os metais pesados. O pH da amostra pode ser ajustado, e a água de diluição pode ser adicionada para reduzir ou eliminar a toxicidade. O ensaio biológico da DBO é realizado no escuro para inibir a produção de oxigênio por meio da fotossíntese, caso haja algas presentes, como acontece com muitas amostras de águas naturais.
Separando a DBOC da DBON	O teste de DBO padrão mede a DBOC e a DBON. Às vezes, é necessário separar os dois processos para dar suporte ao projeto ou à operação da estação. Pode ser adicionada uma substância química à amostra de água para inibir a nitrificação, produzindo DBOC como o único resultado do teste. A DBON pode ser determinada pela diferença de uma análise em que nenhum inibidor foi adicionado. Em um ensaio inibido, os resultados são relatados como DBOC; sem adição de inibidor, os resultados são relatados como DBO.

exemplo / 5.7 Determinação Laboratorial da DBOC

Uma amostra de água de 15 mL é colocada em um frasco de DBO padrão de 300 mL e o mesmo é preenchido com água de diluição. O frasco tinha uma concentração inicial de oxigênio dissolvido de 8 mg/L e uma concentração final de oxigênio dissolvido de 2 mg/L. Um frasco de referência (frasco de DBO preenchido com água de diluição) mantido em paralelo não exibiu variação no oxigênio dissolvido em um período de incubação de 5 dias. O coeficiente de taxa de reação da DBO para os efluentes é de 0,4/dia. Calcule a DBO em 5 dias (y_5) e final (L_0) dos efluentes.

solução

A DBO_5 (y_5) é a quantidade de oxigênio consumido ao longo do período de 5 dias, corrigida para a diluição da amostra original. Isso pode ser escrito da seguinte forma:

$$y_5 = \frac{[DO_{inicial} - DO_{final}]}{\left[\dfrac{mL\ amostra}{volume\ de\ teste\ total}\right]} = \frac{\left[\dfrac{8\ mg\ O_2}{L} - \dfrac{2\ mg\ O_2}{L}\right]}{\left[\dfrac{15\ mL}{300\ mL}\right]} = \frac{120\ mg\ O_2}{L}$$

A Equação 5.33, com $t = 5$ e $k_L = 0,4$/dia, é aplicada então para determinar a DBO final:

$$L_0 = \frac{y_5}{(1 - e^{(-k_L t)})} = \frac{120}{(1 - e^{(-0,4/dia \times 5\ dias)})} = \frac{138\ mg\ O_2}{L}$$

exemplo / 5.8 Determinação do Tamanho da Amostra para o Teste de DBO

Lembre-se, como visto no Capítulo 3, de que a quantidade de oxigênio que pode ser transferida da atmosfera para a água não é muito alta (ou seja, a solubilidade máxima de 8-12 mg O_2/L para a água equilibrada com a atmosfera). A maioria das amostras de água tem, portanto, mais DBO a empenhar do que a quantidade de oxigênio disponível no frasco de amostra de DBO. Como o teste de DBO depende do laboratório que está observando uma redução mensurável no oxigênio dissolvido ao longo do tempo, a amostra de água é "diluída" com água de diluição de DBO. Desse modo, os microrganismos no frasco de amostra de DBO não usam todo o oxigênio dissolvido no sistema.

Os critérios para o teste afirmam que deve haver ≥2 mg/L de oxigênio dissolvido removido ao longo do período de incubação de 5 dias, e ≥1 mg/L de oxigênio dissolvido deve permanecer na amostra no final da incubação. Dessa forma, um laboratório precisa fazer uma estimativa de quantos mL de amostra devem ser adicionados ao frasco de DBO para que os dois critérios sejam satisfeitos. Pouca amostra pode resultar em esgotamento desprezível do oxigênio, enquanto amostra demais pode resultar em superesgotamento do oxigênio, ficando abaixo de 1 mg/L na leitura mínima final.

Em algumas circunstâncias, você vai saber, por experiência, qual é o seu intervalo esperado de DBO_5. Por exemplo, se você tiver experiência com o fluxo de efluentes que entram na estação de recuperação de água local e souber que ele não muda muito ao longo do dia, ou se você tiver experiência com um rio no qual, mais uma vez, a DBO é relativamente constante ao longo do tempo. Em outros casos, você pode ter de fazer vários testes de DBO com diferentes diluições para garantir que, pelo menos, uma delas satisfaça os critérios de um teste de DBO válido.

Suponha que a DBO estimada de uma amostra do afluente seja 400 mg/L e suponha também que o oxigênio dissolvido da água de diluição saturada com oxigênio seja 0,8 mg/L. Você está usando um frasco de DBO de 300 mL. Lembre-se de que os critérios para a maioria dos testes de DBO exige que o esgotamento do oxigênio no final do período de incubação de 5 dias seja de, pelo menos, 2,0 mg/L e que o oxigênio dissolvido residual restante seja de, pelo menos, 1,0 mg/L.

solução

As diluições mínima e máxima estimadas podem ser determinadas da seguinte forma:

diluição mínima (garante que, pelo menos, 2 mg/L de oxigênio se esgote) é determinada da seguinte forma.

mL de amostra adicionado ao frasco de DBO = esgotamento mínimo permitido do oxigênio (em mg/L)
× volume do frasco de DBO (em mL)/DBO estimado (em mg/L)

$$\text{amostra mínima (em mL)} = [(8 \text{ mg } O_2/L - 6 \text{ mg } O_2/L) \times 300 \text{ mL}]/400 \text{ mg } O_2/L$$

$$= (2 \text{ mg } O_2/L \times 300 \text{ mL})/400 \text{ mg } O_2/L = 600/400$$

$$= 1,5 \text{ mL de amostra adicionados ao frasco de 300 mL}$$

Diluição máxima (garante que 1 mg/L de oxigênio permanece no frasco no final do teste) é determinada da seguinte forma:

mL de amostra adicionado ao frasco de DBO = esgotamento máximo permitido do oxigênio (em mg/L)
× volume do frasco de DBO (em mL)/DBO estimado (em mg/L)

amostra máxima (em mL) = [(8 mg O_2/L $-$ 1 mg O_2/L) $\times$ 300 mL]/400 mg O_2/L

$\qquad$ = (7 mg O_2/L $\times$ 300 mL)/400 mg O_2/L = 2.100 /400

$\qquad$ = 5,25 mL de amostra adicionados ao frasco de 300 mL

Como o valor da DBO usado para estimar o volume da amostra é apenas uma estimativa e os frascos de DBO nem sempre têm um volume de exatos 300 mL, vários frascos com diferentes volumes de amostra são configurados para assegurar que os requisitos do teste sejam cumpridos. Nesse exemplo, quatro frascos poderiam ser preparados, usando amostras de 1, 3, 4 e 6 mL. Depois, os resultados teriam a sua média calculada para determinar a DBO_5 final. Essas diluições de amostra que esgotam menos de 2 mg/L ao longo de um período de 5 dias – ou que têm uma leitura de oxigênio dissolvido final de menos de 1 mg/L após um período de incubação de 5 dias – não seriam utilizadas.

exemplo / 5.9 Perícia para Engenheiros Ambientais: Ciência Forense de Efluentes

Um "basculante da meia-noite" descarrega um caminhão-tanque cheio de resíduos industriais em uma cascalheira. O caminhão foi avistado ali 3 dias atrás e ainda há uma piscina de resíduos puros. Um técnico de laboratório determinou que o resíduo tinha uma DBO_5 de 80 mg/L, com uma constante de taxa de 0,1/dia. Três fábricas na vizinhança geram resíduos orgânicos: uma vinícola (DBO_F = 275 mg/L), um fabricante de vinagre (DBO_F = 80 mg/L) e uma empresa farmacêutica (DBO_F = 200 mg/L). Determine a origem do resíduo.

solução

A DBO_F do resíduo pode ser calculada da seguinte forma:

$$L_0 = \frac{y_5}{(1 - e^{(-K_L t)})} = \frac{80 \text{ mg/L}}{(1 - e^{(-0,1/\text{dia} \times 5 \text{ dias})})} = 203 \frac{\text{mg } O_2}{\text{L}}$$

Esse valor é bem parecido com o do fabricante farmacêutico, mas não leva em conta o fato de que o resíduo estava longe da sua fonte (e decaindo) por 3 dias. A DBO_F original pode ser calculada por:

$$L_t = L_0 \times e^{-k_L t}$$

Reorganizando e solucionando:

$$L_0 = \frac{L_t}{e^{-k_L t}} = \frac{203 \text{ mg/L}}{e^{(-0,1/\text{dia} \times 3 \text{ dias})}} = 274 \frac{\text{mg } O_2}{\text{L}}$$

O culpado pelo "basculante da meia-noite" parece ser a vinícola.

ções relativas à logística e precisão levaram a propostas de sua substituição por outras medidas. Apesar de ser relativamente simples de realizar, o teste tem três desvantagens principais: (1) o tempo necessário para obter os resultados (5 dias é quase impensável no mundo atual com aquisição

Guia de Solução de Problemas para o Teste de DBO_5

Sintoma	Possível Causa e Ação Corretiva
Leituras da DO oscilam para baixo	Baterias fracas na unidade de agitação resultam em fluxo inadequado através da membrana – substitua as baterias
A demanda DBO_5 na água de diluição é maior do que o aceitável de 0,2 mg/L	A água deionizada contém amônia ou compostos orgânicos voláteis – aumente a pureza da água de diluição ou obtenha de outra fonte. Deixe a água envelhecer por 5-10 dias antes de usar. A água deionizada contém compostos orgânicos semivoláteis lixiviados do leito de resina – aumente a pureza da água de diluição ou obtenha de outra fonte. Deixe a água envelhecer por 5-10 dias antes de usar. O crescimento dos reagentes e dos artigos de vidro mal limpo, incluindo a lavagem seguida por um enxague de HCl a 5-10% e depois 3-5 enxagues com água deionizada. Descarte os reagentes adequadamente.
Valores amostrais da DBO são incomumente baixos na amostra diluída (DBO_5 da água de diluição dentro do intervalo aceitável)	A água de diluição contém interferências que inibem o processo de oxidação bioquímica – aumente a pureza da água de diluição ou obtenha de outra fonte. Use água deionizada que tenha passado pelas colunas de resina de leito misto. Nunca use alambiques revestidos de cobre. A água destilada pode ficar contaminada usando alambiques revestidos de cobre ou acessórios de cobre – obtenha de outra fonte.

FONTE: Fornecido pelo U.S. Geological Survey, de Delzer e McKenzie (2007).

de dados em tempo real); (2) o fato de que ele pode não testar adequadamente os fluxos de efluentes que degradam ao longo de um período maior do que 5 dias; (3) a imprecisão inerente ao procedimento, em virtude basicamente da variabilidade nas sementes (bactérias). A Tabela 5.12 fornece alguns conselhos para solução de problemas durante a realização do teste de DBO.

Outros analitos, como o carbono orgânico total (COT), promovem mais acurácia e precisão, mas não distinguem imediatamente o carbono orgânico biodegradável do não biodegradável – precisamente o objetivo do teste de DBO, em primeiro lugar. Além disso, o teste de DBO não pode ser utilizado para avaliar a eficiência do tratamento de resíduos pouco biodegradáveis ou tóxicos. Aqui, aplica-se um teste diferente: **demanda química de oxigênio (DQO).**

Nesse teste, uma amostra contendo uma quantidade desconhecida de matéria orgânica é adicionada a um frasco de 250 mL. Também são adicionados ao frasco: $AgSO_4$ (catalisador que garante a oxidação completa da matéria orgânica); um ácido forte (H_2SO_4), dicromato ($Cr_2O_7^{2-}$, um forte agente oxidante); e $HgCl_2$ (para fornecer um íon Hg^{2+} que forma um complexo com o íon cloro, Cl^-). O íon cloro interfere no teste e está presente, em grande quantidade, em muitas amostras de água. Isso porque ele pode ser oxidado para Cl^0 pelo dicromato e também por matéria orgânica. No entanto, a forma complexada do Cl^- não é oxidada. Desse modo, se o Cl^- não complexado não for deixado oxidando para Cl^0, isso pode resultar em um valor de DQO falso-positivo.

A amostra e todos os reagentes são combinados, e a amostra é submetida a refluxo por 3 horas. A matéria orgânica oxida (doa elétrons) e o cromo reduz (aceita elétrons) da forma hexavalente (Cr^{6+}) para a forma trivalente (Cr^{3+}). Desse modo, o teste de DQO determina a quantidade de cromo hexavalente que reduz durante o teste de DQO. Após a amostra ser resfriada até a temperatura ambiente, o dicromato que permanece no sistema é determinado pela titulação com sulfato ferroso de amônio. A quantidade de cromo hexavalente está relacionada com a quantidade de matéria orgânica que foi oxidada.

Os resultados são expressos em equivalentes de oxigênio (mg O_2/L), ou seja, a quantidade de oxigênio necessária para oxidar completamente o resíduo. O teste é relativamente rápido (3 horas) e a correlação com a DBO_5 é fácil de ser estabelecida em determinado fluxo de efluentes. Por exemplo, os efluentes municipais têm uma proporção de 0,4–0,6.

A comparação dos resultados de DBO e DQO pode ajudar a identificar a ocorrência de condições tóxicas em um fluxo de efluentes ou apontar a presença de resíduos biologicamente resistentes (refratários). Por exemplo, uma proporção DBO_5/DQO próxima de 1 pode indicar um resíduo altamente biodegradável, enquanto uma proporção próxima a 0 sugere um material pouco biodegradável.

5.5 Fluxo de Materiais nos Ecossistemas

A passagem natural das substâncias químicas, conforme mediada pelos organismos, ocorre dentro dos **ciclos biogeoquímicos**. Cinco substâncias químicas são particularmente importantes em engenharia ambiental: C, O, N, P e S. Além disso, o **ciclo hidrológico** (ver Capítulo 8) é de interesse porque desempenha um papel importante na movimentação das substâncias químicas ao longo da ecosfera. Essa seção considera cada um desses ciclos-chave.

Repare que os humanos usam e repetem um número muito maior de elementos químicos nas aplicações industriais do que os encontrados nos organismos vivos. Isso pode afetar o ambiente por meio da mineração dos elementos exóticos, concentrando esses produtos químicos antes dispersos e expondo os seres humanos e os sistemas naturais a concentrações elevadas, frequentemente danificando o funcionamento saudável.

5.5.1 CICLOS DO OXIGÊNIO E DO CARBONO

O ciclo do **oxigênio** e o **ciclo do carbono** estão intimamente ligados por processos de fotossíntese (Equação 5.19) e respiração (Equação 5.20). A fotossíntese é o termo da fonte primária no ciclo do oxigênio e a origem do carbono orgânico convertido para **dióxido de carbono** no ciclo do carbono. A respiração é o termo dissipador no ciclo do oxigênio e é responsável pela conversão do carbono orgânico em dióxido de carbono no ciclo do carbono. A fotossíntese é realizada pelas plantas e algumas bactérias, já a respiração é feita por todos os organismos, incluindo os que realizam fotossíntese. A interação da fotossíntese e da respiração exerce um papel crucial na regulação dos balanços de energia do ecossistema e na manutenção dos níveis de oxigênio necessários para a vida nos ambientes aquáticos.

A Figura 5.27 retrata como o ciclo do carbono natural tem sido alterado pelo homem. Na figura superior, repare como o ciclo do carbono natural tem mantido um reservatório constante de carbono no ar, com transferência balanceada entre o ar, os oceanos e a terra. No entanto, as atividades antropogênicas, como a queima de combustíveis fósseis, estão deslocando o carbono que já esteve armazenado em terra para a atmosfera. O ciclo do carbono natural não tem conseguido assimilar esse carbono liberado nos re-

Figura / 5.27 Ciclo do Carbono sob Condições Naturais e Modificado pela Perturbação Humana (a) O ciclo do carbono natural mantém reservatórios relativamente constantes de carbono no ar, com transferências balanceadas entre os compartimentos. (b) As emissões de carbono antropogênicas acumulam no reservatório atmosférico em taxas que não são balanceadas por meio da captação pelo solo e pelos oceanos. O resultado é um aumento nas concentrações atmosféricas de CO_2.

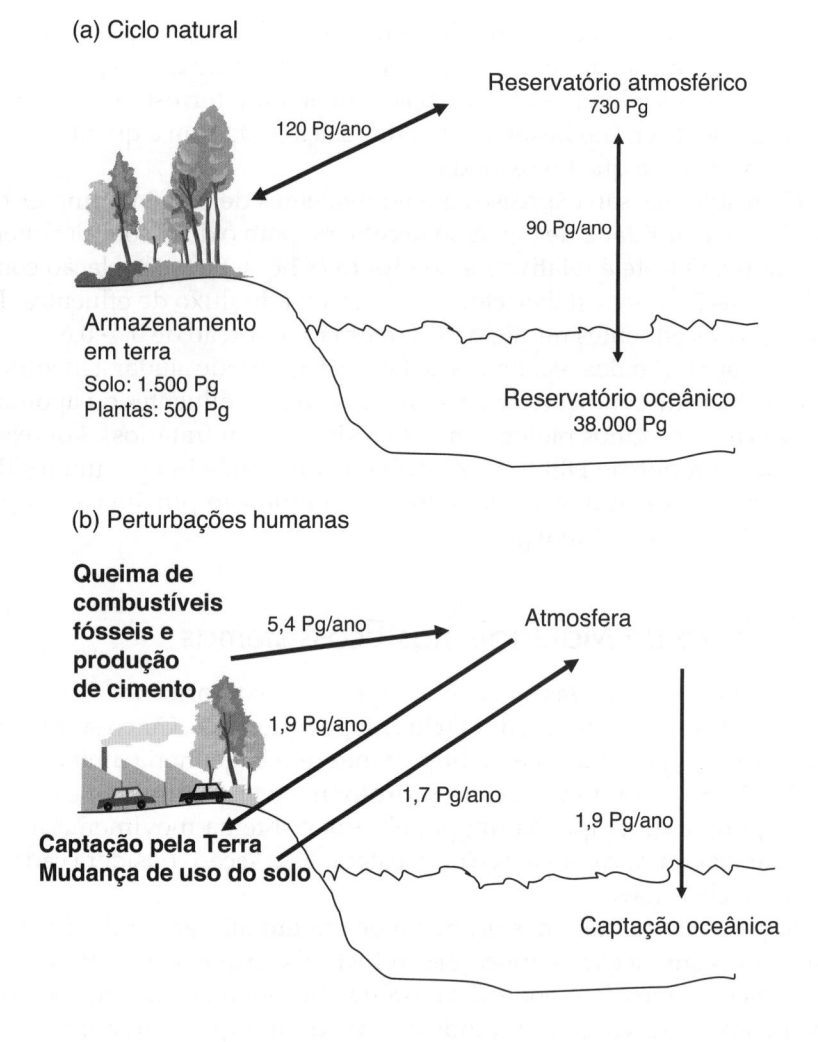

(a) Ciclo natural

Reservatório atmosférico
730 Pg

120 Pg/ano

90 Pg/ano

Armazenamento em terra
Solo: 1.500 Pg
Plantas: 500 Pg

Reservatório oceânico
38.000 Pg

(b) Perturbações humanas

Queima de combustíveis fósseis e produção de cimento

5,4 Pg/ano

Atmosfera

1,9 Pg/ano

1,7 Pg/ano

1,9 Pg/ano

Captação pela Terra Mudança de uso do solo

Captação oceânica

servatórios existentes nos oceanos e em terra. Isso tem resultado em grande aumento nas concentrações globais de CO_2 (ver Figura 4.14). Na verdade, a Figura 4.14 mostrou que, nos últimos 50 anos, as concentrações atmosféricas globais de CO_2 aumentaram de menos de 320 ppm para quase 400 ppm.

A Tabela 5.13 descreve as atividades econômicas particulares que contribuem para a maioria das emissões globais de gases do efeito estufa. A maior parte das emissões globais de GEE consiste em dióxido de carbono da queima de combustíveis fósseis (aproximadamente 57% do total). Essas emissões estão associadas a atividades econômicas, como o fornecimento de energia, atividades industriais associadas a processos químicos, minerais e metalúrgicos, e transportes. As emissões de GEE associadas ao desmatamento e ao decaimento da biomassa também são bem grandes, contribuindo para outros 17% das emissões totais. As emissões de metano contribuem com 14% das emissões totais de GEE, e as emissões de óxido de nitrogênio contribuem com 8% do total – são dois outros contribuintes importantes.

A Figura 5.28 mostra que, hoje, a China e os Estados Unidos são os principais produtores de emissões de CO_2 associadas ao consumo de energia. Essa figura mostra outros grandes emissores globais de gases do efeito estufa, incluindo União Europeia, Índia, Federação Russa, Japão e Canadá. Em 2010, a contribuição dos Estados Unidos para as emissões totais de gases do efeito estufa foi de 6.281,8 Tg CO_2e (lembre-se de que 1 Tg é igual a 1 milhão de toneladas métricas) das quais 5.706,4 Tg CO_2 e foram emissões de dióxido de carbono.

Tabela / 5.13

Emissões de Gases do Efeito Estufa Associadas a Atividades Econômicas Particulares

Atividade Econômica e Sua Contribuição para as Emissões Globais de Gases do Efeito Estufa (GEE)	Explicação
O suprimento de energia contribui para 26% das emissões globais de GEE	Queima de combustíveis fosseis, como o carvão, o gás natural e o petróleo para produção de eletricidade e calor.
A atividade industrial contribui com 19% das emissões de GEE	Queima de combustíveis fósseis para geração local de energia e também emissões dos processos químicos, metalúrgicos e de produção mineral.
O uso do solo, a mudança no uso do solo e a silvicultura contribuem com 17% das emissões de GEE	O desmatamento resulta em emissões de CO_2, assim como a limpeza do terreno para agricultura, os incêndios e o decaimento de solos de turfa.
A agricultura contribui com 13% das emissões de GEE	As atividades agrícolas que contribuem para a maioria das emissões estão relacionadas com o gerenciamento dos solos, rebanhos, produção de arroz e queima de biomassa.
O transporte contribui com 13% das emissões de GEE.	Atualmente, o transporte requer a queima de combustíveis fósseis utilizados no transporte rodoviário, ferroviário, aéreo e marítimo.
As edificações comerciais e residenciais contribuem com 8% das emissões de GEE	A geração de energia no local e a queima de combustíveis fósseis utilizados para aquecimento e cocção nas residências.
As atividades hídricas e de efluentes contribuem com 3% das emissões de GEE.	Emissões de metano dos aterros contribuem para a maioria dessas emissões; no entanto, as emissões de metano e N_2O produzidas pelo tratamento dos efluentes também são importantes. A incineração de alguns resíduos sólidos e industriais também resulta em emissões.

2004 dados de IPCC (2007b).

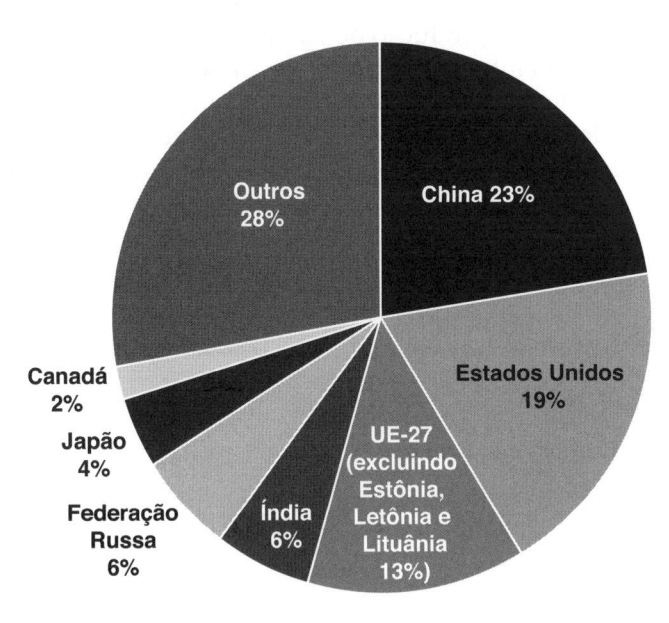

Figura / 5.28 Decomposição das emissões globais de CO_2 pela queima de combustíveis fósseis e alguns processos industriais importantes.

(Dados do IPCC, 2007b.)

5.5.2 CICLO DO NITROGÊNIO

As transformações biológicas incorporadas no ciclo do nitrogênio (Figura 5.29) são igualmente importantes nos sistemas naturais e planejados. Como resultado de sua associação com bactérias e plantas, muitas características do ciclo do nitrogênio estão ligadas aos ciclos do oxigênio e do carbono. As plantas captam e utilizam nitrogênio na forma de amônia ou nitrato – substâncias químicas normalmente escassas nos solos agrícolas –, levando à necessidade de fertilização. Certas bactérias e algumas espécies de plantas (como as leguminosas e o trevo) também podem utilizar o nitrogênio atmosférico (N_2), convertendo-o para amônia por meio de um processo chamado **fixação do nitrogênio**. As plantas incorporam amônia e nitrato em uma série de compostos orgânicos, como proteínas e ácidos nucleicos, críticos para a função metabólica. Os consumidores (tanto herbívoros como carnívoros) transferem esses compostos ricos em nitrogênio para cima na cadeia alimentar. As espécies de nitrogênio presentes nos organismos são liberadas no meio ambiente pela excreção e mortalidade, seja na natureza ou na forma de emissões de resíduos humanos.

As formas de nitrogênio retratadas na Figura 5.29 são denominadas nitrogênio reativo. Outras espécies de nitrogênio reativo incluem outras formas químicas inorgânicas oxidadas, como o nitrato de peroxiacetila (PAN), e compostos orgânicos como ureia, aminas, aminoácidos e proteínas. O **nitrogênio reativo** consiste em todos os compostos de nitrogênio ativos biologicamente, quimicamente e radioativamente encontrados na atmosfera terrestre e na biosfera. A Figura 5.30 mostra a decomposição das fontes de nitrogênio reativo nos Estados Unidos. Repare nos papéis dominantes exercidos pelas atividades antropogênicas da agricultura, indústria e queima de combustíveis fósseis. A produção antropogênica de nitrogênio reativo por meio da produção de fertilizantes (denominada fertilizante Haber Bosch N na Figura 5.30) e do plantio das culturas agrícolas com leguminosas fixadoras de nitrogênio (denominado cultivo com fixação biológica do nitrogênio, FBN, na Figura 5.30) trouxe muitos benefícios econômicos e sociais para os seres humanos, especialmente por meio de aumentos na produção de alimentos, que sustentam bilhões de pessoas no mundo inteiro. Infelizmente, quase todo o nitrogênio reativo criado pelo homem acaba sendo liberado no meio ambiente.

Essa grande perturbação no ciclo do nitrogênio natural trouxe muitos efeitos adversos para a saúde pública e do meio ambiente. A Tabela 5.14

Figura / 5.29 O Ciclo do Nitrogênio Snoeyink e Jenkins, Water Chemistry, 1980, reimpresso com a permissão da John Wiley & Sons, Inc.

(De Mihelcic (1999), reimpresso com a permissão da John Wiley & Sons, Inc.)

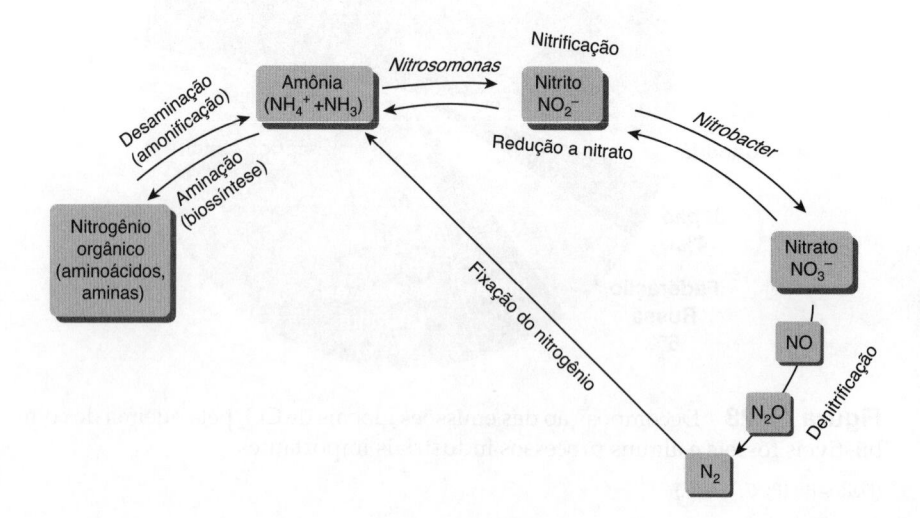

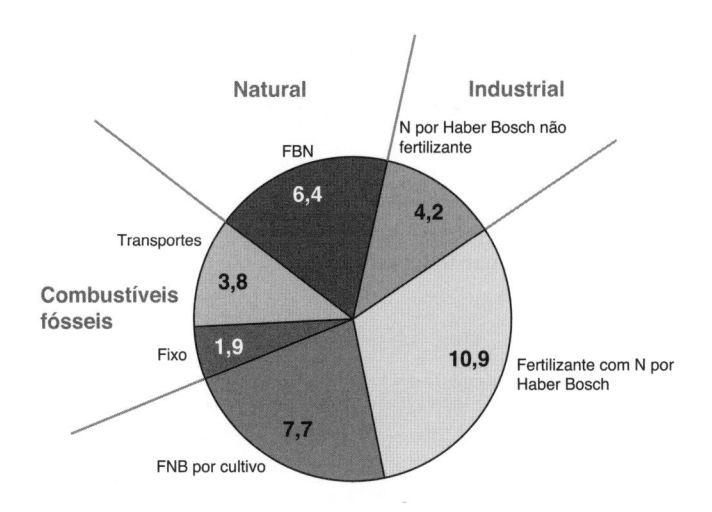

Figura / 5.30 Fontes de Nitrogênio Reativo introduzidas nos Estados Unidos em 2002 (Tg N/ano).

(Extraído da EPA, 2011). FBN significa *fixação biológica do nitrogênio*.

resume muitos desses impactos, incluindo o papel do nitrogênio reativo na produção de *smog* fotoquímico, na menor visibilidade atmosférica, na acidificação dos ecossistemas terrestres e aquáticos, na eutrofização das águas internas e costeiras, nos impactos negativos em nossa água potável e na contribuição para as emissões de gases do efeito estufa (EPA, 2011). Como iremos aprender nos próximos capítulos, os engenheiros ambientais estão envolvidos em atividades para mitigar e controlar a liberação de nitrogênio reativo no meio ambiente.

A Figura 5.31 descreve o ciclo do nitrogênio observado frequentemente em uma estação de tratamento de efluentes municipais. Na primeira etapa, **amonificação**, o N orgânico (por exemplo, proteína) é convertido para amônia (NH_4^+/NH_3). A próxima etapa envolve a transformação da amônia para nitrito (NO_2^-) (por bactérias do gênero *Nitrosomonas*) e depois para nitrato (NO_3^-) (por bactérias do gênero *Nitrobacter*) – um processo denominado **nitrificação**. Essa etapa requer a presença de oxigênio. O nitrato pode ser transformado em gás nitrogênio no processo de **desnitrificação**, no qual é convertido para gás nitrogênio com a subsequente liberação para a atmosfera. Parte dessas emissões permanece como gás do efeito estufa, N_2O (consulte a Figura 5.29). Essa transformação mediada por micróbios procede em condições anóxicas.

5.5.3 CICLO DO FÓSFORO

Os minerais que contêm fósforo são pouco solúveis, de modo que a maioria das águas de superfície contém naturalmente muito pouco desse importante nutriente. Além disso, as fontes disponíveis desse material minera-

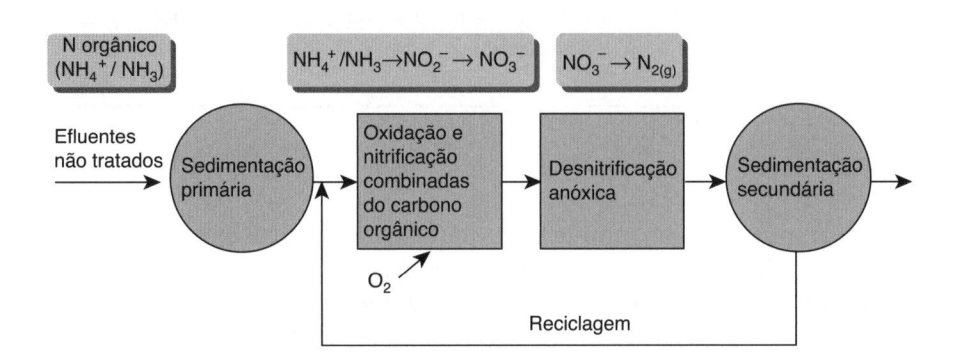

Figura / 5.31 Configuração de uma Estação Municipal Convencional de Tratamento de Efluentes para Remoção de Nitrogênio.

(Mihelcic (1999). Reimpresso com a permissão da John Wiley & Sons, Inc.)

Exemplos de Impactos do Excesso de Nitrogênio Reativo sobre a Saúde Humana e o Meio Ambiente

Impacto	Causa(s)	Exemplos de local	Fonte(s)
Redução na visibilidade	Matéria particulada fina	Parques nacionais e áreas de natureza selvagem	NO_y e NH_x da queima de combustíveis fósseis e atividades agrícolas
Perda de biodiversidade	Deposição de nitrogênio	Pastos e florestas nos Estados Unidos recebendo deposição de N em excesso através de cargas críticas	Fornecedores de energia elétrica, tráfego e agricultura focada em animais
Declínio nas florestas	Deposição de ozônio e ácido	Leste e Oeste dos Estados Unidos	Fornecedores de energia elétrica, tráfego e agricultura focada em animais
Redução do rendimento das safras	Ozônio	Leste e Oeste dos Estados Unidos	Fornecedores de energia elétrica e tráfego
Acidificação das águas de superfície, perda de biodiversidade	Acidificação dos solos, cursos d'água e lagos causada por deposição atmosférica do enxofre, HNO_3, NH_3 e compostos de amônio	Basicamente, as regiões montanhosas dos Estados Unidos	Queima de combustíveis fósseis e atividades agrícolas
Hipóxia das águas costeiras e interiores	Carga excessiva de nutrientes, eutrofização, escoamento variável da água doce	Golfo do México, Baía de Chesapeake, outras águas estuarinas e costeiras	Nitrogênio e fósforo da produção de energia e alimentos
Proliferações de algas nocivas	Carga excessiva de nutrientes, variabilidade climática	Águas interiores e costeiras	Carga excessiva de nutrientes com nitrogênio e fósforo
Mortalidade humana	$PM_{2,5}$, O_3 e toxinas relacionadas	Áreas urbanas e vizinhas dos Estados Unidos	NO_y e NH_x dos combustíveis fósseis e das atividades agrícolas
Danos à saúde pública e ao meio ambiente	NO_x no ar	Bacia Hidrográfica da Baía de Chesapeake	Fontes móveis
Danos à saúde pública e ao meio ambiente	NH_x e nitrato liberados no ar e na água	Bacia Hidrográfica da Baía de Chesapeake	Atividades agrícolas

Adaptado da EPA (2011).

do devem se esgotar durante este século. Quando o fósforo é minerado e incorporado aos agentes de limpeza e aos fertilizantes, o ciclo bioquímico (encaminhamento do elemento através do meio ambiente) é amplamente acelerado. Descargas subsequentes em lagos, estuários e rios em que o fósforo é o nutriente limitador podem estimular o crescimento incômodo de algas e a **eutrofização** (mais discutida no Capítulo 7), tornando os lagos desagradáveis e inviáveis para uma série de usos.

Cerca da metade do fósforo excretado pelo homem é encontrado na urina. O restante é encontrado nas fezes. Por outro lado, aproximadamente 75% do N excretado pelo homem estão na urina. A demanda global de P é de, aproximadamente, 14 milhões de toneladas métricas. No entanto, atualmente, apenas 1,5 milhão de toneladas métricas são recuperadas anualmente dos resíduos humanos (por meio da reutilização da água e dos biossólidos). Desse modo, é muito importante integrar o **ciclo do fósforo** com o tratamento de efluentes e os fluxos do processo de recuperação de recursos.

5.5.4 CICLO DO ENXOFRE

Assim como os ciclos do oxigênio e do nitrogênio, o **ciclo do enxofre** (Figura 5.32) é, em grande medida, mediado microbialmente e, dessa forma, ligado ao ciclo do carbono. O enxofre chega aos rios e lagos como S orgânico incorporado a materiais, como as proteínas, e como S inorgânico, principalmente na forma de sulfato (SO_4^{2-}).

O sulfeto de hidrogênio (H_2S) é malcheiroso e tóxico para a vida aquática em concentrações muito baixas. A pirita (FeS_2) é encontrada com frequência nas formações geológicas (ou no entorno delas) mineradas comercialmente, como é o caso do carvão ou dos metais, como a prata e o zinco. A exposição da pirita à atmosfera inicia um processo de oxidação em três etapas, catalisado por bactérias que incluem a *Thiobacillus thiooxidans, Thiobacillus ferrooxidans* e *Ferrobacillus ferrooxidans*:

$$4FeS_2 + 14O_2 + 4H_2O \rightarrow 4Fe^{2+} + 8SO_4^{2-} + 8H^+ \qquad \textbf{(5.36)}$$

$$4Fe^{2+} + 8H^+ + O_2 \rightarrow 4Fe^{3+} + 2H_2O \qquad \textbf{(5.37)}$$

$$4Fe^{3+} + 12H_2O \rightarrow 4Fe(OH)_{3(s)} + 12H^+ \qquad \textbf{(5.38)}$$

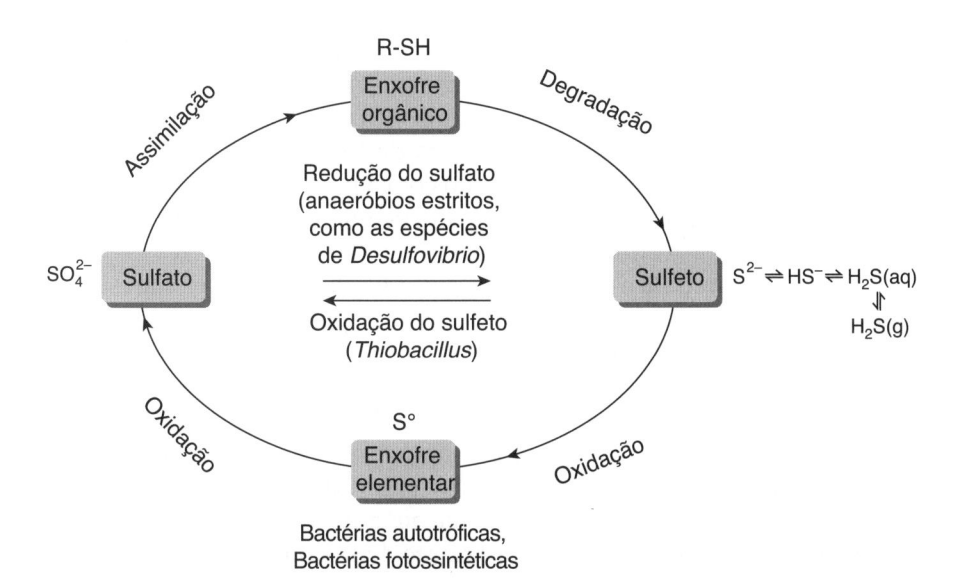

Figura / 5.32 Ciclo do Enxofre A redução do sulfato SO_4^{2-} para sulfeto de hidrogênio (H_2S) pode levar a problemas de odor nos sistemas de coleta de efluentes e nas estações de tratamento. A oxidação do enxofre reduzido pode levar à acidificação e à descoloração das águas de superfície.

(De Mihelcic (1999). Reimpresso com a permissão da John Wiley & Sons, Inc.)

Esse processo a drenagem ácida da mina, rica em sulfato, acidez e hidróxidos férricos (um precipitado laranja-amarelado ou flóculo chamado *"yellow boy"*). Embora o sulfato seja um tanto inócuo, a acidez reduz o pH das águas de superfície (com frequência para níveis que prejudicam gravemente a qualidade da água) e o flóculo cobre os leitos dos cursos d'água, eliminando o *habitat* dos macroinvertebrados. Além disso, o pH baixo da água dissolve rochas e minerais, liberando dureza e sólidos dissolvidos totais.

5.6 Saúde do Ecossistema e Bem-Estar Público

Todos os projetos de engenharia devem ser concebidos, construídos e operados de maneira benigna para o meio ambiente e que, no final das contas, venha a atender a sociedade de modo igualitário, bem como proteger a saúde humana e do ecossistema para as gerações futuras. Esta seção introduz dois tópicos que são importantes por essa perspectiva: substâncias tóxicas e biodiversidade.

5.6.1 SUBSTÂNCIAS TÓXICAS E ECOSSISTEMA E SAÚDE HUMANA

As substâncias tóxicas podem influenciar diretamente a saúde do ecossistema, por meio dos efeitos manifestados no nível da população ou da comunidade, e indiretamente, ao iniciar um desequilíbrio no funcionamento do ecossistema (redução ou eliminação do papel de uma espécie ou um grupo de espécies). Além disso, a saúde humana pode ser afetada pelo consumo de peixe e caça contaminados com substâncias tóxicas.

Bioconcentração é a absorção direta de uma substância química no organismo de um indivíduo. Os exemplos incluem o mercúrio que passa da água para o fitoplâncton através da parede celular ou para o peixe através das guelras.

Bioacumulação (também chamada bioampliação) se refere ao acúmulo de substâncias químicas tanto pela exposição à água contaminada (bioconcentração) como pela ingestão de alimento contaminado. Por exemplo, a bioconcentração de um contaminante pelo fitoplâncton resulta na bioacumulação no próximo nível trófico, o peixe.

Embora haja perdas significativas na transferência de energia e biomassa para cima na cadeia alimentar, como no caso da oxidação e excreção (consulte as Figuras 5.21 e 5.22), algumas substâncias químicas (como o mercúrio, os PCBs, o DDT e alguns retardadores de chama) são retidas pelos organismos. Essa retenção, junto com a perda de biomassa, produz um efeito concentrador em cada nível sucessivo ascendente da cadeia alimentar.

A Figura 5.33 retrata esse efeito concentrador do mercúrio em um sistema aquático. Repare que a concentração na água aparentemente pequena, de $0,01 \ \mu g/L$ (ppb_m) aumenta em cinco ordens de grandeza para $2,270 \ ppb_m$ no nível predatório superior por meio da bioconcentração e bioacumulação. Existe um nível trófico mais alto do que o do peixe? Sim, possivelmente o homem, outros mamíferos (por exemplo, ursos, focas, baleias-beluga) e pássaros, como as gaivotas e águias. Níveis elevados de substâncias bioacumulativas são observados rotineiramente nos animais selvagens que contam com o peixe como uma porção importante de sua dieta.

A sociedade obtém muitos bem essenciais dos ecossistemas naturais, incluindo frutos do mar, carne de caça, forragem, lenha, madeiramento e produtos farmacêuticos. Esses bens representam partes importantes e familiares da economia. O que tem sido menos apreciado até pouco tempo é que os ecossistemas naturais também desempenham serviços fundamentais de suporte à vida, incluindo a regulação do clima, o armazenamento de água, o controle de inundações, a atenuação de eventos climáticos extremos, a purificação do ar e da água, a regeneração da fertilidade dos solos, a desintoxicação e decomposição dos resíduos, e a produção e manutenção da biodiversidade.

Os serviços do ecossistema podem ser subdivididos em cinco categorias: (1) *provisionamento*, como a produção de alimento e água; (2) *regulação*, como o controle do clima e das doenças; (3) *suporte*, incluindo os ciclos de nutrientes e a polinização das lavouras; (4) *cultura*, como os prazeres espirituais e recreativos; (5) *preservação*, que inclui a manutenção da diversidade (Daily, 2000; Millenium Ecosystem Assessment, 2005). Tais processos valem muitos trilhões de dólares anuais. No entanto, como a maioria desses benefícios não é comercializada nos mercados econômicos, eles não carregam etiquetas de preço que possam alertar a sociedade para as mudanças na saúde do ecossistema, que influenciam o fornecimento desses benefícios ou a deterioração dos sistemas que os geram.

Para compreender a magnitude das implicações econômicas dos serviços fornecidos pelos ecossistemas naturais, considere o exemplo a seguir. Na Cidade de Nova York, em que a qualidade da água potável cai abaixo dos padrões exigidos pela Agência de Proteção Ambiental dos Estados Unidos (EPA), as autoridades optaram por restaurar a poluída Bacia Hidrográfica Catskill, que antes proporcionava à cidade o serviço de ecossistema de purificação da água. Depois que a entrada de efluentes domésticos e pesticidas na área da bacia foi reduzida, processos abióticos naturais – como a adsorção do solo e a filtração das substâncias químicas, junto com a reciclagem biótica via sistemas radiculares e microrganismos do solo – melhoraram a qualidade da água para níveis que satisfazem os padrões governamentais. O custo desse investimento no capital natural foi estimado entre US$ 1 bilhão e US$ 1,5 bilhão, contrastando radicalmente com o custo estimado de US$ 6 bilhões a US$ 8 bilhões para construir uma nova estação de filtração de água com custos anuais de operação de US$300 milhões (Chichilnisky e Heal, 1998).

A bioacumulação de substâncias tóxicas tem levado a sérios impactos em muitas espécies de vida selvagem. A Tabela 5.15 ilustra o impacto das substâncias químicas, como o DDT e o chumbo, que bioacumulam nas águias-americanas. Além disso, a bioacumulação pode contribuir significativamente para a exposição humana total e, com isso, para o risco ambiental de uma substância química, conforme discutido no Capítulo 6. Por causa desses efeitos e pela ameaça imposta às populações humanas, há uma necessidade premente de compreender melhor a dinâmica da bioacumulação e seu potencial impacto no homem e no meio ambiente.

O **fator de bioconcentração (FBC)** é a proporção da concentração de uma substância química em um organismo em relação ao meio circundante (geralmente, ar ou água) quando a captação direta desse meio é o único mecanismo considerado.

O **fator de bioacumulação (FBA)** é a proporção entre a concentração de uma substância química em um organismo e no meio circundante quando todos os mecanismos de captação possíveis (como o alimento e a água) estão incluídos.

Uma vez que o FBA aborda apenas a captação passiva (absorção independente dos padrões de alimentação específicos do organismo), ele proporciona um meio de comparar o risco potencial dos produtos químicos para a saúde do organismo ou ecossistema. Os organismos com alto teor lipídico tendem a exibir FBAs maiores; por exemplo, as concentrações de PCB são tipicamente maiores nos peixes gordurosos, como a

> **Discussão em Sala de Aula**
>
> Quais avisos de consumo de pescados existem em seu estado ou em um estado vizinho? Quais são os produtos químicos preocupantes? Qual é a origem desses produtos químicos (descarga pontual, descarga não pontual, ar)? Quais são as populações que correm mais risco? Quais soluções sustentáveis (políticas e tecnológicas) você pode implementar para solucionar o problema?

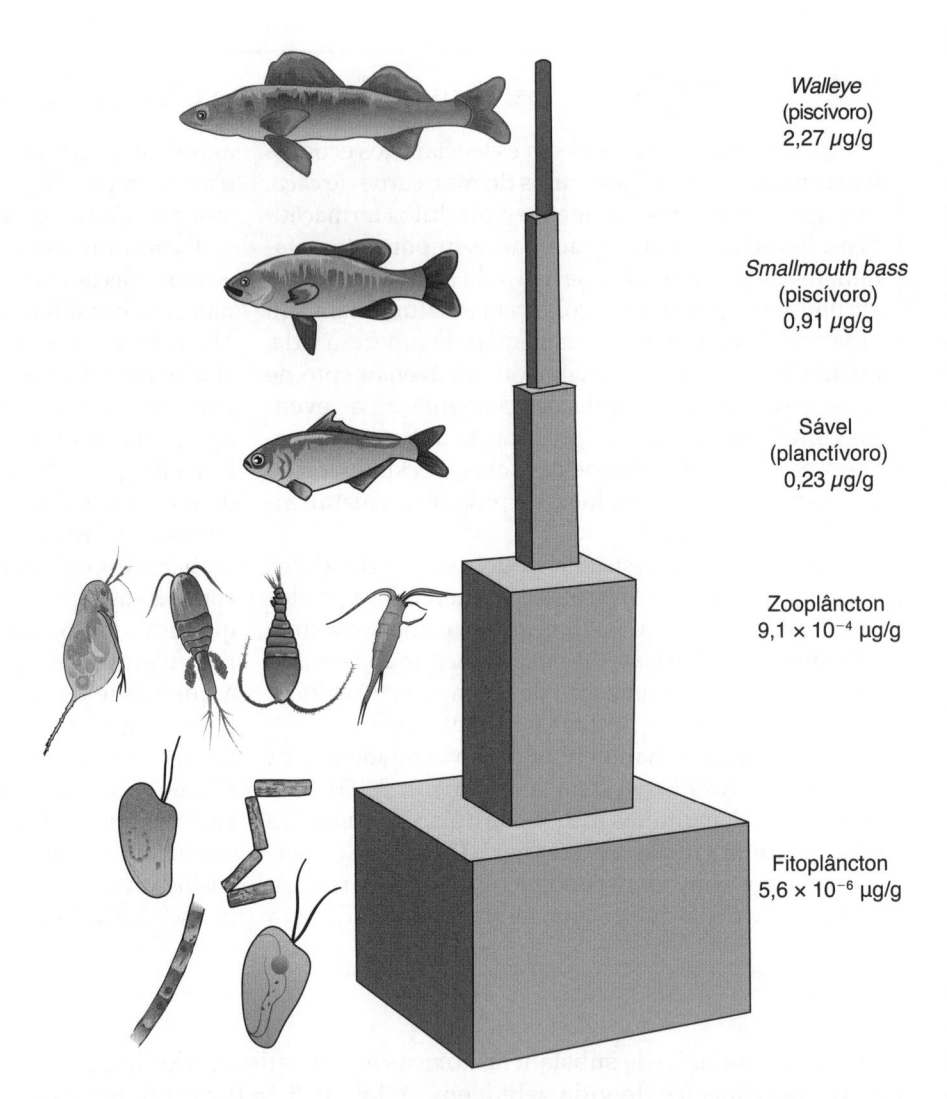

Walleye
(piscívoro)
2,27 µg/g

Smallmouth bass
(piscívoro)
0,91 µg/g

Sável
(planctívoro)
0,23 µg/g

Zooplâncton
$9,1 \times 10^{-4}$ µg/g

Fitoplâncton
$5,6 \times 10^{-6}$ µg/g

Figura / 5.33 **Bioacumulação do Mercúrio na Cadeia Alimentar do Lago Onondaga, Nova York** O tamanho da aplicação representa a biomassa (diminuindo ao subir pela cadeia alimentar pela ineficiência da transferência de energia), já o sombreamento representa a concentração de mercúrio da biomassa (aumentando ao subir pela cadeia alimentar, porque fica retido à medida que a biomassa diminui). A concentração de mercúrio na coluna d'água é $\approx 0,01$ µg/L.

(Dados de Becker e Bigham (1995); figura de Mihelcic (1999). Reimpresso com a permissão da John Wiley & Sons, Inc.)

truta e o salmão, do que nos robalos, que são mais magros. O fenômeno da bioacumulação tem levado a programas de avisos de consumo de pescados em muitos estados, da Flórida ao norte de Minnesota. São feitas recomendações específicas para a remoção do tecido gorduroso durante a limpeza ou o preparo do pescado para minimizar o consumo humano (e a bioacumulação) de contaminantes. Entretanto, a exposição a alguns contaminantes, incluindo o mercúrio, não é reduzida pela remoção seletiva do tecido gorduroso, pois esse contaminante é distribuído uniformemente por todo o peixe. Nesse caso, a única maneira de os consumidores limitarem a exposição é controlar a quantidade de peixe ingerida por semana.

Números Históricos dos Casais Nidificantes de Águias-Americanas nos Estados Unidos Continentais (*"Lower 48"*) A proibição do chumbo nas caçadas para reduzir a toxicidade das aves aquáticas – que, muitas vezes, digerem as pelotas – reduziu também a toxicidade para as águias, que se alimentam de aves aquáticas mortas ou aleijadas. O uso da terra também tem surtido um forte impacto no sucesso da nidificação das águias.

Período	Número de Casais Nidificantes	Explanação
Década de 1700	50.000	População estimada antes da colonização
1940	Número desconhecido; "ameaçadas de extinção"	Lei de Proteção da águia-americana proibiu a matança, a venda ou a posse da espécie.
Década de 1960	400	Perda do *habitat*, envenenamento por chumbo e insuficiência reprodutiva por causa da bioacumulação do pesticida DDT; o livro *Primavera Silenciosa*, de Rachel Carson, é publicado.
1972	< 800	O uso do DDT é proibido nos Estados Unidos
1991	3.000	A munição com chumbo é proibida na caça de aves aquáticas.
2007	10.000	Remoção da Lista de Espécies Ameaçadas pelo U.S. Fish and Wildlife Service.

FONTE: U.S. Fish and Wildlife Service.

5.6.2 BIODIVERSIDADE E SAÚDE DO ECOSSISTEMA

O termo **biodiversidade**, uma contração de *diversidade biológica*, refere-se à grande variedade presente em todas as formas de vida. Embora o conceito de biodiversidade se concentre originalmente nas espécies individuais, atualmente, muitos cientistas consideram que a *diversidade genética* (ocorrida dentro de uma espécie) e a *diversidade ecológica* são de grande importância. Sabe-se que pode existir uma variação significativa na composição genética das populações da mesma espécie que estão separadas no tempo (por exemplo, por estação) ou no espaço. Essa variação pode levar a diferenças na resposta das populações ao estresse ambiental ou até mesmo na função das espécies dentro de um ecossistema. Por essa razão, os biólogos pesqueiros que procuram restabelecer uma espécie em um ambiente antes degradado procuram peixes jovens das populações locais ou regionais para manter as características da reserva genética original. Na outra extremidade do espectro, talvez seja prudente encarar os ecossistemas como representantes de uma diversidade de valor igual ou maior do que a de cada espécie, merecendo a atenção daqueles que procuram manter a biodiversidade.

Biodiversidade Urbana
http://staging.unep.org/urban_environment/issues/biodiversity.asp

Biodiversidade na África
http://www.eoearth.org/article/Biodiversity_in_Africa

AMEAÇAS À BIODIVERSIDADE   Avançando a uma taxa normal de uma espécie por milhão de espécies por ano, a extinção tem sido superada pela evolução, e a biodiversidade da Terra tem sofrido um aumento constante ao longo dos últimos 600 milhões de anos. Esse aumento foi pontuado por cinco episódios de extinção em massa que, segundo se acredita, estão relacionados com os impactos de meteoritos, erupções vulcânicas e mudança climática. No entanto, hoje, a humanidade iniciou o seu próprio impacto de meteorito, sua própria erupção vulcânica:

> *Por causa da grandeza e à velocidade com que a espécie humana está alterando o mundo físico, químico e biológico, a biodiversidade está sendo destruída em um ritmo sem precedentes no tempo geológico recente.*
> — Thorne-Miller, 1999

Embora seja a espécie que se extinga, é importante considerar as ameaças à biodiversidade dentro do contexto de estrutura e função do ecossistema. O Painel Intergovernamental sobre Mudança Climática (IPCC) relata que:

> *A resiliência de muitos ecossistemas tende a ser ultrapassada neste século por uma combinação sem precedentes de mudança climática, perturbações associadas (por exemplo, enchentes, estiagens, incêndios florestais, insetos, acidificação dos oceanos) e outros indutores da mudança global (por exemplo, mudança no uso da terra, exploração excessiva dos recursos).*
> — IPCC, 2007a

Certamente, é a espécie que costuma ser visada (por exemplo, por caçadores), mas o estresse humano pode se manifestar também através dos efeitos negativos sobre o ecossistema.

As ameaças à biodiversidade podem ser organizadas em cinco categorias: (1) abate excessivo, (2) destruição do *habitat*, (3) introdução de espécies, (4) poluição química e (5) mudança atmosférica global. Dentre essas, o abate excessivo talvez tenha o histórico mais longo. A caça de aves aquáticas, o abate de aves pernaltas para retirar suas penas e a perseguição implacável e morte do bisão são bem conhecidos da América do século XIX. Mais recentemente, o abate excessivo do pescado está ameaçando o futuro dos pesqueiros marinhos.

Os ecossistemas dos campos e das florestas, que antes cobriam milhares de quilômetros quadrados, hoje não existem mais ou estão tão alterados em sua composição que não são mais reconhecíveis. Junto com o desenvolvimento urbano, essas mudanças no uso da terra levaram à fragmentação do *habitat*, com os *habitats* antes contíguos e necessários para algumas espécies hoje reduzidos a pequenos remendos. O processo de introdução da espécie é um atributo natural da evolução do ecossistema à medida que as condições mudam e os intervalos expandem. No entanto, a aceleração humana (acidental ou intencional) desse processo pode ser criticamente nociva para as espécies nativas e seu ecossistema. (Considere, por exemplo, a introdução de uma variedade de mamíferos na Nova Zelândia.)

No que diz respeito à introdução de novas espécies, a vulnerabilidade de um ecossistema aumenta em função dos danos causados à sua saúde (por exemplo, gerando efeitos físicos ou químicos) ou da perda de componentes bióticos cruciais (espécie). As **espécies invasivas** alienígenas são as que se estabelecem em um ecossistema natural e ameaçam a diversi-

Espécies Invasivas
http://water.epa.gov/type/oceb/habitat/invasive_species_index.cfm

dade biológica nativa. As espécies invasivas têm sido introduzidas em ambientes aquáticos de maneira intencional (certas espécies de truta nos rios do Oeste) e de maneira acidental (lampreia marinha pela construção de canais, mexilhões-zebra em águas de lastro de navios e carpa asiática por fuga da aquicultura).

Nos ecossistemas terrestres, a perturbação do solo durante a construção do ambiente construído e a entrada de veículos motores em áreas anteriormente sem estradas têm sido documentadas como disseminadoras de espécies invasivas. A propagação rápida e a natureza agressiva das espécies invasivas se devem, em parte, à ausência de competição e à pressão da predação comuns ao seu ecossistema natal. As espécies invasivas contribuem significativamente para a extinção das espécies e a perda da biodiversidade – problema que está aumentando por causa da globalização.

Em termos de poluição química, derramamentos de óleo, entrada de nutrientes das estações de tratamento de efluentes, escoamentos agrícolas e urbanos, metais pesados – como o mercúrio – e resíduos de pesticidas têm efeitos negativos documentados sobre a saúde do ecossistema. O IPCC relata que "Aproximadamente 20-30% das espécies de plantas e animais avaliadas até agora tendem a correr um risco maior de extinção se o aumento na temperatura média global ultrapassar 1,5-2,5°C" (IPCC, 2007a).

VENDO VALOR NA BIODIVERSIDADE Desde a aprovação da Lei para as Espécies Ameaçadas, em 1973, a maioria dos americanos se familiarizou com o conceito e o valor intrínseco da biodiversidade. Entretanto, a aplicação de uma filosofia que apoia a biodiversidade pode se tornar complexa em algumas arenas de gestão e regulamentação. No caso da coruja-pintada do Norte, nas florestas antigas do Noroeste do Pacífico, a indústria madeireira assumiu uma posição firme contra a lista de espécies, argumentando que o desemprego e os impactos socioeconômicos relacionados que poderiam ocorrer superavam o valor de proteger os animais e a biodiversidade.

Frequentemente, são oferecidas três razões para incentivar os programas de apoio à biodiversidade. A primeira evolui do conceito de que as plantas e os animais podem desempenhar um papel crítico no desenvolvimento de estoques de alimento mais produtivos e de remédios que melhorem a saúde humana e prolonguem a vida. Por exemplo, uma espécie de milho descoberta no México várias décadas atrás possui resistência às doenças e padrões de crescimento que podem revolucionar a indústria do milho. No campo da medicina, os exemplos incluem a aspirina, da qual um componente importante é derivado da casca do salgueiro ou da erva filipêndula, e agentes anticâncer produzidos pela pervinca rosada, um arbusto florido encontrado apenas em Madagascar.

A segunda razão frequentemente oferecida em apoio à biodiversidade estabelece que a estrutura do ecossistema é determinada pelas interações de seus componentes, tal que a perda de um único componente (como uma espécie) poderia perturbar permanentemente e fatalmente a função do ecossistema. Por exemplo, as espécies invasivas podem dizimar plantas e animais nativos, alterando completamente a face de um ecossistema. Atualmente, os Estados Unidos estão passando por uma perturbação similar no ecossistema; por exemplo, a proliferação da *knapweed* pintada está expulsando as espécies nativas e reduzindo a forragem para o gado.

A salgueirinha-roxa está se tornando dominante em muitos alagados, eliminando as plantas nativas que são mais nutritivas para os animais selvagens.

A razão final é ética, relacionada com o papel do homem como administrador de ecossistemas vastos e complicados. A ética ambiental da nossa sociedade passou por uma evolução do pensamento, passando dos recursos aparentemente ilimitados da América colonial, pelos períodos de expansão e industrialização, até o tempo em que nos encontramos, esbarrando nos limites da ecosfera e sofrendo a deterioração e a perda das comodidades sociais, econômicas e ambientais.

Termos-Chave

- abiótico
- absorção
- amonificação
- anóxica
- autótrofos
- bioacumulação
- bioconcentração
- biodegradação
- biodiversidade
- biomassa
- biosfera
- biota
- biótico

- cadeias alimentares
- capacidade de carga
- carnívoros
- ciclo do carbono
- ciclo do enxofre
- ciclo do fósforo
- ciclo hidrológico
- ciclos biogeoquímicos
- clima
- coeficiente de rendimento (Y)
- comunidade
- constante de meia-saturação
- DBOC final

- demanda bioquímica de oxigênio (DBO)
- demanda bioquímica de oxigênio nitrogenada (DBON)
- demanda de oxigênio
- demanda de oxigênio carbonácea (DBOC)
- demanda química de oxigênio (DQO)
- demanda teórica de oxigênio (DTO)
- desnitrificação
- dinâmica da população

- dióxido de carbono
- ecologia
- ecossistema
- equação IPAT
- espécie
- espécies invasivas
- etica da Terra
- eucariotos
- eutrofização
- fase de crescimento exponencial ou logístico
- fase de morte
- fase estacionária
- fator de bioacumulação (FBA)
- fator de bioconcentração (FBC)
- fixação do nitrogênio
- fonte fotossintética (de oxigênio)
- fontes renováveis
- fotossíntese
- fotossíntese artificial
- herbívoros
- heterótrofos
- Leopold, Aldo
- matéria orgânica
- metanogênese
- modelo de crescimento exponencial
- modelo de crescimento logístico
- modelo de Monod
- nitrificação
- nitrogênio reativo
- onívoros
- *Os Limites do Crescimento*
- Painel Internacional sobre Mudança Climática (IPCC)
- pegada ecológica
- população
- princípio da exclusão competitiva
- procariotos
- produtividade
- reação redox
- respiração
- respiração aeróbica
- respiração anaeróbica
- rotíferas
- sequência redox ecológica
- sistema projetado
- sistemas naturais
- substrato
- superação ecológica dos limites
- teias alimentares

5.1 A Organização Mundial da Saúde (OMS) relata que a diarreia causa 4% de todas as mortes no mundo inteiro, matando 2,2 milhões de pessoas por ano, principalmente crianças, nos países em desenvolvimento. A diarreia é um sintoma de infecção que pode se espalhar pela água contaminada causada por membros de qual dos quatro grupos listados na Figura 5.4?

5.2 A Figura 5.4 descreveu os principais grupos de organismos importantes para a engenharia ambiental, muitos dos quais causadores de doenças relacionadas com a água. As doenças relacionadas com a água incluem aquelas derivadas da exposição a microrganismos ou substâncias químicas encontradas na água que os seres humanos bebem. Outras doenças relacionadas com a água incluem as que têm parte do seu ciclo de vida na água (por exemplo, esquistossomose), doenças como a malária (que possuem vetores relacionados com a água e, portanto, às vezes, devem-se ao gerenciamento inadequado da água das chuvas e dos resíduos sólidos), e outras doenças como a legionelose (transmitida pelos aerossóis que contêm organismos causadores da doença). Use a Figura 5.4 e a pesquisa que você fez no *website* da Organização Mundial da Saúde sobre "doenças relacionadas com a água" para responder às seguintes perguntas: (a) *Giardia intestinalis* e *Cryptosporidium* são membros de qual grupo? (b) *Legionella* é um membro de qual grupo? (c) Hepatite A e E são causadas por membros de qual grupo? (d) Febre tifoide é causada por *Salmonella typhi* e *Salmonella paratyphi*, que fazem parte de qual grupo? (c) O cólera é causado pelo *Vibrio cholera*, que é um membro de qual grupo? (f) A ascaridíase é uma infecção do intestino delgado causada pela grande lombriga, *Ascaris lumbricoides*, que é um membro de qual grupo?

5.3 A Figura 5.4 descreveu os principais grupos de organismos importantes para a engenharia ambiental, muitos dos quais são utilizados no tratamento dos resíduos domésticos, agrícolas e industriais. Identifique os principais grupos de organismos listados nessa figura (por exemplo, vírus, bactérias, algas, protozoários, rotíferas) que: (a) usam energia solar para transferir oxigênio para lagoas de estabilização de efluentes, (b) são organismos críticos na remoção da matéria orgânica que compõe a DBO nos efluentes, (c) são organismos unicelulares encontrados no sistemas de tratamento biológico de efluentes e recuperação de recursos que se alimentam de bactérias e algas, (d) são organismos multicelulares encontrados nos sistemas biológicos de efluentes, (e) incluem o organismo gram-positivo, *Nocardia*, que é encontrado normalmente nas estações de tratamento de efluentes, mas que, se sofrer um crescimento excessivo, pode resultar na formação de espuma e má sedimentação dos sólidos no reator de sedimentação (isto é, clarificador.)

5.4 A OMS relata que a malária é a doença infecciosa parasitária mais importante. A OMS estima que existem 300-500 milhões de casos de malária no mundo inteiro, com a carga principal assumida pelos que moram na África Subsaariana. O homem contrai malária após ser picado por um mosquito infectado pela doença. Esses mosquitos procriam na água limpa e, às vezes, salobra, que pode ser uma consequência do gerenciamento inadequado da água de irrigação, da água da chuva e dos resíduos sólidos. Sabe-se que a malária é causada por quatro espécies de parasitas Plasmódio (*P. falciparum, P. vivax, P. ovale, P. malariae*). Esses parasitas são procariotos ou eucariotos?

5.5 Modelos matemáticos são utilizados para prever o crescimento de uma população, ou seja, o tamanho da população em alguma data futura. O modelo mais simples é o do crescimento exponencial. O cálculo requer conhecimento da taxa de crescimento específico máximo do organismo. Pode-se obter um valor para esse coeficiente a partir de observações em campo do tamanho da população ou de experimentos laboratoriais nos quais o tamanho da população é monitorado em função do tempo, quando o organismo é cultivado em altas concentrações de substrato ($S \gg K_s$) (Tabela 5.16):

Tabela / 5.16

Observações de Campo do Tamanho da População ao Longo do Tempo

Tempo (dias)	Biomassa (mg/L)
0	50
1	136
2	369
3	1.004
4	2.730
5	7.421

Tabela / 5.17

População de Boston de 1680 a 2010

Ano	População	Ano	População
1680	4.500	1920	1.366.000
1720	12.000	1940	1.746.000
1775	16.000	1950	2.301.000
1800	24.900	1980	3.064.000
1830	85.600	1990	3.355.000
1860	374.000	2000	4.032.000
1900	1.009.000	2010	4.407.000

Calcule $\mu_{máx}$ para essa população, supondo um crescimento exponencial; inclua as unidades apropriadas.

5.6 Depois de obtido um valor para $\mu_{máx}$, o modelo pode ser empregado para projetar o tamanho da população em um tempo futuro. Supondo que o crescimento exponencial é sustentado, qual será o tamanho da população no Problema 5.5 após 10 dias?

5.7 Considere uma população com uma biomassa inicial (X_0) de 5 mg VSS/L, uma taxa de crescimento específico máximo ($\mu_{máx}$) de 0,9/dia e um coeficiente de taxa de respiração de 0,15/dia. Determine a concentração da biomassa (mg VSS/L) no final de (a) 5 dias e (b) 20 dias.

5.8 Considere uma população com as seguintes características: biomassa inicial (X_0) de 200 mg TSS/L, taxa de crescimento específico máximo ($\mu_{máx}$) de 1/dia e um coeficiente de taxa e respiração de 0,05/dia. (a) Suponha crescimento logístico. Determine a biomassa da população (em unidades de TSS/L) após 2, 10, 100 e 10.000 dias, se a capacidade de carga (K) for de 5.000 mg TSS/L. (b) Suponha crescimento exponencial. Determine a biomassa da população (em unidades de TSS/L) após 2, 10, 100 e 10.000 dias.

5.9 A Tabela 5.17 fornece a estimativa da população da cidade e Boston de 1680 a 2010, segundo o U.S. Census Bureau.

Digite esses dados em uma planilha e faça um gráfico da população ao longo do tempo. (a) O crescimento da população é exponencial ou logístico? (b) Quantos anos foram necessários para Boston dobrar a sua população de 12.000 para 24.000, e de 2 milhões para 4 milhões? Quantos anos foram necessários para dobrar a população para 8,8 milhões? (c) Usando o

seu conhecimento de meia-vida do Capítulo 3, determine a constante de taxa do crescimento dessa população. A taxa de crescimento varia com o tempo? Se variar, em que percentual?

5.10 Este capítulo descreveu que, em 2007, a taxa média de crescimento da população global foi de 1,2% por ano. Determine o tempo de duplicação previsto para a população global usando essa informação.

5.11 A taxa de aumento da população humana no México foi de 1,5%. (a) Quanto tempo você acha que vai levar para a população dobrar do seu nível atual de 116 milhões de pessoas para 232 milhões em 2058? (b) O que poderia impedir a população de alcançar esse nível?

5.12 A China e os Estados Unidos eram os dois principais produtores de emissões de CO_2 associadas ao consumo de energia em 2009. A Tabela 5.18 traz os dados das emissões de CO_2 pelo consumo de energia (em milhões de toneladas métricas) pelos Estados Unidos e pela China de 1980 a 2009 (dados da Energy Information Administration). (a) Digite esses dados em uma planilha e faça um gráfico das emissões de CO_2, de 1980 a 2009, relativas a esses dois países. (b) Qual é o aumento percentual nas emissões de cada país desde 2000? (c) Em meia página, discuta como a eficiência tecnológica, o preço dos combustíveis fósseis e o crescimento da economia teriam impactado as emissões de CO_2 dos Estados Unidos, em 2008 e 2009? (d) Se a população da China era de, aproximadamente, 1,28 bilhão e a população dos Estados Unidos era de, aproximadamente, 301 milhões de pessoas, quais foram as suas emissões de CO_2 em toneladas métricas por pessoa? Compare seus resul-

Emissões de Dióxido de Carbono na China e nos Estados Unidos (em milhões de toneladas métricas)

Ano	China	Estados Unidos	Ano	China	Estados Unidos	Ano	China	Estados Unidos
1980	1.448,46	4.776,57	1990	2.269,71	5.041,00	2000	2.849,75	5.861,82
1981	1.439,86	4.646,85	1991	2.369,25	4.997,69	2001	2.969,58	5.753,70
1982	1.506,94	4.410,83	1992	2.449,16	5.093,53	2002	3.464,84	5.801,17
1983	1.593,39	4.388,02	1993	2.626,64	5.188,87	2003	4.069,24	5.850,63
1984	1.724,49	4.618,83	1994	2.831,55	5.261,43	2004	5.089,78	5.968,49
1985	1.857,81	4.604,84	1995	2.861,68	5.319,89	2005	5.512,70	5.991,47
1986	1.970,82	4.612,97	1996	2.893,38	5.506,37	2006	5.817,14	5.913,68
1987	2.102,78	4.769,96	1997	3.081,74	5.578,43	2007	6.260,03	6.018,13
1988	2.240,37	4.989,55	1998	2.967,26	5.617,03	2008	6.803,92	5.833,13
1989	2.275,34	5.069,96	1999	2.885,72	5.677,10	2009	7.710,50	5.424,53

tados com o valor global de 2009 de 4,49 toneladas métricas de CO_2 por pessoa.

5.13 O crescimento exponencial não pode ser sustentado para sempre por causa das restrições impostas ao organismo pelo seu meio ambiente, isto é, a capacidade de carga do sistema. Esse fenômeno é descrito a partir do modelo de crescimento logístico. (a) Calcule o tamanho da população no Problema 5.5 após 10 dias, supondo que o crescimento seja logístico e que a capacidade de carga seja 100.000 mg/L. (b) Isso equivaleria a qual porcentagem do tamanho da população em crescimento exponencial?

5.14 Conforme relatado por Mihelcic *et al.* (2009) "a demanda hídrica é uma função do projeto populacional, dos requisitos hídricos pessoais mínimos, e de fatores como as atividades sazonais e as demandas de infraestrutura (por exemplo, de escolas, igrejas e clínicas). A população de projeto (P_N) é a população projetada no último ano da vida-útil do projeto." Ela pode ser calculada da seguinte forma:

$$\text{Para populações} < 2.000 \quad P_N = P_O\left(1 + \frac{r \times N}{100}\right)$$

ou

$$\text{Para populações} > 2.000 \quad P_N = P_O\left(1 + \frac{r}{100}\right)^N$$

Suponha duas comunidades rurais em Honduras, com populações iniciais de 1.500 e 2.200, respectiva-

mente. Se você estiver projetando um sistema hídrico com vida-útil prevista para 15 anos (N), e a taxa de crescimento percentual for prevista em 3%, qual é o tamanho da comunidade que você projetaria em 15 anos para cada comunidade?

5.15 Usando a informação fornecida no Problema 5.14, (a) determine a população prevista para a comunidade de 1.500 pessoas após 15 anos com as taxas de crescimento estimadas em 1, 2,5 e 5%. (b) Suponha que essa comunidade rural esteja perdendo população a um ritmo de 1% ao ano, por causa do fenômeno global da migração rural para as áreas urbanas. Qual é a população prevista para a comunidade em 15 anos?

5.16 A limitação alimentar do crescimento da população é descrita usando o modelo de Monod. O crescimento da população é caracterizado pela taxa de crescimento específico máximo ($\mu_{máx}$) e pela constante de meia-saturação do crescimento (K_s). (a) Calcule a taxa de crescimento específico (μ) da população no Problema 5.5 em uma concentração de substrato de 25 mg/L, de acordo com a cinética de Monod, se tiver uma K_s de 50 mg/L. (b) Qual seria a porcentagem da taxa de crescimento máximo para o tamanho da população que cresce exponencialmente?

5.17 Estudos laboratoriais mostraram que os microrganismos produzem 10 mg/L de biomassa na redução da concentração de um poluente em 50 mg/L. Calcule o coeficiente de rendimento, especificando as unidades de expressão.

5.18 Uma instalação piloto mantida em condições aeróbicas tem monitorado a taxa de remoção do poluente como 10 mg/L-h. Qual é a taxa de crescimento dos microrganismos oxidando o poluente (mg células/L-h) se o seu coeficiente de rendimento for igual a 0,40 lb de células/lb de substrato?

5.19 Quando os estoques de alimentos se esgotam, as populações morrem. Esse decaimento exponencial é descrito por uma modificação simples do modelo de crescimento exponencial. Engenheiros usam esse modelo para calcular o intervalo de tempo em que uma praia balneável deve permanecer fechada, após a poluição com material fecal. Para uma população de bactérias com uma biomassa inicial de 100 mg/L e uma $k_d = 0,4$/dia, calcule o tempo necessário para reduzir o tamanho da população para 10 mg/L.

5.20 Uma população com uma biomassa de 2 mg/L em $t = 0$ dias alcança uma biomassa de 139 em $t = 10$ dias. Supondo um crescimento exponencial, calcule o valor do coeficiente de crescimento específico.

5.21 As bactérias fecais ocupam os intestinos de animais de sangue quente e não crescem no ambienta natural. A dinâmica de sua população em lagos e rios – ou seja, após uma descarga de efluentes domésticos não tratados – pode ser descrita como uma descarga de decaimento exponencial ou morte. Quantos dias levariam para uma concentração de bactérias de 10^6 células/mL ser reduzida ao padrão de saúde pública de 10^2 células/mL se o coeficiente de decaimento for 2/dia?

5.22 O relatório Planeta Vivo de 2012 do World Wildlife Fund (WWF, 2012) relatou que, no ano de 2008, a biocapacidade total da Terra era 12,0 bilhões de hectares globais, equivalentes a 1,8 hectares globais por pessoa. A pegada ecológica da humanidade era de 18,2 bilhões de hectares globais, equivalentes a 2,7 hectares globais por pessoa. (a) Usando esses valores, quantos anos levariam para a Terra regenerar totalmente os recursos renováveis que a humanidade consumiu em 1 ano? (b) "Superação dos Limites Ecológicos" é um termo que descreve quando a pegada ecológica global é maior do que a biocapacidade da Terra. Qual foi a "superação dos limites ecológicos" em 2008, relatada em hectares globais por pessoa? (c) Faça uma revisão do Capítulo 1 do Relatório Planeta Vivo. Em quantos por cento o índice global do planeta vivo caiu entre 1970 e 2008? Quantos por cento o índice de água doce caiu no mesmo período de tempo?

5.23 Segundo o *website* mantido pelo Redefinindo o Progresso, sua última análise da pegada ecológica indica que o homem está ultrapassando os limites ecológicos em 39%. Acesse o *website*, a seguir, e determine a sua própria pegada ecológica. Registre o seu valor e compare-o com os do seu país e do mundo. Identifique algumas mudanças que você pode fazer em seu estilo de vida atual e, em seguida, volte para a calculadora da pegada para refletir sobre essas mudanças. Resuma as mudanças que você fizer e como elas afetam a sua pegada ecológica. O *website* é www.rprogress.org/ecological_footprint/about_ecological_footprint.htm.

5.24 A retificação do tolueno em um aquífero de águas subterrâneas contaminadas tem os seguintes coeficientes biocinéticos do crescimento microbiano. $\mu_{máx}$ 1,2/dia e $K_s = 0,31$ mg/L. Qual é a taxa de crescimento do microrganismo (dia^{-1}) que remove o tolueno se a concentração do poluente for 1 ppb e 1 ppm?

5.25 Um processo de tratamento biológico utilizado para tratar efluentes tem os seguintes coeficientes biocinéticos: coeficiente de rendimento = 0,52 mg VSS/mg DQO, constante de meia-saturação = 60 mg DQO/L e taxa de crescimento específico máximo = 0,96/dia. Qual é a taxa de crescimento dos organismos (unidades de dia^{-1}) se a matéria orgânica no reator for: (a) efluentes de baixa resistência com 125 mg DQO/L, (b) efluentes de alta resistência com DQO = 325 mg/L? (c) Se a concentração de microrganismos no reator biológico for 1.000 mg VSS/L, qual é a taxa de utilização da DQO?

5.26 Qual é a DTO das seguintes substâncias químicas? Mostre a equação estequiométrica balanceada com o seu trabalho: (a) 5 mg/L C_7H_3; (b) 0,5 mg/L C_6Cl_5OH; (c) $C_{12}H_{10}$.

5.27 Um resíduo contém 100 mg/L de etilenoglicol ($C_2H_6O_2$) e 50 mg/L NH_3–N. Determine a demanda teórica de oxigênio carbonácea e nitrogenada do resíduo.

5.28 Calcule a DBON e a DTO de um resíduo contendo 100 mg/L de isopropanol (C_3H_7OH) e 100 mg/L NH_3–N.

5.29 Um resíduo contém 100 mg/L de ácido acético (CH_3COOH) e 50 mg/L NH_3–N. Determine a demanda teórica de oxigênio carbonácea, a demanda teórica de oxigênio nitrogenada e a DTO total do resíduo.

5.30 Um resíduo tem uma DBOC final de 1.000 mg/L e uma k_L de 0,1/dia. Qual é a DBOC de 5 dias?

5.31 Uma nova fábrica está se instalando em sua cidade. Ela planeja produzir 2.000 m³/dia de efluentes que consistem, primariamente, em água e na substância química fenol dissolvida nessa água a uma concentração de 5 mg/L. O fenol tem uma fórmula química de C_6H_5OH. A empresa pediu ao tratamento de efluentes municipais para considerar a possibilidade de tratar os seus resíduos industriais. Atualmente, sua estação trata 30.000 m^3/dia com um afluente médio de 350 mg DQO/L. (a) Estime o aumento na carga de DQO (kg DQO/dia) se você aceitar a descarga dos resíduos industriais. (b) Estime a quantidade adicional de oxigênio (em kg O_2/dia) necessária para oxidar o fenol na estação de tratamento.

5.32 Os efluentes municipais não tratados na Europa podem ter uma média de 600 mg/L de DBO_5 carbonácea. Já nos Estados Unidos, esse valor médio pode ser tão baixo quanto 200 mg/L. Uma razão para isso é que os Estados Unidos têm um maior uso *per capita* da água nas residências do que a Europa e também tem problemas associados à infiltração/influxo de água em seu sistema de coleta de efluentes. (a) Se a constante de taxa de DBO dos efluentes não tratados for 0,35/dia, calcule a DBO_F dos efluentes europeus e americanos não tratados. (b) Suponha que a concentração de oxigênio dissolvido da água de diluição saturada de oxigênio utilizado no teste de DBO seja 8 mg e que você está usando um frasco de DBO de 300 mL. Estime o volume da amostra que você adicionaria ao frasco de DBO para assegurar resultados satisfatórios do teste para amostras europeias e americanas (mL).

5.33 (a) Calcule a DBO_F de um resíduo que tem uma DBO_5 medida de 20 mg/L, supondo um coeficiente de taxa de DBO de 0,15/dia medido a 20ºC. (b) Estime o coeficiente de taxa e a DBO final resultante se a temperatura do resíduo aumentar para 30ºC.

5.34 Uma amostra de 5 mL de efluentes é colocada em um frasco de DBO padrão de 300 mL, o qual é preenchido com água de diluição. O frasco tinha uma concentração inicial de oxigênio dissolvido de 9 mg/L e uma concentração final de oxigênio dissolvido de 3,5 mg/L. Um frasco de referência (frasco de DBO preenchido com água de diluição) foi mantido em paralelo e não exibiu alteração no oxigênio dissolvido ao longo do período de incubação de 5 dias. O coeficiente da taxa de reação DBO do resíduo é 0,3/dia. Calcule a DBO de 5 dias (y_5) e a final (L_0) do efluente.

5.35 Uma cidade tem uma população de 50.000 pessoas, um fluxo médio de efluentes gerado pelas residências de 430 L/dia-pessoa e a DBO_5 média do efluente não tratado em equivalentes populacionais é 0,1 kg DBO_5/dia-pessoa. Se o coeficiente da taxa de

reação DBO do fluxo de resíduos for 0,4/dia, determine a DBO final (L_0) do efluente.

5.36 Uma amostra de 10 mL é adicionada a um frasco de DBO de 300 mL. Adiciona-se água de diluição ao frasco da amostra e a concentração inicial de oxigênio dissolvido é medida em 8,5 mg/L. Após a amostra ser vedada, o laboratório mede incorretamente o oxigênio dissolvido no sexto dia em 3 mg/L. Se o coeficiente da taxa de reação DBO da amostra for 0,30/dia, (a) estime qual deveria ter sido a DBO_5. (b) Estime qual deveria ter sido a leitura do oxigênio dissolvido no 5º dia. (c) Determine a DBO_F dessa amostra.

5.37 Você recebe os seguintes dados de DBO coletados ao longo de um período de 10 dias. Dia 1: DBO = 28 mg/L, dia 2: DBO = 45 mg/L; dia 5: DBO = 89 mg/L; dia 6: DBO = 100 mg/L; dia 9: DBO = 120 mg/L. Calcule a constante de taxa de DBO e a DBO_F da amostra.

5.38 Suponha que a DBO estimada de uma amostra de afluente deva ser de 150 mg/L e que o oxigênio dissolvido da água de diluição saturada de oxigênio utilizada no teste de DBO seja 8,5 mg/L. Se você estiver utilizando um frasco de DBO de 300 mL, estime as quantidades máxima e mínima da amostra que você acrescentaria ao frasco de DBO para assegurar resultados satisfatórios do teste.

5.39 Se a constante de taxa de DBO a 20ºC é 0,12/dia, qual é a constante de taxa de DBO a 10ºC? Que fração da DBO_F permaneceria em uma amostra que esteve incubada por 3 dias (a) a 20ºC e (b) a 10ºC? (c) Solucione a fração da DBO_F remanescente a 20ºC e 10ºC, mas após 6 dias de incubação.

5.40 Suponha que a DBO estimada de uma amostra de afluente deva ser de 150 mg/L e que o oxigênio dissolvido da água de diluição saturada de oxigênio utilizada no teste de DBO seja 8,5 mg/L. Se você estiver utilizando um frasco de DBO de 300 mL, estime as quantidades máxima e mínima da amostra que você acrescentaria ao frasco de DBO para assegurar resultados satisfatórios do teste.

5.41 O excesso de entrada de nitrogênio nos estuários tem sido vinculado cientificamente à má qualidade da água e à degradação do *habitat* do ecossistema. A carga de nitrogênio na Baía de Narrangasett foi estimada em 8.444.631 kg N/ano e na Baía de Chesapeake é de 147.839.494 kg N/ano. A área da bacia hidrográfica da baía tem 310.464 hectares e a da Baía de Chesapeake tem 10.951.074 hectares. As taxas de carregamento de nitrogênio são estimadas em 16,5 kg de N por hectare-ano na Baía de Galveston, 26,9 kg de N por hectare-ano na Baía de Tampa, 49,0 kg de N por hectare-ano na Baía de Massachusetts e 20,2 kg de N por hectare-ano na Baía de Delaware. (a) Classifique as taxas de carregamento da menor para a maior nesses três estuários.

5.42 O excesso de entrada de nitrogênio nos estuários tem sido vinculado cientificamente à má qualidade da água e à degradação do *habitat* do ecossistema. Faça uma pesquisa na biblioteca e encontre um artigo com o título "Nitrogen inputs to seventy-four Southern New England estuaries: Application of a watershed nitrogen model" (J.S. Latimer and M.A. Charpentier, 2010. *Estuarine, Coastal and Shelf Science*, 89:125-136). Com base nesse artigo, qual é a contribuição percentual das quatro fontes de nitrogênio a seguir para a bacia hidrográfica dos estuários da Nova Inglaterra? (a) deposição atmosférica direta nos estuários, (b) efluentes, (c) deposição atmosférica indireta na bacia hidrográfica do estuário, (d) escoamento de fertilizantes dos gramados, campos de golfe e agricultura.

5.43 Seres humanos produzem 0,8-1,6 L de urina por dia. A massa anual de fósforo *per capita* nessa urina varia de 0,2 a 0,4 kg de P. (a) qual é a concentração máxima de fósforo na urina humana em mg P/L? (b) qual é a concentração em mol de P/L? (c) a maior parte desse fósforo está presente como HPO_4^{2-}. Qual é a concentração de fósforo em mg HPO_4^{2-}/L?

5.44 Suponha que 50% de fósforo do excremento humano sejam encontrados na urina (os 50% restantes são encontrados nas fezes). Suponha que os seres humanos produzam 1 L de urina por dia e que a massa anual de fósforo nessa urina seja 0,3 kg de P. Se o uso interno de água for de 80 galões por dia em um único apartamento, qual é o intervalo inferior e superior da concentração de fósforo (em mg de P/L) na bacia hidrográfica que é descarregado do apartamento? Certifique-se de levar em conta o fósforo encontrado na urina e nas fezes.

5.45 Os peixes que residem no estuário do Rio Potomac têm FBAs de 26.200.000 (unidades de L/kg) para o robalo e 10.500.000 para a perca-branca. Se a concentração de PCB116 dissolvido na coluna d'água for 0,064 ng/L, qual é a concentração estimada de PCB116 no peixe (ng/kg)?

5.46 As concentrações de determinado PCB dissolvido nas águas do Lago Washington perto de Seattle foram relatadas em 42 pg/L. Estime a FBA específica dos peixes (em unidades de L/kg): (a) truta *cutthroat* com uma concentração no pescado medida em 375 ppb, (b) perca amarela com uma concentração no pescado medida em 191 ppb e (c) *pikeminnow* com uma concentração no pescado medida em 1.000 ppb.

5.47 Acesse o *website* do IPCC (www.ipcc.ch). Escolha um ecossistema específico para estudar e use as informações do *website* para pesquisar o impacto da mudança climática nesse ecossistema. Escreva um ensaio de uma página (de preferência com as referências bibliográficas), resumindo suas descobertas.

5.48 Os biocombustíveis estão sendo sugeridos como um método para fechar o ciclo do carbono. Faça uma pesquisa na biblioteca e na Internet sobre um tipo de biocombustível. Escreva um ensaio de uma página abordando a ligação entre os biocombustíveis e o ciclo global do carbono. Aborde também o impacto que o seu biocombustível em particular pode ter na qualidade da água, no suprimento alimentar, na biodiversidade e na qualidade do ar.

5.49 De acordo com a Agência de Proteção Ambiental dos Estados Unidos, a mineração de carvão no topo das montanhas consiste na remoção do cimo para expor os veios de carvão e na subsequente deposição dos rejeitos de mineração associados nos vales adjacentes (ver http://www.epa.gov/region3/mtntop/). Com suas próprias palavras, discuta os impactos ambientais associados à mineração no topo das montanhas. Como isso se relaciona com o Programa de Prioridade das Águas Saudáveis da EPA e como esse método de fornecimento de energia se enquadra em um futuro sustentável que considere o equilíbrio social, ambiental e econômico?

5.50 A Agência de Proteção Ambiental dos Estados Unidos define um TMDL como o cálculo da quantidade máxima de um poluente que um corpo d'água pode receber e, ainda assim, satisfazer os padrões de qualidade. A abordagem do TDML é uma maneira de aplicar a capacidade de carga a um corpo d'água. Na seção 303(d) da Lei da Água Limpa, estados, territórios e tribos autorizadas devem desenvolver listas de águas comprometidas. Acesse o *site* http://water.epa.gov/lawsregs/lawsguidance/cwa/tmdl/index.cfm com a lista dos estados em que a EPA está sob ordem judicial ou acordada em um decreto de consentimento para estabelecer os TDMLs. Produza um mapa claro e de fácil leitura com os 50 estados norte-americanos mostrando sua localização.

Referências

Becker, D. S., and G. N. Bigham, 1995. Distribution of mercury in the aquatic food web of Onondaga Lake, NY. *Water, Air and Soil Pollution, 80*: 563–571.

Chapra, S. C., 1997. *Surface Water-Quality Modeling*. New York: McGraw-Hill.

Chichilnisky, G., and G. Heal, 1998. Economic returns from the biosphere. *Nature, 391*: 629–630.

Daily, G. C., 2000. Management objectives for the protection of ecosystem services. *Environmental Science & Policy, 3*: 333–339.

Davis, M. L., and D. A. Cornwell, 1991. *Introduction to Environmental Engineering*. New York: McGraw-Hill.

Delzer, G. C., S. W. McKenzie, 2007. Five-Day Biochemical Oxygen Demand, U.S. Geological Survey Techniques of Water-Resources Investigations, book 9, chap. A7, sec. 7.0, November 2007, accessed September 24, 2012, from http://pubs.water.usgs.gov/twri9A7/.

Effler, S. W., 1996. *Limnological and Engineering Analysis of a Polluted Urban Lake: Prelude to Environmental Management of Onondaga Lake, New York*. New York: Springer.

Enger, E. D., and B. F. Smith, 2010. *Environmental Science: A Study of Interrelationships*, 12th ed. Boston: McGraw-Hill.

EPA, 2007b. Memorandum: Nutrient Pollution and Numeric Water Quality Standards, May 25, 2008, www.epa.gov/waterscience/criteria/nutrient/files/policy20070525.pdf, Washington, D.C.

Environmental Protection Agency (EPA), 2011. Reactive Nitrogen in the United States: An Analysis of Inputs, Flows, Consequences, and Management Options. A Report of the Science Advisory Board, August 2011, EPA-SAB-11-103.

Goodland, R., 1997. Environmental sustainability in agriculture: Diet matters. *Ecological Economics, 23*(3): 189–200.

Intergovernmental Panel on Climate Change (IPCC), 2007a. Summary for policy makers. In *Climate Change 2007: Impacts, Adaptation and Vulnerability*. Contribution of Working Group II to the Fourth Assessment Report of the Intergovernmental Panel on Climate Change, M. L. Parry, O. F. Canziani, J. P. Palutikof, P. J. van der Linden, and, C. E. Hanson, Eds. Cambridge: Cambridge University Press, 7–22.

Intergovernmental Panel on Climate Change (IPCC), 2007b. Contribution of Working Group I to the Fourth Assessment Report of the Intergovernmental Panel on Climate Change, 2007.

Kupchella, C., and M. Hyland, 1986. *Environmental Science. Living within the System of Nature*, Needham Heights: Allyn and Bacon.

Metcalf and Eddy, Inc., 1989. *Wastewater Engineering: Treatment, Disposal, Reuse*, 2nd ed. New York: McGraw-Hill.

Mihelcic, J. R., 1999. *Fundamentals of Environmental Engineering*. New York: John Wiley & Sons.

Mihelcic, J. R., E. A. Myre, L. M. Fry, L. D. Phillips, and B. D. Barkdoll. *Field Guide in Environmental Engineering for Development Workers: Water, Sanitation, Indoor Air*. American Society of Civil Engineers (ASCE) Press, Reston, VA, 2009.

Mihelcic, J. R., L. M. Fry, and R. Shaw, 2011. Global potential of phosphorus recovery from human urine and feces. *Chemosphere, 84* (6): 832–839.

Millennium Ecosystem Assessment (MEA), 2005. *Ecosystems and Human Well-Being: Synthesis*. Washington, D.C.: Island Press.

Nemerow, N. L., 1971. *Liquid Waste of Industry: Theories, Practices, and Treatment*. Reading: Addison-Wesley.

Ricklefs, R. E., 1983. *The Economy of Nature*, 2nd ed. New York: Chirun Press.

Snoeyink, V. L., and D. Jenkins, 1980. *Water Chemistry*. New York: John Wiley & Sons.

Solomon, S., D. Qin, M. Manning, Z. Chen, M. Marquis, K.B. Averyt, M. Tignor, and H.L. Miller (eds.), *Contribution of Working Group I to the Fourth Assessment Report of the Intergovernmental Panel on Climate Change*. Cambridge University Press, Cambridge, United Kingdom and New York, NY, USA. http://www.ipcc.ch/publications_and_data/ar4/wg1/en/contents.html

Tchobanoglous, G., F. L. Burton, and H. D. Stensel, 2003. *Wastewater Engineering*, 4th ed. Boston: Metcalf & Eddy; New York: McGraw-Hill.

Thorne-Miller, B., 1999. *The Living Ocean: Understanding and Protecting Marine Biodiversity*. Washington, D.C.: Island Press.

Wackernagel, M., L. Onisto, A. Callejas Linares, I. S. López Falfán, J. Méndez García, A.I. Suárez Guerrero, and M. Guadalupe Suárez Guerrero, 1997. *Ecological Footprints of Nations: How Much Nature Do They Use? How Much Nature Do They Have?* Mexico: Centre de Estudios para la Sustentabilidad, Universidad Anáhuac de Xalapa. Commissioned by the Earth Council for the Rio+5 Forum.

World Wildlife Foundation (WWF), 2012. *Living Planet Report*. Gland: WWF International.

Risco Ambiental

James R. Mihelcic e
Julie Beth Zimmerman

Neste capítulo, os leitores vão aprender a distinção entre uma substância química/material perigoso e tóxico, o significado de risco ambiental, bem como os métodos para avaliar o risco ambiental e incorporá-los na prática da engenharia. A toxicidade é um tópico complexo com muitos fatores contribuintes. Desse modo, este capítulo enfatiza que uma das melhores estratégias para mitigar o risco é reduzir ou eliminar o uso ou a geração de substâncias químicas ou materiais perigosos por meio do projeto. Os leitores serão apresentados a métodos para reduzir o risco, como a química verde, o inventário de liberação de substâncias tóxicas e a hierarquia de prevenção da poluição. Os leitores também vão aprender sobre os quatro componentes de uma avaliação completa de risco ambiental (avaliação de risco, avaliação dose-resposta, avaliação da exposição e caracterização do risco), o impacto de condições específicas do local sobre a exposição a substâncias químicas e o modo como o uso da terra acaba afetando o risco ambiental. Finalmente, o capítulo demonstra as diferenças no desenvolvimento de uma caracterização do risco dos compostos carcinógenos e não carcinógenos. A ênfase é na determinação do risco pela exposição a substâncias químicas contaminadas encontradas na água, no ar e no alimento. O capítulo também demonstra o método utilizado para determinar as concentrações químicas permitidas nas águas subterrâneas e no solo contaminado.

© Andrea Gingerich/iStockphoto

Sumário do Capítulo

6.1 O Risco e o Engenheiro

6.2 Percepção do Risco

6.3 Resíduos Perigosos e Substâncias Químicas Tóxicas

6.4 Ética e Risco em Engenharia

6.5 Avaliação do Risco

6.6 Problemas Mais Complicados com Duas Rotas de Exposição pelo Menos

Objetivos da Aprendizagem

1. Descrever como minimizar ou eliminar o risco por meio de projetos que reduzam o risco e/ou a exposição.
2. Resumir os diferentes tipos de risco e seus possíveis impactos adversos na saúde humana e no meio ambiente.
3. Articular o significado de química verde, o inventário de liberação tóxica e a hierarquia de prevenção da poluição, e verificar como esses três itens podem ser utilizados na prática de engenharia para reduzir o risco ambiental.
4. Descrever a hierarquia de prevenção da poluição, aplicá-la à prática da engenharia e descrever a sua relação com a sustentabilidade.
5. Definir os termos *justiça ambiental* e *populações suscetíveis* em relação à avaliação do risco e explicar os papéis que os engenheiros podem desempenhar ao abordar esses tópicos.
6. Articular as limitações do paradigma da avaliação do risco para a proteção da saúde humana e do meio ambiente e os fatores que afetam a toxicidade de uma substância química, incluindo a incerteza associada à coleta e interpretação de dados.
7. Definir os quatro componentes de uma avaliação de risco, e discutir a diferença entre avaliação de risco e percepção do risco.
8. Distinguir entre concentração química e risco aceitável.
9. Calcular a concentração aceitável e o risco aceitável associado à exposição a uma substância química, carcinógena e não carcinógena, em várias vias de exposição, incluindo o particionamento químico entre as fases de solo, ar e água.
10. Compreender a relação entre bioacumulação/bioconcentração, ciclos da cadeia alimentar e toxicidade.
11. Realizar uma avaliação de risco básica para carcinógenos e não carcinógenos, uma vez fornecidos os dados apropriados, incluindo a interpretação da curva dose-resposta.

6.1 O Risco e o Engenheiro

Nos últimos 60 anos do século XX, a produção química global aumentou várias centenas de vezes, tal que, no final da primeira década do século XXI, cerca de 90.000 substâncias químicas eram vendidas no comércio. Além disso, centenas de novas substâncias químicas são lançadas anualmente no mercado. Os indivíduos podem ser expostos, voluntariamente ou involuntariamente, a essas substâncias químicas em casa, na escola, no trabalho, enquanto viajam ou simplesmente enquanto se exercitam em uma grande área urbana. O ambiente fechado também está se tornando um lugar importante de exposição a produtos químicos, já que os americanos passam 85% do seu tempo em ambientes fechados nos dias atuais. Portanto, os ambientes fechados – particularmente os mal ventilados e atapetados, revestidos ou com adesivos que emitem substâncias químicas – podem ter um grande impacto na saúde humana. Muitas empresas estão se esforçando para avaliar os riscos potenciais das substâncias químicas e dos materiais que constam em seus produtos e no uso de ferramentas, como a química verde, para reduzir o risco inerente em toda a cadeia de suprimentos.

Risco é a probabilidade de lesão, doença ou morte. Em termos gerais,

$$\text{Risco} = f(\text{perigo, exposição}) \qquad (6.1)$$

Risco ambiental é aquele que resulta da exposição a um potencial perigo ambiental. Os perigos ambientais podem ser substâncias químicas específicas ou misturas de substâncias químicas, como a fumaça de fonte secundária e o escapamento dos automóveis. Eles também podem ser outros perigos, como patógenos biológicos, esgotamento do ozônio atmosférico, mudança climática e escassez de água. Neste capítulo, vamos nos concentrar no risco ambiental para os seres humanos derivado da exposição a substâncias químicas ou materiais. No entanto, o conceito de risco ambiental pode ser aplicado à saúde de plantas, animais e ecossistemas inteiros – conhecido como **ecotoxicidade** –, que dão suporte à subsistência humana e melhoram a nossa qualidade de vida.

A Tabela 6.1 resume muitos tipos de perigos, incluindo os físicos, toxicológicos e globais. É importante observar que o adjetivo *perigoso* não implica somente causar câncer, mas também inclui qualquer impacto adverso no homem ou no meio ambiente como consequência da exposição a uma substância química ou material. Além disso, existem muitos perigos além dos toxicológicos.

O risco de uma substância química pode envolver seus efeitos tóxicos ou o perigo que ela representa para os trabalhadores ou para uma comunidade – por exemplo, provocando uma explosão. Historicamente, o risco tem sido gerenciado pela abordagem da questão da **exposição**. Por exemplo, a exposição pode ser limitada, exigindo que os trabalhadores usem roupas de proteção ou desenvolvendo sinais de alerta para caminhões que transportam substâncias químicas perigosas.

Como o risco é o produto de uma função do perigo e da exposição, duas implicações ficam claras. À medida que o perigo se aproxima do infinito (isto é, toxicidade máxima), o risco só pode ser reduzido a quase zero diminuindo a exposição para quase zero. Por outro lado, à medida que o perigo se aproxima de zero (isto é, inerentemente benigno), a exposição pode se aproximar do infinito sem afetar significativamente o risco. A química verde e a engenharia verde são métodos destinados a minimizar o perigo, aproximando-o de zero.

Categorias de Risco e Exemplos de Possíveis Manifestações de Risco

Risco de Toxicidade Humana		Riscos de Toxicidade Ambiental	Riscos Físicos	Riscos Globais
Carcinogenicidade	Imunotoxicidade	Toxicidade aquática	Explosividade	Chuva ácida
Neurotoxicidade	Toxicidade reprodutiva	Toxicidade aviária	Corrosividade	Aquecimento global
Hepatotoxicidade	Teratogenicidade	Toxicidade anfíbia	Oxidantes	Esgotamento do ozônio
Nefrotoxicidade	Mutagenicidade (toxicidade do DNA)	Fitotoxicidade	Redutores	Ameaça à segurança
Cardiotoxicidade	Toxicidade dérmica	Toxicidade mamífera (não humana)	pH (ácido ou básico)	Escassez de água/inundação
Toxicidade hematológica	Toxicidade ocular		Reação violenta com a água	Persistência/ bioacumulação
Toxicidade endócrina	Interações enzimáticas			Perda de biodiversidade

Na química verde, o risco é minimizado pela redução ou eliminação do perigo. Conforme o perigo intrínseco diminui, há menos dependência dos controles da exposição e, portanto, menos probabilidade de falha. O objetivo final seria usar materiais ou produtos químicos completamente benignos, de forma que não haja necessidade de controlar a exposição. Ou seja, os produtos químicos e materiais não causariam danos se fossem liberados no ambiente e os seres humanos ficassem expostos a eles.

Essas relações entre risco, perigo e exposição são extremamente importantes porque os métodos atuais para proteger a saúde humana e o meio ambiente estão intimamente ligados ao paradigma do risco e dependem, quase exclusivamente, de controlar a exposição. Há esforços em andamento para desenvolver um paradigma complementar calcado em uma base de sustentabilidade para proporcionar não só proteção da saúde humana e do meio ambiente, mas também a consideração dos benefícios sociais e econômicos.

Química Verde
http://www.epa.gov/greenchemistry

Aplicação / 6.1   Química Verde

A **química verde**, que emergiu como uma área de pesquisa coesa em 1991, é definida como o projeto de produtos e processos que reduzem ou eliminam o uso e a geração de substâncias perigosas. A abordagem da química verde foi delineada no arcabouço dos *12 Princípios da Química Verde* (Anastas e Warner, 1998), que serviu como documento de orientação para o campo. A química verde é um dos campos mais fundamentais relacionados com a ciência e a tecnologia da sustentabilidade pelo fato de se concentrar no nível molecular para conceber produtos químicos e materiais inerentemente inofensivos.

A pesquisa fundamental da química verde foi conduzida a um conjunto diverso de desafios, incluindo energia, agricultura, produtos farmacêuticos e de cuidados de saúde, biotecnologia, nanotecnologia, produtos de consumo e materiais. Em cada caso, a química verde tem demonstrado com êxito a sua capacidade para reduzir o perigo intrínseco, melhorar a eficiência do material e a eficiência energética, e incutir uma perspectiva de ciclo de vida. A Tabela 6.2 traz exemplos de química verde que ilustram sua amplitude de aplicabilidade.

Exemplos de Química Verde A química verde reduz a toxicidade, minimiza os resíduos, poupa energia e diminui o esgotamento dos recursos naturais. Ela permite que os avanços na química ocorram de uma maneira muito mais benigna em termos ambientais. No futuro, quando a química verde for praticada por todos os químicos e todas as empresas relacionadas com produtos químicos, o termo "química verde" deverá desaparecer, já que toda a química será verde.

Polímeros. Polímeros sintéticos ou plásticos estão por toda parte. Eles são utilizados em carros, computadores, aviões, casas, óculos, tintas, sacolas, aparelhos, dispositivos médicos, carpetes, ferramentas, roupas, barcos, baterias e canos. Todo ano são produzidos mais de 27 milhões de quilos de polímeros nos Estados Unidos. Praticamente todas as matérias-primas utilizadas para produzir esses polímeros são feitas de petróleo, um recurso não renovável. Aproximadamente 2,7% de todo o óleo cru é utilizado para gerar matérias-primas químicas.

Para diminuir o consumo humano de petróleo, os químicos têm pesquisado métodos para produzir polímeros a partir de recursos renováveis, como a biomassa. O ácido poliláctico (PLA) da NatureWorks é um polímero do ácido láctico (AL) que tem ocorrência natural, mas que pode ser produzido a partir da fermentação do milho. O objetivo final é fabricar esse polímero a partir da biomassa residual. Outra vantagem do PLA é que, ao contrário da maioria dos polímeros sintéticos que cobrem a paisagem e entopem os aterros, ele é biodegradável. O PLA também pode ser reciclado com facilidade pela reconversão em LA. Ele pode substituir muitos polímeros à base de petróleo em produtos como carpetes, sacolas, copos e fibras têxteis.

Chips **de computador.** A manufatura de *chips* de computador requer quantidades excessivas de produtos químicos, água e energia. Estimativas indicam que o peso dos produtos químicos e dos combustíveis fósseis necessários para produzir um *chip* de computador é 630 vezes o peso do *chip*, em comparação com a proporção de 2:1 na produção de um automóvel. Cientistas no Laboratório Nacional de Los Alamos desenvolveram um processo que usa dióxido de carbono supercrítico em uma das etapas da preparação do *chip* e reduz significativamente as quantidades de produtos químicos, energia e água necessários para produzir os *chips*.

Lavagem a seco. O dióxido de carbono em fase condensada também é utilizado como solvente na lavagem a seco de roupas. Embora o dióxido de carbono sozinho não seja um bom solvente para óleos, ceras e graxas, o uso do dióxido de carbono combinado com um surfactante permite a substituição do percloroetileno (que é o solvente utilizado com mais frequência para lavar roupas a seco, embora apresente perigos para o ambiente e suspeite-se de que seja um carcinógeno).

Outros exemplos. Alguns outros exemplos de química verde incluem:

- remover o cromo e o arsênico, que são tóxicos, da madeira tratada com pressão
- usar menos substâncias químicas tóxicas para branquear o papel
- substituir chumbo pelo ítrio na tinta dos automóveis
- usar enzimas em vez de uma base forte no tratamento das fibras de algodão

Leia mais: http://www.chemistryexplained.com/Ge-Hy/Green-Chemistry.html

Dentro do paradigma do risco, os esforços de engenharia resultantes para reduzir a probabilidade de exposição a uma ampla gama de perigos – incluindo intoxicantes, substâncias reativas, inflamáveis e explosivos – têm sido significativos. No entanto, essa estratégia é tremendamente cara. Pior de tudo, esse tipo de abordagem pode falhar e, como uma função de probabilidade, acabará falhando. Quando os controles de exposição falham, o risco é igual a uma função do perigo (ver Equação 6.1). Essa relação defende o paradigma da sustentabilidade. Isto é, há uma necessidade de projetar moléculas, produtos, processos e sistemas, bem como de integrar o entendimento sobre o comportamento e os objetivos econômicos da sociedade nas soluções técnicas, de modo que a saúde e a segurança não dependam de controles ou sistemas que podem falhar ou ser sabotados (intencionalmente ou não), mas possam contar com o uso de substâncias químicas e materiais benignos (minimamente perigosos).

Durante os estágios iniciais de concepção de um processo de manufatura, há muita flexibilidade no desenvolvimento de soluções que previnem ou minimizam o risco a partir de decisões que eliminam o uso e a produção de substâncias químicas perigosas. Um engenheiro não projetaria intencionalmente um processo de manufatura se o resultado direto fosse o adoecimento por câncer dos funcionários da fábrica e dos membros da comunidade ou a morte dos peixes de um curso d'água local após a descarga dos efluentes. No entanto, infelizmente, esses impactos adversos humanos e econômicos são as consequências indesejadas de muitas de nossas práticas atuais de projetos de engenharia. Entretanto, com a nova consciência de sustentabilidade, os engenheiros estão adotando a "química verde" e a "engenharia verde" como meio de desenvolver substâncias químicas, materiais, processos e serviços que reduzem ou eliminam o uso e a geração de substâncias perigosas, gerando menos riscos para a saúde humana e o ambiente pela redução dos perigos.

Considere, por exemplo, as edificações. Reflita por alguns minutos sobre a grande variedade de materiais utilizados na construção de prédios, na grande lista de materiais e revestimentos utilizados para decorar, mobiliar e isolar uma edificação, e no grande número de substâncias químicas utilizadas durante a operação e a manutenção da edificação. Quantos desses materiais estruturais, adesivos, selantes, revestimentos de piso e parede, componentes de móveis e agentes de limpeza são escolhidos com base nos critérios para maximizar a saúde e a produtividade dos habitantes do prédio, minimizando o potencial impacto adverso (o risco) para o homem ou o meio ambiente? Infelizmente, a resposta para essa pergunta é "pouquíssimos." O projeto de prédios verdes leva em consideração a saúde dos ocupantes da edificação, junto com o impacto do meio ambiente associado às escolhas de material.

Os ambientes interiores mal projetados e gerenciados têm um grande impacto econômico adverso na sociedade, que está associado a mais custos de saúde e menos produtividade do trabalhador. Conforme a Tabela 6.4, uma economia enorme poderia advir da redução desse impacto nos Estados Unidos. Nos países em desenvolvimento com alta mortalidade, a poluição do ar interior é responsável por até 3,7% da carga de doença nos dias de hoje. Isso ocorre porque uma porcentagem relevante do risco ambiental que leva à diminuição dos dias de trabalho efetivo no mundo se deve à poluição do ar em ambientes fechados decorrente da queima de

Discussão em Sala de Aula

O método atual de gerenciamento do risco pela redução da exposição parece um método particularmente proativo ou inovador? Não seria um método melhor a eliminação ou, pelo menos, a minimização do perigo? Repare que, na Equação 6.1 e na definição do risco ambiental que se seguiu, existe um risco zero se houver exposição também zero – o que é difícil de conseguir de maneira consistente e constante.

exemplo / 6.1 Limitações do Controle da Exposição

Descreva um evento passado e futuro em que a falha de um sistema de controle projetado permitiu a exposição de seres humanos e do meio ambiente a uma emissão perigosa.

solução

Muitas respostas são possíveis. Um exemplo ocorreu nas primeiras horas da manhã de 3 de dezembro de 1984, quando um tanque de retenção contendo 43 toneladas de isocianato de metila (MIC), armazenado de uma fábrica da Union Carbide em Bhopal, Índia, superaqueceu e liberou uma mistura de gás MIC tóxico mais pesado do que o ar. O MIC é um produto químico extremamente reativo, utilizado na produção do inseticida carbaril.

exemplo / 6.1 (continuação)

A análise do processo pós-acidente mostrou que o acidente começou quando um tanque contendo MIC vazou. Presume-se que a razão científica para o acidente foi a água que entrou no tanque, onde cerca de 40 m³ de MIC estavam armazenados. Quando a água e o MIC se misturaram, começou uma reação química exotérmica, produzindo muito calor. Em consequência disso, a válvula de segurança do tanque explodiu pelo aumento na pressão. Essa reação foi tão violenta que a cobertura de concreto em volta do tanque também quebrou. Presume-se que entre 20 e 30 toneladas de MIC foram liberadas durante a hora em que aconteceu o vazamento.

O gás vazou por uma chaminé com 30 m de altura, que não foi suficiente para reduzir os efeitos da descarga. O motivo foi que o conteúdo altamente úmido (aerossol) na descarga evaporou e originou um gás que rapidamente afundou no chão, onde as pessoas tinham suas residências. Segundo o relatório médico de Bopal, cerca de 500.000 pessoas foram expostas. Aproximadamente 20.000 morreram em consequência dessa exposição; em média, uma pessoa morre diariamente em consequência dos efeitos. Mais de 120.000 continuam a sofrer os efeitos, incluindo dificuldade respiratória, câncer, defeitos congênitos graves, cegueira e outros problemas.

Aplicação / 6.2   Prédios Verdes

O U.S. Green Building Council desenvolveu um sistema para certificar os profissionais, o projeto, a construção e a operação de prédios verdes. Esse sistema de classificação é denominado **Leadership in Energy and Environmental Design (LEED)**. Os proprietários de prédios, profissionais e operadores veem vantagens em ter uma edificação com certificação LEED. Como engenheiro (mesmo ainda estudante), você pode fazer uma prova e se tornar *Profissional Habilitado LEED*. Isso não requer experiência, mas exige que você estude e passe em uma prova dissertativa.

As pontuações LEED existem para novas construções, prédios existentes e interiores comerciais. Atualmente, estão sendo desenvolvidos métodos para interior e fachada, residências e desenvolvimento da vizinhança. A Tabela 6.3 traz as pontuações para a **certificação LEED** relativas a novos projetos comerciais ou grandes reformas. Repare que as categorias envolvem muitas coisas com as quais os engenheiros lidam. Dentre elas, estão questões como o gerenciamento do local, o gerenciamento de água das chuvas e o uso de água/águas residuais, especificação dos materiais de construção, da qualidade do ar interior e de conservação da energia.

combustíveis sólidos. Os engenheiros estão começando a tratar disso no projeto de fogões inovadores, que conseguem reduzir significativamente as emissões de ar interior, considerando ao mesmo tempo a aceitação cultural.

6.2 Percepção do Risco

A **percepção do risco** examina os julgamentos que as pessoas fazem quando as pedimos para caracterizar e avaliar atividades e tecnologias perigosas. As pessoas fazem julgamentos qualitativos e quantitativos sobre o grau de risco atual e desejado dos muitos perigos diferentes por meio das escolhas e dos comportamentos diários. Essas decisões se baseiam na probabilidade percebida de uma lesão por um perigo específico e a gravidade das consequências associadas a essa lesão.

Nossos julgamentos sobre riscos se baseiam em várias considerações. Um fator importante é o quanto estamos familiarizados com o perigo.

Tabela / 6.3

Créditos LEED Associados a Novas Construções Comerciais e Grandes Reformas Um projeto pode obter um maximo de 69 pontos. Existem vários pré-requisitos (designados *Pré-req.* na tabela) que todas as construções precisam satisfazer. Nenhum ponto é atribuído por satisfazer os pré-requisitos. Os pontos (chamados de *créditos*) são obtidos em cinco categorias, que não são balanceadas igualmente: (1) sítios sustentáveis; (2) eficiência hídrica; (3) energia e atmosfera; (4) materiais e recursos; (5) qualidade do ar interior; (6) inovação e processo de *design*. A certificação é concedida em quatro níveis, baseados no número de pontos recebidos; Certificado, 26-32 pontos; Prata, 33-38 pontos; Ouro, 39-51 pontos; e Platina, 52-69 pontos.

Sítios Sustentáveis (14 Pontos Possíveis)		
Pré-req 1	Prevenção da Poluição na Atividade de Construção	(exigido)
Crédito(s) 1	Escolha do Local	(1 ponto)
Crédito(s) 2	Densidade de Desenvolvimento & Conectividade da Comunidade	(1 ponto)
Crédito(s) 3	Redesenvolvimento de *Brownfields*[1]	(1 ponto)
Crédito(s) 4.1	Transporte Alternativo, Acesso ao Transporte Público	(1 ponto)
Crédito(s) 4.2	Transporte Alternativo, Bicicletários e Vestiários	(1 ponto)
Crédito(s) 4.3	Transporte Alternativo, Veículos com Baixas Emissões e Eficiência de Combustível	(1 ponto)
Crédito(s) 4.4	Transporte Alternativo, Capacidade de Estacionamento	(1 ponto)
Crédito(s) 5.1	Desenvolvimento do Local, Proteger ou Restaurar o *Habitat*	(1 ponto)
Crédito(s) 5.2	Desenvolvimento do Local, Maximizar o Espaço Aberto	(1 ponto)
Crédito(s) 6.1	Projeto de Águas Pluviais, Controle da Quantidade	(1 ponto)
Crédito(s) 6.2	Projeto de Águas Pluviais, Controle da Qualidade	(1 ponto)
Crédito(s) 7.1	Efeito de Ilha de Calor, não telhado	(1 ponto)
Crédito(s) 7.2	Efeito de Ilha de Calor, telhado	(1 ponto)
Crédito(s) 8	Redução da Poluição Luminosa	(1 ponto)
Eficiência Hídrica (5 Pontos Possíveis)		
Crédito(s) 1.1	Paisagismo com Eficiência Hídrica, reduzir em 50%	(1 ponto)
Crédito(s) 1.2	Paisagismo com Eficiência Hídrica, Sem usar Água Potável ou Sem Irrigação	(1 ponto)
Crédito(s) 2	Tecnologias de Efluentes Inovadoras	(1 ponto)
Crédito(s) 3.1	Redução de 20% no Uso da Água	(1 ponto)
Crédito(s) 3.2	Redução de 30% no Uso da Água	(1 ponto)
Energia e Atmosfera (17 Pontos Possíveis)		
Pré-req 1	Comissionamento Fundamental dos Sistemas de Energia da Edificação	(exigido)
Pré-req 2	Desempenho Energético Mínimo	(exigido)
Pré-req 3	Gestão Fundamental do Refrigerante	(exigido)
Crédito(s) 1	Otimizar o Desempenho Energético	(1–10 pontos)
Crédito(s) 2	Energia Renovável no Local	(1–3 pontos)
Crédito(s) 3	Comissionamento Aprimorado	(1 ponto)
Crédito(s) 4	Gestão Aprimorada do Refrigerante	(1 ponto)
Crédito(s) 5	Medição e Verificação	(1 ponto)
Crédito(s) 6	Energia Verde	(1 ponto)
Materiais e Recursos (13 Pontos Possíveis)		
Pré-req 1	Armazenamento e Coleta de Recicláveis	(exigido)
Crédito(s) 1.1	Reutilização da Edificação, Manter 75% das Paredes, Pisos e Tetos Existentes.	(1 ponto)

[1] **Brownfields** ("campos marrons") é um termo de origem norte-americana que designa "instalações industriais e comerciais abandonadas, ociosas ou subutilizadas cuja expansão ou revitalização é complicada por contaminações ambientais reais ou percebidas". (N.T.)

(continuação)

Crédito(s) 1.2	Reutilização da Edificação, Manter 95% das Paredes, Pisos e Tetos Existentes	(1 ponto)
Crédito(s) 1.3	Reutilização da Edificação, Manter 50% dos Elementos Internos Não Estruturais	(1 ponto)
Crédito(s) 2.1	Gestão de Resíduos da Construção, Desviar 50% do Descarte	(1 ponto)
Crédito(s) 2.2	Gestão de Resíduos da Construção, Desviar 75% do Descarte	(1 ponto)
Crédito(s) 3.1	Reutilização de Materiais, 5%	(1 ponto)
Crédito(s) 3.2	Reutilização de Materiais, 10%	(1 ponto)
Crédito(s) 4.1	Conteúdo Reciclado, 10% (pós-consumo + ½ pré-consumo)	(1 ponto)
Crédito(s) 4.2	Conteúdo Reciclado, 20% (pós-consumo + ½ pré-consumo)	(1 ponto)
Crédito(s) 5.1	Materiais Regionais, 10% Extraídos, Processados e Fabricados Regionalmente	(1 ponto)
Crédito(s) 5.2	Materiais Regionais, 20% Extraídos, Processados e Fabricados Regionalmente	(1 ponto)
Crédito(s) 6	Materiais Rapidamente Renováveis	(1 ponto)
Crédito(s) 7	Madeira Certificada	(1 ponto)
Qualidade Ambiental Interna (15 Pontos Possíveis)		
Pré-req. 1	Desempenho IAQ mínimo	(exigido)
Pré-req. 2	Controle Ambiental da Fumaça do Tabaco (ETS)	(exigido)
Crédito(s) 1	Monitoramento do Fornecimento de Ar Externo	(1 ponto)
Crédito(s) 2	Maior Ventilação	(1 ponto)
Crédito(s) 3.1	Plano de Gestão IAW da Construção, Durante a Construção	(1 ponto)
Crédito(s) 3.2	Plano de Gestão IAQ da Construção, Antes da Ocupação	(1 ponto)
Crédito(s) 4.1	Materiais de Baixa Emissão, Adesivos e Selantes	(1 ponto)
Crédito(s) 4.2	Materiais de Baixa Emissão, Tintas e Revestimentos	(1 ponto)
Crédito(s) 4.3	Materiais de Baixa Emissão, Sistemas de Carpete	(1 ponto)
Crédito(s) 4.4	Materiais de Baixa Emissão, Madeira Composta e Produtos de Agrofibras	(1 ponto)
Crédito(s) 5	Controle da Fonte de Substâncias Químicas e Poluição Interna	(1 ponto)
Crédito(s) 6.1	Controlabilidade dos Sistemas, Iluminação	(1 ponto)
Crédito(s) 6.2	Controlabilidade dos Sistemas, Conforto Térmico	(1 ponto)
Crédito(s) 7.1	Conforto Térmico, Projeto	(1 ponto)
Crédito(s) 7.2	Conforto Térmico, Verificação	(1 ponto)
Crédito(s) 8.1	Luz Natural e Vistas, 75% dos Espaços com Luz Natural	(1 ponto)
Crédito(s) 8.2	Luz Natural e Vistas, 90% dos Espaços com Vista	(1 ponto)
Inovação e Processo de *Design* (5 Pontos Possíveis)		
Crédito(s) 1.1	Inovação no Projeto	(1 ponto)
Crédito(s) 1.2	Inovação no Projeto	(1 ponto)
Crédito(s) 1.3	Inovação no Projeto	(1 ponto)
Crédito(s) 1.4	Inovação no Projeto	(1 ponto)
Crédito(s) 2	Profissional Certificado LEED	(1 ponto)

FONTE: Versão 2.2, do U.S. Green Building Council.

Tabela / 6.4
Benefícios Econômicos Estimados para a Sociedade Americana se os Arquitetos e Engenheiros Projetarem e Operarem Edificações Levando em Conta a Saúde
US$ 6 bilhões – US$ 14 bilhões em consequência de menos doenças respiratórias
US$ 1 bilhão – US$ 4 bilhões em consequência de menos alergias e asmas
US$ 10 bilhões – US$ 30 bilhões em consequência de menos síndrome do edifício doente
US$ 20 bilhões – US$ 160 bilhões em consequência da maior produtividade do trabalhador não relacionada com a saúde

FONTE: Fisk (2000).

Se acreditarmos que sabemos muito a respeito de um perigo porque frequentemente estamos expostos a ele, frequentemente subestimamos os graus de risco. Outro fator diz respeito a estarmos (voluntariamente ou não) expostos ao perigo. Quando uma pessoa assume voluntariamente um risco, normalmente ela subestima as chances de uma lesão. Isso pode ter a ver com o grau de controle que os indivíduos sentem que têm sobre a situação. Entre os exemplos de risco voluntários, temos o tabagismo, a direção perigosa de um automóvel e a participação em atividades como montanhismo ou queda livre sem paraquedas (*wingsuit*). Além disso, frequentemente, os indivíduos sentem que é mais aceitável escolher um risco do que ser colocado em risco pelo governo ou pela indústria.

Essa atitude em relação ao risco involuntário *versus* voluntário explica por que, normalmente, há um clamor público quando uma fábrica contamina a água potável local ou a qualidade do ar é considerada insegura. Nesses casos, o risco adicional da exposição à água e ao ar contaminado não é voluntário. Os indivíduos sentem como se estivessem sendo submetidos a perigos que estão além do seu controle e sem o seu conhecimento prévio. Exemplos de risco involuntário são inalar indiretamente fumaça de cigarro, morar perto de rodovias ou linhas de alta-tensão e ter resíduos de pesticida na parte externa do seu produto.

© Fotobacca/iStockphoto.

6.3 Resíduos Perigosos e Substâncias Químicas Tóxicas

A exposição a uma substância química tóxica ou perigosa pode resultar em morte, doença ou algum impacto adverso, como um defeito congênito, infertilidade, crescimento atrofiado ou um distúrbio neurológico. Para os seres humanos, esse contato com uma substância química se dá tipicamente por meio da ingestão, da inalação ou do contato com a pele. A exposição a uma substância química pode estar associada à ingestão de água potável, alimento, ingestão de solo ou poeira, inalação de contaminantes transportados pelo ar (que poderiam estar na forma de vapor ou partículas) e contato com substâncias químicas transportadas na pele. A exposição também pode ser aguda ou crônica.

Figura / 6.1 Descarte de TRI e Outras Liberações Notificadas à EPA em 2010   O total foi de 3,93 bilhões de quilos (dados da EPA, 2011a).

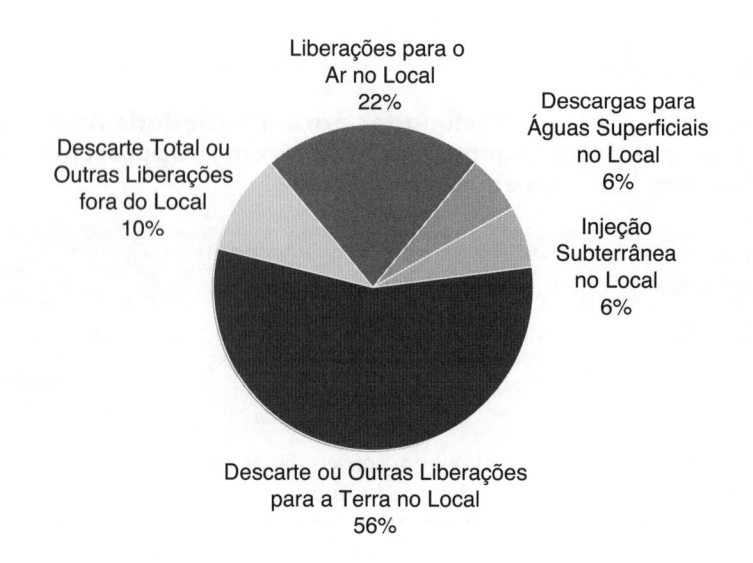

Liberações para o Ar no Local
22%

Descargas para Águas Superficiais no Local
6%

Injeção Subterrânea no Local
6%

Descarte Total ou Outras Liberações fora do Local
10%

Descarte ou Outras Liberações para a Terra no Local
56%

O **Inventário de Emissão de Substâncias Tóxicas (TRI,** *Toxics Release Inventory***)** fornece informações para o público sobre resíduos perigosos e substâncias químicas tóxicas. Esse inventário foi estabelecido pela **Lei de Planejamento de Emergência e Direito de Saber (EPCRA,** *Emergency Planning and Community Right-to-Know Act***)**, de 1986, e expandida pela Lei de Prevenção da Poluição, de 1990. O TRI é um banco de dados disponível para consulta pública, divulgado pela Agência de Proteção Ambiental (EPA), que contém informações sobre emissões de quase 650 substâncias químicas e categorias de substâncias químicas, submetido por mais de 23.000 instalações industriais e federais. O TRI monitora o descarte ou outras emissões tanto no local quanto fora do local, incluindo resíduos diretamente para o ar, o solo, a água de superfície e as águas subterrâneas. Também fornece informações sobre outras estratégias de gerenciamento de resíduos, como reciclagem, recuperação de energia, tratamento e descarga para instalações de tratamento de efluentes. A EPA liberou a Análise Nacional do TRI de 2010, em janeiro de 2012. A Figura 6.1 mostra a divisão de 3,93 bilhões de quilos de substâncias químicas tóxicas descartadas ou liberadas, em 2010. Repare que a maior quantidade de substâncias químicas tóxicas é descartada/liberada na terra, depois no ar e nas águas de superfície, e por injeção subterrânea.

O banco de dados TRI pode ser pesquisado por ano, localização geográfica (código postal), liberação química ou tipo de indústria. Os cidadãos e os profissionais de emergência podem pesquisar as emissões de substâncias químicas tóxicas em sua comunidade. O TRI proporciona ao público um acesso sem precedentes à informação sobre liberações químicas toxicas e outras atividades de gerenciamento de resíduos em nível local, estadual, regional e nacional, sob o paradigma do "direito de saber". Um objetivo do TRI é delegar poderes aos cidadãos, por meio da informação, para responsabilizar empresas e governos locais pelo modo como os produtos químicos tóxicos são controlados em sua comunidade.

A Figura 6.2 mostra a massa total de emissões TRI desde 2001 (dados disponíveis retroativamente até 1988), junto com o número de instalações notificando emissões. Os dados TRI ajudam o público, os funcionários públicos e a indústria a cumprirem três objetivos: (1) identificar possíveis preocupações e oportunidades para melhor entender riscos potenciais; (2) identificar prioridades e oportunidades a fim de trabalhar com a indústria e o governo para reduzir o descarte de produtos químicos tóxicos ou ou-

Identificar as Instalações TRI pelo Código Postal
http://www.scorecard.org/

Inventário de Liberação Tóxica
http://www.epa.gov/tri

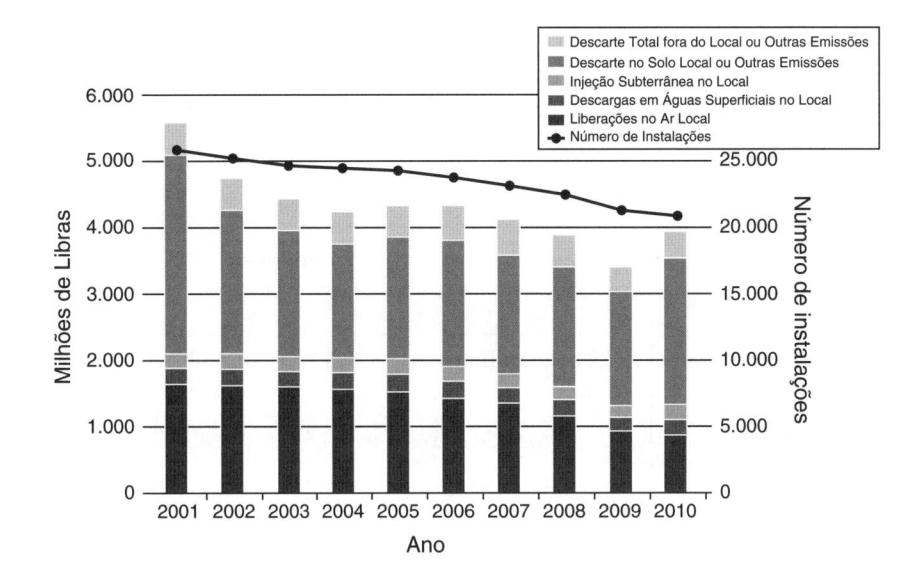

Figura / 6.2 Emissões TRI (em milhões de libras), desde 2001, e Número de Instalações Notificando Emissões.

(Adaptada de www.epa.gov/tri.)

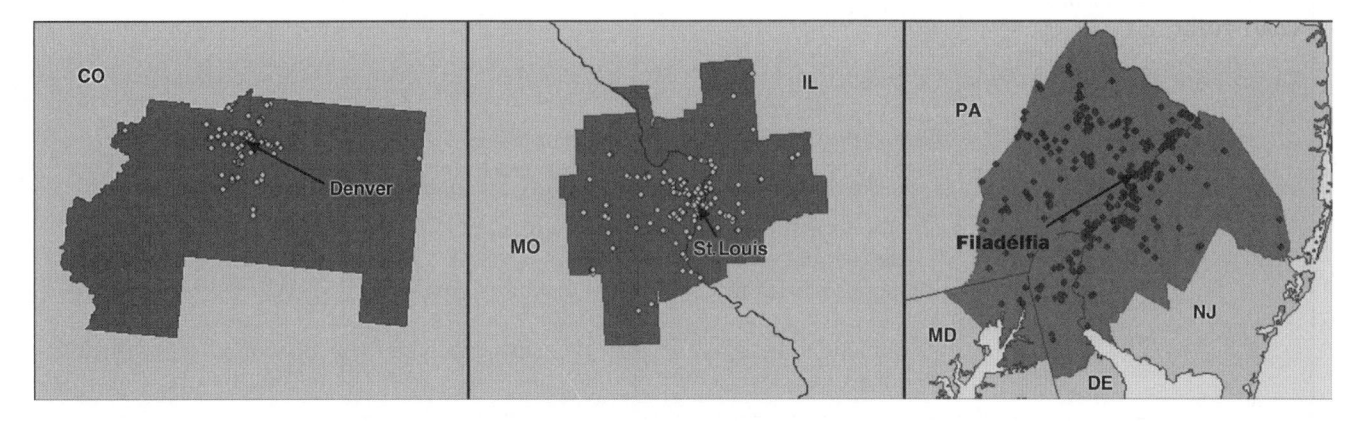

Figura / 6.3 Instalações TRI Situadas nas Áreas Urbanas (da esquerda para a direita): Áreas Metropolitanas de Denver, Grande St. Louis e Filadélfia (dados TRI de 2010 da EPA, 2011a).

tras emissões e riscos potenciais associados a elas; e (3) estabelecer metas de redução e medir o progresso em relação a essas metas.

A Figura 6.3 mostra o local das instalações que devem notificar a emissão ou o descarte de substâncias químicas tóxicas em Denver, St. Louis, e nas áreas metropolitanas da Filadélfia. Observando a figura, repare que as instalações estão concentradas mais perto do centro urbano em Denver, enquanto em St. Louis e, especialmente, na Filadélfia, as instalações que emitem substâncias químicas tóxicas estão distribuídas de maneira mais ampla. Como se pode ver na Tabela 6.5, cada área urbana tem mais de uma centena de instalações que devem notificar suas emissões químicas sob o TRI. Além disso, cada uma das áreas urbanas notifica bem mais de 0,45 kg de substâncias químicas tóxicas emitidas por pessoa. Repare também como apenas dois dos locais (Grande St. Louis e Filadélfia) notificaram diminuições nas emissões ao longo dos últimos 10 anos. Você pode ver, na Tabela 6.5, que o *ranking* de setores industriais que emitem substâncias químicas tóxicas é diferente em cada área, mas consiste geralmente em atividades econômicas que produzem substâncias químicas, petróleo, eletricidade, metais e alimentos. Além disso, observe como a maioria das emissões pode ser para o ar, a água ou o solo, dependendo da localização geográfica (EPA, 2011a).

Discussão em Sala de Aula
Por que você acha que as emissões TRI caíram desde 1988? Que outros fatores poderiam impactar essas descargas, além da pressão da comunidade em consequência das informações disponibilizadas publicamente?

Tabela / 6.5

Emissões TRI (da esquerda para a direita): Áreas Metropolitanas de Denver, Grande St. Louis e Filadélfia (Dados do TRI 2010 da EPA, 2011a).

	Denver	Grande St. Louis	Filadélfia
População aproximada	2,5 milhões	2,8 milhões	6 milhões
Número de instalações TRI	100	191	314
Descarte e emissões totais no local e fora do local	4,4 e 1,2 milhões de libras	27,2 e 3,7 milhões de libras	12,7 e 5,8 milhões de libras
Emissões totais no ar local	0,9 milhão de libras	5,3 milhões de libras	4,8 milhões de libras
Emissões totais na água local	0,2 milhão de libras	1,2 milhão de libras	7,2 milhões de libras
Emissões totais em solo local	3,4 milhões de libras	20,7 milhões de libras	0,7 milhão de libras
Variação nas emissões no local e outras emissões (2001-2010)	+85%	–41%	–17%
Cinco principais setores que contribuem para o TRI	(1) gerenciamento de resíduos perigosos (2) mineração de metais (3) empresas fornecedoras de energia (4) metais fabricados (5) alimentos/bebidas/tabaco	(1) metais (2) empresas fornecedoras de energia (3) petróleo (4) produtos químicos (5) metais fabricados	(1) produtos químicos (2) petróleo (3) metais primários (4) alimentos/bebidas/tabaco (5) empresas fornecedoras de energia

6.3.1 RESÍDUOS PERIGOSOS

Nos Estados Unidos, um **resíduo perigoso** é um subconjunto regulatório de um resíduo sólido. Os resíduos sólidos são definidos pela **Lei de Conservação e Recuperação de Recursos (RCRA)**. Essa definição regulatória não diz nada sobre o estado físico do resíduo, de forma que alguns resíduos "sólidos" estão na forma líquida. Nos Estados Unidos, os **resíduos sólidos** são definidos legalmente como qualquer material descartado não excluído pelo 40 C.F.R. 261.4(a). Os *resíduos excluídos* são itens como o esgoto doméstico, os resíduos domésticos perigosos, as cinzas volantes e cinzas de fundo provenientes da combustão do carvão e o estrume devolvido ao solo. C.F.R. é a abreviação de Code of Federal Regulations, o documento em que são publicadas as regulações federais. O número 40 indica a seção do C.F.R. relacionada com o meio ambiente. O C.F.R. pode ser acessado pela Internet.

Desse modo, um resíduo perigoso significa um resíduo regulado. Apenas certos fluxos de resíduos são considerados perigosos, segundo as normas federais. Os resíduos são classificados como perigosos com base: (1) nas características físicas, como a reatividade, potencial de corrosão e de ignição; (2) toxicidade; (3) quantidade gerada; e (4) histórico da substância química em termos dos danos ambientais causados e do provável

Acesso ao Código de Regulamentos Federais
http://www.ecfr.gov/cgi-bin/ECFR?page=browse

destino ambiental. Os resíduos perigosos, portanto, podem ou não exibir toxicidade.

6.3.2 TOXICIDADE

A toxicologia ambiental, também conhecida como ciências da saúde ambiental, é um campo interdisciplinar que lida com os efeitos das substâncias químicas nos organismos vivos. Como a energia e o material são distribuídos e passam pelas teias alimentares, é provável que um impacto em um nível venha a se refletir em outros níveis também. Por exemplo, há evidências de que os níveis elevados de bifenilos policlorados (PCB) no peixe resultem em efeitos de saúde adversos nas crianças nascidas de mães que incluíram o peixe contaminado em sua dieta. Enquanto a **bioacumulação** (concentração de uma substância química acumulada em um organismo ao longo do tempo) dos PCBs pode não ter tido nenhum efeito adverso direto no peixe adulto, houve um impacto em parte da prole desse peixe e no próximo nível trófico (seres humanos).

Os efeitos tóxicos podem ser divididos em dois tipos: **carcinógenos** e **não carcinógenos.** Um carcinógeno promove ou induz tumores (câncer), ou seja, o crescimento descontrolado ou anormal e a divisão das células. Os carcinógenos agem atacando ou alterando a estrutura e a função do DNA dentro de uma célula. Muitos carcinógenos parecem ser específicos do local; ou seja, uma substância química tende a afetar um órgão específico. Além disso, os carcinógenos podem ser categorizados com base em causarem efeitos diretos ou indiretos; os *carcinógenos primários* iniciam diretamente o câncer; os *pró-carcinógenos* não são carcinógenos, mas são metabolizados para formar carcinógenos e, dessa forma, iniciarem diretamente o câncer; os *cocarcinógenos* não são carcinógenos, mas aumentam o potencial carcinógeno de outras substâncias químicas, e os *promotores* aumentam o crescimento das células cancerosas.

A classificação de uma substância química como cancerígena para os seres humanos requer evidência suficiente de que a exposição humana leva a uma incidência significativamente maior de câncer. Essa evidência é frequentemente coletada de trabalhadores em ambientes em que há contato prolongado com uma substância química. (Os dados coletados são chamados de dados epidemiológicos.) Enquanto existem poucos car-

---

Aplicação / 6.3 — Como o Câncer se Desenvolve

Câncer é um grupo de doenças que envolvem o crescimento anormal de tecido maligno. A pesquisa revelou que o desenvolvimento do câncer envolve uma série complexa de etapas, e os carcinógenos podem operar de uma série de maneiras diferentes. No final das contas, o câncer resulta de uma série de defeitos nos genes que controlam o crescimento, a divisão e a diferenciação celular. Os defeitos genéticos que levam ao câncer podem ocorrer porque uma substância química (ou outro agente carcinógeno) danifica diretamente o DNA. Por outro lado, um agente pode ter efeitos indiretos que aumentam a probabilidade, ou aceleram o início, do câncer sem interagir diretamente com o DNA. Por exemplo, um agente poderia interferir nos mecanismos de reparo do DNA, aumentando a probabilidade de a divisão celular dar origem a células com DNA danificado. Um agente também poderia aumentar as taxas de divisão celular, aumentando o potencial para erros genéticos serem introduzidos à medida que as células replicam seu DNA na preparação para a divisão.

(EPA, "Fact Sheet for Guidelines for Carcinogen Risk Assessment", março de 2005.)

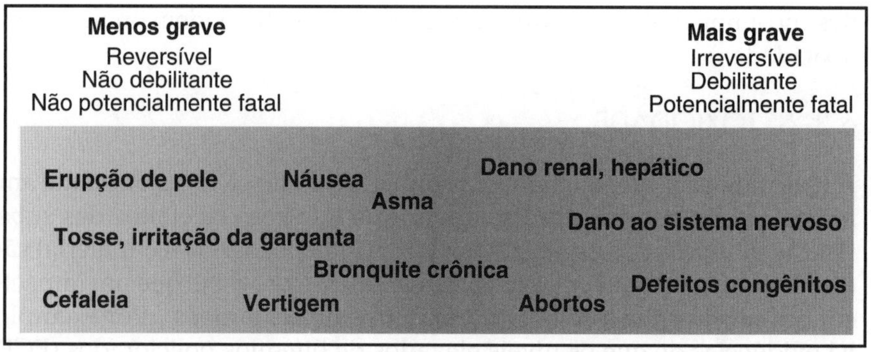

Figure box content:

Menos grave
Reversível
Não debilitante
Não potencialmente fatal

Mais grave
Irreversível
Debilitante
Potencialmente fatal

Erupção de pele Náusea Dano renal, hepático

Asma

Tosse, irritação da garganta Dano ao sistema nervoso

Bronquite crônica

Cefaleia Vertigem Abortos Defeitos congênitos

Figura / 6.4 Sequência Contínua de Riscos pela Exposição a Não Carcinógenos, Variando do Menos Grave para o Mais Grave.

Desreguladores Endócrinos
http://www.who.int/ipcs/
assessment/en/

Tabela / 6.6

Fatores que Afetam a Toxicidade de uma Substância Química ou Material

Forma e atividade química inata
Dosagem, especialmente relação dose-tempo
Rota e tempo de exposição
Duração da exposição
Espécie
Capacidade para ser absorvida
Metabolismo
Distribuição dentro do corpo
Excreção
Presença de outras substâncias químicas
Suscetibilidade ao organismo receptor

cinógenos humanos *conhecidos* (por exemplo, benzeno, cloreto de vinil, arsênico e cromo hexavalente), muitas substâncias químicas são *prováveis* carcinógenos humanos (por exemplo, benzo(*a*)pireno, tetracloreto de carbono, cádmio e PCBs) e centenas de substâncias químicas têm *evidências sugestivas* de que são cancerígenas. Como discutiremos mais tarde, as substâncias químicas são listadas como **carcinógenos suspeitos** quando a evidência experimental indica maior risco de câncer em animais de teste e existem informações insuficientes para mostrar a relação direta de causa e efeito para os seres humanos.

Os efeitos não carcinógenos incluem as respostas toxicológicas, exceto as cancerígenas, das quais temos incontáveis exemplos: danos a órgãos (incluindo rins e fígado), danos neurológicos, supressão da imunidade, e efeitos congênitos e do desenvolvimento (afetando a capacidade reprodutiva de um organismo ou a sua inteligência). Por exemplo, os níveis de chumbo elevados nas crianças causam distúrbios de aprendizagem e QIs mais baixos. Os efeitos tóxicos manifestados após a exposição a uma substância química resultam frequentemente da interferência com sistemas enzimáticos (catalisador) que medeiam as reações bioquímicas críticas para a função do órgão. A Figura 6.4 retrata a sequência contínua de riscos pela exposição aos não carcinógenos, variando do menos grave para o mais grave. Os riscos que são reversíveis, não debilitantes e/ou que não são potencialmente fatais são considerados menos preocupantes do que os irreversíveis, debilitantes e/ou potencialmente fatais.

As substâncias químicas conhecidas coletivamente como **desreguladores endócrinos** exercem seus efeitos simulando ou interferindo nas ações dos hormônios – compostos bioquímicos que controlam os processos fisiológicos básicos, como o crescimento, metabolismo e reprodução. Os desreguladores endócrinos podem exercer efeitos não carcinógenos ou carcinógenos. Acredita-se que contribuam para o câncer de mama nas mulheres e o câncer de próstata nos homens. As substâncias químicas identificadas como desreguladores endócrinos incluem os pesticidas (como o DDT e seus metabólitos), as substâncias químicas industriais (como alguns surfactantes e PCBs), alguns medicamentos de venda controlada e outros contaminantes, como as dioxinas (National Science and Technology Council, 1996).

A probabilidade de uma resposta toxicológica é determinada pela exposição a uma substância química (um fator na Equação 6.1): um produto da dose química a da duração da exposição à dose. Nos seres humanos, existem três **vias de exposição** principais: ingestão (comer e/ou beber), inalação (respirar) e contato dérmico (pele). A Tabela 6.6 apresenta fatores importantes que afetam a toxicidade de uma substância química ou material.

As substâncias químicas desreguladoras endócrinas são substâncias químicas que, quando absorvidas no corpo, simulam ou bloqueiam hormônios e desregulam as funções normais do corpo. Essa desregulação pode acontecer por meio da alteração dos níveis hormonais normais, interrompendo ou estimulando a produção de hormônios, ou mudando o modo de os hormônios viajarem pelo corpo, e com isso afetando as funções do controle desses hormônios.

Esses compostos químicos e essas substâncias estão se acumulando em peixes e animais selvagens, e o número de avisos sobre a ingestão de peixes e carne de caça por causa dos desreguladores endócrinos está aumentando, já tendo alcançado mais de 30% dos lagos americanos e 15% das milhas pluviais. Estudos documentam que essas substâncias químicas estão se acumulando em peixes e animais selvagens em níveis que estão causando sérios efeitos hormonais e reprodutivos nos animais que estão no topo da cadela alimentar, incluindo aves pernaltas, aligátores, panteras da Flórida, martas, ursos polares, focas e baleias beluga e orca. Muitas subpopulações com uma exposição significativa estão sofrendo efeitos reprodutivos importantes, resultando em infertilidade e em falhas reprodutivas.

Nos seres humanos, foram registrados vários problemas de saúde possivelmente ligados às substâncias químicas desreguladoras endócrinas: (1) declínios na contagem de espermatozoides em muitos países; (2) aumento de 55% na incidência de câncer testicular de 1979 a 1991 na Inglaterra e no País de Gales; (3) aumentos no câncer de próstata; (4) um aumento no câncer de mama nas mulheres, incluindo um aumento anual de 1% nos Estados Unidos desde os anos 1940 (Amigos da Terra, 2009).

Na natureza, temos alguns exemplos de efeitos que foram vinculados às substâncias químicas desreguladoras endócrinas, a seguir: (1) masculinização das fêmeas de búzios (um tipo de molusco de concha); (2) ovos encontrados nos testículos de um peixe chamado pardelha em muitos rios do Reino Unido; (3) baixa viabilidade dos ovos, ovários dilatados e pênis de tamanho reduzido nos aligátores da Flórida; (4) adelgaçamento da casca do ovo e pareamento entre fêmeas de pássaros (Amigos da Terra, 2009).

Os riscos associados às substâncias químicas desreguladoras endócrinas estão apenas começando a ser descobertos e quantificados, pois as doses que causam os efeitos são muito mais baixas do que as tradicionalmente testadas nos estudos de toxicidade.

Algumas substâncias químicas (por exemplo, a dioxina) podem ser letais para animais de teste em doses muito pequenas, enquanto outras criam problemas apenas em níveis muito mais altos. A Tabela 6.7 apresenta os compostos químicos com toxicidades bastante variáveis. Aqui,

Tabela / 6.7

Dose Oral Média Letal para Vários Organismos e Substâncias Químicas

Substância química	Organismo	DL_{50} (mg de substância química/ kg de peso corporal)
Metil etil cetona	Rato	5.500
Fluoroanteno	Rato	2.000
Pireno	Rato	800
Pentaclorofenol	Camundongo	117
Lindano	Camundongo	86
Dieldrina	Camundongo	38
Sarin (gás nervoso)	Rato	0,5

FONTE: Valores de Patnaik, 1992.

exemplo / 6.2 Toxicidade do Cromo

Qual forma de cromo é tóxica, Cr(III) ou Cr(VI)?

solução

A toxicidade do cromo varia bastante, dependendo do estado oxidativo no qual ele se encontra. O Cr(III), ou Cr^{+3}, é relativamente não tóxico, enquanto o Cr(VI), ou Cr^{+6}, provoca danos cutâneos ou nasais e câncer de pulmão. Naturalmente, as substâncias químicas podem sofrer reações de oxidação e redução em condições ambientais, de modo que a liberação da forma de menor toxicidade não significa que o cromo vai representar um risco para a saúde humana ou o meio ambiente.

a **toxicidade** é definida como causadora de morte, um ponto final experimental que (em animais de teste) é determinado mais rapidamente do que, por exemplo, o câncer de pulmão.

Um método comum de expressar a toxicidade é em termos da **dose letal média (DL_{50})**, que é a dose que resulta na morte de 50% da população de um organismo de teste. A DL_{50} é apresentada tipicamente como a massa de contaminante dosada por massa (peso corporal) do organismo de teste, usando unidades de mg/kg. Desse modo, um raticida com DL_{50} de 100 mg/kg resultaria na morte de 50% de uma população de ratos, cada um pesando 0,1 kg, se aplicado em uma dose de 10 mg por rato. Uma dose de 20 mg por 0,1 kg de rato resultaria na morte de mais de 50% da população, e uma dose de 5 mg por 0,1 kg de rato resultaria na morte de menos de 50%.

Um termo similar, a **concentração letal média (CL_{50})**, é utilizado normalmente em estudos de organismos aquáticos e representa a concentração ambiente do contaminante aquoso (ao contrário da dose injetada ou ingerida) em que 50% dos organismos de teste morrem.

Para identificar DL_{50} ou CL_{50}, uma série de experimentos em várias concentrações produz uma **curva dose-resposta**, conforme retrata a Figura 6.5. Mudanças mais sutis (comportamentais ou evolutivas) também podem refletir uma resposta tóxica, mas são difíceis de avaliar. Esses pontos finais não letais são medidos como uma concentração eficaz que afeta 50% da população (CE_{50}).

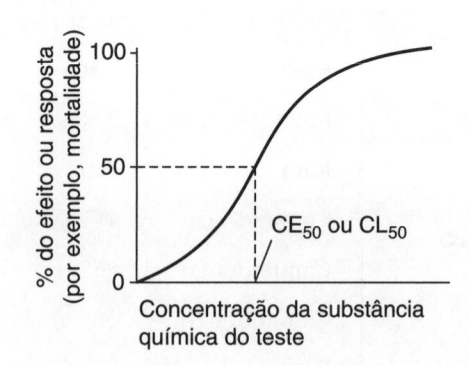

Figura / 6.5 Forma Típica da Curva Dose-resposta Utilizada na Identificação de CE_{50} e CL_{50} para Substâncias Químicas e Organismos de Teste.

Lembre-se de que o que determina a toxicidade não é apenas a dose, mas também a duração da exposição a um composto químico ou substância. **Toxicidade aguda** se refere à morte (ou alguma outra resposta adversa) resultante de exposição de curto prazo (de horas a dias) a uma substância química. **Toxicidade crônica** se refere a uma resposta resultante da exposição prolongada (de semanas a anos) a uma substância química.

Os efeitos agudos são sofridos tipicamente em concentrações de contaminantes mais altas do que os efeitos crônicos. Por exemplo, a EPA estabeleceu critérios agudos (1,7 µg/L) e crônicos (0,91 µg/L) de qualidade da água para o mercúrio (II) para proteger dos efeitos tóxicos a vida aquática nos Grandes Lagos. Aqui, o critério agudo é maior que o valor crônico. Com o aumento da duração, as concentrações que podem ser toleradas sem efeitos adversos são menores. A toxicidade aguda do cobre para a truta arco-íris diminui de uma CL_{50} de 0,39 mg/L em 12 h de duração para 0,13 mg/L em 24 h para 0,08 mg/L em 96 h. A toxicidade de uma substância química específica também pode variar entre as espécies. A Tabela 6.8 demonstra esse efeito, comparando valores de CL_{50} de 48 h para o ácido 2,4-diclorofenoxiacético (2,4-D), um herbicida comum utilizado em fazendas e gramados domésticos, para vários organismos aquáticos.

Embora as concentrações de 2,4-D apresentadas na Tabela 6.8 provavelmente não sejam encontradas nas águas superficiais (embora os níveis de substâncias químicas agrícolas no escoamento possam aumentar após as chuvas da primavera e o derretimento da neve), a variação observada nos valores de CL_{50} sugerem um cenário em que as populações de microcrustáceos que vivem nos sedimentos seriam afetadas, enquanto as populações de peixes não seriam. Tal cenário poderia alterar e perturbar potencialmente a teia alimentar, com impactos no nível do ecossistema. É necessário compreender o funcionamento da teia alimentar, a bioacumulação e a toxicidade dos contaminantes (em cada nível trófico) para avaliar adequadamente o risco apresentado pela grande quantidade de contaminantes químicos introduzidos em nosso ambiente (ver Capítulo 5).

A natureza específica da toxicidade apresenta uma desvantagem fundamental nos procedimentos aplicados frequentemente para estimar os efeitos nos seres humanos, baseados em experimentos com animais de teste. Cada ser humano pode ser substancialmente mais ou menos suscetível aos efeitos tóxicos de um composto específico em determinada dose em relação aos organismos substitutos do laboratório. Quando são utilizados estudos de animais para determinar padrões para a exposição humana, as incertezas envolvidas na utilização desses resultados são levadas em conta pelo uso de pressupostos conservadores e da aplicação de fatores de segurança que podem resultar em uma estimativa conservadora em muitas ordens de grandeza – uma abordagem baseada na filosofia de que "é melhor prevenir do que remediar". Além disso, o fato de que alguns animais selvagens podem ser mais sensíveis às substâncias químicas do que os seres humanos levou à promulgação dos critérios de qualidade da água nos quais padrões mais rigorosos, baseados na saúde dos animais selvagens e do homem, governam os limites de descarga. Por exemplo, o nível máximo de contaminante (NMC) de cromo permitido na água potável é 0,1 mg/L. Nesse caso, o padrão para a vida selvagem é aproximadamente um quinto do nível baseado na saúde humana.

Tabela / 6.8	
Valores de CL_{50} de 48 h para 2,4-D em Organismos Selecionados	
Espécie	**CL_{50} (mg/L)**
Daphnia magna (zooplâncton)	25
Vairão de cabeça grande	325
Truta arco-íris	358

FONTE: Patnaik, 1992.

Tabela / 6.9

Toxicidade Combinada Potencial Resultante da Exposição a uma Mistura de Substâncias Químicas A e B

Tipo de interação	Efeito tóxico, substância química A	Efeito tóxico, substância química B	Efeito combinado, substâncias químicas A + B
Aditividade	20%	30%	50%
Antagonismo	20%	30%	5%
Potenciação	0%	20%	50%
Sinergia	5%	10%	100%

Relatório do Mercúrio para o Congresso

http://www.epa.gov/mercury/reportover.htm

Segmentos sensíveis da população, conhecidos como **populações suscetíveis**, devem receber consideração distinta na determinação dos efeitos tóxicos dos compostos químicos ou substâncias. Os segmentos embrionário, juvenil, idosos e/ou doentes de qualquer população (humana ou ambiental) tendem a ser mais suscetíveis aos efeitos adversos da exposição química do que os adultos jovens e saudáveis. Em alguns casos, o sexo de um indivíduo também pode influenciar a sua suscetibilidade.

A *toxicidade sinérgica,* resultante da exposição a múltiplas substâncias químicas, é um fenômeno que vem recebendo cada vez mais atenção. Por exemplo, considere dois compostos com valores CL_{50} de 5 e 20 mg/L, respectivamente. Quando estão presentes simultaneamente, seus valores de CL_{50} podem cair para 3 e 10 mg/L, níveis mais baixos do que os valores de CL_{50} individuais. Em alguns casos, as substâncias químicas podem ter o efeito oposto (antagonista), resultando em uma combinação menos tóxica do que quando presentes separadamente.

A Tabela 6.9 traz um exemplo de possíveis efeitos que as misturas químicas poderiam ter na toxicidade combinada. Repare que o efeito combinado das duas substâncias químicas (A e B) pode ser maior ou menor. Isso é um exemplo da dificuldade na avaliação dos riscos das misturas químicas. Infelizmente, faltam estudos científicos relacionados com os efeitos sinérgicos crônicos, em grande parte porque existe uma quantidade incontável de substâncias químicas e combinações, e também porque os experimentos que requerem a exposição a essas substâncias potencialmente preocupantes envolvem dificuldades inerentes.

6.3.3 PREVENÇÃO DA POLUIÇÃO

A **prevenção da poluição** se concentra em aumentar a eficiência de um processo para reduzir a quantidade de poluição gerada. Essa é a ideia do incrementalismo ou **ecoeficiência**, em que o sistema atual é ajustado para ser melhor do que antes. Isso não leva em conta que o projeto atual pode não ser o melhor ou o mais adequado para a aplicação atual. Ou seja, o produto, processo ou sistema atual não foi concebido com a intenção de reduzir os resíduos e/ou o impacto ambiental. Em vez disso, está sendo melhorado dentro de suas restrições atuais, levando em conta essas considerações após o fato, após o projeto ter sido feito e, frequentemente, após ter sido implementado.

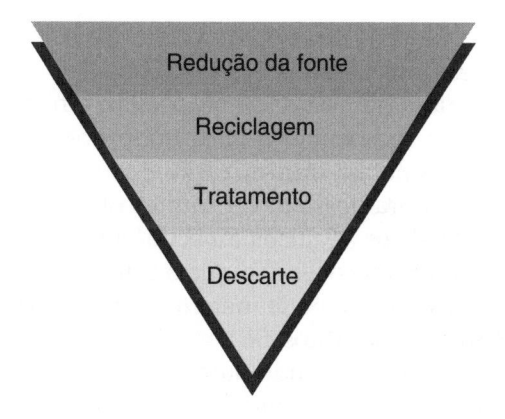

A Lei de Prevenção da Poluição de 1990 (ver Aplicação 6.5) foi aprovada para *incentivar* (não regular) a prevenção da poluição nos Estados Unidos. Ela estabelece uma **hierarquia de prevenção da poluição** (Figura 6.6) da seguinte forma:

- **Redução da fonte** – O resíduo (substância perigosa, poluente ou contaminantes) deve ser evitado na fonte (antes da reciclagem, do tratamento ou do descarte).

- **Reciclagem** – O resíduo gerado deve ser reutilizado no processo que o criou ou em outro processo.

- **Tratamento** – O resíduo que não puder ser reciclado deve ser tratado para reduzir o seu perigo.

- **Descarte** – O resíduo que não for tratado deve ser descartado de maneira ambientalmente segura.

No caso do tratamento dos efluentes, a hierarquia de prevenção da poluição sugere que podemos querer concentrar os esforços na identificação de maneiras para eliminar os materiais de resíduo dos esgotos e levá-los a uma estação de tratamento, em vez de dedicar todos os nossos esforços para melhorar o projeto das instalações de tratamento. Em termos de gestão dos resíduos sólidos, está claro que o descarte em aterros não é a alternativa recomendada para gerenciar a maioria dos componentes de um fluxo de resíduos. Nesse caso, um engenheiro pensaria além do projeto

> **Discussão em Sala de Aula**
>
> A hierarquia de prevenção da poluição mostra claramente que a redução da fonte é preferida em relação aos outros três aspectos da prevenção da poluição. O descarte é a última alternativa preferida. Como a hierarquia de prevenção da poluição está relacionada com o tratamento dos efluentes industriais e com o gerenciamento de resíduos sólidos?

Aplicação / 6.5 Lei de Prevenção da Poluição de 1990

A Lei de Prevenção da Poluição concentrou a atenção da indústria, do governo e do público na redução da quantidade de poluição por meio de mudanças econômicas na produção, na operação e no uso de matérias-primas. As oportunidades para redução da fonte frequentemente não são percebidas por causa dos regulamentos existentes e dos recursos industriais necessários para focar no tratamento e descarte. A redução da fonte é fundamentalmente diferente e mais desejável do que a gestão de resíduos ou o controle da poluição (2 U.S.C. 13,101 e 13,102 s/s et seq., 1990).

O Congresso declara que se trata de política nacional dos Estados Unidos que a poluição deve ser prevenida ou reduzida na fonte, sempre que isso for viável; a poluição que não puder ser prevenida deve ser reciclada de maneira ambientalmente segura, sempre que for viável; a poluição que não puder ser prevenida ou reciclada deve ser tratada de maneira ambientalmente segura, sempre que for viável; e o descarte ou outra emissão no meio ambiente deve ser empregado somente como último recurso, devendo ser feito de maneira ambientalmente segura.

(2 U.S.C 13,101b)

Onde posso reciclar minhas coisas?
http://earth911.com

Resíduo Zero
http://www.sierraclub.org/sites/
www.sierraclub.org/files/uploads-
wysiwig/ZeroWasteExtended-
ProducerResponsibilityPolicy.pdf

Incidência Mundial das Doenças
http://www.who.int/quantifying_
ehimpacts/en/

de um aterro e se concentraria em iniciativas mais amplas para reduzir a quantidade de resíduos gerados e descartados.

Deixar mais graus de liberdade no projeto e retroagir em busca de oportunidades para redesenhar o produto, processo ou sistema oferece mais oportunidades para a **minimização dos resíduos** ou até mesmo a sua eliminação. Embora possa haver muitos obstáculos atuais – incluindo obstáculos científicos, técnicos ou econômicos – para o projeto com resíduo zero, é importante observar que o conceito de resíduo é humano. Em outras palavras, não há nada inerente aos materiais, energia, espaço ou tempo que produza resíduos. Só é resíduo porque ninguém imaginou ou implementou um uso definido para ele.

Se a criação do resíduo não puder ser evitada sob determinadas condições ou circunstâncias, os projetistas e engenheiros podem considerar mecanismos alternativos para explorar eficientemente esses recursos com finalidades que agreguem valor. Por exemplo, o resíduo pode ser usado beneficamente como matéria-prima, capturando e reciclando/reutilizando esse resíduo dentro do processo, da organização ou além. Isso transforma o custo e a responsabilização em economia e benefício. Ou, talvez, o resíduo das construções pudesse ser capturado no local, em vez de ser descartado em um aterro, a fim de ser adaptado para outras aplicações de construção.

É importante considerar que os materiais e a energia que foram utilizados e hoje são "resíduos" têm entropia e complexidade incorporadas, representando um investimento em custo e recursos. Isso indica que a recuperação do resíduo como matéria-prima representa benefícios ambientais e econômicos.

6.4 Ética e Risco em Engenharia

Os engenheiros devem compreender o risco ambiental para proteger todos os segmentos da sociedade e todos os habitantes dos ecossistemas. Esses indivíduos incluem os residentes das comunidades em que o engenheiro reside, a vida aquática residente em um rio a jusante de um local de constrição ou estação de tratamento, e a comunidade global de mais de 7 bilhões de pessoas.

Muitas vezes, os engenheiros trabalham para minimizar ou eliminar o risco de um membro *médio* da sociedade ou de um habitante do ecossistema valorizado pelo esporte recreativo ou lucro comercial. Esse membro médio da sociedade é alguém que passa a fazer parte de uma equação numérica que determina o risco e, se esse risco for gerenciado por um regulamento, também há um valor econômico associado a promulgar o regulamento (e, portanto, evitar o dano). Dadas as limitações da avaliação de risco e o grande número de incertezas, os engenheiros precisam considerar cuidadosamente todos os segmentos da sociedade e também a saúde do ecossistema (por exemplo, a biodiversidade e as espécies ameaçadas). Por essas razões, sempre que for possível é desejável minimizar ou eliminar o uso e a geração de substâncias químicas e materiais perigosos.

É importante reconhecer os segmentos suscetíveis de qualquer população que possam ser significativamente mais sensíveis à exposição ambiental a um composto químico ou substância. Por exemplo, o impacto de uma substância química vai variar com a idade, gênero, estado de saúde, ocupação e estilo de vida da pessoa. No fenômeno da **justiça ambiental**, certos segmentos da sociedade socioeconomicamente desprovidos podem ser sobrecarregados com uma quantidade maior de risco ambiental. Uma questão de justiça ambiental é aparente no Condado de Santa Clara, Califórnia, onde as instalações obrigadas a listar suas emissões tóxicas no TRI da EPA estão situadas em comunidades com rendas médias mais baixas (Figura 6.7). As pessoas desprovidas economicamente tendem a habitar locais que as expõem a um número maior ou a concentrações mais altas de substâncias químicas tóxicas (por exemplo, perto de estradas que contribuem com poluentes atmosféricos, perto de fábricas que emitem substâncias químicas nocivas, a jusante de incineradores). Elas vivem em prédios que possuem materiais perigosos associados à construção mais antiga ou que são atendidas por uma infraestrutura obsoleta, ou têm empregos que resultam em maior exposição a materiais perigosos.

Indivíduos com um nível de risco mais alto moram em áreas urbanas ou rurais, costumam ter pouca influência política e frequentemente são membros de grupos minoritários desfavorecidos economicamente. Poderiam ser segmentos de uma população com níveis elevados de exposição por causa de seus hábitos de caça ou pesca decorrentes de um estilo de vida mais subsistente (como é o caso dos Nativos Americanos, que comem mais peixe ou partes do peixe que contêm concentrações maiores de substâncias tóxicas do que na dieta do americano médio). Esses indivíduos incluem as comunidades afro-americanas situadas perto de refinarias de petróleo ou indústrias químicas situadas ao longo do baixo Rio Mississippi.

Justiça Ambiental
http://www.epa.gov/compliance/environmentaljustice/

Discussão em Sala de Aula

Os indivíduos economicamente desfavorecidos também poderiam estar morando em um lugar no mundo em desenvolvimento em que fossem expostos a patógenos causadores de doenças na água potável insalubre, além de suportar o fardo adicional do impacto de larga escala do HIV/AIDS e dos efeitos crônicos da malária. A mudança climática que derrete o gelo do ártico está perturbando os estilos de vida subsistentes do povo Inuit, que vive nas regiões árticas, bem como dos ursos polares que caçam nessas áreas. É justo que um risco maior seja assumido por esses segmentos da comunidade global?

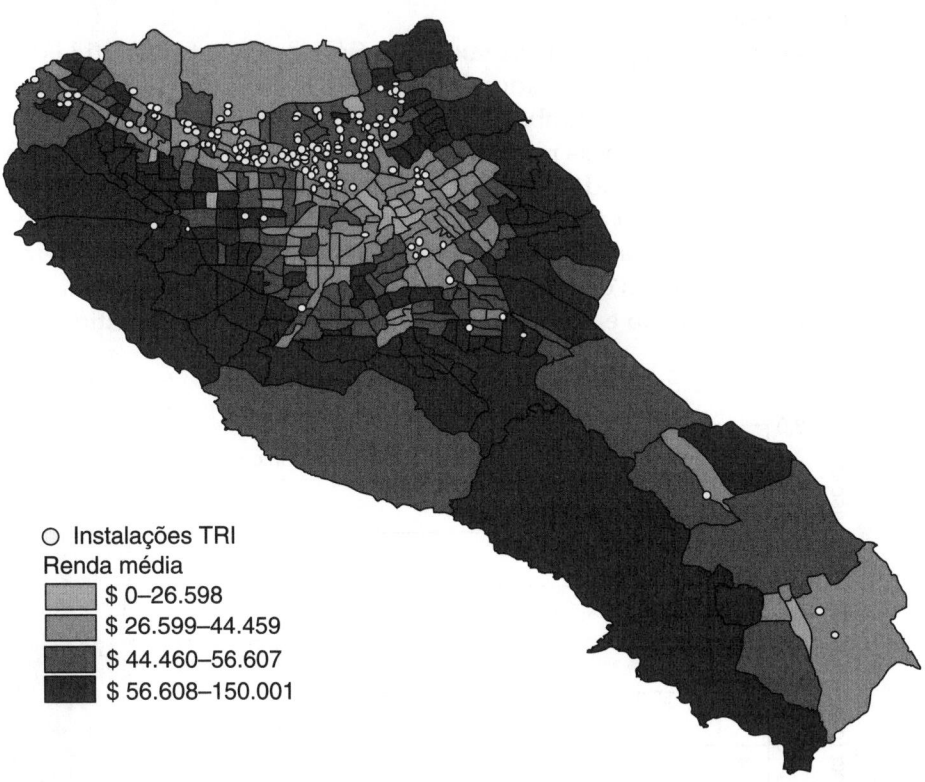

O Instalações TRI
Renda média
- $ 0–26.598
- $ 26.599–44.459
- $ 44.460–56.607
- $ 56.608–150.001

Figura / 6.7 **Localização das Instalações TRI em Santa Cruz (Califórnia) e Renda Doméstica Média** Repare que as instalações que emitem substâncias químicas tóxicas estão situadas, principalmente, em áreas com rendas médias mais baixas.

(SAGE, Szasz, A., Meuser, M., e A. Szaz, 2000. "Unintended, Inexorable: The Production of Environmental Inequalities in Santa Clara County, California." *American Behavioral Scientist* 43(4) 602-632.)

A EPA define justiça ambiental como "tratamento justo e envolvimento significativo de todas as pessoas, independentemente de raça, cor, nacionalidade ou renda, em relação ao desenvolvimento, implementação e cumprimento das leis, dos regulamentos e das políticas ambientais".

A constituição da Organização Mundial da Saúde (escrita pela primeira vez em 1946) afirma que, "O desfrute do maior padrão de saúde alcançável é um dos direitos fundamentais de todo ser humano". Em 2002, a água foi reconhecida como um direito básico quando a Comissão das Nações Unidas sobre Direitos Econômicos, Sociais e Culturais concordou que "O direito à água se enquadra claramente na categoria das garantias essenciais para assegurar um padrão de vida adequado, particularmente por ser uma das condições mais fundamentais para a sobrevivência".

Os engenheiros têm a responsabilidade de considerar esses indivíduos em risco e as comunidades que eles habitam, além de minimizar ou eliminar a probabilidade de eles carregarem uma proporção maior do risco ambiental do que os segmentos da sociedade mais abastados, melhor educados ou politicamente mais poderosos. Com o nosso novo e crescente conhecimento de projeto sustentável e de engenharia verde, temos capacidade de responder a esses desafios e, ao mesmo tempo, continuar a melhorar a qualidade de vida de *todos* os segmentos da sociedade, tanto no mundo desenvolvido como no mundo em desenvolvimento, empregando mais substâncias químicas e materiais benignos, reduzindo o consumo de energia e materiais, e adotando uma perspectiva de sistemas.

A Figura 6.8 representa as taxas de várias doenças transmitidas pela água, registradas nos Estados Unidos dentro das populações hispânicas e não hispânicas. Embora os dados não exibam uma diferença significativa para doenças relacionadas com a *Escherichia coli* e a *criptosporidiose*, há uma grande diferença nas taxas de infecções notificadas na população hispânica para doenças como a hepatite A e a salmonelose, e a shigelose é mais alta na população hispânica do que nas demais populações. Todas essas doenças são indicadores de má qualidade da água, saneamento e higiene e, em alguns casos, são transmitidas pelo

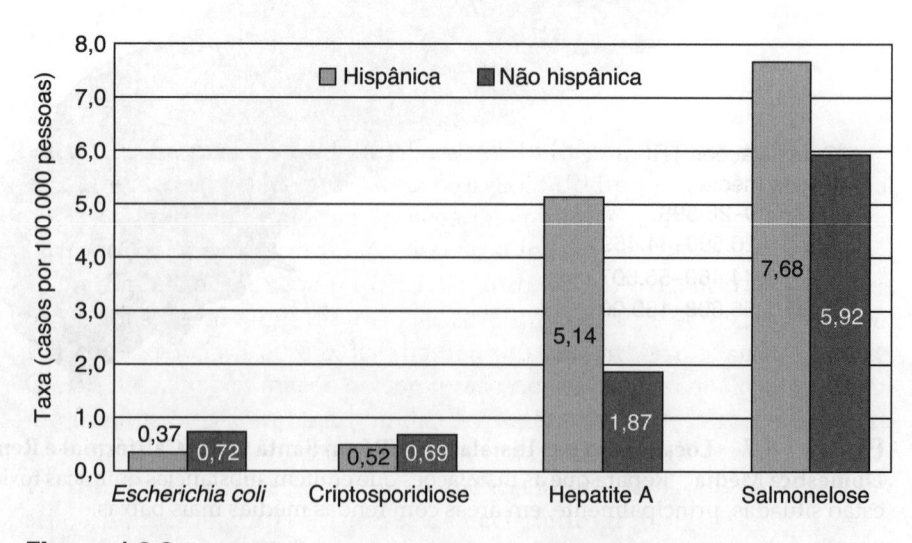

Figura / 6.8 Incidência de doenças transmitidas pela água nas populações hispânica e não hispânica   (figura redesenhada de CDC, 2001).

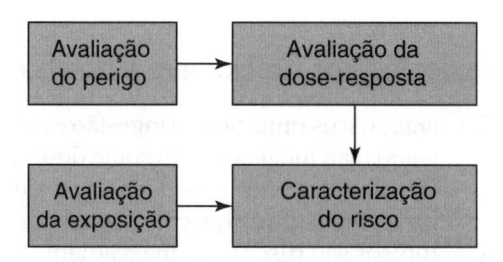

alimento. Todas são uma consequência frequente de viver em condições com acesso deficiente à água, ao saneamento e à higiene (Quintero-Somaini e Quirindongo, 2004).

6.5 Avaliação do Risco

A avaliação do risco trata de questões como estas: Quais problemas de saúde são causados por produtos químicos e substâncias liberadas em casa, no trabalho e no meio ambiente? Qual é a probabilidade de os seres humanos virem a experimentar um efeito de saúde adverso quando expostos a uma concentração específica do produto químico? Qual será a gravidade da resposta adversa? O restante deste capítulo se concentra principalmente em entender como quantificar os riscos associados à exposição aos produtos químicos e a outros agentes ambientais, e os impactos subsequentes na saúde humana.

Os quatro componentes de uma **avaliação de risco** completa são: (1) avaliação do perigo; (2) avaliação da dose-resposta; (3) avaliação da exposição; (4) caracterização do risco. A Figura 6.9 retrata como esses quatro itens estão integrados. Uma avaliação do risco organiza e analisa um grande conjunto de informações incorporadas em quatro componentes para determinar se algum perigo ambiental vai resultar em um impacto adverso nos seres humanos e no ambiente. O perigo ambiental poderia ser a exposição a um produto químico específico ou uma questão mais ampla, como a mudança climática.

6.5.1 AVALIAÇÃO DO PERIGO

Uma avaliação do perigo não é uma avaliação do risco. A **avaliação do perigo** consiste em uma revisão e análise dos dados de toxicidade, ponderar as evidências de que uma substância provoca vários efeitos tóxicos e avaliar se os efeitos tóxicos em um contexto vão ocorrer em outros contextos. A avaliação do perigo determina se um produto químico ou uma substância está ou não ligado a uma preocupação de saúde particular, enquanto uma avaliação do risco vai levar em conta a avaliação do perigo e também a avaliação da exposição.

As fontes de toxicidade incluem estudos em tubos de ensaio, estudos com animais e estudos com humanos e, cada vez mais, dados informatizados. Os estudos em tubos de ensaio são rápidos e relativamente fáceis, de modo que são utilizados frequentemente para a triagem de substâncias químicas. Estudos com animais podem medir efeitos agudos ou crônicos. Eles poderiam investigar um ponto final geral (por exemplo, a morte) ou um ponto final mais especializado (digamos, um defeito congênito). Estudos laboratoriais controlados são empregados frequentemente para determinar a toxicidade de substâncias químicas

Avaliação do Risco
http://www.epa.gov/risk/

Discussão em Sala de Aula As afirmações da Aplicação 6.6 sugerem que os indivíduos economicamente desfavorecidos não devem ser sobrecarregados com uma porcentagem desproporcional do risco ambiental, e que o acesso a um nível básico de água doce e saneamento, um local de trabalho saudável e um ambiente saudável são direitos legais, e não mercadorias ou serviços que devam ser marginalizados ou privatizados. Você concorda com essas declarações? Todas as pessoas no mundo deveriam ter garantido um acesso básico à água que também garantisse algum nível de saúde especificado? E quanto aos ecossistemas?

Sistema Integrado de Informações de Risco (IRIS, *integrated risk information system*)

O IRIS é um banco de dados eletrônico que contém informações sobre o efeito na saúde humana de centenas de produtos químicos (ver www.epa.gov/iris/). O IRIS fornece informações para dois componentes de uma avaliação de risco: a avaliação do perigo e a avaliação da dose-resposta. O IRIS foi desenvolvido pela EPA e escrito por profissionais envolvidos com avaliações de risco, tomada de decisão e atividades regulatórias. Desse modo, destina-se a ser utilizado por indivíduos que não tenham treinamento em toxicologia.

O IRIS contém informações descritivas e quantitativas sobre identificação de perigos, *fatores progressivos orais*, riscos unitários de ingestão e inalação (IURS) para efeitos carcinógenos, bem como doses orais de referência (DsRf) e concentrações de inalação de referência (CsRf) para efeitos de saúde crônicos não carcinógenos. Esses tópicos são discutidos mais adiante neste capítulo.

Ecotoxicologia

A EPA mantém o banco de dados ECOTOX como uma fonte para localizar dados de toxicidade de substâncias químicas individuais para a vida aquática, plantas terrestres e animais selvagens (ver www.epa.gov/ecotox/). Esse banco de dados pode ser utilizado para auxiliar a coleta de dados sobre perigos ecológicos, bem como para avaliar o perigo potencial associado aos efluentes de águas residuais e/ou águas de lixiviação.

---

específicas da vida aquática. Geralmente, estudos com humanos consistem em estudos de caso que alertam a sociedade para um problema e em estudos epidemiológicos controlados de forma mais extensiva.

O melhor estudo para determinar o impacto sobre o ser humano é a epidemiologia. **Epidemiologia** é o estudo das doenças nas populações humanas ou de outros animais, especificamente sobre como, quando e onde elas ocorrem. Os epidemiologistas tentam determinar quais fatores estão associados às doenças (fatores de risco) e quais fatores podem proteger as pessoas ou os animais das doenças (fatores protetores). Em muitos casos, os dados epidemiológicos surgem apenas depois de haver evidências suficientes na população geral, sugerindo que pode haver uma substância química no mercado que seja motivo de preocupação.

Os estudos epidemiológicos podem ser divididos em dois tipos básicos, dependendo de os eventos já terem acontecido (retrospectivos) ou se os eventos podem acontecer no futuro (prospectivos). Os estudos mais comuns são os retrospectivos, também denominados estudos de caso-controle. Um estudo de caso-controle pode começar quando se observa um surto de doença e as causas dessa doença são desconhecidas, ou quando a doença é incomum dentro da população estudada.

No entanto, estudos desse tipo apresentam dificuldades, conforme resumido na Tabela 6.10. Com os estudos epidemiológicos, é extremamente difícil provar a causalidade, ou seja, provar que um fator de risco específico realmente causou a doença que está sendo estudada. Entretanto, a evidência epidemiológica pode mostrar facilmente que esse fator de risco está associado (correlacionado) a uma incidência maior da doença na população exposta ao fator de risco. Quanto mais alta a correlação, mais certa é a associação.

O **peso da evidência** é uma breve narrativa que sugere o potencial para um composto químico ou substância poder agir como um carcinógeno para o homem. Atualmente, o peso da evidência é categorizado por um

Tabela / 6.10

Dificuldades dos Estudos Epidemiológicos

É difícil combinar os grupos de controle, já que os fatores que levam à exposição a uma substância química podem estar associados a outros fatores que afetam a saúde.

A sociedade se tornou mais móvel, de forma que os indivíduos podem não viver mais na mesma comunidade por toda a sua vida.

As certidões de óbito costumam medir apenas a *causa mortis*, não apresentando as condições de saúde dos indivíduos no curso de suas vidas.

Outros pontos finais de toxicidade além da morte (por exemplo, abortos, infertilidade, distúrbios de aprendizado) poderiam não ser medidos com o uso das certidões de óbito.

Dados de exposição precisos podem ser de difícil obtenção para um grande grupo de indivíduos.

São necessárias grandes populações para esses estudos, de forma que a análise estatística rigorosa possa ser aplicada aos dados.

Muitas doenças podem levar anos para se desenvolver.

de cinco descritores apresentados na coluna da esquerda na Tabela 6.11. Os cientistas que analisam os dados disponíveis obtidos em estudos com animais ou seres humanos desenvolvem esses descritores para carcinógenos. A coluna da direita na Tabela 6.11 resume como os descritores estão relacionados com a qualidade e quantidade de dados disponíveis. O IRIS (descrito na Aplicação 6.7) fornece informações sobre o descritor associado a determinadas substâncias químicas.

Tabela / 6.11

Explicação dos Descritores do Peso da Evidência

Descritor do Peso da Evidência	Relação do Descritor com a Evidência Científica
Carcinógeno para o homem	Evidências epidemiológicas convincentes demonstram causalidade entre a exposição humana e o câncer, ou evidências demonstram excepcionalmente quando há forte evidência epidemiológica, extensa evidência animal, conhecimento do modo de ação, e informações de que o modo de ação está previsto para ocorrer no homem e evoluir para tumores.
Provavelmente carcinógeno para o homem	Efeitos tumorais e outros dados fundamentais são adequados para demonstrar o potencial carcinógeno para o homem, mas não chegam ao peso da evidência para ser carcinógeno para o homem.
Evidência sugestiva de potencial carcinógeno	Dados sobre humanos ou animais são sugestivos de potencial carcinógeno, suscitando uma preocupação com os efeitos carcinógenos, mas considerados insuficientes para uma conclusão mais forte.
Informação inadequada para avaliar o potencial carcinógeno	Os dados são considerados inadequados para fazer uma avaliação.
Provavelmente não é carcinógeno para o homem	Os dados disponíveis são considerados robustos para decidir que não há base para preocupação com o perigo de ser carcinógeno para o homem.

FONTE: EPA, Guidelines for Carcinogenic Risk Assessment, 29 de março de 2005.

DOSE Uma **dose** é a quantidade de substância química recebida por um indivíduo que pode interagir com o seu processo metabólico ou com outros receptores biológicos desse indivíduo, após cruzar um limite externo. Dependendo do contexto, a dose pode ser: (1) a quantidade da substância química administrada no indivíduo; (2) a quantidade administrada no indivíduo e que chega a um local específico no organismo (por exemplo, o fígado); (3) a quantidade disponível para interação dentro do organismo de teste após a substância química cruzar uma barreira, como a parede estomacal ou a pele.

Para calcular a dose associada a uma substância química, determine a massa da substância administrada por unidade de tempo e divida essa massa pelo peso do indivíduo. No caso de um adulto ou criança que esteja bebendo água contendo a substância química em questão, a dose pode ser determinada conforme o Exemplo 6.3.

Durante a determinação da dose, os cientistas podem levar em conta a absorção da substância química. Por exemplo, a parede estomacal pode

exemplo / 6.3 Determinando a Dose

Suponha que a substância química em questão tenha uma concentração de 10 mg/L na água potável, e que os adultos bebam 2 L de água por dia e as crianças bebam 1 L de água por dia. Suponha também que um homem adulto pese 70 kg, uma mulher pese 50 kg e uma criança pese 10 kg. Qual é a dose para cada um desses três membros da sociedade?

solução

Para encontrar a dose associada a uma substância química, determine a massa dessa substância por unidade de tempo e divida esse valor pelo peso do indivíduo. Nessa situação, a única rota de exposição é beber água contaminada. A dose para esses três segmentos da sociedade pode ser determinada da seguinte forma:

$$\text{dose da mulher adulta: } \frac{10\,\frac{mg}{L} \times 2\,\frac{L}{dia}}{50\,kg} = 0,40\,\frac{mg}{kg\text{-}dia}$$

$$\text{dose do homem adulto: } \frac{10\,\frac{mg}{L} \times 2\,\frac{L}{dia}}{70\,kg} = 0,29\,\frac{mg}{kg\text{-}dia}$$

$$\text{dose da criança: } \frac{10\,\frac{mg}{L} \times 1\,\frac{L}{dia}}{10\,kg} = \frac{mg}{kg\text{-}dia}$$

Neste exemplo, repare que as doses recebidas pela criança e pela mulher adulta são maiores do que a recebida pelo homem adulto. Essa é uma razão para que certos segmentos da sociedade possam correr mais risco quando expostos a uma substância química específica. Outra razão é que, na maioria das situações, as crianças, os idosos e as pessoas doentes são mais prejudicadas pela exposição a substâncias químicas tóxicas e patógenos do que os adultos jovens e saudáveis. O mesmo valeria para plantas e animais que habitam os ecossistemas.

agir como uma barreira para a absorção de algumas substâncias químicas ingeridas, enquanto a pele pode agir como uma barreira para substâncias químicas que entram em contato com as mãos. Para levar em conta o fato de que não ocorre uma captação (ou absorção) igual a 100%, multiplique a dose pelo percentual absorvido (denominado f no Exemplo 6.4). O valor de f é tipicamente 0 a 0,1 (1 a 10%) para metais e 0 a 1,0 (0 a 100%) para muitas substâncias orgânicas.

Em muitos estados, a eficiência da absorção aplicável ao contato dérmico é considerada 10% ($f = 0,10$) no contato com substâncias químicas inorgânicas ou orgânicas voláteis. Para a ingestão de solo e poeira contaminados, presume-se que seja de 100% ($f = 1,0$) para substâncias químicas orgânicas voláteis e 100% para substâncias químicas que penetram mais fortemente no solo (por exemplo, PCBs e pesticidas). Entretanto, o meio em que a substância química está presente (água *versus* lipídio, ar *versus* água) pode determinar o grau de absorção. Além disso, a dose não é mais calculada para avaliações do risco de inalação porque, agora, as toxicidades da inalação são derivadas como concentrações de referência (CsRf) e riscos de unidade de inalação (RUIs) (repare que o risco decorrente da inalação não é coberto neste texto).

DOSE-RESPOSTA Em estudos laboratoriais com animais, o dano à saúde é medido tipicamente sobre um intervalo de doses (mínimo de três).

---

exemplo / 6.4 Levando em Conta a Eficiência da Absorção Durante a Determinação da Dose

Suponha que os cientistas saibam que apenas 10% das substâncias químicas discutidas no Exemplo 6.3 sejam absorvidos pela parede estomacal. Nesse caso, a exposição à substância química ocorreu apenas por meio da ingestão de água contaminada. Qual é a dose para as três populações-alvo?

solução

Como 10% da substância química são transportados através da parede estomacal, $f = 0,10$. As doses que levam em conta o transporte incompleto da substância química em questão para os nossos três segmentos da sociedade são:

$$\text{dose da mulher adulta: } \frac{10\,\frac{mg}{L} \times 0,10 \times 2\,\frac{L}{dia}}{50\,kg} = 0,04\,\frac{mg}{kg\text{-}dia}$$

$$\text{dose do homem adulto: } \frac{10\,\frac{mg}{L} \times 0,10 \times 2\,\frac{L}{dia}}{70\,kg} = 0,029\,\frac{mg}{kg\text{-}dia}$$

$$\text{dose da criança: } \frac{10\,\frac{mg}{L} \times 0,10 \times 1\,\frac{L}{dia}}{10\,kg} = 0,10\,\frac{mg}{kg\text{-}dia}$$

Aqui, a dose é muito mais baixa do que quando o efeito da absorção foi negligenciado. No entanto, as crianças e as mulheres adultas ainda recebem uma dose maior do que a dos homens adultos.

Como as populações da amostra são mantidas baixas durante esses estudos para poupar tempo e dinheiro, as doses aplicadas devem estar em concentrações relativamente altas, ou seja, em concentrações mais altas do que as observadas habitualmente no ambiente (por exemplo, no local de trabalho ou em casa). Como consequência, uma **avaliação dose-resposta** é feita para permitir a extrapolação dos dados obtidos em estudos laboratoriais feitos em doses mais altas até doses mais baixas, que são mais representativas da vida diária. Por causa desse processo de extrapolação, a avaliação pode negligenciar perigos como os efeitos da desregulação endócrina, que podem ocorrer em doses extremamente baixas. No entanto, conforme descrito nesta seção, as avaliações dose-resposta são feitas diferentemente para carcinógenos e não carcinógenos.

Carcinógenos Os cientistas têm conhecimento do efeito cancerígeno das substâncias químicas principalmente por meio de estudos de teste em animais de laboratório. Os estudos laboratoriais são realizados em doses mais altas para que os cientistas possam observar as alterações estatísticas em resposta à dose. Nesse caso, a resposta adversa é a formação de um tumor ou algum outro sinal de câncer. Os carcinógenos são tratados como substâncias com **efeito não limiar**, ou seja, sob o pressuposto de que qualquer exposição a uma substância causadora de câncer irá, com algum grau de incerteza, resultar na iniciação do câncer.

A Figura 6.10 mostra um exemplo de avaliação dose-resposta de uma substância química carcinógena. Como é utilizada uma abordagem científica conservadora e, como foi dito anteriormente, a evidência sugere que não há efeito de limiar, a interseção da curva dose-resposta em baixas doses é através da ordenada com origem zero. A aplicação desse modelo dose-resposta implica que a probabilidade de contrair câncer é zero somente se a exposição ao carcinógeno for zero. A inclinação da curva dose-resposta em doses muito baixas se chama **fator de potência** ou **fator de inclinação**.

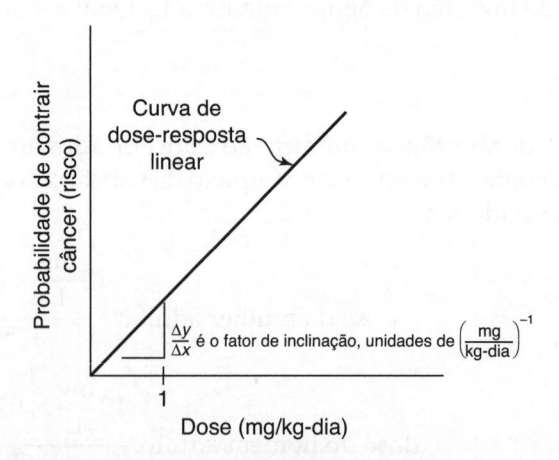

Figura / 6.10 **Relação Dose-Resposta Linear para um Composto Químico ou Substância Carcinógena** A origem em zero indica que, de acordo com esse modelo, não há efeito de limiar, de modo que a probabilidade de contrair câncer é zero somente se a exposição a um carcinógeno for zero. O eixo y pode ser considerado a probabilidade de contrair câncer com determinada dose. O eixo x é a dose (mg de substância química por kg de peso corporal por dia). A inclinação da curva dose-resposta perto da origem em zero para uma dose de 1 mg/kg-dia é denominada *fator de potência* ou *fator de inclinação*, com unidades equivalentes ao inverso de mg/kg-dia.

O fator de inclinação é utilizado nas avaliações de risco dos carcinógenos, como iremos mostrar mais adiante neste capítulo. O fator de inclinação é uma estimativa de limite superior do risco por incremento de dose que pode ser utilizada para estimar as probabilidades de risco carcinógenas em diferentes níveis de exposição.

Conforme a Figura 6.10, o fator de inclinação tem unidades do inverso de mg/kg-dia ou (mg/k-dia)$^{-1}$. Isso é igual ao risco unitário de uma ingestão diária crônica de 1 mg/kg-dia. Os valores do fator de inclinação de muitas substâncias químicas carcinógenas estão disponíveis no banco de dados IRIS (ver Aplicação 6.7). Como veremos mais tarde em vários exemplos, para obter o risco global vamos multiplicar o fator de inclinação pela dose calculada.

Na maioria das avaliações, determinamos a dose diária média supondo que um indivíduo é exposto à concentração máxima do carcinógeno ao longo de sua vida. Nesse caso, presume-se que o indivíduo adulto viva 70 anos e pese 70 kg. Esse tempo médio (TM) de 70 anos pode ser diferente do tempo de exposição real, como discutiremos mais tarde, quando reunirmos tudo para realizar uma avaliação de risco a fim de determinar, com base no risco, um nível de limpeza dos contaminantes encontrados na água potável e no solo.

Não carcinógenos   As substâncias químicas não carcinógenas não induzem tumores. Nesse caso, o ponto final adverso seria um impacto na saúde, como a doença hepática, distúrbio de aprendizado, perda de peso ou infertilidade. Obviamente, muitos pontos finais não resultam em câncer ou morte. Um ponto importante a ser compreendido é que, comparados com os carcinógenos, os não carcinógenos devem ter um **efeito de limiar**. Isto é, há uma **dose limite**, abaixo da qual acredita-se que não haja impacto adverso. A Figura 6.11 mostra a avaliação dose-resposta de um não carcinógeno.

Vários termos novos são definidos na Figura 6.11. Primeiro, há um **nível de efeito adverso não observado (NOAEL,** *no observable adverse effect level***)**. O NOAEL é a dose (unidades de mg/dia-kg) na qual nenhum efeito adverso sobre a saúde é observado. Uma dose menor ou igual a esse nível é considerada segura. No entanto, como há incerteza sobre a dose segura de uma substância não carcinógena, os cientistas aplicam fatores de segurança ao NOAEL para determinar a **dose de referência – DRf (RfD,** *reference dose***)**.

A DRf é determinada pela EPA como uma estimativa, com a incerteza abrangendo uma ordem de grandeza, talvez, de uma exposição oral diária para a população humana (incluindo os subgrupos sensíveis) que, provavelmente, não tem um risco perceptível de efeitos deletérios durante a vida útil.

A DRf pode ser representada matematicamente:

$$DRf = \frac{NOAEL}{FI} \qquad\qquad (6.2)$$

Repare que a Equação 6.2 e a Figura 6.11 mostram que a DRf é mais baixa do que o NOAEL. O **fator de incerteza (FI)** varia normalmente de 10 a 1.000. A aplicação do FI contribui para muitas incertezas na aplicação dos valores NOAEL para estimar os valores da DRf. (Mais adiante, a Aplicação 6.9 discute essas incertezas e como os valores de FI contribuem para tais incertezas na caracterização do risco.) A inclusão da FI na determinação de uma dose *segura* mostra que a DRf (unidades de mg/kg-dia) foi desenvolvida para levar em conta a incerteza associada à realização de

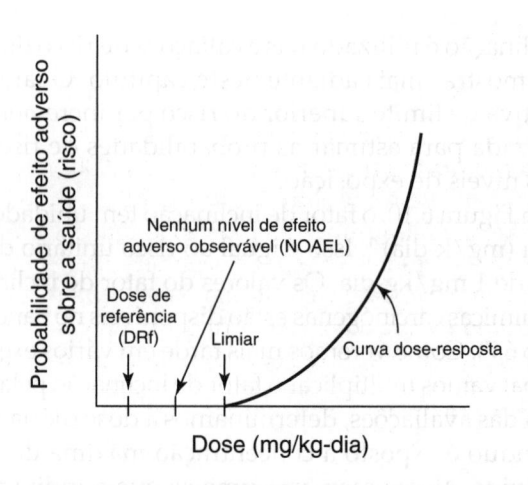

Figura / 6.11 Relação Dose-Resposta de um Composto Químico ou Substância Não Carcinógena Repare na presença de uma dose de limiar abaixo da qual não se observa nenhuma resposta adversa em relação à resposta que está sendo avaliada. O eixo y pode ser considerado a probabilidade de contrair um efeito adverso com determinada dose. O eixo x é a dose (mg de substância química por kg de peso corporal por dia). O NOAEL é a dose em que nenhum efeito adverso sobre a saúde é observado. As doses menores ou iguais a esse nível podem ser consideradas seguras. A DRf é uma estimativa de dose vitalícia que tende a não produzir risco importante. As DRfs são utilizadas para ingestão oral através das rotas de exposição, como a água potável ou a ingestão de alimentos.

estudos dose-resposta em pequenas populações homogêneas de animais de teste para aplicação em seres humanos. A DRf também deve levar em conta os grupos sociais (como as crianças) que podem ser mais sensíveis a uma substância química. Como veremos mais tarde, as DRfs são usadas nas avaliações de risco de ingestão oral de não carcinógenos por meio da água potável ou da ingestão de alimentos.

A **concentração de referência (CRf)** foi desenvolvida como uma estimativa de exposição por inalação (pela respiração) com uma duração que tende a não produzir um risco perceptível de efeitos de saúde adversos durante a vida. A CRf pode ser considerada uma estimativa (com incerteza de uma ordem de grandeza ou mais) de uma exposição contínua por inalação a um não carcinógeno que tende a não produzir um risco significativo para as populações humanas. O banco de dados IRIS fornece valores separados para a DRf e a CRf. O Capítulo 8 (Aplicação 8.3) traz um exemplo de como a EPA usa a DRf para obter um padrão de água potável para a substância química perclorato.

6.5.3 AVALIAÇÃO DA EXPOSIÇÃO

O propósito da **avaliação da exposição** é determinar o alcance e a frequência da exposição humana a substâncias químicas alvo. Algumas das questões que são respondidas durante a avaliação da exposição são apresentadas na Tabela 6.12.

A avaliação da exposição também pode determinar o número de pessoas expostas e o grau de absorção por várias rotas de exposição. Lembre-se de que o estudo de avaliação da exposição também determina a exposição de indivíduos médios da sociedade e de grupos de alto risco (por exemplo, trabalhadores, crianças, mulheres, grupos economicamente desfavorecidos, idosos, moradores da área). Geralmente, as crianças têm uma dieta mais

Tabela / 6.12

Algumas Questões Respondidas Durante a Avaliação da Exposição

Quais são as fontes importantes de substâncias químicas (por exemplo, aplicação de pesticidas)?

Quais são as vias (por exemplo, água, ar, alimento) e as rotas de exposição (por exemplo, ingestão, inalação, contato dérmico)?

A que quantidade da substância química as pessoas estão expostas?

Com que frequência as pessoas são expostas?

Quanta incerteza está associada às estimativas?

Quais segmentos da sociedade (ou ecossistema) correm mais risco?

limitada, que pode levar a exposições relativamente altas, porém intermitentes. Elas também adotam comportamentos, como engatinhar e manter contato oral (colocar mãos e objetos na boca), que resultam em uma maior exposição das substâncias químicas via ingestão oral. Os idosos e deficientes podem ter estilos de vida sedentários, que mudam a sua exposição. As mulheres grávidas e lactantes, geralmente, consomem mais água, o que pode levar a uma avaliação diferente da exposição. Por fim, as muitas diferenças fisiológicas entre homens e mulheres, como o peso corporal e as taxas de inalação, poderiam levar a diferenças importantes nas exposições. A EPA tem um manual que fornece orientações sobre quais valores específicos devem ser utilizados na avaliação da exposição (EPA, 2011b).

A avaliação da exposição também pode ser aplicada a um local específico. Conforme mencionado anteriormente neste capítulo, outras exposições poderiam estar associadas ao fato de morar perto de rodovia, incinerador, aterro sanitário ou fábrica. Também poderiam estar associadas a viver ou trabalhar em determinado tipo de construção, beber um tipo de suprimento de água ou ingerir determinado tipo e quantidade de alimento. Muitos detalhes são considerados, e um estudo científico acompanha cada um desses cenários.

Por limitações de espaço, vamos nos concentrar em como a avaliação da exposição está relacionada com o uso da terra para fins residenciais, comerciais e industriais. Grande parte dessa atividade está associada à tomada de decisão relacionada com a engenharia em propriedades abandonadas ou ociosas (os chamados *brownfields* ou campos marrons, discutidos na Aplicação 6.6), em algo que traga benefícios para a sociedade

Tabela / 6.13
Algumas Barreiras Críticas para o Reaproveitamento de *Brownfields*
Questões de responsabilidade
Diferenças nos padrões de limpeza (podem variar entre os governos estaduais e o federal)
Incerteza de custo associada à avaliação da contaminação e à limpeza
Obtenção de financiamento, porque os credores podem exigir que o governo renuncie à responsabilidade associada a esses locais
Preocupações da comunidade

Aplicação / 6.8 — *Brownfields*

De acordo com a EPA, os *brownfields* são "sítios industriais e comerciais abandonados, ociosos ou subutilizados nos quais a expansão ou o reaproveitamento é complicado pela contaminação ambiental real ou percebida". Nos Estados Unidos, estima-se que haja meio milhão de *brownfields*, situados principalmente em áreas urbanas. Questões de justiça ambiental e econômica estão associadas a esses locais, pois muitos estão situados em comunidades mais pobres.

Infelizmente, em geral, os *brownfields* ficam ociosos porque compradores, credores e desenvolvedores se mantêm distantes por motivos de responsabilidade e procuram locais virgens, ou seja, espaços abertos situados tipicamente à margem de cidades e municípios. Entretanto, o desenvolvimento do espaço virgem não é desejável para a sociedade e o meio ambiente, por questões como a perda de terra cultivável e seu meio de vida associado, perda do espaço aberto e de *habitat* da vida selvagem, bem como problemas de inundação associados ao gerenciamento das águas pluviais e da pavimentação, que provocam um maior escoamento.

Outro conjunto de impactos indesejados associados ao desenvolvimento das áreas verdes é que não há nenhuma infraestrutura (ao contrário de uma área urbana), de modo que a infraestrutura precisa ser construída e paga (consumindo energia e matérias-primas). Além disso, a localização dos empregos longe do núcleo urbano pode afastar empregadores e empregados, que não conseguem arcar com a propriedade de um veículo ou que poderiam ter de usar mais de um ônibus para chegar ao local de trabalho. Além disso, geralmente o desenvolvimento da área verde resulta em futuros problemas de expansão e congestionamento.

Por outro lado, os *brownfields* estão situados tipicamente próximos à infraestrutura ambiental construída, transporte de massa e trabalho. Desse modo, existem benefícios econômicos, sociais e ambientais claros decorrentes do reaproveitamento de um *brownfield* em vez do desenvolvimento em um local virgem.

A Tabela 6.13 apresenta algumas barreiras críticas ao reaproveitamento de um *brownfield*. Ouvir as preocupações da comunidade, envolver as partes interessadas e trabalhar com unidades locais do governo no processo de planejamento são componentes críticos do trabalho do engenheiro no reaproveitamento bem-sucedido de um *brownfield*.

Você pode aprender mais sobre os *brownfields* visitando o *website* da EPA, www.epa.gov/brownfields.

e o meio ambiente. Muitas vezes, os *brownfields* estão contaminados por atividades pregressas no local. O reaproveitamento de um *brownfield* requer que um engenheiro trabalhe com um grupo diverso de partes interessadas – membros da comunidade, organizações não governamentais, funcionários do governo, credores financeiros, agentes imobiliários e desenvolvedores – para alcançar um uso que agregue valor ao local.

A Tabela 6.14 fornece três tipos de uso da terra e os parâmetros associados que poderiam ser utilizados em uma avaliação da exposição. Os

Tabela / 6.14

Usos da Terra e Exemplos de Avaliação da Exposição Associada a Cada Uso   A EPA publica um *Manual dos Fatores de Exposição* (EPA, 2011b), que fornece mais detalhes sobre valores específicos utilizados na avaliação da exposição (EPA/600/R-09/052F, 2011).

Uso da Terra	Exemplos desse Uso da Terra	Exemplo de RI para Água Potável; Inalação de Ar e Ingestão de Sujeira	Exemplo de Frequência de Exposição (FE) (dias por ano) e Duração da Exposição (DE) (anos)
Residencial (a atividade primária é residencial)	Habitações unifamiliares, condomínios, prédios de apartamento	**As crianças bebem** 1L/dia	**Para a água potável** FE: 350 dias/ano DE: 30 anos
		Os adultos bebem 2 L/dia Os adultos inalam 20 m³/dia	**Para inalação do ar** FE: 350 dias/ano DE: 30 anos
		As crianças de 1-6 anos consomem 200 mg sujeira/dia **Os adultos consomem** 100 mg sujeita/dia	**Para ingestão de sujeira:** DE: 6 anos para crianças de 1-6 anos DE: 24 anos para adultos FE: 350 dias para Crianças e adultos
Industrial (a atividade primária é industrial ou o zoneamento é industrial)	Fábricas, serviços públicos, pesquisa industrial e desenvolvimento, armazenamento a granel de petróleo	**Os adultos bebem** 1 L/dia **Os adultos inalam** 10 m³/dia	**Para água potável** FE: 245 dias/ano DE: 21 anos **Para inalação de ar** FE: 245 dias/ano DE: 21 anos **Para ingestão de sujeira** DE: 21 anos para adultos FE: 245 dias para crianças e adultos
Comercial (o uso é um negócio ou se destina a abrigar, educar ou prestar cuidados para crianças, idosos, enfermos ou outras subpopulações sensíveis)	Creches, instalações educacionais, hospitais, instalações de cuidados com idosos e casas de repouso, lojas de varejo, escritórios profissionais, depósitos, postos de gasolina, oficinas mecânicas, instituições financeiras, prédios do governo	**Os adultos bebem** 1 L/dia **Os adultos inalam** 10 m³/dia	**Para água potável** FE: 245 dias D: 21 anos **Para inalação de ar** FE: 245 dias/ano DE: 21 anos **Para ingestão de sujeira** DE: 21 anos para adultos FE: 245 dias para crianças e adultos

*Lembre-se de que os pesos médios de um homem, uma mulher e uma criança são 70 kg, 50 kg e 10 kg, respectivamente.

três tipos de uso da terra considerados na Tabela 6.14 são o residencial, o industrial e o comercial. Os exemplos das atividades específicas que constituem cada utilização também são fornecidos na tabela. A categoria de uso comercial é extremamente variada, de forma que pode ser dividida em vários subtipos. Por exemplo, o uso comercial pode abranger creches, escolas, postos de gasolina, estaleiros, prédios do governo, escritórios profissionais e empresas comerciais que servem alimentos. Em todos esses casos, existem níveis diferentes de restrições ao acesso do público e diferentes níveis de exposição dos trabalhadores e clientes.

A Tabela 6.14 também estima a ingestão humana de substâncias químicas por meio de mecanismos tal como a água potável, o ar respirável e a ingestão de solo (ou poeira). Também pode haver contato dérmico direto com substâncias químicas ou solos contaminados. As estimativas dessas taxas de ingestão (TI) se baseiam em estudos científicos, no tipo de indivíduo e na atividade que acontece no local.

Como você pode imaginar, a especificidade do local está relacionada com a avaliação da exposição. Por exemplo, a Tabela 6.15 fornece a quantidade de sujeira que adere ao corpo e é ingerida diariamente por populações humanas específicas baseadas no uso da terra e no emprego associado. Para determinar a adesão de sujeira, os cientistas precisam saber o quanto de pele fica exposta ao contato dérmico (pele) potencial com substâncias químicas e sujeira contaminada. Como exemplo, os cientistas presumem que um trabalhador adulto use uma camisa de mangas curtas, calças compridas e sapatos. A área total de superfície de pele

Tabela / 6.15

Quantidade de Sujeira que Supostamente Adere à Superfície da Pele e que É Recolhida Diariamente em Populações Específicas Baseadas no Uso da Terra e no Emprego Associado

População-Alvo	Adesão de Sujeira (mg de sujeira/cm^2 de pele)	Massa de Sujeira Recolhida Diariamente
Adulto morando em área residencial	0,07	50
Criança morando em área residencial	0,2	200 para 1-6 anos de idade; 100 para todos os outros
Trabalhador adulto em comercial III	0,01	50
Trabalhador adulto em comercial IV	0,1	50
Trabalhador industrial	0,2	50

Comercial III se refere aos postos de gasolina, revendedoras de veículos, armazéns comerciais. A população de trabalhadores está envolvida em atividades, na propriedade, que são de baixa intensidade de sujeira por natureza.

Comercial IV se refere a hotéis, escritórios profissionais, bancos. Uma população de trabalhadores foi identificada como uma população receptora inadequada. Eles se envolvem em atividades, na propriedade, que têm uma natureza de alta intensidade de sujeira.

exposta à poeira e à sujeira, nessa suposta vestimenta, também é uma função do peso corporal do trabalhador. A área dérmica total disponível para contato é presumida, portanto, em 3.300 cm^2. Nesse caso, supõe-se que a pele consista em cabeça (1.200 cm^2), mãos (900 cm^2) e antebraços (1.200 cm^2).

Não se pressupõe que as condições climáticas do tipo camadas de neve e condições de congelamento afetem a quantidade de sujeira ingerida pelos seres humanos, já que estudos sugerem que até 80% da poeira contida no ar interior vêm de sujeira exterior. Acredita-se que a sujeira exterior seja transportada para dentro dos prédios por deposição de ar, aquecimento, ventilação e sistemas de ar condicionado, além do tráfego a pé. É evidente que o ambiente do ar interior afeta a saúde, em especial porque, como foi dito anteriormente, os americanos passam 85% do seu dia dentro de algum tipo de edificação atualmente. No entanto, a avaliação da exposição dérmica à sujeira contaminada também consideraria as condições climáticas nas áreas do Norte (camada de neve e solo congelado durante determinado período do ano), que limitam o contato direto entre o solo e a pele.

Para os engenheiros, o conhecimento da avaliação do risco e da exposição fornece informações para determinar se um local contaminado precisa ser retificado e, se for, em que nível. O solo e as águas subterrâneas contaminadas nos *brownfields* podem ser corrigidos com tecnologia de engenharia. Por outro lado, podem ser usadas barreiras tecnológicas e institucionais para minimizar ou prevenir a exposição. Por exemplo, a pavimentação de um estacionamento pode evitar o contato dérmico direto com solos contaminados subjacentes. Nesse caso, outro exemplo para evitar a exposição às águas subterrâneas contaminadas seria a propriedade ter, em sua escritura, uma restrição quanto à instalação de poços artesianos, caso ela seja atendida pelo fornecimento de água municipal.

6.5.4 CARACTERIZAÇÃO DO RISCO

Conforme a Figura 6.9, a **caracterização do risco** leva em consideração as três primeiras etapas da avaliação do risco (avaliação do perigo, avaliação dose-resposta e avaliação da exposição). A caracterização do risco é determinada especificamente pela integração das informações das avaliações dose-resposta e da exposição. O processo é realizado de maneira diferente para carcinógenos e não carcinógenos.

Uma questão importante é "qual nível de risco é aceitável? Legisladores e cientistas determinaram que um risco ambiental aceitável é o risco vitalício de 1 chance em 1 milhão (10^{-6}) de ocorrer um efeito adverso, já um risco inaceitável corresponde a 1 chance em 1.000 (10^{-3}) de ocorrer um efeito adverso.

Um risco de 10^{-6} significa que 1 milhão de indivíduos foram expostos a uma substância química tóxica no mesmo nível e exposição e, em decorrência dessa exposição, 1 indivíduo teria um efeito adverso. Um risco de 10^{-3} significa que 1 indivíduo sofreria um efeito adverso se 1.000 pessoas fossem expostas às mesmas condições. Normalmente, os governos estaduais e federal definem o risco aceitável entre 10^{-4} e 10^{-6}, com 10^{-5} e 10^{-6} sendo os valores mais utilizados nas políticas definidas pelos governos estaduais e federal. Esses valores representam o maior risco pela exposição ao perigo em relação ao risco de referência.

Nos exemplos que se seguem nas duas próximas subseções, pode ser utilizada uma caracterização do risco para determinar a concentração permitida de uma substância química no ar, na água ou no solo para um risco aceitável. Essa caracterização de risco também pode ser utilizada para determinar o risco ambiental resultante de determinada substância química em dada concentração, bem como o cenário de exposição dessa substância química em um meio ambiente particular.

No primeiro cenário, os legisladores fixariam o risco aceitável em um nível predeterminado (digamos que 10^{-4} a 10^{-6}), e seria estimada a concentração permitida de uma substância química em um meio particular que resultaria nesse risco. Na segunda situação, a concentração da substância química em um meio particular é conhecida e o risco é determinado.

CARCINÓGENOS Durante o desenvolvimento de uma caracterização de risco de carcinógenos, um ponto importante é que a dose é, presumidamente, uma dose média diária recebida por um indivíduo ao longo de uma vida inteira de exposição. Para os carcinógenos, essa vida de exposição é, presumidamente, 70 anos. Mais adiante nesta seção, vamos descrever como a exposição vitalícia é levada em conta.

Em termos simples, o risco associado às substâncias químicas carcinógenas é igual à dose (ou ingestão) multiplicada pelo risco unitário associado a uma dose de 1 mg/kg-dia:

$$\text{risco} = \text{dose} \times \text{risco por dose unitária} \qquad (6.3)$$

Lembre-se de que, para os carcinógenos, o risco unitário associado a uma dose de 1 mg/kg-dia é chamada de *fator de inclinação*.

O Exemplo 6.5 presumiu que os indivíduos foram expostos ao carcinógeno químico durante o seu tempo de vida de 70 anos. O que acontece no caso em que a exposição é, na realidade, menor do que a vida inteira de um indivíduo? Por exemplo, suponha que a exposição ocorra durante um período de 30 anos de emprego, quando um trabalhador foi exposto à substância química apenas no trabalho. Nesse caso:

$$\text{risco} = \text{dose} \times \frac{\text{dose}}{\text{dose unitária}} \times \frac{\text{tempo de exposição}}{\text{tempo de vida}} \qquad (6.4)$$

No caso dos carcinógenos, presumimos que os níveis de exposição ocorrem ao longo de uma vida (70 anos). Desse modo, a duração da vida

exemplo / 6.5 Determinando o Risco

No Exemplo 6.3, determinamos que a dose para um homem adulto exposto a uma substância química encontrada na água potável a 10 mg/L era de 0,29 mg/kg-dia. Qual é o risco associado a essa exposição? Esse risco está dentro de diretrizes aceitáveis?

Suponha que essa dose seja aplicada durante 70 anos de vida e que a substância química encontrada na água seja o benzeno, um carcinógeno conhecido. O banco de dados IRIS fornece um fator de inclinação de 0,055 $(\text{mg/kg-dia})^{-1}$ para a ingestão oral do benzeno.

solução

Como aprendemos previamente, o fator de inclinação é igual ao risco unitário de uma ingestão diária crônica de 1 mg/kg-dia. Para determinar a caracterização do risco, multiplique a dose pelo fator de inclinação:

$$\text{risco} = 0,29\frac{\text{mg}}{\text{kg-dia}} \times 0,055\frac{\text{kg-dia}}{\text{mg}} = 1,59 \times 10^{-2}$$

Essa solução significa que, se 100 indivíduos fossem expostos ao benzeno em uma concentração de 10 mg/L ao longo de sua vida útil, 1,59 indivíduo desenvolveriam câncer. Extrapolando para uma população de 10.000, isso significa que, se todos eles tivessem uma exposição similar ao benzeno, como a desse adulto, 159 indivíduos desenvolveriam câncer.

Isso está bem acima dos riscos aceitáveis de 1 em 10.000 (10^{-4}) e de 1 em 1 milhão (10^{-6}). Essa é uma razão para o nível máximo de contaminante (NMC) do benzeno na água potável ser 0,005 mg/L (ou 5 μg/L), muito mais baixo do que o valor de 10 mg/L utilizado nesse exemplo.

é definida em 70 anos. O termo *duração da vida*, na Equação 6.4, é considerado o tempo médio (TM) e, normalmente, sua unidade é dada em dias. O TM dos carcinógenos é de 25.550 dias (70 anos × 365 dias/ano), presumidamente.

Na Equação 6.4, o *tempo de exposição* é a frequência de exposição (FE) multiplicada pela duração da exposição (DE). FE é a quantidade de dias por ano que um indivíduo fica exposto a uma substância química.

A Tabela 6.14 forneceu dois exemplos de DEs e FEs em diferentes situações de uso da terra. Por exemplo, no caso do uso residencial e de uma rota de exposição pela água potável, a FE é de 350 dias/ano (50 semanas) presumidos e a DE é de 30 anos presumidos. A aplicação desse valor de FE supõe que um indivíduo passa 2 semanas longe de casa por ano, em férias ou em outras atividades profissionais ou familiares. A aplicação desse valor supõe que um indivíduo mora em uma casa por apenas 30 anos de sua vida. Repare nas diferenças em relação aos outros usos da terra. Por exemplo, a Tabela 6.14 diz que, em um contexto industrial, um trabalhador médio fica no local de trabalho 245 dias/ano (então, FE = 245 dias/ano) e tem um histórico médio de emprego de 21 anos (DE = 21 anos).

Os valores presumidos de FE e DE podem ser utilizados para desenvolver uma expressão a fim de determinar a concentração aceitável de uma substância química na água potável para um risco aceitável declarado:

$$\text{concentração aceitável} = \frac{\text{risco aceitável} \times \text{PC} \times \text{TM}}{\text{FI} \times \text{TI} \times \text{FE} \times \text{DE}} \quad (6.5)$$

Na Equação 6.5, se a concentração for conhecida (ou seja, mudar o termo no lado esquerdo para "concentração medida"), você pode determinar o risco associado a essa concentração substituindo o termo risco aceitável por "risco associado à concentração medida". Na Equação 6.5, PC é o peso corporal médio da população-alvo e TI é a taxa de ingestão, nesse caso 2L de água por dia (2L/dia).

O exame cuidadoso da Equação 6.5 mostra que isso é similar à Equação 6.4 mais simples. Alguns parâmetros foram adicionados para definir os termos na Equação 6.4, e a equação foi reorganizada a fim de configurar o problema para calcular a concentração de água potável aceitável, em vez do risco aceitável. A dose também está escondida na Equação 6.5. Aqui, a dose é igual à TI multiplicada pela concentração aceitável dividida pelo PC.

No Exemplo 6.6, como o risco aceitável muda se a avaliação da exposição também mostrou que a população-alvo consumiu 30 g de peixe por dia? A resposta é simples. Não haveria mudança no risco aceitável a menos que por algum motivo você tivesse conhecimento de que foi encontrado toxafeno no peixe. Nesse caso, o toxafeno é encontrado na água subterrânea, abaixo dessa vizinhança residencial. Não temos informações para afirmar que o peixe consumido por esses indivíduos entrou em contato com a água subterrânea contaminada. Se o peixe continha a substância química, a ingestão de toxafeno no peixe seria acrescentada ao cálculo. Isto é, a exposição seria de 2 L de água potável por dia e a ingestão de 30 g de peixe por dia. A Seção 6.6 vai fornecer um problema exemplo que inclui a exposição à água e ao peixe.

Outra solução de engenharia pode ser investigar se há um suprimento de água municipal, perto dessa comunidade, que poderia servir como fonte de água potável. Nesse caso, haveria uma restrição aplicada ao título da propriedade, na qual os proprietários não poderiam instalar um

Discussão em Sala de Aula

Durante a determinação de um nível de risco aceitável, tenha em mente que muitos indivíduos associados a outro indivíduo cuja saúde é prejudicada também são indiretamente prejudicados. A morte ou a doença de um indivíduo cobra um preço emocional e financeiro dos membros da família desse indivíduo, dos amigos e dos colegas de trabalho. Além disso, custos econômicos e sociais mais amplos estão associados a morte e doença de um indivíduo. Infelizmente, uma caracterização de risco típica não alcança esses impactos sociais e econômicos mais amplos. Quais são as suas opiniões pessoais e profissionais sobre essa questão? São iguais ou diferentes?

exemplo / 6.6 Determinando Concentração Admissível de uma Substância Química Carcinógena na Água Potável

Calcule uma concentração aceitável das águas subterrâneas para a substância química toxafeno se um desenvolvimento residencial for colocado acima de um aquífero de águas subterrâneas contaminado com toxafeno. Suponha que você determine o risco para um adulto que pese 70 kg e consuma 2L de água por dia do aquífero contaminado. O Estado onde você trabalha determinou que um risco aceitável é de 1 ocorrência de câncer por 10^5 pessoas. Use os valores da Tabela 6.14 para a frequência de exposição (FE) e a duração da exposição (DE) estipulados para uso residencial da terra.

solução

O banco de dados IRIS fornece um fator de inclinação oral para o toxafeno de 1,1 por mg/kg-dia. Lembre-se de que, para os carcinógenos, presumimos que o TM é de 70 anos. Usando a Equação 6.5 e os dados de exposição da Tabela 6.14, solucione a concentração aceitável do toxafeno nas águas subterrâneas (supondo que a única rota de exposição seja bebendo água potável):

$$\text{Concentração} = \frac{70\,\text{kg} \times 10^{-5} \times 70\,\text{anos} \times \dfrac{365\,\text{dias}}{\text{ano}} \times \dfrac{1.000\,\mu\text{g}}{1\,\text{mg}}}{\dfrac{1,1\,\text{kg-dia}}{\text{mg}} \times \dfrac{350\,\text{dias}}{\text{ano}} \times 30\,\text{anos} \times \dfrac{2\,\text{L}}{\text{dia}}}$$

$$= 0{,}77\,\mu\text{g/L ou } 0{,}77\,\text{ppb}_m$$

Repare que, se o risco aceitável fosse 1 em 1 milhão (10^{-6}), a concentração admissível de toxafeno diminuiria para 0,077 µg/L (ou 0,077 ppb_m).

poço para obtenção de água potável. Além disso, pode ser necessário fazer um estudo hidrológico para avaliar se as águas subterrâneas contaminadas recarregam em um curso d'água ou rio, onde a substância química poderia exercer toxicidade na vida aquática ou, talvez, contaminar uma captação de água potável a jusante. Essa opção tende a ser cara e vai limpar apenas a contaminação atualmente no local. Não vai prevenir que novas quantidades dessa substância química tóxica ou de outras sejam introduzidas no local.

NÃO CARCINÓGENOS   Como foi colocado anteriormente, as caracterizações de risco feitas para não carcinógenos são manipuladas de maneira diferente das caracterizações de carcinógenos. Lembre-se de que os não carcinógenos têm uma dose de limiar, abaixo da qual estima-se que não ocorra nenhum efeito adverso. Uma dose segura, chamada DRf, estima (com incerteza de uma ordem de grandeza ou mais) uma dose vitalícia de não carcinógeno que, provavelmente, não terá risco significativo para as populações humanas. O banco de dados IRIS, discutido anteriormente, fornece valores das DRfs.

O risco aceitável decorrente da exposição a uma substância química não carcinógena é determinado pelo cálculo do **quociente de perigo (QP)**. Para a exposição a um carcinógeno, a dose se aplica presumidamente a uma vida de 70 anos.

De acordo com a EPA, os efeitos não carcinógenos são avaliados por meio da comparação da ingestão diária estimada de uma substância química, ao longo de um período de tempo específico, com a DRf da mesma substância química, que foi calculada ao longo de um período de exposição similar. Desse modo, o QP é a dose diária média de uma substância química recebida por um indivíduo, dividida pela DRf:

$$QP = \frac{\text{dose diária média}}{\text{DRf}} \qquad (6.6)$$

Os QPs menores ou iguais a 1 significam que não há risco perceptível ou adverso; os QPs maiores que 1 significam que há uma possibilidade de ocorrência de alguns efeitos não cancerosos. Isso deveria fazer sentido a partir do estudo atento da Equação 6.6. Se o QP for igual a 1, a dose diária média à qual um indivíduo ou comunidade é exposto é igual à DRf (a dose segura).

A Equação 6.6 e as informações discutidas previamente podem ser usadas para desenvolver uma expressão para determinar a concentração aceitável de uma substância química não carcinógena na água potável:

$$\text{concentração aceitável} = \frac{\text{QP} \times \text{DRf} \times \text{PC}}{\text{TI}} \qquad (6.7)$$

Todos os termos na Equação 6.7 foram definidos previamente: QP é o quociente de perigo, DRf é a dose de referência, PC é o peso corporal da população-alvo e TI é a taxa de ingestão (nesse caso, a taxa de ingestão da água).

No processo de avaliação da dose-resposta, várias fontes causam incerteza nas estimativas do risco por dose unitária, na Equação 6.3, para carcinógenos (o fator de inclinação) e não carcinógenos (o quociente de perigo). No entanto, foram desenvolvidas políticas públicas que consideram tais incertezas e levam a estimativas conservadoras dos valores utilizados na caracterização do risco.

No caso dos carcinógenos, o modelo linear de dose-resposta aplicado frequentemente (Figura 6.10) é conservador, uma vez que esse modelo leva a uma estimativa de resposta mais alta (risco) do que os outros modelos em doses baixas, como o modelo *multi-hit* em forma de S e a curva dose-resposta em forma de U. De modo geral, dados de dose-resposta gerados a partir de estudos que usam testes em animais devem ser extrapolados para doses significativamente menores nas avalições de risco em humanos. Além disso, a falta de um nível limiar na relação dose-resposta para carcinógenos proporciona uma estimativa conservadora do risco. Mesmo se a dose fosse uma *molécula* por quilograma por dia, estima-se algum risco de contrair câncer quando nenhum nível de limiar é presumido.

Para os não carcinógenos, a aplicação de FIs na determinação da DRf e da CRf (e, assim, do QP) fornece estimativas conservadoras dos valores de QP. Esses FIs levam em conta a variação na suscetibilidade entre os membros da população humana (variabilidade entre indivíduos ou dentro de uma espécie), a incerteza na extrapolação de dados dos animais para o homem (incerteza entre espécies), a incerteza na extrapolação dos dados obtidos em um estudo com exposição menor do que o tempo de vida (extrapolação da exposição subcrônica para crônica), a incerteza na extrapolação de um nível observador mais baixo do efeito adverso (LOAEL), em vez de um valor NOAEL, e a incerteza associada à extrapolação quando o banco de dados está incompleto.

A EPA começou a recomendar o uso de um conceito de *dose de referência (dose de 'benchmark')* para melhorar a qualidade da DRf e da CRf e reduzir o número de fatores de incerteza utilizados. Essa abordagem usa todos os dados disponíveis para estimar a NOAEL, em vez de contar com um único ponto. Esse desenvolvimento proporciona um exemplo de meio através do qual a política pública está sendo melhorada continuamente na estimativa do risco por dose unitária.

exemplo / 6.7 Determinando o Risco de Substâncias Químicas Não Carcinógenas

Embora proibida na União Europeia, a antrazina é um herbicida amplamente utilizado nos Estados Unidos, especialmente na produção de milho em larga escala. Isso traz uma preocupação de saúde pelos possíveis impactos adversos no sistema cardiovascular e na reprodução. A U.S. Geological Survey relatou concentrações de atrazina de até 14 ppb no Rio Ar kansas. Se a dose de referência da antrazina for notificada no IRIS como 0,035 mg/kg-dia, uma mulher de 50 kg correria risco se bebesse 2L de água não tratada do Rio Arkansas por dia?

solução

Determine o quociente de perigo usando a Equação 6.6. Lembre-se do Capítulo 2, no qual vimos que 1 ppb é igual a 1 μg/L.

$$QP = \frac{dose}{DRf} = \frac{14\,\mu g/L \times \dfrac{mg}{1.000\,\mu g} \times \dfrac{2\,L}{dia} \times \dfrac{1}{50\,kg}}{0,035\,mg/kg\text{-dia}} = 0,016$$

Como o QP é menor do que 1, podemos supor que não há risco perceptível em consequência da atrazina para um indivíduo que beba água do rio. Repare que a meta de nível máximo de contaminante (MNMC) da atrazina é 3 ppb – limite que não pode ser ultrapassado pela estação de tratamento de água potável de uma comunidade. Além disso, uma avaliação do risco ecológico poderia ser feita para a vida aquática que habita o rio.

exemplo / 6.8 Determinando as Concentrações Aceitáveis de uma Substância Química Não Carcinogênica na Água Potável

Calcule o padrão de proteção aceitável das águas subterrâneas para uma substância química anônima, classificada como não carcinógena. Um desenvolvimento industrial se estabelece em cima de um aquífero de águas subterrâneas contaminadas com a substância química, e os estabelecimentos comerciais irão usar as águas subterrâneas como fonte de água potável para seus trabalhadores. Suponha que você determine o risco para um homem adulto médio que pese 70 kg e consuma 2 L de água por dia.

solução

Suponha que o banco de dados IRIS diga que a DRf da substância química para ingestão oral é 0,01 mg/kg-dia. A concentração aceitável da substância química nas águas subterrâneas (supondo que a única rota de exposição seja pela água potável contaminada) é encontrada pela Equação 6.7 (e quando o QP é menor ou igual a 1):

$$\text{concentração aceitável} = \frac{QP \times DRf \times PC}{TI}$$

$$= \frac{1 \times 0,01\,\dfrac{mg}{kg\text{-}dia} \times 70\,kg}{2\,\dfrac{L}{dia}}$$

$$= 0,35\,mg/L\,(ou\,350\,ppb\,ou\,0,35\,ppm)$$

6.6 Problemas Mais Complicados com Duas Rotas de Exposição pelo Menos

As avaliações da exposição podem ficar mais complicadas do que mostram os exemplos apresentados anteriormente. Até este ponto, a determinação da dose assumiu uma única rota de exposição. Esta seção final investiga como o risco ambiental pode considerar várias rotas de exposição de uma vez e como alguns dos processos de particionamento ambiental, estudados nos Capítulos 3 e 5, são incorporados em problemas de multimídia mais complexos, nos quais uma substância química se divide nas fases de água, ar e/ou sólido.

O primeiro exemplo usa uma caracterização de risco para determinar o padrão de qualidade da água de superfície para o qual a avaliação da exposição identificou a captação da substância pela ingestão de peixe contaminado que vive naquelas águas, além de beber água contaminada. O segundo exemplo vai usar uma caracterização do risco para determinar os padrões de limpeza aceitáveis do solo contaminado subjacente às águas subterrâneas. Nessa situação, a substância química não só é dissolvida na água capilar do solo, mas também pode ser absorvida nos revestimentos orgânicos das partículas do solo e/ou particionada no ar dos espaços vazios encontrados na estrutura do solo. Os dois exemplos vão exigir o uso do nosso conhecimento sobre a divisão de uma substância química no ambiente.

6.6.1 ESTABELECENDO PADRÕES DE QUALIDADE DA ÁGUA BASEADOS NA EXPOSIÇÃO POR MEIO DA INGESTÃO DE ÁGUA POTÁVEL E DE PEIXE

A Tabela 6.16 fornece informações relativas a três estados hipotéticos diferentes, que poderíamos usar de maneira independente para definir um padrão de qualidade das águas superficiais em relação a uma substância química hipotética. O exame atento dessa tabela mostra que os três estados obteriam padrões de qualidade de água diferentes para a mesma substância química. Como pode ser isso? Um exame mais atento nas informações da Tabela 6.16 indica que os estados usam pressupostos diferentes em sua avaliação da exposição.

Cada Estado hipotético supõe o mesmo peso de um adulto (70 kg), a mesma taxa de ingestão de água (2L/dia) e o mesmo fator de inclinação do câncer. Entretanto, cada estado supõe taxas diferentes de consumo de peixe pela população adulta e uma magnitude diferente do comportamento de particionamento da substância química a partir da água e do peixe (o fator de bioacumulação). Repare que o estado 2 assume até mesmo que o tipo de peixe encontrado na água fria tinha um teor de gordura (lipídio) maior, tal que a substância química em questão (que é muito hidrofóbica) particiona mais nos peixes de água fria do que nos peixes de água quente.

Nesse caso, a dose total vem da ingestão de água e peixes e, ainda nesse caso, a maior parte da dose resulta da ingestão de peixe contaminado. Os altos fatores de bioacumulação da Tabela 6.16 indicam que a concentração da substância química nos peixes é muito maior do que na água de superfície à qual o peixe está exposto. Quando esses fatores são multiplicados pela taxa de ingestão diária de peixe, o resultado é um valor bem grande. Isso acontece porque, nesse caso, trata-se de uma substância química muito hidrofóbica. Em razão disso, ela não tende a dissolver muito na água; ao contrário, distribui-se pela gordura (lipídios) dos peixes de água fria.

Em relação ao tópico da discussão, os segmentos da sociedade expostos ao maior risco de consumo de peixes provavelmente são as crianças

Discussão em Sala de Aula Quais são alguns dos segmentos sociais ou econômicos que estão expostos a um risco mais alto em consequência da ingestão de peixe contaminado?

Tabela / 6.16

Pressupostos de Avaliação da Exposição Utilizados por Três Estados Hipotéticos na Definição de um Padrão de Qualidade da Água para uma Substância Química que Bioacumula nos Peixes

	Estado 1	Estado 2	Estado 3
Taxa de ingestão de água (L/dia)	2	2	2
Peso corporal do adulto (kg)	70	70	70
Taxa de ingestão de peixe (g/dia)	6,5	30	15
Fatores de bioacumulação, ou seja, concentração medida nos peixes, dividida pela concentração medida na água (L de água/kg de peixe).	51.500	336.000 (água fria) 84.086 (água quente)	7.310

(dose mais alta em virtude do baixo peso corporal), as mulheres grávidas (talvez a substância química seja até mesmo suspeita de prejudicar o desenvolvimento fetal), ou pescadores amadores ou de subsistência, que consomem mais peixe ou partes de peixe que contêm teor lipídico mais elevado do que a população geral consome (maior exposição em virtude do maior consumo). Esse último grupo pode ser de turistas que estão consumindo uma grande quantidade de peixe por um curto período de tempo durante uma viagem de pesca. Mais provavelmente, são indivíduos que dependem desses peixes para a sua subsistência. Por exemplo, em muitas partes dos Estados Unidos, os Nativos Americanos e as populações de imigrantes são conhecidos por consumir mais peixe ou comer partes de peixes que contêm concentrações de contaminantes mais elevadas do que as outras pessoas consomem.

6.6.2 COMO DETERMINAR OS PADRÕES ADMISSÍVEIS DE LIMPEZA DO SOLO QUE PROTEGEM AS ÁGUAS SUBTERRÂNEAS

Agora, voltemos a nossa atenção para determinar um nível de limpeza adequado que deveria ser tomado por um engenheiro como referência em um local com solo contaminado. Para esse problema em particular, suponha que uma avaliação da exposição indique que o solo contaminado não representa uma ameaça direta para adultos ou crianças que ingiram o solo contaminado ou que respirem vapores emitidos pelo solo contaminado. Esse poderia ser o caso dos tanques de armazenamento subterrâneos vazando, nos quais a contaminação está abaixo da superfície do solo e os vapores resultantes do solo não chegam à superfície. Nesse caso, o problema é que o solo contaminado age como uma fonte de poluição, e a substância química em questão pode lixiviar do solo e contaminar a água subterrânea subjacente. As águas subterrâneas podem servir como fonte de água potável para uma residência ou município ou, talvez, as águas subterrâneas descarreguem em um curso d'água, onde a substância química pode exercer sua toxicidade para a vida aquática. A Figura 6.12 mostra a complexidade desse problema.

Solucionar esse tipo de problema requer várias etapas, detalhadas na Tabela 6.17. Vamos concentrar nossos esforços somente em uma das várias substâncias químicas encontradas nos produtos à base de petróleo – o benzeno. Vamos supor que as águas subterrâneas não recarreguem um curso d'água, de modo que não há preocupação com o risco para um ecossistema aquático.

Presumimos o uso residencial das águas subterrâneas, e o Exemplo 6.6 nos deu informações sobre a frequência de exposição, a duração da exposição e o tempo médio desse tipo particular de uso da terra. A concentração de benzeno admissível é determinada da seguinte forma (usando o fator de inclinação adequado, equivalente a 0,055 $(\text{mg/kg-dia})^{-1}$ do banco de dados IRIS):

$$\text{concentração} = \frac{70 \text{ kg} \times 10^{-5} \times 70 \text{ anos } \times \dfrac{365 \text{ dias}}{\text{ano}} \times \dfrac{1.000 \text{ μg}}{\text{mg}}}{0,055 \dfrac{\text{kg-dia}}{\text{mg}} \times \dfrac{350 \text{ dias}}{\text{ano}} \times 30 \text{ anos } \times \dfrac{2 \text{ L}}{\text{dia}}} \qquad 6.8)$$

A concentração admissível é determinada como 15 μg/L (15 ppb_m).

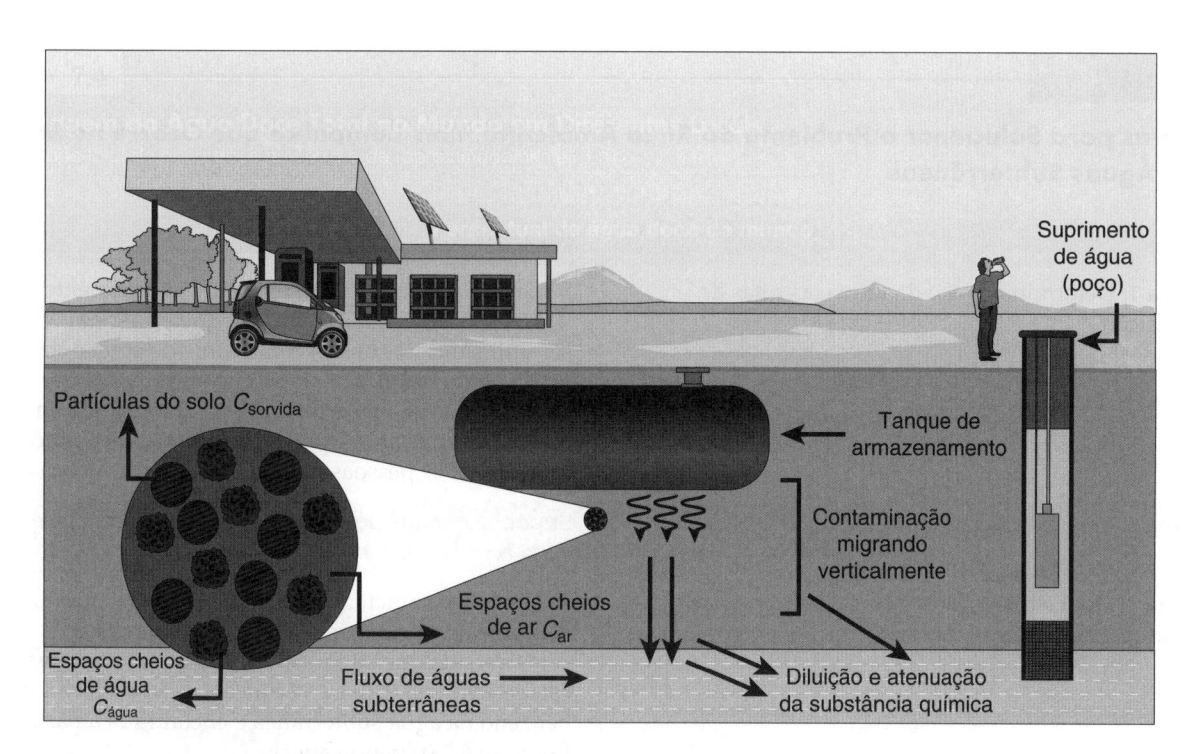

Figura / 6.12 Complexidade de uma Situação na Qual um Tanque de Armazenamento Subterrâneo Vazando Descarregou uma Substância Química que Está Contaminando as Águas Subterrâneas Subsuperficiais. A substância química pode se dividir entre os espaços de ar no solo, os espaços cheios de água no solo e a cobertura orgânica do solo. A constante de Henry é utilizada para relacionar as concentrações gasosa e aquosa da substância química no equilíbrio. Utiliza-se um coeficiente de particionamento solo-água para relacionar as concentrações das fases aquosa e sorvida para o equilíbrio de sorção. A substância química dissolvida na água pode lixiviar verticalmente para as águas subterrâneas. No processo, ela pode atenuar química ou biologicamente, ou ser diluída pelas águas subterrâneas limpas e ascendentes.

Esse valor é um fator de três mais alto do que o nível máximo de contaminante (NMC) do benzeno, que é 5 µg/L. O NMC é o padrão exigido pela EPA, então esse valor padrão será utilizado para calcular o padrão de limpeza do solo nas etapas subsequentes. Os NMCs se baseiam nas tecnologias de tratamento, na acessibilidade e em outros fatores de viabilidade, como a disponibilidade de métodos analíticos, a tecnologia de tratamento e os custos para alcançar vários níveis de remoção. A orientação da EPA para estabelecer um NMC afirma que os NMCs são padrões exigíveis e devem ser definidos o mais próximo possível das metas de nível máximo do contaminante (MNMCs) (metas de saúde), conforme for viável.

A Etapa 4 da Tabela 6.17 se encarrega de determinar como a concentração da substância química é alterada à medida que se desloca verticalmente através da zona insaturada até as águas subterrâneas. Um engenheiro poderia fazer uma modelagem hidrológica sofisticada para determinar o movimento vertical do benzeno, desde o solo contaminado encontrado na zona insaturada até a zona saturada subjacente. Por uma questão de simplicidade, vamos supor que a migração de um contaminante do solo até as águas subterrâneas subjacentes tenha dois estágios. Primeiro, a substância química deve particionar (das fases de sorção ou gasosa) para a água capilar que circunda a área contaminada. Em seguida, a água de lixiviação resultante deve ser transportada verticalmente para as águas subterrâneas subjacentes. À medida que a substância quí-

Etapas para Solucionar o Problema do Risco Ambiental Mais Complexo que Ocorre no Solo e nas Águas Subterrâneas

Etapa	Procedimento
Etapa 1: Determinar o uso da terra e as rotas de exposição	Suponha que haja águas subterrâneas subjacentes que sejam utilizadas atualmente (ou que poderiam ser utilizadas no futuro) como fonte de água potável para um lar ou comunidade. Presume-se que as águas subterrâneas não recarregam um curso d'água ou rio e que beber água subterrânea contaminada é a única maneira de as pessoas se exporem à contaminação.
Etapa 2: Qual é o risco aceitável?	Suponha que um corpo regulatório tenha estabelecido o risco aceitável em 10^{-5}.
Etapa 3: Qual é o nível aceitável de benzeno nas águas subterrâneas?	Realize uma caracterização do risco para determinar a concentração de benzeno na água subterrânea contaminada que não ultrapassará o risco aceitável estabelecido na etapa 2. A concentração aceitável do benzeno na água subterrânea é encontrada a partir da Equação 6.5 (repetida aqui): $$\text{concentração aceitável} = \frac{\text{risco aceitável} \times PC \times TM}{FI \times TI \times FE \times DE}$$
Etapa 4: Determinar como a concentração da substância química é modificada enquanto se move verticalmente através da zona insaturada até as águas subterrâneas.	Isso é determinado por um estudo hidrogeológico detalhado ou por meio de uma suposição que forneça uma ideia da diluição e da atenuação da substância química.
Etapa 4a: Determinar a concentração admissível na água capilar do solo que circunda o sítio de contaminação em relação à concentração aceitável nas águas subterrâneas.	Use os resultados do estudo hidrogeológico ou um fator de atenuação da diluição (FAD).
Etapa 4: Estimar uma concentração admissível no solo (benzeno total por massa total de solo úmido) a partir da concentração admissível de água capilar.	Aplique o conhecimento de balanço de massa e de particionamento químico entre as fases de ar, solo e água.

mica dissolvida é transportada para baixo com a água de infiltração, ela pode ser transformada para uma concentração mais baixa pelos processos químicos ou biológicos que ocorrem naturalmente. Também pode ser diluída com a água não contaminada que encontrar ascendentemente nas águas subterrâneas.

Por uma questão de simplicidade, suponha que o valor igual a 16 leve em conta todos os processos de diluição e atenuação. Isto é, a concentração química na água capilar que circunda a contaminação dividida por 16 será igual à concentração na água subterrânea à qual alguém poderia acabar se expondo.

A Etapa 4a serve para determinar a concentração admissível na água capilar do solo que circunda o sítio de contaminação a partir da concentração aceitável na água subterrânea. Passando da concentração admissível na água subterrânea para a água capilar, a concentração admissível do benzeno na água capilar dentro da zona de solo contaminado que vai lixiviar verticalmente até não afetar adversamente a água subterrânea é:

$$0,005 \text{ mg/L} \times 16 = 0,080 \text{ mg/L}$$

Lembre-se de que o valor 0,080 mg/L não é a concentração à qual alguém se exporia se bebesse a água contaminada. O valor 0,80 mg/L é a concentração admissível na água capilar do solo contaminado. Ela será reduzida pela diluição e atenuação, de modo que a concentração encontrada na água subterrânea será 0,05 mg/L.

A Etapa 4b tem a função de estimar uma concentração admissível no solo (benzeno total por massa total de solo úmido) a partir da concentração admissível na água capilar. A etapa final consiste em pegar a concentração admissível em fase aquosa na água capilar (mg de benzeno por L de água) e convertê-la para uma concentração no solo (mg de benzeno por kg de solo úmido). Para tornar o problema mais fácil, suponha que o sistema benzeno-ar-água-solo esteja em equilíbrio. Determina-se a quantidade de benzeno particionada no equilíbrio entre a água capilar, espaços de ar e fase de sorção do solo.

A massa total de benzeno (das fases de água capilar aquosa, ar e sorção) que está contida em uma massa unitária de solo é o resultado da medição, se você coletar uma amostra de solo da subsuperfície e solicitar uma análise laboratorial do solo. Esse valor também pode ser encarado como a concentração de benzeno que pode permanecer no solo (unidades de mg de benzeno por kg de solo) e, se for lixiviado verticalmente, não resultaria em uma concentração subsequente na água subterrânea que prejudicasse a saúde humana em um risco aceitável declarado.

Para realizar esse cálculo, precisamos de informações de propriedades da subsuperfície. Suponha que o sistema de subsuperfície seja homogêneo, que a porosidade do solo seja 0,3%, que o teor de carbono orgânico do solo seja 1% e que a densidade aparente do solo seja 2,1 g/cm³. Suponha também que um terço dos espaços vazios do solo estejam preenchidos com ar e que os dois terços restantes dos espaços vazios estejam preenchidos com água.

A massa total da substância química é igual à massa de substância química sorvida pelo solo, mais a massa de substância química nos vazios cheios de água, mais a massa da substância química nos vazios cheios de ar. Matematicamente, essa declaração pode ser escrita da seguinte forma, usando informações sobre o particionamento no equilíbrio (Capítulos 3 e 5):

concentração admissível no solo

$$= (C_{\text{água}} \times K) + \left(\frac{C_{\text{água}} \times \theta_{\text{água}}}{\rho_b} \right) + \left(\frac{C_{\text{água}} \times \theta_{\text{ar}} \times K_{\text{H}}}{\rho_b} \right) \quad \textbf{(6.9)}$$

Aqui, $C_{\text{água}}$ é a concentração de água capilar da substância química determinada na Etapa 4a (0,08 mg/L), K é o coeficiente da partição solo-água de nossa substância química de interesse, K_{H} é a constante adimensional da lei de Henry para a nossa substância química de interesse, $\theta_{\text{água}}$ é a porosidade do solo cheia de água, θ_{ar} é a porosidade do solo cheia de ar e ρ_β é α densidade aparente do solo (supostamente 2,1 g/cm³).

Nesse caso, temos os seguintes valores para essas variáveis:

- $C_{\text{água}}$ foi determinada na Etapa 4a como 0,080 mg/L.

- $\theta_{\text{água}}$, a porosidade do solo preenchida com água, é igual à porosidade (0,3) multiplicada pela fração de espaços vazios que são preenchidos com água

(2/3 nesse problema). Nesse caso, $_{água}$ é igual a 0,2 (expressado em unidades de $L_{água}/L_{total}$).

- $_{ar}$, a porosidade do solo preenchida com espaços de ar, é igual à porosidade (0,3) multiplicada pela fração de espaços vazios que são preenchidos com ar (1/3 nesse problema). Nesse caso, $_{ar}$ é igual a 0,1 (expressado em unidades de L_{ar}/L_{total}).

- K, coeficiente de particionamento solo-água, pode ser estimado a partir do coeficiente de particionamento octanol-água, conforme discutido no Capítulo 3. Suponha que o benzeno tenha um log K_{oa} de 2,13. Para o benzeno, a correlação da Figura 3.11 pode ser utilizada para estimar o coeficiente de particionamento solo-água normalizado para carbono orgânico (log K_{co}) como 2,02 (K_{co} é igual a $10^{2,02}$ L/kg de carbono orgânico). Como o teor de carbono orgânico do solo foi declarado como 1%, a Equação 3.32 pode ser utilizada para determinar que K é 1,05 L/kg de solo.

- K_H do benzeno é 0,18 a 20º C. Esse é o valor para a reação de uma substância química na fase de ar passando para a fase líquida. Nessa situação, portanto, as unidades de K_H são $L_{água}/L_{ar}$. Para simplificar o problema, vamos supor que a temperatura mais fria da subsuperfície não afete muito o comportamento de particionamento ar-água do benzeno.

Inserindo esses valores nas incógnitas da Equação 6.9, temos a concentração admissível do solo:

$$= \left(0,08\frac{mg}{L} \times 1,05\frac{L}{kg\,solo}\right) + \left(\frac{0,08\frac{mg}{L} \times 0,2\frac{L_{água}}{L_{total}}}{2,1\frac{g\,solo}{cm^3} \times 1.000\frac{cm^3}{L} \times \frac{kg}{1.000\,g\,solo}}\right)$$

$$+ \left(\frac{0,08\frac{mg}{L} \times 0,18\frac{L_{água}}{L_{ar}} \times 0,1\frac{L_{ar}}{L_{total}}}{2,1\frac{g\,solo}{cm^3} \times 1.000\frac{cm^3}{L} \times \frac{kg}{1.000\,g\,solo}}\right) \qquad (6.10)$$

Calculando as concentrações do benzeno na fase de sorção, na fase de água capilar e nos espaços de ar, respectivamente, temos a concentração admissível do solo:

$$= 0,084\,mg/kg + 0,0076\,mg/kg + 0,00069\,mg/kg$$

$$(sorção) \qquad (água) \qquad (ar) \qquad (6.11)$$

$$= 0,092\,mg\,benzeno/kg\,de\,solo$$

Essa concentração admissível do solo igual a 0,092 mg/kg (0,092 ppm$_m$) é a concentração do benzeno que pode continuar no solo e ainda proteger o recurso das águas subterrâneas dentro dos padrões de água potável. Quaisquer áreas do solo contaminado maiores do que esse valor teriam de ser removidas ou corrigidas até esse nível de limpeza mais baixo.

Termos-Chave

- avaliação da exposição
- avaliação de risco
- avaliação do perigo
- avaliação dose-resposta
- bioacumulação
- *brownfield*
- caracterização do risco
- carcinógeno
- carcinógenos suspeitos
- certificação LEED
- concentração letal média CL_{50}
- concentração de referência (CRf)
- curva dose-resposta
- descarte
- desreguladores endócrinos
- dose
- dose de referência (DRf)
- dose letal média (DL_{50})
- dose limite
- ecoeficiência
- ecotoxicidade
- efeito de limiar
- efeito não limiar
- epidemiologia
- exposição
- fator de incerteza (FI)
- fator de inclinação
- fator de potência
- hierarquia de prevenção da poluição
- inventário de Emissão de Substâncias Tóxicas (TRI, *Toxics Release Inventory*)
- justiça ambiental
- lei de Conservação e Recuperação de Recursos (RCRA)
- lei de Planejamento de Emergência e Direito de Saber (EPCRA, *Emergency Planning and Community Right-to-Know Act*)
- liderança em Energia e Projeto Ambiental (LEED, *Leadership in Energy and Environmental Design*)
- minimização de resíduos
- nível de efeito adverso não observado (NOAEL, *no observable adverse effect level*)
- não carcinógeno
- peso da evidência
- percepção do risco
- prevenção da poluição
- populações suscetíveis
- química verde
- quociente de perigo (QP)
- toxicidade aguda
- toxicidade crônica
- reciclagem
- redução da fonte
- resíduo perigoso
- resíduo sólido
- risco
- risco ambiental
- tratamento
- toxicidade
- vias de exposição

AVISO

PEIXE CONTAMINADO
NÃO COMA

capítulo/Seis   Problemas

6.1 Qual é a diferença regulatória na RCRA entre uma substância perigosa e uma substância tóxica?

6.2 Identifique vários tipos de risco durante o seu trajeto até a escola. Qual desses riscos você classificaria como um risco ambiental?

6.3 Classifique esses cenários em ordem do seu risco ambiental (do menor para o maior): (a) Um operário não recebeu equipamento respiratório de proteção e a substância química emitida foi considerada inofensiva. (b) Um operário recebeu equipamento respiratório de proteção que remove 99% de uma substância química perigosa. (c) Um operário recebeu equipamento respiratório de proteção que remove 100% de uma substância química perigosa. (d) Um operário recebeu equipamento respiratório de proteção que remove 100% de uma substância química considerada inofensiva. (e) Uma substância química tóxica foi identificada no suprimento de água potável de uma fábrica. O operário que você está avaliando tem um trabalho burocrático e não se expõe a nenhuma substância tóxica emitida no ar da área de produção da fábrica. Esse operário também traz toda a sua água e outras bebidas de casa em recipientes reutilizáveis.

6.4 Classifique esses três cenários na ordem do seu risco ambiental (do menor para o maior): (a) Os clientes visitam um bar 6 h por semana em um local onde o estado aprovou regulamentos que impedem os clientes de fumar dentro de restaurantes e bares. (b) Os garçons ficam expostos à fumaça indireta do tabaco 8 h por dia durante o trabalho. (c) Os clientes ficam expostos à fumaça indireta do tabaco 2 h por semana enquanto jantam no mesmo restaurante em que trabalham os garçons do item (b). (d) Os garçons trabalham 8 h por dia em um estabelecimento situado em um estado que aprovou regulamentos que impedem os clientes de fumar em restaurantes e bares.

6.5 Quais são as três considerações, além da toxicidade, que contribuem para que uma substância química seja considerada "perigosa"?

6.6 Identifique as três principais emissões químicas em sua cidade natal ou universidade usando o banco de dados do Inventário de Emissão de Substân-cias Químicas Tóxicas da EPA. Que informações você pode encontrar sobre toxicidade dessas substâncias químicas? É fácil ou difícil encontrar essas informações? As informações são coerentes ou conflitantes? Elas variam de acordo com a fonte (governo *versus* indústria)?

6.7 A EPA lançou a Análise Nacional do Inventário de Emissão de Substâncias Químicas Tóxicas de 2011 em Janeiro de 2013. Localize essas informações e preencha a Tabela 6.18 com as informações de descarte e emissão de substâncias químicas tóxicas (no ano de 2011) para os três grandes ecossistemas aquáticos a seguir: Estuário de Long Island, Golfo do México e Estuário do Delta da Baía de San Francisco. Esses três corpos d'água são reconhecidos como importantes por motivos ecológicos, econômicos e sociais.

Tabela / 6.18

Dados do Inventário de Emissão de Substâncias Tóxicas Associadas a Três Grandes Ecossistemas Aquáticos

	Estuário do Delta da Baía de San Francisco	Golfo do México	Estuário de Long Island
Número de Instalações TRI			
Descarte total ou outras emissões no local e fora do local			
Emissões totais no ar local			
Emissões totais na água local			
Emissões totais no solo local			
Injeção subterrânea			
Cinco principais setores industriais que contribuem para o TRI			

6.8 Defina prevenção da poluição e descreva por que ela é a abordagem preferida para tratar do desafio dos resíduos.

6.9 Qual é a diferença entre prevenção da poluição e sustentabilidade?

6.10 Use a hierarquia de prevenção da poluição para ordenar os cenários a seguir do **menos para o mais preferido**. Além disso, rotule cada cenário como um exemplo de redução da fonte, reciclagem, tratamento ou descarte: (a) O nitrogênio amoniacal é transformado em azoto nítrico, que é menos tóxico, na estação de tratamento de efluentes e depois descarregado em um corpo d'água receptor. (b) Urina (que contém 75% do nitrogênio excretado pelo corpo humano) é coletada na residência e aplicada no jardim como fertilizante. (c) Um dono de casa decide não colocar mais os restos de comida no triturador da pia e, em vez disso, instala uma máquina de compostagem no quintal. (d) O nitrogênio nos efluentes é precipitado e recuperado para fertilização em uma estação de tratamento central, como estruvita (magnésio fosfato de amônio, $NH_4MgPO_4\ 6H_2O$).

6.11 Rotule cada cenário como um exemplo de redução da fonte, reciclagem, tratamento ou descarte: (a) A comunidade coleta resíduos sólidos domésticos e os descarta em um aterro sanitário. (b) A comunidade implementa um programa de coleta de resíduos de jardim para tratar os componentes do fluxo de resíduos (suponha que componha 14% dos resíduos totais). O resíduo de jardim é compostado e reutilizado na comunidade. (c) A comunidade muda o seu plano de cobrança de uma taxa única cobrada por residência para um novo plano que cobra as residências por cada saco (ou lata de lixo) de resíduos sólidos colocados na calçada para coleta. Sua ideia é que isso vai fazer com que os proprietários de residências diminuam a quantidade de resíduos que produzem e descartam. (d) É instituída uma política nacional para reduzir a quantidade de embalagens associadas aos produtos de consumo. (e) Os domicílios começam a comprar alimentos cultivados localmente, de modo que as embalagens associadas à distribuição do alimento são reduzidas. (f) A autoridade de resíduos sólidos da comunidade exige a separação de vidro, papel/papelão e metal pelos domicílios em um novo programa de reciclagem na calçada. (g) A comunidade queima resíduos sólidos em alta temperatura para recuperar energia, liberar algumas substâncias químicas tóxicas no ar e produzir cinzas, mas reduzindo o volume de resíduos que precisam ser descartados em um aterro.

6.12 (a) Faça uma lista de riscos ambientais associados ao ambiente interior no mundo desenvolvido e no mundo em desenvolvimento. (b) Quais ocupantes da edificação correm o maior risco em relação aos itens que você identificou?

6.13 Acesse o *website* da Organização Mundial da Saúde (www.who.org). Com base nas informações desse *site*, escreva um ensaio de duas páginas, com referências, sobre o risco ambiental global. Que proporção do risco ambiental decorre de fatores como água insalubre e falta de saneamento, ar interior, ar urbano e clima?

6.14 Lembrando que a EPA define justiça ambiental como "tratamento justo e envolvimento significativo de todas as pessoas independentemente da raça, cor, nacionalidade ou renda com relação ao desenvolvimento, implementação e cumprimento de leis, regulamentos e políticas", pesquise uma questão ambiental em sua cidade ou Estado. Qual é a questão ambiental? Quais grupos da sociedade estão sendo prejudicados pela questão ambiental? Qual é a injustiça que está ocorrendo?

6.15 No *site* www.scorecard.org você pode pesquisar a localização e a quantidade de sítios de resíduos perigosos por local. Use o *site* para pesquisar sítios de resíduos perigosos em sua cidade ou em outra cidade perto de sua universidade. Comente se a quantidade e localização dos sítios de resíduos perigosos representam qualquer injustiça ambiental para os moradores da comunidade que você está investigando.

6.16 Liste quatro componentes de uma avaliação de risco completa.

6.17 O Sistema Integrado de Informações de Risco (IRIS) – um banco de dados eletrônico que identifica os efeitos sobre a saúde humana relacionados com a exposição a centenas de substâncias químicas – está disponível em www.epa.gov/iris. Acesse o IRIS e determine (a) o descritor do peso da evidência; (b) a dose de referência (DRf); (c) o fator de inclinação, se estiver disponível, dos cinco produtos/substâncias químicas a seguir: arsênico, metilmercúrio, etilbenzeno, metil etil cetona, naftaleno e escape do motor diesel.

6.18 Por que as crianças devem ser especialmente protegidas dos contaminantes ambientais? Use o termo *dose letal* (DL) em sua resposta.

6.19 Um estudo do potencial do acrilonitrilo para produzir tumores cerebrais em ratos foi realizado pela administração do carcinógeno na água potável por 24 meses. Os resultados do estudo em fêmeas de rato estão tabulados a seguir.

Dose (mg/kg-dia)	Incidência de tumor cerebral
0	1/179
0,12	1/90
0,36	2/91
1,25	4/85
3,65	6/90
10,89	23/88

(a) Determine o fator de inclinação (FI) da relação dose-resposta (suponha que seja linear). (Não esqueça de levar em conta um rato que teve um tumor cerebral, embora não tenha sido exposto à substância química.) (b) Qual é a precisão do modelo linear dos dados?

6.20 A EPA mantém um *site* abrangente de informações de risco químico, chamado Sistema Integrado de Informações de Risco (IRIS: http://www.epa.gov/iris/).

Visite a página que descreve a avaliação da Dose de Referência (DRf) da exposição oral crônica: (http://www.epa.gov/ncea/iris/subst/0209.htm#umforal) para a substância química atrazina. A atrazina é um herbicida popular: dezenas de milhões de quilos de atrazina são aplicados à vegetação nos Estados Unidos anualmente, sendo um contaminante da água potável amplamente distribuído.

Após ler o resumo publicado pelo IRIS, por favor responda ao seguinte: (a) Quais testes a EPA/Ciba-Geigy deve realizar para avaliar a toxicidade da atrazina? Resuma em formato de tabela os assuntos do teste, período de tempo e respostas tóxicas chave globais a serem observadas. (b) Qual é o fator de incerteza utilizado e como foi derivado (quais são os seus componentes)? (c) Quais são o NOAEL e a DRf da atrazina e a qual resposta essas doses se referem?

6.21 Visite a página que descreve a avaliação da Dose de Referência (DRf) para exposição oral crônica: (http://www.epa.gov/ncea/iris/subst/0209.htm#umforal) para a substância química atrazina. A atrazina é um herbicida popular: dezenas de milhões de quilos de atrazina são aplicados à vegetação nos Estados Unidos anualmente, sendo um contaminante da água potável amplamente distribuído. (a) Quais são o NOAEL e a DRf da atrazina e a qual resposta essas doses se referem? (b) Suponha os seguintes pontos de dados de toxicidade: LOAEL – 5 mg/kg/dia (afeta 5% da população); DL50 – 15 mg/kg/dia; outros pontos de dados – 22 mg/kg/dia (afeta 75% da população), 30 mg/kg/dia (afeta 95% da popu-

lação). Desenhe uma curva dose-resposta para esses dados. (c) Qual é a inclinação aproximada da curva? (d) Agora, considere aplicar a atrazina no gramado e suponha que existam bebês na casa que gostem de comer grama. Qual é a quantidade máxima de grama que um bebê pode comer com segurança em um dia? Suponha as condições a seguir: peso do bebê ~10 kg, concentração residual de atrazina na grama decorrente de uma aplicação ~0,01% (em que 1% = 10.000 ppm_m). (e) Dados esses resultados da parte (d), a aspersão do seu gramado com atrazina apresenta qualquer risco grave nesse caso? Use o "quociente de perigo" para fazer essa determinação.

6.22 A curva sigmoide utilizada na análise da dose-resposta (e em muitas outras aplicações de engenharia) tem a forma:

$$\text{resposta}(x) = \frac{1}{1 + e^{LD50-x}}$$

em que x é a dose em mg/kg/dia.

(a) Mostre, matematicamente, que o ponto de inflexão da curva dose-resposta ocorre quando x = DL50. O que isso significa em termos práticos? (b) Usando a informação fornecida na parte (a), forneça a equação dose-resposta da atrazina. Qual é a dose necessária para produzir uma resposta letal em 90% da população de teste?

6.23 Considere um produto farmacêutico com duas curvas dose-resposta: uma que mostra a dose eficaz (DE) e uma segunda que mostre a dose letal (DL). Suponha que DL50 = 2 × DE50 e que seja igual a 28,27 mg/kg/dia. Essa empresa farmacêutica ganha dinheiro vendendo cada curso desse medicamento (*D* dólares por dose *eficaz*), mas deve pagar pelos danos para cada morte que provocar (1.000*D* dólares por dose *letal*). (a) Deixando de lado as questões de ética e aceitabilidade de mercado, qual deveria ser a dose recomendada pela empresa a fim de maximizar os lucros? Mostre todo o seu trabalho. Dica: você vai precisar utilizar a equação no Problema 6.22.

6.24 Visite a página da EPA Offices of Pesticides que fornece informações sobre o estado do debate científico do governo federal dos Estados Unidos sobre a atrazina: http://www.epa.gov/ingredients-used-pesticide-products/atrazine-background-and-updates

Escreva um memorando de uma página pela perspectiva da equipe de estratégia da Syngenta, um dos principais fabricantes mundiais de atrazina, fornecendo um resumo das atividades, descobertas e decisões da EPA. Por uma perspectiva de estratégia, quais recomendações gerais você dá, sabendo o que você sabe sobre como a EPA está considerando a atrazina?

6.25 Suponha uma mulher adulta que pese 50 kg, bebe 2 L de água diariamente e que o fator de absorção da substância química em questão é 75% (então 25% da substância química são secretados). A concentração da substância química na água potável é 55 ppb. Determine a dose em mg/kg-dia.

6.26 (a) Determine a dose (em mg/kg-dia) de uma substância química bioacumulativa com BCF = 10^3 encontrada na água a uma concentração de 0,1 mg/L. Calcule a dose para uma mulher adulta de 50 kg que bebe 2L de água do lago por dia e consome 30 g de peixe por dia, capturado no lago. (b) Qual é a porcentagem da dose total proveniente da exposição à água e quantos por cento são provenientes da exposição ao peixe?

6.27 Calcule um padrão de proteção (em ppb) das águas subterrâneas baseado no risco para a substância química 1,2-dicloroetano para um proprietário residencial cujo poço utilizado como fonte de água potável está contaminado com 1,2-dicloroetano. Suponha que você esteja determinando o risco para um adulto médio que pesa 70 kg. O estado onde você trabalha determinou que um risco aceitável é 1 ocorrência de câncer por 10^6 pessoas. Use os valores para a rota de ingestão, frequência de exposição, duração da exposição e tempo médio determinados para uso residencial na Tabela 6.14. Suponha um fator de inclinação oral para 1,2-dicloroetano de $9,2 \times 10^{-2}$ por (mg/kg)/dia.

6.28 Determine se a exposição por ingestão oral das substâncias químicas xileno, tolueno, arsênico e cromo hexavalente apresenta um risco de saúde não carcinógeno. As doses de referência específicas para a substância química (mg/kg-dia) obtidas do IRIS são xileno (0,2), tolueno (0,8), arsênico (0,0003) e cromo hexavalente (0,003). Suponha que um indivíduo de 70 kg consuma 2 L de água por dia com essas substâncias químicas dissolvidas a uma concentração de 1 mg/L.

6.29 Uma área comercial tinha o seu próprio sistema de fornecimento de águas subterrâneas que fornecia água potável. Infelizmente, as águas subterrâneas foram contaminadas com arsênico a uma concentração de 10 ppb. O dono da propriedade colocou uma restrição na escritura quanto ao acesso às águas subterrâneas e também contatou a cidade para fazer uma conexão com o abastecimento de água municipal. Determine se a exposição por ingestão oral

da substância química arsênico apresenta um risco de saúde não carcinógeno para os indivíduos que consomem água potável após as ações do dono da propriedade. Suponha que um indivíduo de 70 kg consuma 2 L de água por dia e que a DRf do arsênico seja 0,0003 mg/kg-dia.

6.30 (a) Calcule o padrão de proteção das águas subterrâneas baseado no risco para a substância química benzo(*a*)pireno. Suponha que você esteja determinando o risco para uma mulher adulta média que pese 50 kg e consuma 2 L de água e coma 30 g de peixe por dia. O estado determinou que um risco aceitável é 1 ocorrência de câncer por 10^5 pessoas. Use os valores para frequência de exposição, duração da exposição e tempo médio estabelecidos para uso residencial do solo. (b) De acordo com o Sistema Integrado de Informações de Risco (IRIS) da EPA, que tipo de carcinógeno é o benzo(*a*)pireno, usando o peso da evidência dos estudos em humanos e animais? (c) Supondo que a substância química está lixiviando de algum solo contaminado, estime a concentração admissível do benzo(*a*)pireno na água capilar do solo contaminado.

6.31 Existe um risco associado a um adulto de 70 kg ingerir, diariamente, 15 g de peixe que contenha 1 mg/kg de metilmercúrio? O metilmercúrio tem se mostrado capaz de causar comprometimento neuropsicológico do desenvolvimento nos seres humanos. A DRf do metilmercúrio é 1×10^{-4} mg/kg-dia.

6.32 Existe um risco associado a um adulto de 70 kg ingerir 15 g de peixe diariamente que contenha 9,8 µg/kg de Arochlor 1254? O Arochlor 1254 pode exibir efeitos não carcinógenos em seres humanos. Use o banco de dados IRIS para encontrar qualquer outra informação necessária para solucionar esse problema.

6.33 As concentrações de toxafeno no peixe podem prejudicar a saúde humana e os pássaros que comem peixes (como as águias americanas) que se alimentam de peixe. (a) Se o log do coeficiente de particionamento octanol-água (log K_{oa}) do toxafeno for presumidamente igual a 4,21, qual é a concentração prevista de toxafeno no peixe? (Suponha que a concentração de toxafeno em fase aquosa no equilíbrio é 100 ng/L). (b) Se for presumido que uma pessoa média bebe 2 L de água não tratada por dia e consome 30 g de peixe contaminado, que rota de exposição (ingestão de água ou peixe) resulta no maior risco decorrente do toxafeno em 1 ano? (c) Que rota de exposição é a maior para um grupo de risco mais alto que presumidamente consome 100 g de peixe por dia? Sustente todas as suas respostas com cálculos. Suponha que a seguinte correlação se aplique ao toxafeno e ao peixe específico do nosso problema:

$$\log BCF = 0,85 \log K_{ow} - 0,07$$

6.34 Identifique um *brownfield* em sua comunidade local, cidade natal ou em uma cidade próxima. O que foi feito especificamente no local? Quais são as questões sociais, econômicas e ambientais associadas à restauração do sítio *brownfield*?

6.35 O Código de Regulamentos Federais (CFR, *code of federal regulations*) é a codificação das regras gerais e permanentes publicadas no Registro Federal pelos departamentos executivos e pelas agências do Governo Federal. Ele pode ser acessado em http://www.ecfr.gov/cgi-bin/ECFR?page=browse/. Qual é o número do CFR associado às seguintes seções? (Por exemplo, 50 CFR para Caça e Pesca.) (a) Proteção do Meio Ambiente; (b) Transporte, (c) Conservação da Energia e Recursos Hídricos, (d) Saúde Pública e (e) Rodovias.

6.36 Pesquise a segurança dos seus produtos de cuidados pessoais e de limpeza doméstica. Desenvolva uma tabela que apresente sete produtos de cuidados pessoais e de limpeza doméstica atuais utilizados em seu apartamento, casa ou dormitório. Acrescente uma segunda coluna com uma lista de produtos alternativos menos perigosos para cada um dos sete produtos anteriores.

6.37 Faça alguma pesquisa de fundo. Alguns bons lugares para procurar essas informações e outras relacionadas incluem a EXTOXNET, o National Toxicology Program (NTP), a Agency for Toxic Substances and Disease Registry (ATSDR) e a National Library of Medicine (escolha um). (a) A atrazina é bioacumulativa e/ou persistente no meio ambiente? Explique a sua resposta. (b) Agora, considere a aplicação da atrazina ao seu gramado, suponha que haja crianças na casa e que elas gostem de comer grama. Suponha que a atrazina é bioacumulativa e persistente. Como essa nova informação sobre particionamento e persistência da atrazina afeta a sua consideração da possível toxicidade da atrazina para o homem?

Referências

Anastas, P. T., and J. C. Warner, 1998. *Green Chemistry: Theory and Practice*. Oxford: Oxford University Press.

Centers for Disease Control and Prevention (CDC), 2001 Summary of Notifiable Diseases—United States, 2001, http://www.cdc.gov/mmwr/preview/mmwrhtml/mm5053a1.htm, accessed October 26, 2012.

Environmental Protection Agency (EPA), 2005. "Fact Sheet: EPA's Guidelines for Carcinogen Risk Assessment" March 29, 2005. http://www.epa.gov/cancerguidelines/cancer-guidelines-factsheet.htm, accessed June 18, 2013.

Environmental Protection Agency (EPA), 2011a. 2010 Toxics Release Inventory National Analysis Overview, http://www.wpa.gov/sites/production/files/documents/2010_national_analysis_overview_document.pdf, accessed October 22, 2012.

Environmental Protection Agency (EPA), 2011b. Exposure Factors Handbook (EFH): 2011 Edition. U.S. Environmental Protection Agency, Washington, D.C., EPA/600/R-09/052F, 2011.

Fisk, W. J., 2000. Health and productivity gains from better indoor environments and their relationship with building energy efficiency. *Annual Review of Energy and the Environment*, 25: 537–566.

Friends of the Earth, 2009. Endocrine Disrupting Pesticides, http://www.foe.co.uk/index.html, accessed February 21, 2009.

National Science and Technology Council, 1996. The Health and Ecological Effects of Endocrine Disrupting Chemicals: A Framework for Planning. Committee on Environment and Natural Resources.

Patnaik, P. 1992. *A Comprehensive Guide to the Hazardous Properties of Chemical Substances*. New York: Van Nostrand Reinhold.

Quintero-Somaini, A., and M. Quirindongo, 2004. *Environmental Health Threats in the Latino Community*. New York: National Resources Defense Council.

Szasz, A., and Meuser, M., 2000. Unintended, inexorable: the production of environmental inequalities in Santa Clara County, California. *American Behavioral Scientist*, 43(4): 602–632.

capítulo Sete

Água: Quantidade e Qualidade

James R. Mihelcic, Brian E. Whitman, Martin T. Auer e Michael R. Penn

Duas disciplinas de engenharia que são aliadas íntimas estão associadas à água: recursos hídricos e qualidade da água. A engenharia de recursos hídricos lida com a quantidade de água (por exemplo, seu armazenamento e transporte), e a engenharia de qualidade da água se preocupa com a natureza biológica, química e física da água. Este capítulo fornece conceitos-chave, princípios e cálculos que apoiam uma abordagem mais sustentável à gestão hídrica. São considerados quatro sistemas hidrológicos: rios, lagoas/reservatórios, áreas de terras úmidas e águas subterrâneas. Os métodos para estimar a qualidade da água de um rio a jusante da entrada de poluentes são cobertos junto com estratégias de gestão para restaurar os lagos poluídos pelas atividades humanas. Também são cobertas as maneiras para estimar o escoamento da água e o transporte de substâncias químicas nas águas subterrâneas. As águas pluviais são consideradas no próximo capítulo. Os leitores vão aprender como delinear uma bacia hidrográfica e como o uso da terra, a localização geográfica, a demografia socioeconômica e outras atividades humanas impactam os ciclos hidrológicos, bem como a disponibilidade, as fontes, o uso e o reúso, e a qualidade da água. Também são introduzidos conceitos para estimar a demanda hídrica e a geração de águas residuais, e o dimensionamento dos sistemas de distribuição de água e coleta de águas residuais.

Sumário do Capítulo

Objetivos da Aprendizagem

1. Descrever os componentes do ciclo hidrológico e, depois, especificamente, os componentes dos sistemas de águas subterrâneas.
2. Delinear uma bacia hidrográfica e estimar o escoamento dentro de uma bacia.
3. Estimar como as mudanças no uso da terra e a proteção das áreas alagadas e do espaço verde impactam o ciclo hidrológico, o escoamento e a medição de massa de poluentes (incluindo nutrientes) para uma bacia hidrográfica.
4. Identificar as quantidades, as fontes e a distribuição geográfica da água doce em nível global.
5. Identificar os principais usuários da água e o percentual de uso da água associado aos tipos de usuários.
6. Empatizar com a população global que vive em áreas que não são igualmente atendidas por água e saneamento globais, e compreender os desafios enfrentados pelas pessoas que moram em tais áreas.
7. Associar fontes específicas de água com a qualidade e o uso dessa água.

8. Identificar um projeto local ou regional de reutilização hídrica e descrever seus benefícios ambientais e sociais.

9. Articular como a demanda hídrica e o uso da energia estão integrados.

10. Estimar a vazão hídrica e a vazão das águas residuais para moradores e comunidades.

11. Distinguir os ciclos diários de demanda para uso industrial, residencial e comercial.

12. Estimar os fatores da demanda e as taxas de utilização hídrica doméstica a partir de registros históricos.

13. Determinar a demanda hídrica associada à proteção contra incêndios e às perdas por vazamento e uso desmedido.

14. Calcular o escoamento em tempo de chuva com base no influxo e na infiltração.

15. Projetar a demanda hídrica futura usando os métodos de extrapolação e o tipo de cliente.

16. Planejar um sistema de distribuição de água.

17. Dimensionar uma tubulação de coleta de água com base na velocidade de escoamento da tubulação e na capacidade de carga, ambas definidas em projeto.

18. Dimensionar um poço úmido com base nas características da bomba.

19. Aplicar os conceitos de balanço de massa e o conhecimento de reatores a pistão para investigar questões relacionadas com a qualidade das águas superficiais.

20. Determinar o déficit de oxigênio em um rio.

21. Descrever as características da curva *sag* do oxigênio dissolvido (OD) e determinar a localização do ponto crítico e a concentração de oxigênio no ponto crítico para determinado cenário de escoamento e descarga.

22. Descrever o processo da estratificação de lagos e reservatórios, e relacioná-lo com as questões da qualidade hídrica, como o excesso de adição de nutrientes e o esgotamento do oxigênio.

23. Explicar o enriquecimento de nutrientes da água doce e das águas costeiras, e as atividades humanas adversas que levam à eutrofização.

24. Desenvolver uma abordagem de sistemas para reduzir as cargas de nutrientes de uma bacia hidrográfica que considere fontes pontuais e não pontuais de poluição.

25. Descrever oito métodos de gestão de lagos que controlem a entrada de nutrientes.

26. Definir área de terras úmidas, sua importância na proteção contra nutrientes e outras cargas de poluentes, bem como descrever os fatores que mais contribuem para a perda das áreas de terras úmidas e os métodos para restaurá-las.

27. Descrever as principais fontes pontuais e não pontuais de poluição das águas subterrâneas – tanto as fontes derivadas das atividades humanas como dos processos naturais.

28. Aplicar o conhecimento da lei de Darcy e do fator de retardamento para estimar a velocidade dos poluentes das águas subterrâneas e os seus poluentes.
29. Descrever vários métodos para remediar a contaminação do solo e das águas subterrâneas.
30. Descrever um desafio regional, nacional e global da qualidade das águas e apresentar uma solução que leve a sociedade a uma gestão sustentável dos recursos hídricos da Terra.

7.1 Introdução aos Recursos Hídricos e à Qualidade da Água

A ciência fundamental que lida com a ocorrência, o movimento e a distribuição da água no planeta é a **hidrologia**. O **ciclo hidrológico** (Figura 7.1) é definido como as vias de movimentação e distribuição da água acima, abaixo e na superfície da Terra. O grau de fornecimento de água potável para a superfície por precipitação, bem como os graus de devolução de água para a atmosfera por evaporação e evapotranspiração mudam com a localização geográfica, a época do ano e o ano. As mudanças no uso da terra e no clima também influenciam o ciclo hidrológico. Importantes para a nossa discussão neste capítulo, a quantidade e a qualidade da água também variam à medida que ela percorre o ciclo hidrológico. A engenharia de recursos hídricos inclui a gestão do ciclo hidrológico para transportar a água para abastecimento e as águas residuais para coleta, impedir inundações e fornecer redes de transporte de água.

A **poluição** pode ser definida como a introdução de uma substância no ambiente em níveis que levem a uma perda do uso benéfico da água, do ar ou do solo, ou à degradação da saúde do homem, da vida selvagem ou dos ecossistemas. Os poluentes são descarregados nos sistemas aquáticos a partir de **fontes pontuais** (locais fixos, como uma tubulação de efluentes) e de **fontes não pontuais** (também chamadas *difusas*), como o escoamento pelo solo e a atmosfera. O grau de poluição na água é comumente descrito por unidades de concentração ou fluxo de massa (ou carregamento) de um poluente descarregado em um corpo d'água (unidades de massa por unidade de tempo).

As abordagens projetadas para o gerenciamento da poluição variam com o tipo de material em questão. Poluentes como nitrogênio, fósforo, matéria orgânica e sólidos suspensos (SS) são descarregados em rios e estuários do mundo às dezenas de milhões de toneladas ao ano. A Figura 7.2a mostra a demanda bioquímica de oxigênio (DBO) (em megatons por ano) nas vias navegáveis globais para os setores agrícola, doméstico e industrial em 1995, bem como as descargas previstas, em 2010 e 2020, nos países que são membros e não membros da Organiza-

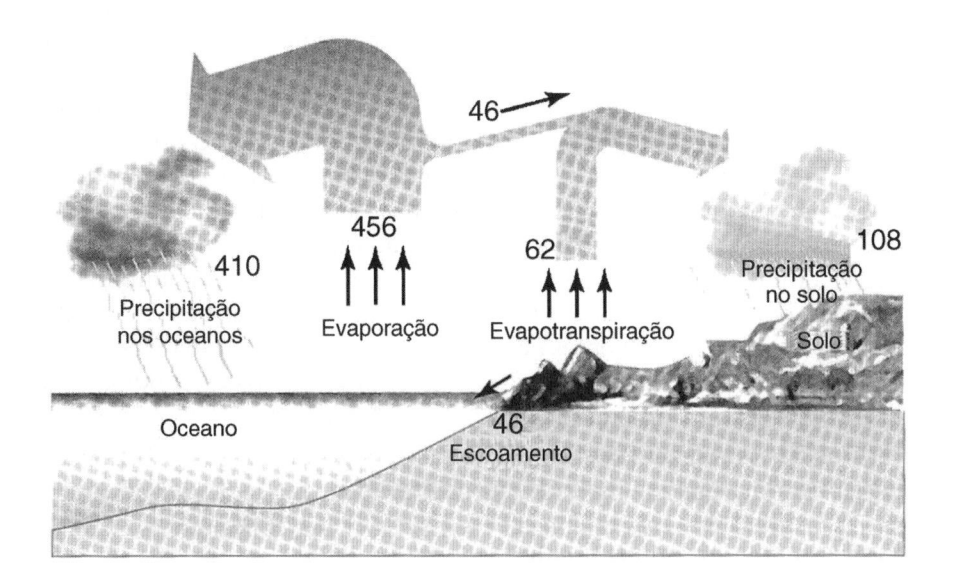

Figura / 7.1 **O Ciclo Hidrológico** Unidades de transferência de água são 10^{12} m³/ano.

(Dados de Budyko (1974); de Mihelcic (1999). Reimpresso com a permissão de John Wiley & Sons, Inc.)

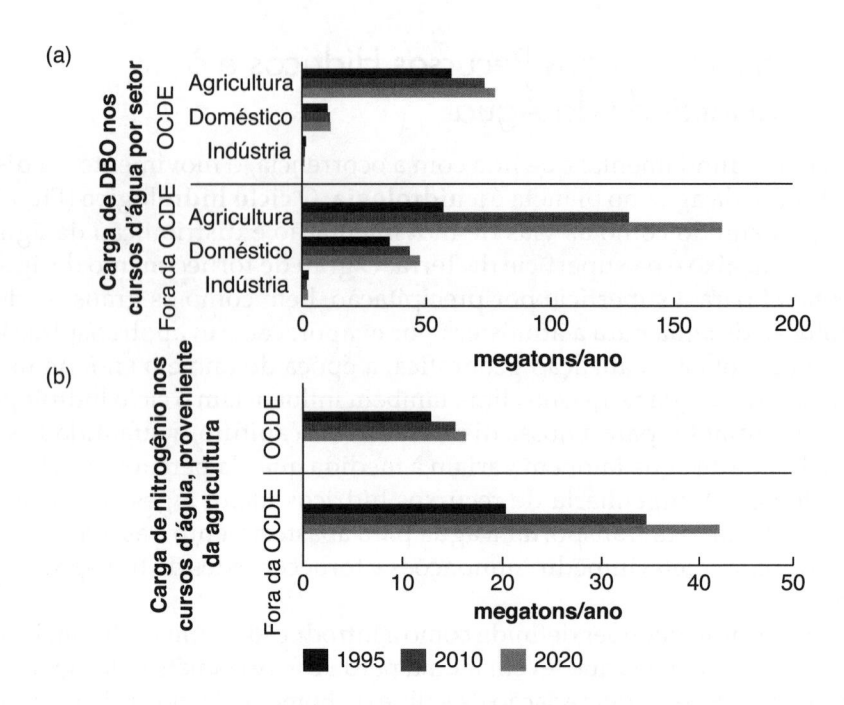

Figura / 7.2 **Poluentes nos Cursos d'Água Globais** (a) Carga de DBO anual (megatons) nos cursos d'água globais (nos países da OCDE e fora da OCDE) dos setores agrícola, doméstico e industrial em 1995 e estimada para 2010 e 2020. (b) Carga de nitrogênio (megatons) nos países da OCDE e fora da OCDE dos setores agrícolas nos cursos d'água globais em 1995 e estimada para 2010 e 2020.

(Dados de Unesco, 2003.)

Grandes Desafios da Engenharia
www.engineeringchallenges.org

Visualizar os Problemas Hídricos da Flórida
www.wateratlas.org

Discussão em Sala de Aula
Quais métodos vão proteger os ecossistemas aquáticos para as gerações futuras à medida que a população e a urbanização aumentam, mudanças no uso da terra ocorrem, e população e riqueza maiores induzem aumentos na demanda por alimentos e biocombustíveis?

ção para Cooperação e Desenvolvimento Econômico (OCDE). A Figura 7.2b mostra a carga de nitrogênio agrícola em países da OCDE e não OCDE nos mesmos períodos de tempo. Repare na grande contribuição do setor agrícola para a DBO e para a carga de nitrogênio. Essa é uma razão para a Academia Nacional de Engenharia ter designado o gerenciamento do ciclo do nitrogênio como um dos grandes desafios do século.

A **Lei da Água Limpa** invoca a manutenção de condições de pesca-balneabilidade nas águas americanas. A Agência de Proteção Ambiental (EPA) estabeleceu padrões para alcançar essa meta, conservar os usos benéficos e proteger as saúdes humana e do ecossistema. Alguns padrões se baseiam em tecnologia, exigindo um nível particular de tratamento independentemente da condição da água destinatária. Outros padrões se baseiam na qualidade da água, exigindo tratamento adicional nos locais em que as condições continuam degradadas após a implementação das tecnologias padrão. Sob a égide do Sistema Nacional de Eliminação da Descarga de Poluentes (NPDES), são exigidas licenças para todos que buscam descarregar efluentes nas águas superficiais ou subterrâneas. Depois, os padrões devem ser obedecidos pela regulação das condições da licença, ou seja, a carga que pode ser descarregada. Nos casos em que os controles não são rigorosos o bastante para manter a qualidade da água desejada, é feita uma análise para estabelecer a *carga diária máxima total* (*CDMT*) que pode ser descarregada em um corpo d'água, e as licenças são definidas em conformidade.

7.2 Águas Superficiais, Águas Subterrâneas e Bacias Hidrográficas

7.2.1 ÁGUAS SUPERFICIAIS E ÁGUAS SUBTERRÂNEAS

A **água superficial** ocorre como água doce e água salgada em cursos d'água, rios, reservatórios, áreas de terras úmidas, baías, estuários e oceanos. Ela também aparece na forma sólida, como neve ou gelo. Quando a precipitação cai na superfície do solo, parte vai escoar para as águas superficiais e parte vai infiltrar na superfície do solo. A água que infiltra a superfície do solo se chama água subterrânea. Ela existe abaixo da superfície do solo, consistindo em água e ar que preenchem poros e fraturas subterrâneas. Os materiais sólidos que compõem essa estrutura porosa consistem em areia, argila e formações rochosas.

Parte da água subterrânea permanece próxima à superfície e reaparece rapidamente acima dela, proporcionando um escoamento importante para as águas superficiais, recarregando cursos d'água e rios no que se chama **escoamento de base**. Outra parte das águas subterrâneas desce pelo subsolo por causa da gravidade. No final desse trajeto, a água encontra o lençol freático, onde sua direção muda para um movimento mais horizontal. O termo **aquífero** descreve o solo ou a rocha subterrânea pela qual as águas subterrâneas se deslocam. A **zona saturada** é utilizada para descrever o aquífero se ele estiver saturado com água. Essa é a zona da

Aquíferos Confinados/Não Confinados

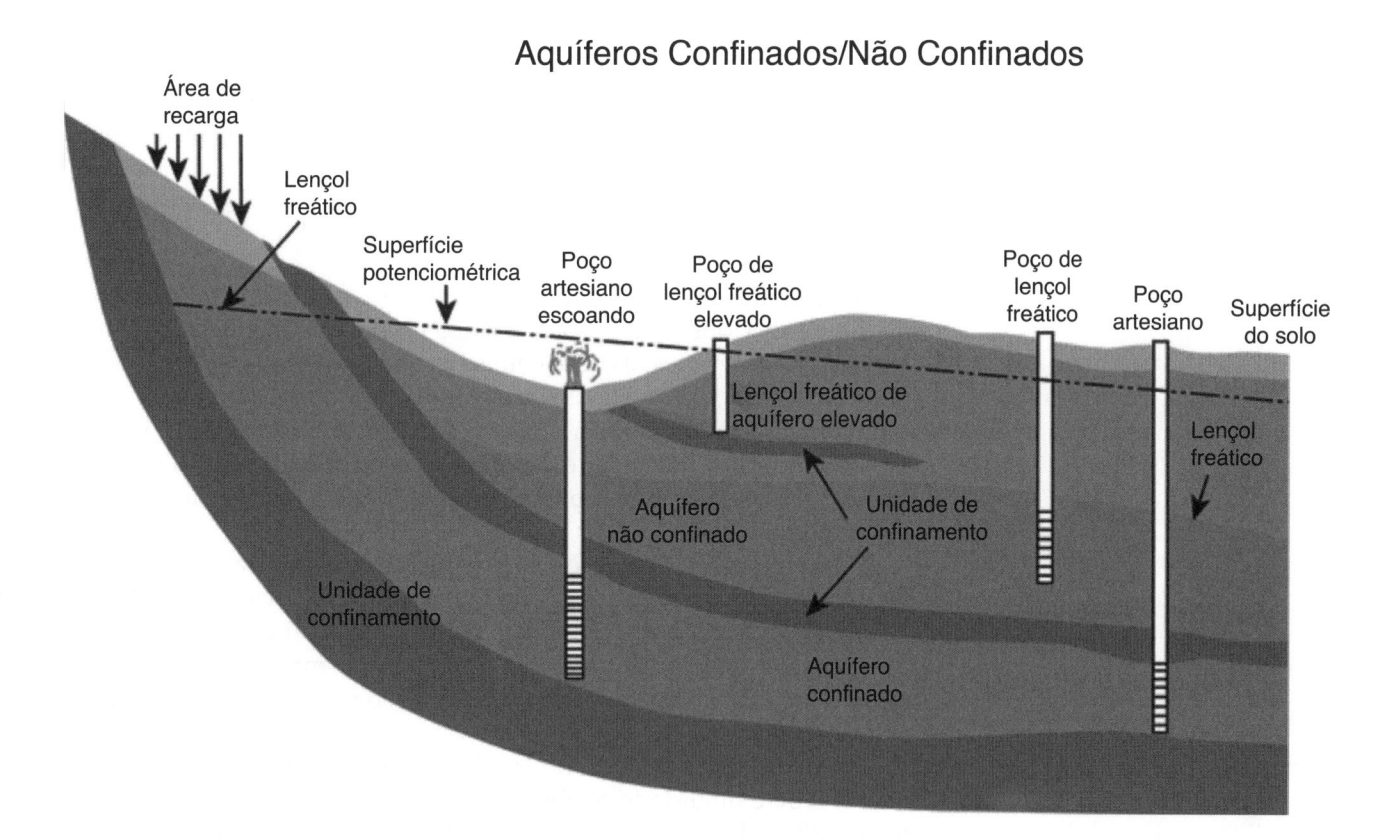

Figura / 7.3 Aquíferos Confinados e Não Confinados.

(Redesenhada de www.ngwa.org com permissão da National Groundwater Association. Copyright 2007. The National Groundwater Association 2007. "Confined/Unconfined Aquifer". NGWA: Westerville, Ohio.)

Aquíferos Confinados e Não Confinados (Adaptado da U.S. Geological Survey Water Science School)
http://water.usgs.gov/edu/waltercycledischarge.html

Aquíferos não confinados	Em um aquífero não confinado, a água infiltrou da superfície e saturou o material do subsolo. Se um poço for instalado em um aquífero não confinado, será necessária uma bomba para erguer a água até a superfície.
Aquíferos confinados	Um aquífero confinado tem uma camada de rocha ou uma camada de confinamento de argila, acima e abaixo do mesmo, que não é muito permeável à água. A pressão natural na camada confinada pode existir e pode ser suficiente para empurrar a água no poço até a superfície (indicado como "poço artesiano" na Figura 7.3). No entanto, nem todos os aquíferos confinados produzem esse efeito, de forma que o bombeamento ainda pode ser necessário para erguer a água até a superfície.

qual as águas subterrâneas são extraídas para a superfície. A **zona insaturada** é aquela na qual os poros estão cheios de ar e água. Nessa zona, podem ocorrer flutuações no teor de umidade dos poros, diariamente ou sazonalmente, por meio de precipitação intermitente ou prolongada, e de outros eventos climáticos.

A Figura 7.3 mostra a diferença entre um **aquífero confinado** e um **aquífero não confinado**. Como se pode ver na figura, no aquífero confinado, a água é separada da pressão atmosférica por um material impermeável. Um aquífero confinado também está sob uma pressão acima da atmosférica. Se for penetrado com um poço, a água subirá nesse poço. Por outro lado, o limite superior do aquífero não confinado não é uma camada de confinamento, mas o topo do lençol freático. A Tabela 7.1 fornece outras explicações sobre esses dois tipos de aquíferos.

7.2.2 BACIAS HIDROGRÁFICAS

Uma **bacia hidrográfica** é definida como a área que drena para um ponto de interesse. Consequentemente, lagos e rios têm bacias hidrográficas. Na bacia hidrográfica, a drenagem se deve à gravidade; desse modo, os limites da bacia hidrográfica são definidos (ou delineados) pelas cristas topográficas, como mostra a Figura 7.4. A precipitação que cai dentro de uma bacia hidrográfica deve drenar para algum lugar. As bacias hidrográficas maiores também podem ser divididas em sub-bacias, conforme retratado na Figura 7.5.

A chuva (ou derretimento de neve) dentro de uma bacia hidrográfica tem potencial para drenar para o ponto de interesse, caso não infiltre no subsolo e se transforme em águas subterrâneas ou entre na atmosfera como evapotranspiração. A chuva ou o derretimento de neve que ocorre fora de uma bacia hidrográfica é contabilizada em outra bacia hidrográfica adjacente.

Compreender as bacias hidrográficas é importante para as questões de quantidade e qualidade da água. Por exemplo, a quantidade de escoamento pluvial dentro de uma bacia hidrográfica determina o potencial para inundações (o gerenciamento pluvial é discutido no Capítulo 9). A topografia (declividade) e o solo (potencial para infiltração no solo *versus* escoamento ao longo da superfície) são fatores fundamentais que in-

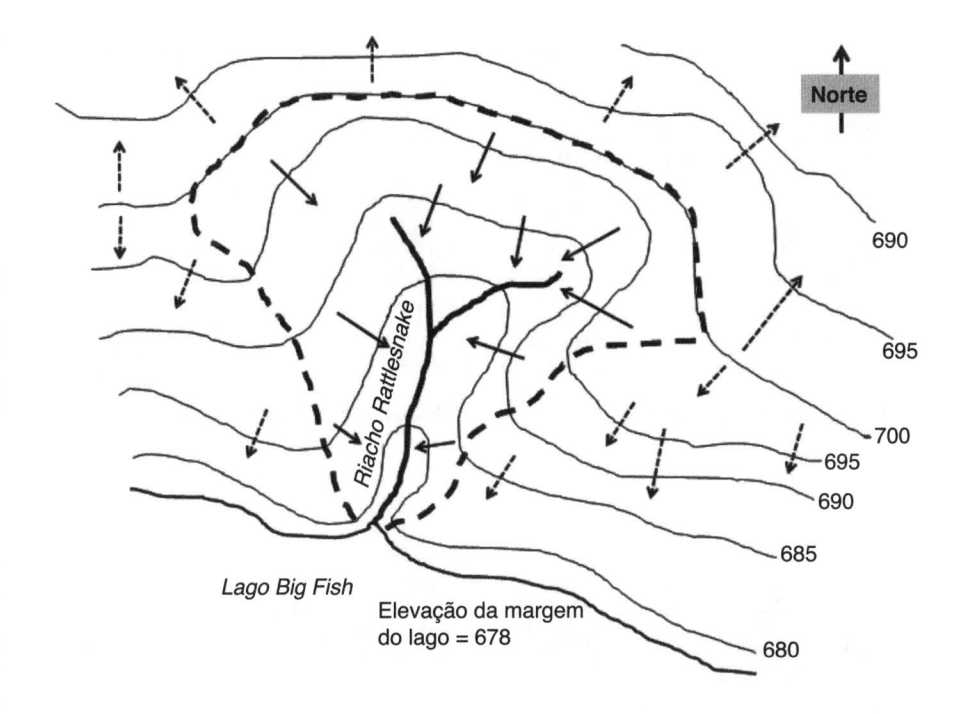

Figura / 7.4 Uma Pequena Bacia Hidrográfica Definida para um Pequeno Riacho e o Limite Inferior do Lago Big Fish (elevação da margem = 678 pés acima do nível do mar) A linha tracejada delineia o limite da bacia hidrográfica do Riacho Rattlesnake. As linhas sólidas são linhas topográficas de mesma elevação (nesse caso, pés acima do nível do mar). As linhas sólidas retratam o escoamento da água das chuvas dentro da bacia hidrográfica do Riacho Rattlesnake, e as linhas tracejadas exibem o escoamento fora da bacia hidrográfica do Riacho Rattlesnake para o norte, na direção de outra bacia hidrográfica, ou para o sul (a leste ou oeste do limite), na direção do Lago Big Fish.

fluenciam a quantidade de escoamento ou de infiltração em uma bacia hidrográfica. Outros fatores importantes que influenciam a hidrologia de uma bacia hidrográfica e a movimentação dos poluentes dentro de uma bacia hidrográfica dizem respeito a quanto as atividades humanas – como a agricultura e a urbanização – influenciam a produção de poluentes e a presença (ou ausência) de áreas de terras úmidas e superfícies impermeáveis. A Figura 7.6 retrata o grau em que a urbanização e a construção de superfícies impermeáveis influenciam o grau de escoamento superficial

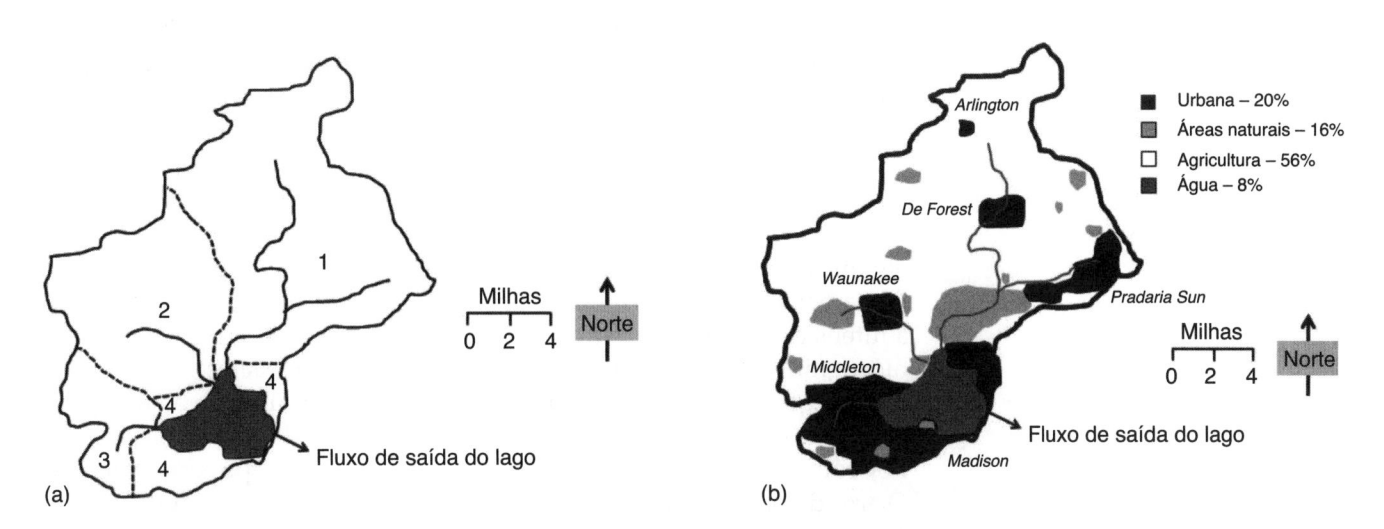

Figura / 7.5 A Bacia Hidrográfica do Lago Mendota (WI), que Inclui Partes da Cidade de Madison (a) As quatro sub-bacias da bacia hidrográfica do Lago Mendota são delineadas por linhas tracejadas: (1) Rio Yahara, (2) Riacho Six-Mile, (3) Braço Pheasant e (4) escoamento direto para o Lago Mendota. As sub-bacias, numeradas de 1 a 3, drenam para cursos d'água que escoam para o lago. (b) O uso do solo dentro da bacia hidrográfica do Lago Mendota. As áreas naturais incluem florestas, parques, pastagens e áreas de terras úmidas. A água inclui a área de superfície do lago e os cursos d'água que o alimentam.

Figura / 7.6 **As Superfícies Impermeáveis Mudam os Ciclos Hidrológicos Naturais** À medida que a cobertura natural do solo é removida e substituída por superfícies impermeáveis – como edificações, estradas e estacionamentos –, há um maior escoamento e uma menor recarga das águas subterrâneas. Além disso, a evapotranspiração é menor em uma área com grandes quantidades de coberturas impermeáveis. O processo de evapotranspiração resulta em um processo de resfriamento (assim como sua pele resfria quando você transpira), que pode negar o impacto da ilha de calor urbana (EPA, 2000).

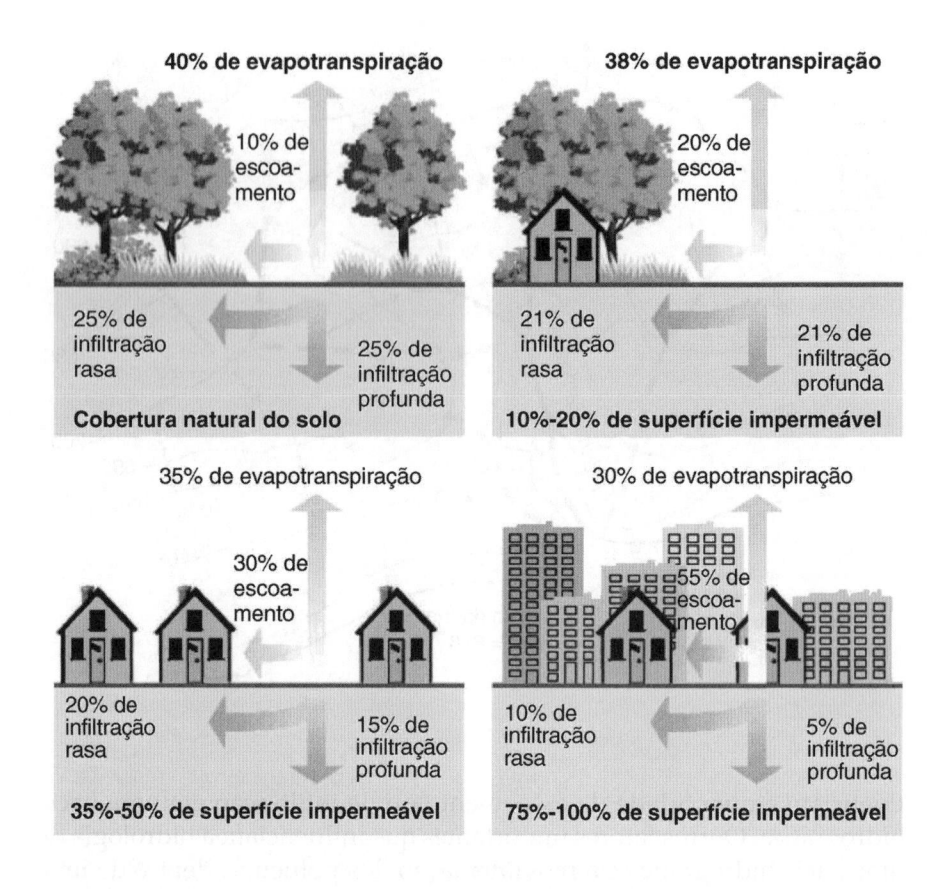

e de infiltração das águas subterrâneas. Esses mesmos fatores, e outros, também são importantes e influenciam a quantidade de poluição no escoamento.

7.2.3 ESTIMANDO O ESCOAMENTO SUPERFICIAL DECORRENTE DO USO DO SOLO

Uma abordagem comum para estimar o escoamento é o **método Racional**. O pico de vazão do escoamento pode ser estimado em função da intensidade da precipitação, do uso do solo e da área da bacia hidrográfica:

$$Q = \sum C_j i A_j \qquad (7.1)$$

em que Q é o pico de vazão do escoamento (ft^3/s), C_i é um coeficiente de escoamento para determinado uso do solo do tipo j (adimensional), i é a intensidade pluviométrica (polegadas/h) e A_i é a área dentro da bacia hidrográfica para determinado uso do solo do tipo j (acres).

Na Equação 7.1, repare que o produto C, i e A, usando as unidades fornecidas, resulta em uma vazão com unidades de acres polegada/h. Por coincidência, 1 acre polegada/h é igual a 1 ft^3/s aproximadamente. O erro dessa aproximação de conversão de unidade é considerado mínimo (menos de 1%) na maioria das estimativas. Além disso, conforme a Equação 7.1, um valor mais alto para um coeficiente de escoamento (C_i) vai resultar em mais escoamento para uma intensidade pluviométrica (ou seja, i, a precipitação) e uma área de bacia hidrográfica, A.

Os **coeficientes de escoamento** são tabulados em muitas fontes. Os valores típicos são fornecidos na Tabela 7.2. Os coeficientes de escoamento

Coeficientes de Escoamento Típicos e Valores Percentuais de Área Impermeável para Vários Usos do Solo Os coeficientes de escoamento são fornecidos para duas categorias de declividade do terreno e três tipos de solo.

Uso do solo	Percentual de área impermeável	Coeficientes de escoamento dos solos arenosos		Coeficientes de escoamento dos solos arenosos/lodosos		Coeficientes de escoamento dos solos argilosos	
		Declividade do Terreno (%)		Declividade do Terreno (%)		Declividade do Terreno (%)	
		0–2	2–6	0–2	2–6	0–2	2–6
Industrial	90	0,67	0,68	0,68	0,68	0,69	0,69
Comercial	95	0,71	0,71	0,71	0,72	0,72	0,72
Residencial de alta densidade (15 casas/acre)	60	0,47	0,49	0,48	0,50	0,51	0,53
Residencial de média densidade (5 casas/acre)	30	0,25	0,28	0,27	0,30	0,33	0,36
Residencial de baixa densidade (2 casas/acre)	15	0,14	0,19	0,17	0,21	0,24	0,28
Agrícola	5	0,08	0,13	0,11	0,15	0,18	0,23
Espaço aberto (parques, gramados, pastos)	2	0,05	0,10	0,08	0,13	0,16	0,21

FONTE: Wisconsin Department of Transportation (2012).

podem variar, teoricamente, de 0 a 1 e são influenciados pelo modo particular de uso do solo, pelo tipo de solo ou cobertura projetada, e pela declividade do terreno. Um coeficiente de escoamento mais próximo de zero (0) implica que mais chuva está infiltrando no subsolo, enquanto os coeficientes de escoamento mais próximos de um (1) implicam que a maior parte da precipitação está escoando para uma fonte de água local. Conforme o esperado, os solos arenosos têm os menores coeficientes de escoamento, e os solos argilosos, os maiores. Além disso, com o aumento da declividade do solo, o coeficiente de escoamento aumenta.

Conforme retratado na Figura 7.6, o uso do solo tem um grande impacto no escoamento. Por exemplo, uma alta porcentagem de telhados e pavimentos impermeáveis vai impedir ou limitar a infiltração da água no subsolo. Isso ocorre nos usos do solo para fins industriais, comerciais e residenciais de alta intensidade. Consequentemente, esses usos do solo têm coeficientes de escoamento maiores do que os usos com menos superfícies impermeáveis, como o residencial de baixa densidade, agrícola e espaço verde aberto.

As práticas agrícolas no solo também influenciam o escoamento. As más práticas agrícolas, como o sobrepastoreio da terra, resultam em menos cobertura vegetal e em solos compactos. Isso limita a infiltração da precipitação no solo, podendo levar a um escoamento excessivo. Curiosamente, com o gerenciamento correto das águas pluviais, a partir de tecnologias e estratégias que imitam as condições naturais que aumentam a infiltração (chamadas desenvolvimento de baixo impacto, discutidas no Capítulo 9), é possível projetar um novo desenvolvimento, no qual a quantidade

exemplo / 7.1 Uso do Método Racional para Determinhar o Escoamento a partir das Mudanças no Uso do Solo

Uma bacia hidrográfica agrícola gerida para minimizar o escoamento é formada por 100 acres com um suave declive (1-2%) e solos lodosos/arenosos. O solo deve ser trabalhado com uma subdivisão residencial (60% como área residencial de baixa densidade e 40% como área residencial de intensidade média). Estime o pico de vazão de escoamento pré e pós-desenvolvimento para uma tempestade com intensidade pluviométrica de 0,5 polegada/h. Determine também a mudança percentual no escoamento entre os dois cenários de uso do solo.

solução

Este problema requer o uso do método Racional para determinar a vazão durante o pico de intensidade da chuva. A Equação 7.1 é escrita como:

$$Q = C \times i \times A$$

Usando as informações fornecidas neste problema e os valores do coeficiente de escoamento (C) fornecido na Tabela 7.2, podemos determinar a vazão (Q) nos cenários de uso do solo pré e pós-desenvolvimento.

Cenário pré-desenvolvimento: $Q = 0,11 \times 0,5$ polegada/h $\times 100$ acres $= 5,5$ ft^3/s (cfs)
Cenário pós-desenvolvimento: $Q = (0,17 \times 0,5$ polegada/h $\times 60$ acres$) + (0,27 \times 0,5$ polegada/h $\times 40$ acres$) = 10,5$ ft^3/s (cfs)
Percentual de variação: [(Escoamento pós-desenvolvimento – escoamento pré-desenvolvimento)/escoamento pré-desenvolvimento] $\times 100\%$
$(10,5$ cfs $- 5,5$ sfs$)/5,5$ cfs $\times 100\% = 91\%$ de aumento no escoamento

Repare no grande aumento no escoamento por causa da mudança no uso do solo da agricultura aberta para a oferta de residências. Isso resulta em menos recarga de qualquer precipitação para as águas subterrâneas, que poderia ser armazenada para uso futuro. O escoamento resultante deve ser não só gerenciado para prevenir inundações das propriedades locais e a jusante, mas também para conter os poluentes. Essa análise também sugere que o planejador e o projetista poderiam empregar a proteção das áreas de terras úmidas e do espaço verde, ou as estratégias de desenvolvimento de baixo impacto (por exemplo, pavimentos permeáveis, tetos verdes e células de biorretenção) que imitam os processos hidrológicos da natureza, minimizando o escoamento e a poluição pelo escoamento.

de escoamento pluvial após o desenvolvimento seja menor do que o escoamento anterior ao desenvolvimento de uma área agrícola mal gerida.

7.2.4 ESTIMANDO AS CARGAS DE POLUENTES NO ESCOAMENTO DECORRENTE DO USO DO SOLO

Embora venhamos a cobrir em profundidade a qualidade da água neste capítulo, vale mencionar que o uso do solo afeta tanto a quantidade quanto a qualidade da água. Quantidades elevadas de escoamento resultam em vazões mais altas nos cursos d'água e rios que podem provocar erosão das margens e ressuspensão dos sedimentos do fundo, o que pode aumentar a carga de sólidos suspensos (e poluentes presos a essas partículas) nos corpos d'água a jusante. Isso pode ter um grande impacto adverso nos sistemas sociais, econômicos e ambientais que dependem da qualidade da água.

Valores Típicos dos Coeficientes de Exportação de Poluentes do Escoamento (libras/acre/ano) Os valores reais variam muito, frequentemente em uma ordem de grandeza, dependendo da hidrologia, declividade do terreno e outros fatores. Os valores agrícolas são especialmente variáveis por causa das diferentes safras, cultivos e práticas de aplicação de fertilizantes.

Uso do solo	Sólidos suspensos	Cloreto	Fósforo	Nitrogênio
Comercial	1.000	420	1,5	9,8
Industrial	500	25	1,3	4,7
Estacionamento	400	300	0,7	8,0
Estradas	880	470	0,9	12,1
Residencial de alta densidade	420	54	1,0	6,2
Residencial de densidade média	250	30	0,3	3,9
Residencial de baixa densidade	10	9	0,04	0,4
Parques	3	–	0,03	–
Agricultura –Terra cultivada –Pastos	2.000–20.000 200–2.000		0,06–3 0,05–0,6	2–80 3–14

Fontes de dados incluem Burton e Pitt (2001); Loehr et al. (1989) e USDA (2009).

Em muitos casos, a maioria dos poluentes que contribuem para os problemas de qualidade das águas superficiais se origina dentro da bacia hidrográfica. Uma das exceções notáveis é o mercúrio advindo da queima de combustíveis fósseis, como o carvão, e que pode surgir localmente ou a centenas ou milhas de distância.

O delineamento da bacia hidrográfica e a determinação do uso do solo também podem fornecer estimativas da carga de poluentes para as águas de destino. As cargas de poluentes por unidade de área – também chamadas coeficientes de exportação ou coeficientes de rendimento – são relatadas em unidades de massa de poluente no escoamento a partir de uma unidade de área da superfície do solo por tempo. De modo geral, essas unidades são relatadas em libras/acre/ano (ou kg/hectare/ano) e variam com o uso do solo, de acordo com a Tabela 7.3.

A carga anual de um poluente, L, para um corpo d'água superficial pode ser estimada como:

$$L = \sum A_i C_{e,i} \qquad (7.2)$$

em que L é a carga anual do poluente (massa/ano), A_i é a área de superfície dentro da bacia hidrográfica de determinado uso de solo do tipo i e $C_{e,i}$ é o coeficiente de exportação do poluente para o uso do solo do tipo i. Na Equação 7.2, a soma de todos os valores de A_i deve ser igual à área da bacia hidrográfica.

exemplo / 7.2 Estimando a Carga de Poluente para uma Bacia Hidrográfica a partir das Mudanças no Uso do Solo

Uma bacia hidrográfica agrícola gerida para minimizar o escoamento é formada por 100 acres de área cultivada com uma ligeira inclinação (1-2%) e solos lodosos/arenosos. Há um plano de desenvolvimento da área em uma subdivisão residencial (60% como uma área residencial de baixa densidade e 40% como uma área residencial de média densidade). Estime a carga anual pré e pós-desenvolvimento de sólidos suspensos (SS) e fósforo (P) que estão no escoamento do solo.

solução

Na ausência de medições específicas do escoamento e da concentração em determinado local, que nos permitiria determinar as cargas de poluentes a partir de medições de campo, podemos estimar a carga usando as informações fornecidas na Tabela 7.3 junto com a Equação 7.2. Quando houver um intervalo, usamos os valores mais baixos na tabela para esse exemplo.

As cargas de SS e P antes do desenvolvimento podem ser estimadas como:

$$L = \sum A_i C_{e,i}$$

$$L_{SS} = 100 \text{ acres} \times 2.000 \text{ libras SS/acre/ano} = 200.000 \text{ libras SS/ano}$$

$$L_P = 100 \text{ acres} \times 0,06 \text{ libras P/acre/ano} = 6 \text{ libras de P/ano}$$

Usando métodos similares, podemos estimar a carga de SS e P após o desenvolvimento como:

$$L_{SS} = (60 \text{ acres} \times 10 \text{ libras SS/acre/ano}) + (40 \text{ acres} \times 250 \text{ libras/acre/ano})$$
$$= 1.600 \text{ libras SS/ano}$$

$$L_P = (60 \text{ acres} \times 0,04 \text{ libra P/acre/ano}) + (40 \text{ acres} \times 0,3 \text{ libra/acre/ano})$$
$$= 14 \text{ libras P/ano}$$

A variação percentual nas cargas de poluentes por causa da mudança no uso do solo também pode ser determinada. Vejamos:

[(Carga pós-desenvolvimento – carga pré-desenvolvimento)/carga pré-desenvolvimento] × 100%

Para o SS, a variação percentual é:

$$[(16.000 - 200.00)/200.00] \times 100\% = -92\% \text{ (92\% de redução)}$$

Para o P, a variação percentual é:

$$[(14 - 6)/6] \times 100\% = +133\% \text{ (133\% de aumento)}$$

Repare como as mudanças no uso do solo que afetam as descargas de poluentes para as águas superficiais circundantes são afetadas não só pelo uso do solo em particular, mas também pelo poluente em particular.

7.3 Disponibilidade de Água

O volume total de água no mundo é estimado em $1,386 \times 10^9 \text{ km}^3$. Os oceanos abrigam 96,5% desse volume total, e a atmosfera contém apenas $1,29 \times 10^4 \text{ km}^3$ de água (que é apenas 0,001% da hidrosfera total). A Tabela 7.4 fornece as reservas mundiais de água doce.

Porcentagem da Água Doce Total no Mundo em Diferentes Locais

A quantidade total de água doce na Terra é de, aproximadamente, $3,5 \times 10^7 km^3$

Local	Percentual da água doce do mundo
Geleiras e cobertura de neve permanente	68,7
Águas subterrâneas	30,1
Lagos	0,26
Umidade do solo	0,05
Atmosfera	0,04
Pântanos e brejos	0,03
Água biológica	0,003
Rios	0,006

FONTE: Dados da UNESCO-WWAP, 2003.

A quantidade total de **água doce** em nosso planeta é de, aproximadamente, $3,5 \times 10^7$ km³. Em termos de disponibilidade de água doce, apenas 2,5% do orçamento mundial total de água deve ser de água doce e, dessa quantidade,

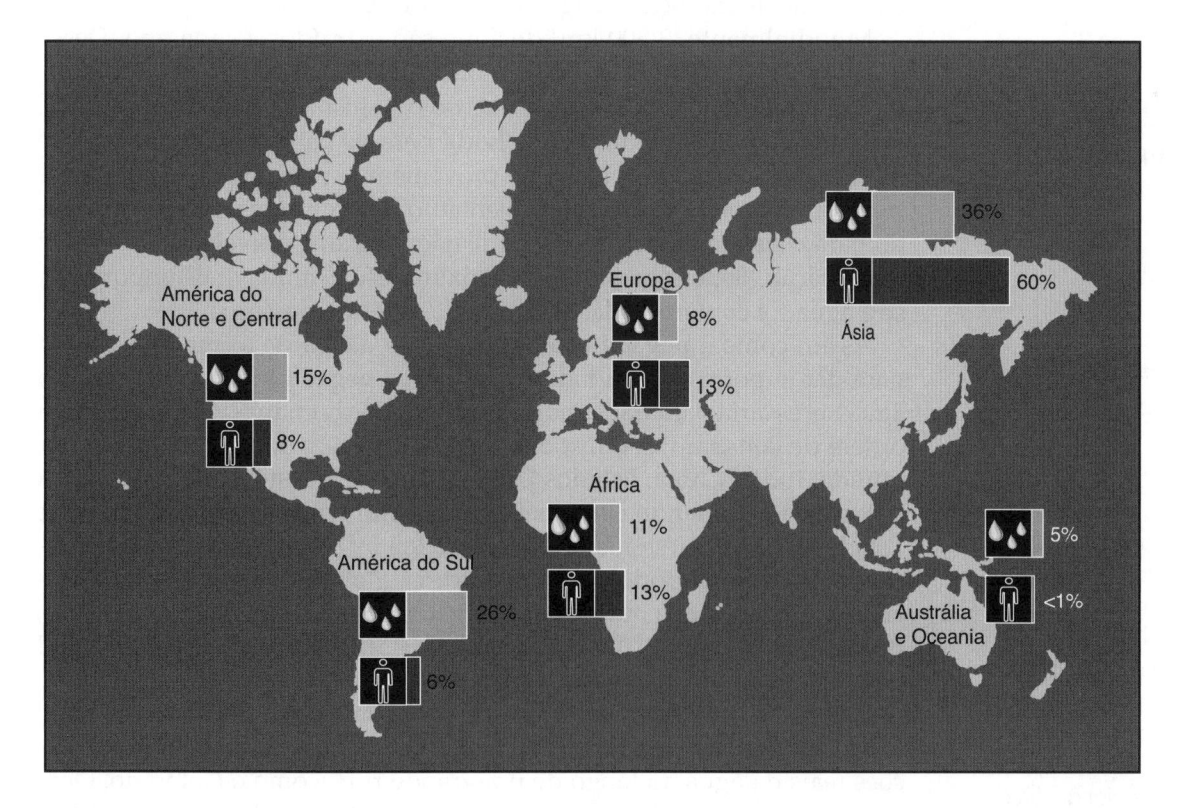

Figura / 7.7 Panorama Global da Disponibilidade de Água *Versus* População As disparidades continentais existem, particularmente no continente asiático. Cerca de 60% da população mundial reside na Ásia, ainda que apenas 36% dos recursos hídricos mundiais estejam situados naquele continente.

(Figura redesenhada com permissão de "The United Nations World Water Development Report: Water for People, Water for Life", Figura 4.2 "Water availability versus population", p. 69, copyright UNESCO-WWAP 2003.)

Estado da Água no Mundo
http://www.unep.org/dewa/
vitalwater/index.html

Discussão em Sala de Aula

Discuta alguns desafios regionais e globais que você espera para o próximo século, relacionados com a distribuição da população e da água. De que modo a demografia (por exemplo, a renda, o nível de instrução, a idade e o gênero) estão relacionados com nossa discussão?

Programa Mundial de Avaliação da Água
http://www.unesco.org/water/wwap

Discussão em Sala de Aula

Antes da aula, visite www.waterfootprint. org, calcule a sua pegada pessoal e a pegada de vários países, incluindo os Estados Unidos. Discuta como as mudanças na tecnologia, na política e no comportamento humano podem reduzir a pegada de água domiciliar e nacional. Quais mudanças são mais eficazes no nível domiciliar e nacional? Quais são as mais justas?

Calcule a Sua Pegada Hídrica
http://www.waterfootprint.org

quase 70% estão atualmente nas geleiras e calotas de gelo. Conforme a Tabela 7.4, uma grande porcentagem da água doce do mundo está disponível como águas subterrâneas, em sua maioria, com um período de renovação de 1.000 anos. Todas essas informações nos mostram que pouquíssimo do orçamento total de água doce está disponível como água superficial (lagos, rios) ou como águas subterrâneas que são recarregadas em pouco tempo.

A Figura 7.7 mostra a relação entre a disponibilidade hídrica global e a população. As Américas são relativamente ricas em recursos hídricos disponíveis em relação à sua população. A América do Norte e a América Central combinadas têm 8% da população mundial e 15% dos recursos hídricos disponíveis no mundo, mas abriga 60% da população mundial.

7.4 Uso da Água

A água é necessária para uma série de atividades humanas, incluindo residências, entidades comerciais, indústria, agricultura e, ainda mais importante, ecossistemas. O conceito de pegada ecológica (discutido no Capítulo 5) supõe que parte da capacidade ecológica do mundo deve ser preservada para proteção da biodiversidade. Essa capacidade ecológica exige água. Além disso, embora todas as pessoas do mundo dependam dos ecossistemas para o seu bem-estar social e econômico, grande parte dos pobres do mundo (os que vivem com menos de 1 ou 2 dólares por dia) dependem ainda mais dos ecossistemas para a sua subsistência econômica. Os requisitos hídricos dos ecossistemas devem, portanto, ser levados em conta quando se gerencia o modo de distribuição da água entre vários usuários.

Mundialmente, 3.800 km³ de água são extraídos a cada ano. Dessa quantidade, 2.100 km³ são consumidos. A água consumida é evapotranspirada ou incorporada nos produtos ou organismos (UM-Habitat, 2003). A diferença de 1.700 km³ é devolvida para os corpos d'água locais, de modo geral, como águas residuais provenientes, principalmente, de usuários domésticos e industriais. No entanto, esse grande volume devolvido para o sistema hídrico local pode não estar disponível para uma fácil reutilização, dependendo do seu próximo uso e, ainda mais importante, se a água foi contaminada e/ou tratada antes da descarga.

Assim como a **pegada ecológica** calcula a área de terreno necessária para dar suporte às atividades humanas, a **pegada hídrica** determina a água necessária para dar suporte às atividades humanas. Oito países (em ordem de consumo) são responsáveis por metade da pegada hídrica do mundo: Índia, China, Estados Unidos, Rússia, Indonésia, Nigéria, Brasil e Paquistão. Tomando como base o consumo *per capita* de 1997-2001, os Estados Unidos têm a maior pegada: 2.483 m³/*capita*-ano. Em comparação, no mesmo período, a pegada hídrica global foi de 1.243 m³/*capita*-ano. As pegadas dos outros países (m³/*capita*-ano) são Austrália (1.393), Brasil (1.381), China (702), Alemanha (1.545), Índia (980) e África do Sul (931) (Hoekstra e Chapagain, 2007).

Como dito anteriormente, grande parte da água doméstica nas áreas urbanas é descarregada de volta no ambiente. Pense nas várias reutilizações reais da água ao longo de um grande rio – como o Colorado, Ohio ou Mississippi –, na medida em que a água potável é obtida de uma fonte com várias descargas de efluentes a montante. Historicamente, as áreas urbanas satisfazem suas necessidades em fontes hídricas locais. Desse modo, as cidades têm um papel importante a desempenhar para garantir que a água devolvida ao meio ambiente não prejudique os sistemas ecoló-

Percentual de Retiradas Anuais de Água Associadas aos Setores Agrícola, Industrial e Doméstico

	Agricultura (%)	Indústria (%)	Doméstico (%)
Mundo	70	20	10
América do Norte	39	47	13
América Latina e Caribe	73	9	18
Europa	36	49	15
África	85	6	9
Ásia Ocidental	86–90	4–8	6

FONTE: UM-Habitat, 2003.

gicos ou os usuários a jusante. As cidades também estão ficando cada vez mais dependentes da *transferência hídrica entre bacias*, que requer imensas quantidades de investimento em infraestrutura e energia associada para coleta, armazenamento e transferência.

7.4.1 USO PRIMÁRIO DA ÁGUA NO MUNDO

A Tabela 7.5 fornece os usos primários da água por todo o mundo (excluindo o uso da água na produção de eletricidade). A maior parte do uso apresentado na Tabela 7.5 envolve o **uso agrícola** (mundialmente, em 70%). No entanto, existem diferenças regionais, particularmente no **uso industrial** da água em áreas de alta renda, como a Europa e a América do Norte. O percentual de retiradas anuais de água para **uso doméstico** varia de 6% a 18% das retiradas totais. Repare como o nível de desenvolvimento de uma região do mundo afeta a distribuição do uso de água.

A Tabela 7.5 exclui o uso de água do setor de energia. Quando são consideradas as demandas de água para geração de eletricidade, mais da metade do uso da água é destinado à geração de energia. A Figura 7.8 mostra que a produção de eletricidade térmica contribui com dois terços da produção mundial de eletricidade. A energia hidroelétrica fornece 19% da geração total de eletricidade, e a nuclear fornece 17%. Outras fontes – como a geotérmica, marés, ondas, solar e eólica (que não estão associadas a uma grande utilização de água) – contribuem para menos de 0,5% da produção de eletricidade do mundo.

Um benefício importante da **energia hidroelétrica** é que cada terawatt adicional de energia hidroelétrica produzido por hora em substituição à eletricidade gerada por meio do carvão compensa, anualmente, 1 milhão de toneladas de equivalentes de CO_2. A energia hidroelétrica tem outros benefícios, como os baixos custos de operação e manutenção, poucas emissões atmosféricas e nenhuma produção de resíduos sólidos perigosos. No entanto, em larga escala, a energia hidroelétrica tem problemas, incluindo os grandes custos de investimento, problemas relacionados com o arrasto de peixes e restrição de sua passagem, perda e modificação do habitat dos peixes, além da remoção de populações humanas e de animais selvagens.

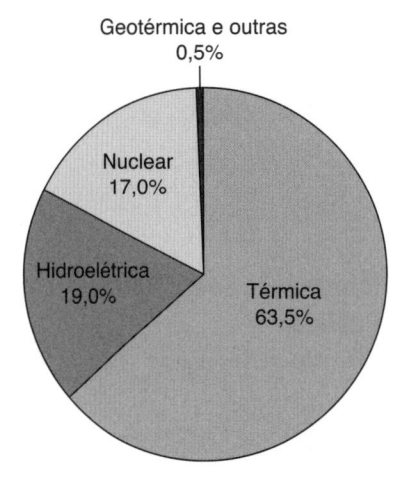

Figura / 7.8 **Composição da Produção Mundial de Eletricidade** A geração de eletricidade térmica contribui com dois terços da produção de eletricidade mundial. A energia hidroelétrica é a fonte renovável de eletricidade mais utilizada.

Comissão Mundial de Barragens
http://www.internationalrivers.org/campaigns/the-world-commission-on-dams

Discussão em Sala de Aula Quais são alguns dos impactos sociais e ambientais das grandes barragens? A Comissão Mundial de Barragens tem mais informações em seu *website* www.dams.org.

Preocupações Sociais e Ambientais dos Sistemas Hidroelétricos de Larga Escala

Muitas das pessoas removidas pelos sistemas hidroelétricos de larga escala são pobres, menos instruídas e nativas. Lembra-se da nossa discussão sobre **justiça ambiental** no Capítulo 6? Apenas como exemplo, o projeto chinês da barragem de Três Gargantas, de 18,2 gigawatts (GW), deslocou uma população estimada em 1 milhão de pessoas, que residiam em mais de 1.200 vilarejos e em muitas cidades. A barragem submergiu 632 km², incluindo locais de sepultamento, sítios históricos de importância cultural e tesouros ambientais. Três centenas de espécies de peixes vivem no Rio Yangtze, e muitas foram separadas de suas zonas de desova. Concluída em 2012, a barragem deve fornecer um nono das necessidades elétricas da China.

Por outro lado, os **sistemas micro-hídricos** (que geram menos de 100 kW) e os sistemas *mini-hídricos* (100 kW a 1 MW) têm um impacto negativo muito menor no meio ambiente e na sociedade do que o dos grandes sistemas hidroelétricos. Normalmente, são descentralizados e não conectados a uma rede elétrica. Em termos dos benefícios ambientais, comparados com uma usina de carvão equivalente, um sistema mini-hídrico de 1 MW, que produz 6.000 MWh anualmente, satisfaria as necessidades de energia elétrica de 1.500 famílias, e evitaria emissões de 4.000 toneladas de dióxido de carbono e 275 toneladas de dióxido de enxofre (UNESCO-WWAP, 2003).

7.4.2 USO DA ÁGUA NOS ESTADOS UNIDOS

As retiradas hídricas totais nos Estados Unidos ultrapassaram 400.000 milhões de galões por dia (gpd). A Tabela 7.6 fornece a composição (por uso) das retiradas de água doce e salgada nos Estados Unidos. O maior uso da água é para produção de eletricidade.

A Figura 7.9 mostra o volume das retiradas de água potável nos Estados Unidos desde 1950, decomposta pelas retiradas de águas subterrâneas e águas superficiais. A Califórnia e o Texas retiram a maior parte

Informação sobre Águas Públicas
http://water.usgs-gov/

Tabela / 7.6

Total de Retiradas de Água Doce e Salgada nos Estados Unidos Essas retiradas totalizam 408.000 milhões de gpd. A água doce contribui para 85% desse total, e as águas de superfície contribuem para 79% do total.

Usuário	Percentual de retiradas totais de água doce e salgada
Termoelétricas	48
Irrigação	34
Abastecimento público	11
Industrial	5
Doméstico	<1
Criação animal	<1
Aquicultura	<1
Mineração	<1

FONTE: Dados de Hutson *et al.*, 2004.

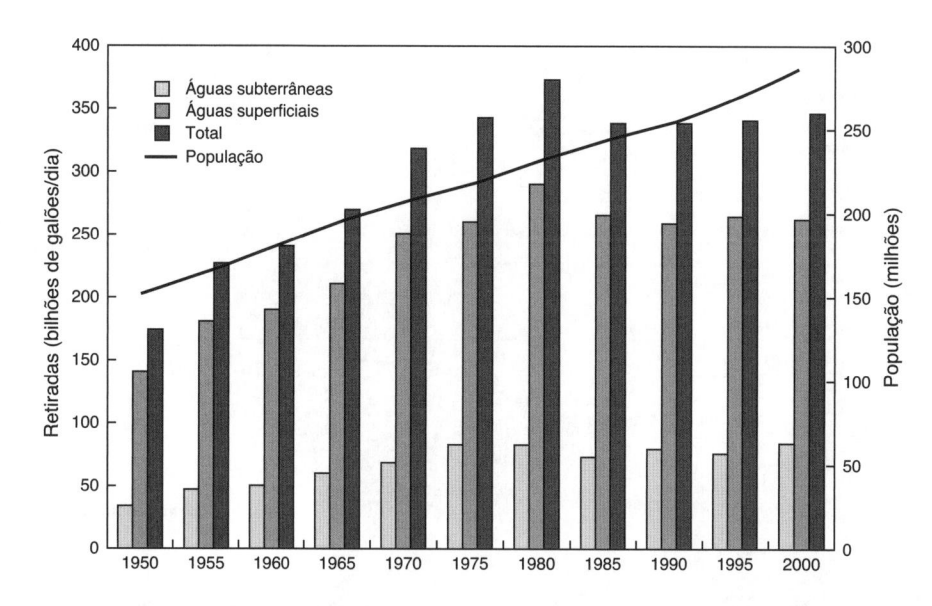

Figura / 7.9 Retiradas de Água Doce nos Estados Unidos por Fonte e População, 1950-2000.

(Cortesia da U.S. Geological Survey; Hutson *et al.*, 2004).

das águas superficiais. A Califórnia e a Flórida retiram a maior parte das águas subterrâneas. O volume total de retiradas tem se mantido relativamente constante desde meados dos anos 1980, variando menos de 3%, embora a população tenha aumentado ao longo desse período. As águas superficiais consistem em até 80% do total, e as águas subterrâneas consistem em até 20% do total nos últimos 50 anos. Por outro lado, o percentual de retiradas associadas aos estoques públicos de água triplicou desde 1950.

Em termos de retiradas industriais, a Figura 7.10 mostra a distribuição geográfica dessas retiradas nos Estados Unidos. Louisiana, Texas e Illinois contribuem com 38% das retiradas hídricas totais para fins industriais. Mais de 80% disso vem das águas superficiais. Os estados da Geórgia, Louisiana e Texas contribuem com 23% das retiradas de águas subterrâneas para fins industriais.

A Tabela 7.7 analisa várias fontes de água. A maioria dos usuários domésticos e industriais obtém seu abastecimento das **águas superficiais** (cursos d'água, rios, lagos, reservatórios) e das **águas subterrâneas**. No entanto, as usinas de dessalinização permitem que a água salgada seja utilizada. É tecnicamente viável fornecer **água reutilizada** (água recuperada) segura. A recuperação está se tornando uma fonte de água e **nutrientes** cada vez mais importante e hoje é empregada por uma ampla gama de usuários – para uso doméstico, agrícola, paisagístico e para recarga das águas subterrâneas.

7.4.3 ABASTECIMENTO PÚBLICO DE ÁGUA

Nos Estados Unidos, o **abastecimento público de água** é aquele que atende a, pelo menos, 25 pessoas e que tem um mínimo de 15 ligações. Pode pertencer a uma organização pública ou privada. Essa água pode atender usuários domésticos, comerciais, industriais e, até mesmo, as usinas termoelétricas. A Figura 7.11 mostra as retiradas de água totais asso-

Figura / 7.10 Distribuição Geográfica das Retiradas Industriais de Água nos Estados Unidos e em Seus Territórios.

(Cortesia da U.S. Geological Survey; Hutson *et al.* (2004)).

Tabela / 7.7

Fontes de Água e os Problemas Associados à Fonte

Fonte de água	Problemas
Águas superficiais	Alto escoamento, fácil de contaminar, relativamente rica em sólidos suspensos (sólidos suspensos totais, TSS), turbidez e patógenos. Em algumas partes do mundo, rios e cursos d'água secam durante a estiagem.
Águas subterrâneas	Escoamentos menores, mas capacidade de filtragem natural que remove os sólidos suspensos (TSS), turbidez e patógenos. Pode ser rica em sólidos dissolvidos (sólidos dissolvidos totais, TDS), incluindo Fe, Mn, Ca e Mg (dureza). Difícil de limpar depois de contaminada. Os tempos de renovação podem ser muito longos.
Água salgada	Consome muita energia para ser dessalinizada, por isso, é cara em comparação com outras fontes, e o descarte da salmoura resultante deve ser considerado. A dessalinização pode ocorrer por destilação, osmose reversa, eletrodiálise e troca iônica. Entre essas, a destilação em vários estágios e a osmose reversa são as duas tecnologias mais utilizadas (contribuem para, aproximadamente, 87% da capacidade mundial de destilação). Existem mais usinas de osmose reversa no mundo, no entanto, elas têm capacidade de destilação menor do que as usinas de destilação.
Recuperada e reutilizada	Tecnicamente viável. Atualmente, utilizada para irrigar culturas no paisagismo residencial e comercial, na recarga de águas subterrâneas e como água potável, por uso direto e indireto. Inclui o uso descentralizado da água cinzenta (águas residuais produzidas por banheiras e chuveiros, lavadoras de roupas e de louças, pias e fontes de água potável). Quando utilizada na irrigação, os nutrientes presentes na água recuperada podem reduzir o uso de fertilizantes.

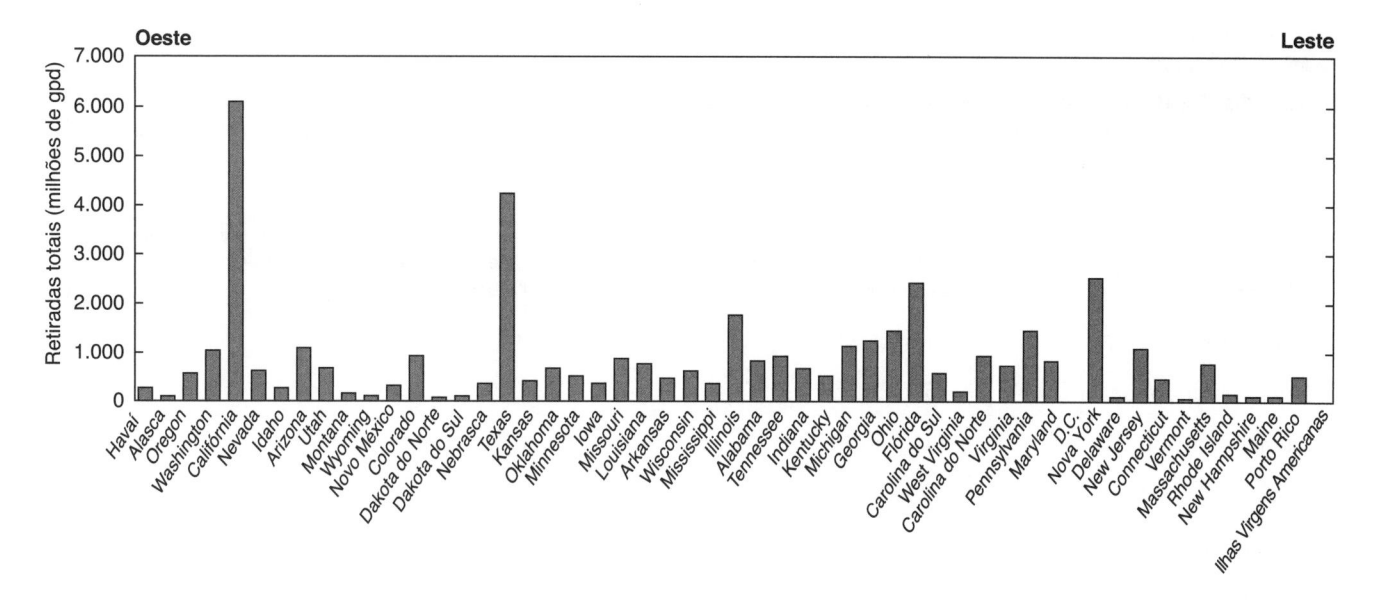

Figura / 7.11 **Retiradas de Água do Abastecimento Público nos Estados Unidos, 2000** Na figura, os estados e territórios estão dispostos do oeste para o leste.

(Cortesia da U.S. Geological Survey; Hutson *et al.*, 2004).

ciadas ao abastecimento público de água em cada estado e nos vários territórios dos Estados Unidos. O uso da água pública depende fortemente da população. Por exemplo, grandes Estados que contribuem com 38% da população americana (por exemplo, Califórnia, Texas, Flórida e Illinois) contribuem com 40% das retiradas totais do abastecimento público de água.

As residências unifamiliares americanas consomem, em média, 101 galões de água por dia *per capita* (gpdc), dentro e fora de casa. Nas edificações multifamiliares, como os prédios de apartamentos, o uso da água pode ser tão baixo quando 45 a 70 gpdc, uma vez que essas residências usam menos água, têm menos acessórios e aparelhos que utilizam água, e usam pouca ou nenhuma água da porta para fora (Vickers, 2001). O uso externo pode ultrapassar a precipitação natural em alguns lugares. Ele varia de 10 a 75% da demanda total da residência, dependendo do lugar. A Tabela 7.8 fornece a decomposição desse **uso doméstico** por diferentes atividades.

A tabela também fornece qual seria a mesma decomposição se as residências instalassem aparelhos que usam água mais econômicos e realizassem a detecção regular dos vazamentos. Se cada lar americano instalasse recursos de economia de água, o uso da água diminuiria em 30%. Isso não só pouparia dinheiro, mas também eliminaria a demanda para identificar e proteger novas fontes de água, poupando energia e materiais associados à coleta, armazenamento, transporte e tratamento da água.

7.4.4 RECUPERAÇÃO E REUTILIZAÇÃO DA ÁGUA

Em razão de itens como aumento populacional, mudanças demográficas quanto ao lugar em que as pessoas vivem e onde as indústrias se situam, bem como questões atuais e futuras de mudança climática e escassez de água, a **recuperação** e a **reutilização da água** se tornaram

Fontes de Água

A maior usina de dessalinização nos Estados Unidos fornece 10% das necessidades hídricas de Tampa (Flórida). A capacidade é de até 25 mgd (milhões de galões por dia).

Aprenda Mais sobre Dessalinização

http://water.usgs.gov/edu/drinkseawater.html

Tabela / 7.8

Uso da Água nos Lares Americanos: Alternativas Típicas e Eficientes Em um lar americano, o uso típico da água é muito maior do que o observado quando existem instalações eficientes de água e os residentes estão atentos para detectar vazamentos. As porcentagens se baseiam no uso total.

Atividade	Uso típico da água, gpdc (% uso total)	Uso da água com instalações eficientes e detecção de vazamentos, gpdc (% uso total)
Chuveiros	11,6 (16,8%)	8,8 (19,5%)
Lavagem de roupas	15,0 (21,7%)	10,0 (22,1%)
Lavagem de louças	1,0 (1,4%)	0,7 (1,5%)
Banheiros	18,5 (26,7%)	8,2 (18,0%)
Banheiras	1,2 (1,7%)	1,2 (2,7%)
Vazamentos	9,5 (13,7%)	4,0 (8,8%)
Torneiras	10,9 (15,7%)	10,8 (23,9%)
Outros usos domésticos	1,6 (2,2%)	1,6 (3,4%)
Total	69,3 gpdc	45,3 gpdc

FONTE: Dados de Vickers, 2001.

Discussão em Sala de Aula

Que tipos de recursos com uso eficiente da água estão presentes ou ausentes em sua casa, apartamento ou dormitório e no seu *campus* universitário? O uso dessa tecnologia requer mudanças comportamentais pelos usuários ou pela equipe de manutenção? Ela requer considerações de diferenças de gênero ou cultura entre os usuários?

Recuperação e Reutilização da Água

http://www.epa.gov/region09/water/recycling/

lugar comum em muitos estados, como meio de expandir o portfólio de abastecimento de água e proporcionar um abastecimento adicional resistente à seca. A água recuperada também aproveita os nutrientes benéficos nela encontrados. Na verdade, a Flórida, que reutiliza mais água recuperada do que qualquer outro estado, lançou inicialmente seu programa de reutilização da água para tratar das preocupações da poluição com nutrientes em seus cursos d'água, lagos e estuários (NAS, 2012).

Estados como a Califórnia, Arizona, Geórgia e Flórida já incorporam recuperação e reutilização da água nas decisões sobre gestão hídrica. Isso se deve ao seu clima, aumento populacional e extensa produção agrícola dependente de água. No entanto, com a escassez de água se tornando uma ocorrência comum atualmente, as áreas que antes eram consideradas ricas em água *também devem considerar a incorporação* da reutilização e recuperação da água em suas decisões sobre gestão hídrica.

As estações de tratamento de águas residuais têm se instalado em lugares propícios a tirar proveito da força da gravidade para transportar as águas residuais coletadas e facilitar o descarte de efluentes tratados. Essas são duas razões para que muitas estações de tratamento fiquem próximas de corpos d'água superficiais. As estações de tratamento também estão situadas próximas às áreas urbanas, onde a maioria das águas residuais é gerada. Uma das chaves para o sucesso da recuperação e reutilização da água é associar a qualidade do efluente de águas residuais com os requisitos de qualidade da água dos novos usuários.

Hoje, a maior parte da água recuperada é utilizada em ambientes industriais ou agrícolas, que podem estar situados bem longe de uma grande estação de tratamento de águas residuais. Desse modo, qualquer água recuperada precisa ser transportada por grandes distâncias antes de poder ser reutilizada. Para combater esse problema, estão sendo projetadas e construídas pequenas **estações de recuperação satélite** descentralizadas. Essas estações combinam processos de tratamento primários, secundários e/ou terciários para tratar uma parte de um curso de águas servidas próximo de onde possa ser utilizado, eliminando a necessidade de transportar a água recuperada por grandes distâncias.

A Tabela 7.9 fornece vários exemplos de recuperação e reutilização da água bem-sucedidas. Em cada caso, a fonte da água recuperada consiste em águas residuais domésticas tratadas. A água recuperada tem uma série de usos, incluindo o doméstico, industrial e agrícola, bem como a recarga de águas subterrâneas e a irrigação paisagística. Você pode se interessar em ver um relatório recente do National Research Council (NRC) intitulado *Water Reuse: Potential for Expanding the Nation's Water Supply through Reuse of Municipal Wastewater Committee no the Assessment of Water Reuse as an Approach to Meeting Future Water Supply Needs* (Academia Nacional de Ciências, Washington, D.C., 2012).

Tabela / 7.9

Exemplos de Recuperação e Reutilização da Água Todas as fontes de água recuperada são tratadas como águas residuais domésticas. Em uma escala global, a capacidade de reutilização deve aumentar de 19,4 para 54,5 milhões de m^3/dia em 2015.

Local	Uso da água recuperada	Problemas solucionados pelos engenheiros por meio de soluções técnicas, políticas e públicas
Distrito de Saneamento de Hampton Roads, Virgínia	Água de serviço e água alimentada por boiler em uma refinaria de petróleo.	Necessário tratar a amônia durante o clima frio e produzir água com níveis de turbidez mais consistentes.
Distrito Hídrico Irvine Ranch, Califórnia	Irrigação paisagística pública e empresarial; prédios comerciais com encanamento duplicado usam água para descarga de vasos e mictórios; torres de arrefecimento de prédios comerciais; irrigação agrícola.	Acúmulo de TDS na água reciclada. Demandas sazonais de irrigação paisagística precisam ser balanceadas com limitações de armazenamento do ambiente urbano.
Sistema Hídrico de San Antonio, Texas	Água de arrefecimento de usina de energia; arrefecimento industrial; manutenção de rios; irrigação paisagística.	Deterioração da qualidade da água no sistema de distribuição pode ocorrer em razão do maior teor de sólidos da água recuperada. Preocupações de ligação cruzada com a água potável e com o impacto dos níveis mais altos de TDS na vegetação.
Instalação de Recuperação Hídrica Regional Sul, Flórida	Irrigação agrícola e paisagística; proteção contra congelamento das safras de frutas cítricas; recarga de águas subterrâneas.	Possíveis impactos na irrigação com águas recuperadas.
Distrito Hídrico do Condado Orange, Califórnia	Recarga de águas subterrâneas que suplementam, subsequentemente, o abastecimento de água potável; irrigação paisagística	Contaminantes emergentes, como os compostos orgânicos de baixo peso molecular, produtos farmacêuticos e substâncias químicas desreguladoras endócrinas na água recuperada.

FONTE: Crook, 2004; GWI, 2005.

Muitas questões técnicas associadas à recuperação e reutilização da água foram tratadas com sucesso. O consumo de energia e materiais é baixo ou alto nessa tecnologia? Quais são alguns dos desafios sociais da reutilização de água para uso doméstico? Quais desafios você poderia encontrar, como um engenheiro que trabalhasse com uma comunidade, em um projeto de reutilização da água? Como você superaria esses desafios de maneira justa e equitativa?

7.4.5 ESCASSEZ DE ÁGUA E CONFLITO PELA ÁGUA

Um dos futuros problemas mais prementes de segurança mundial, provavelmente, será a **escassez de água**, situação em que não há água suficiente para satisfazer as necessidades humanas normais. Diz-se que um país está sofrendo **estresse hídrico** quando o abastecimento de água anual cai para menos de 1.700 m^3 por pessoa. Quando o abastecimento de água anual cai para menos de 1.000 m^3 por pessoa, diz-se que o país tem **escassez hídrica.** Por um lado, atualmente, quase 2 bilhões de pessoas sofrem de escassez hídrica grave. Esse número deve aumentar substancialmente à medida que a população aumentar e conforme os padrões de vida (e, portanto, o consumo) crescerem em todo o mundo.

A mudança climática deve ter um impacto na precipitação (ver Tabela 7.10). Algumas áreas podem se beneficiar com aumentos de 10% a 40% na precipitação, mas outras, provavelmente, vão sofrer reduções de 10% a 30% na precipitação. Algumas das regiões que verão um aumento na precipitação também vão ficar vulneráveis a chuvas extremas associadas a inundações e erosão. A população que ficará mais vulnerável à mudança climática é pobre e depende da chuva para obter a água para a agricultura e de recursos hídricos locais para saúde e subsistência econômica.

Tabela / 7.10

Exemplos de Possíveis Impactos da Mudança Climática nos Recursos Hídricos Projetados de Meados até o Final do Século XX

Fenômeno e direção da tendência	Probabilidade das tendências futuras com base nas projeções para o século XXI	Impactos principais
Sobre a maioria das áreas de terra, dias e noites mais quentes e dias e noites menos frios, maior frequência de dias e noites quentes	Praticamente certa	Efeitos nos recursos hídricos baseados no derretimento da neve; efeitos em alguns suprimentos hídricos
Períodos quentes/ondas de calor; a frequência aumenta na maioria das áreas	Muito provável	Maior demanda hídrica; problemas de qualidade da água; por exemplo, proliferação de algas
Eventos de precipitação pesada; a frequência aumenta na maioria das áreas	Muito provável	Efeitos adversos na qualidade das águas superficiais e das águas subterrâneas; contaminação do abastecimento de água; a escassez de água pode ser aliviada
Aumento na área afetada por estiagem	Provável	Estresse hídrico mais generalizado
Aumento na atividade de ciclones tropicais intensos	Provável	Falta de energia, causando interrupção do abastecimento público de água
Maior incidência de nível do mar extremo (exclui tsunamis)	Provável	Menos disponibilidade de água doce devido à intrusão da água salgada

FONTE: Utilizado com a permissão do Painel Intergovernamental sobre Mudança Climática, *Climate Change 2007: Impacts, Adaptation and Vulnerability*, Summary for Policymakers, extraído da Tabela SPM. 1.

Essas pessoas também tendem a viver em áreas propensas aos desastres associados à água, que são a seca e as enchentes.

A água deverá ser uma fonte de tensão e cooperação no futuro. Isso porque mais de 215 rios importantes e 300 aquíferos de águas subterrâneas são compartilhados por dois ou mais países. A Organização para Cooperação e Desenvolvimento Econômico (OCDE) consiste em 30 países membros. A Comissão de Assistência ao Desenvolvimento da OCDE escreve que "As tensões relacionadas com a água podem emergir em várias escalas geográficas. A comunidade internacional pode ajudar a abordar os fatores que determinam se essas tensões vão levar a conflitos violentos. A água também pode ser o foco das medidas para melhorar a confiança e a cooperação".

O seguinte *website* narra o conflito pela água, remontando a 3000 a.C. (http://wwwL.worldwater.org/conflict'ist). A história mostra que a maior parte do conflito pela água se resolve pacificamente. Na verdade, houve 507 conflitos pela água registrados e 1.228 eventos hídricos cooperativos registrados. No entanto, houve menos de 40 relatos registrados de violência por causa da água. Isso mostra que o conflito pela água talvez não seja tão espetaculoso como foi popularizado em filmes como *Chinatown* e livros como *Cadillac Desert*. A Figura 7.12 mostra os eventos específicos relacionados com os conflitos e a cooperação históricos pela água. Como se pode ver na figura, a maioria dos eventos documentados associados ao conflito e à cooperação pela água está relacionada com mudanças na quantidade de vazão hídrica, bem como a projeto e construção de infraestrutura, como barragens e canais.

Discussão em Sala de Aula

Como as suas ações individuais e profissionais, relacionadas com a energia, afetam o abastecimento e o uso da água de maneira que impactem, no final das contas, as gerações futuras dos pobres do mundo e os ecossistemas nativos? Quais decisões tomadas pelos engenheiros têm impactos mais amplos, além da área local em que estão implantadas?

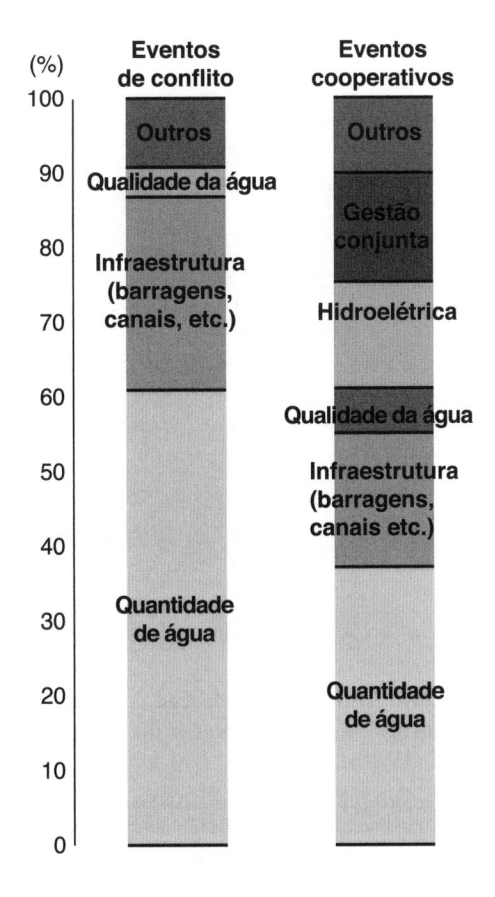

Figura / 7.12 Cooperação Hídrica ou Conflito pela Água? Percentual de eventos que provocaram conflito pela água ou que levaram à cooperação hídrica.

(Redesenhado com permissão de UNEP/ GRID-Arendal, 2009. Water-cooperation or conflict? *Vital Water Graphics 2*, http:// www.grida.no/graphicslib/detail/water-cooperation-or-conflict_16f8.)

7.5 Demanda Hídrica Municipal

A quantidade de água utilizada (ou necessária) é crítica no planejamento e no projeto de um sistema de abastecimento municipal. A taxa de uso de água estimada é comumente chamada de **demanda hídrica municipal**. Em geral, as fontes, a localização e o tamanho das instalações de água, bem como a tubulação para ligar essas instalações aos clientes dependem da demanda. Embora seja fundamental estimar a demanda hídrica para planejar um sistema, não existe um único método para medir ou estimar essa demanda.

A quantidade de uso municipal da água se baseia no uso do solo, e no tipo e número de clientes no sistema. O projeto e o dimensionamento de uma estação de tratamento de água (ou de efluentes) se baseiam em uma estimativa do uso atual e futuro da água pelos clientes atendidos pelo sistema. Outros fatores, como mais água para proteção contra incêndios, aumentam o volume real de água a ser tratada.

O projeto e o dimensionamento da rede de tubulações para levar a água e coletar efluentes se baseiam não só no uso estimado da água, mas também na localização dos clientes em relação às estações de tratamento. Por exemplo, a localização de um grande usuário industrial pode não afetar muito o total de água a ser processada pela estação de tratamento, mas o dimensionamento da rede de tubulações para conectar o usuário à estação de tratamento será bastante afetado. Um usuário industrial que está muito perto da estação de tratamento precisaria de um trecho muito mais curto de tubulação de grande diâmetro do que se estivesse distante dessa estação de tratamento.

Aplicação / 7.2 — Vale Hetch Hetchy no Parque Nacional Yosemite

"Represa Hetch Hetchy! Como uma barragem para reservatório de água, as catedrais e igrejas das pessoas, nenhum templo sagrado jamais foi consagrado pelo coração do homem."

– John Muir

Figura / 7.13 Vale Hetch Hetchy Antes de Ser Represado.

(FONTE: Sierra Club Bulletin, Vol. VI, No. 4, January, 1908, p. 211.)

John Muir no Rio Merced com os Arcos Reais e a Coluna de Washington no fundo, Parque Nacional Yosemite, Califórnia

(Reproduzido com a permissão de John Muir Papers, Holt-Atherton Special Collections, University of Pacific Library. Copyright 1984 Muir-Hanna Trust).

O Vale Hetch Hetchy está situado no canto noroeste menos percorrido do Parque Nacional Yosemite. O Parque Nacional Yosemite é o segundo parque nacional dos Estados Unidos, criado em 1890. Ele atrai 3,5 milhões de visitantes por ano. O Rio Tuolumne percorre o fundo do vale, e os afloramentos de granito que confinam o vale são similares, em largura e beleza, aos encontrados no Vale Yosemite, que é bastante visitado.

John Muir (autor, conservacionista e fundador do Sierra Club) descreveu o Vale Hetch Hetchy como "um dos templos montanhosos mais raros e preciosos da natureza". O U.S. National Park Service escreve que

"(…) já em 1882, o Vale Hetch Hetchy era considerado um possível local para um novo reservatório. Os conservacionistas, liderados por John Muir, queriam que o vale permanecesse intocado. Eles sustentavam que uma barragem poderia ser construída fora dos parques de montanhas selvagens.

Muir e seus seguidores lançaram uma campanha para elogiar as virtudes do Hetch Hetchy. Pela primeira vez na experiência americana, uma audiência nacional considerou as reivindicações concorrentes de natureza em oposição ao desenvolvimento. Até o início dos anos 1900, os americanos viam a natureza como algo a conquistar e os recursos naturais como algo infinito.

Os defensores da barragem estavam convencidos de que um reservatório poderia oferecer tremendos benefícios sociais e econômicos. A cidade a oeste que crescia rapidamente, San Francisco, estava enfrentando uma falta crônica de água e energia. Em 1906, um terremoto e um incêndio devastaram San Francisco, aumentando a urgência e a simpatia do público pela busca de um abastecimento de água adequado. O Congresso aprovou a lei de Raker em 1913, autorizando a construção de uma barragem no Vale Hetch Hetchy, bem como outra barragem no Lago Eleanor.

A primeira fase da construção na Barragem O'Shaughnessy (em homenagem ao engenheiro chefe) foi concluída em 1923, e a fase final, erguendo a altura da barragem, foi concluída em 1938. Hoje, o reservatório de 117 bilhões de galões fornece água para 2,4 milhões de moradores da Área da Baía de San Francisco e para usuários industriais. Também fornece energia hidroelétrica gerada por duas usinas a jusante. O reservatório tem oito milhas de comprimento e o maior corpo de água individual de Yosemite."

Extraído de "Yosemite," US National Park Service, US Department of Interior http://www.nps.gov/yose/planyourvisit/upload/hetch-hetchy-sitebull.pdf

7.5.1 CRIANDO MODELOS PARA ESTIMAR A DEMANDA

De modo geral, estimar a demanda hídrica envolve a criação de um modelo do sistema que simule o sistema real. As decisões tomadas para criar um modelo preciso dependem da finalidade do modelo e das informações que desejamos que o modelo produza. Portanto, a finalidade do modelo é definida desde o início para que o tipo de modelo correto seja escolhido. Em geral, os **objetivos de modelagem da demanda hídrica** são duplos:

1. *Sistemas existentes:* desenvolver um modelo para simular a operação do sistema existente com precisão.
2. *Sistemas propostos:* desenvolver um modelo que vai se transformar em uma ferramenta de planejamento para guiar o projeto de um sistema futuro.

O tipo de modelo e os detalhes associados são definidos com base nos objetivos específicos do modelo. Os detalhes de um modelo podem ser classificados como um *modelo em macroescala* ou um *modelo em microescala*. Os modelos em macroescala são empregados para estimar a demanda hídrica global, dimensionar estações de tratamento e o sistema de armazenamento necessário para contabilizar os ciclos diários de uso da água.

Discussão em Sala de Aula

Quais são os benefícios sociais, ambientais e econômicos que o Vale Hetch Hetchy proporciona em seu estado reformulado atual? Quais benefícios sociais, ambientais e econômicos seriam adquiridos se o Vale Hetch Hetchy voltasse ao seu estado natural?

Restaure o Hetch Hetchy
http://www.hetchhetchy.org/

© Eric Delmar/iStockphoto.

Nesse caso, não serão necessários os detalhes de que uma tubulação de tamanho específico está conectada a cinco clientes comerciais que residem em uma edificação ecológica com certificação LEED (Leadership in Energy and Environmental Design) na Rua Principal. No entanto, um modelo em microescala do diâmetro específico da tubulação e do sistema circundante poderia ser utilizado para dimensionar uma bomba em uma estação de bombeamento utilizada para proteção contra incêndio. Nesse caso, a demanda hídrica seria a água necessária para controlar o fogo.

A Tabela 7.11 resume a variedade de dados utilizados na **estimação da demanda hídrica**. Dependendo dos objetivos e detalhes do modelo, os dados realmente necessários podem ser de apenas um ou dois tipos, ou outros dados podem ser necessários além do que é apresentado pela Tabela 7.11. A disponibilidade e a acurácia dos dados vão variar bastante. Normalmente, mapas e desenhos do sistema existente, dados climáticos históricos e dados operacionais estão facilmente disponíveis e, de modo geral, são precisos. Os dados necessários para o planejamento futuro – como as mudanças demográficas, o uso futuro do solo e o clima projetado – podem ter uma incerteza significativa. Uma vez localizados os dados, eles devem ser examinados criticamente quanto à sua adequabilidade para satisfazer as necessidades do modelo. Quaisquer documentos históricos devem ser avaliados e verificados para garantir a precisão dos dados.

Tabela / 7.11

Tipos de Dados que Podem Ser Necessários para Criar um Modelo de Demanda Hídrica

Tipo de Dado	Descrição do Dado
Dados de sistema	Esse é o *layout* físico do sistema. Os exemplos de dados incluem desenhos dos processos de uma estação de tratamento, rede de tubulação para distribuição de água ou coleta de esgotos, ou o *layout* de uma nova obra. Isso inclui as dimensões do sistema (comprimento, largura, altura) e as elevações.
Dados operacionais	Essas são as informações sobre o sistema quando ele está em operação. Exemplos de dados incluem os níveis de água nos tanques da estação de tratamento ou nos tanques de armazenamento, as taxas de bombeamento das bombas ou os níveis de água nos poços úmidos. Grande parte dessas informações é conhecida pelos operadores do sistema.
Dados de consumo	Essa é a estimativa da água utilizada pelos clientes. Os dados incluem a demanda hídrica diária *per capita*, o valor da demanda hídrica para clientes específicos, como uma grande edificação e a demanda de proteção contra incêndio. Também há estimativas típicas de mudança nos padrões de uso da água, como as estratégias de conservação da água.
Dados climáticos	Esses dados consistem em informações sobre temperatura sazonal e precipitações. A temperatura e a precipitação podem ter uma grande influência na demanda hídrica estimada. Outros dados climáticos poderiam ser utilizados, se necessário, além da previsão climática.
Dados demográficos e de uso do solo	Esses são os dados sobre os clientes e como eles usam sua propriedade. Eles incluem os números da população e o crescimento futuro previsto (ou redução), os tipos de clientes (residencial, comercial, industrial etc.) e a localização desses clientes. O planejamento dos transportes também tem grande influência nesses dados.

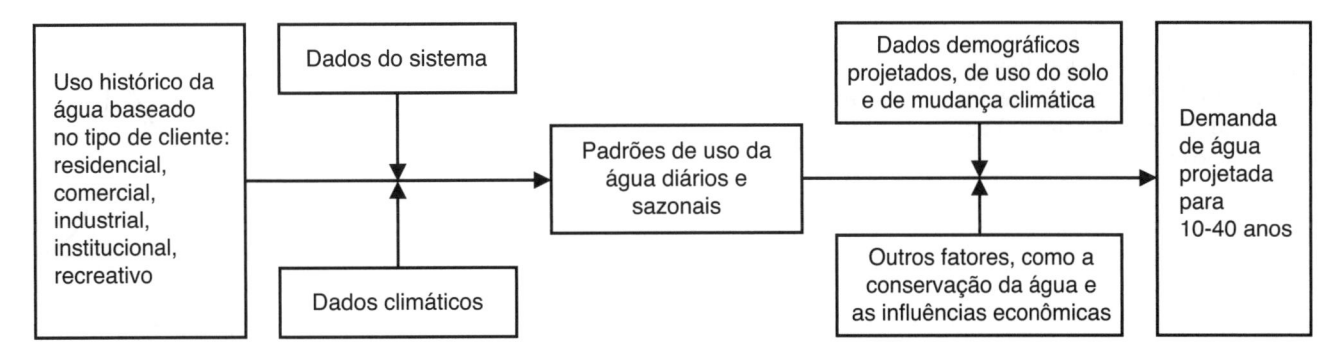

Figura / 7.14 Processo Geral Utilizado para Criar um Modelo Destinado a Estimar a Demanda Hídrica Futura.

O **processo de modelagem geral para estimar a demanda hídrica** é fornecido na Figura 7.14. O processo começa com a coleta e a avaliação das informações históricas sobre o tipo de cliente atendido. A partir disso, os ciclos diários e sazonais podem ser determinados. A inclusão dos dados demográficos e de uso do solo previstos para o futuro (inclusive a previsão de mudança climática) possibilita estimar a demanda hídrica futura.

Pela disponibilidade e incerteza dos dados, é comum usar diferentes métodos para estimar a demanda futura. Por exemplo, quando se estima a demanda hídrica de uma área residencial para dimensionar uma estação de tratamento, uma análise simples do uso atual da água por residência, multiplicado pelo número de residências projetado, poderia ser uma estimativa tão boa quanto um modelo detalhado, complicado, do sistema inteiro.

7.5.2 ESTIMANDO A VAZÃO DE ÁGUA (E DE ÁGUAS RESIDUAIS)

Embora abordemos o tratamento de águas residuais e a recuperação de recursos em um capítulo posterior, vamos cobrir as estimativas de vazão de água e águas residuais juntas, já que estão intimamente ligadas. A obtenção de dados de abastecimento de água e de águas residuais é uma etapa fundamental no projeto de um sistema de distribuição de água ou sistema de coleta de esgotos, ou no dimensionamento de uma estação de tratamento. As vazões e os padrões variam muito de um sistema para o outro e dependem fortemente do tipo e do número de clientes atendidos, do clima e da economia local. A Figura 7.15 mostra os ciclos de vazão hídrica diária em função do tipo de cliente. O uso da água (e a produção de águas residuais) depende do tempo durante o qual os residentes e outros usuários do sistema incorporam a água em seu estilo de vida diário. A demografia específica para uma região vai mudar a forma dessa figura. Por exemplo, nos Estados Unidos, o pico matinal geralmente é maior do que o pico vespertino. Nas cidades-dormitório, costuma haver um pico matinal bastante precoce, já que as pessoas acordam cedo para se deslocar por longas distâncias para as áreas urbanas.

A melhor fonte de informações para estimar a demanda costuma ser os dados de escoamento registrados. Geralmente, existem dados disponíveis sobre os registros históricos de uso da água dos sistemas existentes. De modo geral, as instalações de abastecimento e tratamento de água

Figura / 7.15 **Ciclos de Demanda Diária** Os ciclos diferem em função do tipo de cliente: (a) industrial, (b) residencial, (c) comercial e (d) comunidade inteira.

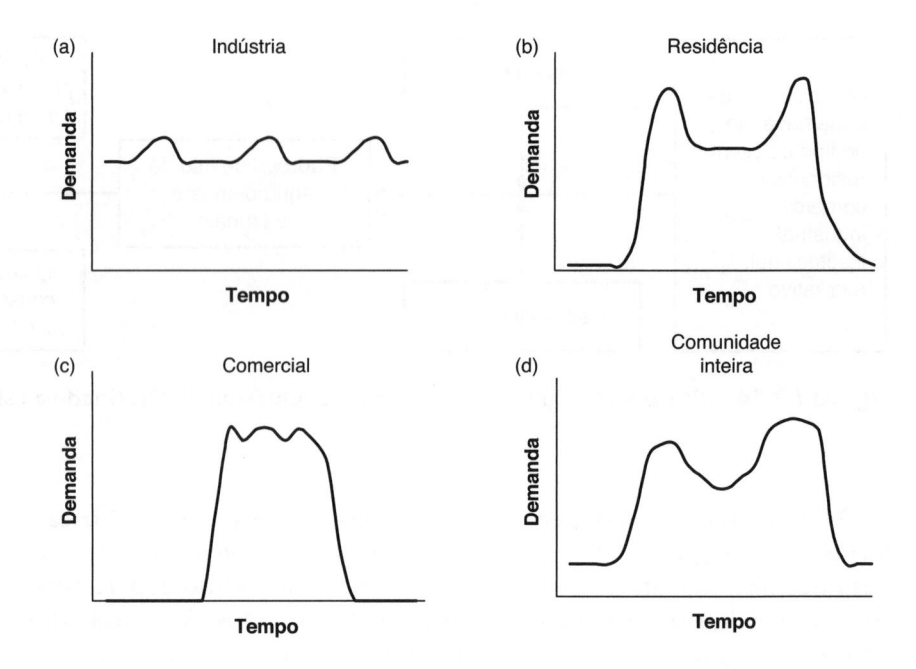

têm informações sobre as variações no nível de água nos reservatórios e na taxa de água bombeada e tratada (de modo que os balanços hídricos podem ser utilizados para estimar os escoamentos por hora). Para clientes, existem registros de cobrança, que podem ter os escoamentos medidos associados a eles, mas vão fornecer apenas médias ao longo de 1 ou 2 meses.

Normalmente, existem informações mais detalhadas sobre as **taxas de utilização da água** do que as **taxas de geração de águas residuais**. Uma abordagem para estimar a geração de águas residuais é estimar a taxa de utilização da água e, depois, supor que entre 50% e 90% da água se transformam em água residual. No entanto, esse intervalo varia muito com o clima, a estação do ano, as restrições de uso do solo e o tipo de cliente.

O uso interno de água, geralmente, equivale à geração de águas residuais, uma vez que a água utilizada externamente não entra no sistema de coleta de efluentes. Um modelo simples para estimar o uso interno de água é expressado da seguinte forma (Mayer *et al.*, 1999):

$$Y = 37,2X + 69,2 \qquad (7.3)$$

em que Y corresponde ao uso interno de água por domicílio (gpd) e X equivale ao número de pessoas por domicílio.

Para clientes novos, o histórico de uso da água ou as taxas de geração de águas residuais podem ser utilizados para estimar valores por unidade de uso da água ou geração de águas residuais. A Tabela 7.12 fornece valores típicos e intervalos esperados. Uma estimativa do número de novas unidades adicionadas ao sistema é determinada com base nas informações do tipo de novos clientes projetados. A seguir, para determinar a demanda hídrica adicional em galões por dia, os valores de escoamento típicos são multiplicados pelo número de unidades adicionais.

As taxas de utilização da água em fontes industriais são altamente específicas em relação ao local e devem se basear em registros históricos

Uso Típico da Água e Valores de Geração de Águas Residuais Os valores são exibidos para diferentes clientes e podem ser utilizados para estimar cenários futuros.

Fonte	Unidade	Volume de utilização da água (galões/unidade dia)		Volume de geração de águas residuais (galões/unidade dia)	
		Intervalo	Típico	Intervalo	Típico
Apartamento	Pessoa	100-200	100	35-80	55
	Quarto			100-150	120
Loja de Departamentos	Banheiro	400-600	550	350-600	400
Hotel	Hóspede	40-60	50	65-75	70
Residência individual:					
Casa típica	Pessoa	40-130	95	45-90	70
Casa de luxo	Pessoa			75-150	95
Chalé de verão	Pessoa			25-50	40
Prédio de escritórios	Funcionário	8-20	15	7-16	13
Restaurante	Cliente	8-10	9	7-10	8
Escola:					
Com lanchonete, academia e chuveiros	Aluno	15-30	25	15-30	25
Apenas com lanchonete	Aluno	10-20	15	10-20	15

FONTE: Dados obtidos de Tchobanoglous e Burton, 1991; Tchobanoglous *et al.*, 2003

ou nas vazões de projeto para novos clientes industriais. Por exemplo, um Ford Taurus (incluindo os pneus) requer 147.000 L de água para a sua produção e entrega no mercado, uma calça *jeans* consome 6.800 L e um jornal de domingo requer 568 L. As águas residuais geradas de fontes industriais também variam bastante, dependendo de quanta água é utilizada e para que é utilizada. Para muitas indústrias, a água é utilizada em processos nos quais grande parte dela é perdida por evaporação. Quando possível, as indústrias devem ser medidas para determinar as vazões reais.

As taxas de uso da água e a geração de águas residuais também podem ser estimadas a partir dos dados de **uso do solo**. Embora esse método seja utilizado, a princípio, no projeto de sistemas de distribuição de água e coleta de águas residuais de futuros desenvolvimentos (Walski *et al.*, 2003; 2004; AWWA, 2007), ele também pode ser utilizado para estimar as vazões esperadas para dimensionar as instalações de abastecimento de água e tratamento de águas residuais. O uso do solo é classificado com base no tipo de cliente (residencial, comercial, industrial) e na densidade de clientes (domicílios por área, comercial leve, comercial denso, etc.) Pela análise de registros históricos ou pela utilização de valores presumidos, pode ser determinada uma taxa de utilização da água ou uma taxa de geração de águas residuais por área de terreno. Em seguida, as regulamentações de zoneamento local para o desenvolvimento proposto fornecem informações para determinar a taxa de utilização da água e a taxa de geração de águas residuais.

7.5.3 VAZÕES QUE VARIAM EM FUNÇÃO DO TEMPO E CICLOS SAZONAIS

Os métodos descritos na seção anterior fornecem, em geral, vazões médias de uso da água e geração de águas residuais. A vazão média dá uma ideia da quantidade de água que precisa ser tratada ou transportada na rede de tubulações, mas o projeto real precisa ser capaz de lidar com as variações nas vazões diárias e sazonais previstas. Uma estação de tratamento projetada corretamente deve ter capacidade para lidar com uma gama de vazões previstas. As instalações de armazenamento – como tanques para distribuição de água ou poços úmidos para coleta de águas residuais – podem ser utilizadas para minimizar as flutuações diárias na vazão de uma estação de tratamento, mas as variações sazonais podem ter um grande impacto na instalação de tratamento e no modo que é operada. Além disso, a rede de tubulações deve ser dimensionada para lidar com a vazão máxima prevista, mas também para trabalhar eficazmente com vazões muito pequenas.

A **variação nas vazões** dos sistemas municipais costuma seguir um ciclo de 24 horas. No entanto, esse ciclo pode mudar gradualmente durante a semana (vazão nos dias úteis *versus* vazão nos finais de semana) e sazonalmente. O uso da água à tarde, em um dia quente de semana no verão, pode ser enorme pelo uso externo da água, como a rega de gramados e o enchimento de piscinas. No entanto, ao mesmo tempo, a geração de águas residuais pode seguir o padrão de um dia típico, já que o uso interno da água seria típico. Por outro lado, em um dia frio e chuvoso, o uso da água seria típico, mas as vazões de águas residuais poderiam ser elevadas em razão das águas pluviais entrando no sistema de coleta. Na maioria dos dias, nas comunidades, há pouca vazão durante a noite, um aumento na vazão durante as horas da manhã e uma vazão próxima da média durante o dia, seguida por um segundo aumento na vazão durante as horas da noite.

O ciclo diário dos usuários individuais também pode ser determinado. A Figura 7.15 mostra exemplos de taxa diária do uso da água para diferentes tipos de clientes. Repare como o padrão de demanda individual pode ser muito diferente do padrão de demanda da comunidade inteira. A maior parte do tempo, um padrão de demanda individual é insignificante e tem pouco efeito no padrão da comunidade inteira. Entretanto, um grande usuário de água (como uma grande indústria) pode afetar o padrão de demanda na distribuição de água local ou no sistema de colega de efluentes, especialmente em uma comunidade pequena com um grande usuário individual.

Para sistemas municipais, um **fator de demanda (FD)** é determinado a partir de registros históricos para estimar as vazões diárias máximas e mínimas. É relativamente fácil determinar os fatores de demanda para comunidades inteiras, pois existem registros de vazão nas estações de tratamento. O fator de demanda para diferentes condições é determinado a partir da vazão média e da vazão em condições extremas:

$$FD = \frac{Q_{evento}}{Q_{média}} \qquad (7.4)$$

em que Q_{evento} é a vazão do evento (volume/tempo), $Q_{média}$ é a vazão média (volume/tempo) e FD é o fator de demanda (adimensional). A Tabela 7.13 fornece a associação dos fatores de demanda com determinados eventos. Os registros históricos podem ser utilizados para determinar as taxas médias

Tabela / 7.13

Eventos de Fator de Demanda Determinados Frequentemente para Comunidades

Evento	Descrição	Intervalo do Fator de Demanda
Demanda diária máxima	Taxa média de toda a demanda máxima diária registrada no ano	1,2-3,0
Demanda diária mínima	Taxa média de toda a demanda mínima diária registrada no ano	0,3-0,7
Demanda no horário de pico	Taxa média de toda a demanda máxima por hora registrada no ano	3,0-6,0
Dia de registro máximo	Demanda máxima diária mais alta registrada	< 6,0

FONTE: Adaptado de WEF, 1998; Walski *et al.*, 2003.

anuais registradas, máxima e mínima, de uso da água ou os valores de geração de águas residuais. Como esses valores são específicos do sistema, os fatores de demanda reais devem ser determinados para cada sistema avaliado.

Para determinar as **vazões de projeto máxima e mínima** de uma estação de tratamento ou rede de tubulações, aplica-se um fator de pico (similar ao fator de demanda) à vazão média diária. O **fator de pico (FP)** é um multiplicador utilizado para ajustar a vazão média ao projeto ou para dimensionar os componentes em uma estação de tratamento de água ou de águas residuais, ou os componentes de um sistema de distribuição de água ou de coleta de águas residuais (tubulações, bombas, tanques de armazenamento, etc.). A Equação 7.5 pode ser utilizada para determinar essas vazões de projeto:

$$Q_{\text{projeto}} = Q_{\text{média}} \times FP \qquad\qquad (7.5)$$

em que Q_{projeto} é a vazão de projeto (volume/tempo), $Q_{\text{média}}$ é a vazão média (volume/tempo) e FP é o fator de pico do projeto (adimensional). A Tabela 7.14 fornece os fatores de pico ou vazões de projeto utilizados nos processos das estações de tratamento de água ou de águas residuais.

Os detalhes sobre o uso de fatores de pico no projeto de estações de tratamento e redes de tubulações são discutidos em outro lugar para as estações de tratamento de água (Crittenden *et al.*, 2005), as estações de tratamento de águas residuais (Chen, 1995; Tchobanoglous *et al.*, 2003), os sistemas de distribuição de água (Walski *et al.*, 2003) e os sistemas de coleta de águas residuais (Walski *et al.*, 2004).

Tabela / 7.14

Vazões de Projeto e Fatores de Pico Utilizados para Dimensionar Estações de Tratamento de Água Potável e de Águas Residuais

Processo de tratamento da operação da instalação	Estação de tratamento de água	Estação de tratamento de águas residuais
Capacidade hidráulica da instalação	$Q_{\text{máx dia}} \times (1,25 \text{ a } 1,50)$	$Q_{\text{máxima instantânea}}$
Processos de tratamento	$Q_{\text{máx dia}}$	$Q_{\text{média}} \times (1,4 \text{ a } 3,0)$
Bombeamento de lodo	$Q_{\text{máx dia}}$	$Q_{\text{média}} \times (1,4 \text{ a } 2,0)$

FONTE: Adaptado de Crittenden *et al.*, 2005; Chen, 1995.

exemplo / 7.3 Usando Registros Históricos para Estimar os Fatores de Demanda e a Taxa de Uso de Água Residencial

Estime os fatores de demanda máxima e mínima diária usando dados reunidos dos relatórios hídricos anuais de uma pequena estação de tratamento de água. Em seguida, estime a taxa média de uso residencial usando os dados de todos os anos. As vazões medidas de cada ano estão resumidas na Tabela 7.15.

Tabela / 7.15

Vazões Medidas para o Exemplo 7.3

Ano	Média (gpd)	Diária máxima (gpd)	Diária mínima (gpd)	Residências atendidas
2001	834.514	1.325.486	324.851	5.567
2002	843.842	1.354.826	314.584	5.603
2003	854.247	1.334.287	300.145	5.671
2004	837.055	1.341.024	365.454	5.789
2005	828.103	1.362.487	298.764	5.894
2006	858.076	1.356.214	325.141	5.969
2007	861.003	1.384.982	336.954	6.002
2008	868.150	1.368.920	310.247	6.048

solução: Fatores de Demanda

Determine o fator de demanda anual para eventos extremos. Para o ano 2001:

$$FD_{\text{máx diária}} = \frac{Q_{\text{máx diária}}}{Q_{\text{média}}} = \frac{1.325.486 \text{ gpd}}{834.514 \text{ gpd}} = 1,59$$

$$FD_{\text{mín diária}} = \frac{Q_{\text{mín diária}}}{Q_{\text{média}}} = \frac{324.851 \text{ gpd}}{834.514 \text{ gpd}} = 0,39$$

Da mesma maneira, o fator de demanda média pode ser determinado para outros anos, usando todos os dados. A partir das médias anuais, a média global pode ser determinada da seguinte forma:

Ano	$FD_{\text{máx diária}}$	$FD_{\text{mín diária}}$
2001	1,59	0,39
2002	1,61	0,37
2003	1,56	0,35
2004	1,60	0,44
2005	1,65	0,36
2006	1,58	0,38
2007	1,61	0,39
2008	1,58	0,36
Média	1,60	0,38

exemplo / 7.3 (continuação)

O fator de demanda máxima diária é 1,60, e o fator de demanda mínima diária é 0,38.

Nossos resultados se comparam muito bem com os valores de FD estabelecidos e fornecidos na Tabela 7.13, na qual o fator de demanda máxima diária variou de 1,2 a 3,0, e o fator de demanda mínima diária variou de 0,3 a 0,7.

solução: Taxas de Uso

Em seguida, estime a taxa de uso residencial média usando dados de todos os anos. A taxa de uso residencial média de cada ano pode ser determinada para cada ano de dados. Para o ano 2001:

$$\text{taxa de uso} = \frac{Q_{\text{média}}}{\text{residências medidas}} = \frac{834.514 \text{ gpd}}{5.567 \text{ residências}} = 150 \text{ gpd/residência}$$

Usando a mesma fórmula, a taxa de uso residencial média pode ser determinada para os anos restantes, conforme a seguinte tabela:

Ano	Taxa de Uso Residencial (gpd/residência)
2001	150
2002	151
2003	151
2004	145
2005	140
2006	144
2007	143
2008	144
Média	**146**

A taxa de uso residencial média é de, aproximadamente, 146 gpd/residência.

Lembrando que a média de uso da água residencial é 101 gpdc. Desse modo, parece que essa comunidade tem, em média, 1,5 indivíduo por residência. A detecção de vazamentos, a incorporação de tecnologias que economizem água, lembretes públicos para conservar água e a promoção do uso de vegetação nativa que exija pouca água são alguns métodos que podem reduzir o uso de água e eliminar a necessidade de desenvolver outras fontes hídricas caras e destrutivas em termos ecológicos ou sociais.

7.5.4 DEMANDA DE COMBATE A INCÊNDIO E ÁGUA NÃO CONTABILIZADA

Um sistema de abastecimento de água deve ser capaz de fornecer água rapidamente para suprir as necessidades da sociedade a fim de garantir proteção adequada contra incêndios emergenciais. Além disso, parte da água fornecida será perdida por causa do vazamento do sistema, o uso não medido (proteção contra incêndio e manutenção), o furto ou outras causas.

Durante uma emergência de incêndio, a **demanda de água para proteção contra incêndio** pode ter um grande efeito no abastecimento e na distribuição. Em uma comunidade, a água utilizada para proteção contra incêndio é puxada, geralmente, dos hidrantes próximos, o que pode baixar muito a pressão da água disponível para os clientes locais. Nas grandes indústrias, às vezes, a água é armazenada no local para proteção contra o fogo. De modo geral, a quantidade de água necessária para proteção contra incêndios depende do tamanho da estrutura que está queimando, do modo de construção da estrutura, da quantidade de material combustível presente na estrutura e da proximidade de outras edificações.

Nos Estados Unidos, a proteção contra incêndio na comunidade é classificada e avaliada pelo Insurance Services Office (ISO), a partir do Sistema de Classificação de Proteção contra Incêndio (ISO, 1998; resumido na AWWA, 1998). Em um sistema municipal, o ISO vai avaliar a fonte de abastecimento de água, a capacidade da estação de tratamento e de bombeamento, a rede de tubulações para distribuição de água, e o posicionamento e o espaçamento dos hidrantes. O sistema de abastecimento de água deve ter armazenamento disponível, capacidade de bombeamento e tubulação para atender a demanda máxima diária e a demanda de combate a incêndio a qualquer hora do dia. Em muitas situações, a **demanda de combate a incêndio** é igual à **vazão de incêndio necessária** (NFF, *needed fire flow*) determinada pelo ISO para propriedades residenciais, comerciais e industriais. A Tabela 7.16 fornece a NFF de pequenas residências familiares. A NFF é determinada com base no espaçamento das unidades residenciais.

Nas estruturas comerciais ou industriais, a NFF se baseia no tamanho da edificação, no tipo de construção (por exemplo, estrutura de madeira), no tipo de ocupação (por exemplo, loja de departamentos), na exposição aos prédios adjacentes e no que é conhecido como fator de comunicação (localização e tipos de portas corta-fogo). Para uma NFF mínima de 500 galões por minuto (gpm), a equação geral do ISO é:

$$NFF = 18 \times F \times A^{0,5} \times O \times (1 + \sum(X + P)) \qquad \text{(7.6)}$$

em que NFF é a vazão de incêndio necessária (gpm), F é o fator de construção (0,6-1,5), A é a área eficaz da construção (ft²), O é o fator de ocupação (0,75-1,25), X é o fator de exposição (0-0,25) e P é o fator de comunicação (0-0,25). O procedimento completo para determinar o NFF de uma estrutura pode ser encontrado em *Fire Suppression Rating Schedule* do ISO (ISO, 1998) e no Manual M-31 da AWWA (AWWA, 1998). Além da NFF, a Tabela 7.17 fornece valores para o armazenamento recomendado para proteção contra incêndio, junto com a duração da água que deve ser fornecida.

Tabela / 7.16

NFF para Pequenas Residências Familiares

Distância entre as edificações (ft)	NFF (gpm)
< 11	1.500
11–30	1.000
31–100	750
> 100	500

FONTE: Valores de ISO, 1998.

Tabela / 7.17

Duração Recomendada da Vazão de Incêndio Necessária (NFF) para Proteção Contra Incêndio

NFF (gpm)	Duração (h)	Armazenamento (galões)
< 2.500	2	~300.000
3.000–3.500	3	540.000–630.000
> 3.500	4	> 840.000

FONTE: Valores de Walski *et al.*, 2003.

A água produzida por uma estação de tratamento é fornecida a um usuário em um sistema de distribuição de água. No entanto, parte da água não chega aos clientes ou é utilizada como vazão não medida. Essa **vazão não medida** inclui: (1) o que é perdido no sistema por vazamentos e rompimentos nas tubulações e conexões; (2) usos não medidos, como a proteção contra incêndio e a manutenção; (3) furto de água; (4) uma série de outras perdas hídricas mínimas. Geralmente, em todos os casos, será produzida e entrará no sistema de distribuição mais água do que é fornecida aos usuários. Para determinar a água não contabilizada, subtraia a soma da água medida de cada usuário da água medida que sai das estações de tratamento:

$$\text{água não contabilizada (\%)} = \frac{\text{água produzida} - \text{uso medido}}{\text{água produzida}} \times 100$$

(7.7)

Muitas vezes, a água não contabilizada é utilizada para calibrar o desempenho de um sistema de distribuição de água. Anualmente, espera-se que menos de 10% da água produzida seja perdida como água não contabilizada. No entanto, nos sistemas mais antigos, a água não contabilizada pode ser muito mais volumosa por causa do envelhecimento da rede de tubulações, que pode ter uma quantidade significativa de vazamentos. O monitoramento rigoroso da água não contabilizada também pode ser utilizado como um indicador de quando alguma coisa está errada no sistema de distribuição de água. Um aumento na água não contabilizada indica um vazamento na rede de tubulações, que deve ser consertada, ou uma perda importante por causa de outro problema, como o furto de água. Com uma medição interna suficiente (hidrômetros nas tubulações de água e registros nas estações de bombeamento), é possível determinar a localização geral dos reparos necessários ou dos problemas.

7.5.5 PREVISÃO DA DEMANDA

Aliança para a Eficiência Hídrica
http://www.a4we.org/

Estimar cenários futuros é uma parte importante do projeto de uma estação de tratamento, um sistema de distribuição de água ou um sistema de coleta de esgotos. Em quase todas as situações, haverá um nível de incerteza em relação à quantidade de água necessária e de águas residuais geradas. Normalmente, o planejamento de longo prazo de uma comunidade inclui a estimativa da **demanda hídrica futura** por 5, 10, 20 ou mais anos. É comum estimar a demanda futura para vários cenários diferentes antes de decidir sobre os valores reais do projeto. Além disso, a comparação das projeções futuras alternativas proporciona um meio para compreender quais efeitos os dados de entrada ou os pressupostos podem ter na demanda hídrica futura. Isso pode ser utilizado como uma análise de sensibilidade para guiar os líderes comunitários no processo de tomada de decisão sobre como planejar os futuros desenvolvimentos, influenciar as práticas de uso da água ou compreender o impacto no sistema provocado pelos grandes usuários de água.

Determinar a especificidade dos cenários futuros requer um consenso que incorpora necessidades ambientais, econômicas e sociais das gerações atuais e futuras, e isso é desenvolvido por engenheiros, planejadores, prestadores de serviços públicos e partes interessadas da comunidade. As tendências populacionais e demográficas, bem como a localização de quaisquer novos usuários vão influenciar muito a demanda hídrica futura. Outras questões importantes poderiam incluir o impacto do clima na disponibilidade de água, a mudança climática e as questões de uso do solo dentro da bacia hidrográfica. Frequentemente, são coletados mais dados do que os realmente utilizados na análise.

A Figura 7.16 mostra alguns possíveis cenários que podem ser avaliados para estimar a demanda hídrica futura. Essa abordagem analisa e extrapola dados históricos para cenários futuros. Deve-se ter cuidado ao extrapolar à frente (crescimento linear), já que as influências pregressas podem não valer no futuro.

Em vez de realizar as projeções usando um método de extrapolação, o previsor pode desenvolver uma análise mais aprofundada das possíveis causas das mudanças projetadas na demanda hídrica. Essa análise se baseia na estimativa da população futura, na demografia, no uso da água, no uso do solo, no número de grandes usuários (por exemplo, indústria), nos cenários climáticos futuros e nas questões tecnológicas e sociais que afetam a conservação da água. Nesse caso, a demanda hídrica é dividida em **segmentos desagregados** para determinar o volume de água utilizado (ou de águas residuais geradas) por unidade. Depois, a mudança projetada para cada segmento é prevista, e a nova demanda hídrica é determinada (AWWA, 2007; Walski *et al.*, 2003).

Esses segmentos desagregados se baseiam, geralmente, em estimativas populacionais ou equivalentes, ou nas designações de uso do solo. Um **equivalente populacional** é um método de conversão do uso da água (ou da geração de águas residuais), de usuários comerciais ou industriais, na quantidade equivalente de água utilizada por uma quantidade da população. Por exemplo, uma unidade industrial pode usar água equivalente a 150 pessoas em uma área residencial. A população equivalente projetada (população real somada aos equivalentes populacionais) é estimada para determinar a demanda hídrica futura.

Figura / 7.16 Cenários de Crescimento do Uso da Água Extrapolados e Baseados na Demanda Histórica.

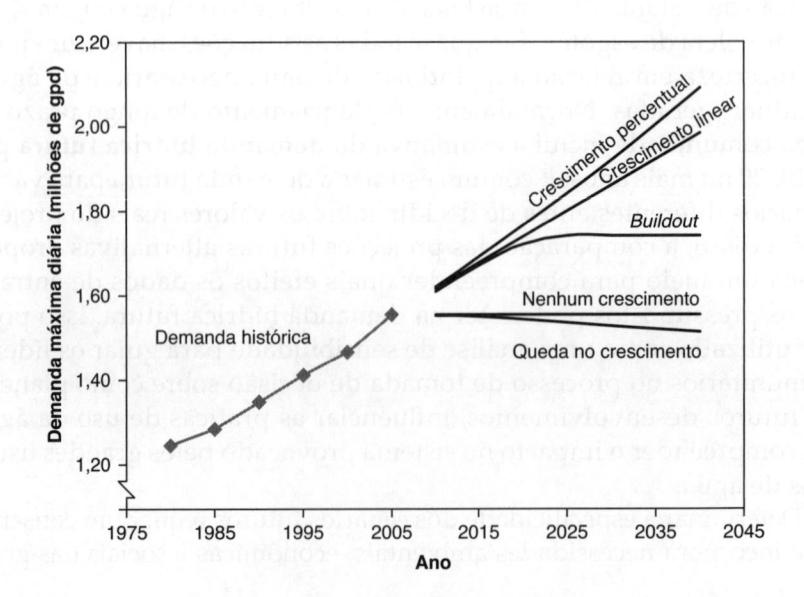

Figura / 7.17 Atividade Diária de Coleta de Água Vista em Grande Parte do Mundo.

(Foto cortesia de James R. Mihelcic.)

exemplo / 7.4 Projetando a Demanda Hídrica Futura Usando Métodos de Extrapolação

Projete a demanda hídrica futura em 8, 14 e 24 anos usando os seguintes registros históricos. Use um método de extrapolação que inclua o **crescimento linear** e o *buildout*, exibidos na Figura 7.16.

Ano	Demanda Hídrica Média Medida (gpd)
2003	1.797.895
2004	1.843.661
2005	1.907.000
2006	1.813.000
2007	1.890.000
2008	1.901.145
2009	1.891.860
2010	2.012.201
2011	2.058.492
2012	2.051.339

solução

Primeiramente, faça um gráfico dos valores registrados para visualizar a tendência histórica (ver Figura 7.18a). Com base nessas observações, podemos fazer pressupostos sobre o crescimento esperado (ou declínio).

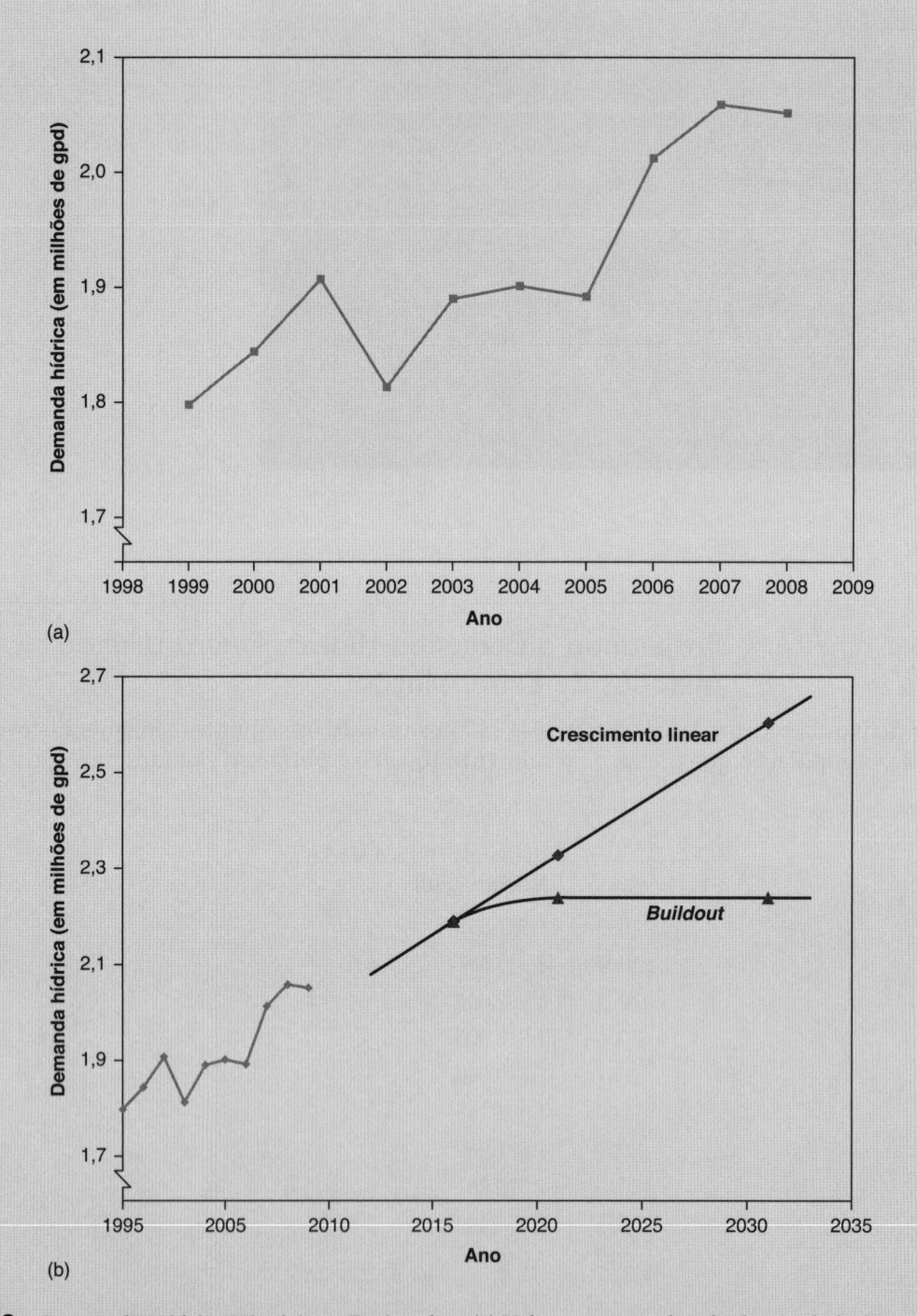

(a)

(b)

Figura / 7.18   Demanda Hídrica Histórica e Projetada   (a) Valores registrados de demanda hídrica, representados graficamente para visualizar a tendência histórica dos dados utilizados no Exemplo 7.4. (b) Tendência futura projetada da demanda hídrica usando o método de extrapolação e os dados do Exemplo 7.4.

exemplo / 7.4 (*continuação*)

Nesse caso, vamos projetar a tendência futura usando o método da extrapolação (Figura 7.16). Os dois cenários futuros são exibidos na Figura 7.18b. A seguir, a tabela contém os detalhes do uso de água projetado. No crescimento linear, foi utilizada a análise de regressão para projetar a demanda hídrica futura. O método de extrapolação por *buildout* requer outros pressupostos. Na Figura 7.18b, supomos 8 anos de crescimento linear seguidos por um *buildout* começando no 9º ano. Repare que podem ser feitas muitas outras suposições para extrapolar a demanda hídrica futura.

Demanda Hídrica Média Projetada		
Ano	Pressuposto do Crescimento Linear	Pressuposto de *Buildout*
2020	2.190.000 gpd	2.190.000 gpd
2026	2.328.000 gpd	2.239.000 gpd
2036	2.604.000 gpd	2.239.000 gpd

O uso da água (ou a geração de águas residuais) também pode ser categorizado com base no uso do solo, como residencial leve, residencial denso, comercial pesado e industrial. Após determinar o uso da água para cada categoria e conhecer todo novo desenvolvimento proposto, o previsor determina uma demanda hídrica projetada. Outra questão importante é que os usuários não necessitam todos da mesma qualidade de água em relação à fonte e ao nível de tratamento.

7.6 Sistemas de Distribuição da Água (e Coleta de Águas Residuais)

Mais uma vez, como a produção de água e a geração de águas residuais são intimamente relacionadas e, ainda assim, diferentes, vamos discutir, nesta seção, a coleta de águas residuais carregadas de recursos, junto com o fornecimento de água encanada. Antes do projeto de um sistema de **distribuição de água** ou de **coleta de águas residuais**, ocorre uma investigação abrangente da área de atendimento proposta. Parte dessa investigação inclui prever a demanda hídrica pela área de atendimento, conforme discutido anteriormente. Outros fatores – como o material da tubulação, a localização dos dispositivos (bueiros, conexões, entradas e outras estruturas), a colocação dos hidrantes, o tipo e a localização das válvulas, o projeto e as localizações das estações de bombeamento e dos locais de armazenamento de água – precisam ser determinados e integrados ao projeto de um sistema funcional eficiente.

Esse processo usa, caracteristicamente, *software* de computador. (Ver Walski *et al.*, 2003, 2004 para obter uma descrição completa desse tipo de *software* de modelagem.) O restante desta seção vai discutir o *layout* do sistema, as velocidades de fluxo de projeto para estimar o tamanho da tubulação e as necessidades do sistema relacionadas com o bombeamento e o armazenamento.

7.6.1 *LAYOUT* DO SISTEMA

Um sistema de distribuição de água e um sistema de coleta de águas residuais transportam água. No entanto, eles fazem isso de maneiras diferentes. Geralmente, a tubulação é colocada sob e ao longo das ruas dedicadas ao uso público ou em terrenos em que a prestadora de serviços públicos tem uma servidão com direito de passagem. É praxe que a tubulação de águas residuais fique, pelo menos, a 10 pés de distância e 18 polegadas abaixo das linhas de abastecimento de água para minimizar a possível contaminação da água potável (Hammer e Hammer Jr., 1996). Os grandes sistemas de tubulações estão conectados a cada cliente por pequenas tubulações laterais. A capacidade da tubulação deve ser projetada para satisfazer as necessidades do cliente sem custos excessivos. Portanto, os clientes não devem notar ou ter de se preocupar com um sistema bem projetado e mantido.

Um sistema de distribuição de água tem um *layout* que contém muitos *loops* nos quais ocorre um fluxo pressurizado por todo o sistema (ver Figura 7.19). Em sistemas grandes, muitos **subsistemas em** *loop* estão conectados a grandes tubulações principais ou linhas de transmissão. Esses *loops* permitem que a água seja fornecida aos clientes por meio de muitas rotas diferentes. Quando a demanda é alta em determinado local, como durante uma emergência de incêndio, a água precisa ser fornecida para esse local com maior eficiência possível. Hidrantes são colocados ao longo das ruas, em intersecções e espaçados, para que os bombeiros possam puxar a água de vários hidrantes, se for necessário. Além disso, muitas válvulas de corte são colocadas por todo o sistema. Desse modo, se ocorrer um rompimento ou se houver agendamento de manutenção, o isolamento da área problemática por meio de válvulas de corte vai minimizar o número de clientes que ficarão sem água. Se for projetado corretamente, um sistema de distribuição de água deve fornecer a água necessária para uma série de cenários de demanda com pressão adequada e boa qualidade de água no sistema inteiro.

Figura / 7.19 Exemplos de *Layout* de um Sistema de Distribuição de Água e Coleta de Águas Residuais para uma Área Residencial (a) Esse sistema em *"loop"* é típico de um sistema de distribuição de água. (b) Esse sistema "ramificado" é típico de um sistema de coleta de águas residuais.

(a)   (b)

Um sistema de coleta de águas residuais tem um *layout* **ramificado** (ou dendrítico), com muito poucos *loops* ou nenhum (ver Fig. 7.19). Na maior parte do tempo, as águas residuais escoam por gravidade em uma direção. As tubulações menores estão situadas no "final" dos ramos e ficam progressivamente maiores à medida que as águas residuais escoam para a estação de tratamento. Como as águas residuais escoam por gravidade, deve ser mantida uma inclinação correta da tubulação por todo o sistema. Pode haver seções nas quais as águas residuais são bombeadas em um duto principal, para levá-las a uma elevação maior e escoar novamente por gravidade, ou forçar as águas residuais morro acima por causa da topografia. Geralmente, os bueiros são colocados em cada mudança de diâmetro da tubulação, mudança de inclinação, conexão (união de duas ou mais tubulações) e nas extremidades de tubulação a montante. Os bueiros têm um espaçamento de não mais do que 90-150 m (300-500 pés) entre si a fim de proporcionar pontos de entrada suficiente para manutenção (ASCE, 2007).

7.6.2 VELOCIDADES DE FLUXO DE PROJETO E DIMENSIONAMENTO DA TUBULAÇÃO

A análise do escoamento da água nas tubulações se baseia na conservação da massa, na conservação da energia e na conservação do momento. O escoamento dos fluidos nas tubulações pode ser classificado como *canalização cheia* (escoamento sob pressão) ou *canalização aberta* (escoamento por gravidade). Em ambos os casos, utiliza-se um *software* de modelagem para analisar o escoamento nas tubulações dos sistemas de distribuição de água e dos sistemas de coleta de águas residuais.

© Lacy Rane/iStockphoto.

As condições de escoamento sob pressão são encontradas nos sistemas de distribuição de água em que a água fornecida deve ter capacidade e pressão para satisfazer as necessidades do cliente. A **velocidade de projeto da água em uma tubulação** é, em geral, de 2,0 pés/s (0,6 m/s) a 10 pés/s (3,1 m/s) nas condições de pico de escoamento. As velocidades de projeto menores tendem a dimensionar as tubulações em um tamanho maior do que o realmente necessário economicamente. As velocidades mais altas tendem a causar perda excessiva de carga no sistema inteiro e a aumentar o potencial para transientes hidráulicos (por exemplo, golpe de aríete).

Os requisitos típicos de pressão de serviço são fornecidos na Tabela 7.18. Nas comunidades residenciais típicas, é necessário manter uma pressão

Tabela / 7.18

Pressões de Serviço Típicas Requeridas nas Comunidades Residenciais

Condição	Pressão de serviço (psi)
Pressão máxima	65-75
Pressão mínima durante a demanda diária máxima	30-40
Pressão mínima durante a demanda no horário de pico	25-35
Pressão mínima durante incêndios	20

FONTE: Valores de Mayer *et al.*, 1999.

mínima, para cada cliente, que permita o uso "normal" da água quando mais de um dispositivo de utilização de água estiver em serviço no segundo andar. Além disso, a pressão na residência não deve ultrapassar 80 psi; do contrário, o potencial para vazamentos dentro de casa aumenta, pode ocorrer fluxo excessivo nos chuveiros e nas torneiras, e a válvula de alívio de pressão do aquecedor de água pode descarregar.

Frequentemente, as **condições de canalização aberta** são encontradas nos sistemas de coleta de águas residuais nos quais a água escoa por gravidade. Como a tubulação é dimensionada para condições de alto escoamento pouco frequentes, as tubulações ficam apenas parcialmente cheias na maior parte do tempo. Durante as condições de baixo escoamento, isso faz com que a velocidade das águas residuais seja pequena demais para movimentar os sólidos, que, desse modo, podem ficar depositados no esgoto. É uma prática comum projetar inclinações da tubulação de esgoto para que a velocidade mínima em canalização cheia seja 2,0 pés/s (0,6 m/s) ou superior, para garantir que os sólidos sejam lavados durante as horas do dia em que há pico de escoamento. Também é prática comum que a velocidade máxima seja de, aproximadamente, 10 pés/s (3,0 m/s) a fim de evitar danificar o esgoto (ASCE, 2007) e provocar "pulverização de esgoto" excessiva nos bueiros. No entanto, para seções simples de tubulação longa com bueiros integrados, podem ser toleradas velocidades maiores (15-20 pés/s) (Walski *et al.*, 2004). A Tabela 7.19 fornece a

Tabela / 7.19			
Inclinação Mínima e Máxima para Escoamento por Gravidade na Tubulação de Esgoto de Concreto Circular para um Valor de Rugosidade de Manning Igual a 0,013			
Diâmetro da tubulação		Inclinação mínima (2 pés/s, 0,6 m/s)	Inclinação máxima (10 pés/s, 3,1 m/s)
polegadas	mm		
4	100	0,00841	0,21030
6	150	0,00490	0,12247
8	200	0,00334	0,08345
10	250	0,00248	0,06197
12	300	0,00194	0,04860
15	375	0,00144	0,03609
18	450	0,00113	0,02830
21	525	0,00092	0,02304
24	600	0,0008*	0,01929
27	675	0,0008*	0,01648
30	750	0,0008*	0,01432
36	900	0,0008*	0,01123
42	1.050	0,0008*	0,00655

*Inclinação mínima prática para a construção.

inclinação mínima da tubulação de esgoto de concreto circular, baseada na velocidade mínima e máxima em canalização cheia para um valor de rugosidade de Manning igual a 0,013.

A Equação 7.8 pode ser utilizada para fazer uma estimativa inicial do tamanho de uma tubulação com base na velocidade de escoamento de projeto em canalização cheia e capacidade de transporte de projeto (escoamento de pico de projeto):

$$D = k\sqrt{\frac{Q}{v}}$$

(7.8)

em que D é o diâmetro da tubulação (polegadas, mm), Q é a taxa de escoamento de projeto (gpm, L/s), v é a velocidade de projeto (pés/s, m/s) e k representa uma constante, que corresponde a 0,64 em unidades americanas ou 35,7 em unidades SI.

Por exemplo, se a vazão de projeto for 6.000 gpm (380 L/s) e a velocidade de projeto for 5 pés/s (1,5 m/s), o diâmetro estimado para a tubulação seria 22,2 polegadas (568 mm). O maior tamanho nominal da tubulação seria selecionado como um ponto de partida – nesse caso, uma tubulação de 24 polegadas (600 mm). Em seguida, seria utilizado um modelo para avaliar se essa tubulação é a melhor escolha para uma série de cenários diferentes.

7.6.3 ESTAÇÕES DE BOMBEAMENTO E ARMAZENAMENTO

Uma **estação de bombeamento** está situada onde as águas residuais precisam ser erguidas ou onde um aumento de pressão é necessário. As bombas são caracterizadas por sua capacidade, altura de bombeamento, eficiência e requisitos energéticos. O projeto de uma estação de bombeamento requer que a curva de desempenho de cada bomba (curva de capacidade *versus* altura de bombeamento) corresponda à curva altura de bombeamento do sistema. A curva do sistema é desenvolvida somando a coluna estática (altura estática) à perda de carga (perdas de altura) (perda por atrito menos perdas menores) do sistema em diversas vazões. As curvas características da bomba devem estar disponíveis para as bombas existentes na prestadora de serviços públicos ou podem ser obtidas no fabricante da bomba. Uma bomba velha pode não ter um desempenho tão bom quanto o de uma nova. Na verdade, as bombas mais velhas devem ser checadas para verificar se o seu desempenho real corresponde ao que é exibido em sua curva de desempenho.

Assim como a maioria dos dispositivos mecânicos, a bomba opera em seu **ponto de melhor eficiência (BEP,** *best efficiency point*). Quando uma bomba opera distante do seu BEP, a vida útil da bomba ou do rotor diminui consideravelmente, e os custos de energia (e as emissões de CO_2 resultantes) para operar a bomba aumentam bastante. A faixa de operação típica de uma bomba centrífuga é a vazão entre 60 e 120% da vazão na BEP. Durante o dimensionamento e o projeto de uma estação de bombeamento, é comum ter várias bombas trabalhando juntas para maximizar a eficiência de bombeamento e minimizar os custos desse bombeamento, permitindo, ao mesmo tempo, que a instalação forneça a água necessária para uma ampla gama de condições de vazão.

Figura / 7.20 Curvas Características das Bombas O ponto de intersecção entre a curva de desempenho de uma estação de bombeamento e a curva do sistema indicam a vazão e a coluna d'água (*pumping head*) que sai da estação de bombeamento.

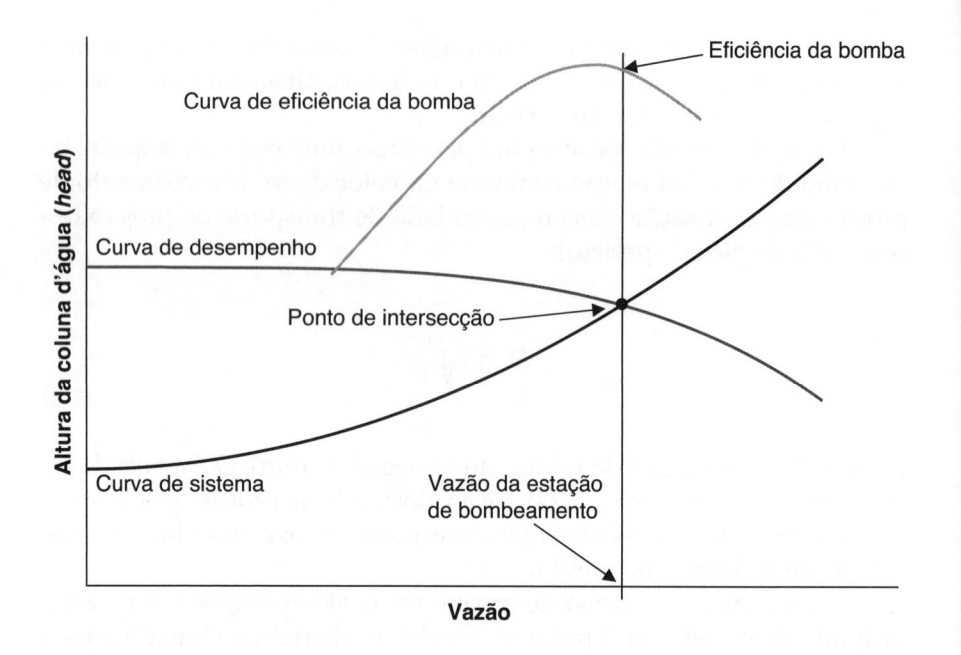

No exemplo exibido na Figura 7.20, a eficiência real da bomba é próxima da BEP, que está no pico da curva de eficiência da bomba. Portanto, essa configuração da bomba está trabalhando próximo de sua eficiência máxima. Com o deslocamento da curva do sistema em consequência das mudanças no mesmo (alterações de elevação da água ou alterações na taxa de bombeamento), o ponto de intersecção se moveria para a direita ou esquerda ao longo da curva de desempenho. Se ele se afastar demais para a direita ou esquerda, a eficiência da bomba pode diminuir até o ponto em que essa configuração pode não ser mais muito eficiente ou pode ficar fora da faixa de operação das bombas. Nesse caso, outras bombas podem ser ligadas ou desligadas para melhor corresponder à taxa de bombeamento – maximizando a eficiência ao mesmo tempo – ou bombas diferentes podem ser instaladas, tendo curvas de eficiência em que o ponto de intersecção está mais próximo da BEP da bomba. Essas mudanças vão reduzir o consumo de energia associado.

Frequentemente, uma estação de bombeamento está próxima e é controlada por um tanque de armazenamento ou poço úmido. Os níveis de água no tanque ou no poço úmido controlam quando as bombas são ligadas ou desligadas e quantas bombas são necessárias. No caso de uma bomba de velocidade variável, o nível da água controla a velocidade do motor da bomba.

Um **tanque de armazenamento** costuma ser utilizado para definir uma linha piezométrica elevada em um sistema de distribuição de água. Na topografia plana, os tanques de armazenamento podem ser vistos facilmente como torres d'água elevadas. Nas áreas com terreno acidentado, muitas vezes, os tanques de armazenamento são colocados no nível do solo, nas colinas acima da comunidade. Em um tanque de armazenamento, o nível da água deve ser dimensionado para que esse tanque venha a se encher e drenar rotineiramente durante o ciclo diário de demanda. Isso acontece porque a água estagnada no tanque fica "vencida" quando envelhece.

O volume de um tanque de armazenamento é determinado como a soma do armazenamento operacional (equalização), armazenamento para vazão de incêndio e outro armazenamento de emergência, caso seja necessário. Conforme a Figura 7.21, o *armazenamento operacional* é determinado pela estimativa do volume de água adicional produzido no local do tanque. O *armazenamento estimado para vazão de incêndio* foi fornecido na Tabela 7.17. Mais uma vez, utiliza-se *software* de modelagem para completar o projeto real dos tanques de armazenamento e das estações de bombeamento para alimentá-los.

Um **poço úmido** proporciona armazenamento, de modo que a taxa de bombeamento real não precisa corresponder à vazão de entrada na estação de bombeamento. Nas bombas de velocidade constante, o volume do poço úmido é determinado com base no **tempo de ciclo da bomba**, que é definido como o tempo entre os acionamentos sucessivos da bomba. Geralmente, recomenda-se que as bombas sejam ligadas seis vezes por hora, ou menos; o fabricante da bomba deve ser consultado. O volume mínimo do poço úmido pode ser estimado como

$$V_{\text{mín}} = \frac{Q_{\text{projeto}} \times t_{\text{mín}}}{4} \qquad (7.9)$$

em que $V_{\text{mín}}$ é o volume ativo do poço úmido, Q_{projeto} é a vazão de projeto da bomba e $t_{\text{mín}}$ é o tempo de ciclo mínimo da bomba. A derivação da Equação 7.9 é fornecida por Jones e Sanks (2008).

Por exemplo, se a vazão de projeto da bomba for 500 gpm e o ciclo da bomba for seis vezes por hora (tal que cada tempo de ciclo da bomba seria de 10 min), o volume mínimo estimado do poço úmido seria de 1.250 galões:

$$V_{\text{mín}} = \frac{500\ \text{gpm} \times 10\ \text{mín}}{4} = 1.250\ \text{galões} \qquad (7.10)$$

Esse valor é conhecido como o volume ativo no poço úmido ou a quantidade de água entre os níveis de água com a "bomba ligada" e a "bomba desligada" dentro do poço molhado. É necessário um volume adicional no poço molhado para manter uma coluna de sucção para as bombas, e mais volume é necessário como margem de segurança.

7.7 Qualidade da Água dos Rios

Nesta seção, o tratamento da qualidade da água dos rios se concentra na gestão do **oxigênio dissolvido (OD)** em relação à descarga dos resíduos que consomem oxigênio. Esse é um problema clássico na qualidade das águas superficiais, que continua a interessar hoje em dia, com relação à emissão de licenças de descarga e o estabelecimento de TMDLs para as águas de destino.

7.7.1 OXIGÊNIO DISSOLVIDO E DBO

O oxigênio dissolvido é necessário para manter uma comunidade de organismos equilibrada nos lagos, rios e oceanos. Quando um resíduo que consome oxigênio (consumo medido na forma de DBO) é adicionado à água, a taxa de consumo do oxigênio na oxidação do resíduo (**desoxigenação**) pode ultrapassar a taxa de reabastecimento do oxigênio pela atmosfera (**reaeração**). Isso pode levar ao esgotamento das fontes de oxigênio, com as concentrações caindo bem abaixo dos níveis de saturação (Figura 7.22). Quando os níveis de oxigênio caem abaixo de

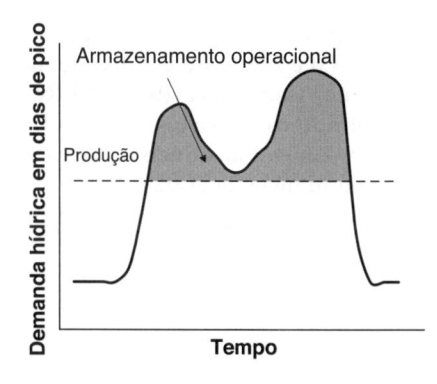

Figura / 7.21 Estágio Operacional de um Tanque de Armazenamento em um Sistema de Distribuição de Água.

© Steve Shepard/iStockphoto.

Lei da Água Limpa
http://www.epa.gov/regulations/laws/cwa.html

Surfe Sua Bacia Hidrográfica
http://cfpub.epa.gov/surf/locate/index.cfm

Figura / 7.22 Curva Sag do OD (a) e Zonas de Qualidade da Água Associadas [(b) – (d)] Refletindo os Impactos nas Condições Físicas, na Diversidade e na Abundância de Organismos.

(De Mihelcic [1999]. Reimpresso com permissão de John Wiley & Sons, Inc.)

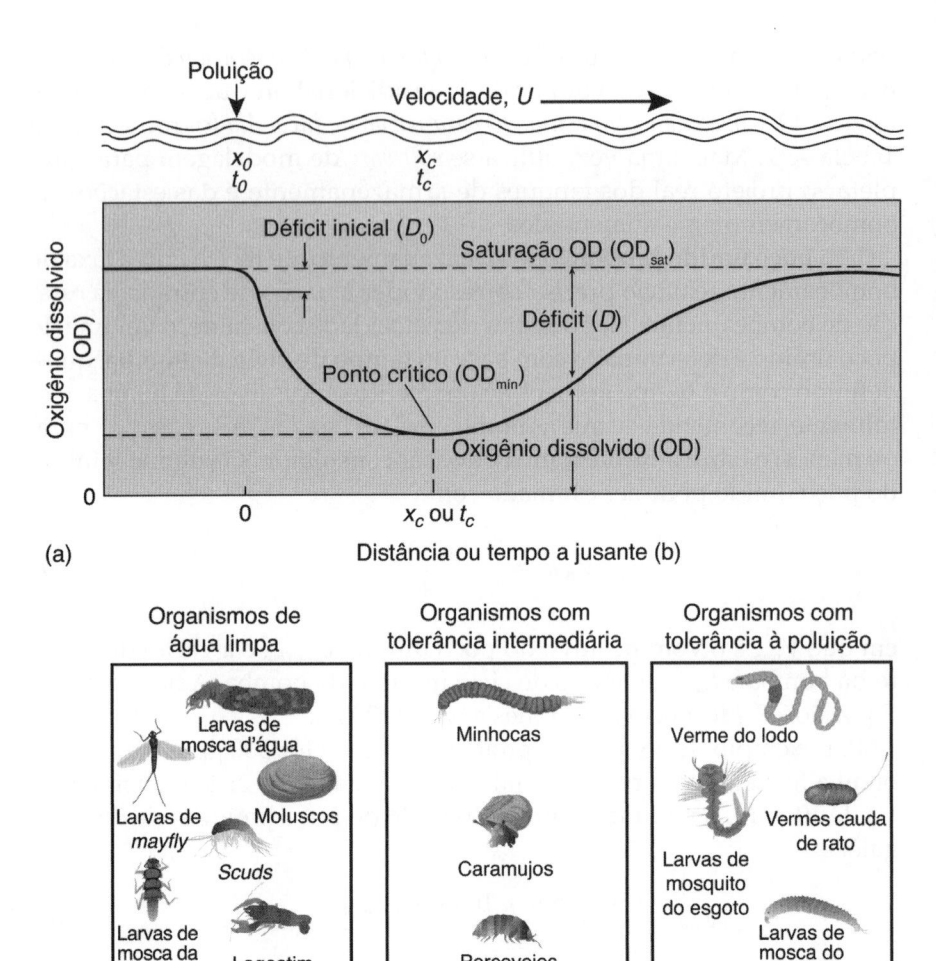

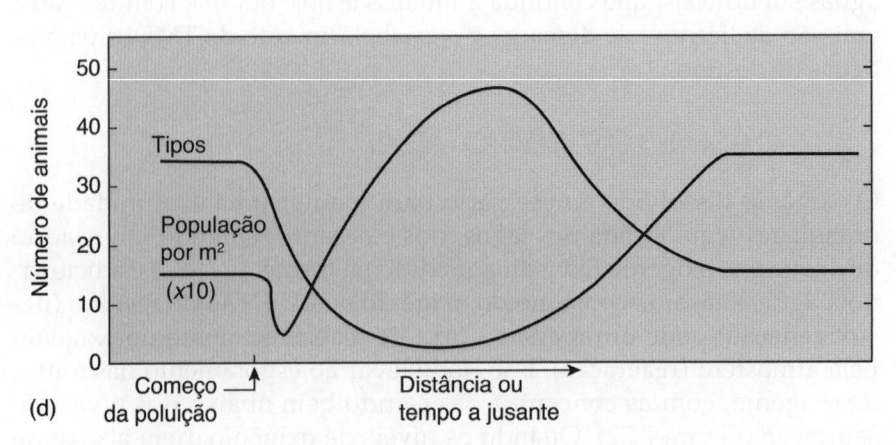

Zonas de fluxo					
	Água limpa	Degradação	Danos	Recuperação	Água limpa
Condição física	Água transparente; sem lodo no fundo	Sólidos flutuantes; lodo no fundo	Água turva; gases malcheirosos; lodo no fundo	Água turva; lodo no fundo	Água limpa; sem lodo no fundo
Espécie de peixe	Peixes de água fria e quente; truta, bass	Peixes tolerantes à poluição; carpa, gar, búfalo	Nenhum	Peixes tolerantes à poluição; carpa, gar, búfalo	Peixes de água fria e quente; truta, bass
Invertebrado bêntico	Água limpa	Tolerância intermediária	Tolerantes à poluição	Tolerância intermediária	Água limpa

4-5 mg O_2/L, a reprodução dos peixes e dos macroinvertebrados é prejudicada. Frequentemente, o esgotamento do oxigênio é grave o bastante para o desenvolvimento de condições anaeróbicas, com uma concomitante perda de biodiversidade e uma estética ruim (turbidez e problemas de odor). A Figura 7.22 também ilustra a resposta do meio biótico do curso d'água às descargas de DBO.

A consideração do destino da DBO após a descarga em um rio é um ponto de partida útil para examinar o impacto dos resíduos consumidores de oxigênio nas fontes de oxigênio. O Exemplo 7.5 aplica os conceitos de zonas de mistura (Capítulo 4) e da cinética da DBO (Capítulo 5) para examinar a oxidação de um resíduo orgânico após a descarga e a subsequente mistura em um rio.

No Exemplo 7.5, mais de 23 mg de O_2/L de demanda bioquímica de oxigênio carbonácea (DBOC) final é exercida no trecho de 50 km a jusante da descarga. Para avaliar o impacto dessa demanda nos recursos de oxigênio de um rio, é necessário compreender a capacidade da água de segurar o oxigênio (saturação) e a taxa em que o oxigênio pode ser reabastecido a partir da atmosfera (reaeração).

© Galyna Andrushko/iStockphoto.

7.7.2 SATURAÇÃO DE OXIGÊNIO

A quantidade de oxigênio que pode ser dissolvido na água em determinada temperatura (sua concentração de equilíbrio ou **concentração de saturação**) pode ser determinada pela constante da lei de Henry, K_H:

$$OD_{sat} = K_H \times P_{O_2} \qquad (7.11)$$

em que OD_{sat} é a concentração de OD na saturação (em mols O_2/L), K_H é a constante da lei de Henry ($1{,}36 \times 10^{-3}$ mols/L-atm a 20°C) e P_{O_2} é a pressão parcial do oxigênio na atmosfera ($\sim$21% ou 0,21 atm).

A constante da lei de Henry varia com a temperatura (ver Capítulo 3), de forma que a concentração na saturação de OD varia também. O Exemplo 7.6 ilustra o cálculo da concentração de OD na saturação.

---

exemplo / 7.5 Cálculo da Bacia de Mistura para DBOC

Um resíduo com DBOC de 5 dias (y_5) de 200 mg O_2/L e um k_L de 0,1/dia é descarregado em um rio a uma taxa de 1 m^3/s. Calcule a DBOC final (L_0) do resíduo antes da descarga no rio. Supondo a mistura instantânea após a descarga, calcule a DBOC final da água do rio após ela ter recebido o resíduo. O rio tem uma vazão (Q) igual a 9 m^3/s e uma DBOC final de 2 mg O_2/L a montante da descarga do resíduo. Calcule também a DBOC final (L_0) e a $DBOC_5$ (y_5) no rio 50 km a jusante do ponto de descarga. O rio tem uma largura (W) de 20 m e uma profundidade (H) de 5 m.

solução

Este problema tem várias etapas. Primeiro, calcule a DBOC final do resíduo antes da descarga:

$$L_{0,\text{resíduo}} = \frac{y_5}{(1 - e^{-k_L \times 5 \text{ dias}})} = \frac{200 \text{ mg } O_2/L}{(1 - e^{-0,1/\text{dia} \times 5 \text{ dias}})} = 508 \text{ mg } O_2/L$$

exemplo / 7.5 (*continuação*)

Em seguida, faça um cálculo do balanço de massa da bacia de mistura para determinar a DBOC final após o resíduo ter sido descarregado e misturado no rio. A relação geral para cálculo da concentração de qualquer substância química em uma bacia de mistura (C_{bm}) é:

$$C_{bm} = \frac{C_{subida} \times Q_{subida} + C_{entrada} \times Q_{entrada}}{Q_{bm}}$$

Aqui, o escoamento total, Q_{bm}, é igual a $Q_{subida} + Q_{entrada}$, e a DBOC final é igual a:

$$L_{0,bm} = \frac{2 \, mg \, O_2/L \times 9 \, m^3/s + 508 \, mg \, O_2/L \times 1 \, m^3/s}{10 \, m^3/s}$$

$$= 52,6 \, mg \, O_2/L$$

Esse é o valor da DBOC final da água do rio após receber o resíduo.

Para responder às duas últimas perguntas, pertinentes à DBOC final e à DBOC de 5 dias 50 km a jusante da descarga, primeiramente, calcule a DBOC de 5 dias da água do rio após o recebimento do resíduo:

$$y_t = L_0 \times \left(1 - e^{-k_L \times t}\right)$$

$$y_{5;bm} = 52,6 \, mg \, O_2/L \times \left(1 - e^{-0,1/dia \times 5 \, dias}\right)$$

$$y_{5;bm} = 20,7 \, mg \, O_2/L$$

Em seguida, calcule a DBOC final 50 km a jusante do ponto de descarga. À medida que o resíduo viaja a jusante, ele vai decair e esgotar o oxigênio, de acordo com a cinética de primeira ordem. O rio a jusante da zona de mistura pode ser modelado como um reator pistonado (PFR, *plug flow reactor*). Portanto:

$$L_t = L_0 \times e^{-k_L \times t}$$

No entanto, o tempo de viagem precisa ser calculado. A velocidade do rio (U) é fornecida por:

$$U = \frac{Q}{A} = \frac{Q}{W \times H} = \frac{10 \, m^3/s}{20 \, m \times 5 \, m} = 0,1 \, m/s \times \frac{86.400 \, s}{dia} \times \frac{km}{1.000 \, m}$$

$$= 8,64 \, km/dia$$

A seguir, para determinar o tempo de viagem, divida a distância pela velocidade do rio:

$$t = \frac{x}{U} = \frac{50 \, km}{8,64 \, km/dia} = 5,78 \, dias$$

Esse valor pode ser usado para determinar a DBOC final 5,78 dias rio abaixo:

$$L_{0,50km} = L_{0,bm} \times e^{-k_L \times t} = 52,6 \times e^{-0,1/dia \times 5,78 \, dias} = 29,5 \, mg \, O_2/L$$

e um DBOC de 5 dias de:

$$y_t = L_0 \times \left(1 - e^{-k_L \times t}\right)$$

$$y_{5,50 \, km} = 29,5 \times \left(1 - e^{-0,1/dia \times 5 \, dias}\right) = 11,6 \, mg \, O_2/L$$

O valor de OD_{sat} varia, aproximadamente, de 14,6 mg O_2/L a 0°C até 7,6 mg O_2/L a 30°C. Esses são extremos de temperatura típicos dos sistemas naturais e artificiais. Isso mostra por que os peixes com grandes requisitos de oxigênio estão associados a águas mais frias e por que os impactos dos resíduos consumidores de oxigênio na qualidade da água podem ser maiores no verão. Nos meses mais quentes do verão, a vazão é tipicamente mais baixa, oferecendo menos diluição dos resíduos. A concentração do oxigênio na água também diminui à medida que a salinidade aumenta, tornando-se importante nas condições estuarinas e oceânicas.

exemplo / 7.6 Determinação da Concentração de OD na Saturação

Determine a concentração de OD na saturação, OD_{sat}, a 20°C.

solução

Determine OD_{sat} a partir da constante da lei de Henry dependente da temperatura e da pressão parcial do oxigênio.

$$OD_{sat} = \frac{1,36 \times 10^{-3} \text{ mol}}{\text{L-atm}} \times 0,21 \text{ atm} = \frac{2,85 \times 10^{-4} \text{ mol } O_2}{\text{L}}$$

Converta para mg O_2/L:

$$OD_{sat} = \frac{2,85 \times 10^{-4} \text{ mol } O_2}{\text{L}} \times \frac{32 \text{ g}O_2}{\text{mol } O_2} \times \frac{1.000 \text{ mg } O_2}{\text{g}O_2}$$

$$= \frac{9,1 \text{ mg } O_2}{\text{L}}$$

Repare que as frases *concentração de oxigênio dissolvido na saturação* e *solubilidade do oxigênio* são utilizadas indistintamente.

exemplo / 7.7 Determinando o Déficit de Oxigênio

Determine o déficit de oxigênio dissolvido, D, a 20°C para um rio com uma concentração de oxigênio dissolvido no ambiente de 5 mg O_2/L.

solução

No Exemplo 7.6, a OD_{sat} a 20°C foi determinada como 9,1 mg O_2/L. Aplicando a Equação 7.12, temos o déficit:

$$D = 9,1 - 5 = 4,1 \text{ mg } O_2/\text{L}$$

Nesse caso, a OD real é 5 mg O_2/L, que está abaixo do nível de saturação. A oxidação microbiana da matéria orgânica ou da amônia-nitrogênio no rio pode estar levando ao esgotamento do oxigênio.

7.7.3 O DÉFICIT DE OXIGÊNIO

O **déficit de oxigênio** (D, apresentado em mg O_2/L) é definido como o distanciamento da concentração de OD no ambiente em relação à saturação.

$$D = OD_{sat} - OD_{amb} \qquad (7.12)$$

OD_{amb} é a concentração ambiente ou medida de oxigênio dissolvido (mg O_2/L).

Repare que os déficits negativos podem ocorrer quando as concentrações de oxigênio no ambiente ultrapassarem o valor de saturação. Isso acontece nos lagos e rios em condições quiescentes, não turbulentas, quando algas e macrófitas estão em fotossíntese ativa, produzindo oxigênio dissolvido. Essa **supersaturação** é eliminada quando há turbulência suficiente – por exemplo, por causa das corredeiras, ondas e quedas d'água.

7.7.4 BALANÇO DE MASSA DO OXIGÊNIO

Os Exemplos 7.5 a 7.7 demonstraram que a atuação da DBO (por exemplo, 29,5 mg O_2/L em um trecho de 50 km) pode exceder os recursos de oxigênio de um rio, mesmo na saturação. A carência (oxigênio presente menos oxigeno necessário) pode ser compensada pela troca atmosférica, ou seja, reaeração. Onde a demanda por desoxigenação ultrapassa o fornecimento pela reaeração, os níveis de oxigênio caem e as condições anaeróbicas podem se desenvolver. A interação dinâmica entre a fonte de oxigênio (reaeração) e o sumidouro (desoxigenação) pode ser examinada por meio de um balanço de massa do oxigênio no rio. A desoxigenação ocorre como DBO, exercida e descrita pela Equação 7.13. A taxa de reaeração é proporcional ao déficit e é descrita a partir da cinética de primeira ordem:

$$\frac{dO_2}{dt} = k_2 \times D - k_1 \times L \qquad (7.13)$$

Aqui, o coeficiente da taxa de desoxigenação *em fluxo* (k_1, dia^{-1}) é comparável com (e, para a finalidade deste capítulo, o mesmo que) o coeficiente da taxa de reação da DBOC no *laboratório* ou *frasco* (k_L) discutida no Capítulo 5, mas também inclui fenômenos *em fluxo*, como a sorção, a turbulência e os efeitos da rugosidade. O coeficiente da taxa de aeração (k_2, dia^{-1}) varia com a temperatura e a turbulência (velocidade e profundidade do rio), e vai de ~0,1 a 1,2/dia.

Na prática, o balanço de massa é escrito em termos do déficit:

$$\frac{dD}{dt} = k_1 \times L - k_2 \times D \qquad (7.14)$$

Repare que a Equação 7.14 é uma inversão simples da ordem dos termos fonte-sumidouro apresentada na Equação 7.13. A Equação 7.14 pode ser integrada, produzindo uma expressão que descreve o déficit de oxigênio em qualquer lugar a jusante de um ponto de partida estabelecido arbitrariamente, como o ponto onde um resíduo é descarregado em um rio:

$$D_t = \frac{k_1 \times L_0}{(k_2 - k_1)} \times \left(e^{-k_1 \times t} - e^{-k_2 \times t} \right) + D_0 \times e^{-k_2 \times t} \qquad (7.15)$$

em que L_0 é a DBOC final, D_0 é o déficit de oxigênio no ponto de partida ($x = 0$, $t = 0$) e D_t é o déficit de oxigênio em algum local a jusante ($x = x$, $t = t$). A notação t se refere ao tempo de percurso, definido aqui como o tempo necessário para uma parcela de água percorrer uma distância x a jusante. Portanto, $t = x/U$, em que x é a distância a jusante e U é a velocidade do rio.

A relação tempo-distância permite a expressão da solução analítica para o déficit de oxigênio em termos de x, a distância a jusante do ponto de partida:

$$D_x = \frac{k_1 \times L_0}{(k_2 - k_1)} \times \left(e^{-k_1 \times x/U} - e^{-k_2 \times x/U} \right) + D_0 \times e^{-k_2 \times x/U} \qquad (7.16)$$

A Equação 7.16 se chama **modelo de Streeter-Phelps** e foi desenvolvida nos anos 1920 para estudos de poluição no Rio Ohio.

7.7.5 CURVA SAG DO OXIGÊNIO DISSOLVIDO E DISTÂNCIA CRÍTICA

A descarga de resíduos consumidores de oxigênio em um rio produz uma resposta característica nos níveis de oxigênio chamada curva sag do OD (Figura 7.22). A Figura 7.22a demonstra que a curva sag OD típica tem três fases de resposta:

1. Um intervalo em que os níveis de OD caem, porque a taxa de desoxigenação é maior do que a taxa de reaeração ($k_1 \times L \times k_2 \times D$).
2. Um mínimo (chamado **ponto crítico**) em que as taxas de desoxigenação e reaeração são iguais ($k_1 \times L = k_2 \times D$).
3. Um intervalo em que os níveis de OD aumentam (acabando por atingir a saturação), porque os níveis de DBO estão sendo reduzidos e a taxa de desoxigenação é menor do que a taxa de reaeração ($k_1 \times L < k_2 \times D$).

A localização do ponto crítico e a concentração de oxigênio nesse local são de interesse fundamental, pois é onde a qualidade da água está em piores condições. Os cálculos de projeto se baseiam nesse local porque, se os padrões forem cumpridos no ponto crítico, eles serão cumpridos em qualquer outro lugar. Para determinar a localização do ponto crítico, primeiramente use a Equação 7.17 a fim de determinar o *tempo crítico,* em seguida, multiplique esse tempo crítico pela velocidade do rio a fim de determinar a *distância crítica*:

$$t_{\text{crít}} = \frac{1}{k_2 - k_1} \times \ln\left(\frac{k_2}{k_1} \times \left(1 - \frac{D_0 \times (k_2 - k_1)}{k_1 \times L_0} \right) \right) \qquad (7.17)$$

Para encontrar o déficit de oxigênio na distância crítica, substitua o tempo crítico na Equação 7.15. O conhecimento do OD_{sat} fornece a concentração real de OD na distância crítica. O Exemplo 7.8 ilustra essa abordagem e sugere oportunidades para sua aplicação no gerenciamento de rios.

exemplo / 7.8 Determinando as Características da Curva Sag do OD

Após receber a descarga de uma estação de tratamento de efluentes, um rio tem uma concentração de oxigênio dissolvido de 8 mg O_2/L e uma DBOC final de 20 mg de O_2/L. A concentração de oxigênio dissolvido na saturação é 10 mg O_2/L, o coeficiente da taxa de desoxigenação k_1 é 0,2/dia e o coeficiente da taxa de reaeração k_2 é 0,6/dia. O rio viaja a uma velocidade de 10 km/dia. Calcule o local do ponto crítico (tempo e distância), o déficit e a concentração de oxigênio no ponto crítico.

solução

Primeiro, determine o déficit inicial de OD no ponto de descarga usando a Equação 7.12:

$$D_0 = OD_{sat} - OD_{amb}$$
$$= 10 - 8 = 2 \text{ mg } O_2/L$$

A seguir, use a Equação 7.17, para determinar o tempo crítico, e o conhecimento da velocidade do rio, para determinar a distância crítica:

$$t_{crit} = \frac{1}{k_2 - k_1} \times \ln\left(\frac{k_2}{k_1} \times \left(1 - \frac{D_0 \times (k_2 - k_1)}{k_1 \times L_0}\right)\right)$$

$$t_{crit} = \frac{1}{0,6/\text{dia} - 0,2/\text{dia}} \times \ln\left(\frac{0,6/\text{dia}}{0,2/\text{dia}} \times \left(1 - \frac{2 \text{ mg } O_2/L \times (0,6/\text{dia} - 0,2/\text{dia})}{0,2/\text{dia} \times 20 \text{ mg } O_2/L}\right)\right)$$

$$t_{crit} = 2,2 \text{ dias}$$

$$x_{crit} = 2,2 \text{ dias} \times 10 \text{ km/dia} = 22 \text{ km}$$

Finalmente, use a Equação 7.15 para determinar o déficit de oxigênio, e a Equação 7.12 para determinar a concentração real do oxigênio dissolvido no tempo crítico recém-calculado:

$$D_t = \frac{k_1 \times L_0}{(k_2 - k_1)} \times \left(e^{-k_1 \times t} - e^{-k_2 \times t}\right) + D_0 \times e^{-k_2 \times t}$$

$$D_t = \frac{0,2/\text{dia} \times 20 \text{ mg } O_2/L}{(0,6/\text{dia} - 0,2/\text{dia})} \times \left(e^{-0,2/\text{dia} \times 2,2 \text{ dias}} - e^{-0,6/\text{dia} \times 2,2 \text{ dias}}\right) + 2 \text{ mg } O_2/L \times e^{-0,6/\text{dia} \times 2,2 \text{ dias}}$$

$$D_t = 4,3 \text{ mg } O_2/L$$

$$OD = 10 - 4,3 = 5,7 \text{ mg } O_2/L$$

Neste exemplo, o déficit ocorre 22 km a jusante do ponto de descarga inicial.

7.8 Qualidade da Água de Lagos e Reservatórios

A qualidade da água nos lagos e reservatórios é influenciada pela magnitude e pelo roteamento das substâncias químicas e dos fluxos de energia que passam pelos ciclos biogeoquímicos. As perturbações culturais de dois desses ciclos – do fósforo e do nitrogênio – resultam em um problema de qualidade da água, que é de interesse generalizado: *eutrofização*.

Agência de Planejamento do Lago Tahoe
http://www.trpa.org

7.8.1 ESTRATIFICAÇÃO TÉRMICA DOS LAGOS E RESERVATÓRIOS

Uma diferença importante entre lagos e rios é o meio de transporte de massa. Os rios são completamente misturados, enquanto, nas latitudes temperadas, os lagos sofrem *estratificação térmica*, dividindo o sistema em camadas e restringindo o transporte de massa. Os períodos de estratificação alternam com períodos de mistura completa, com o transporte de massa em um nível máximo. A restrição do transporte de massa durante a estratificação influencia o ciclo de muitas espécies químicas (como ferro, oxigênio e fósforo) e pode ter efeitos profundos na qualidade da água.

O processo de estratificação térmica é induzido pela relação entre a temperatura da água e a densidade da água. A Figura 7.23 mostra que a densidade máxima da água ocorre a 3,94°C. Desse modo, o gelo flutua e os lagos congelam de cima para baixo, e não de baixo para cima, como aconteceria se a densidade máxima fosse em 0°C. (Considere as implicações da situação oposta.) Durante a estratificação do verão, uma camada superior de água quente, menos densa, flutua sobre uma camada inferior de água fria, mais densa.

As camadas recebem três nomes, como mostra a Figura 7.24: (1) o **epilímnio**, uma camada superficial quente e bem misturada; (2) o **metalímnio**, uma região de transição onde a temperatura muda, pelo menos, 1°C a cada metro de profundidade; (3) o **hipolímnio**, uma camada do fundo fria e bem misturada. O plano no metalímnio, onde o gradiente temperatura-profundidade é mais íngreme, é chamado camada **termoclina.**

Os processos de estratificação e desestratificação (mistura) seguem um padrão sazonal previsível, como mostra a Figura 7.25. No inverno, o lago é estratificado termicamente com água fria (~0°C), perto da superfície, e água mais quente (2-4°C), mais densa, perto do fundo. À medida que as águas de superfície aquecem para 4°C na primavera, elas ficam mais densas e afundam, trazendo águas mais frias para a superfície para serem aquecidas.

O processo de mistura por convecção, ajudado pela energia do vento, circula a coluna d'água, levando a uma condição isotérmica chamada **circulação da primavera**. À medida que a água do lago continua a

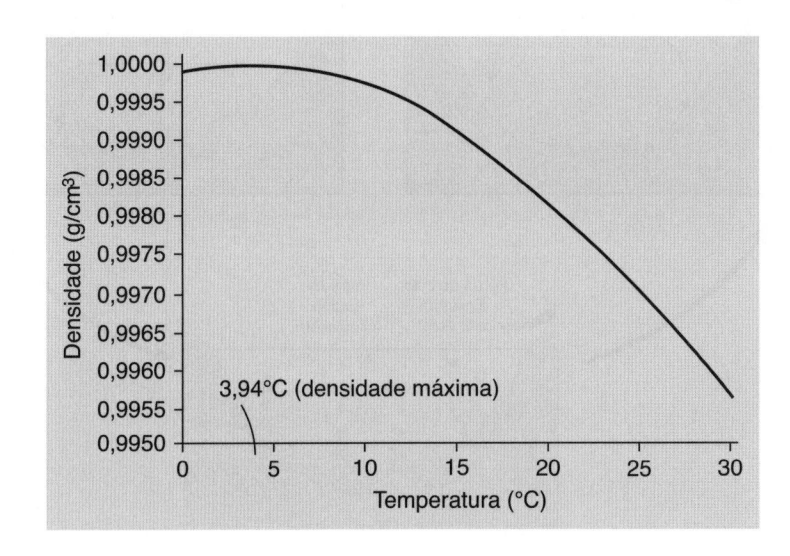

Figura / 7.23 Densidade Máxima da Água A densidade máxima ocorre a 3,94°C. Desse modo, a água a 4°C, aproximadamente, será encontrada abaixo das águas mais frias (gelo a 0°C) no inverno e das águas mais quentes (20°C) no verão.

(Extraído de Mihelcic [1999]. Reimpresso com a permissão de John Wiley & Sons, Inc.)

Figura / 7.24 Perfil de Temperatura no Meio do Verão para um Lago Termicamente Estratificado Repare no epilímnio, no metalímnio (com uma termoclina) e no hipolímnio.

(Adaptado de Mihelcic [1999]. Reimpresso com a permissão de John Wiley & Sons, Inc.)

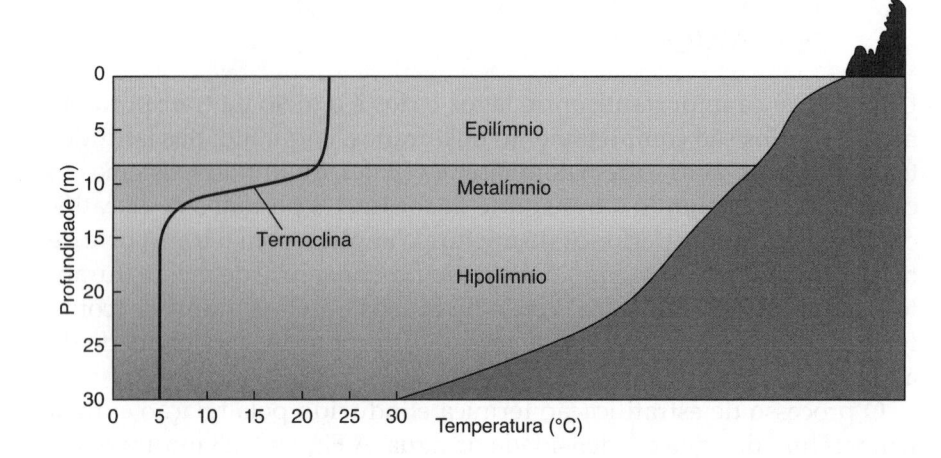

Figura / 7.25 Ciclo Anual de Estratificação, Subversão e Circulação nos Lagos e Reservatórios Temperados A variação nas condições meteorológicas (temperatura e velocidade do vento) podem causar variação significativa no tempo e na extensão desses eventos.

(Extraído de Mihelcic [1999]. Reimpresso com a permissão de John Wiley & Sons, Inc.)

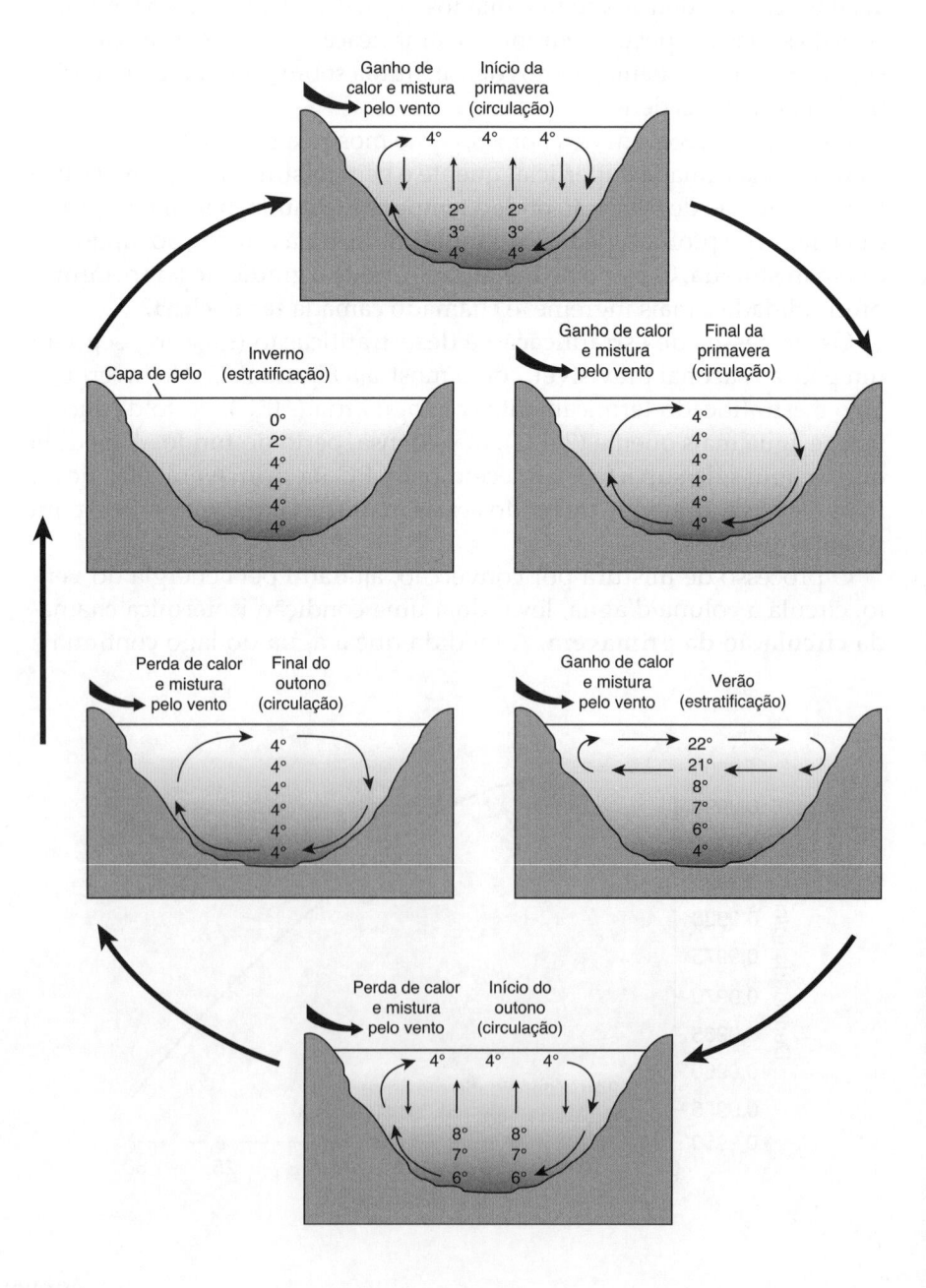

aquecer acima de 4°C, o lago fica estratificado termicamente. As águas superficiais são significativamente mais quentes e menos densas do que as águas mais profundas durante a **estratificação do verão**. No outono, a entrada de energia solar diminui e o lago perde calor com mais rapidez do que ganha. À medida que as águas superficiais resfriam, elas ficam mais densas, afundam e promovem a circulação por convecção, ajudada pelo vento. Esse fenômeno, chamado **circulação do outono**, leva a condições isotérmicas, mais uma vez. Finalmente, à medida que o lago esfria mais, as águas frias de baixa densidade se juntam na superfície, e o lago entra novamente na **estratificação do inverno**.

7.8.2 MATÉRIA ORGÂNICA, ESTRATIFICAÇÃO TÉRMICA E ESGOTAMENTO DO OXIGÊNIO

A produção interna de matéria orgânica nos lagos – resultante do crescimento de algas e macrófitas, e estimulada pelas descargas de nutrientes que limitam o crescimento (fósforo e nitrogênio) – pode impedir o crescimento da matéria orgânica proveniente de fora do lago, por exemplo, das estações de tratamento de efluentes e do escoamento superficial. A matéria orgânica produzida nas águas superiores bem iluminadas sedimenta no fundo, onde se decompõe e consome oxigênio. Há pouco reabastecimento de oxigênio em condições estratificadas e, se o crescimento das algas e/ou macrófitas produzir uma grande quantidade de matéria orgânica, pode haver esgotamento do oxigênio hipolimnético. Nas águas profundas dos lagos produtivos, as concentrações de oxigênio são mais baixas do que as concentrações de oxigênio nas águas superficiais; o contrário também é verdadeiro nas águas improdutivas, onde as águas frias do fundo têm uma saturação de oxigênio maior do que a das águas superficiais mais quentes.

O esgotamento do oxigênio leva à aceleração no ciclo das substâncias químicas que residem nos sedimentos lacustres (especialmente o ferro e o fósforo), à geração de várias espécies químicas indesejadas e potencialmente nocivas (NH_3, H_2S, CH_4) e à extirpação de peixes e macroinvertebrados. O esgotamento do oxigênio é um dos problemas de qualidade da água mais importantes e observados em lagos, baías e estuários. Também é importante nos reservatórios de água potável, onde as entradas podem encontrar crescimento de algas perto do topo e acúmulos de substâncias químicas nocivas perto do fundo.

7.8.3 LIMITAÇÃO DE NUTRIENTES E ESTADO TRÓFICO

Trofismo é definido como a taxa em que a matéria orgânica é fornecida para lagos, tanto pela bacia hidrográfica quanto pela produção interna. O crescimento de algas e macrófitas nos lagos é influenciado pelas condições de luz e temperatura, e pelo suprimento de nutrientes limitadores do crescimento. Como os níveis de luz e temperatura são mais ou menos constantes regionalmente, o trofismo é determinado, principalmente, pela disponibilidade de nutrientes limitadores do crescimento. Conforme mencionado anteriormente, de modo geral, o fósforo é um nutriente limitador do crescimento de plantas em ambientes de água doce. Nas muitas baías e estuários, como a Baía Chesapeake e a Baía de Tampa, o nitrogênio é o nutriente limitador. Como os minerais que

Implicações Hídricas dos Biocombustíveis

http://dels.nas.edu/dels/rpt_briefs/biofuels_brief_final.pdf

© Jean Schweitzer/iStockphoto.

ocorrem de modo natural são moderadamente solúveis, as entradas antropogênicas podem afetar radicalmente a taxa de crescimento de algas e macrófitas, bem como a produção concorrente de matéria orgânica. A Tabela 7.20 mostra como os lagos podem ser classificados em três grupos, de acordo com o seu estado trófico: **oligotrófico, mesotrófico** e **eutrófico.**

O processo de enriquecimento de nutrientes de um corpo d'água, com aumentos concorrentes na matéria orgânica, é denominado **eutrofização.** Esse processo é considerado um envelhecimento natural nos lagos. A Figura 7.26 mostra a sucessão de corpos d'água recém-formados até o solo seco. A adição de fósforo proveniente das atividades humanas e o envelhecimento resultante do lago são denominados **eutrofização cultural**. A variação no uso do solo e na densidade populacional podem levar a uma gama de estados tróficos em determinada região, por exemplo, do Lago Superior oligotrófico ao Lago Erie eutrófico.

Tabela / 7.20

Classificação dos Corpos d'Água Baseada em Seu Estado Trófico

Oligotrófico	Pobre em nutrientes; baixos níveis de algas, macrófitas e matéria orgânica; boa transparência; oxigênio abundante
Eutrófico	Rico em nutrientes; altos níveis de algas, macrófitas e matéria orgânica; pouca transparência; frequentemente, sem oxigênio no hipolímnio
Mesotrófico	Zona intermediária; frequentemente, com vida abundante de peixes por causa dos níveis elevados de produção de matéria orgânica e suprimentos adequados de oxigênio

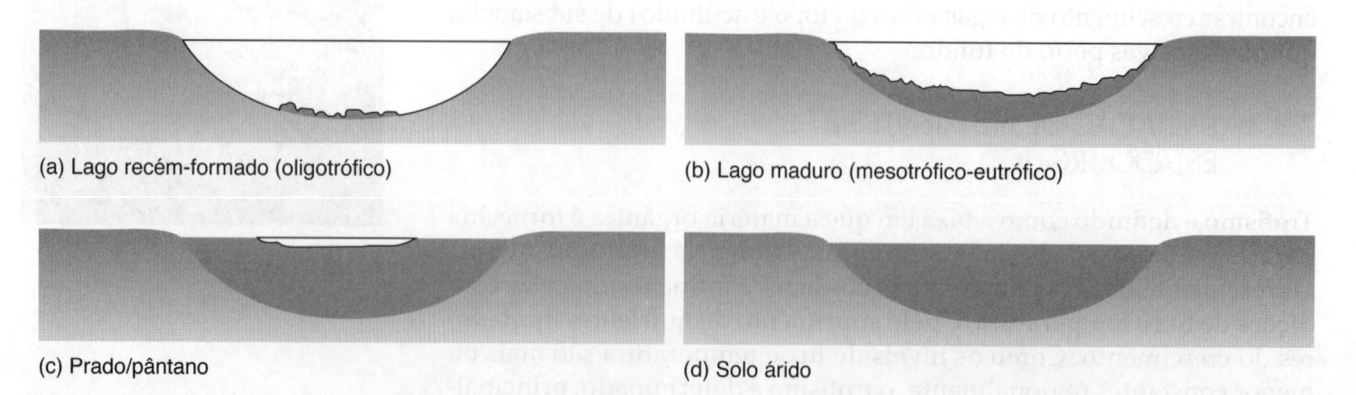

(a) Lago recém-formado (oligotrófico)

(b) Lago maduro (mesotrófico-eutrófico)

(c) Prado/pântano

(d) Solo árido

Figura / 7.26 **Sucessão Natural nos Lagos** Um conceito de sucessão natural nos lagos sugere que esses sistemas passam por uma série de estágios enquanto são enriquecidos com nutrientes e matéria orgânica, acabando por se transformar em solo árido. A taxa de envelhecimento do lago é influenciada, de maneira importante, pelas condições meteorológicas locais, pela profundidade do lago, bem como pelo tamanho e pela fertilidade da bacia de drenagem.

(Extraído de Mihelcic [1999]. Reimpresso com a permissão de John Wiley & Sons, Inc.)

Segundo relatos, mais de 400 áreas costeiras no mundo sofrem alguma forma de eutrofização (Figura 7.27). Dessas, 169 sofrem hipóxia. Essas zonas, denominadas zonas mortas, têm níveis de oxigênio muito baixos (menos de 2 mg/L), que podem ser sazonais ou contínuos.

Uma pequena zona morta pode ocupar 1 km^2 e ocorrer em uma baía ou estuário. A grande zona morta situada no Golfo do México foi medida em mais de 22.000 km^2 (o tamanho de Massachusetts). Esse local, fora da costa da Louisiana, contém o pesqueiro comercial mais importante nos 48 estados menores e é alimentado pelo escoamento do Rio Mississippi.

O Mississippi drena 41% da massa de terra dos 48 estados menores e inclui os estados do Cinturão do Milho, como Ohio, Indiana, Illinois e Iowa. Além de usar quantidades excessivas de fertilizantes, esses estados drenam 80% de suas áreas de terras úmidas, que servem como amortecedores de nutrientes. Na verdade, 65% da entrada de nutrientes para a zona morta da Costa do Golfo se originam no Cinturão do Milho, uma área que fornece alimento para uma população crescente e que hoje é vista por algumas pessoas como uma fonte de independência energética por causa dos biocombustíveis. Outras entradas de nutrientes (que contêm nitrogênio e/ou fósforo) estão associadas às descargas de águas residuais municipais e descargas industriais, escoamento urbano e deposição atmosférica associada à queima de combustíveis fósseis.

As entradas atmosféricas podem ser grandes contribuintes. Por exemplo, as entradas de nitrogênio atmosférico que se originam dos combustíveis fósseis contribuem com 25% da entrada de nitrogênio na zona morta da Baía Chesapeake.

Se ficarem como estão, as zonas mortas podem causar o colapso dos ecossistemas, e dos sistemas econômicos e sociais que dependem delas. Felizmente, as zonas mortas podem ser revertidas. Por exemplo, o Mar Negro já teve uma zona morta que ocupava 20.000 km^2. Após o colapso, nos anos 1980, de muitas economias centralizadas nos países situados nas bacias hidrográficas que drenam no Mar Negro, as entradas de nitrogênio caíram 60%. Isso acabou resultando no encolhimento da zona morta e no seu desaparecimento, em 1996 (Larson, 2004; Selman *et al.*, 2008).

Figura / 7.27 Zonas Costeiras Eutróficas e Hipóxicas.

(Identificadas por Selman *et al.*, 2008.)

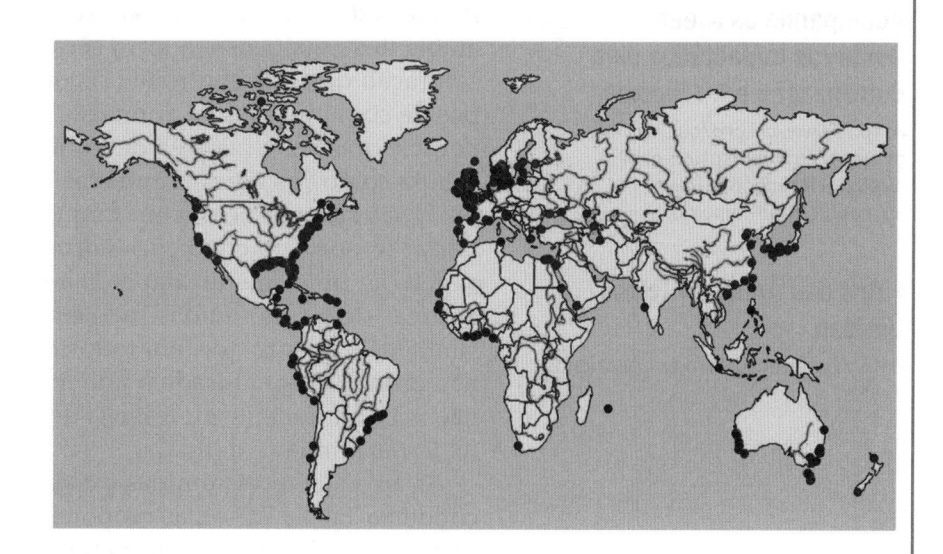

7.8.4 ENGENHARIA DE GESTÃO LACUSTRE

Na gestão da qualidade das águas superficiais, a opção preferida é sempre evitar ou eliminar as descargas por meio de estratégias de gestão que enfatizem a redução na fonte, a reciclagem e a reutilização de água e nutrientes. A Figura 7.28 resume oito métodos de gestão lacustre. O foco da gestão lacustre está tipicamente no controle do nutriente fósforo; no entanto, a maioria das soluções apresentadas aqui se aplica a outros poluentes. (Lembre-se de que, na Aplicação 7.3, a gestão das zo-

Discussão em Sala de Aula

Como você trataria a gestão de nutrientes usando uma abordagem de sistemas? A densidade populacional média nas áreas costeiras é o dobro da média global, enquanto a biodiversidade dos ecossistemas aquáticos costeiros e de água doce continua a declinar. Os aumentos na população e na urbanização concentram nutrientes (N e P) nas áreas urbanas, onde as descargas das estações de tratamento de águas residuais e o escoamento urbano podem criar estragos nos ecossistemas de água doce e costeiros. Contudo, esses nutrientes são necessários nas áreas rurais, onde a produção agrícola é a maior.

Acompanhe as Áreas Costeiras Impactadas pela Eutrofização e/ou Hipóxia

http://www.wri.org/our-work/ project/eutrophication-and-hypoxia/interactive-map-eutrophication-hypoxia

Fatos das Áreas de Terras Úmidas

http://www.epa.gov/owow/wetlands

nas mortas também considerava minimizar as entradas de nitrogênio.) No caso do fósforo, grandes avanços nas tecnologias de tratamento têm reduzido as concentrações de fósforo nos efluentes de águas residuais municipais em mais de duas ordens de grandeza em relação aos afluentes.

Atualmente, estão sendo desenvolvidos métodos para separar e reutilizar o fósforo que podem ser implementados no nível do prédio ou da estação de tratamento. Por exemplo, a urina pode ser recolhida na casa ou no prédio, enquanto a estruvita (um fósforo que contém precipitado) pode ser recuperado na estação de tratamento. Uma série de práticas de gestão também pode reduzir as cargas de fósforo e nitrogênio das bacias hidrográficas. Proibições de vendas de fertilizantes e períodos de suspensão da aplicação têm disso utilizados como uma ferramenta política, em alguns lugares, para minimizar a carga de nutrientes proveniente do uso residencial do solo, enquanto estão sendo feitas tentativas para gerir melhor os nutrientes relacionados com as práticas agrícolas. Finalmente, as bacias de detenção de águas pluviais, as áreas de terras úmidas artificiais e o desenvolvimento de baixo impacto podem ser empregados para capturar o fósforo (além do nitrogênio e outros materiais, como sedimentos e traços de metais) lavado do solo e das superfícies pavimentadas.

7.9 Áreas de Terras Úmidas

As **áreas de terras úmidas** são zonas de transição entre os verdadeiros ambientes aquáticos e a terra seca (montanhas). Elas ocorrem onde a saturação da água controla: (1) como o solo se desenvolve e (2) os tipos de comunidades de animais e plantas que vivem dentro ou na superfície do solo. Uma área de terra úmida é definida pela **Lei da Água Limpa** como "as áreas inundadas ou saturadas por águas superficiais ou águas subterrâneas, com frequência e duração suficientes para suportar (e que, sob condições normais, suportam) a predominância de vegetação tipicamente adaptada à vida em solo saturado. Geralmente, as áreas de terras úmidas incluem pântanos, brejos, lamaçais e áreas similares." Repare que, em todos os casos, uma área de terras úmidas não precisa ficar saturada o ano inteiro. Na verdade, sua hidrologia, e não necessariamente a presença de plantas, é que controla como a área de terras úmidas é definida.

As áreas de terras úmidas existem em vários lugares, conforme discutido na Tabela 7.21. Elas proporcionam muitos benefícios econômicos, sociais e ambientais. Por exemplo, as áreas de terras úmidas proporcionam benefícios recreativos relacionados com a pesca, a canoagem e a observação de pássaros. Elas também reduzem os danos à propriedade e a perda de vidas, já que são críticas para controlar as inundações. As áreas de terras úmidas também levam a uma maior qualidade da água por sua capacidade assimilativa, que as habilita a reduzir as cargas de nutrientes, sedimentos e outros poluentes. Muitos projetos de infraestrutura (em especial os relacionados com o transporte e o desenvolvimento do local) encheram as áreas de terras úmidas ou alteraram adversamente a sua hidrologia e biogeoquímica.

(a) Controle de fonte pontual

A descarga de fósforo de uma estação de tratamento de águas residuais municipais resultou em um estado hipereutrófico, manifestado na proliferação de algas, na pouca claridade da água e no esgotamento do oxigênio hipolimnético. A implementação do tratamento avançado dos resíduos, em múltiplos estágios, reduziu as concentrações de P nos efluentes e levou a um declínio na taxa em que o oxigênio é consumido nas águas do fundo (AHOD, esgotamento do oxigênio hipolimnético na área).

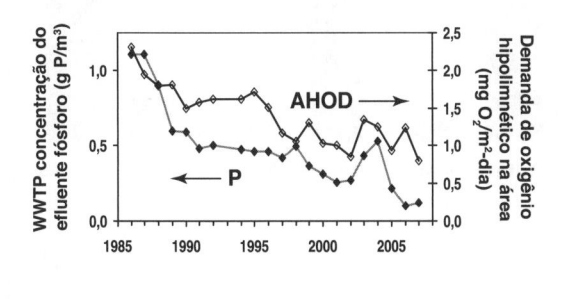

Lago Onondaga, NY

(b) Controle de fonte não pontual

Esse reservatório, que fornece 70% do abastecimento de água da cidade de Wichita, está poluído por fósforo e sedimentos originários das terras agrícolas e pastagens em sua bacia hidrográfica. O aumento nas áreas de terra protegidas por práticas de conservação na bacia hidrográfica está sendo implementado para diminuir a carga de fósforo e sedimentos.

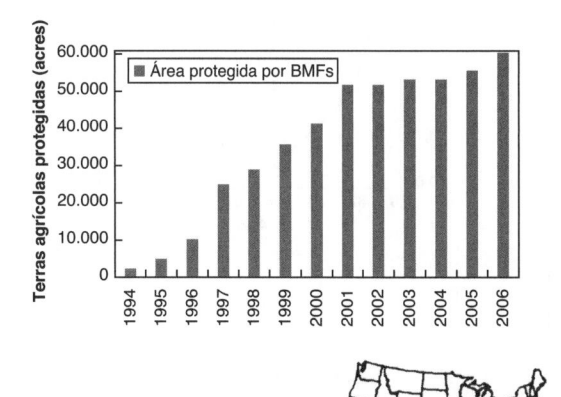

Lago Cheney, KS

(c) Desvio

A proliferação de algas com a concorrente eliminação dos macroinvertebrados bênticos sensíveis foi ocasionada pelas descargas de fósforo de quatro estações de tratamento de águas residuais municipais. As cargas de fonte pontual foram desviadas para aplicação no solo e outros usos, incluindo a irrigação de pomares de citrinos e a recarga de águas subterrâneas. Os níveis de fósforo e clorofila no lago caíram 50% e 30%, respectivamente, e a transparência no disco de Secchi aumentou 50%.

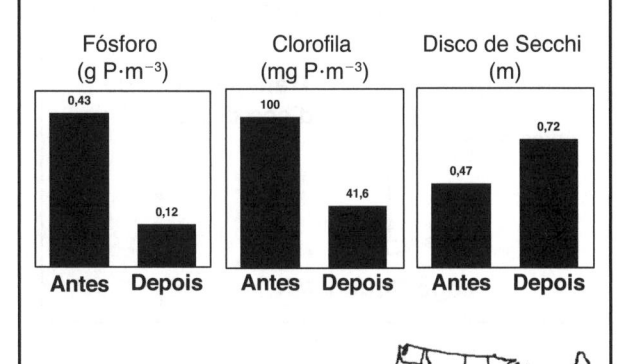

Lago Tohopekaliga, FL

(d) Dragagem

O crescimento prolífico das macrófitas e a concorrente deposição resultaram em uma coluna d'água de 1,4 m sobrejacente a 10 m de matéria vegetal em decomposição. A dragagem removeu 665.000 m³ de sedimentos do seu lago de 37 ha, aumentando o volume de água em 128% e a profundidade máxima para 6,6 m. O esgotamento grave do oxigênio e a mortandade de peixes no inverno foram eliminados. As macrófitas não cresciam mais até níveis incômodos, já que a maior profundidade reduziu a quantidade de *habitat* vegetal bem iluminado disponível. A dragagem é cara e tem possíveis efeitos colaterais relacionados, em grande medida, com a recolocação dos sedimentos em suspensão.

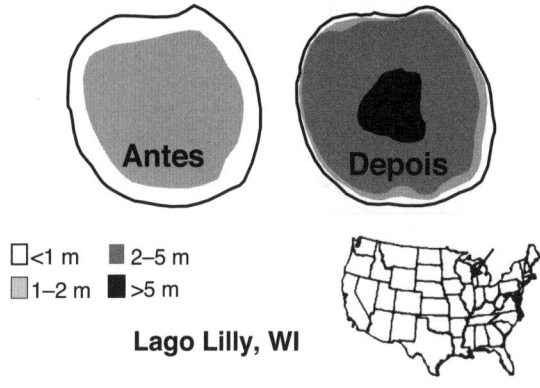

Lago Lilly, WI

Figura / 7.28 Exemplos de Engenharia de Gestão Lacustre.

(e) Inativação Química

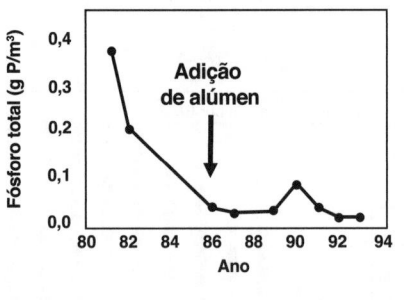

A adição de alúmen (sulfato de alumínio) reduziu a liberação do sedimento P por um fator de 10. As concentrações de P na água do fundo caíram dramaticamente, e os níveis de P nas águas superficiais diminuíram de 0,013 para 0,005 g P/m³, estabelecendo condições de oligotrofia. O tratamento persistiu por mais de uma década.

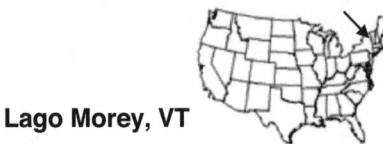

Lago Morey, VT

(f) Aeração hipolimnética

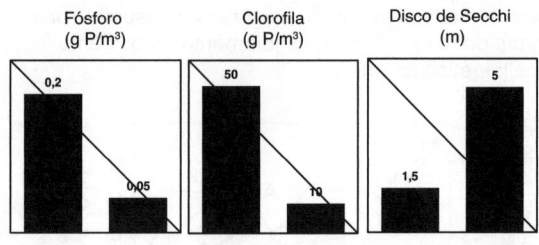

O oxigênio foi borbulhado nas águas do fundo desse reservatório eutrófico, mantendo os níveis de oxigênio dissolvido acima de 5 mg/L. As reduções no fósforo, amônia-nitrogênio e clorofila foram alcançadas, e a transparência do disco de Secchi aumentou. A aeração eliminou o sulfeto do lago, protegendo o abastecimento de água para um viveiro de salmão Chinook e trutas arco-íris a jusante.

Reservatório Camanche, CA

(g) Herbicidas/colheita

O tratamento com herbicida fluridona eliminou as espécies exóticas invasivas de pinheirinha-d'água por quatro verões consecutivos. Algumas espécies nativas tiveram sua abundância reduzida após o tratamento, enquanto outras aumentaram. A transparência do disco de Secchi diminuiu após o tratamento, por causa da menor competição pelo fósforo entre as algas e as macrófitas.

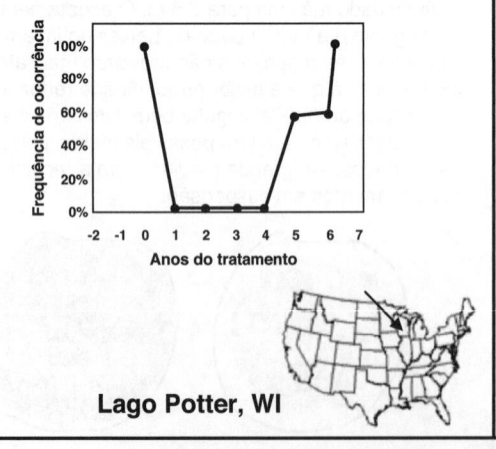

Lago Potter, WI

(h) Biomanipulação

Durante muitos anos, esse lago urbano foi caracterizado por alta transparência, pouca biomassa de algas e uma população de peixes dominada por piscívoros (espécies que comem peixes, isto é, robalos). Uma mudança para planctívoros (espécies que comem plâncton, isto é, perca-sol de guelras azuis e *crappie*) e bentívoros (espécies que se alimentam do fundo, isto é, cabeças de touro) aumentaram a pressão de predação sobre o zooplâncton, resultando em maior crescimento de algas e menor transparência da água. O lago foi tratado com rotenona para remover os planctívoros e bentívoros, e repor o lago com piscívoros (robalo e *walleye*). A reintrodução dos piscívoros permitiu que as populações de zooplâncton se recuperassem, reduzindo a biomassa de algas e melhorando a transparência da água.

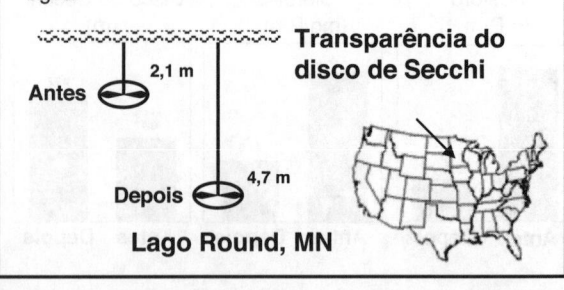

Lago Round, MN

Figura / 7.28 (Continuação)

As Áreas de Terras Úmidas Incluem as Seguintes Áreas, que Caem em Uma de Cinco Categorias (de Dahl, 2011).

Áreas com hidrófitos e solos hídricos, como os conhecidos brejos, pântanos e lamaçais.
Áreas sem hidrófitos, mas com solos hídricos – por exemplo, planícies onde a flutuação drástica no nível da água, a ação das ondas, a turbidez ou a alta concentração de sais podem impedir o crescimento dos hidrófitos
Áreas com hidrófitos, mas solos não hídricos, como as margens de represamentos ou escavações onde os hidrófitos se estabeleceram, mas os solos hídricos ainda não se desenvolveram
Áreas sem solos, mas com hidrófitos, como as partes cobertas de algas marinhas das encostas rochosas
Áreas sem solo e sem hidrófitos, como as praias de cascalho ou as encostas rochosas sem vegetação

A EPA e o U.S. Army Corps of Engineers estabeleceram padrões para rever as licenças de descarga que podem afetar uma área de terras úmidas. Essas descargas poderiam estar associadas à construção de conjuntos residenciais, estradas e barragens contra inundações. A Seção 404 da Lei da Água Limpa permite que os Army Corps emitam licenças. A Figura 7.29 mostra que, apenas preservando as terras úmidas em um ambiente urbano, é possível reduzir a carga de nitrogênio para a bacia hidrográfica urbana.

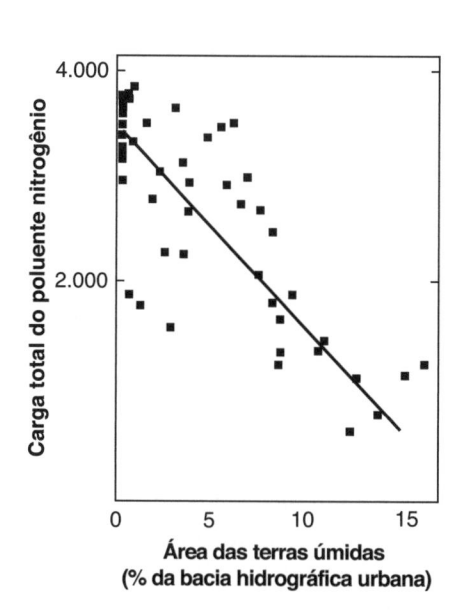

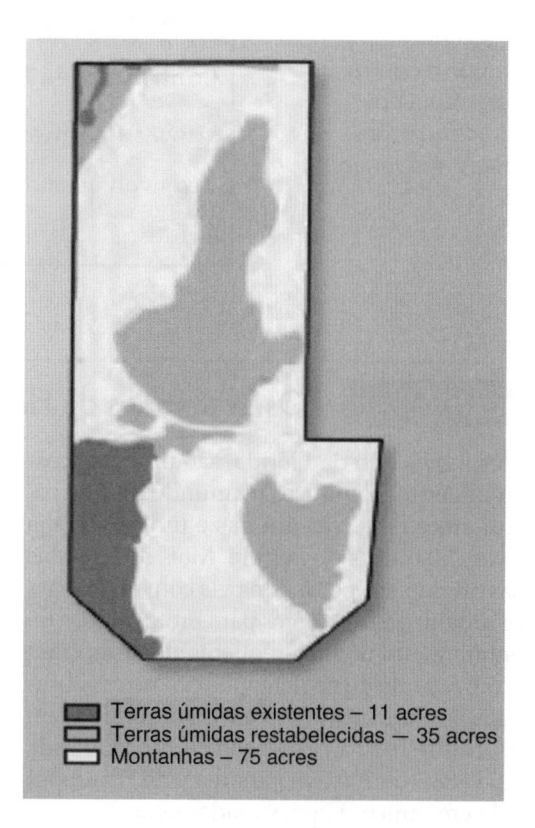

Terras úmidas existentes – 11 acres
Terras úmidas restabelecidas – 35 acres
Montanhas – 75 acres

Figura / 7.29 (Impacto da Quantidade de Áreas de Terras Úmidas Urbanas na Carga de Nitrogênio para a Bacia Hidrográfica Urbana (Da EPA, 2001).

Figura / 7.30 Restauração das Áreas de Terras Úmidas Um projeto de restabelecimento de 121 acres de terras úmidas, no sul do Wisconsin, consiste em preservar 11 acres de uma terra úmida existente e restabelecer 35 acres de terras úmidas. Os 75 acres restantes são florestas de montanha não consideradas área de terras úmidas (imagem redesenhada de Dahl, 2011).

Inventário Nacional das Áreas de Terras Úmidas

http://www.fws.gov/wetlands

Perda de Terras Costeiras da Louisiana

http://www.nwrc.usgs.gov/topics/landloss.htm

Discussão em Sala de Aula

Como você gerenciaria os Everglades e, ao mesmo tempo, equilibraria as questões sociais, econômicas, legais e ambientais que não levassem à perda de oportunidade para as gerações atuais e futuras? Quais são algumas das questões fundamentais associadas ao armazenamento de água, bem como à qualidade, biodiversidade e economia nessa área? De que modo os engenheiros participam do desenvolvimento de soluções para os problemas relacionados com essas questões? (Para obter mais informações, ver www.evergladesplan.org)

O U.S. Fish & Wildlife Service emite relatórios da quantidade de áreas de terras úmidas nos Estados Unidos continentais (Dahl, 2011). Atualmente, estima-se em 110,1 milhões de acres o tamanho das áreas de terras úmidas, dos quais 95% são águas doces e os 5% restantes são águas marinhas ou estuarinas (água salgada). O estabelecimento global das terras úmidas está aumentando por consequência de iniciativas de restauração. A Figura 7.30 traz um exemplo de uma dessas iniciativas de restauração. Repare que, nessa figura, o esforço de restauração consiste em preservar algumas terras úmidas existentes, restabelecendo, ao mesmo tempo, as terras úmidas históricas que haviam sido drenadas previamente. Infelizmente, as taxas de perda das terras úmidas ainda estão aumentando, com uma consequência global de que as perdas nacionais estão superando os ganhos. A perda de terras úmidas resulta em perda e fragmentação de *habitats*, oportunidades limitadas para o restabelecimento posterior das terras úmidas e diminuição na capacidade das gerações futuras para proteger e restaurar os usos benéficos de uma bacia hidrográfica. As causas mais comuns de perda de terras úmidas são apresentadas na Tabela 7.22.

Tabela / 7.22
Contribuições Mais Comuns para a Perda de Terras Úmidas
Atividades agrícolas
Desenvolvimento residencial e comercial (urbanização)
Construção de estradas e rodovias

Aplicação / 7.4   Os Everglades da Flórida

Os Everglades, no Estado da Flórida, são um dos ecossistemas verdadeiramente únicos no mundo. Esse ecossistema inclui áreas de terras úmidas e um rio, que já foi estimado em 50 milhas de largura. Mais de 50% das terras úmidas originais se perderam pela conversão para agricultura e urbanização. Esforços para proteger esse recurso aumentaram, no entanto, frequentemente, entram em conflito com o aumento na demanda por novas obras para as populações de moradores e turistas, que crescem rapidamente. Desde 1930, a população do sul da Flórida aumentou 25 vezes, de 200.000 para mais de 5 milhões – uma taxa de crescimento aproximadamente 10 vezes maior do que a dos Estados Unidos. Em 1947, foi criado o Parque Nacional dos Everglades. Hoje, esse ecossistema cobre 1,4 milhão de acres (quase 5% da área de terra da Flórida) e triplicou de tamanho desde que foi criado.

Em 2000, o Congresso dos Estados Unidos autorizou o Plano Abrangente de Restauração dos Everglades, o maior projeto de restauração ambiental na história, com um período de 30 anos e um orçamento de 10,5 bilhões de dólares. Como parte do plano de restauração, 400 km de canais e diques (instalados nos anos 1940 para controlar e desviar a água) serão removidos. Serão tomadas medidas para controlar espécies invasivas e exóticas, e 6,4 bilhões de litros por dia de escoamento serão tratados para remover nutrientes e outros contaminantes. O escoamento será armazenado e redirecionado para se assemelhar mais aos padrões de escoamento pré-ocupação (naturais) para a Baía da Flórida, como mostra a Figura 7.31. Mais de 200.000 acres de terra foram comprados (50% da meta de projeto) para controlar o uso do solo.

Em um *website* dedicado a relatar esse plano (www.saj.usace.army.mil), o Army Corps of Engineers expressa sua promessa e importância:

> *A implementação do plano de restauração vai resultar na recuperação de ecossistemas saudáveis, sustentáveis, no sul da Flórida (…). O plano vai redirecionar o modo de armazenamento da água no sul da Flórida para que o excesso de água não seja perdido para o oceano e, em vez disso, seja utilizado para suportar o ecossistema e também as necessidades urbanas e agrícolas (…). A capacidade para sustentar os recursos naturais, a economia e a qualidade de vida da região dependem, em grande medida, do sucesso dos esforços para melhorar, proteger e gerir melhor os recursos hídricos da região (USACE, 2008a).*

Um elemento fundamental do plano de gestão é a pantera da Flórida, uma subespécie do leão da montanha. A pantera antes habitava oito estados por todo o sudeste dos Estados Unidos, mas hoje está presente em apenas 10 condados no sul da Flórida (menos de 5% de seu *habitat* nativo). A população atual é estimada em, aproximadamente, 90 animais. A população diminuiu radicalmente ao longo do último século em virtude da caça e da perda do *habitat*. A perda do *habitat* se dá, principalmente, pela expansão urbana e pela conversão das florestas para agricultura. Embora a perda de *habitat* seja importante, a degradação do *habitat* e a sua fragmentação também representam grandes ameaças.

A presa predileta da pantera é o cervo de cauda branca, cuja população também diminuiu. As fontes de alimento secundárias são os porcos selvagens liberados para caça, tatus e guaxinins. Nas áreas com baixas populações de cervos, os guaxinins são uma parte cada vez mais importante da dieta da pantera. Como os guaxinins se alimentam de peixes e lagostins, eles têm um maior teor de mercúrio resultante da bioacumulação. Os níveis de mercúrio mais altos nas panteras podem ser relacionados com menor saúde e sucesso reprodutivo, mas estudos científicos conclusivos não provaram nem refutaram essa hipótese. As colisões com veículos também têm sido uma fonte importante de mortalidade das panteras.

A Figura 7.32 mostra como a integração de corredores da vida selvagem nos sistemas de transporte não só protege os animais selvagens como também liga áreas ecológicas e *habitats* selvagens.

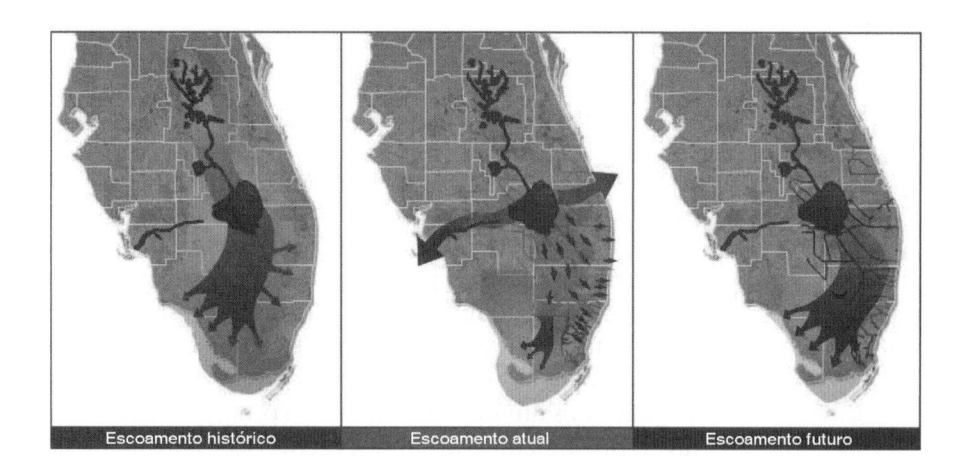

Escoamento histórico   Escoamento atual   Escoamento futuro

Figura / 7.31   Os Everglades da Flórida, Mostrando o Escoamento da Água nos Cenários Histórico, Atual e Futuro.

(De www.saj.usace.army.mil/Portals/44/docs/FactSheets/CERP_FS_August2015.pdf, uma iniciativa do U.S. Army Corps of Engineers em parceria com o Water Management District e muitos outros parceiros federais, estaduais, municipais e tribais. USACE (2008b).)

Figura / 7.32 **Uso de Corredores da Vida Selvagem para Ligar Áreas Ecológicas e** *Habitats* **Selvagens**   Compare (a) a alternativa de travessia existente e (b) a alternativa de travessia proposta para o Projeto da Passagem Leste da Interestadual Snoqualmie 90, que liga Puget Sound ao leste de Washington. Essa área foi reconhecida como um importante corredor da vida selvagem norte-sul para animais em Cascades. Repare como a travessia proposta proporciona um trecho muito mais largo de terra para a travessia de animais terrestres e aquáticos. Aqui, os *habitats* da vida selvagem estão ligados na estrutura proposta, e tanto os animais grandes quanto os pequenos podem passar por baixo da estrada com segurança.

Adaptada da U.S. Department of Transportation Federal Highway Administration, Exemplary Ecosystem Initiatives, http://www.fhwa.dot.gov/environment/ecosystems/wa05.htm.)

7.10 Qualidade e Escoamento das Águas Subterrâneas

A qualidade das águas subterrâneas é um tópico importante pelo grande número de indivíduos e empresas que usam essas águas como fonte hídrica e ao número de ecossistemas que dependem do escoamento de base das águas subterrâneas. A **poluição das águas subterrâneas** é a degradação da sua qualidade atual. Essa poluição pode ocorrer a partir de atividades antropogênicas e também por meio de processos naturais em que os poluentes lixiviam para as águas subterrâneas a partir dos minerais circundantes no subsolo. Tais atividades humanas e processos naturais podem resultar em níveis de poluentes que apresentem riscos para a saúde humana. Às vezes, esses processos naturais de lixiviação são acelerados pelas atividades humanas, que mudam a química redox do subsolo ou dos metais movidos para a superfície durante a mineração. As mudanças nas condições redox podem fazer com que os metais sejam convertidos de um estado oxidado para um estado reduzido, no qual são mais móveis. As concentrações elevadas de metais que ocorrem pelos processos naturais acontecem em muitas partes dos Estados Unidos e do mundo, podendo resultar em níveis perigosos de metais, como o arsênico, fluoreto e urânio nas águas subterrâneas.

Crise Global do Arsênico
http://www.who.int/topics/arsenic/en/

7.10.1 FONTES DE POLUIÇÃO DAS ÁGUAS SUBTERRÂNEAS

A Figura 7.33 mostra exemplos de várias atividades humanas e como elas podem impactar a qualidade das águas subterrâneas. Essas ativida-

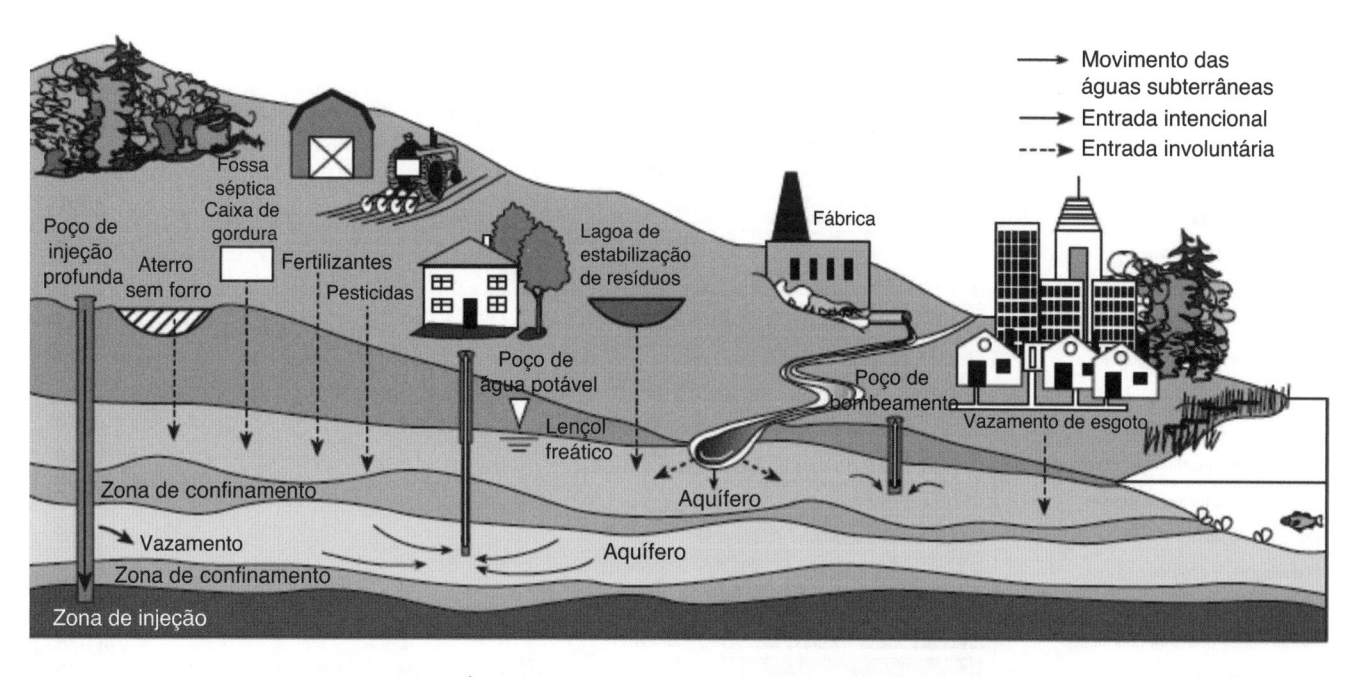

Figura / 7.33 A Contaminação das Águas Subterrâneas Pode Ocorrer por Entradas Intencionais ou Involuntárias de Fontes de Poluição Pontuais e Não Pontuais (Adaptada da EPA, 2000.)

des incluem as entradas intencional e acidental diretamente no solo ou no subsolo. Repare também, nessa figura, como os poluentes podem se originar de fontes pontuais e fontes não pontuais. Os tipos de poluentes que degradam a qualidade das águas subterrâneas são ilimitados, em virtude de todas as diferentes atividades que podem ocorrer na superfície e que podem introduzir patógenos, substâncias químicas inorgânicas (por exemplo, metais, arsênico, fluoreto, nitrato), radionuclídeos (por exemplo, urânio), substâncias químicas orgânicas (por exemplo, combustíveis, solventes, pesticidas e herbicidas) e substâncias químicas emergentes, como os produtos farmacêuticos. Outro contaminante importante das águas subterrâneas é a salinidade. A **intrusão de água salgada** ocorre a partir do excesso de bombeamento da água doce dos poços situados nas áreas costeiras. Esse processo de bombear mais água de um aquífero costeiro, em uma taxa superior à da recarga pelas precipitações, leva água salgada para dentro do aquífero. Isso torna a água salobra, inaceitável para a irrigação das culturas, exigindo energia e materiais para transformá-la novamente em água doce para consumo humano.

A Figura 7.34 traz um *ranking* das possíveis atividades que podem ter um impacto adverso na qualidade das águas subterrâneas. Como mostra essa figura, as maiores ameaças identificadas são: (1) armazenamento de combustível em tanques subterrâneos, (2) atividades de descarte de resíduos relacionadas com o uso de fossas sépticas para tratar as águas residuais e aterros onde são descartados resíduos municipais e perigosos, (3) atividades agrícolas que incluem o uso concentrado de confinamento animal e a aplicação de fertilizantes e pesticidas no solo, e (4) práticas industriais que liberam metais e substâncias químicas orgânicas.

Tanques de Armazenamento Subterrâneos na Sua Área
http://www.epa.gov/OUST/wheruliv.htm

Informações sobre Fossas Sépticas Específicas de cada Estado
http://www.nesc.wvu.edu/septic_idb/idb.cfm

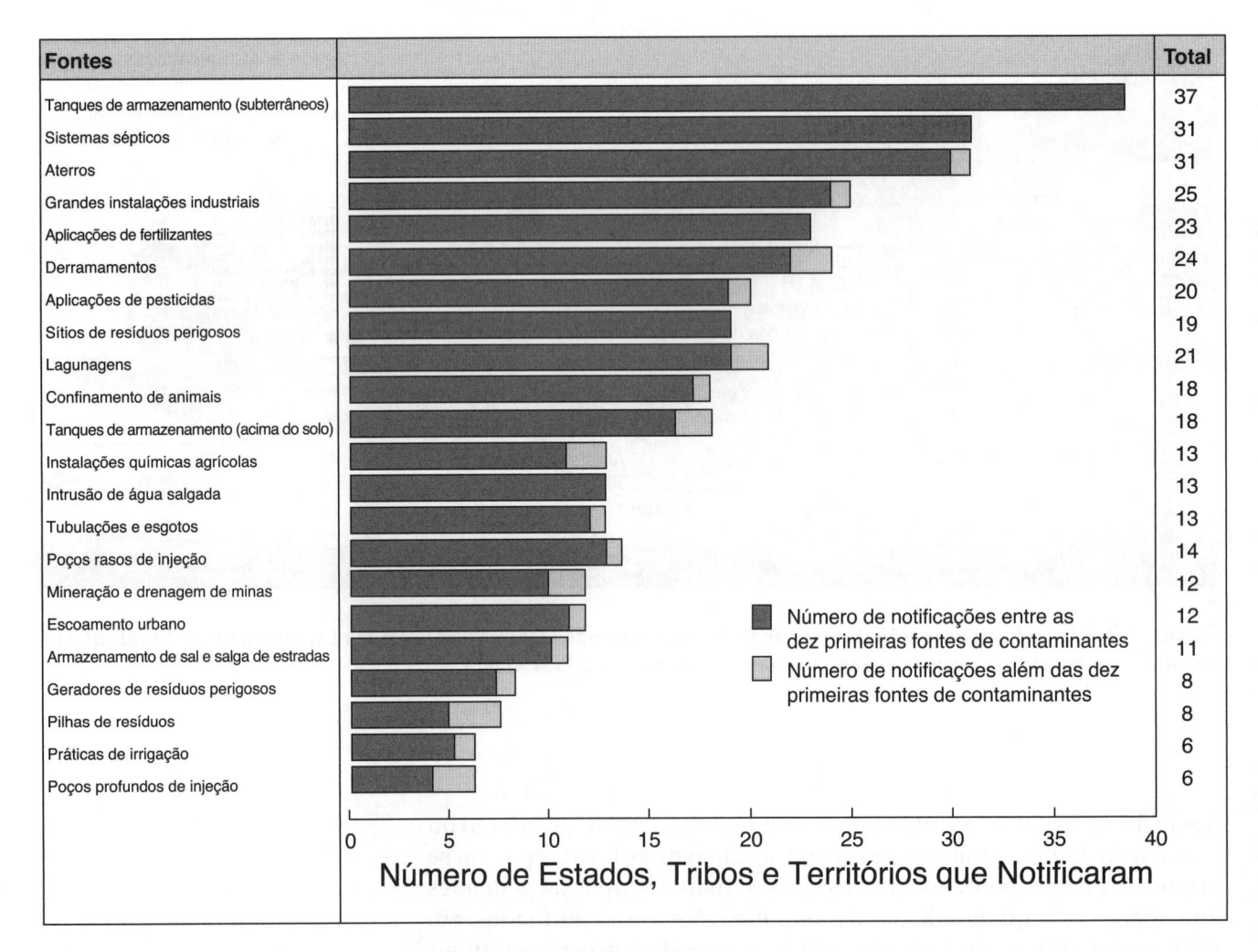

Fontes		Total
Tanques de armazenamento (subterrâneos)		37
Sistemas sépticos		31
Aterros		31
Grandes instalações industriais		25
Aplicações de fertilizantes		23
Derramamentos		24
Aplicações de pesticidas		20
Sítios de resíduos perigosos		19
Lagunagens		21
Confinamento de animais		18
Tanques de armazenamento (acima do solo)		18
Instalações químicas agrícolas		13
Intrusão de água salgada		13
Tubulações e esgotos		13
Poços rasos de injeção		14
Mineração e drenagem de minas		12
Escoamento urbano		12
Armazenamento de sal e salga de estradas		11
Geradores de resíduos perigosos		8
Pilhas de resíduos		8
Práticas de irrigação		6
Poços profundos de injeção		6

Número de notificações entre as dez primeiras fontes de contaminantes

Número de notificações além das dez primeiras fontes de contaminantes

Número de Estados, Tribos e Territórios que Notificaram

Figura / 7.34 Grandes Fontes de Contaminação das Águas Subterrâneas Identificadas pelos Estados, Tribos e Territórios e Notificadas à EPA (Extraída da EPA, 2000.)

Aplicação / 7.5 Poluição por Nutrientes de Sistemas de Tratamento de Águas Residuais Localizadas

Aproximadamente, um terço das águas residuais nos Estados Unidos é tratado por sistemas localizados. Esses sistemas são concebidos para reduzir os riscos de exposição a patógenos e outros poluentes ambientais, mas não são otimizados para remoção de nutrientes. Por causa das evidências de que os **sistemas localizados** podem contaminar as águas subterrâneas, as fontes e outras águas superficiais (Figura 7.35), as cargas de nitrogênio originárias dos sistemas de águas residuais localizados estão recebendo cada vez mais atenção.

Uma fossa séptica funciona em condições de limitação de oxigênio. Em uma fossa séptica, os poluentes podem ser removidos por sedimentação gravitacional ou digestão anaeróbica do carbono orgânico. As águas residuais pré-tratadas escoam por gravidade para um campo de drenagem. Aqui, uma série de tubulações perfuradas distribui as águas residuais para o subsolo. A água se infiltra para baixo, na direção do lençol freático, e os contaminantes podem ser reciclados na matriz do solo ou tratados por processos de remoção biológica, química e física em um ambiente mais aeróbico.

As fossas sépticas localizadas e os campos de drenagem não são adequados em todos os locais. Eles também não são projetados para remover especificamente o nitrogênio e podem não ser adequados em áreas que não possuam infiltração adequada no solo e propriedades de atenuação para o campo de drenagem, ou onde a descarga do campo de drenagem está situada próxima do lençol freático. Os tanques também exigem inspeção e limpeza regulares, que mantenham o seu volume e o tempo de residência hidráulica de projeto. Alguns sistemas localizados empregam sistemas mecânicos similares ao processo de lodo ativado, descrito no Capítulo 9. Teoricamente, eles podem obter remoção do nitrogênio por meio de nitrificação e desnitrificação. No entanto, até mesmo os sistemas mecânicos exibem apenas 60% de redução no nitrogênio, na melhor das hipóteses. Isso ocorre em virtude da má operação e manutenção pelos proprietários, bem como da ausência de carbono para apoiar a desnitrificação.

O número de sistemas de tratamento localizados continua a crescer à medida que as áreas urbanas se expandem para além do alcance dos serviços centralizados e à medida que as propriedades remotas e costeiras são mais construídas para habitação humana. Infelizmente, lagos, rios, águas subterrâneas e outros corpos d'água são susceptíveis a descargas de nutrientes dos sistemas localizados. Portanto, há pesquisas em andamento para desenvolver sistemas de tratamento localizados que venham a alcançar a remoção significativa dos nutrientes. Além disso, algumas pessoas também estão pensando em como recuperar a água (e os nutrientes dissolvidos nas águas residuais tratadas) que se origina dos sistemas de tratamento localizados em residências ou comunidades.

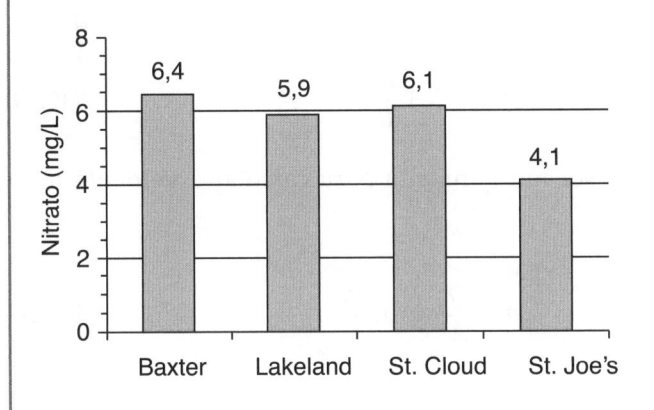

Figura / 7.35 Concentrações de Nitrato Detectadas em Águas Subterrâneas Rasas sob Quatro Comunidades Residenciais de Minnesota Atendidas por Sistemas Sépticos Localizados   Essas concentrações são mais altas do que nas águas subterrâneas rasas sob áreas residenciais atendidas por esgotos (entre 1,5 e 2,0 mg NO_3^-/L ou sob áreas não construídas (menos de 1,0 mg NO_3^-/L) (MPCA, 1997).

7.10.2 ESCOAMENTO DAS ÁGUAS SUBTERRÂNEAS E TRANSPORTE DE POLUENTES

Os poluentes das águas subterrâneas são transportados pelos processos de advecção e dispersão. No Capítulo 4, definimos **advecção** como transporte com escoamento médio do fluido. Isso faz com que os poluentes se movam, verticalmente, durante o processo de infiltração e, horizontalmente, com a direção do escoamento das águas subterrâneas. O Capítulo 4 também definiu **dispersão** como o transporte de substâncias químicas pela ação de movimentos aleatórios. Volte ao capítulo e reveja a Figura 4.21, que retratou o processo de dispersão mecânica ocorrido durante o escoamento das águas subterrâneas.

O escoamento de águas subterrâneas é um processo similar ao escoamento através de um filtro de areia ou coluna de areia e, desse modo, baseia-se na **lei de Darcy**. Henry Darcy foi um engenheiro hidráulico francês que relatou resultados de experimentos com filtro de areia realizados em uma coluna. Darcy descobriu que a vazão (Q) através de um meio poroso (como um filtro de areia ou águas subterrâneas) era proporcional à perda de coluna d'água (h_L) e inversamente proporcional ao comprimento do trajeto do escoamento ($1/L$).

Se for introduzida uma constante de proporcionalidade, nesse caso, K ou a **condutividade hidráulica** do aquífero (unidades de m/dia), a vazão (Q) através de um cilindro com área transversal A pode ser escrita como:

$$Q = -KA\frac{h_L}{L}$$ (7.18)

Na Equação 7.18, o sinal negativo leva em conta o fato de que a coluna d'água está diminuindo na direção do escoamento da água.

A condutividade hidráulica é uma função do material do aquífero, e a Tabela 7.23 fornece os valores típicos de K para uma ampla gama de materiais geológicos, podendo variar de 150 a 270 m/dia nos cascalhos médios, de 2,5 a 12 m/dia na areia fina até média, 0,08 m/dia no aluvião e 0,0002 m/dia na argila. A Equação 7.18 pode ser expressa em termos mais gerais para a perda de carga, escrita como perda de carga por comprimento unitário (dh/dl, adimensional). Isso resulta na seguinte equação:

$$Q = -KA\frac{dh}{dl}$$ (7.19)

A Equação 7.19 pode ser reorganizada para calcular a **velocidade de Darcy**, v:

$$v = \frac{Q}{A} = -K\frac{dh}{dl}$$ (7.20)

Tabela / 7.23

Valores Representativos da Condutividade Hidráulica e Porosidade dos Solos e Outros Materiais Geológicos (dados de Todd, 1980).

Material	Tamanho da partícula (mm)	Condutividade hidráulica (m/dia)	Porosidade
Cascalho grosso	16–32	150	0,28
Cascalho médio	8–16	270	0,32
Cascalho fino	4–8	450	0,34
Areia grossa	0,5–1	45	0,39
Areia média	0,25–0,5	12	0,39
Areia fina	0,125–0,25	2,5	0,43
Aluvião	0,004–0,062	0,08	0,46
Argila	<0,004	0,0002	0,42
Arenito de grãos finos	Não aplicável	0,2	0,33
Arenito de grãos médios	Não aplicável	3,1	0,37
Calcário	Não aplicável	0,94	0,30

A velocidade de Darcy só é valida para números de Reynolds < 1 e supõe que o escoamento das águas subterrâneas esteja ocorrendo na seção transversal inteira (A) do aquífero. Porém, no subsolo, existem sólidos e espaços porosos. Portanto, o escoamento real da água é limitado ao espaço dos poros, e a velocidade média (v_a) através desses poros pode ser determinada dividindo a velocidade de Darcy pela porosidade do material do aquífero:

$$v_a = \frac{v}{\eta} \tag{7.21}$$

A **porosidade** do material do aquífero é definida como:

$$\eta = \frac{\text{Volume de espaços vazios}}{\text{Volume macroscópico}} \tag{7.22}$$

A Tabela 7.23 fornece valores representativos da porosidade. A porosidade é uma função do material do aquífero; por exemplo, ela pode ser igual a 0,32 nos cascalhos médios, 0,43-0,39 na areia fina até média, 0,42 na argila.

Supondo que as interações entre substâncias químicas e sólidos estão em equilíbrio, os efeitos da sorção na velocidade de um poluente químico podem ser quantificados por meio do **coeficiente de retardamento (R_f)**:

$$R_f = 1 + \frac{\rho_b}{\eta} K_p \tag{7.23}$$

Na Equação 7.23, K_p é o coeficiente de particionamento solo-água (L/kg ou cm^3/mg), discutido no Capítulo 3, η é a porosidade (sem unidade) e ρ_b é a densidade aparente do solo ou do material do aquífero (cm^3/g). O coeficiente de retardamento implica que uma substância química que esteja sofrendo sorção pelo solo circundante ou material do aquífero vai se deslocar em um ritmo mais lento do que a velocidade média das águas subterrâneas. Desse modo, uma substância química com um coeficiente de retardamento igual a 5 vai se deslocar a uma velocidade cinco vezes menor do que a do escoamento das águas subterrâneas determinada na Equação 7.21.

7.10.3 RECUPERAÇÃO DO SUBSOLO

A recuperação do subsolo e das águas subterrâneas ocorre após a determinação de que existe um risco aceitável para a saúde humana ou para o meio ambiente. Em muitos casos, as águas subterrâneas recarregam uma fonte, um curso d'água ou outro corpo d'água superficial, onde os contaminantes podem exercer efeitos tóxicos para os organismos aquáticos. Em outro caso, os humanos dependem das águas subterrâneas como fonte de água potável ou para dar suporte às atividades agrícolas.

exemplo / 7.9 Determinando os Tempos de Percurso das Águas Subterrâneas e dos Poluentes do Subsolo

Um tanque de armazenamento subterrâneo com vazamento descarregou o solvente tricloroetileno (TCE) nas águas subterrâneas. Um poço utilizado para extração de água potável está situado 120 m abaixo do tanque que está vazando. Para garantir a segurança do abastecimento de água, o tanque é removido para cessar a fonte, e um poço de monitoramento é perfurado a meio caminho entre o poço de água potável e a descarga do solvente. A diferença na carga hidráulica entre a fonte e o poço de monitoramento é de 35 cm (com a carga no poço de monitoramento sendo maior). Uma investigação no local mostra que o material do aquífero no subsolo consiste, principalmente, em areia média. (a) Quanto tempo leva para as águas subterrâneas subjacentes ao tanque que está vazando chegarem ao poço de monitoramento? Suponha que o TCE se mova na mesma velocidade das águas subterrâneas. (b) Se o material do aquífero tiver um teor de carbono orgânico de 1% e, agora, você levar em conta a sorção entre o TCE e o material do aquífero, quanto tempo irá levar para o TCE chegar ao poço de monitoramento? Suponha que a densidade aparente do material do aquífero seja 2,1 gm/cm³.

solução

Para a parte (a), o tempo de percurso das águas subterrâneas e da substância química (supondo que o seu movimento não seja retardado pela sorção pelos materiais do aquífero) é determinado do ponto de descarga até o ponto em que está o poço de monitoramento. Primeiramente, ele é encontrado pelo cálculo da velocidade de Darcy (Equação 7.20) e, depois, por meio da divisão desse valor pela porosidade do solo (Equação 7.21). A Tabela 7.23 traz informações sobre a condutividade hidráulica (K) e a porosidade (η) da areia média ($K = 12$ m/dia e $\eta = 0,39$).

$$v_a = \frac{v}{\eta} = -\frac{K}{\eta}\frac{dh}{dl} = -\left(\frac{12\,\text{m/dia}}{0,39}\right) \times \left(-\frac{0,35\,\text{m}}{60\,\text{m}}\right) = 0,18\,\text{m/dia}$$

O tempo de percurso das águas subterrâneas da fonte de poluente até poço de monitoramento é:

$$t = \frac{L}{v_a} = \frac{60\,\text{m}}{0,18\,\text{m/dia}} = 330\,\text{dias}$$

Para a parte (b), precisamos determinar como a sorção impacta a velocidade do TCE. No Exemplo 3.13, determinamos que o coeficiente de particionamento solo-água para o TCE, em uma matriz de solo com um teor de carbono orgânico de 1%, era 1,9 cm³/gm. A Equação 7.23 nos permite estimar o efeito que a sorção tem na velocidade de um poluente químico em relação ao movimento das águas subterrâneas. Nesse caso, o coeficiente de retardamento é determinado como:

$$R_f = 1 + \frac{\rho_b}{\eta}K_p$$

$$R_f = 1 + \frac{2,1\,\text{gm/cm}^3}{0,39}1,9\,\text{cm}^3/\text{gm} = 10,2$$

Lembre-se de que R_f não possui unidade. O valor de 10,2 implica que o movimento do TCE é mais lento em relação ao movimento da água. Desse modo, podemos esperar que o TCE chegue no poço de monitoramento em (330 dias × 10,2 = 3.370) 3.370 dias. Isso pode parecer muito tempo; no entanto, em muitos casos, ocorreram derramamentos anos e décadas antes de serem detectados, ou mais bem gerenciados e controlados. Neste exemplo, observe também como os movimentos das águas subterrâneas e da substância química são fortemente influenciados pelas propriedades do subsolo (gradiente hidráulico, condutividade hidráulica, porosidade, teor de carbono orgânico) e pelas propriedades químicas (hidrofobicidade da substância química). Todos esses parâmetros podem resultar em águas subterrâneas e substâncias químicas que se movem, no subsolo, em um ritmo similar ou mais lento do que o ritmo das águas subterrâneas.

Os princípios e as equações que governam o escoamento de fluidos através de um meio poroso podem ser aplicados a uma ampla gama de desafios relacionados com o desenvolvimento sustentável. Um exemplo é o projeto e a avaliação de uma popular tecnologia de tratamento de água no "ponto de uso" para o mundo em desenvolvimento – o filtro de cerâmica ou argila (ver Figura 7.36), que é utilizado em mais de 20 países atualmente.

Uma vantagem desses filtros é que eles podem ser produzidos usando materiais disponíveis localmente (por exemplo, argila, serragem, água). Essa mistura é formada e queimada em um forno. A queima no forno forma os materiais cerâmicos e realiza a combustão da matéria orgânica, tornando o filtro poroso e permeável à água. Os poros são dimensionados para remover as partículas maiores transportadas pela água e associadas aos microrganismos para melhorar a qualidade da água e reduzir os riscos de saúde, consequentemente.

Um filtro típico é moldado como uma tigela ou panela aninhada a um receptáculo de armazenamento. As panelas de filtro ficam suspensas em um recipiente maior (por exemplo, um balde), para que quando a água for derramada no filtro ela escoe por gravidade através do filtro e para o recipiente inferior, onde a água tratada pode ser acessada.

A aceitabilidade dessa tecnologia depende não só da qualidade da água filtrada, mas também da quantidade de água produzida pelo filtro (os escoamentos desejados variam de 1 a 2 L/h). Mais informações sobre a modelagem do escoamento através de um filtro cerâmico poroso podem ser obtidas de Schweitzer *et al.* (2013). Para mais informações sobre essa modelagem, bem como sobre o projeto e a aplicação de outros métodos tecnológicos adequados para tratar a água, as águas residuais e a poluição interna, ver Mihelcic *et al.* (2009).-

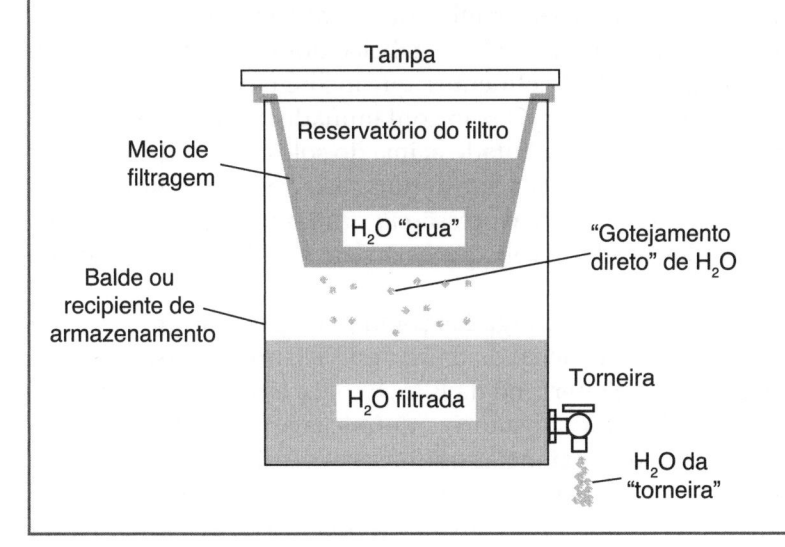

Figura / 7.36   **Filtro de Argila (Meio Poroso) Utilizado para Remover a Turbidez e os Microrganismos Associados à Água**   (Reproduzido com a permissão de Ryan W. Schweitzer)

A recuperação ou o controle dos poluentes do subsolo pode ser difícil e cara, em virtude da dificuldade não só em alcançar o subsolo, mas também de visualizá-lo. Os contaminantes do subsolo podem estar em formas diluídas, que são mais caras para tratar ou sorvidas para partículas sólidas, retardando sua capacidade para serem bombeados para a superfície visando a seu tratamento. Além disso, as investigações locais têm de determinar a quantidade de dados necessários para determinar o tipo e a extensão da contaminação, o movimento das substâncias químicas e o risco que elas apresentam, tudo com a certeza de que o subsolo não é homogêneo.

As estratégias que minimizam o risco incluem a redução do perigo (removendo a fonte de contaminação ou reparando as concentrações químicas para um nível mais baixo aceitável) ou reduzindo/eliminando a exposição. As estratégias que eliminam ou reduzem a exposição podem exigir a colocação de barreiras entre o solo contaminado e o público (por exemplo, camadas de pavimentação ou solo). Outras estratégias para reduzir ou eliminar o risco incluem a colocação de restrições escrituradas quanto ao uso de águas subterrâneas contaminadas ou provisionamento de um abastecimento diferente de água encanada. No Capítulo 6, também fornecemos informações sobre os métodos de determinação da concentração aceitável de determinado contaminante, que pode ocorrer no solo ou nas águas subterrâneas, que não resultaria em risco excessivo para o público ou o meio ambiente, se fossem expostos a esse contaminante.

A intrusão de água salgada pode ser revertida ou prevenida pela diminuição da taxa de retirada de águas subterrâneas para permitir o seu restabelecimento pela recarga natural. Em outros casos, as águas residuais recuperadas podem ser injetadas no subsolo para repor um aquífero, proporcionando, ao mesmo tempo, um método econômico de armazenamento de água para uso futuro. Em muitos outros casos, a recuperação é aplicada ao solo contaminado ou às águas subterrâneas. A Figura 7.37 fornece uma descrição de várias tecnologias de recuperação. Repare que elas empregam processos de tratamento biológico, físico e químico.

Como mostra a figura, nas estratégias de bombeamento e tratamento, as águas subterrâneas são bombeadas para a superfície, onde são tratadas acima do solo por métodos estabelecidos empregados na água potável ou no tratamento de efluentes, que incluem o uso de remoção a ar e carvão ativado granular. O solo contaminado pode ser escavado e descartado em um aterro, ou tratado acima do solo a partir de processos químicos, biológicos e térmicos. Em alguns casos, os contaminantes são tratados no local ou *in situ*. A expressão *in situ* implica que os contaminantes são tratados nos locais em que estão, em vez de serem escavados ou bombeados para a superfície.

Em muitos casos, são empregadas combinações de estratégias e tecnologias. Por exemplo, no local da Baird and McGuire (Massachusetts), incluído no programa Superfund da EPA, o solo e as águas subterrâneas foram contaminados por substâncias químicas armazenadas em tanques que vazaram. As substâncias químicas migraram para baixo, partindo de sua origem, e chegaram a um aquífero subjacente, que escoou para fora do local e contaminou um abastecimento de água municipal. Para reparar o local, engenheiros instalaram uma bomba e um sistema de tratamento, que consistia em oito poços que bombeavam um total de 127 gpm. Isso foi feito para conter a pluma de águas subterrâneas contaminadas, impedindo-a de se espalhar, e também para transportar as águas subterrâneas contaminadas acima do solo visando a seu tratamento. Uma pequena estação de tratamento foi projetada e construída para fornecer tratamento das águas subterrâneas e remover seus metais pesados. Um conjunto de decapadores a ar também foi incluído para remover substâncias químicas orgânicas voláteis, e o carvão ativado foi utilizado para remover quaisquer contaminantes remanescentes. Um amplo programa de monitoramento das águas subterrâneas também foi integrado ao plano de recuperação para demonstrar se as estratégias de recuperação estavam funcionando, e também se estava ocorrendo uma redução no risco apresentado para a saúde humana e do meio ambiente.

A EPA oferece muitos recursos *online* de aprendizado sobre tecnologias de recuperação atuais e novas. Isso inclui o acesso a informações sobre onde foram demonstradas as novas tecnologias, como elas se saíram e as diretrizes regulatórias do uso de determinada tecnologia (por exemplo, http://www.epa.gov/superfund/remedytech/remed.htm).

Tecnologias de Recuperação Inovadoras
http://www.epa.gov/tio/

Descrição da Tecnologia	Com o que a tecnologia se parece
Bombear e tratar consiste em instalar um ou mais poços no subsolo. Esses poços de extração bombeiam águas subterrâneas contaminadas para um sistema de tratamento acima do solo que remove os contaminantes. O tratamento acima do solo pode consistir em remoção a ar, carvão ativado ou tratamento biológico. O método de bombear/tratar também pode ser utilizado para evitar que a pluma contaminada se espalhe nas águas subterrâneas.	
Oxidação química *in situ* significa que oxidantes químicos são injetados no subsolo. Ali, eles podem oxidar substâncias químicas orgânicas e transformá-las em produtos finais menos perigosos. Essa tecnologia é utilizada tipicamente para tratar substâncias químicas encontradas na área em que ocorreu a contaminação inicial.	
Atenuação natural se baseia em vários processos naturais para diminuir (isto é, atenuar) as concentrações de poluentes encontrados no subsolo. O local é monitorado para determinar se os contaminantes estão sendo diluídos, retidos por sorção ou degradando em condições naturais. Os microrganismos que medeiam as reações bioquímicas são os que existem naturalmente no subsolo.	
Fitorremediação consiste em plantar determinados vegetais sobre a contaminação que ocorre nas camadas do solo próximas da superfície ou nas águas subterrâneas rasas. As plantas podem: (1) armazenar os contaminantes nas raízes, nos caules ou nas folhas; (2) convertê-los em substâncias químicas menos perigosas na zona radicular; (3) transformar poluentes em vapor, liberando-os no ar ou (4) absorver os contaminantes nas raízes, onde há microrganismos que medeiam a biodegradação.	

Figura / 7.37 Exemplo de Tecnologias de Recuperação de Águas Subterrâneas.

(Adaptado de EPA Series: A Citizen's Guide to Cleanup Technologies (EPA, 2012)).

Termos-Chave

- Abastecimento público de água
- Advecção
- Água consumida
- Água do mar
- Água doce
- Água escassa
- Água reutilizada
- Águas subterrâneas
- Águas superficiais
- Aquífero
- Aquífero confinado
- Aquífero não confinado
- Área de terras úmidas
- Atenuação natural
- Bacia hidrográfica
- Bombear e tratar
- Ciclo hidrológico
- Circulação da primavera
- Circulação do outono
- Coeficiente de retardamento (R_f)
- Coeficientes de escoamento
- Coleta de águas residuais
- Concentração na saturação (oxigênio)
- Condições de canalização aberta
- Condutividade hidráulica (K)
- Curvas características das bombas
- Déficit de oxigênio
- Demanda de água de combate a incêndio
- Demanda de escoamento de incêndio
- Demanda hídrica futura
- Demanda hídrica municipal
- Desoxigenação
- Dispersão
- Distribuição de água
- Epilímnio
- Equivalente populacional
- Escassez de água
- Escoamento de base
- Escoamento sem medição
- Estação de bombeamento
- Estimativa da demanda hídrica
- Estratificação de inverno
- Estratificação de verão
- Estresse hídrico
- Eutrófico
- Eutrofização
- Eutrofização cultural
- Fator de demanda (FD)
- Fator de pico (FP)
- Fitorremediação
- Fonte não pontual
- Fonte pontual
- Fossa séptica
- Hidroelétrica
- Hidrologia
- Hipolímnio
- Instalações de recuperação satélite
- Intrusão de água salgada
- John Muir
- Justiça ambiental
- Lei da Água Limpa
- Lei de Darcy
- Mesotrófica
- Metalímnio
- Método Racional
- Micro-hidroelétrica
- Modelo de Streeter-Phelps
- Nutrientes
- Objetivos de modelagem da demanda hídrica
- Oligotrófico
- Oxidação química *in situ*
- Oxigênio dissolvido (OD)
- Pavimento permeável (ou poroso)
- Pegada ecológica
- Pegada hídrica
- Poço úmido
- Poluição
- Poluição das águas subterrâneas
- Ponto crítico
- Ponto de melhor eficiência (BEP)
- Porosidade
- Processo de modelagem para estimar a demanda hídrica
- Ramificado
- Reaeração
- Recuperação da água
- Recuperação do subsolo
- Reutilização da água
- Segmentos desagregados
- Sistemas localizados (tratamento de águas residuais)
- Subsistemas em *loop*
- Supersaturação
- Tanque de armazenamento
- Taxas de geração de águas residuais
- Taxas de utilização da água
- Tempo de ciclo da bomba
- Termoclina
- Trofismo
- Uso agrícola
- Uso do solo
- Uso doméstico
- Uso industrial
- Variação nas vazões
- Vazão de incêndio necessária (NFF)
- Vazões de projeto máximas e mínimas
- Velocidade de Darcy
- Velocidade de projeto da água em uma tubulação
- Zona insaturada
- Zona saturada

7.1 Em determinada área, a precipitação média anual é de 60 cm. A evapotranspiração média anual é de 35 cm. Trinta por cento da precipitação infiltra e percola no aquífero subjacente; o restante é escoamento que se move ao longo ou próximo da superfície do solo. O aquífero subjacente está ligado a um curso d'água. Supondo que não haja outra entrada ou saída de água para/do aquífero subjacente e que o mesmo esteja em regime estacionário (não ganhe nem perca água), qual é a quantidade de escoamento de base das águas subterrâneas para o curso d'água?

7.2 Uma bacia hidrográfica agrícola gerenciada para minimizar o escoamento superficial consiste em 150 acres de terreno com uma inclinação de 1-2% e solos arenosos. A terra sofre terraplanagem para a construção de uma subdivisão residencial (30% residencial de baixa densidade, 30% residencial de média densidade e o restante preservado como área verde). (a) Calcule a vazão do pico de escoamento superficial (ft^3/min), antes e depois da construção, para uma tempestade com intensidade de precipitação de 0,35 polegada/h. (b) Determine a variação percentual no pico de escoamento superficial entre os dois cenários de uso do solo. (c) Se a área verde for igualmente construída entre baixa e média densidade habitacional, em que mudaria a sua resposta da parte (b)? (d) Em que muda a sua resposta para vazão no pico de escoamento superficial da parte (a) se 100% do solo forem construídos para fins de alta densidade residencial?

7.3 Uma bacia hidrográfica agrícola gerenciada para minimizar o escoamento superficial consiste em 120 acres de terras cultivadas com uma suave inclinação (1-2%) e solos de aluvião/arenosos. A terra sofre terraplanagem para a construção de residências com planos de 25% de área residencial de baixa densidade, 25% de área residencial de média densidade e 50% reservados como área verde. (a) Estime a massa anual de sólidos suspensos (SS), fósforo (P) e nitrogênio (N) (lb/ano) por causa do escoamento superficial. (b) Em que muda a sua resposta da parte (a) se a inclinação do terreno for 3%? (c) Em que muda a sua resposta da parte (a) se área verde for construída para fins comerciais visando a atender às necessidades sociais e econômicas da comunidade, sem deixar nenhuma área natural como espaço verde aberto?

7.4 As intensidades máximas de precipitação variam de acordo com a região geográfica. Suponha que a precipitação máxima (polegadas de chuva) notificada em diferentes estados ao longo de um período de 30 minutos seja: Flórida – 2,8; Iowa – 1,8; Arizona – 1,6; Montana – 0,8. (a) Qual é a vazão máxima do escoamento superficial (ft^3/min) de uma área aberta intocada de 10 acres com uma inclinação de 1,75% e que consiste em solos arenosos? Faça os mesmos cálculos para solos argilosos. (b) Qual é a vazão máxima de escoamento superficial de uma topografia e um tipo de solo similar, mas se os 10 acres de área aberta forem desenvolvidos comercialmente?

7.5 Existe uma previsão de aumento de 10-20% na intensidade máxima de precipitação na Austrália Ocidental em consequência dos efeitos da mudança climática por volta do ano 2030. Se a intensidade máxima atual de precipitação for 200 mm de chuvas caindo durante um período de 18 horas, qual é a vazão máxima de escoamento superficial que você prevê para uma área urbana densamente povoada de 20 acres e solos arenosos, com uma inclinação de 1,75%, que consiste em metade de construções residenciais de alta densidade e metade de construções comerciais? Expresse seus resultados em cm^3/min e ft^3/min.

7.6 Um pequeno poço público é utilizado para fornecer água potável para uma pequena comunidade residencial situada em uma bacia hidrográfica de 26 km^2. No mês de junho, a precipitação medida foi de 12 cm, a evapotranspiração estimada foi de 7,5 cm e o escoamento das águas superficiais entrou em um pequeno curso d'água com uma vazão média de 0,32 m^3/s, saindo da bacia. Estime o escoamento médio (m^3/dia) do poço público sem esgotar o aquífero subjacente (não perde nem ganha água). Suponha que a água que infiltrar vai percolar para o aquífero.

7.7 Acesse a página na Internet do United Nations Environment Programme's Global Environment Outlook, http://geodata.grid.unep.ch/. Procure dois países situados em hemisférios diferentes. (a) Quais são suas quantidades atuais de retirada de água e de retirada de água doce? (b) Atualmente, esses países estão passando por escassez de água ou devem passar por essa escassez?

7.8 Acesse a página na Internet do U.S. Geological Survey (USGS), www.usgs.gov, e navegue até "Water Use in the United States". Procure as retiradas de água totais associadas aos seguintes usos em seu estado: termoelétricas, irrigação, abastecimento público, industrial, doméstico, criação animal, aquicultura e mineração. Coloque os oito usos em uma tabela, do maior para o menor quanto às retiradas de água. Determine o percentual de retiradas de água totais associado a cada um desses usos. Compare esses percentuais com os percentuais nacionais divulgados na Tabela 7.6. Discuta como o seu estado se compara com a média nacional.

7.9 Acesse a página na Internet do U.S. Geological Survey (USGS), www.usgs.gov, e navegue até "Water Use in the United States". Procure as retiradas totais de águas superficiais e subterrâneas associadas ao seu estado. Determine o percentual de retirada de águas superficiais e subterrâneas relativos às retiradas totais no seu estado. Compare essas porcentagens com a distribuição nacional do uso de águas superficiais e subterrâneas. Discuta como o seu estado se compara com a média nacional.

7.10 Entre em contato com a companhia local de abastecimento de água ou de coleta e águas residuais. Peça as taxas de utilização de água anuais (média, máxima diária, mínima diária etc.). Pergunte à companhia de água qual é a quantidade de água não contabilizada. Para uma empresa de coleta de águas residuais, pergunte quanto corresponde ao escoamento nos dias de chuva. Use os números para estimar um fator de demanda e a taxa de uso de água *per capita* (ou conexões medidas). Discuta como os seus valores locais se comparam com o intervalo de valores previsto, descrito neste capítulo.

7.11 (a) Estime o seu próprio uso de água durante um dia típico. Faça uma lista de suas atividades que usam água e estime o volume utilizado em cada atividade. (b) Compare o seu uso da água com o de uma pessoa média, tal como 101 gpdc. (c) Explique por que a sua taxa de uso pode ser maior ou menor do que a média. (d) Quanto do seu uso da água você acha que foi descarregado como águas residuais? (e) Você realizou qualquer atividade de uso da água que não criou águas residuais coletadas?

7.12 Estime a demanda hídrica diária e a geração de águas residuais de uma loja de departamento com seis andares. Em cada andar, existem dois conjuntos de lavatórios masculinos e femininos. Os masculinos têm dois vasos, dois urinóis e três pias; os femininos têm quatro vasos e três pias. Suponha que cada lavatório será utilizado por 35 pessoas por dia.

7.13 Estime a demanda hídrica diária e a geração de águas residuais de uma pequena área comercial que tem as seguintes edificações. Indique claramente todos os pressupostos e o uso estimado da água de cada edificação: (1) um hotel de 200 quartos com 35 funcionários e uma cozinha; (b) três restaurantes, um deles sendo orgânico com alimentos produzidos na região, outro sendo um *buffet* com tudo incluído (apenas jantar) e o terceiro uma delicatessen vegana aberta das 5:00 h às 15:00 h; (c) uma banca que vende revistas, refrescos e lanches com um lavatório utilizado somente pelos funcionários, e (d) um prédio de escritórios de três andares com porão empregando 140 pessoas e com dois conjuntos de lavatórios masculinos e femininos por andar.

7.14 Estime a demanda diária máxima mais o escoamento de incêndio para uma área residencial. A área residencial tem 400 acres divididos em lotes de 25 acres com quintais de 75 pés de largura. Suponha a densidade populacional média de 2,8 pessoas por residência e o fator de demanda diária máxima de 2,1.

7.15 Você está trabalhando em um projeto de construção de um novo conjunto de casas e apartamentos. Estime a demanda hídrica diária e anual de 30 apartamentos com uma média de 3 pessoas morando em cada unidade.

7.16 Uma estação e tratamento de águas residuais de 2,5 MGD está operando, atualmente, com 80% de capacidade durante a máxima diária anual, atendendo uma cidade de 38.5000 pessoas com 26,7 milhas de esgotos. Durante os próximos 10 anos, espera-se a construção de novas residências para 15.000 pessoas, junto com mais 6,5 milhas de esgotos. Presume-se que o esgoto vaze 8.500 gpd/milha. (a) Projete a demanda diária máxima da estação de tratamento de águas residuais após as novas construções. (b) A capacidade da estação de tratamento de águas residuais deveria ser aumentada?

7.17 Você foi contratado para atualizar a estação de tratamento de água da cidade de Nittany Lion. Usando os registros históricos fornecidos na Tabela 7.24, faça uma previsão da demanda de água até 2024. A população deve aumentar, aproximadamente, 1,8% por ano. (a) Crie um gráfico que tenha a demanda hídrica média histórica, a mínima diária e a máxima diária em gpd de cada ano. Extrapole as linhas de tendência para a demanda hídrica projetada até 2015.

(b) Use o seu gráfico para prever as demandas hídricas média, mínima diária e máxima diária nos anos 2014, 2019 e 2024. (c) Estime o uso de água *per capita* em 2009, 2014, 2019 e 2024, calculando o uso médio da água dividido pela população atendida. (d) Determine um fator de demanda para a demanda mínima diária e máxima diária usando os registros históricos.

Tabela / 7.24

Registros Históricos Utilizados para Resolver o Problema 7.17

Ano	Demanda hídrica (gpd)			População atendida
	Média	Mínima	Máxima	
2003	1.707.190	1.018.655	2.624.414	14.251
2004	1.713.230	1.086.201	2.817.674	14.352
2005	1.820.602	1.094.415	3.003.411	14.354
2006	1.901.145	1.248.011	2.945.221	14.598
2007	1.891.860	1.068.574	3.038.157	14.587
2008	1.948.648	1.124.125	3.076.542	14.684
2009	1.923.458	1.184.214	3.067.821	14.857

7.18 Você foi contratado para atualizar a estação de tratamento de água da cidade USF. Usando os registros históricos fornecidos na Tabela 7.25, faça uma previsão da demanda de água até 2024. Uma nova indústria deve necessitar de 65.000 gpd, começando em 2016. (a) Crie um gráfico que tenha a demanda histórica doméstica, comercial e industrial de cada ano. Extrapole as linhas de tendência para a demanda hídrica projetada para o futuro até 2024 para cada categoria. Leve em conta a demanda hídrica industrial adicional em 2016. (b) Estime o percentual de água produzida e não contabilizada com base nos registros históricos. (c) Use o gráfico e o percentual estimado de água não contabilizada para prever a demanda hídrica total dos ano3s 2014, 2019 e 2024.

7.19 A vazão medida e registrada, em 3 de junho, na estação de tratamento de águas residuais da cidade de Wilkes é exibida na Figura 7.38. (a) Estime a vazão média em 3 de junho.

7.20 Um tanque de armazenamento é projetado para fornecer água para proteção contra incêndio em uma pequena indústria. A NFF dessa indústria é 3.400 gpm. (a) Estime o volume de água que seria necessário para proteção contra incêndio. (b) Estime o tamanho nominal de uma tubulação única fornecen-

Tabela / 7.25

Registros Históricos Utilizados para Resolver o Problema 7.18

Ano	Vazão medida da estação de tratamento (gpd)	Vazão medida com base nas contas de água (gpd)		
		Doméstico	Comercial	Industrial
2003	1.687.517	824.247	423.229	92.676
2004	1.789.453	837.055	465.232	102.707
2005	1.745.658	828.103	476.429	76.916
2006	1.728.750	858.076	454.928	79.029
2007	1.779.854	861.003	461.669	87.422
2008	1.826.650	875.548	475.254	91.214
2009	1.872.456	899.545	479.451	90.248

do a água para proteção contra incêndio a partir do tanque de armazenamento se a velocidade de projeto da tubulação for 9,5 pés/s.

7.21 Estime o tamanho de um tanque de armazenamento para fornecer água para proteção contra incêndio para uma loja de departamentos de 65.000 ft^2 ($O = 1,0$). A edificação é construída com materiais resistentes ao fogo ($F = 0,8$), com uma exposição total e fatores de comunicação iguais a 0,45.

7.22 Uma estação de bombeamento com poço úmido deve ser dimensionada em um sistema de coleta de águas residuais para uma taxa de bombeamento de projeto de 1.2000 gpm. (a) Estime o volume ati-

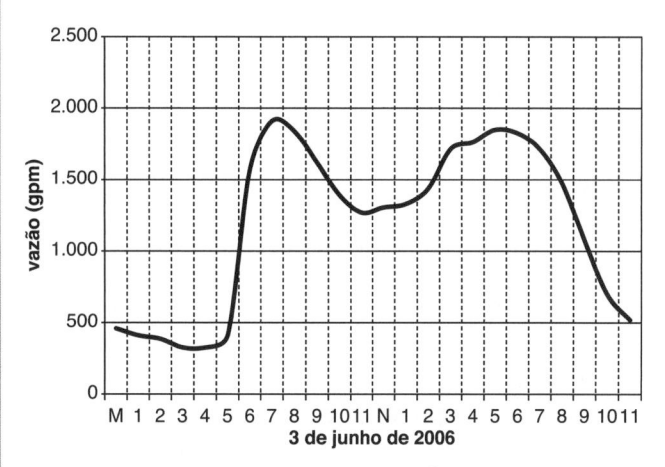

Figura / 7.38 Vazão Medida das Águas Residuais da Cidade de Wilkes (Utilizada no Problema 7.19).

vo mínimo do poço molhado com uma bomba que é acionada quatro vezes por hora. (b) Dimensione o conduto principal (tubulação de descarga da estação de bombeamento) com uma velocidade de projeto de 7,5 pés/s.

7.23 Identifique um problema de escassez de água regional e um global. Desenvolva uma solução sustentável de longo prazo que proteja as gerações futuras de seres humanos e do meio ambiente.

7.24 Acesse a página na Internet do U.S. Green Building Council (http://www.usgbc.org) e pesquise os créditos LEED associados a novas construções comerciais e grandes reformas (Version 2.2, do U.S. Green Building Council). Um projeto pode obter um máximo de 69 pontos. (a) Quantos pontos possíveis estão diretamente relacionados com a categoria de eficiência hídrica? (b) Quais são os créditos específicos fornecidos para a categoria de eficiência hídrica?

7.25 Acesse o seguinte *website* (http://unesdoc.unesco.org/images/001295/129556e.pdf) e procure pelo relatório *The 1st Um World Water Development Report: Water for People, Water for Life*. (a) Das 11 áreas de interesse, apresente as que estão relacionadas com "vida e bem-estar" e as que estão relacionadas com "gestão". (b) Acesse o *link "facts and figures on securing the food supply*." Desenvolva uma tabela com colunas de produto, equivalentes de unidade e água em m^3 por unidade para os seguintes produtos: bovinos, ovinos e caprinos, carne fresca, cordeiro fresco, aves frescas, cereais, frutas cítricas, óleo de palma e raízes e tubérculos. Use essa tabela para responder à seguinte pergunta: o fornecimento a quilo de carne e grãos/frutas usa mais água?

7.26 Acesse o seguinte *website* para aprender como você pode poupar água em casa (http://www.epa.gov/sites/production/files/2017-03/documents/ws-simple-steps-to-save-water.pdf). Nas três áreas a seguir (banheiro, cozinha/lavanderia, área externa) apresente no mínimo três itens que você pode fazer em casa para poupar água.

7.27 Se a constante de Henry (K_H) do oxigênio dissolvido for 0,00136 mols/L-atm a 20ºC e a concentração de dióxido de carbono na atmosfera for 390 ppm_v, qual é a concentração de oxigênio dissolvido na água equilibrada com a atmosfera em: (a) mols/L, (b) mg/L, (c) µg/L e (d) ppm_m? (e) Em que muda a sua resposta para a parte (b) se a constante de Henry for apresentada em unidades diferentes (K_H igual a 735,3 L-atm/mols).

7.28 Um curso d'água a 25ºC tem concentração de oxigênio dissolvido de 4 mg/L. Qual é o déficit de oxigênio dissolvido em: (a) mg/L, (b) ppm, (c) ppb e (d) mols/L?

7.29 A concentração de oxigênio de um curso d'água é 4 mg/L e a saturação do OD é 10 mg/L. Qual é o déficit de oxigênio?

7.30 A concentração medida do oxigênio dissolvido usando um medidor de OD em um rio é 6 mg/L. O déficit de oxigênio é 2 mg/L no mesmo local. Qual é a concentração na saturação de oxigênio dissolvido em: (a) mg/L, (b) ppm, (c) ppb e (d) mols/L?

7.31 O Dr. Mihelcic está percorrendo de canoa o Rio Hillsborough na Flórida, imediatamente a montante da Área de Preservação Trout Creek. Ele está coletando leituras de oxigênio dissolvido com seu medidor de OD. Ele identifica vários colhereiros rosados, cabeças secas e garças verdes se alimentando perto da beira d'água, anima-se e mergulha seu medidor de oxigênio na água. Supondo que ele esteja preocupado em recolher o medidor do fundo do rio por causa da presença de aligátores, qual é a concentração de oxigênio dissolvido nesse ponto se ele descobrir mais tarde que a temperatura da água é 20ºC e o déficit de oxigênio nesse ponto é 3 mg/L no momento que ele está remando.

7.32 Calcule o déficit de oxigênio dissolvido de um rio a 30ºC e uma concentração de oxigênio dissolvido medida em 3 mg/L. A constante da lei de Henry nessa temperatura é 1,125 × 10⁻³ mol/L-atm e a pressão parcial do oxigênio é 0,21 atm.

7.33 Uma estação de tratamento de águas residuais descarrega um efluente contendo 2 mg/L de oxigênio dissolvido em um rio que tem uma concentração de OD de 8 mg/L a montante da descarga. Calcule o déficit de oxigênio dissolvido na bacia de mistura se a saturação do oxigênio dissolvido do rio for 9 mg/L. Suponha que o rio e a descarga da estação tenham a mesma vazão.

7.34 Um transbordamento de esgoto combinado (CSO) descarrega um efluente contendo 0 mg/L de oxigênio dissolvido em um curso d'água que tem uma concentração de oxigênio dissolvido de 7 mg/L a montante da descarga. Calcule o déficit de oxigênio dissolvido na bacia de mistura se o oxigênio dissolvido na saturação do rio for 9 mg/L. Suponha que a vazão do CSO seja a metade da vazão do curso d'água.

7.35 Um rio se deslocando a uma velocidade de 10 km/dia tem um teor de oxigênio dissolvido de 5 mg/L e uma DBOC final de 25 mg/L na distância $x =$

0 km, ou seja, imediatamente a jusante de uma descarga de resíduos. O resíduo tem um coeficiente de decaimento de DBOC k_1 de 0,2/dia. O curso d'água tem um coeficiente de reaeração k_2 de 0,4/dia e uma concentração de oxigênio dissolvido na saturação de 9 mg/L. (a) Qual é o déficit de oxigênio dissolvido inicial? (b) Qual é a localização do ponto crítico, em tempo e distância? (c) Qual é o déficit de oxigênio dissolvido no ponto crítico? (d) Qual é a concentração de oxigênio dissolvido no ponto crítico?

7.36 A estação de tratamento de águas residuais de Pine City descarrega 1×10^5 m³/dia de resíduos tratados no Rio Pine. Imediatamente a montante da estação de tratamento, o Rio Pine tem uma DBOC final de 2 mg/L e uma vazão de 9×10^5 m³/dia. A uma distância de 20 km a jusante da estação de tratamento, o Rio Pine tem uma DBOC final de 10 mg/L. O Departamento de Qualidade Ambiental (DEQ) do estado estabeleceu um limite de descarga de DBOC final para a estação de tratamento equivalente a 2.000 kg/dia. O rio tem uma velocidade de 20 km/dia. O coeficiente de decaimento da DBOC é 0,1/dia. A estação está violando o limite de descarga do DEQ?

7.37 Uma indústria descarrega 0,5 m³/s de resíduos com uma DBOC de 5 dias de 500 mg/L em um rio com uma vazão de 2 m³/s e uma DBOC de 5 dias de 2 mg/L. Calcule a DBOC de 5 dias do rio após a mistura com os resíduos.

7.38 Um resíduo de alta resistência e DBOC final de 1.000 mg/L é descarregado em um rio a uma vazão de 2 m³/s. O rio tem uma DBOC final de 10 mg/L e uma vazão de 8 m³/s. Supondo um coeficiente de taxa de reação de 0,1/dia, calcule a DBOC final e de 5 dias do resíduo no ponto de descarga (0 km) e 20 km a jusante. O rio está escoando a uma velocidade de 10 km/dia.

7.39 Uma nova estação de tratamento de águas residuais propõe uma descarga de 5 m³/s de resíduos tratados a serem despejados em um rio. As normas estaduais proíbem descargas que elevariam a DBOC final do rio acima de 10 mg/L. O rio tem uma vazão de 5 m³/s e uma DBOC final de 2 mg/L. Calcule a DBOC máxima de 5 dias que pode ser descarregada sem violar as normas estaduais. Suponha um coeficiente de decaimento da DBOC de 0,1/dia para o rio e para a estação de tratamento proposta.

7.40 Um rio escoando a uma velocidade de 20 km/dia tem uma DBOC final de 20 mg/L. Se a matéria orgânica tiver um coeficiente de decaimento de 0,2/dia, qual é a DBOC final 40 km a jusante?

7.41 Um rio se deslocando a uma velocidade de 10 km/dia tem um déficit de oxigênio inicial de 4 mg/L e uma DBOC final de 10 mg/L. A DBOC tem um coeficiente de decaimento de 0,2/dia e o coeficiente de reaeração é 0,4/dia. Qual é a localização do ponto crítico: (a) em tempo; (b) em distância?

7.42 Um fábrica de papel descarrega seu resíduo ($k_L = 0,05$/dia) em um rio escoando com uma velocidade de 20 km/dia. Após se misturar com o resíduo, o rio tem uma DBOC final de 50 mg/L. Calcule a DBOC de 5 dias no local e a DBOC final nos 10 km restantes a jusante.

7.43 Para cada um dos casos a seguir, supondo que todas as outras coisas não mudaram, descreva os efeitos das seguintes variações paramétricas na magnitude do déficit de oxigênio máximo em um rio. Use os seguintes símbolos para indicar as suas respostas: aumento (+), diminuição (−) ou permanece igual (=).

Parâmetro	Magnitude do Déficit
Aumento do déficit inicial	————
Aumento da DBOC @ final em $x = 0$	————
Aumento da taxa de desoxigenação	————
Aumento na taxa de reaeração	————
Aumento na ThOD @ em $x = 0$	————

7.44 Os seres humanos produzem 0,8-1,6 L de urina por dia. A massa anual de fósforo *per capita* nessa urina varia de 0,2 a 0,4 kg P. (a) Qual é a concentração máxima de fósforo na urina humana em mg P/L? (b) Qual é a concentração em mols P/L? (c) A maior parte desse fósforo está presente como HPO_4^{2-}. Qual é a concentração de fósforo em mg HPO_4^{2-}/L?

7.45 Suponha que 66% de fósforo no excremento humano sejam encontrados na urina (os 34% restante são encontrados nas fezes). Suponha que os seres humanos produzam 1 L de urina por dia e que a massa anual de fósforo nessa urina seja 0,3 kg P. Se o uso interno de água for 80 galões *per capita* por dia em um único apartamento individual, qual é a concentração (em mg P/L) nas águas residuais que é descarregada pelo apartamento? Leve em conta o fósforo na urina e nas fezes.

7.46 Entre em contato com a estação de tratamento de águas residuais da sua localidade para descobrir a vazão média tratada diariamente, e a concentração média de fósforo no afluente não tratado e no efluente tratado. Use dados do censo para determinar a população atual da sua área e, supondo uma taxa de crescimento de 3%, a população em 2025 e 2050. (a) Se nada for feito sobre como a estação trata o fósforo e como cada ser humano descarrega o fósforo, qual é a carga atual e futura de P (kg P/dia) na água superficial local que leva os efluentes da estação? (b) Identifique uma solução técnica e duas soluções não técnicas para reduzir a carga futura de fósforo para a estação de tratamento de águas residuais. (c) Se 50% das águas residuais tratadas forem recuperadas e aplicadas à terra para fins residenciais e agrícolas, como muda a carga atual de fósforo para a água local? (Suponha que toda a água recuperada infiltre nas águas subterrâneas.)

7.47 Use a biblioteca ou a Internet para pesquisar uma zona morta situada nos Estados Unidos e uma situada no exterior, como o Mar Báltico, o norte do Mar Adriático, o Mar Amarelo ou o Golfo da Tailândia. Escreva um relatório de duas páginas discutindo questões ambientais, sociais e econômicas associadas às zonas mortas. Quais soluções de gestão você proporia para reverter as zonas mortas?

7.48 Acesse a página na Internet da Região 9 da EPA dedicada ao Lago Tahoe (http://www.epa.gov/region9/water/watershed/tahoe/). O Lago Tahoe (Califórnia e Nevada) pode ser diferenciado em zonas de águas profundas e costeiras. A EPA relata que "além de ser um tesouro cênico e ecológico, a Bacia do Lago Tahoe é um dos recursos recreativos excepcionais dos Estados Unidos. As comunidades e a economia na Bacia do Lago Tahoe dependem da proteção e restauração de sua estonteante beleza natural e das diversas oportunidades de recreação na região". (a) Faça uma lista dos estados atendidos pela Região 9 da EPA. (b) O Lago Tahoe está listado na Seção 303(d) da Lei da Água Limpa como prejudicado pela entrada de quais três poluentes? (c) Qual é o poluente que tem o maior impacto na qualidade das águas profundas do lago, conforme a medição pela transparência da água? (d) Quais são os dois outros poluentes que exercem um papel importante em relação à qualidade da água da zona próxima da margem?

7.49 A EPA relata que "além de ser um tesouro cênico e ecológico, a Bacia do Lago Tahoe é um dos recursos recreativos excepcionais dos Estados Unidos". Acesse o seguinte *website* para obter os dados de profundidade Secchi do Lago Tahoe (http://terc.ucdavis.edu/research/SecchiData.pdf). (a) Descreva como é feita uma medição de profundidade Secchi. (b) Pro-

duza um gráfico devidamente rotulado e legendado fornecendo a média de verão, a média de inverno e a média anual da profundidade Secchi do Lago Tahoe de 1968 a 2011. Use essa figura para responder se a qualidade da água no lago melhorou desde 1968.

7.50 Acesse o *website* da Força Tarefa de Nutrientes (Hipóxia) da Bacia Hidrográfica do Rio Mississippi/Golfo do México, (http://water.epa.gov/type/watersheds/named/msbasin/index.cfm). Nesse *website*, a EPA relata que a "hipóxia pode ser causada por uma série de fatores, incluindo o excesso de nutrientes, principalmente o nitrogênio e o fósforo, e a estratificação dos corpos d'água por causa do sal ou dos gradientes de temperatura". No *website* Hypoxia 101, as águas hipóxicas têm concentrações de OD abaixo de 2-3 mg/L (http://water.epa.gov/type/watersheds/msbasin/hypoxia101.cfm). (a) Liste as quatro fontes de nutrientes que impactam esse corpo d'água.

7.51 (a) Qual era o tamanho (em milhas quadradas) da zona hipóxica do Golfo do México, em 2012, relatado pelos cientistas do NOAA em 27 de julho de 2012? (b) Era maior ou menor do que em 2011? (c) O que causou a mudança na zona morta de 2011 para 2012?

7.52 Liste as três contribuições mais comuns para a perda de áreas de terras úmidas nos Estados Unidos.

7.53 Usando a Figura 7.29, estime a carga de nitrogênio (lb N/milhas quadradas) para uma bacia hidrográfica urbana se a bacia proteger (a) 5% de suas terras úmidas e (b) 15% de suas terras úmidas.

7.54 Dois poços de águas subterrâneas estão situados a 100 m um do outro em areia e cascalho permeáveis. O nível da água no poço 1 está 50 m abaixo da superfície e no poço 2 o nível da água está 75 m abaixo da superfície. A condutividade hidráulica é 1 m/dia e a porosidade é 0,60. Qual é (a) a velocidade de Darcy; (b) a velocidade verdadeira das águas subterrâneas escoando entre os poços; e (c) o período de tempo necessário para percorrer a distância entre os dois poços, em dias?

7.55 O gradiente hidráulico das águas subterrâneas em certo local é 2 m/100 m. Lá, as águas subterrâneas fluem através da areia com uma condutividade hidráulica de 40 m/dia e uma porosidade de 0,5. Um derramamento de óleo causou poluição das águas subterrâneas em uma pequena região embaixo de um sítio industrial. Quanto tempo vai levar para a água poluída desse local alcançar um poço de água potável situado em um nível 100 m abaixo? Suponha que não haja atraso do movimento dos poluentes.

7.56 Um tanque de armazenamento subterrâneo descarregou diesel nas águas subterrâneas. Um poço de água potável está situado em um nível 200 m inferior ao derramamento de combustível. Para garantir a segurança do abastecimento de água potável, um poço de monitoramento é perfurado a meio caminho entre o poço de água potável e o derramamento de combustível. A diferença na carga hidráulica entre o poço de água potável e o poço de monitoramento é de 40 cm (com a carga no poço de monitoramento maior). Se a porosidade for 39% e a condutividade hidráulica for 45 m/dia, quanto tempo após a água contaminada alcançar o poço de monitoramento ela alcançaria o poço de água potável? Suponha que os poluentes se movam na mesma velocidade das águas subterrâneas.

7.57 Derramamentos de substâncias químicas orgânicas que entram em contato com o solo, às vezes, chegam ao lençol freático, onde são levados para um nível inferior pelo escoamento das águas subterrâneas. A taxa em que eles são transportados com as águas subterrâneas é reduzida pela sorção dos sólidos no aquífero de águas subterrâneas. As águas subterrâneas contaminadas podem chegar aos poços, o que é perigoso se a água for utilizada para beber. (a) Para um solo com ρ_b de 2,3 g/cm^3 e uma porosidade de 0,3, e com 2% de carbono orgânico, determine os fatores de retardamento do tricloroetileno (log K_{ow} = 2,42), hexaclorobenzeno (log K_{ow} = 5,80) e diclorometano (logK_{ow} = 1,31). (b) Qual composto seria transportado com as águas subterrâneas para mais longe, o segundo mais longe e o mais perto se essas substâncias químicas entrassem no mesmo aquífero?

Referências

American Society of Civil Engineers (ASCE), 2007. *Gravity Sanitary Sewer Design and Construction*, ASCE MOP #60 and WEF MOP #FD-5. Reston: American Society of Civil Engineers; Alexandria: Water Environment Federation.

American Water Works Association (AWWA), 1998. *Distribution System Requirements for Fire Protection*. AWWA Manual M-31. Denver: AWWA.

American Water Works Association (AWWA), 2007. *Water Resources Planning*, 2nd ed. AWWA Manual M-50. Denver: AWWA.

Budyko, M. I., 1974. *Climate and Life*. New York: Academic Press.

Chen W. F., 1995. *The Civil Engineering Handbook*. Boca Raton: CRC Press, Inc.

Burton and Pitt, 2001. *Stormwater Effects Handbook: A Toolbox for Watershed Managers, Scientists, and Engineers*, CRC Press, Boca Raton.

Crittenden, J. C., R. R. Trussell, D. W. Hand, K. J. Howe, and G. Tchobanoglous, 2005. *Water Treatment: Principles and Design*, 2nd ed. Hoboken: John Wiley & Sons, Inc.

Crook, J., 2004. *Innovative Applications in Water Reuse: Ten Case Studies*. Alexandria: WaterReuse Foundation.

Dahl, T. E., 2011. *Status and Trends of Wetlands in the Conterminous United States 2004 to 2009*. Washington, D.C.: U.S. Department of the Interior; Fish and Wildlife Service, 108 pp.

EPA, 2000. National Water Quality Inventory, 1998 Report to Congress, Groundwater and Drinking Water Chapters, EPA 816-R-00-013.

EPA, 2001. Out Built and Natural Environments: A Technical Review of the Interactions Between Land Use, Transportation, and Environmental Quality, EPA 231-R-002.

EPA, 2012. Groundwater Remediation Technologies EPA Series: A Citizen's Guide to Cleanup Technologies.

Global Water Intelligence (GWI), 2005. Water Reuse Markets 2005–2015: A Global Assessment & Forecast. http://www.globalwaterintel.com, accessed November 18, 2008.

Hammer, M. J., and M. J. Hammer Jr., 1996., *Water and Wastewater Technology*, 3rd ed. Englewood Cliffs: Prentice Hall.

Hoekstra, A. Y., and A. K. Chapagain, 2007. Water footprints of nations: Water use by people as a function of their consumption pattern. *Water Resource Management*, 21: 35–48, DOI 10.1007/s11269-006-9039-x.

Hutson, S. S., N. L. Barber, J. F. Kenny, K. S. Linsey, D. S. Lumia, and M. A. Maupin. 2004. *Estimated Use of Water in the United States in 2000*. U.S. Geological Survey Circular 1268, U.S. Geological Survey, Denver.

Insurance Services Office (ISO), 1998. *Fire Suppression Rating Schedule*. New York: ISO. http://www.iso.com.

Intergovernmental Panel on Climate Change (IPCC), 2007. Summary for policymakers. In: *Climate Change 2007: Impacts, Adaptation and Vulnerability. Contribution of Working Group II to the Fourth Assessment Report of the Intergovernmental Panel on Climate Change*, M. L. Parry, O. F. Canziani, J. P. Palutikof, P. J.van der

Linden, and C. E. Hanson, Eds. Cambridge, UK: Cambridge University Press, 7–22.

Jones, G. M., and R. L. Sanks, 2008. *Pumping Station Design*, 3rd ed. Woburn: Butterworth Heinemann.

Larson, J. 2004. Dead Zones Increasing in the World's Coast Waters. Earth Policy Institute (June 16). http://www.earth-policy.org/plan_b_updates/2004/update41, accessed June 27, 2013.

Loehr, R. C., S. O. Ryding, and W. C. Sonzogni, 1989. Estimating the nutrient load to a waterbody. In: *The Control of Eutrophication of Lakes and Reservoirs*, Volume I, *Man and the Biosphere Series*, S. O. Ryding and W. Rast Eds.Parthenon Publishing Group, Nashville, 115–146.

Mayer, P. W., W. B. DeOreo, E. M. Opitz, J. C. Kiefer, W. Y. Davis, B. Mays, and L. W., 1999. *Water Distribution Systems Handbook*. New York: McGraw-Hill, Inc.

Mihelcic, J. R., 1999. *Fundamentals of Environmental Engineering*. New York: John Wiley & Sons, Inc.

Mihelcic, J. R., E. A. Myre, L. M. Fry, L. D. Phillips, and B. D. Barkdoll, 2009. *Field Guide in Environmental Engineering for Development Workers: Water, Sanitation, Indoor Air*. Reston: American Society of Civil Engineers (ASCE) Press.

Minnesota Pollution Control Agency (MPCA), 1997. Septic Systems and Ground Water Quality. http://www.pca.state.mn.us/sites/default/files/4-septicsystems.pdf, accessed January 15, 2013.

National Research Council (NRC), 2012., *Water Reuse: Potential for Expanding the Nation's Water Supply through Reuse of Municipal Wastewater Committee on the Assessment of Water Reuse as an Approach to Meeting Future Water Supply Needs*. Washington, D.C.: National Academy of Sciences.

Schweitzer, R. W., J. C. Cunningham, and J. R. Mihelcic, 2013. Hydraulic modeling of clay ceramic water filters for point-of-use water treatment, *Environmental Science & Technology*, 47(1): 429–435.

Selman, M., S. Greenhalgh, R. Diaz, and Z. Sugg, 2008. *Eutrophication and hypoxia in coastal areas: A global assessment of the state of knowledge*. WRI Policy Note. Washington, D.C.: World Resources Institute.

Tchobanoglous, G., and F. L.Burton, 1991. *Wastewater Engineering: Treatment, Disposal, and Reuse*, 3rd ed. New York: McGraw-Hill, Inc.

Tchobanoglous, G., F. L. Burton, and H. D. Stensel, 2003. *Wastewater Engineering, Treatment and Reuse*, 4th ed. New York: Wiley Interscience.

Todd, D. K., 1980. *Groundwater Hydrology*, 2nd ed. New York: John Wiley & Sons, Inc.

United Nations Educational, Scientific, and Cultural Organization (UNESCO) and World Water Assessment Programme (WWAP), 2003. *Water for People, Water for Life: The United Nations World Water Development Report*. New York: UNESCO/Berghahn Books.

United Nations Human Settlements Programme (UN-Habitat), 2003. *Water and Sanitation in the World's Cities: Local Action for Global Goals*. London: Earthscan.

U.S. Army Corps of Engineers (USACE), 2008a. FAQs: What You Sould Know About the Comprehensive Everglades Restoration Plan (CERP). Comprehensive Everglades Restoration Plan Web site, http://www.saj.usace.army.mil/Portals/44/docs/FactSheets/CERP_FS_August2015.pdf, accessed November 18, 2015.

U.S. Army Corps of Engineers (USACE), 2008b. Water Flow Maps of the Everglades: Past, Present & Future. Comprehensive Everglades Restoration Plan Web site, http://www.saj.usace.army.mil/Portals/44/docs/FactSheets/CERP_FS_August2015.pdf, accessed September 12, 2015.

U.S. Department of Agriculture (USDA). 2009 Summary Report: 2007 National Resources Inventory, Natural Resources Conservation Service, Washington, DC, and Center for Survey Statistics and Methodology, Iowa State University, Ames, Iowa. 123 pages. https://www.nrcs.usda.gov/Internet/FSE_DOCUMENTS/stelprdb1041379.pdf accessed June 27, 2013.

Vickers, A., 2001. *Handbook of Water Use and Conservation*. Denver: American Water Works Association.

Walski, T. M., D. V. Chase, D. A. Savic, W. Grayman, S. Beckith, and E. Koelle. 2003., *Advanced Water Distribution System Modeling*. Waterbury: Haestad Press.

Walski, T. M., T. E. Barnard, E. Harold, L. B. Merritt, N. Walker, and B. E. Whitman, 2004. *Wastewater Collection System Modeling and Design*. Waterbury: Haestad Press.

Water Environment Federation (WEF), 1998. *Design of Municipal Wastewater Treatment Plants*. MOP no. 8, vol. 1, 4th ed. Alexandria: Water Environment Federation.

Wisconsin Department of Transportation, Facilities Development, Manual. http://wisconsindot.gov/Pages/doing-bus/eng-consultants/cnslt-rsrces/rdwy/fdm.aspx, accessed December 15, 2012.

David W. Hand,
Quiong Zhang e
James R. Mihelcic

capítulo/Oito **Tratamento da Água**

Neste capítulo, os leitores vão aprender sobre os constituintes na água não tratada, sua concentração e os padrões de qualidade da água a eles associados. Conceitos de balanço de massa, estequiometria e cinética são empregados para desenvolver expressões que descrevam as unidades de tratamento físicoquímico utilizadas para remover os constituintes. Esses processos unitários incluem coagulação e floculação, decantação, filtração granular, desinfecção, remoção da dureza pelo amolecimento sódico-cálcico, bem como remoção de outras substâncias orgânicas e inorgânicas dissolvidas pelas técnicas de carvão ativado e membrana. Os leitores também vão aprender sobre os requisitos de energia para tratar a água e outras considerações na determinação dos requisitos energéticos ao longo do ciclo de vida do fornecimento de água.

Sumário do Capítulo

Objetivos da Aprendizagem

1. Identificar constituintes físicos, químicos e biológicos existentes na água não tratada, bem como os intervalos típicos de concentração dos principais constituintes.

2. Combinar os principais constituintes da água bruta com os processos unitários que removem uma quantidade significativa de cada constituinte.

3. Identificar a diferença entre objetivos de nível máximo de contaminantes (MCLGs, *maximum contaminant level goals*) e níveis máximos de contaminantes (MCLs, *maximum contaminant levels*), e relacionar esses valores com os dados de toxicidade e os objetivos de tratamento em uma estação de tratamento de água.

4. Desenvolver um padrão de água potável a partir dos dados de toxicidade.

5. Relacionar patógenos biológicos específicos com o impacto específico na saúde humana.

6. Desenvolver soluções viáveis que incluam a reutilização da água para abordar a magnitude do fornecimento global de água relacionado com a melhoria da saúde humana.

7. Usar uma abordagem de sistemas para discutir a relação entre a gestão das bacias hidrográficas e as questões de uso do solo associadas à qualidade da água, além do projeto e do desempenho das estações de tratamento de água.

8. Aplicar a lei de Stokes e o conceito de taxa de transbordamento no projeto de uma bacia de decantação.
9. Dimensionar e compreender a operação dos processos unitários de tratamento da água utilizados em coagulação e floculação, decantação, filtração granular, desinfecção, remoção da dureza pelo amolecimento sódico-cálcico e remoção das substâncias químicas, orgânicas e inorgânicas, dissolvidas por meio das técnicas de carvão ativado e membrana.
10. Escrever as equações químicas que descrevem a aplicação dos diferentes desinfetantes e perceber a diferença entre o cloro residual e as três espécies químicas que compõem o cloro combinado.
11. Demonstrar uma compreensão profunda acerca dos processos de desinfecção dos diferentes desinfetantes utilizados em uma configuração do mundo desenvolvido e do mundo subdesenvolvido.
12. Diferenciar os vários tipos de filtros de membrana, bem como o tamanho e o tipo de constituintes concebidos para remover.
13. Identificar a magnitude do uso da energia durante a operação da instalação para os diferentes processos unitários, mantendo-se a par, simultaneamente, das considerações energéticas associadas ao ciclo de vida de determinados processos unitários.

8.1 Introdução

A água doce é um recurso finito, e os suprimentos de fácil acesso estão ficando menos abundantes. Com a escassez de água sendo uma realidade em muitas partes do mundo, os aumentos na população e na renda, junto com impactos da mudança climática, devem exacerbar ainda mais esse problema. A realização de soluções sustentáveis é agravada pelas demandas energéticas para obter, armazenar e produzir um suprimento de água seguro. Aproximadamente, 1,4 kWh de energia são necessários para coletar e tratar um volume similar de águas subterrâneas (Burton, 1996; Elliot *et al.*, 2003). No tratamento da água, a maior parte desse requisito vem do bombeamento de água bruta ou tratada, ou de algum fluxo de resíduos concentrado. Naturalmente, há energia associada à manufatura, bem como à entrega de materiais e substâncias químicas utilizadas durante o bombeamento e o tratamento. Portanto, as distâncias até a fonte de água e a sua qualidade têm uma grande implicação energética pela perspectiva do ciclo de vida (Mo *et al.*, 2011).

À medida que a sociedade desenvolve fontes de água menos desejáveis para satisfazer a demanda crescente, a quantidade de energia incorporada em nosso abastecimento hídrico deve aumentar. Consequentemente, existe uma necessidade de desenvolver uma abordagem de sistemas integrada às estratégias de gestão de recursos hídricos (por exemplo, gestão sustentável das bacias hidrográficas, conservação da água e práticas de reutilização da água) para satisfazer a demanda global de água potável segura. Em termos de reutilização, cerca de 12 bilhões de galões de efluentes municipais são descarregados diariamente em um oceano ou estuário (dos 32 bilhões de galões descarregados diariamente nos Estados Unidos). Grande parte dessa descarga ainda contém nutrientes que prejudicam os ecossistemas costeiros. Se a sociedade reutilizasse apenas essas descargas costeiras, poderíamos aumentar 6% do uso de água total estimado nos Estados Unidos – o que equivale a 27% do abastecimento de água público (NRC, 2012).

Aplicação / 8.1 — Definições Globais de Abastecimentos de Água Aprimorados

Tabela / 8.1

Definições Globais dos Abastecimentos de Água Aprimorados e Não Aprimorados

Abastecimentos de água aprimorados	Abastecimentos de água não aprimorados
Conexões domésticas	Poço desprotegido
Fontanários públicos	Fonte desprotegida
Poços	Água de fornecedor
Poços protegidos	Água engarrafada
Fontes protegidas Coleta de águas pluviais	Água de carro-pipa

Para as pessoas que trabalham em projetos de engenharia no mundo em desenvolvimento, um abastecimento de água pode ser aperfeiçoado com muitos tipos de projetos e tecnologia adequada, desde a proteção de uma fonte hídrica até a construção de um sistema de distribuição. A Tabela 8.1 descreve como a Organização Mundial da Saúde (OMS) define os *abastecimentos de água aprimorados e não aprimorados*. A água engarrafada é considerada não aperfeiçoada em razão dos possíveis problemas de quantidade suficiente (não de qualidade).

A finalidade do **tratamento da água** é fornecer água potável palatável. Água potável é a água saudável para o consumo humano, isenta de microrganismos nocivos e de compostos – orgânicos e inorgânicos – que causam efeitos fisiológicos adversos ou não têm um gosto bom. **Palatável** descreve a água *esteticamente* aceitável para beber e sem turbidez, cor, odor e gosto questionável. A água palatável pode não ser segura.

Nos países desenvolvidos, a água é tratada para ser potável e palatável. No entanto, algumas pessoas não gostam da palatabilidade das águas municipais, e isso deu origem ao maior uso de sistemas de tratamento domésticos e água engarrafada. A água engarrafada adiciona mais uma camada de energia incorporada à água, uma vez que o petróleo é utilizado para produzir o vasilhame de água e há custos de reciclagem ou descarte dos vasilhames em seu estágio de final de vida.

8.2 Características da Água Não Tratada

A maioria dos consumidores espera que a água potável seja clara, incolor, inodora e isenta de substâncias químicas nocivas e de microrganismos patogênicos. Normalmente, as águas naturais contêm algum grau de constituintes dissolvidos, particulados e microbiológicos, que são obtidos do ambiente circundante. A Tabela 8.2 resume muitos dos constituintes químicos e biológicos encontrados na água. O Capítulo 7 discutiu como a precipitação e o uso do solo impactam a quantidade e a qualidade do escoamento que entra em uma bacia hidrográfica. A Figura 8.1 mostra, especificamente, como vários constituintes importantes para a qualidade da água – especificamente, carbono orgânico total (TOC) e cor – mudam ao longo da estação em virtude das mudanças sazonais na precipitação.

Tabela / 8.2

Concentração dos Principais Constituintes Encontrados na Água

Classificação geral	Constituintes específicos	Intervalo de concentração típico
Principais constituintes inorgânicos	Cálcio (Ca^{2+}), cloreto (Cl^-), fluoreto (F^-), ferro (Fe^{2+}), manganês (Mn^{2+}), nitrato (NO_3^-), sódio (Na^+), enxofre (SO_4^{2-}, HS^-)	1-1.000 mg/L
Constituintes inorgânicos menores	Cádmio, cromo, cobre, chumbo, mercúrio, níquel, zinco, arsênico	0,1-10 µg/L
Compostos orgânicos de ocorrência natural	Matéria orgânica de ocorrência natural (NOM, *naturally occurring orgânica matter*) medida como carbono orgânico total (TOC, *total organic carbon*)	0,1-20 mg/L
Constituintes orgânicos antropogênicos	Substâncias químicas orgânicas sintéticas (SOCs, *synthetic organic chemicals*) e substâncias químicas emergentes utilizadas na indústria, nos domicílios e na agricultura (por exemplo, benzeno, metil terc-butil éter, tetracloroetileno, tricloroetileno, cloreto de vinila, alaclor)	Abaixo de 1 µg/L e até dezenas de mg/L
Organismos vivos	Bactérias, algas, vírus	Milhões

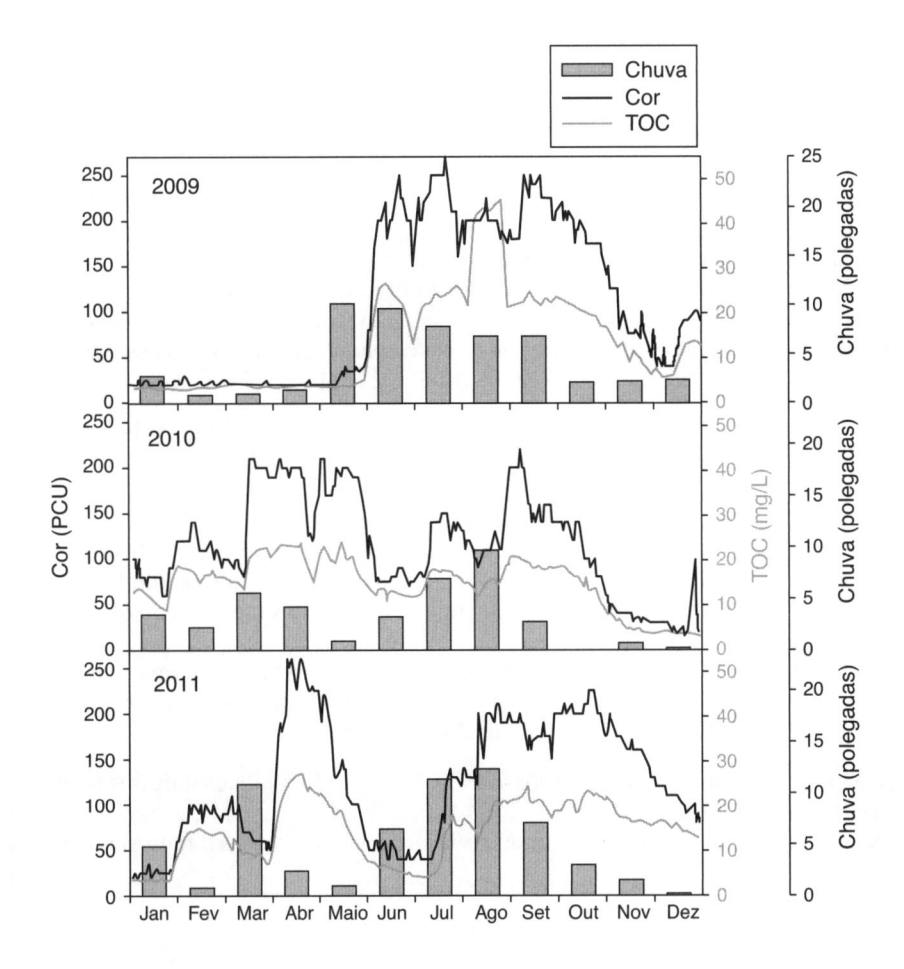

Os processos naturais de desagregação geológica podem transmitir íons inorgânicos dissolvidos para a água, e esses íons podem causar problemas relacionados com cor, dureza, paladar, odor e saúde. A matéria orgânica dissolvida na água, que é derivada da vegetação em decomposição, pode transmitir uma cor amarelada ou acastanhada à água. O ambiente terrestre circundante pode fazer com que partículas de argila pequenas ou coloidais fiquem suspensas na água, proporcionando uma aparência turva à água. Os microrganismos de ocorrência natural – como as bactérias, os vírus e os protozoários – podem chegar às águas naturais e provocar problemas de saúde. As substâncias químicas orgânicas sintéticas (SOCs) podem ser liberadas no ambiente e causar problemas de saúde crônicos ou agudos aos seres humanos e à vida aquática. Consequentemente, é preciso considerar as características físicas, químicas e microbiológicas da água durante o projeto e a operação de um sistema de abastecimento e tratamento.

8.2.1 CARACTERÍSTICAS FÍSICAS

Várias características físicas agregadas da água natural (também chamada água bruta ou *não tratada*) são utilizadas para quantificar a aparência ou estética da água. Tais parâmetros, descritos na Tabela 8.3, são a turbidez, a quantidade e o tipo de partículas, a cor, o gosto e o odor, além da temperatura.

As medições da **turbidez** das águas naturais variam de acordo com a fonte de água. As medições de baixa turbidez (menos de 1 NTU) são típi-

Teste Seu Conhecimento Hídrico sobre os Comportamentos de Uso da Água e as Oportunidades para Poupar Água

https://www.epa.gov/watersense/ test-your-watersense.html/

Água Potável na Organização Mundial da Saúde

http://www.who.int/topics/ drinking_water/en/

Características Físicas da Água Natural

Turbidez	A turbidez mede a claridade ótica da água, sendo provocada por dispersão e absorbância da luz pelas partículas suspensas na água. Um turbidímetro é utilizado para medir a interferência da passagem da luz pela água. A turbidez é apresentada em termos de **unidades de turbidez nefelométricas (NTU)**. A Organização Mundial da Saúde relata que uma turbidez <5 NTU, normalmente, é aceitável, mas pode variar de acordo com a disponibilidade e os recursos para tratamento. Nos Estados Unidos, muitas estações de tratamento de água visam a tratar a água para <0,1 NTU.
Partículas	Partículas nas águas naturais são sólidos maiores do que moléculas, mas indistinguíveis a olho nu de modo geral. Elas podem absorver metais tóxicos ou substâncias químicas orgânicas sintéticas. O tratamento da água considera partículas na faixa de tamanho de 0,001-100 μm. As partículas maiores do que 1 μm são denominadas **sólidos suspensos**, enquanto as partículas entre 0,001 e 1 μm, aproximadamente, podem ser consideradas **partículas coloidais** (embora alguns pesquisadores cheguem a um mínimo de 0,0001 μm). Constituintes menores do que 0,001 μm são chamados **partículas dissolvidas**. A **matéria orgânica natural (NOM)** consiste nas partículas coloidais e no **carbono orgânico dissolvido (DOC, *dissolved organic carbon*)**. DOC é a porção da NOM que pode ser filtrada com um filtro de 0,45 μm. Não é classificado em termos de tamanho.
Cor	A cor é transmitida à água pela matéria orgânica dissolvida, pelos íons metálicos naturais (como o ferro e o manganês) e pela turbidez. A maioria das pessoas consegue detectar cor em mais de 15 unidades de cor verdadeiras na água em um copo.
Gosto e odor	O gosto e o odor podem se originar dos constituintes orgânicos e inorgânicos naturais dissolvidos, bem como das fontes biológicas presentes na água bruta. Eles também podem ser o resultado do processo de tratamento da água.
Temperatura	As temperaturas da água de superfície podem variar de 0,5°C a 3°C, no inverno, e 23°C a 27°C, no verão. Já a temperatura das águas subterrâneas pode variar de 2,0°C a 25°C, dependendo da localização e da profundidade do poço.

cas da maioria das fontes de águas subterrâneas, enquanto a turbidez das águas superficiais varia dependendo da fonte. Em lagos e reservatórios, a turbidez geralmente é estável e varia de 1 a 20 NTU, mas algumas águas podem variar sazonalmente por causa de renovação, tempestades e atividade das algas. A turbidez nos rios é altamente dependente dos eventos de precipitação e pode variar de menos de 10 NTU a mais de 4.000 NTU. Como a mudança climática deve mudar os eventos meteorológicos em algumas partes do mundo (incluindo os Estados Unidos), o escoamento e a erosão resultantes podem produzir menos ou mais turbidez sazonal e alguns suprimentos de água bruta. Também discutimos no capítulo anterior como o uso do solo impacta a qualidade do escoamento superficial.

As medições de turbidez são utilizadas principalmente no controle de processos, cumprimento dos regulamentos e comparação das diferentes fontes de água. Também são utilizados como um indicador de concentrações maiores de constituintes microbianos da água, como as bactérias, ovócitos de *Cryptosporidium* e cistos de *Giardia*.

As **partículas** encontradas nas águas naturais podem ser medidas em termos de sua quantidade e tamanho. Contadores de partículas conseguem medir o número de partículas suspensas nas faixas de tamanho de

1,0 a 6,0 μm. A remoção das partículas é importante porque foi sugerida como um indicador da remoção dos cistos de *Giardia* e *Cryptosporidium* da água (LeChevallier e Norton, 1995). Consequentemente, muitas estações de tratamento empregam contadores de partícula *online* para avaliar o desempenho dos processos e ajudar nas decisões de controle de processos.

As partículas suspensas – como as algas, resíduos orgânicos, cistos de protozoário e lodo – podem ser removidas por decantação convencional e métodos de filtração profunda. Os processos de coagulação e floculação conseguem remover partículas coloidais. No entanto, muitos constituintes dissolvidos vão permanecer em solução, como a matéria orgânica natural de baixo peso molecular (NOM) (por exemplo, ácidos húmicos e fúlvicos) e compostos orgânicos sintéticos. Outros métodos de tratamento, como a adsorção de carvão ativado e a osmose reversa, podem ser utilizados para remover esses constituintes.

A **cor** é categorizada como aparente ou verdadeira. A *cor aparente* é medida em amostras não filtradas, de modo que inclui a cor transmitida pela turbidez. A *cor verdadeira* é medida em uma amostra de água passada por um filtro de 40 μm, então é uma medida da cor transmitida pelos constituintes dissolvidos. Embora a cor não seja uma preocupação de saúde regulada, ela pode ser um problema estético para alguns indivíduos e algumas comunidades, por isso, normalmente, é fornecido tratamento.

Os limiares de concentração do **gosto e odor** foram estabelecidos como diretrizes para determinar quando os constituintes podem ser detectados. Os compostos naturais causadores de odor mais prevalentes nas águas superficiais vêm da decomposição das algas (por exemplo, geosmina e metilisoborneol, que transmitem um odor bolorento em concentrações tão baixas quanto 0,000005 mg/L). A água tratada com excesso de cloro terá um odor de cloro, que pode ser detectado até mesmo em 0,010 mg/L. As águas subterrâneas que têm um baixo potencial redox podem conter um gás dissolvido, como o sulfeto de hidrogênio, que cheira a ovos podres. As águas com compostos inorgânicos dissolvidos – como o ferro, o manganês e o cobre – podem ter um gosto metálico. O gosto do ferro reduzido (Fe^{2+}) pode ser detectado a 0,04-0,01 mg/L, e o gosto do manganês reduzido (Mn^{2+}) pode ser detectado a 0,4-30 mg/L. Alguns compostos orgânicos naturais ou sintéticos vão transmitir um gosto questionável à água. Entre os exemplos temos o fenol, que pode ser detectado a uma concentração de 1 mg/L.

A **temperatura** da água é muito importante porque ela afeta muitos parâmetros físicos e químicos da água, como a densidade, viscosidade, pressão de vapor, tensão superficial, solubilidade e taxas de reação, que são utilizadas no projeto e na operação de uma estação de tratamento e um sistema de transporte associado.

8.2.2 CONSTITUINTES INORGÂNICOS MAIORES E MENORES

A Tabela 8.4 resume os principais constituintes inorgânicos dissolvidos encontrados na água. O cálcio é um dos cátions mais abundantes encontrados na água e é o principal constituinte da **dureza** da água (junto com o magnésio). As concentrações de cálcio maiores do que, aproximadamente, 60 mg/L são consideradas um incômodo por algumas pessoas. As concentrações de cloreto (Cl^-) nas águas terrestres variam de 1 a 250 mg/L, dependendo da localização, e as águas superficiais típicas têm menos de 10 mg/L de Cl^- normalmente. No entanto, as águas afetadas pela intrusão de água salgada e águas subterrâneas com salmoura aprisionada podem

Tabela / 8.4

Principais Constituintes Dissolvidos Encontrados na Água

Constituinte	Fonte	Problema no abastecimento de água	Intervalo nas águas naturais
Cálcio e magnésio	Águas superficiais e águas subterrâneas	Acima de 60 mg/L podem ser considerados incômodos, como a dureza.	Para o cálcio, menos de 1 mg/L a mais de 500 mg/L. As concentrações de magnésio nas águas superficiais são menores do que 10 mg/L até 20 mg/L. As concentrações de águas subterrâneas são menores do que 30 mg/L até 40 mg/L.
Cloreto	Águas superficiais e águas subterrâneas; intrusão de água salgada	Acima de 250 mg/L podem transmitir gosto salgado. Abaixo de 50 mg/L podem ser corrosivos para alguns metais.	A água superficial típica, geralmente, tem menos de 10 mg/L.
Fluoreto	Águas superficiais e águas subterrâneas. Algumas estações hídricas adicionam fluoreto na forma de fluoreto de sódio ou ácido hidrofluorossilícico em doses de, aproximadamente, 1,0 mg/L.	Tóxico para os seres humanos em concentrações de 250-450 mg/L; fatal nas concentrações acima de 4,0 g/L.	Para a água superficial com concentrações de sólidos dissolvidos totais (TDS) menores do que 1.000 mg/L, normalmente, o fluoreto é abaixo de 1,0 mg/L.
Ferro e manganês	Águas superficiais e águas subterrâneas	O limiar de paladar do ferro, para muitos consumidores, é em torno de 0,01 mg/L. O ferro pode transmitir uma cor acastanhada à máquina de lavar e às louças dos banheiros. O íon manganês pode transmitir uma cor marrom escura. Nas concentrações em torno de 0,4 mg/L, o manganês pode transmitir um gosto desagradável para a água, e manchar a máquina de lavar e as louças dos banheiros.	Nas águas superficiais oxigenadas, de modo geral, a concentração de ferro total é menor do que 0,5 mg/L. Nas águas subterrâneas com menos bicarbonato e oxigênio dissolvido, as concentrações de ferro podem variar de 1,0 a 10,0 mg/L. Nas águas superficiais e nas águas subterrâneas, a concentração de íon manganês pode ser menor do que 1,0 mg/L.
Nitrato	Águas superficiais e águas subterrâneas podem conter altas concentrações de nitrato do escoamento de fertilizantes encontrados nas bacias hidrográficas urbanas e agrícolas.	Concentrações de nitrato muito altas podem produzir metemoglobinemia infantil.	
Enxofre	Águas superficiais e águas subterrâneas	As águas subterrâneas com baixo teor de oxigênio dissolvido podem conter menos compostos sulfurosos, transmitindo um odor questionável, como o de ovos podres. Os sulfatos também são corrosivos nas estruturas e tubulações de concreto.	As concentrações de sulfato na água doce podem se aproximar de 10 mg/L.

ter concentrações de cloreto similares às do oceano. O fluoreto existe nas águas naturais, principalmente como o ânion F$^-$, mas também pode estar associado ao ferro férrico, alumínio e berílio. Algumas estações hídricas adicionam fluoreto na forma de fluoreto de sódio ou ácido hidrofluorossilícico em concentrações de, aproximadamente, 1,0 mg/L.

O ferro é abundante nas formações geológicas e é encontrado na água com frequência. Se não for removido, ele pode transmitir uma cor acastanhada à máquina de lavar e à louça dos banheiros. Nas concentrações em torno de 0,2–0,4 mg/L, o manganês pode transmitir um gosto desagradável para a água e tingir a máquina de lavar e as louças dos banheiros.

As águas superficiais podem conter altas concentrações de nitrato (e outras formas de nitrogênio) provenientes do escoamento superficial urbano e agrícola. As águas subterrâneas também contêm altas concentrações de nitrato, especialmente nas áreas agrícolas, onde os fertilizantes à base de amônia são convertidos bioquimicamente para nitrato no solo ou nas áreas impactadas por tratamento local, como as fossas sépticas defeituosas. O nitrato é regulado já que as altas concentrações podem produzir metemoglobinemia infantil.

O enxofre pode ocorrer como sulfatos ($CaSO_4$, Na_2SO_4, $MgSO_4$) e sulfetos reduzidos (H_2S, HS^-). Os sulfetos podem ser encontrados na água, onde há decomposição orgânica significativa que resulta em condições anóxicas. As águas subterrâneas com baixo teor de oxigênio dissolvido podem conter menos enxofre que transmite odores questionáveis. Os sulfatos também são corrosivos às estruturas e tubulações de concreto.

Vários constituintes inorgânicos menores, às vezes, são uma preocupação significativa para a saúde ou para a menor qualidade da água. Os exemplos incluem cobre, cromo, níquel, mercúrio, estrôncio e zinco. Alguns desses constituintes resultam do ambiente natural circundante, enquanto outros estão presentes pelas atividades humanas. Por exemplo, alguns sítios industriais que usam arsênico como conservante de madeira têm abastecimentos de água contaminados, enquanto o arsênico de ocorrência natural é disseminado pelo mundo todo. No último caso, o arsênico é encontrado, principalmente, como sólido na forma mineral. No entanto, ele pode ser encontrado dissolvido nas águas subterrâneas na forma de arsenito (H_3AsO_3) e arseniato ($H_2AsO_4^-$, $HAsO_4^{2-}$). Por outro lado, a contaminação com chumbo costuma estar associada às atividades humanas que incluem a lixiviação dos sistemas de distribuição antigos.

8.2.3 PRINCIPAIS CONSTITUINTES ORGÂNICOS

Os constituintes orgânicos encontrados na água podem ser de ocorrência natural ou podem estar associados às atividades humanas. A matéria orgânica natural (NOM, *natural organic matter*) na água é o resultado da complexação do material orgânico solúvel derivado da degradação bioquímica da vegetação no ambiente circundante. A NOM ocorre em todas as águas e é medida como carbono orgânico total (TOC, *total organic carbon*). As concentrações de TOC típicas nas águas naturais variam de menos de 0,1 a 2,0 mg/L, nas águas subterrâneas, 1,0 a 2,0 mg/L, nas águas superficiais, e 0,5 a 5,0 mg/L na água do mar. A Tabela 8.6 resume o impacto que a NOM pode ter nos processos de tratamento da água potável.

Os constituintes orgânicos antropogênicos encontrados na água estão associados à atividade industrial, ao uso do solo pela agricultura, ao escoamento superficial urbano e aos efluentes municipais das estações de tratamento de águas residuais. A maioria desses contaminantes orgânicos

Chumbo na Água Potável
http://www.epa.gov/safewater/lead

Crise Mundial do Arsênico
http://www.who.int/topics/arsenic/en/

Como mostra a Tabela 8.5, o arsênico de ocorrência natural é disseminado nos abastecimentos de água do mundo inteiro. Infelizmente, quando os humanos são expostos por longos períodos a baixas concentrações de arsênico da água de consumo contaminada, várias formas de câncer podem ser desenvolvidas. A Organização Mundial da Saúde estabeleceu uma diretriz de água potável para o arsênico de 10 μg/L (10 ppb).

Tabela / 8.5

Localizações Globais em que o Arsênico de Ocorrência Natural foi Detectado nos Suprimentos de Água Potável

Região	Países específicos
Ásia	Bangladesh, Camboja, China, Índia, Irã, Japão, Mianmar, Nepal, Paquistão, Tailândia, Vietnã
Américas	Argentina, Chile, Dominica, El Salvador, Honduras, México, Nicarágua, Peru, Estados Unidos
Europa	Áustria, Croácia, Finlândia, França, Alemanha, Grécia, Hungria, Itália, Romênia, Rússia, Sérvia, Reino Unido
África	Gana, África do Sul, Zimbábue
Pacífico	Austrália, Nova Zelândia

FONTE: Petrusevski *et al.*, 2007.

A magnitude do problema é mais grave em Bangladesh e Bengala Ocidental (Índia). Nos anos 1970 e 1980, 4 milhões de poços de bombeamento manual foram instalados em Bangladesh e na Índia para fornecer um abastecimento de água potável sem patógenos às pessoas. As doenças causadas por arsênico começaram a aparecer nos anos 1980, logo após o programa de instalação de poços. No início dos anos 1990, foi determinado que a intoxicação com arsênico se originava nesses poços. O arsênico ocorre naturalmente.

Hoje, estima-se que todos os dias, em Bangladesh, até 57 milhões de pessoas sejam expostas a concentrações de arsênico acima de 10 μg/L. Em Bengala Ocidental, estima-se que 6 milhões de pessoas sejam expostas a concentrações de arsênico entre 50 e 3.200 μg/L. A magnitude do problema mostra por que algumas pessoas chamaram essa situação de maior intoxicação de seres humanos em massa que jamais ocorreu.

Os sistemas mais utilizados na remoção do arsênico, tanto nos países desenvolvidos como nos países em desenvolvimento, baseiam-se nos processos de coagulação-separação e adsorção. A filtração por membrana (como a osmose reversa e a não filtração) também é eficaz na remoção do arsênico da água; no entanto, não é exequível em grande parte do mundo pelos altos custos envolvidos. Consequentemente, têm sido desenvolvidas tecnologias adequadas para tratar essa água. A Figura 8.2 mostra uma dessas tecnologias.

Essa unidade está instalada diretamente nos poços manuais que foram instalados nos anos 1970 e 1980. Não requer eletricidade ou adição de substâncias químicas. A unidade é embalada com alumina ativada granular, que remove o arsênico da água. A unidade pode ser regenerada com carbonato de sódio a cada 4 meses, aproximadamente. A comunidade é instruída a descartar o lodo carregado de arsênico em um poço revestido acom lvenaria. Após 10 anos de operação normal, estima-se que o volume de lodo gerado ocupe 56 pés³.

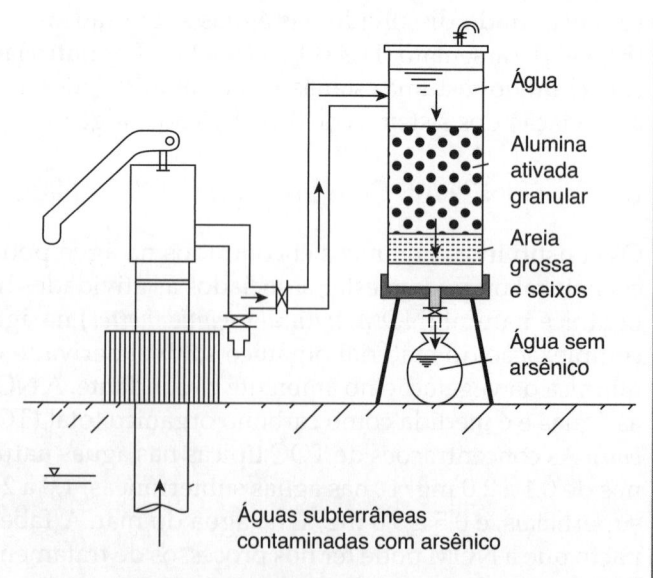

Figura / 8.2   Unidade de Remoção de Arsênico da Cabeça do Poço, Desenvolvida pelo Dr. Arup Sangupta e Outros na Universidade Lehigh.

Efeito da Matéria Orgânica Natural (NOM) nos Processos de Tratamento da Água

Processo de tratamento da água	Efeito
Desinfecção	A NOM reage com os desinfetantes, consumindo-os, aumentando a dose necessária para alcançar a desinfecção eficaz.
Coagulação	A NOM reage com os coagulantes, consumindo-os, aumentando a dose necessária para alcançar a remoção eficaz da turbidez.
Adsorção	A NON adsorve o carvão ativado, esgotando a capacidade de adsorção do carbono.
Membranas	A NON adsorve as membranas, entupindo os poros dessas membranas e sujando as superfícies. Isso leva à diminuição da quantidade de água que passa pela membrana.
Sistema de distribuição	A NOM pode levar à corrosão e ao crescimento de limo nos sistemas de distribuição (especialmente, quando os oxidantes são utilizados durante o tratamento).

FONTE: Adaptado de Crittenden *et al.*, 2012.

é classificada como **substâncias químicas orgânicas sintéticas (SOCs, *synthetic organic chemicals*)**. As SOCs representativas são encontradas em combustíveis, solventes de limpeza, matérias-primas químicas, herbicidas e pesticidas. Atualmente, as **substâncias químicas emergentes de interesse** são encontradas na água e nos efluentes em consequência do uso de produtos de cuidados pessoais e farmacêuticos.

8.2.4 CONSTITUINTES MICROBIANOS

A água potável deve ser isenta de microrganismos. Apenas como um exemplo da magnitude global do problema, a OMS relata que a diarreia contribuiu com 4,7% da carga global de doença em 2011. Desses 4,7%, aproximadamente 88% foram causados por água, saneamento e higiene deficientes.

Patógenos são microrganismos que causam enjoo e doenças. Entre os patógenos, temos muitas classes de microrganismos, como vírus, bactérias, protozoários e helmintos.

Os detalhes sobre os organismos patogênicos representativos encontrados na água não tratada e os efeitos de saúde associados são fornecidos na Tabela 8.7. Repare no pequeno tamanho dos patógenos, o que pode evitar a sua remoção pelos processos convencionais de decantação por gravidade. Como existem muitos patógenos diferentes na água, monitorá-los e detectá-los exigiria uma quantidade proibitiva de recursos. Consequentemente, **organismos indicadores** (como os **coliformes**) foram identificados e são utilizados para monitorar a qualidade microbiana da água.

No momento, a EPA exige que as empresas fornecedoras de água monitorem seus sistemas de distribuição mensalmente quanto aos **coliformes totais**. Os coliformes totais ditam o nível máximo de contaminante com base na frequência de detecção (não mais do que 5% em sistemas que coletem, pelo menos, 40 amostras por mês) ou na combinação de uma amostra

Produtos Farmacêuticos e de Cuidados Pessoais
http://epa.gov/ppcp/faq.html

Como Está Sua Água Potável Local?
http://water.epa.gov/drink/local/index.cfm

Organismos Patogênicos Representativos nos Estoques de Água Bruta

Patógeno(s)	Tipo	Efeitos na saúde das pessoas saudáveis	*Habitat* normal
Vibrio cholera Forma: vermicular Tamanho: 0,5 por 1,2 µm	Bactéria	*Vibrio cholerae* clássico – diarreia explosiva e vômito sem febre, seguida por desidratação; pressão arterial e temperatura anormalmente baixas; câimbras musculares; choque; coma seguido de morte	Estômago e intestino humanos
Salmonella (várias espécies) Forma: bastonete Tamanho: 0,6 µm	Bactéria	Espécie de *S. typhi* causa febre entérica, cefaleias, mal-estar e dor abdominal	Intestinos dos animais de sangue quente
Shigella dysenteriae Forma: redonda Tamanho: 0,4 µm	Bactéria	Disenteria bacilar: dor abdominal, câimbras, diarreia, febre, vômito, sangue e muco nas fezes	Estômago e intestino humanos
Escherichia coli Forma: bastonete Tamanho: 0,3 a 0,5 por 1 a 2 µm	Bactéria	Diarreia	Intestinos dos animais de sangue quente
Poliovírus dos tipos 1, 2 3 Forma: redonda Tamanho: 28 a 30 nm	Vírus	Febre, cefaleia grave, rigidez nucal e cervical, dor muscular profunda e sensibilidade cutânea	Trato intestinal humano
Adenovírus humano tipo 2 Forma: 12 vértices Tamanho: 70 a 90 nm	Vírus	Infecções graves nos pulmões, olhos, trato urinário, genitais; algumas cepas afetam os intestinos	Trato intestinal humano
Rotavírus A Forma: redonda Tamanho: 80 nm	Vírus	Diarreia grave e desidratação	Trato intestinal humano
Cryptosporidium parvum Ovócito do Tipo 1 Forma: elipsoidal Tamanho: 3 a 5 µm Esporozoítos e merozoítos Forma: vermicular Tamanho: 10 por 1,5 µm	Proto-zoário	Diarreia grave, dor abdominal, náusea ou vômito e febre	Trato intestinal humano
Giardia lamblia Forma: unicelular, protozoário flagelado Tamanho: 9 a 15 µm de comprimento, 5 a 15 µm de largura, 2 a 4 µm de espessura	Proto-zoário	Diarreia súbita, cãimbras abdominais, distensão abdominal, câimbras e perda de peso	Trato intestinal humano
Schistosoma haematobium Um organismo vermicular	Helminto	Carcinoma de célula escamosa da bexiga; urolitíase; infecção do trato urinário ascendente; estenose uretral e ureteral com hidronefrose subsequente; insuficiência renal	Vasos sanguíneos da bexiga humana e nos mamíferos

positiva de *Escherichia coli* (ou coliformes fecais) com uma amostra positiva de coliformes totais. Embora o teste de coliformes totais possa fornecer uma boa indicação da contaminação fecal, ele não consegue provar que a água da fonte é segura. Outros métodos devem ser empregados para confirmar a ausência de organismos que sobrevivem mais tempo, como os vírus e os esporos.

8.3 Padrões de Qualidade da Água

A Lei da Água Potável (SDWA) (Lei Pública 93-523) foi aprovada pelo Congresso dos Estados Unidos, em 1974, e sofreu emendas, em 1986 e 1996, para proteger a saúde pública por meio da regulamentação do abastecimento público de água. Sob essa lei, a responsabilidade primária de definir as normas de qualidade da água passou dos estados para a EPA. Para proteger a saúde pública, a EPA estabeleceu padrões primários de água potável ao definir os **objetivos de níveis máximos de contaminante (MCLGs,** *maximum contaminant level goals*) e os **níveis máximos de contaminantes (MCLs,** *maximum contaminant levels*) de uma grande quantidade de poluentes.

O MCL é um padrão executório baseado não só nas informações de saúde e na avaliação de riscos, mas também nos custos e na disponibilidade da tecnologia. Os MCLGs se baseiam somente nas informações de avaliação de saúde e risco.

A Tabela 8.8 fornece os MCLGs e MCLs de várias substâncias químicas importantes encontradas nos abastecimentos de água e seus possíveis efeitos na saúde. Um conjunto similar de MCLs foi estabelecido pela Organização Mundial da Saúde (veja www.who.org).

Lei da Água Potável
http://www.epa.gov/safewater/sdwa/index.html

Apresentação Interativa para Compreender a Lei da Água Potável
http://water.epa.gov/learn/training/dwatraining/training.cfm

Linha Direta para a Água Potável
1-800-426-4791
Informações sobre água potável e programas de águas subterrâneas, autorizados e regidos pela SWDA.

Discussão em Sala de Aula
No momento, a EPA desenvolveu MCLs para mais de 90 contaminantes, embora existam dezenas de milhares de substâncias químicas no comércio utilizadas com frequência. Portanto, tem sido uma tarefa árdua para os gestores governamentais acompanharem a introdução de novas substâncias químicas no comércio, e impedir ou minimizar a exposição pública a elas. De que modo a maior generalização da química e engenharia verdes (discutidas nos Capítulos 3 e 6), destinadas a reduzir os efeitos químicos, afetaria as questões de regulação e tratamento?

Tabela / 8.8

Substâncias Químicas Representativas Encontradas na Água e Seus Objetivos de Nível Máximo de Contaminantes (MCLGs) Os MCLGs se baseiam somente nas informações de saúde e avaliação de risco. Os MCLs se baseiam não só nas informações de saúde e avaliação de risco, mas também nos custos e na disponibilidade de tecnologia.

Substância química	Objetivo de nível máximo de contaminante (mg/L)	Nível máximo de contaminante (mg/L)
Substâncias Químicas Orgânicas Sintéticas (SOCs)		
2,4-D (ácido 2,4-diclorofenoxiacético)	0,07	0,07
Alaclor	0	0,002
Atrazina	0,003	0,003
Benzo(*a*)pireno	0	0,0002
Clordano	0	0,002
Lindano	0,0002	0,0002
Bifenilos policlorados (PCB)	0	0,0005

(continua)

Tabela / 8.8

(continuação)

Substâncias Químicas Orgânicas Voláteis (VOCs)		
1,1-Dicloroetileno	0,007	0,007
1,1,1-Tricloroetano	0,2	0,2
1,2-Dicloroetano	0	0,005
Benzeno	0	0,005
Tetracloreto de carbono	0	0,005
cis-1,2-Dicloroetileno	0,07	0,07
Diclorometano	0	0,005
Etil benzeno	0,7	0,7
Tolueno	1	1
Tetracloroetileno	0	0,005
Tricloroetileno	0	0,005
Cloreto de vinilo	0	0,002
Xilenos (totais)	10	10
Inorgânicas		
Arsênico	0	0,01
Cádmio	0,005	0,005
Cromo (total)	0,1	0,1
Cianeto	0,2	0,2
Fluoreto	4	4
Chumbo (na torneira)	0	0,015 (nível de ação)*
Mercúrio	0,002	0,002
Nitrato (como N)	10	10
Nitrito (como N)	1	1

*A concentração de um contaminante que, se ultrapassada, ativa o tratamento ou outros requisitos que um sistema de abastecimento de água deve seguir.
FONTE: EPA, Edição 2012 dos Padrões de Água Potável e Informações de Saúde.

Aplicação / 8.3 — Desenvolvendo um Padrão de Água Potável a Partir dos Dados de Toxicidade

Neste exemplo, demonstramos uma maneira de a EPA desenvolver um padrão de água potável a partir das informações de toxicidade. Nesse caso, vamos usar a decisão da EPA para regular o não carcinógeno perclorato (ClO_4^-). A EPA relata que o perclorato (ClO_4^-) é uma substância química que ocorre naturalmente e também é produzido pelo homem. É utilizado para produzir combustível de foguetes, fogos de artifício, flamas e explosivos. Também pode ser encontrado em alvejantes e alguns fertilizantes. Os dados de monitoramento nos mostram que >4% dos sistemas públicos de abastecimento de água detectaram perclorato e que entre 5 e 17 milhões de pessoas podem ser expostas à água potável contendo perclorato.

O perclorato é uma questão importante quando o assunto é proteção da saúde humana, pois pesquisas científicas indicam que ele perturba a capacidade de a tireoide produzir hormônios importantes para o desen-volvimento e que são críticos para o desenvolvimento cerebral normal e o crescimento dos fetos, dos bebês e das crianças pequenas. Para dar uma ideia do esforço envolvido no desenvolvimento de um padrão de água potável para uma substância química, nesse processo a EPA considerou informações do Science Advisory Board e quase 39.000 comentários públicos desde 2007.

A EPA decidiu regular o perclorato sob a égide da SDWA (ver http://water.epa.gov/drink/contaminants/ unregulated.perchlorate.cfm). No processo de desenvolvimento de um padrão de água potável, primeiramente a EPA desenvolve um padrão primário de água potável relativo ao perclorato, estabelecendo um MCLG baseado em critérios de saúde. Depois disso, a EPA define o MCL que deve ser exigido.

Nesse caso, o padrão de água potável está relacionado com as informações de toxicidade fornecidas pela **dose de referência (RfD)**. No Capítulo 6, definimos a

RfD como uma estimativa, com a incerteza abrangendo uma ordem de grandeza, talvez, de uma exposição oral diária para a população humana (incluindo os subgrupos sensíveis) que, provavelmente, não tem um risco perceptível de efeitos deletérios durante a vida.

A RfD do perclorato pode ser obtida dos dados disponíveis no Sistema Integrado de Informações de Risco (IRIS, *Integrated Risk Information System*) (http://www.epa.gov/IRIS/). O IRIS informa que a RfD do perclorato é 0,7 µg por kg de peso corporal por dia (0,7 µg/kg/dia). Essa RfD se baseia no NOEL (Nenhum Nível de Efeito Observado) de 7 µg/kg/dia e na aplicação de um fator de incerteza (UF, *uncertainty factor*) de 10 para levar em conta as diferenças na sensibilidade entre os adultos saudáveis e a população mais sensível, ou seja, fetos de mulheres grávidas que poderiam ter hipotireoidismo ou deficiência de iodo.

Desse modo, como a EPA parte da RfD e chega ao padrão de água potável? Os MCLGs baseados em saúde que a EPA vai estabelecer para a água potável são determinados como:

$$ \text{MCLG} \ (\mu g/L) = \frac{\text{RfD} \left(\dfrac{\mu g}{kg - dia} \right) \times \text{peso corporal (kg)}}{\text{Ingestão de água potável} \left(\dfrac{L}{dia} \right)} \times \text{RSC} $$

Nessa equação, a EPA supõe os valores padrão do peso corporal (70 kg) e da taxa de ingestão de água potável (2 L/dia). A RSC é a contribuição relativa da fonte (*relative source contribution*) e é a porcentagem da RfD que permanece na água potável após a ocorrência de outras fontes de perclorato. Lembre-se de que você poderia ingerir perclorato por outras rotas de exposição além da água potável. A RSC se baseia em estudos feitos pela Food and Drug Administration (FDA) e, nesse caso, a EPA está propondo usar uma RSC de 62% (então, RSC = 0,62) para uma mulher grávida. Isso significa que 62% da exposição de uma mulher grávida ao perclorato se daria por meio da água potável.

Se você colocar esses valores na equação acima, vai obter um MCLG para o perclorato de 15 µg/L (15 ppb) na água potável.

Lembre-se da nossa leitura, neste capítulo, a respeito de que o MCLG é um objetivo não exigível definido, sob a égide da SDWA, como o "nível em que não ocorre nenhum efeito adverso conhecido ou previsto na saúde das pessoas e que nos permite adequar a margem de segurança". A SDWA especifica que o MCL exigível deve ser estabelecido o mais próximo possível do MCLG, usando a melhor tecnologia disponível, as melhores técnicas de tratamento e outros meios (considerando o custo). Esse processo ainda não foi finalizado enquanto estávamos escrevendo este livro, mas mostra que o MCL que a EPA vai acabar estabelecendo para o perclorato será ≥15 µg/L.

Informações e texto por cortesia da U.S. Environmental Protection Agency (EPA).

8.4 Visão Geral dos Processos de Tratamento da Água

Os *processos unitários* típicos utilizados no tratamento das águas superficiais e das águas salobras são exibidos na Figura 8.3. A Tabela 8.9 resume os processos unitários associados à remoção significativa de determinados constituintes da água. O tratamento das águas superficiais (Figura 8.3a) exige, principalmente, a remoção da matéria particulada e dos patógenos. Remover as partículas também ajuda a remover os patógenos, pois a maioria deles consiste em partículas ou está associada a partículas. A Aplicação 8.5 e a Figura 10.4 mostram a complexidade muito maior de uma estação de tratamento de água específica.

Se a fonte de água contiver constituintes dissolvidos, podem ser adicionados outros processos unitários para removê-los também. Nos dias

Tabela / 8.9

Processos Unitários que Removem uma Quantidade Significativa de Constituintes da Água Bruta

Constituinte	Processos unitários
Turbidez e partículas	Coagulação/floculação, decantação, filtração granular
Principais compostos orgânicos dissolvidos	Amolecimento, aeração, membranas
Compostos orgânicos menores dissolvidos	Membranas
Patógenos	Decantação, filtração, desinfecção
Principais compostos orgânicos dissolvidos	Membranas/adsorção

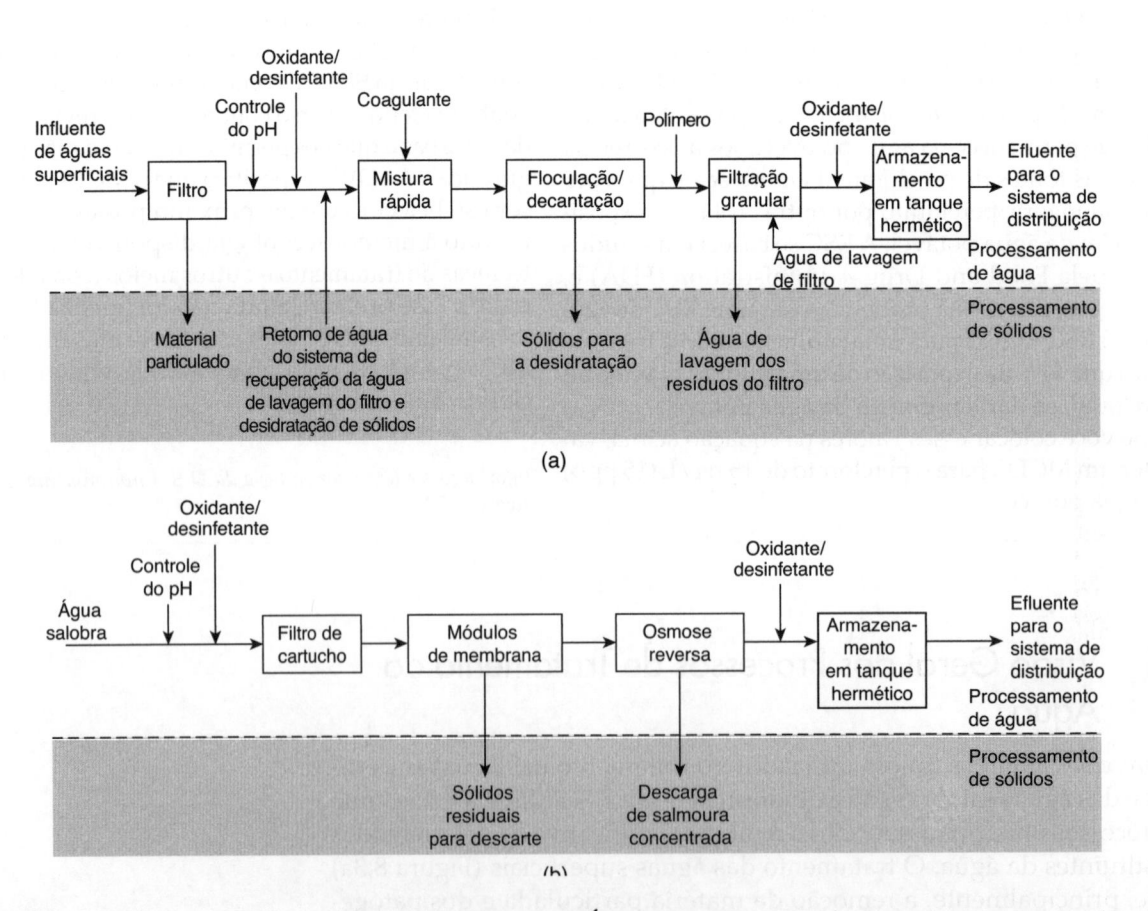

Figura / 8.3 **Processos Unitários Típicos do Tratamento de Água e Sua Disposição** Esses processos normalmente são utilizados para: (a) tratamento da superfície da água e (b) tratamento da água com altos níveis de constituintes dissolvidos.

(De Crittenden *et al.* (2012). Redesenhada com permissão de John Wiley & Sons, Inc.)

de hoje, os processos de membrana são amplamente utilizados no tratamento da água potável, e um diagrama esquemático do tratamento da água salobra é exibido na Figura 8.3b. Esses processos de tratamento vão se tornar mais importantes no futuro à medida que os aumentos da população e da demanda, junto com a mudança climática, obrigarem a sociedade a buscar águas de qualidade pior. Às vezes, essas fontes têm alto teor de sólidos totais dissolvidos e estão presentes como águas subterrâneas salobras, água do mar e **água recuperada**. Hoje, a água recuperada está sendo considerada, em muitas áreas com escassez de água, como fonte de água alternativa. Em termos de tratamento de água, uma questão é se a água deve ser tratada ao nível potável ou não potável, como para usos em irrigação de jardins residenciais, agricultura ou espaço verde público. Esses usos não potáveis podem tirar proveito de nutrientes valiosos que os engenheiros podem deixar na água recuperada.

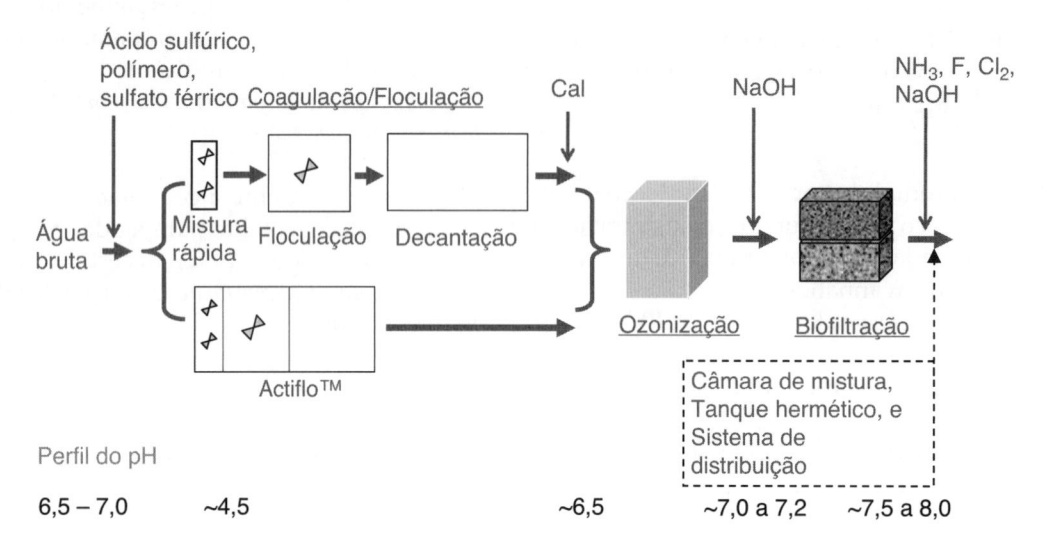

Perfil do pH

6,5 – 7,0   ~4,5   ~6,5   ~7,0 a 7,2   ~7,5 a 8,0

Figura / 8.4   **O Processo Atual de Tratamento da Água na Estação de Tratamento de Água David L. Tippin (Tampa, FL).**

(Cortesia de Dustin Bales, 2012; com permissão.)

O processo começa bombeando a água superficial nos sistemas de mistura rápida e Actiflo™. À medida que a água transita entre a entrada e o começo dos processos de coagulação/floculação, o ácido sulfúrico, o polímero e o sulfato férrico são adicionados à água. O Actiflo™ é um processo de alta taxa de decantação e coagulação/floculação que usa areia para promover a floculação. Os flocos resultantes dos dois processos de coagulação/floculação decantam por gravidade em bacias de decantação.

Em seguida, o pH é elevado para um valor entre 6 e 6,5, por meio da adição de cal ($Ca(OH)_2$), antes da ozonização. A ozonização consiste em um contator de oito câmaras, com descargas situadas entre cada câmara, que controla as condições de fluxo. Entre 0,5 e 3 ppm de ozônio são difundidos na água nas duas primeiras câmaras. Qualquer ozônio remanescente no final das câmaras é extinto pela adição de peróxido de hidrogênio (H_2O_2). Depois, utiliza-se carbonato de sódio (NaOH) para elevar o pH para um valor entre 7,2 e 8 antes da biofiltração. A biofiltração consiste em uma camada de 24 polegadas de carvão ativado granular (GAC) sobre 12 polegadas de areia. Os micróbios residem no GAC e aumentam a remoção da turbidez e do material orgânico de baixo peso molecular, que pode contribuir para a formação de biofilmes no sistema de distribuição de água. O manganês e o ferro também são removidos pelos filtros.

Após a filtração, a água é direcionada para uma câmara de mistura. Aqui, o cloro (dosado a partir de gás cloro dissolvido em um curso d'água lateral) é adicionado primeiro, seguido por amoníaco anidro (NH_3) após, aproximadamente, 15 minutos de tempo de retenção. O fluoreto é adicionado no mesmo ponto da amônia. A água com cloraminação é armazenada em um tanque hermético até ser bombeada para o sistema de distribuição de água.

(Texto cortesia de Dustin Bales, com permissão)

8.5 Coagulação e Floculação

O método mais comum utilizado para remover partículas e parte da matéria orgânica dissolvida consiste em uma combinação de coagulação e floculação, seguida por decantação e/ou filtração. A **coagulação** é uma etapa de neutralização de carga que envolve o condicionamento da matéria suspensa, coloidal e dissolvida por meio da adição de coagulantes. A **floculação** envolve a agregação de partículas desestabilizadas e a formação de partículas maiores, conhecidas como flocos.

8.5.1 ESTABILIDADE E REMOÇÃO DAS PARTÍCULAS

A carga superficial é a contribuição primária para a estabilidade da partícula. As partículas estáveis tendem a permanecer suspensas em solução (medidas como turbidez ou TSS). Os coloides suspensos e as partículas finas são relativamente estáveis, e não conseguem flocular e decantar em um período de tempo razoável. A estabilidade das partículas nas águas naturais depende, principalmente, de um equilíbrio das forças de repulsão e atração entre as partículas. Nas águas naturais, a maioria das partículas é relativamente carregada, e existe uma *força eletrostática repulsiva* entre as partículas de mesma carga.

Para contrapor essas forças repulsivas, temos as *força atrativas* entre as partículas, conhecidas como *forças de van der Waals*. A energia potencial da força eletrostática repulsiva combinada com as forças de van der Waals está relacionada com a distância entre as duas partículas. Como a força de atração líquida é muito fraca em longas distâncias, a floculação, de modo geral, não vai ocorrer. Em distâncias muito curtas, existe uma barreira de energia, e a energia cinética oriunda do movimento Browniano das partículas não é suficientemente alta para superar a barreira energética. Após a adição de um coagulante, as forças repulsivas são reduzidas, as partículas vão se juntar e pode ocorrer uma floculação rápida. A Tabela 8.10 explica os mecanismos combinados de coagulação e floculação com mais detalhes.

8.5.2 COAGULANTES QUÍMICOS

Um **coagulante** é uma substância química adicionada para desestabilizar as partículas e obter coagulação. A Tabela 8.11 traz exemplos de coagulantes normalmente utilizados. A escolha do coagulante adequado depende: (1) das características do coagulante, (2) da concentração e do tipo dos particulados, (3) da concentração e das características da NOM, (4) da temperatura da água, (5) da qualidade da água (por exemplo, pH), (6) do custo e da disponibilidade, e (7) das características de drenagem dos sólidos produzidos.

Os coagulantes naturais estão sendo promovidos em muitas partes do mundo porque são considerados renováveis, podem ser utilizados como alimento e combustível, além de sua produção ser baseada em materiais e trabalhos locais.

Os adjuvantes coagulantes e floculantes são substâncias que melhoram os processos de coagulação e floculação. Geralmente, os coagulantes são materiais particulados insolúveis – como a argila, diatomita, carvão ativado em pó (PAC, *powdered activated carbon*) ou areia fina – que formam sítios de nucleação para a formação de flocos maiores. Eles são utilizados em conjunto com os coagulantes primários. Os floculantes, como os polímeros aniônicos e não iônicos, são utilizados para reforçar os flocos. Eles são adicionados após os coagulantes e a desestabilização das partículas.

O coagulante mais utilizado é o sulfato de alumínio, frequentemente chamado de alume (peso molecular de 594 g/mol). A adição de Al^{3+} na forma de alume (ou Fe^{3+} na forma de sais de ferro, como o sulfato ferroso ($Fe_2(SO_4)_3$ ou o cloreto férrico, $FeCl_3$) em concentrações maiores do que

Mecanismos de Coagulação e Floculação

Compressão da dupla camada elétrica (EDL, *electrical double layer*)	Na água, a maioria das partículas tem uma carga superficial negativa. A EDL consiste em uma camada de cátions ligados à partícula superficial, e um conjunto difuso de cátions e ânions que se estendem para a solução. Quando a força iônica aumenta, a EDL encolhe (as forças repulsivas são reduzidas).
Neutralização da carga	Uma vez que a maioria das partículas encontradas nas águas naturais é carregada negativamente em pHs neutros, essas partículas podem ser *desestabilizadas* pela adsorção de cátions ou polímeros carregados positivamente, como os sais metálicos hidrolisados e os polímeros orgânicos catiônicos. A dose (em mg/L) desses sais ou polímeros é crítica para o processo de floculação subsequente. Com a dose adequada, a carga será neutralizada e as partículas vão se juntar. No entanto, se a dose for altas demais, as partículas, em vez de serem neutralizadas, adquirem carga positiva e ficam estáveis mais uma vez.
Adsorção e ligação entre as partículas	Com a adição de *polímeros não iônicos* e polímeros de cadeia longa com carga superficial baixa, uma partícula pode ser adsorvida na cadeia e o restante do polímero pode adsorver nos sítios superficiais disponíveis de outros particulados. Isso resulta na formação de uma ponte entre as partículas. Mais uma vez, há uma dose ideal (em mg/L) de polímero não iônico. Se for adicionado polímero demais, as partículas vão se enredar em uma matriz polimérica e não vão flocular.
Precipitação e enredamento	O enredamento (também chamado *floco de varredura*) ocorre quando uma dose suficientemente elevada de alumínio (e sais de ferro) é adicionada, formando vários polímeros hidratados, que vão precipitar na solução. À medida que se forma o precipitado amorfo, a matéria particulada fica aprisionada no floco e é varrida da água com o floco decantado. Esse mecanismo predomina nas aplicações de tratamento de água em que o alumínio ou os sais de ferro são utilizados em altas concentrações e o pH é mantido próximo de neutro.

Tipos de Coagulantes Normalmente Utilizados em Campo

Tipo de coagulante	Exemplos
Coagulantes metálicos inorgânicos	Sulfato de alumínio (também chamado alume, $Al_2(SO_4)_3 \cdot 14H_2O$); aluminato de sódio ($Na_2Al_2O_4$); cloreto de alumínio ($AlCl_3$); sulfato férrico ($Fe_2(SO_4)_3$) e cloreto férrico ($FeCl_3$)
Sais metálicos pré-hidrolizados	Feito de alume, sais de ferro e hidróxido sob condições controladas; inclui cloreto de polialumínio (PACl), sulfato de polialumínio (PAS) e cloreto de poliferro
Polímeros orgânicos	Polímeros catiônicos, polímeros aniônicos e polímeros não iônicos (para polímeros sintéticos, o peso molecular está na faixa de 10^4-10^7 g/mol)
Materiais naturais à base de plantas	*Opuntia* spp. e *Moringa oleífera* (utilizadas em muitas partes do mundo, especialmente nos países em desenvolvimento)

seus limites de solubilidade resulta na formação de precipitado de hidróxido, que é utilizado, caracteristicamente, no modo de operação de floco de varredura. A reação estequiométrica geral da adição de alume na formação de um precipitado de hidróxido é:

$$Al_2(SO_4)_3 \cdot 14H_2O + 6(HCO_3^-) \rightarrow 2Al(OH)_{3(s)} + 3SO_4^{2-} + 14H_2O + 6CO_2$$

$$(8.1)$$

Na Equação 8.1, a alcalinidade (expressada como HCO_3^-) é consumida com a adição de alume. Isso acontece porque o alume e outros sais de ferro são ácidos fracos. Com base na estequiometria, 1 mg/L de alume vai consumir, aproximadamente, 0,50 mg/L de alcalinidade (como $CaCO_3$). Se a alcalinidade natural da água não for suficiente, pode ser necessário adicionar cal ou carbonato de sódio (Na_2CO_3) para reagir com o alume e manter o pH na faixa correta. A faixa do pH da região de operação do alume é 5,5-7,7 e dos sais de ferro é 5-8,5.

O ensaio de coagulação química (**Jar-Test**) é muito utilizado para fazer a triagem do tipo de coagulante e da dosagem apropriada. O instrumental para o Jar-Test é exibido na Figura 8.5. Ele consiste em seis reatores quadrados não contínuos, cada um deles equipado com um misturador de pás que pode girar em velocidades variáveis. Em um Jar-Test, as adições em lote de vários tipos e diferentes dosagens de coagulantes são feitas na amostra de água. Um estágio de mistura rápida é combinado com a adição do coagulante. Esse estágio é seguido por um estágio de mistura lenta para melhorar a formação de flocos. Depois, espera-se a decantação das amostras em condições sem perturbação, e a turbidez do sobrenadante decantado é medida e traçada em função da dose de coagulante para determinar a dosagem correta do mesmo.

8.5.3 OUTRAS CONSIDERAÇÕES

Os coagulantes são dispersados no curso d'água via sistemas de **mistura rápida**: (1) mistura por bombeamento (por exemplo, mistura *flash* por bombeamento, que pode ser simples e confiável); (2) métodos hidráulicos (por exemplo, misturado estático em linha, que é simples, confiável e não mecânico); (3) mistura mecânica (com os mais comuns sendo os tanques agitados convencionais). Vários dispositivos são ilustrados pela Figura 8.7.

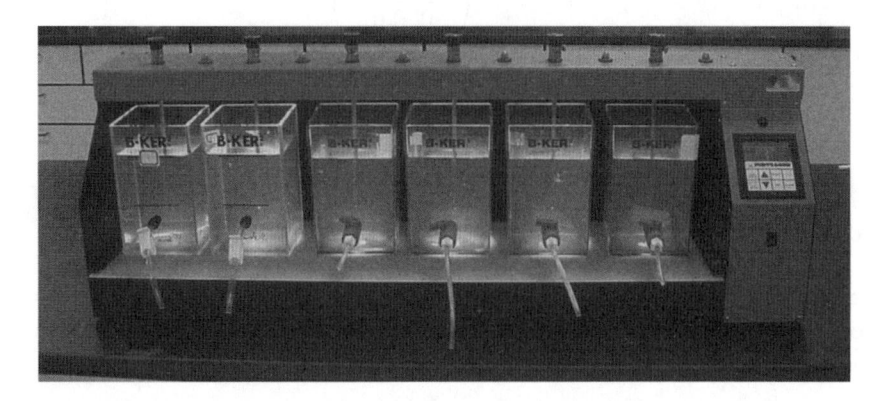

Figura / 8.5 Instrumental do Jar-Test Utilizado para Filtrar Coagulantes Visando ao Tipo e à Dosagem Corretos.

(Cortesia da foto de David Hand.)

exemplo / 8.1 Uso do Jar-Test para Determinar a Dosagem Ideal do Coagulante

Um Jar-Test foi realizado em água não tratada com uma turbidez inicial de 10 NTU e uma concentração de HCO_3^- de 50 mg/L como $CaCO_3$. Usando os dados a seguir, obtidos de um Jar-Test, estime a dosagem ideal de alume para remoção da turbidez e a quantidade teórica de alcalinidade que será consumida na dosagem ideal. O alume é adicionado como alume seco (peso molecular de 594 g/mol).

Dose de alume, mg/L	5	10	15	20	25	30
Turbidez, NTU	8	6	4,5	3,5	5	7

solução

Os dados são apresentados graficamente, conforme a Figura 8.6. O gráfico mostra que a turbidez alcança o valor mais baixo quando a dose de alume é 20 mg/L. Essa é a dosagem de alume ideal.

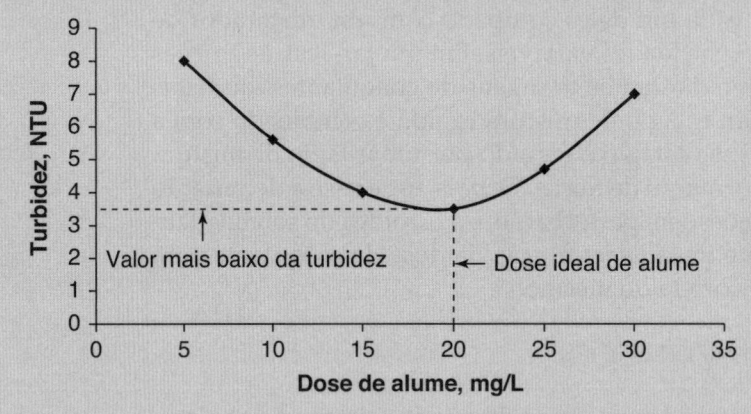

Figura / 8.6 Resultados do Jar-Test que Ajudarão a Identificar a Dosagem Correta do Coagulante.

Em seguida, devemos determinar a quantidade de alcalinidade consumida e verificar esse valor em relação à alcalinidade de ocorrência natural a fim de determinar se é preciso acrescentar mais alcalinidade. Use a estequiometria da Equação 8.1 para determinar a alcalinidade consumida:

$$\text{alcalinidade consumida} = \left(20 \text{ mg/L Al}_2(SO_4)_3 \cdot 14H_2O\right) \times \left(\frac{1g}{1.000 \text{ mg}}\right)$$

$$\times \left(\frac{1 \text{ mol/L Al}_2(SO_4)_3 \cdot 14H_2O}{594 \text{ g/mol Al}_2(SO_4)_3 \cdot 14H_2O}\right) \times \left(\frac{6 \text{ mol } HCO_3^-}{1 \text{ mol Al}_2(SO_4)_3 \cdot 14H_2O}\right)$$

$$\times \left(\frac{1 \text{ equiv. alcalinidade}}{1 \text{ mol } HCO_3^-}\right) \times \left(\frac{100 \text{ g } CaCO_3}{2 \text{ equiv. alcalinidade}}\right)$$

$$= 0,01 \text{ g/L como } CaCO_3 = 10 \text{ mg/L como } CaCO_3$$

Desse modo, 10 mg/L de alcalinidade como $CaCO_3$ são consumidos, e a amostra de água tinha uma alcalinidade inicial de 50 mg/L como $CaCO_3$. Portanto, a alcalinidade na água bruta é suficiente para amortecer a acidez produzida após a adição do alume.

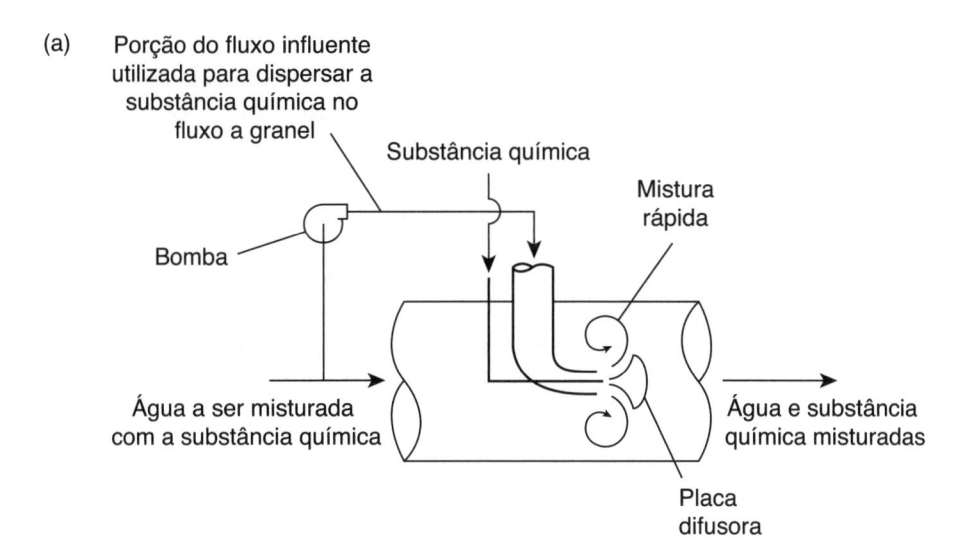

(a) Porção do fluxo influente utilizada para dispersar a substância química no fluxo a granel

Substância química

Mistura rápida

Bomba

Água a ser misturada com a substância química

Água e substância química misturadas

Placa difusora

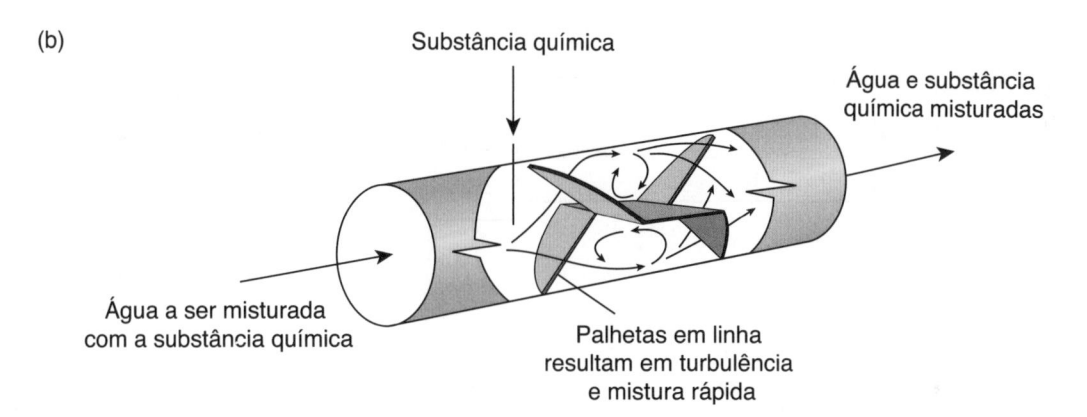

(b) Substância química

Água e substância química misturadas

Água a ser misturada com a substância química

Palhetas em linha resultam em turbulência e mistura rápida

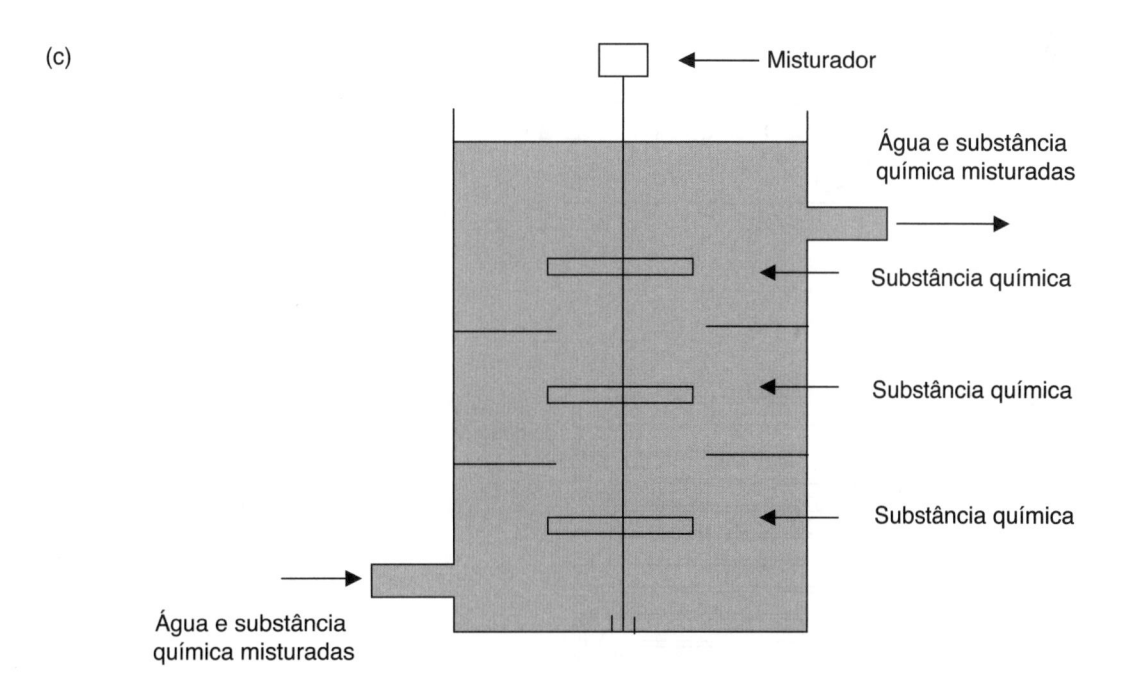

(c) Misturador

Água e substância química misturadas

Substância química

Substância química

Substância química

Água e substância química misturadas

Figura / 8.7 **Abordagens de Mistura Rápida Utilizadas para Dispersar um Coagulante Químico Durante o Tratamento de Água** As abordagens são: (a) mistura *flash* por bombeamento, (b) misturador estático em linha e (c) tanque de agitação convencional.

(De Crittenden *et al.* (2012). Redesenhada com permissão de John Wiley & Sons, Inc.)

A sedimentação diferencial e o movimento Browniano são os dois principais mecanismos de agregação das partículas (Han e Lawler, 1992). Desse modo, a *mistura suave* da água é fundamental para a floculação adequada. Para ajudar na agregação das partículas, a mistura mecânica é habitualmente empregada para manter as partículas em suspensão. Os sistemas de floculação podem ser divididos em dois grupos: (1) floculadores mecânicos (turbina de eixo vertical, pá de eixo horizontal) e (2) floculadores hidráulicos. Três tipos comuns de sistemas de floculação estão ilustrados na Figura 8.8.

Os sistemas de mistura rápida e a maioria das unidades de floculação operam em condições de mistura turbulenta. Nessas condições, os gra-

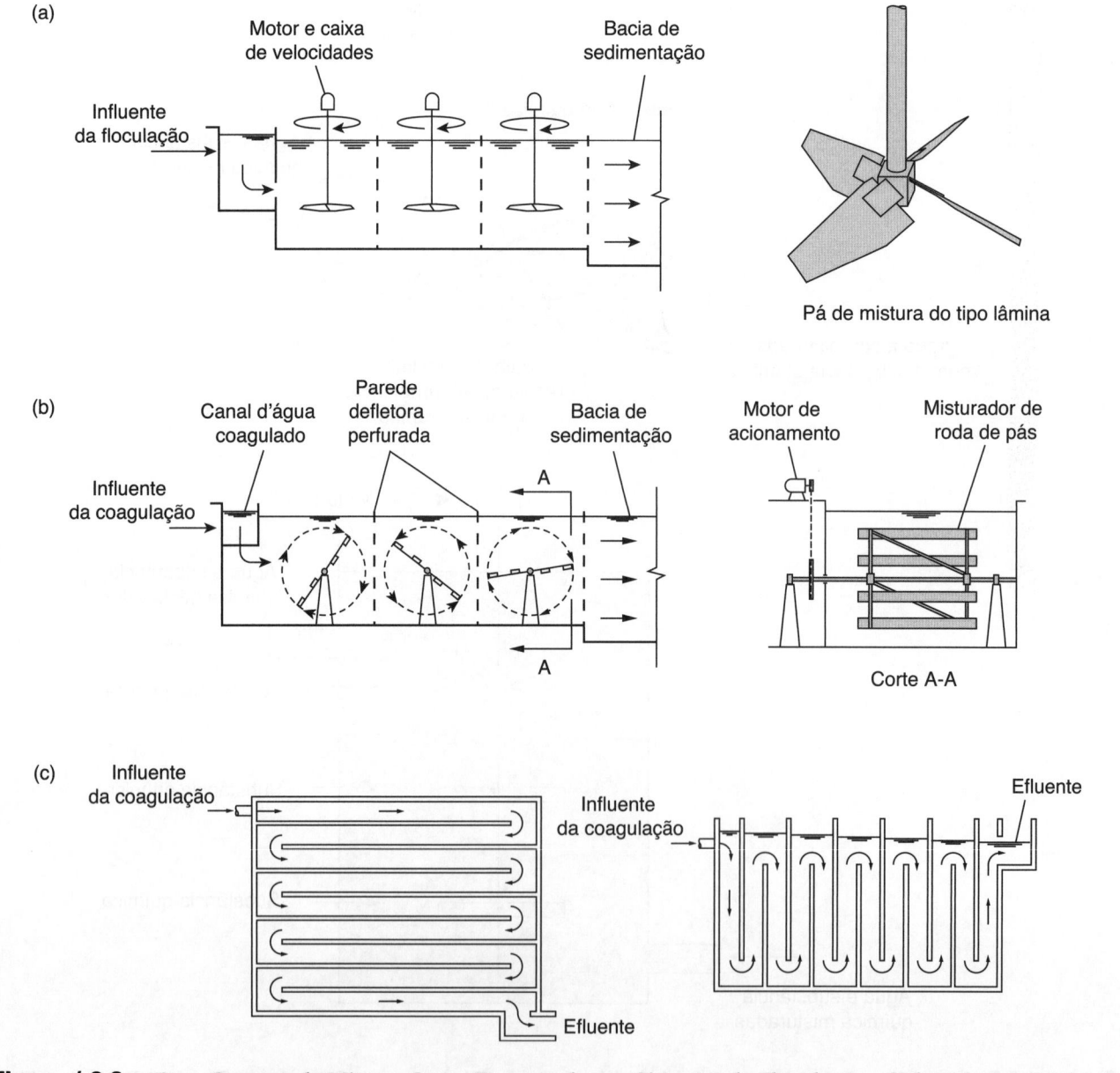

Figura / 8.8 **Tipos Comuns de Mistura Suave Empregada nos Sistemas de Floculação** O desenho mostra (a) um sistema de floculação com turbina de eixo vertical, (b) um sistema de floculação com roda de pás de eixo horizontal e (c) um sistema de floculação hidráulico. Repare como o sistema de floculação hidráulico requer energia durante o uso.

(Crittenden *et al.* (2012). Redesenhada com permissão de John Wiley & Sons, Inc.)

dientes de velocidade não são bem definidos, e o **gradiente da velocidade média quadrática** (RMS, *root mean square velocity*) tem sido amplamente adotado para avaliar a entrada de energia:

$$\overline{G} = \sqrt{\frac{P}{\mu V}} \qquad (8.2)$$

em que $\overline{G}$ é o gradiente da velocidade RMS global (taxa de entrada de energia, em s^{-1}); P é a potência da entrada da mistura no vaso (J/s); μ é a viscosidade dinâmica da água (N-s/m²) e V é o volume do vaso de mistura (m³). O valor de $\overline{G}$ supõe que todos os cubos de líquido elementares no volume V são cortados na mesma taxa (em média), e $\overline{G}$ é um valor médio no tempo.

O desempenho da mistura depende não só do gradiente de velocidade $\overline{G}$, mas também do tempo de detenção hidráulica (t) e do produto de $\overline{G}$ e t, uma medida do grau de mistura. Na prática, os valores de $\overline{G}$ e $\overline{Gt}$ são utilizados como critérios de projeto. Os valores típicos de $\overline{G}$, t e $\overline{Gt}$, no projeto de sistemas de mistura rápida e nos tanques de floculação, são fornecidos na Tabela 8.12. Constatou-se que $\overline{G}$ não é tão importante quanto se pensava no projeto dos tanques de floculação, tais como os floculadores de eixo horizontal e vertical (Han e Lawler, 1992). Nesses casos, é importante projetar o tanque de floculação no valor mais baixo de $\overline{G}$ que irá garantir que as partículas permaneçam em suspensão e abaixo do limite superior para evitar o rompimento dos flocos formados. Usando o menor valor atingível, $\overline{G}$ também vai resultar em um menor requisito de energia.

A eletricidade é necessária para os misturadores, bombas químicas, misturadores químicos e bombas de drenagem utilizados nos processos de coagulação e floculação. A gama de utilização de energia varia amplamente de acordo com a capacidade da estação de tratamento, conforme a Tabela 8.13. Com o aumento na capacidade do sistema, o consumo de energia por m³ de água produzida diminui. Isso indica que o sistema de tratamento maior centralizado pode ter uma necessidade menor de energia direta para os processos de coagulação e floculação durante a fase de operação. No entanto, a energia necessária para a produção e entrega do coagulante não é considerada aqui. Por exemplo, 6.290 MJ de energia são consumidos para produzir 1 tonelada métrica de alume (PRé Consultants, 2004).

Tabela / 8.12

Valores Típicos Utilizados no Projeto de Sistemas de Mistura Rápida e Floculação

Categoria do sistema	Gradiente de velocidade RMS, $\overline{G}(s^{-1})$	Tempo de detenção, t	Valores de $\overline{Gt}$
Mistura mecânica	600-1.000	10-120 s	$5,0 \times 10^4$ a $5,0 \times 10^5$
Mistura em linha	3.000-5.000	1 s	$1,0 \times 10^3$ a $1,0 \times 10^5$
Floculador de pás com eixo horizontal	20-50	10-30 min	$1,0 \times 10^4$ a $1,0 \times 10^5$
Floculador de turbina com eixo vertical	10-50	10-30 min	$1,0 \times 10^4$ a $1,0 \times 10^5$

Tabela / 8.13

Consumo de Eletricidade (kWh/m³) para Coagulação e Floculação dos Sistemas de Tratamento de Águas Superficiais com Diferentes Capacidades de Estação

Consumo de eletricidade	1 MGD	5 MGD	10 MGD	20 MGD	50 MGD	100 MGD
Mistura rápida	0,011	0,009	0,008	0,008	0,008	0,008
Floculação	0,003	0,003	0,002	0,002	0,002	0,002
Sistema de alimentação de alume	0,0024	0,0005	0,0003	0,0003	0,0002	0,0002
Sistema de alimentação de polímero	0,0124	0,0025	0,0012	0,0006	0,0002	0,0001

FONTE: Burton, 1996.

exemplo / 8.2 Projeto de um Tanque de Mistura Rápida Mecânica

Um tanque de agitação convencional é utilizado para mistura rápida em uma estação de tratamento de água com um fluxo de 100×10^6 L/dia. A temperatura da água é 10°C. Determine o volume do tanque e o requisito de energia.

solução

O volume do tanque é igual à vazão (Q) vezes o tempo de detenção hidráulica (θ). A Tabela 8.12 fornece os tempos de detenção apropriados. Os tanques de agitação convencionais são considerados uma forma de mistura mecânica, e vamos escolher um valor de 60 s para o tempo de detenção:

$$V = Q \times \theta = \frac{100 \times 10^6 \text{ L}}{\text{dia}} \times 60 \text{ s} \times \frac{1 \text{ min}}{60 \text{ s}} \times \frac{1 \text{ dia}}{1.440 \text{ min}} \times \frac{\text{m}^3}{1.000 \text{ L}} = 69 \text{ m}^3$$

Para determinar o requisito de energia, use a Tabela 8.12 e escolha uma gradiente de velocidade RMS adequado. Aqui, vamos selecionar um valor $\bar{G}$ de 900/s, e o produto de $\bar{G}$ e t (900/s × 60 s = 5,4 × 10⁴) está dentro do intervalo (5 × 10⁴ a 5 × 10⁵) fornecido na Tabela 8.12. A 10°C, $\mu = 0,001307$ N-s/m². Para obter o consumo de energia, reorganize a Equação 8.2 para solucionar P:

$$P = \bar{G}^2 \times \mu \times V = (900/s)^2 \times 0,001307 \frac{\text{N-s}}{\text{m}^2} \times 69 \text{ m}^3 \times \frac{1 \text{ kN}}{1.000 \text{ N}}$$

$$= 73 \frac{\text{kN} \cdot \text{m}}{\text{s}} = 73 \text{ kW}$$

Aplicação / 8.6 Uso de Energia Renovável para Abastecimento e Tratamento de Água

Northbrook, Illinois, é a primeira comunidade em Illinois e uma das poucas nos Estados Unidos a compensarem a energia utilizada para operar sua estação de tratamento de água. A estação de tratamento de água de Northbrook fornece 2,1 bilhões de galões de água por ano para 34.000 moradores. Ela começou comprando 155 MWh/ano em certificados de energia renovável dos parques eólicos na área centro-norte de Illinois, vários anos atrás, para compensar a eletricidade derivada do carvão (Figura 8.9).

Após assistir ao filme *Uma Verdade Inconveniente*, o diretor de obras públicas de Northbrook recomendou à localidade que aumentasse sua compra de certificados de energia renovável para 4.500 MWh/ano, que é energia suficiente para operar a estação de tratamento de água.

Figura / 8.9 **Um Parque Eólico na Área Centro-Norte de Illinois** As turbinas eólicas fornecem a energia que a estação de tratamento de água de Northbrook, Illinois, compra por meio de certificados de energia renovável. A comunidade compra energia suficiente para operar a estação de tratamento de água.

(Cortesia da foto de Iberdrola Renewables, LLC.)

8.6 Remoção da Dureza

A dureza da água é causada por cátions divalentes, principalmente, íons cálcio e magnésio (Ca^{2+} e Mg^{2+}). Quando o Ca^{2+} e o Mg^{2+} são associados a ânions de alcalinidade (por exemplo, HCO_3^-), a dureza é definida como **dureza carbonatada**. O termo **dureza não carbonatada** é utilizado se o Ca^{2+} e o Mg^{2+} estiverem associados a ânions de não alcalinidade (por exemplo, SO_4^{2-}). A distribuição de águas duras nos Estados Unidos é exibida na Figura 8.10.

Agentes de complexação podem ser adicionados para impedir que os cátions divalentes precipitem ou que a dureza possa ser removida. Um fluxograma do **processo de amolecimento com excesso de cal-carbonato de sódio** em dois estágios é exibido na Figura 8.11. A cal é vendida comercialmente nas formas de cal viva (90% de CaO) e cal hidratada (70% de CaO). Normalmente, a cal viva granular é esmagada e transformada em pasta contendo, aproximadamente, 5% de hidróxido de cálcio. A cal hidratada em pó é preparada pela fluidificação em um tanque contendo um misturador de turbina. O carbonato de sódio (aproximadamente, 98% de Na_2CO_3) é um pó branco-acinzentado, que pode ser adicionado com a cal ou após a adição da cal. O dióxido de carbono é utilizado na recarbonização para reduzir o pH e precipitar o excesso de cálcio da água amolecida com cal.

Quando a lama de cal ($Ca(OH)_2$) é adicionada à água, primeiro ela reage com o dióxido de carbono livre, pois o CO_2 é um ácido mais forte do que o HCO_3^-. (Lembre-se de que, por definição, o HCO_3^- pode reagir como um ácido ou uma base.) As reações químicas para a remoção da dureza carbonatada ou não carbonatada são fornecidas nas Equações 8.3 a 8.7:

$$CO_2 + Ca(OH)_2 \rightarrow CaCO_{3(s)} + H_2O \qquad \textbf{(8.3)}$$

A remoção da dureza carbonatada é fornecida por:

$$Ca(HCO_3)_2 + Ca(OH)_2 \rightarrow 2CaCO_{3(s)} + 2H_2O \qquad \textbf{(8.4)}$$

> **Discussão em Sala de Aula**
> Quais técnicas de eficiência energética ou uso de energia renovável você consegue vislumbrar para a sua estação local de tratamento de água ou efluentes, seu departamento de obras públicas ou sua comunidade?

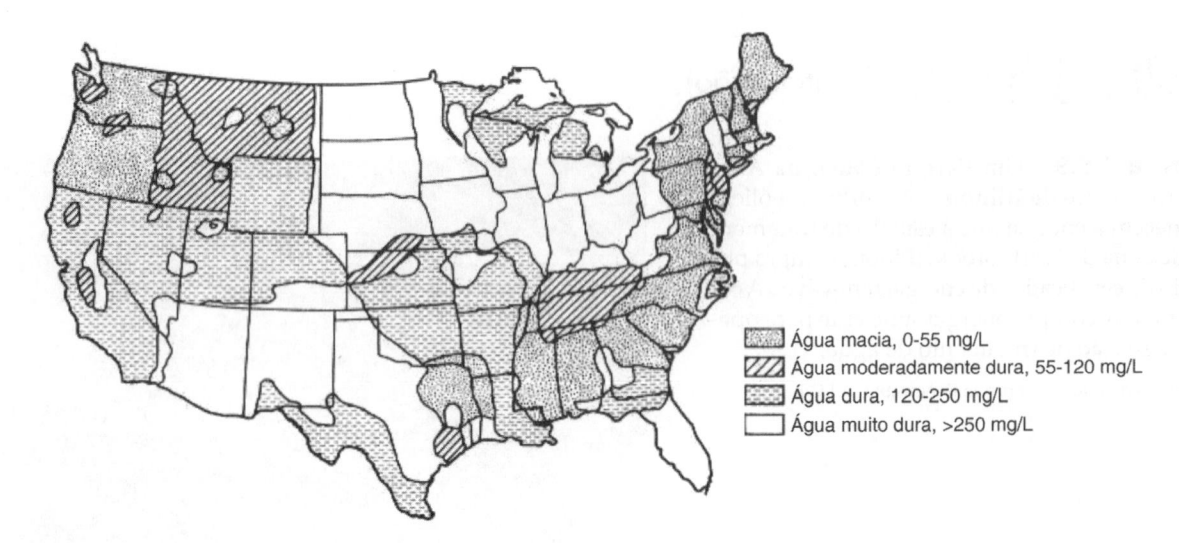

Figura / 8.10 **Distribuição da Água Dura nos Estados Unidos** As unidades são mg/L como $CaCO_3$. As áreas exibidas definem os valores de dureza aproximados para os abastecimentos de água municipais.

$$Mg(HCO_3)_2 + 2Ca(OH)_2 \rightarrow 2CaCO_{3(s)} + Mg(OH)_{2(s)} + 2H_2O \quad (8.5)$$

A remoção da dureza não carbonatada é fornecida por:

$$MgSO_4 + Ca(OH)_2 \rightarrow Mg(OH)_{2(s)} + CaSO_4 \quad (8.6)$$

$$CaSO_4 + Na_2CO_3 \rightarrow CaCO_{3(s)} + Na_2SO_4 \quad (8.7)$$

Conforme as Equações 8.4 a 8.7, a cal vai remover o CO_2 (Equação 8.3) e a dureza carbonatada (Equações 8.4 e 8.5), bem como substituir o magnésio por cálcio na solução (Equação 8.6). A Equação 8.7 mostra que o carbonato de sódio (Na_2CO_3) é utilizado para remover a dureza não carbonatada do cálcio, que pode estar presente na água não tratada ou pode ser o resultado da precipitação da dureza não carbonatada do magnésio (Equação 8.6).

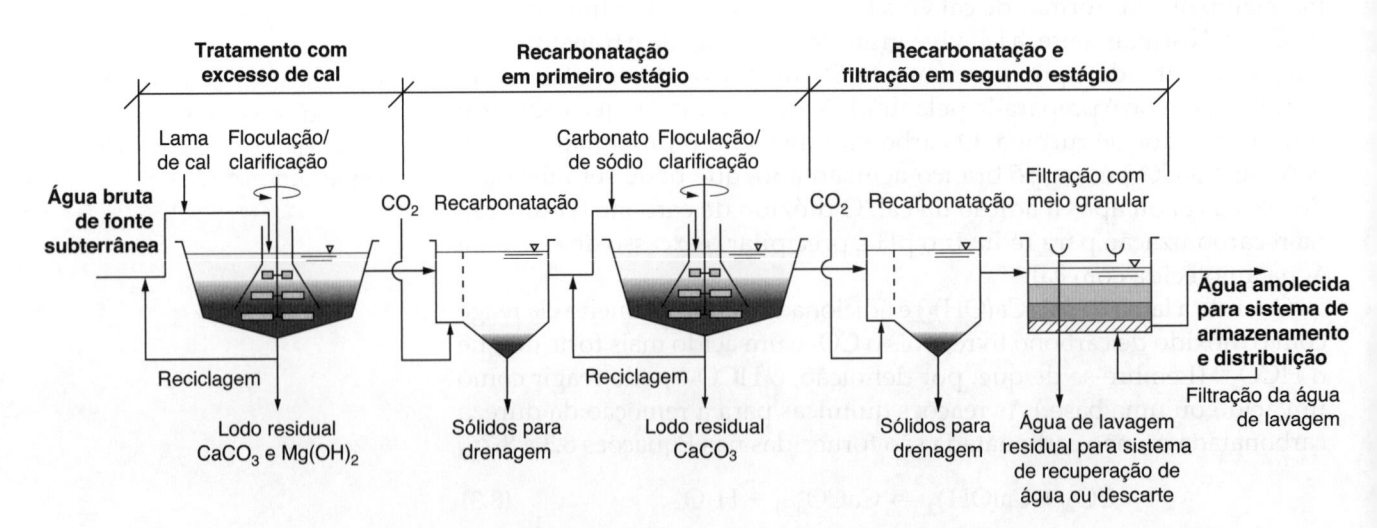

Figura / 8.11 **Fluxograma do Processo de Tratamento com Excesso de Carbonato de Sódio em Dois Estágios Utilizado para Tratar Águas Duras** Deve-se considerar a reutilização de todos os fluxos residuais.

(De Crittenden *et al.* (2012). Redesenhada com permissão de John Wiley & Sons, Inc.)

A quantidade necessária de carbonato de sódio depende da quantidade de dureza não carbonatada a ser removida.

A conversão completa do bicarbonato para carbonato para precipitação do cálcio só vai ocorrer com pH acima de 12. O pH ideal depende da concentração de íons cálcio e bicarbonato. Na prática, o pH ideal da precipitação de carbonato de cálcio máxima pode ser tão baixo quanto 9,3, uma vez que mais carbonato é formado pelo deslocamento no equilíbrio carbonato-bicarbonato à medida que o carbonato precipita.

A remoção do magnésio como precipitado $Mg(OH)_2$ (Equação 8.6) necessita de um valor de pH de, pelo menos, 10,5. Portanto, cal extra (30-70 mg/L como $CaCO_3$), além da quantidade estequiométrica, é adicionada para elevar o pH. O Jar-Test pode ser utilizado para determinar a quantidade de cal em excesso necessária para determinada fonte de água.

Assim como nos processos de coagulação e floculação, a eletricidade é necessária para o processo de amolecimento. O consumo de eletricidade de um sistema de alimentação de cal varia de acordo com a capacidade do sistema, podendo ir de 0,0024 kWh/m³, para um sistema de tratamento de 1 MGD, até 0,0002 kWh/m³, para um sistema de tratamento de 50 MGD (Burton, 1996). O consumo de energia será muito maior se a produção química e o fornecimento também forem incluídos no limite de avaliação do sistema que ocorreria se o ciclo de vida do sistema fosse considerado.

exemplo / 8.3 Amolecimento com Cal-Carbonato de sódio

Uma água subterrânea contém os seguintes constituintes: $H_2CO_3^* = 62$ mg/L, $Ca^{2+} = 80$ mg/L, $Mg^{2+} = 36,6$ mg/L, $Na^+ = 23$ mg/L, alcalinidade $(HCO_3^-) = 250$ mg/Las$CaCO_3$, $SO_4^{2-} = 96$ mg/L e $Cl^- = 35$ mg/L. A instalação deve tratar 50×10^6 L/dia (15 MGD) de água dessa fonte, usando cal-carbonato de sódio para reduzir a dureza.

1. Determine a dureza total, carbonatada e não carbonatada, presente na água bruta.
2. Determine as dosagens de cal e carbonato de sódio para o amolecimento (unidades de kg/dia). Suponha que a cal seja 90% de CaO por peso e o carbonato de sódio seja puro.

solução

Este problema exige várias etapas. Primeiro, construa uma tabela de constituintes químicos e suas concentrações em termos de mg/L como $CaCO_3$ (veja a Tabela 8.14).

A segunda etapa determina a dureza total, a dureza carbonatada e a dureza não carbonatada. A dureza total é a soma dos íons cálcio e magnésio como $CaCO_3$:

$$\text{dureza total} = (200 + 150) = 350 \text{ mg/L como } CaCO_3$$

A dureza carbonatada é a soma dos íons cálcio e magnésio associados aos íons bicarbonato. Como a dureza total (350 mg/L como $CaCO_3$) é maior do que a alcalinidade do bicarbonato (250 mg/L $CaCO_3$), todo o bicarbonato está associado ao cálcio (200 mg/L $CaCO_3$) e o magnésio (50 mg/L $CaCO_3$). A dureza carbonatada é, portanto, igual à alcalinidade do bicarbonato como $CaCO_3$:

$$\text{dureza carbonatada} = 200 + 50 = 250 \text{ mg/L como } CaCO_3$$

exemplo / 8.3 (*continuação*)

A dureza não carbonatada é igual aos íons magnésio não associados à dureza carbonatada ($MgSO_4$):

$$\text{dureza não carbonatada} = (150 - 50) = 100 \text{ mg/L como } CaCO_3$$

A segunda questão exige que determinemos as massas diárias de cal e carbonato de sódio necessárias para o amolecimento. A cal necessária vai reagir com CO_2 ($H_2CO_3^*$), $Ca(HCO_3)_2$, $Mg(HCO_3)_2$ e $MgSO_4$. A quantidade estequiométrica de $Ca(OH)_2$ pode ser calculada com base nas Equações 8.3 a 8.6. Vejamos:

$$Ca(OH)_2 \text{ necessário para reagir com } CO_2 = 100 \text{ mg/L como } CaCO_3$$
$$Ca(OH)_2 \text{ necessário para reagir com } Ca(HCO_3)_2 = 200 \text{ mg/L como } CaCO_3$$
$$Ca(OH)_2 \text{ necessário para reagir com } Mg(HCO_3)_2 = 2 \times Mg(HCO_3)_2 = 2 \times 50 = 100 \text{ mg/L como } CaCO_3$$

$$Ca(OH)_2 \text{ necessário para reagir com } MgSO_4 = 100 \text{ mg/L como } CaCO_3$$

Lembre-se de que 30-70 mg/L de cal extra devem ser adicionados para elevar o pH acima de 10,5 a fim de garantir que o magnésio seja removido como $Mg(OH)_2$. Suponha que 30 mg/L (como $CaCO_3$) de cal extra sejam necessários no processo.

O requisito total de cal é determinado a partir do somatório dos cinco requisitos de cal individuais:

$$\text{cal necessária} = \left(\frac{100 \text{ mg } CaCO_3}{L} + \frac{200 \text{ mg } CaCO_3}{L} + \frac{100 \text{ mg } CaCO_3}{L} + \frac{100 \text{ mg } CaCO_3}{L} + \frac{30 \text{ mg } CaCO_3}{L} \right)$$
$$\times \frac{56 \text{ mg } CaO/mmol}{100 \text{ mg } CaCO_3/mmol} \times \frac{kg}{10^6 \text{ mg}} \times \frac{50 \times 10^6 L}{dia} \times \frac{kg \text{ de massa de cal}}{0,9 \text{ kg } CaO}$$
$$= 16.500 \text{ kg/dia}$$

O carbonato de sódio (Na_2CO_3) necessário também é determinado pela estequiometria da reação:

$$\text{carbonato de sódio} = \text{dureza não carbonatada}$$
$$= 100 \text{ mg } CaCO_3/L \times \frac{106 \text{ mg } Na_2CO_3/mmol}{100 \text{ mg } CaCO_3/mmol} \times \frac{kg}{10^6 \text{ mg}} \times \frac{50 \times 10^6 L}{dia} = 5.300 \text{ kg/dia}$$

Tabela / 8.14

Tabela Construída para Solucionar o Exemplo 8.3

Constituinte químico	Concentração (mg/L)	Equivalentes/mol	Peso molecular (g/mol)	Peso equivalente (g/eqv)	Concentração (meqv/L)	Concentração (mg/L como $CaCO_3$)
$H_2CO_3^*$	62	2	62,0	31,0	2,0	100
Cátions						
Ca^{2+}	80	2	40,0	20,0	4,0	200
Mg^{2+}	36,6	2	24,4	12,2	3,0	150
Na^+	23,0	1	23,0	23,0	1,0	50
				Total	9,0	400
Ânions						
Alk (HCO_3^-)	250,0	2	100,0	50,0	5,0	250
SO_4^{2-}	96,0	2	96,0	48,0	2,0	100
Cl^-	35	1	35,5	35,5	1,0	50
				Total	9,0	400

Nota: A alcalinidade é expressa como $CaCO_3$.

8.7 Sedimentação

Sedimentação é o processo em que a maioria das partículas vai decantar por gravidade, dentro de um período de tempo razoável, e será removida. As partículas com densidades maiores do que 1.000 kg/m^3 acabarão decantando, e as partículas com densidades menores do que 1.000 kg/m^3 flutuarão na superfície da água. No tratamento de água, existem tipos comuns de decantação: *decantação de partículas discretas* e *decantação floculenta*.

8.7.1 DECANTAÇÃO DE PARTÍCULAS DISCRETAS

A **decantação de partículas discretas** ocorre quando as partículas são discretas e não interferem umas nas outras enquanto decantam. Nesse tipo de decantação, o movimento de uma partícula na água é determinado por um balanço entre a força gravitacional descendente, a força de flutuação ascendente e a força de arrasto ascendente.

A velocidade de decantação das partículas, em um líquido como a água, pode ser descrita pela lei de Stokes ou pela lei de Newton. A Tabela 8.15 descreve cada uma dessas leis com mais detalhes. A lei de Stokes foi derivada no Capítulo 4. Ela é aplicável às partículas esféricas quando o número de Reynolds é menor ou igual a 1 (escoamento laminar). A lei de Newton é utilizada para determinar a velocidade de decantação das partículas quando o número de Reynolds é maior do que 1 (transição e escoamento turbulento). O **número de Reynolds (Re)** adimensional é definido como:

Tabela / 8.15

Determinação da Velocidade de Decantação das Partículas Usando as Leis de Stokes e de Newton

Lei aplicável	Velocidade de decantação (m/s)	Termos	Coeficiente de arrasto	Aplicabilidade
Lei de Stokes	$v_s = \dfrac{g\left(\rho_p - \rho\right)d_p^2}{18\,\mu}$	g é a aceleração por causa da gravidade (m/s^2); ρ_p é a densidade da partícula (kg/m^3); ρ é a densidade do líquido (kg/m^3); d_p é o diâmetro da partícula (m); μ é a viscosidade dinâmica do líquido (N-s/m^2)	Para o escoamento laminar: $C_d = \dfrac{24}{Re}$	Aplicável às partículas esféricas quando o número de Reynolds ≤ 1 (escoamento laminar). Tem aplicação limitada no tratamento da água porque as condições não são laminares na maioria das estações de tratamento
Lei de Newton	$v_s = \sqrt{\dfrac{4g\left(\rho_p - \rho\right)d_p}{3C_d\rho}}$	g é a aceleração da gravidade (m/s^2); ρ_p é a densidade da partícula (kg/m^3); ρ e a densidade do líquido (kg/m^3); C_d é o coeficiente de arrasto.	Para o regime de transição: $C_d = \dfrac{24}{Re} + \dfrac{3}{\sqrt{Re}} + 0,34$ C_d passa a ser constante no regime turbulento (Re > 10.000)	Aplicável às partículas quando o número de Reynolds > 1 (transição e escoamento turbulento).

exemplo / 8.4 Aplicação da Lei de Stokes

Calcule a velocidade de decantação terminal de uma partícula de areia com diâmetro de 100 μm e uma densidade de 2.650 kg/m³. A temperatura da água é 10°C.

solução

A velocidade de decantação terminal da partícula pode ser calculada usando a lei de Stokes (Tabela 8.15). Para a água a 10°C, ρ = 999,7 kg/m³, μ = 1,307 × 10⁻³ N-s/m² e υ =1,306 × 10⁻⁶ m²/s, temos:

$$v_s = \frac{g\left(\rho_p - \rho\right)d_p^2}{18\,\mu}$$

$$= \frac{9,81\ \text{m/s}^2 \times \left(2.650 - 999,7\ \text{kg/m}^3\right) \times \left(1,0 \times 10^{-4}\ \text{m}\right)^2}{18 \times 1,307 \times 10^{-3}\ \text{N-s/m}^2} \times \frac{3.600\ \text{s}}{\text{h}} = 24,8\frac{\text{m}}{\text{h}}$$

Devemos verificar as condições de escoamento para garantir que a lei de Stokes seja aplicável. O número de Reynolds é calculado para verificar se a partícula está decantando em condições laminares:

$$\text{Re} = \frac{d_p v_s}{\upsilon} = \frac{1,0 \times 10^{-4}\ \text{m} \times 24,8\ \text{m/h} \times (1\ \text{h}/3.600\ \text{s})}{1,306 \times 10^{-6}\ \text{m}^2/\text{s}} = 0,53$$

Como Re < 1, existe escoamento laminar e a lei de Stokes é aplicável.

---

exemplo / 8.5 Aplicação da Lei de Newton

Calcule a velocidade de decantação terminal de uma partícula de areia com um diâmetro de 200 μm e uma densidade de 2.650 kg/m³. A temperatura da água é 15°C.

solução

A velocidade de decantação terminal da partícula é calculada usando a lei de Stokes (Tabela 8.15). Para a água a 15°C, ρ = 999,1 kg/m³, μ = 1,139 × 10⁻³ N-s/m² e υ =1,139 × 10⁻⁶ m²/s, temos:

$$v_s = \frac{g\left(\rho_p - \rho\right)d_p^2}{18\,\mu}$$

$$= \frac{9,81\ \text{m/s}^2 \times \left(2.650 - 999,1\ \text{kg/m}^3\right) \times \left(2,0 \times 10^{-4}\ \text{m}\right)^2}{18 \times 1,139 \times 10^{-3}\ \text{N-s/m}^2} \times \frac{3.600\ \text{s}}{\text{h}} = 113,8\frac{\text{m}}{\text{h}}$$

Verifique o número de Reynolds (Equação 8.8) para conferir se a partícula está decantando em condições laminares:

$$\text{Re} = \frac{d_p v_s}{\upsilon} = \frac{\left(2,0 \times 10^{-4}\ \text{m}\right) \times (113,8\ \text{m/h}) \times (1\ \text{h}/3.600\ \text{s})}{\left(1,139 \times 10^{-6}\ \text{m}^2/\text{s}\right)} = 5,55$$

Como Re > 1, a lei de Stokes não é válida. A equação do coeficiente de arrasto é fornecida na Tabela 8.15, e a velocidade de decantação pode ser calculada usando a lei de Newton (Tabela 8.15).

exemplo / 8.5 (continuação)

Uma vez que v_s não pode ser determinada explicitamente, devemos utilizar uma solução por tentativa e erro. Usando o valor de Re recém-obtido (isto é, 5,55), o coeficiente de arrasto pode ser calculado como:

$$C_d = \frac{24}{5,55} + \frac{3}{\sqrt{5,55}} + 0,34 = 5,94$$

A velocidade de decantação terminal também pode ser recalculada:

$$v_s = \sqrt{\frac{4\,(9,81 \text{ m/s}^2) \times (2.650 - 999,1 \text{ kg/m}^3) \times 2,0 \times 10^{-4} \text{ m}}{3 \times 5,94 \times 999,1 \text{ kg/m}^3}} \times 3.600 \frac{\text{s}}{\text{h}}$$

$$= 97,1 \frac{\text{m}}{\text{h}}$$

O número de Reynolds é calculado novamente e, depois, o coeficiente de arrasto e a velocidade de decantação terminal são recalculados. Após várias iterações, obtemos uma resposta convergente, como na Tabela 8.16. A velocidade de decantação começa a convergir no sexto ou sétimo ensaio, e tem um valor de 86,5 m/h.

Tabela / 8.16

Processo Iterativo Utilizado no Exemplo 8.5 para Determinar a Velocidade de Decantação pela Lei de Newton Após várias iterações, obtém-se uma resposta convergente, como mostramos aqui.

Ensaio	Re (adimensional)	C_d (adimensional)	v_s (m/h)
0	5,55	5,94	97,1
1	4,74	6,78	90,9
2	4,43	7,18	88,3
3	4,31	7,36	87,3
4	4,26	7,43	86,8
5	4,23	7,47	86,6
6	4,23	7,48	86,5
7	4,22	7,49	86,5

$$\text{Re} = \frac{\rho d_p v_s}{\mu} = \frac{d_p v_s}{\upsilon} \approx \frac{\text{forças de inércia}}{\text{forças viscosas}} \qquad (8.8)$$

em que ρ é a densidade do líquido (kg/m³), d_p é o diâmetro da partícula (m), v_s é a velocidade de decantação da partícula em qualquer ponto no tempo (m/s), μ é a viscosidade dinâmica do líquido (N-s/m²) e υ é a viscosidade cinemática do líquido (m²/s).

8.7.2 REMOÇÃO DE PARTÍCULAS DURANTE A SEDIMENTAÇÃO

A Figura 8.12 mostra trajetórias de partícula em uma bacia de sedimentação retangular. Aqui, presumimos que as partículas se movem horizontalmente na mesma velocidade da água e que são removidas por gravidade depois que alcançam o fundo da bacia. As trajetórias das partículas na bacia dependem da velocidade de decantação das partículas (v_s) e da velocidade do fluido(v_f).

A velocidade de decantação das partículas discretas é constante, pois as partículas não vão interferir umas nas outras, e o tamanho, a forma e a densidade das partículas não deve mudar enquanto passam pelo reator. Uma partícula (partícula 2 na Figura 8.12) que entra na parte superior da bacia e decanta imediatamente antes de escoar da bacia se chama *partícula crítica*. Sua velocidade de decantação é definida como **velocidade de decantação da partícula crítica**, determinada da seguinte forma:

$$v_c = \frac{h_o}{\theta}$$ (8.9)

em que v_c é a velocidade de decantação da partícula crítica (m/h), h_o é a profundidade da bacia de sedimentação (m) e θ é o tempo de detenção hidráulica da bacia de sedimentação (h).

A velocidade de decantação da partícula crítica também se chama **taxa de transbordamento** (OR, *overflow rate*), uma vez que é igual à razão da vazão de processo e da área de superfície:

$$v_c = \frac{h_o}{\theta} = \frac{h_o Q}{V} = \frac{h_o Q}{h_o A} = \frac{Q}{A} = OR$$ (8.10)

em que A é a área de superfície da parte superior da bacia de sedimentação (m²) e Q é a vazão de processo (m³/h). O termo OR (taxa de transbordamento) é importante para a nossa discussão. Na Equação 8.10, repare que OR não é função da profundidade do tanque.

A OR (m³/m²-h, também escrita como m/h) é igual à velocidade de decantação crítica, v_c. Quaisquer partículas com uma velocidade de decantação (v_s) maior ou igual a v_c (ou a OR) será removida. As partículas com uma velocidade de decantação (v_s) menor do que v_c também podem ser removidas, dependendo de sua posição na entrada. Por exemplo, supondo

Figura / 8.12 Trajetórias de Partículas Discretas em uma Bacia de Sedimentação Retangular.

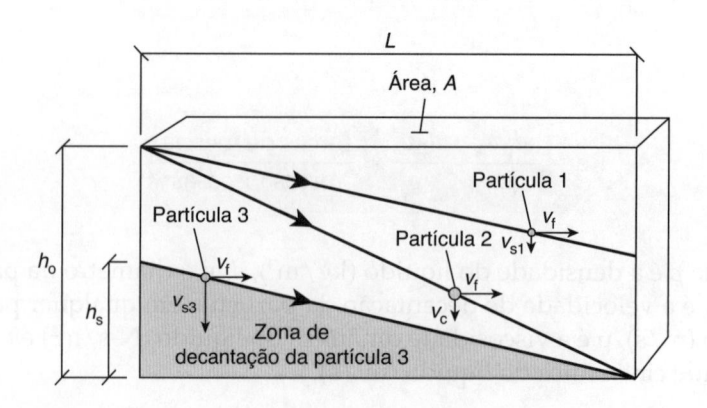

que a partícula 3 na Figura 8.12 tenha uma velocidade de decantação, v_{s3}, menor do que v_c, ela pode ser removida, supondo que sua velocidade de decantação (v_{s1}) seja menor do que v_c em relação ao seu ponto de entrada na bacia de sedimentação.

A porcentagem de partículas removidas é determinada da seguinte forma:

$$\text{Percentual de partículas removidas} = \frac{v_s}{\text{OR}} \times 100 \qquad \textbf{(8.11)}$$

exemplo / 8.6 Determinando a Remoção das Partículas

Uma estação de tratamento tem uma bacia de sedimentação de escoamento horizontal com 4 m de profundidade, 6 m de largura, 36 m de comprimento e vazão de processo de 450 m^3/h. Qual porcentagem de remoção deveríamos esperar para as partículas com velocidades de decantação de 1,0 e 2,5 m/h? Qual é o tamanho mínimo das partículas que seriam completamente removidas? Suponha que a densidade de partículas seja 2.650 kg/m^3. A temperatura da água é 10°C.

solução

Primeiro, determine a taxa de transbordamento da bacia de sedimentação (velocidade de decantação crítica), usando a Equação 8.10:

$$\text{OR} = v_c = \frac{Q}{A} = \frac{450\ m^3/h}{36\ m \times 6\ m} = 2{,}1\ m^3/m^2\text{-h}$$

O percentual de remoção das partículas para cada tamanho de partícula pode ser calculado da maneira apresentada a seguir.

Para partículas com uma velocidade de decantação de 1,0 m/h, como v_s é igual a 1,0 m/h (que é menor do que v_c de 2,1 m/h), o percentual de remoção é calculado pela Equação 8.11:

$$\text{Fração das partículas removidas} = \frac{v_s}{\text{OR}} = \frac{1{,}0\ m/h}{2{,}1\ m/h} = 0{,}48$$

Para partículas com uma velocidade de decantação de 2,5 m/h, como v_s é igual a 2,5 m/h (que é maior do que v_c de 2,1 m/h), todas as partículas com essa velocidade de decantação serão removidas:

$$\text{fração das partículas removidas} = 1{,}0$$

A questão final é determinar o tamanho mínimo da partícula que resultaria na remoção completa. Esse tamanho de partícula pode ser determinado pela lei de Stokes. A velocidade de decantação da partícula de tamanho mínimo é igual à velocidade de decantação crítica, $v_s = v_c = 2{,}1$ m/h. Substituindo v_s na lei de Stokes, teremos o tamanho certo da partícula. Para água a 10°C, $\rho = 999{,}7$ kg/m^3, $\mu = 1{,}307 \times 10^{-3}$ N-s/m^2 e $\upsilon = 1{,}306 \times 10^{-6}\ m^2$/s, temos:

$$v_s = \frac{g\left(\rho_p - \rho\right)d_p^2}{18\,\mu} = \frac{9{,}81\ m/s^2 \times \left(2.650 - 999{,}7\ kg/m^3\right) \times \left(d_p\right)^2}{18 \times 1{,}307 \times 10^{-3}\ N\text{-s}/m^2} \times \frac{3.600\ s}{h} = 2{,}1\ \frac{m}{h}$$

$$d_p^2 = 8{,}48 \times 10^{-10}\ m^2$$

$$d_p = 2{,}9 \times 10^{-5}\ m = 2{,}9 \times 10^{-3}\ cm$$

Para verificar as condições de escoamento, verifique o número de Reynolds (Equação 8.8) e veja se a partícula está decantando em condições laminares:

$$Re = \frac{d_p v_s}{v} = \frac{8,48 \times 10^{-10}\,m \times 2,1\,m/h \times 1\,h/3.600\,s}{1,306 \times 10^{-6}\,m^2/s}$$

$$= 3,8 \times 10^{-7}$$

O número de Reynolds é muito menor do que 1. Portanto, existe escoamento laminar e a lei de Stokes é válida.

Os leitores devem observar que os tanques de decantação horizontais podem ser concebidos e operados sem usar ancinhos mecânicos e outras partes móveis que requerem energia, manutenção e dinheiro para a compra de peças avulsas. Esses tanques podem ser uma tecnologia mais apropriada para muitas aplicações no mundo inteiro.

Os tempos de detenção típicos de uma bacia de sedimentação retangular com escoamento horizontal estão no intervalo de 1,5 a 4 horas. As más condições de entrada, correntes de densidade e descargas desiguais podem diminuir o tempo de detenção (Miller e Esler, 2013). Outros critérios de projeto importantes são considerados no projeto dessas bacias, incluindo o número de bacias (mais de 2 para que se possa fazer uma manutenção *off-line*), a profundidade da bacia (3 a 5 metros), a velocidade média de escoamento horizontal (0,3 a 1,1 m/min), a taxa de transbordamento (1,25 a 2,5 m/h), a razão comprimento-profundidade (1-5) e a razão comprimento-largura (4-5) (Crittenden *et al.*, 2012).

É possível economizar material colocando as bacias lado a lado (para que compartilhem uma parede) e integrando o processo de floculação na extremidade dianteira da bacia de sedimentação. Para combinar as bacias de floculação e sedimentação, é preciso uma parede difusora a fim de separar os dois processos. A parede tem pequenos furos de diâmetro 100-200 mm. A estrutura da entrada para uma bacia de sedimentação também é concebida para proporcionar distribuição uniforme da água sobre a área transversal inteira da bacia, para manter uma velocidade apropriada e também limitar a ruptura dos flocos formados. Uma velocidade de 0,15 a 0,60 m/s vai manter a suspensão dos flocos na maioria das aplicações de água potável (Crittenden *et al.*, 2012). Podem ser projetados tanques de sedimentação circular, e o tamanho da partícula para remoção pode ser avaliado usando as Equações 8.10 e 8.11.

8.7.3 OUTROS TIPOS DE DECANTAÇÃO

A Tabela 8.17 resume os vários tipos de decantação observados durante o tratamento de água e efluentes. O tipo de decantação de partícula discreta discutido no Exemplo 8.6 também é chamado decantação do Tipo I. Na **decantação do Tipo I**, as partículas decantam discretamente a uma velocidade constante.

Quando as partículas floculam durante a decantação, por causa do gradiente de velocidade dos fluidos ou das diferenças nas velocidades de decantação das partículas, seu tamanho aumenta e elas decantam com mais

Tipos de Decantação de Partículas Encontradas Durante o Tratamento da Água Potável e das Águas Residuais

Tipo de decantação	Descrição	Onde é utilizado no processo de tratamento
Tipo I	Partículas decantam discretamente a uma velocidade constante	Remoção do areão
Tipo II	Partículas floculam durante a decantação em função do gradiente de velocidade dos fluidos ou diferenças nas velocidades de decantação das partículas. Seu tamanho é crescente e decantam mais rápido com o passar do tempo.	Processos de coagulação e bacias de sedimentação mais convencionais
Tipo III	Cobertor de partículas formado nas altas concentrações de partículas (acima de 1.000 mg/L) e uma interface clara é observada entre o cobertor e a água clarificada acima do mesmo.	Sedimentação com amolecimento da cal e na sedimentação das águas residuais e espessadores de lodo

rapidez à medida que o tempo passa. Esse tipo de decantação é conhecido como floculenta ou **decantação do Tipo II**, encontrada nos processos de coagulação e na maioria das bacias de sedimentação convencionais. Em altas concentrações de partículas (maiores que 1.000 mg/L), forma-se um cobertor de partículas, e observa-se uma interface clara entre o cobertor e a água clarificada acima do mesmo. Esse tipo é a **decantação impedida** ou **Tipo III**, que ocorre na sedimentação de amolecimento com cal, na sedimentação com lama ativada e espessantes de lamas.

Mesmo quando as partículas decantam por gravidade durante o processo de sedimentação, a eletricidade ainda pode ser necessária para os agitadores, o acionamento dos clarificadores e as bombas de lama. O consumo de eletricidade para sedimentação está na faixa de 0,0037 kWh/m^3, em um sistema de tratamento de 1 MGD, até 0,0023 kWh/m^3, em um sistema de tratamento de 50 MGD (Burton, 1996). Mais uma vez, essa é a única energia direta utilizada no processo, e não considera a energia incorporada, por exemplo, incluindo o requisito adicional de manuseio dos resíduos sólidos.

8.8 Filtração

A **filtração** é amplamente utilizada para remover pequenos flocos ou partículas precipitadas. Ela pode ser utilizada como processo primário de remoção da turbidez – por exemplo, a filtração direta da água bruta com baixa turbidez. Também é utilizada na remoção de patógenos, como a *Giardia lamblia* e o *Cryptosporidium*. Dois tipos de filtração empregados nas instalações de tratamento de água incluem a **filtração com meio granular** (discutida a seguir) e a filtração com membrana (discutida na última seção).

8.8.1 TIPOS DE FILTRAÇÃO GRANULAR

A filtração granular consegue operar em uma taxa de carregamento hidráulico alto (5-15 m/h) ou baixo (0,05-0,2 m/h). (Nas taxas de carrega-

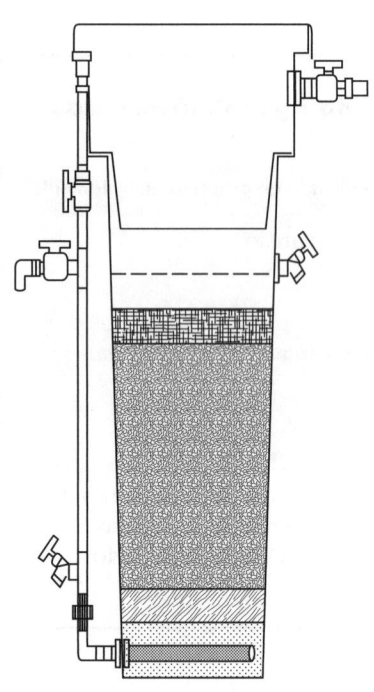

Filtro de bioareia

mento hidráulico, as unidades são, na realidade, m^3/m^2-h, que se reduzem a m/h.) Em ambos os processos, a água influente é conduzida por escoamento gravitacional através de um leito de material granular, e as partículas são coletadas dentro do leito.

A **filtração em taxa elevada** (também conhecida como **filtração rápida**) é o processo utilizado por quase todas as instalações de filtração nos Estados Unidos. A **filtração lenta em areia** é uma tecnologia de tratamento de água adequada para comunidades rurais pela simplicidade, disponibilidade de solo e baixo consumo de energia. Também é empregada com frequência em sistemas comunitários e domésticos implementados no mundo em desenvolvimento. A Tabela 8.18 compara as características de processo da filtração lenta em areia e da filtração rápida.

A Figura 8.13 mostra um esquema de um sistema de filtração granular em meio duplo. O meio de filtração na filtração rápida deve ter um tamanho bem uniforme para permitir que os filtros operem em uma taxa de carga elevada. O pré-tratamento de coagulação é necessário antes da filtração, uma vez que as partículas devem ser adequadamente desestabilizadas para a remoção eficaz.

O filtro de bioareia é utilizado no tratamento doméstico de água em muitas partes do mundo em desenvolvimento.

A filtração rápida opera ao longo de um ciclo, que consiste em um estágio de filtração e um estágio de retrolavagem. Durante o *estágio de filtração*, a água escoa para baixo através do leito do filtro e as partículas são capturadas dentro do leito. Durante o *estágio de retrolavagem*, a água escoa para cima, lavando as partículas capturadas para cima e para fora do leito. Caracteristicamente, a etapa de filtração dura de 1 a 4 dias, e a **retrolavagem** leva de 15 a 30 minutos.

A **perda de carga** durante a filtração e a retrolavagem é importante para o projeto adequado dos sistemas de filtração granular. Para deter-

Tabela / 8.18		

Comparação dos Intervalos Típicos dos Parâmetros de Projeto e Operação para Filtração Lenta em Areia e Filtração Rápida Alguns filtros são projetados e operados fora desses intervalos.

Características do processo	Filtração lenta em areia	Filtração rápida
Taxa de filtração	0,08-0,25 m/h (0,03-0,10 gpm/ft^2)	5-15 m/h (2-6 gpm/ft^2)
Diâmetro do meio	0,15-0,30 mm	0,5-1,2 mm
Profundidade do leito	0,9-1,5 m (3-5 ft)	0,6-1,8 m (2-6 ft)
Altura de carga necessária	0,9-1,8 m (3-6 ft)	1,8-3,0 m (6-10 ft)
Duração da operação	1-6 meses	1-4 dias
Pré-tratamento	Desnecessária	Coagulação
Método de regeneração	Raspagem	Retrolavagem
Turbidez máxima da água bruta	10 NTU	Ilimitada com o pré-tratamento adequado

FONTE: Crittenden *et al.*, 2012. Reimpressa com permissão de John Wiley & Sons, Inc.

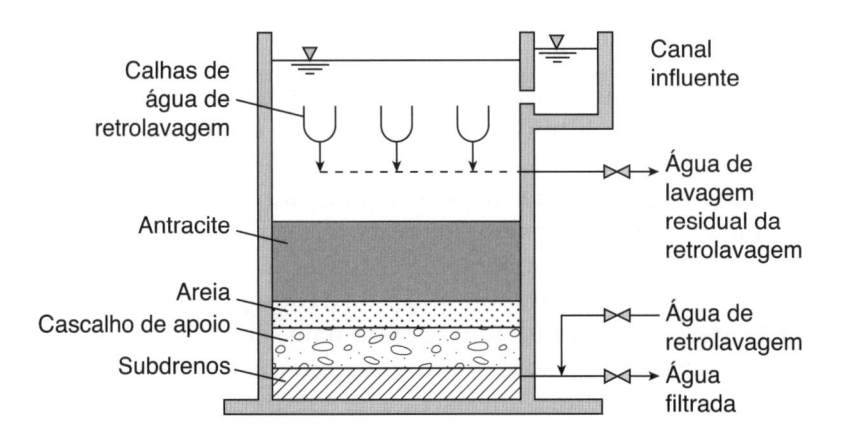

Figura / 8.13 Filtro Granular com Meio Duplo.

(Crittenden *et al.* (2005). Adaptada com permissão de John Wiley & Sons, Inc.)

minada profundidade de meio de filtração e o tamanho eficaz do meio, a **perda de carga em leito limpo** depende da porosidade do leito, da taxa de filtração e da temperatura da água. O efeito da porosidade e da taxa de filtração na perda de carga é ilustrado pela Figura 8.14. A perda de carga em leito limpo aumenta de acordo com a diminuição da porosidade ou com o aumento da taxa de filtração. A figura também mostra que a perda de carga, em leito limpo, é mais sensível à taxa de filtração em uma porosidade mais baixa. A perda de carga, em leito limpo, também aumenta com a diminuição da temperatura, pois a viscosidade do fluido aumenta. Por exemplo, em leito limpo, a perda de carga a 5°C é 60-70% mais alta do que a 25°C.

A **taxa de retrolavagem** deve estar acima da velocidade mínima de fluidificação do maior meio de filtração. O maior meio de filtração é tipicamente tomado como o diâmetro d_{90}. A velocidade mínima de fluidificação pode ser calculada inserindo a porosidade de leito fixo nas equações de projeto. As taxas de retrolavagem variam de, aproximadamente, 20 a 56 m/h, com uma taxa típica de 45 m/h. A meta de expansão do leito é de cerca de 25% para o antracite e 37% para a areia.

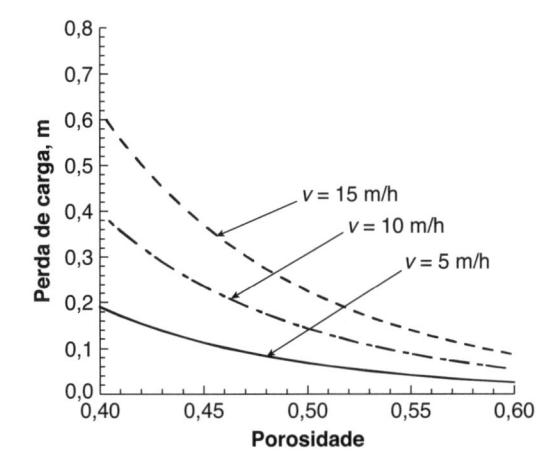

Figura / 8.14 Efeito da Porosidade e da Taxa de Filtração (*v*) na Perda de Carga em Leito Limpo Através do Leito de Filtração Granular Limpo   A perda de carga em leito limpo aumenta com a diminuição da porosidade ou com o aumento da taxa de filtração.

(Crittenden *et al.* (2012). Redesenhada com permissão de John Wiley & Sons, Inc.)

8.8.2 CARACTERÍSTICAS DO MEIO DE FILTRAÇÃO

A areia utilizada na filtração lenta é menor e menos uniforme do que o meio utilizado na filtração rápida. Somente a areia lavada deveria ser utilizada. A areia da praia ou de leito de rio não deve ser utilizada antes de ser processada, já que o seu tamanho e sua uniformidade, normalmente, são maiores do que os critérios para um filtro de areia lento. A etapa de pré-tratamento de coagulação não é necessária, pois a desestabilização não é importante para a filtração lenta em areia. Os filtros de areia lentos comunitários costumam ser guardados em estruturas de concreto reforçado com cascalho graduado (0,3-0,6 m), como uma camada de suporte e um sistema de subdrenagem para coleta de água.

A filtração lenta em areia opera ao longo de um ciclo, que consiste em um estágio de filtração e um estágio de regeneração. No estágio de filtração, a água escoa para baixo por gravidade através do leito de areia submersa (0,9-1,5 m) em ritmo lento e acumula-se a perda de carga. Quando a perda de carga chega à carga disponível (normalmente, após semanas ou meses), o filtro é drenado e os 1-2 cm de cima da areia são raspados, limpos e empilhados no local. O ciclo de operação e raspagem se repete por vários anos, até o leito de areia alcançar a profundidade mínima de 0,4-0,5 m. A areia empilhada é substituída no filtro para restabelecer a profundidade original do leito.

O meio de filtração e as características do leito são muito importantes para a avaliação do desempenho do processo de filtração e para o projeto de sistemas de filtração. Para a filtração rápida, são utilizados areia, carvão antracite, granada e ilmenita como meio de filtração. Às vezes, é utilizado o GAC, quando a filtração é combinada com adsorção em um único processo unitário.

A areia é o meio granular utilizado na *filtração lenta em areia*. As características importantes do meio incluem seu tamanho (descrito pelo tamanho eficaz), a distribuição de tamanho (descrito por um coeficiente de uniformidade), a densidade, a forma e a dureza. A Tabela 8.19 compara as características importantes do filtro e do leito em filtros de filtragem rápida e lenta em areia. A Figura 8.15 mostra como uma amostra de areia é analisada por meio de granulometria para determinar o tamanho correto a ser utilizado na filtração.

Na Figura 8.15, uma amostra de 1.000 g de areia de ocorrência natural foi peneirada em uma pilha de peneira, e o peso retido em cada peneira foi registrado e plotado. Aqui, $d_{10} = 0,43$ mm e $d_{60} = 1,18$ mm. Portanto, o coeficiente de uniformidade é igual a 2,7 (ver a Tabela 8.19). Veja como o coeficiente de uniformidade dessa areia de ocorrência natural é muito maior do que os valores típicos utilizados nos filtros rápidos (1,3-1,7). O coeficiente de uniformidade mais alto vai resultar em grave estratificação do meio durante a retrolavagem, ocasionando uma perda de carga excessiva e reduzindo a eficácia global do filtro. Portanto, nesse exemplo, a amostra peneirada precisa ser processada para um tamanho bem uniforme.

Durante os processos de filtração e retrolavagem, há energia consumida pelas bombas de lama, bombas de água de processo e bombas de vácuo. O consumo de eletricidade do processo de filtração não varia com a capacidade do sistema. Esse valor é tipicamente de 0,0021 kWh/m^3, no bombeamento de lavagem da superfície do filtro, e 0,0034 kWh/m^3, nas

Meios de filtragem e Características do Leito para Filtros Rápidos e Lentos em Areia

	Características importantes do meio
Filtração rápida Usa materiais granulares, como a areia, o carvão antracite, a granada, a ilmenita e o carvão ativado granular (GAC)	O **tamanho eficaz (ES** ou d_{10}) é determinado pela análise granulométrica. É o diâmetro do meio em que 10% do meio por peso é menor. O tamanho eficaz é determinado pela análise granulométrica. Os tamanhos eficazes típicos dos meios de filtração rápida são: areia 0,4-0,8 mm; carvão antracite 0,8-0,2 mm; granada 0,2-0,4 mm; ilmenita 0,2-0,4 mm; GAC 0,8-2,0 mm. O **coeficiente de uniformidade (UC)** é a razão do 60º percentil do diâmetro do meio (o diâmetro em que 60% do meio por peso é menor) e do tamanho eficaz (d_{10}): $$UC = \frac{d_{60}}{d_{10}}$$ UC é um parâmetro importante no projeto dos filtros rápidos porque afeta diretamente a eficácia global do leito do filtro pela estratificação do meio filtrante durante a retrolavagem. Na retrolavagem, os grãos grosseiros (mais peso) vão decantar no fundo do leito e são difíceis de fluidificar para a limpeza eficaz. Os grãos finos (menos peso) vão acumular no topo do filtro e provocar perda de carga excessiva durante o estágio de filtração. Os intervalos típicos dos coeficientes de uniformidade para os meios de filtração rápida são: areia 1,3-1,7; carvão antracite 1,3-1,7; granada 1,3-1,7; ilmenita 1,3-1,7; GAC 1,3-2,4.
Filtro de areia lento Usa areia	Os meios de filtração em areia lenta têm um tamanho eficaz menor (ES ou d_{10}) para alcançar uma taxa de filtração mais baixa. Também têm um coeficiente de uniformidade maior (UC), porque a retrolavagem não está envolvida na operação de filtração lenta em areia; portanto, a estratificação não é uma preocupação. O tamanho eficaz típico da filtração lenta em areia é de 0,3 a 0,45 mm, e o coeficiente de uniformidade é menor do que 2,5. A **porosidade do leito do filtro** é como a porosidade do solo. A porosidade tem uma forte influência na perda de carga e na eficácia da filtração. Se a porosidade for pequena demais, a perda de carga será alta e a taxa de filtração vai diminuir rapidamente ao longo do tempo de operação. Se a porosidade for alta demais, a taxa de filtração vai ultrapassar o critério e o efluente não vai satisfazer o objetivo do tratamento. Os valores típicos da porosidade estão no intervalo de 40%-60%.

bombas d'água de retrolavagem (Burton, 1996). A economia de energia pode ser feita a partir do projeto (e uso) correto de motores e bombas eficientes, dos acionadores de velocidade ajustável, das melhorias na instrumentação e no controle, bem como da instalação de válvulas que reduzem a perda de carga. Por exemplo, embora não seja aplicável em todas as situações, as válvulas de retenção de esfera e membrana têm uma perda de carga muito menor do que as válvulas de retenção de portinhola. A energia necessária para a produção e o fornecimento do meio filtrante para a estação de tratamento, junto com o manuseio de resíduos, também pode ser incluída em uma análise energética, se o pensamento do ciclo de vida for integrado.

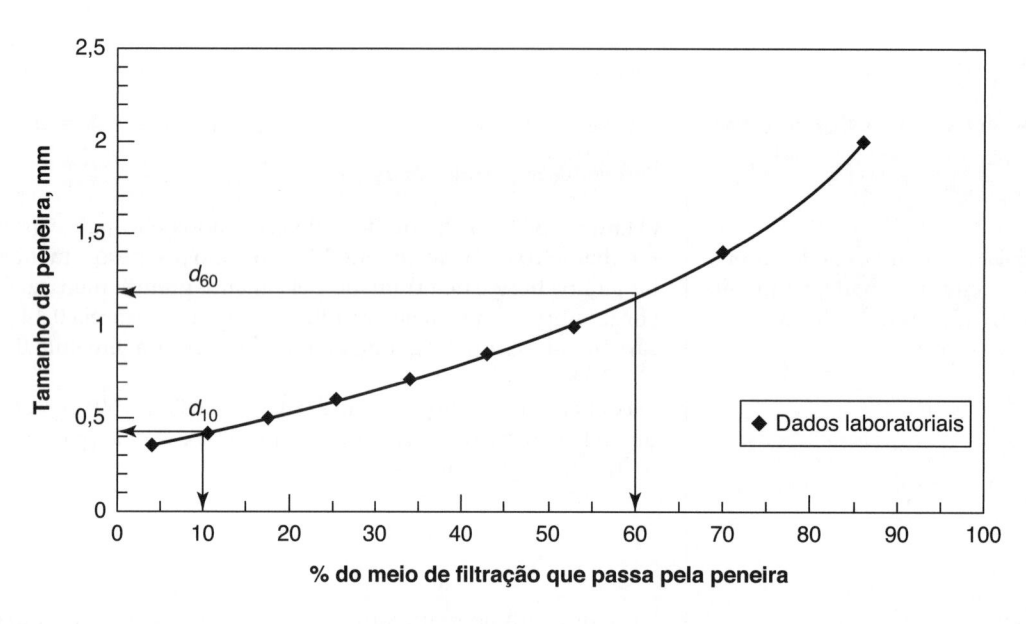

Figura / 8.15 Análise da Adequabilidade de uma Amostra de Areia Nativa para Filtração Lenta em Areia.

8.9 Desinfecção

Subprodutos da Desinfecção
http://www.epa.gov/safewater/
disinfection/

Os patógenos podem ser removidos por processos de tratamento, como a filtração granular, ou por agentes de desinfecção inativados. O termo **desinfecção**, na prática da água potável, refere-se a duas atividades:

1. **Desinfecção primária:** a inativação dos microrganismos na água.

2. **Desinfecção secundária:** manutenção de um desinfetante residual no sistema de distribuição de água tratada (também chamada manutenção residual).

8.9.1 MÉTODOS DE DESINFECÇÃO ATUAIS

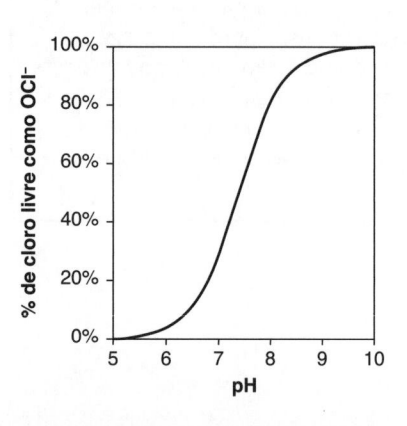

Figura / 8.16 Efeito do pH na Fração de Cloro Livre Presente como Íon Hipoclorito (OCl⁻).

Geralmente, os **desinfetantes** podem ser classificados como *agentes oxidantes* (por exemplo, cloro e ozônio), *cátions de metais pesados* (prata ou cobre) e *agentes físicos* (calor ou radiação UV). O desinfetante mais utilizado é o cloro livre. Quatro outros desinfetantes comuns são o cloro combinado, o ozônio, o dióxido de cloro e a luz ultravioleta (UV). O cloro combinado é limitado, frequentemente, à desinfecção secundária.

A Tabela 8.20 resume a eficácia, os limites regulatórios, a aplicação típica e a fonte química dos cinco desinfetantes mais comuns. A Tabela 8.21 fornece informações detalhadas sobre a química importante para a desinfecção e as considerações de aplicação dos cinco desinfetantes comuns (incluindo a importância do pH, conforme a Figura 8.16).

Os reatores utilizados na desinfecção são, normalmente, chamados *contatores*. O cloro livre, o cloro combinado e o dióxido de cloro são utilizados com mais frequência nos contatores próximos dos reatores a pistão ideais, como câmaras de contatores em serpentina. Os dois tipos de contatores podem ser projetados para serem altamente eficientes, aproximando-se bastante de um reator a pistão ideal. Geralmente, o ozônio é introduzido em câmaras de bolhas em série. Muitas vezes, a luz UV é aplicada em reatores proprietários, em que o curto-circuito é uma preocupação pelo fato de os tempos de contato serem curtos.

Eficácia, Limites Regulatórios, Aplicação Típica e Fonte Química dos Cinco Desinfetantes Mais Comuns

	Desinfetante				
Questão	Cloro livre	Monocloramina	Dióxido de cloro	Ozônio	Luz UV
Eficácia					
Bactérias	Excelente	Boa	Excelente	Excelente	Bom
Vírus	Excelente	Razoável	Excelente	Excelente	Razoável
Protozoários	Razoável a bom	Ruim	Bom	Bom	Excelente
Endosporos	Ruim a bom	Ruim	Razoável	Excelente	Razoável
Frequência de uso como desinfetante primário	Mais comum	Comum	Ocasional	Muito comum	Cada vez mais comum
Limite regulatório sobre os resíduos	4 mg/L	4 mg/L	0,8 mg/L	—	—
Formação de subprodutos químicos					
Subprodutos regulados	Forma 5 trialometanos (THMs) e 4 ácidos haloacéticos (HAAs)	Traços de THMs e HAAs	Clorito	Bromato	Nenhum
Subprodutos que podem ser regulados no futuro	Vários	Haletos de cianogênio, nitrosodimetilamina (NDMA)	Clorato	Carbono orgânico biodegradável	Nenhum conhecido
Dose de aplicação típica, Mg/L	1-6	2-6	0,2-1,5	1-5	20-100 mJ/cm²

(continua)

Tabela / 8.20

(continuação)

Fonte química	Fornecido como gás líquido em caminhões-tanque, cilindros de 1 ton e 68 kg como pó de hipoclorito de cálcio para aplicações muito pequenas. Geração local a partir de sal e água usando eletrólise.	Mesmas fontes do cloro. A amônia é fornecida como amoníaco diluído, gás líquido em cilindros o sulfato de amônio sólido. O cloro e a amônia são misturados no processo de tratamento.	Mesmas fontes do cloro. Clorito na forma de pó ou solução líquida estabilizada. ClO_2 é manufaturado com gerador no local.	Produzido no local usando uma descarga de corona no ar muito seco ou em oxigênio puro. Geralmente, o oxigênio é fornecido em estado líquido. O oxigênio também é produzido no local em algumas instalações muito grandes.	Usa lâmpadas UV de baixa pressão ou de baixa pressão e alta intensidade (254 nm), ou UV de média pressão (vários comprimentos de onda) no contator.
Contator típico	No passado, era adicionado no início da instalação e o resíduo era transportado pela instalação. Os contatores individuais são cada vez mais utilizados.	No passado, era adicionado no início da instalação e o resíduo era transportado pela instalação. Os contatores individuais são cada vez mais utilizados.	No passado, era adicionado no início da instalação e o resíduo era transportado pela instalação. Os contatores individuais são cada vez mais utilizados.	Sempre foi adicionado em contatores especialmente fabricados. Esses contatores estão usando mais compartimentos.	Lâmpadas são colocadas em canais de gravidade ou em reatores UV especialmente produzidos. Como o tempo de contato é curto demais, os reatores devem ser testados.

FONTE: Crittenden *et al.*, 2012. Adaptada com permissão de John Wiley & Sons, Inc.

Reações Químicas Importantes Associadas aos Desinfetantes Comuns

Desinfetante	Reações químicas importantes	Considerações
Cloro livre Quando o cloro gasoso é adicionado à água, reage rapidamente com essa água, formando ácido hipocloroso (HOCl) e ácido clorídrico (HCl). O ácido hipocloroso e os íons hipoclorito juntos costumam ser chamados de *cloro livre* (cloro livre = HOCl + OCl$^-$). Essas duas espécies químicas são agentes desinfetantes ativos; no entanto, o ácido hipocloroso (HOCl) é muito mais eficaz do que o OCl$^-$ na desinfecção.	$Cl_{2(g)} + H_2O \rightarrow HOCl + HCl$ **(8.13)** $HOCl \rightarrow H^+ + OCl^-$ $K_a = 10^{-7,5}$ **(8.14)**	Como também se pode ver a partir da constante e equilíbrio da Equação 8.13 e na Figura 8.16, o HOCl é a forma predominante de cloro livre em um pH abaixo de 7. Consequentemente, um operador de estação de tratamento vai tentar manter o pH em 7 ou ligeiramente abaixo para aumentar o poder de desinfecção do cloro adicionado. Embora a desinfecção com cloro seja muito eficaz e vantajosa economicamente, o uso do cloro traz algumas preocupações. Uma delas é a formação de subprodutos; o cloro vai reagir com a matéria orgânica dissolvida, que ocorre naturalmente nas águas, e formar THMs carcinogênicos.
Cloro combinado Quando o cloro e a amônia (NH_3) estão presentes na água, eles reagem e formam três *compostos cloramina* (NH_2Cl, $NHCl_2$, NCl_3), de acordo com as três reações à direita. Essas três cloraminas juntas são denominadas **cloro combinado**. (cloro combinado = $NH_2Cl + NHCl_2 + NCl_3$). O **cloro residual total** é a soma do cloro combinado e de qualquer cloro residual livre.	*Formação da monocloramina* $HOCl + NH_3 \rightarrow NH_2Cl + H_2O$ **(8.15)** *Formação da dicloramina* $HOCl + NH_2Cl \rightarrow NHCl_2 + H_2O$ **(8.16)** *Formação da tricloramina* $NHCl_2 + HOCl \rightarrow NCl_3 + H_2O$ **(8.17)**	A formação dessa espécie depende da proporção entre Cl_2 e NH_3–N. Em uma proporção elevada entre Cl_2 e NH_3–N, ocorre a oxidação da amônia para gás nitrogênio e íons nitrato. $3HOCl + 2NH_3 \rightarrow N_{2(g)} + 3H_2O + 3HCl$ **(8.18)** $4HOCl + NH_3 \rightarrow HNO_3 + H_2O + 4HCl$ **(8.19)** As reações também dependem da dosagem de cloro, temperatura, pH e alcalinidade. Em valores baixos de pH, outras reações passam a ser mais importantes, como estas: $NH_2Cl + H^+ \rightarrow NH_3Cl^+$ **(8.20)** $NH_3Cl^+ + NH_2Cl \rightleftharpoons NHCl_2 + NH_4^+$ **(8.21)**
Dióxido de cloro Essa substância química não produz quantidades significativas de **trialometanos** (THMs) como subprodutos das reações com compostos orgânicos.	$2NaClO_2 + Cl_{2(g)} \rightarrow 2ClO_{2(g)} + 2NaCl$ **(8.22)** $2NaClO_2 + HOCl \rightarrow 2ClO_{2(g)} + NaCl + NaOH$ **(8.23)** $5NaClO_2 + 4HCl \rightarrow 4ClO_3 + 5NaCl + 2H_2O$ **(8.24)**	O dióxido de cloro é explosivo em temperaturas elevadas, mediante exposição à luz ou na presença de substâncias orgânicas. O dióxido de cloro não produz THMs; no entanto, ele produz substâncias inorgânicas como o clorito (ClO_2^-) e o clorato (ClO_3^-), que suscitam preocupações de saúde em certos níveis de exposição.

(continua)

(continuação)

Desinfetante	Reações químicas importantes	Considerações
Dióxido de cloro (*continuação*) O dióxido de cloro também tem um poder oxidante maior do que o cloro; entretanto, em valores de pH neutros, típicos da maioria das águas, ele tem apenas 70% da capacidade de oxidação do cloro.		O ClO_2 é gerado no local a partir de cloreto de sódio com cloro gasoso (Cl_2), cloro aquoso (HOCl) ou ácido (normalmente, ácido clorídrico, HCl).
Ozônio O ozônio é um oxidante mais forte do que os outros três desinfetantes.	$$3O_2 \rightarrow 2O_3 \qquad (8.25)$$ O ozônio pode se decompor em radical hidroxila (HO), que é formada pelas reações com altas concentrações de íon hidróxido (OH^-) ou matéria orgânica natural (NOM). $$3O_3 + OH^- + H^+ \rightarrow 4O_2 + 2H_2O \qquad (8.26)$$ $$O_3 + NOM \rightarrow HO \cdot + \text{subprodutos} \qquad (8.27)$$	O ozônio é um gás altamente reativo e decai rapidamente em condições ambiente. Portanto, tem que ser gerado no local, frequentemente por descargas elétricas na presença de O_2. O ozônio reage com os micróbios por oxidação direta ou por ação dos radicais hidroxila gerados, como nas Equações 8.26 e 8.27. Os radicais hidroxila são eliminados por espécies de carbonato (HCO_3^-, CO_3^{2-}) e íons metal reduzidos (por exemplo, Fe^{2+}, Mn^{2+}). As condições de pH elevado ou altas concentrações de matéria orgânica favorecem as reações de oxidação dos radicais hidroxila. A desinfecção com ozônio depende, principalmente, de suas reações diretas, e o ozônio residual é importante. O pH baixo, a alcalinidade elevada, as baixas concentrações de matéria orgânica e a baixa temperatura vão aumentar a estabilidade dos resíduos de ozônio aquoso. Infelizmente, o uso do ozônio não vai resultar em um residual que possa continuar o processo de desinfecção no sistema de distribuição de água. Além disso, a ozonização das águas contendo brometo produz bromato (BrO_3^-), que se acredita ser um carcinógeno para os seres humanos.
Radiação UV Essa é a radiação eletromagnética com um comprimento de onda entre 100 e 400 nm.	A luz no espectro UV pode ser dividida em UV vácuo, UV ondas curtas (UV-C), UV ondas médias (UV-B) e UV ondas longas (UV-A). A região do comprimento de onda de 200-300 nm é um intervalo germicida em que o ácido desoxirribonucleico (DNA) absorve UV.	Os fótons na luz UV reagem diretamente com os ácidos nucleicos na forma de DNA e danificam o DNA. Isso vai inibir a transcrição subsequente do código genético da célula e prevenir a sua reprodução bem-sucedida. Entretanto, os microrganismos podem evoluir para reparar o dano induzido pelo UV por meio de mecanismos de fotorreativação e reparação escura. Portanto, a reativação é uma consideração importante na desinfecção com UV. O desempenho dos sistemas de desinfecção com UV é altamente influenciado pelas substâncias dissolvidas e pela matéria particulada nas águas, que têm de ser consideradas no projeto do reator UV.

8.9.2 CINÉTICA DA DESINFECÇÃO

Os mecanismos para inativação dos patógenos durante a desinfecção são complexos e não são bem compreendidos. Portanto, foram desenvolvidos modelos cinéticos baseados em observações de laboratório. A **lei de Chick** (Equação 8.12) é o modelo mais direto para descrever o processo de desinfecção. Ela presume que a taxa da reação de desinfecção é de **pseudoprimeira ordem** em relação à concentração dos patógenos que estão sendo inativados:

$$\frac{dN}{dt} = -K \times N \qquad (8.12)$$

em que dN/dt é a taxa de variação no número de organismos com o tempo (organismos/volume/tempo), N é a concentração dos organismos (organismos/volume) e K é a constante de taxa da lei de Chick (tempo^{-1}). Integrando a Equação 8.12, temos:

$$\ln\left(\frac{N}{N_0}\right) = -K \times t \qquad (8.28)$$

em que N_0 é a concentração inicial dos organismos (organismos/volume).

A taxa de desinfecção pode ser determinada plotando o log da razão de concentração do organismo (N/N_0) *versus* o tempo. Para estimar melhor a taxa de desinfecção, devem ser feitas várias medições em cada momento. Por causa da medição imprecisa, o melhor ajuste, com frequência, não pode passar pelo zero. A taxa de desinfecção da Equação 8.28 está relacionada com a concentração de desinfetante, e a reação tem uma constante de taxa diferente para cada concentração.

---

exemplo / 8.7 Aplicação da Lei de Chick

A partir dos dados das três primeiras colunas da Tabela 8.22, faça um gráfico dos dados da inativação do *Poliovírus* tipo 1 usando o desinfetante bromo. Determine a constante de taxa da lei de Chick para cada uma das duas concentrações de desinfetante.

solução

Calcule o log do valor de sobrevivência (N/N_0) de cada ponto de dados. Os resultados estão exibidos nas duas colunas da direita na Tabela 8.22. Depois, trace $\log(N/N_0)$ em função do tempo (t) e passe uma linha reta pelos dados. A Figura 8.17 mostra esse gráfico.

Na Figura 8.17, o valor da declividade da linha corresponde à constante de taxa da lei de Chick. Para uma concentração de desinfetante de 21,6 mg/L, a constante de taxa K (base 10) é 1,8333/s; desse modo, K (base e) é 4,22/s. Para a concentração de desinfetante de 4,7 mg/L, a constante de taxa K (base 10) é 0,6667/s; dessa forma, K (base e) é 1,54/s. Lembre-se de que, conforme discutimos previamente, trata-se de uma constante de taxa de pseudoprimeira ordem, de modo que a constante de taxa é diferente de acordo com as concentrações dos desinfetantes.

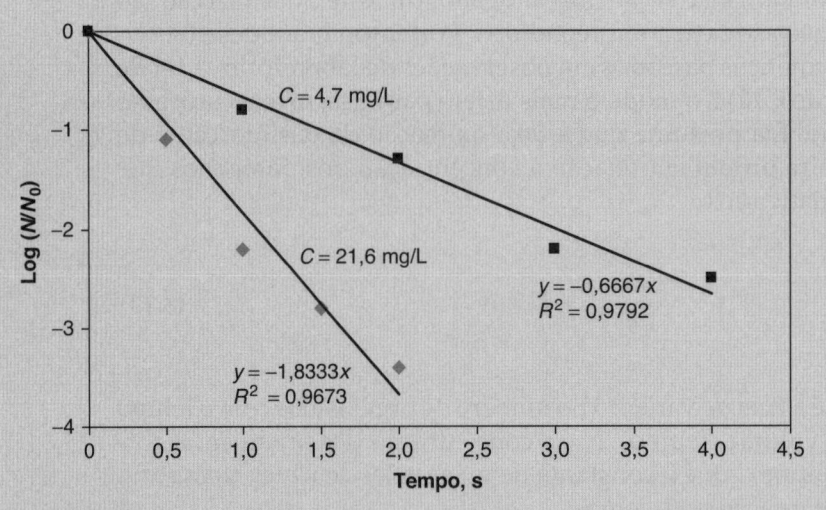

Figura / 8.17   Log (N/N_0) em Função de t para o Exemplo 8.7.

Tabela / 8.22

Dados Utilizados para Solucionar o Problema Aplicando a Lei de Chick no Exemplo 8.7

C (mg/L)	t (s)	N (número de organismos/L)	N/N_0	log (N/N_0)
21,6	0,0	500	1	0
21,6	0,5	40	0,080	−1,1
21,6	1,0	3	0,006	−2,2
21,6	1,5	1	0,002	−2,7
21,6	2,0	0,2	0,0004	−3,4
4,7	0,0	500	1	0
4,7	1,0	79	0,158	−0,8
4,7	2,0	25	0,050	−1,3
4,7	3,0	3	0,006	−2,2
4,7	4,0	1,5	0,003	−2,5

A **abordagem** Ct usa o produto $C \times t$, que pode ser visto como a dosagem de desinfetante. C é a concentração de um desinfetante químico (mg/L), medida após o segmento de tempo, t, em que t é o tempo necessário para alcançar um nível de inativação. Um conceito similar é o produto da intensidade da luz UV (I, mW/cm^2) e do tempo de exposição, t. $I \times t$ (unidades de mW/cm^2 × s ou mJ/cm^2) é utilizado durante a desinfecção por UV para calcular a dose de luz UV.

A abordagem *Ct* é útil para comparar a eficácia relativa dos diferentes desinfetantes e a resistência dos diferentes organismos. A Figura 8.18 ilustra isso comparando *Ct* e *It* necessários para 99% de inativação de vários microrganismos, usando os cinco desinfetantes comuns. A Figura 8.18 mostra que o ozônio necessita de uma *Ct* mais baixa, para a maioria dos microrganismos, do que a exigida pelos outros três oxidantes químicos; portanto, o ozônio é um desinfetante mais forte. Além disso, o microrganismo chamado *C. parvum* requer a maior *Ct* dos quatro oxidantes químicos, de modo que esse organismo é mais resistente a esses desinfetantes. Os dados *It* para a desinfecção UV estão incluídos na Figura 8.18, entretanto, não se pode concluir muita coisa pela comparação dos valores *It* com os valores *Ct* do mesmo organismo.

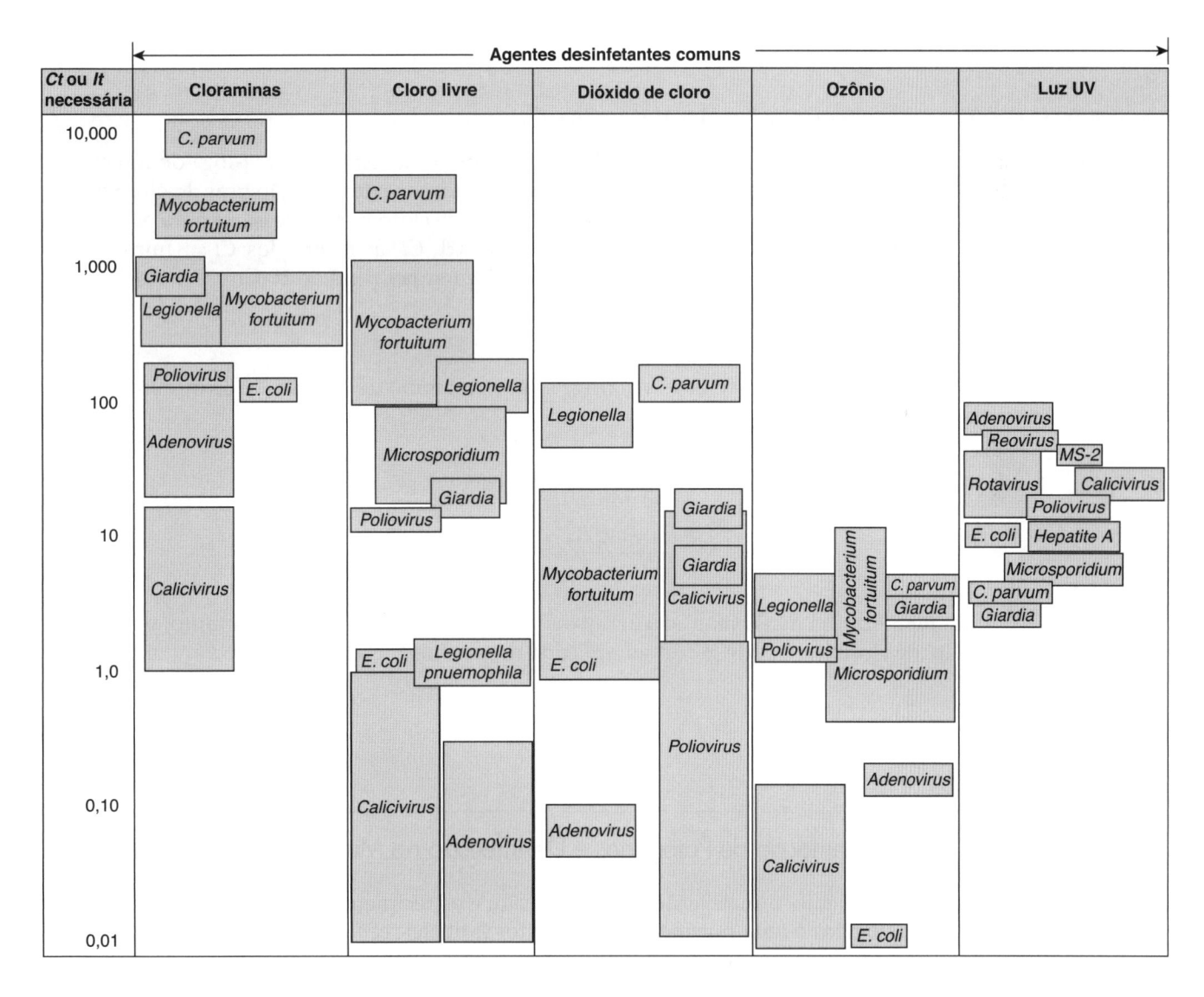

Figura / 8.18 **Visão Geral dos Requisitos de Infecção para 99% de Inativação** Esse gráfico compara a *Ct* ou a *It* necessária para 99% de inativação de vários patógenos usando cinco desinfetantes comuns (listados em cima). O ozônio necessita de uma *Ct* menor do que os outros três oxidantes químicos para a maioria dos patógenos, de forma que o ozônio é um desinfetante mais forte. O microrganismo *C. parvum* requer a maior *Ct* entre os quatro oxidantes químicos, então esse microrganismo é mais resistente a esses desinfetantes.

(Crittenden *et al.* (2012). Redesenhada com permissão de John Wiley & Sons, Inc.)

Durante o processo de desinfecção, a eletricidade é utilizada por misturadores, bombas d'água de processo e bombas químicas. A produção e o fornecimento de agentes desinfetantes para as estações de tratamento também requerem insumos energéticos ao longo do ciclo da vida do material. O consumo de eletricidade tem sido de, aproximadamente, 2 kWh/m^3 para a operação de um processo de desinfecção por cloração nas estações de tratamento de águas superficiais, com capacidades variando de 1 a 20 MGD. O requisito de eletricidade para a cloração nas estações de tratamento de águas subterrâneas é de, aproximadamente, 9 kWh/m^3 (Burton, 1996). Isso mostra que, em uma estação de tratamento de água potável, o uso de energia é influenciado pela fonte de água bruta.

exemplo / 8.8 Aplicação do Valor da *Ct*

A Lei de Tratamento das Águas Superficiais (SWTR) requer, pelo menos, 99,99% (4-log) de remoção e/ou inativação dos vírus. Uma estação de tratamento de água fornece desinfecção usando cloro livre com um tempo de contato de 30 min. Determine a concentração de cloro livre necessária para desinfecção, em pH de 7 e temperaturas da água de 5°C e 20°C. Os valores de *Ct* são fornecidos: *Ct* = 8 min-mg/L em pH = 7 e temperatura de 5°C; *Ct* = 3 min-mg/L em pH = 7 e temperatura de 20°C.

solução

A concentração residual necessária de cloro livre (mg/L) para o tempo de contato de 30 minutos é determinada da seguinte forma:

$$C_{20} = \frac{3\ min\text{-}mg/L}{30\ min} = 0,1\ mg/L$$

$$C_5 = \frac{8\ min\text{-}mg/L}{30\ min} = 0,27\ mg/L$$

Repare que, na temperatura mais baixa, são necessários valores mais altos de *Ct*. Portanto, uma concentração mais alta de cloro livre pode ter de ser aplicada durante os meses de inverno.

Aplicação / 8.7 Remoção de Patógenos e Desinfecção no Mundo em Desenvolvimento

No mundo em desenvolvimento, a inativação dos contaminantes microbiológicos é feita por meio da adição de agentes de desinfecção, como o cloro livre, a luz UV ou o calor (Tabela 8.23). O armazenamento de água precisa ser considerado cuidadosamente, pois a água retida no ponto de coleta é, frequentemente, recontaminada com matéria fecal durante a coleta, o transporte e o uso doméstico. Os vasos com bocas estreitas e as torneiras reduzem a chance de recontaminação, e os recipientes abertos sempre devem ser cobertos (Mihelcic *et al.*, 2009).

Os poços escavados à mão podem ser clorados abaixando um pote de cloração (Figura 8.19) no poço ou injetando cloro diretamente no poço todos os dias. Algumas comunidades adotam a medida intermediária de injetar cloro periodicamente no poço para reduzir a contaminação. Entretanto, a desinfecção terá vida curta com esse método se houver patógenos na fonte de águas subterrâneas.

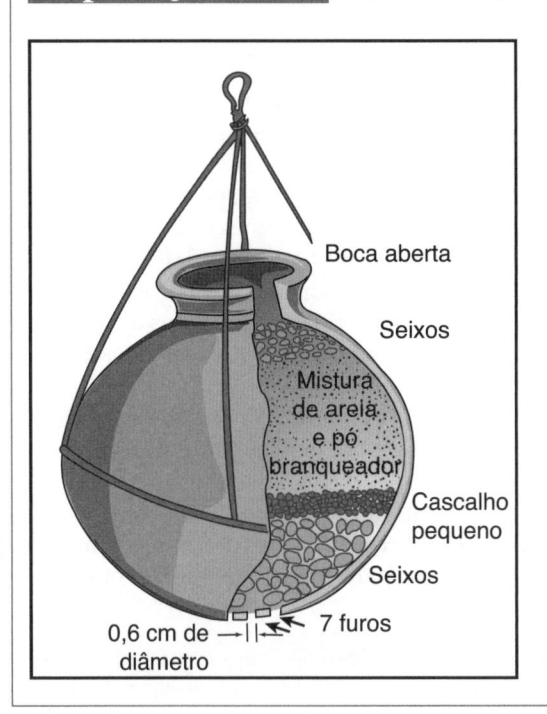

Figura / 8.19 Exemplo de Pote de Cloração.

(De Mihelcic *et al*. (2009). Cortesia do desenho de Linda D. Phillips.)

Labels da figura: Boca aberta; Seixos; Mistura de areia e pó branqueador; Cascalho pequeno; Seixos; 7 furos; 0,6 cm de diâmetro

Tabela / 8.23

Agentes de Desinfecção e Processos Utilizados em Nível Domiciliar nos Países em Desenvolvimento

Agente ou processo de desinfecção	Exemplos
Calor	A fervura é o método mais comum para tratar a água nos países em desenvolvimento, mas necessita da madeira valiosa (que pode ser cara), produz poluição atmosférica e gera preocupações de segurança relacionadas com o escaldamento das crianças. A água tem um sabor desaerado. A maioria dos especialistas sugere manter o ponto de ebulição por 1 a 5 minutos. A OMS recomenda chegar ao ponto de ebulição. Isso leva a temperaturas superiores às necessárias para a esterilização. Calor até temperaturas de pasteurização (60°C), por 1 a 10 minutos, vai destruir muitos patógenos transmitidos pela água.
Solar	O sistema solar custa tempo e trabalho, com volumes de água limitados. Usa uma combinação de UV e pasteurização para a desinfecção. O aquecimento até as temperaturas de pasteurização (60°C), por 1 a 10 minutos, vai destruir muitos patógenos transmitidos pela água. A *desinfecção solar (SODIS)* é um método de tratamento simples que tira proveito do potencial de destruição bacteriana da luz solar. O tratamento envolve a colocação de garrafas de água transparentes a serem tratadas na luz solar direta por determinado período de tempo. Fogões ou refletores solares (feitos de papelão ou folha de alumínio) conseguem alcançar as temperaturas de pasteurização de 65°C.

(continua)

(continuação)

Cloração	Transmite gosto à água. Requer turbidez abaixo de 1-5 NTU. A diretriz da OMS para o cloro é 5 mg/L, que está acima do limiar de paladar de 0,6-1,0 mg/L.
	O alvejante líquido de lavanderia é uma fonte de cloro facilmente disponível em muitas comunidades em desenvolvimento. A forma em pó do cloro é o hipoclorito de cálcio, que inclui cal clorada, alvejante tropical, pó alvejante e HTH. O hipoclorito de cálcio pode ser encontrado em soluções de 30-70%. O alvejante líquido vem na forma de hipoclorito de sódio e contém 1-18% de cloro.
	No nível da comunidade, os *potes de cloração* são adicionados aos poços escavados à mão e usam pó alvejante ou cal clorada (Figura 8.19). Comprimidos de hipoclorito de cálcio também podem ser adicionados aos poços escavados à mão.
	Os cloradores mecânicos sem partes móveis, às vezes, são construídos na parte superior de um tanque de armazenamento de água e gotejam uma solução alvejante dentro do tanque.
	No nível domiciliar, pode-se usar uma solução comercial com 1% de cloro. O cloro é adicionado a 1-5 mg/L para alcançar um residual de 0,2-0,5 mg/L, após o tempo de contato de 30 minutos. Isso aumenta para 1 hora o tempo de contato para águas frias.
Iodo	Transmite gosto à água. A OMS recomenda uma dose de 2 mg/L com um tempo de contato de 30 minutos. O iodo é melhor do que o cloro para penetrar a matéria particulada, mas é mais caro.
Sedimentação e filtração	O sistema de três potes transfere a água entre esses potes diariamente, e a decantação por gravidade reduz os ovos de helmintos e de alguns protozoários em mais de 90%, especialmente com o armazenamento de 1 a 2 dias. A remoção de vírus e bactérias é muito menor.
	A filtração pode consistir em uma ampla variedade de meios: meio granular, areia lenta, tecido, papel, lona e cerâmica.

FONTE: Mihelcic *et al.*, 2009.

8.10 Processos de Membrana

Em 2007, mais de 20.000 estações de membrana (incluindo de osmose reversa) estavam em operação no mundo inteiro. Esse número deve crescer em um ritmo significativo de acordo com o aumento da população e do consumo de água. Os **processos de membrana** envolvem água bombeada sob pressão, chamada água de alimentação, em um nicho contendo uma membrana semipermeável, em que parte da água é filtrada através da membrana e se chama *permeado*.

O resto da água que contém os constituintes filtrados passa pelo filtro e se chama *retida*, como mostra a Figura 8.20.

A pressão necessária para a filtração constante ou fluxo através da membrana se chama pressão *transmembrana*. Essa pressão proporciona a força motriz para que haja filtração. Conforme o tamanho do poro da membrana diminui, a pressão transmembrana aumenta. A **vazão** é a taxa com que o permeado escoa pela área da membrana, sendo expressada em L/m^2-dia (gpm/pé^2). Normalmente, o permeado é estabilizado – se for necessário –, desinfetado e enviado para o sistema de distribuição.

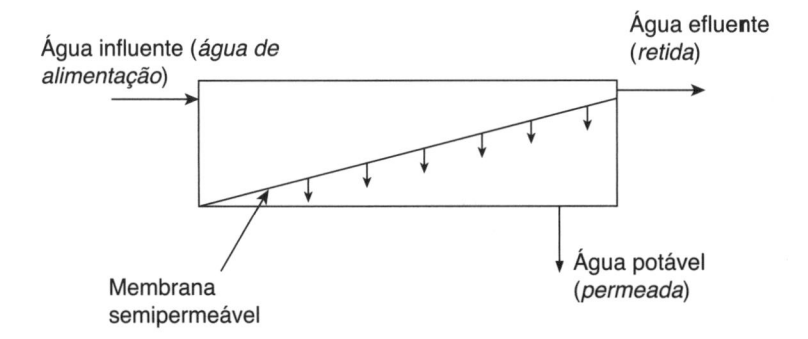

Figura / 8.20 **Diagrama do Processo de Separação por Membrana** O influente é separado em um fluxo permeado (para água potável) e um fluxo retido que acaba se transformando em resíduo. Um dos desafios para a indústria de tratamento de água é encontrar usos benéficos para o material retido.

8.10.1 CLASSIFICAÇÃO DOS PROCESSOS DE MEMBRANA

A escolha do tipo de sistema de membrana depende dos constituintes a serem removidos. Quatro tipos de sistemas de membrana são utilizados no tratamento da água: **microfiltração (MF), ultrafiltração (UF), nanofiltração (NF)** e **osmose reversa (OR)**. A Figura 8.21 classifica os quatro processos de membrana utilizados no tratamento da água potável. A Tabela 8.24 fornece mais informações sobre os quatro tipos de filtros de membrana. Às vezes, a microfiltração e a ultrafiltração são classificadas como filtração por membrana porque removem, principalmente, os constituintes particulados. Em alguns casos, a nanofiltração e a osmose reversa são classificadas como processos de osmose reversa porque removem os constituintes dissolvidos.

O uso da **energia** necessária para que a água passe por uma membrana pode ser determinado da seguinte forma:

$$\text{Hp} = \frac{Q \times \Delta P}{1.714} \qquad \textbf{(8.29)}$$

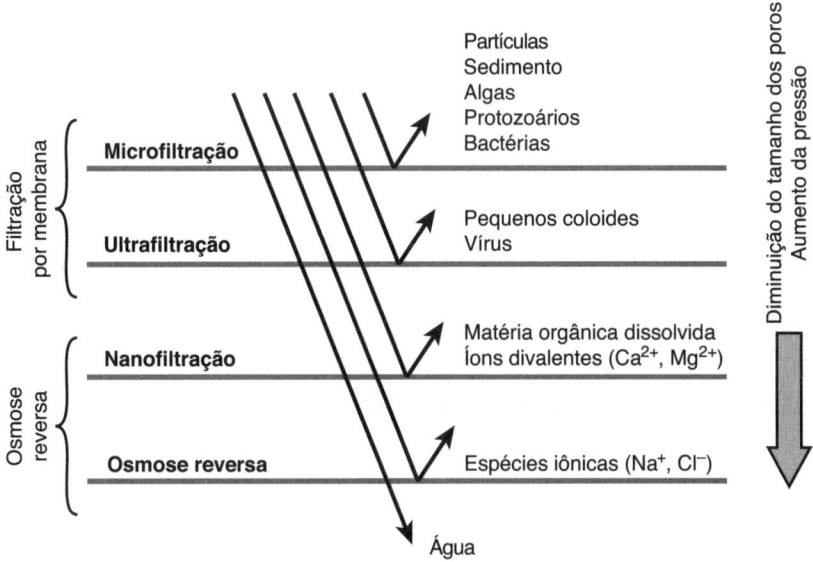

Figura / 8.21 **Classificação dos Quatro Processos de Membrana Induzidos por Pressão** Os processos são microfiltração, ultrafiltração, nanofiltração e osmose reversa.

(Adaptada de Crittenden *et al.* (2012). Redesenhada com permissão de John Wiley & Sons, Inc.)

Tipos de Sistemas de Filtração por Membrana

Tipo de filtro de membrana	Considerações
Microfiltração (MF)	A membrana tem poros com ≈0,1 polegada de diâmetro nominal. Remove partículas, algas, bactérias e protozoários com tamanhos acima do diâmetro nominal. A faixa de operação da pressão transmembrana é de 0,2 a 1,0 bar (2 a 15 psig).
Ultrafiltração (UF)	A membrana tem poros com 0,01 µm de diâmetro nominal. Consegue remover constituintes pequenos como os coloides e os vírus. A faixa de operação da pressão transmembrana é de 1 a 5 bar (15 a 75 psig).
Nanofiltração (NF)	A membrana tem poros com 0,001 µm de diâmetro nominal. Remove matéria orgânica dissolvida e alguns íons divalentes, como os íons cálcio e magnésio. A faixa de operação da pressão transmembrana é de 5,0 a 6,7 bar (75 a 100 psig).
Osmose reversa (OR)	Os filtros são considerados não porosos e, normalmente, apenas os constituintes do tamanho das moléculas da água conseguem passar pelo filtro. A faixa de operação da pressão transmembrana é de 13,4 a 80,4 bar (200 a 1.200 psig).

em que Hp é a potência necessária para passar um milhão de galões de água por dia pela membrana (kWh/MGD), Q é a vazão (gpm) e ΔP é a pressão de alimentação necessária (psi).

8.10.2 MATERIAIS DA MEMBRANA

As membranas são fabricadas na forma tubular, em formato de folhas ou ainda de fibras finas ocas. Elas são compostas de materiais naturais ou sintéticos. Os tipos naturais modificados consistem em acetato de celulose, diacetato de celulose, triacetato de celulose, além de uma mistura de diacetato e triacetato. Os materiais sintéticos das membranas podem ser compostos de poliamida, polissulfona, acrilonitrila, polietersulfona, Teflon, náilon e polímeros de polipropileno.

A espessura da membrana pode variar de 0,1 a 0,3 µm. Alguns materiais de membrana, como o acetato de celulose e a poliamida, são fabricados como compósitos de película fina (TFC). Normalmente, as membranas TFC têm uma camada ativa muito fina ligada a um material de suporte poroso espesso para proporcionar resistência.

Alguns materiais de membrana são sensíveis à temperatura, ao pH e aos oxidantes. As membranas de acetato de celulose têm uma temperatura de operação na faixa de 15-30ºC e não toleram acima de 30ºC. Elas também são sensíveis à hidrólise em pH alto e baixo. O triacetato e as misturas de di/triacetato têm mais estabilidade hidrolítica na água com pH alto e baixo. As membranas de poliamida, polissulfona, náilon, Teflon e polipropileno têm alta estabilidade física, não hidrolisam na faixa de pH de 3 a 11 e são imunes à degradação bacteriana. No entanto, algumas membranas de poliamida podem estar sujeitas à oxidação por desinfetantes, como a cloração.

8.10.3 TIPOS DE PROCESSOS DE MEMBRANA E CONFIGURAÇÕES

Os tipos mais comuns de configurações de membrana utilizados no tratamento da água são a *espiralada* e os *módulos de fibras ocas*. Um elemento espiralado consiste em folhas de membrana, material permeado, espaçador de canal e envoltório de membrana externa embrulhando um tubo permeado poroso. A água entra em uma extremidade do elemento e escoa pela área de superfície do filtro embrulhado, permeando pela membrana e entrando no tubo coletor, enquanto o material concentrado ou retido escoa para a extremidade externa do elemento filtrante. Os elementos espiralados podem variar de 100 a 300 mm de diâmetro e 1 a 6 m de comprimento. Feixes de elementos, normalmente com 30 a 50 componentes, são montados sobre plataformas (chamadas *patins*) e operados em modo paralelo.

Para a operação de OR, as unidades montadas em plataformas também podem ser operadas em paralelo ou em série. Por exemplo, duas plataformas podem operar em paralelo (primeiro estágio), e o material retido em cada plataforma é alimentado em duas outras plataformas (segundo estágio) para aumentar a recuperação de água. A Figura 8.22 exibe uma estação por OR com quatro unidades montadas em plataformas.

Talvez, a membrana mais utilizada seja a fibra oca. As **fibras ocas** têm diâmetros externos que variam de 0,5 a 2,0 mm, espessura da parede variando de 0,07 a 0,60 mm e comprimentos de, aproximadamente, 1 m. Normalmente, de 7.000 a 10.000 fibras ficam abrigadas em módulos pressurizados de aço inoxidável ou fibra de vidro, com diâmetros variando de 100 a 300 mm e comprimentos que vão de 1 a 2 m.

Além dos vasos de pressão, as membranas de microfiltração e ultrafiltração conseguem operar submersas em tanques. A Figura 8.23 é um esquema de uma configuração conhecida como *sistema de membra-*

Figura / 8.22   Estação de Tratamento de Água Potável por Osmose Reversa Mostrando Quatro Unidades Montadas sobre Plataformas.

(Foto cedida por George Tchobanoglous.)

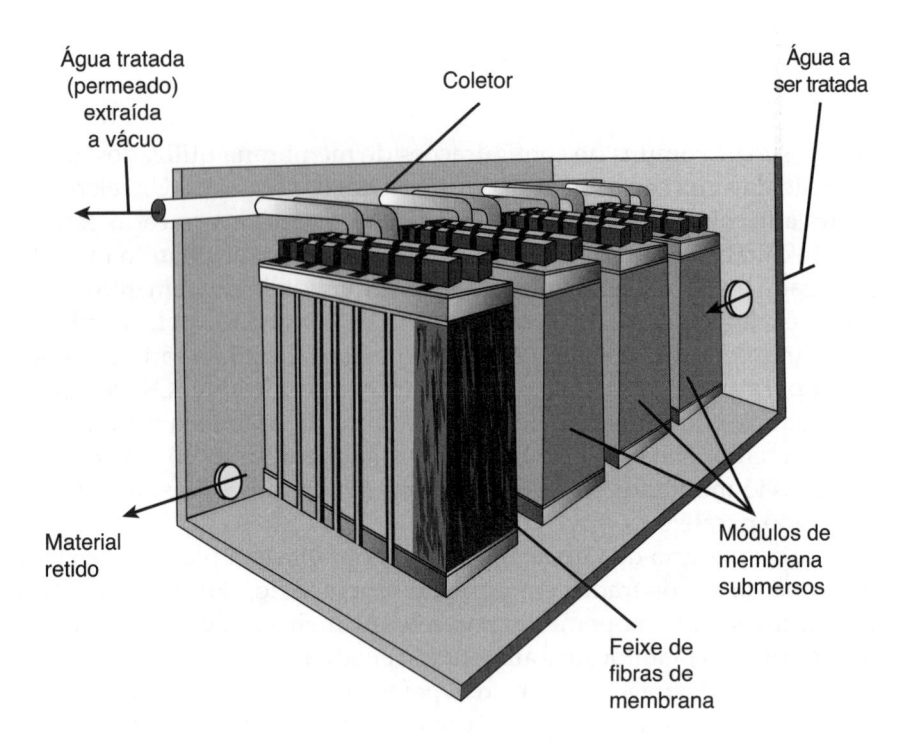

Água tratada (permeado) extraída a vácuo

Coletor

Água a ser tratada

Material retido

Módulos de membrana submersos

Feixe de fibras de membrana

Figura / 8.23 Membranas Submersas em Tanques.

(Crittenden *et al.* (2012). Redesenhada com permissão de John Wiley & Sons, Inc.)

nas submersas. No modo submerso, as membranas ficam submersas em um tanque completamente misturado, onde entra a água de alimentação. O permeado é extraído através da membrana pela aplicação de um vácuo no lado permeado da membrana. Normalmente, o material retido é extraído de modo semicontínuo ou contínuo, caso o reator esteja operando como um reator de mistura perfeita (CMFR, *completely mixed-flow reactor*).

8.10.4 ESCOLHA E OPERAÇÃO DA MEMBRANA

A operação da membrana depende muito das características da água influente e do tipo dos constituintes na água que precisam ser removidos. Se a água doce superficial precisar da remoção de constituintes particulados, o processo necessário é a filtração por membrana (microfiltração ou ultrafiltração). Se for necessária a remoção de constituintes dissolvidos, o processo deve ser a nanofiltração ou a OR. A Figura 8.24 retrata os *layouts* das estações de tratamento de água por microfiltração e OR.

Conforme a Figura 8.24a, as estações que usam microfiltração necessitam, geralmente, de uma etapa de pré-filtração para remover partículas grosseiras, com diâmetros acima de 200 a 500 µm. Se os constituintes dissolvidos (como o manganês, o ferro ou a dureza) ou os constituintes coloidais estiverem presentes e interferirem no funcionamento da membrana, podem ser necessárias etapas de pré-tratamento químico. São utilizadas bombas de alimentação para promover a pressão transmembrana necessária para a filtração. Com o tempo, os constituintes particulados e dissolvidos se acumulam na superfície da membrana, fazendo com que o fluxo de permeado diminua ou aumente a pressão transmembrana.

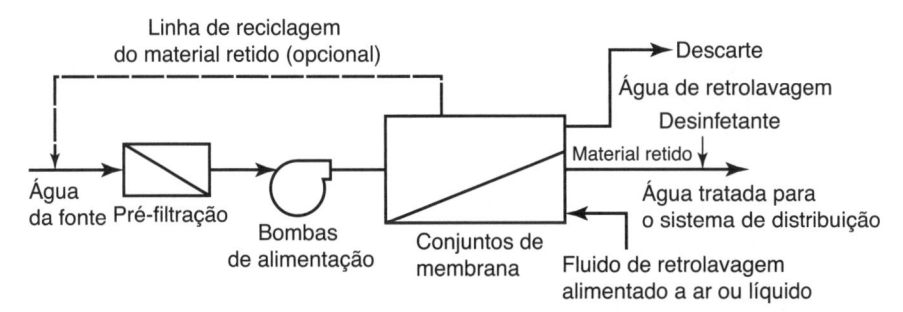

(a)

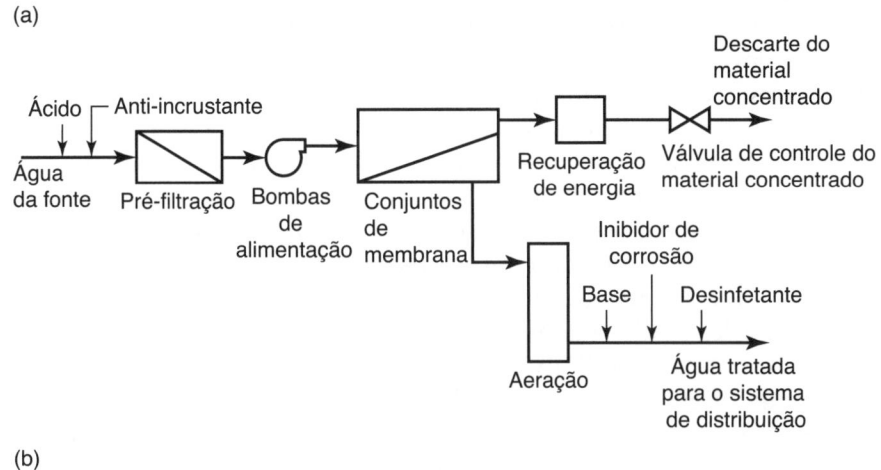

(b)

Figura / 8.24 Componentes Típicos de uma Estação de Tratamento de Água Potável com Filtração por Membrana Esse diagrama compara (a) a estação com microfiltração e (b) a estação com osmose reversa.

(Crittenden *et al.* (2012). Redesenhada com permissão de John Wiley & Sons, Inc.)

Em algum ponto na operação, as membranas necessitam de retrolavagem para restabelecer o seu desempenho. A retrolavagem de um filtro microfiltrante é feita pela inversão do fluxo de fluido usando o ar ou o material permeado em uma pressão mais alta do que a pressão de operação normal. Desse modo, o permeado é desinfetado e enviado para o sistema de distribuição. Se houver material retido, ele pode ser devolvido diretamente para a linha de alimentação ou para uma bacia de mistura a montante das membranas. A água de retrolavagem, contendo substâncias químicas e sólidos de limpeza, pode ser esgotada para tratamento na estação de tratamento de efluentes, tratada no local ou descarregada na água da fonte.

Nas membranas de microfiltração, o ciclo de retrolavagem ocorre, aproximadamente, a cada 30-90 minutos, dependendo da qualidade da água influente. Após um intervalo de tempo, a limpeza química é necessária para reverter a perda de fluxo e restabelecer a permeabilidade. A perda de fluxo se deve à incrustação da membrana pelos particulados, à matéria orgânica dissolvida e à incrustação biológica decorrente do crescimento de microrganismos. Isso se chama *incrustação reversível*, já que a perda de fluxo pode ser restaurada. A *incrustação reversível* se deve à compactação da membrana durante o primeiro ano de operação. A compactação ocorre quando grandes vazios desabam na camada de suporte da membrana poroso por causa da pressão excessiva aplicada. A pressão aplicada reduz o tamanho dos vazios da camada de suporte, causando uma redução na permeabilidade por toda a seção transversal da membrana.

De acordo com a Figura 8.24b, as estações de osmose reversa necessitam de ácido e adição química para prevenir a formação de crostas nas membranas. A formação de crostas é causada por sais solúveis na água

Mais sobre dessalinização
http://www.water.ca.gov/desalination/

de alimentação, que se concentram na membrana a ponto de ultrapassarem seu produto de solubilidade e começarem a precipitar como sólidos na superfície da membrana. A adição de ácido vai mudar a solubilidade dos sais, e o anti-incrustante vai ajudar a prevenir a formação de crostas ou, pelo menos, desacelerar a taxa de precipitação.

A pré-filtração é utilizada para impedir que as partículas entupam as membranas de OR. No caso das águas superficiais, pode ser necessário usar filtros de cartucho, filtração granular e/ou microfiltração para remover as partículas antes da filtração por OR. A desinfecção também pode ser necessária para prevenir a incrustação microbiana das membranas de OR. Deve-se ter cuidado para garantir que as membranas de OR não sejam susceptíveis à oxidação pelo desinfetante.

Normalmente, a qualidade da água permeada é ácida (pH ≈ 5,0), com alcalinidade baixa e corrosiva. Dependendo da fonte de água, o material permeado pode conter gás dissolvido (por exemplo, sulfeto de hidrogênio se a fonte for água subterrânea reduzida). Algumas águas permeadas podem exigir aeração para remover os gases dissolvidos indesejados. A corrosividade da água requer ajustes no pH e na alcalinidade, usando uma solução básica e adicionando um inibidor de corrosão (silicato de sódio e hexametafosfato de sódio). Geralmente, é adicionado um desinfetante na água antes de ela entrar no tanque hermético e no sistema de distribuição.

Como o fluxo de material retido está sob alta pressão, utiliza-se uma válvula de controle de concentrado para capturar a energia e reduzir a pressão do fluxo de material retido. A válvula de controle de concentrado é um sistema de recuperação de energia e pode ser utilizada para reduzir o uso de energia na estação de OR. O material retido pode ser tratado – como acontece quando se utiliza as lagoas de evaporação para concentrar ainda mais o sal – ou pode ser descarregado no oceano, em um estuário de água salobra ou em um rio, ou pode seguir para o esgoto municipal. Obviamente, é mais simples descarregar o fluxo de material retido nas águas costeiras, onde a descarga não apresenta tantos problemas, do que nos locais afastados da costa, onde há água doce. No entanto, será necessária uma permissão para garantir a proteção dos ecossistemas costeiros.

8.10.5 DESEMPENHO DA MEMBRANA

A Tabela 8.25 resume as características de operação típicas e os parâmetros gerais de desempenho dos sistemas de membrana. Nos sistemas de microfiltração, a recuperação da água varia de 90% a 98%, dependendo do tamanho nominal do poro da membrana. A remoção microbiológica pode ser de até 7-log para protozoários, como os cistos de *Giardia lamblia* e os ovócitos de *Cryptosporidium parvum*. A remoção de bactérias é de 4 a 8-log e a dos vírus é de 7 a 10-log.

Nos sistemas de OR, a recuperação da água varia de 50% a 90%, dependendo do tipo de água influente e do estadiamento. A remoção de TDS pode estar entre 90% e 99,5%. A remoção microbiológica é excelente, com mais 7-log de protozoários, e entre 4 e 7-log de bactérias e vírus (Asano *et al.*, 2006). As membranas de OR também são muito eficazes na remoção de SOCs. A Tabela 8.26 descreve vários mecanismos que incrustam as membranas, além dos métodos para remover ou impedir a incrustação.

Em geral, os processos de membrana têm requisitos energéticos muito maiores do que os dos outros processos de tratamento da água. Por exemplo, a osmose reversa utilizada para dessalinização da água do mar tem

Parâmetros Operacionais das Membranas

Parâmetro	Microfiltração	Ultrafiltração	Nanofiltração	Osmose reversa
Vazão, L/m² · d	400-1.600	400-800	10-35	12-20

Pressão de operação, kPa
  Água doce
  Água salgada
	0,0007-0,01	0,007-0,7	350-550
			500-1.000
				1.200-1.800
				5.500-8.500

Consumo de energia, kWh/m³
  Água doce
  Água do mar
	0,4	3,0	0,6-1,2	1,5-2,5
				5-10

FONTE: Dados de Crittenden *et al.*, 2012; e Asano *et al.*, 2006.

consumo de eletricidade variando de 2,3 a 7 kWh/m³ de água produzida (Hancock *et al.*, 2012; Muñoz *et al.*, 2010; Stokes e Horvath, 2009; Lyons *et al.*, 2009; Raluy *et al.*, 2005a, b). O consumo de energia dos processos de membrana varia com a salinidade da água bruta e o tamanho do poro das membranas. Por exemplo, a OR utilizada no tratamento da água subterrânea salobra (que tem salinidade mais baixa em comparação à água do mar) tem um consumo de eletricidade mais baixo; apenas 0,55-2 kWh/m³, que é bem mais baixo do que o intervalo descrito anteriormente neste parágrafo. Além disso, mudar o processo de OR para NF (que resulta em um poro maior) vai reduzir o consumo de eletricidade em 65% (Vince *et al.*, 2008). O consumo de energia global também pode ser reduzido por meio da recuperação da energia contida no fluxo rejeitado de alta pressão e da transferência dessa energia para o fluxo de alimentação de baixa pressão (Vince *et al.*, 2008).

Tipos de Incrustação da Membrana e Métodos de Controle (Crittenden *et al.*, 2012).

Tipo de incrustação	Descrição	Controlado por
Incrustação por partículas	Partículas grandes formam um bolo na superfície da membrana	A retrolavagem vai remover partículas maiores do que os poros da membrana.
Bioincrustação	Forma-se um biofilme na superfície da membrana, que pode secretar material extracelular que aumenta a incrustação. A ligação é forte, portanto a retrolavagem não vai conseguir remover.	Desinfetantes químicos como o cloro são adicionados na água de alimentação.
Matéria orgânica natural	Matéria orgânica natural (NOM) absorvida pela superfície da membrana. Acredita-se que o alto peso molecular e as frações coloidais da NOM tenham tamanho suficiente para entupir os poros da membrana.	Remoção cuidadosa da NOM através de coagulação, filtração ou biofiltração.

exemplo / 8.9 Cálculo do Sistema de Membrana para Microfiltração

Um município está modernizando a sua estação de microfiltração, trocando as membranas com poros de 0,2 μm de diâmetro por membranas com poros de 0,1 μm de diâmetro. A instalação consiste em oito conjuntos de 90 módulos cada, e a capacidade total é de 29.214 m³/dia. Os módulos têm 119 mm de diâmetro interno e 1.194 mm de comprimento, com uma área de superfície de filtração de 23,4 m². As novas fibras ocas têm 1,0 mm de diâmetro externo e comprimento de 1.194 mm. Calcule:

1. A área de superfície total disponível.
2. A vazão da membrana em $L/m^2 - h$ e $gpm/pé^2$.
3. O número total de fibras de membrana da instalação e de cada módulo.

solução

A área de superfície total disponível é determinada da seguinte forma:

$$\text{área de superfície total} = 8\,\text{conjuntos} \times \frac{90\,\text{módulos}}{\text{conjunto}} \times \frac{23,4\,m^2}{\text{módulo}} = 16.848\,m^2$$

A vazão da membrana é determinada da seguinte forma:

$$\text{vazão} = \frac{\text{vazão total da instalação}}{(\text{área de superfície total disponível para filtração})}$$

$$= \left(\frac{29.214\,m^3/dia}{16.848\,m^2}\right) \times \left(\frac{dia}{24\,h}\right) \times \left(\frac{1.000\,L}{m^3}\right)$$

$$= 72,25\,L/m^2\text{-}h$$

$$\text{vazão} = 72,25\,L/m^2\text{-}h \times \frac{\text{galões}}{3,785\,L} \times \frac{m^2}{(3,28\,ft)^2} \times \frac{h}{60\,min} = 0,0296\,gpm/ft^2$$

O número total de fibras de membrana necessárias para a instalação e cada módulo é:

$$\text{número total de fibras} = \frac{\text{área de superfície total da planta disponível para filtração}}{\text{área de superfície externa de uma única fibra}}$$

$$= \frac{16.848\,m^2}{2\pi r L} = \frac{16.848\,m^2}{2\pi \times (0,001\,m) \times (1,194\,m)}$$

$$= 2.246.000$$

$$[\text{número de fibras por módulo}] = \frac{\text{número total de fibras}}{\text{número de módulos}}$$

$$= \frac{2.246.000}{8\,\text{conjuntos} \times \left(\dfrac{90\,\text{módulos}}{\text{conjunto}}\right)} = 3.120$$

8.11 Adsorção

8.11.1 TIPOS DE PROCESSOS DE ADSORÇÃO

Os processos de adsorção são amplamente utilizados para remover constituintes orgânicos e inorgânicos da água e do ar. Por exemplo, o **carvão ativado granular (GAC)** e o **carvão ativado em pó (PAC)** são amplamente utilizados para remover SOCs e compostos odoríficos dos estoques de água potável. Sob a Lei da Água Potável, a EPA designou o GAC como a melhor tecnologia disponível para remover muitos constituintes orgânicos e inorgânicos dos abastecimentos de água (por exemplo, SOCs, arsênico e radionuclídeos). O GAC é amplamente utilizado para tratar o ar interior (por exemplo, remover formaldeído, tolueno e radônio).

A **adsorção** é um processo pelo qual as moléculas são transferidas de um escoamento de fluido e concentradas em uma superfície sólida por forças físicas. Uma molécula dissolvida no escoamento de fluido (gasoso ou aquoso) atraída e adsorvida pela superfície sólida se chama *adsorbato*. A superfície sólida sobre a qual o adsorbato é adsorvido se chama *adsorvente*. A atração física é controlada por forças tipo van der Waals, mecanismos de ligação inespecíficos (forças de atração em um nível molecular) ou forças de atração entre o adsorbato e a superfície adsorvente. As SOCs passíveis de adsorção são as hidrofóbicas (temem a água). As que são hidrofílicas (gostam da água) preferem ficar na água, de forma que sua afinidade pela adsorção é baixa. A Tabela 8.27 fornece exemplos de SOCs favoravelmente e desfavoravelmente adsorvidas no carvão ativado. Lembre-se de que o Capítulo 3 discutiu os mecanismos de adsorção, incluindo o uso da isoterma de Freundlich para descrever o equilíbrio entre a fase adsorvida e aquosa dos contaminantes.

8.11.2 TIPOS DE ADSORVENTES

O adsorvente mais utilizado é o carvão ativado. O carvão ativado vem na forma granular (GAC) ou em pó (PAC). A Tabela 8.28 compara o uso do GAC e do PAC, bem como algumas propriedades físicas desses dois adsorventes de carvão ativado. Outro adsorvente é o hidróxido férrico granular (GFH), que é utilizado principalmente para remover o arsênico e o selênio. Em comparação com o GAC e o PAC, o GFH tem uma área de superfície específica de 250-300 m^2/g, com partículas de tamanhos variados entre 0,32 e 2,00 mm. Esses adsorventes são porosos e têm uma área de superfície interna grande para que ocorra a adsorção. A grande área de superfície específica total desses adsorventes proporciona muitos sítios para adsorção.

O tratamento com GAC é feito em um modo de operação e leito fixo alimentado por gravidade ou sob pressão. Em alguns casos, o GAC pode substituir o material granular nas operações de filtração. Os leitos em paralelo consistem em mais de um adsorvedor, em que a concentração do influente é alimentada em cada leito e o efluente é misturado.

Normalmente, o PAC é adicionado na entrada de água bruta, antes da unidade de mistura rápida, ou na entrada do filtro, antes da filtração em areia, dependendo dos outros processos de tratamento de água utili-

Exemplos de Compostos Orgânicos Sintéticos Favorável e Desfavoravelmente Adsorvidos da Água pelo Carvão Ativado

Composto	Favoravelmente adsorvido	Desfavoravelmente adsorvido
1-aminobutano		X
Acetona		X
Atrazina	X	
Benzeno	X	
Tetracloreto de carbono	X	
Clorofórmio	X	
Etanol		X
Geosmina	X	
Lindano	X	
Metanol		X
Metil isoborneal	X	
Álcool tert-butílico		X
Tetracloroetileno	X	
Tolueno	X	
Tricloroetileno		X

Informações Práticas sobre Pequenos Sistemas Comunitários de Abastecimento de Água
http://www.nesc.wvu.edu/drinkingwater.cfm

zados. Por exemplo, o uso do PAC pode interferir na pré-oxidação e/ou coagulação, resultando em uma necessidade maior de dosagem do PAC. A membrana PAC usa um reator de mistura perfeita (CMFR) para o tempo de contato adequado, seguido por separação do PAC/água por meio de uma membrana de ultrafiltração, e o PAC é reciclado de volta para a cabeça do CMFR. As configurações do reator de membrana podem ser utilizadas quando houver problemas crônicos associados ao paladar e odor, ou quando houver micropoluentes.

O consumo de energia na adsorção GAC é similar ao do processo de filtração, principalmente, em virtude do bombeamento durante a operação e a retrolavagem. O consumo de eletricidade é de, aproximadamente, $0,01$ kWh/m^3 de água produzida (Vincent *et al.*, 2008). Pela perspectiva do ciclo de vida, o consumo de energia do processo também deve considerar a energia necessária para produção e distribuição do adsorvente, regeneração do adsorvente e gestão de resíduos. A eletricidade utilizada na operação pode ser reduzida pela melhora da eficiência energética do sistema, conforme discutido na seção sobre filtração. A energia incorporada pode ser reduzida por métodos que incluem usar processos de regeneração de adsorventes que consumam menos energia.

Comparação dos Adsorventes Ativados Utilizados no Tratamento da Água O hidróxido férrico
granular pode ser empregado para remover o arsênico e o selênio

	Uso primário	Área de superfície específica total (m²/g)	Tamanho das partículas (mm)	Considerações de projeto
Carvão ativado granular (GAC)	Remoção dos constituintes orgânicos, constituintes inorgânicos como o mercúrio, fluoreto, perclorato e arsênico	500-2.500	0,3-2,4	Realizado em um modo de operação de leito fixo, alimentado por gravidade ou pressão. Os três modos comuns de operação em leito fixo são: (1) operação com adsorvente único, (2) adsorventes operados em paralelo e (3) adsorventes operados em série.
Carvão ativado em pó (PAC)	Principalmente para remoção do gosto e odor sazonais; também utilizado em problemas periódicos com poluentes agrícolas, como os pesticidas e os herbicidas (por exemplo, durante o escoamento da primavera)	800-2.000	0,044-0,074	Injetado na carga da estação de tratamento de água convencional e removido durante os processos de sedimentação e filtração. Parâmetro-chave de projeto necessário para a dosagem, obtido a partir dos Jar-Tests.

Aplicação / 8.8 Sistemas de Tratamento de Água em Pequena Escala

Por definição, um sistema público de água potável fornece regularmente essa água, pelo menos, a 25 conexões individuais ou 15 conexões de serviço. Dos 158.000 sistemas públicos de abastecimento de água inventariados pela Agência de Proteção Ambiental em 2005, quase 95% foram classificados como sistemas pequenos (população 501-3.300) ou muito pequenos (população menor do que 500). Esses sistemas pequenos atendem a uma gama de instalações, incluindo pequenos municípios, condomínios de apartamentos, escolas e fábricas, além de igrejas, motéis, *resorts*, restaurantes e áreas de *camping*. Enquanto a maioria da população americana é atendida por sistemas de abastecimento maiores, os sistemas pequenos desempenham um papel vital no fornecimento de água potável segura.

A Figura 8.25 mostra os processos unitários utilizados para tratar a água em um *resort* localizado no norte do estado de Minnesota. A água é bombeada do Lago Rainy e escoa por várias etapas do processo de tratamento antes de ser enviada para o sistema de distribuição. Primeiramente, a água do lago é clorada, em seguida entra em um conjunto de filtros de areia por pressão, que removem as partículas maiores. Um filtro de saco de 30 μm faz o pré-tratamento. Depois, a água escoa por duas unidades de membrana de ultrafiltração funcionando em paralelo, fornecendo mais do que a remoção de 2-log necessária dos ovócitos de *Cryptosporidium*. Tanques de armazenamento proporcionam o tempo de contato com cloro para inativação dos vírus e outros patógenos, e também fornecem volume de armazenamento para distribuição. Por causa do alto teor orgânico na água da fonte (10-12 mg/L TOC), altos níveis de subprodutos da desinfecção se formaram nesse ponto do processo. Portanto, a água escoa através de um filtro GAC (não exibido) para remover os subprodutos da desinfecção. Uma vez que as normas exigem que seja mantido um desinfetante residual em todos os pontos do sistema de distribuição, um sistema de reaplicação de cloro proporcional ao escoamento (não exibido) realiza a etapa final do tratamento.

Alguns desafios para esse tipo de sistema pequeno incluem a complexidade do tratamento associada à falta de um operador de água em tempo integral, a obtenção do serviço em áreas remotas e as considerações sempre mutáveis quanto ao mercado tecnológico e ao custo.

Figura / 8.25 Sistema de Abastecimento de Água em Pequena Escala Atendendo a um *Resort* e Restaurantes Sazonais Perto do Parque Nacional Voyageurs (Minnesota) O uso médio de água é de 3.000 gpd aproximadamente. O sistema garante que a água consumida pelos proprietários e visitantes do *resort* – parte da qual é servida nos famosos chás gelados Long Island oferecidos no *resort* – é segura para beber.

(Cortesia da foto e da informação de Anita Anderson, do Minnesota Department of Public Health.)

Termos-Chave

- abordagem *Ct*
- adsorção
- água potável
- água recuperada
- carbono orgânico dissolvido (DOC)
- carvão ativado em pó (PAC)
- carvão ativado granular (GAC)
- cloro combinado
- cloro residual total
- coagulação
- coagulante
- coeficiente de uniformidade (CU)
- coliforme
- coliformes totais
- conexão interpartículas
- cor
- decantação de partículas discretas
- decantação tipo I, II e III
- desinfecção
- desinfecção primária
- desinfecção secundária
- desinfetantes

- dose de referência (RfD)
- dureza
- dureza carbonatada
- dureza não carbonatada
- energia
- enredamento
- fibras ocas
- filtração
- filtração com meio granular
- filtração em taxa elevada
- filtração lenta em areia
- filtração rápida
- floculação
- gosto e odor
- gradiente da velocidade média quadrática (RMS)
- jar-test
- lei de Chick
- lei de Newton
- lei de Stokes
- matéria orgânica natural (NOM)
- microfiltração (MF)
- mistura rápida
- nanofiltração (NF)

- neutralização da carga
- nível máximo de contaminante (MCL)
- número de Reynolds (*Re*)
- objetivo de nível máximo de contaminantes (MCLG)
- organismos indicadores
- osmose reversa (OR)
- palatável
- partículas
- partículas coloidais
- partículas dissolvidas
- patógenos
- perda de carga
- perda de carga em leito limpo
- porosidade do leito do filtro
- precipitação
- processo de amolecimento com cal-carbonato de sódio
- processos de membrana
- pseudoprimeira ordem
- retrolavagem
- sedimentação
- sólidos suspensos

- substância química orgânica sintética (SOC)
- substâncias químicas emergentes de interesse
- tamanho eficaz (ES ou d_{10})
- taxa de retrolavagem
- taxa de transbordamento
- temperatura
- tratamento de água
- trialometanos (THMs)
- turbidez
- ultrafiltração (UF)
- unidade de turbidez nefelométrica (NTU)
- vazão
- velocidade crítica de decantação de partículas

8.1 A EPA fornece relatórios (às vezes, chamados relatórios de confiança do consumidor) que explicam de onde vem a sua água potável e se existem quaisquer contaminantes na água. Acesse essas informações na página "Local Drinking Water Information" do *website* da EPA (http://water.epa.gov/drink/local/index.cfm). Procure a fornecedora que atende a sua universidade e a maior cidade perto de sua cidade natal. (a) Qual é a fonte da água? (b) Existem violações? (c) Se houver, elas são de constituintes físicos, biológicos ou químicos?

8.2 As concentrações de nitrato acima de 10 mg NO_3^- como N/L, na água potável, são uma preocupação pela doença infantil conhecida como metemoglobinemia. As concentrações de nitrato perto de três poços rurais foram constatadas como 5 mg NO_3^-/L, 35 mg NO_3^-/L e 50 mg NO_3^-/L. Algum desses poços ultrapassa o padrão regulatório de 10 ppm?

8.3 Quais são as principais diferenças e semelhanças entre a qualidade de uma água superficial típica e a qualidade de uma fonte de água subterrânea típica?

8.4 Um ensaio de coagulação química (Jar-Test) foi feito usando alume em uma fonte de água potável bruta que continha uma turbidez inicial de 20 NTU e uma alcalinidade de 35 mg/L como $CaCO_3$. A dosagem ideal de coagulante foi determinada como 18 mg/L, com uma turbidez final de 0,25 NTU. Determine a quantidade de alcalinidade consumida como $CaCO_3$.

8.5 Ensaios de coagulação foram realizados na água não tratada do rio. Foi determinada uma dose ideal de 12,5 mg/L de alume. Determine a quantidade de alcalinidade natural (mg/L como $CaCO_3$) consumida. Se 50×10^6 galões/dia de água bruta tiverem de ser tratados, determine a quantidade de alume necessária (kg/ano).

8.6 Uma fornecedora está tentando alcançar 25% de remoção de TOC e está usando o ensaio de coagulação para determinar a dose ideal de coagulante. A seguir, a tabela contém os dados do ensaio (dados de EPA 815-R-99-012, 1999). Qual é a dose ideal de coagulante (mg/L)?

Dose de alume (mg/L)	TOC decantado na água (mg/L)	Dose de alume (mg/L)	TOC decantado na água (mg/L)
0	5,45	60	3,60
10	5,50	70	3,24
20	5,50	80	3,00
30	5,00	90	2,78
40	4,78	100	2,53
50	4,52		

8.7 O sulfato férrico está disponível como um coagulante comercial e é popular na remoção da turbidez e da cor. A reação química dessa adição à água é:

$$Fe_2(SO_4)_3 + 3Ca(HCO_3)_2 \rightarrow 2Fe(OH)_{3(s)} + 3CaSO_4 + 6CO_2$$

Os resultados de um ensaio de coagulação química para determinar a dose ideal de coagulante são fornecidos a seguir. A amostra de água inicial tem pH = 6,5, turbidez de 30 NTU e alcalinidade de 250 mg/L como $CaCO_3$.

Dose de sulfato férrico, mg/L	5	10	15	20	25
Turbidez, NTU	15	5	1	0,9	2

(a) Qual é a massa ideal de sulfato férrico que você precisaria comprar diariamente para tratar 1×10^6 galões/dia a fim de obter uma turbidez abaixo de 1 NTU (suponha 100% de pureza do coagulante). (b) Você precisa adicionar alcalinidade ao sistema? Quanto (em unidades de concentração de mg de $CaCO_3$/L)?

8.8 Um tanque de mistura rápida mecânica deve ser projetado para tratar 50 m³/dia de água a uma temperatura de 12ºC. Usando valores de projeto típicos no capítulo, determine (a) o volume do tanque e (b) o requisito de energia.

8.9 Um misturador em linha deve ser utilizado para mistura rápida. O escoamento da instalação é 3.780 m³/dia, a viscosidade da água é 0,001307 N-s/m² e o gradiente de velocidade RMS é 10^4/s. Estime o requisito diário de energia do misturador em linha.

8.10 A cidade de Melbourne, Flórida, tem uma estação de tratamento de águas superficiais que produz 20 MGD de água potável. A fonte de água tem dureza de 94 mg/L como $CaCO_3$ e, após o tratamento, a dureza diminui para 85 mg/L como $CaCO_3$. (a) A água tratada é macia, moderadamente dura ou dura? (b) Supondo que toda a dureza seja derivada de íons cálcio, qual seria a concentração de cálcio na água tratada (mg Ca^{2+}/L). (c) Supondo que toda a dureza seja derivada de íons magnésio, qual seria a concentração de magnésio na água tratada (mg Mg^{2+}/L).

8.11 Um laboratório fornece a seguinte análise obtida de uma amostra de 50 mL de água bruta. $[Ca^{2+}]$ = 60 mg/L, $[Mg^{2+}]$ = 10 mg/L, $[Fe^{2+}]$ = 5 mg/L, $[Fe^{3+}]$ = 10 mg/L, sólidos totais = 200 mg/L, sólidos suspensos = 160 mg/L, sólidos suspensos fixos = 40 mg/L e sólidos suspensos voláteis = 120 mg/L. (a) Qual é a dureza dessa amostra de água em unidades de mg/L como $CaCO_3$? (b) Qual é a concentração de sólidos dissolvidos totais dessa amostra?

8.12 Uma análise mineral da fonte de água mostra as seguintes concentrações de íons na água: Ca^{2+} = 70 mg/L, Mg^{2+} = 40 mg/L e HCO_3^- = 250 mg/L como $CaCO_3$. Determine a dureza carbonatada, a dureza não carbonatada e a dureza total da água.

8.13 (a) Calcule a dosagem de cal necessária para o amolecimento por remoção seletiva do cálcio na seguinte análise da água. Os constituintes químicos na água são CO_2 = 17,6 mg/L, Ca^{2+} = 63 mg/L, Mg^{2+} = 15 mg/L, Na^+ = 20 mg/L, Alk (HCO_3^-) = 189 mg/L como $CaCO_3$, SO_4^{2-} = 80 mg/L e Cl^- = 10 mg/L. Qual é a dureza da água acabada?

8.14 Um município trata 15×10^6 galões/dia de água subterrânea contendo o seguinte: CO_2 = 17,6 mg/L, Ca^{2+} = 80 mg/L, Mg^{2+} = 48,8 mg/L, Na^+ = 23 mg/L, Alk (HCO_3^-) = 270 mg/L como $CaCO_3$, SO_4^{2-} = 125 mg/L e Cl^- = 35 mg/L. A água deve ser amolecida tratando com excesso de cal. Suponha que a soda cáustica consiste em 90% de carbonato de sódio e que a cal tenha 85% do peso em CaO. Determine as dosagens de cal e carbonato de sódio necessárias para o amolecimento por precipitação (kg/dia).

8.15 A água contém 7,0 mg/L de íon solúvel (Fe^{2+}) que devem ser oxidados por aeração até uma concentração de 0,25 mg/L. O pH da água é 6,0 e a temperatura é 12°C. Suponha que o oxigênio dissolvido na água esteja em equilíbrio com a atmosfera circundante. Resultados laboratoriais indicam que a constante de taxa de pseudoprimeira ordem para oxigenação do F^{2+} é 0,175/min. Supondo operações constantes e uma

vazão de 40.000 m^3/dia, calcule o tempo mínimo de detenção e o volume do reator necessário para oxidação do Fe^{2+} para Fe^{3+}. Faça os cálculos de um CMFR e de um PFR. (Você deve ser capaz de fazer isso com as informações fornecidas nos Capítulos 3 e 4.)

8.16 Calcule a velocidade de decantação de uma partícula com 100 µm de diâmetro e uma gravidade específica de 2,4 em água a 10°C.

8.17 Calcule a velocidade de decantação de uma partícula com 10 µm de diâmetro e uma gravidade específica de 1,05 em água a 15°C.

8.18 Uma estação de tratamento de água processa 21.000 m^3 de água por dia. Suponha dois tipos de partículas floculadas entrando em uma bacia de sedimentação retangular com as seguintes dimensões: profundidade = 4 m, largura = 6 m e comprimento = 40 m. O primeiro tipo de partícula tem uma velocidade de decantação de 0,5 m/h, e o outro tipo tem uma velocidade de decantação de 1,8 m/h. Qual é o percentual de partículas removidas de cada um dos dois tipos de partículas?

8.19 Qual é o percentual de partículas com diâmetro de 100 µm e densidade de partícula de 2.650 kg/m^3 removido em uma bacia de sedimentação retangular de 1.500 m^2 contendo água a 10°C? Suponha a vazão da instalação em $1,26 \times 10^6$ m^3/dia.

8.20 Uma estação de tratamento tem uma bacia de sedimentação com escoamento horizontal e profundidade de 4 m, largura de 6 m e comprimento de 36 m. Sua vazão de processo é de 400 m^3/h. Qual é o percentual de remoção das partículas que entram nessa bacia, supondo que todas tenham um diâmetro de 0,0029 cm, uma densidade de partícula de 2.650 kg/m^3 e que estejam na água a uma temperatura de 10°C?

8.21 Pesquise o uso de um método de filtração que proporcione tratamento doméstico (no ponto de uso) para os países em desenvolvimento. Escreva um relatório de uma página com referências claras. No seu relatório, descreva a tecnologia e aborde essas questões: A tecnologia é acessível para a população local? Ela usa materiais locais e mão de obra local para sua construção? Quais são as melhorias de saúde observadas após a implementação do sistema de tratamento? Que treinamento específico você acredita que seja necessário para garantir a operação correta da tecnologia?

8.22 Pesquise o problema global do arsênico nos Estados Unidos e em Bangladesh. Em um ensaio de duas páginas, identifique, compare e contraste o tamanho do problema (espacialmente e em termos da população afetada). Quais são os métodos atuais de tratamento empregados para remover o arsênico nos dois países? Qual é o padrão regulatório atual para o arsênico estabelecido pela EPA e a diretriz sugerida pela OMS?

8.23 Uma amostra de 1.000 g de areia natural foi peneirada em uma pilha de peneiras, e o peso retido em cada peneira foi registrado conforme a tabela abaixo. Determine o tamanho eficaz e o coeficiente de uniformidade do meio.

Designação da peneira	Abertura da peneira, mm	Peso do meio retido, g
10	2,000	140
14	1,400	160
18	1,000	170
20	0,850	100
25	0,710	90
30	0,600	85
35	0,500	80
40	0,425	70
45	0,355	65

8.24 Quando o gás Cl_2 é adicionado à água durante a desinfecção da água potável, ele hidroliza com a água e forma HOCl (Equação 8.13). Suponha que o poder de desinfecção do ácido HOCl seja 88 vezes maior do que a base conjugada, OCl^-. O pk_a do HOCl é 7,5. (a) Qual é a porcentagem do poder de desinfecção total medido como cloro livre (HOCl + OCl^-) que existe na forma ácida em pH = 6? (b) Em pH = 7?

8.25 Com os dados a seguir, faça um gráfico para o vírus da Poliomielite, usando o hipobrometo como desinfetante. Determine a constante de taxa da Lei de Chick e o tempo necessário para a inativação de 99,99% (remoções 4-log) do vírus.

Tempo (s)	N (número de organismos/L)
0,0	1.000
2,0	350
4,0	78
6,0	20
8,0	6
10,0	2
12,0	1

8.26 Faça um gráfico dos dados a seguir, relativos à inativação de um vírus, usando o ácido hipocloroso (HOCl). Determine o coeficiente de letalidade específica e o tempo necessário para obter 99,99% de inativação com 1,0 mg/L de HOCl.

Tempo (min)	$\log (N/N_o)$
1,0	–0,08
3,0	–0,64
5,0	–1,05
9,0	–1,87
15,0	–3,23

8.27 (a) Defina o significado do produto Ct. (b) Além do C e do t, quais fatores influenciam a taxa de desinfecção química? (c) Que tipo de microrganismo é inativado com mais facilidade pelo cloro livre? (d) Que tipo é mais difícil de inativar?

8.28 Durante o tratamento da água potável, 17 lb de cloro são adicionadas diariamente para desinfetar 5 milhões de galões de água. (a) Qual é a concentração aquosa do cloro em mg/L? (b) A demanda de cloro é a concentração dessa substância utilizada durante a desinfecção. O residual de cloro é a concentração dessa substância que permanece após o tratamento para que a água mantenha seu poder desinfetante no sistema de distribuição. Se o residual de cloro for 0,20 mg/L, qual é a demanda de cloro em mg/L?

8.29 Visite o *website* da Organização Mundial da Saúde (www.who.org). Escreva um ensaio com as devidas referências, de até duas páginas, sobre um patógeno e as doenças a ele associadas transmitidas por meio da água contaminada. Qual é o alcance global da crise na saúde pública em termos dos efeitos espaciais e populacionais? A doença afeta as comunidades ricas ou pobres? Quais são as barreiras sociais e artificiais que podem ser usadas para reduzir a exposição humana ao patógeno específico?

8.30 Pesquise a sociedade de engenharia profissional Water for People, que trabalha com abastecimento de água no mundo em desenvolvimento. Determine como você contribuiria para essa sociedade profissional, como estudante e após a graduação. Forneça detalhes específicos sobre os requisitos de adesão, os custos e de que modo você poderia se envolver.

8.31 (a) Use a Internet para pesquisar o número de pessoas no mundo que não tem acesso a um abastecimento de água de qualidade. Em seguida, pesquise os Objetivos de Desenvolvimento do Milênio (MDGs) no *website* das Nações Unidas, www.un.org. O MDG 7 afirma que, em 2015, o número de pessoas no mundo sem acesso a um abastecimento de água de qualidade vai diminuir pela metade. Escolha um país da África e outro país na Ásia ou América Latina. Compare o progresso desses dois países no cumprimento do objetivo 7, em termos do número de pessoas ainda não atendidas por um abastecimento de água de qualidade.

8.32 Qual é a fonte de água potável da cidade em que você vive atualmente (águas subterrâneas, superficiais, recuperadas ou uma mistura)? Esboce os processos unitários utilizados para tratar essa água em ordem de ocorrência, conforme a prática atual. Qual constituinte da água (ou quais) cada processo unitário remove?

8.33 Identifique três usos importantes da água em sua cidade que poderiam se beneficiar do uso da água recuperada. Em sua opinião, quais desafios econômicos, sociais e ambientais deveriam ser superados antes de implementar o seu plano para que esses usuários utilizassem água recuperada? Como engenheiro, o que você faria para superar esses obstáculos?

8.34 Uma cidade está aumentando sua capacidade de abastecimento de água para 81.378 m^3/dia usando microfiltração. O novo sistema de membrana da instalação consistirá em 25 conjuntos de 90 módulos cada. Os módulos têm um diâmetro interno de 120 mm, um comprimento de 1.200 mm e uma área de superfície disponível de 30 m^2. As membranas têm um diâmetro externo de 1,0 mm e um comprimento de 1.200 mm. Determine: (a) a área de superfície total disponível para filtração, (b) a vazão da membrana em L/m^2-h e (c) o número total de fibras de membrana necessárias para a instalação e cada módulo.

8.35 Um município usa um sistema de microfiltração por membrana para tratar 35.000 m^3/dia. O sistema de membrana consiste em nove conjuntos com 80 módulos cada. Os módulos têm 119 mm de diâmetro interno, 1.194 mm de comprimento e têm uma área de superfície de filtração disponível de 27 m^2. Determine (a) a área de superfície total disponível para filtração e (b) a vazão da membrana em L/m^2-h e gpm/$pé^2$.

8.36 A atrazina e o tricloroetileno podem ser removidos da água por adsorção pelo carvão ativado. Os parâmetros de Freundlich para a atrazina são $K = 182$ mg/g $(L/mg)^{1/n}$ e $1/n = 0,18$. Os parâmetros para o tricloroetileno são $K = 56$ mg/g $(L/mg)^{1/n}$ e $1/n =$

0,48. Qual é a concentração adsorvida para ambos os contaminantes (unidades de mg por grama de carvão ativado) se você quiser que a concentração da fase aquosa em equilíbrio seja 10 µg/L? (Este problema requer que você releia as informações apresentadas no Capítulo 3.)

8.37 Uma isoterma de adsorção do éter metil-terc-butílico foi feita em um carvão ativado a 15°C, usando frascos de âmbar de 0,250 L, com uma concentração MTBE inicial, C_o, de 150 mg/L. Os dados da isoterma de cada ponto experimental estão resumidos abaixo. Calcule a concentração na fase adsorvida, q_e, para cada ponto da isoterma, trace o log(q_e) *versus* log(C_e), e determine os parâmetros da isoterma de Freundlich K e $1/n$. (Este problema pode exigir que você releia as informações apresentadas no Capítulo 3.)

Massa de GAC, g	MTBE concentração da fase líquida em equilíbrio, C_e, mg/L
0,155	79,76
0,339	42,06
0,589	24,78
0,956	12,98
1,71	6,03
2,4	4,64
2,9	3,49
4,2	1,69

8.38 O PAC deve ser adicionado a uma estação de tratamento de água para remover 10 ng/L de metilisoborneol (MIB), que está causando problemas de odor na água acabada. É realizado um ensaio de coagulação padrão para avaliar o impacto da dosagem do PAC na remoção do MIB. Os resultados são exibidos na Figura 8.26. Se 60% da remoção do MIB for necessária, determine a dosagem e a quantidade de PAC necessárias para 3 meses (90 dias) de tratamento, se a vazão da estação de tratamento for 40.000 m^3/dia

8.39 A osmose reversa é utilizada para tratar águas subterrâneas salobras e requer 1 kWh de energia por 1 m^3 de água tratada. Em comparação, a osmose reversa da água do mar requer 4 kWh de energia por 1 m^3 de água tratada (essa diferença se deve à concentração mais alta de TDS da água do mar). De acordo com o eGRID, a taxa de emissão equivalente do dióxido de carbono é 1.324,79 lb CO_2e/MWh, na Flórida, e 727,26 lb CO_2e/MWh, na Califórnia. Estime

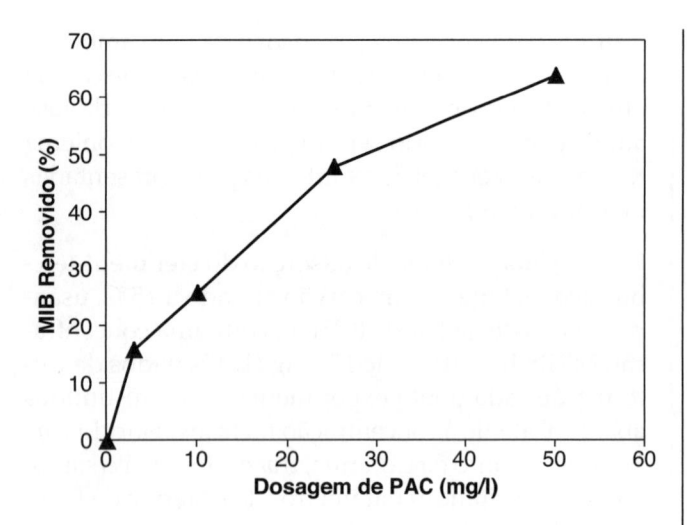

Figura / 8.26 Resultados do Ensaio de Coagulação que Investiga o Uso de Carvão Ativado em Pó em uma Estação de Tratamento de Água.

a pegada de carbono relativa à utilização de osmose reversa para dessalinizar 1 m³ de água subterrânea salobra e 1 m³ de água do mar na Flórida e na Califórnia. Ignore as perdas na linha em sua estimativa.

(Você pode ter de voltar ao Capítulo 2 para reler as pegadas de carbono e o eGRID.)

8.40 Preencha o restante da tabela, fornecendo os requisitos de eletricidade para tratar 1 MDG de água tratada. Preencha a pegada de carbono supondo que a estação de tratamento está situada na Califórnia. De acordo com o eGRID, a taxa de emissão equivalente do dióxido de carbono é 727,26 lb CO_2e/MWh na Califórnia. (Você pode ter de voltar ao Capítulo 2 para reler as pegadas de carbono e o eGRID.)

Processo unitário	kWh necessários para tratar 1 m³	kWh necessários para tratar 1 MGD	Pegada de carbono para tratar 1 MGD(CO_2e)
Coagulação/ Floculação			
Sedimentação			
Desinfecção com Cloro			
Adsorção com GAC			

Referências

Asano, T., F. L. Burton, H. L. Leverenz, R. Tsuchihashi, and G. Tchobanoglous, 2006. *Water Reuse: Issues, Technologies, and Applications*. Wakefield: Metcalf and Eddy.

Bales, D. W., 2012. Optimization of an Advanced Water Treatment Plant: Bromate Control and Biofiltration Improvement, MS Thesis, Civil & Environmental Engineering, University of South Florida, 120 pp.

Burton, F. L., 1996. Water and Wastewater Industries: Characteristics and Energy Management Opportunities. Report prepared for Electric Power Research Institute (EPRI) CR-106941.

Crittenden, J. C., R. R. Trussell, D. W. Hand, G. Tchobanoglous, and K. Howe, 2012. *Water Treatment Principles and Design*, 3rd ed. New York: John Wiley & Sons.

Elliot, T., B. Zeier, I. Xagoraraki, and G. Harrington. 2003. "Energy Use at Wisconsin's Drinking Water Facilities." ECW Report Number 222-1. Wisconsin Focus on Energy & Energy Center of Wisconsin, Madison (July).

Han, M., and D. F. Lawler, 1992. The (relative) insignificance of G in flocculation. *Journal of American Water Works Association*, 84(10): 79–91.

Hancock, N. T., N. D. Black, and T. Y. Cath, 2012. A comparative life cycle assessment of hybrid osmotic dilution desalination and established seawater desalination and wastewater reclamation processes. *Water Research*, 46(4), 1145–1154.

LeChevallier, M. W., and W. D. Norton, 1995. *Giardia and Cryptosporidium* in raw and finished water. *AWWA* 87(9): 54–68.

Lyons, E., P. Zhang, T. Benn, F. Sharif, K. Li, J. Crittenden, M. Costanza, and Y. S. Chen, 2009. Life cycle assessment of three water supply systems: importation, reclamation and desalination. *Water Science & Technology*, 9(4): 439–448.

Mihelcic, J. R., E. A. Myre, L. M. Fry, L. D. Phillips, and B. D. Barkdoll, 2009. *Field Guide in Environmental Engineering for Development Workers: Water, Sanitation, Indoor Air*. Reston: American Society of Civil Engineers Press.

Miller, T., J. Esler. 2013. What every operator should know about secondary clarification. *Water Environment and Technology*, 25(6): 62–64.

Mo, W., Q. Zhang, J.R. Mihelcic, and D. Hokanson. 2011. Embodied energy comparison of surface water and groundwater supply options. *Water Research*, 45(17): 5577–5586.

Muñoz, I.; Mila-i-Canals, L.; Fernández-Alba, and A. R. 2010. Life Cycle Assessment of Water Supply Plans in Mediterranean Spain: The Ebro River Transfer versus the AGUA Programme. *J. Indust. Ecol.* 2010 14(6), 902–918.

National Research Council (NRC), 2012. "Water Reuse: Potential for Expanding the Nation's Water Supply through Reuse of Municipal Wastewater Committee on the Assessment of Water Reuse as an Approach to Meeting Future Water Supply Needs," Washington, D.C.: National Academy of Sciences.

Petrusevski, B., S. Sharma, J. C. Schippers, and K. Shordt, 2007. *Arsenic in Drinking Water*. Thematic Overview Paper 17. Delft, The Netherlands: IRC International Water and Sanitation Centre.

PRé Consultants, 2004, *SimaPro Database Manual: The BUWAL 250 Library*. The Netherlands.

Raluy, R. G., L. Serra, and J. Uche, 2005a. Life cycle assessment of water production technologies part 1: LCA of different commercial technologies (MSF, MED, RO). *International Journal of Life Cycle Assessment*, 10(5): 346–354.

Raluy, R. G., L. Serra, and J. Uche, 2005b. Life cycle assessment of desalination technologies integrated with renewable energies. *Desalination*, 183(1–3): 81–93.

Stokes, J., and A. Horvath, 2009. Energy and air emission effects of water supply. *Environmental Science & Technology*, 43(8): 2680–2687.

Vince, F., E. Aoustin, P. Breant, and F. Marechal, 2008. LCA tool for the environmental evaluation of potable water production. *Desalination*, 220(1–3): 37–56.

Águas Residuais e Pluviais: Coleta, Tratamento, Recuperação

James R. Mihelcic,
Julie Beth Zimmerman,
David W. Hand, Brian E.
Whitman e Martin T. Auer

Neste capítulo, os leitores vão aprender sobre a composição das águas residuais e os vários processos unitários empregados para proteger a saúde humana, melhorar a qualidade da água e recuperar recursos. O balanço de massa e a cinética bioquímica são empregados para desenvolver expressões para dimensionar um reator utilizado para remover a demanda bioquímica de oxigênio. São discutidos processos de tratamento naturais e menos mecanizados, como as zonas úmidas superficiais, lagoas e fossas sépticas. O tratamento e recuperação do nitrogênio e do fósforo também são discutidos, realçando as abordagens convencionais de remoção para recuperar esses nutrientes para aplicações de valor agregado, incluindo o processamento do lodo e seu papel na produção de energia. Os leitores também vão aprender sobre os requisitos de energia (e sobre as fontes de energia) em termos das tecnologias de tratamento das águas residuais e de como a operação de uma estação influencia o uso da energia. Similar à recuperação de nutrientes das estações de tratamento de águas residuais, a reutilização dessas águas residuais também é explorada como um meio de gerenciamento mais sustentável dos recursos hídricos. Finalmente, a relação entre as águas pluviais e as águas residuais será explorada para compreender como o gerenciamento eficaz das águas pluviais, particularmente pelo de-

senvolvimento de baixo impacto, pode mitigar desafios importantes das águas residuais.

Objetivos da Aprendizagem

1. Identificar insumos hidrológicos, físicos, químicos e biológicos distintos que compõem as águas residuais municipais, apresentar as concentrações típicas dos principais constituintes e determinar os recursos recuperáveis associados a determinados constituintes.

2. Corresponder os principais constituintes das águas residuais com os processos unitários que removem ou recuperam uma quantidade significativa de cada constituinte.

3. Aplicar balanços de massa e outras relações de projeto para conceber um desarenador (*grit chamber*), bacia de equalização de fluxo, sistema de tratamento biológico do lodo ativado e estabilização de resíduos por lagunagem.

4. Integrar os balanços de massa com a cinética de crescimento biológico para desenvolver equações de projeto de lodo ativado e relacionar o tempo de retenção dos sólidos, a proporção entre alimento e microrganismos, o desperdício de lodo e a cinética de crescimento no projeto e operação da estação.

5. Demonstrar conhecimento aprofundado das diferenças entre os processos biológicos aeróbicos, anóxicos e anaeróbicos utilizados para tratar as águas residuais.

6. Compreender a magnitude da cobertura de saneamento global e sua relação com a saúde humana.

7. Apresentar as vantagens e desvantagens dos biorreatores de membrana.

8. Apresentar os componentes do gerenciamento de sólidos das águas residuais, calcular o índice de volume de lodo e relacionar esse valor com as características de sedimentação do lodo.

9. Relacionar a configuração e operação de uma estação de tratamento de águas residuais e recuperação de recursos com a remoção e recuperação do nitrogênio e fósforo por meio de processos bioquímicos e químicos.

10. Descrever processos de remoção específicos que ocorrem em diferentes zonas de tratamento nas lagunas facultativas e nas zonas úmidas superficiais livres.

11. Aplicar o balanço teórico do oxigênio e dados de insolação específicos do local para projetar uma laguna de águas residuais.

12. Identificar a magnitude do uso de energia durante o tratamento das águas residuais e os gases de efeito estufa emitidos pelos diferentes processos unitários.

13. Identificar fontes de nutrientes e energia que podem ser recuperadas pela estação de tratamento e recuperação de águas residuais, bem como as oportunidades para recuperação e reutilização apropriada da água.

14. Discutir benefícios econômicos, sociais e ambientais da reutilização da água.

15. Demonstrar compreensão de como o projeto de processos unitários para reutilização da água devem ser integrados às aplicações pretendidas.
16. Calcular os escoamentos de período chuvoso com base no influxo e na filtração.
17. Descrever as melhores práticas de gestão (BMPs, *best management practices*) para controlar as águas pluviais urbanas, práticas essas chamadas de desenvolvimento de baixo impacto, como os jardins de chuva, pavimentos permeáveis, tetos verdes e valas vegetadas (*bioswales*).
18. Diferenciar entre os componentes de um teto verde e calcular o volume de água que um teto verde pode armazenar.
19. Projetar uma célula de biorretenção para determinada precipitação e conceber cenários.

9.1 Introdução

As estações de tratamento de águas residuais municipais, também chamadas **obras públicas de tratamento (POTWs, *publicly owned treatment works*)**, recebem insumos de muitas fontes domésticas e industriais e também de sistemas de esgoto combinado com águas pluviais. Esses insumos hidrológicos distintos são retratados na Figura 9.1. Existem quatro componentes das águas residuais domésticas: (1) águas residuais de usuários domésticos, comerciais e industriais; (2) escoamento de águas pluviais; (3) infiltração; e (4) influxo. Com o aumento da população, a mudança climática, a ciclagem de nutrientes e a escassez de água se tornando comum, o tratamento sustentável das águas residuais deve abordar questões além do desempenho e custo do tratamento. Além disso, está cada vez mais claro que é necessário o gerenciamento mais eficaz das águas pluviais, especialmente em virtude da importância da gestão dos nutrientes e das mudanças na urbanização e na intensidade e frequência das chuvas como consequência das mudanças climáticas.

As águas residuais industriais variam em quantidade, composição e força, dependendo da fonte industrial em questão. A Agência de Proteção Ambiental (EPA) identificou 129 *poluentes prioritários*. Os resíduos industriais incluem poluentes convencionais encontrados nas águas residuais domésticas, mas também podem conter metais pesados, materiais radioativos e compostos orgânicos refratários. As indústrias podem optar pelo tratamento de seus resíduos no próprio local, seguir diretrizes específicas, o *melhor tratamento disponível* e *diretrizes de efluentes* dos poluentes prioritários. Elas também podem optar pelo esgotamento de seus resíduos, enviando-os para uma estação municipal de tratamento de efluentes, após fornecer primeiro o pré-tratamento para proteger a operação da estação municipal de tratamento e prevenir a descarga dos poluentes durante a passagem.

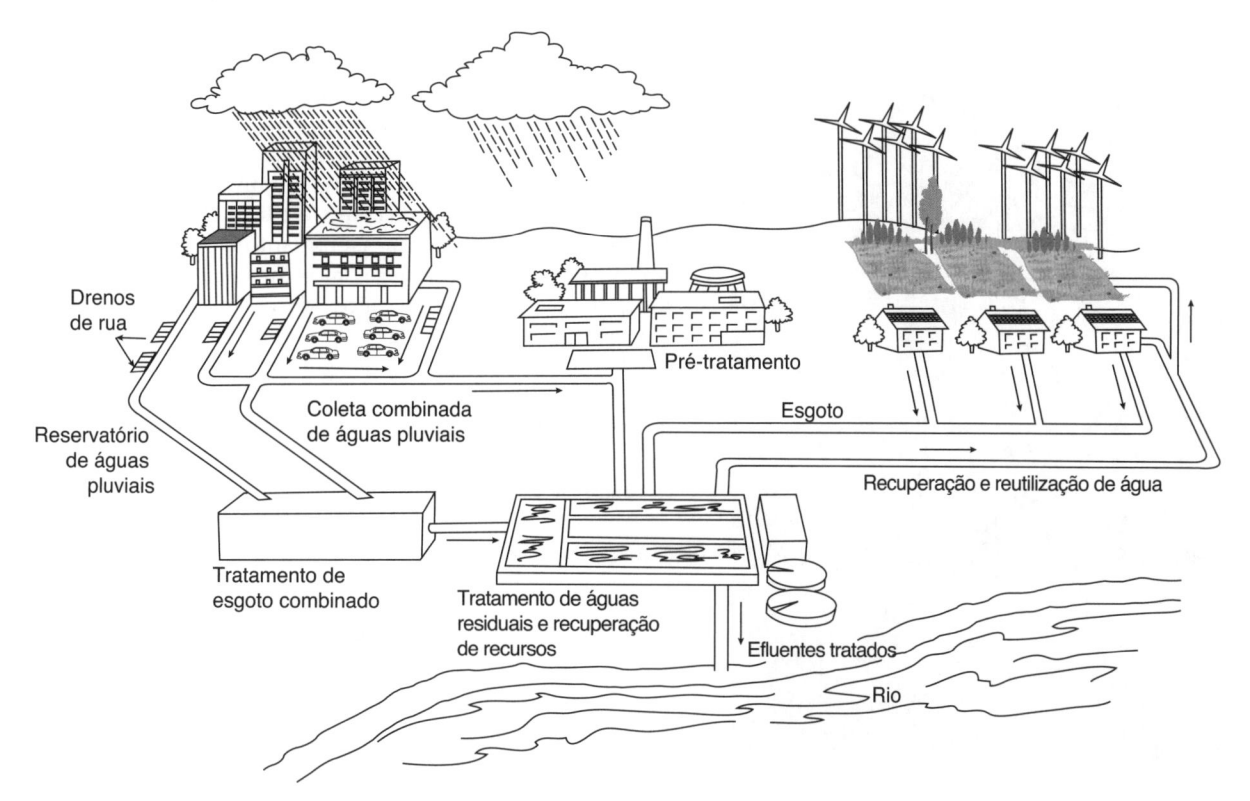

Figura / 9.1 Gestão de Infraestrutura das Águas Residuais Esse esquema mostra as muitas contribuições hidrológicas e químicas possíveis para as águas residuais municipais.

A Tabela 9.1 fornece a definição global das tecnologias de saneamento *melhoradas* e *não melhoradas*. Atualmente, 2,5 bilhões de pessoas no mundo estão sem acesso à tecnologia de saneamento melhorada (incluindo 1 bilhão que não têm nenhum tipo de instalação), e a falta de saneamento tem um grande impacto negativo na saúde humana e no meio ambiente (OMS, 2010).

A percepção de saneamento varia significativamente de uma cultura para outra. As melhorias na saúde não são as únicas razões para as comunidades aceitarem os projetos de saneamento. Segundo um levantamento de domicílios rurais nas Filipinas, as razões pelas quais as pessoas estavam satisfeitas com suas latrinas recém-construídas incluíram a ausência de cheiro e moscas, um ambiente mais limpo, privacidade, menos constrangimento quando os amigos visitam e menos incidências de doença gastrintestinal (Cairncross e Feachem, 1993). Para ver um exemplo de projeto de latrina adequado que está sendo utilizado na república de Vanuatu, nas Ilhas do Pacífico, veja a Figura 9.2.

Fry *et al.* (2008) analisaram as barreiras à cobertura global de saneamento, incluindo o investimento adequado, políticas ruins ou inexistentes, governança, muito poucos recursos, disparidades de gênero e disponibilidade de água. Os desafios estudados foram considerados barreiras significativas à cobertura de saneamento, mas a disponibilidade de água não era um obstáculo primário em uma escala global. No entanto, a disponibilidade de água foi considerada uma barreira importante para 46 milhões de pessoas, dependendo da tecnologia de saneamento escolhida.

Tabela / 9.1

Tecnologias de Saneamento Melhoradas e Não Melhoras: Definições Globais

Melhoradas	Não melhoradas
Ligação com o esgoto público	Latrinas com serviço ou balde (os excrementos são removidos manualmente)
Ligação a um sistema séptico	Latrinas públicas
Latrinas com descarga	Latrinas abertas
Latrinas de fossa ventiladas	
Latrinas de compostagem Latrinas simples com fossa	

Figura / 9.2   **Latrina de Compostagem de Câmara Dupla Sendo Construída em Vanuatu**   Essas latrinas podem ser projetadas para separar a urina das fezes. A urina é encaminhada a um poço de absorção ou coletada em um pote ou encaminhada para um jardim e utilizada como fertilizante. Um lado da latrina é utilizado por até 12 meses, enquanto o outro permanece em compostagem. Dessecantes como cinza de madeira e serragem são adicionados para reduzir os odores e matar patógenos. A cabine está sendo construída com madeira local e material vegetal tecido. As latrinas de compostagem não necessitam de água, ao contrário das outras tecnologias de saneamento, e permitem que os nutrientes sejam utilizados localmente.

(Foto cortesia de Eric Tawney. Construída durante o *workshop* copatrocinado por Dr. Leonie Crennan.)

Programa de Monitoramento Conjunto para Abastecimento de Água e Saneamento
https://www.wssinfo.org/

Duas finalidades do tratamento de águas residuais municipais são proteger a saúde humana e prevenir a poluição de uma água superficial ou água subterrânea receptora. Os exemplos de poluentes associado às águas residuais não tratadas incluem o esgotamento do oxigênio dissolvido (medido como demanda bioquímica de oxigênio (DBO)), sólidos desagradáveis e consumidores de oxigênio (sólidos suspensos totais, TSS), nutrientes que causam eutrofização (N e P), substâncias químicas que exercem toxicidade (NH_3, metais, compostos orgânicos), produtos químicos emergentes e patógenos (bactérias e vírus). Os problemas estéticos incluem poluição visual e odor. Em termos dos patógenos, os seres humanos produzem em média 10^{11}–10^{13} bactérias coliformes por dia. Embora os processos de tratamento sejam muito eficientes na remoção dos patógenos e outros poluentes, no futuro próximo as estações de tratamento vão ter que se preocupar com a remoção de outras substâncias químicas encontradas hoje nas águas residuais. Essas substâncias incluem fragrâncias, surfactantes encontrados em sabões e detergentes, produtos químicos farmacêuticos, produtos químicos que afetam o sistema endócrino e outras **substâncias químicas emergentes e preocupantes**.

Por meio da Lei Federal de Controle da Poluição da Água de 1972 (conhecida como **Lei da Água Limpa**), o Congresso dos Estados Unidos estabeleceu uma estratégia nacional para reduzir a poluição da água. Os objetivos da Lei da Água Limpa são restaurar e manter a integridade química, física e biológica das águas da nação alcançando um nível de qualidade hídrica que proporcione a proteção e propagação de peixes, mariscos e animais selvagens e que proporcione recreação nas águas e acabe eliminando a descarga de poluentes nas águas americanas (descarga zero). Isso é feito pelo **Sistema Nacional de Eliminação de Descarga de Poluentes (NPDES)**, que emite licenças definindo os tipos e quantidades de substâncias poluentes que podem ser descarregadas. O sistema de licenciamento NPDES é administrado e cobrado no nível estadual. A violação dos padrões de efluentes baseados na tecnologia e na qualidade da água pode resultar em penalidades civis (multas) e penalidades criminais (prisão).

9.2 Características da Água Residual Doméstica

A água residual *bruta* (ou seja, não tratada) é considerada altamente poluente, ainda que a quantidade de contaminantes que ela contenha possa parecer pequena. Por exemplo, 1 m³ de água residual municipal pesa aproximadamente 1 milhão de gramas, mas contudo pode conter apenas 500 g de poluentes. Essa pequena fração de poluição pode ter impactos graves na ecologia e na saúde se for descarregada sem tratamento. Também contém recursos valiosos dos quais se podem recuperar energia e nutrientes.

A água residual doméstica tem aparência cinzenta e turva, com temperaturas de 10 a 20°C. A Tabela 9.2 traz a composição de uma água residual municipal de força média e mostra os **constituintes das águas residuais municipais** mais comuns. Não entraremos em detalhes profundos sobre cada constituinte nesse momento porque sua medição e importância foram descritas em capítulos anteriores, conforme a Tabela 9.2. Conforme discutirmos os vários processos unitários de tratamento, você pode querer consultar essa tabela, já que processos específicos removem constituintes distintos das águas residuais.

Lei da Água Limpa
https://www.epa.gov/lawsregs/laws/cwa.html

Discussão em Sala de Aula

De que modo a conservação de água doméstica interna e externa influencia as características do escoamento de águas residuais e águas pluviais domésticas? Revisite esse tópico mais adiante neste capítulo para discutir como a conservação da água afeta a coleta e tratamento das águas residuais, recuperação dos recursos e gerenciamento das águas pluviais.

© David Pullicino/iStockphoto.

Descargas dos Navios de Cruzeiro
https://water.epa.gov/polwaste/vwd/cruise-ships-index.cfm

Concentração dos Principais Constituintes Encontrados na Água Residual de Força Média

Constituinte	Discutido previamente em	Concentração média	Comentários
Demanda bioquímica de oxigênio (DBO)	Capítulos 2 e 5	200 mg/L	Materiais que consomem oxigênio podem esgotar o conteúdo de oxigênio das águas receptoras.
Sólidos suspensos	Capítulos 2 e 8	240 mg/L (sólidos totais tipicamente 800 mg/L)	Faz com que a água fique turva; pode conter matéria orgânica e assim contribuir com a DBO; pode conter outros poluentes ou patógenos. Os sólidos orgânicos podem ser digeridos anaerobicamente para produzir energia.
Patógenos	Capítulos 5 e 8	3 milhões de coliformes por 100 mL	Microrganismos causadores de doença normalmente associados à matéria fecal.
Nutrientes como o nitrogênio e o fósforo	Capítulos 2, 3 e 5	Nitrogênio total: 35 mg N/L Nitrogênio inorgânico: 15 mg N/L Fósforo total: 10 mg P/L	Consegue acelerar o crescimento das plantas aquáticas, contribuir para a eutrofização; a amônia é tóxica para a vida aquática, pode contribuir para a DBON. Tem valor como fertilizante agrícola durante a reutilização da água.
Substâncias químicas tóxicas	Capítulos 3, 5, 6 e 8	Variável	Metais pesados como o mercúrio, cádmio e cromo; substâncias químicas orgânicas como os pesticidas, solventes, produtos de combustível.
Substâncias químicas emergentes	Capítulos 6 e 8	Desconhecida ou variável	Produtos farmacêuticos como a cafeína, os surfactantes, fragrâncias, perfumes e outras substâncias químicas que perturbam o sistema endócrino.

9.3 Visão Geral dos Processos de Tratamento

O projeto e operação de uma estação de tratamento de águas residuais e recuperação de recursos requer uma compreensão das operações unitárias que empregam processos físicos, químicos e biológicos fundamentais (ver Capítulos 3-5) para remover e/ou recuperar constituintes específicos da qualidade da água. A montagem da sequência correta do processo de remoção exige o cumprimento de quatro tarefas: (1) identificar as características das águas residuais não tratadas, (2) identificar os objetivos de tratamento e recuperação e avaliar o envolvimento da comunidade, (3) integrar as operações unitárias em um processo completo que reconheça a adequação e os limites de cada processo unitário e como eles se complementam, e (4) integrar os conceitos de engenharia verde, pensamento de ciclo de vida e sustentabilidade para incorporar questões além dos padrões de tratamento no final da tubulação e os custos de capital e operação (por exemplo, reutilização da água e consumo de energia).

A Figura 9.3 fornece uma vista aérea de uma típica estação de tratamento de águas residuais municipais. O Esquema na Figura 9.4 mostra

Fatos sobre Águas Residuais e Águas Pluviais

http://water.epa.gov/scitech/ wastetech/mtbfact.cfm

como diferentes processos unitários podem ser integrados. Os processos são diferentes no tratamento de um fluxo de resíduos líquidos e sólidos. As etapas envolvidas no tratamento convencional das águas residuais são: (1) pré-tratamento, (2) tratamento primário, (3) tratamento secundário, (4) tratamento terciário para remover nutrientes (N, P) e (5) desinfecção. Hoje, com as águas residuais vistas como um recurso por muitas comunidades, o fluxograma para tratamento convencional das águas residuais está mudando para acomodar questões de recuperação de energia, recuperação de nutrientes e reutilização da água.

Na forma da Seção 304(d) da Lei Pública 92-500, a EPA publicou sua definição dos padrões mínimos para tratamento secundário. A Tabela 9.3 fornece uma visão geral desses padrões de tratamento e dos processos unitários específicos que removem grandes quantidades de constituintes específicos das águas residuais.

Cartilha para o Tratamento de Águas Residuais Municipais
http://water.epa.gov/aboutpw/owm/upload/2005_08_19_primer.pdf

Figura / 9.3 Vista Aérea da Estação de Tratamento de Águas Residuais. Essa estação atende aproximadamente a 14.000 pessoas.

(Foto cortesia de Portage Lake Water and Sewage Authority.)

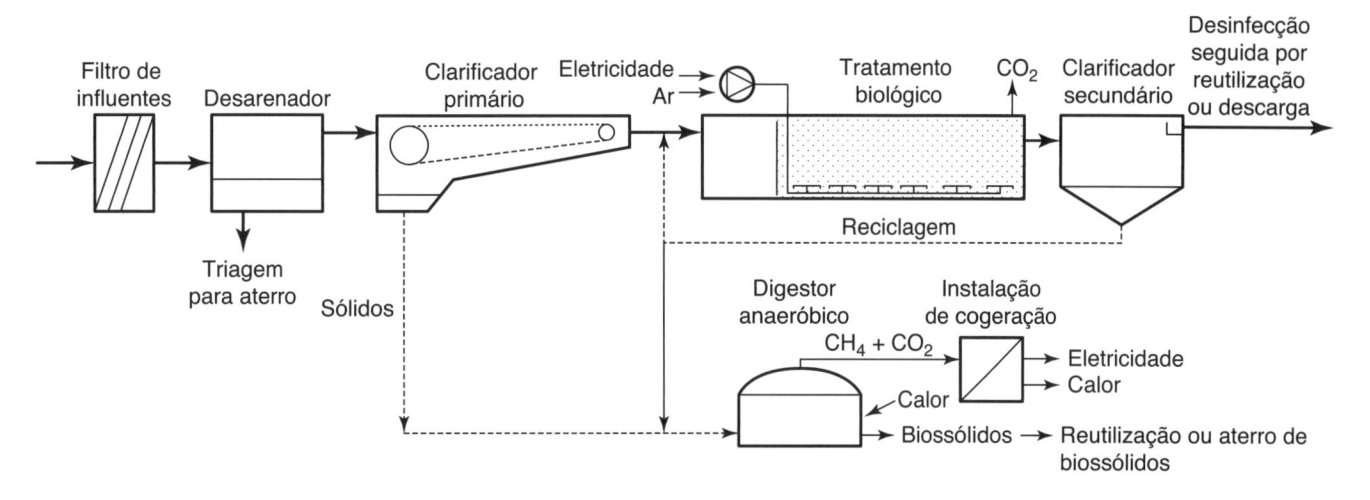

Figura / 9.4 *Layout* Característico do Tratamento Convencional das Águas Residuais O tratamento preliminar, com filtros e desarenadores, é seguido por um tratamento biológico primário clarificador, um clarificador secundário e um tratamento anaeróbico do lodo.

(Adaptado da figura fornecida pelo Dr. Diego Rosso, University of California-Irvine.)

Estes vídeos da Internet permitem que você faça uma visita guiada por estações de tratamento de águas residuais e recuperação de recursos, além de visualizar melhor muitos dos processos unitários descritos por todo este capítulo.

Vídeo 1 (10:29): Produzido pelo Lake County (Ohio) e mostra cada processo unitário da Estação de Recuperação de Água Gary L. Kron, com capacidade para 38 MGD.
http://www.youtube.com/watch?v=8YMfSR1kD3U

Vídeo 2 (4:10): Uma animação com texto, mas sem som. Cobre os processos básicos do tratamento das águas residuais.
http://www.youtube.com/watch?v=Y_1FRWHbz-o

Vídeo 3 (10:01): O vídeo narrado pela Water Environment Federation proporciona uma visita guiada virtual que inclui o tratamento, reutilização da água, gestão do lodo e geração de energia pela digestão anaeróbica.
http://news.wef.org/wef-video-teaches-about-operation-of-water-resource-recovery-facility-2/

Vídeo 4 (3:13): Estação Avançada de Tratamento de Água de Blue Plains, Washington, D.C., tem grandes esforços para recuperar energia e nutrientes das águas residuais.
http://www.werf.org/c/KnowledgeAreas/Resource_Recovery/Latest_News/Video_Wastewater_Plants.aspx

Tabela / 9.3

Padrões Mínimos de Tratamento e Processos Unitários que Removem uma Quantidade Significativa de Importantes Constituintes das Águas Residuais

Constituinte e padrão EPA para tratamento mínimo	Processos unitários que removem quantidades significativas do constituinte
Demanda bioquímica e oxigênio (DBO): DBO_5 aceitável de 30 dias é 30 mg/L e a DBO_5 de 7 dias é 4,5 mg/L.	A DBO pode ser na forma dissolvida ou particulada. Reator biológico; sedimentação primária ou secundária.
Sólidos suspensos: TSS aceitável de 30 dias é 30 mg/L e TSS de 7 dias é 45 mg/L.	Sedimentação primária ou secundária. Importante na produção de energia e/ou reutilização dos biossólidos.
Patógenos: Depende da licença NPDES baseada na água de destino (por exemplo, na estação retratada na Figura 9.3, coliformes fecais <200 contagem/mL na média mensal ou <400 contagens/mL na média de 7 dias).	Sedimentação primária ou secundária; desinfecção. A predação também ocorre no reator biológico.
Nutrientes como o nitrogênio e o fósforo: Depende da licença de descarga NPDES.	Os nutrientes podem estar na forma dissolvida ou particulada. Sedimentação; reator biológico; adição de substâncias químicas para precipitar e recuperar o fósforo. Nitrogênio recuperado como estruvita ou em biossólidos e os dois nutrientes estão presentes na água recuperada.
Limites tóxicos	Algumas são removidas via sedimentação (se forem absorvidas ou complexadas pelas partículas), algumas são biodegradáveis e algumas atravessam a estação de tratamento. Podem ser utilizados processos de oxidação avançada para tratamento da água em cenários de reutilização.
pH: A descarga deve ser no intervalo de 6,5 a 10,0.	Não é aplicável

9.4 Tratamento Preliminar

O **tratamento preliminar** prepara as águas residuais para o tratamento posterior. É utilizado para remover espuma gordurosa, detritos flutuantes e areia, que podem inibir os processos biológicos e/ou danificar equipamentos mecânicos. São empregados tanques de equalização para equilibrar os escoamentos ou a carga orgânica. Os efluentes industriais também podem exigir pré-tratamento físico-químico para remoção de amônia-nitrogênio (*air stripping*), ácidos/bases (neutralização), metais pesados (oxidação-redução, precipitação) ou óleos (flotação por ar dissolvido).

9.4.1 TRIAGEM

Grades (barras ou hastes paralelas, 20 a 150 mm) e **telas** (placas perfuradas ou malhas, 10 mm ou menos) retêm os sólidos grosseiros (objetos grandes, trapos, papel, garrafas plásticas etc.) presentes nos efluentes, evitando danos à tubulação e aos equipamentos mecânicos que se seguem a essa etapa do tratamento (Figura 9.5). São removidos à mão em algumas instalações mais antigas e menores, mas a maioria está equipada com ancinhos de limpeza automáticos. Os restos normalmente são descartados em aterros ou incinerados.

Como uma alternativa a esses filtros, algumas instalações utilizam um **triturador**, que tritura os sólidos grosseiros sem removê-los do escoamento de efluentes. Essa redução no tamanho facilita o tratamento dos sólidos nas operações subsequentes que empregam decantação. Os trituradores eliminam a necessidade de manusear e descartar sólidos grosseiros removidos durante a triagem.

9.4.2 DESARENADORES

O **areão** consiste em materiais particulados nas águas residuais que possuem gravidades específicas de aproximadamente 2,65 e uma temperatura de 15,5°C. As partículas com gravidades específicas entre 1,3 e 2,7 também foram removidas, com base em dados de campo. O areão pode consistir em areia inorgânica ou cascalho (cerca de 1 mm de diâmetro), conchas, fragmentos ósseos, pedaços e sementes de frutas e vegetais e grãos de café.

O areão é removido principalmente para evitar a abrasão da tubulação e do equipamento mecânico. Durante a remoção do areão, algumas matérias orgânicas são removidas junto com ele. Às vezes é acrescentado um equipamento para lavagem do areão a fim de remover matéria orgânica e devolver para as águas residuais.

Nos sistemas de escoamento horizontal, o areão é removido por sedimentação por gravidade (usando a lei de Stokes ou a lei de Newton). Em um **desarenador** aerado, o ar é introduzido em um lado do tanque, proporcionando um padrão de escoamento helicoidal das águas residuais através da câmara, permitindo que o areão decante enquanto mantém suspensa a matéria orgânica menor nas águas residuais. O *desarenador aerado* tem a vantagem adicional de que mantém a água residual fresca ao adicionar oxigênio a ele. Em um *desarenador de vórtice*, a água residual entra e sai tangencialmente, criando um padrão de escoamento de vórtice em que o areão decanta no fundo do tanque.

Os desarenadores aerados e de vórtice são projetados com base em parâmetros de projeto característicos. A Tabela 9.4 fornece as informações de projeto utilizadas para dimensionar um desarenador aerado. Essas

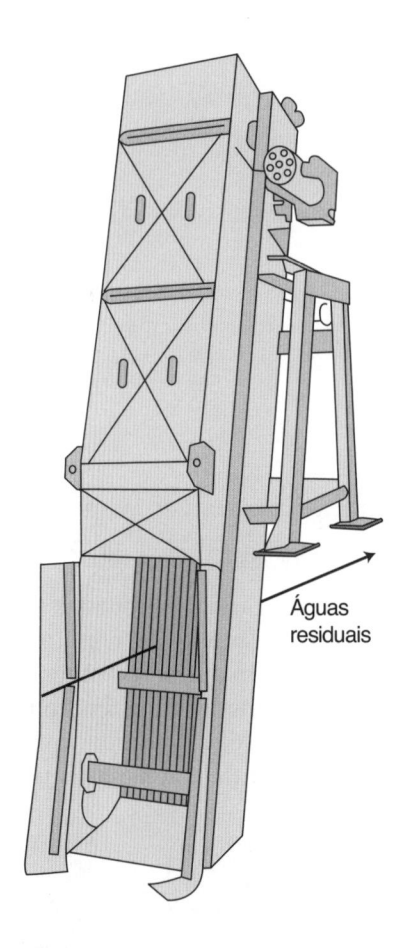

Águas residuais

Figura / 9.5 Grades Utilizadas para Remover Sólidos Grosseiros das Águas Residuais Se não forem removidos, esses sólidos podem danificar a tubulação e o equipamento mecânico mais adiante no processo de tratamento.

Informações de Projeto Utilizadas para Dimensionar Desarenadores Aerados

Parâmetro	Tempo de detenção no pico de escoamento (minutos)
Profundidade (m)	2-5
Comprimento (m)	2-5
Largura (m)	7,5-20
Razão entre largura e profundidade	2,5-7
Razão entre comprimento e largura	1:1 a 5:1
Requisito de ar por comprimento do tanque (m^3/m-min)	3:1 a 5:1
Quantidade de areão ($m^3/10^3\ m^3$)	0,2-0,5
Intervalo	0,004-0,20

FONTE: Tchobanoglous *et al.* (2003).

câmaras normalmente são projetadas para remover partículas com diâmetros de pelo menos 0,21 mm. Os tempos de detenção variam de 2 a 5 minutos, dependendo do pico de escoamento horário, e as taxas de fluxo de ar variam de 0,2 a 0,5 m^3 de ar por minuto por comprimento do tanque. O Exemplo 9.1 ilustra o projeto de um desarenador aerado.

exemplo / 9.1 Projeto de um Desarenador Aerado

Projetar um desarenador aerado para tratar um escoamento de pico horário equivalente a 1,5 m^3/s sustentado por 1 dia, com um escoamento médio de 0,6 m^3/s. Determine: (a) o volume do desarenador (supondo que serão utilizadas duas câmaras); (b) as dimensões das duas câmaras do desarenador; (c) o tempo médio de retenção hidráulica em cada câmara; (d) os requisitos de ar, supondo 0,35 m^3/m-min de ar; e (e) a quantidade de areão removido no pico de escoamento, supondo um valor típico de 0,015 $m^3/10^3\ m^3$ de área nas águas residuais não tratadas.

solução

Grande parte desse problema pode ser resolvida usando a diretriz de projeto fornecida na Tabela 9.4.

O volume das câmaras dos desarenadores é determinado supondo um tempo de detenção de 3 min:

$$\text{Volume total do desarenador} = 1{,}5\ m^3/s \times 3\ \text{min} \times 60\ s/\text{min} = 270\ m^3$$

$$\text{Volume de cada câmara do desarenador} = \frac{1}{2} \times 270\ m^3 = 135\ m^3$$

9.4.3 FLOTAÇÃO

A **flotação** é o oposto da sedimentação, utilizando a flutuação para separar partículas sólidas como gorduras, óleos e graxas, que não decantariam por sedimentação. O processo de separação é feito introduzindo ar no fundo de um tanque de flotação. As bolhas de ar sobem para a superfície, onde são removidas por desnatação. Uma variação popular desse esquema se chama *flotação por ar dissolvido*. O efluente reciclado é retido em um recipiente de pressão, no qual é misturado e saturado com ar. Depois o efluente é misturado com as águas residuais brutas e à medida que a pressão retorna para o nível atmosférico, o ar dissolvido sai da solução, levando os sólidos flutuantes para a superfície, onde podem ser desnatados e coletados.

Hoje, gorduras, óleo e graxa (FOG, do inglês *fats*, *oil* e *grease*) – especificamente o material gerado nos restaurantes locais ou nos refeitórios universitários – não precisa fazer parte do escoamento das águas residuais. Eles podem ser facilmente convertidos para biodiesel (que poderia ajudar a abastecer a frota de veículos do município) e usados para gerar energia, quando combinados com gás do digestor, ou utilizados como combustível suplementar em instalações de conversão de resíduos sólidos em energia.

9.4.4 EQUALIZAÇÃO

A **equalização do escoamento** é implementada para amortecer o escoamento e a taxa de carregamento orgânico para uma instalação de tratamento de águas residuais. Lembre-se do Capítulo 7 que ocorrem grandes variações no escoamento, por muitas razões. A implementação da equalização do escoamento em alguns casos pode superar problemas operacionais associados a grandes variações de escoamento e melhorar o desempenho dos processos unitários a jusante. Por exemplo, os processos biológicos utilizados durante o tratamento das águas residuais podem ser controlados mais facilmente com uma vazão fixa e carga de DBO quase constante. Além disso, a implementação da equalização do escoamento pode reduzir o tamanho dos processos de tratamento a jusante e em alguns casos melhorar o desempenho nas instalações sobrecarregadas.

A Figura 9.6 compara a vazão diurna e a variação na carga de DBO com um escoamento equalizado e o padrão de carga de DBO. A carga de DBO é igual ao escoamento vezes a concentração de DBO nas águas residuais e tem unidades de kg DBO/m^3 de águas residuais por dia. Conforme a Figura 9.6, o enfraquecimento da vazão e a DBO podem ser consideráveis.

A equalização do escoamento pode ser feita de duas maneiras: equalização em linha ou fora de linha. A *equalização em linha* é o processo no qual passa todo o escoamento através da bacia de equalização. Por outro lado, com a *equalização fora de linha* apenas uma parte do escoamento é desviada pela bacia de equalização. A equalização do escoamento fora de linha requer que o escoamento desviado seja bombeado e misturado com o escoamento de entrada da estação, quando a vazão desse escoamento de entrada for reduzida. Normalmente isso acontece tarde da noite. Nesse caso, o escoamento pode ser equalizado, mas a mudança na carga de DBO é menos reduzida do que na equalização de escoamento em linha. Portanto, a equalização em linha é utilizada normalmente quando o enfraquecimento rigoroso do escoamento e da carga orgânica for necessário.

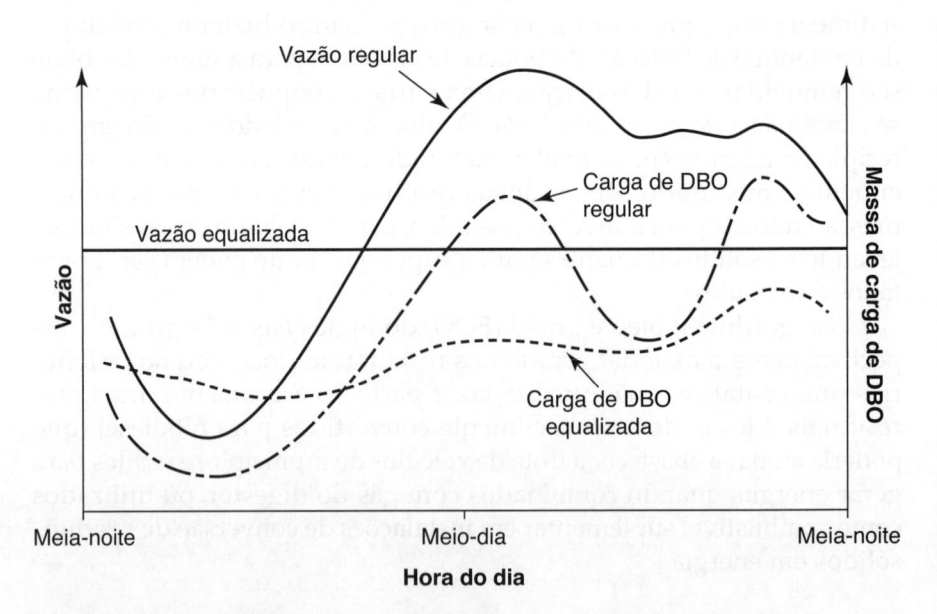

Figura / 9.6 **Mudanças na Vazão Regular e na Carga de Massa de DBO Regular em um Dia Comum** A vazão equalizada é exibida como uma constante e a carga de DBO equalizada está enfraquecida, então as grandes variações ao longo do dia são removidas.

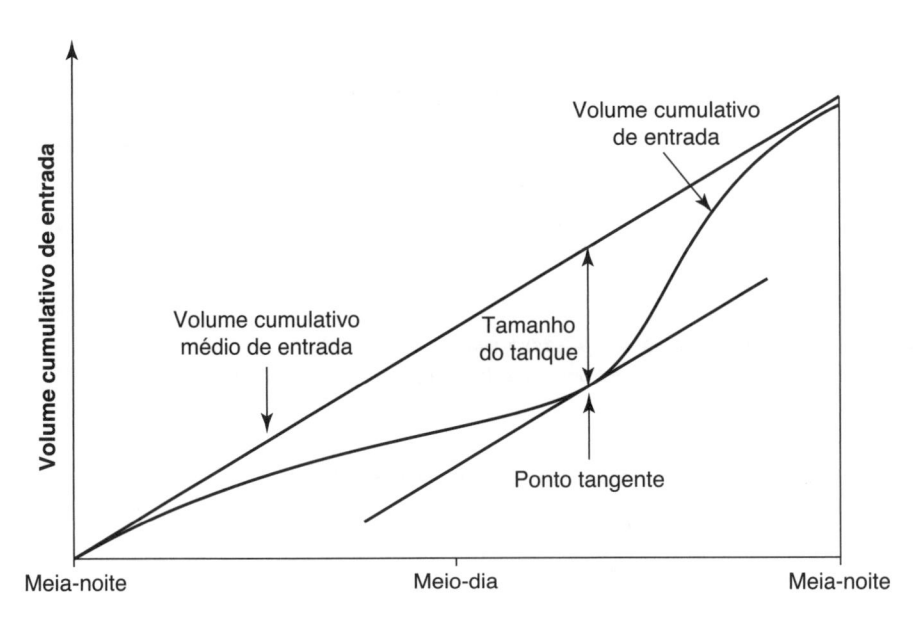

Figura / 9.7 **Volume Cumulativo de Entrada e Volume Cumulativo Médio de Entrada em Função da Hora do Dia** O volume cumulativo médio de entrada e o volume cumulativo de entrada podem ser representados graficamente para determinar o tamanho necessário para o tanque visando o volume de armazenamento para equalização. Após a determinação do ponto tangente na curva de volume cumulativo de entrada, desenha-se uma linha paralela ao volume cumulativo médio de entrada. A distância entre o ponto tangente e a curva e volume médio de entrada é o volume de armazenamento necessário. A curva desenhada através do ponto tangente fornece informações sobre quando o volume de armazenamento está enchendo ou esvaziando.

Os diagramas de massa como o da Figura 9.7 podem ser utilizados para determinar o *volume de armazenamento da equalização* necessário. A Figura 9.7 mostra o *volume cumulativo de entrada* e o *volume cumulativo médio de entrada* em função da hora do dia. Para determinar o volume de equalização necessário, pegue a distância vertical entre o volume médio e a linha paralela e tangente à curva de volume cumulativo de entrada na Figura 9.7. O ponto tangente na curva cumulativa de entrada é onde o tanque de equalização está vazio. Com o aumento do tempo, a inclinação da curva cumulativa de entrada é maior do que a curva média de entrada. O tanque de equalização vai encher aproximadamente à meia-noite, quando as inclinações das duas curvas forem aproximadamente iguais. De meia-noite até um pouco depois do meio-dia, a inclinação da curva cumulativa de entrada é menor do que a da curva média, significando que o tanque de equalização está perdendo volume (drenando).

Na Figura 9.7, o volume de equalização seria encontrado na tangente das duas linhas paralelas na curva do volume cumulativo de entrada. No horário entre os dois pontos tangentes, aproximadamente 1h, até aproximadamente meia-noite, a bacia de equalização está enchendo, já que a inclinação da curva de volume cumulativo de entrada é maior do que a curva de volume médio de entrada. Aproximadamente de meia-noite à 1h, a inclinação da curva de volume cumulativo de entrada é menor do que a da curva de volume médio de entrada e o tanque de equalização está drenando.

exemplo / 9.2 Dimensionando um Tanque de Equalização de Vazão

Com os dados dos escoamentos médios horários fornecidos na Tabela 9.5 (nas duas colunas da esquerda), determine o volume (m³) necessário para equalização da vazão em linha.

Tabela / 9.5

Dados e Resultados do Problema de Equalização da Vazão no Exemplo 9.2 A vazão de entrada cumulativa média (não exibida, unidades de m^3/h) é determinada dividindo o volume cumulativo de entrada por 24h.

Período de tempo	Volume da vazão durante o período (m³)	Volume cumulativo de entrada (m³)
Meia-noite – 1h	1.090	1.090
1–2	987	2.077
2–3	701	2.778
3–4	568	3.346
4–5	487	3.833
5–6	475	4.308
6–7	532	4.840
7–8	838	5.678
8–9	1.375	7.053
9–10	1.565	8.618
10–11	1.630	10.248
11–meio-dia	1.649	11.897
Meio-dia–1	1.640	13.537
1–2	1.545	15.082
2–3	1.495	16.577
3–4	1.490	18.067
4–5	1.270	19.337
5–6	1.270	20.607
6–7	1.290	21.897
7–8	1.424	23.321
8–9	1.548	24.869
9–10	1.550	26.419
10–11	1.476	27.895
11–Meia-noite –1h	1.342	29.237

Essa solução exige várias etapas. Primeiro, determine a vazão cumulativa por hora durante o período. As respostas são fornecidas na coluna da direita na Tabela 9.5. Para um período de tempo, a vazão horaria cumulativa é

$$\begin{bmatrix} \text{Vazão horária} \\ \text{cumulativa, 1–2h} \end{bmatrix} = V_{M-1} + V_{1-2} = 1.090 + 987 = 2.077\,\text{m}^3$$

Depois, determine o volume cumulativo médio de entrada (não apresentado na tabela), divida a vazão cumulativa (apresentada na tabela) por 24h:

$$\text{Vazão média} = \frac{\text{Vazão cumulativa}}{24\,\text{h}} = \frac{29.237\,\text{m}^3}{24\,\text{h}} = 1.218\,\text{m}^3/\text{h}$$

A solução exige agora um gráfico do volume cumulativo de entrada e do volume cumulativo médio de entrada. (A figura não foi exibida, então os leitores devem consultar a Figura 9.7 e concluir por conta própria.) A partir desse gráfico, o volume de escoamento equalizado necessário é aproximadamente 4.100 m³.

9.5 Tratamento Primário

O objetivo do **tratamento primário** é remover sólidos por decantação gravitacional quiescente. Normalmente, as águas residuais domésticas são retidas por um período de aproximadamente 2h. **Tanques de decantação,** chamados **tanques de sedimentação** ou **clarificadores**, podem ser retangulares ou circulares. Durante a sedimentação, os sólidos decantam no fundo do tanque, no qual são coletados como lodo líquido-sólido. A Figura 9.8 mostra o interior de um clarificador circular.

Figura / 9.8   Clarificadores secundários (diâmetro de 130 pés) com defletor Stamford (o clarificador na parte inferior da fotografia está sem água). Os clarificadores estão situados na Estação de Controle de Poluição da Água Stamford (CT). A estação é concebida para tratar uma vazão média de efluentes de 24 MGD da cidade de Stamford e da cidade de Darien. Os efluentes tratados são descarregados no ramal leste do porto de Stamford, situado em Long Island Sound.

(Foto cortesia da Dr. Jeanette Brown, Universidade de Connecticut.)

O tratamento primário remove cerca de 60% dos sólidos suspensos (TSS), 30% da DBO e 20% do fósforo (P). A DBO e o fósforo removidos nesse estágio estão principalmente na fase particulada (isto é, parte do TSS). Qualquer DBO, N ou P dissolvido vai passar pelo tratamento primário e entrar no tratamento secundário. Coagulantes podem ser acrescentados para melhorar a remoção da matéria particulada. Isso pode reduzir os custos globais de energia necessários durante o segundo tratamento para converter biologicamente essas partículas para CO_2, água e nova biomassa.

O efluente clarificado que sai do tratamento primário é encaminhado para o tratamento secundário e os sólidos (o lodo) removidos durante a decantação são segregados para tratamento posterior e recuperação de energia ou reutilização dos biossólidos. O lodo primário é malcheiroso, pode conter organismos patogênicos e tem alto teor de água (talvez menos de 1% de sólidos). Essas características dificultam o seu descarte. Os clarificadores secundários são concebidos para remover partículas muito menores porque, como explicaremos na próxima seção, a maioria da matéria particulada nesse ponto da estação de tratamento consiste em microrganismos.

Este capítulo não se aprofunda no projeto dos tanques de decantação para tratamento de águas residuais. O Capítulo 8 forneceu uma discussão da teoria de sedimentação e dos princípios de projeto, incluindo como usar **taxas de transbordamento** estabelecidas para dimensionar tanques de decantação. É importante observar que o tempo de detenção hidráulica real pode ser muito menor do que o calculado em razão de açudes desiguais, más condições das entradas e correntes de densidade, todos podendo contribuir para uma redução na eficiência da remoção dos sólidos (Miller a Esler, 2013).

---

exemplo / 9.3 Dimensionando um Tanque de Decantação Primário

Uma estação de tratamento de efluentes municipais trata um escoamento médio de 12.000 m^3/dia e um pico de escoamento horário de 30.000 m^3/dia. Dois clarificadores circulares devem ser projetados usando uma profundidade de 4 m e uma taxa de transbordamento de 40 m^3/m^2-dia. Calcule a área, o diâmetro, o volume e o tempo de detenção necessário para cada clarificador.

solução

Para calcular a área de superfície necessária para a clarificação, divida a vazão média (Q) pela taxa de transbordamento (OR):

$$\text{Área do clarificador} = \frac{Q}{\text{OR}} = \frac{12.000 \ m^3/\text{dia}}{40 \ m^3/m^2\text{-dia}} = 300 \ m^2$$

Como existem dois clarificadores, a área de cada clarificador seria

$$\text{Área do clarificador} = \frac{300 \ m^2}{2 \ \text{clarificadores}} = 150 \ m^2$$

O diâmetro do tanque pode ser calculado a partir da área, da seguinte forma:

$$\text{Diâmetro do clarificador} = \sqrt{\dfrac{\text{Área do clarificador}}{\dfrac{\pi}{4}}} = \sqrt{\dfrac{150\ \text{m}^2}{\dfrac{\pi}{4}}} = 13,8\ \text{m}$$

O diâmetro do clarificador será arredondado para 14 m no projeto final.

A área real de cada clarificador é calculada da seguinte forma:

$$\text{Área do clarificador} = \dfrac{\pi}{4}(14\ \text{m})^2 = 154\ \text{m}^2$$

O volume de cada clarificador é calculado da seguinte forma:

$$\text{Volume do clarificador} = \text{área} \times \text{profundidade} = \left(\dfrac{\pi}{4}(14\ \text{m})^2\right) \times (4\ \text{m}) = 616\ \text{m}^3$$

Para determinar o tempo de detenção hidráulica, divida o volume do clarificador pela vazão (Q) em cada clarificador:

$$\text{Tempo de detenção} = \dfrac{\text{volume}}{Q} = \dfrac{616\ \text{m}^3 \times 24\ \text{h/dia}}{6.000\ \text{m}^3/\text{dia}} = 2,46\ \text{h}$$

A taxa de transbordamento (OR) observada é calculada da seguinte forma:

$$\text{OR} = \dfrac{Q}{\text{área}} = \dfrac{6.000\ \text{m}^3/\text{dia}}{154\ \text{m}^2} = 39\ \text{m}^3/\text{m}^2\text{-dia}$$

Determine o tempo de detenção e a taxa de transbordamento no pico de escoamento:

$$\text{OR no pico de escoamento} = \dfrac{(Q\ \text{no pico de escoamento})/2}{\text{área}} = \dfrac{15.000\ \text{m}^3/\text{dia}}{154\ \text{m}^2} = 97,4\ \text{m}^3/\text{m}^2\text{-dia}$$

$$[\text{Tempo de detenção no pico de escoamento}] = \dfrac{\text{Volume do clarificador}}{Q\ \text{no pico de escoamento}} = \dfrac{616\ \text{m}^3 \times 24\ \text{h/dia}}{30.000\ \text{m}^3/\text{dia}/2} = 0,99\ \text{h}$$

No escoamento médio, os valores calculados do tempo de detenção e da taxa de transbordamento estão dentro dos intervalos que discutimos no capítulo anterior. No pico de escoamento, o valor calculado do tempo de detenção está bom, mas a taxa de transbordamento é ligeiramente menor do que o desejado. O projeto final do clarificador pode precisar de uma maior área de superfície para proporcionar tempo de detenção suficiente para a decantação dos sólidos.

9.6 Tratamento Secundário

As águas servidas que saem do clarificador primário perderam uma quantidade significativa de matéria particulada que continham, mas ainda têm alta demanda de oxigênio em razão de uma abundância de matéria orgânica dissolvida (medida como DBO). O **tratamento secundário** (que é uma forma de tratamento biológico) utiliza microrganismos para decompor essas moléculas de alta energia.

Existem duas abordagens básicas ao tratamento biológico, diferentes na maneira em que o resíduo é colocado em contato com os microrganismos. Nos *reatores de crescimento em suspensão*, os organismos e as águas residuais são misturados, enquanto nos *reatores de crescimento acoplado* os organismos são acoplados a uma estrutura de suporte e as águas residuais passam pelos organismos.

9.6.1 REATORES DE CRESCIMENTO SUSPENSO: LODO ATIVADO

O sistema de tratamento biológico mais comum é um sistema de **crescimento em suspensão** chamado processo de **lodo ativado**. Os efluentes do clarificador primário são desviados para um **tanque de aeração** (também chamado de **bacia de aeração**), normalmente por gravidade, e misturados com uma massa diversa de microrganismos compreendendo bactérias, fungos, rotíferos e protozoários. Essa mistura de líquido, resíduos sólidos e microrganismos se chama **licor misto**. Uma medição do TSS obtida da bacia de aeração é chamada **sólidos suspensos em licor misto (MLSS)**, apresentada em mg/L. Os sólidos suspensos voláteis (VSS) podem ser utilizados como um substituto para descrever a biomassa do reator. Isso porque a maioria dos sólidos consiste em microrganismos que têm um alto teor de carbono em sua estrutura celular. Normalmente, a fração volátil dos **sólidos suspensos voláteis em licor misto (MLVSS)**, apresentada em mg/L, é 60-80% do MLSS.

A cadeia alimentar do processo de lodo ativado é exibida na Figura 9.9. A cadeia alimentar é um pouco truncada, tanto lateralmente (os produtores primários não são importantes porque o resíduo é uma fonte de matéria orgânica) quanto verticalmente (os consumidores mais altos estão ausentes porque o sistema é projetado para cortar em um ponto em que a matéria particulada restante é facilmente removida por sedimentação).

Diferentes grupos de organismos predominam, dependendo do grau de estabilização do resíduo. Primeiro, os protozoários ameboides e zoofla-

Figura / 9.9 Cadeia Alimentar do Processo de Lodo Ativado (Extraído de Mihelcic [1999]. Reimpresso com permissão de John Wiley & Sons, Inc.)

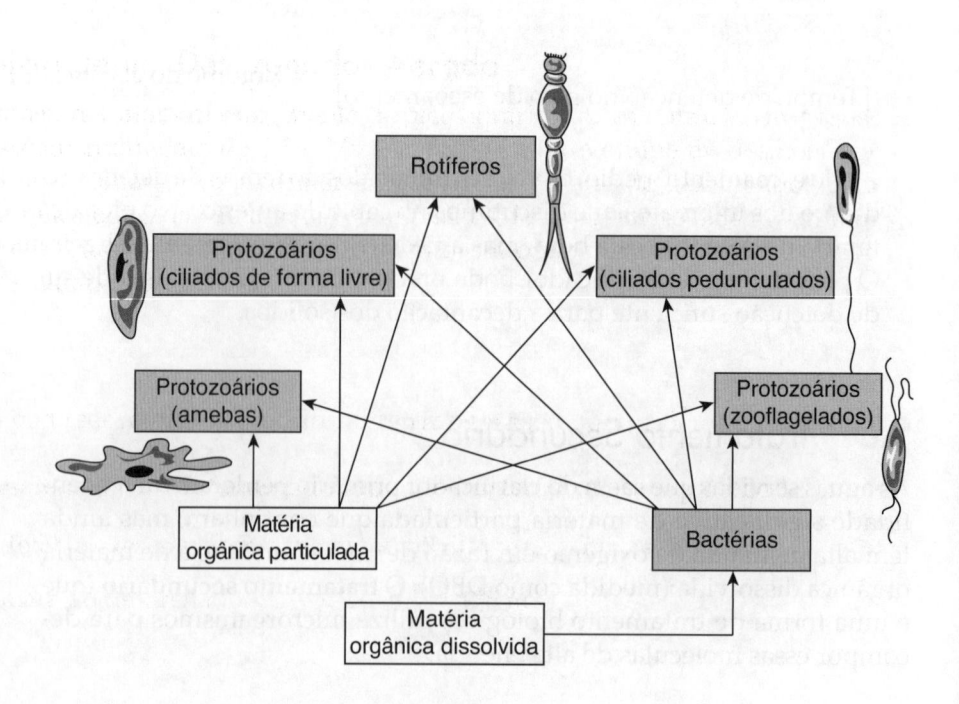

gelados dominam, utilizando a matéria orgânica dissolvida e particulada presente inicialmente. Em seguida os zooflagelados e protozoários ciliados de formas livres crescem em quantidade, alimentando-se das populações de bactérias em desenvolvimento. Finalmente, os ciliados pedunculados e os rotíferos se tornam mais abundantes, alimentando-se das superfícies de flocos de lodo ativado. As práticas de operação da instalação – como o tempo de retenção dos sólidos (SRT), que será discutido mais tarde – ditam o grau de estabilização e, assim, a posição da comunidade microbiológica na sucessão. As técnicas de biologia molecular atualmente estão sendo utilizadas para compreender melhor a ecologia microbiana única dos sistemas de tratamento de águas residuais.

A maioria da DBO é degradada na presença de oxigênio, então o ar é adicionado ao reator para fornecer oxigênio, que deve ser transferido para a fase aquosa. Isso requer insumos de energia. Na prática, as concentrações de oxigênio dissolvido no tanque de aeração são mantidas em 1,5-4,0 mg/L, com 2 mg/L sendo um valor comum. Os níveis acima de 4 mg/L não melhoram significativamente a operação, mas aumentam os custos operacionais em virtude da energia associada ao forçar o ar para dentro do sistema. Os baixos níveis de oxigênio podem levar ao *aumento do lodo*, uma abundância de organismos filamentosos com características de sedimentação ruins.

As bactérias são responsáveis principalmente por assimilar a matéria orgânica dissolvida nas águas residuais e os rotíferos e protozoários são úteis na remoção das bactérias dispersas, que de outro modo não decantariam. Isso faria com que os efluentes da estação não satisfizessem os requisitos da licença para sólidos suspensos. A energia derivada do processo de decomposição é utilizada primariamente na manutenção da célula e para produzir mais microrganismos. Uma vez que a maioria dos produtos orgânicos dissolvidos foi utilizada, os microrganismos são encaminhados para o clarificador secundário (ou final) para separação.

No clarificador secundário são produzidos dois fluxos: (1) um efluente clarificado, que é enviado para o próximo estágio de tratamento (normalmente a desinfecção); e (2) um lodo líquido-sólido consistindo praticamente em microrganismos (mas, talvez em 2-4% de sólidos). Assentados no fundo do clarificador secundário, sem uma fonte de alimento, esses organismos ficam famintos por nutrientes ou *ativados*. Uma parte do lodo é bombeada para a cabeça do tanque (**lodo ativado devolvido**), no qual o processo começa novamente. O restante do lodo é removido do sistema e processado para descarte (**resíduo de lodo ativado**). Como veremos nas próximas seções, é necessário remover continuamente o lodo dos sistemas para equilibrar os ganhos na biomassa que ocorrem pelo crescimento microbiano.

Um fator fundamental para o desempenho de um tanque de decantação secundário é a qualidade do lodo ativado produzido no reator biológico. Por exemplo, se você tiver um tanque de decantação secundário pequeno ou subdimensionado, um lodo que decante mais rápido e tenha um índice de volume de lodo (SVI) menor pode funcionar melhor para você. Também é fundamental que os reservatórios estejam nivelados para evitar o curto-circuito hidráulico dentro do tanque de decantação. As entradas no poço de alimentação do tanque de decantação também podem ser adaptadas inserindo um acessório concebido para dissipar a energia do fluxo de entrada, promovendo assim a floculação e decantação dos sólidos biológicos, que são pequenos e não muito densos (Miller e Esler, 2013).

A National Small Flows Clearinghouse fornece assistência técnica para ajudar as pequenas comunidades e proprietários de residências em seu tratamento de efluentes
http://www.nesc.wvu.edu/wastewater.cfm

PROJETO DO SISTEMA DE LODO ATIVADO

Um conjunto de equações permite dimensionar o reator biológico e, ainda mais importante, compreender as relações no sistema de lodo ativado entre a concentração de microrganismos, remoção de sólidos e matéria orgânica do fluxo de entrada. A Figura 9.10 mostra um esquema do processo de lodo ativado com um volume de controle adicionado para o nosso balanço de massa.

Nesse reator, os organismos convertem a matéria orgânica dissolvida (medida como DBOC e DBON) em CO_2 gasoso, água, nitrato e matéria orgânica particulada (mais microrganismos). Um tanque de decantação (chamado *clarificador secundário*) depois do reator biológico captura a matéria particulada (lodo).

A vida típica de um microrganismo em uma estação de tratamento de efluentes primeiro consiste em se alimentar na bacia de aeração por várias horas (4-6h, por exemplo), depois escoar para o clarificador secundário por mais algumas horas, nas quais o organismo repousa enquanto decanta para o fundo do tanque. Quando os organismos estão com fome novamente, são reciclados para o reator biológico para semeá-lo com um grupo de organismos ativos metabolicamente (com fome). Esse processo é repetido várias vezes para cada organismo (alimentação e repouso, alimentação e repouso, alimentação e repouso etc.)

Uma vez que a população de microrganismos está crescendo pela presença do substrato (DBOC e DBON) e o operador da estação precisa manter uma concentração constante de microrganismos na bacia de aeração, alguns organismos precisam ser removidos do clarificador secundário. Esses organismos são *desperdiçados* do processo; daí o termo **desperdício de lodo** ser utilizado para descrever a remoção dos sólidos do sistema de lodo ativado via clarificador secundário.

Para desenvolver uma equação mestre de projeto, primeiro vamos configurar e analisar dois balanços de massa, feitos em matéria orgânica dissolvida (substrato) e sólidos (biomassa). Essa análise, quando combinada com a nossa compreensão do crescimento microbiano, vai nos permitir determinar o volume da bacia de aeração. Em todas essas expressões, Q representa o escoamento, apresentado em m^3/dia; S é a concentração de substrato (normalmente medida em mg de DBO ou DQO por L); X é a concentração de sólidos (biomassa), medida em mg SS/L ou mg VSS/L; e V é o volume do tanque de aeração, apresentado em m^3. Os subscritos se referem ao influente (o), efluente (e), reciclagem (r), subfluxo dos clarificadores (u) e resíduos sólidos (w).

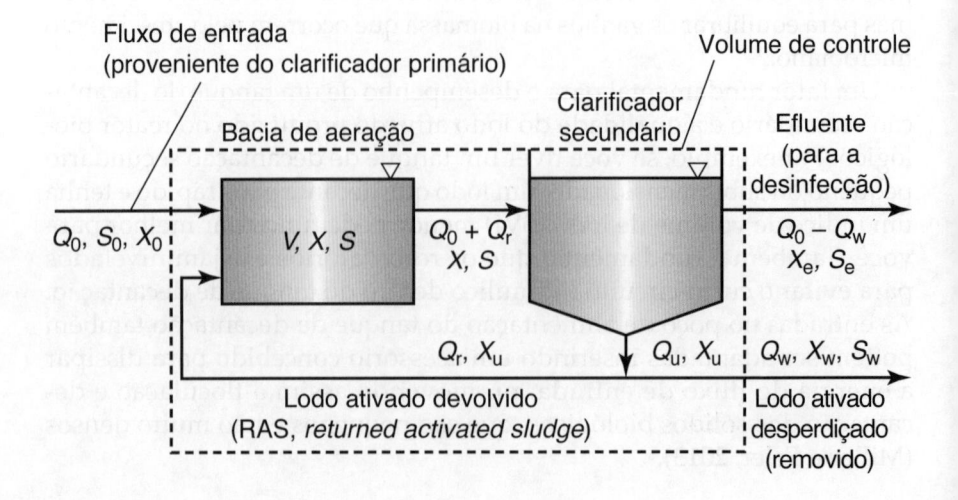

Figura / 9.10 Esquema do Processo de Lodo Ativado (Extraído de Mihelcic [1999]. Reimpresso com permissão da John Wiley & Sons, Inc.)

Aplicação / 9.3	Você deve usar derivadas temporais (por exemplo, dX/dt e dS/dt) ou taxas de crescimento (r_g) e esgotamento de substrato (r_s) em um reator contínuo?

Embora seja apropriado usar derivadas temporais em um reator descontínuo (como fizemos nos Capítulos 4 e 5), não é apropriado usar derivadas temporais para expressar taxas de crescimento de biomassa ou esgotamento de substrato em um reator contínuo em regime estável. O exame atento da Figura 9.10 mostra que não é um reator descontínuo, mas sim um reator contínuo (sob condições de regime estável). Desse modo, na análise a seguir, na qual trabalhamos para derivar uma equação de projeto final para os sistemas de lodo ativado retratados na Figura 9.10, vamos usar os termos taxa de crescimento (r_g) e taxa de esgotamento do substrato (r_s) em vez de dX/dt e dS/dt, respectivamente.

Podemos mostrar como dX/dt e r_g são iguais em um reator descontínuo estabelecendo um balanço de massa para a biomassa.

Acumulação = [fluxo de entrada] −
− [fluxo de saída]
+ fontes/produção
− sumidouros/consumo

Usando valores de um sistema descontínuo (não há fluxo de entrada e saída no reator) e supondo que não há sumidouro/consumo de biomassa, temos

$$V\, dX/dt = 0 - 0 + (V \times r_g) - 0$$

Dividindo os dois lados da equação pelo volume, V, podemos ver que em um reator descontínuo, $dX/dt = r_g$.

Você pode fazer uma análise similar no esgotamento do substrato.

BALANÇO DE MASSA NOS SÓLIDOS [BIOMASSA]

Um balanço de massa nos microrganismos (sólidos) dentro do volume de controle indicado (a linha tracejada na Figura 9.10) pode ser apresentado da seguinte forma:

$$\begin{bmatrix} \text{Biomassa entrando} \\ \text{na bacia de aeração} \end{bmatrix} + \begin{bmatrix} \text{Biomassa} \\ \text{produzida por} \\ \text{causa do crescimento} \\ \text{na bacia de aeração} \end{bmatrix} = \begin{bmatrix} \text{Biomassa saindo} \\ \text{do sistema} \end{bmatrix}$$

$$(9.1)$$

Usando a Equação 9.1, a Figura 9.10 e o volume de controle indicado, a expressão matemática que descreve o *balanço de massa dos sólidos* é

$$Q_o X_o + V r_g = (Q_o - Q_w) X_e + Q_w X_w \qquad (9.2)$$

Aqui, r_g é a taxa de crescimento dos microrganismos (unidades do exemplo: mg VSS/L-dia). Supondo que a **cinética de Monod** descreve o crescimento microbiano e que o decaimento de primeira ordem descreve a morte microbiana, a taxa global de crescimento de biomassa na bacia de aeração (r_g) que resulta do crescimento e do decaimento pode ser escrita da seguinte forma:

$$r_g = \frac{\mu_{máx} S X}{(K_s + S)} - k_d X \qquad (9.3)$$

Esse termo de crescimento global (Equação 9.3) pode ser substituído na expressão do balanço de massa exibida na Equação 9.2 para r_g. Além disso, podemos supor que X_o e X_e são muito pequenos em relação a X (isto é, $X_o \approx X_e \approx 0$). Esse é um bom pressuposto porque a concentração de biomassa no reator, X, é mantida em aproximadamente $2.000 - 4.000$ mg TSS/L, enquanto os sólidos que escoam para a bacia de aeração (X_o) poderiam ser 100 mg SS/L e os sólidos que escoam para fora da bacia de aeração (X_e) poderiam ser menos do que 25 mg/L. (Repare que X é o MLSS ou MLVSS definido previamente.)

Após fazer a substituição e os pressupostos de que X_o e X_e são desprezíveis em termos de concentração de sólidos, a expressão resultante pode ser reorganizada para produzir

$$\frac{\mu_{máx}S}{K_s + S} = \frac{Q_wX_w}{VX} + k_d \tag{9.4}$$

A Equação 9.4 é importante e será revisitada na próxima seção, então os leitores devem se familiarizar com ela.

BALANÇO DE MASSA NO SUBSTRATO (DBO)

Em seguida é feito um balanço de massa no material orgânico dissolvido (a DBO), que é o substrato para os organismos. Um balanço de massa no substrato (alimento) dentro do volume de controle indicado (a linha tracejada na Figura 9.10) pode ser escrito da seguinte forma:

$$\begin{bmatrix} \text{substrato entrando} \\ \text{na bacia de aeração} \end{bmatrix} - \begin{bmatrix} \text{substrato consumido} \\ \text{pelos microrganismos} \end{bmatrix} = \begin{bmatrix} \text{substrato saindo} \\ \text{do sistema} \end{bmatrix}$$

$$\tag{9.5}$$

Usando a Equação 9.5, a Figura 9.10 e o volume de controle indicado, podemos escrever a expressão matemática que descreve o *balanço de massa do substrato*:

$$Q_oS_o - Vr_s = (Q_o - Q_w)S + Q_wS \tag{9.6}$$

Na Equação 9.6, r_s é a taxa de utilização do substrato (unidades do exemplo: mg DBO/L-dia). Aqui o substrato efluente, S_e, e o substrato no lodo desperdiçado, S_w, são presumidamente iguais a $S(S = S_e = S_w)$. Isso deve fazer sentido porque o propósito do clarificador secundário é remover os sólidos e não transformar biologicamente o substrato em dióxido de carbono e água.

O coeficiente de rendimento (Y) relaciona a mudança na concentração de substrato (r_s) com a mudança na concentração de biomassa (r_g). Desse modo, a mudança na concentração de substrato com o tempo, r_s, pode ser escrita da seguinte forma:

$$r_s = \left(\frac{1}{Y}\right)\left(\frac{\mu_{máx}S}{K_s + S}\right)X \tag{9.7}$$

Essa expressão para r_s pode ser substituída no balanço de massa do substrato (Equação 9.6). Reorganizando a expressão geral, temos

$$\frac{\mu_{máx}S}{K_s + S} = \frac{Q_oY}{VX}(S_o - S) \tag{9.8}$$

Repare que o lado esquerdo das duas expressões finais reorganizadas, obtidas dos balanços de massa dos sólidos (Equação 9.4) e do substrato

Explicação dos Termos Utilizados na Expressão para Projeto de Lodo Ativado (Equação 9.9)

Termo(s) na expressão final de projeto	Explicação
Coeficiente de rendimento (Y) e coeficiente de decaimento (k_d)	Coeficientes biocinéticos, que são medidos ou estimados (ver valores de exemplo no Capítulo 5)
Concentração de substrato no reator (S)	Concentração dos efluentes da instalação, definida pelo estado por meio do processo de licenciamento NPDES
Concentração inicial de substrato entrando no reator (S_o) e escoamento entrando no reator (Q_o)	Parâmetros independentes que são uma função da demografia da comunidade, como a população, riqueza, medidas de conservação de água e atividade comercial e industrial em uma comunidade
Taxa de perda de lodo (Q_w) e concentração de sólidos no lodo perdido (X_w)	Itens que um operador da instalação consegue controlar removendo o lodo, especialmente a taxa em que os sólidos são removidos (perdidos) do sistema

(Equação 9.8), são iguais. Desse modo, essas duas expressões podem ser igualadas para fornecer uma expressão de projeto:

$$\frac{Q_w X_w}{VX} = \frac{Q_o Y}{VX}(S_o - S) - k_d \qquad (9.9)$$

A Equação 9.9 pode ser utilizada para calcular o volume da bacia de aeração (V). Isso acontece porque todos os outros termos podem ser medidos ou são fixos. A Tabela 9.6 fornece uma explicação realista dos termos nessa expressão de projeto de lodo ativado (Equação 9.9). No entanto, surge um problema com o uso da Equação 9.9 para calcular V; o termo do volume aparece nos dois lados da equação. Felizmente, como veremos na próxima seção, os termos no lado esquerdo da Equação 9.9 podem ser combinados em um termo, chamado tempo de retenção dos sólidos (SRT).

TEMPO DE RETENÇÃO DOS SÓLIDOS   O termo no lado esquerdo da Equação 9.9 é uma expressão importante para o projeto e operação de uma estação de lodo ativado. É o inverso de um termo chamado **tempo de retenção dos sólidos (SRT)**. O SRT às vezes é chamado de **idade do lodo** e **tempo médio de retenção celular (MCRT).** O SRT é definido como

$$SRT = \frac{VX}{Q_w X_w} \qquad (9.10)$$

Se você examinar atentamente as unidades dessa expressão, vai ver que ela tem unidades de tempo (normalmente dias). A idade do lodo na maioria das estações de tratamento varia geralmente de 2 a 30 dias.

O SRT não é o tempo de retenção hidráulica (V/Q). A idade do lodo se refere ao tempo médio que um microrganismo passa no processo de lodo ativado antes de ser expelido, ou removido, pelo sistema.

Lembre-se de que os organismos se alimentam na bacia de aeração e depois descansam em um clarificador secundário até serem reciclados de volta para se alimentar na bacia de aeração e depois voltam para o clarificador secundário a fim de descansar. Esse processo é repetido muitas vezes até o organismo ser finalmente removido do processo, ou perdido. Desse modo, o SRT se refere ao número de dias que um microrganismo médio passa por esse ciclo de alimentação e repouso.

exemplo / 9.4 Projeto de uma Bacia de Aeração Baseado no Tempo de Retenção dos Sólidos

Dadas as seguintes informações, determine o volume de projeto da bacia de aeração e o período de aeração das águas residuais para um processo de tratamento de lodo ativado: população = 150.000; vazão $33,75 \times 10^6$ L/dia (igual a 225 L/pessoa-dia); e concentração de DBO_5 do influente 444 mg/L (repare que é uma água de alta resistência). Suponha que a agência reguladora imponha um padrão de efluentes de DBO_5 = 20 mg/L e um padrão de sólidos suspensos de 20 mg/L nas águas residuais tratadas.

Uma amostra de águas residuais é coletada do reator biológico e constata-se que ela contém uma concentração de sólidos suspensos de 4.300 mg/L. A concentração de sólidos suspensos no fluxo de entrada (influente) da estação é 200 mg/L e a que sai do clarificador é 100 mg/L. Os microrganismos no processo de lodo ativado conseguem converter 100 g de DBO_5 em 55 g de biomassa. Eles têm uma taxa de crescimento máxima de 0,1/dia e uma constante de taxa de mortalidade de primeira ordem de 0,05/dia, alcançando a metade da sua taxa de crescimento máxima quando a concentração de DBO_5 é 10 mg/L. O SRT de projeto é de 4 dias e o lodo é processado na prensa filtro de correia a cada 5 dias.

solução

Para o volume da bacia de aeração. Este problema fornece muitas informações. Para calcular o volume (V) da bacia de aeração, você precisa saber quais são as informações importantes e quais são desnecessárias. Olhe atentamente para a Equação 9.11. Aqui, S_o é igual ao substrato (ou DBO_5) que entra no reator biológico, então suponha que a DBO_5 do influente é removida durante a sedimentação primária, significando que $S_o = 0,70 \times 444$ mg/L = 310 mg/L. Consequentemente,

$$\frac{1}{SRT} = \left[\frac{Q_o Y}{VX}(S_o - S) \right] - k_d$$

$$\frac{1}{4\,dias} = \left[\frac{\left(33,75 \times 10^6 \frac{L}{dia}\right) \times \left(0,55 \frac{g\,SS}{g\,DBO_5}\right)}{V \times \left(4.300 \frac{mg\,SS}{L}\right)} \times \left(310 \frac{mg}{L} - 20 \frac{mg}{L}\right) \right] - \frac{0,05}{dia}$$

Resolve para $V = 4,173 \times 10^6$ L.

Para o período de aeração. O período de aeração da estação é o número de horas que as águas residuais são aeradas durante o processo de lodo ativado. Isso é igual ao tempo de detenção hidráulica do reator biológico:

$$\theta = \frac{V}{Q} = \frac{4.173 \times 10^6\,L}{33,75 \times 10^6 \frac{L}{dia}} = 0,12\,dia = 3\,h$$

Usando os dados fornecidos no Exemplo 9.4, quantos kg de sólidos secos primários e secundários precisam ser processados diariamente pela estação de tratamento?

solução

Suponha que a quantidade de sólidos processados pelos tanques de sedimentação primários é igual à diferença nas concentrações de sólidos suspensos (influente menos efluente) medida pelos tanques de sedimentação, multiplicado pela vazão da estação:

$$33{,}75 \times 10^6 \frac{\text{L}}{\text{dia}} \times \left(200\frac{\text{mg TSS}}{\text{L}} - 100\frac{\text{mg TSS}}{\text{L}}\right) \times \left(\frac{\text{kg}}{10^6 \text{ mg}}\right) = 3.375 \text{ kg sólidos primários por dia}$$

Não nos foi fornecida a diferença de concentração dos sólidos suspensos pelos tanques de sedimentação secundários, então não podemos determinar a quantidade de sólidos secundários produzidos diariamente da mesma maneira que usamos nos sólidos primários. No entanto, o exame atento da expressão do tempo de retenção dos sólidos (SRT = 4 dias) mostra o termo $Q_w X_w$ igual à resposta. Portanto:

$$4 \text{ dias} = \frac{VX}{Q_w X_w} = \frac{4.173 \times 10^6 \text{ L} \times \left(4.300\frac{\text{mg SS}}{\text{L}}\right)}{Q_w \times X_w}$$

Solucione $Q_w X_w$, que é igual a 4.486 kg de sólidos secos secundários por dia.

A Equação 9.10 pode ser substituída na Equação 9.9 para produzir uma equação de projeto final:

$$\frac{1}{\text{SRT}} = \frac{Q_o Y}{VX}(S_o - S) - k_d \qquad (9.11)$$

A Equação 9.11 pode ser utilizada para dimensionar a bacia de aeração (calcular V) para determinado (ou intervalo de) SRT.

RELACIONANDO O TEMPO DE RETENÇÃO DOS SÓLIDOS COM A TAXA DE CRESCIMENTO MICROBIANO
Você já pode ter notado que o inverso do SRT tem unidades de dia^{-1}. Lembrando-se do Capítulo 5, a definição da *taxa de crescimento específico* dos microrganismos,

$$r_g = \mu X \qquad (9.12)$$

Essa expressão pode ser organizada para solucionar a taxa de crescimento específica, μ:

$$\mu = \frac{r_g}{X} \qquad (9.13)$$

A Equação 9.13 mostra que a taxa de crescimento específico (unidades de dia^{-1}) é igual à massa de biomassa produzida nas bacias de aeração (kg MLSS produzidos por dia) dividida pela massa de biomassa presente no reator (kg MLSS).

Lembre-se de que STR se refere ao tempo médio que um microrganismo gasta no processo de lodo ativado antes de ser expelido, ou perdido, pelo sistema. Se um operador de estação de tratamento quiser manter a mesma concentração de biomassa no reator biológico (ou seja, X), o operador teria que perder o mesmo volume de sólidos por dia ($Q_w X_w / V$) que são produzidos pelo crescimento microbiano (r_g).

As Equações 9.13 e 9.10, portanto, estão relacionadas. Na verdade, para um processo de lodo ativado de mistura perfeita, o SRT (que é controlado pela perda de sólidos) é o inverso da média da taxa de crescimento específico dos microrganismos:

$$\frac{1}{SRT} = \mu \tag{9.14}$$

A relação exibida na Equação 9.14 é importante para um engenheiro de projetos e para o operador da estação porque nos diz que existe um valor *crítico* do SRT. Abaixo desse valor **crítico do SRT** (às vezes chamado de $SRT_{mín}$), as células microbianas no processo de lodo ativado serão **lavadas** ou removidas do sistema mais rápido do que elas conseguem se reproduzir. Isso não seria bom, pois se tipos específicos de microrganismos forem removidos do sistema, o processo de lodo ativado vai perder sua capacidade para degradar determinados poluentes. Por exemplo, a remoção de organismos nitrificantes vai resultar em má remoção da amônia nitrogenada e a remoção de organismos heterotróficos vai resultar em má remoção de DBO.

Felizmente, o $SRT_{mín}$ pode ser aproximado como

$$\frac{1}{SRT_{mín}} \approx \mu_{máx} - k_d \tag{9.15}$$

$\mu_{máx}$ e k_d foram definidos previamente no Capítulo 5. Nunca projete um processo de tratamento biológico em que o SRT é igual ao $SRT_{mín}$! Na verdade, muitas estações de tratamento são projetadas para um SRT de 2 a 20 vezes maior do que o $SRT_{mín}$.

PROPORÇÃO ENTRE ALIMENTOS E MICRORGANISMOS A taxa de introdução de alimento (carga de DBO) é fixada em grande parte pela vazão (Q_o) e pela DBO (S_o) do influente. O tamanho da população microbiana é igual ao produto da concentração de MLSS (ou MLVSS) no reator biológico (X) e o volume do reator (V). Anteriormente afirmamos que a experiência de operação nas estações de tratamento de efluentes sugere que as concentrações de MLSS no reator devem ser mantidas em níveis que variam de 2.000 a 4.000 mg/L. Concentrações baixas demais (menos de 1.000 mg/L) podem levar a uma decantação deficiente, e concentrações altas demais (acima de 4.000 mg/L) podem resultar em perda de sólidos no transbordamento do clarificador secundário e requisitos excessivos de oxigênio.

Outro parâmetro de design de processo fundamental (além do SRT) se chama **proporção entre alimentos e microrganismos (F/M**, *food-to-*

microorganism). Ela também pode ser utilizada para estimar o volume necessário do tanque. Sendo essencialmente uma taxa de alimentação, a proporção F/M é equivalente à taxa de carga de DBO dividida pela massa de MLSS no reator. A **taxa de carga de DBO** (kg DBO/m³-dia) é a massa de alimento que entra no reator biológico por dia, dividida pelo volume do reator.

Usando a terminologia da Figura 9.10

$$F/M = \frac{S_o Q_o}{XV} \qquad (9.16)$$

F/M tem unidades de kg DBO/kg MLSS-dia. Lembrando-se do Capítulo 4 a definição de **tempo de retenção hidráulica** ($\theta = V/Q$), a proporção F/M também pode ser escrita como

$$F/M = \frac{S_o}{\theta X} \qquad (9.17)$$

Recorrendo à Tabela 9.6, S_o e Q_o são fixados em grande medida pela demografia local, como população, riqueza e a composição de estabelecimentos residenciais e comerciais em uma comunidade. Repare que as medidas de conservação da água não vão reduzir a massa de alimento que entra no sistema. A conservação da água vai reduzir Q_o, mas a S_o resultante vai aumentar proporcionalmente. Lembre-se também de que a concentração de microrganismos no reator biológico (X) é controlada pela quantidade de sólidos perdida pelo operador. Desse modo, pode ser selecionado determinado volume (V) de reator para alcançar a proporção F/M desejada.

exemplo / 9.6 Calculando a Proporção F/M

Determine a proporção F/M (em unidades de lb DBO_5/lb MLSS-dia), usando os dados fornecidos no Exemplo 9.4.

solução

Lembre-se de que, por definição,

$$F/M = \frac{Q \times S_o}{X \times V} = \frac{\left(33{,}75 \times 10^6 \, \frac{L}{dia}\right) \times \left(310 \, \frac{mg}{L}\right)}{\left(4.300 \, \frac{mg \, SS}{L}\right) \times (4.173 \times 10^6 \, L)}$$

$$= 0{,}58 \, \frac{kg \, DBO_5}{kg \, MLSS\text{-}dia} = 0{,}58 \, \frac{lb \, DBO_5}{lb \, MLSS\text{-}dia}$$

Repare que converter unidades de proporção F/M do sistema métrico para unidades britânicas não requer um fator de conversão, pois a unidade de massa está tanto no numerador quanto no denominador. Além disso, seja cuidadoso em suas unidades de F/M, pois o denominador pode ter unidas de MLSS ou MLVSS.

Tabela / 9.7

Relação entre o Tempo de Retenção dos Sólidos (SRT) e a Proporção entre Alimentos e Microrganismos (F/M)

SRT (dias)	F/M (gm DBO/gm VSS-dia)
5-7	0,3-0,5
20-30	0,10-0,05

FONTE: Valores obtidos de Tchobanoglous *et al.* (2003).

A Equação 9.16 mostra que a proporção F/M é realmente uma taxa de alimentação. Quanto menor a proporção F/M, menor é a taxa de alimentação, mais famintos os microrganismos e mais eficiente é a remoção. Do mesmo modo, se a SRT diminuir o operador vai perder lodo e diminuir seu estoque de sólidos (diminuindo X). O exame da Equação 9.16 mostra que nesse caso, com SRT menor e X menor, a proporção F/M vai aumentar.

Nosso exame da F/M não vai se aprofundar nos detalhes. No entanto, os leitores precisam compreender que a SRT e a F/M estão relacionadas (Tabela 9.7). Essa relação inclui a eficiência da remoção da DBO e alguns parâmetros microbianos que foram discutidos no Capítulo 5 (Y e k_d). Os SRTs mais altos se igualam à F/M mais baixa, e os SRTs mais baixos se igualam à F/M mais alta. Isso deveria fazer sentido. Em um SRT mais alto, menos células estão sendo perdidas pelo sistema, então a concentração de microrganismos no reator biológico (X) vai aumentar. Como o alimento que chega (S_o vezes Q_o) não é controlado pelo operador da estação, o exame da Equação 9.16 mostra que a proporção F/M diminuiria.

Em proporções F/M baixas, os microrganismos são mantidos na **fase de morte** ou **decaimento endógeno**, significando que são mantidos famintos e, assim, muito eficientes na remoção da DBO. Como S_o é relativamente constante para resíduos domésticos e como há limites nos níveis de X que um reator consegue suportar, a manutenção de uma proporção F/M baixa requer um escoamento muito pequeno ou um volume de tanque muito grande. Em qualquer um dos casos, isso leva a um longo tempo de residência hidráulica (aeração).

Operar uma estação de lodo ativado com proporções F/M baixas se chama **aeração estendida**. O custo de operação e manutenção é alto para tanques com volume grande, então a aeração estendida é praticamente limitada a sistemas com pequenas cargas orgânicas (por exemplo, em estacionamentos de trailer e instalações recreativas).

Em proporções de F/M elevadas os microrganismos são mantidos na fase de crescimento exponencial. Esses organismos são mais saturados de alimento, significando que há um excesso de substrato, então a remoção da DBO é menos eficiente. Tal abordagem se chama *lodo ativado de alta velocidade*. Nessa abordagem, são empregadas concentrações maiores de MLSS, de modo que é alcançado um tempo mais curto de residência hidráulica e são necessários volumes menores do tanque de aeração.

Além de influenciar a eficiência da remoção de DBO, a escolha de uma proporção F/M afeta a capacidade de decantação do lodo e, assim, a eficiência da remoção de TSS. Em geral, à medida que a proporção F/M diminui, a capacidade de decantação do lodo aumenta. Os microrganismos famintos floculam e, com isso, decantam bem, enquanto os microrganismos mantidos em proporções F/M elevadas formam crescimentos filamentosos flutuantes, que decantam mal em uma condição conhecida como *volume de lodo*.

CARACTERÍSTICAS DE DECANTAÇÃO DO LODO ATIVADO

O projeto de clarificadores de decantação é similar ao dos clarificadores primários, exceto em que as taxas de detenção hidráulica e as taxas de transbordamento refletem o fato de que as partículas são menores do que na decantação primária. A eficiência da decantação no clarificador secundá-

A concentração de sólidos suspensos é 220 mg/L no escoamento influente da estação; 4.000 mg/L no lodo primário, 15.000 mg/L no lodo secundário e 3.000 mg/L saindo da bacia de aeração. A concentração de sólidos dissolvidos totais no escoamento influente da estação é 300 mg/L e a concentração de sólidos dissolvidos totais saindo da bacia de aeração é 3.300 mg/L. A DBO_5 é 150 mg/L medida após o tratamento primário e 15 mg/L saindo da estação. Os níveis totais de nitrogênio na estação são aproximadamente 30 mg N/L.

Se a proporção F/M for 0,33 lb DBO_5/lb MLSS-dia, estime o tempo de retenção hidráulica das bacias de aeração se o escoamento total da estação de tratamento for de 5 milhões de galões/dia.

solução

Repare que o enunciado deste problema fornece bastante material extra, então os leitores devem conhecer a ordem dos vários processos unitários em uma estação de tratamento de águas residuais, bem como a definição de proporção F/M. A massa de alimento que os microrganismos veem é igual à vazão da estação multiplicada pela concentração de DBO_5 que sai do tanque de sedimentação primário (que, portanto, entra na bacia de aeração). Esse valor é S_o

$$F/M = 0,33 \frac{\text{lb DBO}_5}{\text{lb MLSS-dia}} = \frac{Q \times S_o}{V \times X} = \frac{Q \times \left(150\frac{\text{mg}}{\text{L}}\right)}{V \times \left(3.000\frac{\text{mg MLSS}}{\text{L}}\right)}$$

Q/V = 6,6/dia e como o tempo de detenção hidráulica é igual a V/Q, o tempo de detenção (θ) é igual a 0,15 dia ou 3,6 h. O tamanho das bacias de aeração pode ser encontrado conhecendo o escoamento de projeto (ou Q) da estação: $V = Q \times \theta$.

---

rio é influenciada pelo grau em que o MLSS flocula (ou sela, a capacidade do MLSS para se aglutinar e formar uma massa maior de partículas). Essa capacidade de **floculação** é menor nas populações em fase de crescimento exponencial (alta proporção F/M), aumenta nas populações em fase de declínio do crescimento (proporção F/M intermediária) e é mais alta nas populações em fase de crescimento endógeno (proporção F/M baixa).

Existem duas razões para esse comportamento. Primeiro, a floculação é auxiliada pela presença de limo produzido por micróbios (gomas de polissacarídeos), que ajudam as partículas a colar umas nas outras. O limo é produzido pelo atrito das camadas de limo sobre as massas zoogleicas. As camadas de limo são mais abundantes nas populações de crescimento endógeno e menos abundantes nas populações em fase exponencial. Segundo, conforme descrevemos no capítulo anterior, a floculação é maior nas condições em que as partículas podem ser reunidas facilmente. As células inativas em fase endógena se comportam como coloides simples e floculam bem. As partículas ativas e de alta motilidade, características das populações em fase exponencial (alta proporção F/M), tendem a flocular mal.

Se você colocasse um pouco de lodo ativado em um cilindro graduado de 1.000 mL e esperasse o lodo decantar com o tempo, você observaria quatro zonas de decantação. Perto do topo do cilindro você observaria uma **decantação discreta**, que é típica das baixas concentrações de partículas.

Figura / 9.11 Determinação do Índice Volumétrico de Lodo   O SVI é medido para determinar a capacidade de decantação do lodo. O SVI é o volume (em mL) ocupado por 1 mg MLSS (peso seco) após a decantação por 30 minutos em um cilindro graduado de 1.000 mL. Na situação retratada aqui, 2,5 g MLSS ocupam 200 mL de volume após 30 minutos decantando, então o SVI é 80.

Nessa zona, as partículas decantam sozinhas, de acordo com a **lei de Stokes**. Abaixo disso, você observaria a **decantação floculenta**. Aqui as partículas coalescem durante a sedimentação e a amostra ainda está relativamente diluída. A terceira zona se chama **decantação impedida**. Aqui, à medida que a concentração de sólidos aumenta, as forças entre as partículas impedem a decantação das partículas vizinhas. Na verdade, você pode observar as partículas decantando como uma unidade e você observa uma interface sólido-líquido. A zona final, chamada **decantação por compressão**, ocorre perto do fundo do cilindro e é visível com o passar do tempo. Aqui a concentração dos sólidos é grande, então o movimento descendente dos sólidos sofre oposição do movimento ascendente da água. Nesse caso, não pode ocorrer decantação até a água ser comprimida do lodo.

Um teste chamado **índice volumétrico de lodo** (**SVI**, do inglês *sludge volume index*) é feito na estação de tratamento para determinar a capacidade de decantação do lodo. O SVI é o volume (em mL) ocupado por 1 mg MLSS (peso seco) após a decantação por 30 minutos em um cilindro graduado de 1.000 mL (Figura 9.11). As unidades de SVI são medidas em mL/g.

Outra maneira de encarar o SVI é pelo percentual de volume ocupado pelo lodo em uma amostra de MLSS. Isso nos diz como está a capacidade de decantação do seu lodo. A Tabela 9.8 fornece um método para interpretar o valor do SVI em termos da capacidade de decantação do lodo.

Boas características de decantação (SVI baixo) são uma indicação de uma estação de tratamento de águas residuais e recuperação de recursos operando corretamente. Uma pessoa em uma estação como essa que coleta uma amostra do reator biológico primeiro iria observar uma quantidade moderada de **espuma** marrom na amostra. Após deixar a amostra descansar por alguns minutos, o sobrenadante resultante deve parecer claro e ter uma DBO baixa. O exame mais apurado do conteúdo do reator biológico em um microscópio mostraria um lodo com boa floculação e com grande quantidade de ciliados de forma livre e bactérias.

Durante a aeração estendida ocorre a **respiração endógena**, pois não há alimento suficiente (DBO) para suportar a população de microrganismos. Portanto, os microrganismos vão começar a utilizar o alimento que armazenaram em sua estrutura celular e alguns organismos vão começar a morrer. As células de um organismo morto começam a lisar e subsequentemente se transformam em alimento para outros organismos superiores, como os ciliados pedunculados e os rotíferos. Durante a respiração endógena, os sólidos biológicos parecem muito densos (então o SVI é muito baixo).

Tabela / 9.8	
Interpretação do Índice Volumétrico de Lodo (SVI)	
Valor do SVI	**Capacidade de decantação do lodo**
0-100	Boa
100-200	Aceitável
> 200	Ruim

Uma ocorrência comum em uma estação de lodo ativado é o sítio de uma espuma marrom com má decantação e rica em TSS. Os microrganismos encontrados nessa espuma têm paredes celulares hidrofóbicas. A maioria desses organismos pertence a um grupo chamado **nocardioforme**. Em virtude da parede celular hidrofóbica, bolhas de ar do processo de aeração podem se prender ao microrganismo e ao floco biológico associado. Como consequência, o floco biológico sobe à superfície. Na superfície, a bolha de ar vai acabar colapsando, mas deixa para trás os sólidos flutuantes, que parecem uma espuma.

Felizmente, várias técnicas de projeto e operação conseguem eliminar ou reduzir a formação da espuma. Por exemplo, as estações de tratamento precisam vigiar suas entradas de substâncias químicas tóxicas que possam mudar a ecologia do reator e que possam favorecer a presença dessas bactérias dispersas. Além disso, as estações de lodo ativado podem operar com SRT baixo em uma tentativa para remover por lavagem os organismos nocardioformes. A reciclagem da espuma que contém esses organismos de volta para a entrada da estação deve ser desestimulada. Além disso, foi constatado que os sistemas de lodo ativado contendo trasfega subsuperficial de bacia de aeração e defletores secundários de escuma têm níveis mais altos de organismos nocardioformes do que os sistemas com trasfega de bacia

Tabela / 9.9

Exemplos de Alterações de Processo Feitas no Sistema Convencional de Lodo Ativado

Processo	Descrição
Lodo ativado convencional	O efluente primário e o lodo ativado devolvido são introduzidos no início da bacia de aeração. A aeração é proporcionada de maneira não uniforme ao longo do comprimento do tanque, já que é necessária mais aeração no início do tanque, uma vez que a carga orgânica é maior neste ponto porque a DBO é removida ao longo do comprimento da bacia de aeração.
Aeração por etapas	Modificação onde o efluente clarificador primário é introduzido em vários pontos ao longo do início da bacia de aeração. O pico de demanda de oxigênio, portanto, é distribuído de forma mais uniforme por todo o tanque de aeração. A aeração é uniforme ao longo do comprimento da bacia de aeração.
Estabilização por contato	A bacia de aeração é separada em uma zona de estabilização, seguida por uma pequena zona de contato. O efluente clarificador primário é desviado primeiro para a zona de contato. O lodo ativado retornado é reciclado e volta para a zona de estabilização.
Aeração estendida	Similar ao lodo ativado convencional, exceto em que o clarificador primário normalmente é eliminado. SRT é muito longo (20-30 dias) e os tempos de detenção hidráulica são próximos de 1 dia. Utilizado principalmente por comunidades menores, escolas, resorts.
Vala de oxidação	Reator oval, em que as águas residuais se deslocam em velocidades relativamente altas. O lodo ativado retornado é reciclado para o início do reator.
Reator fechado	Reatores de preenchimento e remoção, em que são utilizados no mínimo dois reatores. Enquanto um reator está sendo preenchido, o outro reator está supervisionando as reações biológicas, decantação dos sólidos e remoção das águas residuais decantadas.

de aeração e sem defletores superficiais no clarificador. Aparentemente, as características do reator que incentivam a escolha dos nocardioformes dispersados em relação ao floco biológico agrupado e decantável resultam em uma maior probabilidade de formação de espuma (Jenkins, 2007).

9.7 Modificações no Processo de Lodo Ativado

A operação do processo de lodo ativado nas proporções intermediárias de F/M com microrganismos na fase de declínio do crescimento se chama **lodo ativado convencional**. Essa opção oferece um equilíbrio entre a eficiência da remoção e o custo da operação. Existem várias configurações de reator (veja a Tabela 9.9), cada uma com o seu próprio conjunto de vantagens e desvantagens. Os dois tipos básicos são os reatores tubulares e os reatores de mistura perfeita. Os reatores tubulares oferecem uma maior eficiência de tratamento do que os reatores de mistura perfeita, mas têm menos capacidade para lidar com picos na carga de DBO. Outras modificações do processo se baseiam na maneira que o resíduo e o oxigênio são introduzidos no sistema.

9.7.1 BIORREATORES DE MEMBRANA

Um dos segmentos com crescimento mais rápido nos processos de tratamento biológico das águas residuais e reutilização de água é o uso dos **biorreatores de membrana (MBRs)**. Eles também são adequados para implantação em esgotos, nos quais podem ser utilizados para extrair e reutilizar água que contenha nutrientes a montante de uma estação de tratamento centralizada, em que a água e os nutrientes são úteis. Esse processo é conhecido como mineração de esgoto.

Os MBRs combinam o processo de lodo ativado com suspensão do crescimento descrito previamente e o processo de microfiltração por membrana (discutido no Capítulo 8). A Figura 9.12 exibe dois tipos de confi-

Figura / 9.12 **Dois Processos de Biorreator de Membrana** (a) MBR em que as membranas estão imersas na bacia de aeração. (b) MBR em que as membranas são externas à bacia de aeração.

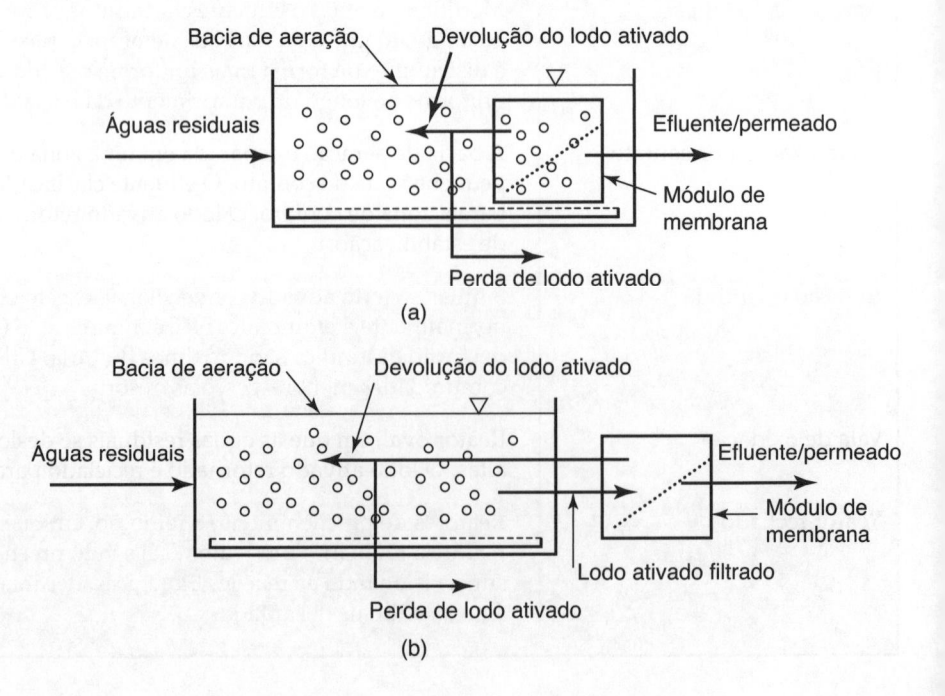

gurações de processo: (1) o *processo de membrana submersa* e (2) o *processo de membrana externa*.

Nas duas configurações de escoamento do processo o licor misto na bacia de aeração é filtrado pela membrana, separando os biossólidos da água efluente. No processo de membrana submersa é aplicado um vácuo de menos de 50 kPa à membrana que filtra a água e deixa os biossólidos na bacia de aeração. No sistema de membrana externa é utilizada uma bomba para pressurizar o licor misto em menos de 100 kPa e a água é filtrada pela membrana enquanto os biossólidos são enviados de volta para a bacia de aeração. Nos dois sistemas a perda de sólidos é feita diretamente na bacia de aeração.

Os MBRs têm várias vantagens em relação aos sistemas de lodo ativado convencionais (Tchobanoglous *et al.*, 2003). O uso dos MBRs elimina a necessidade de clarificadores secundários ou filtros. Os MBRs conseguem operar em cargas de MLSS muito maiores, o que diminui o tamanho da bacia de aeração; conseguem operar em SRTs maiores, levando a menos produção de lodo, e conseguem operar em concentrações DO menores, com o potencial de nitrificação/desnitrificação em SRTs longos. O MBR exige cerca de 40-60% menos terreno do que uma estação de lodo ativado convencional, o que é especialmente importante nas áreas urbanas onde o terreno é caro e as populações estão se expandindo. A qualidade do efluente também é muito melhor em termos de DBO, baixa turbidez, TSS e bactérias.

Além disso, os MBRs não têm questões problemáticas como o volume de lodo, o crescimento de organismos filamentosos e a floculação extrema, o que, às vezes, acontece em muitas instalações convencionais de lodo ativado. No entanto, eles contêm mais organismos dispersos, e os flocos biológicos resultantes tendem a ser menores do que os obtidos pela decantação gravitacional. Para obter um exemplo de instalação que alcançou alguns desses benefícios, ver a Figura 9.13, a Figura 9,14 e a Tabela 9.10.

Figura / 9.13 Vista Aérea da Estação de Tratamento de Efluentes de Traverse City, Michigan, Destacando Alguns dos Principais Processos Unitários A instalação emprega biorreatores de membrana, consistindo em oito conjuntos contendo 13 cassetes, e cada cassete é formado por 32 módulos de membrana. Inicialmente, a estação foi concebida para tratar 19.000 m^3/dia (escoamento mensal máximo) e foi atualizada com o sistema de biorreator de membrana para tratar 32.000 m^3/dia (escoamento mensal máximo) para 68.000 m^3/dia (pico de escoamento diário) de águas residuais. Com a adição dos MBRs, a necessidade de espaço físico da estação diminuiu em, aproximadamente, 40%, já que os dois clarificadores secundários não eram mais necessários.

(Fotografia por cortesia de David W. Hand.)

Figura / 9.14 Cassete de Membrana Sendo Baixado na Bacia de Aeração na Estação de Tratamento de Efluentes de Traverse City, Michigan.

(Fotografia por cortesia de David W. Hand.)

Tabela / 9.10

Comparação das Características dos Efluentes do Biorreator de Membrana (MBR) e do Tratamento Convencional dos Efluentes na Estação de Tratamento de Traverse City (Michigan)

Parâmetro	Desempenho da estação convencional de lodo ativado antes da instalação do MBR	Após a instalação do MBR
DBO_5	2-5 mg/L	<2 mg/L
TSS	8-20 mg/L	<1 mg/L
NH_3–N	<0,03-20-mg/L	<0,33 mg/L
PO_4–P	0,6-4,0 mg/L	<0,5 mg/L
Coliformes fecais	50-200 cfu (unidades formadoras de colônia)/100 mL	<1 cfu/100 mL

Os MBRs têm algumas desvantagens, incluindo (1) custos mais elevados de capital, (2) potencial para vida curta da membrana em virtude da sujeira e custos de energia mais altos em virtude da aeração do módulo, e (3) o problema operacional de que as membranas precisam ser limpas ciclicamente. Além disso, uma equipe de operação mais qualificada é necessária no caso de problemas com perturbações da instalação, que podem atrapalhar a sua operação com muita rapidez.

9.8 Reatores de Crescimento Aderido

Ao contrário dos sistemas de tratamento de crescimento suspenso, discutidos na seção anterior, os microrganismos também podem aderir (ou se fixar) a uma superfície durante o tratamento biológico. A Tabela 9.11

Processos de Crescimento Aderido para Tratar Efluentes Os três processos são configurados em vários tipos espefíficos de reatores, que têm diferentes vantagens e desvantagens.

Processos de crescimento aderido	Tipo específico	Vantagens e desvantagens
Sistemas de crescimento aderido não submersos	Filtros percoladores; biotorres; contatores biológicos rotativos (RBCs, *rotating biological contactors*)	Menos energia necessária; operação mais simples e menos necessidade de manutenção de equipamento do que os sistemas de crescimento em suspensão; melhor recuperação das cargas tóxicas de choque do que os sistemas de crescimento em suspensão; difícil de realizar a remoção biológica de N e P em comparação com os modelos em suspensão.
Processos de crescimento em suspensão com embalagem de filme fixo	RBCs submersos; bacias de aeração com materiais de embalagem submersos	Maior capacidade de tratamento; maior estabilidade do processo; menos carga de sólidos no clarificador secundário; nenhum aumento nos custos de manutenção e operação.
Processos aeróbicos de crescimento aderido submersos	Reatores de leito embalado de fluxo ascendente e descendente, e reatores de leito fluidizado que não usam clarificação secundária	Pouca necessidade de espaço físico, com um requisito de área de um quinto a um terço do necessário para o tratamento com lodo ativado.

fornece uma visão geral dos tipos específicos de processos de **crescimento aderido**, identificando algumas vantagens e desvantagens associadas a cada um deles.

No **filtro percolador**, o efluente primário é "derramado" e percola através de um tanque de 1 a 3 m de profundidade cheio de pedras, escória ou plástico (chamado leito do filtro). Forma-se um crescimento biológico ativo nas superfícies sólidas (a espessura do biofilme ativo varia de 0,07 a 4,0 mm), e a matéria orgânica dissolvida (DBO) se difunde da fase aquosa para o biofilme à medida que os efluentes são derramados. O projeto dos filtros percoladores se baseia em uma carga hidráulica máxima aceitável (5-10 m^3/m^2-dia) e uma carga orgânica máxima (250-500 g DBO m^3/d). A carga orgânica deve ser limitada para que a capacidade do sistema para captação do substrato não sature (o que resultaria em baixa eficiência da remoção). A carga hidráulica deve ser limitada para que o filtro não inunde. Nesse caso, poderia ocorrer represamento e limitação da transferência de oxigênio para o sistema. Os filtros percoladores são uma tecnologia bastante adequada (junto com as lagoas de estabilização de resíduos) em muitas partes dos Estados Unidos e do mundo por causa de seus baixos requisitos de energia e material, bem como de menos exigências operacionais e de manutenção, relativamente.

Cerca de um terço das águas residuais nos Estados Unidos é tratada por meio de sistemas locais. Esses sistemas são concebidos para reduzir o risco de exposição aos patógenos e a outros poluentes (por exemplo, TSS e DBO), mas não são concebidos e otimizados para remoção de nutrientes.

A gestão dos sistemas de tratamento de águas residuais locais está passando por uma mudança: de uma estação baseada principalmente em sistemas sépticos convencionais para uma estação que acomode tecnologias alternativas em locais inadequados para os sistemas sépticos convencionais. Há uma grande ênfase nos projetos específicos para os locais que acompanha essa mudança; por exemplo, nos locais com solos que drenam pouco ou em sistemas quase sensíveis. Além disso, os sistemas de tratamento locais devem ser capazes de acomodar a carga transiente e os longos tempos ociosos (por exemplo, quando os proprietários de residência estão de férias ou são moradores sazonais, como é comum em algumas áreas costeiras). Eles também devem ter baixa complexidade porque precisam ser mantidos pelos proprietários que, frequentemente, têm pouca experiência em operações e manutenção.

Um tanque séptico consiste em um tanque vedado com uma entrada e uma saída (Figura 9.15). Os resíduos escoam, por gravidade, para dentro do tanque e, após vários dias de tempo de retenção hidráulica, o efluente parcialmente tratado escoa para fora do tanque – normalmente, para um campo de lixiviação subsuperficial em que os processos de filtração, adsorção e biodregradação do solo degradam ou retêm alguma poluição. No tanque, os sólidos decantam por gravidade e sofrem decomposição anaeróbica. Isso resulta na produção de água, gás, lodo e uma camada de escuma flutuante. Os sólidos decantados acumulam gradualmente no fundo do tanque e devem ser removidos periodicamente.

Um tanque séptico pode ser dimensionado com base no número de quartos (não de banheiros) de uma residência. Uma maneira de estimar o tamanho do tanque séptico necessário para uma residência média seria multiplicar o número de quatros por 150 galões por quarto por dia e, em seguida, multiplicar esse número por 2 ou 3, relativos a 2 ou 3 dias de tempo de retenção no tanque. O uso de dispositivos que economizem água vai melhorar o desempenho do sistema, porque resultam em tempos de residência maiores para os poluentes no tanque e asseguram que o campo de lixiviação não fique sobrecarregado.

Que tamanho de tanque séptico você recomendaria para uma casa de três quartos, supondo que os tamanhos de tanque disponíveis sejam de 750, 1.000, 1.200 e 1.500 galões? Suponha que você deseje ter 2 dias de tempo de residência para os poluentes no tanque.

solução

3 quartos × 150 galões × 2 = 900 galões

Escolha o tanque de 1.000 galões, que é o tamanho mais próximo disponível para satisfazer nossas diretrizes de projeto.

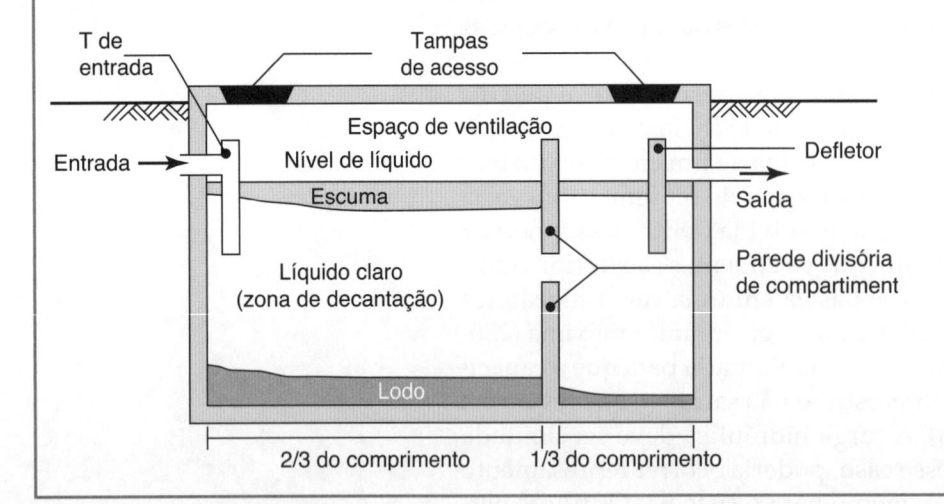

Figura / 9.15 Esquema de Tanque Séptico para Tratamento Local das Águas Residuais.

Sistemas Sépticos

htpp://water.epa.gov/
infrastructure/septic/

9.9 Remoção e Recuperação de Nutrientes: Nitrogênio e Fósforo

Às vezes, o tratamento secundário é inadequado para proteger as águas receptoras. A remoção adicional ou a recuperação dos poluentes, especialmente o nitrogênio (N) e o fósforo (P), é feita por meio de vários processos físicos, químicos e biológicos, chamados coletivamente de **tratamento terciário das águas residuais**. Como veremos, a remoção avançada de nutrientes como o N e o P está sendo incorporada, atualmente, nos processos biológicos existentes. A reutilização da água aproveita o potencial de fertilização dos nutrientes encontrados nas águas residuais.

Nos dias de hoje, os sistemas biológicos de crescimento em suspensão ou aderido conseguem tratar o nitrogênio inorgânico, reduzindo a até 1-1,5 mg/L, e o fósforo, em níveis tão baixos quanto 0,1 mg/L (após a filtração). As concentrações de nitrogênio orgânico dissolvido ainda vão permanecer no intervalo de 0,5-1,5 mg/L. Uma excelente análise da história da remoção biológica do nitrogênio e do fósforo está disponível em outro lugar (Barnard, 2006).

Uma fração significativa do fósforo foi removida em algumas partes do mundo por meio da redução da fonte pela eliminação dos sabões e detergentes. Curiosamente, até 90% do nitrogênio total e 75% do fósforo total descarregados de uma residência em um esgoto sanitário são encontrados na urina. Grande parte disso é diluída pelo uso excessivo de água encontrado nas residências e distritos comerciais norte-americanos. Hoje, alguns países estão propondo o desenvolvimento de banheiros que separam a urina das fezes e de sistemas de duplo esgotamento, que lidam com cada fluxo de resíduos separadamente.

Também podem ser projetados banheiros de compostagem para separar a urina das fezes. Eles são utilizados no mundo inteiro e podem ser

Discussão em Sala de Aula

A urina contém a maior parte do nitrogênio e boa parte do fósforo das águas residuais domésticas. Pense nas vantagens e desvantagens de separar a urina das fezes em cada edificação e em toda a comunidade. Quais questões ambientais, culturais e econômicas precisariam ser abordadas se os métodos estabelecidos para coletar e tratar efluentes mudassem para um método mais focado na recuperação de recursos?

Aplicação / 9.5 — A Química da Urina

Compreender a química da urina humana é algo fundamental para identificar processos inovadores para recuperação e reutilização dos valiosos nutrientes encontrados na urina. A urina humana contém ureia, amônia, ânions inorgânicos (Cl^-, SO_4^{2-}, PO_4^{3-}), cátions inorgânicos (Na^+, K^+, Ca^{2+}, Mg^{2+}), metabolitos orgânicos naturais (por exemplo, citrato) e produtos farmacêuticos.

Os relatos da composição da urina variam amplamente na literatura. As características representativas da urina fresca são pH 6-7, força iônica (0,1-0,4 M), ureia (415 mmol/L), NH_3 total (18 mmol NH_3-N/L), Cl^- (108 mmol/L), SO_4^{2-} (8 mmol/L), fosfatos totais (12 mmol P/L), Na^+ (116 mmol/L), K^+ (56 mmol/L), Ca^{2+} (3 mmol/L), Mg^{2+} (3 mmol/L) e metabólitos orgânicos naturais (<20 mmol/L) (Udert *et al.*, 2003; Saúde *et al.*, 2007). A pesquisa recente mostra que a maioria dos produtos farmacêuticos consumidos pelo homem é excretada na urina com concentrações tipicamente <1 mmol/L (Lienert e Larsen, 2010).

Depois de a urina sair do corpo humano e ser armazenada por um período de tempo, sua composição muda em virtude da hidrólise da ureia catalisada pelas bactérias urease-positivas, que são onipresentes nos sistemas de coleta. A hidrólise converte 1 mol de ureia em 2 mols de amônia e 1 mol de bicarbonato. Isso aumenta o pH para 8-9 e a concentração de NH_3 total para 123 mmol NH_3-N/L. Por outro lado, os fosfatos totais diminuem para 2,5 mmol P/L, Ca^{2+} para 0,7 mmol/L e Mg^{2+} para 0,04 mmol/L. Isso é uma consequência da precipitação dos minerais, como a estruvita e a hidroxiapatita (Darn *et al.*, 2006).

$$Mg^{2+} + NH_4^+ + PO_4^{3-}$$
$$+ 6H_2O \rightarrow MgNH_4PO_4 \cdot 6H_2O_{(s)} \text{(estruvita)}$$
$$10\,Ca(OH)_2 + 6H_3PO_4 \rightarrow Ca_{10}\,(PO_4)_6(OH)_{2(s)}$$
$$+ 18H_2O \text{ (hidroxiapatita)}$$

Desse modo, a composição da urina e as mudanças que variam no tempo devem ser consideradas no momento de identificação dos processos apropriados para coleta e recuperação da urina.

Adaptado com permissão das informações fornecidas pelo Dr. Treavor H. Boyer, Universidade da Flórida.

construídos em blocos de concreto ou unidades plásticas modulares semelhantes a latrinas de banheiro (Aplicação 9.1). O principal autor deste livro tem um banheiro de compostagem funcionando. Tanto a urina quanto as fezes compostadas podem ser utilizadas para alterar o solo agrícola.

9.9.1 NITROGÊNIO

De modo geral, as estações de tratamento e recuperação de recursos norte-americanas recebem nitrogênio em seus influentes na faixa de 25-40 mg N/L. Esse valor pode chegar às centenas de mg/L nas áreas em que os efluentes consistem, principalmente, em esgoto, que não é diluído pelo uso excessivo de água. No mínimo, as estações de tratamento tentam remover a amônia, mas está se tornando cada vez mais comum remover totalmente o nitrogênio dos efluentes.

Uma estratégia de redução da fonte é diminuir a quantidade de nitrogênio associado ao influente de águas residuais, removendo algumas operações da estação de tratamento. A coleta separada de urina humana elimina os nutrientes das águas residuais domésticas e diminui substancialmente a carga de nutrientes para a estação de tratamento. A urina contém a maioria dos nutrientes excretados pelos seres humanos: 85-90% do nitrogênio, 50-80% do fósforo e 80-90% do potássio (Larsen e Gujer, 1996).

A coleta separada desse fluxo de resíduos altamente concentrados permite a eliminação e também a reutilização desses nutrientes (Maurer *et al.*, 2006). Essa coleta pode ocorrer em cada edificação ou no nível da comunidade, ou também em uma estação de tratamento centralizada. Por exemplo, em uma estação centralizada de tratamento e recuperação a precipitação da estruvita ($MgNH_4PO_6 \cdot 6H_2O$) pode converter, eficientemente, dois nutrientes predominantes nas águas residuais em um bom fertilizante de liberação lenta (Johnston e Richards, 2003) com a reação química fornecida na Aplicação 9.5.

Cerca de 10% da porção não água de uma célula microbiana é nitrogênio. Portanto, o crescimento dos sólidos biológicos remove algum nitrogênio da fase dissolvida para a fase particulada. No entanto, essa remoção do nitrogênio está longe de ser suficiente para proteger da poluição os corpos d'água receptores.

A **nitrificação** – conversão da amônia (NH_4^+) em nitrito (NO_2^-) e, depois, em nitrato (NO_3^-) – é feita durante o tratamento secundário por gêneros especializados de bactérias litotróficas. As bactérias *Nitrosomonas* (e *Nitrosococcus*) convertem a amônia (NH_4^+) em nitrito (NO_2^-), e as bactérias *Nitrobacter* (e *Nitrospira*) convertem o nitrito em nitrato (NO_3^-). A reação global desses dois processos pode ser escrita da seguinte forma:

$$NH_4^+ + 2O_2 \rightarrow NO_3^- + 2H^+ + H_2O \qquad \text{(9.18)}$$

Se você exercitar a estequiometria na Equação 9.18, vai descobrir que 4,57 g de oxigênio são necessárias para oxidar cada 1 g de nitrogênio (como N).

A Equação 9.19 inclui não só a nitrificação da amônia, mas também a incorporação do carbono inorgânico dissolvido e parte da amônia em biomassa (escrita como $C_5H_7NO_2$):

$$NH_4^+ + 1{,}863O_2 + 0{,}098CO_2 \rightarrow 0{,}0196C_5H_7NO_2 + 0{,}98NO_3^-$$
$$+ 0{,}0941H_2O + 1{,}98H^+ \qquad \text{(9.19)}$$

Na Equação 9.19, somente 4,52 g de oxigênio são necessárias para oxidar cada grama de nitrogênio (como N). Esse valor estequiométrico é mais baixo do que na Equação 9.18, uma vez que a Equação 9.19 leva em conta alguma amônia utilizada para síntese de novas células. A Equação 9.19 também mostra que os microrganismos litotróficos obtêm carbono de sua massa celular, e não do carbono orgânico dissolvido, mas convertendo o carbono inorgânico (CO_2 dissolvido). As Equações 9.18 e 9.19 mostram que alguma alcalinidade é consumida para cada mol de amônia oxidada.

As reações de nitrificação avançam lentamente, exigem oxigênio adequado (mais de 0,5 mg/L) e alcalinidade, e são sensíveis à temperatura, ao pH (preferindo um pH próximo de 7) e à presença de substâncias químicas tóxicas. Para a remoção completa do nitrogênio, uma série de bactérias, incluindo as do gênero *Pseudomonas*, pode converter nitrato em gás nitrogênio (N_2). Nessa reação, o nitrato serve como receptor de elétrons (como o oxigênio faz na oxidação carbonácea), e o material orgânico nas águas residuais é o doador de elétrons.

Os leitores devem consultar o Capítulo 5 e rever o ciclo do nitrogênio (Figura 5.29). Observe que, na etapa de desnitrificação, o produto final é o gás N_2. No entanto, estamos constatando que parte do nitrato acaba sendo liberada como N_2O intermediário, que é emitido para a atmosfera e é um **gás do efeito estufa**. (Veja como o aumento populacional vai produzir maiores quantidades de gases do efeito estufa por causa dos constituintes encontrados nos fluxos de resíduos domésticos.) Supondo que o material orgânico biodegradável (medido como DBOC) nas águas residuais pode ser escrito como $C_{10}H_{19}O_3N$, a remoção do nitrato, transformando-o em gás nitrogênio, pode ser escrita da seguinte forma:

$$C_{10}H_{19}O_3N + 10NO_3^- \rightarrow 5N_{2(gás)} + 10CO_2 + 3H_2O + NH_3 + 10OH^-$$

$$(9.20)$$

Na Equação 9.20, a alcalinidade é produzida (escrita como OH^-) e nenhum oxigênio dissolvido é escrito na expressão. Na verdade, a presença do oxigênio dissolvido vai inibir as enzimas redutoras de nitrato necessárias para a reação de desnitrificação. Isso ocorre nas concentrações de oxigênio dissolvido baixas, como 0,1 ou 0,2 mg/L.

Durante o projeto e operação do reator biológico para desnitrificar o nitrato, a quantidade de DBOC nas águas residuais é um parâmetro crítico no projeto. Se o carbono orgânico for limitador no fluxo de resíduos, podemos adicionar um fluxo de resíduos orgânicos (por exemplo, resíduos de laticínios) ou de substâncias químicas (por exemplo, o metanol), em quantidades cuidadosamente controladas, para suportar a **desnitrificação**. No entanto, a quantidade adicionada deve ser controlada cuidadosamente para garantir que não permanece nenhum DBO residual não tratada.

Existem mais de nove métodos patenteados para configurar o reator biológico para que o nitrogênio possa ser removido via reações de nitrificação e desnitrificação. A Figura 9.16 mostra o processo mais utilizado, que é o **processo de Ludzak-Ettinger modificado (MLE)**. Aqui, uma zona anóxica está situada no início do reator biológico. Todos os processos usam uma combinação de zonas aeróbica e anóxica, na qual o reator biológico é configurado para remover o carbono orgânico (nas zonas aeróbica e anóxica), converter o nitrogênio amoniacal inorgânico (na zona aeróbica) e remover o nitrogênio do nitrato inorgânico (na zona anóxica).

Na zona anóxica, o carbono interno das águas residuais (medido como DBOC) é oxidado para dióxido de carbono e nova biomassa, enquanto

Figura / 9.16 Processo de Luszak-Ettinger Modificado (MLE) para Configurar um Reator Biológico a Fim de Remover Nitrogênio No segundo compartimento oxigenado (Oxidação), ocorre a nitrificação da amônia, que é transformada em nitrato. Já o nitrato contido no licor misto é reciclado de volta para o primeiro estágio anóxico para desnitrificação.

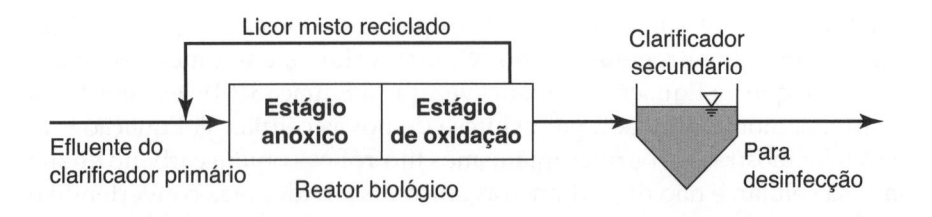

o nitrato, que serve como receptor de elétrons, é reduzido a gás nitrogênio. O nitrato é produzido na zona aeróbica (pelas reações de nitrificação que convertem amônia em nitrato) e é reciclado para a zona anóxica do reator biológico.

Um fator fundamental para a remoção biológica do nitrogênio é prevenir a lavagem das bactérias autotróficas de crescimento lento (por exemplo, as *Nitrosomonas*) que convertem o nitrogênio amoniacal em nitrato. Isso exige que o SRT seja maior do que o inverso da velocidade de crescimento das bactérias nitrificantes. As nitrificantes também são mais sensíveis à inibição por substâncias químicas tóxicas que seguem para a estação de tratamento.

Comparados com o tratamento tradicional das águas residuais ou com uma estação que trate a DBO e o nitrogênio amoniacal, os processos nitrificantes/desnitrificantes têm custos operacionais totais mais baixos, se consideramos o custo da aeração, os custos de descarte do lodo e os créditos por liberar menos metano. A Tabela 9.12 resume essas informações em detalhes.

Tabela / 9.12

Custos Operacionais das Práticas com Lodo Ativado Pressupostos: vazão da planta igual a 20.000 m³/dia, influente de 350 mg DBO/L e efluente de 20 mg DBO/L.

	Lodo ativado convencional	Lodo ativado convencional com nitrificação	Lodo ativado convencional com nitrificação e desnitrificação
Intervalo de SRT (dias)	1,2-8,5	12-21	4,7-22
Custo de descarte do lodo ($/dia)	140	78	69
Requisito de oxigênio (kg O₂/dia)	3.800	5.034	3.469
Custo de aeração ($/dia)	39	52	36
Crédito pela produção de metano ($/dia)	96	36	32
Custo total (custo de descarte do lodo + custo de aeração – crédito pela produção de metano) ($/dia)	83	94	73

FONTE: Resultados de Rosso e Stenstrom (2005).

Os custos de descarta do lodo (Tabela 9.12) são maiores no lodo ativado convencional porque o SRT é menor. Lembre-se de que, quando o SRT é elevado, há uma maior respiração endógena, de forma que uma maior quantidade do lodo residual é oxidada durante o processo de tratamento e menos lodo é produzido. Quando menos sólidos são produzidos pelo reator biológico, há menos lodo produzido a ser digerido (e uma redução correspondente na recuperação da energia via produção de metano no digestor de lodo).

A digestão anaeróbica do lodo produz **metano** e, se menos lodo for produzido, menos metano também será produzido. Esse metano pode ser utilizado como uma fonte de energia para fornecer aquecimento ou energia elétrica. É por isso que o processo convencional, apresentado na Tabela 9.12, mostra um maior crédito pela produção de metano do que os demais processos.

Os leitores devem investigar se a sua estação de tratamento de águas residuais local recupera o metano produzido para utilizá-lo em aquecimento ou geração de eletricidade. Com as futuras necessidades energéticas e a mudança climática, muitas estações de tratamento e recuperação de recursos implantaram a recuperação bem-sucedida e o uso do metano gerado. Entretanto, a tecnologia para converter metano em eletricidade ainda produz CO_2, pois é um produto final da combustão do metano com o oxigênio. No entanto, o CO_2 tem um potencial de aquecimento global 25 vezes menor do que o CH_4.

Nos três processos comparados na Tabela 9.12, o oxigênio é necessário para oxidar o carbono orgânico (DBOC) e o nitrogênio amoniacal (DBON). A Tabela 9.12 demonstra como o lodo ativado convencional com a nitrificação aumenta a necessidade de oxigênio (e, com isso, o custo da aeração) comparado com o lodo ativado convencional. Contudo, com a adição da nitrificação e da desnitrificação, os requisitos de oxigênio são menores, pois o nitrato produzido durante o processo de nitrificação pode ser utilizado como receptor de elétrons no processo de desnitrificação (onde ocupa o lugar do oxigênio como receptor de elétrons).

Discussão em Sala de Aula

Dadas todas as opções na Tabela 9.12, como você operaria uma estação municipal de tratamento de águas residuais e recuperação de recursos visando equilibrar as questões ambientais, sociais e econômicas relacionadas com a proteção da saúde humana e da qualidade da água, bem como a recuperação de recursos de maneira sustentável? Quais inovações tecnológicas seriam mais relevantes para atingir esse objetivo?

9.9.2 FÓSFORO

Tradicionalmente, as substâncias químicas como o alume ($Al_2(SO_4)_3$), o sulfato férrico ($Fe_2(SO_4)_3$) e o cloreto férrico ($FeCl_3$) têm sido adicionadas para remover o **fósforo** por precipitação. As três substâncias químicas precipitam os polifosfatos dissolvidos (conforme ilustrado aqui para o alume):

$$Al^{3+} + PO_4^{3-} \rightarrow AlPO_{4(s)} \qquad \textbf{(9.21)}$$

Geralmente, as substâncias químicas são adicionadas durante o tratamento primário ou secundário. Dessa forma, elas geram uma lama química, além da lama associada aos processos de tratamento respectivos. Naturalmente, as atividades de redução da fonte, como impedir que o fósforo seja utilizado nos detergentes ou a recuperação da urina, conseguem diminuir a necessidade de uma parte do requisito desse tratamento. Os processos biológicos também podem ser utilizados para remover uma boa quantidade de fósforo e estão sendo cada vez mais empregados. O teor de fósforo de uma célula seca típica é de, aproximadamente, 1%, de modo que algum fósforo é removido pelo simples crescimento e subsequente perda do lodo. Tipicamente, utiliza-se algum híbrido de adição química e melhor captação biológica para alcançar uma baixa concentração de P no efluente e minimizar o uso de substâncias químicas.

Figura / 9.17 Configuração de um Reator Biológico para Remover o Fósforo No compartimento anaeróbico, o fosfato é armazenado internamente pelos microrganismos acumuladores de fosfato. Com isso, o fósforo é removido pela sua conversão de fosfato dissolvido em fósforo particulado e armazenado em células biológicas, que são removidas no clarificador secundário.

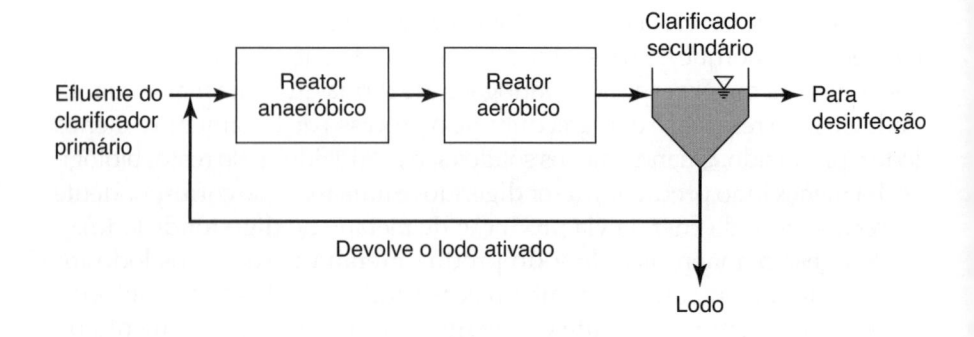

Nos anos 1970, determinou-se que fosse possível uma melhor remoção biológica do fósforo por meio de organismos chamados **organismos acumuladores de fosfato (PAOs, *phosphate-accumulating organisms*)**. Esses organismos captam fósforo bem acima do 1% comum na maioria dos microrganismos.

Felizmente, os PAOs estão presentes nos sistemas de tratamento de águas residuais. Eles têm capacidade para absorver ácidos graxos voláteis, como o ácido acético, quando o oxigênio e os nitratos não estão presentes. Constatou-se que se os PAOs forem expostos primeiro a uma zona anaeróbica (sem oxigênio), seguida por uma zona aeróbica, eles captam fosfato extra enquanto crescem no carbono orgânico na zona aerada do reator biológico (Figura 9.17). Esse fosfato extra é armazenado em cadeias polifosfato ricas em energia, que são utilizadas, subsequentemente, para captar os ácidos graxos voláteis. Essa capacidade para transferir o fósforo na fase aquosa dissolvida para a fase microbiana, em particular, não exige adição química, e o fósforo particulado pode ser removido como lodo e aplicado ao solo para ser reutilizado como nutriente.

Aplicação / 9.6   Fósforo nos Detergentes – Aplicação da Política para Alcançar a Redução na Fonte das Entradas de Nutrientes para o Meio Ambiente

Em meados dos anos 1960, muitas das hidrovias do País estavam rapidamente ficando verdes e sucumbindo ao crescimento de plantas e algas. Um dos principais motivos para esse impacto na qualidade da água era os altos níveis de fosfatos, um dos principais nutrientes para plantas, encontrados nos efluentes domésticos e municipais. Os fosfatos têm sido utilizados, tradicionalmente, como um agente ativo nos detergentes de roupas e louças como criadores e destruidores de cátions encontrados na água dura. Eles eram utilizados em concentrações de 30 a 40% do produto final. Uma vez que o efluente das estações de tratamento de águas residuais é descarregado diretamente em lagos, açudes e rios, os fosfatos não tratados ficam disponíveis como nutriente e podem promover o crescimento das algas, contribuindo para a eutrofização.

Historicamente, a metade da entrada de fósforo nos Lagos Erie e Ontário vem de fontes de águas residuais municipais e industriais, das quais 50-70% são provenientes dos detergentes. Mais da metade da entrada de fósforo no estuário do rio Potomac também vem dos detergentes nos efluentes municipais e industriais (Congressional Report HR 91-1004. 14 de abril de 1970). Chegou-se a um consenso geral de que os detergentes eram responsáveis por, aproximadamente, 50% do fósforo presente nas águas residuais do país (Hammond, 1971). Houve um crescente consenso público de que, para salvar os lagos (como o Lago Erie, por exemplo), os fosfatos deveriam ser proibidos nos detergentes.

Em virtude dos desafios na remoção dos fosfatos, usando tratamento secundário das águas residuais e pela crescente demanda de produtos detergentes, sugeriu-se que a maneira mais econômica de gerenciar os fosfatos nos sistemas naturais era eliminar ou minimizar a sua presença na fonte – isto é, nos detergentes. Sendo assim, em 1993, os Estados Unidos proibiram o uso de fosfatos nos *detergentes para roupa*. Como se pode ver na Figura 9.18, essa iniciativa regulatória teve um impacto importante na quantidade de fosfatos que entram no sistema da estação de águas residuais.

Em 2010, 16 estados (Illinois, Indiana, Maryland, Massachusetts, Michigan, Minnesota, Montana, New Hampshire, Ohio, Oregon, Pensilvânia, Utah, Vermont, Virgínia, Washington e Wisconsin) proibiram a venda dos *detergentes de louça* que contenham mais de 0,5%

de fósforo. A União Europeia está perseguindo um arcabouço regulatório similar para eliminar ou reduzir a quantidade de fosfatos permitida nos detergentes de louça e roupa. Como consequência da proibição, as marcas familiares estão oferecendo novos detergentes de louça inovadores com pouco ou nenhum fosfato, enquanto as marcas tradicionalmente ecológicas, como a Seventh Generation e a Method, ganharam popularidade.

Figura / 9.18   Carga de fósforo de uma estação de tratamento de águas residuais na Geórgia, antes e depois da implantação de uma restrição obrigatória quanto ao uso de detergentes à base de fosfato. Repare que o volume total da descarga de águas residuais da instalação não caiu, de modo que a diminuição nos fosfatos pode ser atribuída às normas sobre detergentes, e não ao declínio na geração de águas residuais.

(Redesenhado do U.S. Department of the Interior, U.S. Geological Survey, http://ga.water.usgs.gov/edu/phosphorus.html.)

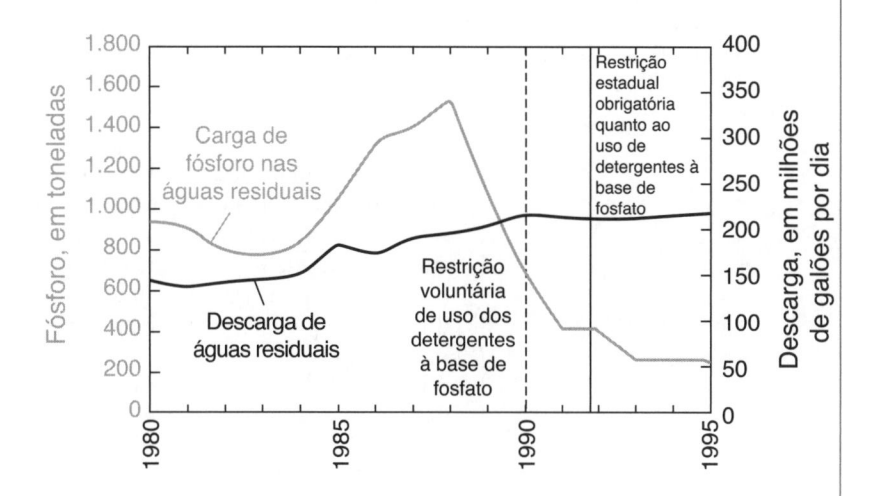

9.10   Desinfecção e Aeração

A etapa final, antes da medição do escoamento e da descarga para a água receptora, é a **desinfecção**. O propósito da desinfecção é garantir a remoção dos organismos patogênicos. Isso é realizado com mais frequência por meio da adição de hipoclorito de sódio líquido, dióxido de cloro ou gás cloro; geração local de hipoclorito; ozonização ou exposição à luz ultravioleta. A desinfecção foi coberta no Capítulo 8, de forma que não será discutida em mais detalhes neste capítulo.

Durante a aeração, o oxigênio é transferido de uma fase gasosa para a fase líquida. Lembre-se de que, no Capítulo 3, discutimos a solubilidade do oxigênio na água. Embora o oxigênio corresponda a cerca de 21% da atmosfera da Terra, apenas entre 8 e 11 partes, mais ou menos, por milhão (mg/L) de oxigênio conseguem se dissolver na água em equilíbrio se o ar for utilizado como fonte.

A Tabela 9.13 compara os três métodos normalmente utilizados para aerar as águas residuais: (1) *aeração superficial*, (2) *difusão por poros finos* e (3) *difusão por bolhas grosseiras*. A Tabela 9.13 também fornece informações sobre o uso da energia associado a cada uma dessas tecnologias de aeração. Os difusores de poros finos reduzem os custos de energia em 50% em relação aos difusores de bolhas grosseiras, mas sujam mais facilmente com os constituintes encontrados nas águas residuais. A Figura 9.19 mostra exemplos de difusores de poros finos colocados em uma bacia de aeração.

Desinfetando o Transbordamento dos Esgotos Combinados

http://water.epa.gov/scitech/wastetech/upload/2002_06_28_mtb_chlor.pdf

Dispositivos de Aeração Utilizados Durante o Tratamento das Águas Residuais

Dispositivo de aeração	Descrição
Aerador superficial	Promove o cisalhamento da superfície das águas residuais com um misturador ou turbina para produzir um *spray* de gotículas finas que pousam na superfície das águas residuais em um raio de vários metros. Pode ser conectado a uma bomba alimentada por energia solar.
Difusores (poros finos e bolhas grosseiras) Bolhas finas têm um diâmetro menor do que 5 mm; bolha grosseiras têm diâmetros de até 50 mm.	Bocais ou superfícies porosas são colocados no fundo do tanque, no qual liberam bolhas que sobem na direção da superfície do tanque. Difusores de poros finos são mais empregados nos Estados Unidos e na Europa do que os difusores de bolhas grosseiras. Os difusores de poros finos reduzem os custos de energia em 50%, comparados com os difusores de bolhas grosseiras. Os difusores de poros finos sujam facilmente ou acumulam escamas, por isso precisam de mais limpeza. De modo geral, a limpeza consiste em esvaziar um tanque usando uma mangueira para limpar os difusores ou esfregar com uma solução de 10 a 15% de HCl. Repare que esvaziar o tanque funciona melhor na situação em que uma estação de tratamento ultrapassou a sua capacidade (normalmente, nas estações maiores). A limpeza periódica vai manter a eficiência do difusor, que vai reduzir os requisitos de energia. A eficiência de transferência do gás para líquido na presença dos contaminantes das águas residuais (por exemplo, surfactantes, matéria orgânica dissolvida) é quantificada pelo fator . Esse fator é menor nos difusores de poros finos, sugerindo que a presença dos contaminantes inibe a transferência do oxigênio em um grau maior do que nas bolhas grosseiras.

FONTE: Rosso e Stenstrom (2006).

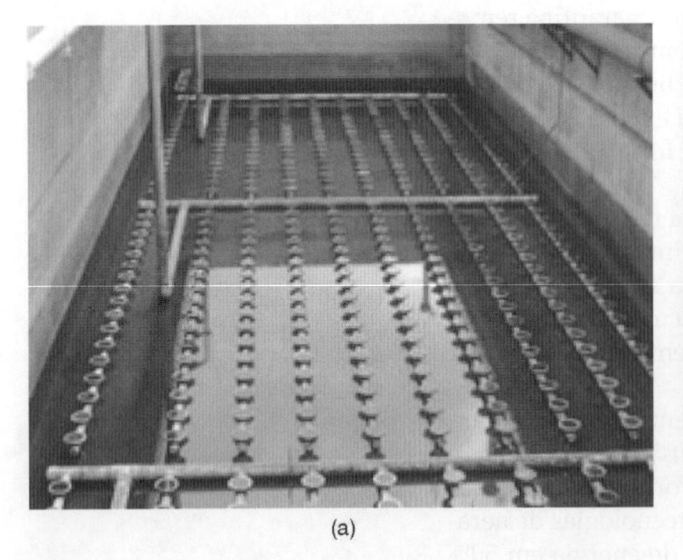

(a) (b)

Figura / 9.19 **Difusores de Poros Finos** (a) Difusores de poros finos no fundo de uma bacia de aeração retangular. (b) Difusores de poros finos em operação na mesma bacia de aeração.

(Foto cortesia de James R. Mihelcic.)

Produzindo o Recurso de Água Utilizável a Partir das Águas Residuais

Conservação, aumento da eficiência de uso, bem como **recuperação e reutilização da água** são métodos que podem ser utilizados para preencher a lacuna entre a demanda e o fornecimento de água. Hoje em dia, a tecnologia de tratamento é tão avançada que as águas residuais podem ser convertidas para uma fonte de água a ser utilizada em uma série de aplicações residenciais, comerciais, industriais e agrícolas. Globalmente, a capacidade de reutilização da água está aumentando rapidamente.

No entanto, alguns desafios são as questões de qualidade, demanda e fornecimento. Por exemplo, as extensas necessidades de água da agricultura estão situadas, de modo geral, bem longe das estações de tratamento que coletam as águas residuais, localizadas nas áreas urbanas. Nesse caso, faz pouco sentido usar a energia para bombear as águas residuais tra-

tadas de volta para as áreas rurais. Uma solução para esse problema é usar **processos de recuperação por satélite** em pequena escala. Essas pequenas estações tratam e recuperam as águas residuais em locais em que ela é necessária.

Um exemplo de uso da tecnologia para recuperar as águas residuais – discutido em nossos capítulos sobre água potável e águas residuais – é a Fábrica de Água de Gippsland, situada em Traralgon (Victoria, Austrália). Todos os dias essa instalação trata 16.000 m^3 de águas residuais municipais e 19.000 m^3 de águas residuais industriais. A Figura 9.20 traz um exemplo de como a Fábrica de Água de Gippsland (Austrália) combinou processos utilizados para produzir a água recuperada. Nesse caso, a água recuperada está sendo utilizada para suplementar uma fonte atual de águas subterrâneas (Daigger *et al.*, 2007).

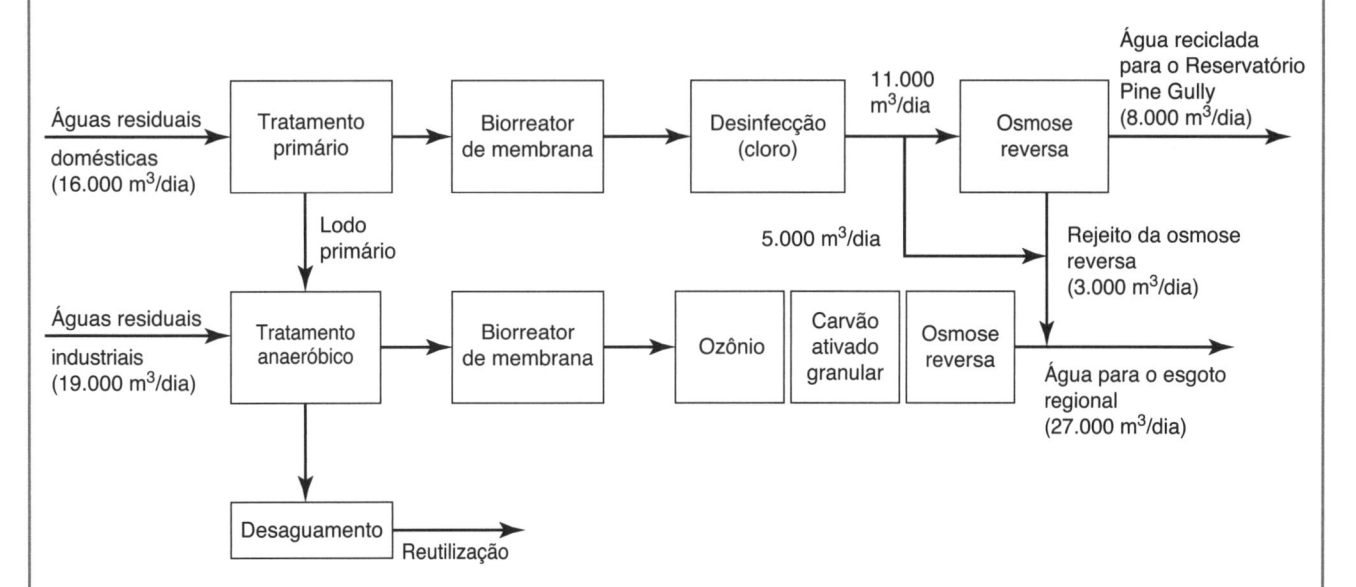

Figura / 9.20 **Combinação de Processos Unitários de Água Potável e Águas Residuais Empregados para Produzir Água Utilizável a Partir das Águas Residuais Domésticas e Municipais** Este exemplo é da Fábrica de Água de Gippsland, situada em Victoria, Austrália.

(Daigger, G. T., A. Hodgkinson, and D. Evans. A Sustainable Near-Potable Quality Water Reclamation Plant for Municipal and Industrial Wastewater. Reimpresso com permissão de *Proceedings of WEFTEC®.07, the 80th Annual Water Environment Federation Technical Exhibition and Conference*, San Diego, CA, October 13–17, 2007. Copyright © (2007) Water Environment Federation: Alexandria, Virgínia.)

9.11 Gerenciamento de Final de Vida do Lodo e Recuperação da Energia

O lodo gerado nos processos de tratamento primário e secundário tem três características que dificultam o seu descarte direto: (1) é esteticamente desagradável em termos de odor; (2) é potencialmente nocivo

WateReuse Association

http://www.watereuse.org/

por causa da presença de patógenos e (3) contém água demais, o que dificulta o seu processamento e descarte. Os dois primeiros problemas são solucionados, frequentemente, pela *estabilização do lodo*, e o terceiro, pelo *desaguamento*.

9.11.1 ESTABILIZAÇÃO DO LODO

O objetivo da **estabilização do lodo** é reduzir os problemas associados ao seu odor e putrescência, bem como à presença dos organismos patogênicos. A primeira alternativa de estabilização, a **digestão aeróbica**, é uma extensão do processo de lodo ativado. O lodo ativado residual é bombeado para tanques de aeração dedicados por um período de tempo muito mais longo do que com o processo de lodo ativado. Os sólidos concentrados são deixados para progredir bem para a fase de respiração endógena, na qual o alimento é obtido pela destruição dos organismos viáveis. O resultado é uma redução líquida na matéria orgânica.

Outro método de tratamento do lodo é a **digestão anaeróbica**. Esse método é empregado com mais frequência porque não requer uma aeração que consuma muita energia. Trata-se, primariamente, de um processo bioquímico em três etapas, mediado por grupos especializados de microrganismos (Tabela 9.14). Hoje, os processos anaeróbicos estão sendo considerados para substituir os processos aeróbicos por vários

---

Tabela / 9.14

Processo Bioquímico em Três Etapas Durante a Digestão Anaeróbica dos Sólidos Presentes nas Águas Residuais

Etapa	Descrição	Reações de exemplo
Etapa 1: Hidrólise	Microrganismos produzem enzimas extracelulares que solubilizam os compostos orgânicos particulados na presença de água.	Resíduo orgânico ($C_6H_{10}O_6$) convertido para glicose $C_6H_{10}O_4 + 2H_2O \rightarrow C_6H_{12}O_6 + 2H_2$
Etapa 2: Acidogênese e acetogênese	Um grupo especializado de bactérias, chamadas formadoras de ácidos, usa o processo de acidogênese para primeiro converter os compostos orgânicos solúveis (coisas como açúcares, aminoácidos, ácidos graxos) em ácidos graxos voláteis (por exemplo, ácidos orgânicos fracos como o ácido propiônico e o ácido acético). Em seguida, em um segundo processo chamado acetogênese, o hidrogênio e o dióxido de carbono também são formados. Os microrganismos que medeiam a hidrólise e a fermentação são facultativos e obrigam as bactérias anaeróbicas.	Glicose ($C_6H_{12}O_6$) convertida para: ácido propiônico $C_6H_{12}O_6 \rightarrow 2CH_3CH_2COOH + 2CO_2$ e ácido acético: $C_6H_{12}O_6 \rightarrow 3CH_3COOH$ Depois, os compostos como o propionato são convertidos para hidrogênio e ácido acético: $CH_3CH_2COO^- + 3H_2O \rightarrow CH_3COOH + HCO_3^- + 3H_2$
Etapa 3: Metanogênese	Um grupo de bactérias especializadas, as formadoras de metano, converte o hidrogênio e os ácidos orgânicos (como o ácido acético), que as formadoras de ácido produziram nos produtos finais **metano** e **dióxido de carbono**. As bactérias formadoras de metano se chamam anaeróbios estritamente obrigatórios.	$CO_2 + 4H_2 \rightarrow CH_4 + 2H_2O$ $CH_3COOH \rightarrow CH_4 + CO_2$

motivos, incluindo a produção de metano e seu valor energético associado, bem como a produção de menos biossólidos que requerem uma gestão extensiva.

Um pH quase neutro é preferido para a digestão anaeróbica e, em um pH abaixo de 6,8, as bactérias formadoras de metano começam a ser inibidas. Se o digestor não for operado corretamente, as bactérias formadoras de metano não conseguirão usar o hidrogênio produzido em velocidade suficientemente grande. Nesse caso, o pH do reator pode cair por causa do acúmulo de ácidos graxos voláteis da etapa de fermentação. As formadoras de metano podem ser ainda mais inibidas pelo pH baixo; no entanto, as formadoras de ácido continuam mediando a segunda etapa. Isso também reduz o pH, que pode *azedar* o digestor e parar o processo. É comum a adição de cal para corrigir esse problema.

Os digestores anaeróbicos produzem resíduos sólidos que podem ser utilizados para fazer alterações no solo. Os gases podem ser utilizados para produzir calor, eletricidade ou combustível, porque o gás resultante de um digestor anaeróbico é composto de, aproximadamente, 35% de CO_2 e 65% de CH_4. Em termos de emissões de gases do efeito estufa, lembre-se de que, no Capítulo 2, aprendemos que o forçamento radioativo dos gases difere. Desse modo, 1 tonelada de emissões de metano equivale a 25 toneladas de emissões de dióxido de carbono em termos de seu potencial de aquecimento global equivalente como gases do efeito estufa. O metano que resulta da digestão anaeróbica deve ser encarado como um gás valioso, que não deve ser emitido diretamente na atmosfera.

O metano, gerado em uma estação de tratamento de águas residuais e recuperação de recursos, pode ser convertido para eletricidade e utilizado no aquecimento. A combustão do metano ainda resulta na produção de um gás do efeito estufa, segundo a equação abaixo:

$$CH_4 + 2O_2 \rightarrow CO_2 + 2H_2O \qquad \textbf{(9.22)}$$

A Equação 9.22 mostra que 2,75 kg de CO_2 são produzidos para cada 1 kg de CH_4 queimado. No entanto, embora algum gás do efeito estufa seja produzido pela combustão do metano, não há apenas o benefício decorrente da conversão do metano em dióxido de carbono, mas também alguma compensação de carbono associada à geração de eletricidade a partir do metano.

Recorde os créditos pela produção de metano comparados na Tabela 9.12. Esses créditos estão relacionados com a quantidade de lodo produzido durante as diferentes configurações biológicas do processo de lodo ativado utilizado para remover o nitrogênio.

9.11.2 DIGESTORES

No passado, foi empregado um **digestor** de dois estágios. Nesse processo, o tanque primário foi coberto, aquecido a 35°C e mantido bem misturado para aumentar a velocidade da reação. O tanque secundário tinha um teto flutuante. O tanque secundário não era misturado nem aquecido, sendo utilizado para armazenamento de gás e para concentrar os sólidos por decantação. Os sólidos decantados (chamados **lodo digerido**) eram encaminhados para um processo de desaguamento, e o sobrenadante líquido era reciclado para o início da estação de tratamento. O motivo

O potencial para produção de eletricidade a partir do tratamento das águas residuais não é trivial. A energia recuperada pode ser revendida para a rede como energia "verde", ou pode ser utilizada para operar bombas e sopradores na estação de tratamento de águas residuais ou para manter temperaturas ideais no digestor, secar os biossólidos e proporcionar aquecimento de ambiente para a estação. Além da possibilidade real de usar energia solar, eólica ou micro-hidroelétrica, as águas residuais também devem ser encaradas como uma fonte de energia (além de água e nutrientes). Em média, uma estação de tratamento de águas residuais típica processa 100 galões por dia de águas residuais para cada pessoa atendida. Aproximadamente, $1,0$ pé^3 de gás do digestor pode ser produzido por um digestor anaeróbico por pessoa por dia. Esse volume de gás pode fornecer, aproximadamente, $2,2$ W de geração de energia. O valor de aquecimento do biogás produzido por um digestor anaeróbico é de cerca de 600 BTU por pé cúbico.

Apenas como exemplo, o Distrito de Saneamento de Los Angeles trata cerca de 520 milhões de galões de águas residuais por dia e gerencia o descarte final da metade das 40.000 toneladas/dia de resíduos sólidos não perigosos gerados no Condado de Los Angeles. Desse total, o Distrito de Saneamento obtém, atualmente, 23 MW de eletricidade do gás do digestor, 63 MW do gás do aterro sanitário e 40 MW da combustão de resíduos sólidos. Em comparação com as necessidades do Distrito de Saneamento, esses 126 MW de eletricidade são muito superiores aos 41 MW necessários para o distrito (McDannel e Wheless, 2007). O metano do gás do digestor é utilizado, até mesmo, em uma célula combustível após ter sido transformado em hidrogênio a montante da cadeia de produção. As células combustíveis geram eletricidade a partir de reações eletroquímicas entre o hidrogênio e o oxigênio.

---

para os digestores de dois estágios caírem em desuso é o custo associado à construção de um segundo tanque a ser utilizado, principalmente, para armazenamento.

No digestor de estágio único (veja a Figura 9.21a), o lodo é bombeado para o reator a cada 30-120 minutos para manter condições constantes dentro do digestor. De modo geral, o digestor é dimensionado com base em um tempo nominal de retenção de sólidos. Nesse caso, o tempo nominal de retenção de sólidos é a massa de sólidos no reator dividida pela massa de sólidos removidos a cada dia. Os tempos nominais de retenção de sólidos típicos para digestores anaeróbicos variam de 15 a 30 dias. Os digestores em forma de ovo (Figura 9.21b) são preferidos hoje em dia por muitos profissionais, uma vez que eles requerem um espaço físico menor, têm custos de operação e manutenção mais baixos, proporcionam uma mistura e um aquecimento melhor dos sólidos, além de não acumularem escuma e areão como o digestor convencional exibido na Figura 9.21a.

9.11.3 DESAGUAMENTO

Após a estabilização, os sólidos são desaguados antes do descarte. De modo geral, o *desaguamento* é o método final de redução de volume antes do descarte definitivo. O lodo bombeado dos clarificadores primário e secundário tem um teor de sólidos de apenas 0,5 %, mais ou menos. O desaguamento pode melhorar esse percentual para 15-50%.

O método de desaguamento mais simples e econômico, caso haja terreno disponível e o custo da mão de obra seja baixo, é usar *leitos de secagem*. O leito consiste em drenos de azulejo em cascalho cobertos por, aproximadamente, 10 polegadas de areia. O líquido se prede por infiltração na areia e por evaporação. O tempo de secagem típico é de 3 meses. Se o desaguamento por leitos de areia for considerado impraticável, podem ser

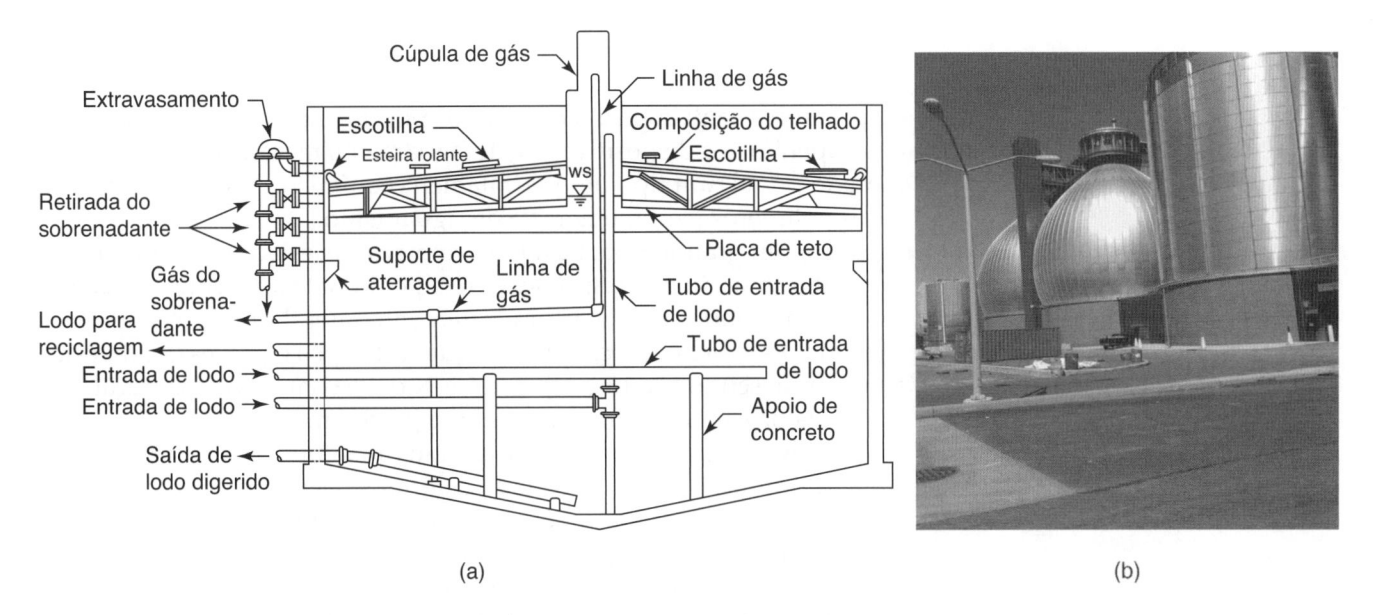

(a) (b)

Figura / 9.21 (a) Digestor em Estágio Único Utilizado para Estabilizar Sólidos Primários e Secundários em uma Estação de Tratamento (b) Digestores Ovais em Newtown Creek (NY), uma das quatorze estações de tratamento de águas residuais da Cidade de Nova York que tratam 1,3 bilhão de galões de águas residuais por dia.

(Foto cortesia do Dr. Jeanette Brown, University of Connecticut.)

empregadas técnicas mecânicas. Um dos métodos mecânicos de desaguamento é uma prensa de filtragem de correia (Figura 9.22), em que o lodo é introduzido em uma correia em movimento e espremido para remover a água, produzindo um bolo de lodo. Um segundo método mecânico é a

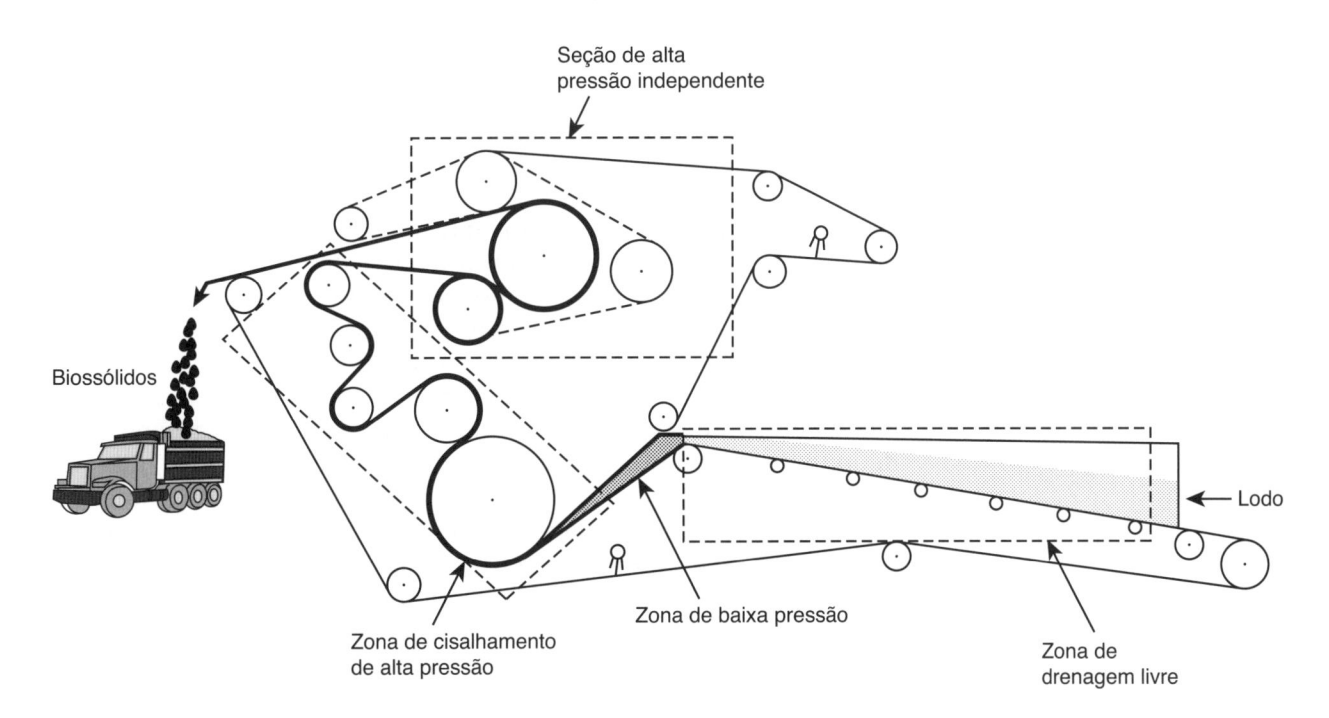

Figura / 9.22 **Prensa de Filtragem de Correia** Um filtro de correia aplica pressão no lodo, que espreme a água para fora. As partes incluem correias de desaguamento, rolos e rolamentos, um sistema de monitoramento e tensionamento da correia, controles e motores, e um sistema de lavagem da correia. O lodo é aplicado à direita, e os biossólidos mais secos são coletados à esquerda. Possivelmente, é aplicado um polímero logo no início do processo (no início da prensagem ou mesmo antes disso) para que haja tempo de reação suficiente para ajudar no desaguamento.

(Redesenhado da EPA, 2000a.)

centrífuga, uma tigela sólida na qual os sólidos são jogados para a parede pela força centrífuga e são raspados por um transportador tubular. O desempenho dos dispositivos de desaguamento mecânico pode ser aprimorado por algum tipo de pré-tratamento químico. Aqui, são acrescentados polímeros para melhorar o desaguamento.

Existe um grande potencial para reformar as estações de tratamento existentes visando mais eficiência e recuperação de nutrientes. Uma dessas oportunidades é aplicar um tratamento lateral do lodo anaeróbico digerido. Esse fluxo de resíduos é o que resta após o processo e digestão anaeróbica, sendo comumente rico em N e P, e contendo uma fração significativa da carga de nutrientes da estação de tratamento.

O desaguamento dos sólidos digeridos anaerobicamente também resulta na produção de fluxos de lodo digerido "rejeitado" com 15-30 vezes mais concentração de nitrogênio do que a encontrada em um efluente municipal comum. (Dependendo do meio de desaguamento do lodo, esse fluxo é chamado de *filtrado*, em uma prensa de correia, ou *centrifugado*, em uma centrífuga.) Esse lodo digerido é um lugar perfeito para concentrar os esforços de recuperação dos nutrientes, pois pode conter 15-40% da carga de nitrogênio total dentro de uma estação de tratamento de águas residuais.

A gestão lateral dos nutrientes dos processos de digestão do lodo e de desaguamento desse lodo, em particular a recuperação dos nutrientes, pode ser a estratégia mais eficaz para melhorar a gestão de nutrientes e ajudar a estação de tratamento de efluentes a cumprir os objetivos de recuperação de recursos relacionados com a gestão sustentável dos nutrientes, uma vez que: (1) reduz um fardo recorrente de nutrientes (25%), significando menos requisitos subsequentes de energia, produtos químicos e menos produção de lodo, (2) reduz a carga instável e (3) gera um produto economicamente benéfico que contém nutrientes valorizados.

9.11.4 DESCARTE

O lodo desaguado é incinerado, aplicado no solo agrícola, compostado, tratado com substâncias químicas ou calor, fornecido para o público ou município como um condicionador do solo ou descartado em um aterro sanitário. Recentemente, o enterro em aterros sanitários não foi considerado um método de descarte preferido pela falta de espaço para esses aterros. No entanto, algumas pessoas consideram o enterro em um aterro uma opção de descarte para sequestrar carbono. O uso de lodo desaguado (também chamado lodo ou biossólidos) nas áreas agrícolas pode ser vista como uma maneira de devolver os nutrientes de carbono orgânico para o meio ambiente. O material resultante pode ser utilizado para apoiar a produção agrícola do alimento como um condicionador do solo que pode ser empregado em jardins comunitários. No entanto, tem havido preocupações de saúde relacionadas com essa prática, em virtude de os patógenos ainda poderem estar presentes nos biossólidos e poderem ser dispersados no meio ambiente durante a aplicação no solo.

Em termos globais, o fósforo (P) prontamente disponível, utilizado para promover a atividade agrícola nos solos com deficiência nesse mineral, deve-se esgotar nos próximos 70 a 100 anos. O fósforo que está presente na urina e é acumulado nos biossólidos é uma fonte de P. Se for coletado, o fósforo disponível na urina e nas fezes humanas poderia

Biossólidos
http://www.epa.gov/biosolids

Tabela / 9.15

Tempos de Sobrevida no Solo dos Patógenos de Ocorrência Comum Encontrados nos Efluentes Domésticos

Patógeno	Máximo absoluto	Máximo observado comum
Bactéria	1 ano	2 meses
Vírus	6 meses	3 meses
Protozoários	10 dias	2 dias
Helmintos	7 anos	2 anos

FONTE: Dados de Kowal (1995).

contribuir com 22% da demanda global total de fósforo (Mihelcic *et al.*, 2011). Naturalmente, o lodo não deve estar contaminado com resíduos perigosos de origem industrial e doméstica. Portanto, um programa integrado de uso dos biossólidos provenientes de uma estação municipal de tratamento de efluentes deve ser coordenado com um programa amplamente divulgado de coleta domiciliar de resíduos perigosos e um monitoramento agressivo, com a obrigatoriedade de padrões de pré-tratamento industrial em que as indústrias descarregam nos esgotos municipais.

Duas preocupações pertinentes aos biossólidos são o escoamento e a contaminação das águas subterrâneas, associados aos constituintes químicos no lodo, e a presença de patógenos. A Tabela 9.15 fornece os tempos de sobrevida dos patógenos no solo. Os tempos de sobrevida de alguns patógenos variam de dias a vários anos. Essa é uma razão para tratar os biossólidos antes da aplicação por meio de compostagem ou minimizar o risco prevenindo a exposição humana com a colocação dos sólidos em uma área com pouco contato humano.

O lodo aplicado ao solo é dividido em *biossólidos Classe A* e *Classe B*. Os sólidos Classe A podem ser aplicados em áreas abertas ao público. Esses biossólidos podem ser fornecidos (ou vendidos) até mesmo para o público em um saco pequeno. Portanto, os sólidos Classe A devem ser adicionalmente tratados com calor ou produtos químicos para reduzir a presença de patógenos em níveis indetectáveis.

O tratamento térmico pode consistir na secagem por calor ou na compostagem. O tratamento químico envolve, caracteristicamente, uma combinação de maior pH e temperatura.

Os sólidos Classe B são processados até um ponto em que os patógenos ainda podem estar presentes, mas as restrições de terreno existem para limitar a exposição do público. O exemplo mais comum de uso restrito do terreno em que a exposição humana é limitada seria aplicar no solo os sólidos Classe B em um campo agrícola. As restrições são ainda maiores quanto ao momento em que as culturas de raízes ou as culturas acima do solo podem ser colhidas após a aplicação final no solo do lodo de águas residuais municipais. Também há restrições quanto à aplicação dos sólidos ao solo agrícola para garantir que o escoamento dos campos não cause problemas com qualidade da água nos cursos d'água e lagos locais.

O descarte do lixo se tornou um atributo-padrão em muitas residências por causa das percepções do consumidor sobre o *status* e a conveniência. Os descartes de lixo resultam em uma fração maior de resíduos alimentares que entram no sistema de coleta de águas residuais. Isso pode aumentar a DBO e o TSS dessas águas em 10-20%. Conforme explicado neste capítulo, a remoção desses poluentes exige mais capacidade da estação de tratamento (uma quantidade maior de reatores ou reatores maiores), e energia para bombear e aerar as águas residuais. Além disso, parte do carbono orgânico encontrado nos resíduos de alimentos

Foto cortesia de James R. Mihelcic

será convertida para sólidos, o que vai exigir tratamento e manuseio. Outra parte do carbono orgânico será convertida para gases do efeito estufa, que provocam mudança climática, como o CO_2 e o CH_4.

Outras opções para lidar com os restos de alimentos incluem depositá-los no fluxo de resíduos sólidos, no qual eles poderiam ser aterrados; reutilizá-los como ração animal em fazendas locais; coletá-los na comunidade visando a compostagem e tratá-los com compostagem de quintal. Os aterros produzem os gases do efeito estufa CH_4 e CO_2; o resíduo alimentar tem três vezes o potencial de metano dos biossólidos (376 m^3 gás/tonelada *versus* 120 m^3 gás/tonelada). A compostagem pode ocorrer em casa ou na comunidade como um todo. No entanto, mesmo com a compostagem, os processos biológicos vão decompor a matéria orgânica e produzir CO_2.

Algumas pessoas podem ter uma opinião negativa quanto à compostagem doméstica, mas a compostagem de quintal não demanda custos de transporte ou energia mecânica na forma de aeração mecânica da compostagem.

9.12 Sistemas de Tratamento Natural

Os sistemas de tratamento natural dos efluentes são discutidos nesta seção, que enfatiza as tecnologias de tratamento das lagoas e alagados. Essas tecnologias não só usam métodos naturais para tratar os efluentes, mas também têm custos de capital menores porque não empregam reatores construídos em concreto armado, metal ou plástico. Normalmente, também têm custos operacionais mais baixos porque podem contar com métodos naturais de aeração (em comparação à aeração mecânica) e podem utilizar processos biológicos não oxigenados. Os sistemas de tratamento natural dos efluentes também são empregados nos sistemas de tratamento descentralizados. A Figura 9.23 mostra um desses sistemas, o Living Machine®, que pode ser dimensionado para residências, dormitórios, escritórios e escolas.

9.12.1 LAGOAS DE ESTABILIZAÇÃO

As **lagoas de estabilização** são chamadas **lagunas ou lagoas de oxidação**. A laguna é um buraco artificial no solo destinado a confinar águas residuais para tratamento antes da descarga em um curso d'água natural. Normalmente, as lagunas são encontradas em pequenas comunidades e cidades.

A Tabela 9.16 descreve os vários tipos de lagoas de estabilização. Cada tipo de lagoa de estabilização suporta diferentes processos biológicos. O tipo de biologia é influenciado pela profundidade da lagoa, bem como se a mesma é mista ou aerada.

A capacidade dos sistemas de tratamento de lagoa para satisfazer as diretrizes de qualidade da água, bem como proteger a saúde pública e a integridade ambiental, junto com sua economia e facilidade de operação

Figura / 9.23 O Living Machine® Este exemplo de processo natural de tratamento criado pelo homem usa métodos que incorporam bactérias, protozoários, plantas e caramujos para tratar as águas residuais. A EPA afirma que o maior desses sistemas consegue tratar 80.000 galões por dia. Eles produzem efluentes com DBO_5, TSS e nitrogênio total abaixo de 10 mg/L. Segundo registros, a remoção de fósforo é de 50% com os efluentes na faixa de 5-11 mg/L.

(Adaptada da EPA, 2001.)

Tabela / 9.16

Tipos de Lagoa de Estabilização de Resíduos e Informações de Projeto Associadas

Tipo de lagoa de estabilização	Comentários	Profundidade da água (m)	Tempo de detenção (dias)
Lagoa facultativa	Usa uma combinação de processos aeróbicos, anóxicos e anaeróbicos. Normalmente, não é mista ou aerada. Não funciona bem nos climas mais frios.	1,2-2,4	20-180
Lagoa aerada	Normalmente colocada em série, na frente de uma lagoa facultativa. A aeração consiste em aeradores superficiais mecânicos ou sistemas submersos de aeração difusa. Exige menos área do que uma lagoa facultativa e consegue operar eficazmente no inverno.	1,8-6	10-30
Lagoa anaeróbica	De modo geral, utilizada para pré-tratar águas residuais de alta resistência. Profundas, não aeradas e sem mistura. O desempenho diminui nas temperaturas abaixo de 15ºC.	>8	≤50
Lagoa de maturação	Normalmente, trata efluentes provenientes de um processo de lodo ativado, filtro de percolação ou lagoa facultativa. Também conhecida como lagoa terciária ou lagoa de polimento. Concebida para remover patógenos.	<1	10-5

e gestão, tornam esses sistemas uma tecnologia altamente desejável, particularmente para comunidades menores e países em desenvolvimento. Eles são concebidos de tal modo a removerem os constituintes primários das águas residuais, incluindo TSS, DBO, nutrientes e patógenos. Os principais mecanismos de remoção dos patógenos nas lagoas incluem a sedimentação, a adsorção em partículas, a ausência de alimentos e nutrientes, a radiação solar ultravioleta, a temperatura, o pH, os predadores, a excreção/filtração de sedimentos, as toxinas e os antibióticos por alguns organismos, e a morte natural. Em muitos contextos, eles podem ser ligados a um projeto de reutilização da água, no qual essa água e os nutrientes dissolvidos são valiosos para os usuários agrícolas.

A principal finalidade de uma **lagoa anaeróbica** é remover a DBO e o TSS. De modo geral, as lagoas anaeróbicas são as primeiras em uma série de várias lagoas e são caracterizadas por uma ausência de oxigênio resultante das taxas de carga orgânica elevadas. Portanto, os processos de remoção da DBO são anaeróbicos. Essas lagoas são projetadas com base na carga volumétrica de DBO, que é calculada dividindo o produto da concentração de DBO influente (S_o nas seções anteriores deste capítulo) e da vazão média (o numerador na proporção F/M, Equação 9.16) pelo volume da lagoa, como mostra a Equação 9.23 (Mara, 2004):

$$\text{Carga volumétrica de DBO} = \frac{DBO_o \times Q}{V} \qquad (9.23)$$

em que DBO_o é a DBO influente (chamada S_o, anteriormente, neste capítulo), Q é a vazão média e V é o volume da lagoa.

Nas temperaturas acima de 25°C, cerca de 70% da DBO podem ser removidas em uma lagoa anaeróbica com uma taxa de carga volumétrica de até 350 g DBO/m³/dia. Como as reações bioquímicas que ocorrem na lagoa dependem da temperatura, nas temperaturas abaixo de 10°C apenas 40% da DBO são removidas com taxas de carga volumétricas de até 100 g DBO/m³/dia.

A Figura 9.24 mostra as várias zonas encontradas em uma **lagoa facultativa** e os respectivos processos biológicos que ocorrem. Uma *zona aeróbica* está situada perto da superfície. Ela é aerada pela transferência de oxigênio do ar sobrejacente para a água e também pela fotossíntese das algas. O volume de produção de **oxigênio fotossintético** pode ser significativo e não exige energia, exceto a do sol. Na presença de oxigênio, a DBOC é convertida para CO_2, e a DBON é convertida para nitrato (junto com a produção de sólidos de biomassa). Uma *zona anaeróbica* se forma no fundo de uma lagoa facultativa, no qual os sólidos decantam. Essa parte da lagoa suporta os processos de fermentação biológica anaeróbicos, discutidos na Seção 9.11.1 sobre digestão do lodo, e converte a DBOC em CH_4 e CO_2.

Figura / 9.24 Zonas da Lagoa Facultativa.

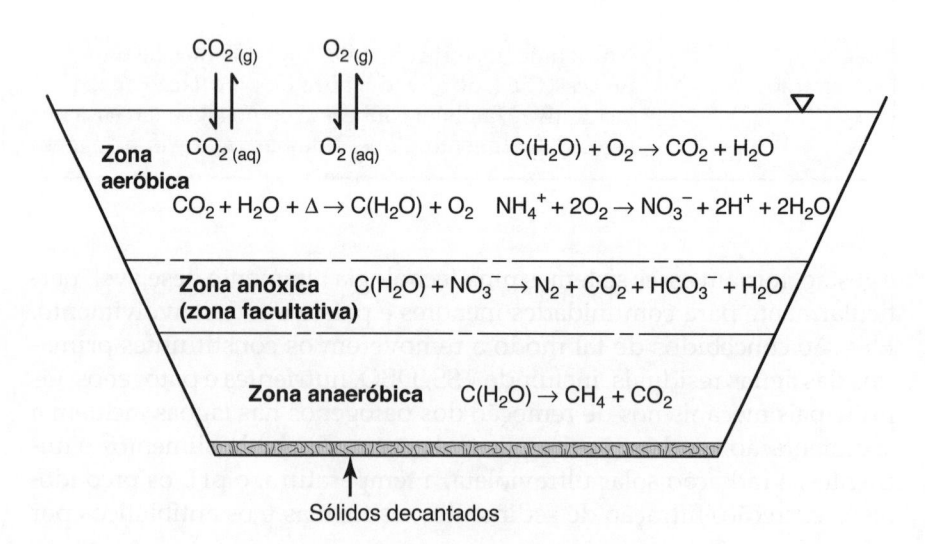

Entre essas duas camadas pode haver uma pequena *camada anóxica*, também chamada zona facultativa. Nessa zona, as reações de desnitrificação podem ocorrer, nas quais o nitrato pode ser reduzido a gás nitrogênio, oxidando a DBOC no processo. Entretanto, vários estudos relataram que a nitrificação/desnitrificação é desprezível nas lagoas de estabilização. Desse modo, a maior parte da remoção do nitrogênio deve ocorrer por via de volatilização da amônia para a atmosfera, por causa dos maiores valores do pH, quando a atividade das algas aumenta, ou decorrente da captação de algas e bactérias, bem como por causa da incorporação do nitrogênio nos sedimentos.

Em uma lagoa facultativa, a quantidade de luz solar necessária para produzir oxigênio suficiente para degradar a DBOC nas águas residuais pode ser determinada pela eficiência estimada das algas na lagoa e por dados de insolação mensal (Oakley, 2005). As algas usam a radiação solar, dióxido de carbono, amônia e fosfato nas águas residuais para produzir nova biomassa de algas e oxigênio, conforme a Equação 9.24. As lagoas conseguem eliminar a necessidade de fornecimento de oxigênio para as águas residuais por meio de aeração mecânica.

$$106CO_2 + 65H_2O + 16NH_3 + H_3PO_4 \xrightarrow{\text{radiação solar}} C_{106}H_{181}O_{45}N_{16}P + 118O_2$$

$$(9.24)$$

Nessa equação, $C_{106}H_{181}O_{45}N_{16}P$ (MW de 2.428 g/mol) representa a biomassa de algas. Aplicando o balanço de massa e os princípios de estequiometria da Equação 9.24, demonstramos que 1,55 kg de oxigênio são produzidos para cada kg de biomassa de algas presente no sistema. Nas lagoas facultativas situadas em regiões com climas quentes, geralmente pode-se presumir que 24.000 kJ de luz solar vão produzir cerca de 1 kg de algas, e essas algas terão uma eficiência de conversão (CE, *conversion efficiency*) da energia solar de, aproximadamente, 3% (então, CE = 0,03). Portanto, a *taxa de carga superficial máxima teórica* ($SRL_{máx}$) (unidades de kg de O_2/hectare-dia) para fornecer oxigênio para uma lagoa facultativa pode ser calculada por:

$$SLR_{máx} = \frac{I_s \times CE \times \left(1,55 \frac{kg\,O_2}{kg\,\text{algas}}\right)}{24.000 \frac{kJ}{kg\,\text{algas}}}$$

$$(9.25)$$

em que I_s é a insolação (kJ/hectare-dia) e CE é uma eficiência de conversão (%) da energia solar para biomassa de algas, conforme descrito previamente. Desse modo, a Equação 9.25 é utilizada para dimensionar a área de superfície de uma lagoa facultativa, junto com as informações sobre carga orgânica, conforme o Exemplo 9.8.

A carga orgânica por área típica das lagoas facultativas varia de 15 a 80 kg/hectare/dia. (Repare como, nessa taxa de carga, o termo do denominador tem unidades de área e não de volume, como encontramos em uma taxa de carga volumétrica descrita anteriormente.) Um possível problema com essas lagoas é que elas esfriam rapidamente e podem sofrer uma grande redução na taxa de atividade biológica durante os meses de inverno dos climas do hemisfério norte. Além disso, as algas podem-se acumular no efluente da lagoa, vindo a causar problemas com um TSS do efluente bem acima de 20-100 mg/L em uma lagoa mal projetada.

exemplo / 9.8 Dimensionando uma Lagoa Facultativa com Base em um Equilíbrio de Oxigênio Teórico

Neste problema, vamos determinar a área de superfície mínima de uma lagoa facultativa que trata as águas residuais municipais que será situada em Tampa, Flórida. Presumimos que a eficiência de conversão (CE) das algas é de 3% e que 24.000 kJ de luz solar são necessários para produzir 1 kg de biomassa de algas. A concentração diária média de DBOC nas águas residuais que entram na lagoa é de 200 mg/L ($0,2$ kg/m³), e a vazão média é de 3,5 MGD (13.230 m³/dia).

solução

A área de superfície da lagoa facultativa pode ser projetada usando um balanço de oxigeno teórico, conforme descrito acima, usando dados de insolação específicos do local e a eficiência estimada das algas presentes na lagoa. Os dados mensais de insolação, que são específicos do local, estão disponíveis na National Aeronautics and Space Administration (NASA), em seu *website* (http://eosweb.larc.nasa.gov/sse).

A insolação no nível do solo vai variar sazonalmente e costuma ser menor durante os meses do inverno. Para fins de projeto, a taxa de carga superficial máxima permitida deve ser calculada para o mesmo com menos radiação solar. Por exemplo, em Tampa, Flórida ($27,95°N$, $82,46°W$), a menor insolação mensal média incidente em uma superfície horizontal corresponde a $3,32$ kWh/m²-dia ($1,2 \times 10^8$ kJ/hectare-dia) em dezembro.

A taxa de carga superficial máxima de oxigênio para uma lagoa facultativa em Tampa no mês de dezembro é calculada usando a Equação 9.25 em 232 kg O_2/hectare-dia, conforme a equação abaixo:

$$\text{SLR}_{máx} = \frac{I_s \times CE \times 1,55 \frac{\text{kg } O_2}{\text{kg algas}}}{24.000 \frac{\text{kJ}}{\text{kg algas}}}$$

$$= \frac{1,2 \times 10^8 \frac{\text{kJ}}{\text{ha-dia}} \times 0,03 \times 1,55 \frac{\text{kg } O_2}{\text{kg algas}}}{24.000 \frac{\text{kJ}}{\text{kg algas}}} = 232 \frac{\text{kg } O_2}{\text{ha-dia}}$$

A taxa de carga orgânica volumétrica de uma lagoa facultativa é calculada multiplicando a vazão que entra na lagoa pela concentração de DBOC no fluxo de entrada da lagoa. A área necessária é encontrada dividindo esse produto pela carga máxima de oxigênio para a lagoa ($\text{SLR}_{máx}$).

Aqui, a taxa de carga volumétrica da DBOC seria igual a 2.646 kg de DBOC/dia ($Q \times DBOC_o$). Quando dividida pela $\text{SRT}_{máx}$ do oxigênio de determinado local e estação, podemos estimar que a lagoa deveria ter uma área de, pelo menos, 11,44 hectares (ou seja, 28,3 acres):

$$\text{área da lagoa} = \frac{0,2 \frac{\text{kgDBOC}}{\text{m}^3} \times 13.230 \frac{\text{m}^3}{\text{dia}}}{232 \frac{\text{kg } O_2}{\text{ha-dia}}} = 11,44 \text{ ha}$$

Esteja ciente de que a forma e a hidráulica de uma lagoa podem afetar o seu balanço de oxigênio. Por exemplo, uma lagoa facultativa comprida e estreita terá uma carga maior de DBOC no fluxo de entrada do que na região próxima do fluxo de saída.

Figura / 9.25 Lagoas de Estabilização Facultativas em Punata, Bolívia.

(Foto cortesia de Matthew E. Verbyla.)

Como foi dito anteriormente, os valores de carga orgânica típicos das lagoas facultativas nos climas temperados variam de 15 a 80 kg/hectare/dia, ainda que, nos climas tropicais quentes, os valores de carga superficiais possam variar de 100 a 1.000 kg/hectare/dia. Um possível problema com as lagoas nos climas mais frios é que elas esfriam rapidamente e podem sofrer grande redução na atividade biológica pela menor temperatura e pela menor radiação solar durante os meses do inverno. Além disso, as algas podem acumular no efluente da lagoa, causando problemas com os TSS do efluente, superando os 20-100 mg/L em uma lagoa mal projetada.

O objetivo principal de uma **lagoa de maturação** é a remoção de patógenos. Essa é uma etapa importante quando se considera o potencial de reutilização das águas residuais tratadas para integração com usos agrícolas que colocam um valor econômico na água e nos nutrientes encontrados no efluente da lagoa. Existem vários modelos propostos para projetar uma lagoa de maturação, visando à remoção de indicadores de patógenos bacterianos, todos eles baseados na cinética de pseudoprimeira ordem. Um dos modelos mais aceitos é uma versão modificada da equação de Wehner-Whilhelm (1956) para o fluxo disperso, visando à emoção da *Escherichia coli*, conforme discutido por Mara (2004):

$$C_{ef} = C_{inf}\left(\frac{4a}{(1+a)^2}\right)e^{(1-a)/2\delta} \tag{9.26}$$

$$a = \sqrt{1 + 4k_B\theta\delta} \tag{9.27}$$

$$\delta = \left(\frac{L}{W}\right)^{-1} \tag{9.28}$$

Aqui, k_B é uma constante de taxa de pseudoprimeira ordem (dia^{-1}), θ é o tempo de retenção hidráulica (dia), L é o comprimento (m), W é a largura (m), C_{ef} é a concentração efluente de patógenos e C_{inf} é a concentração influente de patógenos.

Geralmente, os valores de k_B estão entre 0,7 e 2,6 em uma temperatura de 20°C. A taxa aumenta nas temperaturas acima de 20°C e diminui nas temperaturas mais baixas. É importante observar que os indicadores patogênicos bacterianos, como a *E. coli* ou as bactérias de coliformes fecais, nem sempre preveem com sucesso a remoção dos outros patógenos, como os vírus ou os parasitas protozoários.

9.12.2 ZONAS ÚMIDAS

Os ecossistemas naturais como as zonas úmidas (alagados) são o protótipo para elevar a qualidade da água usando energia natural (luz solar) e temperatura ambiente, sem adicionar materiais ou exigir grandes quantidades de mão de obra humana. Elas também podem proporcionar ao público um espaço aberto e verde. Um sistema de tratamento de águas residuais concebido com esse protótipo em mente pode ser sustentável em termos de energia e entrada/saída de material, bem como benefícios sociais e ambientais. As tecnologias de tratamento de águas residuais que combinam o ambiente solo-água-ar-vegetação incluem as zonas úmidas construídas e os leitos de evapotranspiração. Ambos requerem pré-tratamento da carga de sólidos no influente com um tanque séptico, lagoa de oxidação ou outra estrutura de tratamento primário para decantar os sólidos. Os dois tipos de zonas úmidas construídas são a superfície de água livre (FWS, *free water surface*) e o escoamento subsuperficial (SSF, *subsurface flow*) (Figura 9.26). Apenas as zonas úmidas FWS serão descritas em detalhes neste capítulo.

ZONAS ÚMIDAS DE SUPERFÍCIE DE ÁGUA LIVRE (FWS) As **zonas úmidas de superfície de água livre (FWS)**, também chamadas **zonas úmidas de escoamento superficial**, são similares às zonas úmidas naturais tanto na aparência quanto nos mecanismos de tratamento (veja a Figura 9.27). A maioria da área de superfície da zona úmida tem plantas aquáticas enraizadas no solo ou areia abaixo da superfície da água. As águas residuais viajam em escoamento laminar profundo sobre o solo e através dos caules das plantas (zonas 1 e 3). A área (zona 2) sem vegetação superficial fica exposta à luz solar e aberta ao ar de modo a aumentar o potencial de transferência de oxigênio da fase gasosa para aquosa. A zona 2 também pode ter plantas aquáticas submersas para aumentar o teor de oxigênio dissolvido.

A primeira zona vegetada (na profundidade de água de, aproximadamente, 1 pé) age como uma câmara de decantação anaeróbica, de forma que apenas um tempo de retenção hidráulica de 1 ou 2 dias é necessário para alcançar as reações desejadas. O tempo de residência hidráulica da zona aberta (zona 2, na profundidade de água de, aproximadamente, 3 pés) deve ser menor do que a quantidade de tempo necessária para as algas se formarem, e vai depender do clima e da temperatura, bem como das limitações de nutrientes. Nos Estados Unidos e Canadá, esse tempo é de cerca de 2 e 3 dias. O tempo de residência hidráulica da segunda zona vegetada (zona 3, na profundidade de água de, aproximadamente, 1 pé) é de 1 dia para atingir a desnitrificação.

Pode haver várias zonas vegetadas e abertas para alcançar os objetivos de tratamento desejados. O cálculo da perda de carga ao longo do comprimento de uma zona úmida FWS, normalmente, não é necessário, uma vez

Tratamento Descentralizado das Águas Residuais
http://water.epa.gov/ infrastructure/septic/

Figura / 9.26 Zona Úmida de Escoamento Subsuperficial (antes de Plantar a Vegetação) que Atende a Mais de 200 Alunos em uma Escola para Todas as Idades de Pisgah (Jamaica) As zonas úmidas SSF costumam usar cascalho como meio de enraizamento das plantas aquáticas, e o nível da água é mantido intencionalmente abaixo da superfície do cascalho. Vários regimes hidráulicos podem ser empregados: escoamento horizontal, escoamento ascendente vertical e escoamento descendente vertical. Os tanques sépticos e a zona úmida tratam apenas a água negra dos banheiros e nenhuma água cinzenta. A zona úmida tem dois leitos rochosos paralelos revestidos com plástico (separados pelo plástico preto no centro do leito). Cada leito tem dimensões internas de 19,1 m de comprimento por 4,7 m de largura por 0,5 m de profundidade. O conteúdo do leito consiste em pedras lavadas de formato irregular, como seixos de rio de 1,2 polegada, e a maior parte das pedras tem tamanho entre ¼ e 1 polegada (6 a 25 mm) de diâmetro. A porosidade das pedras foi medida em 37,7% sem as raízes das plantas.

(Foto cortesia de Ed Stewart, Sanitation Districts of Los Angeles County.)

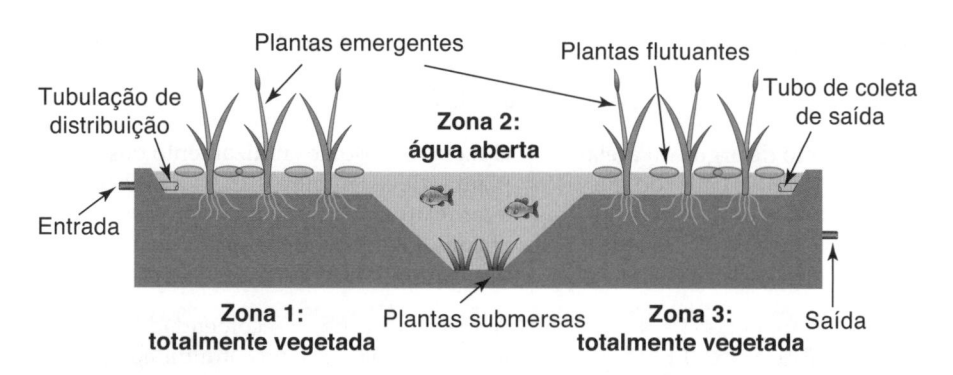

Figura / 9.27 Zonas Úmidas de Superfície de Água Livre.

Valores de Carga de Massa Máxima por Área de Zona Úmida e Concentrações de Efluentes Resultantes Típicas Os dados foram obtidos de uma série de aplicações – de esgotos a águas pluviais – e cobrem uma gama de locais de clima temperado, da Flórida até o Canadá.

Constituinte	Carga de zona úmida com superfície de água livre (FWS)	Carga de zona úmida com escoamento subsuperficial (SSF)	Concentração do efluente
DBO	60 kg/ha-dia	60 kg/ha-dia	30 mg/L
TSS	50 kg/ha-dia	200 kg/ha-dia	30 mg/L
TKN	5 kg/ha-dia	Não aplicável	10 mg/L

FONTE: EPA (2000).

que a zona úmida FWS típica com uma relação de aspecto recomendada de 5:1 a 10:1 (comprimento:largura) pode ter um gradiente de inclinação hidráulica de apenas 1 cm em 100 m (EPA, 2000b). O uso do tempo de residência hidráulica e as diretrizes de carga máxima por área (ver Tabela 9.17) fazem do dimensionamento do TSS, da DBO e do nitrogênio um processo de projeto interativo. Os valores fornecidos na Tabela 9.17 representam as taxas de carga de massa máxima mensal que devem manter confiavelmente um efluente de zona úmida FWS abaixo da concentração observada.

A Tabela 9.18 compara as zonas úmidas FWS com as zonas úmidas SSF. Uma vantagem das zonas úmidas FWS é que elas podem ser con-

Comparação da Superfície de Água Livre e do Escoamento Subsuperficial nas Zonas Úmidas

Características	Superfície de água livre	Escoamento subsuperficial
Exposição das águas residuais	As zonas aeróbicas de água aberta aumentam a nitrificação biológica e proporcionam *habitat* para a vida selvagem	As águas residuais permanecem entre 2 e 4 polegadas abaixo da superfície do meio, de modo que não há água superficial para atrair pássaros aquáticos, há pouco risco de exposição humana e não há reprodução de mosquitos.
Hidráulica	Não tende a transbordar pelo acúmulo de sólidos na entrada	As inundações superficiais vão ocorrer na entrada se houver acúmulo excessivo de sólidos.
Leito	Os meios de enraizamento de argila ou areia têm um custo de material mais baixo do que o cascalho utilizado nas zonas úmidas SSF.	O meio rochoso de enraizamento das plantas deve ter entre 0,25 e 1,5 polegada e ser relativamente isento de arestas afiadas. Esse meio é mais caro do que o das zonas úmidas FWS.
Dimensões	A relação de aspecto recomendada (comprimento:largura) é de 5:1 a 10:1. A profundidade da água pode variar de algumas polegadas nas zonas vegetadas até 4 pés nas zonas de água aberta.	A relação de aspecto recomendada está na faixa de 1:1 a 0,25:1. A profundidade do cascalho pode ser de 1 a 2 pés.

cebidas para promover a remoção de longo prazo do nitrogênio em razão das zonas aeróbicas de águas abertas, que permitem a nitrificação biológica. No entanto, isso só acontece nas zonas úmidas rasas ou bem misturadas. Nas zonas de águas profundas, pode não ocorrer uma mistura da superfície para o fundo, de forma que a água mais profunda pode não atingir a nitrificação. As zonas úmidas SSF não vão proporcionar remoção de longo prazo do nitrogênio sem colheita de plantas ou alguma oxigenação da água por meio da aeração por cascata ou mecânica.

9.13 Uso de Energia Durante o Tratamento das Águas Residuais

O uso da energia durante o tratamento das águas residuais não é trivial. Na verdade, o tratamento combinado da água potável e das águas residuais contribui com 3% do uso da eletricidade nos Estados Unidos, e os custos da energia contribuem com até 30% do custo total de operação e manutenção de uma estação de tratamento. Isso se traduz em um bom percentual das emissões totais de gases do efeito estufa nos Estados Unidos, por ano. Sistemas mecânicos foram discutidos em boa parte deste capítulo e têm sido preferidos nas áreas altamente povoadas. Os sistemas de tratamento da terra utilizam solo e plantas sem muita necessidade de reatores e mão de obra operacional, energia e substâncias químicas. Eles também permitem manter os nutrientes na terra, em vez de descarregá-los nas águas superficiais. Os sistemas de tratamento em lagoas também são menos mecanizados, conforme discutimos anteriormente. Enquanto grandes estações de tratamento (capacidade acima de 100 MGD) atendem muitas cidades e uma grande porcentagem da população dos Estados Unidos, a maioria das estações de tratamento no país atende a pequenas comunidades. Na verdade, a EPA afirma que existem mais de 16.000 estações de tratamento de águas residuais, e mais de 80% das instalações existentes têm capacidade inferior a 5 MGD.

Os custos de operação e manutenção associados ao tratamento das águas residuais incluem mão de obra, aquisição de produtos químicos e equipamentos sobressalentes, e energia para aerar, erguer a água e bombear sólidos. As instalações mecanizadas, obviamente, custam mais para operar do que as formas de tratamento menos mecanizadas. A Tabela 9.19 fornece uma radiografia do uso da energia em uma estação de tratamento de 7,5 MGD. Conforme o previsto, o processo de lodo ativado corresponde a mais uso de energia do que a decantação por gravidade e o desaguamento do lodo. Nas instalações menores, o estágio operacional do ciclo de vida tem o maior consumo de energia (95%), comparado aos estágios de construção e reforma/demolição. Isso é relevante, pois a produção de energia e seu uso estão associados a muitos problemas ambientais, incluindo a liberação de poluentes transportados pelo ar e o aquecimento global.

A Figura 9.28 mostra um exemplo de requisitos de energia para tratar um milhão de galões por dia (MGD) de águas residuais com sistemas de tratamento mecânicos, de lagoas e terrestres. Repare que os maiores custos de energia estão associados ao tratamento mecânico. Isso se deve, principalmente, à aeração mecânica da água, que contribui para

Tabela / 9.19

Radiografia do Uso da Energia em uma Estação de Tratamento de Águas Residuais com Capacidade de 7,5 MGD

Processo unitário/ atividade	Percentual do uso de energia total
Lodo ativado	55
Clarificador primário	10
Aquecimento	7
Desaguamento de sólidos	7
Bombeamento das águas residuais brutas	5
Clarificador secundário (lodo ativado devolvido)	4
Outros	12

FONTE: California Energy Commission.

Discussão em Sala de Aula

Após visitar a sua estação de tratamento de efluentes local, como você modificaria o projeto da instalação para ser mais sustentável, considerando os problemas de crescimento populacional, as preferências culturais dos proprietários de residências, a neutralidade de carbono, a reutilização de nutrientes e a minimização do uso da água? Que redução na fonte você empregaria?

Figura / 9.28 Requisitos Energéticos Totais de Vários Tamanhos e Tipos de Estações de Tratamento de Efluentes Situadas nas Áreas entre as Montanhas dos Estados Unidos Os requisitos de eletricidade totais são medidos em kWh/MGD em vazões de 0,1, 1 e 5 MGD.

(Reimpresso de *Journal of Environmental Management* 88(3), Muga, H. E., and J. R. Mihelcic. Sustainability of wastewater treatment technologies. 437-447. Copyright 2008 com permissão da Elsevier.)

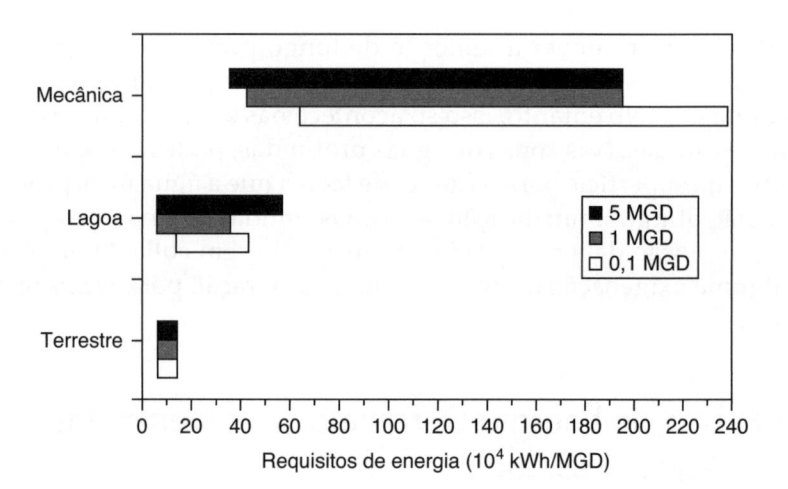

Demanda Energética nos Recursos Hídricos: Relatório para o Congresso
http://www.sandia.gov/energy-water

45-75% dos custos de energia de uma estação de tratamento. No entanto, os sistemas de tratamento mecânico são muito eficazes no tratamento dos constituintes das águas residuais até os níveis especificados, especialmente em virtude do menor requisito de área de terreno por unidade de água residual tratada. Obviamente, o futuro do tratamento das águas residuais precisa olhar para além dos objetivos de tratamento, bem como integrar questões de energia e uso de materiais por todo o ciclo de vida do processo. Apenas como um pequeno exemplo, as bombas selecionadas para tratamento das águas residuais e para água potável geralmente são compradas com base nos custos iniciais, e não nas eficiências de bombeamento.

9.14 Recuperação e Reutilização das Águas Residuais

O uso de água reciclada oferece duas vantagens altamente significativas: a redução da carga de poluentes nos corpos receptores e o provisionamento de uma nova fonte de água. A **recuperação das águas residuais** é o tratamento ou processamento dessas águas para torná-las reutilizáveis, enquanto a **reutilização das águas residuais** utiliza essas águas de muitas maneiras benéficas. A base para a reutilização da água exige três fundamentos: (1) fornecer tratamento confiável das águas residuais de modo a satisfazer requisitos rigorosos de qualidade da água para a aplicação de reutilização pretendida, (2) proteger a saúde pública e (3) ganhar aceitação pública (Asano *et al.*, 2007). A adequação da reutilização da água para uma comunidade exige uma análise cuidadosa das considerações econômicas, dos possíveis usos da água recuperada e das exigências regulatórias atuais quanto ao nível de tratamento.

Projetar para a reutilização de água requer uma compreensão das aplicações pretendidas, que vão governar o grau de tratamento necessário para as águas residuais. As aplicações dominantes para o uso da água recuperada incluem os usos indiretos – como a irrigação agrícola, a irrigação de paisagens, a reciclagem industrial e a reutilização – e usos indiretos, como a recarga das águas subterrâneas. Entre elas, as irrigações agrícola e de paisagens são amplamente praticadas no mundo inteiro, com diretrizes de proteção à saúde e práticas agronômicas bem estabelecidas (Asano e Bahri, 2010).

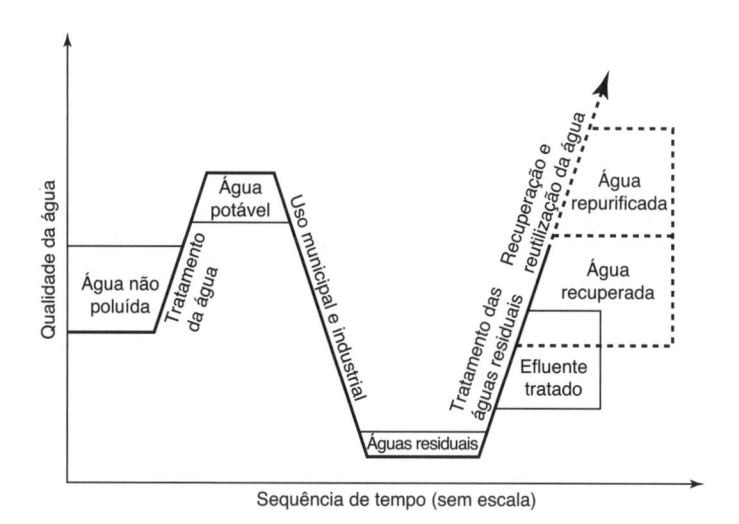

Figura / 9.29 Mudanças na Qualidade da Água Durante o Uso Municipal em uma Sequência de Tempo.

(Reimpresso com a permissão de Asano e Bahri, 2010, com a permissão do Dr. Takashi Asano.)

À medida que a água passa pelo ciclo de tratamento, a utilização, a coleta, o tratamento de águas residuais e a qualidade mudam. Uma comparação conceitual das mudanças na qualidade da água durante esse ciclo é exibida na Figura 9.29, e as diferentes diretrizes de qualidade da água recomendadas pela EPA, destinadas a várias aplicações de reutilização da água, podem ser encontradas na Tabela 9.20. Repare que a reutilização direta não está incluída na tabela, mas as tecnologias e os padrões de tratamento que seriam adequados para a água potável são discutidos no Capítulo 8. Embora a recuperação de águas residuais e a sua reutilização sejam uma abordagem sustentável, e possam ser economicamente compensadoras no longo prazo, o tratamento adicional das águas residuais além do tratamento secundário para reutilização e a instalação de sistemas de distribuição de água recuperada podem ser caros quando comparados às alternativas tradicionais de abastecimento de água, como a conservação e o uso de água importada ou das águas subterrâneas. Entretanto, a economia de energia e outros benefícios sociais, econômicos e ambientais podem ser muito maiores.

Diretrizes de 2012 da EPA para Reutilização da Água
http://nepis.epa.gov/Adobe/PDF/P100FS7K.pdf

9.15 Implicações do Escoamento em Tempo Chuvoso para as Águas Residuais

Em virtude dos tremendos custos de energia e recursos associados ao tratamento das águas residuais, existe um fator importante para minimizar a quantidade de água e melhorar a qualidade da água do influente. Isso sugere uma forte necessidade de gerenciar com mais eficácia as águas pluviais, e sua interface com a coleta de águas residuais e os sistemas de tratamento. A água escoada superficialmente, proveniente da chuva ou do derretimento de neve, pode entrar no sistema de coleta de águas residuais por tampas de bueiro, entradas e captações projetadas, e defeitos ou rachaduras na rede de tubulações. Os sistemas de coleta de águas residuais domésticas são projetados para transportar apenas o esgoto doméstico (*sistema sanitário*), ou para transportar o esgoto doméstico e o escoamento superficial (*sistema combinado*). Quando um sistema sanitá-

Tabela / 9.20

Tratamento de Água, Requisitos de Monitoramento e Distâncias de Recuo para Várias Aplicações de Água Reutilizada (extraído da EPA, 2012).

Categorias de reutilização e descrição	Tratamento	Qualidade da água recuperada	Monitoramento da água recuperada	Distâncias de recuo
Reutilização Urbana				
Irrestrito O uso da água recuperada nas aplicações não potáveis em contextos municipais, em que o acesso do público é irrestrito.	• Secundário • Filtração • Desinfecção	• pH = 6,0-9,0 • ≤ 10 mg/L DBO • ≤ 2 NTU • Nenhum coliforme fecal detectável/100 mL • 1 mg/L Cl_2 residual (min.)	• pH – semanas • DBO – semanal • Turbidez – contínuo • Coliforme fecal – diário • Cl_2 residual – contínuo	50 pés (15 m) para os poços de abastecimento de água potável; aumentado para 100 pés (30 m) quando localizados em meio poroso
Restrito O uso da água recuperada nas aplicações não potáveis nos contextos municipais, em que o acesso do público é controlado ou restringido por barreiras físicas ou institucionais, como cercas, sinais de advertência ou restrição temporal do acesso.	• Secundário • Desinfecção	• pH = 6,0-9,0 • ≤ 30 mg/L DBO • ≤ 30 mg/L TSS • ≤ 200 coliforme fecal/ 100 mL • 1 mg/L Cl_2 residual mínimo	• pH – semanas • DBO – semanal • TSS – diário • Coliforme fecal – diário • Cl_2 residual – contínuo	• 300 pés (90 m) para poços de abastecimento de água potável • 100 pés (30 m) para áreas acessíveis ao público (se for irrigação por aspersão)
Reutilização Agrícola das Culturas de Alimento				
Culturas de Alimento O uso da água recuperada para irrigação superficial ou aspersão das culturas de alimento, que se destinam ao consumo humano, consumidos crus.	• Secundário • Filtração • Desinfecção	• pH = 6,0-9,0 • ≤ 10 mg/L DBO • ≤ 2 NTU • Nenhum coliforme fecal detectável/ 100 mL • 1 mg/L Cl_2 residual (min.)	• pH – semanas • DBO – semanal • Turbidez – contínuo • Coliforme fecal – diário • Cl_2 residual – contínuo	• 50 pés (15 m) para poços de abastecimento de água potável; aumentado para 100 pés (30 m) quando localizados em meio poroso

Tabela / 9.21	
Categorias de Escoamento em Tempo Chuvoso	
Influxo	Água que entra em um sistema de coleta por ligações diretas, como as captações de águas pluviais, coberturas de telhado, bombas de depósito, drenos de quintal e fundação, tampas de bueiro e outras entradas projetadas. O influxo é extimando subtraindo o escoamento típico do tempo seco do escoamento total medido após uma chuva.
Infiltração	Água que entra em um sistema de coleta por defeitos na tubulação, conexões da tubulação, paredes dos bueiros ou outros influxos não projetados. A infiltração é estimada como o escoamento medido de manhã cedo, quando o uso doméstico é relativamente pequeno e o sistema de esgoto drenou o esgoto doméstico. O escoamento remanescente consiste praticamente em infiltração.

rio é utilizado para coletar esgoto doméstico, muitas vezes um sistema distinto de coleta de águas pluviais é projetado para os eventos de escoamento superficial.

Os **escoamentos de tempo chuvoso** são definidos como águas pluviais ou derretimento de neve que entra diretamente em um sistema de esgoto combinado através de entradas e captações projetadas, ou que entra no esgoto sanitário através de bueiros e defeitos na tubulação. A quantidade de escoamento de tempo chuvoso que entra em um esgoto sanitário, geralmente, é da mesma ordem de grandeza dos escoamentos domésticos (tempo seco). No entanto, o escoamento de tempo seco pode ser muito maior nos sistemas sanitários antigos ou quando existem muitas tampas de bueiro "vazando". Nos sistemas combinados, o escoamento de tempo chuvoso é muito maior do que os escoamentos de tempo seco, sendo utilizado para dimensionar as tubulações no sistema. De modo geral, os escoamentos de tempo chuvoso são subdivididos em duas categorias: **influxo** e **infiltração** (I/I), descritos na Tabela 9.21.

Quando os escoamentos de tempo chuvoso não se distinguem uns dos outros, a combinação dos escoamentos se chama influxo/infiltração (I/I). O escoamento I/I pode variar amplamente com base na idade e na condição do sistema de esgoto, no clima ou na estação, e na elevação das águas subterrâneas. (Se o lençol freático estiver acima do sistema de esgotos, pode haver infiltração para dentro do mesmo.) Os valores típicos de I/I podem-se basear no comprimento do esgoto, na área de terreno drenada para o esgoto ou no número de bueiros.

 Geralmente, os valores de I/I para os novos esgotos sanitários estão entre 200 e 500 gpd por polegada de diâmetro da tubulação e por milha de comprimento da tubulação (Hammer e Hammer Jr., 1996). Um esgoto antigo pode ter valores mais altos. O I/I baseado no número de bueiros, de modo geral, é dividido em três categorias com base na profundidade da precipitação pluviométrica: (1) baixa ou 3.000 galões/polegada de bueiro; (2) média ou 7.700 galões/polegada de bueiro; (3) alta ou 20.000 galões/polegada de bueiro (Walski *et al.*, 2004). Os valores I/I comuns baseados na área de terreno variam de 20 a 3.000 galões/acre-dia para dias não chuvosos. Durante as chuvas ou o derretimento de neve, os valores de I/I podem ultrapassar 50.000 galões/acre-dia nos sistemas mais antigos com vazamentos consideráveis e pontos de influxo (Tchobanoglous *et al.*, 2003).

O tipo de sistema de esgoto pode influenciar bastante o valor de projeto do I/I. Um esgoto sanitário teria uma vazão de projeto de I/I relativamente pequena, em que a maioria consiste em infiltração. Um sistema combinado, que é projetado para lidar com uma grande quantidade de escoamento superficial, teria uma vazão de projeto de I/I muito maior. O sistema de coleta de águas residuais e as instalações de tratamento devem ter capacidade hidráulica para lidar com a geração máxima diária de águas residuais domésticas mais o I/I previsto.

Os valores nominais de infiltração dos novos esgotos variam bastante de acordo com o local, o tipo de material da população, as práticas de construção, e se a tubulação está acima ou abaixo do lençol freático. Na maioria dos estados, as agências regulatórias têm uma tolerância máxima para a infiltração. Para um sistema de esgoto projetado para capturar escoamento de águas pluviais, os valores de influxo são estimados usando um modelo de escoamento superficial baseado em um evento chuvoso, área de drenagem e informações de uso do terreno, todos nominais (de projeto). Uma vez que o valor desse influxo se baseia em um evento chuvoso nominal, o potencial para falha hidráulica (sobrecarga no sistema de esgoto ou sobrecarga da estação de tratamento) é alto nos grandes eventos chuvosos.

Um **esgoto combinado** é um tipo de sistema de esgoto que coleta esgoto sanitário e escoamento superficial de águas pluviais em um único sistema de tubulações (Figura 9.30). Os esgotos combinados podem causar sérios problemas de poluição em razão de **transbordamentos do esgoto combinado** (**CSO**, *combined sewer overflows*), que ocorrem quando a capacidade do sistema de esgoto é afetada pela acomodação de grande quantidade de águas pluviais (EPA, 2004). Os CSOs são a descarga direta das águas residuais não tratadas e das águas pluviais nos corpos d'água receptores. Uma quantidade significativa de poluentes em um evento CSO pode ser atribuída às águas pluviais, incluindo óleo, graxa, coliformes fecais de animais domésticos e resíduos de animais selvagens, pesticidas e poluentes das rodovias.

Para minimizar ou eliminar os CSOs, que é uma imposição da EPA, existem várias estratégias, incluindo a separação do esgoto, armazenamento do CSO, expansão da capacidade e construção de bacias de retenção. Os **sistemas de separação de esgotos e águas pluviais municipais (MS4)** envolvem a construção de um segundo sistema de tubulação para gerenciar as águas pluviais, eliminando a necessidade do sistema de esgotos combinado e da estação de tratamento de efluentes para acomodar a água da chuva. Esses projetos, embora eficazes para tratar os CSOs, são extremamente caros e não fornecem qualquer tratamento dos poluentes associados às águas pluviais que hoje são descarregadas diretamente. As **instalações de armazenamento de CSO** ou **bacias de retenção** também podem ser construídas para abrigar o excesso de escoamento que, depois, pode ser lentamente liberado de volta no esgoto combinado, já que a estação de tratamento e recuperação de recursos tem capacidade após o final do evento chuvoso. As bacias de retenção são concebidas para proporcionar algum nível de tratamento e desinfecção às águas pluviais antes da descarga.

exemplo / 9.9 Projetando a Geração de Águas Residuais com Base nos Tipos de Clientes

Uma comunidade residencial com uma população de 10.000 está planejando expandir sua estação de tratamento de águas residuais e o sistema de esgoto. Em 15 anos, a população deve aumentar para 17.000 pessoas e um novo complexo de apartamentos para 500 pessoas deve ser construído. Um novo parque industrial, também planejado, vai contribuir com um escoamento médio de 550.000 gpd e um escoamento máximo diário de 750.000 gpd. Espera-se que sejam necessárias, aproximadamente, 9 milhas de novas tubulações de esgoto.

O escoamento diário médio atual para a estação de tratamento é de 1.0 MGD, com 16,5 milhas de esgotos. O influxo e infiltração (I/I) média atual é 2.800 gpd/milha, e o I/I máximo diário previsto para um dia chuvoso é 53.000 gpd/milha. O uso de água residencial *per capita* deve ser 8% a menos em 15 anos por causa de estratégias domiciliares de economia de água. A geração máxima diária de águas residuais ocorre, geralmente, em um dia chuvoso. Estime as vazões média futura e máxima diária.

solução

Com base nas informações fornecidas, primeiramente precisamos estimar as várias contribuições para a geração global de águas residuais. Podemos usar as informações fornecidas neste capítulo e no Capítulo 7. A geração atual *per capita* estimada de águas residuais provenientes de diferentes fontes é:

Estime o I/I médio atual:

$$I/I = 2.800 \text{ gpd/mi} \times 16,5 \text{ mi} = 46.200 \text{ gpd}$$

Determine a geração média atual de águas residuais domésticas:

geração doméstica de águas residuais = escoamento medido $- I/I =$

$$= 1.000.000 \text{ gpd} - 46.200 \text{ gpd} = 953.800 \text{ gpd}$$

A seguir, a geração atual *per capita* de águas residuais pode ser calculada como:

$$\text{geração } per\ capita \text{ de águas residuais} = \frac{\text{geração doméstica de águas residuais}}{\text{população atendida}} = \frac{953.800 \text{ gpd}}{10.000 \text{ pessoas}} = 95,4 \text{ gpdc}$$

Agora, podemos estimar a vazão média futura das águas residuais em 2.140.900 gpd a partir das quatro contribuições a seguir:

Escoamento doméstico médio futuro (incluindo 8% de redução das águas residuais):

$$95,4 \text{ gpdc} \times 0,92 \times 17.000 \text{ pessoas} = 1.492.000 \text{ gpd}$$

Escoamento médio do complexo de apartamentos (usando valores da Tabela 7.12 do Capítulo 7):

$$55 \text{ gpdc} \times 500 \text{ pessoas} = 27.500 \text{ gpd}$$

Escoamento médio do parque industrial (do enunciado do problema): 550.000 gpd.

Infiltração/influxo (I/I) médio:

$$(16,5 + 9) \text{ mi} \times 2.800 \text{ gpd/mi} = 71.400 \text{ gpd}$$

De modo similar, também podemos estimar o escoamento máximo diário futuro das águas residuais (supondo que a geração doméstica de águas residuais em dias secos seja igual à geração doméstica de águas residuais em dias úmidos) em 3.621.000 gpd a partir das quatro contribuições a seguir:

Escoamento doméstico máximo futuro (incluindo 8% de redução das águas residuais):

$$95,4 \text{ gpdc} \times 0,92 \times 17.000 \text{ pessoas} = 1.492.000 \text{ gpd}$$

Escoamento máximo do complexo de apartamentos (usando valores da Tabela 7.12):

$$55 \text{ gpdc} \times 500 \text{ pessoas} = 27.500 \text{ gpd}$$

Escoamento máximo do parque industrial (a partir do enunciado do problema): 750.000 gpd

Influxo/infiltração (I/I) máximo:

$$(16,5 + 9) \text{ mi} \times 53.000 \text{ gpd/mi} = 1.351.500 \text{ gpd}$$

Repare que os valores utilizados neste exemplo são "típicos" e não excessivamente agressivos em termos de conservação de água. Incentivamos os leitores a pensar muito mais em termos de gerenciamento sustentável da água. Por exemplo, a redução de 8% projetada para a geração de águas residuais pode ser bem maior para alcançar um uso mais sustentável da água existente? O que aconteceria se o complexo de apartamentos fosse projetado para ser "verde" em termos de redução agressiva do uso da água, não só por meio do uso de tecnologia de economia de água e educação dos ocupantes da edificação, mas também com o uso inovador da água cinza no resfriamento e paisagismo? E se o projeto do complexo industrial selecionasse algumas empresas que tivessem uma reutilização integrada das águas residuais geradas por outras empresas? Como a conservação da água impactaria a "força" da água residual?

9.16 Gerenciando os Escoamentos em Tempo Chuvoso

Existem várias estratégias "cinzentas", conforme discutido, que têm sido utilizadas tradicionalmente para gerenciar as águas pluviais, bem como para limitar seus impactos indesejáveis no tratamento das águas residuais e na recuperação de recursos. Essas técnicas tradicionais se destinam somente a reduzir a vazão de pico da água que entra na estação. No entanto, há uma consciência cada vez maior de que a gestão eficaz das águas pluviais pode beneficiar não só as operações da estação, mas também proporcionar oportunidades para o uso benéfico das águas pluviais capturadas em aplicações locais ou para recarga de aquífero (que, depois, podem ser ligadas a estratégias de reutilização da água).

Existem outros exemplos nos quais a gestão das águas pluviais restantes também pode ter amplos benefícios para os objetivos de sustentabilidade. Por exemplo, o desenvolvimento de baixo impacto imita a hidrologia natural que existia antes do desenvolvimento. Isso não só reduz a vazão de pico, mas também considera o momento da descarga fora do local bem como a retenção da água da chuva. Também integra, no plano global, os princípios de biodiversidade, espaço verde, armazenamento de água, re-

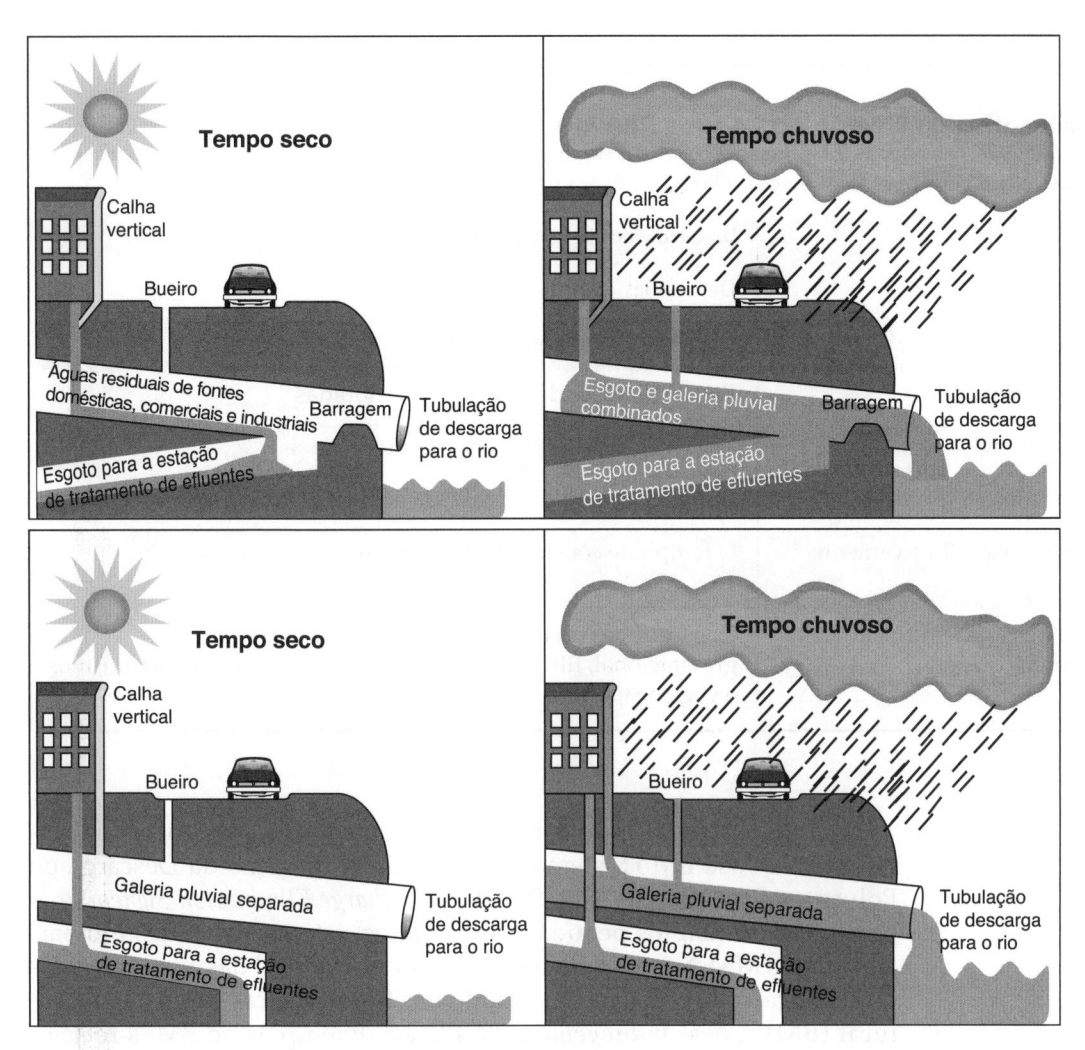

Figura / 9.30 **Sistema de Esgoto Combinado** Durante o tempo seco (e as pequenas chuvas), todos os escoamentos são manipulados pela estação de tratamento de efluentes. Durante as grandes tempestades, a estrutura de alívio permite que parte das águas pluviais e dos esgotos combinados sejam descarregados sem tratamento em um corpo d'água adjacente. Um sistema separado de águas pluviais municipais gerencia o escoamento superficial das águas pluviais por uma tubulação diferente, descarregando diretamente a água da chuva nos corpos d'água receptores, eliminando essa carga adicional na estação de tratamento de efluentes.

(Redesenhada de EPA, 2004.)

carga de águas subterrâneas e melhorias na qualidade da água. A Tabela 9.22 compara as filosofias da gestão tradicional das águas pluviais com o desenvolvimento de baixo impacto.

Existem muitos benefícios em buscar uma abordagem de baixo impacto ao desenvolvimento. Um grande problema do ambiente construído é o impacto das *superfícies impermeáveis* no ciclo hidrológico natural e na qualidade da água. No início do Capítulo 7, a Figura 7.6 mostrou como a cobertura das superfícies naturais com prédios, telhados, ruas e estacionamentos diminui a quantidade de precipitação que infiltra nas águas subterrâneas. Nos sistemas naturais, cerca de 50% da precipitação é recarregada na subsuperfície. No entanto, em um ambiente altamente urbanizado, isso cai para 15%, com apenas 5% atingindo as águas subterrâneas profundas.

Comparação das Filosofias de Gestão das Águas Pluviais As plantas de situação, geralmente, irão integrar o uso de várias práticas de gestão recomendadas (BMPs), como os jardins de chuva, o pavimento permeável (calçadas e cascalho), o teto verde, as biodepressões e, até mesmo, os leitos de cascalho subterrâneos para detenção das águas pluviais.

Gestão tradicional	Desenvolvimento de baixo impacto
Bacias de captação e tubulações	Depressões
Bacia de detenção ceifada	Bacia plantada, como nas células de biorretenção
Grande lagoa de detenção central	Pequenas áreas de detenção distribuídas
Taxa de escoamento superficial	Taxa e volume de escoamento superficial
A inundação é uma preocupação primária	A inundação e a qualidade da água são preocupações primárias
O tempo de concentração é significativamente reduzido	O tempo de concentração é mantido ou estendido
Escoamento superficial dos nutrientes, partículas suspensas e materiais perigosos	Constituintes do escoamento tratados por decantação gravitacional, filtração, sorção, e interação com microrganismos e vegetação.

FONTE: Ward, 2007.

Em razão dos problemas hídricos associados às superfícies impermeáveis, a Fase II do Sistema Nacional de Eliminação da Descarga de Poluentes (NPDES, *National Pollutant Discharge Elimination System*) exige que os municípios pequenos separem os sistemas de águas pluviais (chamados MS4s) para tratar o escoamento superficial das águas pluviais do seu local com o uso recomendado das **boas práticas de gestão estrutural** (**BMPs**, *best management practices*). Exemplos de BMPs relacionadas com essa regulação são as depressões gramadas, os pavimentos permeáveis e as células de biorretenção. Felizmente, as BMPs podem ser facilmente integradas a uma construção nova ou existente, mesmo no nível doméstico.

Além das questões de qualidade da água, o impacto da urbanização sobre o escoamento superficial também afeta a capacidade de a cidade armazenar água doce. Por exemplo, nas áreas costeiras urbanizadas, a precipitação que se transforma em escoamento superficial vai seguir rapidamente para a água do mar, na qual passa a exigir muita energia e dinheiro para ser tratada nos padrões de potabilidade ou uso agrícola. Este problema é importante, pois a densidade populacional média nas áreas costeiras é o dobro da média global. Portanto, deveria ser considerada a promoção da recarga das águas subterrâneas, dando preferência às superfícies permeáveis, que é um método para armazenar água doce para uso posterior pelos ecossistemas e seres humanos. Isso é especialmente importante porque as águas subterrâneas correspondem a mais de 30% das reservas de água doce do mundo.

9.17 Gestão Verde das Águas Pluviais

Os sistemas de gestão das águas pluviais que imitam a natureza integrando essas águas nos novos empreendimentos podem reduzir os efeitos danosos da urbanização nos rios e cursos d'água. Desconectar o fluxo das galerias pluviais e direcionar o escoamento superficial para sistemas naturais como os criadores de plantas ornamentais, as depressões e os jardins de chuva ou implementação de tetos verdes reduz e filtra o escoamento das águas pluviais. Todas essas estratégias apresentam benefícios para a operação de tratamento das águas residuais e têm potencial para realizar vários objetivos de sustentabilidade, dependendo do local, do posicionamento e de outras considerações geográficas. Cada uma das tecnologias e estratégias de gestão das águas pluviais apresenta custos e benefícios econômicos, dependendo da capacidade, do tratamento dos contaminantes, da economia, da variabilidade do desempenho com a estação e da idade.

9.17.1 TETOS VERDES

O escoamento de telhado pode contribuir substancialmente para os sistemas de águas pluviais municipais. Para dar uma ideia da extensão das áreas urbanas cobertas, a estimativa de área coberta na região metropolitana de Chicago é de 680 km^2 e, em cidades como Phoenix, Seattle e Birmingham, estima-se que os telhados residenciais conectados contribuam para 30-35% do volume anual de escoamento superficial.

Em comparação com os telhados asfálticos e metálicos, os **telhados verdes** proporcionam muitos benefícios privados e públicos, listados na Tabela 9.23. Alguns desses benefícios incluem a melhor gestão das águas pluviais, a redução nos custos de energia das edificações, mais espaço verde e *habitat*, e redução na ilha de calor urbana.

Existem três tipos de telhados verdes:

1. *Telhados verdes profundos* têm uma camada de solo mais espessa (150-400 mm) e pesam mais, de modo que exigem mais suporte estrutural. Eles funcionam melhor com telhados de concreto já existentes (por exemplo, andares de estacionamento).
2. *Telhados verdes rasos* têm uma camada de solo mais fina (60-200 mm), por isso exigem menos suporte estrutural.
3. *Telhados verdes semiprofundos* têm alguns componentes dos sistemas de telhado rasos e profundos.

A Tabela 9.24 resume os critérios de projeto e manutenção de cada tipo de telhado verde.

A vegetação nativa é sempre a alternativa preferida. O fato de as plantas serem nativas ou não é importante na determinação do grau de manutenção e irrigação. Os telhados verdes rasos tendem a ser mais bem cuidados, com grande quantidade de cobertura vegetal e ervas-pinheiras, implicando a necessidade de extirpar regularmente as ervas daninhas durante toda a vida útil do telhado. Os telhados verdes profundos tendem a incorporar mais vegetação nativa.

O telhado verde da Prefeitura da Cidade de Chicago é plantado com vegetação nativa das pradarias. A vegetação nativa pode crescer densamente (por isso, ela requer pouca ou nenhuma cobertura vegetal) e reproduz o ecossistema nativo de maneira mais parecida. O uso de espécies nativas no projeto de um telhado verde profundo requer a remoção intensa das espécies invasivas durante os 2 ou 3 primeiros anos, mas pouca manutenção após esse período inicial. Por outro lado, um telhado verde raso com erva-pinheira e bem-cuidado vai exigir manutenção por toda a sua vida

Tabela / 9.23

Benefícios Públicos e Privados dos Telhados Verdes

Benefício	Descrição
Maior vida útil do telhado	A expectativa de vida de um telhado plano "pelado" é de 15-25 anos devido às altas temperaturas da superfície e à degradação pela radiação UV. Os telhados verdes aumentam a vida útil ao moderar esses impactos.
Menos ruído	O som é refletido em até 3 dB, e o isolamento sonoro é melhorado em até 8 dB.
Isolamento térmico	Proporciona isolamento adicional que reduz os custos de aquecimento e resfriamento.
Blindagem térmica	A transpiração durante a estação de cultivo resulta em um clima mais frio na edificação.
Uso do espaço	Pode ser incorporado ao espaço pessoal, comercial e público.
Habitat	Proporciona *habitat* para espécies de plantas e animais.
Retenção das águas pluviais	O escoamento pode ser reduzido em 50-90%, o que é especialmente importante durante os eventos de pico de precipitação
Ilha de calor urbana	A transpiração resulta em superfícies de telhado mais frias, o que reduz a contribuição para o aquecimento do ambiente local construído.

FONTE: Informações por cortesia da International Green Roof Association, Berlin.

Tabela / 9.24

Critérios de Projeto e Manutenção dos Tipos de Telhado Verde   Cada tipo tem características diferentes em termos de profundidade de cultivo e requisitos estruturais de carga.

	Altura de acúmulo do sistema	Peso	Custo	Possível uso
Telhado verde raso	60-200 mm	60-150 kg/m² 13-30 lb/ft²	Baixo	Camada de proteção ecológica
Telhado verde semiprofundo	120-250 mm	120-200 kg/m² 25-40 lb/ft²	Médio	Telhados verdes projetados
Telhado verde profundo	150-400 mm em garagens subterrâneas > 1.000 mm	180-500 kg/m² 35-100 lb/ft²	Alto	Jardim tipo estacionamento

FONTE: Informações por cortesia da International Green Roof Association, Berlin.

Telhados Verdes de Chicago

https://www.cityofchicago.org/city/en/depts/dcd/supp_info/chicago_green_roofs.html

útil. A vegetação nativa também suporta melhor a variação climática do que a vegetação ornamental e as espécies introduzidas. Isso implica uma necessidade menor de irrigação em um telhado verde profundo plantado com espécies nativas.

Repare que a necessidade de irrigação e a relação com o tipo de vegetação vão depender da profundidade do solo. Por exemplo, os requisitos de irrigação de uma planta suculenta não nativa podem ser iguais aos da vegetação nativa nos solos rasos de um telhado verde. Isso ocorre porque

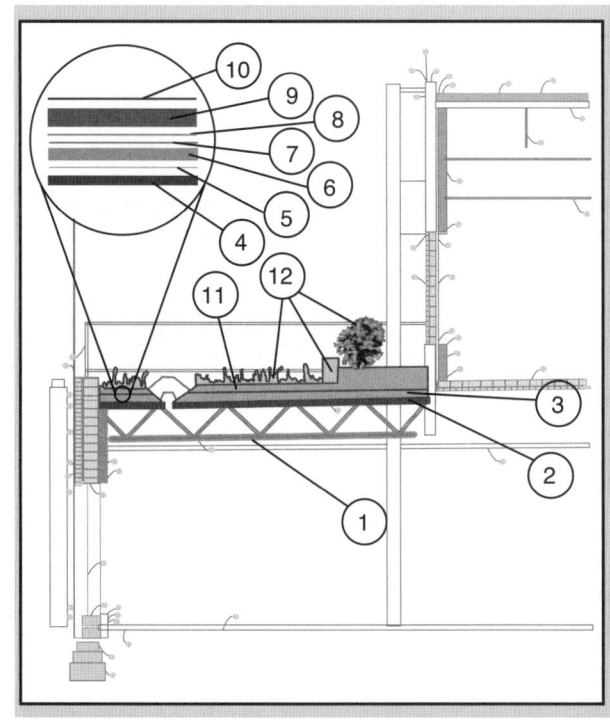

1. Treliça de aço
2. Teto metálico
3. Isolamento de espuma R-30 de 5 polegadas
4. Placa de proteção de gesso de ½ polegada
5. 75 milhas de membrana de etileno-propileno-dieno monômero
6. Placa de proteção de espuma de ½ polegada
7. 40 milhas de polietileno de alta densidade (HDPE) formando uma barreira no telhado
8. Tecido de proteção
9. Camada de drenagem de 1 polegada
10. Manta filtrante
11. Meio de cultivo leve com 3 a 9 polegadas de espessura
12. Pedras, erva-pinheira, plantas nativas perenes e arbustos

Figura / 9.31 **Componentes de um Telhado Verde** Esse telhado, em particular, usa uma combinação de áreas de plantio rasas (3 a 4 polegadas de solo) e profundas (4 a 9 polegadas de solo). Reduziu a área de superfície impermeável em 3.626 pés², exigiu um suporte projetado de 62 lb/pé² e custou US$31,80/pé² em 2005.

(Cortesia da Wetlands Studies and Solutions, Inc., Gainesville, VA).

a vantagem da profundidade da raiz de algumas plantas nativas é menor nas camadas de solo mais rasas do telhado verde.

A Figura 9.31 mostra os componentes de um telhado verde típico. Esse tipo de telhado consiste em um sistema multicamadas situado acima do forro, e proporciona água e proteção para as raízes (itens 3-7 na Figura 9.31). Essas camadas estão situadas sob um sistema de drenagem (item 9). Em cima da camada de drenagem, há algum material de cultivo (como o solo) que é plantado (itens 11 e 12, respectivamente).

O volume de água que um telhado verde consegue armazenar após um evento chuvoso (V) é determinado por:

$$V = P \times A \times C \qquad \text{(9.29)}$$

em que P é a precipitação (mm), A é a área de telhado e C é uma medida da capacidade de retenção hídrica do meio de cultivo (varia de 0 a 1). Esse volume de água armazenada pode ser comparado com o volume de águas pluviais gerado por um telhado convencional ($P \times A$).

9.17.2 PAVIMENTOS PERMEÁVEIS (OU POROSOS)

O **pavimento permeável** é aquele que permite a passagem vertical da água. Esse pavimento não só reduz o escoamento ao aumentar a recarga das águas subterrâneas como também reduz a ilha de calor urbana. Os

Exemplos de Pavimento Permeável (poroso)

Pavimento permeável (poroso)	Exemplos
Grama	Excelente opção para situações em que é necessário o estacionamento comercial nos meses de inverno, quando a cobertura do solo está congelada ou é necessária apenas algumas vezes por ano (por exemplo, parte externa de um estádio de futebol ou no entorno de lojas).
Cascalho ou pedra triturada	Comum em muitos acessos e ruas.
Grelha	Consiste em cascalho lavado, grelha de plástico e manta filtrante; tem alta taxa de infiltração e remove os sedimentos.
Pedras de pavimentação	Altas taxas de infiltração e filtração dos sedimentos; fácil de arar e manter.
Concreto poroso ou asfalto	Para concreto poroso, cimento e água com pouca ou nenhuma areia ou agregado; alta permeabilidade (15-25% vazios, vazão em torno de 480 polegadas de profundidade de água por hora); filtra os sedimentos; fácil de arar e manter.

pavimentos permeáveis também são mais resistentes a deslizamento e mais silenciosos do que os pavimentos convencionais. Eles também eliminam a necessidade de alguns sistemas de drenagem (como acontece com outros BMPs).

O pavimento permeável pode ser construído de grama, cascalho, pedra triturada, bloquetes de concreto, concreto e asfalto (ver Tabela 9.25). O pavimento poroso pode ser simples, como as superfícies gramadas e as pedras de pavimentação intercaladas, que permitem que a vegetação cresça entre suas bordas. Os bloquetes de pavimentação também podem ser colocados junto com árvores porque não vão danificar as raízes, como acontece com a pavimentação tradicional. Também pode ser um sistema multicamadas, que inclui um caminho permeável de bloquetes de pavimentação (ou cascalho) na superfície, uma sub-base de areia compactada imediatamente abaixo da cobertura permeável, uma manta filtrante e uma base compactada no fundo.

Nas situações em que a resistência do material de pavimentação é importante, o pavimento permeável pode ser misturado com pavimento tradicional. Nesse cenário, as áreas de estacionamento e as passarelas de pedestres são especificadas para pavimentação porosa, e os materiais de pavimentação tradicionais são utilizados em áreas de uso limitado nas quais cargas pesadas são transportadas (por exemplo, caminhão seguindo para uma doca de carga/descarga). Nesse caso, as marcações ou sinalização no pavimento podem guiar os caminhões de entrega maiores para que permaneçam fora do pavimento poroso que circunda o pavimento tradicional.

O *concreto permeável* consiste em materiais de concreto convencionais, com o agregado grosseiro sendo limitado em suas faixas de tamanho e com a presença de agregado fino limitada ou inexistente (PCA, 2004). Às vezes, o *asfalto poroso* é chamado de agregado grosseiro muito aberto, ligado ao cimento asfáltico, com uma quantidade suficiente de vazios interconectados para torná-lo altamente permeável (EPA, 1999).

9.17.3 CÉLULAS DE BIORRETENÇÃO

As **células de biorretenção** são depressões rasas no solo às quais as águas pluviais são direcionadas para armazenamento e para minimizar a infiltração. Às vezes, são chamadas *células de bioinfiltração, biofiltros vegetados* e *jardins de chuva*. Na maioria das vezes, recebem uma cobertura vegetal (por motivos estéticos e para tratar a água) e são plantadas com vegetação nativa que promove evapotranspiração. O objetivo de projeto de maximizar a infiltração vai reduzir o volume da água que precisa ser armazenado e/ou tratado (por isso, o nome célula de bioinfiltração).

A Figura 9.32 mostra o projeto detalhado de uma célula de biorretenção. Ela inclui o uso de um subdreno, um aterro de agregado substancial e um revestimento geotêxtil. Muitas vezes, as células de biorretenção são incorporadas a ruas para capturar o escoamento superficial, que requer a inclusão de um corte no meio-fio. Um novo aspecto é que as células de biorretenção podem ser projetadas para incorporar uma ampla variedade de usos, da alta infiltração ao pré-tratamento do escoamento superficial urbano e remoção do nitrogênio (ver exemplos na Figura 9.33). Elas também podem ser dimensionadas e instaladas pelos proprietários de residência (WDNR, 2003).

Assim como a cobertura vegetal cresce, as células de biorretenção devem ter maior capacidade para aceitar água à medida que a rede de raízes das plantas evolui e aumenta a transpiração. Ao contrário dos campos de drenagem com tanques sépticos, nos quais os biomateriais podem se desenvolver pela carga relativamente alta de matéria orgânica e nutrientes, ainda não houve nenhum estudo que encontrasse perda de desempenho da infiltração nas células de biorretenção. Se for necessário, o solo pode

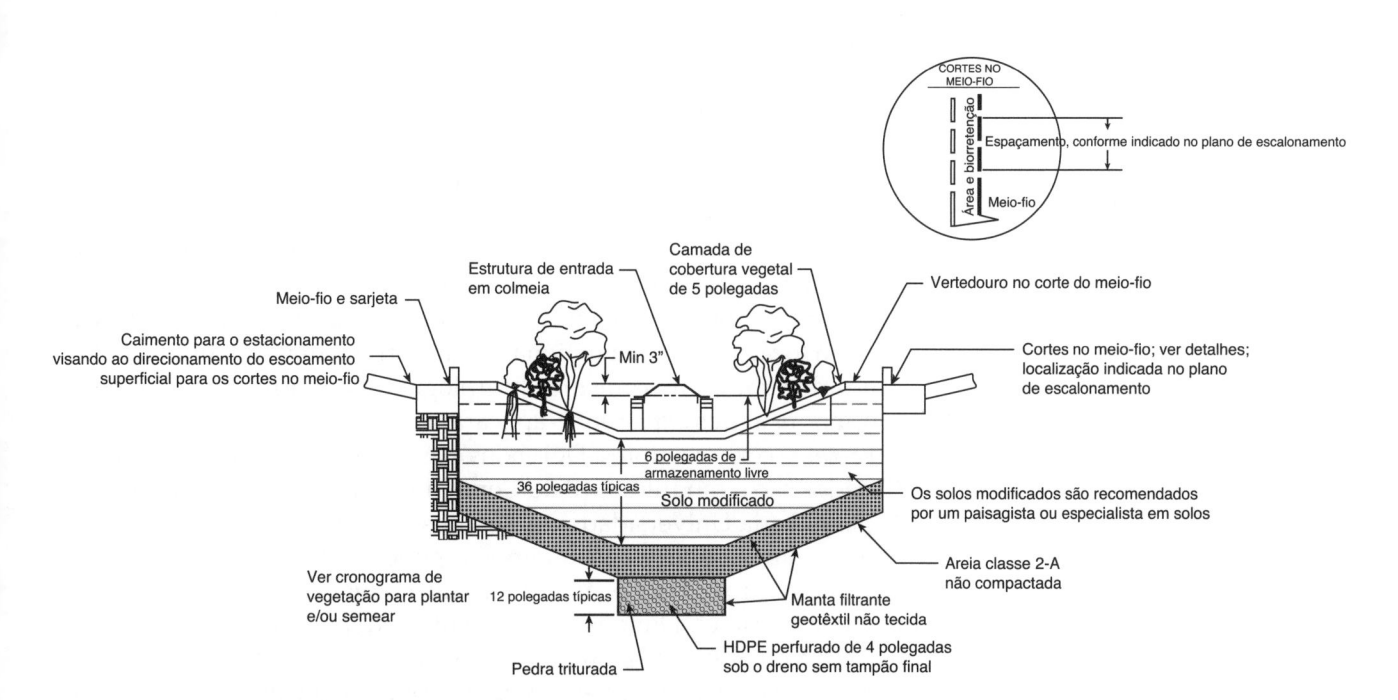

Figura / 9.32 **Projeto Típico de uma Célula de Biorretenção Comercial** Repare na localização dos solos modificados, subdrenos, estruturas de saída, vegetação e proteção das entradas. Esses tipos de células de biorretenção incluem tipicamente o uso de um subdreno, aterro de agregado substancial ou revestimento geotêxtil.

(Cortesia do Spicer Group, Inc., Saginaw, Mich. Detalhe desenvolvido em 2006.)

ser cuidadosamente desprendido (e areado) para restabelecer a capacidade infiltrativa e romper os biomateriais que podem se desenvolver no plano horizontal superior da célula, onde a água entra.

Um mito comum é que as células de biorretenção atraem mosquitos. Os mosquitos precisam de 7 a 12 dias para a postura e a eclosão dos seus ovos. A água parada em uma célula de biorretenção corretamente projetada existirá por apenas algumas horas após uma chuva. Além disso, as plantas vão atrair libélulas que predam os mosquitos.

PROJETO E CONCEITO DE PRIMEIRO FLUXO *(FIRST FLUSH)* Atualmente, muitos estados recomendam ou exigem que o primeiro fluxo de uma chuva seja capturado e tratado. As células de biorretenção podem ser dimensionadas com base no conceito de primeiro fluxo. **Primeiro fluxo** é definido como o primeiro escoamento superficial de 0,5 a 1 polegada associado a um evento chuvoso e que é calculado ao longo de toda a área impermeável de um local.

Em um local residencial cujo quintal tem caimento para a célula de biorretenção, a área impermeável (por exemplo, o telhado) seria aumentada pela área do quintal que está drenando para a célula de biorretenção. A razão para incluir a área do quintal que drena para a célula é que há um conceito equivocado de que os quintais residenciais constituem espaço verde de alta infiltração. Na verdade, os efeitos da compactação do solo durante a construção são substanciais, de forma que o terreno deve ser minimamente perturbado durante qualquer obra. Por motivos similares de compactação do solo, o equipamento pesado jamais deve ser transportado pela célula durante a construção.

Como os climas variam entre os estados, alguns deles têm diretrizes em termos da liberação do primeiro fluxo. Por exemplo, em Michigan, o volume de água deve ser liberado ao longo de um período de 1 a 2 dias ou infiltrado no solo em 3 dias. Nas aplicações regionais de detenção, Michigan sugere o tratamento de 90% da chuva não excedente (o evento chuvoso no qual 90% de todas as chuvas que produzem escoamento superficial são menores ou iguais à chuva especificada) (Ward, 2007).

Os sistemas de biorretenção são dimensionados com base em vários métodos diferentes, incluindo o método do manual do Condado Prince George, o método da frequência de escoamento superficial e o método racional. Programas de modelagem, como EPA SWMM, WIN-TR-55, HEC-HMS e HydroCad, são aplicáveis para modelar as águas pluviais em pequeno local até a escala regional. Essas ferramentas têm limitações em termos de simular mecanismos hidrológicos na biorretenção em escala local, mas usuários experientes aplicaram tais ferramentas para desenvolver projetos conservadores. Dois bons exemplos de modelos amplamente utilizados são o módulo BMP do Condado Prince George (Maryland) e o RECARGA (da Universidade do Wisconsin-Madison).

As células de biorretenção também podem ser concebidas com base no primeiro fluxo, bem como no fato de a água ser armazenada abaixo ou acima do nível. Dimensionar a célula com base no armazenamento abaixo do nível vai exigir uma estimativa da porosidade da célula. Dimensionar a célula com base no volume de água que pode ser armazenado acima do nível requer o conhecimento da profundidade de água em que uma espécie de planta precisa para sobreviver por um curto período de tempo, junto com a contabilização do volume de água acima do nível capturado pelas plantas.

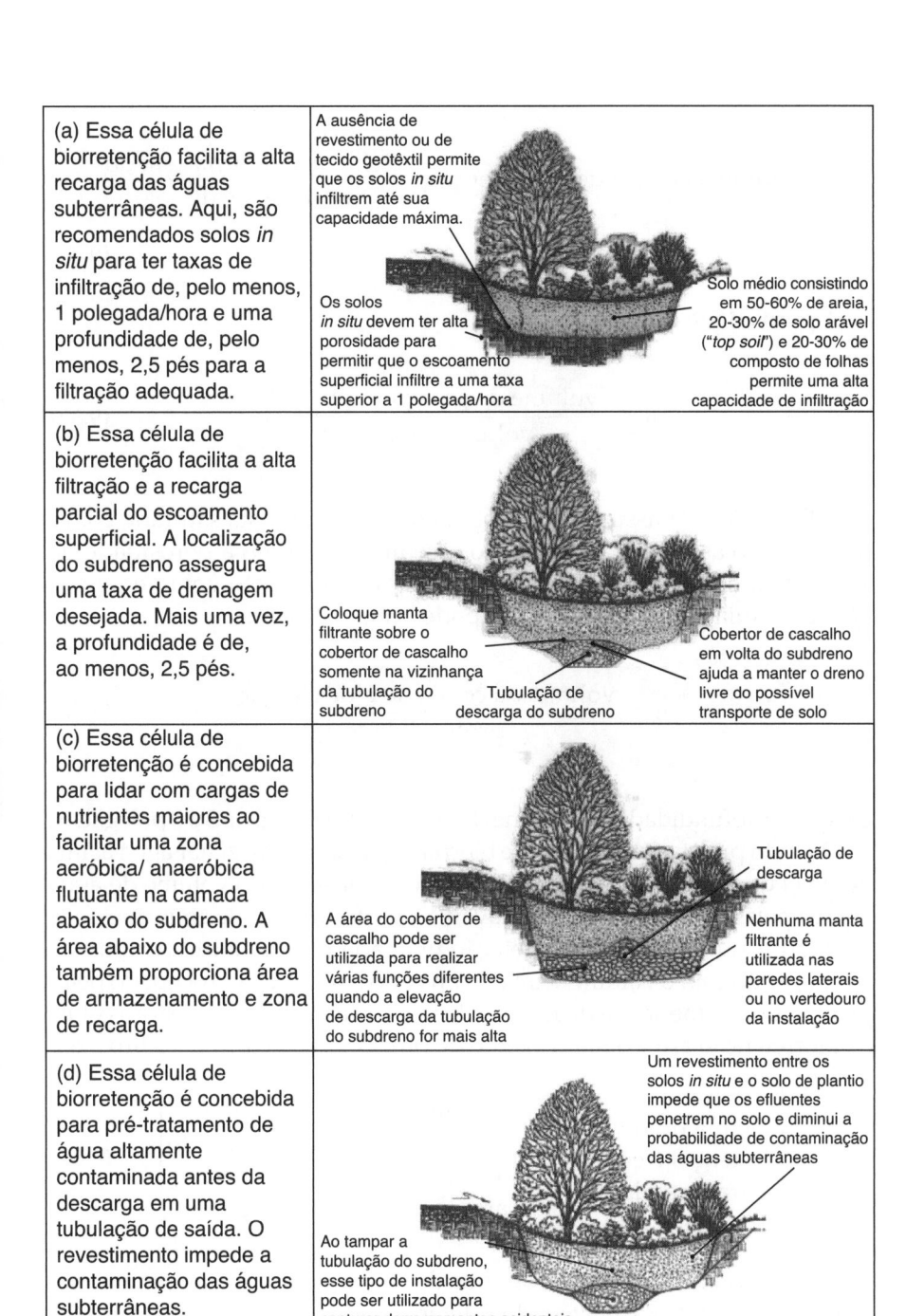

(a) Essa célula de biorretenção facilita a alta recarga das águas subterrâneas. Aqui, são recomendados solos *in situ* para ter taxas de infiltração de, pelo menos, 1 polegada/hora e uma profundidade de, pelo menos, 2,5 pés para a filtração adequada.	A ausência de revestimento ou de tecido geotêxtil permite que os solos *in situ* infiltrem até sua capacidade máxima. Os solos *in situ* devem ter alta porosidade para permitir que o escoamento superficial infiltre a uma taxa superior a 1 polegada/hora Solo médio consistindo em 50-60% de areia, 20-30% de solo arável ("*top soil*") e 20-30% de composto de folhas permite uma alta capacidade de infiltração
(b) Essa célula de biorretenção facilita a alta filtração e a recarga parcial do escoamento superficial. A localização do subdreno assegura uma taxa de drenagem desejada. Mais uma vez, a profundidade é de, ao menos, 2,5 pés.	Coloque manta filtrante sobre o cobertor de cascalho somente na vizinhança da tubulação do subdreno Tubulação de descarga do subdreno Cobertor de cascalho em volta do subdreno ajuda a manter o dreno livre do possível transporte de solo
(c) Essa célula de biorretenção é concebida para lidar com cargas de nutrientes maiores ao facilitar uma zona aeróbica/ anaeróbica flutuante na camada abaixo do subdreno. A área abaixo do subdreno também proporciona área de armazenamento e zona de recarga.	Tubulação de descarga A área do cobertor de cascalho pode ser utilizada para realizar várias funções diferentes quando a elevação de descarga da tubulação do subdreno for mais alta Nenhuma manta filtrante é utilizada nas paredes laterais ou no vertedouro da instalação
(d) Essa célula de biorretenção é concebida para pré-tratamento de água altamente contaminada antes da descarga em uma tubulação de saída. O revestimento impede a contaminação das águas subterrâneas.	Um revestimento entre os solos *in situ* e o solo de plantio impede que os efluentes penetrem no solo e diminui a probabilidade de contaminação das águas subterrâneas Ao tampar a tubulação do subdreno, esse tipo de instalação pode ser utilizado para capturar derramamentos acidentais e conter o nível de contaminação.

Figura / 9.33 Células de Biorretenção Projetadas para Diferentes Finalidades De cima para baixo: (a) instalação de infiltração e recarga para uma melhor filtração; (b) instalação de filtração e recarga parcial; (c) instalação de infiltração, filtração e recarga; e (d) células de biorretenção apenas de filtração.

(Redesenhado do *The Bioretention Manual*, desenvolvido por Prince George's County Government, Md., 2006.)

Para estimar o volume de uma célula de biorretenção necessário para armazenar o primeiro escoamento acima do nível do solo, determine o volume de água da chuva gerado no local:

$$\text{volume de água da chuva} = \text{primeiro escoamento} \times \text{área impermeável}$$

(9.30)

Na Equação 9.30, o primeiro escoamento é 0,5-1,0 na água da chuva gerada durante um evento de precipitação, e a área impermeável inclui a área que está sendo drenada para a célula. O volume máximo da célula de biorretenção abaixo do nível do lençol freático pode ser determinado da seguinte forma:

$$\text{volume da célula de biorretenção} = \frac{\text{volume de água da chuva a ser armazenado}}{\text{porosidade do solo}}$$

$$(9.31)$$

A porosidade é definida como:

$$n = \frac{\text{volume de espaço vazio}}{\text{volume total}} = \frac{V_V}{V_t} \qquad (9.32)$$

A Equação 9.31 assume que a porosidade do solo está saturada com a precipitação associada ao primeiro escoamento. Como a porosidade do solo tem unidades de vazios de volume divididos pelo volume total, a área da célula de biorretenção (A) pode ser escrita como:

$$A = \frac{\text{volume da célula de biorretenção}}{\text{profundidade}} \qquad (9.33)$$

em que a profundidade do volume de água geralmente é de 3 a 8 polegadas.

Quando projetar uma célula de biorretenção para armazenar água acima do nível do lençol freático, o projetista deve considerar o volume de água gerada pelas superfícies impermeáveis e a profundidade da água que pode submergir uma porção da vegetação plantada por um curto período de tempo, junto com o volume acima do nível do lençol freático ocupado pelas plantas. O volume acima do nível do lençol freático necessário para a célula de biorretenção armazenar o evento de precipitação de primeiro fluxo é:

$$\begin{bmatrix} \text{volume total} \\ \text{acima do nível} \\ \text{do lençol freático} \\ \text{para a célula de} \\ \text{biorretenção} \end{bmatrix} = \begin{bmatrix} \text{volume de} \\ \text{água da} \\ \text{chuva a ser} \\ \text{armazenado} \end{bmatrix} + \begin{bmatrix} \text{volume} \\ \text{capturado} \\ \text{pela} \\ \text{vegetação} \end{bmatrix} \qquad (9.34)$$

Na Equação 9.34, o volume de água da chuva associado ao primeiro fluxo que precisará ser armazenado é determinado a partir da Equação 9.30. O volume acima do nível do lençol freático capturado pela vegetação é:

$$V = \begin{bmatrix} \text{número} \\ \text{de plantas} \end{bmatrix} \times \begin{bmatrix} \text{área} \\ \text{transversal do} \\ \text{caule da planta} \end{bmatrix} \times \begin{bmatrix} \text{profundidade tolerável} \\ \text{a que uma planta pode} \\ \text{ser submergida por um} \\ \text{curto período de tempo} \end{bmatrix}$$

$$(9.35)$$

Com as informações fornecidas pela Equação 9.35, o volume total necessário acima do nível do solo para a célula de biorretenção pode ser determinado a partir da Equação 9.34. Tal volume pode ser dividido pela profundidade tolerável específica da vegetação na qual ela pode ficar submersa por um curto período de tempo (variável na Equação 9.35) para determinar a área necessária. Essa área pode ser restringida pelas limitações do local. Além disso, podem ser utilizados pavimentos permeáveis para reduzir o volume do primeiro fluxo gerado.

Fatores de Tamanho para Dimensionar Células de Biorretenção Residenciais

Tipo de solo	Profundidade da célula		
	3-5 in	6-7 in	8 in
Solo arenoso	0,19	0,15	0,08
Solo sedimentoso	0,34	0,25	0,16
Solo argiloso	0,43	0,32	0,20

FONTE: WDNR, 2003.

Você pode projetar e construir facilmente um jardim de chuva para a sua casa. Uma célula de biorretenção residencial – como as comerciais – geralmente tem de 4 a 8 polegadas de profundidade. A área da célula de biorretenção residencial que trata o escoamento superficial de um telhado residencial varia, de modo geral, de 100 a 300 pés². Em todos os casos, as células de biorretenção (especialmente, as que não têm dreno de transbordamento) são niveladas, de modo que, quando transbordam, a água escoa para fora da edificação. Os sistemas de biorretenção em estacionamentos, situados entre as fileiras de vagas, às vezes têm uma declividade mais profunda, mas o nível da saída ainda refletiria os requisitos específicos de inundação das plantas e/ou refletiriam o volume desejado capturado (por exemplo, um projeto voltado para o primeiro fluxo ou um projeto voltado para 90% de chuva não excedente.)

As células de biorretenção residenciais também podem ser dimensionadas com base no conhecimento da profundidade especificada para a célula (baseada nas tolerâncias da vegetação à inundação), junto com o conhecimento do tipo de solo. Nesse caso, a área da célula é determinada da seguinte forma:

$$[\text{área da célula de biorretenção residencial}]$$
$$= \text{área impermeável} \times \text{fator de tamanho} \qquad \textbf{(9.36)}$$

O fator de tamanho está relacionado com a porosidade do solo e sua capacidade para infiltrar a água da chuva. A Tabela 9.26 fornece os fatores de tamanho das células de biorretenção residenciais em função da profundidade da célula e do tipo de solo.

9.17.4 VALAS VEGETADAS (*BIOSWALES*) E OUTRAS TÉCNICAS DE USO DO SOLO

As **valas vegetadas** (também chamadas *valas de grama* e *trincheiras de infiltração*) são canais de transporte projetados que consistem em vegetação nativa. Eles não são revestidos com material, como o concreto. Para o olhar não treinado, uma vala vegetada se parece com um canal gramado, com uma crista de solo mais alto colocada em cada lado do canal, talvez plantada com árvores ou arbustos.

As valas vegetadas são projetadas com a rota de transporte mais longa em mente. Desse modo, à medida que a água escoa pela vala vegeta-

Como a sua turma gerenciaria as águas pluviais geradas pelo teto do prédio da sala e de uma área externa pavimentada? Para onde vão as águas pluviais? Como você maximizaria o benefício do desenvolvimento de baixo impacto, levando em conta, ao mesmo tempo, a movimentação dos alunos, do corpo docente, da equipe, dos serviços, da água e da biodiversidade? Como você projetaria um sistema que utilizasse o mínimo possível de energia e materiais? Quais benefícios econômicos, sociais e ambientais seriam preservados para as gerações futuras?

da, ela transpira pelas plantas ou infiltra através do solo. Um canal de transporte sinuoso estimula a infiltração. Quando é impossível ter um trajeto sinuoso para o escoamento, podem ser utilizadas barragens de conferência de pedra porosa em intervalos ao longo das valas vegetadas para obter mais infiltração e redução na taxa de escoamento superficial. Geralmente, as valas vegetadas são instaladas ao longo de rodovias ou entre as fileiras de um estacionamento. Possuem paredes inclinadas e também são inclinadas ao longo do comprimento do canal de transporte. Quando são colocadas ao longo de ruas, às vezes o meio-fio é completamente removido.

Outra maneira de reduzir o impacto das coberturas impermeáveis é reter a vegetação natural e preservar as zonas úmidas. Como foi mencionado previamente, a cobertura de grama é um pavimento permeável, especialmente nas aplicações em que o espaço é necessário para os meses de inverno (como acontece na estação de compras no *shopping*), quando o solo está congelado ou é necessário com pouca frequência (por exemplo, no entorno de eventos esportivos ou feiras). As áreas de **espaço verde** também podem ser preservadas para proporcionar armazenamento sazonal das inundações e muitos outros benefícios (Tabela 9.27). Aqui, o espaço verde pode inundar durante as fortes chuvas sazonais ou após o derretimento da neve. Nesses períodos, o espaço também pode atuar como *habitat* para animais selvagens e recreação, como observação de pássaros. Quando o espaço seca no final do verão e início do outono, ele pode ser utilizado como espaço verde para recreação.

Tabela / 9.27

Benefícios do Espaço Verde (Baseados em Wright Wendel *et al.*, 2011).

Benefícios sociais	Benefícios ambientais	Benefícios econômicos
Mais oportunidades recreativas	Maior qualidade do ar	Maior valor das propriedades
Maiores níveis de atividade física	Filtração de poluentes da água	Mais capacidade para atrair e reter empresas e moradores
Maior sensação de proteção	Maior controle do escoamento das águas pluviais e das inundações	Turismo
Mais saúde mental	Menos carga nos sistemas de águas pluviais	Menos necessidade de polícia e prisões
Menos crimes e delinquência juvenil	Recarga das águas subterrâneas	Menos medidas de prevenção da poluição
	Menor efeito da ilha de calor	
	Habitat da vida selvagem	

Termos-Chave

- aeração estendida
- águas residuais domésticas
- águas residuais municipais de força média
- areão
- armazenamento do CSO
- bacia de aeração
- bacias de retenção
- biorreatores de membrana (MBRs)
- câmara do desarenador
- células de biorretenção
- cinética de Monod
- clarificador secundário
- clarificadores
- cominador
- constituintes das águas residuais municipais
- crescimento aderido
- decantação discreta
- decantação floculenta
- decantação por compressão
- decantação prejudicada
- desinfecção
- desnitrificação
- digestão aeróbica
- digestão anaeróbica
- digestor
- dióxido de carbono
- energia
- equalização do escoamento
- escoamentos de tempo chuvoso
- esgoto combinado
- espaço verde
- espuma
- estabilização do lodo
- estações de tratamento de águas residuais municipais
- fase de crescimento endógeno
- fase de morte
- filtro de percolação
- floculação
- flotação

- fósforo
- gás do efeito estufa
- grades
- idade do lodo
- índice volumétrico do lodo (SVI)
- infiltração
- influxo
- lagoa anaeróbica
- lagoa facultativa
- lagoas de estabilização
- lagoas de oxidação
- laguna
- laguna de maturação
- lavagem
- lei da Água Limpa
- lei de Stokes
- licor misto
- lodo ativado
- lodo ativado convencional
- lodo ativado perdido
- lodo digerido
- metano
- não cardioforme
- nitrificação
- obras públicas de tratamento (POTWs)
- organismos acumuladores de fosfato (PAOs)
- oxigênio fotossintético
- pavimento permeável (ou poroso)
- perda de lodo
- práticas de gestão recomendadas (BMPs)
- primeiro fluxo
- processo de Ludzak-Ettinger modificado (MLE)
- processos de recuperação satélite
- proporção alimento-microrganismo (F/M)
- recuperação de água
- recuperação de águas residuais

- respiração endógena
- retorno do lodo ativado
- reutilização de água
- reutilização de águas residuais
- saneamento aprimorado
- saneamento não aprimorado
- Sistema Nacional de Eliminação de Descarga de Poluentes (NPDES)
- sistema separado de esgoto e águas pluviais municipais (MS4)
- sólidos suspensos em licor misto (MLSS)
- sólidos suspensos voláteis em licor misto (MLVSS)
- SRT crítico
- substâncias químicas emergentes e preocupantes
- tanque de aeração
- tanques de decantação
- tanques de sedimentação
- taxa de carga de DBO
- taxa de transbordamento
- telas perfuradas
- telhado verde
- tempo de retenção dos sólidos (SRT)
- tempo de retenção hidráulica
- tempo médio de retenção celular (MCRT)
- transbordamento de esgoto combinado (CSO)
- tratamento preliminar
- tratamento primário
- tratamento secundário
- tratamento terciário das águas residuais
- valas vegetadas
- zona úmida com superfície de água livre (FWS)
- zona úmida construída
- zonas úmidas de escoamento superficial

9.1   Pesquise uma substância química emergente que esteja suscitando preocupação e que poderia ser descarregada em uma estação de tratamento de águas residuais ou sistema séptico doméstico. Os exemplos incluem produtos farmacêuticos, cafeína, surfactantes encontrados nos detergentes, fragrâncias e perfumes. Escreva um ensaio de até três páginas sobre a concentração dessa substância química encontrada no influente de águas residuais. Determine se a substância química que você está pesquisando é tratada na estação, passa pela estação em tratamento ou acumula no lodo. Identifique qualquer impacto adverso no ecossistema ou na saúde humana que tenha sido encontrado em relação a essa substância química.

9.2   Pesquise se existem programas de prevenção da poluição, estaduais ou regionais, para manter o mercúrio fora de sua estação local de tratamento de águas residuais municipais. Esse mercúrio poderia vir dos laboratórios da sua universidade ou de escritórios dentários e hospitais locais. Quais são algumas das especificidades desses programas? Quanto mercúrio foi mantido fora do ambiente desde a instauração do programa?

9.3   Um laboratório fornece as seguintes análises dos sólidos para uma amostra de águas residuais: TS = 225 mg/L, TDS = 40 mg/L, FSS = 30 mg/L. (a) Qual é a concentração total de sólidos suspensos dessa amostra? (b) Essa amostra tem uma quantidade perceptível de matéria orgânica? Explique.

9.4   Uma amostra de água de 100 mL é coletada de um processo de lodo ativado do tratamento de águas residuais municipais. A amostra é colocada em um prato de secagem (peso = 0,5000 g antes da adição da amostra) e, em seguida, colocada em um forno a 104°C até toda a umidade evaporar. O peso do prato seco registrado é de 0,5625 g. Uma amostra similar de 100 mL é filtrada e a amostra líquida de 100 mL que passa pelo filtro é coletada e colocada em outro prato de secagem (peso = 0,5000 g antes da adição da amostra). A amostra é seca a 104°C, e o peso do prato seco é registrado em 0,5325 g. Determine a concentração (em mg/L) de (a) sólidos totais, (b) sólidos suspensos totais, (c) sólidos dissolvidos totais e (d) sólidos suspensos voláteis. (Suponha VSS = 0,7 × TSS.)

9.5   Obtenha o relatório sobre "Desvio da urina: Riscos de higiene e diretrizes microbianas para reu-

tilização" da Organização Mundial da Saúde (OMS). Examine a Figura 2 no Capítulo 1 deste relatório (Introdução). (a) Quantos gramas de N, P e K são excretados diariamente na urina de um sueco?

9.6   Os seres humanos produzem 0,8-1,6 L de urina por dia. A massa anual *per capita* de fósforo nessa urina varia de 0,2 a 0,4 kg. (a) Qual é a concentração máxima de fósforo na urina humana em mg P/L? (b) Qual é a concentração em mols de P/L? (c) A maior parte desse fósforo está presente como HPO_4^{2-}. Qual é a concentração de fósforo em mg HPO_4^{2-}/L?

9.7   Suponha que 50% do fósforo do excremento humano sejam encontrados na urina (os 50% restantes são encontrados nas fezes). Suponha que os seres humanos produzam 1L de urina por dia e que a massa anual de fósforo nessa urina seja de 0,3 kg. Se o uso interno de água for de 80 galões por dia em um único apartamento, quais são a gama baixa e alta de concentração de fósforo (em mg P/L) nas águas residuais que são descarregadas pelo apartamento? Certifique-se de levar em conta o fósforo encontrado na urina e nas fezes.

9.8   A seguinte equação mostra a estequiometria para recuperação do fósforo e do nitrogênio das águas residuais por meio da precipitação da estruvita.

$$Mg^{2+} + NH_4^+ + PO_4^{3-} + 6H_2O$$
$$\rightarrow MgNH_4PO_4 \cdot 6H_2O_{(s)}$$

Se a composição das águas residuais que estão sendo consideradas para recuperação com estruvita é 7 mg P/L, NH_4^+ é 25 mg de NH_4^+–N/L e Mg é 50 mg de Mg^{2+}/L. Há Mg e NH_4^+ suficientes para precipitar todo o fósforo, supondo que todo esse fósforo exista como PO_4^{3-}?

9.9   Projete um sistema de câmara desarenadora aerada para tratar um pico de escoamento horário de 1,6 m³/s sustentado por 1 dia, com um escoamento médio de 0,65 m³/s. Determine: (a) o volume do desarenador (supondo a utilização de duas câmaras); (b) as dimensões das duas câmaras do desarenador; (c) o tempo médio de retenção hidráulica em cada câmara do desarenador; (d) os requisitos de ar, supondo 0,20 m³ de ar por m de comprimento do tanque por minuto; (e) a quantidade de areão removido no pico de escoamento, supondo um valor típico de 0,20 m³ de areão por mil m³ de águas residuais não tratadas.

9.10 Uma estação de tratamento de efluentes recebe um escoamento de 35.000 m³/dia. Calcule o volume líquido (m³) para um desarenador de escoamento horizontal de 3 m de profundidade que vai remover partículas com uma gravidade específica de mais de 1,9 e tamanho maior do que 0,2 mm de diâmetro.

9.11 Uma estação de tratamento de efluentes vai receber um escoamento de 35.000 m³/dia. Calcule a área de superfície (m²), o diâmetro (m), o volume (m³) e o tempo de retenção hidráulica de um clarificador primário circular de 3 m de profundidade que removeria 50% dos sólidos suspensos. Suponha que a taxa de transbordamento superficial do projeto seja 60 m³/m²-dia.

9.12 Suponha um escoamento na estação de 12.000 m³/dia. Determine o tempo de detenção real observado em campo nos dois tanques de decantação circulares com profundidade de 3,5 m, que foram projetados para ter uma taxa de transbordamento abaixo de 60 m³/m²-dia e um tempo de detenção de ao menos 2 horas.

9.13 Uma estação de tratamento de águas residuais tem um escoamento de 35.000 m³/dia. Calcule a massa de lodo perdida a cada dia ($Q_w X_w$, expressada em kg/dia) de um sistema de lodo ativado operado em um SRT de 5 dias. Suponha um volume de 1.640 m³ do tanque de aeração e uma concentração de MLSS de 2.000 mg/L.

9.14 Você recebeu as seguintes informações sobre uma estação de tratamento de águas residuais municipais. Essa instalação usa o processo tradicional de lodo ativado. Suponha que os microrganismos sejam 55% eficientes na conversão de alimento para biomassa, que os organismos tenham uma constante de taxa de mortalidade de primeira ordem de 0,05/dia e que os micróbios alcancem a metade da sua taxa de crescimento máximo quando a concentração de DBO_5 é 10 mg/L. Existem 150.000 pessoas na comunidade (sua produção de águas residuais é de 225 L/dia-*capita*, 0,1 kg DBO_5/*capita*-dia). O padrão de efluentes é DBO_5 = 20 mg/L e TSS = 20 mg/L. Os sólidos suspensos foram medidos como 4.300 mg/L em uma amostra de águas residuais obtida no reator biológico, 15.000 mg/L no lodo secundário, 200 mg/L no influente da estação e 100 mg/L no efluente do clarificador primário. O SRT é igual a 4 dias. (a) Qual é o volume de projeto da bacia de aeração (m³)? (b) Qual é o período de aeração da estação (dias)? (c) Quantos kg de sólidos secos secundários precisam ser processados diariamente pelas estações de tratamento? (d) Se a taxa de perda de lodo (Q_w) for aumentada na estação, o tempo de retenção dos sólidos vai aumentar, diminuir ou continuar o mesmo? (e) Determine a proporção F/M em unidades de kg de DBO_5/kg de MLVSS-dia. (f) Qual é o tempo de residência médio da célula?

9.15 Usando as informações fornecidas no Exemplo 9.4, determine o SRT crítico (às vezes, denominado $SRT_{mín}$). Esse termo se refere ao SRT em que as células, no processo de lodo ativado, seriam lavadas ou removidas do sistema com uma velocidade maior do que a de sua reprodução.

9.16 Se a taxa de crescimento específico for um processo de lodo ativado igual a 0,10/dia, qual é a SRT desse sistema (unidades de dias). (b) Qual é o tempo médio de retenção da célula para o mesmo sistema (unidades de dia)?

9.17 Nas sentenças a seguir, circule o termo correto em negrito. Se o SRT for baixo (por exemplo, 4 dias), quais condições existem? (a) A proporção F/M é **baixa/alta**. (b) Os requisitos de energia para aeração serão **menores/maiores**. (c) Os microrganismos ficarão **carentes/saturados** de alimento. (d) O tempo médio de retenção da célula é **baixo/alto**. (e) A idade do lodo é **elevada/reduzida**. (f) A taxa de perda de lodo pode ter **aumentado/diminuído** recentemente. (g) O MLSS pode ter **aumentado/diminuído**.

9.18 A concentração de sólidos suspensos que entram em uma estação de tratamento e recuperação de recursos é 200 mg/L no influente da planta: 3.000 mg/L no lodo primário; 12.500 mg/L no lodo secundário; 3,500 mg/L saindo da bacia de aeração. A concentração de sólidos dissolvidos totais no influente a estação é 350 mg/L e a concentração de sólidos dissolvidos totais que saem da bacia de aeração é 2.300 mg/L. A DBO_5 é 100 mg/L, medida após o tratamento primário, e 3 mg/L, saindo da estação. Os níveis totais de nitrogênio na estação são, aproximadamente, 35 mg N/L.

Se a proporção F/M for 0,35 g DBO_5/grama de MLSS-dia, estime o tempo de retenção hidráulica das bacias de aeração se o escoamento diário da estação for 15 milhões de litros.

9.19 Determine o índice volumétrico de lodo (SVI) para um teste no qual 3 g de MLSS ocupam um volume de 450 mL após 30 minutos de decantação.

9.20 Uma amostra de 2 g de MLSS obtida de uma bacia de aeração é colocada em um cilindro graduado de 1.000 mL. Após 30 minutos decantando, o MLSS ocupa 600 mL. O lodo subsequente tem características de decantação boas, aceitáveis ou ruins?

9.21 A Figura 9.16 mostra o processo de Ludzak Ettinger modificado (MLE), que é utilizado para configurar um reator biológico para remover nitrogênio. Explique o papel dos dois compartimentos em termos de: (a) se eles são oxigenados; (b) se a DBOC é removida no compartimento; (c) se a amônia é convertida no compartimento; (d) se o nitrogênio é removido da fase aquosa no compartimento; (e) os doadores primários de elétrons e os receptores primários de elétrons em cada compartimento.

9.22 Investigue os mecanismos específicos pelos quais o nitrogênio amoniacal, nitrogênio total e fósforo são tratados ou recuperados em sua estação local de tratamento de águas residuais municipais. Os processos são químicos ou bioquímicos (ou uma combinação de ambos)? Discuta a sua resposta.

9.23 Investigue os mecanismos específicos usados por sua estação local de tratamento de águas residuais para aeração. Trata-se de aeração superficial, aeração com bolhas finas ou grosseiras ou aeração natural (através de uma lagoa facultativa ou sistema de crescimento aderido)?

9.24 Uma estação de tratamento de águas residuais vai receber um escoamento de 35.000 m³/dia (~10 MGD) com uma $DBOC_5$ de águas residuais não tratadas de 250 mg/L. O tratamento primário remove ~25% da DBO. Calcule o volume (m³) e aproxime o tempo de retenção hidráulica (h) da bacia de aeração necessário para operar a estação como uma instalação de "nível elevado" (F/M = 2 kg DBO/kg MLSS-dia). A concentração de MLSS da bacia de aeração será mantida em 2.000 mg MLSS/L.

9.25 A Tabela 9.28 fornece as concentrações de sólidos suspensos em vários cursos d'água diferentes, em uma estação de tratamento de águas residuais municipais. A DBO_5 é medida a 250 mg/L, no esgoto situado logo antes da estação de tratamento, 150 mg/L após o tratamento primário e 15 mg/L após o tratamento secundário. Os níveis de nitrogênio total na estação são de, aproximadamente, 30 mg N/L. (a) Se o tempo de retenção hidráulica de projeto de cada uma das quatro bacias de aeração operadas em paralelo for igual a 6 horas e o escoamento total da estação for de 5 milhões de galões por dia, qual é a proporção F/M em unidades de lb DBO_5/lb MLVSS-dia. (b) Suponha que o engenheiro da estação queira aumentar a concentração de microrganismos no reator biológico, pois espera que o nível de substrato au-

mente. O que ele pediria para o operador fazer para atingir esse objetivo?

<table>
<tr><td colspan="2">**Tabela / 9.28**</td></tr>
<tr><td colspan="2">**Concentração de Sólidos Suspensos para Diferentes Fluxos de Processo no Problema 9.25**</td></tr>
<tr><td>**Fluxo de processo**</td><td>**Concentração de sólidos suspensos (mg SS/L)**</td></tr>
<tr><td>Influente da estação de tratamento</td><td>200</td></tr>
<tr><td>Lodo primário</td><td>5.000</td></tr>
<tr><td>Lodo secundário</td><td>15.000</td></tr>
<tr><td>Efluente da bacia de aeração</td><td>3.000</td></tr>
</table>

9.26 Determine a área de superfície mínima de uma lagoa facultativa para tratar águas residuais municipais em Tampa, Flórida. Suponha que a eficiência de conversão das algas é 3,5% e que são necessários 24.000 kJ de luz solar para produzir 1 kg de algas. A concentração média diária da DBOC nas águas residuais a serem tratadas é de 250 mg/L, e a vazão média é de 4 MGD.

9.27 Determine a área de superfície máxima de uma lagoa facultativa para tratar as águas residuais municipais em sua comunidade local. Suponha que a eficiência de conversão das algas é de 3% e que são necessários 24.000 kJ de luz solar para produzir 1 kg de algas. Use as características da radiação solar de sua área e obtenha uma concentração média diária de DBOC nas águas residuais e uma vazão média das águas residuais com seu professor, relativas à sua área.

9.28 A comunidade de San Antonio está situada na Província Caranavi, Bolívia. Segundo o censo anual de 2005, existem 420 habitantes nessa comunidade. Estima-se que a população vai aumentar para 940 pessoas no ano 2035. O pico médio de escoamento, atualmente, é de 1,2 L/s e deve aumentar para 2,14 L/s em 2035. A carga orgânica deve ser de 45 g DBO_5/*capita*-dia. A comunidade está considerando uma zona úmida de superfície livre para tratar suas águas residuais. (a) Qual é a carga de DBO_5 gerada no ano 2035 (kg/dia)? (b) Use a carga de DBO para estimar a área de superfície máxima (hectares) necessária para uma zona úmida de superfície livre que atenderia à comunidade, em 2035, e removeria a DBO e o TSS para 30 mg/L. (c) Supondo que agora você está considerando dimensionar uma lagoa facultativa em vez de uma zona úmida de superfície livre, estime rapidamente a área de superfície necessária (m²) de uma lagoa facultativa para lidar com um pico de escoamento em 2035, supondo uma profundidade da água de 4 m e um tempo de detenção hidráulica de 20 dias.

9.29 (a) Que tamanho você recomendaria para um tanque séptico de uma cabana de dois quartos, supondo que os tamanhos disponíveis são 750, 1.000, 1.200 e 1.500 galões? Suponha que você deseje ter 3 dias de tempo de residência dos poluentes no tanque. Em que o seu problema mudaria se fosse uma casa de quatro quartos com um tempo de residência de 2 dias?

9.30 A Tabela 9.1 indicou que as latrinas de fossa são consideradas uma tecnologia aprimorada para tratar águas residuais. Determine a profundidade necessária para uma latrina de fossa com uma área de 1 m × 1 m que atenda a uma residência com sete pessoas e com uma vida útil de projeto de 10 anos. Suponha que a fossa é cavada acima do lençol freático e que os ocupantes usem materiais volumosos ou não biodegradáveis para limpeza anal (por exemplo, sabugos de milho, pedras, papel jornal); portanto, a taxa de acúmulo dos sólidos deve ser de 0,09 m³/pessoa/ano. Deixe um espaço de 0,5 m entre a superfície do solo e a parte superior dos sólidos no final da vida útil de projeto, que é o ponto em que a fossa estará cheia.

9.31 (a) Estime o volume de produção de gás a partir de 1 tonelada métrica de restos de comida e 1 tonelada de sólidos de efluentes. (b) Com base nos resultados da parte (a), supondo que a massa de restos de comida e sólidos de efluentes gerados em uma comunidade sejam iguais, você recomendaria que um município desenvolvesse um programa para coletar e digerir (com recuperação de energia) os restos de comida e os sólidos de águas residuais? Explique a sua resposta com base na potencial produção de energia, mas também de um ponto de vista de implementação. Suponha que o potencial para produção de metano dos sólidos dos efluentes sejam 120 m³/tonelada métrica, que os restos de comida sejam três vezes o potencial de produção de metano por volume de sólidos dos efluentes e que o metano consista em até 60% do gás total produzido pela digestão anaeróbica.

9.32 (a) Se o metano tiver um teor de energia de 39 MJ/m³ e o gás do digestor for de, aproximadamente, 60% de metano, qual é o volume de gás total que o digestor anaeróbico deve produzir anualmente para fornecer água potável para uma família de seis pes-

soas durante um ano? (b) Se o metano for fornecido a partir da digestão anaeróbica de restos de alimento, quantos quilos de restos de comida uma família teria que gerar por dia para fornecer essa energia para aquecer a água (lb/dia)? As Nações Unidas afirmam que a necessidade mínima de água potável para beber, para o saneamento e a higiene é de 20 L por pessoa por dia. Suponha que a água tenha uma temperatura inicial de 25°C e que você tenha que aumentar a temperatura para 100°C para produzir água potável. A energia necessária para aumentar em até 1°C a água potável é igual a 4.200 J/L-°C e há 39 MJ de energia por m³ de metano. Suponha que 1 tonelada métrica de restos de comida produza 600 m³ de gás total.

9.33 Suponha que 1 kg de sólidos voláteis (VS) produzam 0,5 m³ de metano, mas apenas a metade dos VS adicionados ao digestor será decomposta em componentes gasosos. Se você quiser produzir 120 L de metano por dia, quantos porcos você terá que manter para gerar resíduos para o digestor? Suponha que um porco de 60 kg produza 5 kg de esterco por dia, com 10% sendo VS.

9.34 O resíduo deve ser mantido no digestor por um período de tempo para a ocorrência da digestão, mas a duração depende da temperatura. Usando os dados da Tabela 9.29, calcule a capacidade do digestor e as suas dimensões (diâmetro e altura), em metro, para cada temperatura listada, supondo uma entrada de 20 L por dia. Fixe as dimensões diâmetro:altura do digestor em 1:5.

Tabela / 9.29

Dados do Problema 9.34

Temperatura (°C)	Tempo de retenção (dias) mínimo recomendado
10	55
20	20
30	8

9.35 Uma estação de tratamento de águas residuais com capacidade para 2,5 MGD está operando, atualmente, com 80% de sua capacidade durante o máximo anual de atendimento de uma cidade de 38.500 pessoas, com 26,7 milhas de esgotos. Nos próximos 10 anos, espera-se que novas habitações para 15.000 pessoas, junto com mais 6,5 milhas de esgotos, sejam construídas. O esgoto está projetado para ter um I/I igual a 8.500 gpd/milha. (a) Projete a demanda diária máxima da estação de tratamento de efluentes após as novas construções. (b) A capacidade da estação de tratamento de águas residuais deveria ser aumentada?

9.36 Uma comunidade residencial com uma população de 15.000 pessoas está planejando expandir sua estação de tratamento de efluentes. Em 20 anos, a população deve crescer para 23.000 habitantes e 1.000 alunos por ano devem transitar diariamente de fora da cidade para a escola que foi proposta. Uma nova indústria também vai se mudar para lá e contribuir com um escoamento médio de 350.000 gpd e um escoamento máximo diário de 420.000 gpd. O escoamento médio diário atual para a estação é de 1,45 milhões de gpd. O influxo/infiltração médio (I/I) é de 6 galões/capita-dia e o I/I diário máximo é de 42 galões/capita-dia (dia chuvoso). O uso de água residencial per capita deve ser 15% menor em 20 anos por causa das estratégias de economia de água doméstica. O fator de demanda das águas residuais domésticas (apenas para uso residencial) é determinado em 2,4 para o uso máximo diário. Calcule a vazão média futura e a vazão diária máxima. Dica: primeiro, calcule as vazões per capita atuais; [vazão total – I/I] dividida pela população atual.

9.37 Apresente cinco vantagens da precipitação da estruvita a partir do nitrogênio e fósforo encontrados, principalmente, na urina descarregada para as águas residuais municipais.

9.38 Para a qualidade da água influente de uma estação de tratamento de efluentes que emprega recuperação de estruvita, que é 70% eficaz em nutrientes, determine qual nutriente (N ou P) é limitador da precipitação da estruvita e por quê. O influente contém $[NH_4^+ - N]$ (80,5 mg N/L) e $[PO_4^- - P]$ (20,7 mg P/L).

9.39 Supondo que um proprietário residencial instala um barril de chuva de 60 galões em sua casa, que tem um telhado de 215 pés² de área de superfície, quanta chuva (em pés) poderia ser armazenada? Suponha que apenas 90% da chuva que cai no telhado entre no barril de chuva em razão de caleiras com vazamento.

9.40 Suponha que a área do telhado de uma residência tenha 12 pés × 30 pés. (a) Se um telhado ecológico for colocado na casa, qual porcentagem de uma chuva de 0,5 polegada será armazenada no telhado se o meio de cultivo tiver uma capacidade de retenção de água de 0,25? (b) Qual é o volume de água (em galões) que é armazenado durante esse evento chuvoso?

9.41 Qual é a área (em pés²) necessária para duas células de biorretenção utilizadas para coletar água da chuva proveniente de um telhado residencial? O telhado tem dimensões de 30 pés × 40 pés. Ele drena em duas caleiras, cada uma delas encaminhada para uma célula de biorretenção. Suponha que o solo em volta da casa é sedimentoso e que a célula será cavada até uma profundidade de 6 polegadas.

9.42 Um estacionamento pavimentado de 1 acre mede 50 pés × 20 pés. Qual é o volume da célula de biorretenção necessário (em pes³) para lidar com o primeiro fluxo do pavimento impermeável de 0,5 polegada? Suponha que a porosidade do solo seja 0,30.

9.43 Escolha um local específico no seu campus que tenha uma edificação e um estacionamento associado. Reprojete a área, incorporando, pelo menos, três técnicas de desenvolvimento de baixo impacto. Além de pensar sobre o gerenciamento das águas pluviais, considere também o movimento das pessoas e veículos, e o uso de espécies de plantas nativas.

9.44 Dimensione um jardim de chuva para a sua residência atual, apartamento ou dormitório para tratar as águas residuais provenientes do telhado.

9.45 O custo médio de fornecer um acre-pé de água tratada em uma região com escassez de água é US$ 5.900, e o custo de fornecer um acre-pé de água recuperada na mesma região é US$ 6.400 (por causa de tratamento e transporte). Dado que os seguintes fatores podem ser creditados à água recuperada, qual é a faixa de custo da água recuperada em comparação com a água tratada (em porcentagem)?

Maior suprimento de água potável:

US$ 300– US$ 1.000/acre-pé.

Confiabilidade do suprimento de água:

US$ 100–US$ 140/acre-pé.

Economia de descarte dos efluentes:

US$ 200–US$ 2.000/acre-pé.

Efeitos a jusante: US$ 400–US$ 800/acre-pé.

Conservação da energia:

US$ 0–US$ 240/acre-pé.

9.46 Suponha que o requisito de energia para tratar as águas residuais usando um processo mecânico é de 1 milhão de kWh por milhão de galões de água tratada. De acordo com o eGRID, a taxa de emissão equivalente de dióxido de carbono é 1.324,79 lb CO_2e/MWh, na Flórida, e 727,26 lb de CO_2e/MWh, na Califórnia. Estime a pegada de carbono para tratar 50 milhões de galões de águas residuais na Flórida e na Califórnia. Ignore as perdas na linha em sua estimativa (você pode ter de recorrer ao Capítulo 2 para rever as pegadas de carbono e o eGRID).

Referências

Asano, T., F. L. Burton, H. L. Leverenz, R. Tsuchihashi, and G. Tchobanoglous, 2007. *Water Reuse: Issues, Technologies, and Applications*. New York: McGraw-Hill.

Asano, T., and A. Bahri, 2010. *Global Challenges to Wastewater Reclamation and Reuse*. On the Water Front, Stockholm International Water Institute, 2010.

Barnard, J. L., 2006. Biological nutrient removal: where we have been, where we are going. *Proceedings of the 79th Annual Water Environment Federation Technical Exhibition and Conference*, Dallas.

Cairncross, S., and R. G. Feachem, 1993. *Environmental Health Engineering in the Tropics: An Introductory Text*. New York: John Wiley.

Congressional Report HR 91-1004. April 14, 1970. Phosphates in Detergents and the Eutrophication of America's Waters. Committee on Government Operations.

Daigger, G. T., A. Hodgkinson, and D. Evans, 2007. A sustainable near-potable quality water reclamation plant for municipal and industrial wastewater. *Proceedings of the 80th Annual Water Environment Federation Technical Exhibition and Conference*. San Diego.

Darn, S. M., R. Sodi, L. R. Ranganath, N. B. Roberts, and J. R. Duffield, 2006. Experimental and computer modeling speciation studies of the effect of pH and phosphate on the precipitation of calcium and magnesium salts in urine. *Clinical Chemistry and Laboratory Medicine*, 44: 185–191.

Environmental Protection Agency (EPA). 1999. *Storm Water Technology Fact Sheet: Porous Pavement*. EPA 832-F-99-023. Washington, D.C.: Environmental Protection Agency, Office of Water.

Environmental Protection Agency (EPA), 2000a. *Biosolids Technology Fact Sheet/Belt Filter Press*, Office of Water, EPA 832-F-00-057.

Environmental Protection Agency (EPA), 2000b. *Manual: Constructed Wetlands Treatment of Municipal Wastewaters*. Cincinnati: Office of Research and Development, EPA 625/R-99/010.

Environmental Protection Agency (EPA), 2001. *The "Living Machine" Wastewater Treatment Technology: An Evaluation of Performance and System Cost*, EPA 832-R-01-004.

Environmental Protection Agency (EPA), 2004. *Report to Congress: Impacts and Control of CSOs and SSOs*. Washington, D.C., EPA-833-R-04-001.

Environmental Protection Agency (EPA), 2012. *Guidelines for Water Reuse*, EPA-600/R-12/618, 643 pp.

Fry, L. M., J. R. Mihelcic, and D. W. Watkins, 2008. Water and non-water-related challenges of achieving global sanitation coverage. *Environmental Science & Technology*, 42(4): 4298–4304.

Hammer, M. J., and M. J. Hammer Jr., 1996. *Water and Wastewater Technology*, 3rd ed. Englewood Cliffs: Prentice Hall.

Hammond, A. L., 1971. Phosphate replacements: problems with the washday miracle. *Science*, 172: 361–363.

Jenkins, D., 2007. From TSS to MBTs and beyond: a personal view of biological wastewater treatment process population dynamics.

Proceedings of the 80th Annual Water Environment Federation Technical Exhibition and Conference, San Diego.

Johnston, A. E., and I. R. Richards, 2003. Effectiveness of the water-insoluble component of triple superphosphate for yield and phosphorus uptake by plants. *Journal of Agricultural Science, 140*: 267–274.

Kowal, N. E., 1985. *Health Effects of Land Application of Municipal Sludge*. Cincinnati: Health Effects Research Laboratory, EPA, EPA/600/1-85/015.

Larsen, T. A., and W. Gujer, 1996. Separate management of anthropogenic nutrient solutions (human urine). *Water Science Technology, 34*(3–4): 87–94.

Lienert, J., T. A. Larsen, 2010. High acceptance of urine source separation in seven European countries: a review. *Environmental Science & Technology, 44*: 556–566.

Mara, D. D., 2004. *Domestic Wastewater Treatment in Developing Countries*, 1st ed. London, UK: Earthscan/James & James.

Maurer, M., W. Pronk, and T. A. Larsen, 2006. Review: treatment processes for source-separated urine. *Water Research, 40*(17): 3151–3166.

McDannel, M., and E. Wheless, 2007. The power of digester gas: a technology review from micro to megawatts. *Proceedings of the 80th Annual Water Environment Federation Technical Exhibition and Conference*, San Diego.

Mihelcic, J. R., 1999. *Fundamentals of Environmental Engineering*. New York: John Wiley & Sons.

Mihelcic, J. R., L. M. Fry, R. Shaw, 2011. Global potential of phosphorus recovery from human urine and feces. *Chemosphere, 84*(6): 832–839.

Miller, T., and J. Esler. 2013. "What every operator should know about secondary clarification." *Water Environment & Technology*, June, 62–64.

Muga, H. E., and J. R. Mihelcic, 2008. Sustainability of wastewater treatment technologies. *Journal of Environmental Management, 88*(3): 437–447.

Oakley, S. M., 2005. *Lagunas de Estabilización en Honduras: Manual de Diseño, Construcción, Operación y Mantenimiento, Monitoreo y Sostenibilidad*. U.S. Agency for International Development—Honduras (USAID—Honduras), Red Regional de Agua y Saneamiento de Centroamérica (RRAS-CA), Fondo Hondureño de Inversión Social (FHIS), Tegucigalpa, Honduras. (*Design and Operations Manual for Wastewater Stabilization Ponds in Honduras*, published in Spanish).

Portland Cement Association (PCA). 2004. "Pervious Concrete Mixtures and Properties." *Concrete Technology Today 25*(3).

Rosso, D., and M. K. Stenstrom, 2005. Comparative economic analysis of the impacts of mean cell retention time and denitrification on aeration systems. *Water Research, 39*: 3773–3780.

Rosso, D., and M. K. Stenstrom, 2006. Surfactant effects on α–*factors* in aeration systems. *Water Research, 40*: 1397–1404.

Saude, E. J., D. Adamko, B. H. Rowe, T. Marrie, B. D. Sykes, 2007. Variation of metabolites in normal human urine. *Metabolomics*, 3.4: 439–451.

Tchobanoglous, G., F. L. Burton, and H. D. Stensel, 2003. *Wastewater Engineering*. Boston: Metcalf & Eddy/McGraw-Hill.

Udert, K. M., T. A. Larsen, and W. Gujer, 2003. Estimating the precipitation in urine-collecting systems. *Water Research*, 37.11: 2667–2677.

Walski, T. M., T. E. Barnard, E. Harold, L. B. Merritt, N. Walker, and B. E. Whitman, 2004. *Wastewater Collection System Modeling and Design*. Waterbury: Haestad Press.

Ward, A. S. 2007. "A Review of the Practice of Low Impact Development: Bioretention Design, Analysis, and Lifecycle Assessment." (M. S. report, Civil & Environmental Engineering, Michigan Technological University).

Wehner, J. F., and R. H. Wilhelm, 1956. Boundary conditions of flow reactor. *Chemical Engineering Science*, 6(2): 89–93.

Wisconsin Department of Natural Resources (WDNR). 2003. DNR Publication PUB-WT-776. Available from the University of Wisconsin Extension, http://learningstore.uwex.edu/Assets/pdfs/GWQ037.pdf, accessed September 14, 2013.

World Health Organization (WHO) and United Nations Children Fund Joint Monitoring Programme for Water Supply and Sanitation (JMP), 2010. Progress on Drinking Water and Sanitation: Special Focus on Sanitation. UNICEF, New York and WHO, Geneva.

Wright Wendel, H. E., J. A. Downs, and J. R. Mihelcic. 2011. "Assessing equitable access to urban green space: the role of engineered water infrastructure," *Environmental Science & Technology*, 45(16): 728–6734.

capítulo Dez

Gestão de Resíduos Sólidos

Mark W. Milke e
James R. Mihelcic

Neste capítulo, os leitores vão aprender sobre a gestão dos resíduos sólidos municipais. Os tipos de resíduos sólidos e suas quantidades, composição e propriedades físicas são descritos em primeiro lugar. O capítulo trata do armazenamento, coleta, transporte, tratamento e descarte dos resíduos sólidos, incluindo a reciclagem e a recuperação de materiais, a compostagem, a incineração e o aterro. São analisados métodos para estimar a produção de gases do efeito estufa, incluindo o benefício público que pode ser proporcionado pelo gás de aterro. O capítulo conclui com uma introdução à consulta pública, às políticas públicas e à estimativa de custos. É enfatizada a aplicação dos conceitos básicos de balanço de massa nos problemas de resíduos sólidos, com uma mistura de problemas quantitativos e uma discussão de tópicos de gestão mais amplos.

Sumário do Capítulo

Objetivos da Aprendizagem

1. Descrever os componentes fundamentais de um sistema de gestão de resíduos sólidos.
2. Integrar os princípios da hierarquia de prevenção da poluição em um sistema de gestão de resíduos sólidos.
3. Identificar os objetivos da gestão de resíduos sólidos.
4. Descrever a legislação americana relevante, relacionada com os resíduos sólidos.
5. Distinguir resíduos sólidos municipais de outros resíduos sólidos.
6. Calcular as taxas de geração de peso seco e úmido de componentes específicos dos resíduos sólidos a partir dos dados disponíveis.
7. Discutir as diferenças entre gestão de resíduos sólidos nos países em desenvolvimento e nos desenvolvidos.
8. Explicar as questões associadas ao projeto e à operação dos subsistemas de resíduos sólidos bem-sucedidos (coleta, estações de transferência, instalações de recuperação e materiais, instalações de compostagem, instalações de transformação de resíduos em energia e aterros).
9. Solucionar problemas de mistura para determinar uma proporção C/N adequada para compostagem.
10. Calcular os requisitos de oxigênio para processos de tratamento aeróbico biológicos ou térmicos, bem como as taxas de geração de metano (um gás do efeito estufa) pelos aterros, usando estequiometria e dados de composição de massa.

PAPEL   PLÁSTICO   LIXO

11. Explicar as preocupações com o gás de aterro e o lixiviado, e como essas preocupações são tratadas.
12. Discutir os cinco caminhos pelos quais os aterros geram gases do efeito estufa e estimar as emissões desse tipo de gás por um aterro.
13. Calcular o tamanho de uma área de aterro com base na construção de células diárias.
14. Criar empatia com as partes interessadas da comunidade relacionadas com o estabelecimento de um aterro ou com a instalação de produção de energia a partir de resíduos e decidir, cuidadosamente, como chegar a um consenso.
15. Identificar métodos de consulta pública chave, além de seus pontos fortes e fracos.
16. Identificar opções-chave das políticas públicas para a gestão dos resíduos sólidos, e resumir seus pontos fortes e fracos.
17. Estimar os custos de aterros de diferentes tamanhos, usando fatores de economia de escala.

10.1 Introdução

Os **resíduos sólidos** incluem o papel e o plástico gerados em casa, a cinza produzida nas indústrias, os restos de alimento de lanchonetes, as folhas e a grama cortada dos parques, os resíduos médicos hospitalares e o entulho de uma obra. Esses materiais são considerados **resíduos** quando os proprietários e a sociedade acreditam que eles não têm mais valor.

A **gestão de resíduos sólidos** varia bastante entre as culturas e os países, e evoluiu ao longo do tempo. Os componentes da gestão de resíduos sólidos são retratados na Figura 10.1. A gestão de resíduos sólidos requer uma compreensão da **geração, armazenamento, coleta, transporte, processamento** e **descarte dos resíduos**. Os pontos finais na Figura 10.10 são os materiais reciclados, a compostagem e a recuperação da energia; esses pontos finais se tornam mais comuns à medida que a sociedade adota práticas de gestão de resíduos mais sustentáveis que considerem pensamento de sistemas. Recorrendo aos capítulos anteriores, lembre-se de que *resíduo* é uma palavra derivada de humanos; desse modo, a sociedade precisa identificar maneiras de minimizar a quantidade de resíduos gerados, transportados, processados e descartados.

Os resíduos sólidos são diferentes dos resíduos líquidos ou gasosos, pois eles não podem ser bombeados ou escoar como fluidos. No entanto, os resíduos sólidos podem ser colocados em formas sólidas (incluindo solos), e dessa forma podem ser contidos mais facilmente. Essas diferenças levaram a abordagens para gerenciar resíduos sólidos diferentes das descritas nos capítulos anteriores para fluxos de resíduos líquidos e gasosos.

O gerenciamento adequado dos resíduos sólidos tem cinco objetivos principais:

1. Seguir a **hierarquia de prevenção da poluição**, que prefere a redução na fonte e a reciclagem em vez de tratamento e descarte.

2. Proteger a saúde pública.

3. Proteger o meio ambiente (incluindo a biodiversidade) e encarar o material residual como um recurso.

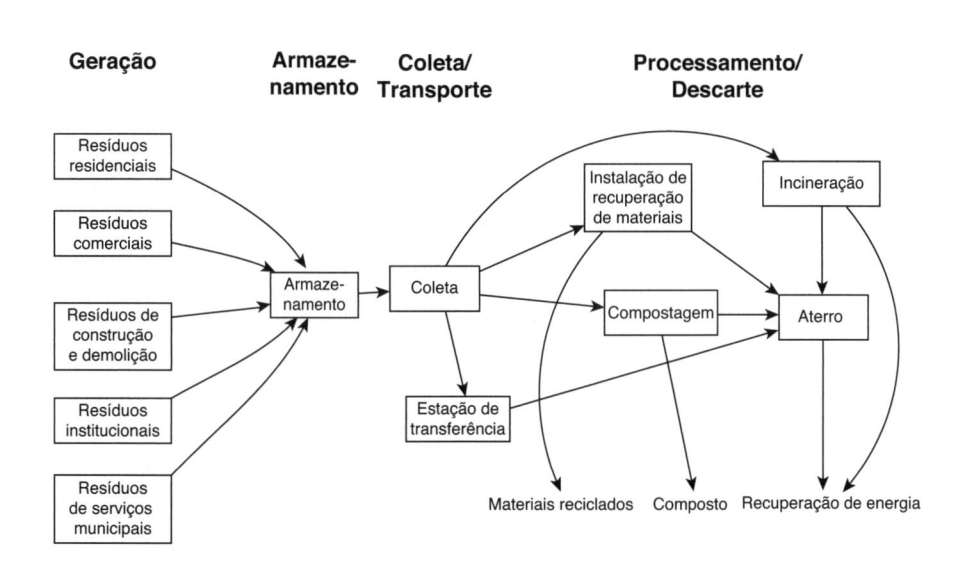

Figura / 10.1 Visão Geral do Sistema de Gestão de Resíduos Sólidos O sistema consiste no armazenamento, coleta e transporte, processamento e descarte. A recuperação de materiais, a compostagem e a recuperação de energia são importantes no estágio de processamento e descarte.

4. Abordar as questões sociais (equidade, justiça ambiental, estética, risco, preferências do público, reciclagem, energia renovável).

5. Minimizar os custos econômicos, sociais e ambientais.

É uma prática comum que cada comunidade atribua pesos variáveis a esses objetivos. Portanto, existem muitos sistemas diferentes para gerencia resíduos sólidos.

As comunidades pré-industriais providenciavam a coleta e o descarte dos resíduos sólidos em locais centrais, chamados *estrumeiras*. Algumas estrumeiras ainda podem ser encontradas hoje em dia. Por exemplo, algumas áreas costeiras ao longo da Costa do Golfo da Flórida são o lar de estrumeiras derivadas do consumo de mariscos que formaram pequenas ilhas, que podem ser exploradas nos dias de hoje. À medida que a população, a urbanização e o consumo cresceram, os resíduos sólidos foram-se tornando mais do que um problema. Alguns resíduos eram deixados nas ruas e nos becos, alimentando cães, porcos e ratos. Outros resíduos eram rebocados para fora da cidade e despejados em grandes montes. O aumento populacional das cidades e as grandes taxas de mortalidade ocorridas em muitas partes do mundo por causa da peste, da cólera e de outras doenças infecciosas levaram à necessidade de remover os resíduos sólidos das cidades. A coleta, o tratamento e o descarte organizados dos resíduos sólidos começaram no final dos anos 1800, e estavam intimamente ligados ao objetivo de melhorar a saúde pública e o saneamento. As primeiras abordagens à gestão de resíduos sólidos incluíam fornecer os resíduos alimentares aos animais de criação, queimar resíduos para aquecer a água da cidade e criar **lixões de resíduos sólidos** (frequentemente, em zonas úmidas) para recuperar a terra.

Durante os anos 1900, a maior industrialização resultou na produção de diferentes resíduos – *resíduos sólidos mais nocivos*. Ao mesmo tempo, o crescimento das populações urbanas, junto com a maior riqueza e consumo, aumentou a quantidade de resíduos sólidos produzidos. Os resíduos sólidos não recuperados foram colocados em instalações projetadas, chamadas de **aterros** artificiais ou sanitários. A evolução dos **lixões** para os aterros sanitários projetados tem sido um processo gradual ao longo dos últimos 100 anos, e levou a sistemas tecnicamente avançados e sofisticados para proteção da saúde humana e do meio ambiente.

RCRA
http://www.epa.gov/lawsregs/laws/
rcra.html

A principal legislação americana que afeta a gestão dos resíduos sólidos é a **Lei para Conservação e Recuperação de Recursos (RCRA, *Resource Conservation and Recovery Act*)** de 1976. A RCRA também obriga o rastreamento e a gestão rigorosa dos resíduos nocivos. Também levou a regulações para melhorar o projeto dos aterros e reduzir o seu risco. Com isso, veio a *Lei de Prevenção da Poluição*.

Nos últimos 20 anos, tem havido uma ênfase crescente nas estratégias de gestão dos resíduos sólidos que prefiram a **redução** na fonte e a **reutilização**, a **reciclagem** e a compostagem, bem como a recuperação da energia, em vez do tratamento e do descarte como parte da hierarquia de **prevenção da poluição** discutida no Capítulo 6. Muitas regulamentações locais, estaduais e nacionais foram promulgadas para desenvolver e promover iniciativas de prevenção da poluição. Essas iniciativas têm sido motivadas por um desejo de reduzir ainda mais os impactos sociais e ambientais adversos, bem como conservar os recursos naturais (incluindo água e energia). Ao mesmo tempo, tem havido um maior reconhecimento da importância do pensamento de sistemas mais abrangente, que inclua avaliação do ciclo de vida na apreciação das opções de gerenciamento dos resíduos sólidos.

Consequentemente, tendências recentes atribuem uma maior importância a uma abordagem à gestão dos resíduos sólidos que seja integrada ou baseada em sistemas.

10.2 Caracterização dos Resíduos Sólidos

Os resíduos sólidos podem ser caracterizados por sua origem, uso original (por exemplo, como vidro ou plástico), perigo ou composição física ou química subjacente. Os resíduos que propagam doença se chamam **putresci-**

Tabela / 10.1

Fontes de Resíduos Sólidos e Porcentagem Típica que Compõe o Resíduo Sólido Municipal

Fonte	Exemplos	Comentários	Porcentagem típica de RSM
Residencial	Casas geminadas, apartamentos	Resíduos alimentares, resíduos de quintais/jardins, papel, plástico, vidro, metal, resíduos domésticos nocivos.	30-50%
Comercial	Lojas, restaurantes, prédios de escritório, motéis, oficinas mecânicas, pequenas empresas	Igual ao item acima, porém, mais variável de acordo com a fonte. Pequenas quantidades de resíduos nocivos específicos.	30-50%
Institucional	Escolas, hospitais, prisões, bases militares, casas de repouso	Igual ao item acima; composição variável entre as fontes.	2-5%
Construção e demolição	Construção civil ou locais de demolição, construção de estradas	Concreto, metal, madeira, asfalto, painéis de gesso e sujeira predominam. É possível haver alguns resíduos nocivos.	5-20%
Serviços municipais	Limpeza de ruas, parques e praias; areão e biossólidos do tratamento de água e águas residuais; coleta de folhas; descarte de carros abandonados e animais mortos	As fontes de resíduos variam entre os municípios.	1-10%
Industrial	Produção leve e pesada, grandes indústrias de alimentos, usinas, indústrias químicas	Pode produzir grandes quantidades de resíduos relativamente homogêneos. Pode incluir cinzas, areias, lama da indústria de papel, caroços de frutas, lodo de tanque.	Não RSM
Agrícola	Lavouras, laticínios, pastos, pomares	Resíduos alimentares estragados, adubos, matéria vegetal não utilizada (por exemplo, palha), substâncias químicas nocivas.	Não RSM
Mineração	Mineração de carvão, mineração de urania, mineração de metais, exploração de óleo/gás	Pode produzir grande quantidade de resíduos sólidos, necessitando de gerenciamento especializado.	Não RSM

FONTE: Tchobanoglous et al., 1993.

veis. Eles podem propagar doença diretamente (como no caso das fraldas sujas) ou indiretamente, ao proporcionar uma fonte de alimento para vetores de doença, como insetos (moscas) ou animais (ratos, cães, pássaros).

10.2.1 FONTES DE RESÍDUOS SÓLIDOS

As fontes de resíduos sólidos e os constituintes típicos estão identificados na Tabela 10.1. Alguns resíduos sólidos (por exemplo, resíduos de mineração, bem como a maioria dos resíduos agrícolas e industriais) são gerenciados pelo gerador dos resíduos. De modo geral, as fontes menores são gerenciadas conjuntamente sob um sistema integrado. Os resíduos sólidos gerenciados conjuntamente por um município se chamam **resíduos sólidos municipais (RSM)**. O foco deste capítulo está no gerenciamento do RSM, embora muitos dos princípios e processos discutidos aqui também sejam relevantes para o gerenciamento de resíduos industriais, agrícolas e de mineração.

10.2.2 QUANTIDADES DE RESÍDUOS SÓLIDOS MUNICIPAIS

A Tabela 10.2 fornece as quantidades de RSM gerados e gerenciados nos Estados Unidos de 1960 a 2010. Repare como as taxas de geração aumentaram radicalmente em apenas pouco mais de 50 anos. Embora as taxas de reciclagem tenham aumentado nos últimos 30 anos, a taxa de produção de resíduos também aumentou continuamente ao longo do mesmo período.

A taxa de geração de 2010 – de 0,74 mg por pessoa por ano – exclui o entulho da construção e da demolição, e os biossólidos das estações de tratamento de águas residuais (que, conforme a Tabela 10.1, frequentemente é incluída nos resíduos sólidos gerenciados por um município). *Como uma regra geral aproximada, uma taxa de geração global de RSM, na maioria dos países industrializados, é de 1 Mg por pessoa por ano atualmente.* Como os resíduos sólidos residenciais correspondem a até 30-50% dos RSM, isso pode ser convertido para uma *taxa de geração de resíduos sólidos domésticos de, aproximadamente, 1 kg por pessoa por dia.*

Tabela / 10.2

Quantidades de Resíduos Sólidos Municipais nos Estados Unidos ao Longo do Tempo

	Mg por pessoa por ano[1]					
	1960	1970	1980	1990	2000	2010
Geração	0,44	0,34	0,61	0,76	0,78	0,74
Reciclagem	0,03	0,04	0,06	0,11	0,17	0,19
Compostagem	Desprezível	Desprezível	Desprezível	0,01	0,05	0,06
Incineração	0,00	0,00	0,01	0,11	0,11	0,09
Aterro[2]	0,42	0,50	0,54	0,53	0,45	0,40

[1] Essas quantidades excluem entulho de construção e demolição, e biossólidos das estações de tratamento de água.
[2] Isso inclui pequenas quantidades de resíduos incinerados sem recuperação de energia e não inclui resíduos produzidos durante a reciclagem, a compostagem e a incineração (por exemplo, cinzas).
FONTE: EPA, 2011.

A quantidade de RSM gerados pode variar dentro do ano, entre as áreas rurais e urbanas, geograficamente, com a renda e entre os países. A fração gerenciada pela reciclagem, compostagem, incineração ou aterro varia mais de acordo com as condições locais. É comum ler relatos dizendo que uma cidade ou um país produz mais resíduos do que outros. No entanto, esses relatos precisam ser lidos com cuidado, pois diferentes autoridades contam diferentes fluxos de resíduos, e algumas definem o resíduo *produzido* como aquele que permanece após a reciclagem e a compostagem. Uma chave é compreender as diferenças entre *taxas de geração* e *taxas de descarte* (a diferença sendo a parte de um fluxo de resíduos que é reutilizada ou reciclada).

10.2.3 MATERIAIS NOS RESÍDUOS SÓLIDOS MUNICIPAIS

A Figura 10.2 mostra a decomposição percentual estimada dos vários materiais encontrados no RSM no ponto de geração em 2010. Essa informação pode ser utilizada para avaliar quais fluxos de resíduos podem ser visados para compostagem ou programas de recuperação de materiais. Por exemplo, Figura 10.2 mostra que uma alta porcentagem do resíduo global é de jardim (13,4%) e papel/papelão (28,5%). Os tipos de materiais no RSM também vêm mudando com o tempo. A Figura 10.3 mostra essa mudança nos últimos 50 anos, especialmente no que diz respeito aos materiais associados à embalagem (plástico e papel/papelão).

De modo geral, as **taxas de geração** de resíduos sólidos (em kg de determinado material gerado por dia ou ano) são determinadas pela coleta de dados do resíduo total gerado e da porcentagem de um material no resíduo sólido. Pode ser enganoso comparar os dados de composição percentual entre dois meses diferentes ou dois locais diferentes, pois as diferenças, provavelmente, estão na taxa de geração total do resíduo. Em vez disso, deve-se comparar as taxas de geração de resíduos com base em kg *por ano* para cada material de interesse. Esse ponto é demonstrado no Exemplo 10.1.

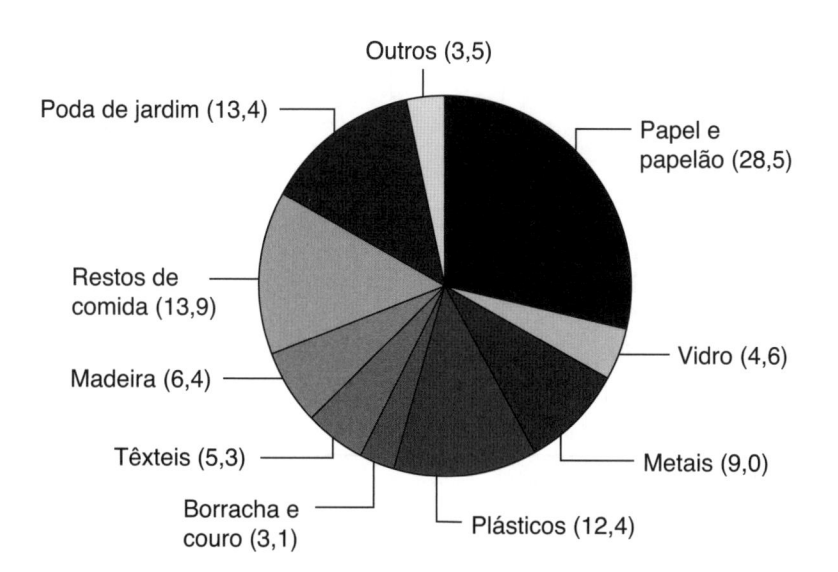

Figura / 10.2 Porcentagem dos Vários Materiais (em massa) que Compõem os Resíduos Sólidos Municipais nos Estados Unidos, 2010.

(Dados da EPA, 2011.)

Figura / 10.3 Taxa de Geração dos Vários Materiais nos Resíduos Sólidos Municipais dos Estados Unidos, 1960-2010.

(Dados da EPA, 2011.)

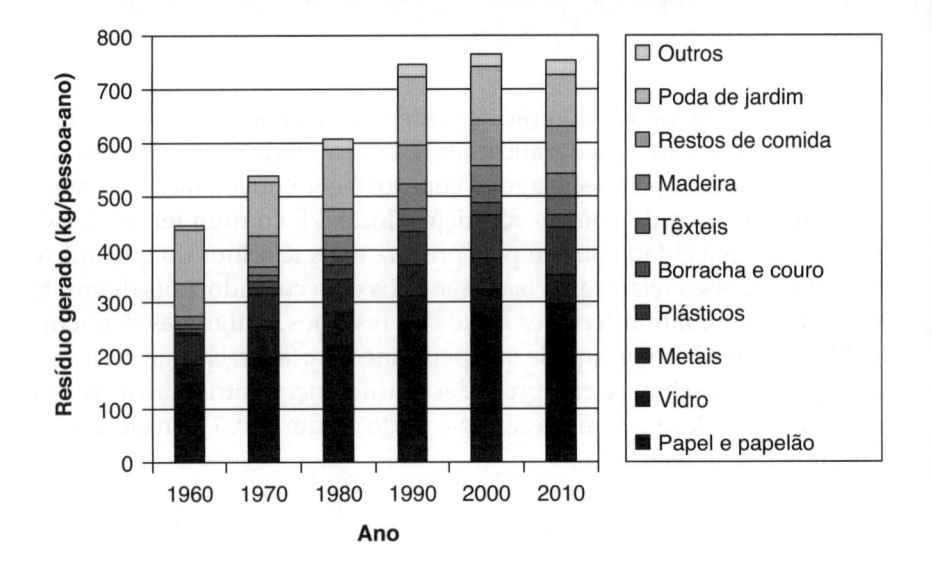

Aplicação / 10.1 — Caracterização Global dos Resíduos Sólidos

A quantidade de resíduos sólidos gerados nos países em desenvolvimento é muito menor (0,15-0,3 Mg por pessoa por ano) do que a presente nos países desenvolvidos (0,7-1,5 Mg por pessoa por ano). A composição dos resíduos também é diferente no mundo todo, conforme a Tabela 10.3. As diferenças fundamentais na composição dos resíduos nos países em desenvolvimento incluem a fração mais alta de putrescíveis orgânicos e a fração menor de produtos manufaturados, como papel, metais e vidros.

Os domicílios de renda mais alta tendem a gerar mais material inorgânico por meio de resíduos de embalagens, enquanto os domicílios de renda mais baixa produzem uma fração maior de material orgânico por meio da preparação de alimentos a partir de ingredientes básicos. Entretanto, alguns domicílios de renda elevada no mundo em desenvolvimento podem gerar a mesma quantidade de material orgânico, uma vez que preparam mais alimento fresco, não industrializado. Essas diferenças tendem a ficar menores conforme os países desenvolvem suas economias.

Combinadas com menos recursos financeiros e habilidades, as diferenças na produção de resíduos sólidos significam que as práticas de gestão únicas dos resíduos sólidos são necessárias nos locais com economias em desenvolvimento.

Tabela / 10.3

Composição dos Resíduos Sólidos de Cinco Cidades do Mundo

Local	Resíduo alimentar	Papel	Metais	Vidro	Plástico, borracha, couro	Têxteis	Cerâmica, poeira, cinza, pedras	Geração (Mg/pessoa-ano)
Bangalore, Índia	75,2	1,5	0,1	0,2	0,9	3,1	19	0,146
Manila, Filipinas	45,5	14,5	4,9	2,7	8,6	1,3	27,5	0,146
Assunção, Paraguai	60,8	12,2	2,3	4,6	4,4	2,5	13,2	0,168
Cidade do México, México	59,8*	11,9	1,1	3,3	3,5	0,4	20	0,248
Bogotá, Colômbia	55,4*	18,3	1,6	4,6	16	3,8	0,3	0,270

*Inclui pequenas quantidades de madeira, feno e palha.
FONTE: Diaz *et al.*, 2003.

10.2.4 COLETA DE DADOS DE CARACTERIZAÇÃO DOS RESÍDUOS SÓLIDOS

A caracterização do RSM é uma tarefa complexa. Como o resíduo sólido varia bastante quanto à sua composição e quantidade dentro de uma região e ao longo do tempo, sempre haverá uma grande incerteza nas estimativas de composição dos resíduos sólidos. A geração de bons dados ajuda a tomar decisões de gestão corretas, mas a redução da incerteza na composição estimada pode ser muito cara.

exemplo / 10.1 Cálculo das Taxas de Geração de Resíduos Sólidos

A composição dos resíduos sólidos e a quantidade desses resíduos gerada por duas cidades situadas no mundo em desenvolvimento são:

Componente	Cidade 1	Cidade 2
Resíduos alimentares (%)	47,0	65,5
Papel e papelão (%)	6,3	6,5
Cinza (%)	36,0	10,2
Outros (%)	10,7	17,8
Taxa de geração de resíduos (kg/pessoa-dia)	0,38	0,28

Qual cidade gera mais cinza *per capita*? Qual cidade gera mais resíduos *per capita* que não sejam cinzas?

solução

Para determinar qual cidade produz mais cinza *per capita*, multiplique a taxa de geração global de resíduos pela porcentagem do componente de interesse (nesse caso, a cinza) no fluxo global de resíduos:

$$\text{Cidade 1:} \quad 0,38 \, \text{kg/pessoa-dia} \times \frac{36,0}{100} = 0,14 \, \text{kg resíduo de cinza/pessoa-dia}$$

$$\text{Cidade 2:} \quad 0,28 \, \text{kg/pessoa-dia} \times \frac{10,2}{100} = 0,03 \, \text{kg resíduo de cinza/pessoa-dia}$$

A cidade 1 produz muito mais cinza *per capita*.

Para encontrar a taxa de geração de resíduos diferentes de cinzas, primeiro determine a porcentagem desses resíduos subtraindo e, depois, multiplicando esse valor pela taxa de geração total de resíduos:

$$\text{Cidade 1:} \quad 0,38 \, \text{kg/pessoa-dia} \times \frac{(100 - 36,0)}{100} = 0,24 \, \text{kg resíduos não cinza/pessoa-dia}$$

$$\text{Cidade 2:} \quad 0,28 \, \text{kg/pessoa-dia} \times \frac{(100 - 10,2)}{100} = 0,25 \, \text{kg resíduos não cinza/pessoa-dia}$$

As taxas de geração de resíduos diferentes de cinzas são aproximadamente iguais.

A maior diferença é que uma cidade gera muito mais cinza do que a outra. Uma explicação possível é que é mais comum as pessoas na Cidade 1 queimarem combustíveis sólidos, como madeira ou carvão, para cozinhar e aquecer. Outra explicação possível é que a Cidade 2 coleta resíduos de cinza junto com outros resíduos sólidos, enquanto a Cidade 1 coleta apenas uma parte da cinza produzida. Outras razões climáticas e socioeconômicas são plausíveis.

Em todo caso, o exemplo mostra como a caracterização do resíduo é um aspecto importante de um programa de gestão de resíduos sólidos, uma vez que a geração e a composição dos resíduos podem ser diferentes dentro de um país e no mundo todo.

Frequentemente, três métodos são utilizados para caracterizar os resíduos sólidos:

1. *Revisão da literatura.* Esse método se baseia na utilização de dados pregressos para caracterizar a composição do resíduo sólido. Ele tem algumas limitações: as definições utilizadas para coletar os dados podem ser obscuras. Os padrões de geração dos resíduos sólidos variam com o tempo e o espaço. A maioria dos dados históricos carece de uma análise da incerteza dos dados. Além disso, a maioria dos dados históricos carece de uma estimativa conjunta do resíduo total e da composição percentual.

2. *Análise de entrada-saída.* Esse método se baseia na utilização dos dados sobre consumo de materiais para estimar a geração de resíduos. Os dados da EPA utilizados nas Figuras 10.2 e 10.3 são exemplos desse método de análise. Tal abordagem também tem pontos fracos: ela exige fronteiras claras para que as importações e exportações fora das fronteiras (por exemplo, fora dos Estados Unidos) possam ser contabilizadas. Ela requer pressupostos a respeito de armazenamento e consumo (por exemplo, ingestão) dos bens adquiridos. Exige pressupostos sobre os resíduos gerados sem um registro econômico (por exemplo, resíduos de jardim).

3. *Inspeções por amostragem.* Esse método se baseia na coleta de dados reais e em métodos estatísticos para estimar médias e incerteza. Muitos locais exigem inspeções periódicas e existe uma série de métodos para ajudar nessas inspeções por amostragem (ASTM, 1992; New Zealand Ministry for the Environment, 2002). Essa abordagem tem três pontos fracos: grande variabilidade significa que é necessário um grande número de amostras que, por sua vez, aumenta os custos. A alta variabilidade de uma estação para outra pode significar que devem ser feitas inspeções periódicas, por um ano ou dois, antes que sejam obtidos dados úteis. Finalmente, uma vez que a incerteza aumenta à medida que o percentual diminui, o método não é eficaz para os componentes relativamente incomuns.

10.2.5 CARACTERIZAÇÃO FÍSICA/QUÍMICA DO RESÍDUO

A escolha de uma opção de gestão dos resíduos sólidos depende das características físicas e químicas específicas do resíduo. Os dados sobre taxas de geração de resíduos são fornecidos em termos de unidades de massa (massa/*capita*-tempo), e não unidades de volume, pois a densidade do resíduo pode variar bastante entre os resíduos e ao longo do tempo. As estimativas de densidade dos resíduos são importantes para que os requisitos de espaço possam ser estimados para o resíduo em vários estágios (por exemplo, coleta, transporte, descarte) dentro do sistema de gestão de resíduos.

A Tabela 10.4 fornece as densidades típicas dos diferentes tipos de resíduos sólidos em diferentes estágios da gestão desses resíduos sólidos. O grande aumento na densidade que vem com a compactação do resíduo em um caminhão ou aterro e do enfardamento de material recuperado é importante na avaliação econômica das opções relacionadas com a gestão de resíduos sólidos.

Coleta de resíduos combustíveis para a produção de energia a partir de resíduos no Japão

(Foto cortesia de James R. Mihelcic).

Tabela / 10.4

Densidades dos Vários Resíduos Sólidos Municipais e dos Materiais Recuperados

	Faixa de densidade (kg/m³)		Faixa de densidade (kg/m³)
RSM Misto		Recipientes de plástico	32-48
Solto	90-180	Papéis diversos	48-64
Solto (países em desenvolvimento)	250-600	Jornal	80-110
No caminhão compactador	300-420	Resíduos de jardim	64-80
Após despejo do caminhão compactador	210-240	Borracha	210-260
No aterro (inicial)	480-770	Garrafas de vidro	190-300
No aterro (com sobrecarga)	700-1.000	Restos de comida	350-400
Retalhado	120-240	Latas de estanho	64-80
Enfardado	480-710	*Materiais recuperados (diversificados)*	
Materiais recuperados (soltos)		Latas de alumínio enfardadas	190-290
Combustível derivado de refugos em pó	420-440	Latas de ferro em cubos	1.040-1.500
Combustível derivado de refugos diversificados	480-640	Papelão enfardado	350-510
Sucata de alumínio	220-260	Jornal enfardado	370-530
Sucata de ferro	370-420	Papel de melhor qualidade enfardado	320-460
Papelão	16-32	Embalagens PET enfardadas	210-300
Latas de alumínio	32-48	Embalagens HDPE enfardadas	270-380

FONTE: Diaz *et al.*, 2003.

O teor de umidade do resíduo sólido é determinado da seguinte forma:

$$\text{teor de umidade} = \frac{\text{massa de umidade}}{\text{massa total do resíduo}} \qquad \textbf{(10.1)}$$

Essa definição é diferente da baseada no peso seco, que é a definição normalmente utilizada nas aplicações de engenharia geotécnica. Entretanto, é a mesma coisa que a baseada no peso úmido, que é a definição normalmente utilizada nas ciências dos solos. O peso seco pode ser encontrado da seguinte forma:

$$\text{massa seca} = \text{massa total de resíduo} \times \frac{100 - \text{teor de umidade (em \%)}}{100}$$

$$\textbf{(10.2)}$$

Diferentes quantidades de umidade estão associadas a diferentes resíduos sólidos e, geralmente, são coletados dados sobre resíduos sólidos úmidos *conforme foram recebidos*. Depois, esse valor é convertido para massa de resíduo seca antes de realizar outros cálculos. A Tabela 10.5 fornece valores típicos do teor de umidade dos diferentes componentes dos resíduos sólidos, junto com informações sobre o teor energético e a composição química elementar.

Tabela / 10.5

Características Físicas/Químicas Comuns dos Componentes de Resíduos Sólidos

	Umidade (% por massa úmida)	Valor energético recebido (MJ/kg)	Valor energético após secagem (MJ/kg)	Carbono (% por massa seca)	Hidrogênio (% por massa seca)	Oxigênio (% por massa seca)	Nitrogênio (% por massa seca)	Enxofre (% por massa seca)	Cinza (% por massa seca)
Restos de comida	70	4,2	13,9	48	6,4	37,6	2,6	0,4	5
Revistas	4,1	12,2	12,7	32,9	5	38,6	0,1	0,1	23,3
Papel (misturado)	10	15,8	17,6	43,4	5,8	44,3	0,3	0,2	6
Plásticos (misturados)	0,2	32,7	33,4	60	7,2	22,8	< 0,1	< 0,1	10
Têxteis	10	18,5	20,5	48	6,4	40	2,2	0,2	3,2
Borracha	1,2	25,3	25,6	69,7	8,7	< 0,1	< 0,1	1,6	20
Couro	10	17,4	18,7	60	8	11,6	10	0,4	10
Resíduos de jardim	60	6,0	15,1	46	6	38	3,4	0,3	6,3
Madeira (misturada)	20	15,4	19,3	49,6	6	42,7	0,2	< 0,1	1,5
Vidro	2	0,2	0,2	0,5	0,1	0,4	< 0,1	< 0,1	99
Metais	4	0,6	0,7	4,5	0,6	4,3	< 0,1	0,1	90,6

FONTE: Mesmos dados de Tchobanoglous *et al.*, 1993.

O projeto de sistemas para **recuperação de energia** exige dados sobre o teor energético do resíduo. De modo similar, a avaliação de muitos sistemas de tratamento de resíduos sólidos vai exigir informações sobre a composição elementar dos resíduos. Os componentes de alta energia do RSM são o plástico e o papel. Os restos de comida e os resíduos de jardim têm alto teor de umidade, o que limita a energia que liberam quando queimados.

Os teores de umidade fornecidos na Tabela 10.5 são valores típicos. Esses valores podem variar bastante, dependendo da composição específica do componente do resíduo ou de fatores locais como o clima. Por exemplo, os resíduos de jardim gerados durante o verão podem ser, predominantemente, grama e, após a coleta no clima chuvoso, o resíduo de jardim pode ter um teor de umidade de 80%. No final do outono, o resíduo de jardim pode consistir, predominantemente, em folhas e, após a coleta no clima seco, ele pode ter um teor de umidade tão baixo quanto 20%. O teor de umidade variado de um material residual pode afetar a avaliação da composição global de um fluxo de resíduos (conforme o Exemplo 10.2) e as estimativas de resíduos totais. Portanto, é preferível trabalhar com a massa seca do resíduo durante os cálculos intermediários.

---

exemplo / 10.2   Ajuste para o Teor de Umidade Variado do Resíduo

Os resíduos alimentares correspondem a uma fração significativa do fluxo de resíduos sólidos municipais. Para projetar um sistema de coleta de resíduos alimentares, um município está interessado em determinar a quantidade de resíduos gerados. O resíduo sólido foi analisado em determinado dia, quando se constatou que a geração anual total de resíduos era de 700 kg/pessoa-ano. O estudo também mostrou que o resíduo alimentar correspondia a 20% da massa (úmida) total gerada (ver a tabela a seguir). Desse modo, a taxa de geração de resíduos alimentares é 140 kg/pessoa-ano.

Entretanto, o estudo não mediu o teor de umidade do resíduo. Suponha que os dados percentuais do resíduo foram coletados em um dia quente de verão, com um baixo teor de umidade. Supondo um teor de umidade normal, estime a taxa de geração de resíduos alimentares e a taxa de geração total de resíduos.

	Porcentagem de massa total	Baixo teor de umidade (%)	Teor de umidade normal (%)
Resíduo alimentar	20	50	70
Papel usado	30	3	10
Resíduos de jardim	30	20	60
Outros resíduos	20	2	5

solução

Primeiramente, determine a taxa de geração seca dos vários fluxos de resíduos em um dia quando o teor de umidade desses resíduos é baixo. Esse valor pode ser convertido para a taxa de geração seca típica (que, provavelmente, é mais aplicável ao ano inteiro). A taxa de geração total de cada componente do fluxo de resíduos sólidos pode ser calculada e tabulada conforme a Tabela 10.6. Para estimar as condições em um dia com um teor de umidade normal, determine a taxa de geração seca usando um teor de umidade presumidamente baixo (fornecido na tabela anterior). Depois, adicione de volta a umidade típica à taxa de geração seca.

exemplo / 10.2   (*continuação*)

As Equações 10.1 e 10.2 podem ser combinadas para solucionar a massa total em função da massa seca e do teor de umidade:

$$\text{massa total} = \frac{\text{massa seca}}{\dfrac{100 - \text{teor de umidade (em \%)}}{100}}$$

Os resultados da nossa análise são os da Tabela 10.6.

A taxa de geração total típica prevista para os resíduos sólidos com umidade normal adicionada é 1.024,1 kg/pessoa-ano, e a taxa de geração e a massa úmida do resíduo alimentar é 233,3 kg/pessoa-ano. Esses valores são significativamente mais altos do que os valores amostrados (fornecidos na primeira coluna da Tabela 10.6), pois os valores amostrados foram determinados em um dia de verão relativamente seco.

Tabela / 10.6

Resultados do Exemplo 10.2

	Taxa de geração total amostrada (kg/pessoa-ano)	Teor de umidade presumido (%)	Taxa de geração seca (kg/pessoa-ano)	Teor de umidade normal (%)	Taxa de geração total normal (kg/pessoa-ano)
Resíduos alimentares	140	50	70	40	233,3
Resíduos de papel	210	3	203,7	10	226,3
Resíduos de jardim	210	20	168	60	420,0
Outros resíduos	140	2	137,2	5	144,4
Total	**700**		**578,9**		**1.024,1**

Tabela / 10.7

Métodos para Classificar um Resíduo Sólido como Perigoso

Característica do resíduo	Pergunta relacionada com a característica
Inflamável	O resíduo é inflamável (por exemplo, solventes residuais)?
Corrosivo	O resíduo é muito ácido ou básico e, portanto, capaz de corroer tanques de armazenamento (por exemplo, ácidos de bateria)?
Reativo	O resíduo pode participar de reações químicas rápidas que levem a explosões, fumaças toxicas ou calor excessivo (por exemplo, lítio que possa reagir com água de maneira explosiva, explosivos, lodo de cianeto, agentes oxidantes fortes)?
Tóxico	O resíduo pode causar danos internos a uma pessoa ou organismo (por exemplo, venenos que causem morte ou cegueira, carcinógenos)?
Radioativo	O resíduo pode liberar partículas subatômicas que podem causar efeitos tóxicos (por exemplo, alguns resíduos médicos e laboratoriais, resíduos associados à produção de energia nuclear)?
Infeccioso	O resíduo pode levar à transmissão de doenças (por exemplo, seringas usadas, resíduos médicos hospitalares)?

FONTE: Environmental Protection Agency, http://www.epa.gov/osw/hazard/wastetypes/index.htm.

10.2.6 CARACTERIZAÇÃO DOS RESÍDUOS PERIGOSOS

Os resíduos são considerados **perigosos** quando representam uma ameaça direta à saúde humana ou ao meio ambiente. Os resíduos podem ser classificados como perigosos por uma de seis características: inflamável, corrosivo, reativo, tóxico, radioativo ou infeccioso. A Tabela 10.7 fornece mais detalhes sobre cada característica.

A maioria dos países possui leis e normas relacionadas com os resíduos perigosos e fornece uma definição que classifica determinados resíduos como legalmente perigosos ou não. Nos Estados Unidos, as normas relevantes são promulgadas sob a égide da RCRA e se concentram, primariamente, nos grandes geradores de resíduos relativamente homogêneos. A gestão dos resíduos perigosos é um tópico especializado que está além do escopo deste livro. No Capítulo 6, descrevemos como a química verde e a engenharia verde podem ser implantadas para redu-

É um Resíduo Perigoso ou Inofensivo?

http://www.epa.gov/osw/

Tabela / 10.8

Produtos Perigosos Comuns Encontrados nos Domicílios

Produto	Preocupação
Produtos de Limpeza Doméstica	
Limpa-fornos	Corrosivo
Desentupidores de ralo	Corrosivo
Ácidos de piscina, cloro	Corrosivo
Alvejante à base de cloro	Corrosivo
Produtos automotivos	
Óleo lubrificante	Inflamável
Anticongelante	Tóxico
Baterias de carro	Corrosivo
Fluido de transmissão e freio	Inflamável
Produtos de gramado e jardim	
Herbicidas, inseticidas	Tóxico
Preservativos de madeira	Tóxico
Pesticidas internos	
Repelentes de mosca e xampus	Tóxico
Repelentes de traças	Tóxico
Venenos de camundongo e rato	Tóxico
Manutenção doméstica/hobby	
Tintas a óleo ou esmalte inflamável	Inflamável
Solventes de tinta ou *thinner* inflamável	Inflamável

FONTE: Adaptado de Environmental Protection Agency (http://www.epa.gov/wastes/conserve/materials/hhw.htm) e Tchobanoglous *et al.*, *Integrated Solid Waste Management*, 1993, copyright The McGraw-Hill Companies.

Aprenda sobre a Coleta de Produtos Farmacêuticos

http://www.epa.gov/wastes/hazard/generation/pharmaceuticals/collection.htm

Lei de Prevenção da Poluição

http://www.epa.gov/oppt/p2home/pubs/laws.htm

zir ou eliminar a produção e o uso das substâncias químicas perigosas (bem como seus riscos e resíduos associados).

Pequenas quantidades de resíduos que exibem as características de um resíduo perigoso frequentemente não são consideradas um resíduo perigoso e são gerenciadas (portanto, descartadas) junto com os resíduos municipais. A Tabela 10.8 apresenta produtos domésticos perigosos comuns. O armazenamento e o uso desses produtos em casa é uma preocupação (especialmente por causa da má qualidade do ar do ambiente interno). Muitos municípios fornecer programas de resíduos domésticos perigosos que educam os consumidores sobre o uso de alternativas ecológicas (ver www.care2.com/greenliving/), coletando, ao mesmo tempo, o resíduo doméstico perigoso.

Os leitores devem considerar o impacto de suas compras sobre o meio ambiente. Em graus variados, os produtos residuais domésticos perigosos vão aumentar os impactos ambientais nos ecossistemas e nas estações de tratamento de águas residuais, nas instalações de recuperação de materiais (IRMs), nas instalações de compostagem, nos aterros e nas instalações de conversão de resíduos em energia. Além disso, o uso desses itens em casa ou no local de trabalho apresenta risco ambiental para os seres humanos que ocupam edificações. Especificar e usar produtos de limpeza, bem como equipamentos degradáveis e não tóxicos reduz as emissões, os custos de operação e manutenção, e melhora a qualidade do ar interior e a produtividade dos ocupantes.

Aplicação / 10.2 — Gestão de Resíduos Sólidos no Mundo em Desenvolvimento: Estudo de Caso do Mali, África Ocidental

A gestão correta dos resíduos sólidos é importante em todas as partes do mundo.* Porém, os componentes da gestão dos resíduos sólidos podem parecer bem diferentes. Aqui, exploramos a gestão de resíduos sólidos em uma vizinhança da cidade de Sikasso (Mali), que tem uma população de, aproximadamente, 150.000 pessoas. A Figura 10.4 fornece um panorama geral dos componentes.

Armazenamento no Local

As mulheres varrem suas pequenas lojas e casas todas as manhãs e à noite, colocando o lixo em uma lata ou na esquina. Os moradores podem comprar uma lata de lixo construída de meios tambores metálicos, que têm furos ao longo das paredes. Os resíduos sólidos residenciais consistem principalmente em papel, orgânicos (poeira, folhas) e algum plástico. Também há uma quantidade significativa de resíduos sólidos gerada nos mercados, especialmente orgânicos e papelão.

Coleta

Normalmente, a coleta dos resíduos sólidos começa por organizações privadas que coletam esses resíduos.

Transporte e Transferência

Se a sua casa tiver uma conta na empresa de coleta, um homem com uma carrocinha puxada por um burro vai chegar à sua concessão/casa diariamente, esvaziar a sua lata de lixo e levar os resíduos para uma área de coleta na periferia da cidade. Eles não vão esvaziar o seu lixo sem uma lata. As pessoas que não possuem lata de lixo e contratos com empresas privadas pedem aos filhos para levar o lixo até as áreas de coleta. Em alguns casos, o prefeito ou uma empresa de coleta privada possui uma grande carreta e um trator, e podem transferir grandes pilhas de lixo das áreas centrais para a área de coleta. Em Sikasso, existem 10 áreas de coleta na periferia.

Figura / 10.4 Gestão de Resíduos Sólidos na Cidade de Sikasso, Mali (população aproximada de 150.000 pessoas)

(Foto cortesia de Brooke T. Ahrens e Jennifer R. McConville)

Domicílio

Mercado

Processamento

Catadores, especialmente as crianças, que moram perto das áreas de coleta podem vasculhar os resíduos sólidos antes da chegada da equipe de coleta que leva o lixo para fora da cidade. Alguns moradores podem queimar o lixo ocasionalmente, caso as pilhas fiquem grandes demais.

Descarte

Mais tarde, o resíduo sólido é queimado ou levado da periferia para as áreas rurais. Ele pode ser espalhado sobre campos em pousio, como composto. Atualmente, não existem aterros oficiais para descarte, mas os planos para a sua construção estão pendentes.

Redução da fonte, Reciclagem, Compostagem

Grande parte do refugo é orgânica. As pessoas reutilizam latas, sacolas e outros plásticos e metais, o quanto puderem. Esses resíduos podem ser utilizados como recipientes na revenda de produtos (por exemplo, suco, temperos) ou reciclados em brinquedos e arte (por exemplo, latas de leite metálicas marteladas em caminhões de brinquedo).

Vetores de Doenças

Ratos, camundongos, larvas, baratas e mosquitos podem ser encontrados nas áreas de coleta. As pessoas que vivem próximas a essas zonas podem correr mais riscos de saúde. No mundo inteiro, muitas pessoas ainda não compreendem a ligação entre esses vetores e as doenças diarreicas ou a malária.

Considerações Culturais

Homens e mulheres consideram o transporte e a queima de resíduos sólidos um trabalho de crianças, a menos que possuam uma conta na empresa coletora.

*Este estudo de caso é uma cortesia de Brooke T. Ahrens. As fotos são cortesia de Brroke T. Ahrens e Jennifer R. McConville.

10.3 Componentes dos Sistemas de Resíduos Sólidos

Lembre-se da Figura 10.1, em que um sistema de resíduos sólidos consiste na geração, no armazenamento, na coleta e no transporte de resíduos, além de seu processamento e descarte. Nesta seção, consideramos cada responsabilidade em mais detalhes, começando pelo armazenamento, coleta e transporte.

10.3.1 ARMAZENAMENTO, COLETA E TRANSPORTE

O armazenamento, a coleta e o transporte do RSM correspondem, normalmente, a 40-80% do custo total da gestão dos resíduos sólidos. Quatro questões precisam ser consideradas quando projetamos um sistema de armazenamento, coleta e transporte:

1. Quais resíduos devem ser coletados do gerador e quais o gerador dos resíduos deve transportar para uma instalação de processamento?

2. Até que ponto os geradores devem ser solicitados a separar os resíduos coletados em frações diferentes?

3. Os resíduos devem ser transportados diretamente para uma instalação de tratamento/descarte ou os veículos de coleta devem transferir os resíduos primeiro para outro veículo mais eficiente?

4. Como a implementação de estratégias de prevenção da poluição influenciam as práticas atuais de armazenamento, coleta e transporte?

Essas questões não podem ser consideradas independentemente. Por exemplo, uma comunidade poderia estar considerando se deve ter uma coleta de jornais casa a casa ou um sistema no qual o jornal é deixado em centros de reciclagem. Se o jornal for coletado de casa em casa, será necessário um sistema adequado para coletar e colocar os jornais no meio-fio para coleta. É preciso fazer uma avaliação para verificar a necessidade de utilizar um veículo diferente para coletar os jornais, ou se a coleta existente de bens reciclados ou os resíduos gerais poderia ser aproveitada. Se for utilizado um veículo diferente para a coleta dos jornais, poderia ser mais eficiente usar esses caminhões para dirigir diretamente para uma área de armazenamento na doca para o transporte de papel usado. No entanto, se o mesmo caminhão for utilizado para coleta de jornais e resíduos gerais, poderia ser mais eficiente o caminhão seguir para uma estação de transferência, na qual o jornal é separado e enviado em um veículo especial para a doca, enquanto o resíduo geral é levado para um aterro.

As opções comuns disponíveis para os problemas inter-relacionados de armazenamento, coleta e transporte podem ser utilizadas para conceber soluções criativas e sustentáveis. A Figura 10.5 fornece exemplos de veículos e de um recipiente utilizado na coleta, no armazenamento e no transporte de componentes específicos de RSM.

Para o RSM residencial, o método de coleta mais comum é no meio-fio. Os moradores são solicitados a segregar os resíduos em vários tipos (por exemplo, recicláveis, orgânicos e gerais), usando diferentes recipientes ou sacolas, que são colocados no meio-fio para coleta. A coleta é feita por um ou mais caminhões. O número de trabalhadores por caminhão varia entre as comunidades, com alguns deles operados por apenas uma pessoa e os

Armazenagem de resíduos sólidos em Fiji

(Foto cortesia de James R. Mihelcic)

(a) Este veículo de carregamento frontal é utilizado, normalmente, na coleta comercial.

(Foto cortesia de Heil Environmental)

(b) O veículo de carregamento lateral é utilizado, normalmente, na coleta residencial.

(Foto cortesia de Heil Environmental)

(c) O veículo de carregamento traseiro é adequado para coleta residencial.

(Foto cortesia de Heil Environmental)

(d) Este é um varredor de ruas e caminhos.

(Foto cortesia de Hako GmbH)

(e) Esta lixeira oferece um meio para coletar recicláveis em um distrito comercial.

(Foto cortesia de Glason Group Limited)

Figura / 10.5 Dispositivos para Auxiliar na Coleta, no Armazenamento e no Transporte dos Resíduos Sólidos

moradores usando grandes caçambas com rodas para o armazenamento dos resíduos. Algumas comunidades usam sistemas de coleta que pesam as caçambas (ou cobram por sacola) e, desse modo, cobram o gerador dos resíduos de acordo com a coleta feita. Na coleta de resíduos residenciais, os custos aumentam mais rapidamente com o número de paradas, o número de trabalhadores e o número total de caminhões em serviço. Esses fatores influenciam os sistemas de coleta, de modo que, hoje em dia, eles costumam usar grandes recipientes de resíduos para os moradores, mais caminhões multiuso, uma maior densidade de resíduos por caminhão e menos trabalhadores por caminhão.

Normalmente, os geradores de resíduos comerciais e institucionais usam recipientes de armazenamento maiores e têm um sistema separado para coleta dos resíduos. Esse sistema usa veículos projetados especificamente para a coleta de grandes quantidades de resíduos por parada. Os prédios comerciais e residenciais de grande altura são um caso especial. Muitos têm sistemas especializados para transporte de resíduos para o pavimento inferior do prédio visando ao armazenamento e à compactação antes da coleta.

Estações de entrega de recicláveis são outra parte valiosa de um sistema de coleta de RSM. Essas estações podem ser projetadas para serem utilizadas por várias pessoas que estejam caminhando ou andando de bicicleta, bem como dirigindo veículos pessoais ou usando o transporte público. Os sistemas de entrega também podem ser utilizados para resíduos gerais nas áreas rurais sem a coleta porta a porta. Nos lugares em que o acesso veicular seria inadequado ou difícil (digamos, em uma cidade muito antiga ou em uma zona turística), podem ser empregados sistemas pneumáticos para transportar os resíduos por vácuo para fora do núcleo urbano.

As **estações de transferência** são utilizadas nas cidades maiores para reduzir os custos associados ao transporte. Elas também se tornaram mais comuns pelo movimento para os sítios de descarte regionais (em contraste aos muitos sítios de descarte locais que existiam várias décadas atrás). Os caminhões de coleta são veículos especializados e utilizados com mais eficiência para coletar os resíduos, em vez de transportá-los. Embora um caminhão de coleta normal possa carregar 4-7 Mg de RSM, um caminhão maior usando uma compactação mais eficiente consegue carregar 10-20 Mg de RSM. Estações também podem ser utilizadas para transferir os resíduos transportados por trem ou navio. Com o aumento nas distâncias até os locais de tratamento, descarte dos resíduos e a quantidade de resíduos gerados, as estações de transferência urbanas se tornaram mais econômicas de modo geral.

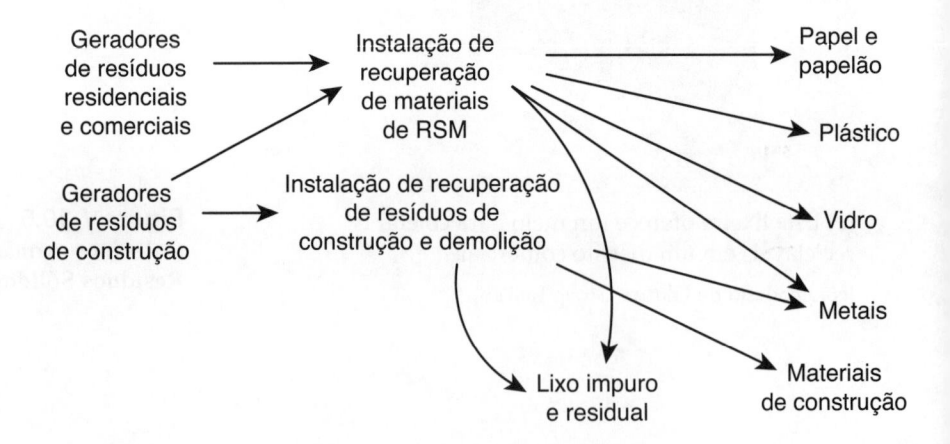

Figura / 10.6 Sistemas de Reciclagem: Geradores de Resíduos, Instalação de Recuperação de Materiais e Mercados para Materiais Recuperados

10.3.2 RECICLAGEM E RECUPERAÇÃO DE MATERIAIS

A reciclagem requer a separação dos materiais e a remoção dos resíduos de baixa qualidade. Os sistemas de reciclagem bem-sucedidos usam uma mistura de separação na fonte, pelo gerador dos resíduos, por maquinários, em um local central, e por pessoal treinado, em um local central. Os sistemas de reciclagem bem-sucedidos requerem a consideração cuidadosa dos custos envolvidos e dos mercados para bens reciclados. Vários tipos de **instalações de recuperação de materiais (IRMs)** podem ser utilizados, com alguns especializados no processamento de resíduos coletados separadamente (Figura 10.6).

A expansão na reciclagem requer o desenvolvimento de novos mercados. Do contrário, o excesso de oferta em relação à demanda leva a uma diminuição no valor dos materiais recuperados, até o ponto em que mais recursos são utilizados para recuperar os materiais do que são economizados pela recuperação. Em alguns casos, pode ocorrer mais reciclagem distribuindo informações entre os detentores dos resíduos e os potenciais usuários. Os sistemas de troca de resíduos podem ser operados para ajudar uma pequena empresa (ou proprietário de residência) a solucionar um problema de resíduos enquanto outro acha um insumo valioso.

Repare que, nos programas de reciclagem, o controle das impurezas pode ser crítico. Por exemplo, uma pequena quantidade de cerâmica no vidro pode inviabilizar a sua reciclagem. Limitar o número de impurezas requer comunicação extensa e permanente com os geradores de resíduos, sejam eles crianças, adultos, comerciantes ou líderes comunitários.

TIPOS DE MATERIAIS RECUPERADOS OU RECICLADOS A reciclagem de plástico é um desafio, em parte porque a indústria de plásticos desenvolveu e comercializou tipos exclusivos de plásticos que não são, necessariamente, compatíveis quando reciclados. Para ajudar na reciclagem dos plásticos, um código internacional de resina é marcado na maior parte dos produtos plásticos de consumo (Tabela 10.9). Os plásticos mais recuperados são o polietileno tereftalato (PET) (tipo 1) e o polietileno de alta densidade (HDPE) (tipo 2). Conforme a sociedade se afastar do uso

Tabela / 10.9

Tipos de Plásticos Encontrados nos Produtos Comerciais com Códigos de Resina Utilizados para Ajudar na Recuperação

Código de resina	Material	Exemplos de aplicação
♳ 1	Polietileno tereftalato (PET)	Garrafas plásticas para refrigerantes; potes de comida
♴ 2	Polietileno de alta densidade (HDPE)	Garrafas de leite; sacolas de mercado
♵ 3	Cloreto de polinivila	Embalagens blister; sacolas para roupas de cama, tubos
♶ 4	Polietileno de baixa densidade	Sacolas para lavagem a seco e alimentos congelados
♷ 5	Polipropileno	Embalagens para quentinhas
♸ 6	Poliestireno	Copos e pratos descartáveis; embalagem de móveis e eletrônicos

de recursos não renováveis, como os plásticos derivados de petróleo, haverá um uso maior dos biomateriais para embalar produtos.

Normalmente, o papel recuperado é transformado de volta em novos produtos de papel. O papel usado é de grande valor quando as fibras de papel são mais compridas e existem menos impurezas. Atualmente, as revistas de papel brilhantes têm um valor mais baixo do que o do papel de escritório, porque elas usam minerais que conferem brilho ao papel. O papel previamente reciclado perde valor porque o processo de reciclagem encurta as fibras.

Por causa dos altos requisitos de energia para processar o minério utilizado para produzir o alumínio, normalmente o alumínio tem alto valor por peso unitário de material recuperado. Os metais ferrosos (ferro, aço) vêm sendo recuperados por processadores de sucata metálica há muitas décadas. Com um mercado desenvolvido para os resíduos metálicos ferrosos, a recuperação dos metais ferrosos de eletrodomésticos, veículos, equipamentos, latas e entulho de demolição é uma atividade comum hoje em dia.

O sistema para transformar resíduos vítreos – os chamados cacos de vidro – em vidro novo está bem desenvolvido. No entanto, o alto custo do transporte para uma fundição de vidro pode tornar impraticável a transformação dos cacos de vidro em vidro novo. Como consequência, novos mercados para esse material estão em desenvolvimento.

O **entulho de construção e demolição** inclui metais, madeira, pedra e concreto. Alguns materiais de construção (por exemplo, telhas e conexões) podem ser reutilizados, enquanto outros são processados para novos usos. A pedra e o concreto quebrados podem-se transformar em agregado para novo concreto ou para outros fins de preenchimento da edificação.

E-Cycle em Seus Resíduos Eletrônicos
http://www.epa.gov/wastes/conserve/materials/ecycling/index.htm

SEPARAÇÃO DOS MATERIAIS   Existe uma grande variedade de equipamentos mecânicos para separação dos materiais residuais. Ímãs conseguem separar metais ferrosos, mas apenas após todas as bolsas terem sido abertas e o resíduo ter sido colocado em esteiras. Para separar papéis e plásticos, as máquinas conseguem aproveitar a densidade mais baixa e o maior tamanho desses materiais. Os métodos podem envolver telas, mesas inclinadas como peneiras movidas por um excêntrico, jatos de ar e peneiras giratórias, chamadas *trommels*. Em alguns casos, os resíduos de papel e plástico são separados de outros materiais de baixa energia e, em seguida, deixados em um estado misto para serem utilizados como uma fonte de combustível. A mistura de papel/plástico se chama combustível derivado de refugo (**RDF**, *refuse-derived fuel*), pode ser triturada e, depois, comprimida para reduzir os custos de transporte. Também existem técnicas mecanizadas para separar o alumínio dos outros materiais e distinguir as várias cores do vidro.

Em muitas situações, as pessoas são empregadas para ajudar na separação dos materiais residuais. Em alguns casos, as pessoas asseguram que sejam produzidos bens recuperados de alta qualidade. Em outros casos, a equipe seleciona resíduos específicos de uma esteira e os colocam em recipientes separados. A saúde e a segurança dos trabalhadores, obviamente, são preocupações básica nos IRMs.

O projeto de uma IRM é difícil e as abordagens criativas são valorizadas. Os materiais separados precisam ser comprimidos para transporte e armazenados com segurança. Um fluxograma típico do processo de uma IRM é exibido pela Figura 10.7. O projeto da IRM precisa gerenciar os materiais residuais que chegam em quantidades variáveis, bem como se adaptar aos mercados que variam quanto ao preço pago pelos materiais processados.

Nos países em desenvolvimento, é comum que *catadores*, o *setor informal*, participem das atividades de gestão de resíduos sólidos. Primariamente, isso se deve aos serviços municipais inadequados, que criam uma grande necessidade de coleta informal de resíduos e uma oportunidade de renda entre os pobres. Medina (2000) escreve:

Quando a catação é apoiada — terminando a exploração e a discriminação —, isso representa uma ilustração perfeita do desenvolvimento sustentável que pode ser alcançado no Terceiro Mundo: são criados empregos, a pobreza é reduzida, os custos e a matéria-prima para a indústria são menores (proporcionando, ao mesmo tempo, competitividade), os recursos são conservados, a poluição é menor e o meio ambiente é protegido.

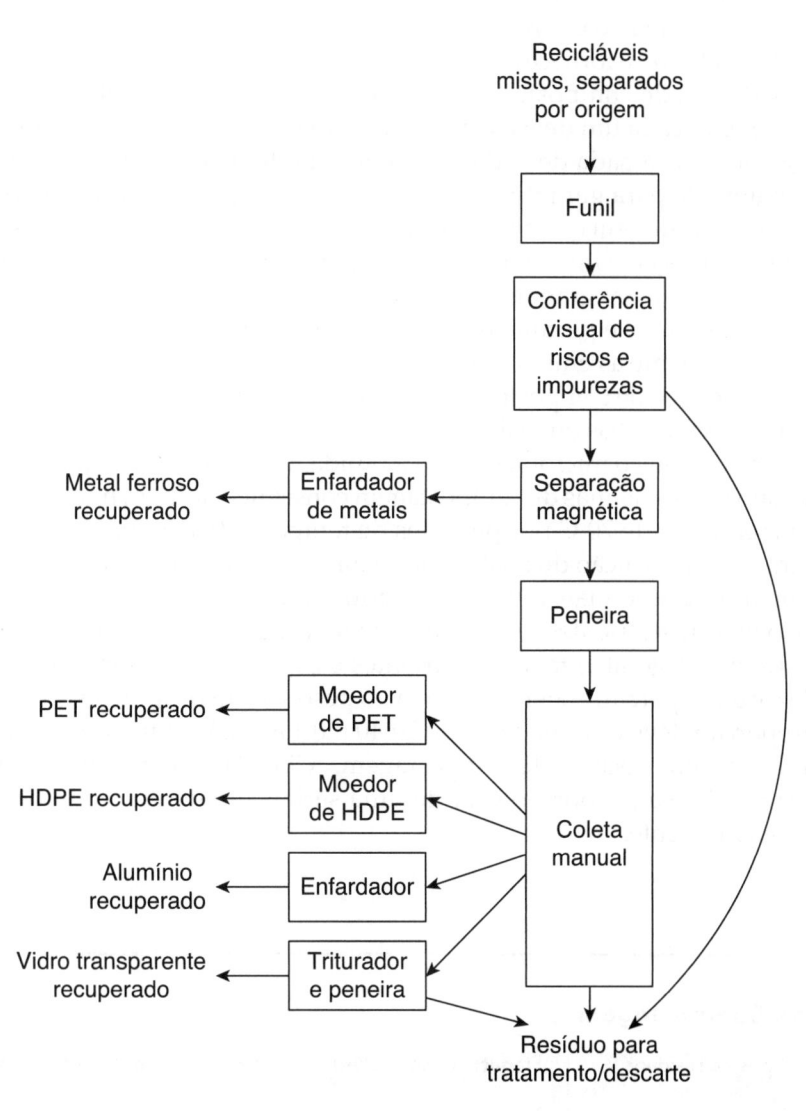

Figura / 10.7 **Fluxograma de Processo de uma Instalação de Recuperação de Materiais** Esta instalação é projetada para processar plásticos PET e HDPE separados na origem, latas de metal e alumínio e vidro transparente.

10.3.3 COMPOSTAGEM

Compostagem é um processo microbiano que trata resíduos biodegradáveis. As reações são similares às empregadas no tratamento aeróbico das águas residuais (discutido no Capítulo 9). Os resíduos são processados até um tamanho adequado, adiciona-se água e deixa-se o ar entrar para transferir oxigênio para a pilha de resíduos, que são misturados para assegurar uma degradação uniforme. Os microrganismos se alimentam de matéria orgânica no resíduo, produzindo dióxido de carbono e deixando para trás um sólido (chamado *composto*), que pode ser aplicado ao solo. As duas aplicações mais comuns da compostagem são para: (1) resíduos industriais/agrícolas, como madeira usada, restos do processamento de pescado e sólidos gerados em uma estação de tratamento de efluentes municipais; (2) RSM separados na fonte, como os resíduos de jardim coletados separadamente, ou uma mistura de resíduos de jardim e alimentos coletados separadamente.

A compostagem tem vários objetivos: (1) reduzir a massa de resíduos a ser gerenciada; (2) reduzir o potencial de poluição; (3) destruir quaisquer patógenos; (4) produzir um produto que possa ser comercializado ou utilizado pela comunidade local.

A Tabela 10.10 fornece alguns detalhes sobre os dois tipos mais comuns de sistemas de compostagem em uso: leiras e em recipientes. A Figura 10.8 ilustra cada um deles. Uma **leira** é uma pilha trapezoidal de matéria orgânica processada deixada em espaço aberto. Ela deve ser virada ocasionalmente para garantir que toda a matéria orgânica passe um tempo dentro da pilha, em que a temperatura e o teor de umidade são ideais para a decomposição. Um sistema **em recipientes** mantém a matéria orgânica processada em um grande recipiente. Embora esse processo seja mais caro para construir, ele permite o controle mais preciso do processo, gerencia mais facilmente as emissões de ar e produz composto mais rápido.

A produção de composto exige a manutenção de temperaturas acima de 40°C por vários dias ou mais. Proporcionar as condições certas para o crescimento aeróbico microbiano leva à rápida liberação de energia na forma de calor, e os sistemas de compostagem conseguem atingir, normalmente, temperaturas de 70°C por períodos de tempo curtos. A alta temperatura garante a destruição dos patógenos e das sementes indesejadas, levando a uma produção mais rápida do produto final. O processo é controlado pelo teor de nutrientes (especialmente o nitrogênio), pH, umidade e ar.

De modo geral, o teor de nutrientes é expresso como uma proporção de carbono para nitrogênio relativa ao peso seco (a proporção C:N). Essa proporção deve estar na faixa de 20-40 (20:1 a 40:1) em materiais que entram em um processo de compostagem. A Tabela 10.11 mostra o teor de nitrogênio e a proporção C:N de uma série de materiais compostados frequentemente.

Tabela / 10.10

Tipos mais Comuns de Sistemas de Compostagem

Tipo de sistema	Tamanho da partícula	Tipos de resíduos	Frequência de mistura	Tempo para obter o composto
Leiras	5-20 mm	Jardim misto	Uma vez por semana	2-4 meses
Em recipientes	5-20 mm	Jardim e alimento	De hora em hora	1-2 meses

(a) Compostagem em leira de resíduos de jardim

(Foto do U.S. Department of Agriculture, Equipe do Serviço de Informações de Pesquisa Agrícola)

(b) Compostagem em recipientes para tratar resíduos de cozinha e jardim.

(Foto de Magherafelt District Council, Irlanda do Norte)

Figura / 10.8   Dois Sistemas de Compostagem.

Tabela / 10.11

Teor de Nutrientes de Vários Materiais Utilizados em Compostagem
Os sistemas de compostagem se saem melhor quando a proporção entre carbono e nitrogênio é a melhor possível, na faixa de 20-040 (C:N de 20:1 a 40:1).

Material	Nitrogênio (% massa seca)	Proporção C:N (por massa seca)
Urina	15–18	0,8
Fezes humanas	5,5–6,5	6–10
Esterco de vaca	1,7–2	18
Esterco de aves	5–6,3	15
Esterco de cavalo	1,2–2,3	25
Lodo ativado	5	6
Resíduos vegetais não leguminosos	2,5–4,0	11–12
Cabeças de batatas	1,5	25
Palha de trigo	0,3–0,5	130–150
Palha de aveia	1,1	48
Aparas de grama	2,4–6,0	12–15
Folhas frescas	0,5–1,0	41
Serragem	0,1	200–500
Restos de comida	3,2	16
Papel misturado	0,19	230
Restos de quintal	2,0	23

FONTE: Haug, 1993.

Quando um resíduo não é compostável por conta própria, ele pode ser misturado com outros materiais para garantir o teor de nutrientes adequado, o pH, o teor de umidade e a porosidade do ar. O Exemplo 10.3 demonstra um cálculo típico utilizado para determinar a composição correta do resíduo adicionado a um sistema de compostagem.

A compostagem pode ser feita por indivíduos, empresas ou municípios com grandes quantidades de resíduos orgânicos. Em todos os casos, os princípios são os mesmos. A compostagem de quintal pode reduzir os custos (e os impactos ambientais associados) da coleta, do transporte, bem como do processamento e do descarte de resíduos orgânicos. Atualmente, muitos municípios fornecem unidades de compostagem domiciliar grátis ou subsidiadas (ou criadouros de minhocas) para estimular a prática. Para ser eficaz, a compostagem doméstica deve ter a mistura certa de materiais ricos em nitrogênio e carbono, e deve ter um fluxo de ar e a umidade adequados. As más práticas de compostagem doméstica não vão alcançar as temperaturas necessárias para o tratamento eficaz, podem criar problemas de odor e podem atrair animais. Os municípios precisam encontrar o equilíbrio certo da educação, subsídios e cobrança para obter sistemas de compostagem de quintal eficientes.

exemplo / 10.3 Determinando os Ingredientes Apropriados para a Compostagem Bem-Sucedida

Um esterco de aves tem um teor de umidade de 70% e 6,3% de N (relativo à massa seca). O esterco é composto com palha de aveia com um teor de umidade de 20%. A proporção C:N desejada para a mistura é 30. Usando os valores de composição do nitrogênio da Tabela 10.11 e a proporção C:N desses dois materiais, determine quantos kg de palha de aveia são necessários para cada kg de esterco a fim de alcançar a proporção C:N desejada.

solução

Suponha 1 kg de esterco de aves em massa seca. Faça X = kg de palha de aveia úmida em relação à massa seca. A massa de carbono e nitrogênio obtida de cada material na mistura é:

Nitrogênio de massa seca do esterco de aves = $1 \text{ kg} \times (1 - 0,7) \times 0,063 = 0,0189 \text{ kg}$

Carbono de massa seca do esterco de aves = $1 \text{ kg} \times (1 - 0,7) \times 0,063 \times 15 = 0,2835 \text{ kg}$

Nitrogênio de massa seca da palha de aveia = $X \text{ kg} \times (1 - 0,2) \times 0,011 \times 0,0088 = X \text{ kg}$

Carbono de massa seca da palha de aveia = $X \text{ kg} \times (1 - 0,2) \times 0,011 \times 48 = 0,4224 \times X \text{ kg}$

A proporção C:N global é:

$$30 = \frac{\text{(massa de carbono do esterco de aves + massa de carbono da palha de aveia)}}{\text{(massa de nitrogênio do esterco de aves + massa de nitrogênio da palha de aveia)}}$$

$$30 = \frac{(0,2835 + 0,4224 \times X)}{(0,0189 + 0,0088 \times X)}$$

Calculando X, encontramos $X = 1,8$ kg. Desse modo, para cada 1 kg de esterco de aves, são necessários 1,8 kg de palha de aveia para obter uma proporção C:N ideal equivalente a 30. A razão para isso é que o esterco de aves é uma fonte de nitrogênio melhor e a palha de aveia é uma fonte de carbono melhor.

Em maior escala, os sistemas de compostagem devem corresponder ao produto com os mercados adequados. Os municípios podem devolver (ou vender) o composto para os moradores locais que geraram o resíduo. Os grandes mercados para o composto incluem parques, campos de golfe, viveiros, paisagistas, aterros (como material de cobertura diária ou final) e produtores de relva. Muitos usuários vão insistir em uma falta de impurezas no composto, e o controle rigoroso dos resíduos introduzidos em um sistema de compostagem vão garantir um produto de qualidade sob demanda.

Como Fazer Compostagem
http://howtocompost.org

10.3.4 PRODUÇÃO DE ENERGIA A PARTIR DE RESÍDUOS

A **produção de energia a partir de resíduos** (também chamada **incineração**) é um processo de combustão no qual o oxigênio é utilizado em altas temperaturas para liberar a energia no resíduo. Nos Estados Unidos, em 2004, as instalações de produção de energia a partir de resíduos queimaram 29 milhões de toneladas de RSM. Além disso, hoje, 380 aterros recuperam metano nos Estados Unidos. A produção de energia a partir de resíduos consegue reduzir a quantidade de resíduos que precisam ser descartados, gerar energia para uma comunidade e também reduzir os custos de transporte do RSM. Ela se torna mais favorável aos resíduos com maior teor energético, baixo teor de umidade e baixo teor de cinzas. Estes resíduos incluem papel, plásticos, têxteis, borracha, couro e madeira (valores energéticos listados previamente na Tabela 10.5).

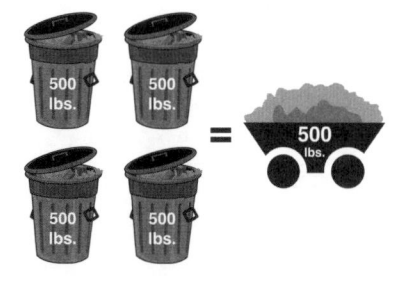

São necessárias 2.000 libras de RSM para igualar a energia térmica em 500 libras de carvão.

A Tabela 10.12 descreve seis sistemas de incineração. O método mais utilizado é a *incineração em massa*. Nesse processo, o RSM não segregado é queimado. A Figura 10.9 fornece um esquema de incinerador

Tabela / 10.12

Sistemas Comuns de Incineração

Tipo de sistema incinerador	Explicação
Queima em massa	O RSM não segregado é queimado.
Modular	Pequenos incineradores se concentram no tratamento de fluxos de resíduos específicos (por exemplo, lixo hospitalar).
Combustível derivado de refugo (RDF)	Os fluxos de resíduos ricos em energia podem ser separados de outros resíduos e queimados, geralmente como substituto dos combustíveis fósseis, como o carvão em usinas de energia. Os biossólidos do tratamento de efluentes são um desses fluxos de resíduos.
Coincineração	Resíduos pós-produção específicos de origem comercial/industrial, como a madeira utilizada em construção, podem ser queimados com resíduos de produção, como o lodo das fábricas de papel ou os biossólidos secos das estações de tratamento de efluentes para produzir energia.
Resíduo perigoso	Os resíduos orgânicos perigosos (por exemplo, solventes, pesticidas) podem ser queimados para destruir os resíduos, embora isso exija grande atenção para as emissões atmosféricas.
Forno de cimento	As fábricas de cimento podem proporcionar condições adequadas para a combustão de muitos resíduos, incluindo pneus e óleo usados, durante a produção de cimento.

Figura / 10.9 Sistema de Incineração em Massa para Tratamento de Resíduos Sólidos Municipais Os programas de redução e reciclagem de resíduos, bem como de eliminação dos resíduos domésticos perigosos e dos metais pesados (por exemplo, baterias) de um fluxo de resíduos podem ser coordenados com os sistemas de incineração para minimizar o risco potencial associado aos poluentes encontrados no gás de combustão e na cinza.

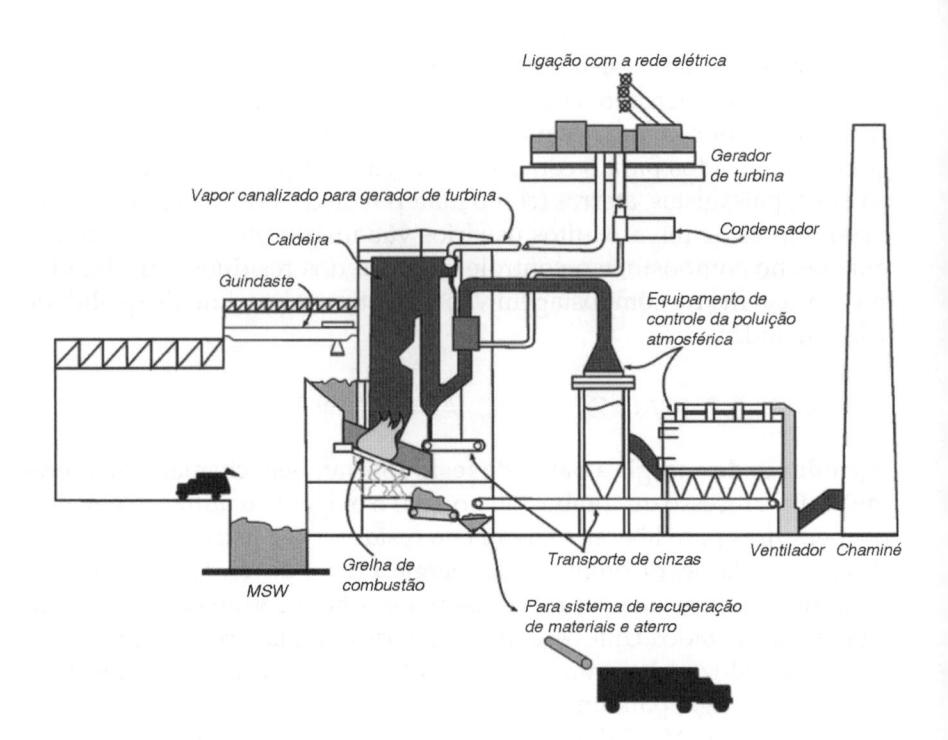

em massa típico. A incineração cria dois subprodutos sólidos. A *cinza residual* é a fração não queimada do resíduo. A *cinza volante* é a matéria particulada suspensa no ar da combustão e removida pelos componentes de poluição do ar, e precisa ser cuidadosamente gerenciada; portanto, uma mistura de processos de recuperação e aterro é utilizada nas cinzas.

O controle da poluição do ar é necessário para que os incineradores limitem as emissões dos particulados, metais voláteis (como o mercúrio), óxidos nitrosos e produtos da combustão incompleta (como as dioxinas). No final dos anos 1980, os incineradores eram o principal contribuinte das emissões de dioxina nos Estados Unidos. No entanto, desde 2000, a contribuição das emissões de dioxina pelos incineradores tem estado abaixo de 6% do total. Atualmente, a queima informal de lixo no quintal (por exemplo, tonéis de queima) é a principal fonte de emissões dioxina nos Estados Unidos (EPA, 2006).

Deve ser fornecido oxigênio suficiente em um processo de incineração para garantir a combustão completa. No fluxo de resíduos, o carbono, o hidrogênio e o enxofre são oxidados para CO_2, H_2O e SO_2 durante a combustão. Embora algum oxigênio esteja presente inicialmente nos resíduos, a maior parte desse oxigênio vem do ar. O Exemplo 10.4 mostra como estimar o ar necessário na combustão.

Os sistemas de incineração costumam ter altos custos de construção e operação. No entanto, os custos podem ser compensados pela economia no transporte dos resíduos para o local de descarte, nos requisitos de terreno para descarte e na energia recuperável. Os sistemas de incineração bem-sucedidos são aqueles em que o resíduo é adequado para incineração e os custos compensam. Além disso, os sistemas de incineração são completos e requerem habilidades avançadas na construção e na operação. Esses dois fatores fazem com que os sistemas de incineração sejam preferidos nas regiões economicamente mais avançadas do mundo e onde o valor do terreno, os custos da energia e os custos de transporte associados a outras alternativas são altos.

Queima de Quintal
http://www.epa.gov/wastes/nonhaz/
municipal/backyard/

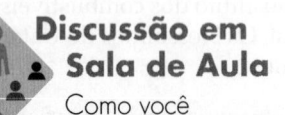

Discussão em Sala de Aula Como você lideraria uma audiência pública para discutir mudanças comportamentais que diminuíssem o uso de tonéis de queima de lixo em uma comunidade suburbana ou rural? Quais partes interessadas precisam comparecer nesse tipo de audiência? Quais ações específicas você poderia adotar para chegar a um consenso?

exemplo / 10.4   Requisitos de Ar para Combustão dos Resíduos Sólidos Municipais

Um combustível derivado de refugos (RDF) compreende 60% de papel misto, 30% de plástico misto e 10% de têxteis. Suponha que esteja seco antes da combustão. Determine o volume de ar (em L) a 20°C, 1 atm de pressão, necessário para queimar 1 kg de RDF.

solução

Use os valores da composição percentual de resíduos sólidos da Tabela 10.5 para determinar os mols de C, H, S e O no resíduo. (Os pesos moleculares são 12, 1, 32 e 16 g/mol, respectivamente.) Complete uma tabela para cada um dos componentes do RDF.

	Massa seca (g)	Mols C	Mols H	Mols S	Mols O
Papel (misto)	600	21,7	34,8	0,038	16,6
Plástico (misto)	300	15,0	21,6	<0,01	4,3
Têxteis	100	4,0	6,4	0,006	2,5
Total	1.000	40,7	62,8	0,05	23,4

Os mols de O_2 necessários para a combustão são determinados para cada espécie molecular. As reações de oxidação balanceadas são:

$$C + O_2 \rightarrow CO_2$$
$$H + \tfrac{1}{4}O_2 \rightarrow \tfrac{1}{2}H_2O$$
$$S + O_2 \rightarrow SO_2$$

A partir das reações balanceadas, 1, ¼ e 1 mol de O_2 são necessários para cada mol de carbono, hidrogênio e enxofre, respectivamente. Além disso, cada mol de oxigênio (O) no resíduo pode compensar a necessidade de 0,5 mol de gás O_2. Os mols globais de O_2 necessários para incinerar o resíduo são:

$$\left[\left(40,7 \, \text{mols C} \times \frac{1 \, \text{mol O}_2}{\text{mol C}} \right) + \left(62,8 \, \text{mols H} \times \frac{\tfrac{1}{4} \, \text{mol O}_2}{\text{mol H}} \right) + \left(0,05 \, \text{mol S} \times \frac{1 \, \text{mol O}_2}{\text{mol S}} \right) \right]$$
$$- \left(23,4 \, \text{mols O} \times \frac{0,5 \, \text{mol O}_2}{\text{mol O}} \right) = 44,8 \, \text{mols O}_2$$

Esse valor de O_2 pode ser convertido para litros de oxigênio, usando a lei dos gases perfeitos, após o que podemos determinar o volume de ar. Reorganize a lei dos gases perfeitos ($PV = nRT$) para calcular V. Use um valor de $R = 0,082$ L-atm/mol-K, junto com valores de 20°C e 1 atm de pressão:

$$V = 44,8 \, \text{mols O}_2 \times 0,082 \, \text{L-atm/mol-K} \times \frac{(273 + 20)K}{1 \, \text{atm}} = 1.080 \, \text{L O}_2/\text{kg}$$

Como o ar consiste em, aproximadamente, 20,9% de O_2, os litros de O_2 podem ser convertidos em litros de ar:

$$1.080 \, \text{L O}_2/\text{kg} \times \frac{1 \, \text{L ar}}{0,209 \, \text{L O}_2} = 5.200 \, \text{L ar/kg resíduo}$$

10.3.5 ATERRO

Os **aterros** são instalações artificiais projetadas e operadas para o confinamento de longo prazo dos resíduos sólidos. O projeto do aterro vai variar bastante de acordo com o resíduo e a localização da instalação. Com base no tipo de resíduo, os quatro tipos principais de aterros são apresentados na Tabela 10.13, junto com as normas federais relevantes sob a RCRA. Nos aterros, os resíduos são colocados e compactados em formas sólidas, e em seguida são cobertos para limitar a exposição à água e ao ar. O **lixiviado** é a água que entra em contato com os resíduos e se transforma em água residual contaminada. À medida que os materiais biológicos se decompõem nos aterros, o oxigênio é consumido e o dióxido de carbono é produzido. Ao longo do tempo, um ambiente anaeróbico evolui e leva à produção de gás metano. O Capítulo 9 discutiu em detalhes os processos bioquímicos nos quais os resíduos orgânicos são convertidos para metano.

Conforme a Figura 10.10, os aterros são instalações tecnicamente avançadas com sistemas de proteção ambiental sofisticados. A proteção ambiental nos aterros ocorre pela combinação de quatro barreiras: (1) localização apropriada; (2) projeto totalmente específico e implementado cuidadosamente durante a construção e operação; (3) exclusão dos resíduos inadequados; (4) coleta e uso de gás de aterro como fonte de energia; (5) monitoramento de curto e longo prazo.

LOCALIZAÇÃO DO ATERRO Os aterros precisam ficar onde os riscos ao meio ambiente à sociedade são baixos, tal que o risco resultante seja minimizado mesmo no caso de falha de projeto, construção e operação. Também é fundamental anular as questões associadas à justiça social e ambiental. A Tabela 10.14 resume os locais a serem evitados quando situarmos um aterro e outras questões que precisam ser consideradas. A localização do aterro é uma questão social altamente contenciosa, e o papel do engenheiro é fornecer insumos e análise de maneira equitativa.

Uma ferramenta comum para avaliar os possíveis locais de aterro é o *sistema de informações geográficas (GIS, geographic information system)*. O GIS é um meio valioso de processar grandes quantidades de dados e assegurar uma avaliação de todas as opções. A Figura 10.11 mostra o resultado de uma avaliação GIS dos possíveis locais de aterro. Nesse caso, o local

---

Discussão em Sala de Aula

Discutas as questões de localização ambiental em termos de distribuir o risco de modo equitativo. Você compreende por que muitas pessoas não querem um aterro situado em seu quintal? Quais são as partes interessadas importantes e como você abordaria suas preocupações para chegar a um consenso?

Tabela / 10.13

Principais Tipos de Aterro A fiscalização regulamentar depende do tipo de resíduo.

Tipo de resíduo	Regulamentações aplicáveis nos Estados Unidos
Entulho de construção e demolição	A regulamentação dos aterros de entulho de construção e demolição é gerenciada no nível estadual nos Estados Unidos
Resíduos sólidos municipais	40 C.F.R. Parte 258
Resíduos industriais (por exemplo, para cinzas e resíduos de mineração)	40 C.F.R. Parte 257
Resíduos perigosos	40 C.F.R. Partes 264 e 265

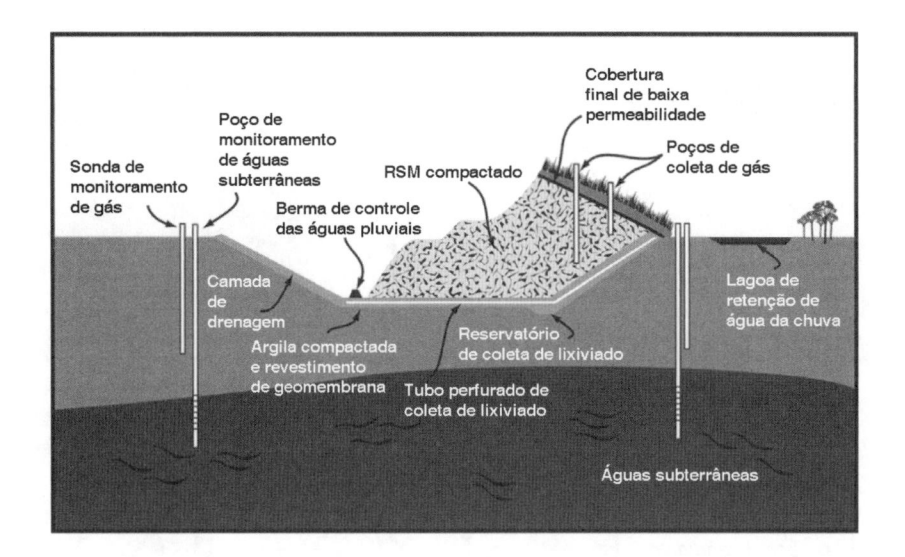

Figura / 10.10 Corte Transversal de um Aterro Moderno, Mostrando as Barreiras Incorporadas ao Projeto de Engenharia As muitas barreiras ajudam a proteger a saúde pública e o ambiente.

(Redesenhado com permissão da National Solid Wastes Management Association – NSWMA –, 2003.)

com infraestrutura de transporte existente pode ser integrado ao local dos geradores de grande volume de resíduos urbanos e outras questões de localização apresentadas na Tabela 10.14. O GIS também permite que o engenheiro acrescente informações demográficas relacionadas com outras preocupações como a distribuição equitativa do risco.

DECOMPOSIÇÃO DO ATERRO Os resíduos que são descartados em um aterro sofrem uma série de reações químicas e biológicas inter-relacionadas. Essas reações determinam a quantidade e a composição do gás,

Tabela / 10.14

Itens a Considerar quando Localizar um Aterro

Itens específicos do local a serem evitados
- Planícies aluviais
- Falhas geológicas ativas
- Terra sujeita a deslizamentos ou erosão
- Zonas úmidas e intersticiais
- Áreas com ecossistemas significativos e biodiversidade importante
- Áreas de importância cultural ou arqueológica
- Captações de água potável

Outros itens a considerar
- Integrar estratégias de prevenção da poluição, como a redução da fonte e a reciclagem, para maximizar a capacidade do aterro.
- Minimizar os custos do transporte dos resíduos colocando o aterro perto dos centros de geração dos resíduos.
- Minimizar os custos necessários para a construção da infraestrutura de transporte necessária para acessar o local
- Identificar os sítios menos propensos a extremos de chuva ou vento.
- Identificar os sítios com solos que possam ser utilizados durante a construção.
- Corresponder o possível sítio com um uso final do aterro que venha a beneficiar a comunidade local e usar a energia produzida.
- Desenvolver soluções equitativas para questões de justiça ambiental e outras objeções sociais no desenvolvimento de um aterro
- Buscar a colocação dos usuários que possam usar de modo benéfico os materiais residuais ou a energia derivada.

Figura / 10.11 Avaliação dos Possíveis Locais de Aterro pelo Sistema de Informações Geográficas As áreas adequadas estão destacadas em sombreado cinza, que pode ser comparado com as redes de transporte existentes, e as áreas urbanas produtoras de resíduos são realçadas em sombreado escuro. O local é a Ilha de Lesvos, no Mar Egeu a leste da Grécia.

(Reproduzida de T.D. Kontos *et al.*, *Waste Management and Research*, 21(3); 262, copyright 2003. Reimpresso com a permissão da SAGE Publications, Inc.)

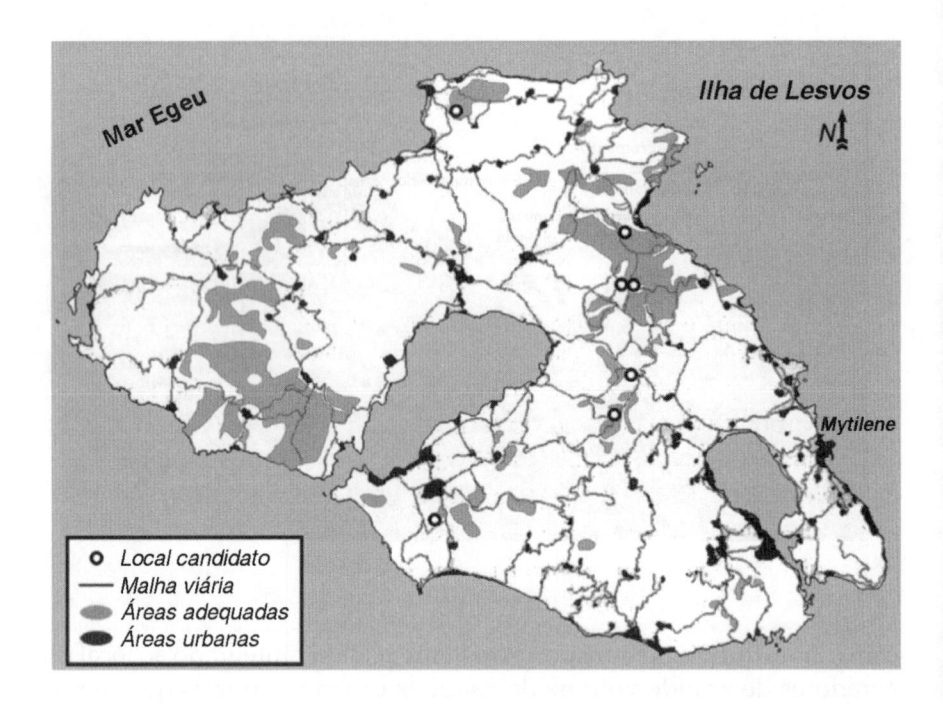

bem como do lixiviado produzidos pelo aterro, de forma que determinam a gestão necessária. Em termos das reações biológicas que acontecem, um aterro é melhor visualizado como um processo de decomposição química em lotes.

A Figura 10.12 retrata a composição de gás e lixiviado ao longo do tempo à medida que o resíduo de origem biológica (por exemplo, resíduos alimentares, resíduos de jardim, papel) se decompõe. Nos estágios iniciais da decomposição (exibidos na Figura 10.12), o oxigênio é consumido, e o dióxido de carbono e os ácidos são produzidos. Esses dois produtos diminuem o pH do lixiviado. Um aumento na demanda

Figura / 10.12 Vias de Decomposição Típicas do Aterro A figura superior (a) mostra a composição gasosa (e a produção) ao longo do tempo. A figura inferior (b) mostra a concentração relativa do lixiviado de vários constituintes. À medida que a taxa de produção de gás aumenta, o lixiviado fica menos resistente em termos da concentração de seus constituintes.

(Baseado em Farquhar e Rovers, 1973.)

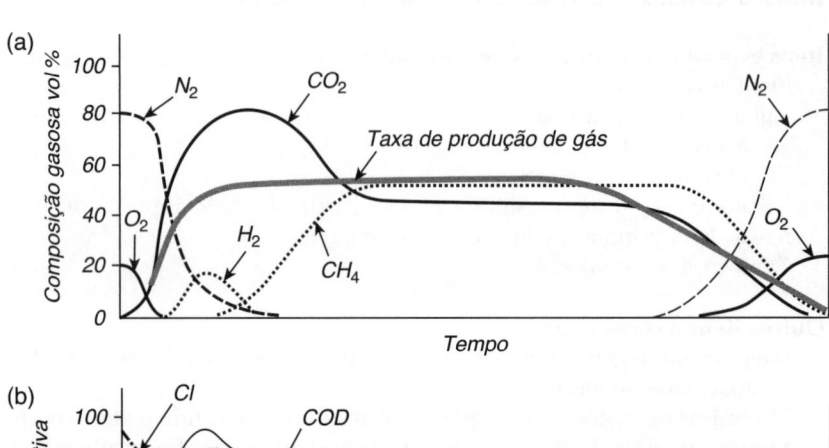

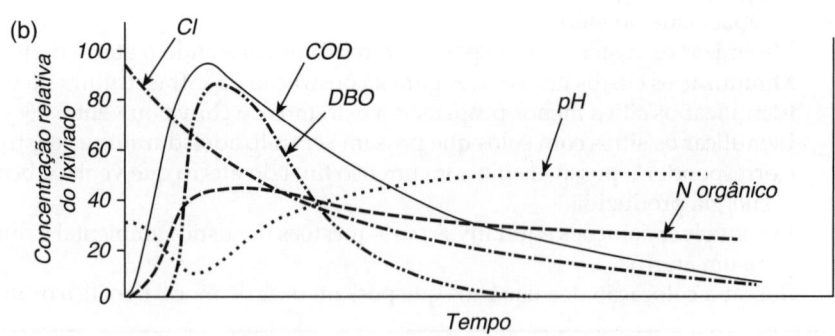

de oxigênio do lixiviado (medida como DQO e DBO) também é observado nos estágios iniciais da decomposição à medida que os produtos orgânicos são convertidos da fase particulada para a fase dissolvida. Nos estágios finais, após todo o oxigênio ser consumido e um ambiente anaeróbico ser estabelecido, os microrganismos convertem os ácidos orgânicos ricos de DBO para gás metano. Aqui, o lixiviado fica menos concentrado à medida que os constituintes dissolvidos são convertidos para a fase gasosa e os componentes prontamente lixiviáveis do material residual se tornam menos prevalentes. Nos estágios finais da decomposição, o lixiviado ainda tem muita resistência e requer coleta e tratamento.

O tempo necessário para alcançar um estado estável para produção de metano pode variar de 1 ou 2 anos até 20 anos. A produção de metano pode jamais ocorrer se as condições biológicas forem desfavoráveis. As razões para isso poderiam ser a presença de produtos químicos inibidores de metano no fluxo de resíduos ou a infiltração de oxigênio de uma cobertura mal projetada. Durante a produção de metano em regime estável, o gás é cerca de 50% metano e 50% dióxido de carbono – mas lembre-se de que o metano tem um potencial de aquecimento global 25 vezes maior do que o do dióxido de carbono.

O lixiviado resultante possui, geralmente, uma DBO mais alta do que a das águas residuais municipais domésticas e pode ser tão perigoso quanto muitas águas residuais industriais. As concentrações dos constituintes no lixiviado dependem bastante do tipo de resíduo colocado no aterro. A exclusão dos resíduos perigosos dos aterros aumenta a probabilidade da produção biológica correta do metano ao mesmo tempo em que limita o perigo associado ao lixiviado do aterro. A produção estável do metano é importante em termos da qualidade do lixiviado, já que a produção de metano diminui o perigo do lixiviado porque os componentes orgânicos dissolvidos do lixiviado (medidos como DQO ou DBO) são convertidos para metano gasoso.

GÁS DE ATERRO A produção de gás de aterro é mais bem visualizada como um problema e uma oportunidade. Primeiro, considere as razões para isso ser um problema: (1) Pode ser explosivo quando misturado com oxigênio. (2) Pode ser uma preocupação de saúde humana para os trabalhadores do local. (3) Pode criar odores. (4) Pode deslocar o oxigênio nos solos, podendo sufocar as plantas vizinhas. (5) Pode emitir metano na atmosfera, contribuindo para as **emissões de gases do efeito estufa**.

A principal razão para o gás de aterro ser uma oportunidade é que ele tem potencial para produzir uma forma econômica de eletricidade, derivada de combustíveis não fósseis. A Tabela 2.5 mostrou que, apenas nos Estados Unidos, as emissões de CH_4 dos aterros foram 107,8 Tg de equivalentes de CO_2 em 2010. No Capítulo 9, discutimos como o Distrito de Saneamento do Condado de Los Angeles obtém, atualmente, 63 MW de eletricidade a partir do gás de aterro.

A quantidade total de **metano** que pode ser produzida vai variar de acordo com a quantidade de material biodegradável e a adequabilidade das condições do aterro à produção biológica de metano. Os valores típicos são 100 L CH_4 produzidos por kg de RSM aterrado. A quantidade máxima de metano produzida pode ser estimada a partir da estequiometria da decomposição do resíduo:

$$C_aH_bO_cN_d + \frac{(4a - b - 2c + 3d)}{4} H_2O \rightarrow \frac{(4a + b - 2c - 3d)}{8} CH_4$$

$$+ \frac{(4a - b + 2c + 3d)}{8} CO_2 + dNH_3$$

$$(10.3)$$

em que a, b, c e d são os coeficientes estequiométricos de uma substância química orgânica específica. A quantidade real de metano produzida pode ser de apenas 10-50% da quantidade máxima estimada pela Equação 10.3. Isso porque alguns resíduos orgânicos não são degradáveis em condições anaeróbicas e porque, em algumas seções de um aterro, a biodegradação eficaz pode ser prejudicada por baixa umidade, presença de toxinas, pH adverso ou falta de nutrientes.

A Figura 10.12 mostra que a taxa em que o metano é produzido (em unidades de L metano/kg resíduos-ano) é descrita, frequentemente, com um atraso de fase de zero produção de metano, seguido por decaimento exponencial, como segue (para $t > t_{lag}$):

$$\text{taxa de produção de CH}_4 = V_{\text{gás}} \times k \times e^{[-k \times (t - t_{lag})]} \qquad (10.4)$$

em que $V_{\text{gás}}$ é o volume total de gás (L) que pode ser produzido por kg de resíduo, k é a taxa de decaimento de primeira ordem (tempo^{-1}), t é o tempo medido a partir do ponto em que o resíduo é descartado e t_{lag} é o tempo necessário antes de o resíduo começar a produzir metano.

Para determinar o metano produzido entre o tempo t_1 e t_2, podemos integrar essa função para fornecer a seguinte equação (com t_1, $t_2 > t_{lag}$):

$$CH_4 \text{ cumulativo} = V_{\text{gás}} \times \left[1 - e^{[-k(t_2 - t_{lag})]} \right] - V_{\text{gás}} \times \left[1 - e^{[-k(t_1 - t_{lag})]} \right]$$

$$(10.5)$$

Na situação em que $t_1 \ll t_{lag}$, a Equação 10.5 reduz para (com $t_2 > t_{lag}$)

$$CH_4 \text{ cumulativo} = V_{\text{gás}} \times [1 - e^{[-k(t_2 - t_{lag})]}] \qquad (10.6)$$

A taxa de decaimento de primeira ordem está relacionada com a meia-vida, $t_{1/2}$ (conforme discutido no Capítulo 3):

$$k = \frac{0,693}{t_{1=2}} \qquad (10.7)$$

As meias-vidas da produção de metano em um aterro dependem da degradabilidade dos resíduos e podem variar de 1 a 35 anos (McBean *et al.*, 1995; Pierce *et al.*, 2005). Elas também variam com o teor de umidade dos resíduos. Os resíduos secos terão uma meia-vida maior do que os resíduos úmidos. Consequentemente, alguns aterros reciclam o lixiviado em uma pilha de resíduos ou adicionam outras fontes de água aos resíduos para aumentar a taxa de decomposição.

exemplo / 10.5   Estimando a Produção de Metano

Calcule o volume de metano que pode ser coletado (em m^3/pessoa a 0°C) do aterro de 1 ano de resíduos para cada pessoa. Use a taxa de aterro de 2010 fornecida na Tabela 10.2. Suponha que os três componentes do resíduo que produzem metano sejam os resíduos alimentares (15% do total), papel usado (30% do total) e resíduos de jardim (25% do total). Suponha que 60% dos restos de alimento e papel e 40% das podas de jardim se decomponham.

solução

Este problema exige que determinemos o volume de metano produzido para cada 1 kg de resíduo aterrado e multiplique esse valor pela massa de resíduos aterrados por pessoa por ano.

Para cada kg de resíduos, determine os mols de carbono, hidrogênio e oxigênio que irão degradar e produzir metano. A seguir, use a estequiometria molar da Equação 10.3 para determinar os mols de metano produzidos. Conforme a Tabela 10.15, a solução usa não só as informações dessa tabela, mas também os valores fornecidos no enunciado do problema e os pesos moleculares, para encontrar as razões molares necessárias.

Tabela / 10.15

Resultados do Exemplo 10.5

	Peso úmido (g)	Teor de unidade (%)	Peso seco (g)	Carbono total (g)	Hidrogênio total (g)	Oxigênio total (g)	Nitrogênio total (g)
Restos de comida	150	70	45	21,6	2,9	16,9	1,2
Papel (misturado)	300	10	270	117,2	15,7	119,6	0,8
Resíduos de jardim	250	60	100	46,0	6,0	38,0	3,4
Outros	300	—	—	—	—	—	—
Total	1.000						

	Carbono degradado (g)	Hidrogênio degradado (g)	Oxigênio degradado (g)	Nitrogênio degradado (mols)	Carbono degradado (mols)	Hidrogênio degradado (mols)	Oxigênio degradado (mols)	Nitrogênio degradado (mols)
Restos de comida	13,0	1,7	10,2	0,7	1,08	1,71	0,63	0,05
Papel (misturado)	70,3	9,4	71,8	0,5	5,85	9,32	4,49	0,03
Resíduos de jardim	18,4	2,4	15,2	1,4	1,53	2,38	0,95	0,10
Outros	—	—	—	—	—	—	—	—
Total					8,46	13,41	6,07	0,18

A partir da Equação 10.3, os mols de metano produzidos são determinados como $(4a + b - 2c - 3d)/8$. A partir da Tabela 10.15, $a = 8,46$, $b = 13,41$, $c = 6,07$ e $d = 0,18$. Usando essa expressão, o metano produzido por kg de resíduo é 4,32 mols.

Usando a lei dos gases perfeitos, a 0°C (273K), há 22,4 L de gás por mol ou 0,0224 m³ de gás por mol de gás. Desse modo, o volume de metano produzido por kg de resíduo é:

$$4{,}32 \text{ mols } CH_4 \times 0{,}0224 \text{ m}^3/\text{mol} = 0{,}0967 \text{ m}^3 \text{ por kg}$$

O problema afirma que 90% do metano foi recuperado; portanto, 0,087 m³ são produzidos por cada kg de resíduos.

A partir da Tabela 10.2, a taxa de aterro nos Estados Unidos, em 2010, foi de 0,40 Mg (ou 400 kg) por pessoa por ano. Portanto, a taxa de produção de gás é:

$$0{,}0968 \text{ m}^3/\text{kg} \times 400 \text{ kg/pessoa-ano} = 38{,}7 \text{ m}^3 \text{ metano/pessoa-ano até } 0°C$$

A produção de gás de aterro leva a pressão nos aterros sanitários. Isso resulta em movimento do gás. O fluxo de gás nos resíduos do aterro (e no solo) tem muitas semelhanças com o escoamento das águas subterrâneas. Para controlar o movimento do gás, barreiras impermeáveis ao gás são incorporadas ao projeto e fora do aterro são depositados solos de alta permeabilidade que direcionam o fluxo de gás para trincheiras. Mesmo em circunstâncias pregressas, quando o gás de aterro não era coletado para energia, era comum coletar e queimar gás para minimizar os impactos negativos associados ao gás de aterro.

A captura total de gás de aterro requer a instalação dentro dos resíduos do aterro, poços de gás e camadas permeáveis ao gás, junto com sistemas de bombeamento e encanamento (consulte a Figura 10.10). Novos aterros conseguem capturar mais de 90% do metano produzido. O gás de aterro fornece calor, vapor ou eletricidade. O método mais comum de converter gás em eletricidade é com grandes motores modulares de 1 MW. Como o gás de aterro é uma fonte de energia renovável, muitos esforços estão sendo feitos no mundo inteiro para ampliar o seu uso. Como exemplo, o Programa de Ampliação do Uso do Metano de Aterro em um programa de parceria e assistência voluntária executado pela EPA. Os leitores são incentivados a visitar esse local ou outros similares em seus países.

Programa de Ampliação do Uso do Metano de Aterro
http://www.epa.gov/lmop

Aplicação / 10.4   Impactos dos Gases de Efeito Estufa dos Aterros

Os aterros são um bom exemplo dos desafios e das complexidades de avaliar os impactos da mudança climática, e uma atividade econômica ou social. Existem cinco maneiras pelas quais os aterros geram gases do efeito estufa.

1. Produção do metano (CH_4) vazando para a atmosfera.
2. Armazenamento do carbono biogênico encontrado nos materiais residuais como papel, alimento e restos de jardim.
3. Consumo direto dos combustíveis fósseis durante o ciclo de vida do aterro, que inclui as fases de construção, operação e final de vida (isto é, fechamento).
4. Emissões indiretas de gases do efeito estufa durante o ciclo de vida do aterro pelas fases de construção, operação e final de vida (isto é, fechamento).
5. Uma redução no uso de combustíveis fósseis para energia devido à substituição pelo gás metano dos aterros.

Os modos 1, 3 e 4 levam à piora dos impactos dos gases do efeito estufa, enquanto os modos 2 e 5 reduzem o impacto global dos gases do efeito estufa. O efeito líquido é a soma da contribuição de cada um desses cinco modos. Portanto, os aterros podem ter um impacto global negativo ou positivo sobre as emissões de gases do efeito estufa.

O modo 1 é uma preocupação grave porque cada tonelada de metano liberada tem 25 vezes o impacto de gases do efeito estufa de uma tonelada de dióxido de carbono (consulte a Tabela 2.4 e a discussão sobre o potencial de aquecimento global no Capítulo 2). Nos novos aterros, são instalados sistemas de coleta de gás que podem reduzir bastante o metano lançado na atmosfera, embora um pouco ainda vá escapar. Além disso, os microrganismos presentes no solo diretamente acima do aterro podem oxidar uma fração do metano antes de ele chegar à atmosfera. Uma estimativa do modo 1 exige uma estimativa do fator de coleta de gás e um fator de oxidação do solo, nenhum dos dois sendo bem conhecido (Levis e Barlaz, 2011).

O modo 2 se aplica apenas aos restos de comida, papel e jardim. Esses materiais, se não forem depositados em um aterro (que é anaeróbico), naturalmente iriam oxidar para CO_2 na presença de oxigênio. Portanto, cada mol de carbono retido (ou sequestrado) no aterro são reduzidas as emissões de CO_2. Isso não se aplica aos plásticos, que são compostos de carbono orgânico, mas são considerados carbono não biogênico porque são produzidos a partir de combustíveis fósseis.

A Tabela 10.15 (no Exemplo 10.5) forneceu os resultados de um cálculo no qual determinamos o carbono degradado associado ao alimento, papel e resíduos de jardim. O carbono biogênico não degradado é o carbono relevante para esse modo porque é o componente sequestrado no aterro (e, portanto, não se decompõe e produz gases do efeito estufa). O modo 2 requer uma estimativa da quantidade total de degradação dessas fontes

de carbono biogênico. Isso varia com a composição do resíduo e também com o projeto do aterro. Atualmente, o valor não é bem conhecido e sua estimativa está intimamente ligada à estimativa de um fator de coleta de gás, que complica ainda mais a estimativa.

Os modos 3 e 4 foram considerados desprezíveis em comparação com os outros modos (Camobreco *et al.*, 1999). O modo 3 é mais fácil de estimar a partir de um exame do uso de combustíveis fósseis em veículos e de outros usos diretos que suportam as várias fases da vida da deposição de resíduos em um aterro. O modo 4 requer o uso dos métodos de avaliação do ciclo de vida que introduzem pressupostos em uma estimativa das emissões indiretas.

O modo 5 só pode ser contabilizado quando o gás de aterro for utilizado de forma benéfica. Embora seja muito comum ter um uso benéfico do gás de aterro associado aos novos aterros, nem sempre é isso que acontece. O benefício advindo também varia quanto à forma de energia que o gás de aterro substitui. Por exemplo, se o metano dos aterros for queimado para produzir eletricidade e isso reduzir a necessidade de energia hidroelétrica, o resultado será pouca ou nenhuma redução nos gases do efeito estufa. Entretanto, se o uso do gás dos aterros reduzir o consumo do carvão para geração de eletricidade ou calor, então se obterá um grande benefício.

Desse modo, o benefício varia bastante de acordo com a região, o país e ao longo do tempo (por exemplo, lembre-se de nossa discussão sobre eGrid no Capítulo 2). No entanto, uma regra prática geral é que 0,8 tonelada métrica de equivalentes de CO_2 são poupadas para cada MW-h de energia produzida a partir do carbono biogênico (USDOE, 2007). Esse valor, quando combinado com um valor comum para conversão de gás em eletricidade (270 m^3/h de CH_4 para 1 MW de gás (GMOP, 2012)) resulta em uma taxa de poupança de 0,0030 toneladas métricas de CO_2e/m^3 de gás CH_4 utilizado (lembre-se de que 1 tonelada métrica = 1.000 kg).

exemplo / 10.6 Determinando as Emissões Globais de Gases do Efeito Estufa a Partir dos Resíduos Sólidos dos Aterros

Use os dados e os resultados do Exemplo 10.5 para determinar as emissões globais de gases do efeito estufa de 1 ano de resíduos de aterro relativos a 1 pessoa (em Mg de CO_2e). Suponha que 80% de gás de aterro sejam coletados e queimados para produzir energia, e que 20% do metano não coletado sejam oxidados no solo antes de ser capturado para combustão. Vamos assumir que 0,003 Mg de CO_2 possa ser compensado por m^3 de CH_4 queimado para produzir energia. Além disso, vamos desprezar as emissões diretas e indiretas dos gases do efeito estufa decorrentes do consumo de combustíveis fósseis durante a construção, a operação e o fechamento do aterro.

solução

Nosso último pressuposto nos permite ignorar a contribuição dos modos 3 e 4 que foram discutidos na Aplicação 10.4. O impacto global dos gases do efeito estufa decorrentes dos modos 1, 2 e 5 será determinado separadamente e, em seguida, somado para encontrar as emissões globais de gases do efeito estufa associadas ao aterro dos resíduos sólidos de uma pessoa relativos a 1 ano.

No modo 1 (o impacto direto da emissão do metano), primeiro devemos determinar o metano produzido pelo resíduo aterrado de uma pessoa durante 1 ano. No Exemplo 10.5, constatamos que corresponde a 38,7 m^3 de CH_4 a 0°C. Esse valor é reduzido porque supomos que, primeiramente, são coletados 80% do metano produzido e, depois, dos 20% não coletados, 20% disso são oxidados por microrganismos no solo sobrejacente:

$$38,7 \text{ m}^3 \text{ CH}_4 \text{ produzidos} \times (1 - 0,8)(\text{permanecem após a oxidação})$$
$$= 7,74 \text{ m}^3 \text{ CH}_4 \text{ não coletados } (30,96 \text{ m}^3 \text{ coletado e queimado})$$

$$7,74 \text{ m}^3 \text{ CH}_4 \text{ não coletados} \times (1 - 0,2) = 6,19 \text{ m}^3 \text{ de CH}_4 \text{ emitidos})$$
$$(20\% \text{ ou } 1,55\text{m}^3 \text{ CH}_4 \text{ oxidados no solo})$$

Esse valor é convertido em equivalentes de CO_2 pela aplicação da lei dos gases perfeitos, bem como pelo uso do peso molecular do metano e um potencial de aquecimento global de 25 para o metano (ver Capítulo 2).

$$6,19 \text{ m}^3 \text{ CH}_4 \times 1.000 \text{ L/m}^3 \times (1 \text{ mol CH}_4/22,4 \text{ L CH}_4) \times (16 \text{ g CH}_4/1 \text{ mol CH}_4) \times (1 \text{ Mg}/10^6 \text{ g})$$
$$\times (25 \text{ Mg CO}_2\text{e/Mg CH}_4) = 0,11 \text{ Mg CO}_2\text{e}$$

No modo 2, subtraia o carbono biogênico degradado total do carbono biogênico total para determinar o carbono biogênico residual não degradado que é sequestrado pelo aterro. Os valores foram gerados na Tabela 10.15 (Exemplo 10.5) para cada uma das três fontes biogênicas de carbono (isto é, alimento, papel usado, resíduos de jardim).

$$(21,6 \text{ g C} - 13,0 \text{ g C}) + (117,2 \text{ g C} - 70,3 \text{ g C}) + (46,0 \text{ g C} - 18,4 \text{ g C})$$
$$= 83,1 \text{ g carbono sequestrado/kg de resíduo aterrado}$$

O valor do carbono sequestrado pode ser convertido para CO_2e multiplicando pela massa de resíduo que é aterrada por pessoa por ano e, depois, usando a estequiometria simples para converter de massa de carbono para massa de equivalentes de CO_2. A Tabela 10.2 afirmou que 0,40 Mg de resíduos são aterradas por pessoa por ano nos Estados Unidos. Isso é igual a 400 kg de resíduos por pessoa por ano.

$$83,1 \text{ g C sequestrado/kg de resíduo aterrado} \times (400 \text{ kg resíduo aterrado/pessoa-ano})$$
$$\times (44 \text{ g CO}_2\text{e}/12 \text{ g C}) \times (1 \text{ Mg}/10^6 \text{ g}) = 0,12 \text{ Mg CO}^2\text{e}$$

exemplo / 10.6 *(continuação)*

No modo 5, começamos com o volume total de metano produzido, multiplicamos pela eficiência de coleta para produzir o valor do metano utilizado para obtenção de energia e, em seguida, aplicamos um fator de conversão para obter o CO_2e por volume de metano utilizado para energia.

$$38,7 \text{ m}^3 \text{ CH}_4 \text{ produzido} \times (0,8 \text{ m}^3 \text{ CH}_4 \text{ queimado}/1,0 \text{ m}^3 \text{ CH}_4 \text{ produzido})$$
$$\times (0,003 \text{ Mg CO}_2e \text{ evitado}/\text{m}^3 \text{ CH}_4 \text{ queimado}) = 0,093 \text{ Mg CO}_2e$$

Agora, repare que o modo 1 tem um impacto negativo nos gases do efeito estufa (resulta na produção de metano), enquanto os modos 2 e 5 são positivos, uma vez que sequestram carbono na subsuperfície ou utilizam o metano gerado. A totalização desses valores produz o efeito líquido global por pessoa por ano:

$$-0,11 \text{ Mg CO}_2e + 0,12 \text{ Mg CO}_2e + 0,093 \text{ Mg CO}_2e = +0,10 \text{ Mg CO}_2e$$

O resultado mostra que é possível que os aterros modernos consigam ajudar a reduzir os impactos globais dos gases do efeito estufa. No entanto, lembre-se de que, conforme discutimos previamente, não é isso o que acontece em todos os aterros em todos os contextos.

LIXIVIADO DE ATERRO   Independentemente dos controles implementados para minimizar o movimento da água para dentro de um aterro, alguma água vai entrar e produzir **lixiviado**. O controle do lixiviado precisa considerar a quantidade e a qualidade do lixiviado, bem como os seus possíveis efeitos adversos. As concentrações de lixiviado vão variar radicalmente de acordo com o local e a vida útil do aterro (consulte a Figura 10.12). A Tabela 10.16 fornece as concentrações típicas dos lixiviados novos e antigos. As concentrações dos constituintes do lixiviado são muito maiores do que as dos constituintes similares encontrados nas águas residuais municipais não tratadas. As informações fornecidas na Figura 10.12 e na Tabela 10.16 também mostram como a concentração dos constituintes diminui à medida que o aterro envelhece e os componentes prontamente lixiviáveis são removidos.

Tabela / 10.16

Composição de Lixiviados de Aterros Novos e Antigos

Constituinte	Unidades	Lixiviado novo	Lixiviado antigo
DBO_5	mg/L	10.000	100
COD	mg/L	18.000	300
Nitrogênio orgânico	mg/l a N	200	100
Alcalinidade	mg/L a $CaCO_3$	3.000	500
pH	–	6	7
Dureza	mg/L a $CaCO_3$	3.500	300
Cloreto	mg/L	500	200

FONTE: Tchobanoglous *et al.*, 1993.

Além das estratégias de prevenção da poluição, três outras estratégias são utilizadas para controlar o volume e a resistência do lixiviado. Normalmente, um aterro vai usar uma combinação dessas três estratégias para limitar os impactos do lixiviado.

1. *Isolamento.* O resíduo é isolado limitando a entrada de água e, desse modo, a produção de lixiviado. O resíduo pode estar ligado a alguma matriz física ou química para reduzir o seu potencial de lixiviação. Essa última opção é mais adequada para os resíduos altamente perigosos (por exemplo, resíduo radioativo), mas é sempre parte de qualquer estratégia global para limitar o impacto do lixiviado.

2. *Atenuação natural.* As propriedades físicas, químicas e microbiológicas naturais do solo tratam o lixiviado. O método também se baseia na diluição do lixiviado. Essa opção é bastante adequada para as comunidades dotadas de poucos recursos, com pequenas quantidades de resíduos não perigosos.

3. *Degradação biológica controlada.* As condições do aterro são modificadas para otimizar a degradação. Essa opção envolve tipicamente a adição de umidade e a garantia da mistura correta, a garantia de que as substâncias químicas tóxicas fiquem fora dos resíduos, e a manutenção do pH, nutrientes e monitoramento adequados. Isso foi denominado estratégia de biorreator de aterro e é mais adequada para aterros em que existem habilidades técnicas avançadas, bem como onde são depositados resíduos não perigosos. Essa estratégia acelera a estabilização do material residual e também reduz o risco de longo prazo do lixiviado.

A **gestão do lixiviado** requer uma série de subsistemas: (1) barreiras hidráulicas para limitar a capacidade do lixiviado para sair de um aterro e da chuva entrar no aterro; (2) sistemas de coleta para transportar o lixiviado da base do aterro para um local externo; (3) um sistema de tratamento do lixiviado. A Figura 10.10 retrata esses subsistemas.

As barreiras hidráulicas são construídas de argila compactada, geomembranas fabricadas ou produtos de argila geossintética. Uma combinação desses produtos pode ser utilizada para proporcionar um sistema com múltiplos benefícios. A barreira superior é chamada de **cobertura** ou **cobertura final**, e a barreira inferior é chamada **revestimento**. As barreiras hidráulicas podem diminuir a quantidade de lixiviado que sai de um sítio por um fator de 1.000 ou mais em relação aos solos existentes. O controle de qualidade da instalação das barreiras é crítico para garantir o bom desempenho.

Os sistemas de coleta se baseiam na gravidade para transportar o lixiviado para um ponto baixo, um reservatório, dentro do aterro. Cascalho arredondado e altamente permeável, junto com tubos perfurados, é colocado acima do revestimento do fundo para garantir o movimento rápido do lixiviado e, com isso, reduzir a probabilidade de que as pressões de poros venham a aumentar até o ponto em que o lixiviado escoe do aterro ou cause problemas de estabilidade geotécnica. A partir de um ponto baixo, normalmente o lixiviado é bombeado para um local de armazenamento.

Uma vez que o lixiviado do aterro é similar, de muitas maneiras, a uma água residual industrial de alta resistência, são consideradas opções parecidas para o seu tratamento. O lixiviado poderia ser transportado (por tubos ou caminhões) para uma estação de tratamento de águas residuais

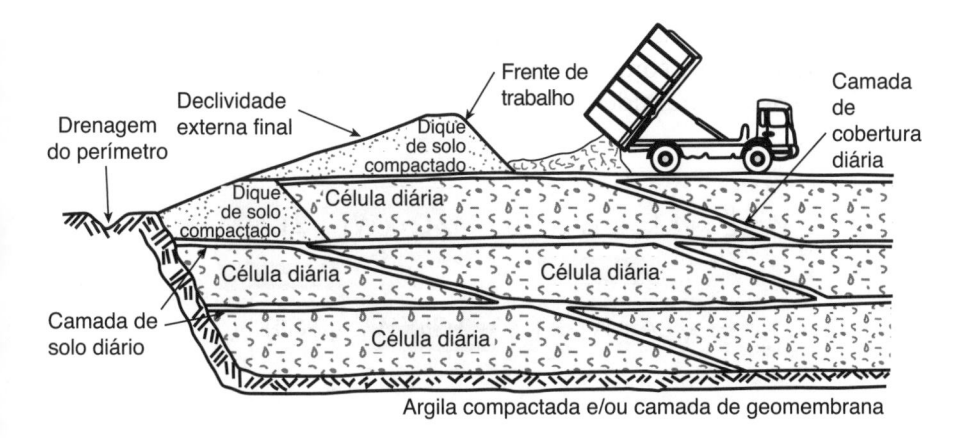

municipais, onde seria medido cuidadosamente no escoamento da estação. Outras opções são tratá-lo no local e, depois, descarregá-lo na terra ou água, ou então tratá-lo parcialmente no local antes do transporte para uma instalação central. A escolha depende da natureza do lixiviado, dos efeitos ambientais da descarga do lixiviado tratado no aterro e dos custos de transporte do lixiviado para uma estação de tratamento maior.

PROJETO DE ATERRO   Conforme a Figura 10.13, um aterro é construído como uma série de **células** diárias, onde os resíduos de um dia são compactados e cobertos. O resíduo é depositado na *frente de trabalho*, em seguida é compactado contra a borda do aterro ou contra a célula diária anterior. Uma camada horizontal de células diárias é chamada de **elevação**. O número de elevações vai depender da topografia do local e da vida útil desejada do aterro.

Os dois principais tipos de projeto são área e vale. Um aterro de área requer uma área relativamente plana e tenta encaixar o máximo de lixo nesse espaço (movendo-se verticalmente para cima). Isso precisa ser feito sem causar problemas de estabilidade geotécnica ou sem ultrapassar nenhuma limitação de altura (h na Figura 10.14) estabelecida pelos padrões de zoneamento. Para uma área de terreno retangular, o sólido relevante é uma pirâmide truncada, de base retangular, conforme retratado pela Figura 10.14.

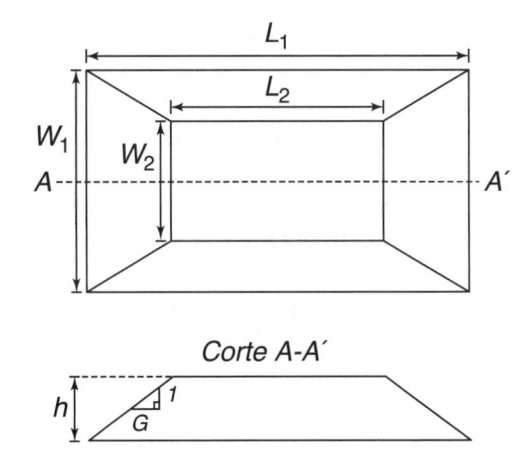

Figura / 10.14 **Projeto Geométrico do Aterro de Área**   A figura superior (a) é uma planta baixa e a figura inferior (b) é uma vista em corte da figura superior.

Usando as dimensões fornecidas na Figura 10.14 e considerando que a declividade G é o comprimento dividido pela altura $(0,5 \times [L_1 - L_2]/h)$, o volume dessa pirâmide é dado por:

$$V = \frac{h}{3} \times \left\{ L_1 \times W_1 + [(L_1 - 2\,Gh)(W_1 - 2\,Gh)] \right.$$
$$\left. + \sqrt{L_1 \times W_1 \times (L_1 - 2\,Gh)(W_1 - 2\,Gh)} \right\} \qquad \textbf{(10.8)}$$

Repare que o volume determinado na Equação 10.8 é a quantidade máxima de resíduos sólidos compactados que poderia estar contida no aterro, supondo que nenhum volume seja absorvido pela cobertura de solo diária ou final.

O solo situado sob esse tipo de aterro pode ser utilizado para cobrir refugos compactados ou para outras finalidades. Desse modo, é comum escavar o solo sob um aterro de área antes da construção. A Equação 10.8 também pode ser adaptada para estimar o volume de resíduos compactados colocados abaixo do lençol freático.

Para determinar o volume disponível de um projeto de **aterro para preenchimento de um vale**, compare os contornos topográficos de um sítio antes do preenchimento e os contornos estimados após o preenchimento (Figura 10.15). Para maximizar o resíduo colocado por área de superfície unitária, o preenchimento precisa aumentar na declividade máxima do ponto baixo do vale até alcançar sua altura final. O *software* moderno de projeto assistido por computador pode avaliar rapidamente os volumes de preenchimento dos vales. As densidades típicas dos resíduos sólidos compactados variam de 700 a 1.000 kg/m³. Anteriormente, a Tabela 10.4 forneceu uma medida de como a densidade dos resíduos sólidos aumenta à medida que eles são coletados, transportados e, depois, aterrados. A densidade é de 90-178 kg/m³ para refugos soltos e aumenta para 475-772 kg/m³ quando colocados, pela primeira vez, no aterro. Essa densidade aumenta mais com a pressão das elevações dos resíduos acima. Presume-se que a densidade no projeto vai variar com a composição do resíduo (por exemplo, o entulho de construção e demolição é mais denso) e a profundidade do resíduo (profundidades maiores levam a mais pressão e, portanto, maior densidade).

Além dos resíduos compactados, o **volume do aterro** vai incluir, frequentemente, quantidades substanciais de **cobertura de solo diária**. Normalmente, esse solo é obtido do local do aterro. Uma espessura comum, T, da cobertura de solo diária é 200 mm. A célula diária é projetada com base no volume de refugo compactado diário (V_r), na declividade da célula (G), na altura do refugo diário (H), no comprimento do refugo (L) e na largura da frente de trabalho (W) (diferente de L_1 e W_1 na Equação 10.8). O volume de cobertura de solo diária (V_s) necessário para uma célula diária idealizada pode estar relacionado com o volume de refugo compactado (V_r) como segue (Milke, 1997):

$$\frac{V_s}{V_r} = \left[\left(1 + \frac{T}{H}\right) \times \left(1 + \frac{G \times T}{L}\right) \times \left(1 + \frac{G \times T}{W}\right) \right] - 1 \qquad \textbf{(10.9)}$$

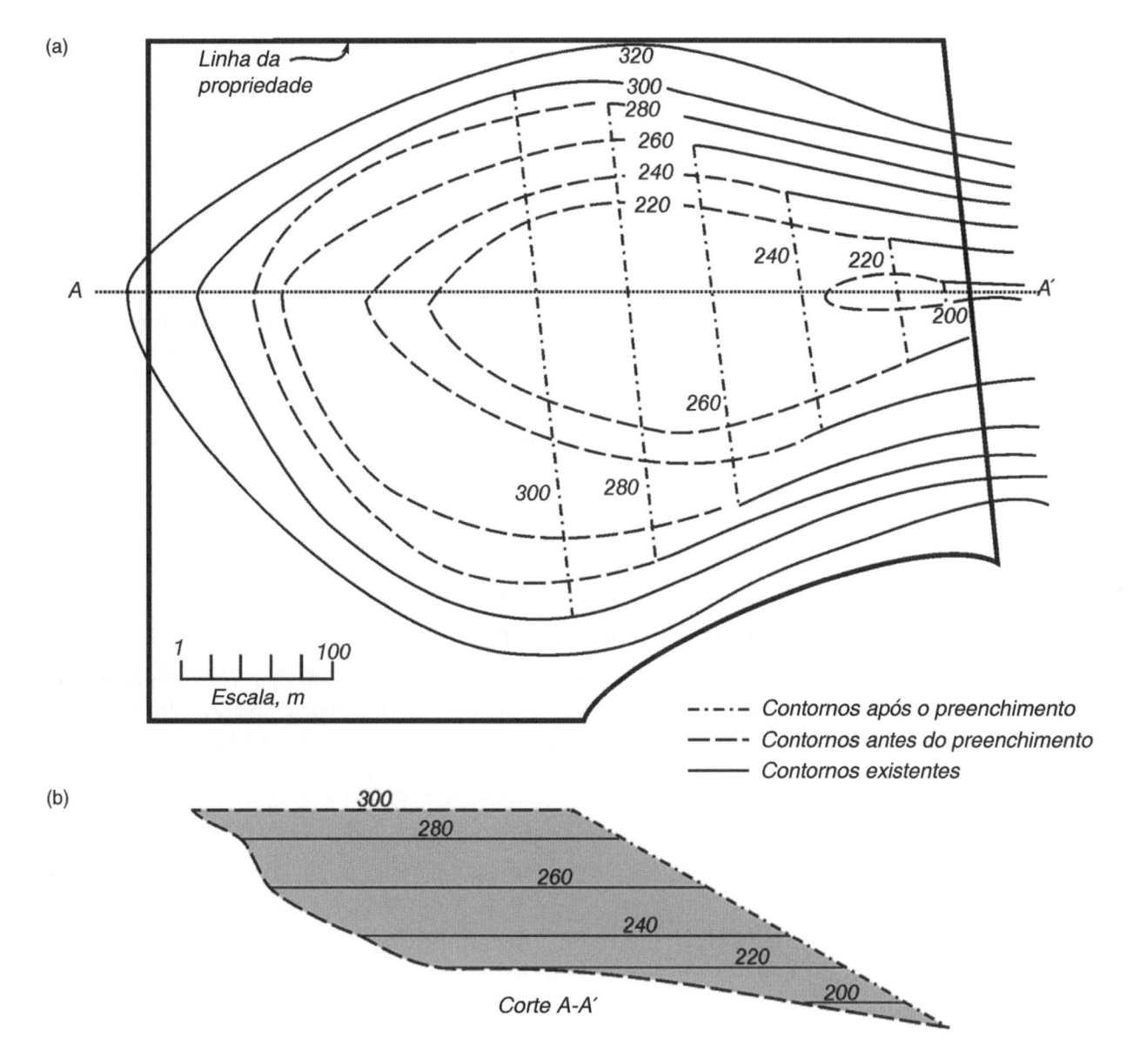

Figura / 10.15 Contornos Topográficos Utilizados para Determinar o Volume Disponível para o Material do Resíduo em um Projeto de Aterro com Preenchimento de um Vale A figura (a) mostra os contornos topográficos. A figura inferior (b) mostra uma vista em corte desenhada na figura superior.

(Redesenhada com a permissão de Tchobanoglous *et al.*, Integrated Solid Waste Management, 1993, copyright The McGraw-Hill Companies.)

Geralmente, a altura de uma célula diária (H) depende de fatores de gestão do local e pode variar de 2 a 5 m. G é a proporção entre o comprimento e a altura do lençol freático, sem unidade. O volume diário do refugo compactado, V_r, é dado por $H \times L \times W$.

A largura da frente de trabalho vai depender do número de veículos que o sítio consegue acomodar a qualquer momento em condições de segurança.

A largura da frente de trabalho pode ser estimada pela análise dimensional. Por exemplo, a largura da frente de trabalho pode ser determinada supondo uma taxa de descarte diária de 1.000 Mg/dia (igual a 1.000 toneladas/dia) (e observando os pressupostos relacionados com o tamanho do caminhão e a operação do aterro incorporados na Equação 10.10) da seguinte forma:

$$\frac{1.000 \text{ toneladas}}{\text{dia}} \times \frac{1 \text{ caminhão}}{8 \text{ toneladas}} \times \frac{1 \text{ dia}}{6 \text{ h operação}} \times \frac{6 \text{ m}}{\text{caminhão}}$$

$$\times \frac{0,167 \text{ h descarga}}{\text{caminhão}} = 21 \text{ m} \qquad \textbf{(10.10)}$$

Esse valor de 20 m implica que 3,5 caminhões podem descarregar de uma só vez, o que não é prático. O comprimento da frente de trabalho deve ser arredondado para o múltiplo mais próximo da largura do caminhão. Nesse caso, presumimos que uma distância de 6 m é necessária por caminhão para garantir a operação segura e a frente de trabalho deve comportar quatro caminhões, que resultaria em $W = 24$ m.

exemplo / 10.7   Dimensionando um Aterro

Um aterro e as estruturas associadas devem ser construídos em um terreno plano. As dimensões da parte do aterro são 1.000 m por 1.000 m. A altura máxima permitida (h) é 9 m acima do solo (excluindo a cobertura final). O aterro vai abrir 6 dias por semana e aceitar 1.000 Mg (igual a 1.000 toneladas/dia) de resíduos por dia de operação. Quantos anos a instalação pode operar?

Outros pressupostos são: espessura da cobertura de solo diária $(T) = 0,2$ m; altura do refugo na célula diária $(H) = 3$ m; densidade compactada = 1.000 kg/m^3; largura da frente de trabalho $(W) = 24$ m; e declividade $(G) = 3$.

solução

O volume total do aterro é obtido a partir da Equação 10.8:

$$V = \frac{9 \text{ m}}{3} \times \Big\{ [1.000 \text{ m} \times 1.000 \text{ m} + (1.000 \text{ m} - 2(3)(9 \text{ m}))(1.000 \text{ m} - 2(3)(9 \text{ m}))]$$

$$+ \sqrt{1.000 \text{ m} \times 1.000 \text{ m} \times 1.000 \text{ m} - 2(3)(9 \text{ m})(1.000 \text{ m} - 2(3)(9 \text{ m}))} \Big\}$$

$$V = 3 \text{ m} \times \Big\{ [10^6 \text{ m}^2 + 894.916 \text{ m}^2] + 946.000 \text{ m}^2 \Big\}$$

$$= 8,5227 \times 10^6 \text{ m}^3$$

O volume total de uma célula diária consiste no volume ocupado pelo refugo compactado (V_r) e cobertura de solo diária (V_s). Usando esse conhecimento e a Equação 10.9, o volume da célula diária pode ser determinado da seguinte forma:

$$V_{\text{célula diária}} = V_s + V_r$$

Solucione a Equação 10.9 para V_s e substitua na equação anterior:

$$V_{\text{célula diária}} = V_r \Big\{ \Big(1 + \frac{T}{H}\Big) \times \Big(1 + \frac{G \times T}{L}\Big) \times \Big(1 + \frac{G \times T}{W}\Big) \Big\}$$

Na equação anterior, L é determinado com base na nossa definição prévia de V_r,

$$L = \frac{V_r}{H \times W} = \frac{\dfrac{1.000\,\text{Mg}}{1.000\,\text{kg/m}^3} \times \dfrac{1.000\,\text{kg}}{\text{Mg}}}{3\,\text{m} \times 24\,\text{m}} = 13,9\,\text{m}$$

Solucionando $V_{\text{célula diária}}$

$$V_{\text{célula diária}} = \frac{1.000\,\text{Mg/dia}}{1.000\,\text{kg/m}^3} \times \frac{1.000\,\text{kg}}{\text{Mg}} \times \left\{ \left(1 + \frac{0,2\,\text{m}}{3\,\text{m}}\right) \times \left(1 + \frac{3 \times 0,2\,\text{m}}{13,9\,\text{m}}\right) \times \left(1 + \frac{3 \times 0,2\,\text{m}}{24\,\text{m}}\right) \right\}$$
$$= 1.140\,\text{m}^3/\text{dia}$$

Ache o volume de todas as células diárias por ano, supondo 6 dias de operação por semana de 7 dias:

$$V_{\text{células diárias}} = 1.140\,\text{m}^3/\text{dia} \times \frac{365\,\text{dias}}{\text{ano}} \times \frac{6\,\text{dias}}{\text{semana de 7 dias}}$$
$$= 356.700\,\text{m}^3/\text{h}$$

Finalmente, determine o número de anos de capacidade no volume total do aterro:

$$\text{anos} = \frac{8,5227 \times 10^6\,\text{m}^3}{356.700\,\text{m}^3/\text{ano}} = 24\,\text{anos}$$

Os leitores podem querer resolver esse problema supondo que a taxa de descarte diminua com o tempo, ou que a população aumente e a taxa de descarte de resíduos permaneça a mesma.

GESTÃO DE ATERRO Um aterro requer a gestão cuidadosa ao longo de sua vida útil. A decomposição dos resíduos e o aumento na pressão dos resíduos adicionados nas elevações mais altas vão fazer com que os resíduos se acomodem. Isso exige reparo de estradas, coleta de gás e sistemas de drenagem de água. As águas superficiais podem se contaminar facilmente se entrarem em contato com os resíduos; desse modo, a separação cuidadosa das águas pluviais e dos resíduos é necessária. Os aterros requerem maquinário pesado associado a terraplenagem e compactação dos resíduos após a sua colocação na frente de trabalho. As estradas em um aterro exigem gestão cuidadosa, não só pelo uso de veículos pesados, mas também em virtude da acomodação dos resíduos. Um sistema detalhado e rigoroso para proteção da segurança e da saúde dos trabalhadores é um aspecto fundamental da boa gestão de aterros. Os aterros também devem ser bons vizinhos da comunidade circundante. Portanto, são necessárias medidas vigilantes para reduzir os impactos do ruído, odor, pássaros, poeira e lixo.

A boa gestão está intimamente ligada ao bom monitoramento. A proteção ambiental e a segurança ocupacional requerem o monitoramento do gás, do lixiviado, das águas subterrâneas e das águas superficiais. Além disso, os gestores de aterros vão monitorar os resíduos que chegam para garantir que materiais inadequados não sejam depositados e fornecer dados sobre a taxa de chegada de resíduos.

A densidade dos resíduos também é monitorada com frequência para permitir o planejamento da vida útil do aterro. De modo geral, os aterros cobram pelo resíduo com base na massa recebida. A tarifa deve ser elevada o suficiente para pagar pelos grandes custos de construção e também para proporcionar monitoramento e manutenção permanentes após o aterro alcançar a sua vida útil.

10.3.6 TECNOLOGIAS DE PRODUÇÃO DE ENERGIA A PARTIR DOS RESÍDUOS SÓLIDOS

Por causa de um aumento de interesse na obtenção de energia a partir dos resíduos, uma série de **tecnologias energéticas** está sendo desenvolvida. A **digestão anaeróbica** é um processo de conversão dos resíduos sólidos biodegradáveis separados em gás metano e um resíduo sólido que é adequado para virar composto. O processo funciona de modo muito parecido com os que produzem gás de aterro. A diferença é que, em um digestor anaeróbico (discutido no Capítulo 9), os resíduos são misturados em um grande recipiente, são garantidas as melhores condições para degradação, obtendo-se a maior produção de energia a partir dos resíduos. Atualmente, a tecnologia é relativamente cara e, para que seja bem-sucedida, os resíduos devem ser prontamente degradáveis (como os restos de comida) e outras alternativas disponíveis, como o aterro e a incineração, devem ser caras.

Gaseificação é um processo similar à incineração, em que quantidades de oxigênio abaixo das estequiométricas são aplicadas aos resíduos no recipiente de reação. As altas temperaturas que resultam da combustão parcial levam à produção de gases de alta energia que, por sua vez, podem ser convertidos em energia, normalmente de maneira menos poluente. A pirólise é um processo similar, em que ainda menos oxigênio ou nenhum oxigênio é aplicado à reação, levando à produção de gases de alta energia e a um resíduo sólido (carbonização), que pode ser separado para fornecer um resíduo de alta energia para a combustão posterior. Os dois processos têm sido aplicados com mais sucesso aos resíduos relativamente homogêneos, como pneus ou plásticos (Malkow, 2004).

10.4 Conceitos de Gestão

A gestão bem-sucedida dos resíduos sólidos requer uma abordagem de sistemas. Em vez de tentar analisar se cada componente do sistema é melhor ou não, a sociedade precisa avaliar, de maneira holística e integrada, a combinação dos componentes que irá maximizar os benefícios a determinado custo para as gerações atuais e futuras. A Figura 10.16 traz um exemplo de como a gestão dos resíduos sólidos municipais pode envolver uma mistura complexa de tecnologias apropriadas para os tipos de resíduos.

Chegar a um sistema como o da Figura 10.16 exige foco nos objetivos globais; criatividade no desenvolvimento de novas possibilidades sustentáveis, que podem incluir a redefinição do problema original; e o reconhecimento do impacto que as decisões de uma parte do sistema podem ter no funcionamento do sistema geral. Por exemplo, operar um incinerador com sucesso requer um fornecimento permanente de resíduos de alta energia, como o papel. Se uma comunidade optar por investir em um incinerador, fica difícil considerar outras opções para gerenciar o papel

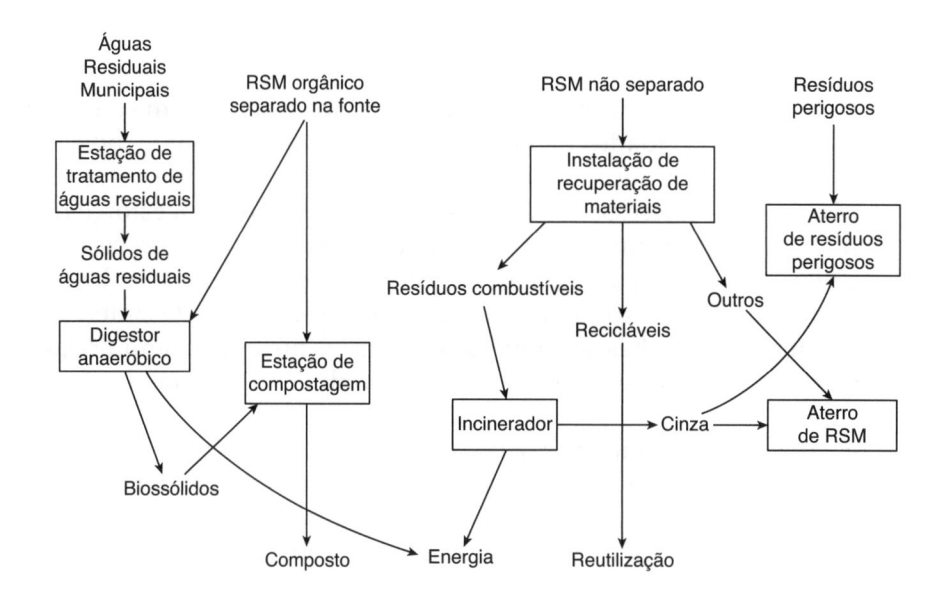

Águas Residuais Municipais → Estação de tratamento de águas residuais → Sólidos de águas residuais → Digestor anaeróbico

RSM orgânico separado na fonte → Estação de compostagem

Digestor anaeróbico → Biossólidos

Estação de compostagem → Composto

RSM não separado → Instalação de recuperação de materiais

Resíduos perigosos → Aterro de resíduos perigosos

Instalação de recuperação de materiais → Resíduos combustíveis, Recicláveis, Outros

Resíduos combustíveis → Incinerador → Cinza → Aterro de RSM

Recicláveis → Reutilização

Incinerador → Energia

Figura / 10.16 Exemplo de uma Abordagem de Sistemas à Gestão dos Resíduos Sólidos Repare nas muitas tecnologias e fluxos de resíduos que estão integrados nessa abordagem.

Aplicação / 10.5 — Gestão Doméstica e Redução na Fonte

As técnicas de gestão de resíduos – como a compostagem, a reciclagem e a redução na fonte – resultam na redução da quantidade de resíduos ligados às opções de descarte, como o aterramento. Três estratégias de redução dos resíduos foram estudadas na Freguesia de St. Ann na pequena nação insular da Jamaica (Post e Mihelcic, 2010). Fatores designados como incentivos para a redução de resíduos existiam, principalmente, nos domicílios – especificamente, a segregação dos resíduos, educação doméstica, preocupação ambiental e conhecimentos –, enquanto as barreiras existiam, principalmente, nos níveis nacional e regional, ou seja, nas políticas governamentais e

PARA OS PORCOS E CÃES

POR FAVOR, COLOQUE AQUI TODOS OS RESTOS DE COMIDA. VAMOS FORNECÊ-LOS AOS PORCOS

(Cortesia de James R. Mihelcic)

nas finanças. (Mais informações sobre os incentivos e as barreiras para os programas de reciclagem podem ser encontradas em Troschinetz e Mihelcic, 2009).

O maior potencial para iniciar estratégias de redução de resíduos e desviar os resíduos para um aterro, nesse contexto, estava dentro das casas, especificamente por meio das iniciativas de redução de resíduos baseadas nas comunidades que aproveitaram as práticas existentes e melhoraram a gestão local dos resíduos sólidos.

Exemplo de redução na fonte no ponto de coleta. Foto tirada em Lavena, Ilha de Taveuni (Fiji), lar da rara pomba laranja.

---

usado, como a reciclagem por meio da recuperação de materiais. Se uma comunidade optar por separar restos de comida e conseguir fazê-lo em um baixo nível de contaminação, a possibilidade de tratar o resíduo junto com os sólidos derivados das águas residuais passa a ser uma opção que não existia antes.

A separação dos tipos de resíduos por geradores de resíduos, conhecida como **separação na fonte**, é uma parte fundamental de um bom sistema. Se uma comunidade for capaz e estiver disposta a separar os componentes dos resíduos sólidos, a capacidade para criar valor a partir dos resíduos aumenta. A avaliação econômica da separação na fonte deve considerar o custo evitado do descarte dos resíduos separados.

Discussão em Sala de Aula
Que tipo de redução significativa na fonte poderia ser executado em sua casa? Como você executaria o plano com todos os moradores da sua casa ou de seu apartamento?

10.4.1 CONSULTA PÚBLICA

A preocupação pública com os resíduos sólidos é alta, assim como em muitas outras atividades de engenharia. Consequentemente, hoje em dia, os engenheiros devem discutir projetos e programas propostos com as várias partes interessadas que compõem o público – um esforço que inclui ouvir as preocupações e as ideias do público. Em um processo de consulta, o primeiro passo é a identificação das partes interessadas que tenham um interesse direto ou indireto no projeto. As partes interessadas podem ser vizinhas, a comunidade local, os meios de comunicação, funcionários eleitos, grupos de interesse ambiental e social, e grupos culturais.

A Tabela 10.17 resume as razões para consultar as partes interessadas e identifica os métodos com maior potencial para corresponder ao resultado desejado. Em geral, os métodos de consulta que envolvem o maior custo e os períodos de tempo mais longos tendem a produzir resultados melhores.

Para ser eficaz, a consulta deve começar cedo, contar com os recursos adequados, ser aberta e sincera, e envolver uma boa escuta. Em geral, dar um grau de poder às partes interessadas e permitir modificações no

Tabela / 10.17

Métodos de Consulta Pública e Seu Potencial para Alcançar Resultados Específicos Os métodos de consulta que parecem levar mais tempo (por exemplo, workshops, comitês consultivos, mediação) costumam produzir um resultado maior.

Método de consulta	Resultados							
	Informar às partes interessadas	Identificar valores	Gerar opções	Mudar opiniões	Resolver conflitos	Mudar a proposta	Consulta cara	Consulta demorada
Lançamentos de informações	Alto	Baixo	Baixo	Moderado	Baixo	Baixo	Moderado	Moderado
Viagens de campo/ visitas ao local	Moderado	Moderado	Moderado	Moderado	Moderado	Moderado	Moderado	Baixo
Estandes de informações/ visitas ao clube	Moderado	Moderado	Moderado	Moderado	Baixo	Baixo	Baixo	Moderado
Pessoa de contato	Baixo	Alto	Baixo	Baixo	Baixo	Baixo	Baixo	Moderado
Audiências públicas	Moderado	Alto	Moderado	Baixo	Baixo	Baixo	Baixo	Baixo
Workshops	Moderado	Alto	Alto	Moderado	Moderado	Moderado	Moderado	Moderado
Comitês consultivos	Baixo	Moderado	Alto	Alto	Alto	Alto	Alto	Alto
Mediação	Baixo	Moderado	Moderado	Baixo	Alto	Alto	Moderado	Alto

Opções Políticas para Cumprir os Objetivos da Gestão de Resíduos Sólidos

Opção política	Descrição	Exemplo	Quando considerar	Quando evitar
Público	Informar ao público sobre comportamentos preferidos.	Trocas de resíduos comerciais	A informação é do maior interesse do indivíduo e também é útil para a gestão dos resíduos.	Mudança de comportamento
Rótulo ecológico	Informar ao público quais bens de consumo criam menos problemas e resíduos.	Sacolas de compras reutilizáveis; detergentes com rótulos ecológicos	Os consumidores não têm informações sobre os impactos dos resíduos dos produtos.	As diferenças entre as opções são pequenas ou difíceis de avaliar.
Metas de resíduos	Grupos do governo ou da indústria estabelecem as metas futuras.	50% de aumento na reciclagem de papel em 2020	A sociedade concorda com a direção, mas carece de foco.	A meta não considera os custos, os efeitos colaterais ou os riscos.
Subsídios governamentais	O governo apoia esforços de reciclagem ou minimização dos resíduos seguindo a hierarquia de prevenção da poluição.	Subsídios para os esforços de reciclagem da comunidade	Os efeitos ambientais dos resíduos não se refletem nos custos.	Subvenções concedidas para atividades que aconteceriam em qualquer caso.
Pagamento dos usuários	Produtores de resíduos em vez do governo pagam o custo total da gestão.	Cobranças baseadas no peso dos resíduos sólidos residenciais	O custo do sistema de cobrança é pequeno.	Os usuários evitam cobranças por práticas ilegais.
Cumprimento	Violadores de regras pagam uma multa.	Bilhetes de lixo	O comportamento é claramente negativo e existem poucos violadores.	Muitos violadores e cada um deles causa um impacto muito pequeno.
Depósito-reembolso	Consumidores recebem reembolso como incentivo pela gestão correta dos resíduos.	Depósito-reembolso por frascos de bebida e baterias de automóvel	Altas consequências negativas da gestão inadequada dos resíduos.	Custos grandes para o sistema operar e poucos benefícios sociais e ambientais.
Taxa de lixo	O governo impõe impostos sobre os resíduos.	Taxa de aterro	Os impostos estão ligados às consequências ambientais das atividades.	Custos grandes para o sistema operar ou efeitos colaterais indesejados.
Responsabilidade do produtor	Produtores responsáveis por aceitar de volta os bens no final da vida.	Sistemas de devolução de computadores	Os bens podem ser reutilizados facilmente na geração de novos produtos.	Custos grandes na responsabilidade pela coleta, armazenamento e transporte.
Proibição de bens e práticas	O governo proíbe bens ou práticas.	Proibição de determinados pesticidas; proibição da queima de lixo no quintal	Bens/práticas têm alto potencial nocivo e outras opções políticas são caras demais.	Os impactos são pequenos ou podem ser gerenciados com outras políticas.

projeto vai resultar na maior chance de aceitação pública. Portanto, a consulta pública é uma parte crítica da gestão de qualquer projeto de engenharia.

10.4.2 OPÇÕES POLÍTICAS

A Tabela 10.18 fornece uma visão geral das opções políticas para cumprir os objetivos da gestão de resíduos sólidos. O desenvolvimento de boas políticas requer avaliações dos custos e benefícios, um foco nos objetivos, bem como a consideração dos riscos e dos efeitos não pretendidos (Australian Productivity Commission, 2006).

10.4.3 ESTIMATIVA DE CUSTOS

As instalações socialmente aceitáveis de gestão de resíduos podem ser caras, sendo necessários os compromissos justos entre custos e benefícios sociais. Uma causa subjacente de dificuldade é a economia de escala da maioria das instalações de gestão de resíduos, significando que uma instalação duas vezes maior não custa duas vezes mais. Por exemplo, os custos de um aterro por tonelada (Mg) ao longo de um ano na União Europeia (em euros de 2003) tinha a seguinte fórmula (Tsilemou e Panagiotakopoulos, 2006):

$$\text{Custo total do aterro} = 5.040 \times X^{-0,3} \qquad (10.11)$$

nas situações em que X estava entre 60.000 e 1.500.000 Mg/ano. A partir da Equação 10.11, o custo total do aterro por Mg de resíduos sólidos descartados para 60.000 Mg, por ano, pode ser estimado em 186 euros/Mg. Para 10 vezes a quantidade de resíduos sólidos descartados (600.000 Mg por ano), o custo cai para 93 euros/Mg.

A economia de escala significa que os aterros, os incineradores e as estações de compostagem maiores são economicamente compensadores. No entanto, são mais propensos a enfrentar oposição da opinião pública. Naturalmente, o desenvolvimento sustentável mostrou que as soluções locais, muitas vezes, são a alternativa preferida.

Discussão em Sala de Aula

Alguns setores envolvidos na gestão dos resíduos sólidos se uniram para tentar fazer com que suas emissões de gases do efeito estufa fossem consideradas energia verde que seria digna de créditos fiscais similares aos concedidos aos projetos eólicos, solares e conservacionistas. Na verdade, a energia obtida a partir dos resíduos sólidos está sendo classificada legalmente em muitos estados como uma fonte de energia renovável. Alguns acreditam que isso se opõe diretamente ao conceito de Resíduo Zero, que tenta eliminar os resíduos, não classificá-los como um recurso renovável. O que você acha? O governo deveria conceder créditos fiscais e subsídios às indústrias de resíduos sólidos que poderiam competir com os projetos eólicos, solares e conservacionistas? Leia mais sobre essa controvérsia em: http://www.sierraclub.org/committees/zerowaste/garbage/.

Termos-Chave

- armazenamento
- aterro
- aterro de área
- aterro de preenchimento de vale
- célula
- cobertura
- cobertura de solo diária
- cobertura final
- coleta
- combustível derivado de refugo (RDF)
- compostagem
- densidade de resíduos
- descarte
- digestão anaeróbica
- elevação
- em recipientes
- emissões de gases do efeito estufa
- entulho de construção e demolição
- estações de transferência
- gaseificação
- geração de resíduos
- gestão de lixiviado
- gestão de resíduos sólidos
- hierarquia de prevenção da poluição
- incineração
- instalação de recuperação de materiais (MRF)
- Lei para Conservação e Recuperação de Recursos (RCRA)
- leiras
- lixiviado (chorume)
- lixões
- metano
- partes interessadas

- prevenção da poluição
- processamento
- produção e energia a partir de resíduos
- putrescível
- reciclagem
- recuperação e energia
- redução
- relação carbono:nitrogênio (C:N)
- resíduo
- resíduo perigoso
- resíduos sólidos
- resíduos sólidos municipais (RSM)
- reutilização
- revestimento
- separação de recursos
- taxa de geração
- tecnologia energética
- teor de umidade
- transporte
- volume do aterro

10.1 Uma comunidade com uma população de 150.000 pessoas tem uma taxa de geração de resíduos sólidos de 1,5 kg de resíduos/dia-pessoa. Suponha que o resíduo de jardim corresponde a até 15% do resíduo total gerado (por peso) e que seja proibido pelo estado de ser lançado em um aterro sanitário; portanto, a comunidade estabeleceu um programa para coletar e compostar os resíduos de jardim. Suponha que a densidade do resíduo sólido solto seja 140 kg/m³ no meio-fio e compactado para 340 kg/m³ no caminhão que coleta o resíduo em casa e 220 kg/m³ após o material ser removido do caminhão compactador no aterro. (a) A taxa de geração está abaixo ou acima do valor atual de uma comunidade residencial dos Estados Unidos? (b) Qual é o volume de resíduo descartado diariamente pela comunidade na fonte (m³)? (c) Qual é o volume de resíduo que será removido do caminhão compactador no aterro (m³)?

10.2 Um novo local de aterro de resíduos sólidos está sendo projetado com uma vida útil de 10 anos. O aterro vai atender uma população de 250.000 pessoas que gera 1 kg de resíduos sólidos/dia-pessoa. Suponha que o resíduo de jardim corresponda a 15% do resíduo total (por peso), o papel corresponda a até 40% do resíduo total (por peso) e que os metais correspondam a até 10% do resíduo (por peso). O município proíbe a colocação de resíduos de jardim no aterro e tem um programa de reciclagem que coleta a metade de todos os metais descartados. Qual é o volume de resíduo descartado pela comunidade diariamente (suponha uma densidade de resíduos no meio-fio de 140 kg/m³).

10.3 Projete e execute com segurança uma caracterização dos resíduos sólidos em sua residência e em um escritório em sua universidade ou faculdade. (a) Compare a sua caracterização dos resíduos com os dados na Figura 10.2. (b) Quais das seguintes estratégias de prevenção da poluição (redução na fonte, reutilização, reciclagem) você executaria para reduzir a taxa de descarte?

10.4 Identifique uma fonte de resíduos sólidos em sua universidade que poderia ser imediatamente reduzida, uma fonte que poderia ser reutilizada e uma que poderia ser reciclada. Quais benefícios sociais, econômicos e ambientais adviriam da execução de um plano para lidar com os três itens que você identificou?

10.5 Pesquise a economia de energia e água associada à reciclagem de 1.000 kg de papel de escritório. Qual valor é o mais confiável dentre os que você encontrou? Justifique a sua escolha e forneça uma referência para a sua fonte de informação preferida.

10.6 Usando os valores fornecidos no Exemplo 10.2, estime o baixo teor de umidade e o teor de umidade característico do resíduo como um todo.

10.7 A composição do resíduo foi medida em duas cidades. Os resultados estão resumidos na Tabela 10.19.

Tabela / 10.19

Dados do Problema 10.7

	Cidade 1	Cidade 2
Taxa de geração de peso úmido (kg/pessoa-dia)	2,0	1,8
Composição do peso úmido (%)		
Comida	15	10
Papel	30	40
Jardim	20	15
Outros	35	35
Teor de umidade das frações (% com base no peso úmido)		
Comida	80	50
Papel	10	4
Jardim	80	30
Outros	5	4

(a) Qual cidade gera mais papel com base no peso seco? (b) Encontre o percentual de umidade (com base no peso úmido) da Cidade 1. (c) Um local de descarte próximo recebe todo o seu RSM das cidades 1 e 2. O teor de umidade médio do RSM descartado no local é 20%. Qual fração do refugo de peso seco vem da Cidade 1?

10.8 Qual é a composição percentual do peso seco do seguinte resíduo combinado?

Componente	Composição %	Percentual de umidade (Peso Úmido)
Papel	40	6
Jardim/comida	30	60
Outro	30	3

10.9 A composição de massa do papel seco é 43% de carbono, 6% de hidrogênio, 44% de oxigênio e 7% de outros elementos. Estime os litros de ar necessários para queimar 1 kg de papel seco. Suponha que o dióxido de carbono e a água sejam os únicos produtos da combustão do carbono, hidrogênio e oxigênio. Suponha uma temperatura de 20°C e pressão de 1 atm.

10.10 Estime a demanda de oxigênio para a compostagem de resíduos mistos de jardim (unidades de kg de O_2 necessários por kg de resíduo puro seco). Suponha que 1.000 kg de resíduos mistos de jardim tenham uma composição de 513 g C, 60 g H, 405 g O e 22 g N. Suponha que 25% do nitrogênio sejam perdidos para $NH_{3(g)}$ durante a compostagem. A razão C:N final é 9,43. A composição molecular final é $C_{11}H_{14}O_4N$.

10.11 O resíduo de composição exibida na tabela a seguir é descartado a uma taxa de 100.000 Mg/ano durante 2 anos em uma seção de um aterro. Suponha que a metade do resíduo seja descartada no tempo = 0,5 ano e a metade no tempo = 1,5 ano. Suponha que a produção de gás siga a relação de primeira ordem utilizada na Equação 10.4 e use as informações adicionais fornecidas na tabela. Em quanto tempo até 90% do gás serão produzidos nesta seção?

	Massa inicial (Mg)	Meia-vida (ano)
Biodegradação lenta	10.000	10
Biodegradação rápida	40.000	3
Não biodegradável	50.000	Infinita

10.12 Suponha que todo o resíduo em uma seção de um aterro seja lançado ao mesmo tempo. Após 5 anos, a taxa de produção de gás chegou ao seu pico. Após 25 anos (20 anos após o pico), a taxa de produção diminuiu para 10% da taxa de pico. Suponha um decaimento de primeira ordem na taxa de produção de gás após alcançar o pico. Suponha que nenhum gás seja produzido antes do pico de 5 anos. (a) Qual é a porcentagem da produção de gás total que você prevê que tenha ocorrido após 25 anos? (b) Quanto tempo até 99% do gás terem sido produzidos?

10.13 Quantidades iguais dos dois tipos de resíduos são descartadas em uma seção de aterro. Ambas começam a produzir gás em $t = 0$ e, portanto, não há defasagem. Suponha um decaimento de primeira ordem na produção de gás. Cada tipo de resíduo pode produzir 150 L de CH_4/kg de resíduo. O resíduo do tipo A produz gás com uma meia-vida de 6 anos e o resíduo do tipo B produz gás com uma meia-vida de 3 anos. Quanto tempo levará (arredondando em anos) até que 90% de cada gás sejam produzidos?

10.14 Determine se o seu aterro local (ou regional) produz energia a partir do gás metano. Se produzir, qual é a massa de resíduos sólidos descartados no aterro anualmente e qual é a quantidade de CH_4 gerada? Relacione esses números ao cálculo que você possa fazer com os pressupostos apropriados.

10.15 (a) Calcule o volume de metano produzido (m^3/ano) pelo aterro nos anos 1970 e 2010. Supondo que o RSM aterrado produza gás de modo similar entre os 2 anos. O U.S. Census Bureau afirma que a população americana era de 203.392.031, em 1970, e de 308.745.531, em 2010. Use as taxas de aterro e compostagem fornecidas na Tabela 10.2. Suponha que os três componentes dos resíduos que produzem metano não mudam com o tempo e são os restos de comida (15% do total), papel usado (30% do total) e restos de jardim (15% do total). Suponha que 60% dos restos de comida e papel usado, e que 40% das podas de jardim vão-se decompor se colocados em um aterro. (b) Determine a energia (em MW) do gás de aterro produzido em 1970 e 2010. Suponha que 1 MW de gás seja produzido para cada 270 m^3/h de CH_4 produzidos no aterro.

10.16 Volte ao Exemplo 10.6 deste capítulo. O efeito global dos gases estufa de um aterro é sensível ao número de parâmetros e pressupostos. No Exemplo 10.6, um pressuposto de 80% de recuperação de gás é utilizado e leva a um benefício global dos gases do efeito estufa de 0,10 toneladas métricas de CO_2e. Mantendo todos os parâmetros e pressupostos utilizados para solucionar o Exemplo 10.6, qual é a porcentagem de gás de aterro coletada que proporciona um benefício global de reduzir as emissões de gases do efeito estufa?

10.17 Qual porcentagem de redução nos resíduos de jardim seria necessária para diminuir o NH_4^+ liberado no lixiviado do aterro em 1 kg por Mg de RSM? Suponha que apenas o resíduo de jardim contribua com NH_4^+ no lixiviado. Suponha a composição do resíduo fornecida na Figura 10.2 e na Tabela 10.5. Suponha que todo o N no resíduo de jardim acabe sendo liberado como NH_4^+.

10.18 As células diárias de um aterro são operadas para que as seguintes condições sejam mantidas: espessura da cobertura diária = 0,2 m; declividade (horizontal:vertical) = 3:1; frente de trabalho para o refugo = 30 m; altura do refugo = 3 m; e volume do refugo diário = 1.800 m^3/dia. O aterro está interessado em reduzir os requisitos de solo de cobertura diário ao longo dos seus 20 anos de vida útil e está considerando três opções. Qual opção seria a melhor? Por quê?

Opção 1	Aumentar a altura do refugo para 4 m.
Opção 2	Aumentar o volume de refugo diário para 2.000 m^3/dia.
Opção 3	Diminuir a frente de trabalho para 20 m.

10.19 Estime a área de aterro necessária, em hectares, dadas as seguintes especificações: espessura da cobertura diária = 0,2 m; cobertura final total = 1,0 m (além da cobertura diária); altura acima do solo antes do decaimento biológico e acomodação = 10 m; altura da elevação = 3-5 m; profundidade abaixo do nível do solo em que o resíduo pode começar a ser colocado = 5 m; a área do local de aterro é quadrada; taxa de geração de RSM = 100.000 Mg/ano; inclinações laterais em 3 horizontal: 1 vertical para células diárias e inclinações externas; largura da frente de trabalho = 8 m; aberta para descarte 360 dias por ano; vida útil de 30 anos, e densidade de RSM fresco no local = 700 kg/m^3.

10.20 Você precisa orçar uma nova estação de transferência em seu distrito. Uma estação de transferência similar custou US$ 1 milhão, mas essa estação era 50% maior do que a sua. Quanto dinheiro deveria ser orçado para que o seu governo local tenha dinheiro suficiente para pagar pela nova estação de transferência? Suponha que o fator de economia de escala das estações de transferência seja 0,9.

10.21 Acesse o *website* da Organização Mundial da Saúde (www.who.org). Aprenda sobre uma doença transmitida por meio do descarte inadequado dos resíduos sólidos. Qual é o alcance da doença em um nível global?

10.22 Identifique uma sociedade de profissionais de engenharia à qual você poderia aderir como aluno ou após a formatura e que lide com questões de gestão dos resíduos sólidos. Quais são as taxas para aderir a esse grupo? Que benefícios você receberia como um membro enquanto atuasse como profissional?

10.23 Determine o número de alunos atualmente matriculados em tempo integral em sua universidade ou faculdade. Em seguida, usando a informação da Figura 10.2 e as Tabelas 10.2 e 10.5, determine o teor de energia associado a um dia de resíduos sólidos que seriam gerados por essa população.

10.24 Suponha que a população dos Estados Unidos chegue aos 420.000.000 em 2050. Estime a massa anual de resíduos sólidos municipais que serão gerados nos Estados Unidos, em 2050, e a quantidade anual que vai exigir aterramento (as duas respostas em toneladas métricas). Use as informações fornecidas na Tabela 10.2. Justifique as suas suposições sobre mudanças na geração de resíduos sólidos por pessoa e o descarte em aterro por pessoa de hoje até 2050. DICA: faça um gráfico da geração de resíduos *versus* o tempo e também do percentual de aterro *versus* tempo e observe as tendências. Faça suas próprias suposições (por exemplo, a geração de resíduos será a mesma em 2050 e 2010; a geração de resíduos vai voltar aos níveis de 1960; e/ou o percentual de resíduos de aterro vai diminuir à medida que a reciclagem se tornar a tendência principal ou vai continuar a mesma).

10.25 Resíduos vegetais não leguminosos têm um teor de umidade de 80% e são 4% N (por massa seca). Os resíduos vegetais devem ser compostados com serragem disponível. A serragem tem um teor de umidade de 50% e consiste em 0,1% N (por massa seca). A proporção C:N desejada para a mistura é 20. A proporção C:N dos resíduos vegetais é 11 e a proporção C:N da serragem é 500. Determine os kg de serragem necessários por quilograma de resíduos vegetais que resultam em uma proporção C:N inicial de 20.

10.26 Uma mistura de matéria orgânica deve sofrer compostagem. A mistura começa com 40% de umidade e 80% dos sólidos são VS. Suponha que 50% do VS sejam perdidos por compostagem junto com 70% da umidade. Qual é o teor de umidade do composto final?

10.27 A EPA fornece cinco métodos de compostagem em seu *website*: http://www.epa.gov/compost/types.htm. Desenvolva uma tabela que apresente os cinco métodos em uma coluna e uma breve descrição do método em uma segunda coluna.

10.28 Estime os custos totais do aterro (do ano de 2003, em Euros) para uma situação em que você deve aterrar (a) 75.000 Mg de resíduos sólidos por ano e (b) 1.000.000 Mg de resíduos sólidos por ano.

Referências

ASTM International, 1992. ASTM Standard D5231-92, *Standard Test Method for Determination of the Composition of Unprocessed Municipal Solid Waste*. West Conshohocken: ASTM International. Available at www.astm.org.

Australian Productivity Commission (APC), 2006. *Waste Management*. Report No. 38. Canberra: APC.

Camobreco, V., R. Ham, M. Barlaz, E. Repa, M. Felker, C. Rousseau, and J. Rathle, 1999. Life-cycle inventory of a modern municipal solid waste landfill. *Waste Management and Research*, 17: 394–408.

Department of Energy (DOE), Form EIA-1605 (2007). Voluntary Reporting of Greenhouse Gases, Appendix F. Electricity Emission Factors.

Diaz, L. F., G. M. Savage, L. L. Eggerth, and C. G. Golueke, 2003. *Solid Waste Management for Economically Developing Countries*, 2nd ed. Concord: Cal Recovery.

Environmental Protection Agency (EPA), 2006. *An Inventory of Sources and Environmental Releases of Dioxin-Like Compounds in the United States for the Years 1987, 1995, and 2000*. Washington, D.C.: EPA, EPA/600/P-03/002f.

Environmental Protection Agency (EPA), 2011. *Municipal Solid Waste Generation, Recycling and Disposal in the United States: Facts and Figures for 2010*. Washington, D.C., EPA530-F-11-005.

Farquhar, G. J., and F. A. Rovers, 1973. Gas production during refuse decomposition. *Water, Air, and Soil Pollution*, 2: 483–495.

GMOP (Global Methane Outreach Program), 2012. *International Best Practice Guide for Landfill Gas Energy Projects* (Chapter 4), USEPA. Available at http://www.globalmethane.org/tools-resources/tools.aspx).

Haug, R. T., 1993. *The Practical Handbook of Compost Engineering*. Boca Raton: Lewis Publishers.

Kontos, T. D., D. R. Komilis, and C. P. Halvadakis, 2003. Siting MSW landfills on Lesvos Island with a GIS-based methodology. *Waste Management and Research*, 21: 262–277.

Levis, J. W., and M. A. Barlaz, 2011. Is biodegradability a desirable attribute for discarded solid waste? Perspectives from a National Landfill Greenhouse Gas Inventory Model. *Environmental Science and Technology*, 45: 5470–5476.

Malkow, T., 2004. Novel and innovative pyrolysis and gasification technologies for energy efficient and environmentally sound MSW disposal. *Waste Management*, 24: 53–79.

McBean, E. A., F. A. Rovers, and G. J. Farquhar, 1995. *Solid Waste Landfill Engineering and Design*. New York: Prentice Hall.

Medina, M., 2000. Scavenger cooperatives in Asia and Latin America. *Resources, Conservation, and Recycling*, 31: 51–69.

Milke, M. W., 1997. Design of landfill daily cells to reduce cover soil use. *Waste Management and Research*, 15: 585–592.

National Solid Wastes Management Association (NSWMA), 2003. *Modern Landfills: A Far Cry from the Past*. Washington, D.C. NSWMA. Available at www.nswma.org.

New Zealand Ministry for the Environment (NZME), 2002. *Solid Waste Analysis Protocol*. March, Ref. ME 430. Wellington: NZME.

Pierce, J., L. LaFountain, and R. Huitric, 2005. *Landfill Gas Generation and Modelling Manual of Practice*. Silver Spring: Solid Waste Association of North America.

Post, J. L., and J. R. Mihelcic, 2010. Waste reduction strategies for improved management of household solid waste in Jamaica. *International Journal of Environment and Waste Management*, 6(1/2): 4–24.

Tchobanoglous, G., H. Theisen, and S. A. Vigil, 1993. *Integrated Solid Waste Management*. New York: McGraw-Hill.

Troschinetz, A. M., and J. R. Mihelcic, 2009. Sustainable recycling of municipal solid waste in developing countries. *Waste Management*, 29(2): 915–923.

Tsilemou, K., and D. Panagiotakopoulos, 2006. Approximate cost functions for solid waste treatment facilities. *Waste Management and Research*, 24: 310–22.

capítulo/Onze · Engenharia de Qualidade do Ar

James R. Mihelcic e
Amy L. Stuart

Neste capítulo, os leitores vão aprender sobre as fontes de poluição do ar, as características do ar limpo e poluído dos ambientes externo e interno, bem como sobre os impactos adversos dos poluentes atmosféricos legislados (criteria pollutants),[1] nocivos e malcheirosos na saúde humana, na economia e no meio ambiente. Será discutido o arcabouço regulatório dos poluentes atmosféricos, incluindo as decisões legais recentes que hoje permitem a regulação do principal gás do efeito estufa, o dióxido de carbono. As escalas urbana, regional e global dos problemas de poluição do ar são descritas e relacionadas com questões de transporte e impacto. A estrutura da troposfera e da estratosfera é apresentada e, em seguida, são descritos exemplos de fontes pontuais, áreas e móveis de emissões gasosas para a troposfera, junto com as tendências históricas de emissão de poluentes atmosféricos legislados e nocivos. O controle das emissões é descrito em mais detalhes com ênfase na redução da fonte e das estratégias de gestão da demanda. São discutidas quatro outras estratégias para controlar as emissões gasosas (abordagem regulatória, baseada no mercado e voluntária, e tecnologias de controle) e várias tecnologias de controle de gases e

---

[1] A expressão em inglês *criteria pollutants* pode ser traduzida como "poluentes controlados" ou "poluentes legislados", que são os poluentes para os quais foram documentados seus efeitos sobre a saúde do homem, das plantas, dos animais etc. (N.T.)

© Marcus Lindström/iStockphoto

Sumário do Capítulo

11.1	Introdução
11.2	Escala e Ciclos de Poluição Atmosférica
11.3	Estrutura Atmosférica
11.4	Características do Ar Poluído
11.5	Emissões Ambientais e Controle das Emissões
11.6	Avaliação das Emissões
11.7	Meteorologia e Transporte
11.8	Dispersão Atmosférica e a Modelagem de Dispersão da Pluma Gaussiana

Objetivos da Aprendizagem

1. Descrever como a escala urbana, regional e global dos diferentes problemas de poluentes atmosféricos influencia a reação química, o transporte e o impacto.
2. Explicar como a gestão da poluição do ar abrange não só o efeito, mas, ainda mais importante, as demandas humanas de bens, serviços e atividade, como o transporte, além de aplicar a equação IPAT para as emissões de gases dos automóveis.
3. Descrever características importantes de poluentes atmosféricos da troposfera e da estratosfera.
4. Descrever a composição do ar interno poluído em um contexto global e o impacto do uso de combustíveis na qualidade global do ar interno, enfatizando também os indivíduos em risco.
5. Identificar os seis critérios de poluentes atmosféricos e outros poluentes nocivos e malcheirosos encontrados nos ambientes externo e interno, e associar esses poluentes aos impactos de saúde, econômicos e ambientais específicos.

partículas são descritas com ênfase na aplicabilidade e no projeto. Em seguida, o capítulo examina os métodos disponíveis para medir ou estimar as emissões atmosféricas que incluem o uso de balanços de massa e os fatores de emissão. O capítulo conclui com descrições sobre como as condições atmosféricas e do nível do solo controlam o movimento vertical e horizontal das seções de ar, além de fornecer instruções sobre como aplicar modelos de dispersão gaussiana para estimar as concentrações de poluentes do ar a jusante.

6. Descrever a formação do dióxido de carbono durante a combustão dos combustíveis fósseis, a justificativa legal que permite o controle do dióxido de carbono como um poluente atmosférico e o impacto da mudança climática na qualidade do ar.

7. Escrever e explicar as reações químicas que descrevem a formação do ozônio no nível do solo e na estratosfera.

8. Usar e aplicar o índice de qualidade do ar como uma medida para compreender as concentrações diárias dos poluentes atmosféricos.

9. Demonstrar empatia pelos grupos da população injustamente condenados a um maior risco ambiental por emissões de poluentes atmosféricos.

10. Diferenciar as fontes pontuais, as áreas e os móveis de emissões gasosas que também incluam emissões fugitivas.

11. Explicar como o motor à combustão leva a emissões de óxidos de nitrogênio, monóxido de carbono, dióxido de carbono e hidrocarbonetos.

12. Diferenciar as várias estratégias para controlar as emissões, que incluem redução da fonte, gestão da demanda, abordagens regulatórias, abordagens baseadas no mercado, abordagens voluntárias e tecnologias de controle.

13. Inovar os diferentes métodos de gestão de demanda de transporte para reduzir o congestionamento de veículos e as emissões atmosféricas.

14. Projetar e/ou aplicar as seguintes tecnologias de controle da poluição atmosférica para poluentes atmosféricos específicos: adsorção, coletores de poeira (*baghouse*), biofiltro, ciclone, precipitador eletrostático, oxidante térmico, exaustor e depurador Venturi.

15. Integrar os balanços de massa com a cinética química para dimensionar um oxidante térmico.

16. Estimar as emissões atmosféricas por meio de métodos como monitoramento, modelagem, balanço de massa e fatores de emissão.

17. Explicar como as características meteorológicas e do nível do solo influenciam a estabilidade, bem como o movimento vertical e horizontal das seções de ar.

18. Aplicar modelos de dispersão gaussiana para estimar as concentrações dos poluentes atmosféricos a jusante.

11.1 Introdução

No Capítulo 2, apresentamos uma tabela que mostrou a composição da atmosfera (Tabela 2.3). Embora quase todo elemento apresentado na tabela periódica seja encontrado na atmosfera, se você voltar e examinar a Tabela 2.3, vai notar que a atmosfera é composta basicamente de nitrogênio (78,1%), oxigênio (20,9%) e argônio (0,93%). A título de comparação, atualmente, o dióxido de carbono corresponde a mais de 0,039% da atmosfera. No entanto, as atividades antropogênicas provocam a emissão de muitos compostos diferentes na atmosfera em concentrações suficientemente altas para causar impactos adversos na saúde humana, nas colheitas e em outra vegetação, materiais de construção, clima e, até mesmo, hábitats de ecossistemas aquáticos. O movimento do ar não respeita as fronteiras geopolíticas de um país, estado ou nação. Portanto, os problemas de poluição transfronteiras são comuns e as soluções podem ser bastante complexas.

A **Tragédia dos Comuns** (discutida no Capítulo 1) também se aplica diretamente à poluição atmosférica. Lembre-se de que a Tragédia dos Comuns descreve a relação em que os indivíduos ou as organizações consomem uma fatia compartilhada (como o ar) e depois devolvem seus resíduos para a fonte compartilhada. Dessa maneira, aprendemos que o indivíduo ou a organização recebe o benefício do recurso compartilhado, mas distribui o custo com outras pessoas, que também utilizam o recurso. Os custos sociais, econômicos e ambientais associados à poluição atmosférica são grandes e podem resultar em mais custos de saúde, redução da expectativa de vida, degradação dos monumentos, e prédios históricos e danos à safra, perda de produtividade dos ecossistemas e consequências associadas à mudança climática.

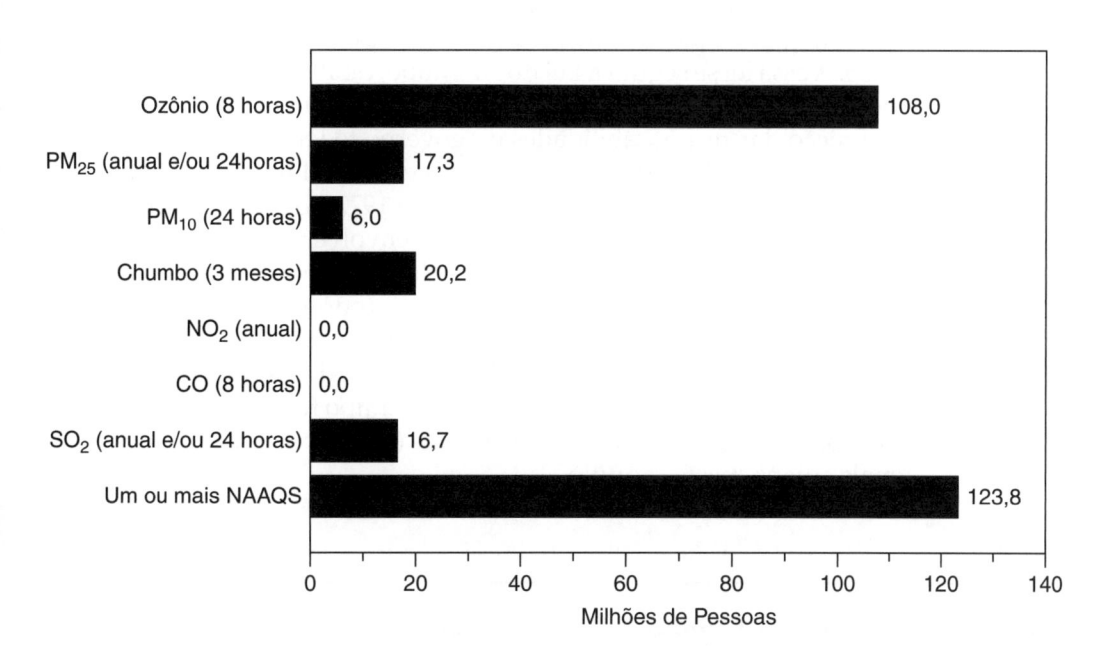

Figura / 11.1 **Número de Pessoas (em milhões) que Vive nos Condados Americanos com Concentrações de Qualidade do Ar Acima do Nível dos Padrões Nacionais de Qualidade do Ar Ambiente (Baseados na Saúde) (NAAQS,** *National Ambient Air Quality Standards***) em 2010** O período de tempo listado se refere à base de tempo médio do padrão.

(Figura redesenhada da EPA, 2012a.)

A Figura 11.1 mostra o número de pessoas que moram nos condados americanos com concentrações da qualidade do ar que ultrapassam os padrões nacionais estabelecidos para proteger a saúde humana. Repare que o número de pessoas expostas a altos níveis depende do poluente atmosférico em questão, mas varia de dezenas a centenas de milhões (a população dos Estados Unidos é um pouco superior a 300 milhões). Historicamente, a poluição atmosférica tem sido associada a comunidades humanas e atividades industrializadas. Hoje, compreendemos que as consequências da poluição do ar são encontradas em cada ponto da Terra. A poluição atmosférica é encontrada nas cidades, a partir da combustão do ar e dos combustíveis fósseis; em uma usina de energia alimentada a carvão e nos motores dos veículos; nas áreas rurais, em consequência dos particulados gerados pelas atividades agrícolas abrasivas, e no ambiente interno, em consequência da evaporação das substâncias químicas dos materiais de construção ou do solo circundante (incluindo o radônio que ocorre naturalmente). As emissões da queima de combustíveis fósseis nos espaços confinados mal ventilados dos ambientes internos também são uma preocupação. Três bilhões de pessoas no mundo ainda queimam combustíveis fósseis para se aquecer e cozinhar. Nos Estados Unidos, a intoxicação por monóxido de carbono em ambientes fechados também é um problema comum. Os óxidos de nitrogênio e enxofre emitidos pelos processos de combustão são transportados para fontes de água locais e pode corresponder a uma quantidade significativa de carga de nitrogênio e acidificação, respectivamente, nas águas superficiais, como a Baía de Chesapeake e a Baía de Tampa, e em lagos nas Montanhas Adirondack no interior do estado de Nova York. Já as emissões de poluentes do ar têm levado ao derretimento da calota polar e à exposição das baleias Beluga do Ártico a substâncias químicas tóxicas.

Nos Estados Unidos, o controle federal da poluição atmosférica começou, em grande parte, com a Lei de Controle da Poluição Atmosférica de 1955. A essa lei se seguiu a Lei do Ar Limpo, de 1963, e a Lei de Qualidade do Ar de 1967. A **Lei do Ar Limpo** (de 1970) foi um marco importante na definição das responsabilidades do governo federal pela proteção e melhoria da qualidade do ar da nação. A Lei do Ar Limpo (CAA, *Clean Air Act*) foi sancionada em 1970 e alterada em 1977 e em 1990. Ela promoveu autoridade legislativa para o governo desenvolver normas federais e estaduais para limitar as emissões a partir de fontes estacionárias (por exemplo, chaminés industriais) e fontes móveis (por exemplo, escapamentos de automóveis). A Tabela 11.1 fornece algumas das principais disposições da Lei do Ar Limpo e das **Emendas à Lei do Ar Limpo**. Um dos principais programas regulatórios da Lei do Ar Limpo foi a criação dos Padrões Nacionais de Qualidade do Ar Ambiente (NAAQS), que serão discutidos mais adiante neste capítulo.

Poluentes Atmosféricos
https://www.epa.gov/environmental-topics/air-topics

Qualidade do Ar Onde Você Mora
https://airnow.gov/

História da Lei do Ar Limpo
http://www.epa.gov/clean-air-act-overview/clean-air-act-requirements-and-history

---

Tabela / 11.1

Principais Disposições e Emendas à Lei do Ar Limpo (texto obtido de http://www.epa.gov/air/)

Lei do Ar Limpo de 1970

- Promulgação da Lei do Ar Limpo de 1970 resultou em uma grande mudança no papel do governo federal quanto ao controle da poluição atmosférica. Essa legislação autorizou o desenvolvimento de normas federais e estaduais abrangentes para limitar as emissões de fontes estacionárias e de fontes móveis.

(*continua*)

Lei do Ar Limpo de 1970

- As autoridades competentes foram substancialmente expandidas. A Agência de Proteção Ambiental dos Estados Unidos (EPA) foi criada em 2 de dezembro de 1970 para implantar as várias exigências incluídas nessas leis.
- Autorizou o estabelecimento dos Padrões Nacionais de Qualidade do Ar Ambiente (NAAQS).
- Estabeleceu os requisitos para os Planos de Execução Estadual (SIPs, *State Implementation Plans*) a fim de alcançar os Padrões Nacionais de Qualidade do Ar Ambiente.
- Autorizou o estabelecimento de Novos Padrões de Desempenho da Fonte (NSPS, *New Source Performance Standards*) para fontes estacionárias novas e modificadas.
- Autorizou o estabelecimento dos Padrões Nacionais de Emissão de Poluentes Atmosféricos Nocivos (NESHAPs, *National Emission Standards for Hazardous Air Pollutants*).

Emendas à Lei do Ar Limpo de 1977

- Autorizou disposições para a Prevenção da Deterioração Significativa (PSD) a fim de proteger as áreas limpas (consecução), particularmente as áreas de valor especial, como os grandes parques nacionais.
- Requisitos especificados para as fontes em áreas que não satisfazem o Padrão Nacional de Qualidade do Ar Ambiente em relação a um ou mais poluentes (chamadas áreas em que os limites das emissões são excedidos). Uma **área de não atendimento** é uma área geográfica que não satisfaz um ou mais padrões federais de qualidade do ar.

Emendas à Lei do Ar Limpo de 1990

- Aumentou substancialmente a autoridade competente e a responsabilidade do governo federal.
- Autorizou novos programas regulatórios para controle da deposição de ácidos (chuva ácida).
- Os Padrões Nacionais de Emissão de Poluentes Atmosféricos Nocivos (NESHAPs, *National Emission Standards for Hazardous Air Pollutants*) foram incorporados a um programa bastante ampliado para controlar 189 poluentes tóxicos.
- Disposições ampliadas e modificadas pertinentes à consecução dos Padrões Nacionais de Qualidade do Ar Ambiente (NAAQS).
- Estabeleceu um programa para descontinuar, gradativamente, o uso de substâncias químicas que esgotam a camada de ozônio da atmosfera.
- Estabeleceu requisitos para operar licenças para todas as fontes dos principais poluentes da atmosfera (licenças sob o Título V).

Aplicação / 11.1   O Instituto de Treinamento da Poluição Atmosférica da EPA

O Instituto de Treinamento da Poluição Atmosférica da EPA (APTI, *EPA's Air Pollution Training Institute*) fornece treinamento para os profissionais de poluição atmosférica. O objetivo é facilitar o desenvolvimento profissional, aperfeiçoando as habilidades necessárias para compreender e executar programas e políticas ambientais. O currículo é dividido por função de trabalho (por exemplo, substâncias tóxicas atmosféricas, emissão de licenças, monitoramento ambiental) e inclui treinamento presencial, autotreinamento e treinamento a distância, pela Internet. Cursos especiais e oficinas também são oferecidos. Leia mais em http://www.apti-learn.net

---

11.2 Escala e Ciclos de Poluição Atmosférica

11.2.1 ESCALA DAS QUESTÕES DE POLUIÇÃO ATMOSFÉRICA

A Figura 11.2 mostra que os problemas de poluição atmosférica estão associados a uma gama de **escalas espaciais**, de urbanas até regionais ou globais. A Tabela 11.2 apresenta que a escala espacial do fenômeno da

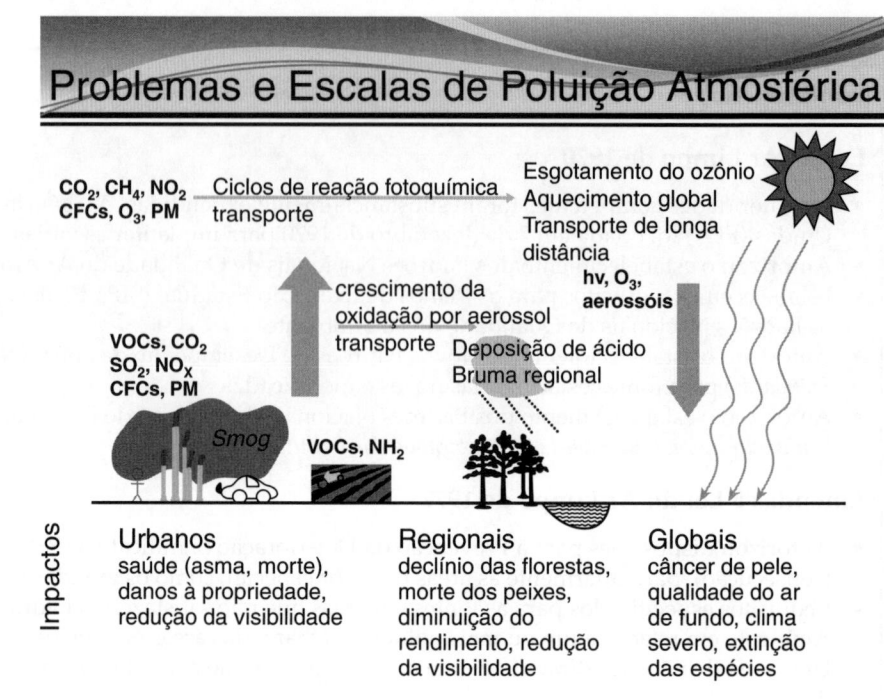

Problemas e Escalas de Poluição Atmosférica

CO_2, CH_4, NO_2 CFCs, O_3, PM — Ciclos de reação fotoquímica — transporte

crescimento da oxidação por aerossol transporte

VOCs, CO_2 SO_2, NO_X CFCs, PM

Smog

VOCs, NH_2

Esgotamento do ozônio
Aquecimento global
Transporte de longa distância

hv, O_3, aerossóis

Deposição de ácido
Bruma regional

Impactos

Urbanos
saúde (asma, morte), danos à propriedade, redução da visibilidade

Regionais
declínio das florestas, morte dos peixes, diminuição do rendimento, redução da visibilidade

Globais
câncer de pele, qualidade do ar de fundo, clima severo, extinção das espécies

Figura / 11.2 Escala Espacial da Poluição Atmosférica Ocorre em Escalas Urbanas, Regionais e Globais, Resultando em Diferentes Impactos Sociais, Econômicos e Ambientais.

poluição atmosférica pode ocorrer em distâncias que variam de < 1 km a milhares de km. As emissões de poluentes atmosféricos no nível do solo e perto das atividades humanas (por exemplo, emissões do tráfego e queima de biomassa nos fogões domésticos) levam a problemas microambientais e questões de poluição atmosférica em escala local. Esses problemas incluem exposições pessoais diretas às emissões por combustão, poluição do ar em ambientes fechados e desigualdade da qualidade do ar entre localidades vizinhas.

Na atmosfera, as emissões são transportadas, misturando-se e reagindo com as emissões da indústria e das instalações de geração de energia centralizadas, o que leva a um *smog*[2] em escala urbana. O *smog* urbano é caracterizado por amplas áreas com altos níveis de ozônio e matéria particulada fina em uma região metropolitana. Os poluentes urbanos são ainda mais exportados para jusante, misturando-se e reagindo com emissões biogênicas de ocorrência natural e poluição das regiões urbanas vizinhas, resultando em problemas regionais de poluição atmosférica, incluindo a deposição ácida e a bruma regional. Finalmente, em prazos mais longos, muitos poluentes são transportados para altitudes maiores na atmosfera. Uma vez lá, eles podem ser transportados por longas distâncias, impactando a qualidade do ar nos continentes. Nesse caso, os poluentes atmosféricos podem, até mesmo, interagir com ciclos químicos e fluxos energéticos atmosféricos naturais importantes, levando ao esgotamento do ozônio atmosférico e à mudança climática global.

---

[2]Smog = *fog* (nevoeiro) + fumaça. (N.T.)

Escalas Espaciais do Fenômeno da Poluição Atmosférica
(baseado em Seinfeld e Pandis, 2006)

Fenômeno	Escala de comprimento (km)
Poluição interna/microambiental	0,001-0,1
Qualidade do ar vizinho	0,1-1
Poluição atmosférica urbana	1-100
Poluição atmosférica regional	10-1.000
Chuva/deposição ácida	100-2.000
Esgotamento do ozônio estratosférico	1.000-40.000
Emissões dos gases do efeito estufa	1.000-40.000

11.2.2 O SISTEMA DE POLUIÇÃO DO AR

Para considerar a eficácia das medidas de controle da poluição do ar, é útil conceituar o sistema de gestão dos recursos atmosféricos como um ciclo que vai da demanda até o efeito (como mostra a Figura 11.3). A origem da poluição antropogênica, incluindo a poluição do ar, é causada pela demanda humana por bens, serviços e outras atividades (como viagens), geradas pelas necessidades reais e percebidas para o aperfeiçoamento do bem-estar econômico e social. Essa demanda leva a emissões de poluentes atmosféricos ao longo do ciclo de vida do produto ou serviço ou diretamente da atividade exercida. As emissões de poluentes atmosféricos, que são transportados e transformados na atmosfera por meio de uma série de processos multifásicos, levam a concentrações de poluentes no meio ambiente (ar, água, solo).

Conforme explicado no Capítulo 6, durante a discussão do risco ambiental, quando as concentrações são altas o bastante e levam ao contato

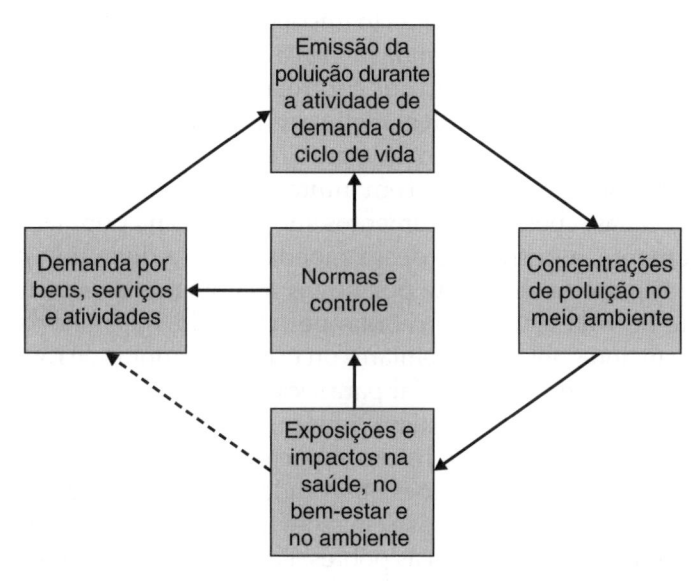

Figura / 11.3 A Gestão da Poluição Atmosférica Segue um Ciclo que Engloba a Demanda até os Efeitos.

com um receptor vulnerável (sistema humano ou ambiental), elas podem provocar uma série de efeitos deletérios, incluindo efeitos na saúde humana – de irritação ocular até a morte –, deposição ácida e morte das florestas, comprometimento da visibilidade nos parques nacionais e mudança climática global. Tais efeitos, quando causaram um impacto adverso no bem-estar humano, levaram a tentativas de regulação e controle das emissões por meio de exigências tecnológicas e de gestão. Até certo ponto, também há um *feedback* sobre a demanda original, por exemplo, os esforços educacionais para reduzir o uso perdulário da eletricidade e os poluentes atmosféricos associados decorrentes da produção de eletricidade (matéria particulada, óxidos de nitrogênio, óxidos de enxofre, CO_2, Hg).

A eficácia desse ciclo para reduzir a poluição e seus efeitos é complicada por outros fatores que impactam a quantidade de poluição emitida pela sociedade. Lembre-se do Capítulo 5, em que introduzimos a **Equação IPAT** (Equação 5.18) como uma maneira de relacionar o impacto ambiental (I) a influências da população humana (P), afluência (A) e tecnologia (T). A equação IPAT é reescrita aqui.

$$I = P \times A \times T \tag{11.1}$$

A equação IPAT pode ser escrita para compreender a geração de poluição atmosférica (como impacto I). Vejamos:

$$\boxed{I = P \times D \times TF} \tag{11.2}$$

Na Equação 11.2, a quantidade de poluição atmosférica gerada pode ser simplificada na forma de produto da população humana (P), demanda *per capita* por eletricidade ou combustível fóssil para movimentar um veículo (D, muitas vezes, também chamada de afluência ou consumo) e um fator de tecnologia (TF, nesse caso, a proporção das emissões atmosféricas por demanda unitária). No caso de um fator de tecnologia para emissões veiculares, o TF seria reduzido quando a economia de combustível de um veículo aumentasse.

A Equação 11.2 mostra que, à medida que as populações humanas aumentam, as emissões atmosféricas (o impacto) crescem, a menos que a tecnologia se aperfeiçoe ou a demanda *per capita* aumente. Felizmente, as tecnologias e as estruturas de gestão que controlam as emissões (ou diminuem as concentrações nos receptores) melhoraram com o tempo. Portanto, as emissões (e os efeitos) por demanda unitária de muitos poluentes atmosféricos tradicionais diminuíram em muitas áreas do mundo ao longo das últimas décadas, apesar dos aumentos substanciais na população.

Infelizmente, a outra face dessa moeda é que a demanda *per capita* também aumentou, em parte por novas tecnologias que aumentam a qualidade de vida real ou percebida (por exemplo, mais televisões e de tamanhos maiores, telefones celulares ou uso de secadoras de roupa elétricas em vez do uso da energia solar para secar). À medida que as economias crescem e as sociedades acumulam riqueza, a demanda *per capita* costuma aumentar. Além disso, pode haver impactos substanciais na igualdade social. Algumas das diminuições observadas nas emissões por demanda unitária são locais, com processos e emissões frequentemente exportados das vizinhanças e países ricos para as pobres. Para criar um sistema de gestão atmosférica eficaz em várias escalas espaciais, não se pode negligenciar a abordagem da parte de demanda do ciclo de poluição atmosférica. É importante para um leitor reconhecer qual parte da demanda que leva a emissões atmosféricas satisfaz necessidades reais e não pode ser eliminada, mas também compreender que as melhorias tecnológicas, isoladamente, não tendem a tratar eficazmente da poluição atmosférica em sua plenitude ou de modo igualitário.

Economia de Combustível dos Automóveis
http://www.fueleconomy.gov/

---

exemplo / 11.1 — Equação IPAT e Maior Economia de Combustível nos Veículos

O propósito dos **padrões Corporativos Médios de Economia de Combustível (CAFE**, *Corporate Average Fuel Economy*) é reduzir o consumo de energia, aumentando a economia de combustível dos automóveis de passageiros e caminhões leves. Esses padrões foram promulgados, pela primeira vez, pelo Congresso Americano em 1975. Em dezembro de 2011, a National Highway Traffic Safety Administration (NHTSA) e a U.S. Environmental Protection Agency (EPA) emitiram regras finais conjuntas para melhorar ainda mais a economia de combustível (e reduzir as emissões atmosféricas) dos modelos dos anos de 2017 a 2025. As regras exigem melhorias importantes na economia de combustível, conforme a Figura 11.4c.

Como a equação IPAT poderia nos ajudar a compreender o impacto que essa melhoria na economia de combustível terá no impacto ambiental dos poluentes atmosféricos derivados do trânsito no período de 2010 a 2025?

solução

A equação IPAT pode ser escrita como:

$$I = P \times D \times TF$$

Nessa situação em particular, de investigar como as melhorias na economia de combustível poderiam reduzir o impacto ambiental das emissões veiculares de poluentes atmosféricos, P seria igual à população dos motoristas habilitados, D poderia ser a demanda de uso de um veículo (que pode ser medida pela quantidade de quilômetros percorridos por cada motorista habilitado) e o termo tecnológico, TF (emissões por veículo de quilômetro percorrido), diminuiria à medida que a economia de combustível aumentasse. A Figura 11.4a-c mostra essas tendências ao longo das últimas décadas nos Estados Unidos.

Primeiramente, a Figura 11.4a mostra um aumento estável de 128 milhões de motoristas nas rodovias americanas de 1950 a 2000. Repare no grande aumento no termo P ao longo do período de 50 anos. Atualmente, por volta de 88% da população em idade legal é habilitada para dirigir um veículo motorizado, e o número de motoristas habilitados está aumentando em um ritmo similar ao da população global. Em

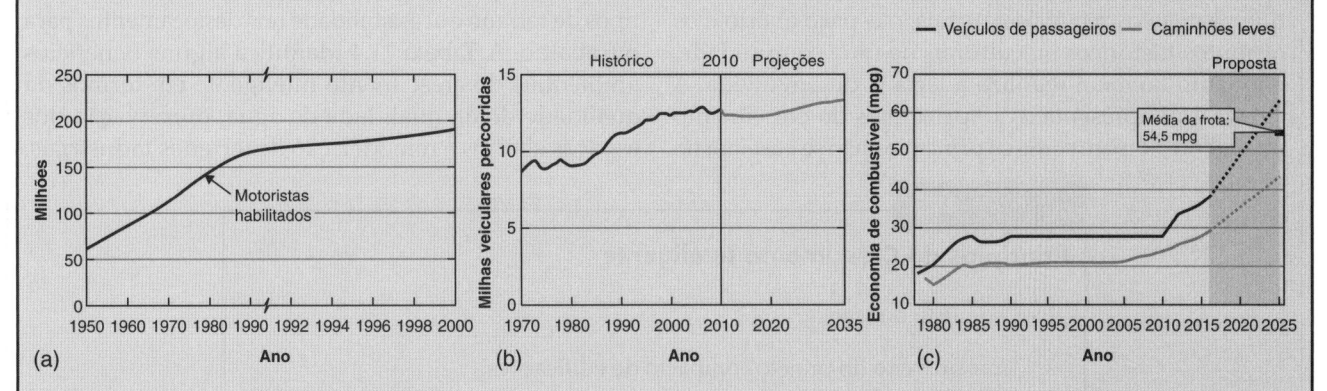

Figura / 11.4 (a) Motoristas habilitados nos Estados Unidos de 1950 a 2000. (b) Milhas veiculares percorridas por motorista habilitado (1970-2035). (c) Economia de combustível (mpg) dos novos veículos de passageiros e caminhões leves (Modelos dos anos de 1980 a 2025).

(Figuras adaptadas da U.S. Federal Highway Administration da U.S. Energy Information Administration.)

exemplo / 11.1 (continuação)

2010, a população dos Estados Unidos foi estimada em 309 milhões, com o aumento previsto de 21% para 375 milhões em 2025 (e 398 milhões em 2035).

A Figura 11.4b mostra que a demanda de viagens em veículo próprio – medida em milhas veiculares percorridas (VMT) por motorista habilitado –, cresceu em um ritmo médio anual de 1,1% entre 1970 e 2010. Isso representa um aumento de cerca de 8.700 milhas por motoristas, em 1970, para 12.700 por motorista, em 2010. O aumento nas viagens é causado por vários fatores, que incluem maior renda, menos custos associados à condução de veículos (determinados pela economia e preço dos combustíveis) e mudanças demográficas (como a expansão suburbana). A Federal Highway Administration supõe que as milhas veiculares percorridas por motorista habilitado vão aumentar em uma média de 0,2% por ano, para 13.350 milhas por motorista em 2013. Se aplicarmos essa taxa anual, veremos um aumento de 3% em 2025, em relação aos números de 2010.

A Figura 11.4c mostra as melhorias previstas nos projetos dos veículos e dos motores se os novos padrões CAFE de economia de combustíveis forem implementados em 2025. Como o fator tecnológico é inversamente proporcional à economia de combustível, isso representa uma diminuição de 50% em 2025 em relação a 2010.

Agora, voltando à equação IPAT adaptada do nosso cenário, podemos colocar uma mudança percentual nos termos particulares que resultam em impacto ambiental no ano de 2025 (I_{2025}):

$$I_{2025} = P_{2010}(1 + 21\%) \times D_{2010}(1 + 3\%) \times TF_{2010}(1 - 50\%) \qquad \textbf{(11.3)}$$

A mudança global no impacto é estimada, portanto, como $I_{2025}/I_{2010} = (1,21) \times (1,03) \times (0,5) = 62\%$ das emissões decorrentes do uso de veículos até cerca de 38%. No entanto, uma parcela significativa da redução relacionada com a tecnologia é compensada por um grande aumento no número de motoristas habilitados (P) e nos aumentos esperados nas milhas percorridas por veículo (D). Outras estratégias para reduzir o termo de impacto, I, poderiam incluir aquelas relacionadas com a gestão da demanda (reduzindo o termo D) ao proporcionar mecanismos para os motoristas acessarem o transporte público ou compartilhado, a incorporação de pistas de veículos de alta ocupação, melhorias nas ciclovias e nos caminhos para pedestres, ou mudanças no projeto da comunidade, permitindo um acesso mais próximo entre os centros de atividades diárias.

Aplicação / 11.2 Crescimento Inteligente

Crescimento inteligente é um termo empregado para descrever o desenvolvimento de uma comunidade que protege os recursos naturais, o espaço aberto e os atributos históricos ou culturais de uma comunidade, enquanto também reutiliza a terra já desenvolvida. A Tabela 11.3 apresenta os 10 princípios do crescimento inteligente. Repare como os princípios não se baseiam no projeto de comunidades dominadas por veículos e como eles promovem a diversidade em termos de habitação, tipos de terreno e acessibilidade nos deslocamentos para o trabalho. A Tabela 11.4 identifica alguns benefícios ambientais do crescimento inteligente em termos da qualidade do ar, qualidade da água, preservação dos espaços abertos e remodelação de terrenos industriais.

Tabela / 11.3

Princípios do Crescimento Inteligente

1. Uso misto do terreno.
2. Tirar proveito do projeto compacto de edificações.
3. Criar uma gama de oportunidades e opções de habitação.
4. Criar vizinhanças acessíveis.

(continua)

Tabela / 11.3

(continuação)

5. Promover atividades diferenciadas, atrativas, com um forte senso de lugar.

6. Preservar os espaços abertos, solos aráveis, belezas naturais e áreas ambientais críticas.

7. Reforçar e direcionar o desenvolvimento para as comunidades existentes.

8. Proporcionar uma série de opções de transporte.

9. Tomar decisões de desenvolvimento previsíveis, justas e econômicas.

10. Incentivar a colaboração da comunidade e das partes interessadas nas decisões de desenvolvimento.

FONTE: Extraída de Smart Growth Online, disponível em smartgrowth.org.

Tabela / 11.4

Benefícios Ambientais do Crescimento Inteligente

Benefício	Comentários
Qualidade do ar aperfeiçoada	• Localizar um novo desenvolvimento em uma vizinhança existente, em vez de um espaço aberto na franja suburbana, pode reduzir as milhas percorridas (ou quilômetros) em até 58%. • As comunidades que viabilizam para as pessoas a escolha de caminhar, andar de bicicleta ou usar o transporte público também podem reduzir a poluição atmosférica ao reduzir a milhagem (ou quilometragem) percorrida pelos automóveis e as emissões que formam *smog*.
Qualidade da água aperfeiçoada	• O desenvolvimento compacto e a preservação dos espaços abertos podem ajudar a proteger a qualidade da água, ao reduzir a quantidade de superfícies pavimentadas e permitir que as terras naturais filtrem a água da chuva e o escoamento superficial antes de ele chegar aos suprimentos de água potável. • O escoamento superficial das áreas desenvolvidas contém substâncias químicas tóxicas, fósforo e nitrogênio; no país inteiro, é a segunda fonte mais comum de poluição da água dos estuários, a terceira mais comum dos lagos e a quarta mais comum dos rios.
Preservação dos espaços abertos	• A preservação das terras naturais e o incentivo do crescimento nas comunidades existentes protegem a terra arável, o hábitat da vida selvagem, a biodiversidade e a recreação em espaços abertos, além de promover a filtração natural da água. • Um estudo recente em Nova Jersey constatou que, em comparação com os padrões de crescimento menos compactos, o crescimento planejado poderia reduzir a conversão de terras aráveis em 28%, dos espaços abertos em 43% e das terras ambientalmente frágeis em 80%.
Remodelação dos terrenos industriais	• Limpar e remodelar um terreno industrial pode remover o flagelo e a contaminação ambiental, catalisar a revitalização da vizinhança, diminuir a pressão de desenvolvimento no perímetro urbano e usar a infraestrutura existente.

FONTE: Extraído de Environmental Protection Agency, www.epa.gov/smartgrowth.

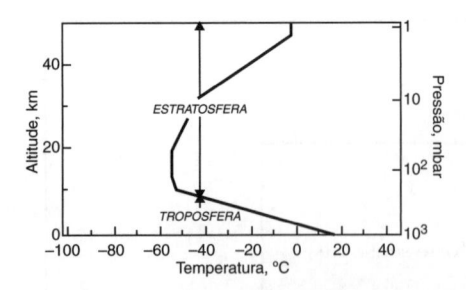

Figura / 11.5 Mudanças de Temperatura com a Altitude e a Pressão na Atmosfera.

11.3 Estrutura Atmosférica

Para o propósito deste livro, vamo-nos preocupar apenas com as duas camadas mais inferiores da atmosfera: a troposfera e a estratosfera. A camada de ar que se estende da superfície do solo até 10 a 15 km de altitude é chamada **troposfera**. A camada situada acima da troposfera, que vai até 15 a 50 km de altitude, é chamada **estratosfera**. A camada de ozônio protetora reside na estratosfera, enquanto o ozônio urbano (também chamado *smog*) ocorre na troposfera. Na troposfera, é emitida a poluição das fontes antropogênicas e naturais. A troposfera é uma camada particularmente turbulenta pelas mudanças diárias na energia solar que causam aquecimento superficial diurno e resfriamento noturno. A Figura 11.5 mostra essa estrutura vertical da atmosfera terrestre que é definida com base nos perfis de temperatura em função da altitude (ou pressão).

11.3.1 ESTRUTURA DA TEMPERATURA ATMOSFÉRICA

A troposfera é a camada mais importante para as questões de poluição atmosférica, caracterizando-se por um perfil médio de menor temperatura de acordo com a altitude acima da superfície, com perfis locais altamente variáveis, que mudam no tempo e no espaço. Por causa do aquecimento pelo Sol, a superfície da Terra aquece diariamente e irradia o calor, aumentando a temperatura do ar perto da superfície. O aquecimento radioativo cai com a distância de sua fonte. Com isso, a influência das superfícies diminui rapidamente com a altitude e, em média, a temperatura diminui com a altitude. Uma troposfera quente também é mantida pela presença dos gases do efeito estufa (incluindo vapor d'água e dióxido de carbono) que, preferencialmente, absorvem e irradiam novamente de forma local a radiação de longo comprimento de onda, conforme discutido no Capítulo 4.

Essa estrutura de temperatura decrescente com a altitude e a variação local no aquecimento superficial induzem o movimento de ar vertical e horizontal substancial e a mistura desse ar, ou clima, na troposfera. No entanto, as camadas verticais localizadas com perfis de temperatura distintos, como *inversões* (definidas como temperatura crescente de acordo com a altitude) também são comuns; elas podem se formar por vários processos meteorológicos interagentes, incluindo resfriamento da superfície à noite, sistemas de alta pressão elevados ou por frentes meteorológicas interagentes. Essas camadas estáveis são discutidas mais adiante neste capítulo e, muitas vezes, são bastante importantes para os eventos de poluição atmosférica urbana e regional, uma vez que eles aprisionam o ar e impedem que os poluentes se misturem com o ar mais limpo. Portanto, as altas concentrações de poluição atmosférica ocorrem de tempos em tempos e são influenciadas pela área da camada de ar estável.

A estratosfera também é importante para a poluição atmosférica. Ela se caracteriza por um perfil de temperatura crescente com a altitude. Essa estrutura é causada pelo aquecimento por causa da absorção da radiação ultravioleta (UV) de comprimento de onda curto proveniente do sol, emitida pela camada de ozônio estratosférico natural. Por causa da estrutura de temperatura muito estável, a estratosfera não experimenta clima; em vez disso, ela promove a tampa de inversão definitiva sobre o movimento do ar troposférico e a diluição dos poluentes superficiais. No entanto, os poluentes podem difundir lentamente para a estratosfera. Uma classe de poluentes para as quais isso é importante são os compostos de esgotamento do ozônio (como os clorofluorcarbonos). Esses compostos não reagem substancialmente na troposfera, mas reagem na estratosfera, onde está presente a radiação de comprimento de onda menor (mais energética). Na estratosfera, os clorofluorcarbonos estão envolvidos nos ciclos das reações catalíticas que destroem a camada de ozônio natural, permitindo que a radiação mais perigosa alcance a superfície terrestre.

11.3.2 PRESSÃO ATMOSFÉRICA E ESTRUTURA DE DENSIDADE

Além das estruturas de temperatura características, a atmosfera também tem uma densidade característica e uma estrutura de pressão. A densidade diminui exponencialmente à medida que a força gravitacional cai com o quadrado da distância. Portanto, a Terra maciça segura os gases que constituem a sua atmosfera com mais força perto da superfície, e a maior parte da atmosfera terrestre se situa em uma camada muito fina. À medida que a densidade diminui, a pressão também diminui (a força gravitacional por área horizontal em virtude do ar acima) e a pressão segue um perfil muito similar ao da densidade, em média. Aa variações locais na pressão (e na densidade) também ocorrem e são importantes na indução dos padrões climáticos.

11.3.3 COMPOSIÇÃO DA ATMOSFERA

Para compreender a qualidade do ar, devemos entender a composição natural da atmosfera e como essa composição é modificada pela presença de poluentes atmosféricos. Conforme mencionamos no início deste capítulo, a atmosfera natural é composta, em grande parte, por alguns gases cuja composição funcional não varia muito, exceto em condições muito perturbadas. Esses gases incluem o nitrogênio (N_2, presente em 78,1% por volume seco de mistura de ar), o oxigênio (O_2, 20,9%), o argônio (Ar, 0,934%) e alguns outros (neon, hélio, crípton e xenônio) presentes em quantidades residuais (com proporções de mistura de volume em ppm_v iguais ou inferiores). Juntos, esses gases bem misturados correspondem a, aproximadamente, 99,9% da atmosfera natural. No entanto, é a composição dos gases e da matéria particulada que varia substancialmente no tempo e espaço, e que estão tipicamente presentes em quantidades residuais, que são mais importantes para as questões de poluição atmosférica.

A Tabela 11.5 fornece estimativas da composição de vários componentes comuns e diferentes da atmosfera. O vapor d'água é o mais importante desses. É fundamental para o ciclo hidrológico e também um potente gás do efeito estufa. As concentrações de vapor d'água variam substancialmente no tempo e no espaço, aproximadamente quatro ordens de grandeza, com uma média de 1%. Essa variabilidade é uma razão pela qual a composição do ar é medida pelo volume seco (ou seja, sem incluir o volume de vapor d'água no denominador).

Historicamente, o dióxido de carbono era considerado um gás bem misturado, com uma proporção de mistura de 280 ppm_v na virada do século XIX. No entanto, suas emissões – em grande parte pela queima de combustíveis fósseis – aumentaram rapidamente ao longo dos últimos 200 anos. Hoje, as concentrações médias são maiores que 399 ppm_v e são comuns áreas de concentração maiores nas regiões urbanas. Por causa de sua abundância, o CO_2 é um gás muito importante do efeito estufa. O metano é outro gás do efeito estufa importante, com 25 vezes mais absorção da radiação infravermelha da Terra por molécula do que o CO_2, mas é bem menos abundante. Entretanto, as concentrações de metano também aumentaram com o desenvolvimento da civilização humana. Em meados dos anos 1800, as concentrações eram de, aproximadamente, 0,8 ppm_v.

Os compostos restantes fornecidos na Tabela 11.5 são todos poluentes presentes com frequência, provenientes de fontes naturais e antropogênicas. O ozônio é um componente nocivo importante do *smog* urbano na troposfera, mas também exerce um papel protetor na estratosfera por sua absorção da radiação UV. O ozônio é o exemplo mais importante de **poluente secundário**. Ele tem fontes de emissão desprezíveis, mas se forma na atmosfera por reações dos óxidos de nitrogênio (NO_x, ou seja, NO mas NO_2) e hidrocarbonetos reativos na presença de luz solar. Os hidrocarbonetos reativos incluem muitos compostos individuais – alguns são o etano, eteno, propano, terpenos, benzeno e formaldeído. Existem alguns termos diferentes utilizados para representar categorias de gases hidrocarbonetos; eles incluem os gases orgânicos reativos (ROGs) e os compostos orgânicos voláteis (VOCs). Esses termos são utilizados intercaladamente para a finalidade deste capítulo.

O dióxido de enxofre – em grande parte, emitido pela queima de combustíveis fósseis – é a fonte mais importantes de deposição ácida e formação secundária de partículas. A amônia, cuja fonte dominante são as operações de criação de animais, também exerce um papel importante na formação de partículas e na neutralização acida. A matéria particulada (PM), especialmente as pequenas partículas que conseguem penetrar

Tabela / 11.5

Concentrações Aproximadas dos Poluentes Variados Comuns nos Ambientes Limpos e Poluídos   (baseado em Jacobson, 2012)

Gás	Limpo	Poluído
Vapor d'água (H_2O)	3 ppm_v	<5.000 ppm_v
Dióxido de Carbono (CO_2)	399,5 ppm_v	<1.000 ppm_v
Metano (CH_4)	1,0-1,9 ppm_v	<2,5 ppm_v
Monóxido de carbono (CO)	40-200 ppb_v	<10.000 ppb_v
Ozônio (O_3)	10-100 ppb_v	<350 ppb_v
Dióxido de enxofre (SO_2)	0,2-1 ppb_v	<30 ppb_v
Amônia (NH_3)	1 ppb_v	<25 ppb_v
Formaldeído (HCHO)	0,1-1 ppb_v	<200 ppb_v
Ácido nítrico (NO_3)	0,02-0,3 ppb_v	<50 ppb_v
Dióxido de nitrogênio (NO_2)	0,01-0,3 ppb_v	<200 ppb_v
Óxido nítrico (NO)	0,005-0,1 ppb_v	<300 ppb_v
Matéria particulada (PM)		
Grosseira (tamanho > 2,5 μm)	10 $\mu g/m^3$	<500 $\mu g/m^3$
Fina ($PM_{2,5}$) (tamanho < 2,5 μm)	5 $\mu g/m^3$	<250 $\mu g/m^3$

profundamente nos pulmões, são a categoria de poluentes comuns que têm sido mais fortemente associadas à mortalidade e morbidade humana.

Em termos de relatar a concentração de poluentes atmosféricos, lembre-se do Capítulo 2, em que apendemos que *os gases perfeitos, as relações de volume e as razões molares são equivalentes*. Isso fica claro a partir da lei dos gases perfeitos, uma vez que, em temperatura e pressão constantes, o volume ocupado por um gás é proporcional ao número de mols. Consequentemente:

$$\text{ppm}_v = \frac{\text{mols } i}{\text{mols totais}} \times 10^6 \qquad \textbf{(11.4)}$$

Além disso, a lei dos gases perfeitos (Equação 2.6) pode ser utilizada para converter concentrações gasosas entre a concentração de massa (massa/volume) e as unidades da razão de mistura de volume (volume/volume), conforme o exemplo a seguir.

---

exemplo / 11.2   Conversão da Concentração de Gás entre ppb$_v$ e µg/m³

A concentração de O_3 é medida no ar em 75 ppb$_v$. Qual é a concentração em unidades de µg/m³? Suponha que a temperatura seja 28°C e a pressão seja 1 atm. Lembre-se de que t expressado em K é igual a T expressado em °C mais 273,15.

solução

Para fazer essa conversão, use a lei dos gases perfeitos para converter o volume de O_3 para mols de O_3, resultando em unidades de mols/L. Isso pode ser convertido para µg/m³ usando o peso molecular do O_3 (que é igual a 48).

Primeiro, use a definição de ppb$_v$ para obter uma razão de volume unitário de O_3:

$$75\,\text{ppb}_v = \frac{75\ \text{m}^3 O_3}{10^9\ \text{m}^3\ \text{solução em ar}}$$

Agora, converta o volume de O_3 no numerador para unidades de massa. Isso é feito em duas etapas. Primeiramente, converta o volume para um número de mols, usando uma fórmula reorganizada da lei dos gases perfeitos (consulte a Equação 2.6), $n/V = P/RT$, com a temperatura e a pressão determinadas:

$$\frac{75\ \text{m}^3 O_3}{10^9\ \text{m}^3\ \text{solução em ar}} \times \frac{P}{RT} = \frac{75\ \text{m}^3 O_3}{10^9\ \text{m}^3\ \text{solução em ar}} \times \frac{1\ \text{atm}}{8,205 \times 10^{-5} \dfrac{\text{m}^3\text{-atm}}{\text{mol-K}}(301\ \text{K})} = \frac{3,04 \times 10^{-6}\ \text{mol } O_3}{\text{m}^3\ \text{ar}}$$

Na segunda etapa, converta os mols de O_3 para a massa de O_3, usando o peso molecular do O_3:

$$\frac{3,04 \times 10^{-6}\ \text{mol } O_3}{\text{m}^3\ \text{ar}} \times \frac{48\ \text{g } O_3}{\text{mol } O_3} \times \frac{10^6\ \text{µg}}{\text{g}} = \frac{146\ \text{µg}}{\text{m}^3}$$

Essas etapas podem ser invertidas para converter de uma concentração de massa para uma proporção de mistura de volume.

11.4 Características do Ar Poluído

11.4.1 POLUENTES ATMOSFÉRICOS LEGISLADOS (*CRITERIA AIR POLLUTANTS*)

A Lei do Ar Limpo exige que a EPA estabeleça padrões nacionais de qualidade do ar para determinados poluentes a fim de salvaguardar a saúde humana e o meio ambiente. Esses padrões de qualidade do ar definem as concentrações aceitáveis de poluentes atmosféricos que a EPA determinou para exposição dos seres humanos e do meio ambiente, sem efeitos adversos significativos. A EPA estabeleceu padrões exigíveis a seis poluentes atmosféricos comuns que podem impactar grandes populações ou o meio ambiente. Esses seis poluentes atmosféricos se chamam **poluentes legislados**: (1) matéria particulada (PM), (2) monóxido de carbono (CO), (3) dióxido de nitrogênio (NO_2), (4) dióxido de enxofre (SO_2), (5) ozônio (O_3) e (6) chumbo (Pb).

Os padrões de qualidade do ar foram definidos no nível nacional para o ar ambiente (fora de casa), os chamados **Padrões Nacionais de Qualidade do Ar Ambiente** (**NAAQS**, *National Ambient Air Quality Standards*). Foram estabelecidos dois tipos de padrões. Os **padrões primários** foram concebidos para proteger saúde humana, enquanto os **padrões secundários** são concebidos para proteger o bem-estar do público, incluindo a proteção contra danos ambientais, culturais e à propriedade. A Tabela 11.6 fornece um NAAQS primário para seis poluentes legislados. Sob a Lei do Ar Puro, os estados podem definir padrões mais rigorosos se desejarem.

A Tabela 11.7 apresenta seis maneiras diferentes de a poluição atmosférica impactar adversamente a saúde humana. Os indivíduos sensíveis correm um risco maior e incluem os idosos, as crianças, os diabéticos e as pessoas com doenças cardíacas ou pulmonares preexistentes (por exemplo, insuficiência cardíaca/doença cardíaca isquêmica, asma, enfisema e

Lei do Ar Limpo
http://www.epa.gov/air/caa/

Normas NAAQS
https://www.epa.gov/criteria-air-pollutants

Padrões Atmosféricos Recomendados pela Organização Mundial da Saúde
http://www.who.int/topics/air_pollution/en/

Acesso aos Dados de Poluição Atmosférica dos Estados Unidos
http://www.epa.gov/airdata/

Tabela / 11.6

Padrões Nacionais de Qualidade do Ar para Seis Poluentes Atmosféricos Legislados (padrões primários para proteger a saúde humana)

Poluentes Legislados	Padrões Nacionais de Qualidade do Ar Ambiente (NAAQS)
Matéria particulada (PM_{10})	$150\ \mu g/m^3$ (24 h em média)
Matéria particulada fina ($PM_{2,5}$)	$35\ \mu g/m^3$ (24 h em média) $12\ \mu g/m^3$ (média anual)
Monóxido de carbono (CO)	$9\ ppm_v$ (8 h em média) $35\ ppm_v$ (1 h em média)
Dióxido de nitrogênio (NO_2)	$100\ ppb_v$ (1 h em média) $35\ ppb_v$ (média anual)
Dióxido de enxofre (SO_2)	$75\ ppb_v$ (1 h em média)
Ozônio (O_3)	$0{,}075\ ppm_v$ (8 h em média)
Chumbo (Pb)	$0{,}15\ \mu g/m^3$ (média trimestral)

Tabela / 11.7

Seis Maneiras de a Poluição Atmosférica Afetar Adversamente a Saúde Humana

Morte prematura

Redução da função pulmonar

Maior suscetibilidade às infecções respiratórias

Agravamento da doença respiratória e cardiovascular

Maior frequência e gravidade dos sintomas respiratórios, como dificuldade para respirar e tosse

Efeitos no sistema nervoso, incluindo o cérebro, como perda de QI e impactos na aprendizagem, memória e comportamento.

Fontes, Efeitos na Saúde e Outras Informações Associadas aos Poluentes Atmosféricos Legislados (Adaptado da EPA, 2012a)

Poluente	Fontes	Efeitos na saúde	Outros
Matéria particulada (PM)	Queima de combustível (por exemplo, queima de carvão, madeira, diesel), processos industriais, agricultura (queimadas), e emissões das estradas não pavimentadas.	Exposições de curto prazo podem agravar doenças cardíacas ou doença pulmonares que levam a sintomas respiratórios, maior uso de medicação, internações hospitalares, atendimentos de emergência e mortalidade prematura. As exposições de longo prazo podem levar ao desenvolvimento de doença cardíaca ou pulmonar, e à mortalidade prematura.	A matéria particulada é categorizada pelo tamanho da partícula – um dos agrupamentos é em partículas finas ou menores do que 2,5 µm de diâmetro ($PM_{2,5}$), e partículas grossas, maiores do que o diâmetro de corte. Outra categoria muito utilizada é PM_{10} ou partículas menores do que 10 µm de diâmetro. As *partículas primárias* são geradas diretamente por uma fonte (por exemplo, canteiros de obras, plantações, estradas não pavimentadas, incêndios e chaminés). As *partículas secundárias* são formadas a partir de reações na atmosfera (por exemplo, os precursores se originam de usinas de energia, indústria e veículos).
Monóxido de carbono (CO)	Queima de combustível (especialmente dos veículos)	Reduz a quantidade de oxigênio que chega aos órgãos e tecidos do corpo. Agrava a doença cardíaca, resultando em dor torácica e outros sintomas que levam ao atendimento hospitalar e emergencial.	Produzido a partir da queima incompleta dos combustíveis, surgindo geralmente de uma quantidade insuficiente de ar para a quantidade de combustível. A proporção inadequada entre ar e combustível pode ser uma consequência do equipamento mal operado ou com pouca manutenção, limitações do escoamento de ar ou temperaturas baixas. Enquanto níveis altos raramente são encontrados na atmosfera ambiente, pode ocorrer asfixia nos ambientes fechados, muitas vezes por meio de uma combinação de sistemas de aquecimento funcionando de maneira deficiente e ventilação inadequada.
Óxidos de nitrogênio $(NO_x) = (NO + NO_2)$	Queima de combustível (por exemplo, aparelhos elétricos, caldeiras industriais) e queima de madeira. Resultam do fato de que o ar é rico em nitrogênio.	Agrava as doenças pulmonares, levando a sintomas respiratórios, internações hospitalares e atendimentos de emergência. Maior suscetibilidade à infecção respiratória.	Grande quantidade de ar (que contém > 78% de N_2) é utilizada durante a queima dos combustíveis fósseis. A alta temperatura (e, às vezes, a pressão) que pode existir durante a queima do combustível produz NO, que depois é transformado rapidamente em NO_2. Precursor para a formação do ozônio no nível do solo (O_3) (um componente importante do *smog* urbano). O NO_2 reage para formar o ácido nítrico (HNO_3) na atmosfera e contribui bastante para a chuva ácida. Afeta os prédios históricos e as estruturas feitas de calcário ou mármore.

(continua)

(continuação)

Poluente	Fontes	Efeitos na saúde	Outros
Dióxido de enxofre (SO_2)	Queima de combustível (especialmente o carvão rico em enxofre), motores elétricos e processos industriais. Processos naturais como os vulcões.	Agrava a asma e aumenta os sintomas respiratórios. Contribuições para a formação de partículas com efeitos de saúde associados.	O enxofre está presente em muitas matérias-primas, incluindo carvão, petróleo, ferro, alumínio e cobre. O SO_2 reage com o vapor d'água para formar ácido sulfúrico (H_2SO_4), o maior contribuinte para a chuva ácida e para a formação de partículas secundárias. Danifica prédios históricos e estruturas feitas de calcário ou mármore.
Ozônio (O_3)	Somente poluentes legislados que não tenham fontes diretas. Esse poluente secundário é formado pela reação química dos VOCs e dos óxidos de nitrogênio (NO_x) na presença de luz solar.	Reduz a função pulmonar e causa sintomas respiratórios, como a tosse e a falta de ar. Agrava a asma e outras doenças pulmonares, levando ao maior uso de medicamentos, internações hospitalares, atendimentos de emergência e mortalidade prematura.	Pode danificar plantas sensíveis, reduzindo as safras e a produtividade silvestre. Reduz a visibilidade, provocando neblina na atmosfera.
Chumbo	Fundições (refinarias de metal) e outras indústrias metalúrgicas. Combustão de gasolina com chumbo em aeronaves com motor a pistão. Incineradores de lixo Produção de baterias	Danos ao sistema nervoso em desenvolvimento, resultando em perda de QI e impactos na aprendizagem, na memória e no comportamento nas crianças. Efeitos cardiovasculares e renais nos adultos, e efeitos iniciais relacionados com a anemia.	A gasolina e as tintas com chumbo ainda são utilizados em muitas partes do mundo, especialmente na África Subsaariana e em partes da Ásia. Contribui com 11% do risco ambiental global.

bronquite crônica). A Tabela 11.8 resume as principais fontes de poluentes atmosféricos legislados e seus efeitos específicos sobre a saúde. Também estão incluídas nessa tabela outras informações importantes sobre os poluentes legislados.

Assim como acontece com a análise de qualidade, a matéria particulada no ar é uma combinação não uniforme de diferentes compostos. Coletivamente, todas as partículas com diâmetros aerodinâmicos ≤ 10 µm são chamadas PM_{10}. Todas as partículas $\leq 2,5$ µm são chamadas $PM_{2,5}$. Como foi discutido na Tabela 11.8, as *partículas primárias* são geradas diretamente a partir de uma fonte (por exemplo, canteiros de obras, plantações, estradas não pavimentadas, incêndios e chaminés). As *partículas secundárias* são formadas a partir de reações na atmosfera (por exemplo, os precursores importantes incluem o dióxido de enxofre, a amônia, os óxidos de nitrogênio e os produtos orgânicos semivoláteis; eles se originam de usinas de energia, indústria e veículos).

O Dióxido de Carbono (CO₂) Pode Ser Controlado como um Poluente Atmosférico?

A resposta para essa pergunta é sim. Em 2007, a Suprema Corte considerou que o dióxido de carbono e outros gases do efeito estufa são cobertos pela ampla definição de poluentes da Lei do Ar Limpo. A Corte disse que a EPA deve decidir se os gases do efeito estufa colocam em risco a saúde ou o bem-estar da população, e se as emissões dos novos veículos automotores contribuem para essa poluição atmosférica. Após considerar a extensa evidência científica, a EPA divulgou alertas de risco e contribuição em dezembro de 2009.

Em 26 de junho de 2012, o Tribunal de Apelação dos Estados Unidos para o Circuito D.C. confirmou o alerta de risco da EPA, seus padrões de emissão dos gases do efeito estufa para veículos leves e sua Regra de Individualização. Essa regra estabelece uma abordagem em fases para aplicar certos requisitos de licenciamento da Lei do Ar Limpo às fontes estacionárias com base nas emissões de gases do efeito estufa, concentrando-se nas grandes fontes. A corte confirmou que a EPA acompanhou a ciência e a lei nessas duas ações. Ao sustentar o alerta de risco, a corte afirmou: "O corpo de evidências científicas capitaneado pela EPA em apoio ao Alerta de Perigo é substancial." A corte também confirmou que a Lei do Ar Limpo exigia que a EPA controlasse as emissões de gases do efeito estufa dos carros e caminhões leves, e a corte considerou que os litigantes no caso não foram prejudicados pela Regra de Individualização da EPA.

Adaptada da Declaração de abertura de Regina McCarthy (Administradora-assistente de Ar e Radiação da U.S. Environmental Protection Agency) no Congressional Hearing on EPA Regulations of Greenhouse Gases, June 29, 2012.

11.4.2 IMPACTOS E DEFESAS DA SAÚDE HUMANA CONTRA A MATÉRIA PARTICULADA

A Figura 11.6 mostra como os sistemas respiratórios humanos têm vários mecanismos para combater a poluição atmosférica, especialmente no que diz respeito às partículas grandes. As narinas voltadas para baixo e as vias nasais sinuosas separam as partículas grandes da corrente de ar; as maiores não conseguem entrar no nariz e as outras são depositadas pela interceptação dos pelos nasais e do muco. No entanto, as partículas "finas" menores e algumas partículas com relações de aspecto maiores podem penetrar nos pulmões e chegar à zona respiratória. Nessa zona, essas partículas finas podem sujar os sacos alveolares do sistema respiratório (ver a Figura 11.6), que promovem uma interface importante para a troca de oxigênio e dióxido de carbono pelo corpo. Acredita-se que as partículas ultrafinas (<0,1 μm) passem pelas membranas corporais, incluindo a entrada na corrente sanguínea, podendo afetar o funcionamento dos órgãos internos. A exposição a partículas finas também causa problemas cardiovasculares, como ataques cardíacos. Nos últimos anos, a atenção científica depositada às partículas finas é uma razão para ter sido desenvolvido um padrão de qualidade de ar para matérias particuladas PM₂,₅.

Globalmente, as exposições a concentrações de matéria particulada acima dos valores U.S. NAAQS, ou próximas desses valores, são muito grandes, especialmente nas áreas das Américas, África Subsaariana e Ásia (ver Figura 11.7). Repare também que muitos países na África Subsaariana não estão listados nessa figura porque não têm dados de PM₁₀(ou PM₂,₅) divulgados. No entanto, provavelmente, eles têm altas concentrações ambiente de matéria particulada respirável nas áreas urbanas.

Discussão em Sala de Aula

Como você acha que a urbanização, o crescimento populacional e a maior afluência afetam a concentração de matéria particulada fina no mundo em desenvolvimento no curto e longo prazo?

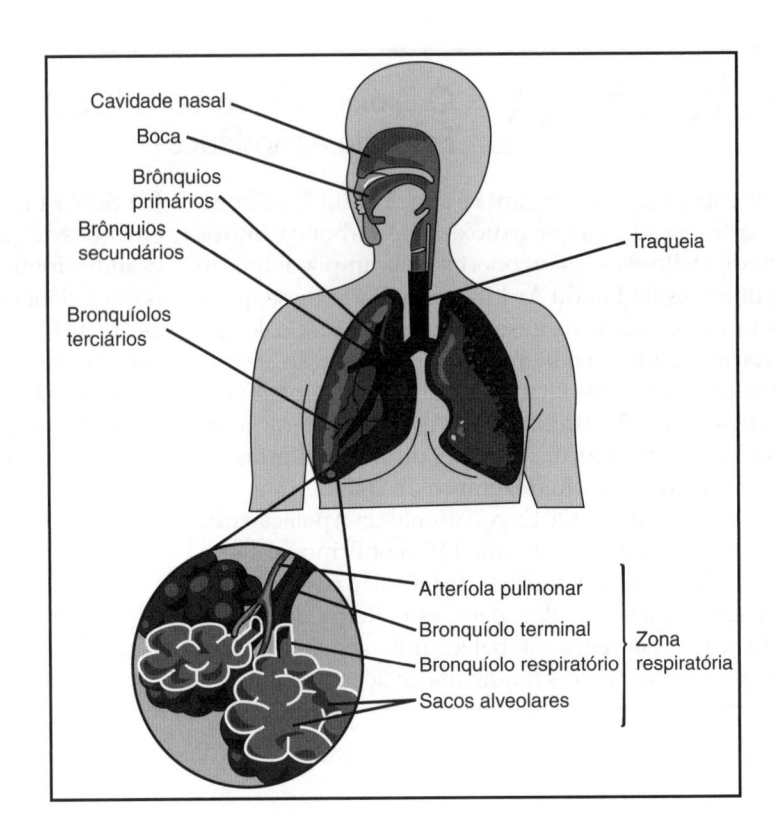

Figura / 11.6 **Principais Partes do Sistema Respiratório Humano** As partículas finas podem alcançar a zona respiratória e ali ficarem depositadas.

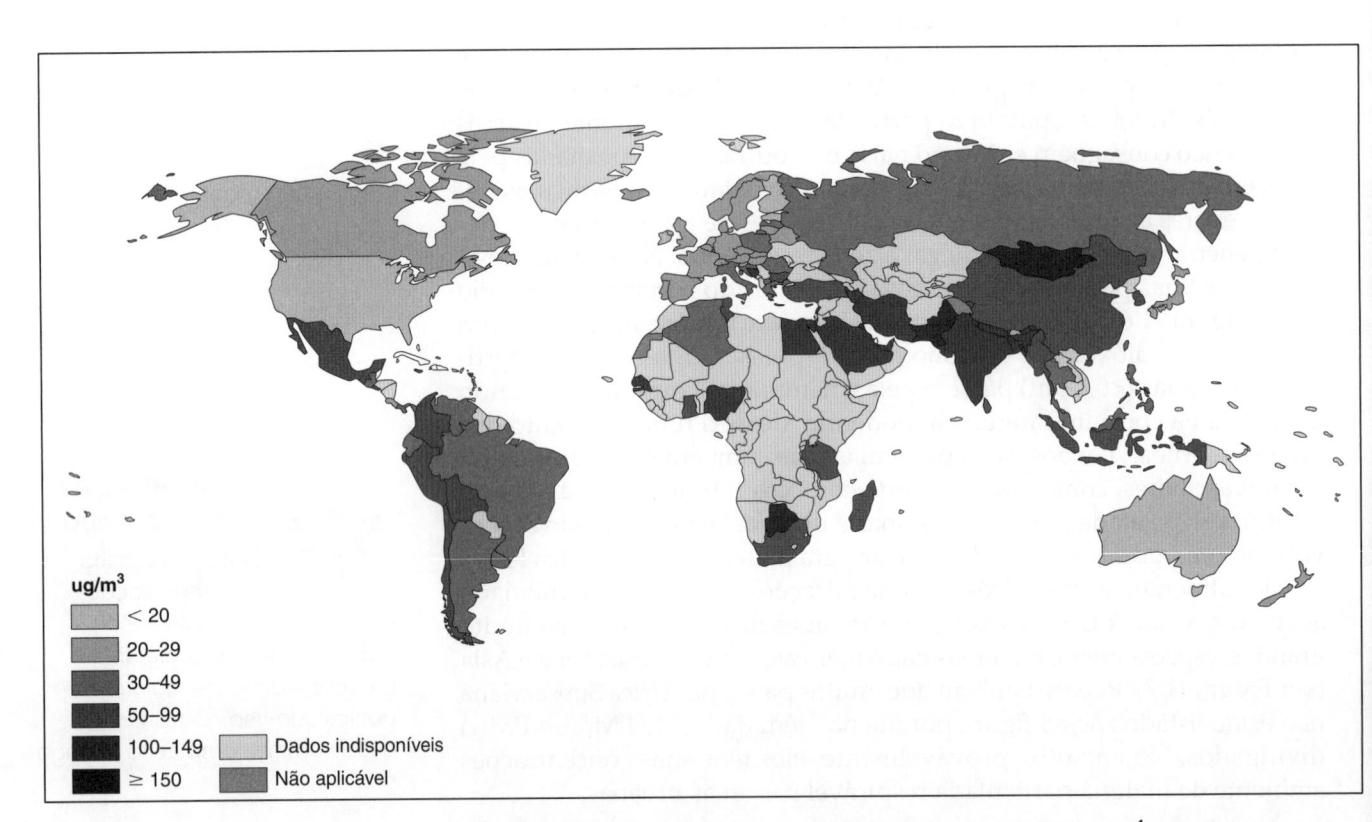

Figura / 11.7 **Exposição Global a Partículas (PM$_{10}$) nas Áreas Urbanas em 2003-2010** (com a permissão a Produção de Mapas da Organização Mundial da Saúde, Informações de Saúde Pública e Sistemas de Informações Geográficas (GIS), Organização Mundial da Saúde, 2012).

Grande parte dos pobres do mundo, especialmente os que vivem nos países em desenvolvimento, usa biocombustíveis sólidos (madeira, esterco animal, resíduos de culturas, palha) como sua fonte primária de energia doméstica para cozinhar, aquecer e purificar a água (isto é, ferver) (Bruce *et al.*, 2000) (ver a Figura 11.8). O uso tradicional do combustível e a exposição resultante às emissões pela combustão interna (incluindo matéria particulada, monóxido de carbono e poluentes atmosféricos), há muito, tem sido reconhecido como uma causa importante de mortalidade e morbidade no mundo em desenvolvimento, com efeitos desproporcionais nas mulheres. Além disso, inventários recentes das emissões de carbono sugerem que as emissões domésticas de fogões a carvão (com forçagem climática de curta duração) devem ficar em segundo lugar, atrás do CO_2, no que diz respeito à mudança climática, sendo responsável por 18% do aquecimento do planeta (comparados com 40% no caso do CO_2).

A **escada energética** (Figura 11.9) mostra como o tipo do combustível pode mudar à medida que o *status* social e econômico da família aumenta (Smith *et al.*, 1993). À medida que uma família avança na escada energética, ela aumenta suas despesas com combustível, mas também diminui suas emissões de matéria particulada (no caso, medida como PM_{10}). Nem toda família segue o padrão exato retratado na escada energética. Muitas vezes, as famílias continuam a usar combustíveis sólidos mesmo quando elas têm capacidade econômica para subir a escada energética, seja pelo fato de que os combustíveis sólidos são mais acessíveis, seja porque seus recursos recém-adquiridos são utilizados para outras necessidades domésticas.

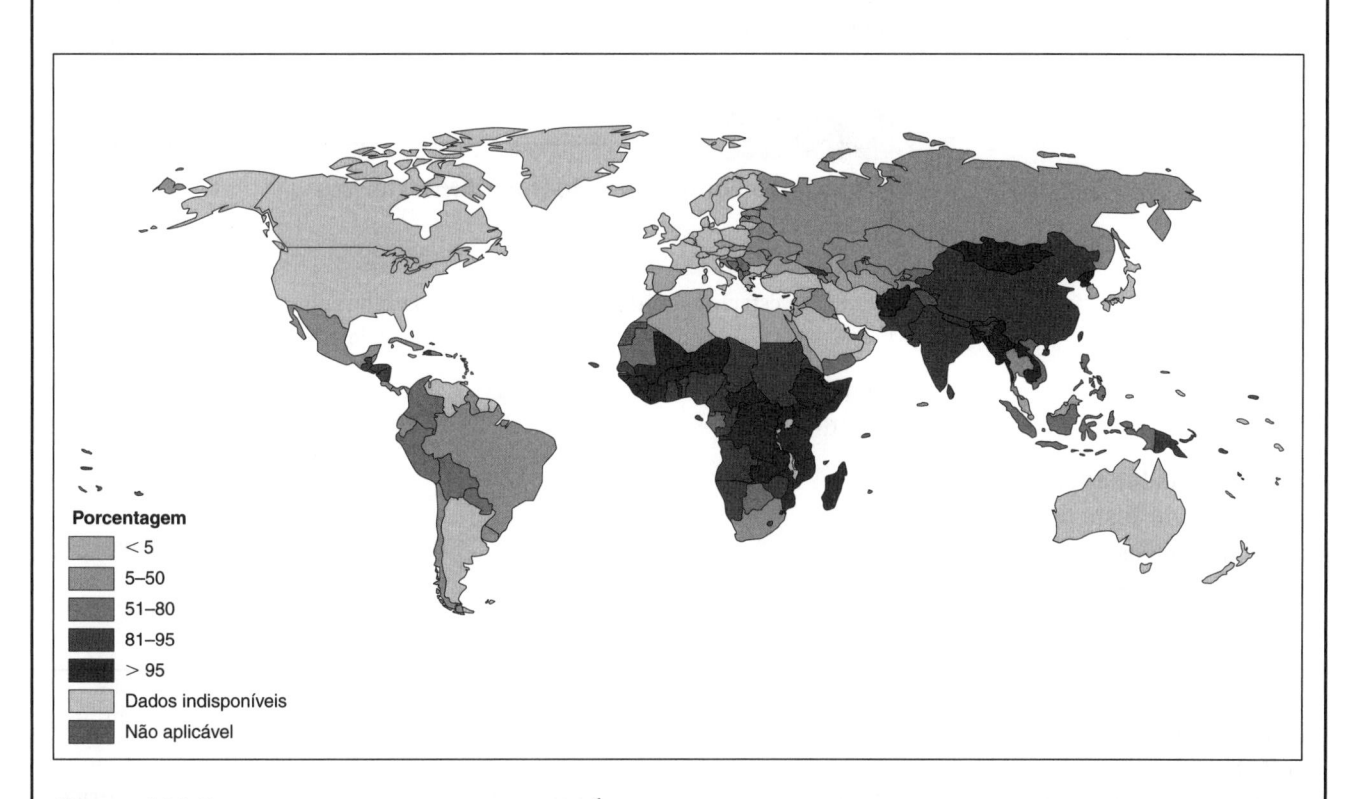

Porcentagem
- < 5
- 5–50
- 51–80
- 81–95
- > 95
- Dados indisponíveis
- Não aplicável

Figura / 11.8 **População Global que Vive nas Áreas Rurais e Usam Combustíveis**   (com a permissão a Produção de Mapas da Organização Mundial da Saúde, Informações de Saúde Pública e Sistemas de Informações Geográficas (GIS), Organização Mundial da Saúde, 2012).

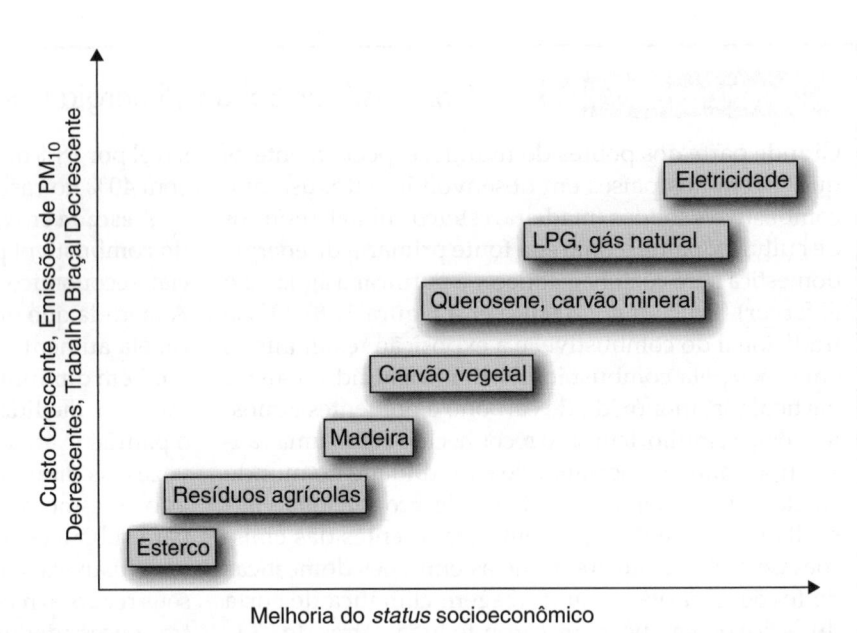

Melhoria do *status* socioeconômico

Figura / 11.9 Escada Energética que Mostra como as Mudanças no Tipo do Combustível e nas Emissões de PM_{10} São Afetadas por um *Status* Social e Econômico da Família.

Tabela / 11.9

Principais Fontes de Poluentes Atmosféricos

Fonte das emissões	Tipos específicos
Queima estacionária de combustível	Aparelhos elétricos, caldeiras industriais, processos industriais
Processos industriais estacionários e outros processos	Metalúrgicas, refinarias de petróleo, fornos de cimento, fábricas, utilização de solventes
Fontes móveis	Veículos em rodovias, fontes não rodoviárias como veículos de recreação, equipamento de construção, navios, aeronaves, locomotivas

Seminário via Internet: Resultados de Teste de Desempenho dos Fogões
http://www.pciaonline.org/proceedings

Seminário via Internet: Efeitos Sobre a Saúde Decorrentes da Matéria Particulada Proveniente da Fumaça de Lenha
http://www.epa.gov/advance/webinars-and-training

Parceria para o Ar Limpo nos Ambientes Fechados e o Aperfeiçoamento da Tecnologia dos Fogões
www.PCIAonline.org

11.4.3 PRINCIPAIS FONTES DE POLUENTES ATMOSFÉRICOS

A Tabela 11.9 apresenta as principais fontes de poluentes atmosféricos e traz exemplos dos tipos dessas fontes. Repare que os poluentes atmosféricos são emitidos a partir de **fontes estacionárias** e **fontes móveis**. Conforme discutido na Tabela 11.9, os poluentes emitidos diretamente no ar se chamam *poluentes primários*, enquanto os poluentes como o ozônio e algumas partículas são formados no ar, e se chamam *poluentes secundários*. Essa formação é uma função do clima (temperatura, umidade e ventos) e também das características geográficas (por exemplo, a presença de luz solar é necessária para a formação do ozônio). Algumas partículas de sulfato são formadas por reações após a emissão de SO_2 gasoso na atmosfera pelas usinas termoelétricas e algumas instalações industriais.

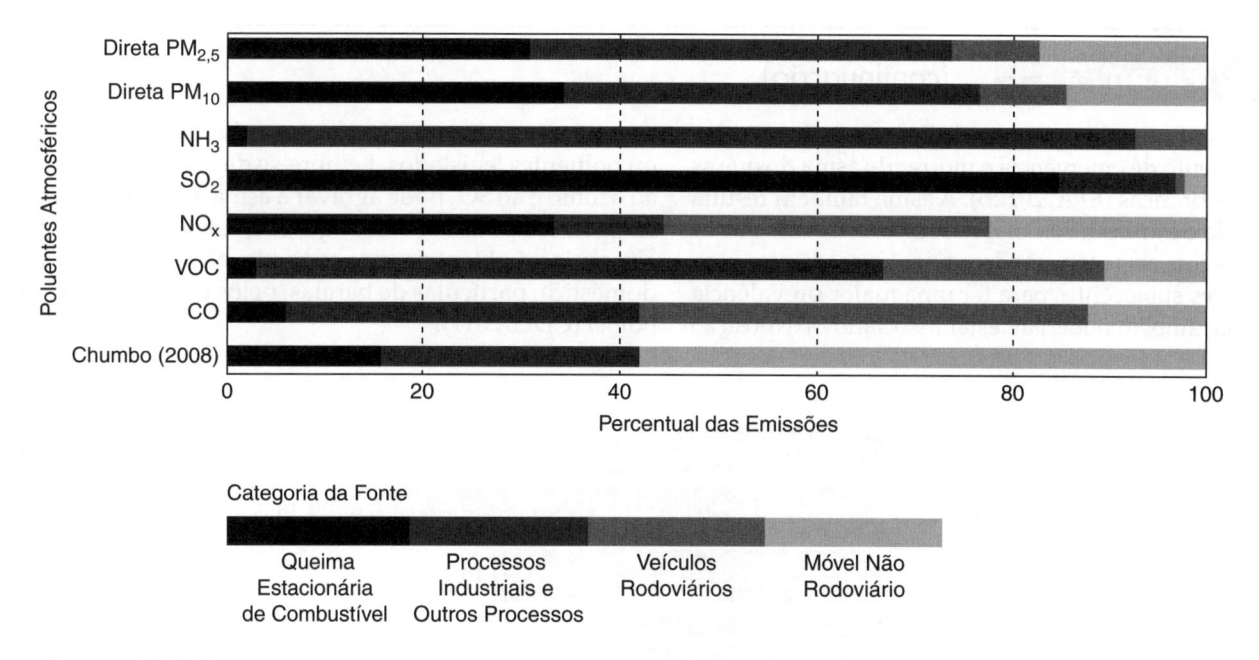

Figura / 11.10 **Percentual das Emissões Atmosféricas Totais em 2010 por Categoria da Fonte** (os valores do chumbo são de 2008).

(Redesenhado da EPA, 2012a.)

A Figura 11.10 traz informações sobre o percentual das emissões de poluentes atmosféricos legislados e outros que são emitidos por determinada categoria de fonte. Os aparelhos elétricos contribuem com >60% das emissões de SO_2, enquanto os processos agrícolas contribuem com >80% das emissões de amônia (NH_3) (contabilizada na categoria de "outros processos" na figura). As emissões VOC se originam do uso de solventes (que também são levados em conta na categoria de "outros processos" da figura). Para as emissões de CO, cerca de 60% são de fontes móveis associadas aos veículos rodoviários e fontes móveis não rodoviárias. Uma fração significativa das emissões de NO_x está associada a fontes móveis de veículos rodoviários e fontes móveis não rodoviárias, junto com queima estacionária de combustível.

Poluição Atmosférica por Chumbo

http://www.epa.gov/lead-air-pollution

Aplicação / 11.5 Poluição Atmosférica e Justiça Ambiental

Anteriormente neste capítulo, a Tabela 11.7 apresentou seis maneiras diferentes de a poluição atmosférica afetar adversamente a saúde humana. Muitas vezes, o fardo do risco ambiental associado à poluição atmosférica é atribuído injustamente a determinados segmentos da população (por exemplo, idade, gênero, raça, *status* econômico).

A asma é um risco para a saúde associado à poluição atmosférica, particularmente ao ozônio e ao SO_2, que a agravam reconhecidamente. É uma doença respiratória crônica caracterizada por inflamação do pulmão e das vias aéreas, com sintomas com gravidades que variam entre branda e potencialmente fatal. A asma persiste na vida adulta, e os gastos anuais com cuidados de saúde

associados à asma são estimados em US$ 50 bilhões (EPA, 2012b). Nos Estados Unidos, cerca de 7 milhões de crianças recebem um fardo maior da doença. A Figura 11.11 mostra que a prevalência da asma nas crianças americanas é maior entre as crianças porto-riquenhas (16,5%), negras (16%) e índias americanas/nativas do Alasca (10,7%) do que nas crianças brancas (8,3%). Embora não esteja exibido na figura, as crianças mais pobres também têm níveis mais altos de asma do que as crianças provenientes de famílias com renda maior.

As disparidades na prevalência da asma exibidas na Figura 11.11 também estão associadas aos resultados dessa doença. Por exemplo, as crianças negras com asma são mais propensas a precisar de internação hospitalar, atendimento de emergência e morrer de asma do que as crianças brancas (EPA, 2012b). A asma também resulta na perda de aulas na escola, e há evidências de que as crianças com asma têm um desempenho acadêmico pior. Os fatores subjacentes para ter uma maior prevalência de asma também poderiam estar associados à exposição aos poluentes atmosféricos, como a fumaça do tabaco ou poluentes legislados. Lembre-se de que a exposição ao ozônio e ao SO_2 pode agravar a asma. Outros fatores subjacentes poderiam ser a genética ou a exposição a alergênios ambientais (por exemplo, ácaros de poeira doméstica, partículas de baratas, pelos de cão e gato, e bolor) (CDC, 2011).

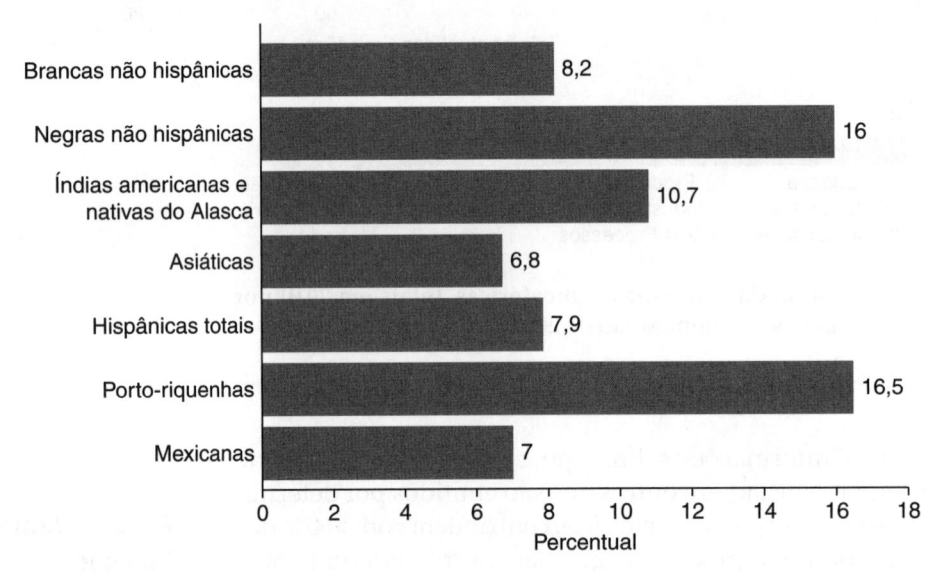

Figura / 11.11 Prevalência de Asma nos Estados Unidos entre 0-17 Anos de Idade por Raça.

(Redesenhado da EPA, 2012b.)

11.4.4 TENDÊNCIAS RECENTES NAS CONCENTRAÇÕES DE POLUENTES ATMOSFÉRICOS

A maioria dos poluentes atmosféricos tem exibido um declínio constante nas concentrações atmosféricas desde os anos 1970 e, especialmente, desde 1990 (EPA, 2012a). As áreas que não alcançam concentrações de qualidade do ar ambiente abaixo dos NAAQS exigidos são denominadas **áreas em que os limites das emissões são excedidos**. A Tabela 11.10 traz as tendências recentes nos poluentes atmosféricos nessas áreas em que os limites das emissões são excedidos.

Identificar Áreas em que os Limites das Emissões São Excedidos
https://www.epa.gov/green-book

11.4.5 ÍNDICE DE QUALIDADE DO AR

O **índice de qualidade do ar** (**AQI**, *air quality index*) proporciona uma maneira de fácil compreensão para relacionar as concentrações diárias de poluição atmosférica por poluentes legislados medida em determinada área geográfica com as concentrações de poluentes atmosféricos. Depois, essa informação é interpretada para o público geral e para as populações sensíveis. Cinco dos critérios de poluição atmosférica são monitorados para a determinação do AQI em determinado local (isto é, matéria particulada, CO, NO_2, SO_2, ozônio).

Tendências Recentes dos Poluentes Atmosféricos Legislados na Qualidade do Ar NAAQS em Áreas em que os Limites das Emissões São Excedidos

Poluente	Fontes
Matéria particulada ($PM_{2,5}$)	Entre 2001 e 2010, nos Estados Unidos, a concentração anual de $PM_{2,5}$ caiu 24% e as concentrações de 24 h da $PM_{2,5}$ caíram 28%.
	Em 2010, três áreas nos Estados Unidos ultrapassaram o padrão anual e 13 áreas ultrapassaram o padrão de 24 h.
	Em 2010, as concentrações médias anuais mais altas da $PM_{2,5}$ foram relatadas na Califórnia, Indiana, Pensilvânia e Havaí. As concentrações de 2 h mais altas foram relatadas na Califórnia e Alasca.
	O uso fogões a lenha no inverno, que ocorre com as inversões de temperatura frias, pode levar a concentrações sazonais que ultrapassam o NAAQS.
Monóxido de carbono (CO)	As concentrações padrão de 8 h do CO diminuíram 52% entre 2001 e 2010. Nenhuma violação dos padrões NAAQS anuais foi relatada em 2010.
Dióxido de nitrogênio (NO_2)	As concentrações médias anuais de NO_2 diminuíram 33% entre 2001 e 2010. Nenhuma violação dos padrões anuais de NO_2 foi observada nos padrões 8 h e 1 h em 2010.
Dióxido de enxofre (SO_2)	As concentrações médias anuais de SO_2 diminuíram 50% entre 2001 e 2010. Os únicos locais na violação dos padrões anuais em 2010 estavam no Havaí. Acredita-se que essas violações se deram em consequência de erupções vulcânicas.
Ozônio (O_3)	Entre 2001 e 2010, as concentrações médias nacionais do ozônio no nível do solo eram 13% menores. Além disso, as áreas em que os limites das emissões de ozônio são excedidos exibiram uma melhoria de 9% nos níveis de concentração de ozônio.
	Oito áreas ultrapassaram o padrão de 8 h e 16 áreas ultrapassaram o padrão de 24 h.
	As concentrações mais altas de O_3 ocorrem na Califórnia. Os sítios de monitoramento metropolitano que exibiram maior melhoria de 2001 a 2010 foram South Bend (IN), Buffalo (NY), Chicago (IL), Milwaukee (WI) e Cleveland (OH).
Chumbo (Pb)	As concentrações de chumbo diminuíram 71% de 2001 a 2010. Uma concentração média típica de Pb perto de uma fonte estacionária é cerca de 8 vezes maior do que nos outros locais.
	Em 2010, 34 locais nos Estados Unidos ultrapassaram o NAAQS do chumbo.

FONTE: EPA, 2012a.

Os valores do AQI variam de 0 (melhor qualidade do ar) a 500 (pior qualidade do ar). Eles são calculados para cada poluente por interpolação linear entre os valores de corte do limiar de concentração de cada intervalo de preocupação de saúde. Um valor de AQI igual a 100, para um poluente legislado individual, corresponde ao padrão nacional de qualidade do ar daquele poluente. Valores >100 são considerados insalubres, e valores ≤100 são considerados satisfatórios. A Tabela 11.11 fornece o significado de preocupação de saúde dos intervalos de valor do AQI. O valor do AQI global combinado é ajustado para o valor individual de AQI mais elevado.

A Figura 11.12 mostra o número de dias em que o AQI foi ultrapassado em determinadas cidades nos Estados Unidos. A maioria desses dias excedentes se deve, hoje, às altas concentrações de ozônio e matéria particulada. Trata-se de dois poluentes legislados para os quais as condições climáticas desempenham um papel importante na formação. Repare que todas as áreas relatadas na Figura 11.12 sofreram uma grande redução no número de dias nos quais o AQI foi ultrapassado, no período de 2002-2010.

Qual É o Índice de Qualidade do Ar Onde Você Mora?
http://www.airnow.gov/

Compare a Qualidade do Ar de Sua Cidade com a de Outras Cidades
http://www.epa.gov/aircompare/index.htm

Qualidade do Ar na Sua Vizinhança
http://www.scorecard.org

Interpretação do Índice de Qualidade do Ar

Valor numérico do índice de qualidade do ar (AQI)	Nível de preocupação de saúde	Significado para as populações em geral e sensíveis
0-50	Bom	A qualidade do ar é considerada satisfatória e a poluição atmosférica apresenta pouco ou nenhum risco.
51-100	Moderado	A qualidade do ar é aceitável; no entanto, com alguns poluentes pode haver uma preocupação de saúde moderada para um número muito pequeno de pessoas incomumente sensíveis ao ar.
101-150	Insalubre para os grupos sensíveis	Os membros dos grupos sensíveis podem sofrer efeitos de saúde. O público geral não tende a ser afetado.
151-200	Insalubre	Todos podem começar a sofrer efeitos de saúde; os membros dos grupos sensíveis podem sofrer efeitos de saúde mais graves.
201-300	Muito improvável	Advertências sanitárias de condições emergenciais. A população inteira é mais propensa a ser afetada.
301-500	Perigoso	Alerta sanitário; todos podem sofrer efeitos de saúde mais graves.

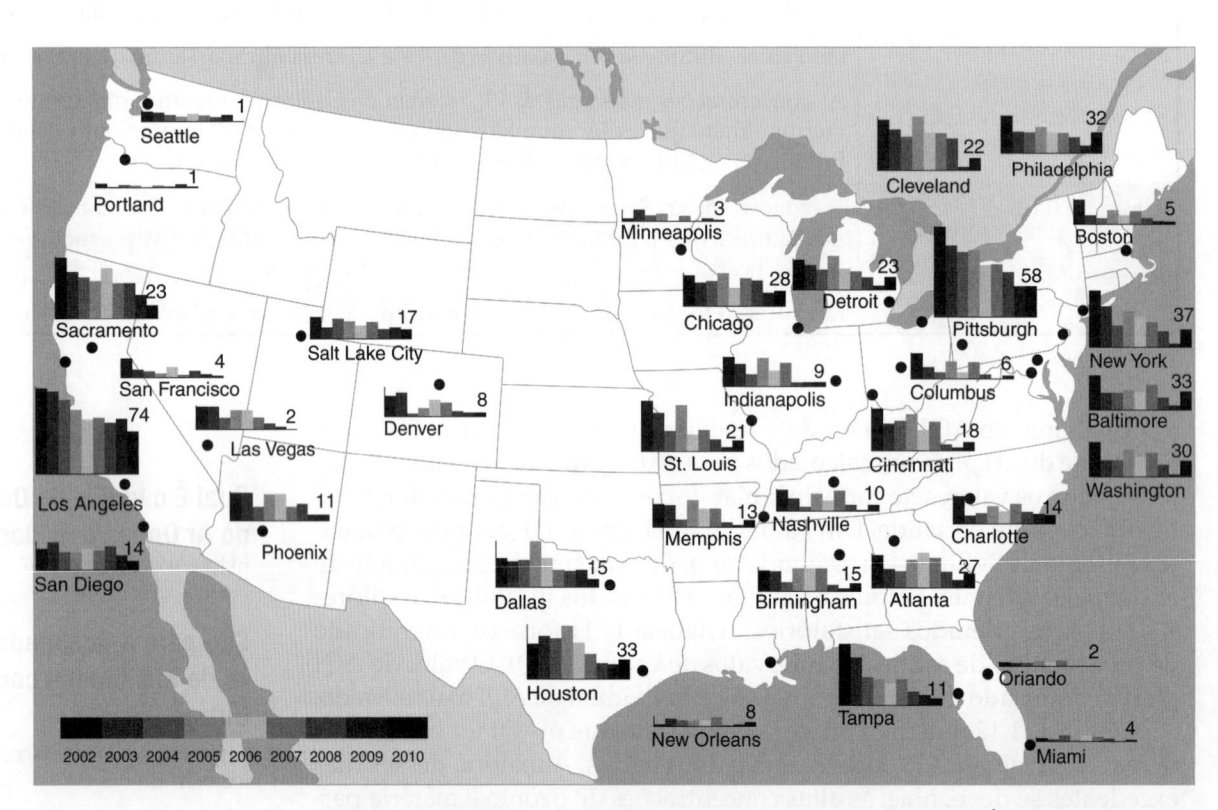

Figura / 11.12 Número de Dias nos quais os Valores do Índice de Qualidade do Ar (AQI) Foram Maiores do que 100 Durante o Período de 2002-2010 em Determinadas Cidades.

(Redesenhado da EPA, 2012a.)

exemplo / 11.3 — Identificando o Índice de Qualidade do Ar (AQI)

Encontre o AQI da cidade mais próxima para a qual você estiver indo. Qual é o nível de preocupação de saúde e o que o AQI significa para as populações geral e sensível?

solução

Em 30 de dezembro de 2012, o Dr. Mihelcic planejou uma viagem de canoagem perto de sua casa em Tampa, Flórida. Ele acessou o *website* AirNow para determinar o AQI do dia anterior ao de sua partida. O *website* AirNow (http://airnow.gov/) foi desenvolvido pela EPA, National Oceanic and Atmospheric Administration (NOAA), National Service Park e agências tribais, estaduais e locais para fornecer ao público um acesso fácil às informações de qualidade nacional do ar. O *website* AirNow fornece as condições de AQI diárias em tempo real e previsões dos próximos dias para mais de 300 cidades nos Estados Unidos.

Nessa data, o índice AQI era 28, segundo a AirNow. De acordo com a Tabela 11.11, a qualidade do ar é considerada "boa", e a poluição atmosférica apresenta pouco ou nenhum risco para a saúde das populações geral e sensível.

Aplicação / 11.6 — Até que Ponto o AQI Pode Subir?

Em 14 de janeiro de 2013, o AQI em Beijing era 341 e a $PM_{2,5}$ foi medida como 291 $\mu g/m^3$. Dois dias antes, no pico dessa crise de poluição atmosférica em questão, o AQI foi determinado em 775 e a $PM_{2,5}$ foi medida em 886 $\mu g/m^3$. Por outro lado, em 11 de janeiro, os cinco piores lugares para a qualidade do ar nos Estados Unidos eram todos em Utah (Logan, Ogden, Provo, Salt Lake City e a Reserva Indígena Washakie perto da fronteira entre Utah e Idaho). Salt Lake City (Utah) estava sofrendo de má qualidade do ar decorrente das emissões agravadas pela presença de uma inversão sazonal. Seu AQI era 142 quando comparado com um valor de 67 no mesmo dia, em San Francisco, e um valor de 23, em Las Vegas.

Conforme descrito na Tabela 11.11, um AQI acima de 300 é considerado perigoso para todos os seres humanos, não apenas para os grupos sensíveis, que podem ter doenças cardíacas ou pulmonares. Um AQI igual a 142 sugere que os membros dos grupos sensíveis podem ter efeitos de saúde. Os moradores de Beijing e muitas outras cidades na China foram advertidos para permanecer em suas casas em meados de janeiro enquanto a nação enfrentava um dos piores períodos de qualidade do ar na história recente. O governo chinês ordenou que as fábricas reduzissem suas emissões, enquanto os hospitais tiveram um aumento de 20 a 30% dos pacientes com queixas de problemas respiratórios.

Como o AQI poderia ficar tão alto? A maior parte da matéria particulada medida como $PM_{2,5}$ se origina da queima de combustíveis fósseis e de biomassa, que pode incluir a queima de lenha e as queimadas na agricultura. A China tem vários fatores que causam má qualidade do ar – uma grande população dependente de combustíveis fósseis, especialmente o carvão, para aquecimento, eletricidade e transporte; atividade econômica com pouco controle das emissões atmosféricas industriais; mudanças nos estilos de vida que levaram a uma maior dependência do automóvel e da eletricidade, e condições meteorológicas locais/regionais contribuem para o principal problema de saúde (texto sobre a China adaptado da Galeria de Imagens do Dia da NASA, 15 de janeiro de 2013).

11.4.6 POLUENTES ATMOSFÉRICOS PERIGOSOS

Os **poluentes atmosféricos perigosos** também são conhecidos como poluentes atmosféricos tóxicos ou tóxicos atmosféricos. Eles podem causar câncer ou impactos de saúde não cancerosos, bem como impactos negativos nos ecossistemas. Lembre-se do Capítulo 6, em que vimos que os efeitos não cancerosos poderiam incluir defeitos reprodutivos ou congênitos. A EPA deve controlar 187 **poluentes atmosféricos tóxicos** segundo a Lei do Ar Limpo. A Figura 11.13 mostra a diminuição na emissão da maioria dos poluentes atmosféricos tóxicos desde 2003.

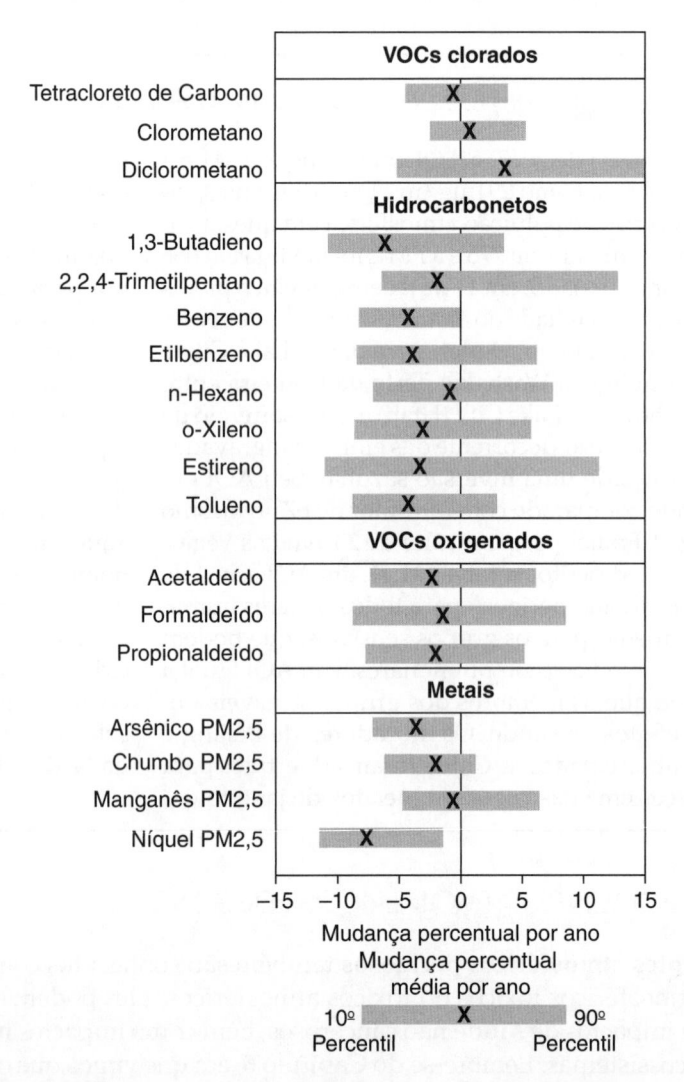

Figura / 11.13 Mudança nas Concentrações Ambientais Relatadas nos Sítios de Monitoramento de Ar Tóxico dos Estados Unidos (2003-2010) O relatório é a mudança percentual na concentração média anual.

(Redesenhado da EPA, 2012a.)

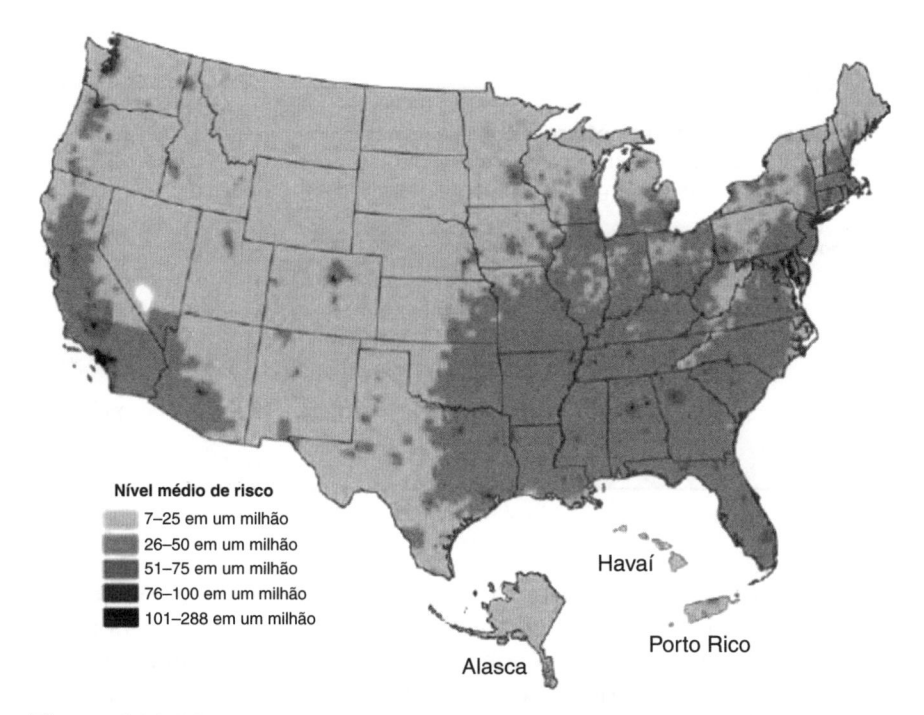

Nível médio de risco
- 7–25 em um milhão
- 26–50 em um milhão
- 51–75 em um milhão
- 76–100 em um milhão
- 101–288 em um milhão

Havaí

Porto Rico

Alasca

Figura / 11.14   **Risco de Câncer Estimado Associado à Exposição dos Tóxicos Atmosféricos**   As cores mais escuras mostra maior risco de câncer associado à exposição aos poluentes atmosféricos tóxicos.

(Figura redesenhada da EPA, 2012a.)

A Figura 11.14 retrata o risco vitalício de câncer para uma pessoa que vive nos Estados Unidos, associado à exposição a tóxicos atmosféricos em determinada região geográfica. A média nacional do risco de câncer a partir da exposição a tóxicos atmosféricos, atualmente, é de 50 em 1 milhão. De modo geral, esse risco de câncer aumenta nas áreas urbanas e também para as pessoas que vivem nos corredores de transporte. Além disso, quase 60% do risco de câncer estão associados a dois tóxicos atmosféricos: formaldeído e benzeno. A exposição ao escapamento do diesel (um provável carcinógeno humano) também é grande nos Estados Unidos, e não está incluída nessa figura. Ela também está associada a viver em áreas urbanas e ao longo de corredores de transporte.

Mercúrio
http://www.epa.gov/mercury/

11.4.7   OZÔNIO NO NÍVEL DO SOLO E ESTRATOSFÉRICO

O ozônio existe na troposfera (ou seja, no nível do solo) e na estratosfera. O ozônio é bom quando está presente na estratosfera, mas é ruim quando está presente na troposfera, onde é um componente importante do *smog* urbano. Anteriormente neste capítulo, discutimos a saúde humana e as preocupações ambientais associadas à exposição ao ozônio no nível do solo. Nesta seção, vamos discutir a formação do ozônio no nível do solo e as reações que resultam no esgotamento da camada de ozônio estratosférico. Isso exige um conhecimento das reações fotoquímicas.

As **reações fotoquímicas** podem ocorrer por meio de reações diretas ou indiretas das moléculas com a luz, de modo que podem ser catalisadas por substâncias químicas que ocorrem naturalmente no ambiente ou por substâncias químicas emitidas por meio das atividades humanas. Um exemplo de fotoquímica em nosso dia a dia é o esvanecimento dos corantes de tecido expostos à luz solar. Outro exemplo é, talvez, a reação fotoquímica mais importante no mundo: a fotossíntese.

Espectro Eletromagnético   Reações fotoquímicas envolvendo luz UV são importantes na criação do buraco de ozônio e na formação do *smog* urbano. A luz infravermelha é importante para compreender o efeito estufa.

Comprimento de onda (nm)	Intervalo
<50	Raios X
50-400	UV
400-750	Visível (400-450 = violeta e 620-750 = vermelho)
>750	Infravermelho

A luz é diferenciada de acordo com o seu comprimento de onda. A Tabela 11.12 traz o *espectro eletromagnético* inteiro. A luz pode ser concebida como algo que consiste em pequenos feixes de energia chamados *fótons*, que podem ser absorvidos ou emitidos pela matéria. A energia de um fóton, E (unidades de joules), é calculada da seguinte forma:

$$E = \frac{hc}{\lambda} \tag{11.5}$$

em que h é igual à constante de Planck ($6{,}626 \times 10^{-34}$ J-s), c é a velocidade da luz (3×10^8 m/s) e λ é o comprimento de onda específico da luz. A Equação 11.5 mostra que mais energia está contida nos fótons com um comprimento de onda menor.

Essa energia luminosa pode ser absorvida por uma molécula. Uma molécula que absorve energia luminosa tem sua energia aumentada pela excitação rotacional, vibracional e eletrônica. Essa molécula tem, caracteristicamente, um tempo muito curto (equivalente a uma fração de segundo) para usar a energia em uma reação fotoquímica ou perdê-la, mais provavelmente na forma de calor.

Todos os átomos e as moléculas têm comprimentos de onda favorecidos nos quais absorvem luz. Ou seja, um átomo ou molécula vai absorver luz dentro de um intervalo específico de comprimentos de onda. Os gases do efeito estufa – como vapor d'água, CO_2, N_2O e CH_4 – absorvem energia emitida pela Terra como luz infravermelha. Já os principais componentes da atmosfera (N_2, O_2, Ar) são incapazes de absorver luz infravermelha. É essa captura da energia liberada pela Terra que contribui parcialmente para o aquecimento da superfície do planeta. No Capítulo 4, discutimos como as emissões antropogênicas dos gases do efeito estufa – como o CO_2, CH_4 e os CFCs – aumentaram a quantidade dessa energia "capturada".

OZÔNIO NO NÍVEL DO SOLO   Ao contrário dos outros poluentes legislados, o ozônio não é emitido diretamente por uma fonte estacionária ou móvel. Em vez disso, o ozônio é criado indiretamente pela emissão de outros poluentes atmosféricos, que se submetem a uma sequência complexa de reações químicas induzidas pela luz solar. O processo global desse sistema fotoquímico de reações é simplificado em uma equação:

$$RH + NO_x \xrightarrow{\text{luz solar}} O_3 + \text{outros} \tag{11.6}$$

Figura / 11.15 Áreas em que os Limites das Emissões são Excedidos e Áreas de Manutenção do Ozônio.

(Extraído da EPA, 2012a.)

Na Equação 11.6, RH é uma abreviação de hidrocarbonetos reativos que, conforme afirmamos anteriormente para o propósito deste livro, poderiam ser chamados VOCs. Os hidrocarbonetos reativos são uma classe de compostos que inclui muitos produtos comerciais, industriais e pessoais (por exemplo, benzeno, propano, componentes da gasolina e outros). Alguns desses materiais escapam para a atmosfera como emissões fugitivas ou como consequência das atividades diárias (como encher o tanque de combustível do carro), e alguns podem ser liberados em quantidades pequenas ou grandes por meio de descargas autorizadas. O termo óxido de nitrogênio (NO_x) é a soma das duas espécies de nitrogênio, NO e NO_2. Eles são produzidos durante a queima dos combustíveis fósseis com ar rico em nitrogênio. Quando o RH e o NO_x estão presentes no ar e o sol nasce, começa a formação do ozônio.

A concentração de ozônio aumenta durante o dia à medida que a intensidade do sol aumenta, e as emissões de RM e NO_x (especialmente do escapamento de veículos) aumenta na primeira parte do dia. As concentrações de ozônio atingem o pico no início da tarde, em um horário similar, quando a energia luminosa do sol é mais forte e a temperatura do ar é maior (aumentando a velocidade de reação). Depois que o sol se põe, a reação fotoquímica resumida na Equação 11.6 para. Isso permite que as reações que destroem o ozônio e também os processos físicos que removem o ozônio predominem, reduzindo as concentrações de ozônio durante a noite.

ESGOTAMENTO DO OZÔNIO ESTRATOSFÉRICO Outro exemplo de moléculas que absorvem a energia luminosa na filtragem da luz UV que entra na atmosfera terrestre. As moléculas de O_2 situadas acima da estratosfera filtram (ou absorvem) a maior parte da luz UV que chega no intervalo de 120-220 nm. Outros gases, como o N_2, filtram a luz UV com comprimentos de onda menores do que 120 nm. Isso significa que a luz UV com um comprimento de onda abaixo de 220 nm alcança a superfície terrestre. Toda a luz UV no intervalo de 220-290 nm é filtrada pelas moléculas de ozônio (O_3) na estratosfera, com uma pequena ajuda das moléculas de O_2. No entanto, o O_3 sozinho filtra uma fração da luz UV no intervalo de 290-320 nm e o restante chega à superfície do planeta. A superexposição a essa porção do espectro luminoso pode resultar em câncer de pele maligno e não maligno, danos ao sistema imune humano e inibição do crescimento de plantas e animais. A maior parte da luz UV no intervalo de 320-400 nm chega à superfície terrestre, no entanto, felizmente, esse tipo de luz UV é a menos nociva aos sistemas biológicos do planeta.

O O_3 estratosférico é formado pela reação do oxigênio atômico (O·) com o oxigênio molecular (O_2), segundo a seguinte reação:

$$O\cdot + O_2 \rightarrow O_3 \tag{11.7}$$

O (O·) necessário para a Equação 11.7 é derivado da reação do O_2 com os fótons UV ($\lambda < 245$ nm), de acordo com a seguinte reação:

$$O_2 + UV \text{ fóton} \rightarrow 2O\cdot \tag{11.8}$$

Entretanto, na estratosfera, a maioria do oxigênio existe como O_2, de modo que há apenas um pouco de O· disponível. Portanto, embora haja pouco O· na estratosfera em relação ao O_2, as pequenas quantidades de O· criadas aqui vão reagir com o O_2 abundante para formar ozônio (O_3), de acordo com a Equação 11.7.

As Equações 11.7 e 11.8 explicam a formação natural do ozônio na estratosfera. Elas também fornecem informações quanto ao motivo da concentração de ozônio ser muito maior na estratosfera (níveis de ppm_v) em relação à troposfera (níveis de ppb_v). Isso porque a estratosfera contém muito mais O· do que a troposfera, em que O· não é produzido por mecanismos naturais em grande quantidade, exceto nas condições de formação do *smog* induzidas pelo homem (discutidas mais tarde nesta seção).

O ozônio é destruído naturalmente na estratosfera pela reação do ozônio com os fótons UV ou com o oxigênio atômico:

$$O_3 + UV \text{ fóton} \rightarrow O_2 + O\cdot \quad ou \quad O_3 + O\cdot \rightarrow 2\,O_2 \tag{11.9}$$

Desse modo, o oxigênio atômico pode reagir com o O_2 e formar mais O_3, ou destruir o O_3 para criar O_2. Felizmente, a reação de destruição tem uma energia de ativação relativamente alta, de forma que a reação de destruição natural ocorre em um ritmo lento.

O ozônio é destruído continuamente na estratosfera, e a quantidade de espécies que destroem o ozônio e que se movem para a estratosfera tem aumentado nos últimos anos em virtude das atividades humanas. Embora os ciclos químicos que destroem o ozônio sejam complexos, segue um mecanismo catalítico compartilhado e ilustrativo:

$$X + O_3 \rightarrow XO + O_2 \tag{11.10}$$

$$XO + O\cdot \rightarrow X + O_2 \tag{11.11}$$

Reação global:

$$O\cdot + O_3 \rightarrow 2O_2 \tag{11.12}$$

Proteção da Camada de Ozônio e o Protocolo de Montreal
http://ozone.unep.org

Discussão em Sala de Aula

O esgotamento do ozônio estratosférico é uma questão de saúde pública importante na Nova Zelândia. Por que não nos Estados Unidos? Em sua discussão, considere as diferenças na geografia, demografia, cultura e governança.

A espécie X nessas equações age como catalisador, acelerando a reação entre O_3 e O. A espécie mais comum de X foi identificada em três categorias: radicais HO_x ($OH\cdot$, $OOH\cdot$), radicais NO_x ($NO\cdot$, NO_2) e radicais ClO ($Cl\cdot$, $ClO\cdot$). Na estratosfera, os radicais HO correspondem a até 70% da destruição total do ozônio. Embora sejam menos abundantes, os radicais BrO também pode catalisar eficientemente a perda de ozônio.

Os *radicais livres de átomos de cloro* são catalisadores muito eficientes na destruição do ozônio. Desse modo, a maior ameaça ao O_3 atmosférico vem das substâncias químicas que contêm cloro. Felizmente, 99% do Cl estratosférico são armazenados nas formas não reativas, como o HCl e o nitrato de cloro ($ClONO_2$). A quantidade de cloro estratosférico aumentou nas últimas décadas e, durante a primavera da Antártica, uma grande quantidade desse cloro armazenado é liberada nas formas catalíticas reativas, $Cl\cdot$ a $ClO\cdot$. Uma substância química de ocorrência natural contendo cloro é o clorometano (CH_3Cl), que é formado sobre os oceanos do mundo e que pode ser transportado para a estratosfera. As moléculas de CH_3Cl podem reagir com os fótons UV (comprimento de onda de 200-280 nm) para produzir radicais livres de cloro, $Cl\cdot$.

A principal fonte antropogênica de cloro vem do movimento de clorofluorcarbonos (CFCs) para a estratosfera e a subsequente liberação de radicais livres de cloro. Os CFCs (comercialmente conhecidos como Freon) eram mais utilizados no hemisfério norte, começando nos anos 1930. Os três CFCs mais utilizados eram o CFC-12 (CF_2Cl_2, utilizado amplamente como um refrigerante e incorporado em espuma de plástico rígido), CFC-11 ($CFCl_3$, utilizado para soprar buracos em plástico macio como almofadas, carpetes e assentos de carro) e o CFC-13 (CF_2Cl-$CFCl_2$, utilizado para limpar placas de circuito). Os CFCs são relativamente estáveis na troposfera, no entanto, após serem transportados até a estratosfera, eles podem sofrer reações fotoquímicas que liberam radical livre de colo catalítico, $Cl\cdot$. Por exemplo, o rompimento do CFC-12 ocorre da seguinte forma:

$$CF_2Cl_2 + UV \text{ fóton } (200 - 280 \text{ nm}) \rightarrow CF_2Cl\cdot + Cl\cdot \qquad \textbf{(11.13)}$$

Outro $Cl\cdot$ pode ser, subsequentemente, liberado de $CF_2Cl\cdot$.

11.4.8 GASES ODOROSOS

Os gases odorosos são emitidos por sistemas naturais e artificiais. A Tabela 11.13 apresenta vários compostos odoríferos associados às águas residuais municipais não tratadas ou confinamentos de animais de criação, e suas

Tabela / 11.13

Os Limiares de Odor de Alguns Compostos Associados às Águas Residuais Não Tratadas

Composto odoroso	Fórmula química	Peso molecular	Limiar de odor, ppm_v	Odor característico
Amônia	NH_3	17	46,8	Amoniacal
Sulfeto de dimetil	CH_3-S-CH_3	62	0,0001	Vegetais em decomposição
Sulfeto de hidrogênio	H_2S	34	0,00047	Ovos podres
Metil-mercaptano	CH_3SH	48	0,0021	Repolho em decomposição

FONTE: Crites e Tchobanoglous, 1998.

instalações de gestão de resíduos associadas. Também está incluído nessa tabela o **limiar de odor**, isto é, a concentração mais baixa do odor que pode ser detectada pelo homem.

A detecção do odor não é uma boa métrica para determinar o efeito sobre a saúde. Isso porque os limiares não estão relacionados com os efeitos sobre a saúde. Desse modo, se um indivíduo não sentir um odor, isso não significa que a exposição ao odor é segura. Além disso, enquanto inicialmente pode ser fácil detectar alguns compostos odorosos em uma concentração baixa, nas concentrações mais altas e com o passar do tempo, os odores paralisam a capacidade do corpo para senti-los. Os limites regulatórios para as emissões odorosas estão ficando cada vez mais rigorosos. Por exemplo, hoje, muitas estações de tratamento de águas residuais municipais têm de controlar as emissões odorosas em níveis indetectáveis nos limites da instalação.

11.4.9 POLUENTES DO AR EM AMBIENTES FECHADOS

O Capítulo 6 afirmou que o ambiente interno se tornou um lugar importante para a exposição a substâncias químicas. Um dos motivos para isso é que, atualmente, os cidadãos americanos passam 85% do seu tempo em ambientes fechados. Particularmente preocupantes são os ambientes fechados e mal ventilados, por métodos naturais ou mecânicos, e os que contêm materiais de construção que emitem substâncias químicas e carpetes, revestimentos e adesivos, fumaça de cigarro, produtos de limpeza sintéticos e fragrâncias, e exposição a poluentes naturais como o radônio. Atualmente, não existem padrões exigíveis para a **qualidade do ar em**

Tabela / 11.14

Fontes de Poluição Atmosférica em Ambientes Fechados

Fontes	Exemplos de fontes e poluentes específicos
Fontes de combustão	Queima de óleo, gás, querosene, carvão, madeira e tabaco pode liberar matéria particulada fina, CO e poluentes atmosféricos nocivos em ambientes fechados.
Fontes externas	Pesticidas e poluentes atmosféricos externos podem entrar no ambiente fechado por janelas abertas, rachaduras, entrada de ventilação e poeira carregada para a edificação nos sapatos. O radônio pode entrar pelas fundações do prédio.
Materiais de construção e mobiliário doméstico	O asbesto e o chumbo são encontrados no isolamento da edificação e na pintura nas casas mais antigas. O formaldeído e outros VOCs são emitidos por produtos de madeira prensada encontrados na estrutura da edificação e nos móveis. Os VOCs também são emitidos por vedantes, adesivos e tintas. Os retardadores de chama são emitidos pelos móveis, eletrônicos, colchões e, até mesmo, roupas de bebê.
Produtos domésticos	Os VOCs, os poluentes atmosféricos nocivos e as fragrâncias são emitidos pelos produtos comuns de limpeza doméstica, produtos de manutenção, produtos de cuidado pessoal e por tintas de impressora.
Umidade e vazamento de água	Poluentes biológicos como o mofo.
Habitantes da casa, pragas e suas atividades	Animais de estimação, pessoas, roedores, insetos e plantas dispersam partículas biológicas, alergênios e alguns gases. As atividades dos habitantes, como aspirar o pó com um filtro de má qualidade, também recolocam em suspensão no ar as partículas depositadas.

ambientes fechados residenciais e comerciais, como existem para o ar ambiente. No entanto, foram desenvolvidos limites e diretrizes para os ambientes industriais pela Occupation Safety and Health Administration (OSHA) e pela American Industrial Hygiene Association.

Algumas fontes importantes de poluentes do ar em ambientes fechados são fornecidas na Tabela 11.14. Os efeitos negativos sobre a saúde associados a esses poluentes podem ser imediatos ou de longo prazo. Os efeitos imediatos abrangem o intervalo da irritação dos olhos, garganta e nariz até a morte por asfixia. Os indivíduos também podem sofrer cefaleias, fadiga e asma. Os efeitos de longo prazo podem resultar em doença respiratória, doença cardíaca e câncer.

A Tabela 11.15 fornece uma lista de maneira de melhorar a qualidade do ar em ambientes fechados. Repare que a principal maneira de melhorar a qualidade do ar em ambientes fechados é por meio da **redução da fonte** pela escolha cuidadosa dos materiais e produtos de consumo que

Tabela / 11.15	
Métodos para Controlar a Poluição do Ar em Ambientes Fechados	
Método de controle	Descrição
Controle da fonte	Preferida e mais eficaz porque elimina a fonte do poluente. Carpetes colocados estrategicamente quando você entra em casa podem capturar partículas de pó.
	Comprar e usar aspiradores com alta eficiência de captura e filtração para pequenas partículas.
	Eliminar carpetes sintéticos e seus adesivos que emitem VOC e armazenam poluentes. Use revestimentos naturais no piso (com zero ou pouco adesivo à base de VOC), como madeira, cerâmica e lã orgânica.
	Eliminar o uso de fragrâncias sintéticas encontradas nos perfumes, velas, dispositivos de controle do odor e produtos de limpeza que contenham substâncias químicas sintéticas.
	Comprar adesivos, tintas, revestimentos e móveis que tenham taxas de emissão de VOC baixas ou inexistentes.
	O uso de produtos naturais e orgânicos vai minimizar as emissões de VOCs e outros poluentes químicos nocivos, como os retardadores de chama. Assegurar que as garrafas de produto permaneçam vedadas quando não estiverem em uso.
	Eliminar vazamentos de água que liberem umidade na estrutura da edificação.
	Não deixar que a umidade ou a água parada acumulem.
	Limpar o lixo e os vazamentos rapidamente. Limpar os dutos de ar, filtros e materiais sujos/empoeirados regularmente.
Melhorias na ventilação	Os sistemas de ventilação mecânica levam o ar exterior para dentro da edificação e podem empregar eficiência energética pelo uso de trocadores de calor ar-ar.
	A operação de ventiladores de teto e sótão pode melhorar a ventilação da casa.
	A colocação estratégica e o uso de janelas que abrem e aproveitam a ventilação natural.
	Uso de chaminés bem desenhadas e a ventilação dos aparelhos são importantes para remover emissões gasosas da combustão e de outras atividades humanas.
Purificadores de ar	Esse é o método menos preferido da hierarquia de prevenção da poluição, já que costuma ser menos eficaz do que o controle da fonte ou do que a ventilação aperfeiçoada.
	Os limpadores geralmente não são concebidos para remover poluentes gasosos e matéria particulada fina.
	Além disso, sua eficácia varia e podem ser necessárias altas taxas de rendimento para limpar um recinto grande.

Poluição Atmosférica da Queima de Resíduos Sólidos Municipais (Santa Cruz, Bolívia).

(Cortesia de Heather Wendel Wright.)

são utilizados para construir, mobiliar, limpar e manter a casa ou a edificação. A ventilação é a segunda maneira mais importante de melhorar o ar em um ambiente fechado. Na verdade, uma grande parte do processo de certificação LEED para edificações ecológicas está relacionada com a melhoria da qualidade do ar em ambiente fechado por meio da redução da fonte e da ventilação correta. Alguns materiais utilizados para promover a eficiência energética em uma edificação podem emitir VOCs. Consequentemente, a EPA desenvolveu um documento intitulado *Protocolos para um Ambiente Fechado Saudável para Modernização da Energia Doméstica*, que fornece um conjunto de práticas recomendadas para melhorar a qualidade do ar interior em conjunto com projetos de eficiência energética doméstica.

11.5 Emissões Ambientais e Controle das Emissões

11.5.1 TIPOS DE E FONTES DE EMISSÃO

A Tabela 11.16 traz informações sobre como as fontes de emissões de poluentes atmosféricos podem ser decompostas em várias categorias. Geralmente, as emissões são divulgadas em unidades de massa emitidas por unidade de tempo (por exemplo, g/s, lb/dia, kg/dia, toneladas métricas/ano). As fontes estacionárias são instalações cujas emissões são fixas no espaço. Os tipos de fontes estacionárias incluem **fontes pontuais**, cujas emissões são liberadas por chaminés (denominadas **emissões de chaminé**). Fontes estacionárias também podem ter **emissões fugitivas**, que resultam da liberação inadvertida de um poluente atmosférico ou da não eficiência de

Tabela / 11.16

Definição de Algumas Fontes Antropogênicas de Emissões Atmosféricas

Fonte de emissão	Principais fontes
As **fontes pontuais** são emitidas por uma chaminé.	Usinas de energia, caldeiras industriais, refinarias de petróleo, revestimentos superficiais industriais e indústrias químicas.
As **fontes de área** são as emissões não associadas a uma chaminé e individualmente pequenas demais para serem tratadas como fontes pontuais.	Solventes utilizados em operações de revestimento superficial, desengordurantes, artes gráficas, limpeza a seco e postos de gasolina durante a descarga de caminhões-tanque e o reabastecimento de veículos.
As **fontes móveis** são categorizadas em rodoviárias e não rodoviárias.	As fontes rodoviárias incluem automóveis, ônibus, caminhões e outros veículos que percorrem estradas locais e rodovias. As fontes não rodoviárias são quaisquer fontes de combustão móveis, como ferrovias, navios, motocicletas *off-road*, motos de neve, equipamentos agrícolas, de construção, industriais e de gramado/jardim.
As **emissões fugitivas** são emissões de gases e particulados que não passam por um sistema de coleta.	Normalmente associadas a atividades industriais. As emissões que escapam à captura dos exaustores são emitidas durante a transferência de materiais, liberadas na atmosfera por uma área fonte ou emitidas por equipamentos de processos. Elas podem incluir as emissões de equipamentos pressurizados, vazamentos de válvulas e conexões de tubulações, emissões de lagoas de tratamento de águas residuais e tanques de armazenamento de resíduos.

captura em uma chaminé de coleta. As **fontes de área** são aquelas cujas emissões não estão associadas a uma chaminé ou que são individualmente pequenas demais para serem tratadas como fontes pontuais. Elas podem se originar de muitas atividades por exemplo, o reabastecimento de um automóvel e o uso de solventes durante uma operação de pintura ou desengorduramento. As **fontes móveis** estão associadas a transportes, tanto em rodovias quanto fora delas, incluindo barcos, aviões e cortadores de grama. Elas também incluem a emissão de poluentes atmosféricos por atividades de construção e agricultura. As emissões móveis podem ser bem grandes para certos poluentes. Por exemplo, nos Estados Unidos, até 33% das emissões de VOC e 40% das emissões de NO_x se originam nas estradas.

11.5.2 TENDÊNCIAS DAS EMISSÕES

Desde 1990, nos Estados Unidos, tem havido uma redução substancial (59%) nas emissões totais de matéria particulada (medidas como $PM_{2,5}$ e PM_{10}), óxidos de nitrogênio, VOCs, monóxido de carbono (CO), chumbo e dióxido de enxofre (SO_2) (Figura 11.16). Em termos dos níveis de poluentes específicos, as emissões diretas de $PM_{2,5}$ caíram mais da metade, as emissões de SO_2 caíram mais de 60%, e as emissões de NO_x e VOC, mais de 40%. Essas grandes reduções nas emissões ocorreram mesmo com a população americana aumentando 24%, com o produto interno bruto aumentando 65%, o consumo de energia aumentando 15% e a milhagem percorrida pelos veículos aumentando 40%. A Figura 11.16 também demonstra um dos grandes resultados positivos da abordagem regulatória implementada pela Lei do Ar Limpo e suas emendas. Outras ações além das abordagens

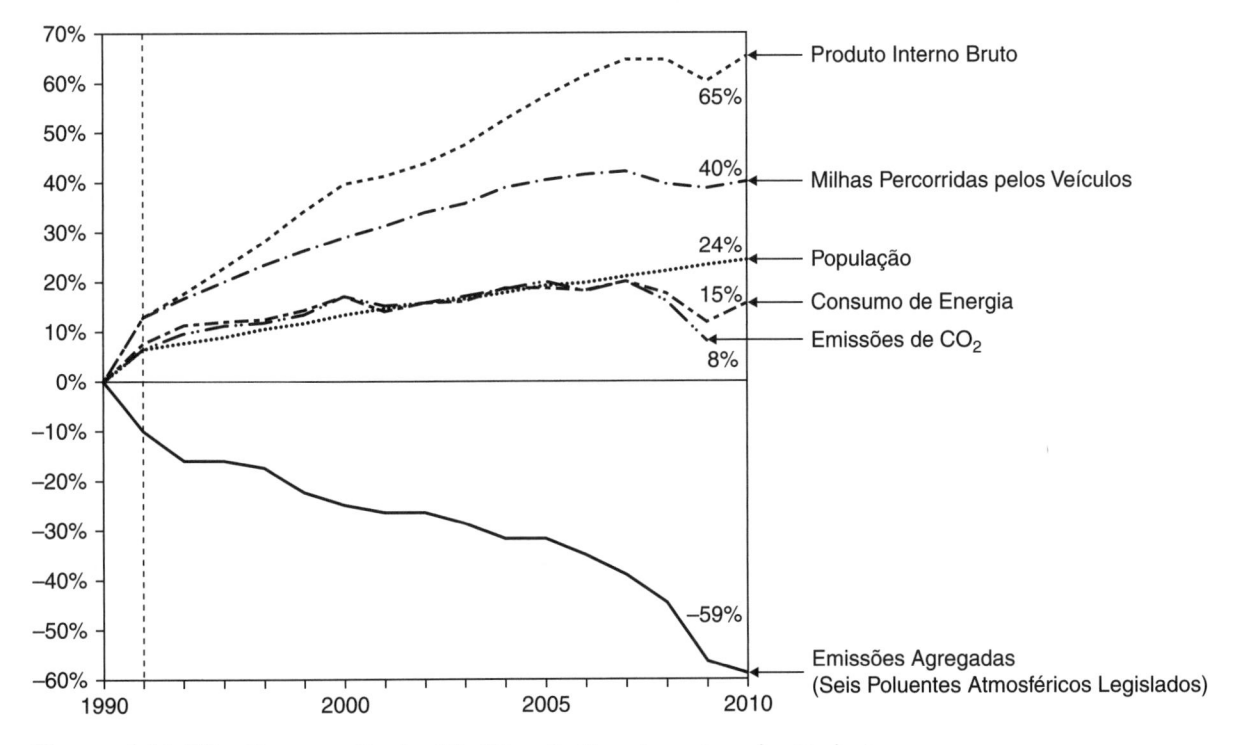

Figura / 11.16 **Comparação das Medidas de Crescimento e das Emissões Atmosféricas nos Estados Unidos, 1990-2010** Emissões de CO_2 estimadas de 1990 a 2009.

(Redesenhado da EPA, 2012a.)

regulatórias que reduziram as emissões atmosféricas nos últimos 40 anos incluíram medidas voluntárias adotadas pela indústria e parcerias entre governos locais, estaduais, tribais e federais, e organizações ambientais. As escolhas pessoais feitas por indivíduos e proprietários de residências também resultaram na diminuição das emissões globais (EPA, 2012a).

Uma coisa importante a observar na Figura 11.16 é o impacto da economia nas emissões dos poluentes atmosféricos. Durante a crise econômica de 2007-2009, houve uma queda perceptível no produto interno bruto, nas milhas percorridas pelos veículos, no consumo global de energia e nas emissões de CO_2. Isso está relacionado não só com mudanças na produção industrial, mas também com mudanças na renda pessoal e familiar, e aumentos nos preços da gasolina. Também se pode ver, nessa figura, o declínio nas emissões atmosféricas globais dos seis poluentes atmosféricos legislados, embora a economia tenha crescido (conforme a medição do produto interno bruto), e a população americana e a quantidade de milhas percorridas pelos veículos tenham aumentado. Por outro lado, as emissões globais de CO_2 aumentaram cerca de 8% de 1990 a 2009.

11.5.3 CONTROLE DAS EMISSÕES

Existem muitas maneiras de controlar as emissões de poluentes atmosféricos. A **redução da fonte** e as estratégias de **gestão da demanda** podem ser utilizadas para eliminar ou reduzir as emissões atmosféricas mudando as atividades que as produzem. A aplicação da química e da engenharia verdes também pode ser utilizada para eliminar o perigo e a quantidade das emissões. O sucesso das **abordagens regulatórias** (algumas das quais foram discutidas anteriormente) incluiu disposições da Lei do Ar Limpo e suas emendas, que exigiram que os maiores emissores de poluição atmosférica obtivessem uma licença de uma agência regulatória estadual. Essa licença especifica os tipos e as quantidades de poluentes atmosféricos que podem ser liberados, junto com estratégias de controle legisladas, como os tipos de equipamento de controle necessários.

Têm sido consideradas **abordagens baseadas no mercado**, como estratégias de controle, desde a aprovação das Emendas à Lei do Ar Limpo de 1990. As abordagens baseadas no mercado tentam criar incentivos financeiros para reduzir as emissões. Muitas dessas abordagens permitem o comércio das emissões entre fontes em diferentes escalas (por exemplo, de dentro de uma instalação para um estado, região ou nação), tal que as fontes mais baratas para controlar vão valer a implantação de medidas de controle. Um exemplo dessa abordagem é estabelecer um nível máximo de emissões aceitas para determinado poluente. Depois, esse *limite* é reduzido teoricamente com o passar do tempo e cada empresa pode determinar se deseja comprar créditos de emissão no mercado ou investir em outras estratégias de controle das emissões que possam incluir redução na fonte, gestão da demanda ou tecnologia de controle. Um mercado nacional de limitação das emissões se desenvolveu para as emissões de dióxido de enxofre, e os estados do leste dos Estados Unidos desenvolveram um mercado similar para emissões de NO_x. Atualmente, a Califórnia está implementando um mercado como esse para emissões de CO_2. Embora o mercado de limitação das emissões seja uma estratégia importante para redução das emissões, ele pode ser controverso, já que o comércio de emissões pode levar ao comércio dos efeitos de alguns poluentes, com possíveis implicações de equidade ambiental.

As **abordagens voluntárias** usam campanhas educativas para promover a redução da fonte ou fornecer incentivos para indivíduos ou organizações

Programas de Mercado para Reduções do SO_2
http://www.epa.gov/airmarkets/progsregs/arp/so2.html

que promovam o reconhecimento ou um incentivo financeiro para funcionários que participem de programas de transporte solidário por meio de reconhecimento, bônus, passes gratuitos para usar transporte de massa ou uso de um veículo compartilhado suportado pela empresa. Além disso, os proprietários de residências podem ser instruídos sobre como suas atividades diárias e seus comportamentos de compras afetam a emissão dos poluentes atmosféricos.

A última estratégia para controlar as emissões atmosféricas está relacionada com o uso de **tecnologias de controle**. Obviamente, o tratamento é uma estratégia menos adequada para gerenciar as emissões atmosféricas do que as estratégias de redução da fonte. Um das razões se baseia na conservação dos princípios da massa. Frequentemente, os tratamentos convertem os poluentes de um tipo para outro ou removem os poluentes do ar para outros meios (ou seja, resíduos sólidos ou líquidos). Os processos de tratamento tentam reduzir o risco associado às emissões atmosféricas, mas o risco associado ao novo fluxo de resíduos não deve ser ignorado.

FUNDAMENTOS DE MOTORES E CONTROLE DAS EMISSÕES DOS AUTOMÓVEIS
Conforme relatado anteriormente, o ar consiste em 78,1% de N_2 e 20,9% de O_2. A produção de NO_x ocorre, principalmente, da combustão feita pelo homem, embora a produção natural possa ocorrer a partir de incêndios florestais, raios, ação bacteriana no solo e oxidação do NH_3 na atmosfera. Em um motor ou outro processo que queime combustíveis fósseis (por exemplo, queima de carvão ou gás natural para produzir eletricidade), o ar é atraído para uma câmara de combustão e misturado com combustível. Em altas temperaturas, o nitrogênio e o oxigênio que ocorrem naturalmente no ar reagem e formam NO_x na seguinte equação geral:

$$N_2 + O_2 \rightarrow NO_x \qquad (11.14)$$

Lembre-se de que o NO_x é um termo utilizado para descrever a combinação de NO e NO_2. Aproximadamente 80-90% do NO_x formado no motor do seu carro é NO, com o restante sendo NO_2, de acordo com as seguintes equações mais gerais:

$$\boxed{N_2 + O_2 \rightarrow NO} \qquad (11.15)$$

$$\boxed{NO + \tfrac{1}{2}O_2 \rightarrow NO_2} \qquad (11.16)$$

Na realidade, essas duas reações são muito mais complexas e dependem das condições no motor e do tipo de combustível. A temperatura influencia a formação do NO_x, e as temperaturas mais altas tendem a favorecer a produção de NO em detrimento do NO_2. O NO_x formado pelo processo descrito nas duas equações acima se chama NO_x térmico. Dependendo do tipo de combustível, o nitrogênio encontrado no combustível pode ser oxidado para NO_x durante a combustão – chamado NO_x combustível – e pode contribuir com, aproximadamente, 50% do NO_x total gerado.

Tentativas de minimizar as emissões de NO_x de um veículo podem ocorrer por vários métodos, que incluem reduzir as temperaturas de pico e as concentrações de oxigênio, recirculando os gases de combustão, reduzindo a proporção entre ar e combustível e as combustões estagiadas, bem como otimizando o sincronismo da válvula ou da ignição nos veículos. Os fabricantes também fazem um grande esforço para otimizar o projeto e a operação de seus motores para reduzir as emissões de NO_x, CO, hidrocarbonetos e particulados (especialmente importante para os motores diesel). As emissões atmosféricas também podem ser tratadas após a saída do motor. Por exemplo, conversores catalíticos de três vias são instalados nos veículos modernos para reduzir as emissões dos três poluentes atmosféricos: CO, hidrocarbonetos (hidrocarbonetos reativos – VOCs) e NO_x. O conversor catalítico incorpora, aproximadamente, 4 g de um metal precioso – como a platina, o paládio ou o ródio – na área de superfície reforçada do catalisador para catalisar as reações químicas exibidas nas Equações 11.17 a 11.19 (Hillier, 2001). Certos compostos presentes no combustível podem intoxicar o catalisador, por exemplo, o chumbo encontrado em alguns tipos de gasolina.

$$2CO + O_2 \rightarrow 2CO_2 \tag{11.17}$$

$$C_aH_{2a+2} + [(3a + 1)/2]O_2 \rightarrow aCO_2 + (a + 1)H_2O \tag{11.18}$$

$$2NO_x \rightarrow xO_2 + N_2 \tag{11.19}$$

A Equação 11.18 é escrita especificamente para a conversão de um tipo de hidrocarboneto (um alcano) para CO_2 e água, em que a é um inteiro. Por exemplo, para o alcano, hexano (C_6H_{14}), a seria igual a 6. A Equação 11.19 representa a redução do NO_x por um agente redutor presente no fluxo de escapamento; os agentes redutores incluem o CO, H_2 e os hidrocarbonetos não queimados. O uso do conversor catalítico, portanto, resulta em emissões mais baixas de CO, hidrocarbonetos e NO_x. No entanto, repare como os produtos finais ainda resultam na produção de CO_2.

GESTÃO DA DEMANDA DE TRANSPORTES A EPA e a Federal Highway Administration incentivam a **gestão da demanda de transportes** como uma maneira de reduzir o congestionamento de veículos e as emissões atmosféricas. As estratégias de gestão da demanda no setor de transportes se concentram em mudar o comportamento dos usuários de automóveis e caminhões leves no que diz respeito às viagens, bem como mudar as políticas relacionadas com o uso do solo. Por exemplo, as emissões de poluentes atmosféricos podem ser reduzidas pela diminuição do número de viagens e da duração de uma viagem, bem como pelo modo de deslocamento e horário do dia que um indivíduo ou uma empresa realiza sua viagem. Frequentemente, os métodos de gestão da demanda também se concentram na redução do tráfego durante os períodos de pico de congestionamento e se mostraram capazes de reduzir as emissões de todos os poluentes legislados.

As estratégias de gestão da demanda também podem incluir os decretos de redução das viagens promulgados pelo governo local, regional ou estadual para incentivar alternativas de transporte e, até mesmo, incentivar substitutos de telecomunicação para as viagens com destino a um local e trabalho centralizado. De modo geral, esses decretos visam aos empregadores e construtores. A EPA (2007) também relata como os governos locais empregam métodos de uso do solo – como o *desenvolvimento de preenchimento* – para incentivar o desenvolvimento de antigos sítios

©Steve Lovegrove/iStockphoto

Congestionamento de Trânsito nos Estados Unidos
http://mobility.tamu.edu/ums/

Exemplos de Estratégias de Demanda de Transportes que Reduzem as Emissões de Poluentes Atmosféricos (adaptado do U.S. Department of Transportation, 2013).

Estacionamentos de intercâmbio incluem a construção ou expansão de estacionamentos nas áreas suburbanas ou rurais, onde as pessoas podem estacionar seus veículos e partilhar um carro, uma *van* ou o transporte público.	**Pistas de veículos com maior lotação** usam dois incentivos importantes (menor tempo de viagem e mais confiabilidade na duração da viagem) para maximizar a capacidade de transporte de pessoas de uma rodovia. O projeto e/ou operação da rodovia muda o uso de lotação única para tratamento prioritário de veículos com maior lotação, como os carros compartilhados, os ônibus e as *vans*.
Programas regionais de carona fornecem serviços de acerto de carona, incentivos do empregador e incentivos para o deslocamento para o trabalho por meio do compartilhamento de veículos ou *vans* (como vales-combustível, programas de recompensa, subsídios). O acerto de carona pode ser tradicional, em que as pessoas estabelecem rotinas regulares de compartilhamento de veículos, ou dinâmico, com acerto em tempo real dos indivíduos que querem ir/vir para locais similares.	**Programas de compartilhamento de *vans*** são particularmente adequados para deslocamentos mais longos para o trabalho. Eles usam *vans* que carregam, normalmente, de 7 a 15 passageiros e operam nos dias úteis, viajando entre um ou dois pontos de coleta de passageiros (geralmente, um estacionamento de intercâmbio ou uma estação) e o local de trabalho. Os programas de compartilhamento de *vans* fornecerão veículos de propriedade de uma organização aos usuários que compartilham um mesmo destino. As *vans* são operadas por um motorista ou pelos próprios usuários.
Programas/projetos de bicicleta e pedestres incluem uma ampla gama de investimentos e estratégias para facilitar e incentivar o deslocamento não motorizado. Exemplos dessas estratégias incluem ciclovias e pistas seguras, calçadas, *racks* e porta-bicicletas, melhoria no projeto urbano visando aos pedestres, programas de compartilhamento de bicicletas, incentivos ao uso de bicicletas e incorporação de instalações de banho nas edificações.	**Linhas de ônibus ou trens novos ou ampliados** incluem acréscimos ao fornecimento de serviços por meio do estabelecimento de novos itinerários, maior frequência, horas de operação ou cobertura dos itinerários.
Melhoria no transporte público envolve o aumento da frequência de horas de serviço nas rotas de trânsito existentes. A maior frequência do transporte público resulta em mais passageiros, pois esse tipo de transporte se torna uma opção mais conveniente, e o aumento de horas de serviço permite que as pessoas usem a rota em horários que não estavam disponíveis anteriormente.	**Melhor divulgação do transporte público, fornecimento de informações mais acessíveis e mais serviços ao consumidor** aumentam o número de pessoas que utilizam o transporte público. O fornecimento de abrigos, bancos, mapas e uma estética visualmente agradável, ou a melhoria do conforto dos ônibus e trens, pode ser uma estratégia de apoio para aumentar a quantidade de passageiros. As melhorias no serviço também podem incluir instalações de baldeação e sincronização dos transportes públicos para reduzir os tempos de espera.
Estratégias de precificação dos transportes públicos reduzem os custos associados ao uso desse serviço, com isso, criando incentivos para as pessoas migrarem dos outros modos de deslocamento. Reduções justas podem ser implementadas em nível sistêmico, em zonas sem tarifa ou com tarifas reduzidas, ou oferecidas por meio de programas de benefícios ofertados pelo empregador, pagos total ou parcialmente por esse empregador.	**Estratégias de precificação/gestão dos estacionamentos** mudam o curso e/ou a conveniência associada a dirigir um veículo particular, por meio da precificação e gestão dos estacionamentos nas duas pontas do percurso. Enquanto algumas políticas aumentam o custo de estacionar com impostos ou execução de tarifas de estacionamento, algumas estratégias reduzem o suprimento de espaços com a criação de lotação máxima de estacionamento de novas construções, limites regionais de lotação dos estacionamentos, proibição de estacionar nos horários de pico ou restrições de estacionamento no meio-fio.

(continuação)

(continuação)

A **precificação dos pedágios** muda os custos para os consumidores que usam veículos privados. Os exemplos incluem pedágios novos ou mais caros nas estradas, e pistas de pedágio para veículos de alta lotação.	**Preço baseado nas milhas percorridas pelos veículos** impõe uma tarifa baseada nas milhas (ou quilômetros) percorridas. As tarifas são coletadas anualmente via processo de registro do automóvel ou do programa de seguros do veículo. Os prêmios de seguro poderiam ser cobrados com um componente por milha mensal ou semestral.
Estratégia de precificação dos combustíveis aumenta as alíquotas tributárias aplicadas às vendas no varejo de combustíveis de automóvel. O preço dos combustíveis também cria um incentivo para comprar veículos mais econômicos; as mudanças globais no estoque de veículos podem afetar ainda mais as emissões no longo prazo.	**Programas de gestão da demanda de deslocamentos baseada no empregador** são concebidos para incentivar os empregadores a oferecer uma gama de programas no local de trabalho destinados a reduzir o número de veículos que usam a malha viária durante os horários de pico, proporcionando ao mesmo tempo uma ampla variedade de opções de mobilidade, incluindo o trabalho remoto.
Programas de gestão da demanda de viagens particulares reduzem as viagens para abordar o crescimento das viagens não relacionadas com o deslocamento para o trabalho. Exemplos de viagens não relacionadas com o deslocamento para o trabalho incluem as destinadas a eventos especiais (eventos esportivos e locais de entretenimento), viagens de turismo e viagens escolares.	**Estratégias de uso do solo** incluem construções voltadas para os transportes públicos e centros de atividade agrupados. A integração do uso do solo e do planejamento dos transportes torna os destinos comuns acessíveis aos modos de transporte alternativos, incluindo o transporte público, a caminhada e a bicicleta.

industriais (ou seja, terrenos industriais desativados), *shopping* suburbanos decadentes, propriedades vagas e outros terrenos subutilizados que possam ser desenvolvidos novamente (EPA, 2007). O desenvolvimento de preenchimento consegue reduzir o espalhamento e as emissões atmosféricas resultantes associadas a deslocamentos mais longos para o trabalho a partir de modos de transporte veicular únicos. A Tabela 11.17 fornece uma visão global de 16 estratégias de gestão da demanda de transportes.

Aplicação / 11.8   Congestionamento de Trânsito

O Texas Transportation Institute relatou que, em 2010, nos Estados Unidos, o **congestionamento do trânsito** continuou a aumentar, desperdiçando 1,9 bilhão de galões de combustível e aumentando as emissões de poluentes atmosféricos. O custo total desse congestionamento é estimado em mais de US$ 100 bilhões, com um custo de US$ 750 para cada usuário. Além disso, hoje estudos mostram que o congestionamento do trânsito está aumentando fora do horário de pico, com 40% de atrasos no tráfego relatados hoje ao meio-dia e à meia-noite.

Nos Estados Unidos, o congestionamento de trânsito era rotineiro em 1912. Mesmo em 1907, havia relatos de que os previstos projetos de ampliação das rodovias para aliviar o trânsito estavam provocando o efeito contrário. Em 1916, Woodrow Wilson comentou que os motoristas estavam usando as estradas na mesma velocidade com que eram criadas. Nos anos 1920, o congestionamento tinha diminuído a velocidade dos veículos para 6,4 km/h na Quinta Avenida de Nova York.

A história mostra que construir mais estradas e ampliar as existentes nunca vai solucionar o problema do congestionamento de trânsito (ver a Tabela 11.18). O oferecimento de várias opções para deslocamento é um componente fundamental de um plano de acessibilidade sustentável. Isso não só alivia o congestionamento, mas também proporciona economias substanciais para o público. Como exemplo, sem transporte ferroviário de/para Manhattan, Nova York exigiria 120 novas pistas de rodovia e 20 novas Pontes do Brooklyn. Além disso, os contribuintes americanos recuperam seu investimento de US$ 15 bilhões no transporte público, apenas com a economia de custos dos congestionamentos.

*Os dois últimos parágrafos são baseados em Alvord (2000).

O que Acontece na Realidade Quando Outras Pistas de Veículos São Adicionadas para Diminuir o Congestionamento

As velocidades dos veículos aumentam, aumentando o risco à segurança dos pedestres e ciclistas

As travessias de pedestres aumentam de tamanho e duração, tornando menos desejável caminhar

As distâncias de travessia das pistas aumentam para os ciclistas tornando a bicicleta um veículo menos desejável

Normalmente, o alívio do congestionamento é temporário e as pistas acabam ficando cheias

Novas estradas e pistas causam mais perda de espaços abertos, já que o desenvolvimento ocorre ao longo do corredor rodoviário

exemplo / 11.4   Estimando o Impacto da Gestão da Demanda de Transportes

Os estacionamentos de intercâmbio (ou baldeação) incluem a construção ou expansão de estacionamentos em que as pessoas param seus veículos e, em seguida, usam um automóvel ou *van* compartilhado, ou os transportes públicos. De modo geral, as instalações de baldeação são utilizadas nas áreas suburbanas. Essa estratégia reduz as emissões atmosféricas ao diminuir o número de veículos ocupados por apenas um passageiro nas ruas. Uma ação de gestão da demanda de transportes vai acrescentar espaços de estacionamento a uma estação de baldeação existente que não é atendida pelo transporte público. O plano vai adicionar 60 estacionamentos. Suponha que os novos espaços terão uma taxa de utilização estimada em 70% e que esses indivíduos vão usar carros ou *vans* compartilhados. Suponha também que 80% dos usuários terão dirigido sozinhos previamente, que serão eliminadas 50 milhas de viagem ida e volta, em média – o que corresponde à distância do estacionamento até o destino, ida e volta – e que são 250 dias úteis por ano. Qual é a redução anual nas milhas percorridas pelos veículos a partir da implantação da estação de baldeação?

solução

Primeiro, estimamos o uso previsto do novo estacionamento, da seguinte forma:

= espaços adicionados para estacionar × taxa de utilização estimada = 60 espaços × 0,70 = 42 espaços

Em seguida, determinamos o número de pessoas previsto que reduzirá o seu tempo de direção individual. Vejamos:

= espaços utilizados × percentual de usuários que antes dirigiram sozinhos = 42 espaços × 0,80
= 33,6 menos motoristas por dia

A próxima etapa é determinar a redução anual nas milhas percorridas pelos veículos:
= (quantidade de motoristas a menos por dia) × (ida e volta estimada) × (total de dias de funcionamento)
= (33,6 motoristas a menos por dia) × (50 milhas por motorista) × (250 dias)
= 420.000 redução anual nas milhas veiculares percorridas

A redução nas milhas veiculares dirigidas por dia pode ser convertida para reduções nas emissões atmosféricas, multiplicando a redução nas milhas veiculares pela quantidade de determinado poluente legislado emitido por milha percorrida. Esse *fator de emissão* será abordado mais tarde neste capítulo e é específico para um veículo que está operando e seu poluente.

Exemplo adaptado do Departamento de Transportes, 2013.

TECNOLOGIAS DE CONTROLE DAS EMISSÕES   A Figura 11.17 mostra a complexidade de um típico processo de tratamento da poluição atmosférica usando controles tecnológicos para remover matéria particulada de uma corrente de ar oriunda de um incinerador de duas câmaras. Nesse caso, a tecnologia primária de controle da poluição atmosférica é um depurador Venturi seguido por um eliminador de névoa. A presença de uma chaminé indica que é uma fonte estacionária. No entanto, o processo de incineração também pode produzir emissões fugitivas, e também as etapas de coleta e tratamento relacionadas com o controle das emissões.

Por causa da grande despesa e dos requisitos regulatórios associados ao tratamento das emissões de poluentes atmosféricos, as atividades de prevenção da poluição podem ser substituídas. Isso é parecido com as estratégias de gestão da demanda discutidas anteriormente para controlar as emissões atmosféricas associadas aos transportes. A Tabela 11.19 traz uma comparação das várias atividades de prevenção e controle de poluentes para gerenciar alguns poluentes atmosféricos comuns. Por exemplo, muitos fabricantes substituíram revestimentos à base de solvente por outros à base de água. Isso elimina as emissões de VOC a consequente necessidade de usar a oxidação térmica para tratar a corrente de efluentes. Para controlar as emissões de mercúrio da queima de carvão para produção de

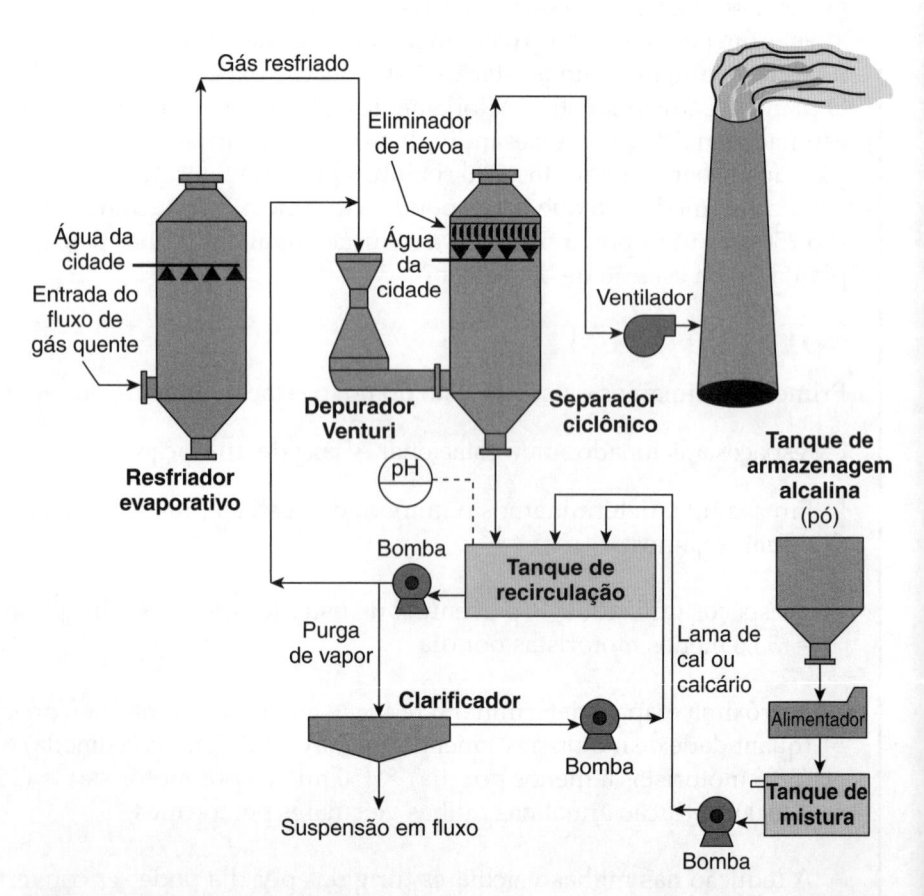

Figura / 11.17   **Vários Componentes de um Sistema de Controle da Poluição Atmosférica Depurador Úmido de Partículas**   Não é exibida a grande quantidade de ventiladores, exaustores e dutos para conectar os equipamentos de processos e o equipamento de controle da poluição atmosférica.

(Redesenhada da EPA APTI.)

Tecnologias de Controle e Atividades de Prevenção da Poluição para Controlar as Emissões de Alguns Poluentes Atmosféricos Específicos

Poluente(s)	Tecnologia de controle do tratamento	Atividade de prevenção da poluição
Matéria particulada	Precipitador eletrostático, filtros de saco, depuradores de partículas e ciclones.	Reduzir a demanda de eletricidade ao fornecer incentivos para adquirir iluminação e aparelhos que economizem energia. Programas Energy Star fornecem aos consumidores informações sobre eficiência energética das compras de aparelhos.
Dióxido de enxofre	Dessulfurização do gás de combustão ou limpeza do enxofre do carvão para combustão.	Reduzir a demanda de eletricidade gerada pelo carvão por estratégias de demanda como a descrita para a matéria particulada. Mudança do combustível para carvão com baixo teor de enxofre, um tipo diferente de combustível ou uma fonte de energia renovável.
VOCs	Oxidação térmica ou catalítica, sistemas de adsorção (por exemplo, carvão ativado) e biofiltros. Exaustores e outras tecnologias para captura das emissões fugitivas.	Substituir as tintas à base de solvente por tintas à base de água nos revestimentos utilizados nas indústrias automotivas e de eletrodomésticos. Melhorar a eficiência de consumo de combustível dos veículos rodoviários e fora de estrada.
NO_x	Conversores catalíticos para redução das emissões de NO_x de fontes veiculares. Redução seletiva, depuradores e sistemas de adsorção para fontes pontuais.	Usar estratégias de gestão da demanda que promovam e forneçam incentivos para o uso público dos transportes de massa, caminhada ou bicicletas.
Ozônio	Controle do NO_x e dos VOCs, conforme discutido acima.	Reduzir as milhas percorridas pelos veículos e a demanda de eletricidade.
Mercúrio	Carvão ativado injetado no gás de combustão, seguido por uma tecnologia de coleta de partículas.	Reduzir a demanda de eletricidade. Reduzir o uso do mercúrio nos produtos de consumo, médicos e científicos. Separar os produtos contendo mercúrio dos fluxos de incineração de resíduos médicos e municipais.

eletricidade, um método de tratamento é injetar carvão ativado no gás de combustão durante o processo de combustão. O carvão ativado absorve mercúrio e é removido com outra matéria particulada pelas tecnologias de controle das partículas efluentes (um exemplo de conversão do poluente do ar para a fase sólida). Mudar para a energia renovável e reduzir a demanda de eletricidade são métodos alternativos que reduziriam a necessidade de tratamento dos efluentes, já que reduzem o mercúrio produzido.

Uma tecnologia de controle está associada à remoção de poluentes atmosféricos específicos. Vários exemplos utilizados comumente para tratar as emissões atmosféricas que contêm matéria particulada, VOCs, CO, SO_2 e compostos odorosos são examinados na Figura 11.18. Várias dessas tecnologias serão discutidas em grande nível de detalhes na seção a seguir. Os leitores devem tomar nota de que é sempre importante associar os materiais e os revestimentos certos com as tecnologias de coleta e tratamento para garantir que a possível corrosão não afete o desempenho do sistema ou a segurança do trabalhador.

Tecnologia de Controle e Princípios de Operação	Ilustração
Os processos de **adsorção** permitem que poluentes gasosos como os VOCs e o SO_2 sejam transferidos do ar para um adsorvente sólido. O uso de adsorventes, como o carvão ativado, foi discutido no Capítulo 8 para o tratamento da água. O absorvedor de leito horizontal exibido à direita é utilizado frequentemente para vazões maiores.	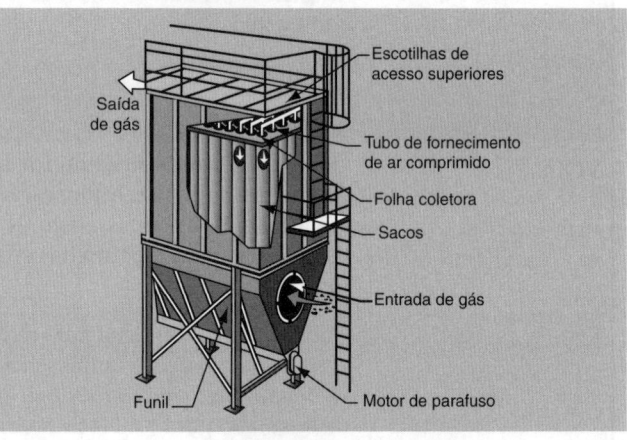
Um **desempoeirador** permite que a matéria particulada seja filtrada por um conjunto de bolsas de filtro de pano. As bolsas são sacudidas periodicamente para remover a matéria particulada para um funil subjacente de onde pode ser coletada.	
Um **biofiltro** degrada os poluentes gasosos (VOCs e odores) usando microrganismos que residem no meio filtrante. O meio filtrante poderia ser algo como rocha vulcânica ou uma mistura de produto de compostagem e lascas de madeira. Geralmente, o ar passa pelo leito. Periodicamente, pode-se adicionar umidade ao filtro.	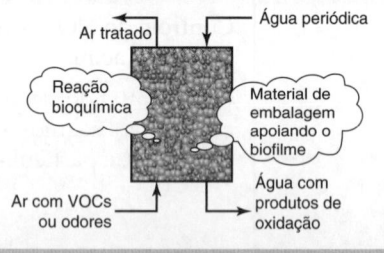
Em um **ciclone**, os poluentes particulados entram com o gás e são removidos pelas forças centrífugas porque as partículas têm mais momento, e não podem girar com o gás. O ar está se movendo em um padrão helicoidal. As partículas que impactam a parede externa do ciclone caem por gravidade em um funil no qual podem ser coletadas.	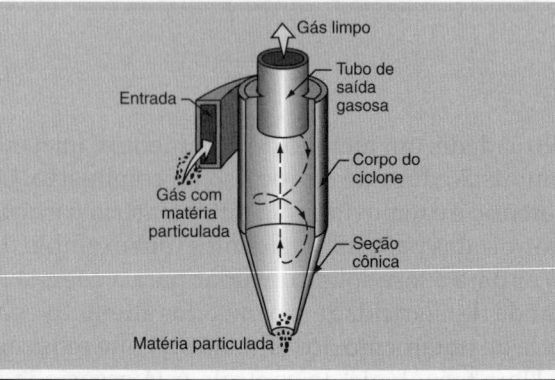

Figura / 11.18 Tecnologias Comuns de Controle da Emissão de Poluentes Atmosféricos (outros detalhes sobre o projeto e operação podem ser encontrados na EPA (2012c,d) e Theodore (2008).

Tecnologia de Controle e Princípios de Operação	Ilustração

Em um **precipitador eletrostático**, a matéria particulada primeiro é carregada pela aplicação de uma alta-tensão, que produz íons que se prendem às partículas. As partículas carregadas são impelidas para placas coletoras. *Rappers* usam impulso ou métodos vibratórios para remover as partículas da placa coletora para que caiam no funil, no qual podem ser removidas.

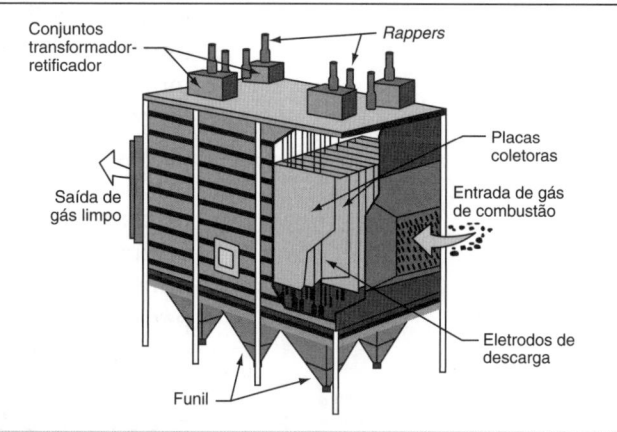

Em uma **absorção em leito recheado**, os poluentes da depuração (como o SO_2, NH_3, HCl) são transferidos do ar para o líquido. Um indicador chave do desempenho é o nível em que o equilíbrio entre a fase gasosa e aquosa (conforme determinado por uma constante de Henry) favorece a fase líquida. Também é importante a taxa em que o poluente é transferido da fase gasosa para a fase líquida.

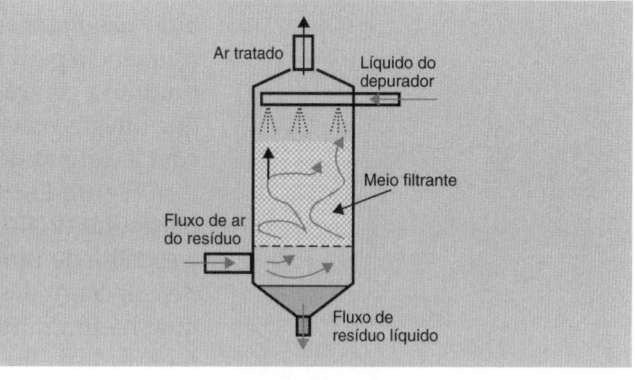

Em um **oxidante térmico**, o poluente (VOC, CO, odor) é oxidado pela combustão em alta temperatura. O sistema consiste em um queimador e a câmara de reação. A remoção é melhor com temperaturas maiores, turbulência e tempo de residência do gás.

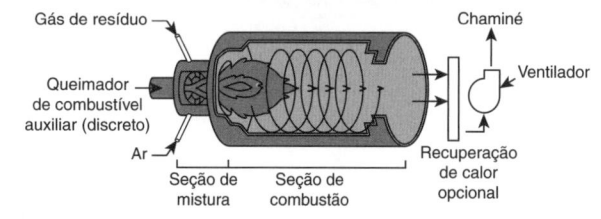

Em um **depurador Venturi**, a matéria particulada e outros poluentes, como o SO_2 e o HCl, podem ser removidos juntos pela impactação dos poluentes transportados pelo ar nas gotículas de água. Um *spray* de água pode ser adicionado por vários métodos, incluindo a injeção no gás que está escoando.

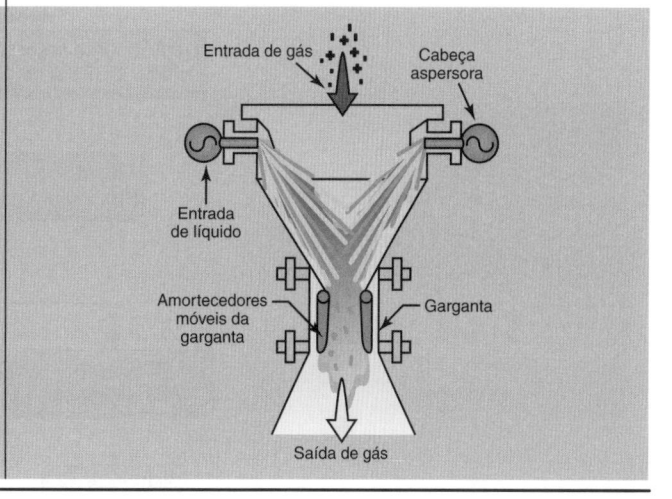

Figura / 11.18 (*continuação*)

MATÉRIA PARTICULADA A matéria particulada é controlada pelo uso de filtração, depuração úmida ou coletores mecânicos. O tipo de tecnologia apropriada pode ser filtrado usando a Figura 11.19. Conforme essa figura, se a matéria particulada contiver umidade suficiente para ficar molhada ou pegajosa, os depuradores úmidos ou um precipitador eletrostático úmido seriam a tecnologia de controle mais apropriada. Se o fluxo de ar contiver matéria particulada seca (e nenhum gás explosivo), as partículas podem ser removidas por uma opção mais ampla de tecnologias de controle. Essas tecnologias incluem filtros de pano (por exemplo, um *baghouse* ou desempoeirador), precipitadores eletrostáticos (ESPs) e depuradores úmidos. Normalmente, os depuradores úmidos são mais caros para construir e operar do que os sistemas de filtração de pano, ciclones e outros sistemas mecânicos.

PRECIPITADOR ELETROSTÁTICO Um **precipitador eletrostático** é exibido nas Figuras 11.18 e 11.20. Esses precipitadores são utilizados com frequência para tratar as cinzas volantes originárias da queima do carvão durante a geração de eletricidade. Eles não são utilizados em situações em que um gás ou vapor explosivo está presente pelas centelhas que ocorrem com a câmara de remoção.

A Figura 11.19 mostrou previamente como o intervalo de tamanho das partículas do fluxo de ar poluído e os requisitos regulatórios influenciam a escolha de uma tecnologia de controle. Por exemplo, os filtros de tecido como um desempoeirador são utilizados para tratar o ar poluído, no qual há um número significativo de partículas abaixo de 0,5 μm de diâmetro e um alto grau de remoção é necessário. Por outro lado, enquanto

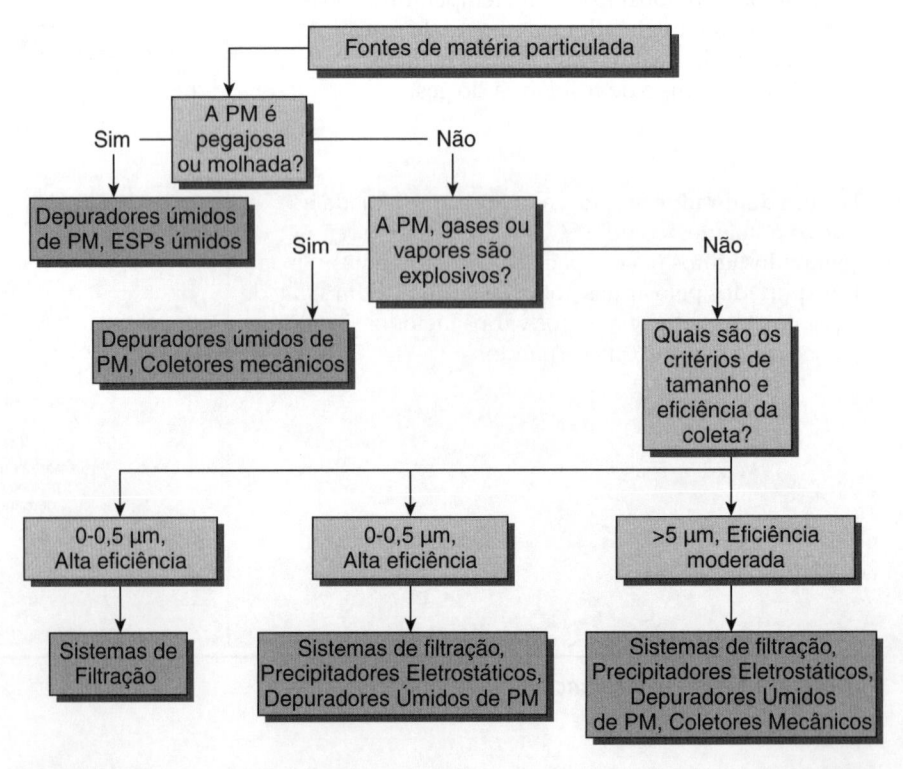

Figura / 11.19 Aplicabilidade Geral das Tecnologias de Controle da Matéria Particulada.

(Redesenhada da EPA, 2012d.)

Figura / 11.20 Precipitador Eletrostático (ESP) A maior aplicação é na remoção de cinzas volantes geradas durante a combustão do carvão para gerar eletricidade. A vazão do gás associada a uma usina de 1.000 MW pode chegar a milhões de cfm. A queda de pressão pode ser de apenas 1 cm *versus* 10-100 polegadas por meio de um depurador úmido ou desempoeirador. Os carvões com baixo teor de enxofre produzem uma cinza volante com resistividade mais baixa, que torna as partículas mais difíceis de aceitar uma carga. Desse modo, elas são mais difíceis de coletar com essa tecnologia, podendo ser necessária a adição química no fluxo gasoso (Theodore, 2008).

(© Charles E. Rotkin/Corbis.)

os precipitadores eletrostáticos podem lidar com grandes volumes de ar e operar em uma queda de pressão baixa, eles são recomendados para tratamento de um intervalo de partículas de tamanho maior. Na Figura 11.21, observe como o precipitador eletrostático tem menos eficiência de remoção para partículas no intervalo de 0,1 a 0,5 μm. Isso acontece em virtude de a capacidade do precipitador eletrostático para carregar partículas ser pior nesse intervalo de tamanho (EPA, 2012d).

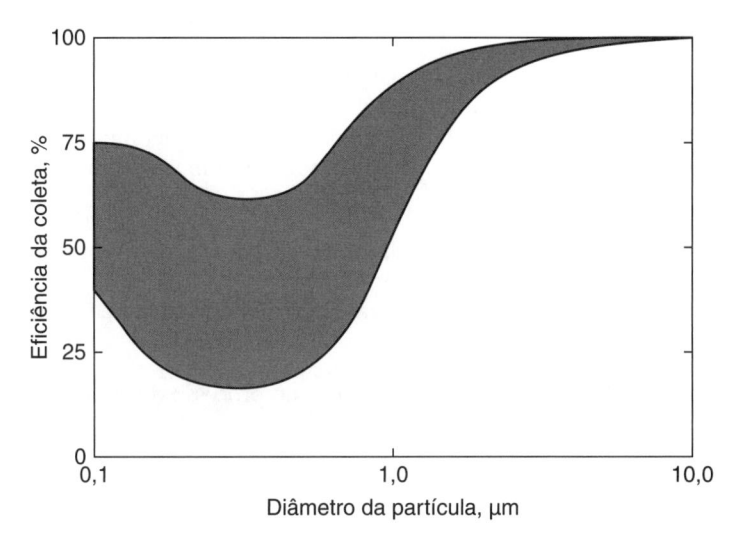

Figura / 11.21 Eficiência de Remoção de Acordo com o Tamanho da Partícula de um Precipitador Eletrostático.

(Redesenhada da EPA, 2012d.)

DESEMPOEIRADOR   Os **filtros de saco** consistem em um conjunto de filtros de pano que permitem a passagem do ar poluído através deles, escoando para fora do saco. No processo, a matéria particulada é coletada no lado de fora do saco. Quando vários filtros de saco são abrigados de uma só vez, o sistema global se chama **desempoeirador** (consulte a Figura 11.18). Para um desempoeirador agitador como o da Figura 11.18, o diâmetro do saco poderia ser de 8-20 pés de comprimento, com diâmetros de saco de 5-12 polegadas.

A superfície do filtro consiste em um filtro de pano e algum mecanismo de suporte para fixar o tecido. Durante a operação, a matéria particulada acumula como um bolo filtrado no lado de fora dos muitos filtros de tecido do desempoeirador, aumentando as eficiências de coleta e a queda de pressão através dos filtros. Para reduzir a queda de pressão, os sacos são limpos periodicamente pela agitação mecânica das partículas acumuladas para fora do pano e para dentro do funil. A matéria particulada é removida do funil e descartada normalmente em um aterro. Os filtros de saco são uma tecnologia de controle empregada frequentemente, pois as eficiências de coleta das partículas podem chegar a 99-99,5% das partículas com tamanhos de 0,5 a 1 μm e as partículas maiores são removidas eficazmente (EPA, 2012e).

Tabela / 11.20

Causas Comuns das Falhas de Tecido em um Desempoeirador   (adaptado da EPA, 2012e).

Causa	Resultados em	Razão
Instalação inadequada do saco	Furos ou rasgos nos sacos Menos resistência do saco	Falta de instruções adequadas do fornecedor Acesso deficiente aos sacos por parte do instalador Tensionamento inadequado ou manuseio indevido, como dobrar ou pisar nos sacos Sacos apertados demais para as gaiolas Bordas afiadas nas gaiolas
Altas temperaturas (a temperatura específica do tecido e as temperaturas máximas variam de 180°F a 550°F)	Perda de resistência do tecido Agressão ao acabamento do saco que provoca abrasão	Tecido impróprio para o serviço Nenhum alarme de alta temperatura Operação contínua nos limites de temperatura próximos aos do tecido
Condensação	Altera as características de adesão das partículas aos materiais do saco, resultando em lama ou entupimento Agressão química ao tecido	Unidade não preaquecida ou purgada corretamente Vazamento de ar ou isolamento inadequado
Degradação química	Ataca as fibras do tecido, resultando em perda de resistência	Mudança no processo de manufatura
Alta queda de temperatura	Aumenta a abrasão do saco que resulta em rasgos no tecido	Limpeza deficiente, sacos entupidos, aumento na velocidade do gás
Abrasão do saco	Sacos gastos ou rotos	Contato entre o saco e outra superfície Alta carga de partículas Inspeção de grandes partículas no saco

Relações Gás-Tecido (pés/min) para Projetar um Desempoeirador

Material sendo removido nos filtros	Tipo de tecido e método de remoção das partículas dos sacos	
	Agitador/Tecido; Ar invertido/Tecido	Jato de pulso/Feltro; Ar invertido/Feltro
Cimento	2,0	8
Carvão	2,5	8
Cinza volante	2,5	5
Gesso	2,0	10
Minério de ferro	3,0	11
Óxido de chumbo	2,0	6
Cal	2,5	10
Calcário	2,7	8
Pó de pedra	3,0	9
Serragem	3,5	12
Especiarias	2,7	10

FONTE: Theodore, 2008.

A falha dos sacos no desempoeirador pode ser observada e corrigida rapidamente pela inspeção e pelo monitoramento diários. A Tabela 11.20 apresenta algumas causas comuns para a falha do tecido. Os desempoeiradores também podem falhar, já que o agitador que limpa regularmente o saco encontrou um problema que resulta no acúmulo excessivo de partículas na superfície do saco. Isso gera uma maior queda de pressão no filtro de tecido. Outros problemas não relacionados com as falhas do tecido incluem o entupimento do funil de coleta pela não remoção das partículas que acumulam nesse funil (EPA, 2012e).

Os desempoeiradores são concebidos considerando variáveis que incluem a caracterização do fluxo de ar poluído e a escolha e uma relação gás-tecido. A **relação gás-tecido** é denominada também GC (*gas-to-clothratio*), sendo definida como:

$$\text{relação gás-tecido} = \frac{\text{vazão do gás } (\text{ft}^3/\text{min})}{\text{área do tecido } (\text{ft}^2)} \qquad \textbf{(11.20)}$$

A relação gás-tecido é determinada com base no material em particular que está sendo filtrado (por exemplo, carvão, cimento, calcário, serragem), se o tipo de tecido for influenciado por suas limitações de temperatura e sua resistência à agressão química de outros compostos encontrados no fluxo de ar poluído. A Tabela 11.21 traz exemplos de relações gás-tecido de diferentes tecidos e métodos para remover partículas do saco. Tipicamente, à medida que a relação gás-tecido aumenta, a queda de pressão também aumenta (Theodore, 2008).

exemplo / 11.5   Projeto de Desempoeirador (*baghouse*)

Um desempoeirador que emprega um método de coleta por agitação está sendo projetado para remover 99,75% de um fluxo de entrada consistindo em partículas originárias de uma fábrica de cimento. Qual é a área de tecido necessária para o desempoeirador, se ele tratar 21.000 pés³/min de ar poluído? Suponha que o fabricante do filtro tenha especificado um tecido padrão.

solução

A Tabela 11.21 sugere que a relação gás-tecido apropriada para as partículas de cimento coletadas pela agitação seja 2,0 pés/min. A área total de tecido necessária para o filtro (m² ou pé²) necessária para a coleta é determinada por:

$$\frac{\text{vazão de entrada}}{\text{relação gás-tecido}} = \frac{21.000 \text{ ft}^3/\text{min}}{2,0 \text{ ft}/\text{min}} = 10.500 \text{ ft}^2$$

O número de sacos cilíndricos necessários é determinado a partir da área total necessária e da área de superfície da cada um dos sacos. A área de superfície de um saco (desprezando a área superior e inferior do cilindro) é igual a π × diâmetro × altura:

$$\frac{\text{área de filtro total necessária}}{\pi \times \text{diâmetro} \times \text{altura}} = \frac{10.500 \text{ ft}^2}{\pi \times 0,5 \text{ ft} \times 20 \text{ ft}} = 334 \text{ sacos}$$

Após a relação gás-tecido ter sido determinada, o desempoeirador é dimensionado determinando a área de tecido total do filtro necessária para a coleta. Mais espaço é fornecido para uma série de passarelas, sendo influenciado pela inclinação do funil. A área total de tecido do filtro (m² ou pés²) necessária para a coleta é determinada por:

$$\text{Área de tecido do filtro} = \frac{\text{Vazão de entrada}}{\text{Relação gás-tecido}} \quad \text{(11.21)}$$

OXIDANTE TÉRMICO   Conforme descrevemos na Figura 11.18, um **oxidante térmico** remove os poluentes do ar, como os VOCs, por meio da combustão em alta temperatura. Eles também são chamados incineradores. A Figura 11.18 mostrou que o sistema consistia em um queimador e uma câmara de reação. A remoção dos compostos orgânicos ocorre em temperaturas de 590-650°C (1.100-1.200°F), e a maioria dos oxidantes térmicos é operada em temperaturas muito maiores. Por exemplo, os incineradores de resíduos perigosos são operados em temperaturas de até 1.800-2.200°F em uma tentativa de alcançar a oxidação quase completa. Atualmente, os catalisadores que contêm platina, cobre, cromo, vanádio, níquel e cobalto são utilizados para diminuir a temperatura de operação dos oxidantes catalíticos (tipicamente, em sistemas menores que tratam os VOCs no intervalo de 650-880°F). Infelizmente, os metais pesados não são removidos em um oxidante térmico e alguns subprodutos perigosos também podem ser produzidos.

A conversão de um VOC para monóxido de carbono e vapor d'água em um oxidante térmico é exibida da seguinte forma:

$$C_xH_y + \left(\frac{x}{2} + \frac{y}{4}\right)O_2 \rightarrow (x)CO + \left(\frac{y}{2}\right)H_2O \quad \text{(11.22)}$$

O monóxido de carbono é convertido para dióxido de carbono da seguinte forma:

$$(x)CO + \left(\frac{x}{2}\right)O_2 \rightarrow (x)CO_2 \qquad \textbf{(11.23)}$$

Nas Equações 11.22 e 11.23, x e y são coeficientes estequiométricos utilizados para balancear as reações químicas. Por exemplo, para o benzeno químico (C_6H_6), x e y são iguais a 6. As duas reações consomem oxigênio, de modo que o desempenho do reator pode ser medido pela falta de oxigênio (ou pelo oxigênio muito baixo) no gás efluente (apenas 1-2% de O_2 *versus* 21% na entrada de ar ambiente). A Equação 11.23 também mostra que a oxidação completa do VOC acaba resultando na produção do gás do efeito estufa CO_2. As atividades de prevenção da poluição como

---

exemplo / 11.6 — Determinando os Requisitos de Oxigênio Estequiométrico para um Oxidante Térmico

Um oxidante térmico é utilizado para tratar 1.000 pés^3/min de ar contendo 1lb do VOC benzeno (C_6H_6). Existe O_2 suficiente no ar incidente para alcançar a combustão completa para dióxido de carbono e água?

solução

A equação estequiométrica correta da oxidação completa do benzeno para os produtos finais de água e dióxido de carbono está escrita abaixo. Você pode obter isso de uma em duas maneiras: poderia consultar a discussão sobre demanda teórica de oxigênio do Capítulo 5, ou escrever as Equações 11.21 e 11.22 para o benzeno e, em seguida, adicionar das equações para obter a reação global. Vejamos:

$$C_6H_6 + 7,5O_2 \rightarrow 6CO_2 + 3H_2O$$

A quantidade de oxigênio necessário para oxidar o benzeno é determinada a partir da estequiometria da reação:

$$1\,lb\,C_6H_6 \times kg/2,205\,lb \times mol\,C_6H_6/78\,g\,C_6H_6 \times 7,5\,mol\,O_2/mol\,C_6H_6 \times 32\,g\,O_2/mol\,O_2 = 1,4\,kg\,O_2$$

Essa é a massa de oxigênio necessária para oxidar 1lb (ou seja, 0,45 kg) de C_6H_6 encontrada em cada 1.000 pés^3 de ar que são processados a cada minuto no oxidante térmico.

Em seguida, precisamos determinar quanto oxigênio está presente nos 1.000 pés^3 de ar. Como o ar na pressão atmosférica consiste em 21% de oxigênio, há 210 pés^3 (iguais a 5,95 m^3) de oxigênio nos 1.000 pés^3 de ar tratados por minuto. Supondo que a pressão é 1atm e que a temperatura é 25°C, o número de mols/5,95 m^3 de ar tratado é encontrado a partir da lei dos gases perfeitos.

$$n/V = n/5,95\,m^3 = P/RT = 1\,atm/8,2015 \times 10^{-5}\,m^3\text{-atm/mol-K} \times 298\,K$$

Solucionando a expressão para n, que é o número de mols de O_2 nos 1.000 pés^3 (ou 5,95 m3) de ar. Isso é igual a 243 mols de O_2.

Esse valor pode ser convertido para a massa de oxigênio usando o peso molecular do oxigênio.

$$243\,mols\,O_2 \times 32\,g\,O_2/mol \times kg/1.000\,g = 7,8\,kg\,O_2\ \text{no fluxo de ar}$$

Como esse valor (7,8 kg O_2) é maior do que a massa de oxigênio necessária para a oxidação completa (1,4 kg O_2), temos oxigênio suficiente para realizar a oxidação. Repare que a nossa solução não leva em conta a oxidação do gás nitrogênio (que é 78% do fluxo de ar) e produziria NO_x no processo.

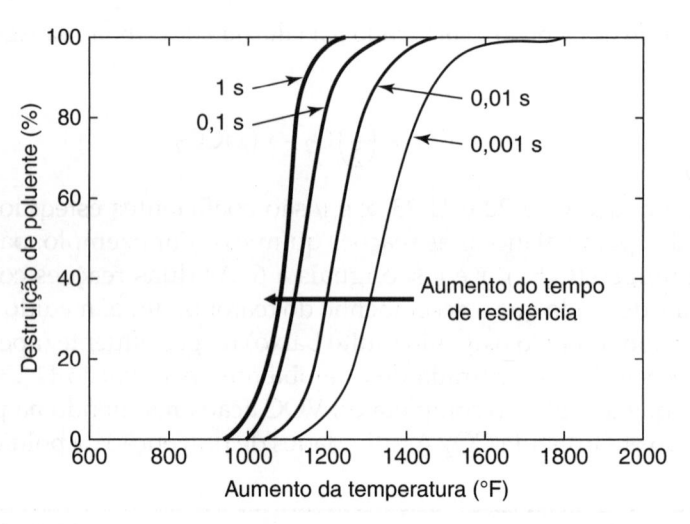

Figura / 11.22 Efeitos Pareados da Temperatura e do Tempo de Residência Gasosa na Destruição dos Poluentes em um Oxidante Térmico

(Redesenhada de Theodore (2008) com a permissão da John Wiley & Sons, Inc.)

Discussão em Sala de Aula

Identifique vários exemplos de como a execução das atividades preferidas de prevenção da poluição, como a redução da fonte, reutilização e reciclagem, podem manter os materiais e poluentes fora de um resíduo sólido a ser incinerado, resultando em menos emissões de poluentes atmosféricos.

as descritas anteriormente na Tabela 11.19 trouxeram benefícios além da simples redução da emissão de um VOC ou de outro poluente atmosférico nocivo. Elas também reduzem as emissões de CO_2 diretamente por meio da redução da energia necessária para a oxidação térmica.

A combustão incompleta em um oxidante térmico pode resultar na formação de aldeídos e ácidos orgânicos, agindo eles mesmos como poluentes atmosféricos. Além disso, se a matéria orgânica sendo oxidada contiver enxofre ou halogênios, outros subprodutos indesejados podem ser formados, incluindo o SO_2, HCl, ácido fluorídrico e fosgênio. Depois, isso pode exigir algum tipo de depurador de membrana ou tecnologia de absorção a ser colocado após o oxidante térmico para remover esses produtos nocivos.

A eficiência da remoção do poluente é uma função da *temperatura*, do *tempo* de residência do gás do reator e do grau de *turbulência* no reator. Isso é exibido na Figura 11.22, em que o percentual de destruição dos poluentes aumenta com o maior tempo de residência do gás e também com a temperatura mais alta. Desse modo, um aumento na temperatura pode acomodar uma diminuição no tempo de residência (e vice-versa). Por causa da energia necessária para aumentar a temperatura da câmara de combustão, pode ser econômico aumentar o volume da câmara de combustão (que aumenta o tempo de residência do gás).

Os tempos de residência do gás recomendados são 0,2 a 2 segundos, com uma relação comprimento-diâmetro do reator de 2-3. As velocidades médias do gás variam tipicamente de 10 a 50 pés/s e são utilizadas para desestimular a decantação das partículas e minimizar os perigos de incêndio. O calor liberado durante a oxidação pode ser recuperado diretamente ou pelo uso de um trocador de calor externo (Theodore, 2008).

exemplo / 11.7   Dimensionando um Oxidante Térmico

Um incinerador oxidante térmico de bancada a pistão está sendo avaliado para operar em uma temperatura de 225°C e tem um tempo de residência de gás de 0,3 s. Se o poluente (dietil peróxido) entrar no incinerador a uma vazão de 12,1 L/s e tiver de remover 99,995% do poluente, qual deve ser o comprimento do oxidante térmico? A constante de velocidade de primeira ordem da remoção do dietil peróxido é 38,3/s a 225°C, e o diâmetro interno do oxidante térmico (que é moldado como um cilindro) é 8 cm.

Lembre-se do Capítulo 4, em que desenvolvemos uma expressão para descrever a remoção de poluentes em um reator a pistão. Vejamos:

$$\frac{C_{saída}}{C_{entrada}} = \exp\left(-\frac{kV}{Q}\right)$$

Nesse caso, o tempo de residência do gás, t, é igual a V/Q. Portanto:

$$\frac{C_{saída}}{C_{entrada}} = \exp(-38,3/s \times t)$$

Extraia o log natural dos dois lados da expressão:

$$\ln[(1 - 0,99995)/1] = -38,3/s \times t$$

Solucione para o tempo = 0,259 s. O volume do oxidante térmico é determinado por:

$$T = 0,259\ s = \frac{V}{Q} = \frac{V}{12,1\ L/s}$$

que resulta em um volume de 3,13 L = $3,13 \times 10^3$ mL (ou 3.310 cm).

Como o reator é um cilindro, o comprimento é igual a:

$$\frac{V}{\pi D^2/4} = \frac{3.130\ cm^3}{\pi(8\ cm)^2/4} = 62,3\ cm$$

BIOFILTRO   A emissão e controle dos gases odorosos é uma preocupação crescente na coleta e no tratamento das águas residuais municipais, bem como em alguns processos industriais. O odor é causado, principalmente, pelo sulfeto de hidrogênio (H_2S) e outros compostos com menos enxofre, como o metil-mercaptano e o dimetilsulfeto. A presença dessas substâncias químicas pode resultam em queixas dos membros das comunidades que moram perto de uma estação de tratamento (ou estação de bombeamento). Essas substâncias químicas também podem danificar a saúde humana, e corroer infraestruturas e equipamentos. Os problemas de odor podem ser tratados com tecnologias de controle, como depuração, adsorção, oxidação térmica, mascaramento do odor e biofiltração.

Uma tecnologia de controle de **biofiltros** (consulte a Figura 11.18) consegue tratar os odores e alguns VOCs. Eles são classificados em duas categorias: filtros de biogotejamento e biofiltros. A biofiltração utiliza microrganismos presos a um material de embalagem (sintético ou natural) para quebrar os poluentes em um fluxo de ar contaminado que passa pelo material de embalagem. Se for adicionada água de modo consistente, o sistema é um filtro de biogotejamento. Se a quantidade de água aplicada for mínima, apenas para manter níveis de umidade suficientes para a degradação microbiana, o sistema é denominado biofiltro.

As unidades de biofiltração também podem ser construídas acima ou abaixo da superfície do solo. Elas podem ser construídas fechadas ou abertas para a atmosfera. Geralmente, os sistemas abertos têm um custo de capital mais baixo e são ideais quando não há restrições de espaço. No entanto, eles podem ser impactados pela chuva pesada que pode saturar o meio do invólucro. O meio do invólucro consiste tipicamente em uma combinação de lascas de madeira e produto de compostagem, rocha vulcânica ou material de invólucro sintético. O meio proporciona uma razão elevada entre a área de superfície e o volume, em que pode crescer um biofilme de organismos. A Tabela 11.22 fornece mais informações sobre vários biofiltros utilizados para controlar as emissões de gases malcheirosos pelos sistemas de coleta e tratamento de efluentes.

Os principais organismos responsáveis pela oxidação do H_2S são membros do gênero *Thiobacillus*. São organismos quimioautotróficos obrigatórios que derivam sua energia da oxidação dos compostos sulfúricos reduzidos e obtêm seu carbono para crescimento a partir da fixação do dióxido de carbono atmosférico. Embora o intervalo ideal de pH para o crescimento desses organismos varie um pouco, eles são predominantemente acidófilos, com o crescimento ideal ocorrendo em condições ácidas.

Existem diferentes maneiras de dimensionar um biofiltro e, muitas vezes, é feito um estudo-piloto antes do projeto em escala completa. Um

Tabela / 11.22

Exemplos de Biofiltros Funcionais para Controle de Ar Malcheiroso

Município	Descrição do biofiltro	Principais componentes causadores de odor e suas concentrações (ppb_v)	Tipo de meio filtrante
Cedar Rapids (IA), Estação de Controle de Poluição das Águas	Dois biofiltros completos, 120.000 cfm	H_2S (100.000 ppb_v) com concentrações menores de compostos sulfúricos orgânicos	Rocha vulcânica (6 pés de profundidade)
Distrito Sanitário de Western Lake Superior (Duluth, MN)	Biofiltro em dois estágios situado na Estação de Bombeamento Scanlon 2.500 cfm Biofiltro situado na estação de tratamento principal, 40.000 cfm	Metil-mercaptano (940 ppb_v) Sulfeto de dimetila (21.200 ppb_v) Dissulfeto de dimetila (1.480 ppb_v) H_2S (93 ppb_v)	Produto de compostagem/ lascas de madeira (3,5 pés de profundidade)
Metropolitan Council Environmental Services (Twin Cities, MN)	Estação Metropolitana de Twin Cities, 127.000 cfm Vários biofiltros menores com meios de filtração diferentes (areia, lascas de madeira/ produto de compostagem)	Principalmente H_2S (concentração desconhecida) Compostos sulfúricos orgânicos em níveis mais baixos	Produto de compostagem/ lascas de madeira (3 pés de profundidade)

método para dimensionar o volume de um biofiltro se baseia no tempo de residência em leito vazio (EBRT, *empty bed residence time*):

$$EBRT = \frac{V}{Q}$$

(11.24)

em que V é o volume do filtro (ft³ ou m³) sem a presença do material de invólucro e Q é a vazão de ar (cfm ou m³/s). Nesse caso, V é o volume do filtro sem a presença do material de invólucro.

EXAUSTORES Os **exaustores** são itens muito comuns associados a equipamentos de processo. A relação de um exaustor com o equipamento de processo e a tecnologia de controle da poluição atmosférica é exibida na Figura 11.23. Normalmente, os exaustores são projetados para funcionar sob pressão negativa, arrastando o ar para dentro do exaustor em virtude de a pressão estática ser mais baixa dentro do exaustor do que a pressão do ar em seu entorno. O propósito de um exaustor é capturar um poluente a fim de prevenir a exposição de um trabalhador ao poluente e minimizar ou eliminar emissões fugitivas. Essas emissões fugitivas podem passar para o espaço de trabalho e, depois, sair da fábrica pelas portas, janelas e ventilação do teto. Os poluentes não capturados pelo exaustor são considerados emissões fugitivas e podem ser determinados por:

emissões fugitivas = (emissões totais) − (emissões capturadas por um exaustor)

(11.25)

As emissões que saem pela chaminé ligada ao exaustor são iguais a:

$$\text{emissões de chaminé} = (\text{emissões capturadas pelo exaustor}) \times \frac{100\% - \eta}{100\%}$$

(11.26)

em que η é a eficiência de coleta do exaustor em unidades percentuais.

Tabela / 11.23	
Tempo de Residência em Leito Vazio para Alcançar a Remoção de Muitos Odores	
Tempo de residência em leito vazio (EBRT)	Aplicação
>25 s	Industrial
30-60 s	Compostagem
5 s	Agrícola

FONTE: Mann et al., 2002.

Figura / 11.23   Uso de Exaustores em um Processo Industrial.

(Redesenhado da EPA, 2012f.)

Determine as emissões fugitivas e as emissões de chaminé dos equipamentos de processo que geram 100 kg/h de VOCs. Suponha que o exaustor capture 95% dos VOCs e que a eficiência de coleta do dispositivo de controle da poluição atmosférica seja 95%.

solução

As Equações 11.25 e 11.26 podem ser utilizadas para determinar a quantidade de emissões fugitivas e de chaminé.

$$\text{Emissões fugitivas} = \text{emissões totais} - \text{emissões capturadas pelo exaustor}$$
$$= 100\,\text{kg/h} - 95\,\text{kg/h} = 5\,\text{kg/h}$$
$$\text{Emissões de chaminé} = \text{Emissões capturadas pelo exaustor} \times \frac{100\% - \eta}{100\%}$$
$$= 95\,\text{kg/h} \times \frac{100\% - 95\%}{100\%}$$
$$= 4{,}75\,\text{kg/h}$$

As emissões totais são iguais à soma das emissões do exaustor e das emissões de chaminé. Vejamos:

$$= 5\,\text{kg/h} + 4{,}75\,\text{kg/h} = 9{,}75\,\text{kg/h}$$

Repare a contribuição às emissões fugitivas dos VOCs não capturados pelo exaustor. Você poderia querer apenas mudar a eficiência de coleta do exaustor de 95% para 90%, neste exemplo, para auferir a importância de minimizar as emissões fugitivas. Naturalmente, uma ação mais favorável seria usar os princípios de engenharia verde para minimizar o perigo das emissões atmosféricas para que a captura e tratamento dessas emissões não sejam mais necessários.

Adaptado da EPA, 2012f.

11.6 Avaliação das Emissões

A avaliação das emissões associadas a determinada fonte ou atividade industrial se tornou cada vez mais importante para gerenciar a qualidade do ar. A Figura 11.24 retrata cinco abordagens para estimar as emissões atmosféricas e sua hierarquia em termos de custo e confiabilidade. Os métodos de estimativa mais caros e confiáveis (como as medições específicas) seriam recomendados quando os riscos resultantes para a saúde humana ou o ambiente forem grandes, ou os resultados regulatórios adversos associados ao cometimento de um erro forem altos. Por outro lado, nas situações em que o risco é baixo e os resultados regulatórios adversos também são baixos, podem ser utilizados métodos mais baratos e menos confiáveis. A Tabela 11.24 fornece uma visão global de alguns métodos utilizados para estimar as emissões atmosféricas.

Conforme discutido na Tabela 11.24, um **fator de emissão** é um valor que representa a relação da quantidade de emissões de poluentes atmosféricos produzidos com a quantidade de atividade produtora de poluente realizada. O AP-42 é uma série de documentos que a EPA tem utilizado para documentar seus fatores de emissão. Desse modo, às vezes, os fatores de emissão são chamados fatores de emissão AP-42. As emissões podem ser estimadas multiplicando a quantidade de uma atividade específica por um fator de emissão específico da fonte:

$$E = A \times EF \tag{11.27}$$

em que E é a emissão em massa ou massa por tempo (por exemplo, kg ou kg/dia), A é uma medida da atividade da fonte específica (por exemplo, litros de combustível utilizados ou substância química produzida por unidade de tempo) e EF é o fator de emissões, que é a quantidade de poluente emitida por atividade individual (por exemplo, kg/L de combustível utilizado ou kg/kg de produto manufaturado).

Tabela / 11.24

Visão geral dos métodos para estimar as emissões atmosféricas (adaptado da EPA Technology Transfer Network Clearinghouse for Inventories & Emissions Factors).

Durante o *teste de fonte única* ou o *monitoramento contínuo*, uma amostra é coletada do ponto de descarga de uma corrente de ar industrial. Normalmente, isso ocorre na descarga da chaminé, durante o teste de ventilação do exaustor ou por sensores que fornecem monitoramento contínuo das emissões. Podem surgir dificuldades pela presença de temperatura extrema, umidade ou velocidades de descarga sofridas no ponto de descarga. Apesar de ser o método mais confiável, os resultados são aplicáveis apenas a condições existentes no momento do teste ou monitoramento.

Durante uma *abordagem de balanço de massa*, desenvolve-se um balanço de materiais baseado no conhecimento do processo de fabricação. Os balanços de material são feitos apenas nos componentes dos poluentes conservados no processo, e não nos materiais que são consumidos ou combinados quimicamente no processo de manufatura. São mais apropriados nas situações em que um alto percentual de material é perdido para a atmosfera. Os exemplos certos incluem o enxofre no combustível ou um solvente que seja liberado durante um processo de revestimento não controlado. A massa de um componente poluente conservado emitido pode ser estimada da seguinte forma:

$$M = M_{\text{na matéria-prima}} - M_{\text{produto}} - M_{\text{acumulada}} - M_{\text{capturada}} \tag{11.28}$$

em que $M_{\text{na matéria-prima}}$ é a massa do componente poluente na matéria-prima fornecida, M_{produto} é a massa do componente no produto acabado, $M_{\text{acumulada}}$ é a massa do componente acumulada no sistema e $M_{\text{capturada}}$ é a massa do componente capturada para recuperação ou descartada. Em seguida, M pode ser convertida para a massa do poluente a partir da relação entre o peso molecular do poluente e o componente. Por exemplo, um balanço de massa no enxofre do combustível pode ser feito com M multiplicada por 64/32 para obter as emissões estimadas de dióxido de enxofre.

A *modelagem de processos* usa as abordagens de balanço de material e energia para descrever o fluxo de materiais (e energia) pelos processos do sistema de produção global. A maioria dos modelos é proprietária e específica para um processo de produção.

Os *fatores de emissão* fornecem um valor representativo das quantidades de emissões associadas a uma quantidade específica de uma atividade produtora de um poluente. As quantidades de atividades são multiplicadas por um fator de emissão para estimar as emissões.

Os fatores de emissão podem ser relatados para condições controladas ou não controladas. Se um EF for relatado para uma emissão não controlada, você pode levar em conta o controle das emissões da seguinte forma:

$$E = A \times EF \times (1 - ER/100) \tag{11.29}$$

em que ER é expressado como um percentual e está relacionado com a tecnologia de controle e a eficiência de captura do sistema de controle.

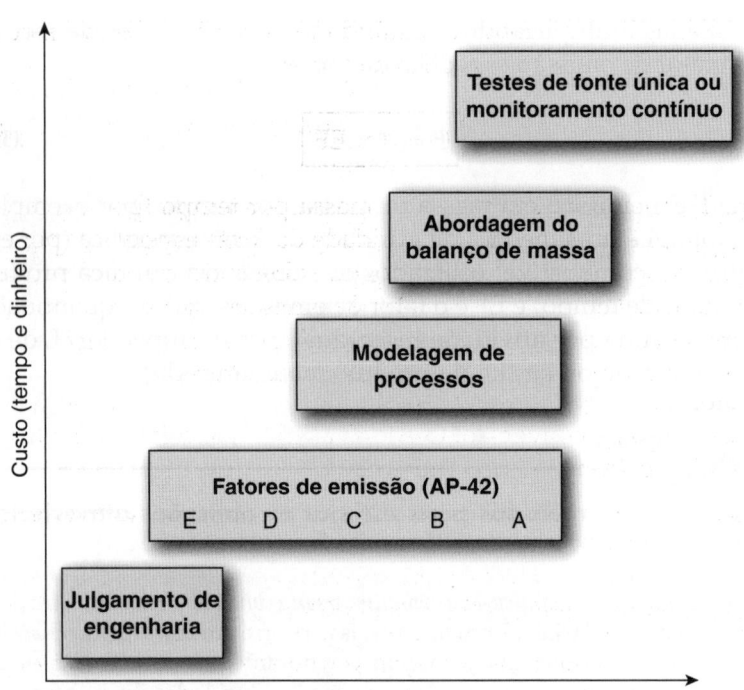

Figura / 11.24 Abordagens para Estimar as Emissões Atmosféricas Comparadas com Sua Confiabilidade e Seu Custo

(Adaptada da EPA Technology Transfer Network Clearinghouse for Inventories & Emissions Factors.)

Os fatores de emissão têm sido desenvolvidos para uma série de atividade fonte a partir de amostragem e cálculos de balanço de massa. Esses fatores são tabulados em vários locais, incluindo (1) a EPA Clearinghouse for Inventories and Emissions (CHIEF) (https://www.epa.gov/chief), (2) AP-42 (Volume 1) por tipo de fonte, (3) banco de dados WebFIRE pesquisável (http://cfpub.epa.gov/webfire/) e (4) para fontes móveis, modelos de emissão da EPA, como o MOVES e o NONROAD. Os fatores de emissão proporcionam uma classificação de A a E (ver Figura 11.24) dependendo da precisão do valor. Isso se baseia em vários fatores que incluem o tipo e o número de observações utilizadas para desenvolver um fator de emissão. Nesse caso, *A* é o melhor e *E* o pior. Essa classificação é um indicador da acurácia e precisão de determinado fator de emissão.

---

exemplo / 11.9 Usando um Modelo de Fator de Emissão para Estimar as Emissões de Monóxido de Carbono da Queima de Óleo

Considere uma caldeira industrial que queima 180.000 L de óleo destilado por dia. De acordo com a AP-42, o fator de emissão de CO das caldeiras industriais que queimam óleo destilado é 0,6 kg CO por m^3 de óleo queimado.

solução

Nesse caso, a atividade é a queima de óleo destilado em uma caldeira industrial. As emissões de CO podem ser estimadas usando a Equação 11.27:

$$E = A \times EF = 180.000 \text{ L óleo/dia} \times 0,6 \text{ kg CO/m}^3 \times m^3/1.000 \text{ L} = 108 \text{ kg CO/dia}$$

exemplo / 11.10 — Usando um Modelo de Fator de Emissão para Estimar as Emissões de Dióxido de Enxofre de um Processo de Manufatura

Uma fábrica converte trióxido de enxofre (SO_3 para ácido sulfúrico, H_2SO_4) com 97,5% de eficiência. A fábrica produz 200 toneladas métricas (ou seja, 200×10^6 kg) de ácido sulfúrico puro por dia. Quais são as emissões diárias de SO_2 da fábrica?

solução

O fator de emissão das emissões atmosféricas de SO_2 desse processo está relacionado com a eficiência do processo de conversão. O AP-42 afirma que o fator de emissão (em unidades de kg SO_2/tonelada métrica processada) é determinado por:

$$EF = 682 - [6,82 \times \% \text{ eficiência de conversão } SO_3 \text{ para } H_2SO_4]$$

Em nosso caso, $EF = 682 - [6,82 \times 97,5] = 682 - 665 = 17$ kg $SO_2/10^6$ g processadas.

As emissões podem ser estimadas por:

$$E = A \times F = 200 \times 10^6 \text{ g/dia} \times 17 \text{ kg } SO_2/10^6 \text{ g} = 3.400 \text{ kg } SO_2/\text{dia}$$

exemplo / 11.11 — Abordagem do Balanço de Massa Aplicada à Medição Indireta das Emissões Atmosféricas

Uma empresa compra 80.000 L de um revestimento à base de VOC. Eles aplicam 75.600 L de um revestimento em seu produto, e o restante acaba nos materiais que são utilizados para limpeza, se transformam em resíduos sólidos e, em seguida, são descartados em um aterro. Nada acumula no espaço de fabricação e não há tratamento no local para as emissões de VOC. O revestimento contém VOCs que são emitidos no chão de fábrica e entram na atmosfera pelas janelas e aberturas de ventilação. Determine a massa de VOC emitida no último ano para atmosfera (kg/ano). Parte da Folha de Especificações de Segurando do Material (MSDS, *Material Safety Data Sheet*) é exibida abaixo:

Composição química/Informação sobre os ingredientes

Nome da substância química	CAS#	% por peso
Etil benzeno	100-41-4	20%
Xileno	1330-20-7	60%
Negro de fumo	1333-86-4	<10%
Água	7732-18-5	7%

Propriedades físicas e químicas. Densidade de 8,10 lb/galão.

solução

A massa de VOC por volume de revestimento (lb/gal ou kg/L) é calculada usando a densidade do VOC da MSDS como:

$$\% \text{ por peso VOC}/100 \times 8,10 \text{ lb/galão} = \text{lb VOC/galão de revestimento}$$
$$= 80/100 \times 8,10 \text{ lb/galão} \times \text{kg}/2,205 \text{ lb} \times \text{galão}/3,78 \text{ L} = 0,78 \text{ kg/L}$$

exemplo / 11.11 (*continuação*)

O kg de VOC emitido no ano é:

massa VOC/galão de revestimento × galões de revestimento utilizados por ano

$$= 0,78 \text{ kg/L} \times 75.600 \text{ L/ano} = 59.000 \text{ kg/ano}$$

Repare em nosso problema que presumimos que nenhum VOC acumulou no produto. No entanto, 4.400 L do revestimento acumulam no resíduo sólido. Desse modo, 3,432 kg de VOC (4.400 L × 0,78 kg/L) são transportados para um aterro, onde poderiam ser liberados para a atmosfera durante o transporte ou descarte.

11.7 Meteorologia e Transporte

11.7.1 FUNDAMENTOS DE FLUXO

As massas de ar são fenômenos relativamente homogêneos e de macroescala, estendendo-se milhares de metros acima e cobrindo centenas de milhares de km². A Figura 11.25 mostra as trajetórias típicas das massas de ar encontradas na América do Norte. Os poluentes liberados na massa de ar viajam e são dispersados dentro da massa de ar. Normalmente, as massas de ar se originam em regiões específicas que impactam diretamente a sua temperatura e umidade, e também os poluentes atmosféricos que são emitidos nelas. Por exemplo, elas podem se originar dos oceanos ou continentes, ou podem ser tropicais ou árticas, dependendo de sua latitude de origem (EPA, 2012g).

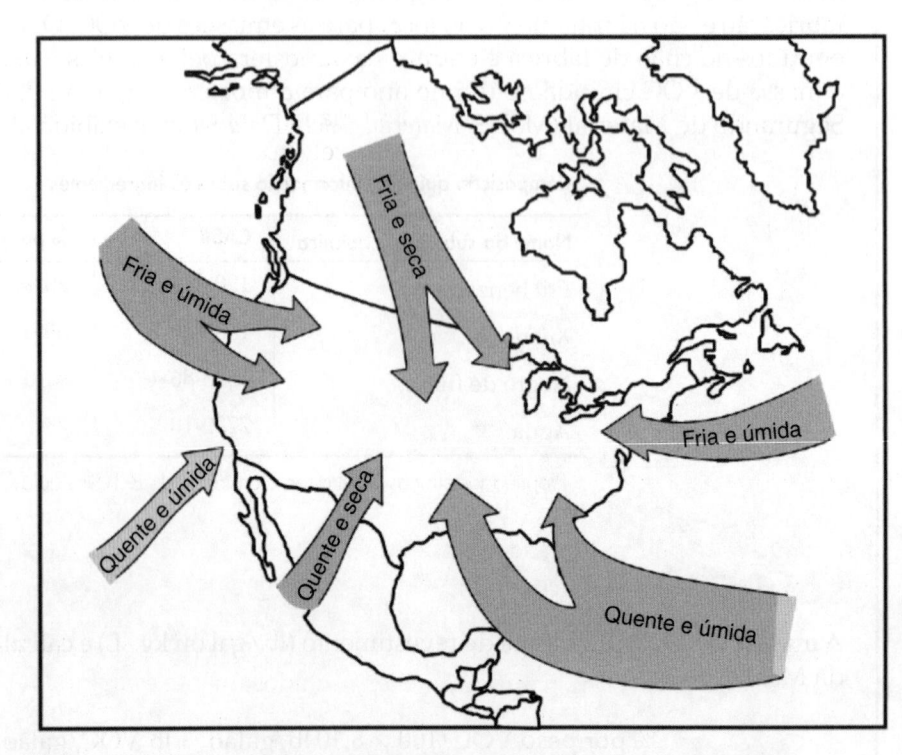

Figura / 11.25 Trajetórias das Massas de Ar na América do Norte.

(Redesenhado da EPA, 2012g.)

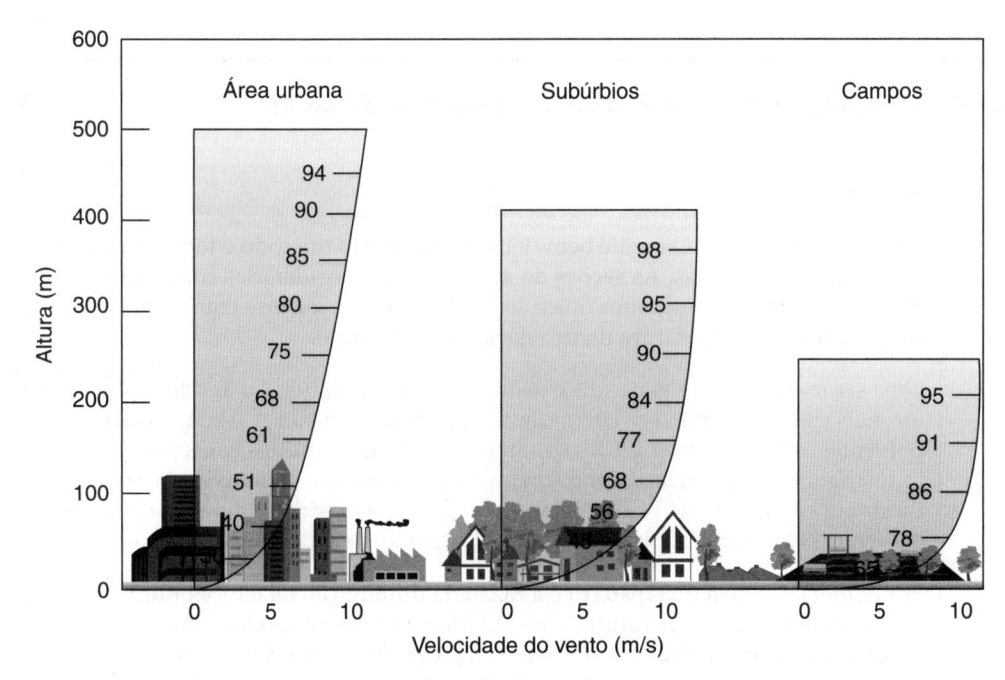

Figura / 11.26 A Velocidade do Vento É Influenciada pela Altura e Também pelos Diferentes Elementos Superficiais com Diferentes Relevos.

(Redesenhada da EPA, 2012g.)

11.7.2 VENTOS: DIREÇÃO, VELOCIDADE E TURBULÊNCIA

A **direção do vento** e a sua velocidade têm uma grande influência no fluxo direcional horizontal das massas de ar. Os ventos são denominados de acordo com sua direção original. Desse modo, um vento oeste segue de oeste para leste, e o vento noroeste segue de noroeste para sudeste. A **velocidade do vento** aumenta com a altura, sendo influenciada por diferentes elementos de superfície que variam quanto à sua irregularidade. A Figura 11.26 mostra algumas diferenças na velocidade do vento em função da altura nas áreas urbanas, suburbanas e rurais. Como mostra essa figura, a construção densa típica de uma cidade promove uma grande força de atrito no vento. Isso faz com que o vento desacelere, mude de direção e seja mais turbulento. Por outro lado, um campo nivelado tem menos força de atrito e, portanto, ventos mais fortes perto da superfície (extraído da EPA, 2012g).

11.7.3 ESTABILIDADE ATMOSFÉRICA

A altura de estabilidade e mistura da atmosfera são importantes para compreender como as emissões de poluição atmosférica são transportadas. Enquanto os ventos superficiais horizontais conseguem dispersar os poluentes, a mistura vertical ascendente influencia bastante a concentração de um poluente no ar ambiente. O potencial para a mistura vertical de um poluente atmosférico liberado é controlado, principalmente, pelo grau de **estabilidade atmosférica**. É importante ler cuidadosamente e entender os termos apresentados na Tabela 11.25 antes de passar para este capítulo. Tais itens vão ajudá-lo a compreender a mistura vertical dos poluentes atmosféricos e nossos últimos esforços para estimar as concentrações a jusante de um poluente atmosférico.

Tabela / 11.25

Termos Importantes para Compreender a Mistura Vertical e a Estabilidade do Ar
(adaptada da EPA, 2012h).

Termo	Descrição
Seção de ar	Um corpo de ar relativamente bem definido age como um todo e tem um número constante de moléculas. As **seções de ar** podem ser consideradas como o ar dentro de um balão. Supomos que a seção de ar não se misture com o ar circundante e a temperatura dentro da seção é uniforme.
Flutuação	Uma seção de ar vai-se expandir e resfriar. Se a temperatura do ar dentro da seção for mais quente do que o ar circundante (que, normalmente, é verdade para os poluentes atmosféricos emitidos durante a combustão e outros processos industriais), ele será menos denso do que o ar circundante mais frio, vai se tornar **flutuante** e, portanto, vai subir. Uma seção de ar que resfria tem o efeito contrário: ela será menos densa e, portanto, menos flutuante, de modo que irá descer.
Taxas de lapso	Por definição, a **taxa de lapso** (Γ) é a razão da diminuição na temperatura do ar com o aumento na temperatura ($\Gamma = -\Delta T/\Delta z$). Ela descreve o lapso na temperatura com a altitude. Uma *taxa de lapso positiva* é aquela em que a temperatura diminui com a altura. Uma *taxa de lapso negativo* é aquela em que a temperatura aumenta com a altura. Na troposfera, a taxa média de lapso ambiental é 6-7°C/km de aumento na altitude, mas pode variar amplamente de forma local. *Lembre-se de que as taxas de lapso são positivas quando a temperatura diminui com a altitude.*
Atmosfera estável	Uma **atmosfera estável** resiste ao movimento vertical e, portanto, terá uma baixa capacidade para dispersar os poluentes atmosféricos que são emitidos na mesma.
Taxa seca de lapso adiabático	Os processos adiabáticos são aqueles nos quais não ocorre transferência de calor ou de massa através das fronteiras da seção de ar. Uma seção de ar seco subindo na atmosfera resfria na **taxa seca de lapso adiabático** de 9,8°C/km. Uma seção seca afundando na atmosfera aquece a uma taxa de 9,8°C/km. /
Taxa úmida de lapso adiabático	Uma seção ascendente de água seca contendo vapor d'água vai resfriar na taxa seca de lapso adiabático até alcançar sua temperatura de ponto de condensação (quando a pressão do vapor d'água é igual à pressão de saturação do vapor nessa temperatura). A condensação libera calor latente na seção de ar, de modo que a taxa de resfriamento da seção diminui. No meio da troposfera, a **taxa úmida de lapso adiabático** é de, aproximadamente, 6-7°C/km.
Taxa de lapso ambiental	A **taxa de lapso ambiental** é o perfil real de temperatura da atmosfera em função da altitude. Também é chamada taxa de lapso prevalente ou atmosférica. Normalmente, a temperatura diminui com a altura, exceto no caso de uma inversão em que a temperatura da atmosfera aumenta com a altura, impedindo assim a mistura vertical.
Altura de mistura	A **altura de mistura** é a altura máxima que uma seção de ar consegue subir. Normalmente, é a altura em que uma seção de ar ascendente, que está resfriando na taxa seca de lapso adiabático, intersecta o perfil de temperatura ambiente. Nesse ponto, a seção de ar perde sua flutuação porque não é mais quente do que o ar circundante (está na mesma temperatura).
Camada de mistura	A **camada de mistura** é o ar abaixo da altura de mistura até o ponto de liberação da emissão atmosférica. Quanto maior a camada de mistura, maior o volume de ar para o qual os poluentes atmosféricos podem ser dispersados, portanto, diluídos.

A Tabela 11.25 descreve como, se a temperatura do ar dentro de uma seção de ar for mais quente do que a do ar circundante (o que, normalmente, é verdade para os poluentes atmosféricos emitidos durante a combustão e outros processos industriais), será menos densa do que o ar circundante mais frio, passará a flutuar e subirá. Uma seção de ar que resfria tem o efeito oposto, ficando mais densa e menos flutuante, de modo que descerá.

Uma seção de ar que começa a subir vai resfriar na taxa seca de lapso adiabático (9,8°C/km) até alcançar o ponto de condensação. Nesse ponto, a seção de ar vai resfriar na taxa úmida de lapso adiabático (6-7°C/km). A Figura 11.27 mostra a diferença entre essas duas taxas de lapso. Aqui, você pode verificar visualmente como a declividade da taxa seca de lapso adiabático é maior do que a taxa úmida de lapso adiabático. Se a taxa de lapso da seção de ar for menor que a da atmosfera circundante (que está resfriando em um ritmo maior do que 9,8°C/km), a seção de ar vai continuar flutuante e a subir. Essa mistura vertical de uma seção de ar é muito importante para explicar como o poluente atmosférico é dispersado e levado para longe (ou devolvido) de um receptor no nível do solo.

É importante compreender o conceito de estabilidade atmosférica em termos da capacidade da atmosfera para dispersar e levar as emissões de poluentes atmosféricos. A Figura 11.28 traz descrições e representações visuais das diferentes condições de estabilidade que ocorrem na atmosfera. Durante as **condições instáveis**, o movimento vertical de uma seção de ar na atmosfera é incentivado para cima ou para baixo. Conforme a Figura 11.28, a diferença de temperatura entre a taxa de lapso ambiental (do ar circundante) e a taxa seca de lapso adiabático aumenta com a altura. Essa diferença de temperatura reforça a flutuabilidade de uma seção de ar ascendente que está resfriando na taxa seca de lapso adiabático. Durante as **condições estáveis**, o movimento vertical de uma seção de ar é desestimulado. Em condições muito estáveis, uma camada de ar mais fria perto da superfície do solo é revestida por uma camada de ar mais quente superior. Essa condição é conhecida como inversão e impede o movimento vertical de uma seção de ar. A **estabilidade neutra** ocorre quando a taxa de lapso ambiental é igual à taxa seca de lapso adiabático. O movimento vertical do ar não é incentivado nem suportado nessas condições (EPA, 2012h).

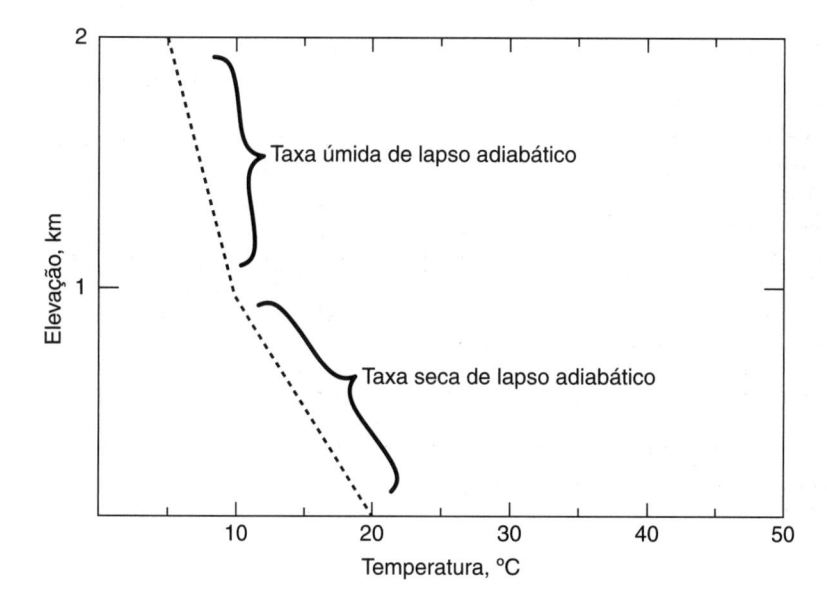

Figura / 11.27 Diferença entre as Taxas Seca e Úmida de Lapso Adiabático.

Condição de Estabilidade	Figura mostrando as mudanças de temperatura de uma seção de ar hipotética (linha tracejada) e do ar circundante (taxa de lapso ambiental) com a altura.
Durante as **condições instáveis**, o movimento vertical de uma seção de ar na atmosfera é incentivado para cima ou para baixo. Na maioria das vezes, as condições instáveis se desenvolvem nos dias ensolarados com baixa velocidade do vento. A superfície do solo absorve rapidamente e transfere parte do calor para a camada de ar superficial. Esse ar aquece, fica menos denso (e, assim, mais flutuante) do que o ar circundante, de forma que ele ascende verticalmente.	
Durante as **condições estáveis**, o movimento vertical de uma seção de ar é desestimulado. Em condições muito instáveis, uma camada de ar mais fria perto da superfície do solo é coberta por uma camada de ar superior mais quente. Essa condição se chama inversão e impede o movimento vertical de uma seção de ar.	
A **estabilidade neutra** ocorre quando a taxa de lapso ambiental é igual à taxa seca de lapso adiabático. O movimento vertical do ar não é incentivado nem suportado por essas condições. A estabilidade neutra ocorre tipicamente em um dia com vento, quando a cobertura de nuvens impede o aquecimento forte ou o resfriamento do solo.	
Uma **inversão** de temperatura ocorre quando uma camada de ar mais quente reside acima de uma camada superficial mais fria (extraído da EPA, 2012h). As áreas propensas a inversões ocorrem onde residem grandes populações humanas. Essas áreas incluem as zonas costeiras, vales e locais perto de montanhas.	

Figura / 11.28 Definições das Condições de Estabilidade Atmosférica.

FONTE: EPA, 2012h.

Tipo de Pluma	Estabilidade Atmosférica e Descrição Visual da Pluma

Looping – Ocorre em condições altamente instáveis. Uma rotação rápida do ar provoca turbulência. Normalmente, as plumas em *looping* são favoráveis para dispersão de poluentes atmosféricos e resultam em baixa exposição a baixas concentrações de poluentes. No entanto, pode haver episódios curtos de exposição a concentrações mais altas de poluentes atmosféricos em que a pluma gira para baixo até o nível do solo.

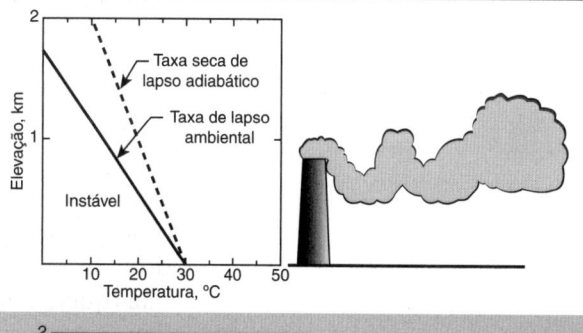

Ventilação (*fanning*) – Ocorre em condições muito estáveis. Uma inversão impede o movimento vertical da pluma, mas o seu movimento horizontal não é impedido a jusante (a favor do vento).

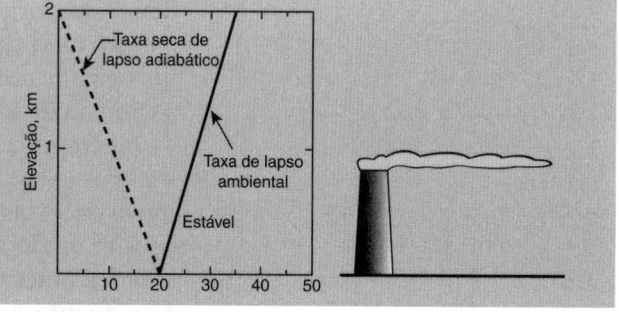

Formação de cone (*coning*) – Ocorre em condições neutras nas quais as condições atmosféricas são ligeiramente estáveis.

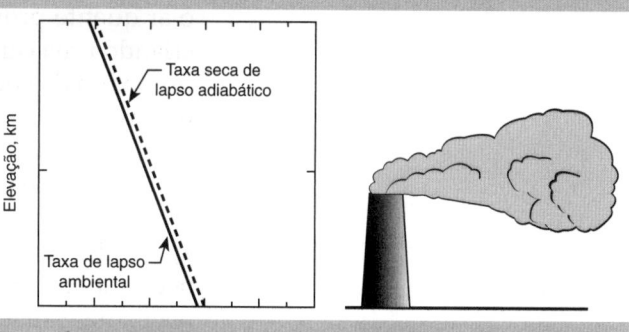

Elevação (*lofting*) – A liberação de poluentes atmosféricos ocorre logo acima da inversão. O ar acima da inversão é instável, incentivando a mistura vertical acima da camada de inversão. Nesse caso, os receptores no nível do solo têm sorte porque a altura da chaminé está acima da elevação da inversão.

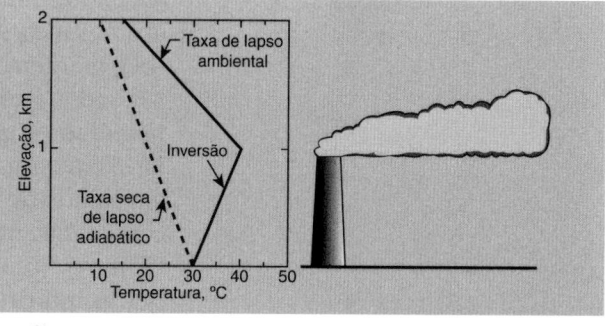

Fumigação – Os poluentes atmosféricos são liberados logo abaixo de uma camada de inversão. Nesse caso, o ar abaixo da pluma é instável. Os receptores no nível do solo podem ser expostos a altos níveis de poluentes atmosféricos.

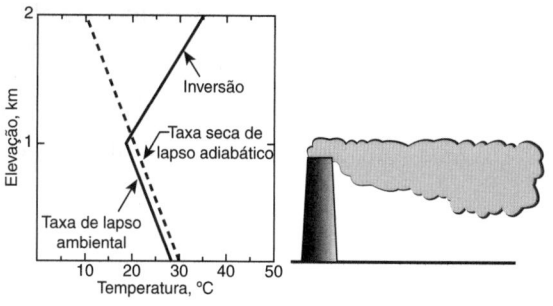

Figura / 11.29 Tipo de Pluma e Influência da Estabilidade Atmosférica.

FONTE: EPA, 2012h.

As **inversões** ocorrem quando a temperatura da atmosfera aumenta com a altura (ver Figura 11.28). Na Figura 11.28, observe que a inversão está ocorrendo a 1 km acima da superfície do solo. As inversões são importantes para compreender a engenharia de qualidade do ar, uma vez que elas resultam em condições muito estáveis que limitam o movimento vertical de uma seção de ar. O tipo mais comum de inversão de superfície ocorre no final da noite até o início da manhã, quando a superfície do solo resfria rapidamente após o pôr do sol. À medida que a superfície do solo resfria, a camada de ar perto dessa superfície também resfria. Se o ar próximo da superfície do solo resfriar até uma temperatura mais baixa do que a do ar imediatamente acima dela, o ar fica estável porque a tampa de ar mais quente impede o movimento vertical. Após o nascer do sol, o mesmo deve estar forte o bastante para romper a camada de inversão, e a inversão recua à medida que o dia avança. No entanto, nas áreas propensas a um nevoeiro pesado, a energia do sol pode não conseguir alcançar e erodia a camada de inversão.

A geografia exerce um papel importante na ocorrência de uma inversão. Por exemplo, nos vales, o solo consegue coletar o ar mais frio que se move encostas e montanhas abaixo durante a noite. As inversões podem ocorrer em locais ao longo de uma montanha também. Por exemplo, em cidades americanas como Denver, as inversões podem ocorrer quando o ar quente proveniente do oeste é forçado sobre o topo da montanha, criando uma camada de cobertura acima de uma camada de ar mais fria originária da encosta oriental das Montanhas Rochosas. Em Los Angeles, o ar mais frio pode ser carregado para fora do oceano e estagnar perto do fundo do vale, enquanto o ar mais quente pode ser transportado acima do ar mais frio proveniente das montanhas e áreas desertas circundantes, criando uma camada de cobertura. Em Los Angeles, a situação pode ser agravada, já que os ventos horizontais não conseguem carregar a poluição acumulada para o leste pelas barreiras de montanhas que podem estar acima da camada de inversão. As inversões também podem ser agravadas nos meses de inverno pela presença de neve, que reflete a energia do sol e mantem a massa de ar inferior fria (EPA, 2012h).

O conhecimento do comportamento da pluma e sua relação com a estabilidade atmosférica é crítico para a gestão da qualidade do ar. A Figura 11.29 traz uma descrição dos cinco tipos de plumas que se poderia observar saindo de uma chaminé. Nesse caso, a chaminé poderia ser imaginada como uma alta chaminé industrial ou uma chaminé doméstica mais curta. O tipo de pluma é controlado pela estabilidade da atmosfera de modo que as informações sejam fornecidas. Repare também como os diferentes tipos de pluma afetam o potencial para exposição dos receptores no nível do solo aos poluentes atmosféricos, independentemente de a exposição vir a ocorrer para uma forma mais diluída na seção de ar, ou de a pluma ser propícia para o transporte dos poluentes atmosféricos para longe da fonte e para algum receptor a jusante.

11.7.4 EFEITOS DO TERRENO SOBRE A ESTABILIDADE ATMOSFÉRICA

Mencionamos previamente que as características do terreno afetam a turbulência e a velocidade horizontal de uma seção de ar. O movimento vertical de uma massa de ar também é afetado pela elevação do ar que ocorre sobre o terreno. Por exemplo, a direção horizontal e vertical de uma seção de ar é influenciada pelas características topográficas que incluem

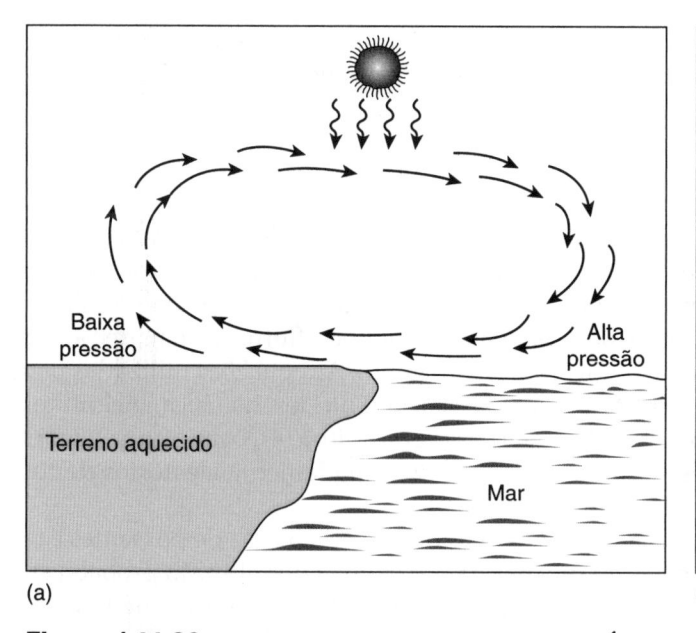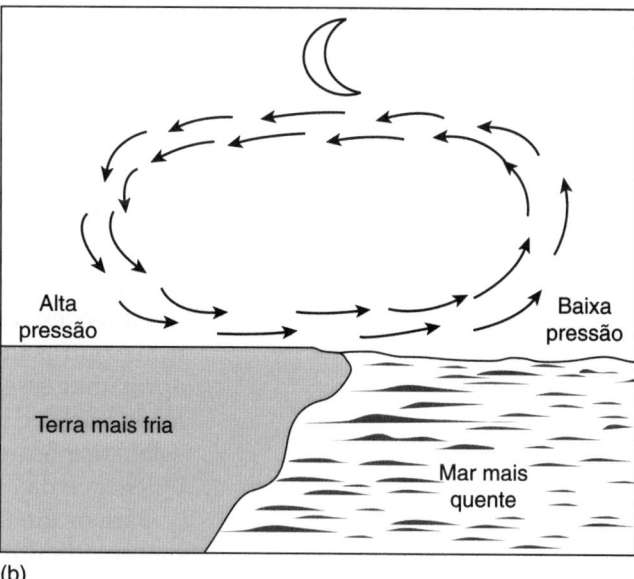

(a)   (b)

Figura / 11.30 Aquecimento Diferencial entre a Água e a Terra Leva a (a) Brisa do Mar e (b) Brisa de Terra.

(Redesenhado da EPA, 2012g.)

encostas, montanhas e vales. Além disso, outras características do terreno, como a presença de água ou árvores, pode afetar o movimento de uma seção de ar. Por exemplo, a água aquece em um ritmo muito menor durante o dia do que a infraestrutura de concreto, porque a água tem uma capacidade térmica menor (isso foi discutido no Capítulo 4). Desse modo, o concreto pode liberar seu calor de volta para o ar à noite, enquanto a água não vai liberar calor em algum grau. Além disso, as áreas com cobertura vegetal adsorvem menos calor do que as encostas rochosas ou o solo nu.

O terreno e os recursos no solo aquecem e resfriam com relativa rapidez. Por outro lado, a água aquece e resfria com relativa lentidão. Além disso, a temperatura da água não varia muito de um dia para outro ou de uma semana para outra, já que as temperaturas da água tendem a seguir um padrão sazonal. Conforme a Figura 11.30, quando a superfície do terreno aquece, o ar adjacente ao terreno aquece, fica menos denso e sobe. O ar mais frio sobre a água é arrastado para o interior do continente (conhecido como brisa do mar). À noite, o ar sobre o terreno resfria rapidamente, criando um fluxo de volta da terra para a água, denominado brisa de terra ou brisa noturna. Esse movimento do ar pode ter um grande impacto no movimento das seções de ar quando ocorrem emissões atmosféricas perto de grandes corpos d'água.

11.8 Dispersão Atmosférica e a Modelagem de Dispersão da Pluma Gaussiana

A estimativa das concentrações a jusante de uma fonte é útil na gestão da poluição atmosférica. A modelagem é particularmente necessária para prever os impactos das escolhas que ainda têm de ser feitas em termos de licença de emissões, e aplicação da gestão da demanda e tecnologias de controle em determinadas emissões atmosféricas. A estimativa de dispersão gaussiana é uma abordagem comum que suporta um conjunto de modelos para estimar as concentrações de poluição atmosférica em tempo médio a jusante de uma fonte de emissão.

11.8.1 FUNDAMENTOS DE MODELAGEM DE DISPERSÃO

Os **modelos de dispersão** se baseiam, fundamentalmente, na observação de que as emissões de poluição atmosférica são levadas horizontalmente com o escoamento médio do vento, mas também se espalham e diluem nas direções vertical e horizontal por turbilhões, flutuação na direção vertical e outras flutuações na direção do vento. As equações utilizadas para aproximar esse comportamento se baseiam nas leis da física, incluindo a lei de Flick e o balanço de materiais (ver Capítulo 4), bem como na teoria estatística representando os efeitos aproximadamente aleatórios da turbulência e das flutuações do vento.

Para os **modelos gaussianos**, a população da massa de poluentes é representada por meio de funções gaussianas de distribuição probabilística (ou normais). A **equação da pluma gaussian**a é fornecida na Equação 11.30, com o sistema de coordenadas correspondente retratado na Figura 11.31:

$$C(x,y,z) = \frac{S}{2\pi u \sigma_y \sigma_z} \exp\left(-\frac{y^2}{2\sigma_y^2}\right) \left\{ \exp\left(-\frac{(z-H)^2}{2\sigma_z^2}\right) \right\} \qquad \textbf{(11.30)}$$

Essa equação modelo fornecida na Equação 11.30 estima a concentração em média de tempo de um poluente atmosférico (C, massa/volume, por exemplo, $\mu g/m^3$) em qualquer localização espacial (x, y, z) a jusante de uma fonte. Na Figura 11.31 e na Equação 11.30, x é a distância a jusante, y é a coordenada lateral e z é a coordenada vertical (ou seja, a altura). O primeiro termo à direita do sinal de igual na Equação 11.30 fornece a concentração diretamente na linha central da pluma (coordenadas de $x, 0, 0$). O segundo termo ajusta a concentração à medida que você se desloca para as laterais (y) e o terceiro termo ajusta a concentração na direção vertical (z). Aqui, a fonte (ou chaminé) está situada nas coordenadas x, y, z iguais a 0, 0, 0 em uma altura, h, acima da superfície do solo. S (massa/tempo,

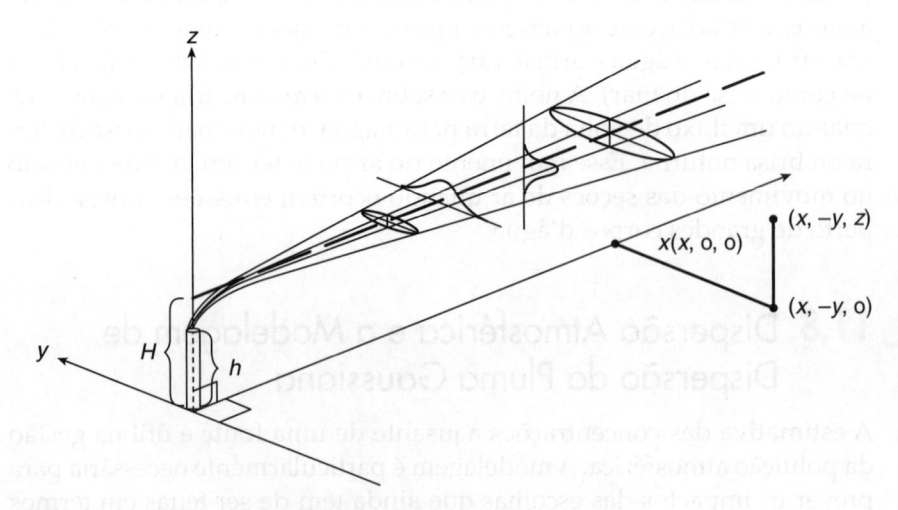

Figura / 11.31   A Pluma Gaussiana.

(Redesenhado de Turner, 1970.)

por exemplo, kg/dia lb/h) é a taxa de poluição atmosférica contínua da fonte e H é a **altura efetiva da emissão** da pluma (exibida na Figura 11.32).

H representa a altura em que a pluma perde sua trajetória média vertical. Por causa do momento e da flutuação das emissões, normalmente, H é maior do que a altura física da chaminé (h) por uma distância $\Delta h = H - h$, chamada **elevação da pluma**. Várias abordagens têm sido utilizadas para calcular a elevação da pluma. Geralmente, elas combinam ajustes empíricos dos dados com grupos variáveis que estimam o momento e a flutuação das emissões atmosféricas. Uma equação demonstrativa do aumento histórico da pluma é a fórmula de Holland para condições de estabilidade neutras:

$$\Delta h = \frac{v\,d}{u}\left(1{,}5 + 2{,}68 \times 10^{-3} P\left(\frac{T_s - T_s}{T_a}\right)d\right) \tag{11.31}$$

em que v é a velocidade de saída do gás da chaminé (m/s), d é o diâmetro interno da chaminé (m), T_s é a temperatura de saída do gás da chaminé (K), T_a é a temperatura do ar ambiente (K) e P é a pressão ambiente (mb). Na Equação 11.31, repare que a primeira constante não tem unidade e a segunda tem unidades de $mb^{-1}\,m^{-1}$.

Depois de liberado, o centro da pluma viaja com a velocidade do vento (u) e a direção do vento médio. A dispersão nas direções y e z da massa total da pluma em qualquer local x é representada por uma função de densidade probabilística gaussiana normalizada com uma média na linha central da pluma ($y = 0$, $z = H$) e desvios padrão (σ_y e σ_z, respectivamente).

σ_y e σ_z são os **coeficientes de dispersão** (também chamados comprimentos de dispersão). Os coeficientes de dispersão aumentam com a distância a jusante (x). Isso significa que a pluma se espalha mais para longe da linha central e da altura efetiva da chaminé. Consequentemente, a concentração máxima do poluente atmosférico vai ocorrer ao longo da linha central da pluma. Repare também como a Equação 11.30 não tem um termo explícito para x na equação. Em vez disso, σ_y e σ_z levam em conta, indiretamente, a distância diretamente a jusante da emissão, já que são funções de x.

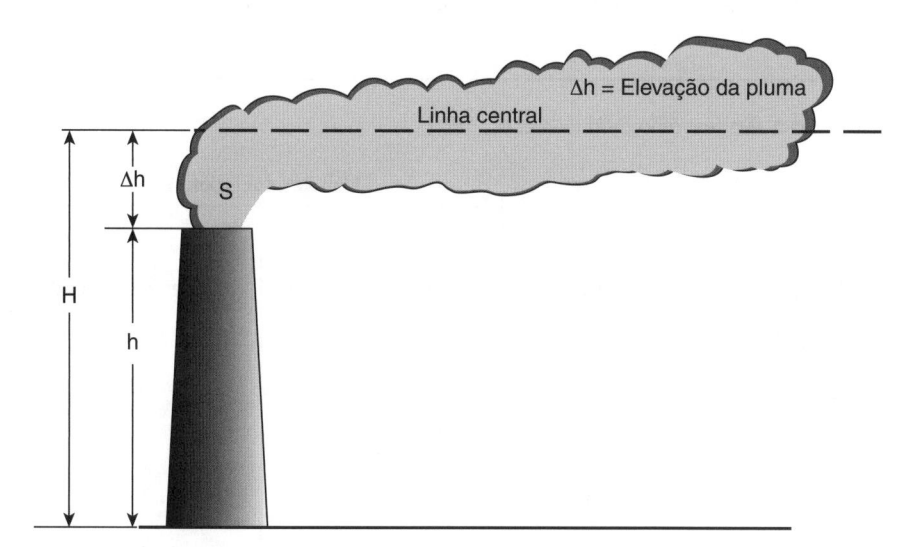

Figura / 11.32 Diferença entre a Altura da Chaminé (h) e Altura Efetiva da Emissão (H).

11.8.2 PARÂMETROS MODELO

Para aplicar as equações da dispersão gaussiana, são necessários alguns parâmetros. Esses parâmetros incluem os coeficientes de dispersão, a altura efetiva de emissão da pluma e a velocidade média do vento na altura da chaminé. Conforme discutido na Seção 11.6.2, a velocidade média do vento aumenta com a altitude em relação à superfície do solo. A velocidade do vento (u) na altura eficaz da chaminé (H) pode ser estimada a partir da velocidade do vento (u_0), medida na altura de referência (z_0) pela a seguinte relação de lei da potência:

$$u = u_0(H/z_0)^p \tag{11.32}$$

Na Equação 11.32, z é a altura e o expoente p é uma função da classe de estabilidade do ar e da irregularidade da superfície. Os valores variam de 0,07, no terreno plano (rural) sob as condições atmosféricas mais instáveis (denominadas *estabilidade classe A*), a 0,6, no terreno irregular (urbano) na maior estabilidade atmosférica (classe F). A Tabela 11.26 fornece descrições de seis classes (A-F) utilizadas para descrever a estabilidade da atmosfera. Na Tabela 11.26, pode observar que a classe de estabilidade se baseia nas condições prevalentes da velocidade do vento e insolação (ou cobertura noturna de nuvens).

Os coeficientes de dispersão na direção horizontal (σ_y) e na direção vertical (σ_z) também são necessários na Equação 11.30. Os valores desses coeficientes se baseiam em grande parte em dados empíricos de estudos de investigação que foram obtidos para um tempo médio específico e que são calculados usando equações de ajuste de curvas categorizadas pela classe de estabilidade atmosférica. Um conjunto de equações de ajuste de curvas utilizado frequentemente nas direções x e y são as equações de Briggs, fornecidas na Tabela 11.27. Nessas equações, o valor x é a distância na direção a jusante da fonte de emissão. Também podem ser utilizados gráficos para estimar os coeficientes de dispersão, conforme a Figura 11.33.

Olhando para essas equações e para a Figura 11.33, os coeficientes de dispersão horizontal (σ_y) aumentam à medida que a atmosfera fica mais instável (mudança da classe de estabilidade F para A), uma vez que, em condições instáveis, o movimento vertical de uma seção de ar e a turbulência resultante são incentivados. Do mesmo modo, pode-se observar

Tabela / 11.26

Descrição das Classes de Estabilidade do Ar (extraída de Hanna *et al.*, 1982).

Vento de superfície (medida a 10 m)	Isolamento diurno			Nebulosidade noturna	
m/s	Forte	Moderada	Leve	Pouco nublado ou ≥ 4/8 de nebulosidade	≤ 3/8 de nebulosidade
<1	A	A-B	B	—	—
2-3	A-B	B	C	E	F
3-5	B	B-C	C	D	E
5-6	C	C-D	D	D	D
>6	C	D	D	D	D

A-extremamente instável, B-moderadamente instável, C-ligeiramente instável, D-neutro, E-ligeiramente estável, F-moderadamente estável

Tabela / 11.27

Equações para Estimar os Coeficientes de Dispersão Horizontal (σ_y) e Vertical (σ_z) para a Modelagem da Pluma Gaussiana. $10^2 < x$ (em m) $< 10^4$)

Classe de estabilidade atmosférica	σ_y, m	σ_z, m
Condições nos descampados		
A	$0{,}22x(1 + 0{,}0001x)^{-1/2}$	$0{,}20x$
B	$0{,}16x(1 + 0{,}0001x)^{-1/2}$	$0{,}12x$
C	$0{,}11x(1 + 0{,}0001x)^{-1/2}$	$0{,}08x(1 + 0{,}0002x)^{-1/2}$
D	$0{,}08x(1 + 0{,}0001x)^{-1/2}$	$0{,}06x(1 + 0{,}0015x)^{-1/2}$
E	$0{,}06x(1 + 0{,}0001x)^{-1/2}$	$0{,}03x(1 + 0{,}0003x)^{-1}$
F	$0{,}04x(1 + 0{,}0001x)^{-1/2}$	$0{,}016x(1 + 0{,}0003x)^{-1}$
Condições urbanas		
A-B	$0{,}32x(1 + 0{,}0004x)^{-1/2}$	$0{,}24x(1 + 0{,}001x)^{-1/2}$
C	$0{,}22x(1 + 0{,}0004x)^{-1/2}$	$0{,}20x$
D	$0{,}16x(1 + 0{,}0004x)^{-1/2}$	$0{,}14x(1 + 0{,}0003x)^{-1/2}$
E-F	$0{,}11x(1 + 0{,}0004x)^{-1/2}$	$0{,}08x(1 + 0{,}0015x)^{-1/2}$

FONTE: Hanna *et al.*, 1982.

que a condição de estabilidade atmosférica tem uma influência maior na dispersão vertical (σ_z) do poluente.

11.8.3 FORMAS DA EQUAÇÃO DA DISPERSÃO GAUSSIANA

A equação da pluma básica apresentada na Equação 11.30 fornece os conceitos mais importantes na estimativa da dispersão atmosférica, mas raramente é utilizada na prática. Alguns pressupostos limitadores importantes da equação básica estabelecem que a taxa de emissão do poluente (*S*) é constante ao longo do período de tempo modelado, a velocidade do vento é constante no tempo e, com a elevação, há ganho ou perda de massa de poluente (por exemplo, pela reação ou pela deposição), e não há barreiras para o escoamento ou a dispersão do fluido. Portanto, foram desenvolvidas muitas fórmulas de equações de dispersão gaussiana para modelar situações específicas e relaxar alguns pressupostos básicos da pluma.

A forma mais simples da equação de dispersão gaussiana utilizada na estimativa inclui a barreira à dispersão vertical representada pela superfície do solo. Para levar em conta a barreira de superfície, utiliza-se uma fonte fictícia em uma altura – *H* (ou seja, abaixo do nível do solo) para devolver a massa de poluente que teria sido dispersada matematicamente no solo. Isso resulta em um termo exponencial extra, adicionado à Equação 11.30, conforme a equação a seguir:

$$C(x,y,z) = \frac{S}{2\pi u \sigma_y \sigma_z} \exp\left(-\frac{y^2}{2\sigma_y^2}\right) \left\{ \exp\left(-\frac{(z-H)^2}{2\sigma_z^2}\right) + \exp\left(-\frac{(z-H)^2}{2\sigma_z^2}\right) \right\}$$

(11.33)

A Equação 11.33 é denominada *equação de reflexão do solo*. A adsorção, em lugar da reflexão, pode ser representada pela subtração (em vez da adição) do termo exponencial final.

Na maioria das vezes, também estamos preocupados com a concentração de um poluente atmosférico no nível do solo, já que é onde ocorreria a exposição dos seres humanos e das lavouras. Nesse caso, o termo z na Equação 11.33 pode ser definido como zero ($z = 0$), de modo que a equação da reflexão (Equação 11.33) é escrita como:

$$C(x, y, 0) = \frac{S}{\pi u \sigma_y \sigma_z} \exp\left(-\frac{y^2}{2\sigma_y^2}\right) \exp\left(-\frac{H^2}{2\sigma_z^2}\right) \qquad (11.34)$$

A Equação 11.34 será utilizada em nosso exemplo a seguir para estimar a concentração a jusante de um poluente atmosférico em uma situação. Na Equação 11.34, a concentração máxima do poluente atmosférico que ocorre no nível do solo representa um equilíbrio entre a distância necessária para a pluma alcançar o solo e a diluição da pluma que ocorre a partir da dispersão. A distância x a jusante, na qual ocorre a concentração mais alta da pluma no nível do solo, pode ser estimada como o momento em que o coeficiente de dispersão iguala:

$$\sigma_z = H/\sqrt{2} \qquad (11.35)$$

Desse modo, a altura efetiva da liberação da pluma (H) pode ser inserida na Equação 11.35 para determinar primeiro o coeficiente de dispersão

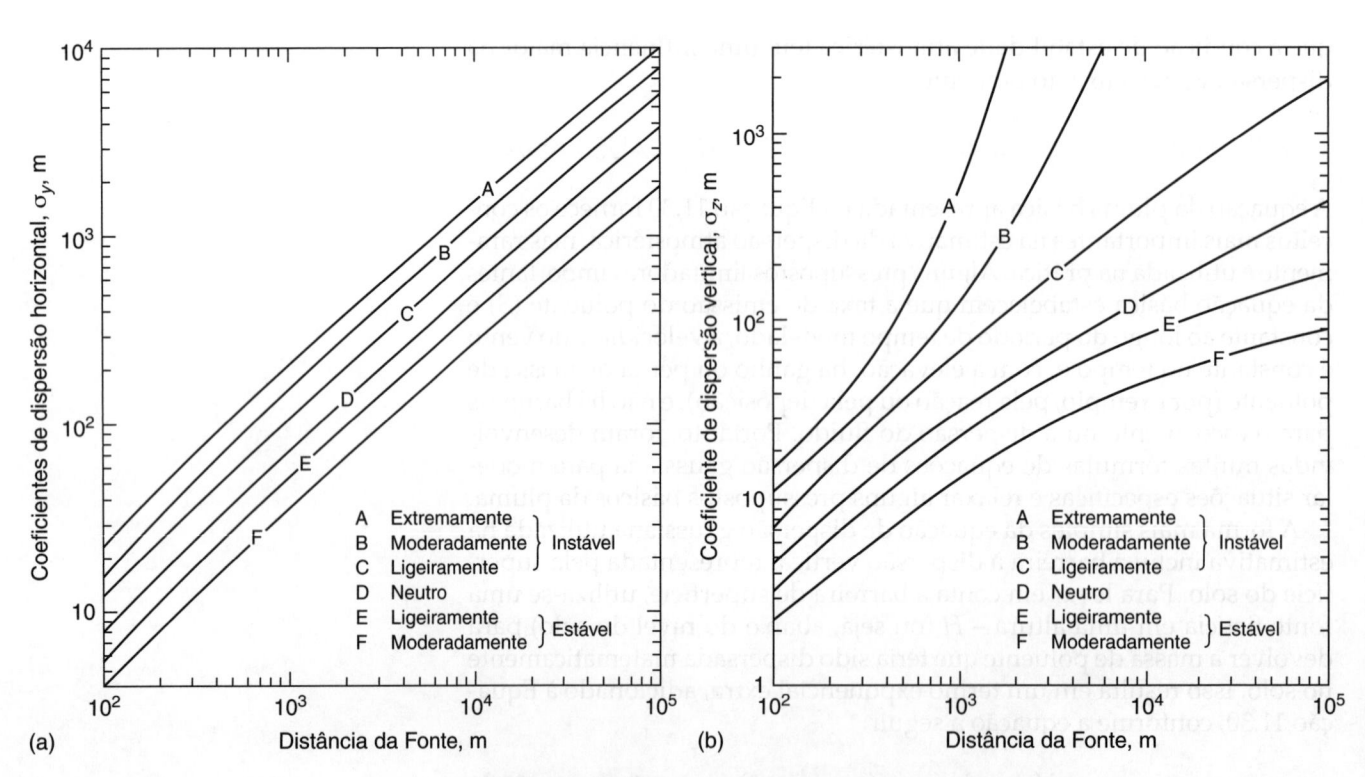

Figura / 11.33 Coeficientes de Dispersão Gaussiana (ou seja, comprimentos de dispersão) das Condições Diferenciais de Estabilidade do Ar na (a) Direção Horizontal (y) e (b) Direção Vertical (z).

(Redesenhada de Hanna *et al.*, 1982.)

exemplo / 11.12 — Uso do Modelo de Dispersão da Pluma Gaussiana

Um processo de manufatura emite 2,4 g do poluente SO_2 a cada minuto. A altura da chaminé é 15 m, e não há ascensão da pluma. Suponha que a velocidade do vento seja 3 m/s, que o coeficiente de dispersão horizontal (σ_y) seja 25 m e o coeficiente de dispersão vertical (σ_z) seja 15 m nessa situação. Qual é a concentração do poluente atmosférico 0,5 km a jusante da emissão ao longo da linha central? Qual é a concentração na mesma distância a jusante, mas em um local 100 m para o lado no nível do solo?

solução

O problema está nos pedindo para estimar a concentração no nível do solo do poluente em dois locais. As duas estimativas são no nível do solo, de forma que vamos usar a Equação 11.34. Para a primeira pergunta, estamos estimando a concentração do poluente ao longo da linha central da plumam, de modo que as coordenadas x, y, z são 500 m, 0, 0.

A Equação 11.34 pode ser escrita como:

$$C(500,0,0) = \frac{2,4\,\text{g/min} \times \dfrac{\text{min}}{60\,\text{s}}}{\pi \times 3\,\text{m/s} \times 25\,\text{m} \times 15\,\text{m}} \exp\left(-\frac{(0\,\text{m})^2}{2 \times (25\,\text{m})^2}\right) \exp\left(-\frac{(15\,\text{m})^2}{2 \times (15\,\text{m})^2}\right)$$

$$C = 6,9 \times 10^{-6}\,\text{g/m}^3 \times 10^6\,\mu\text{g/g} = 6,9\,\mu\text{g/m}^3$$

O que acontece com a concentração no nível do solo neste local se a altura da chaminé (h) for maior e ocorrer alguma ascensão da pluma (Δh), tal que o valor de H aumente para 50 m? Faça o cálculo você mesmo e repare como o receptor, situado 0,5 km a jusante ao longo do centro, seria exposto agora a uma concentração de 0,044 $\mu\text{g/m}^3$. O que aconteceu? Lembre-se também de que podemos usar a Equação 11.35 para determinar a distância x onde ocorre a concentração máxima do poluente.

Para a segunda questão, temos de estimar a concentração de SO_2 nas coordenadas x,y,z de 500, 100, 0.

$$C(500,100,0) = \frac{2,4\,\text{g/min} \times \dfrac{\text{min}}{60\,\text{s}}}{\pi \times 3\,\text{m/s} \times 25\,\text{m} \times 15\,\text{m}} \exp\left(-\frac{(100\,\text{m})^2}{2 \times (25\,\text{m})^2}\right) \exp\left(-\frac{(15\,\text{m})^2}{2 \times (15\,\text{m})^2}\right)$$

$$C = 2,3 \times 10^{-9}\,\text{g/m}^3 \times 10^6\,\mu\text{g/g} = 0,0023\,\mu\text{g/m}^3$$

Repare como a concentração de SO_2 na direção y é muito menor do que a concentração ao longo da linha central da pluma pela dispersão.

---

vertical, σ_z. Após obter σ_z, podem-se utilizar as equações na Tabela 11.27 ou as curvas na Figura 11.33 para recuar a distância a jusante, x, onde ocorre a concentração máxima no nível do solo. Estritamente falando, essa aproximação é válida apenas em condições de estabilidade moderadamente instáveis (classe C) a neutras (classe D).

Fontes fictícias formuladas de modo similar também podem ser utilizadas para levar em conta a reflexão decorrente de uma camada de inversão de cobertura, e várias reflexões entre o solo e a inversão. As fontes em uma linha, como uma estrada, também são representadas com frequência usando uma soma infinita de fontes pontuais. Para as emissões instantâneas, são utilizadas as equações de dispersão gaussiana do sopro em estado não estacionário. Essas equações seguem sopros de emissão discretos através de mudanças na direção e na velocidade médias do vento. Muitas outras adaptações também têm sido aplicadas para levar em conta outros aspectos que ocorrem na prática, incluindo o terreno elevado, corrente de ar descendente na ponta da chaminé, reação ou deposição da massa de poluente e tempos médios alternativos.

Na prática, a maior parte da modelagem de dispersão da poluição atmosférica usa atualmente sistemas de modelagem informatizados, baseados em uma ou mais das equações analíticas descritas acima. Os sistemas customizam a fórmula da equação relevante para as condições a serem modeladas e também estima muitos dos parâmetros necessários. A EPA fornece um centro coordenador de programas de modelagem de dispersão apropriados para diferentes aplicações em http://www.epa.gov/ttn/scram/dispersionindex.htm, junto com orientação sobe seu uso em aplicações regulatórias. Atualmente, o modelo preferido para estimativa em estado estacionário (pluma) é o sistema AERMOD, enquanto o CALPUFF é o preferido para a modelagem em estado não estacionário (sopro).

Termos-Chave

- abordagens baseadas no mercado
- abordagens regulatórias
- abordagens voluntárias
- adsorção
- alterações à Lei do Ar Limpo
- altura de mistura
- altura efetiva da emissão
- área de não consecução
- ascensão da pluma
- atmosfera estável
- *baghouse*
- biofiltro
- camada de mistura
- ciclone
- coeficientes de dispersão (σ_y e σ_z)
- condições estáveis
- condições instáveis
- congestionamento de tráfego
- crescimento inteligente
- depurador Venturi
- desempoeiradores
- direção do vento
- emissões de chaminé
- emissões fugitivas
- equação da pluma gaussiana
- equação IPAT
- escada energética

- escalas espaciais
- esgotamento do ozônio estratosférico
- estabilidade atmosférica
- estabilidade neutra
- estratosfera
- exaustores
- fator de emissão
- flutuação
- fontes de área
- fontes estacionárias
- fontes móveis
- fontes pontuais
- gestão da demanda
- gestão de demanda dos transportes
- índice de qualidade do ar (AQI)
- inversão
- lei do Ar Limpo
- leito de absorção empacotado
- limiar de odor
- modelos de dispersão
- modelos gaussianos
- oxidante térmico
- padrões CAFÉ (Corporate Average Fuel Economy)
- padrões NAAQS (National Ambient Air Quality Standards)

- padrões primários
- padrões secundários
- pluma
- poluente secundário
- poluentes atmosféricos
- poluentes atmosféricos legislados
- poluentes atmosféricos perigosos
- poluentes atmosféricos tóxicos
- precipitador eletrostático
- qualidade do ar em ambientes fechados
- reações fotoquímicas
- redução da fonte
- relação gás-tecido
- seção de ar
- taxa de lapso (Γ)
- taxa de lapso ambiental
- taxa seca de lapso adiabático
- taxa úmida de lapso adiabático
- tecnologias de controle
- tragédia dos Comuns
- troposfera
- velocidade do vento

11.1 O monóxido de carbono (CO) é medido e deve ter uma concentração de 103 $\mu g/m^3$. Qual é a concentração em (a) ppm_v, (b) ppb_v e (c) percentual por volume? Suponha uma temperatura de 25°C e pressão de 1 atm.

11.2 Se as concentrações de massa atmosférica do monóxido de nitrogênio (NO) e do dióxido de nitrogênio (NO_2) forem 90 e 120 $\mu g/m^3$, respectivamente, qual é a concentração de NO_x em ppb_v? Suponha uma temperatura de 30°C e uma pressão de 1 atm.

11.3 Se a concentração de massa da matéria particulada for 12.500 $\mu g/m^3$, relate essa concentração como concentração numérica (n° de partículas/cm^3). Suponha partículas esféricas de 0,5 μm de diâmetro com densidade de água em estado líquido (1 g/cm^3).

11.4 O formaldeído costuma ser encontrado no ar interior de edificações incorretamente projetadas e construídas. Se a concentração do formaldeído em uma casa for 1,2 ppm_v e o volume interior for 600 m^3, qual massa (em gramas) de vapor de formaldeído está dentro da casa? Suponha $T = 298$ K e $P = 1$ atm. O peso molecular do formaldeído é 30.

11.5 O Padrão Nacional de Qualidade do Ar Ambiente (NAAQS) do dióxido de enxofre (SO_2) é 0,14 ppm_v (média de 24 horas). (a) Qual é a concentração em $\mu g/m^3$ supondo uma temperatura do ar de 25°C? (b) Qual é a concentração em mols de SO_2 por 10^6 mols de ar?

11.6 A Tabela 11.5 forneceu informações que sugerem que o ar "limpo" poderia ter uma concentração de dióxido de enxofre (SO_2) de <30 ppb_v, enquanto o ar poluído poderia ter uma concentração de 1ppm_v. Converta essas duas concentrações para $\mu g/m^3$. Suponha uma temperatura de 298 K (repare na diferença das unidades de concentração, ppm_v *versus* ppb_v).

11.7 O monóxido de carbono (CO) afeta a capacidade de transporte do oxigênio dos seus pulmões. A exposição a 50 ppm_v de CO por 90 minutos prejudica a capacidade de uma pessoa para discriminar a distância de parada. Desse modo, nas áreas intensamente poluídas, os motoristas estão mais sujeitos a acidentes. Os motoristas correm um risco maior de acidente se a concentração de CO for 65 mg/m^3? Suponha uma temperatura de 298 K.

11.8 Os motores a diesel emitem partículas de fuligem muito finas. Na atmosfera, essas partículas de fuligem costumam aglomerar com outras partículas à medida que "envelhecem". Suponha que as partículas de fuligem aglomeradas estejam inicialmente suspensas a uma altura de 22 m. Elas são esféricas (diâmetro = 0,5 μm) e têm uma densidade de 1,1 g/cm^3. (a) Calcule a velocidade terminal de decantação das partículas de fuligem. (b) Quantas horas as partículas de fuligem permanecerão suspensas antes de decantar por gravidade no solo? A densidade do ar é 1,2 kg/m^3 e sua viscosidade do fluido é $1,72 \times 10^{-4}$ g/cm-s.

11.9 Este problema lhe permite pensar sobre como a exposição afeta a concentração dos poluentes atmosféricos aos quais você está exposto. (a) Mantenha um diário de 1 dia inteiro e registre todos os locais que você visitar. Inclua os horários de entrada e saída de cada local. Registre também quaisquer informações interessantes sobre a qualidade do ar de cada local. Calcule a porcentagem de tempo gasto em cada tipo de local. Resuma os dados em uma tabela. (b) Em que local você passou a maior parte do tempo? E menos tempo? (c) Calcule a média integrada de 24 horas da *concentração de exposição* (unidades de $\mu g/m^3$) as partículas transportadas pelo ar com base em seus padrões de atividade registrados usando a concentração média de PM_{10} transportada pelo ar em diferentes locais fornecidos abaixo.

Local	Concentração média de PM_{10} transportada pelo ar ($\mu g/m^3$)
Casa	90
Escritório-fábrica	40
Bar-restaurante	200
Outro ambiente fechado	20
Em um veículo	45
Em espaço aberto	35

(d) Agora, acrescente um "efeito de proximidade" de 35 $\mu g/m^3$ a um dos locais acima, que presumiremos ser decorrente da exposição à fumaça de cigarro no local. Em que isso muda a sua média integrada de 24 horas da *concentração de exposição* (unidades de $\mu g/m^3$) às partículas transportadas pelo ar?

11.10 (a) Defina NAAQS e (b) identifique os poluentes NAAQS.

11.11 Em 12 de janeiro de 2013, o AQI em Beijing (China) foi determinado em 775. Por outro lado, em 11 de janeiro de 2013, a cidade de Salt Lake (Utah) relatou um AQI de 142 comparado com um valor de 67, em San Francisco, e 23, em Las Vegas. Desenvolva uma tabela com as três colunas. Mencione as quatro cidades, o AQI relatado acima e a terceira coluna deve trazer o nível de preocupação de saúde relacionado com um AQI para as populações geral e sensível.

11.12 A seguir, os dados sobre a população dos Estados Unidos, o número de motoristas habilitados e o número de veículos foram obtidos do Departamento de Transportes dos Estados Unidos, Administração das Rodovias Federais (http://www.fhwa.dot.gov/policyinformation/statistics/2010/dv1c.cfm). (a) Determine a taxa de crescimento (anual) da população, do número de motoristas habilitados e do número de veículos. (b) As taxas de crescimento são similares ou diferentes?

Ano	População	Motoristas	Veículos
1960	180	87	74
1961	183	89	76
1962	186	91	79
1963	188	94	83
1964	191	95	86
1965	194	99	90
1966	196	101	94
1967	197	103	97
1968	199	105	101
1969	201	108	105
1970	204	112	108
1971	207	114	113
1972	209	118	119
1973	211	122	126
1974	213	125	130
1975	215	130	133
1976	218	134	139
1977	220	138	142
1978	222	141	148
1979	225	143	152
1980	277	145	156
1981	230	147	158
1982	232	150	160
1983	234	154	164
1984	236	155	166
1985	239	157	172
1986	241	159	176
1987	243	161	179
1988	246	163	184
1989	248	166	187
1990	248	167	189
1991	252	169	188
1992	255	173	190
1993	258	173	194
1994	260	175	198
1995	263	177	202
1996	265	180	206
1997	268	183	208
1998	270	185	211
1999	273	187	216
2000	281	191	221
2001	285	191	230
2002	288	195	230
2003	291	196	231
2004	293	199	237
2005	296	201	241
2006	299	203	244
2007	301	205	247
2008	304	208	248
2009	307	210	246
2010	309	210	242

11.13 Uma ação de gestão da demanda de viagens é planejada para adicionar espaços de estacionamento a uma instalação de baldeação atual atendida pelo transporte público. O plano vai adicionar 120 espaços de estacionamento. Suponha que os novos espaços terão uma utilização estimada de 95%, e que esses indivíduos vão utilizar o serviço disponível de trens leves e ônibus. Suponha também que a média de deslocamento para o trabalho que será eliminado é de 42 milhas, ida e volta (distância da origem ao destino, ida e volta), e que são 250 dias úteis por ano. (a) Qual é a redução anual nas milhas veiculares percorridas desde a implantação do estacionamento da instalação de baldeação? (b) Se o fator de emissão dos hidrocarbonetos reativos for 0,23 g/milha dirigida e do NO_x for 0,40 g por milha dirigida, qual é a redução estimada nas emissões atmosféricas desses poluentes ao longo do ano?

11.14 Verdadeiro ou falso? Comparado com um desempoeirador com uma queda de pressão elevada, um desempoeirador com uma queda de pressão baixa precisaria de um grande ventilador e exigiria mais energia para mover o gás pelo filtro de sacos.

11.15 Um desempoeirador que emprega um método de coleta por agitação está sendo projetado para remover 99,75% de um fluxo de entrada de partículas de serragem originárias de uma pequena serraria. Qual é a área de tecido necessária para o desempoeirador se ele tratar 15.000 pés^3/minuto de ar poluído? Quantos sacos são necessários se eles forem cilíndricos e tiverem 6 polegadas de diâmetro por 15 pés de comprimento? Suponha que o fabricante do filtro tenha especificado um tecido.

11.16 Foi solicitado que você determine o número de sacos de filtro necessários para um desempoeirador de oito compartimentos que usa jateamento para remover a matéria particulada dos sacos. Conhecemos as seguintes informações: a taxa de exaustão do gás de processo é 100.000 pés^3/min e a relação gás-tecido recomendada é 4 pés/min. Os sacos especificados pelo fabricante têm um diâmetro de 6 polegadas e altura de 10 pés. (a) Qual é a área de tecido total necessária? (pés^2) (b) Qual é o número de sacos necessário? (c) Quantos sacos há em cada compartimento?

11.17 Um incinerador oxidante térmico opera como um reator a pistão em uma temperatura de 250°C e tem um tempo de residência do gás de 0,3 s. (a) Se o poluente (cloreto de vinila) entrar no incinerador a uma vazão de 3.000 m^3/min e for preciso remover 99,99% do poluente, qual deve ser o comprimento do incinerador? (b) Qual é o comprimento do incinerador se a remoção desejada aumentar para 99,99995? A constante de taxa de primeira ordem da remoção do cloreto de vinila é 45/s a 250°C, e o diâmetro interno do incinerador (que tem a forma de um cilindro) é 1 m.

11.18 Um oxidante térmico tubular é operado a 225°C para remover o tolueno (C_6H_7) de uma corrente de ar poluído. O tempo de residência do gás é 1 s. (a) Escreva a reação balanceada da oxidação teórica do tolueno para dióxido de carbono e água. (b) Se o tolueno entrar no incinerador com uma vazão de 2.500 pés^3/min e a constante da taxa de reação for 7,2/s nessa temperatura, qual é a porcentagem de tolueno removida? (c) Qual é o comprimento necessário para o oxidante se o diâmetro interno for 4 pés?

11.19 Um projeto de biofiltro usa um meio que consiste em uma mistura de lascas de madeira e produto de compostagem em uma proporção de 1:3. O biofiltro tem as dimensões $L = 8$ m, $W = 4,8$ m, profundidade $= 0,35$ m e a vazão de ar é 2,6 m^3/s. (a) Qual é o tempo de residência em leito vazio (s)? (b) Usando a tabela fornecida no capítulo que relaciona o tempo de residência em leito vazio à aplicação, quais aplicações poderiam ser ideais para esse biofiltro?

11.20 Calcule (a) as emissões da chaminé e (b) as emissões fugitivas com um sistema de exaustão que gere 220 kg/h de VOCs, a eficiência de captura do exaustor é 87% e a eficiência de coleta da tecnologia de controle da poluição do ar utilizada para tratar as emissões atmosféricas capturadas é 95%.

11.21 Uma fábrica converte trióxido de enxofre (SO_3) para ácido sulfúrico (H_2SO_4) com eficiência de 97,5%. A fábrica produz 350 toneladas métricas de ácido sulfúrico com 100% de pureza diariamente. Um sistema depurador úmido é instalado para reduzir as emissões de SO_2 com uma eficiência de remoção de 97%. O fator de emissão desse processo é igual a 17 kg SO_2/tonelada métrica de matéria-prima processada. (a) Quais são as emissões diárias de SO_2 da fábrica antes do tratamento? (b) Quais são as emissões diárias de SO_2 da fábrica após o tratamento?

11.22 Suponha que o fator de emissões para liberar mercúrio de um incinerador de resíduos sólidos seja 0,107 lb por tonelada incinerada e para a dioxina seja $2,13 \times 10^{-5}$ lb por tonelada de resíduos sólidos incinerados. Estime as taxas de emissão diárias (lb de poluente/dia) e as taxas de emissão anuais (lb.ano) de cada um desses poluentes atmosféricos nocivos. Suponha que o incinerador processe $2,88 \times 10^6$ lb de resíduos sólidos por ano.

11.23 A acetona é liberada pela combustão de 100.000 toneladas métricas de resíduos de madeira por ano. Os resíduos de madeira têm um teor de calor médio de 0,05 MM BTU/lb. O fator de emissão relatado para a acetona emitida por uma caldeira de queima de resíduos alimentada por lascas de madeira sem controle de emissão é $9,5 \times 10^{-3}$ kg/tonelada métrica de madeira queimada. Quais são as emissões anuais de acetona dessa fábrica (toneladas métricas por ano)?

11.24 Uma empresa aplica anualmente em seu produto 25.000 L de um revestimento superficial. O revestimento superficial contém o VOC acetona. As emissões são coletadas e é instalada uma tecnologia de controle dessas emissões que reduz em 80% as emissões de VOC. A empresa deve divulgar suas emissões para a atmosfera se ultrapassarem 3.500

kg/ano. Para essa operação de processo de revestimento, não há perda de material de revestimento no equipamento, e nenhuma perda para os resíduos líquidos ou sólidos do sistema. Todo o VOC aplicado é capturado pelo sistema de coleta antes do tratamento. A Folha de Especificações de Segurança do Material relata que o produto de revestimento superficial contém 25% por peso de acetona, e a gravidade específica do material é 1,35 kg/L. Use uma abordagem de balanço de massa para estimar se a empresa deve divulgar suas emissões atmosféricas para a agência reguladora estadual.

11.25 Uma empresa aplica 21.000 L de revestimento, anualmente, contendo três VOCs: 0,26 kg de xileno por litro de revestimento, 0,040 kg n-butil álcool por litro de revestimento e 0,13 kg de etil benzeno por litro de revestimento. (a) Qual é a massa total de VOC no revestimento (kg de VC/litro de revestimento)? (b) Estime a massa total de VOCs liberados na atmosfera a cada ano (kg/ano), supondo que não haja coleta ou tratamento dos VOCs. (c) Qual é a massa total de VOCs liberados na atmosfera, supondo que 8% dos VOC aplicados sejam retidos em um fluxo de resíduos líquidos e descarregados na estação de tratamento de águas residuais, e que a empresa instale alguma tecnologia de controle que capture e degrade 60% das emissões atmosféricas coletadas?

11.26 Uma empresa faz medições que mostra que o VOC xileno está presente no gás da chaminé e que a vazão do gás é 2.200 m³/min. A concentração de xileno foi medida, semanalmente, na saída da chaminé e a média foi de 0,62 kg/h. O processo de fabricação funciona 6.700 h por ano. Se o limiar divulgado do xileno for 3.200 kg/ano, use as medições na fonte para determinar se a empresa ultrapassa o limiar anual divulgado.

11.27 Entre 1980 e 2000, o fator médio de emissão de CO da frota de veículos no Condado de Hillsborough, Flórida, caiu quase pela metade – de 65, aproximadamente, para 34 g de CO por veículo-milha percorrida. No entanto, as milhas totais percorridas no condado por todos os veículos aumentaram 60% durante esse mesmo período de tempo. (a) As emissões de CO do condado aumentaram ou diminuíram? E em quanto aumentaram ou diminuíram no intervalo entre 1980 e 2000? (b) O escapamento dos veículos está ficando mais limpo por meio de uma combinação de aperfeiçoamentos nos motores, tecnologias de controle das emissões, reformulação dos projetos de automóveis e reformulação dos combustíveis. Quais são cinco estratégias de gestão da demanda de transportes que

você pode usar para reduzir as emissões de poluentes atmosféricos em uma área urbana?

11.28 Investigue as fontes de poluentes atmosféricos nocivos emitidos perto de sua comunidade. Acesse a Scorecard (www.scorecard.org) para reunir dados sobre emissões de poluentes atmosféricos. O *site* da Scorecard torna o Inventário de Emissão de Poluentes facilmente pesquisável. Digitando o seu código postal, você pode encontrar uma lista dos principais poluidores atmosféricos em sua área. (a) Na sua área, identifique três dos cinco poluentes principais e suas emissões totais. (b) Represente graficamente a emissão ambiental total dos dados da principal empresa emissora de poluentes ao longo dos anos disponíveis nos dados. (c) Descreva a tendência global das emissões ao longo do tempo.

11.29 Na taxa úmida de lapso adiabático, a taxa de resfriamento da seção de ar normalmente é: (a) mais lenta que a taxa seca de lapso adiabático, (b) igual à taxa seca de lapso adiabático ou (c) mais rápida que a taxa seca de lapso adiabático?

11.30 Na Figura a seguir, uma seção de ar é deslocada e fica saturada em uma elevação de 2 km. Qual das seguintes condições de estabilidade o diagrama retrata? (a) Estável apenas abaixo de 1 km, (b) estável apenas acima de 1 km, (c) instável acima de 2 km? (problema da EPA, 2012h).

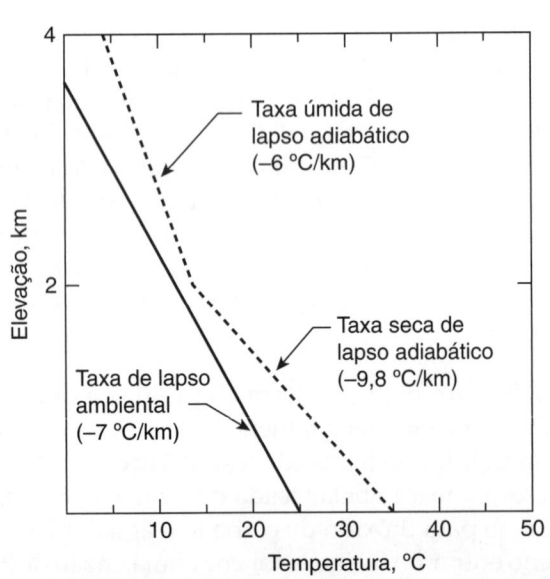

11.31 (a) Cite os nomes dos três tipos de pluma a seguir. (b) Esboce um gráfico da elevação no eixo y e da temperatura do ar no eixo x que descreveria a taxa de lapso ambiental e a taxa de lapso de uma seção de ar emitida pela chaminé para cada um desses três tipos de pluma.

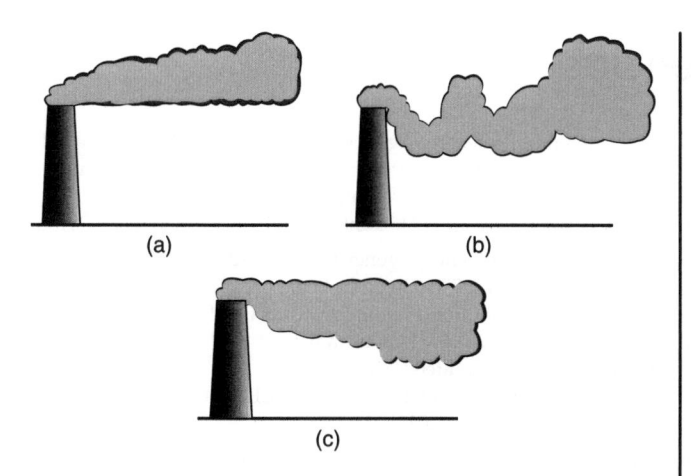

(a)

(b)

(c)

11.32 Uma pluma de ventilação vai ocorrer quando as condições atmosféricas forem geralmente (a) estáveis, (b) altamente instáveis ou (c) neutras?

11.33 Nas condições atmosféricas extremamente instáveis, quais são os valores do coeficiente de dispersão nas direções y e z 1.000 m a jusante em uma área urbana a partir do ponto de emissão dos poluentes? Estime seus valores usando dois métodos: (a) a equação de Briggs correta e (b) um método gráfico que lhe permita estimar os coeficientes de dispersão a partir das figuras estabelecidas.

11.34 Nas condições de estabilidade atmosférica neutras, quais são os valores do coeficiente de dispersão nas direções y e z 5 km a jusante em uma área rural a partir do ponto de emissão dos poluentes? Estime seus valores usando dois métodos: (a) a equação de Briggs correta e (b) um método gráfico que lhe permita estimar os coeficientes de dispersão a partir das figuras estabelecidas.

11.35 Nas condições atmosféricas ligeiramente instáveis, quais são os valores dos coeficientes de dispersão, σ_y e σ_z, 3 km a jusante em uma área rural? Estime seus valores usando dois métodos: (a) a equação de Briggs correta e (b) um método gráfico que lhe permita estimar os coeficientes de dispersão a partir das figuras estabelecidas. (c) Qual é a mudança desses valores se a atmosfera for moderadamente estável?

11.36 O vento é medido 10 m acima da superfície do solo a 2 m/s. Estime a velocidade do vento em uma altura efetiva da chaminé de 40 m (a) em terreno rural liso nas condições atmosféricas instáveis e (b) no terreno urbano irregular em condições atmosféricas mais estáveis.

11.37 Qual é a velocidade estimada do vento a 45 m de uma altura efetiva da chaminé situada na área ru-

ral? Suponha que haja condições atmosféricas muito instáveis perto da chaminé e que as medições do vento feitas perto do local da chaminé mostraram que a velocidade do vento era de 3 m/s a uma altura de 5 m.

11.38 Qual é a concentração no nível do solo de um poluente ($\mu g/m^3$) 250, 500, 750 e 1.000 m a jusante de uma emissão de chaminé ao longo da linha central da pluma? O poluente é liberado de uma chaminé de 45 m de altura a uma taxa de 8,5 g/s em uma área urbana. A pluma sobe mais 10 m. A velocidade do vento é 3 m/s e há condições de estabilidade atmosférica ligeiramente instáveis.

11.39 O NO_x é emitido de uma chaminé de 75 m de altura a uma taxa de 65 g/s. Calcule a concentração no nível do solo do NO_x a 90 m da linha central. A pluma sobe 20 m e a velocidade do vento é 5 m/s. Suponha $\sigma_y = 120$ m e $\sigma_z = 47$ m, e que haja reflexão do solo.

11.40 Estime a distância a jusante (x) na qual há uma concentração máxima de poluente na superfície do solo para uma emissão que ocorre em uma chaminé de 60 m de altura. Suponha que o poluente seja o SO_2, emitido a uma taxa de 3.000 g/s, velocidade do vento de 4 m/s, elevação da pluma em mais 14 m após a emissão, e as condições atmosféricas ligeiramente instáveis nessa área urbana. Calcule o seu valor usando dois métodos, equações e curvas fornecidos no capítulo.

11.41 Um poluente atmosférico é emitido a uma taxa de 2 g/s do topo de uma chaminé alta, de 110 m. Inicialmente, a pluma sobe mais 10 m acima da saída da chaminé e, em seguida, se desloca com uma velocidade do vento de 5 m/s. A atmosfera tem condições moderadamente estáveis em campo aberto. (a) Qual é a concentração do poluente ($\mu g/m^3$) no centro da pluma 750 m a jusante da chaminé e na altura efetiva da chaminé? (b) Qual é a concentração do poluente ($\mu g/m^3$) no nível do solo 750 m a jusante da chaminé? (c) Em que distância a jusante ocorre a concentração máxima no nível do solo? (d) Qual é a concentração do poluente ($\mu g/m^3$) nesse local que você identificou na parte (c)?

11.42 Um poluente atmosférico é emitido a uma taxa de 0,72 g/s 4 m acima do nível do solo. A velocidade do vento é 2 m/s. Qual é a concentração máxima no nível do solo 1 km a jusante? Suponha que $\sigma_y = 45$ m e $\sigma_z = 26$ m.

Referências

Alvord, K., 2000. *Divorce Your Car!* Gabriola Island: New Society.

Bruce, N., R. Perez-Padilla, and R. Albalak, 2000. Indoor air pollution in developing countries: a major environmental health challenge. *Bulletin of the World Health Organization*, 78: 1080–1092.

Centers for Disease Control and Prevention (CDC), 2011. CDC health disparities and inequalities report—United States, 2011. *MMWR 2011*, 60(Suppl): 84–86.

Crites, R., and G. Tchobanoglous, 1998. *Small and Decentralized Wastewater Management Systems*. Boston: McGraw-Hill.

Department of Transportation, Federal Highway Administration, 2013. Multi-Pollutant Emissions Benefits of Transportation Strategies-FHWA. http://www.fhwa.dot.gov/environment/air_quality/conformity/research/mpe_benefits/mpe03.cfm, accessed January 25, 2013.

Environmental Protection Agency (EPA), 2007. *Measuring the Air Quality and Transportation Impacts of Infill Development*, EPA 231-R-07-001.

Environmental Protection Agency (EPA), 2012a. *Office of Air Quality Planning and Standards, "Our Nation's Air: Status and Trends through 2010*, EPA-454/R-12-001, 32 pp.

Environmental Protection Agency (EPA), 2012b. President's Task Force on Environmental Health Risks and Safety Risks to Children: Coordinated Federal Action Plan to Reduce Racial and Ethnic Asthma Disparities, www.epa.gov/childrenstaskforce, May 2012. http://www.epa.gov/childrenstaskforce/federal_asthma_disparities_action_plan.pdf, accessed December 15, 2012.

Environmental Protection Agency (EPA), 2012c. Control Device Technology: A Quick Summary of Various Control Measures and Important Monitoring Characteristics. Presentation by Peter Westlin, EPA OAQPS. http://www.marama.org/calendar/events/presentations/2010_03Permit/Westlin_ControlDev_Mar10.pdf, accessed July 8, 2013.

Environmental Protection Agency (EPA), 2012d. APTI 413 Control of Particulate Matter Emissions. http://www.apti-learn.net, accessed July 8, 2013.

Environmental Protection Agency (EPA), 2012e. APTI 413 Control of Particulate Matter Emissions, Student Manual Chapter 7). EPA Air Pollution Training Institute (APTI). http://www.apti-learn.net,, accessed July 8, 2013.

Environmental Protection Agency (EPA), 2012f. APTI 415: Control of Gaseous Emissions, Chapter 3: Air Pollution Control Systems, 341 pp. EPA Air Pollution Training Institute (APTI). http://www.4cleanair.org/apti/415combined.pdf., accessed July 8, 2013.

Environmental Protection Agency (EPA), 2012g. APTI Virtual Classroom, Lesson 3: The Dynamic Structure of the Atmosphere, 34 pp. EPA Air Pollution Training Institute (APTI). http://yosemite.epa.gov/oaqps/EOGtrain.nsf/fabbfcfe2fc93dac85256afe00483cc4/59a3adbe2b6fb90885256b6d0064a13b/$FILE/Lesson%203.pdf, accessed November 26, 2012.

Environmental Protection Agency (EPA), 2012h. APTI Virtual Classroom, Lesson 4: Vertical Motion and Atmospheric Stability. 30 pp. EPA Air Pollution Training Institute (APTI). http://yosemite.epa.gov/oaqps/EOGtrain.nsf/fabbfcfe2fc93dac85256afe00483cc4/1c9d492b7ccef4fe85256b6d0064b4ee/$FILE/Lesson%204.pdf, accessed November 25, 2012.

Hanna, S. R., G. A. Brigss, and R. P. Hosker Jr., 1982. *Handbook of Atmospheric Diffusion, Office of Health and Environmental Research*. Washington, D.C.: Office of Energy Research, U.S. Department of Energy, 102 pp.

Hillier, V.A.W., 2001. *Fundamentals of Automotive Electronics*, 2nd ed. United Kingdom: Nelson Thornes org.

Jacobson, M. Z., 2012. *Air Pollution and Global Warming*, 2nd ed. Cambridge University Press, Cambridge, UK.

Mann, D. D., J. C. DeBruyn, and Q. Zhang, 2002. Design and evaluation of an open biofilter for treatment of odour from swine barns during sub-zero ambient temperatures. *Canadian Biosystems Engineering*, 44: 6.21–6.26.

Seinfeld, J. H., and S. N. Pandis, 2006. *Atmospheric Chemistry and Physics: From Air Pollution to Climate Change*. Hoboken: John Wiley & Sons, Inc.

Smith, K. R., 1993. Fuel combustion, air pollution exposure, and health: the situation in developing countries. *Annual Review of Energy and the Environment*, 18: 529–566.

Theodore, L., 2008. *Air Pollution Control Equipment*. Hoboken: John Wiley & Sons, Inc.

Turner, D. B., 1970. *Workbook of Atmospheric Dispersion Estimates*. Research Triangle Park: Environmental Protection Agency.

Respostas para Problemas Selecionados

Capítulo 1. Projeto Sustentável, Engenharia e Inovação

1.7 **a.** Você escolheria uma resposta dependendo de sua residência, seus hábitos de iluminação, seu tipo de carro e como você o utiliza. Você poderia fazer perguntas, como: quantas lâmpadas você usa em casa e por quanto tempo diariamente, e o quanto você dirige o seu carro durante um ano?
b. 99.000 lbs de CO_2, 4.950 galões;
c. 200 galões, 400 lbs de CO_2;
d. 76 galões, 172 lbs de CO_2.

1.10 **a.** Plástico; b. Não;
c. Sacos plásticos consomem menos energia em sua produção.

1.17 $E_{\text{sem solvente}}$ = 1,4 kg de resíduos produzidos/kg de produto;
$E_{\text{com solvente}}$ = 23,2 kg de resíduos produzidos/kg de produto.
Essas substâncias químicas não devem ser incluídas se não forem recuperadas e recicladas, porque elas também contribuem para o resíduo total do processo.

1.22 **a.** PV = US$ 2.501; **b.** PV = US$ 2.399

Capítulo 2. Mensuração de Características Ambientais

2.1 **a.** 0,41 mg/L; **b.** 0,21 mg/L

2.3 2,8 ppm_m

2.5 10,9 mg NH_3/L; 1,6 mg NO_2/L

2.7 5,28 mg S/L

2.9 490 mg Cd

2.11 **a.** 100 M Na^+, 100 M OH^-; **b.** 100 N OH^-, 100 N Na^+

2.13 **a.** i. 0,002 ppb_m, ii. 2 ppt_m, iii. 3,7 × 106 μM;
b. i. 0,002 ppm, ii. 2 ppb

2.15 **a.** $23 \frac{mg C_6 H_6}{L}$; **b.** $2,3 \times 10^4$ ppb_m C_6H_6;
c. $3,3 \times 10^{-2} \frac{mol}{L}$ C_6H_6

2.17 0,74 μg/L

2.19 **a.** $0,5\ mgO_2/L = 0,5\ ppm_m$, $8\ mg\ O_2/L = 8\ ppm_m$;
b. $0,5\ mg\ O_2/L = 1,6 \times 10^{-5}\ mol\ O_2/L$,
$8\ mg\ O_2/L = 2,5 \times 10^{-4}\ mol\ O_2/L$;

2.21 **a.** $8,9 \times 10^{-2}\ ppm$; **b.** $[CO] = 0,0000089\%$

2.23 $0,7\ g$

2.25 **a.** $384\ \mu g/m^3$; **b.** $6,0 \times 10^{-6} \frac{mol\ SO_2}{10^6\ m^3\ ar}$

2.27 $15\ ppm_v$

2.29 Sim (porque $57\ ppm_v > 50\ ppm_v$)

2.31 $4,1 \frac{mg\ P}{L}$

2.33 $2,2 \frac{mol\ Cl^-}{L}$

2.35 **a.** $100\ ppb_m$. $100\ ppb > 60\ ppb$; portanto, a amostra pode representar uma ameaça

2.37 $5\ ppm_m$

2.39 **a.** Moderadamente dura, **b.** $34 \frac{mg\ Ca^{2+}}{L}$; **c.** $20,4 \frac{mg\ Mg^{2+}}{L}$

2.41 **a.** $3,10 \times 10^9$ toneladas métricas $6,84 \times 10^{12}$ lbs;
b. % de emissões de metano $= 18,6\%$; % de emissões de GEE $= 45,5\%$

2.43 FL água salobra $= 1,32\ lb \frac{CO_{2e}}{m^3}$; CA água salobra $= 0,73\ lb \frac{CO_{2e}}{m^3}$; FL água do mar $= 5,28\ lb \frac{CO_{2e}}{m^3}$; CA água do mar $= 2,92\ lb \frac{CO_{2e}}{m^3}$

2.45 $2,24 \times 10^5 \frac{lb\ CO_2}{ano}$

2.47 **a.** TSS $= 170\ ml/L$; **b.** Como os sólidos voláteis consistem, principalmente, em matéria orgânica, pode-se concluir que cerca de 70% (140/200) dos sólidos são orgânicos.

Capítulo 3. Química

3.1 $5,8\ g$

3.3 $\mu = 0,12\ mol/L$; $\gamma(Mg^{2+}) = 0,35$; $\gamma(Fe^{3+}) = 0,096$; $\gamma(OH^-) = 0,77$; $\gamma(Cl^-) = \gamma(H^+) = 0,77$

3.5 **a.** MN^{2+} ainda está sendo oxidado e ainda se forma precipitado;
b. $[MN^{2+}] = 2,5 \times 10^{-17}\ mols/L$;
c. $[MN^{2+}] = 3,3 \times 10^{-4}\ mols/L$.

3.7 **a.** $3,2\ g/m^3$; **b.** 1,4-DCB, uma vez que um ponto de ebulição mais alto significa uma pressão de vapor mais baixa.

3.9 15,3 mg/L

3.11 C_{eq-H20} = 96 µg/L

3.13 **a.** pH = 3,8; **b.** pH = 12; **c.** pH = 4,4

3.15 **a.** 97%; **b.** 76%

3.17 Um aumento na temperatura vai aumentar a constante de equilíbrio.

3.19 **a.** s = $3,0 \times 10^{-6}$ M; **b.** s = $1,54 \times 10^{-6}$;
    c. Como os coeficientes de atividade dos eletrólitos são < 1, K_{so} vai aumentar. Desse modo, a solubilidade vai aumentar.

3.21 **a.** $\Delta G°$ = −78,4 kJ/mol; **b.** Não

3.23 94%

3.25 $\frac{d[C]}{dt} = \frac{d[A]}{3dt} = \left(\frac{2}{3}\right)\frac{d[B]}{dt} = -\frac{d[P]}{dt} = -\frac{d[Q]}{4dt}$

3.27 **a.** $\frac{d[S_2O_3^{2-}]}{dt} = \left(\frac{1}{2}\right)\frac{d[S_2O_3^{2-}]}{3dt} = -\left(\frac{1}{2}\right)\frac{d[SO_4^{2-}]}{dt} = -\frac{d[S_4O_6^{2-}]}{4dt}$;
    b. 3ª ordem

3.29 999 min ou 0,7 dia

3.31 14 g N, 2g P e 4 g K são excretados diariamente na urina de uma pessoa da Suécia.

3.33 **a.** Primeira; **b.** Segunda; **c.** t = $1,4 \times 10^{-3}$ s

3.36 20 anos

3.37 3,780 Bq/L

3.39 K_{25} = 0,37/dia; K_{25} = 0,055/dia

3.41 i. 37%; ii. 36%; iii. 16%; iv. 12%

Capítulo 4. Processos Físicos

4.1 $C_{saída}$ = 11 mg/L

4.3 **a.** 0,9 h; **b.** 1,25 pCi/L

4.5 **a.** 38 mg/s; **b.** 13 mg/m^3

4.7 1.691 lb/h

4.9 Q_5 = 3,2 gpm

4.11 $\dot{m}_{fluxo\ de\ saída\ de\ gás}$ = 243 $\frac{lb_m}{min}$

4.13 2 horas

4.15 C_t = 64 mg/L

4.17 V = 720 m^3

4.19 **a.** $T_{saída}$ = 47°C; **b.** $T_{saída}$ = 53°C

4.20 **a.** 68,1 btu/°F-dia, 68,1 Btu/grau-dia
b. 171 btu/°F-dia, 171 Btu/grau-dia

4.25 6°C

4.27 a. $x = 1,5$ cm e $2,5$ cm, $J = 10^{-8}$ mg/cm^2-s;
b. $m = 7,1 \times 10^{-8}$ mg/s para $x = 1,5$ e $2,5$ cm;
d. O perfil de concentração na parte (c) está mudando por causa do movimento aleatório das moléculas. A substância química está tentando alcançar o equilíbrio através das áreas de alta concentração, passando para áreas com menos concentração.

4.29 $J = 0,850 \frac{g}{m^2-s}$

4.31 $v_s = 2,4 \times 10^{-4}$ cm/s

Capítulo 5. Biologia

5.1 Vírus, bactérias, macroinvertebrados e protozoários.

5.3 **a.** Algas; **b.** Bactérias; **c.** Protozoários; **d.** Rotíferos e microcrustáceos; **e.** Bactérias

5.5 $\mu_{máx} = 1,0$/dia

5.7 **a.** $X_{5\ dias} = 213$ mgVSS/L;
b. $X_{20\ dias} = 1,6 \times 10^7$ mgVSS/L

5.9 **a.** Crescimento exponencial; **b.** 80 anos até Boston dobrar sua população de 12.000 para 24.000, dobrar para 4 milhões em 50 anos, a população de Boston vai dobrar para 8,8 milhões em breve (menos de 30 anos); a constante de taxa é 0,023/ano.

5.11 **a.** 46 anos

5.13 **a.** $X_t = 91.680$ mg/L; **b.** 8%

5.15 **a.** $P_{15\ anos\ a\ 1\%\ de\ taxa\ de\ crescimento} = 1.725$ pessoas
$P_{15\ anos\ a\ 2,5\%\ de\ taxa\ de\ crescimento} = 2.063$ pessoas
$P_{15\ anos\ a\ 5\%\ de\ taxa\ de\ crescimento} = 2.625$ pessoas
b. $P_{15\ anos\ a\ 1\%\ de\ taxa\ de\ crescimento} = 1.500$ pessoas
$P_{15\ anos\ a\ 2,5\%\ de\ taxa\ de\ crescimento} = 1.838$ pessoas
$P_{15\ anos\ a\ 5\%\ de\ taxa\ de\ crescimento} = 2.400$ pessoas

5.17 $Y = 0,2$ mg biomassa/mg de substrato

5.19 5,8 dias

5.21 4,6 dias

5.24 $\mu_{tolueno\ a\ 1\ ppb} = 0,0039$/dia, $\mu_{tolueno\ a\ 1\ ppb} = 0,92$/dia

5.25 **a.** $\mu_{baixa\ resistência}$ ww $= 0,65$/dia
b. $\mu_{alta\ resistência}$ ww $= 0,81$/dia; **c.** $\mu_{1000\ mg\ VSS/L} = 0,91$/dia

5.27 Demanda de oxigênio nitrogenada = 229 mg/L;
Demanda teórica de oxigênio carbonácea = 129 mg/L;
Demanda teórica de oxigênio total = 358 mg/L

5.29 Demanda de oxigênio nitrogenada = 228 mg/L;
Demanda teórica de oxigênio carbonácea = 107 mg/L;
Demanda teórica de oxigênio total = 335 mg/L

5.31 a. 10 kg/dia; **b.** 0,02 kgO_2/dia

5.33 a. L_o = 38 mgO_2/L; **b.** k_{30} = 0,30/dia, L_o = 26 mgO_2/L

5.35 L_o = 268 mgO_2/L

5.37 k_L = 0,20/dia, L_o = 144 mgO_2/L

5.39 a. $0,30L_o$; **b.** $0,16L_o$; **c.** $y_{6\,dias@T=20°C}$ = $0,51L_o$,
$y_{6\,dias@T=20°C}$ = $0,30L_o$,

5.40 amostra mínima (mL) = 4 mL,
amostra máxima (mL) = 15 mL.

5.43 a. $P_{máx}$ = 1.369 mg/L; **b.** 0,04 molP/L; **c.** 3.838 mg/L

5.45 $[PCB116]_{bagre\,de\,boca\,grande}$ = $1,7 \times 10^6$ ng/kg;
$[PCB116]_{perca-branca}$ = $6,7 \times 10^5$ ng/kg

5.46 a. BAF = $8,9 \times 10^6$ L/kg; **b.** BAF = $4,5 \times 10^6$ L/kg;
c. BAF = $2,4 \times 10^7$ L/kg

Capítulo 6. Risco Ambiental

6.3 1. e; 2. e 3. a e d; 4. c; 5. b

6.5 Características físicas, toxicidade, quantidade gerada,
histórico do produto químico.

6.10 1. a.; 2. d.; 3. e 4. c e b

6.11 c. redução da fonte, d. redução da fonte, e. redução da
fonte, b. reciclagem, f. reciclagem, a. descarte,
g. descarte e redução da fonte.

6.16 Avaliação do risco, avaliação dose-resposta, avaliação
da exposição e caracterização do risco.

6.19 a. FI = 0,023 $(mgkd-dia)^{-1}$
b. O modelo de dados linear é preciso.

6.21 a. NOAEL 70 ppm (3,5 mg/kg-dia) e a RfD é $3,5 \times 10^{-2}$
mg/kg-dia que se baseia em um estudo de alimentação
de ratos de 2 anos; **c.** 3,2% do efeito da resposta/mg/kg/
dia; **d.** 350 g de grama; **e.** Aspergir seu gramado com
atrazina apresenta um sério risco para os bebês que
comem a grama.

6.23 $17,72 \frac{mg}{kg-dia}$

6.25 $1,7 \times 10^{-3} \frac{mg}{kg-dia}$

6.27 0,93 ppb

6.29 Nesse caso, a exposição ao arsênico apresenta um risco de saúde não carcinogênico.

6.31 Há um risco perigoso.

6.33 **a.** [toxafeno$_{peixe}$] = 0,32 ppm (ou 0,32 mg de toxafeno/kg de peixe); **b.** Repare que, como o toxafeno tem uma forte bioconcentração na cadeia alimentar, um indivíduo é exposto a uma massa muito maior da substância química pela ingestão de alimento contaminado do que pela ingestão de água contaminada. Nessa situação, a dose (e o risco) aumenta com o maior consumo de peixe. Esse montante poderia ser muito maior nos segmentos da nossa população que consomem mais peixe do que a pessoa média, bem como os animais selvagens que dependem do peixe para se alimentar. Repare também que as substâncias químicas que persistem (não degradam por mecanismos naturais) e também bioconcentram, o que parece ser uma baixa concentração da água, pode ter, na verdade, uma grande importância ambiental. Esse efeito pode ser ainda mais ampliado se o BCF for mais alto.

6.35 **a.** CFR 40 Proteção do Meio Ambiente; **b.** CFR 49 Transportes; **c.** CFR 18 Conservação da Energia e Recursos Hídricos; **d.** CFR 42 Saúde Pública; **e.** CFR 23 Rodovias.

6.37 **a.** A atrazina *não é* bioacumulativa, mas persiste no ambiente; **b.** As crianças são uma população de alto risco, uma vez que têm menos massa corporal do que os adultos. Uma substância química persistente e bioacumulativa aplicada à grama em que as crianças brincam, além de poderem ingerir essa grama, seria perigosa para a saúde humana.

Capítulo 7. Água: Quantidade e Qualidade

7.1 18 cm

7.3 **a.** $L_{SS} = 7980 \frac{lbs\ SS}{ano}$, $L_p = 12 \frac{lbs\ P}{ano}$, $L_N = 129 \frac{lbs\ P}{ano}$; **b.** Mesmo da parte a., **c.** $L_{SS} = 67.800 \frac{lbs\ SS}{ano}$, $L_p = 100 \frac{lbs\ P}{ano}$, $L_N = 717 \frac{lbs\ P}{ano}$, **d.** % mudança$_{LSS}$ = 750% aumento % mudança$_{LP}$ = 733% aumento; % mudança$_{LN}$ = 456% aumento

7.5 $Q = 310\frac{ft^3}{min} = 8{,}8 \times 10^6 \, cm^3/min$

7.6 $Q_{poço} = 11.350\frac{m^3}{dia}$

7.12 Demanda hídrica diária $= 13.200\,gal/dia$,
Águas residuais geradas por dia $= 9.600\frac{gal}{dia}$

7.13 Demanda hídrica diária $= 21.640\,gal/dia$,
Águas residuais geradas por dia $= 16.860\frac{gal}{dia}$

7.15 Demanda hídrica diária $= 9.000\,gal/dia$,
Águas residuais geradas por dia $= 3.900.000\,galões/ano$

7.16 **a.** 2.743.200 gpd; **b.** Sim

7.19 Vazão média $= 1193$ gpm

7.21 Armazenamento $= 1.257.000$ galões

7.22 **a.** Vmin $= 4.500$ galões; **b.** D $=$ tubo de 8 polegadas

7.27 **a.** $OD_{sat} = 2{,}85 \times 10^{-4}\frac{mol\,O_2}{L}$; **b.** $9{,}1\frac{mg\,O_2}{L}$; **c.** $9.100\frac{\mu g}{L}$;
d. $9{,}1\,ppm_m$ **e.** A resposta da parte b não muda.

7.29 $D = 6\frac{mgO_2}{L}$

7.31 $OD_{amb} = 6{,}2\frac{mgO_2}{L}$

7.33 $D = 4$ mg/L

7.35 **a.** $OD_o = 4\,mg/L$; **b.** $t_{crit} = 2{,}6\,dias$, $x_{crit} = 26\,km$;
c. $D_t = 7{,}4\,mg/L$

7.37 $DBOC_{5\,após\,a\,mistura} = 102\,mg/L$

7.39 Máximo 5-dia DBOC $= 7{,}1$ mg/L

7.41 **a.** tempo crítico $= 0{,}91$ dia; **b.** distância crítica $= 9{,}1$ km

7.42 DBOC a jusante $= 49$ mg/L

7.45 $4{,}1\frac{mg\,P}{L}$

7.50 Fertilizantes, esgoto, nitrogênio atmosférico, descarga de água doce, erosão do solo.

7.51 **a.** 2.889 milhas quadradas; **b.** menor; **c.** seca estival.

7.53 **a.** ~2.800 lb N/milha^2 de carga total de poluente nitrogenado em 5% de suas zonas úmidas; **b.** ~600 lb N/milha^2 de carga total de poluente nitrogenado em 15% de suas zonas úmidas.

7.55 $v_a = 1{,}6\frac{m}{dia}$; $t = 63$ dias

7.57 **a.** $R_{f\,tricloroetileno} = 30$, $R_{f\,hexaclorobenzeno} = 3.300$, $R_{f\,diclorometano} = 3{,}9$;
b. O diclorometano seria transportado o mais longe possível, seguido pelo tricloroetileno. O hexaclorobenzeno iria menos longe.

Capítulo 8. Tratamento da Água

8.2 O poço com concentração de nitrato de 50 mg NO_3^-/L ultrapassa o padrão de 10 ppm.

8.4 9 mg/L de alcalinidade consumida.

8.5 862.300 alume/ano

8.7 **a.** 5,3 kg/dia; **b.** 235 $\frac{mgCaCO_3}{L}$ devem ser adicionados

8.9 P = 5,7 kW

8.11 **a.** dureza total = 201 $\frac{mg\ CaCO_3}{L}$; **b.** TDS = 40 mg/L;
c. x = 2 mg

8.13 Dosagem de cal necessária para a remoção seletiva do cálcio = 197,5 mg/L como $CaCO_3$
Dureza final da água = 61,5 mg/L como $CaCO_3$

8.15 Para CMFR: V = 4,286 m^3 e t = 2,6 horas
Para PRF: t = 19 minutos e V = 528 m^3

8.17 Vs = 8,7 × 10^{-3} m/h

8.19 Fração de partículas removidas = 0,71

8.20 100% das partículas são removidas

8.23 ES = 0,43 mm, UC = 2,74

8.25 Constante de taxa da lei de Chick = −0,61, t = 15s

8.27 **a.** O produto Ct é um efeito combinado da concentração de desinfetante e do tempo de contato para alcançar certo nível de inativação de determinado microrganismo; **b.** pH e temperatura; **c.** Adenovírus e calcivírus; **d.** C. parvum

8.28 **a.** [Cl] = 0,41 mg/L; **b.** demanda de cloro = 0,21 mg/L

8.34 **a.** área de superfície total = 67.500 m^2;
b. taxa de fluxo = 50 M/m^2 – h;
c. número total de fibras = 8.957.006, número de fibras por módulo = 3.980

8.35 **a.** área de superfície total = 19.440 m^2;
b. taxa de fluxo = 75 $\frac{L}{m^2}$ – h = 0,031 gpm/ft^2

8.36 $q_{atrazina}$ = 23 mg/g; $q_{tricloroetileno}$ = 0,22 mg/g

8.39 FL água salobra = 1,32 lb $\frac{CO_{2e}}{m^3}$;

CA água salobra = 0,73 lb $\frac{CO_{2e}}{m^3}$;

FL água do mar = 5,28 lb $\frac{CO_{2e}}{m^3}$;

CA água do mar = 2,92 lb $\frac{CO_{2e}}{m^3}$

Capítulo 9. Águas Residuais e Pluviais: Coleta, Tratamento, Recuperação

9.3   **a.** TSS = 185 mg/L; **b.** Sim, a amostra tem uma quantidade considerável de matéria orgânica em mais da metade, 70%

9.5   14 g N, 2g P e 4 g K são excretados diariamente na urina de uma pessoa da Suécia.

9.7 $5,4 \frac{mg\ P}{L}$

9.9   **a.** 144 m³; **b.** w = 4,5 m, l = 10,7 m; **c.** t = 7,4 min; **d.** requisito de ar total = 7,5 m³/min; **e.** volume de areão = $2,1 \frac{m^3}{dia}$

9.11 A_{topo} = 583 m²; D = 27,2m; V=1.749 m³; θ = 1,2 h

9.13 $Q_w X_w$ = 656 kg/dia

9.15 SRT_{min} = 20 dias

9.17   **a.** alta; **b.** menores; **c.** saturados; **d.** baixo; **e.** reduzida; **f.** aumentado; **g.** diminuído

9.19   SVI = 150 mL/g

9.20   A amostra de lodo tem características de sedimentação ruins.

9.24   V = 1.640 m³; θ = 1,1 h

9.25   **a.** F/M = 0,33 $\frac{lbs\ BOD_s}{lbs\ MLVSS-dias}$; **b.** Aumento do tempo de retenção dos sólidos (SRT)

9.26   Área da laguna = 14 ha

9.29   **a.** Tanque de 1.000 galões, **b.** Tanque de 1.200 galões

9.30   A profundidade total a ser cavada é de 6,8 m

9.33   1 porco

9.35   **a.** 2.743.200 gpd; **b.** Sim

9.36   Vazão média futura = 2,3 MGD; Vazão máxima futura = 5,3 MGD

9.39   0,041 ft

9.41   Cada uma terá área de 150 pés² com profundidade de 6 polegadas.

9.42   V = 6.050 ft³

9.45   38%-92%

Capítulo 10. Gestão de Resíduos Sólidos

10.1 **a.** Abaixo; **b.** $V = 1.370 \text{ m}^3$; **c.** $V = 869 \text{ m}^3$

10.2 $V = 1.430 \text{ m}^3$

10.6 Baixo teor de umidade $= 17,3\%$
Teor de umidade típico $= 43,5\%$

10.7 **a.** Massa de papel seco para a cidade 1 $= 0,54$ kg/pessoa-dia; massa de papel seco para a cidade 2 $= 0,69$ kg/pessoa-dia; **b.** 32,8%; fração de peso seco $= 31,3\%$

10.9 4.295 L de ar

10.11 Tempo para 90% de decaimento de k para biodegradar lentamente = 33 anos; tempo para 90% de k biodegradar rapidamente = 10 anos

10.13 $t = 15$ anos

10.15 **a.** $V_{CH_4\ 1970} = 7,67 \times 10^9 \frac{m^3 CH_4}{ano}$,
$V_{CH_4\ 2010} = 1,11 \times 10^{10} \frac{m^3 CH_4}{ano}$;
b. $E_{1970} = 3.243$ MW, $E_{2010} = 4.693$ MW

10.16 64%

10.18 Opção 1, pois a mesma camada de 0,2 será utilizada para cobrir 4 mm em vez de 3 m, e isso dá mais 25% de relação refugo/cobertura.

10.20 Custo da estação menor $=$ US$ 740.740

10.25 0,30 kg

10.26 25%

10.28 **a.** custo total $= 13.030.000$ euros
b. custo total $= 79.880.000$ euros

Capítulo 11. Engenharia de Qualidade do Ar

11.1 **a.** $0,0899 \text{ ppm}_v$; **b.** $89,9 \text{ ppb}_v$; **c.** 8,99%

11.3 $190.000 \text{ partículas/cm}^3$

11.5 **a.** $367 \frac{\mu g}{m^3}$; **b.** $\frac{0,14 \text{ mols } SO_2}{10^6 \text{ mols de ar}}$

11.7 Não, os motoristas não correm mais risco

11.8 **a.** $v_s = 0,00087 \frac{cm}{s}$; **b.** $t = 70$ h

11.12 **a.** $R_{pop} = \frac{2,54}{ano}$; $R_{veículo} = \frac{3,63}{ano}$; $R_{motoristas} = \frac{2,53}{ano}$; **b.** Similar

11.13 **a.** $1,20 \times 10^6 \frac{milhas}{ano}$; **b.** 275.000 gramas de hidrocarboneto reduzidas, 479.000 gramas de NO_x reduzidas

11.15 Área total de tecido $= 4.290\ \text{ft}^2$;
$n_{\text{sacolas cilíndricas}} = 182$ sacolas

11.17 **a.** $L = 13$ m; **b.** $L = 20$ m

11.19 **a.** EBRT $= 5.2$ s; **b.** Agricultura

11.21 **a.** $E = 5.950$ kg SO_2/dia ; **b.** 179 kg $\frac{SO_2}{\text{dia}}$

11.23 $E_{acetona} = 1,05$ tonelada

11.25 **a.** $m_{\text{total VOC}} = 0,43\ \frac{\text{kg}}{\text{L}}$ VOC;
b. massa total de VOCs $= 9.030\ \frac{\text{kg}}{\text{ano}}$;
c. massa total de VOCs liberados na atmosfera
$= 3,323\ \frac{\text{kg}}{\text{ano}}$

11.27 **a.** As emissões ainda aumentariam; **b.** Exemplos incluem instalações de baldeação, programas de compartilhamento de transporte, serviços de ônibus/trens novos ou ampliados, programas/projetos de uso de bicicleta/caminhada, programas de compartilhamento de vans.

11.29 (a) Menor do que a taxa seca de lapso adiabático

11.32 (a) Estável

11.33 **a.** $\sigma_y = 270$ m, $\sigma_z = 170$ m; **b.** $\sigma_y \approx 220$ m, $\sigma_z \approx 450$ m

11.35 **a.** $\sigma_y = 289$ m, $\sigma_z = 190$ m; **b.** $\sigma_y \approx 220$ m, $\sigma_z \approx 200$ m

11.37 $u = 3,5$ m/s

11.39 $C(x,90,0) = 72\ \mu g/m^3$ (quando $x = 500$)

11.41 **a.** $C(750,0,120) = 1.120\ \mu g/m^3$;
b. $C(750,0,0) \sim 0\ \mu g/m^3$;
c. $x = 632$ m;
d. $C(632,0,0) = 23,0\ \mu g/m^3$

Índice

Impressão e Acabamento:

Geográfica editora